Geology and Exploration of Onshore Gas in China

中国陆上天然气地质与勘探

魏国齐 李 剑 杨 威 张水昌 等◎著

科学出版社

北 京

内 容 简 介

本书为国家科技重大专项"中国大型气田形成条件、富集规律及目标评价"项目研究成果，由四篇组成：第一篇为天然气基础地质理论研究新进展，第二篇为大型气田成藏富集规律，第三篇为重点气区大型气田勘探领域，第四篇为大型气田勘探技术。

本书可供国家天然气发展战略规划制定者使用，也可供从事石油、天然气勘探开发科研人员阅读，还可供高等院校石油地质、地球物理勘探开发专业研究与教学的师生等阅读。

图书在版编目（CIP）数据

中国陆上天然气地质与勘探/魏国齐等著.—北京：科学出版社，2013
ISBN 978-7-03-039470-5

Ⅰ.中… Ⅱ.魏… Ⅲ.石油天然气地质–地质勘探–中国 Ⅵ.P618.13
中国版本图书馆CIP数据核字（2013）第312699号

责任编辑：杨婵娟 卜 新／责任校对：韩 杨
责任印制：张 倩／封面设计：无极书装

科 学 出 版 社 出版
北京东黄城根北街16号
邮政编码：100717
http://www.sciencep.com

中国科学院印刷厂 印刷
科学出版社发行 各地新华书店经销

*

2014年2月第 一 版　开本：787×1092 1/16
2015年12月第二次印刷　印张：34 1/2
字数：818 000

定价：248.00元
（如有印装质量问题，我社负责调换）

序一

  近 30 多年来中国天然气地质和地球化学理论不断发展和日臻完善，是研究黄金时期，其主要标志之一是 1979 年创立煤系成烃以气为主以油为辅的煤成气理论；标志之二是大气田形成主控因素和富集规律研究有效指导大气田发现。实践是检验理论的唯一标准。煤成气理论形成之前，中国是个贫气国，1978 年中国探明天然气储量、产量分别为 $2264 \times 10^8 m^3$ 和 $137.3 \times 10^8 m^3$，而当年煤成气储量和产量分别只占全国的 9% 和 2.5%；而 2013 年底全国天然气储量、产量分别为 $9.8 \times 10^{12} m^3$ 和 $1078.7 \times 10^8 m^3$，而煤成气储量和产量比例大大提高至 65.3% 和 61.2%，中国成为世界第六产气大国。1987 年之前中国仅发现卧龙河和威远二个大气田，但 1987 年至 2013 年则发现了 49 个大气田，这些大气田成为中国天然气工业迅速发展的支柱，2013 年大气田总储量为 $8.17 \times 10^{12} m^3$，年总产量为 $922.72 \times 10^8 m^3$，分别占全国总储量和年产量的 83.4% 和 85.5%。

  近 30 多年来也是中国天然气工业，从艰难起步而进入迅速发展的黄金时期，其主要标志之一，探明天然气储量陡增。"六五"是中国开始第一个国家重点天然气科技攻关"煤成气的开发研究"项目，"六五"末的 1985 年中国天然气探明总储量为 $3962.6 \times 10^8 m^3$，而至 2013 年底则高达 $98\,006 \times 10^8 m^3$，此间增加了 23.7 倍；标志之二，年产天然气猛升。1985 年中国产气 $128.3 \times 10^8 m^3$，而至 2013 年则高达 $1078.7 \times 10^8 m^3$，此间增长了 7.4 倍。

  中国天然气地质和地球化学研究黄金期和天然气工业迅速发展的黄金期在时间上几乎重叠，说明中国天然气理论研究与勘探开发实践有着紧密联系，互相推进的特点。这两个黄金期产生和"六五"国家开始天然气科技攻关，及之后连续长期至"十二五"国家和中国石油天然气科技攻关研究功不可没。《中国陆上天然气地质与勘探》主要作者大多参加了"八五"至"十二五"，特别是主持了"十五"至"十二五"天然气攻关研究，对天然气两个黄金期形成和发展作出重要贡献。该专著是"十一五"以来中国陆上天然气攻关研究的精华凝结，涵论了以下主要问题：

  天然气生成方面：在煤成气、原油裂解气和生物气的生成下限研究上，有新参数、新思维、新论点，拓展了高演化地区煤系天然气、原油裂解天然气的勘探潜力和生物气的勘探空间。

  天然气封盖层方面：提出了大型气田盖层多因素综合评价新方法，建立了不同类型气田盖层定量评价参数体系，使盖层评价走向了定量化。

  大气田成藏富集规律方面：针对古老碳酸盐岩、台缘礁滩和火山岩等勘探领域开展了系统研究，取得了一系列创新性认识和重要进展；提出近源大面积低渗砂岩运聚系数可达 3%~5%，在生气强

度大于 $10×10^8m^3/km^2$ 区域可以形成致密砂岩大气田认识；创新了大型长期继承性古隆起原油裂解原位成藏的古老碳酸盐岩大气田成藏地质认识，有效指导了大气田勘探领域的拓展。

天然气地球物理和实验技术方面：开发了以连续无损耗天然气生成模拟技术、天然气中非烃气体（H_2S、CO_2、N_2）的硫、氧、氮同位素在线分析技术为代表的天然气地质特色实验系列新技术，以及建立了低渗砂岩、碳酸盐岩缝洞、礁滩以及疏松砂岩等地球物理评价与预测技术，有效支持了相关天然气的理论创新与勘探实践。

天然气勘探实践方面：长期深入研究了四川盆地高石梯-磨溪长期继承性古隆起构造，自主评价了以高石1井为代表的风险勘探目标，为我国最大碳酸盐岩气田龙王庙气藏的发现发挥了重要作用，成为研究和实践紧密结合而取得硕果的典范。

总之，本书是近年来中国陆上天然气地质理论、勘探技术和勘探实践攻关研究最新进展，创新论点聚萃的好专著，丰富和发展了我国天然气地质理论；是以魏国齐教授为代表的既扎根于现场实践，又立足精心研究的一批优秀中青年天然气科技学者智慧的结晶。专著是我国天然气两个黄金期中培育的艳硕花朵，她的怒放和问世是可喜可贺的，值得大家一读并能受益匪浅！

中国科学院院士

2014年1月16日

序二

进入新世纪，我国天然气储量和产量快速增长，天然气工业进入了崭新的发展阶段。截至2013年底，全国累计探明天然气地质储量达到了 $9.8\times10^{12}m^3$，年产量超过 $1078.7\times10^8m^3$，其中中国石油天然气集团公司累计探明地质储量达到了 $7.0\times10^{12}m^3$，年产量超过 $817.5\times10^8m^3$。这主要得益于国家和石油部门自"六五"以来长期的天然气科技攻关，得益于天然气地质理论与勘探技术的不断进步，也凝聚了一代又一代天然气地质科技和勘探工作者的艰苦付出。以魏国齐教授为代表的中青年天然气科技攻关研究团队大多参加了"八五"～"十二五"天然气科技攻关，特别是主持了"十五"～"十二五"的国家和中国石油天然气集团公司天然气科技攻关研究，他们在老一辈科学家、勘探家取得的丰硕成果的基础上，针对我国陆上天然气地质特点和以往研究存在的问题展开研究，在发展我国天然气地质理论和指导勘探实践中取得了可喜的成果。该书主要是攻关团队"十一五"期间研究成果的集中体现。

（1）发展和完善了我国天然气基础地质理论。利用新开发的天然气地质实验技术，在天然气生成下限、天然气聚集效率、大型气田成藏富集规律等方面解决了一些重要的理论问题。例如，明确了煤成气、原油裂解气、生物气生成下限；突破了前人认识，认为近源大面积低渗砂岩运聚系数可高达3%～5%，在生气强度大于 $10\times10^8m^3/km^2$ 区域可以形成大型气田等，拓展了大型气田的勘探领域与范围。

（2）建立或发展了大面积低渗砂岩、古老碳酸盐岩、台缘礁滩和火山岩等天然气成藏理论。提出了源储交互叠置、孔缝网状输导、近源高效聚集和大面积成藏为要素的低渗砂岩和以大面积古老烃源岩、大面积古老丘滩岩溶储层、长期继承性大型古隆起、大型古油藏原油裂解为核心的古老碳酸盐岩等成藏新认识，对指导这些领域的天然气勘探发挥了重要作用。

（3）形成了一系列地球物理储层评价和预测技术。包括低渗砂岩地震储层预测与气层检测技术、碳酸盐岩缝洞精细雕刻预测技术、礁滩储层预测和气层检测技术，以及多系列、多参数天然气层测井定性识别技术等，为鄂尔多斯、四川、塔里木等盆地相关领域的勘探提供了技术支持。

（4）通过对四川、鄂尔多斯、塔里木、松辽等7个盆地天然气地质条件和成藏主控因素的深入研究，在古老碳酸盐岩、台缘礁滩、低渗砂岩和火山岩等勘探领域，优选了以四川盆地高石梯—磨溪长期继承性古隆起构造为代表的几十个有利勘探区带，自主评价了以高石1井为代表的多个风险勘探目标，为大气田的发现发挥了重要作用。

总之，该书集中反映了中国陆上天然气地质与勘探研究最新进展，丰富和发展了我国天然气地质理论。愿与该书作者共勉，不断推动我国天然气地质理论创新与技术进步，不断推动我国大型气田的发现，为我国天然气工业的快速发展做出更大的贡献。

中国科学院院士

李承造

2014 年 1 月 18 日

前言

天然气作为清洁能源，越来越受到全球的重视。在中国，随着经济的快速发展和环保理念的提升，人们对天然气的需求急剧增加。大力发展天然气，已经成为我国能源发展的重要战略。伴随天然气地质理论的发展、技术的进步和大型天然气田的陆续发现与上产，截至2013年底，我国天然气累计探明地质储量已经达到$9.8 \times 10^{12} m^3$，年产量超过$1078.7 \times 10^8 m^3$，跃居世界第六位，天然气勘探开发取得了飞跃式发展。同时，天然气消费量也在急剧上升，需求缺口逐年拉大。根据《能源中长期发展规划纲要（2004~2020年）》预计，到2020年，我国天然气消费量将超过$3000 \times 10^8 m^3$，而国内产量届时只有$2400 \times 10^8 m^3$，缺口仍然很大。因此，只有通过天然气地质理论和技术创新，加快勘探步伐，不断发现更多的大型天然气田，才能从根本上缓解供需矛盾。

中国天然气地质理论与勘探实践历程，可概括为三个发展阶段。第一阶段为天然气地质理论引进与萌生阶段（1949~1978年），通过引进和学习国外天然气地质理论和技术，并结合中国地质特点积极开展天然气勘探。当时学界认为只有海相和陆相的泥质岩与碳酸盐岩才能作为气源岩，天然气勘探以找寻油型气为主，且没有形成系统的天然气地质理论体系，天然气勘探受到很大制约，仅在四川盆地与渤海湾盆地等盆地取得了一些发现。至20世纪70年代末，天然气累计探明地质储量$2460 \times 10^8 m^3$，年产量仅$100 \times 10^8 m^3$，发展速度缓慢。第二阶段为煤成气理论发展阶段（1979~2000年），大致为"六五"到"九五"末。我国开始加强天然气地质科技攻关，天然气地质学、煤成气地质学等各种论著纷呈，以1979年戴金星院士"煤成气"理论的提出为标志，人们首次把煤系源岩作为天然气的重要来源，认为含煤盆地有利于形成大中型气田。该阶段陆续发现了克拉2、靖边、崖城13-1、磨溪等煤成气大型气田，天然气储量和产量逐年增大。至2000年底，天然气累计探明地质储量$2.6 \times 10^{12} m^3$，年产量上升到$191.6 \times 10^8 m^3$，从此拉开了中国天然气工业快速发展的序幕。第三阶段为多元天然气地质理论系统形成阶段（2001年至今）。中国具有小陆块拼合、多旋回演化、强烈陆内构造活动性等地质特点，决定了中国天然气地质具有天然气成因类型多、气藏类型丰富、成藏过程复杂、天然气勘探领域多样的特点。成因类型包括煤型气、油型气、原油裂解气、生物气、无机气等，储层类型包括常规砂岩、致密砂岩、碳酸盐岩岩溶、台缘礁滩、火山岩、变质岩、煤层、页岩等，气藏类型包括构造、构造岩性、岩性构造、地层岩性等，为多元天然气地质理论系统形成创造了条件。这一阶段，随着天然气地质实验技术的快速发展，人们对煤成气、原油裂解气、干酪根裂解气、生物气等生气机理有了深入认识，包括有机质"接力成气"、生气下限大幅度下延等；对不同类型气藏、不同天然气勘探领域的成藏机理与富集规律形成了系统的认识；针对不同天然气勘探领域的特色地球物理技术得到了快速发展与应用。这期间发现了苏里格、乌审旗、普光、大北3、广安、合川、龙岗、克深2、塔中、克拉美丽、徐深等大型气田，有力地支持了天然气储量和产量的快速增长。2013年产量比2000年增加了$887.1 \times 10^8 m^3$，有力推动了中国天然气工业的大发展。

《中国陆上天然气地质与勘探》的主要作者大多有幸参加了"八五"至"十二五"国家和中国石油天然气集团公司的天然气科技攻关研究，特别是主持了"十五"至"十二五"国家和中国石油天然气集团公司的天然气科技攻关研究，成为这期间天然气科技攻关研究的一支重要队伍，亲历了中国天然气地质理论与勘探实践的快速发展过程。本书主要反映了该团队在"十一五"期间天然气攻关的研究成果，汇集了中国陆上天然气地质、勘探技术与勘探实践等方面的最新研究成果。概括起来，主要体现在以下8个方面。

（1）天然气生成方面：进一步明确了煤系烃源岩的生气下限、原油裂解生气的终止温度和生物气生成的温度下限，提出了煤和碳质泥岩在高演化阶段（R_o为2.5%~5%）仍能大量生气、天然气生成量占总量的20%以上的新认识；通过生烃动力学模拟实验，发现原油在地温230℃时裂解终止，修正了前人普遍认为的原油在地温200℃时裂解终止的认识；将生物气的生成下限从原来的75℃下延到85℃，生物气生成的深度向下延伸了数百米。为深层天然气勘探提供了理论依据。

（2）大气田储集机理方面：发现了高温、高压条件下砂岩快速溶蚀现象（模拟实验发现150℃之后，长石溶蚀速率增大2~3倍），极大地改善了深部砂岩储层的储集性能，丰富了前人深部储层的快速埋藏、储层超压和构造裂缝等形成机理的认识，拓展了深层碎屑岩天然气勘探领域。通过水槽实验模拟了平缓构造背景、多物源和水体频繁振荡形成大面积砂体的沉积特征，为"敞流型"湖盆沉积模式的建立与有效砂体的预测提供了依据。

（3）天然气封盖层方面：提出了考虑盖层有效厚度、排替压力、气藏压力系数及断层等因素的大气田盖层多因素综合定量评价新方法（CSI），建立了不同类型气田盖层定量评价参数体系，确定了不同类型大气田的盖层参数下限，盖层评价逐步走向定量化。应用多因素综合定量评价方法初步评价了超高压、火山岩、碳酸盐岩大型气田的封盖条件。

（4）天然气聚集效率方面：通过刻度区解剖，近源运聚系数可达3%~5%，近源高效聚集的大面积低渗砂岩在生气强度大于$10 \times 10^8 m^3/km^2$区域可以形成大气田，突破了前人认为由于天然气易散失，运聚系数一般0.3%~1.0%，大气田主要分布在生气强度大于$20 \times 10^8 m^3/km^2$区域的认识。拓展了大气田的勘探领域与范围，有效指导了源储一体大面积低渗砂岩的天然气勘探。

（5）大气田成藏富集规律研究方面：提出了源储交互叠置、孔缝网状输导、近源高效聚集和大面积成藏为要素的低渗砂岩成藏新认识，提出了大面积古老烃源岩、大面积古老丘滩岩溶储层、长期继承性大型古隆起、大型古油藏原油裂解为核心的古老碳酸盐岩成藏理念，提出了基底大断裂控相带、台缘礁滩云化控储、源岩储层断裂共同控藏、沿台缘控源断裂找礁滩的成藏认识，提出了以生烃断槽为基本单元的"断槽控源、相缝控储、断裂控藏、定槽选带"断陷盆地火山岩气田成藏与勘探新思路。发展了天然气成藏理论,有力支持了勘探方向的选择、风险井的突破和大气田的发现。

(6)天然气地质实验新技术方面:针对天然气成藏面临的问题,开发了连续无损耗天然气生成模拟,天然气成因鉴别与气源对比,高温、高压储层溶蚀,天然气成藏三维模拟和断裂对盖层破坏物理模拟等实验新技术。其中,天然气中非烃气体(H_2S、CO_2、N_2)的硫、氧、氮同位素在线分析技术填补了国内空白,在国际上处于领先地位。丰富和完善了天然气生成、资源潜力评价、气源对比和成藏示踪指标体系,并在鄂尔多斯盆地、四川盆地、塔里木盆地、松辽盆地等天然气成藏研究和大气田勘探中发挥了重要作用。

(7)天然气地球物理评价和预测技术方面:一是针对低渗砂岩成功研制出低孔渗人造砂岩,在国内首次模拟出第三类AVO效应,建立了岩石物理分析与正演模型,开发了地震储层预测与气层检测技术;二是针对碳酸盐岩缝洞型储层非均质性强、气水关系复杂的特点,建立了缝洞精细雕刻预测技术;三是针对碳酸盐岩礁滩,开发了礁滩储层预测和气层检测技术;四是针对疏松砂岩和低孔致密气层,自主研发了多系列、多参数天然气层测井定性识别技术。为鄂尔多斯盆地、四川盆地和塔里木盆地等相关领域的评价勘探提供了技术支持。

(8)勘探实践方面:通过对四川盆地、鄂尔多斯盆地、塔里木盆地、松辽盆地等7个盆地天然气地质条件和成藏主控因素的深入研究,在古老碳酸盐岩岩溶、台缘礁滩、低渗砂岩和火山岩等勘探领域,优选了以四川盆地高石梯 - 磨溪长期继承性古隆起构造为代表的几十个有利勘探区带,自主评价了以高石1井为代表的多个风险勘探目标,指导了大气田的发现,同时为"十一五"期间新增天然气探明地质储量 $3.1 \times 10^{12} m^3$ 及天然气产量的快速增长提供了有力的技术支持。

全书共四篇十八章。第一篇包括第一章到第三章,主要介绍天然气生成、天然气储层和天然气盖层等天然气基础地质理论方面的研究新进展,涉及煤成气、原油裂解气和生物气的生成下限,大气田优质储层形成机理和大气田盖层多因素综合定量评价新方法等。第二篇包括第四章到第八章,主要介绍不同类型、不同天然气勘探领域大气田成藏富集规律研究取得的新进展,涉及低渗砂岩、碳酸盐岩岩溶与台缘礁滩、火山岩、超高压和生物气大气田成藏主控因素与富集规律研究取得的新认识等。第三篇包括第九章到第十五章,主要介绍重点气区大气田勘探领域天然气地质条件、成藏主控因素与区带目标评价取得的新进展,主要涉及四川盆地、鄂尔多斯盆地、塔里木盆地、准噶尔盆地、松辽盆地、柴达木盆地和渤海湾等盆地。第四篇包括第十六章到第十八章,主要介绍针对不同天然气勘探领域的地球物理评价技术和天然气地质实验特色技术研究取得的新进展,包括地震储层预测与烃类检测识别新技术、测井识别评价新技术和天然气成藏实验新技术及其在天然气勘探中的应用等。

本书由魏国齐教授确定框架与提纲,并组织编写,最后统稿、定稿。各章编写分工如下:前言,魏国齐、王东良、李君、张光武;第一章,张水昌、李剑、王东良、胡国艺、张敏、卢双舫、王飞宇、帅燕华、王义凤、何坤;第二章,杨威、刘锐娥、赵泽辉、胡明毅、谢武仁、施振生;第三章，吕延防、谢增业、张莉、杨勉、张光武、史集建；第四章，魏国齐、李剑、谢增业、刘新社、张福东、赵靖舟、范立勇、李君；第五章，魏国齐、谢增业、杨威、张奇、王志宏、刘满仓、谢武仁、徐亮；第六章，焦贵浩、孙平、赵泽辉、罗霞、程宏岗；第七章，李剑、李贤庆、陈践发、邱楠生、杨文静、张光武、刘卫红；第八章，李剑、张水昌、张英、帅燕华、张林；第九章，魏国齐、张健、杨威、杨光、金惠、张奇、谢武仁、朱秋影；第十章，魏国齐、付金华、张福东、刘新社、刘锐娥、范立勇、张春林、胡爱平；第十一章，魏国齐、杨海军、冉启贵、肖中尧、张宝收、李德江；第十二章，王东良、林潼、孙平、莫午零；第十三章，焦贵浩、孙平、赵泽辉、江涛、宋立忠、王志宏、邵明礼、徐淑娟、曾富英、王晓波；第十四章，孙平、张福东、张林、郭泽清、田继先；第十五章，李剑、王东良、国建英、崔会英、王蓉；第十六章，欧阳永林、曾庆才、杨威、李琛、黄家强、狄邦让、潘仁芳、万忠宏、陈茂山、包世海、代春萌；第十七章，石强、杨威、王秀芹、刘凤新；第十八章，魏国齐、李剑、王东良、李志生、国建英、李谨、王晓波。

此外，张廷山、付广、彭德堂、孙广伯、黄光辉、田景春、王民、李正文、关辉、林世国、鞠秀娟、徐小林、王宗礼、王兴、姜仁、陈胜、孙永河、袁红旗、文龙、何绪全、石玉江、刘蜀敏、夏茂龙、孟培龙、吴长江、陈盛吉、李晶秋、王颖、肖玉峰、陈波、邵才瑞、范宜仁等许多人参加了本书的相关研究工作。

感谢国家发展和改革委员会、科技部、财政部对天然气地质科技攻关的大力支持；感谢中国石油天然气集团公司科技管理部、勘探与生产公司，国家油气重大专项实施办公室给予的大力支持、指导和帮助；感谢中国石油勘探开发研究院，中国石油长庆油田分公司、西南油气田分公司、塔里木油田分公司、吉林油田分公司、东方地球物理公司，中国石油大学（北京、华东），东北石油大学，长江大学，成都理工大学，西南石油大学，西安石油大学等单位的积极参与；感谢戴金星院士、胡见义院士、贾承造院士、王铁冠院士、高瑞祺教授、傅诚德教授、赵化昆教授、梁狄刚教授、宋建国教授、顾家裕教授、刘雯林教授、李明诚教授、钱凯教授等专家在研究过程中的悉心指导和帮助；感谢李东旭、侯艳红、王秀萍、杜秀平、苟川、冯艳、冯景改、李雪莹等同志在本书出版过程中所付出的艰辛劳动。

《中国陆上天然气地质与勘探》主要以"十一五"国家和中国石油天然气集团公司天然气科技攻关研究成果为基础，汇集了中国陆上天然气地质勘探理论的发展、勘探技术的创新和勘探实践的最新成果，是中青年天然气科技攻关研究团队集体智慧的结晶。可供天然气勘探工作者、科研院所研究人员和相关高校师生参考。由于中国陆上天然气地质条件复杂，涉及的资料多，研究内容广泛，加之作者水平有限，书中不妥或错漏之处，敬请批评、指正！

作 者

2013 年 12 月

目录

序一 / i

序二 / iii

前言 / v

第一篇　天然气基础地质理论研究新进展

第一章　天然气的生成下限 /003

第一节　煤成气的生成下限 /003

第二节　原油裂解气的生成下限 /014

第三节　生物气的生成下限 /031

第二章　大型气田优质储层形成机理及应用 /052

第一节　大面积低渗砂岩优质储层特征、主控因素及分布 /052

第二节　台缘礁滩沉积模式、储层主控因素及新台缘带预测 /071

第三节　火山岩优质储层特征、主控因素及分布 /082

第三章　大型气田盖层定量评价 /097

第一节　天然气盖层综合定量评价方法 /097

第二节　低渗砂岩大型气田盖层综合定量评价 /102

第三节　碳酸盐岩大型气田盖层综合定量评价　/106

第四节　火山岩大型气田盖层综合定量评价　/107

第五节　超高压大型气田盖层综合定量评价　/112

第二篇　大型气田成藏富集规律

第四章　低渗砂岩大型气田成藏主控因素与富集规律　/121

第一节　大面积低渗砂岩大型气田形成的关键地质要素　/121

第二节　大面积低渗砂岩气藏的运聚机制与成藏模式　/129

第三节　低渗砂岩大型气田成藏富集规律　/143

第五章　碳酸盐岩大型气田成藏主控因素与富集规律　/148

第一节　碳酸盐岩大型气田形成的地质条件　/148

第二节　碳酸盐岩气藏特征与成藏模式　/167

第三节　碳酸盐岩大型气田成藏富集规律　/186

第六章　火山岩大型气田成藏主控因素与富集规律　/195

第一节　断陷盆地火山岩大型气田形成的关键地质要素　/195

第二节　断陷盆地火山岩气藏类型与成藏模式　/201

第三节　断陷盆地火山岩大型气田成藏富集规律　/205

第七章　超高压大型气田成藏主控因素与富集规律　/209

第一节　超高压大型气田形成的关键地质要素　/209

	第二节　超高压形成机制与气藏成藏模式	/213
	第三节　超高压大型气田成藏富集规律	/217
第八章	生物气大型气田成藏主控因素与富集规律	/222
	第一节　生物气大型气田形成的关键地质要素	/222
	第二节　生物气藏的运聚机制与成藏模式	/229
	第三节　生物气大型气田成藏富集规律	/232

第三篇　重点气区大型气田勘探领域

第九章	四川盆地大型气田勘探领域	/237
	第一节　长兴组—飞仙关组礁滩大型气田勘探领域	/237
	第二节　须家河组低渗砂岩大型气田勘探领域	/245
	第三节　震旦系—下古生界大型气田勘探领域	/252
第十章	鄂尔多斯盆地大型气田勘探领域	/261
	第一节　上古生界低渗砂岩大型气田勘探领域	/262
	第二节　下古生界碳酸盐岩大型气田勘探领域	/270
第十一章	塔里木盆地大型气田勘探领域	/276
	第一节　库车前陆区大型气田勘探领域	/277
	第二节　塔中碳酸盐岩大型气田勘探领域	/285
	第三节　塔西南前陆区冲断带大型气田勘探领域	/291

第四节　塔东地区下古生界碳酸盐岩勘探领域　　/296

第十二章　准噶尔盆地大型气田勘探领域　　/302

第一节　陆东-五彩湾火山岩大型气田勘探领域　　/303

第二节　准噶尔盆地南缘大型气田勘探领域　　/311

第十三章　松辽盆地大型气田勘探领域　　/318

第一节　深层火山岩大型气田勘探领域　　/318

第二节　深层砂砾岩勘探领域　　/335

第三节　浅层生物气勘探领域　　/342

第四节　基岩潜山勘探领域　　/349

第十四章　柴达木盆地大型气田勘探领域　　/357

第一节　三湖第四系生物气大型气田勘探领域　　/357

第二节　柴西古近系、新近系油型气大型气田勘探领域　　/362

第三节　柴北缘侏罗系煤型气大型气田勘探领域　　/367

第十五章　渤海湾盆地大型气田勘探领域　　/372

第一节　深层碎屑岩大型气田勘探领域　　/374

第二节　潜山大型气田勘探领域　　/378

第四篇　大型气田勘探技术

第十六章　地震储层预测与烃类检测识别新技术及应用　/385

第一节　岩石物理分析与正演模型研究　/385
第二节　地震储层预测与识别技术　/411
第三节　应用实例　/436

第十七章　复杂气藏测井识别、定量评价技术及应用　/448

第一节　疏松砂岩气层测井识别评价技术　/448
第二节　低孔致密气层测井识别评价技术　/464

第十八章　天然气成藏实验新技术与应用　/476

第一节　天然气生成模拟实验新技术与应用　/476
第二节　天然气气源对比实验新技术与应用　/481
第三节　高温、高压储层溶蚀实验新技术与应用　/494
第四节　天然气成藏实验新技术与应用　/497
第五节　盖层分析评价的实验新技术与应用　/506

参考文献　/520

第一篇

天然气基础地质理论研究新进展

第一章 天然气的生成下限

20世纪70年代以来，国内外学者在天然气生成方面进行了大量的实验研究工作，并取得了一系列成果和认识，包括煤成气、原油裂解气和生物气，并引入了生烃动力学，将生烃过程与地质演化结合起来，在资源评价和油气成藏研究中发挥了重要作用，有力地促进了天然气工业的快速发展。最基本的认识是，先是生物质生气，再逐渐过渡到干酪根裂解生油气，最后原油裂解生气同时伴随干酪根末期裂解生气。然而，由于认识和技术条件的限制，人们对烃源岩生气下限、原油裂解生气终止温度下限和生物气生成温度下限的认识一直存在争议，直接影响了对生气阶段、生气量和资源量的认识，给勘探潜力的评价带来了不确定性。本章在技术开发和实验模拟的基础上，明确了煤系烃源岩的生气下限、原油裂解生气的终止温度和生物气生成的温度下限，重建了煤系烃源岩的生烃模式，重新评价了煤系烃源岩过成熟阶段的生气潜力，指出了原油裂解气和深层生物气的有利分布区，有效指导了天然气的勘探。

第一节 煤成气的生成下限

煤成气是中国天然气的主体，因此，天然气勘探中对煤成气的研究始终是业内工作者的重要课题，经过长期积累，在煤成气的生成机理和生成潜力等方面取得了一批重要的成果和认识，基本回答了煤成气的生成机理和生成潜力问题，并建立了煤成气的生成模式，在指导煤成气勘探中发挥了重要作用。煤系烃源岩尤其是煤和碳质泥岩中干酪根的特殊结构，导致其生气期长，但由于技术条件的限制，煤的生气下限的问题一直没能得到解决。过成熟阶段的生气潜力和生气机理也不清楚。本节以实验为基础，较好地解决了这些问题，为煤成气的勘探奠定了理论基础。

一、煤系烃源岩的生气机理

1978年，蒂索提出了有机质油气生成理论，并建立了油气生成模式（图1-1）。主要观点是，沉积有机质在不同演化阶段伴随着不同的油气生成过程。沉积早期以生成生物化学甲烷为主；随着埋藏深度和演化程度的增加，生物化学作用逐渐减弱，热力作用逐渐加强，生烃过程也由生物化学甲烷逐渐过渡到干酪根热降解生烃；随着埋深和演化程度进一步增加，生成的烃类不断增多，有机质进入生油高峰阶段；之后生油量逐渐减少，干酪根从生油向生气转换，生成的油也逐渐裂解成气，这一阶段生成的气主要为湿气；进入过成熟阶段后，干酪根不再生油，之前生成的油已经完全裂解成气，这时除了大量的湿气向干气转化外，大量生油气过程已经结束，直到整个生烃过程结束，只有干酪根还可以再生成少量的气。这一认识主要针对的是海相和湖相源岩，并且普遍被人们所接受。随着国内外学者实验和研究的不断深入，这一认识逐渐得到深化。除热演化外，油气生成的主要影响因素是有机质的类型，它直接影响油气生成量的大小。有机质类型不同，油气生成率不同，所生成油气的比例和化学性质也不同，有机质类型越好，产油率越高，反之产气率越高。

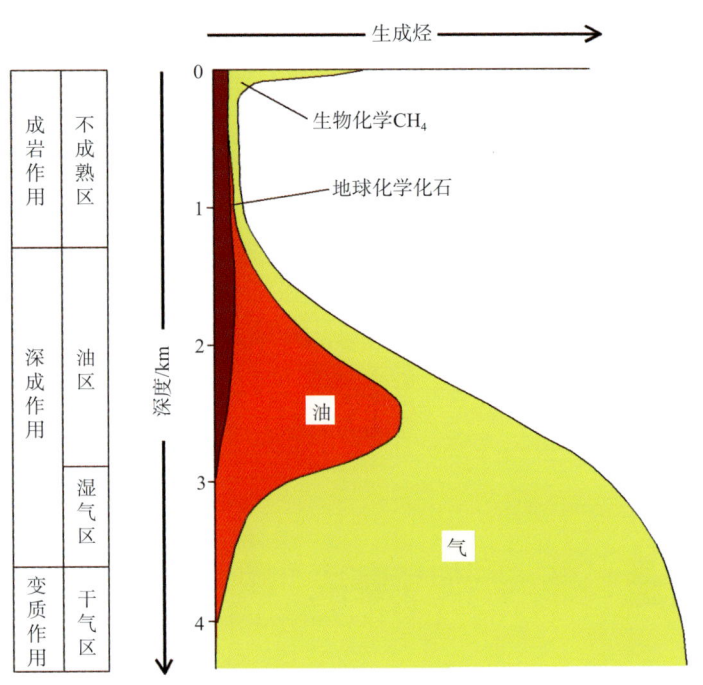

图 1-1 蒂索的油气生成模式图（Tissot and Welte，1978）

注：湿气和干气均是天然气

煤系烃源岩是中国的主要气源岩，中国已发现的天然气大约有 70% 与煤系烃源岩有关。因此，煤系烃源岩一直是天然气研究工作者重点关注的对象。

煤系烃源岩的有机显微组成以镜质组为主，主要生成天然气。煤系烃源岩的有机显微组成按富氢程度分为富氢显微组分和贫氢显微组分，富氢显微组分包括孢子体、角质体、木栓质体、树脂体、藻类体、沥青质体和碎屑富氢体等，这些组分以富含脂肪族成分（如链烷烃等）和高氢含量为特征，具有较高的生烃潜力，是陆相石油的主要原始母质。但是这些物质在煤系烃源岩中含量很低，因此形成的石油是少量的。贫氢显微组分包括镜质组和惰质组，是煤系烃源岩的主要有机显微组分，占有机显微组分的 80% 以上。镜质组是高等植物的木质素、纤维素和丹宁经过腐殖化作用的产物，其化学结构主要由芳香结构组成，具有少量由含氧官能团连接的脂链族，具有氧含量高、氢含量低的特点，因而传统观点认为镜质组是生气的母质，生油能力十分有限（Tissot and Welte，1978），对生油的贡献主要来自其中的富氢镜质体，但含量很低。惰质组是一般腐殖煤中比较常见的显微组分，往往保存有明显的植物细胞结构，它是在成煤作用的泥炭沼泽时期，成煤植物遭受不同形式和不同程度的氧化作用后形成的，因此惰质组已基本丧失了生烃能力。

一般认为煤是由分子量不同、分子结构相似的一组"相似化合物"的混合物组成，具有多个相似的"基本结构单元"通过桥键连接而成的立体结构。不同演化阶段的腐殖煤，其基本结构单元包含的碳原子数或芳环数不同。通过核磁共振、氧解、氢解和水解等方法，初步认为褐煤结构单元的芳环数为 1～2；碳含量 80% 的烟煤的芳环数为 2；碳含量 85% 的烟煤的芳环数平均为 3；碳含量 90% 时，芳环数为 3～5；碳含量 90% 以上时，缩合芳环数急剧增加，向石墨方向发展，碳含量 95% 时，芳环数可能大于 40（Sprio, 1982；朱之培和高晋生，1984）。

Wiser（1975）提出的煤的结构模型（图1-2（a））被认为是比较全面、合理的模型。该模型主要针对年轻烟煤。其中，芳环数的范围较宽，一般为 1～5 个环的芳香结构，芳碳的含量为 65%～75%。模型中的氢主要在脂肪性结构中，如氢化芳香环、烷链桥结构及脂肪性官能团取代基，芳香性氢较少。模型中含有酚、硫酚、芳基醚、酮及含 O、N、S 的环结构。模型中基本结构单元之间的交联主要是 1～3 个碳的短链烷键（—$(CH_2)_{1\sim3}$—）、醚键（—O—）或硫醚键（—S—）等弱键或者两个芳环直接相连的芳香碳—碳键。

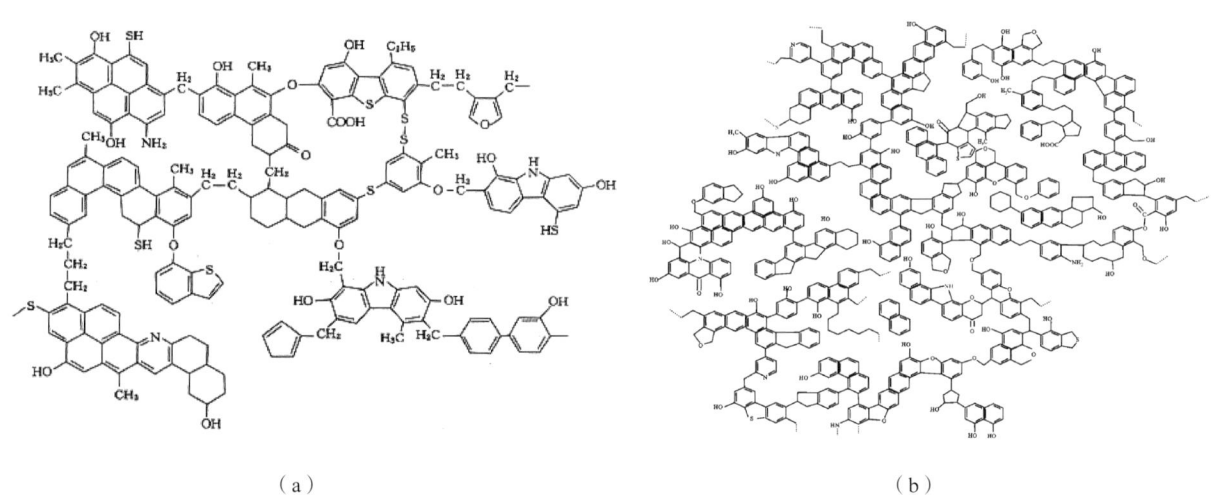

图 1-2 腐殖煤化学结构模型
（a）Wiser 模型；（b）Shinn 模型

Shinn（1984）根据煤在液化过程中产物的分布提出了煤的反应结构模型（图1-2（b））。该模型煤的大分子结构分子式 $C_{661}H_{561}N_4O_{74}S_6$，相对分子质量高达 1 万数量级，可以分出 11 种不同结构单元或分子片段，它们的相对分子质量为 286～1250。该模型中基本结构单元的芳环数为 2～3，其间由 1～4 个桥结构相连，大多数桥结构是亚甲基（—CH_2—）和醚键（—O—）。该模型假设，芳环或氢化芳环单元由较短的脂链或醚键相连，形成大分子聚合体，小分子镶嵌于大分子的孔隙或空穴中。

相比较而言，烃源岩中分散有机质干酪根的结构与煤的结构存在很大差异。Behar 和 Vandenbroucke（1987）对三种类型的干酪根在不同演化阶段的元素组成进行了深入研究，并提出了相应的结构模型。其中，未成熟阶段干酪根的结构为：I 型干酪根包含大量的脂肪链，脂环和芳

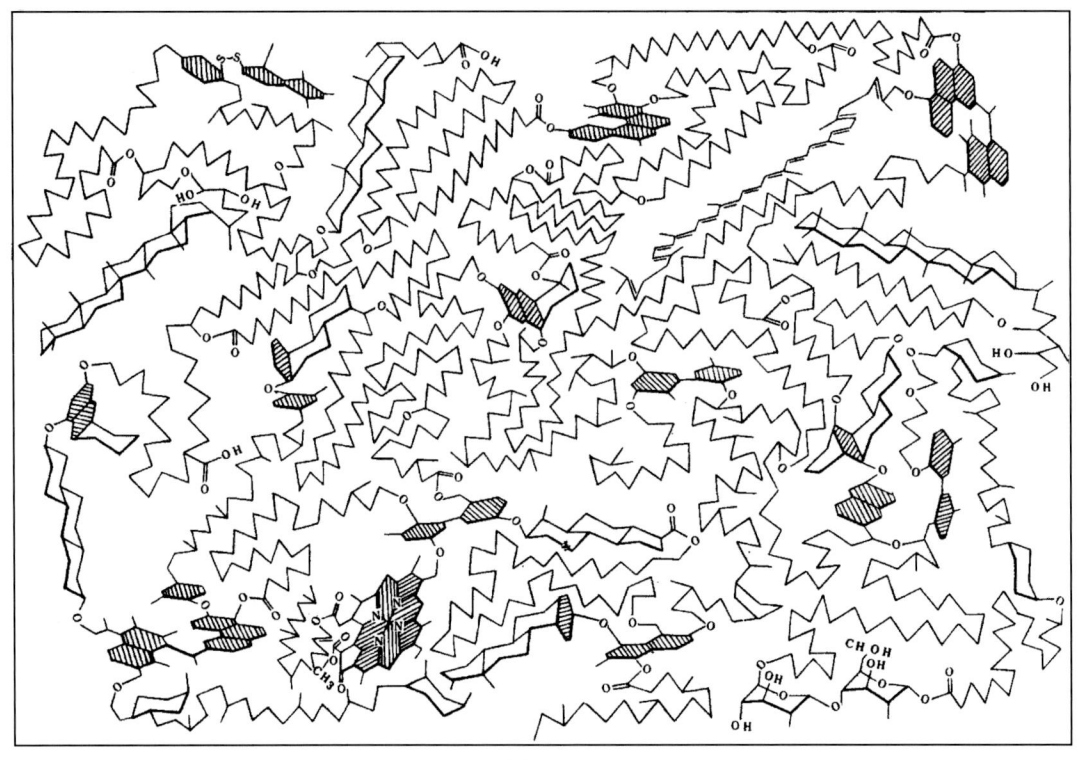

(a)

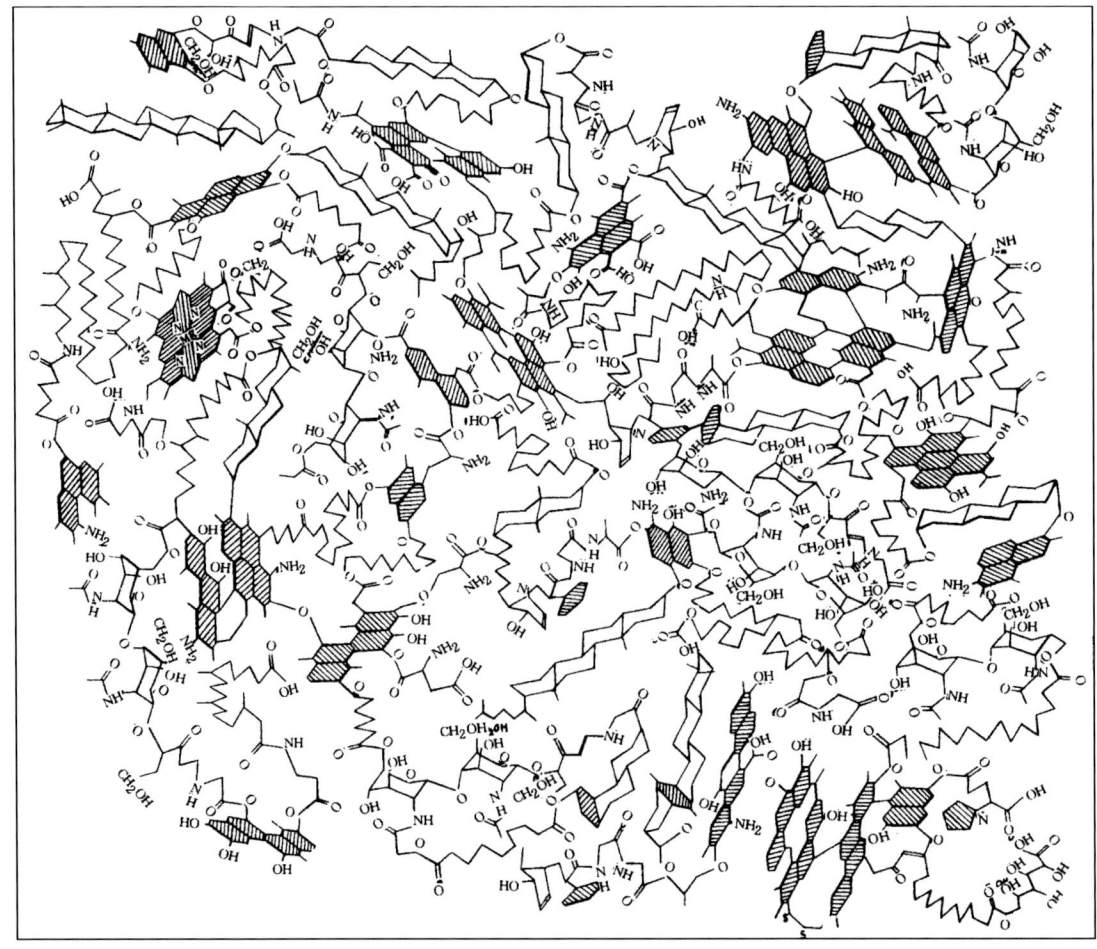

(b)

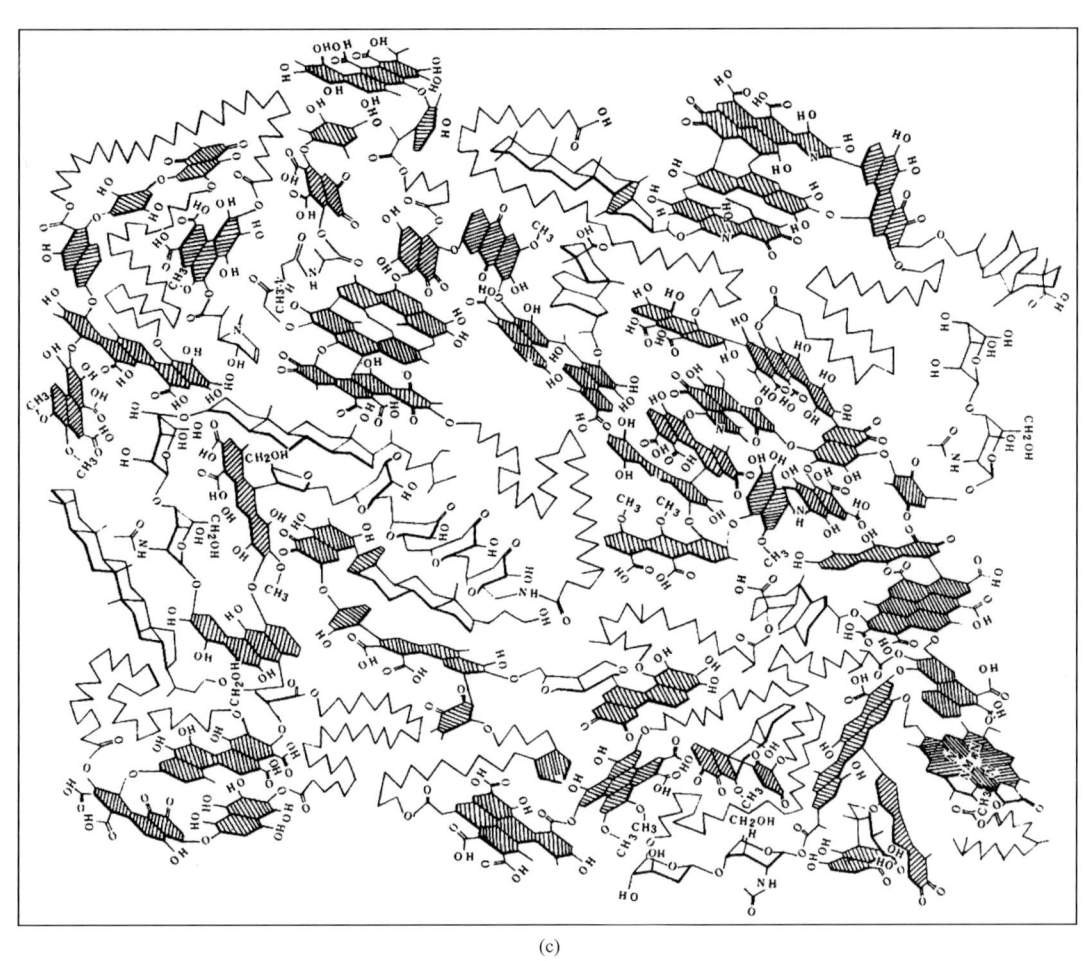

图 1-3　I 型、II 型及 III 型干酪根化学结构模型（Behar and Vandenbroucke，1987）
(a) I 型；(b) II 型；(c) III 型

环数量并不多，脂链碳占 74%，脂环碳占 12%，芳碳占 14%；II 型干酪根同样包含大量的脂肪链，脂环和芳环的数量多于 I 型干酪根，脂链碳占 51%，脂环碳占 19%，芳碳占 30%；III 型干酪根中脂肪链明显减少，脂环数量变化不大，而芳环大量增加，脂链碳占 38%，脂环碳占 13%，芳碳占 49%（图 1-3）。

秦匡宗和吴肇（1990）用核磁共振方法获得的抚顺油页岩干酪根脂碳氢含量为 91%，芳氢率仅为 7.4%，平均脂链碳数为 10.5，与 Behar 和 Vandenbroucke（1987）的 I 型干酪根非常类似；黄县古近系、新近系褐煤脂碳氢含量为 72%，芳氢率为 21%，平均脂链碳数为 3.8，脂碳氢含量明显低于抚顺油页岩干酪根，脂碳链长也明显小于抚顺油页岩干酪根。

由此可见，烃源岩中分散有机质分子结构中脂肪链数量明显比煤中多，即使是 III 型干酪根，其中的脂肪链数量也比煤中多，而且脂肪链的长度也明显大于煤中脂肪链的长度，而煤的结构中芳环的数量明显高于分散有机质的数量。而且对于煤而言，大量的氢为短链结构上的氢或者芳环上的氢。

按照化学动力学原理，有机化合物的热稳定性主要取决于分子中的化学键键能的大小。干酪根及煤中化合物的种类很多，化合物的化学键键能差别很大，干酪根和煤中烃类热稳定性的一般规律是：缩合芳碳＞芳烃＞环烷烃＞烯烃＞烷烃。因此，芳环上侧链越长，侧链越不稳定；芳环数越多，侧链越不稳定；缩合多环芳碳的环数越多，其热稳定性越大（谢克昌，2002）。

因此，传统的干酪根热降解生烃理论认为，长链脂族基团容易从干酪根大分子中脱离出来形成链烷烃类，短链基团相对困难一些；母质类型越好在成熟阶段生成的烷烃数量越多，母质类型越差形成的烷烃数量越少。由此可见，在干酪根生烃过程中，母质类型好的有机质，由于长链基团数量较快脱落，干酪根中 H 含量的快速降低，而母质类型差的烃源岩 H 含量降低速度就相应比较慢。由于煤的结构主要为短链脂肪烃及芳烃，其键断裂需要较高的活化能，尤其是芳环上的氢键需要更高的能量，因此在生烃过程中 H 含量的降低很缓慢，甚至可以延续到很高的成熟阶段。

大量生烃模拟实验也证实，煤的成烃转化率低，以生成天然气为主（图1-4），而这正是由煤特殊的有机显微组成所决定的。且由于煤富含缩合芳碳的特殊化学结构，断键裂解生烃需要很高的能量，因此煤在过成熟阶段仍然能够生成天然气。但是，煤在过成熟阶段到底还能够生成多少天然气，生气下限到底是多少？这是众多学者一直探讨的问题，也是争议很大的问题，至今没有能够得到很好地解决。

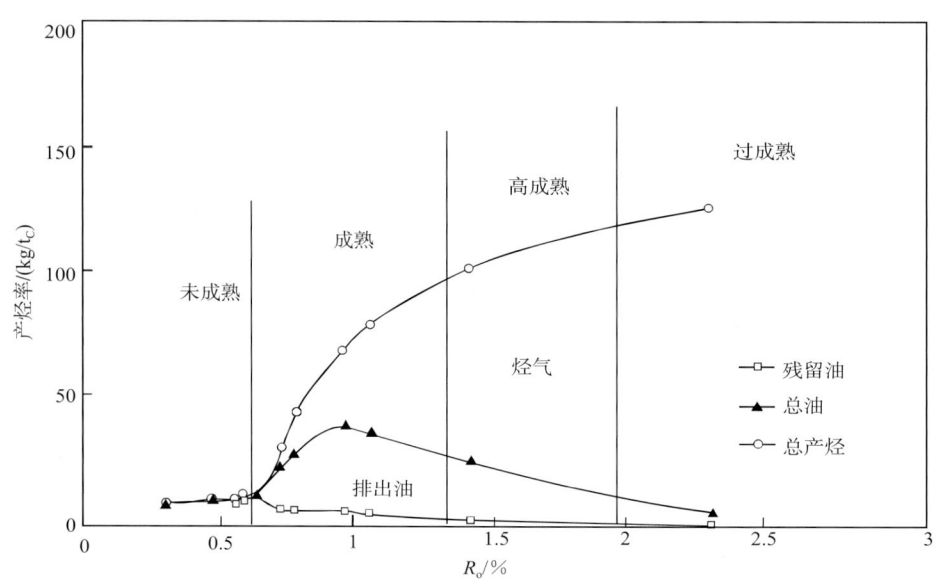

图 1-4　塔里木盆地侏罗系煤生排烃模式图（王东良等，2001）

二、煤成气的生成下限

尽管人们认为煤的特殊显微组成和结构可以使生气过程持续到很高的成熟阶段，但由于受技术条件的限制，对于煤的生气下限及在过成熟阶段可以生成多少气一直没有量的概念。为了研究煤在过成熟阶段残存的生气潜力，陈建平等（2007）通过煤的镜质体反射率（R_o）与氢碳原子比的对应关系推测煤在过成熟阶段约有35%的氢没有转化为烃（图1-5），但没有确切给出到底能够生成多少气。本小节以模拟实验为手段，在新技术开发的基础上，较好地回答了这一问题。

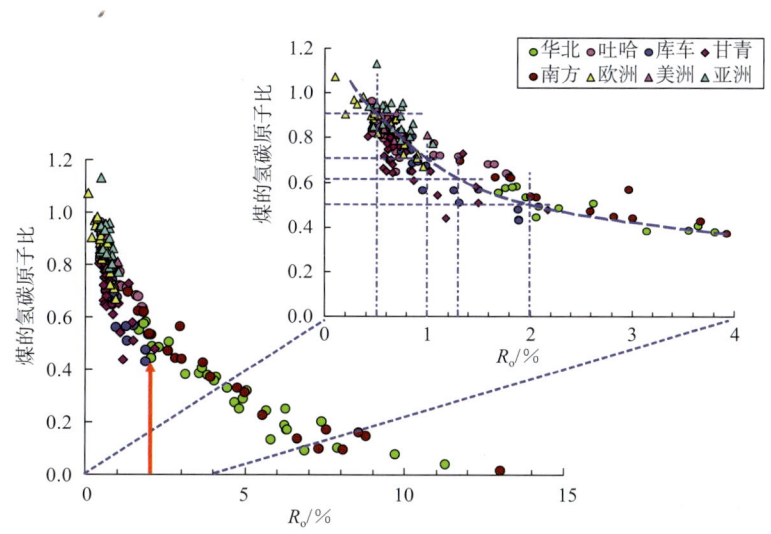

图 1-5 煤的氢碳原子比与 R_o 关系图（陈建平，2008）

（一）实验方法

人们对烃源岩的生烃下限和生烃过程的认识主要建立在人工模拟实验的基础上。以往的热模拟温度一般最高到 600℃，所对应的镜质体反射率为 2.0%～2.5%（图 1-6），从中可以看出，到 600℃时生烃转化率已经达到 100%。理论上人为缩短了煤的生气过程，降低了它的生烃潜力。因此，为了定量回答煤系烃源岩的生气下限和过成熟阶段生气潜力的问题，必须开发新的实验技术或引入新的实验手段，进一步提高模拟生烃的实验温度。通过技术创新，研究人员设计加工了新型实验炉，开发了开放体系下全岩连续无损耗生气模拟实验新技术，实现了最高 900℃的长时间模拟。其中，关键技术之一是高温模拟炉的研制及其与色谱仪的连接，要求模拟装置中使用的高温炉不但耐高温，而且实验可以在室温至 900℃长时间工作，并实现程序控制；同时必须将模拟装置加载到色谱仪前面，这样才能实现模拟生气与色谱计量同步。关键技术之二是模拟气体的收集与色谱定量检测，首先要在色谱仪上加装冷阱收集产物，然后才能对模拟产物进行定量检测。

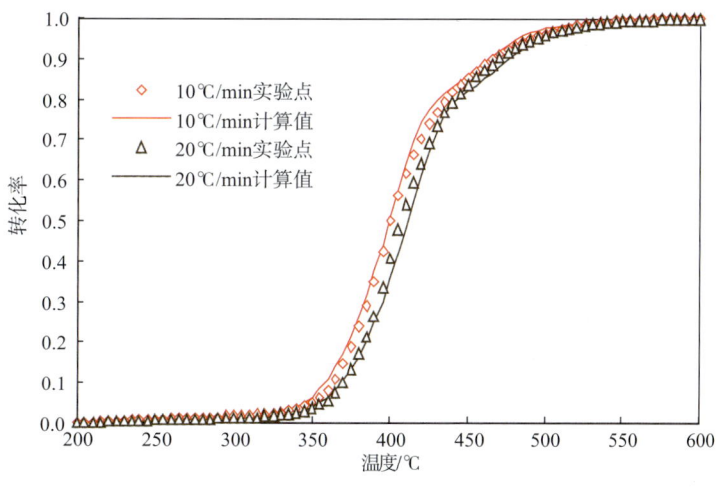

图 1-6 煤模拟产气率曲线

（二）实验样品

样品的选取是生烃模拟的重要环节。选取原则是未成熟或低成熟，并且能够基本代表中国主力气区的源岩；另外，考虑到碳质泥岩也是煤系地层的主要气源岩，而且与煤的性质比较接近，因此，在选取煤的同时配套选取了碳质泥岩。经过大量初选分析，从20多个样品中筛选出了5个适合模拟的实验样品，包括准噶尔盆地侏罗系的煤和石炭系的碳质泥岩、鄂尔多斯盆地二叠系露头的煤和石炭系的碳质泥岩样品等（表1-1）。

表1-1 实验样品的基本信息

地区	井号/剖面	岩性描述	层位	R_o /%	S_1+S_2 /(mg/g)	T_{max} /℃	IH /(mg/g·c)	TOC /%
鄂尔多斯盆地	哈尔乌素煤矿	煤	P_{1s}	0.46	146.59	415	256	56.1
鄂尔多斯盆地	哈尔乌素煤矿	煤	P_{1t}	0.55	204.58	415	280	71.4
精河盆地	木扎特剖面	煤	J_{2x}	0.38	143.08	425	257.5	54.65
鄂尔多斯盆地	宝通煤矿	碳质泥岩	P_{1t}	0.81	5.87	423	53	9.75
准噶尔盆地	滴12/1126m	碳质泥岩	C		21.65	472	83	21.8

注：滴12/1126m是指滴12井1126m处岩心，S_1+S_2是指生烃潜量

（三）模拟实验与结果

对5个样品分别进行了8～10个点的生烃模拟实验，并对产物进行了收集定量。从模拟实验结果看，600℃以下是源岩生气的主体阶段，但将实验温度从600℃提高到800℃时，鄂尔多斯盆地和准噶尔盆地的煤和碳质泥岩在此温度区间仍然可以生成较大数量的天然气，这是以前没有量化或被人们忽视的。具体而言，鄂尔多斯盆地和准噶尔盆地的煤这一阶段生成了占总生气量28.44%、24.57%和27.87%的天然气（图1-7），两个盆地的碳质泥岩生成的天然气分别占到了总生气量的25.38%和34.39%（图1-8），煤和碳质泥岩这一阶段的生气量占总生气量的比例为20%～35%。从热模拟温度对应的镜质体反射率看（图1-9），相当于地下源岩在R_o=2.5%～5.0%时仍然可以再生成20%以上的天然气。这一发现进一步提升了高演化地区煤系地层天然气的资源潜力，也为深层勘探提供了资源基础。

为了验证实验结果的可靠性，笔者引进了热失重-质谱生烃模拟方法，该方法的最高热模拟温度可达到1000℃。从实验结果看（图1-10），800℃以下时与全岩连续无损耗生气模拟实验的生气量基本一致，但800～1000℃时生气量几乎不再增加，说明800℃以下的转化率已基本反映煤的生气能力。从石油地质应用的角度看，很少有沉积盆地能够达到这样高的演化程度。从化学角度看，这样的成熟度下，煤已经开始发生石墨化变质。因此，煤系烃源岩的全天候生气应该是有下限的，而不是无止境的。

从模拟过程中煤干酪根氢碳原子比的演化趋势看（图1-11），到600℃时，煤的生气过程并没有结束，还应该有20%左右的生气潜力，这也进一步佐证了上述模拟实验的结果。

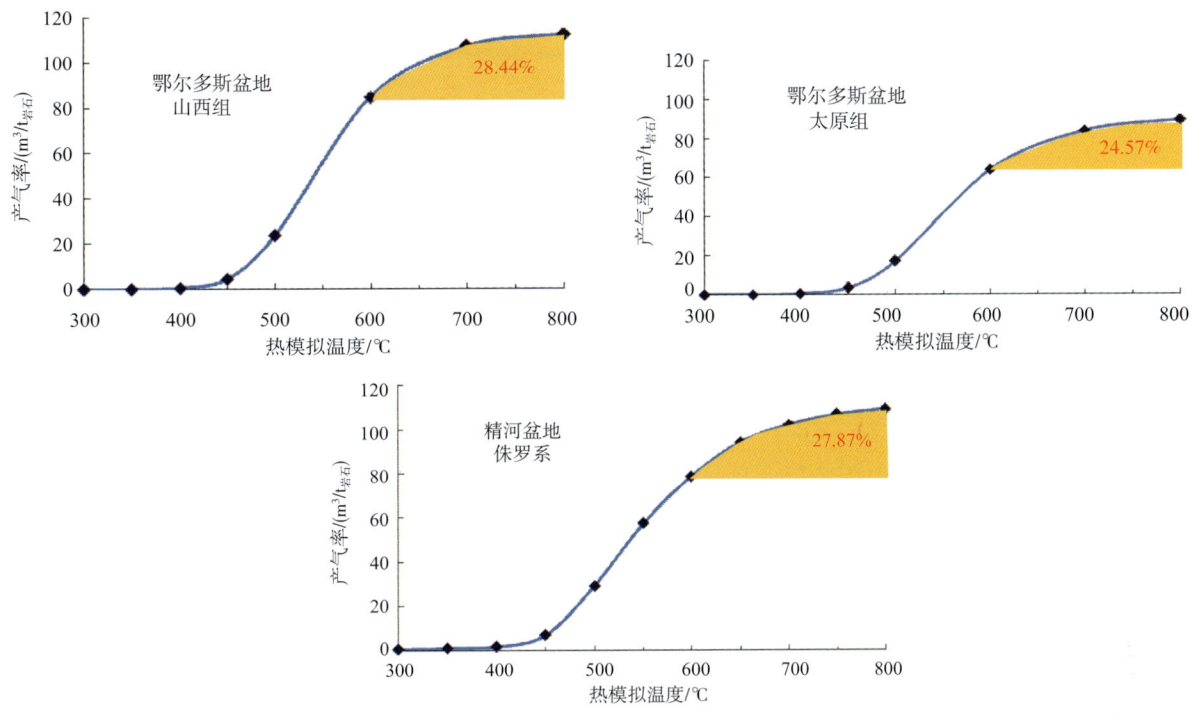

图 1-7　鄂尔多斯盆地和精河盆地煤模拟累积产气率曲线

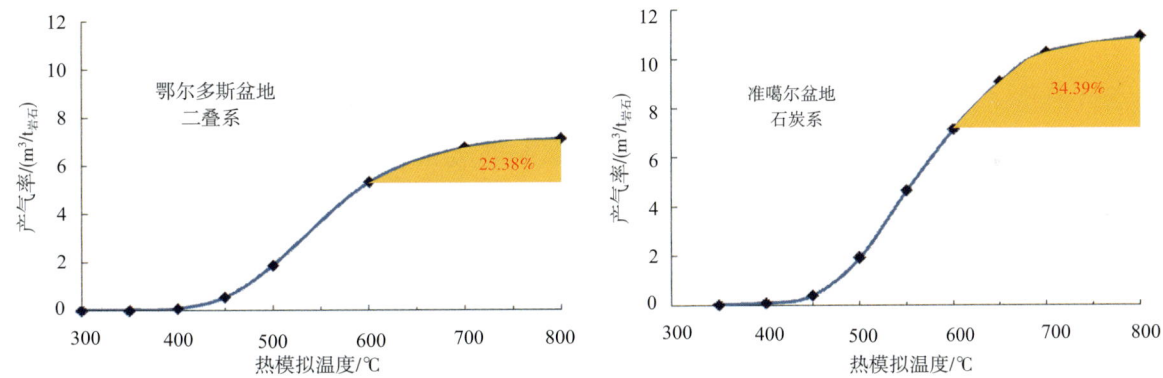

图 1-8　鄂尔多斯盆地和准噶尔盆地碳质泥岩模拟累积产气率曲线

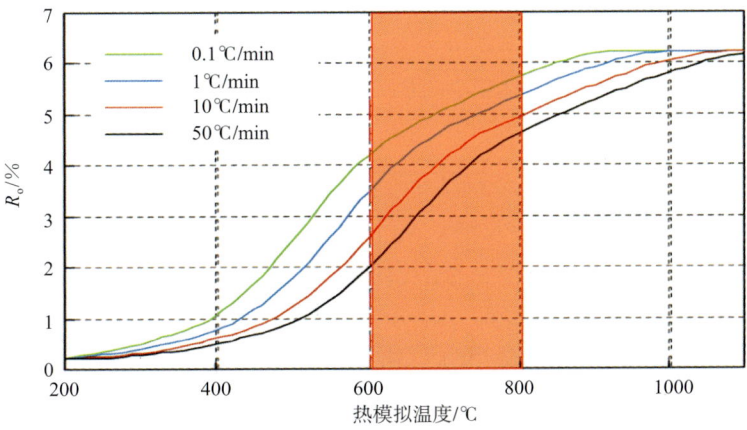

图 1-9　热模拟温度与 R_o 关系图

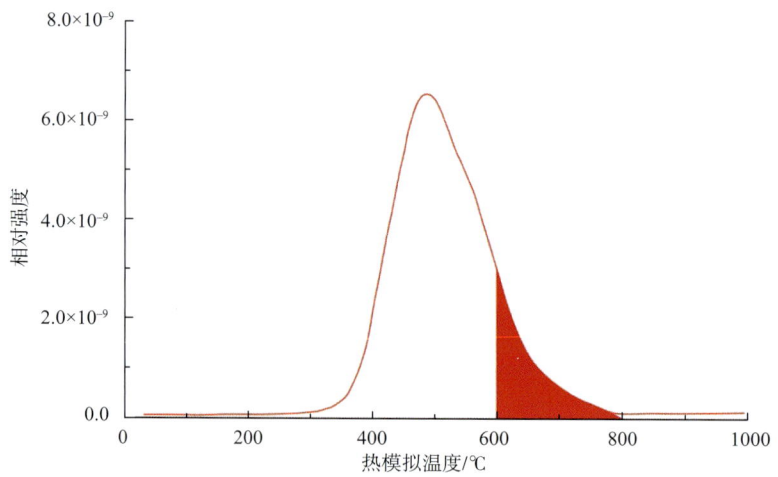

图 1-10　煤热失重-质谱生烃模拟相对强度与热模拟温度关系图

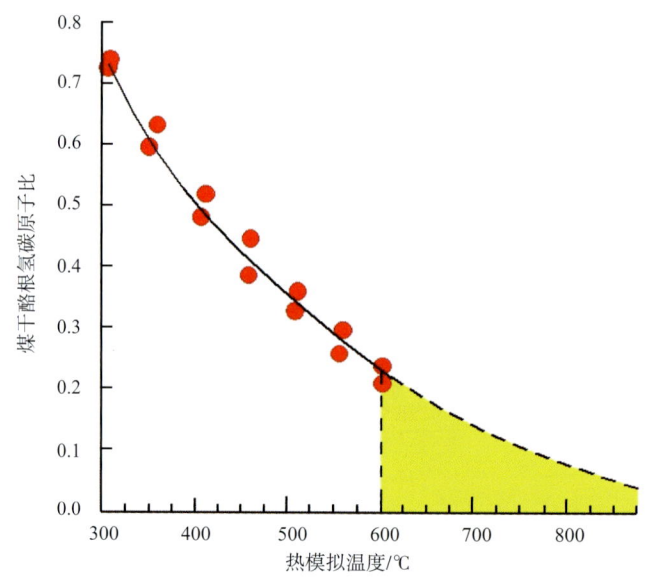

图 1-11　煤干酪根原子比随热模拟温度变化趋势图

（四）认识与意义

煤和碳质泥岩在过成熟阶段仍然能够生成 20% 以上的天然气。首先，这与它们的干酪根特殊骨架结构有关，其干酪根中富含芳核结构，具有较高的键能，在低温条件下不易发生断裂，在高温阶段，芳构物发生脱甲基反应，芳核上的直链烷基能够发生 α 断裂，在芳核上留下甲基，进一步脱甲基形成甲烷（图 1-12），断下的直链烷基很快连接到另一芳核上，并重复上述反应，从而增加了气态烃的生成量。其次，煤中含有大量的烷基酚类化合物（Dieckmann et al.，2006），这也是煤中木质素和纤维素的主要成分，这些物质结构复杂，环化程度高活化能也高，只有在高温阶段才能发生裂解，产生甲烷。最后，在高过成熟阶段，不同黏土矿物对干酪根生烃的催化作用也不容忽视。

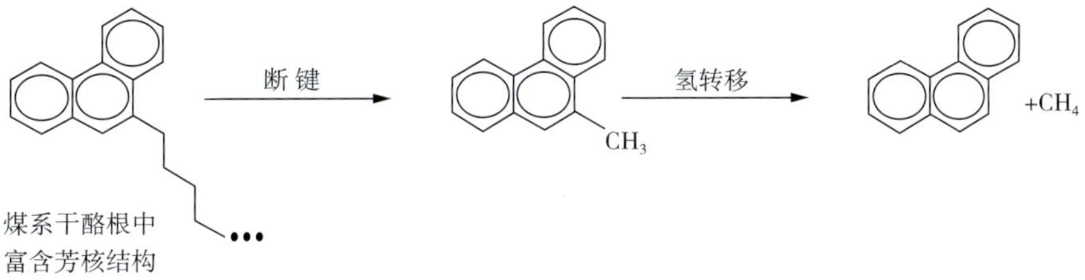

图 1-12　煤系干酪根芳构物脱甲基反应机理示意图

因此，煤系烃源岩在过成熟阶段还可以生成较大量的天然气，占总生气量的 20% 以上，但不同地区的煤和碳质泥岩这一阶段生气量略有差别，主要缘于其煤质的不同。这样一来，煤系烃源岩的生气下限得到了很大延伸，由原来的 R_o=2.5% 左右延伸到了 5.0% 左右（图 1-13），生气下限延长了 1 倍。

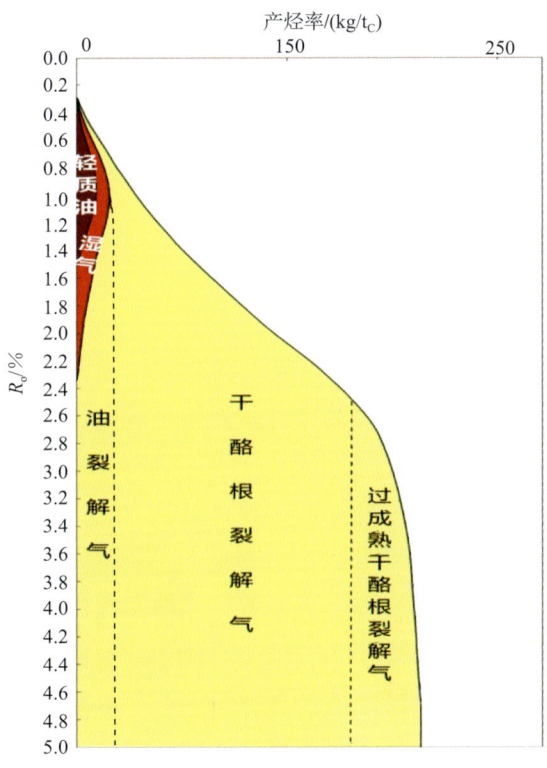

图 1-13　煤和碳质泥岩热成因油气生成模式

总之，煤系烃源岩从生物质到石墨化进程前均可生气，但不同阶段的生气物质、生气量和气的组成不同。由于煤系源岩干酪根的特殊性，含有大量芳构化结构和烷基酚类化合物的物质，需要高温环境才能裂解。因此，过成熟阶段仍然可以生成大量的天然气。

四川、鄂尔多斯、塔里木、准噶尔和松辽深层等主要含气盆地演化程度高，R_o 为 2.5%～3.0% 的煤系烃源岩分布面积广。过去这些地区过成熟后期阶段的残余生气量没有被计算进去，从而低估了煤成气的资源量。重新计算后，这些地区的煤系总生气量比过去增加了约 $500×10^{12} m^3$，勘探潜力得到了大幅度提升。

第二节 原油裂解气的生成下限

中国沉积盆地的多旋回性和烃源岩类型的多样性,决定了天然气成因类型的复杂性(张水昌等,2004;戴金星等,2009)。原油裂解气在中国虽然没有煤成气所占比例高,但也是中国大中型气田天然气的重要组成部分,尤其在海相含油气盆地中大量分布,如塔里木盆地台地-盆地区、四川盆地海相地层气藏等。原油裂解气藏的发现,促使国内外石油地质家和地球化学家基于地质观察和模拟实验开展了大量研究。早期的观点认为,原油的裂解开始于160℃,200℃以下基本完全裂解(Tissot and Welte,1978;Waple,2000),即深层(>6000 m)不可能存在液态石油。然而近年来,随着油气勘探的不断向深部延伸,越来越多的深层凝析油气藏被发现,因此必须重新认识原油裂解门限温度和深度以及可能的控制因素。本节基于化学反应基本原理、黄金管热模拟实验和化学反应动力学对原油裂解气生成机理和控制因素进行详细的研究,全面探讨了温度、压力、矿物和TSR反应等因素对裂解气形成的门限温度和深度的定量影响。同时,结合塔里木和四川盆地不同的地质热史、介质条件以及原油本身的稳定性,对这两个盆地深层油气赋存状态的差异进行了分析和初步预测。

一、原油裂解气的生成机理

根据Tissot和Welte(1978)提出的油气生成模式(图1-1),在深成热解阶段后期,随着埋深增加,早期干酪根热解生成并残留在烃源岩中的原油会持续裂解生成湿气,当进入后成作用阶段时,湿气会进一步发生二次裂解生成甲烷气(干气)。同时,早期生成并运移进入储层中的原油,在持续增加的热应力驱动下,同样会发生裂解生气作用。这种在热应力的作用下,由原油发生裂解生成的天然气,就是所谓的原油裂解气。

不同类型原油的热动力学特征可能存在显著差异,原油中各组分发生裂解反应所需要的活化能及反应的途径各不相同,这就决定了原油裂解气的生成速率及地球化学特征。同时,埋深引起的温度效应也在很大程度上对其有决定作用。作为埋深增加引起的另一个效应,压力的变化对原油裂解的影响或许不如温度那么明显,但由于液态烃生成气态烃的过程中伴随有体积的变化,这就使得压力因素不容忽视。除此之外,原油存在的介质环境(如水、矿物等)也不可避免地会对原油裂解气的生成存在影响。

(一)原油类型或组成对裂解气生成的影响

原油来源于生烃母质的热成熟作用,不同的有机质或干酪根类型决定了原油的组分和成分分布。高氢指数(IH)的有机质(如I型干酪根)通常能生成饱和烃含量较高的原油,低IH指数的有机质(III型干酪根)则倾向于生成芳烃含量高的原油。成分的差异,将引起原油一些宏观性质(如密度、含蜡量和含硫量等)的差异,从而使其具有不同的热稳定性及热解生气的特征。表1-2给出了不同密度原油发生裂解的动力学参数。一般来说,轻质油或中质油(API高)相对于重质油(API

低)更难发生裂解。从表 1-3 可以发现,高蜡含量的 Tualang 原油和 Mahakam 原油裂解生气的活化能及频率因子显然要高于高硫含量的 Smackover 原油。

表 1-2 不同密度原油发生裂解反应的动力学参数

原油类型	API/(°)	活化能 E/(kcal/mol)	频率因子 A/s^{-1}	参考文献
中质油		230.0	3.79×10^{18}	Philips 等(1985)
	24.5	198.9	1.00×10^{19}	Henderson 和 Weber(1965)
	26.5	169.6	1.7×10^{12}	Lin 等(1987)
重质油	9.4	182.5	2.60×10^{13}	Henderson 和 Weber,1965
	12.4	198.9	4.20×10^{14}	Henderson 和 Weber,1965
	15.2	226.1	3.00×10^{16}	Henderson 和 Weber,1965
	15.5	205.0	4.8×10^{15}	Henderson 和 Weber,1965
	16.8	244.1	6.80×10^{17}	Henderson 和 Weber,1965

表 1-3 原油裂解气生成的动力学参数

有机质类型	活化能 E/(kcal/mol)	频率因子 A/s^{-1}	参考文献
North sea	67.1	1.1×10^{16}	Horsfield 等(1992)
Tualang 原油*	73.1	8.32×10^{17}	Schenk 等(1997)
Mahakam 原油*	72.6	5.70×10^{17}	
Tuscaloosa 原油	68.0	2.67×10^{16}	
Smackover 原油**	68.0	2.67×10^{16}	
一般原油	59.0	1.78×10^{14}	Waples(2000)
塔里木原油	59.5	2.01×10^{14}	田辉等(2006)
烃源岩	53.0	1.8×10^{15}	Braun 和 Burnham(1992)
干酪根	67.0	1.2×10^{20}	Pepper 和 Covri(1995)
Toarcian 页岩	53.0	2.03×10^{15}	Dieckmann 等(1998)

* 高蜡原油;** 高硫原油

原油裂解生气的过程是一个复杂的化学反应过程,原油中的不同组分,如烃类与沥青质、烷烃与芳烃,它们在裂解反应过程中的热动力学行为存在很大差异,这也是导致不同类型原油裂解气特征存在差异的主要原因。作为原油的主要组分,烃类的热稳定性很大程度上决定了原油裂解反应的热动力学特征,不同类型的烃类(如烷烃、环烷烃及芳烃)在原油的热演化过程中常经历不同化学反应途径。

1. 烷烃

烷烃的裂解以 C—C 键的断裂为主,共价键首先在热应力或自由基引发剂(如 S· 和 R·)作用下发生均裂反应,生成自由基,继而引发自由基链反应(Kissin, 1987),该反应过程如下式所示:

(1)自由基引发

$R-R' \longrightarrow R \cdot + R' \cdot$

(2)自由基增长

$R''-H + R \cdot \longrightarrow R'' \cdot + R-H$

(3)自由基分解

$R-R'-R'' \cdot \longrightarrow R = R' + R'' \cdot$

（4）加成反应

R·+ R′ = R″ ⟶ R − R′ − R″

（5）终结反应

R·+ R′·⟶ R − R′ 或 R·+ R′·⟶ R − H + R′ − H

作为自由基链反应发生的快速反应，自由基引发反应（主要是C—C键的离解反应）发生的难易决定了烷烃裂解反应的速率。不同类型烃类及非烃类的部分共价键的离解能如表1-4所示，显然，烷烃的C—C键离解能是随碳数的减少而增大的，也就是说，小分子的烃相对于大分子的烃更难发生自由基引发反应。图1-14显示了各种烃类在25℃时的自由能变化趋势，显然正构烷烃的稳定性与其离解能是一致的。

表1-4 不同类型烃类及非烃类的部分共价键的离解能

键	离解能/（kJ/mol）	键	离解能/（kJ/mol）
CH_3—CH_3（乙烷）	369	$C_6H_5CH_2$—CH_2CH_3（β）（丙基苯）	260
C_2H_5—CH_3（丙烷）	356	$C_6H_5CH_2CH_2$—CH_3（γ）（丙基苯）	331
C_3H_7—CH_3（丁烷）	348	$C_6H_5CH_2$—$CH_2C_6H_5$	197
C_4H_9—CH_3（戊烷）	345	C_2H_5O—CH_3	315
C_5H_{11}—CH_3（己烷）	335	C_2H_5S—CH_3	306
C_6H_5—CH_3（甲苯）	381	C_6H_5O—CH_3	255
$C_6H_5CH_2$—CH_3（乙苯）	264	C_6H_5O—$CH_2C_6H_5$	217
C_6H_5—$CH_2CH_2CH_3$（α）（丙基苯）	368		

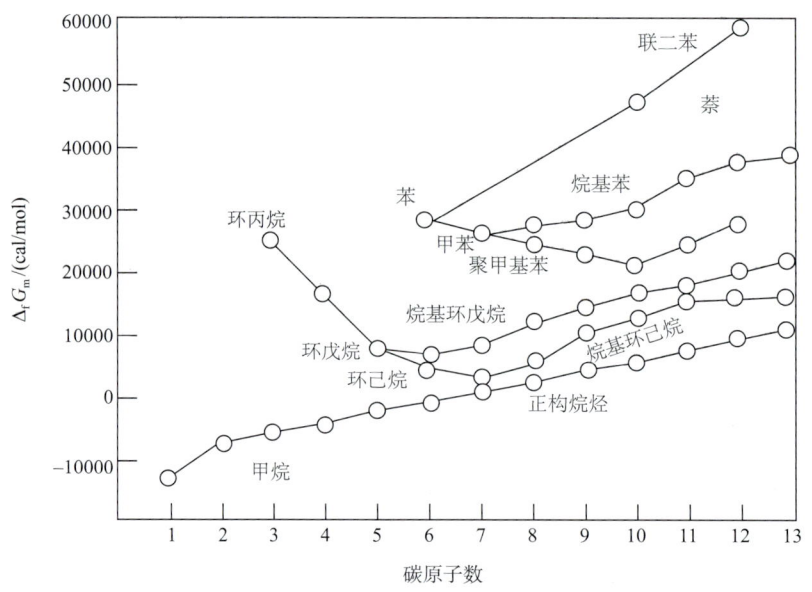

图1-14 25℃时各种烃类的稳定性

$\Delta_f G_m$ 表示物质的标准摩尔生成吉布斯自由能，1 cal=4.1868 J

化学家们曾进行大量关于正构烷烃的裂解实验，Greensfelder 等（1949）得出了 n-C_i 裂解反应速率常数（s^{-1}）与碳数 i 的线性关系：$k_i = (i-1)(1.57i - 3.9) \times 10^{-5}$，该公式针对 n-$C_4$～n-$C_{16}$ 在 0.1 MPa 和 773 K 条件下的裂解反应是有效的。Tilicheev 针对大分子烷烃（n-C_{12}～n-C_{32}）在高压（15MPa）和 698 K 条件下的裂解反应，推演得到了另一个经验公式：$k_i = (2.3i - 15.6) \times 10^{-5}$。这些研究都表明，烷烃的裂解速率与碳数的大小呈正相关。Tsuzuki 等（1999）在研究 Sarukawa 原油的裂解时，将其分为七种组分——气态烃（C_1～C_5）、轻质饱和烃（C_6～C_{14} 饱和烃部分）、轻质芳烃（C_6～C_{14} 芳烃部分）、重质饱和烃（C_{15+} 饱和烃部分）、重质浓缩芳烃、重质非浓缩芳烃及焦炭部分，并分别建立了动力学模型，同时笔者基于一系列不同温度和不同时间的封闭体系的裂解实验，计算得出轻质饱和烃和重质饱和烃在有水存在条件下发生裂解反应的活化能分别为 86 kcal/mol 和 76 kcal/mol，前者要高于后者，且后者接近于正十六烷在高压无水条件下裂解反应的活化能（74 kcal/mol）（Jackson et al., 1995）。实际上，实验室的分析和推演结果在地质上也能得到证实。基于地质的观察可以发现，油藏中的饱和烃含量往往是随埋深的增加而增大。很早就有研究表明，原油中的饱和烃含量从 1400 m 处的 8% 增加到 3400 m 处的 40%，正构烷烃的优势峰从 2500 m 左右处的 C_{19} 位置转移到 3400 m 处的 C_{17} 位置（Connan et al., 1974）。

2. 环烷烃

环烷烃在原油裂解过程中可能发生的反应包括：侧链的断裂、芳构化和开环的烷烃化。带烷基侧链的环烷烃在受热条件下，侧链容易发生 β 位的断裂，从而形成甲基环烷烃和链烷烃。在进一步的热解作用下，甲基环烷烃会发生加氢开环反应或芳构化反应，生成高温条件下更稳定的芳烃。

3. 芳烃

对于不稳定的芳烃，如含有长侧链的芳烃，侧链的断裂应该是其主要的反应途径。对于稳定的短支链或无支链的芳烃或多环芳烃，其热演化主要存在两种可能的途径，即加氢生成环烷烃和聚合生成稠合的芳核。由于多芳环的芳烃通常具有更低的自由能，相对于单环或低环芳烃要更稳定，因此原油裂解反应中，芳烃更多是向聚合的方向发展。芳烃的聚合反应的脱氢通常与烷烃的加氢裂解伴生进行，即发生所谓的歧化反应，反应过程见图 1-15。

这些歧化反应能为原油热演化过程中烃的生成提供氢，最终导致轻烃和沥青质相对含量的增加。

除此之外，原油中 NSO 化合物（包括胶质和沥青质）的含量对原油的稳定性也具有一定的影响。相对于较稳定的 C—C 键来说，由这些杂原子（尤其是 S）组成的共价键（如 C—S 键和 S—S 键等）具有更低的键能，其断裂所需的热应力要弱得多，也更容易发生。由于热稳定性及热解反应的途径的差异，不同的组分在原油裂解过程中表现出来的热动力学特征不尽相同。Vandenbroucke 等（1999）在研究北海 Elgin 区域原油的二次裂解动力学模型时，首先根据成分的化学性质，将原油分为了如下几个组分：胶质及沥青质（C_{14+} NSO 化合物），C_{14+} 不稳定芳烃类（含烷基侧链芳烃和环烷烃稠合芳烃组分），C_{14+} 多环稠合芳烃及甲基芳烃类，焦沥青，轻质芳香类（C_6～C_{13}），C_{14+} 异构/环烷类饱和烃，C_{14+} 正构烃类，轻质饱和烃类（C_6～C_{13}）及气体部分（C_3～C_5）。同时，笔者对不同组分裂解反应的活化能进行了计算，其中 C_{14+} 组分对应的动力学参数如表 1-5 所示。Behar 等（2008）在研究原油裂解时，根据得到的动力学参数分布特征，也对 C_{14+} 组分进行了分类，即裂解反应的

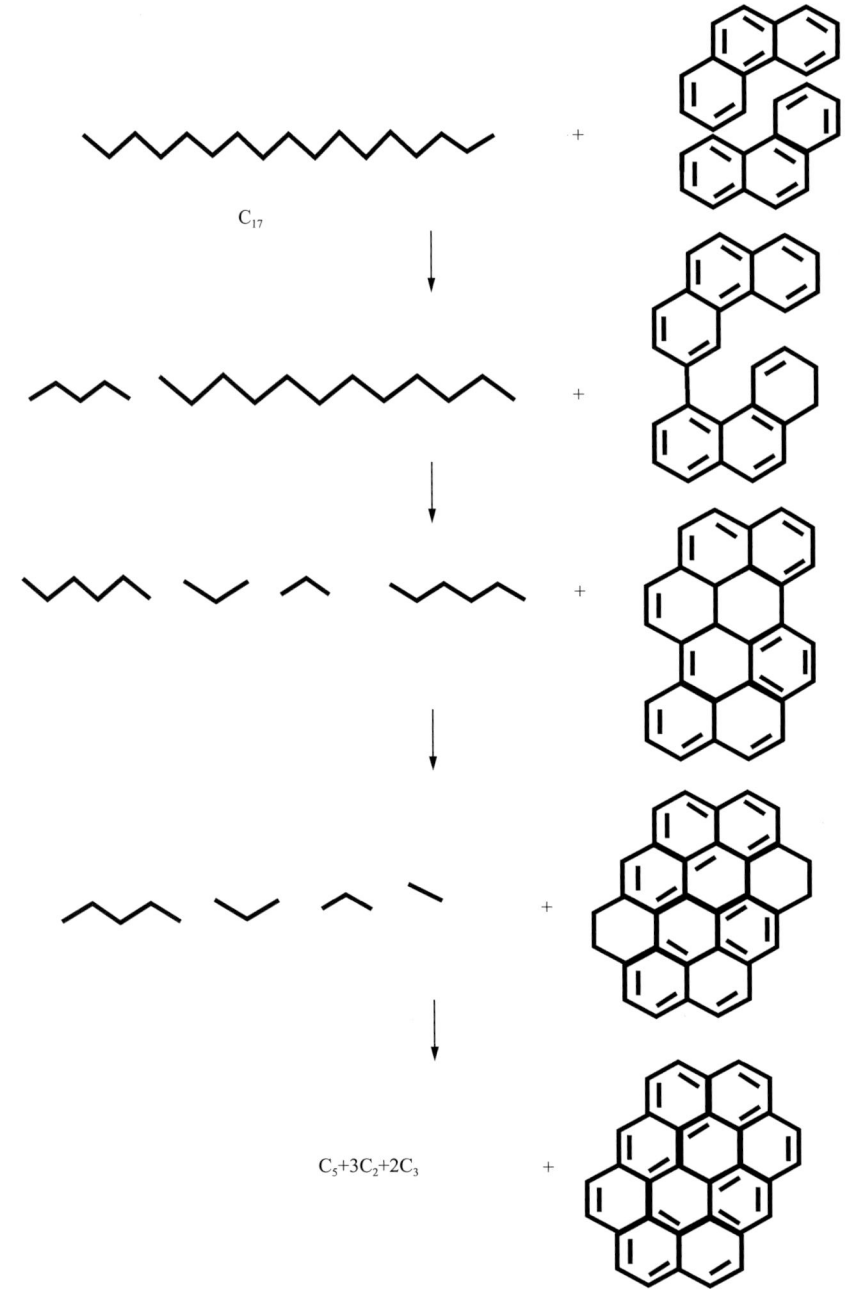

图 1-15　石油裂解过程中的歧化反应（Hunt, 1979）

活化能分布的三个主要区域：高活化能部分（54～70 kcal/mol）对应饱和烃裂解及轻烃的生成，中活化能部分（50～54 kcal/mol）对应 NSO 化合物及大部分不稳定芳烃组分的热分解反应，低活化能部分（＜50 kcal/mol）对应芳烃裂解生成多聚芳环和类焦炭物质的过程。基于之前研究得到的各组分裂解的动力学参数，可以推演得到一般地质升温条件（2℃/Ma）下不同组分的裂解曲线（图 1-16）。显然，达到同样的裂解转化率时，NSO 化合物所需要的地质温度或深度最低，即原油中各组分发生裂解的由易到难的顺序为：不稳定芳烃类、NSO 化合物、稳定芳烃类、异构和环烷烃、正构烷烃。

表 1-5　原油中 C_{14+} 组分发生裂解反应的动力学参数（Vandenbroucke et al., 1999）

原油组分	活化能 E/（kcal/mol）	频率因子 A/s^{-1}
NSO化合物	54.9	1.30×10^{14}
C_{14+}稳定芳烃	57	1.30×10^{14}
C_{14+}不稳定芳烃	54.5	1.10×10^{12}
C_{14+}饱和烃（异构+环烷烃）	59	1.30×10^{14}
C_{14+}饱和烃（正构）	68.2	6.08×10^{17}

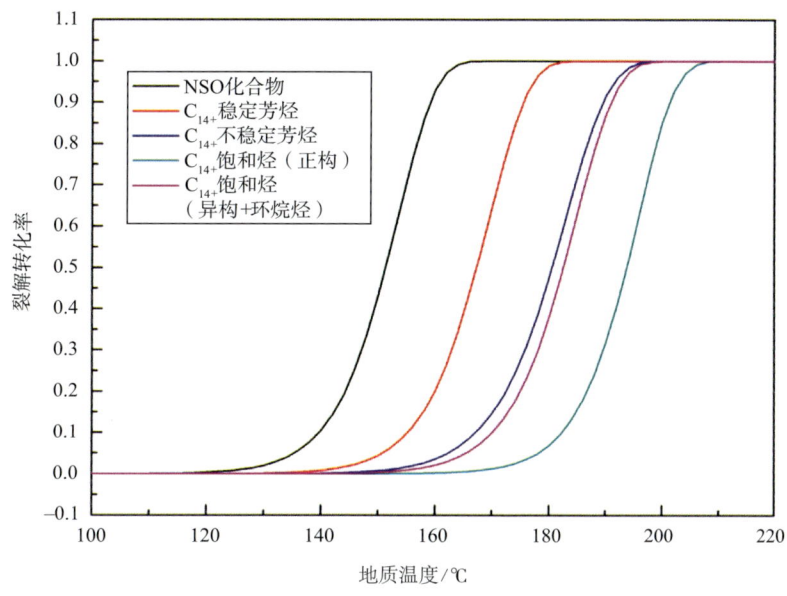

图 1-16　原油不同组分裂解的地质推演

实际上，不稳定的 NSO 化合物不仅更容易裂解，其相应的共价键发生断裂的同时会形成一系列含杂原子自由基，进而引发链烷烃裂解的自由基链反应。不稳定含硫化合物也一直被认为是促进油气生成的活性组分，干酪根分子中弱的 C—S 键在深成热解作用早期能发生均裂生成 S 自由基，促进后期油气的生成（Lewan，1998），热化学硫酸盐还原反应（TSR）中生成的中间产物 S 或 H_2S 也常能引发 TSR 反应（Orr，1977；Zhang et al.，2008b）。

（二）原油裂解生气过程受温度和压力的制约

在将实验室得到的动力学参数推演到地质条件下时，通常做了如下假定：裂解反应的活化能和各组分的相对稳定性不随反应温度的改变而改变。众所周知，原油的裂解反应是由许多平行反应组成的，因此反应温度较大范围的变化势必引起原油裂解反应的活化能的变化。实际上，原油各组分的相对稳定性在低温与高温条件下是完全不同的。图 1-17 给出了正构烷烃和两种芳香类化合物裂解速率随温度的变化曲线，可以发现，三条曲线都在某个温度点存在两两交汇，这表明该温度点前后两种化合物的相对裂解速率发生改变，即在较低温度条件下，正构烷烃的稳定性要高于烷基或甲基芳烃；在较高温度条件下，芳烃类化合物变得更稳定。

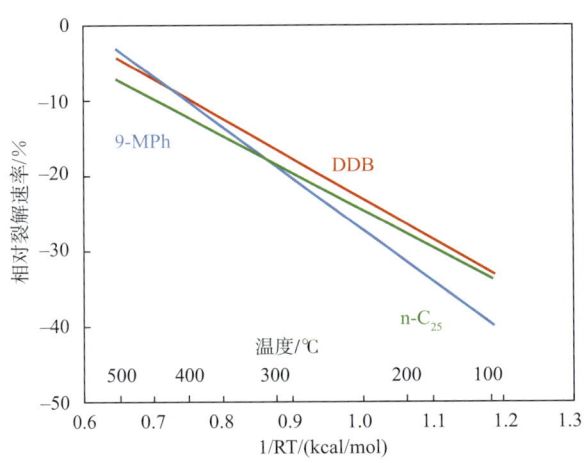

图 1-17　正二十五烷（n-C$_{25}$）、9-甲基菲（9-MPh）和十二烷基苯（DDB）的动力学曲线
（Behar and Vandenbroucke，1996）

由于实验室模拟常采用较高的温度，这就使得模拟的结果与地质观察存在一定的出入。在实验室的高温（通常 300~500℃）作用下，原油裂解气的生成应该伴随着芳烃/饱和烃增加，Behar 等的实验结果也证实了这一点（表 1-6）。

表 1-6　原油中饱和烃和芳烃的含量随裂解时间的变化（Behar et al.，2008）

反应温度/℃	反应时间/h	质量分数/%						
		C_1	C_2	C_3~C_4	C_6~C_{14}	C_{14+}		总量
						饱和烃	芳烃	
350	48	0.1	0.3	1.5	7.1	87.1	2.1	98.1
350	72	0.2	0.4	2.2	9.5	81.6	2.9	96.7
375	9	0.2	0.4	2.4	10.2	82.8	3.3	99.1
375	24	0.3	1.0	6.4	20.3	63.0	6.2	97.2
375	48	1.4	2.4	11.9	30.8	45.3	8.4	100.1

对塔里木盆地哈得 11 井原油进行了一系列恒温和升温的黄金管热模拟实验，并分析了原油的转化率和液态残余物中各组分相对含量的变化，结果如图 1-18（a）（b）所示。从中可以看出，随着原油的裂解，剩余油中饱和烃和非烃类（胶质）的相对含量逐渐减少，而芳烃和沥青质的相对含量逐渐增加，得到的各组分演化趋势与之前 Behar 等的热模拟实验的结果一致，芳烃/饱和烃的变化也与实际地质条件下不同，这很可能与实验热解温度高于 300℃有关。

然而，在低温（<200℃）地质条件下，原油的裂解将导致芳烃/饱和烃的减小。在较低温度（300℃）条件下进行的原油裂解实验也能证实地质观察的结果。比如，Connan 的研究就表明，在较低温度条件下，随着裂解时间的增加，原油中芳烃/饱和烃会从 3.6 减少到 1.0。实际上，原油的裂解是一个歧化反应的过程，饱和烃和芳烃的裂解必然伴随有稠合反应形成重质组分。图 1-18 中沥青质含量随热解时间或温度增加而增加也证实埋深引起的热应力增加，会引起正常原油向稠油或

重质原油的转化，这也合理解释了塔里木盆地深层稳定存在的油藏为什么多为稠油或黑油。

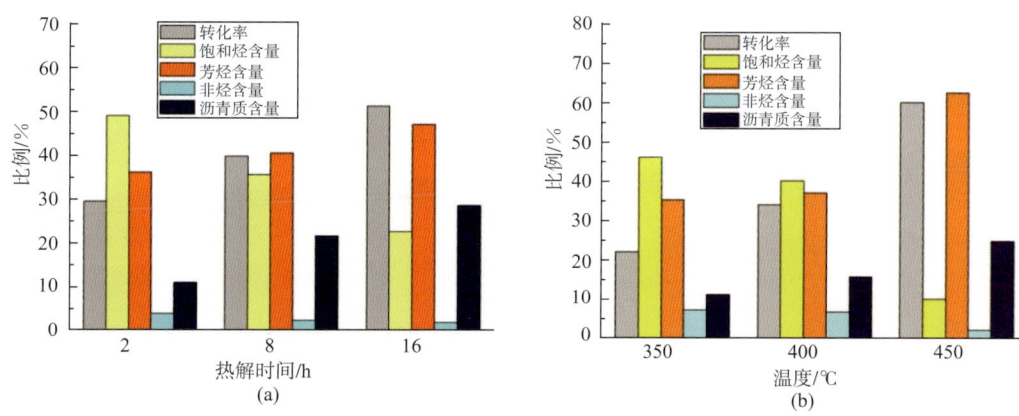

图 1-18　HD11 原油裂解的转化率及残留物中各组分比例
（a）400℃恒温　（b）20℃/h 升温

除此之外，不同的地质升温速率也会引起裂解气形成温度的差异，基于哈得 11 井原油裂解实验得到的动力学参数活化能为 66.3 kcal/mol 和频率因子为 $7.82 \times 10^{14}\ s^{-1}$，设定不同的升温速率——1℃/Ma、2℃/Ma、3℃/Ma 和 5℃/Ma，可推演得到如图 1-19 所示的哈得 11 井原油在不同地质升温速率条件下的裂解曲线。

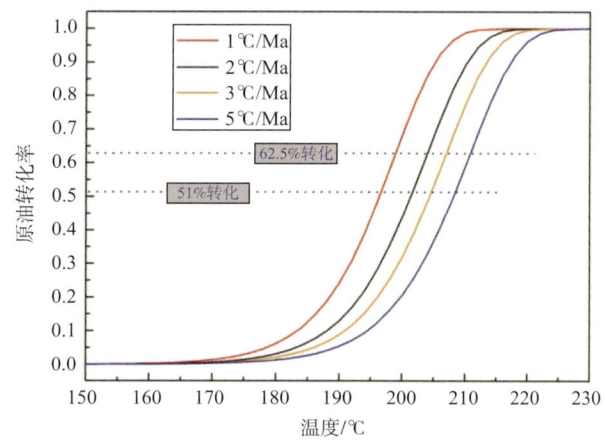

图 1-19　哈得 11 井原油在不同地质升温速率条件下的裂解曲线

按照一般原油裂解反应的动力学参数（E_a = 59 kcal/mol, A = $1.78 \times 10^{14}\ s^{-1}$），可分别计算得到不同地质升温速率条件下游离相的原油消失或原油裂解气大量出现时的温度界限（图 1-20）。显然，原油裂解气形成的门限温度会随着地质升温速率的增加而增大。

原油的裂解过程多伴随着相态和体积的改变，压力的影响往往不容忽视，尽管它对原油裂解反应的影响可能没有温度那么明显。Tsuzuki 等（1999）在对不同学者得到的原油裂解的动力学参数进行对比后，提出某些模拟实验得到的活化能偏高可能归因于反应体系中采用了较高的压力条件。Hesp 和 Rigby（1973）在原油热解实验中观察到，气体的产率随体系中 He 气压力的增加而会受到抑制。Darouich 等（2006）在研究压力对轻质芳烃裂解的影响时，对比不同条件的实验结果，发现要取得同样的芳烃裂解效率，压力的增加势必需要通过提高热解温度来补偿，比如400Pa/375℃的反应条件等效于100 Pa /368℃。实际上，压力的增加很可能会直接导致气相反应中自由基浓度的降低，继而减缓自由基链反应的速率，并最终在一定程度上抑制原油或烃类的裂解。

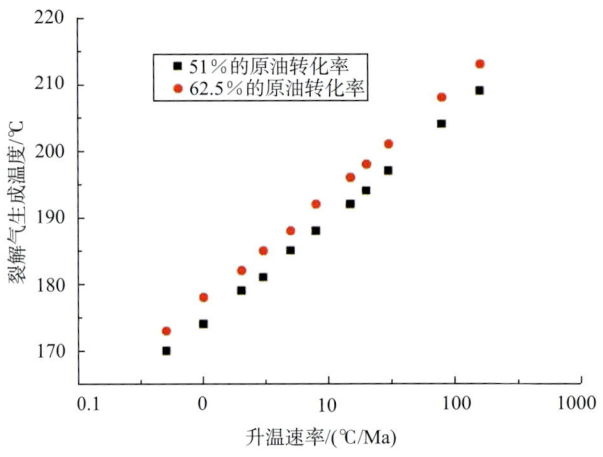

图 1-20　原油裂解气的生成温度随地质升温速率的变化（Waples, 2000）

然而，大量研究表明，压力对烃类裂解的影响并非简单促进或抑制。早在 1996 年，Behar 和 Vandenbroucke 就研究了各种烷烃及环烷烃的裂解速率随压力的变化，并得出图 1-21 的结果，进而可以推算得出裂解反应速率常数 k 和体系压力 P 间存在关系：$k = k'P^{1/2} /（1+k''P）$。在这之后，大量针对不同碳数正构烷烃的裂解实验结果都证实了上述的经验公式（Jackson et al.,1995; Khorasheh and Gray，1993；Yu and Eser，1997；Watanabe et al.，2001）。也就是说，在低于 40 MPa 时，增大压力不仅不会抑制烃类的裂解，反而会引起裂解速率的增加，压力的抑制效应仅表现在高压范围（＞ 40 MPa）。

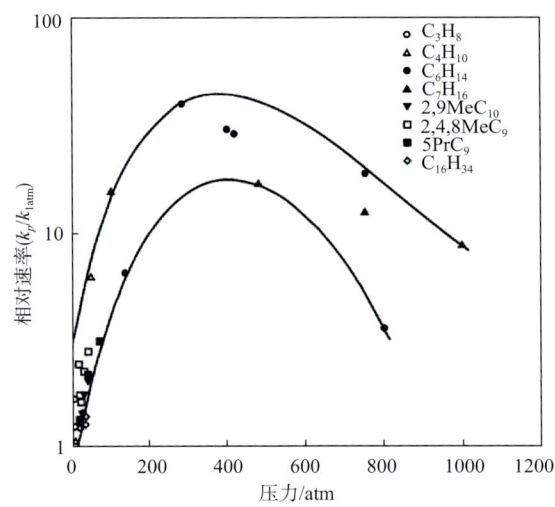

图 1-21　各种饱和烃裂解速率随压力的变化（Behar and Vandenbroucke，1996）

1 atm=1.01325 × 10^5 Pa

考虑到实际地层中原油的裂解，必须加入一个限定条件，即温度通常要大于150℃，地层深度一般大于5000m，该深度对应的流体压力往往高于上述极大值。也就是说，对于油藏中的原油裂解来说，压力的增大对裂解气生成往往存在抑制效应。

另外,压力的改变不仅能影响原油裂解气的生成速率,还会改变裂解反应的动力学参数。增加正丁烷裂解体系的压力,会导致裂解反应的活化能增加(Mallinson et al.,1991)。如图1-22所示,当体系的压力从常压增加为1000Pa时,烷烃裂解反应的活化能从48.1 kcal/mol 增加到了60.5 kcal/mol。

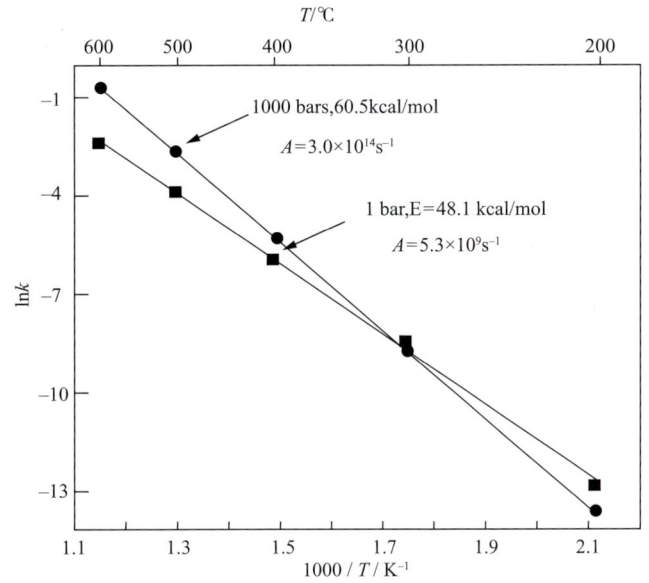

图1-22　正丁烷不同压力条件下发生热裂解反应的动力学曲线(Mallinson et al., 1991)

1bar = 10^5Pa = 0.1MPa

尽管压力和温度一样能起到动力学控制的作用,但是相对于温度来说,压力对烃类裂解速率的影响似乎要微弱得多。图1-23显示了n-C_{25}烷烃裂解反应的速率常数随温度和压力的变化。通过观察可以发现,压力增加40MPa产生的抑制效应远不能补偿温度增加25℃引起的促进效应,后者几乎比前者高1个数量级(Behar and Vandenbroucke, 1996)。

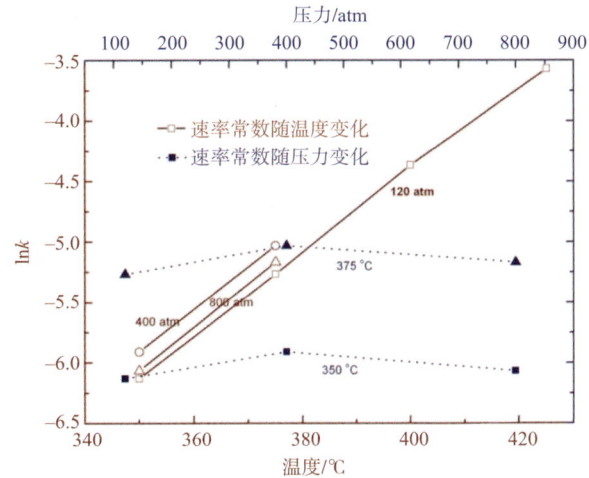

图1-23　烃类(n-C_{25})裂解速率随温度和压力的变化

(三)矿物对原油裂解的催化作用

矿物在烃源岩和储集层中普遍存在,对有机质热解生烃作用可能存在的影响很早就引起地球化学家的关注。大量地质观察及热解实验结果都表明，具有较大比表面和较多酸活性的蒙脱石常显示出较好的催化性能，其他黏土矿物（包括伊利石和高岭石）的催化作用则很微弱，而碳酸盐甚至表现出一定的抑制作用（Brooks, 1936, 1948; Grim, 1947; Greensfelder et al., 1949; Johns and Shimoyama, 1972；Goldstein, 1983; Espitalié et al., 1984）。但是考虑到原油裂解通常发生在较深的地层中，此时黏土矿物的作用是否存在，难免受到石油地球化学家的质疑。众所周知，地层中唯一具催化活性的蒙脱石矿物在埋深成岩过程中，会发生结构及成分的转变，逐渐发生伊利石化（图1-24、表1-7）。相对于具可膨胀层和更多表面活性酸位的蒙脱石来说，层间不含或含很少量Brønsted酸位的伊利石的催化活性通常很低，因此在成岩过程中，随着蒙脱石的伊利石化，其催化活性似乎应降低。实际上，蒙脱石的伊利石化早期的脱水作用、四面体取代（Al^{3+}替代Si^{4+}）的发生以及增加的层间电荷，都将导致矿物表面Brønsted酸位增多，因此早期形成的无序的或有序的R_1型伊利石/蒙脱石混层相对纯的蒙脱石往往具有更高的催化活性。针对不同深度地层中黏土矿物催化活性的分析结果也证实了这一点（Johns and McKallip, 1984）。对于进入高度有序的伊利石/蒙脱石混层（R_3型）以及伊利石矿物来说，其对原油或烃类裂解的催化作用则十分微弱，甚至不具有催化作用。

表1-7 蒙脱石和伊利石化与有机质演化对应关系

成岩作用阶段	黏土矿物演化阶段	混层中蒙脱石含量/%	转变温度/℃				泥岩孔隙度/%	R_o/%	生成的主要烃类	Tissot的有机质演化阶段
			Hoffman和Hower（1979）	Jenning和Thompson（1986）	应凤祥等（2004）	徐同台等（2003）				
早成岩阶段	蒙脱石	100～70	50～60	不定	60		80	<0.5	生物甲烷	成岩作用阶段
	伊利石/蒙脱石无序混层（R_o型1/S）	70～50	100～110	120～140	85	90	30			干酪根
中成岩阶段	伊利石/蒙脱石有序混层	R_1型1/S混层 50～25	170～80	170～180	140	140	30	0.5～1.0	原油	原油
		R_3型1/S混层 25～15					10	1.0～1.3		深成热解作用阶段
		15～10			175	200	10	1.3～2.0	凝析油-湿气	凝析油和湿气
晚成岩阶段	伊利石阶段	10～0					<5	>2.0	干气	后成作用阶段 干气

因此，黏土矿物对原油裂解影响的研究对了解早期原油裂解行为具有一定的意义，也是有必要的。实际上，大量实验研究都表明，蒙脱石的加入，会一定程度降低烃类或原油裂解反应的活化能，从而加速原油裂解气的生成（Pan et al., 2010）。蒙脱石之所以能对原油的裂解表现出一定的催化效果，主要是由于黏土矿物表面存在大量具催化活性的酸位，这包括能催化羧酸的脱羧基反应的Lewis（L）酸位及促进烃类裂解的Brønsted（B）酸位，它们的催化反应机理分别如图1-25和图1-26所示。

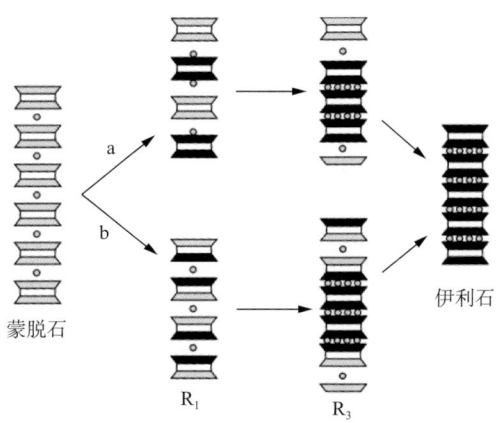

图 1-24　蒙脱石的伊利石化过程

a. 常规认识的转化路径；b.Stixrude and Peacor 的转化路径

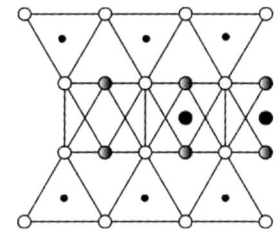

图 1-25　层状黏土矿物表面的 Lewis 酸位及其催化脱羧反应机理

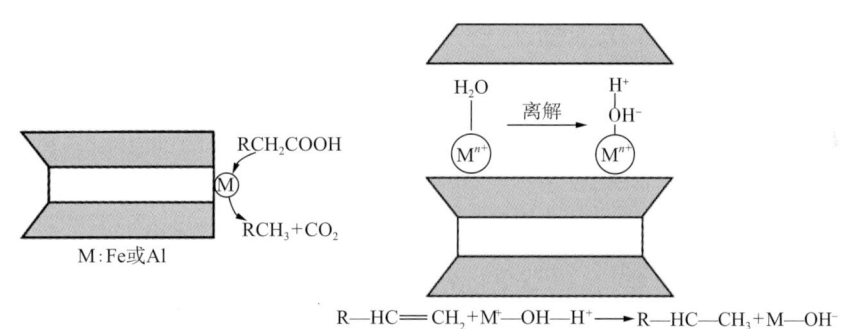

图 1-26　蒙脱石层间的 Brønsted 酸位及其催化烯烃裂解机理

注：M 表示层间吸附阳离子，通常为 K、Na、Ca、Mg；n+ 表示阳离子的电荷数，n 为 1 或 2

为了研究黏土矿物的催化活性与表面酸位的关系，我们曾选用工业合成的具理想比表面积的酸性层状黏土矿物蒙脱石 K10，以及负载不同类型或浓度的金属离子的 K10，分别进行了 HD11 原油的催化裂解实验，最终不同体系得到的气体产物分析结果如图 1-27 所示。显然，黏土矿物的加入促进了原油的裂解和烃类气体的生成，且提高了气体的干燥系数。氨气吸附及催化活性表征的结果表明，负载不同类型或浓度离子的 K10 的两种表面酸位强度存在如下关系（Brown and Rhodes，1997；Hart and Brown，2004）：

Lewis 酸位：1.5 M[①] Fe^{3+}-K10 ＞ 1.5 M Al^{3+}-K10 ＞ 0.5 M Fe^{3+}-K10 ＞ K10；

Brønsted 酸位：1.5 M Al^{3+}-K10 ＞ 1.5 M Fe^{3+}-K10 ＞ 0.5 M Fe^{3+}-K10 ＞ K10。

---

① 1M=1mol/dm^3

不同体系得到裂解气及烃类气体产量的对比结果表明，原油的裂解速率与黏土矿物表面的 B 酸位强度呈明显的正相关，与 L 酸位强度关系似乎不大，这是由于 B 酸位能提供 H^+，从而促进烃类或原油以碳正离子机理发生裂解。

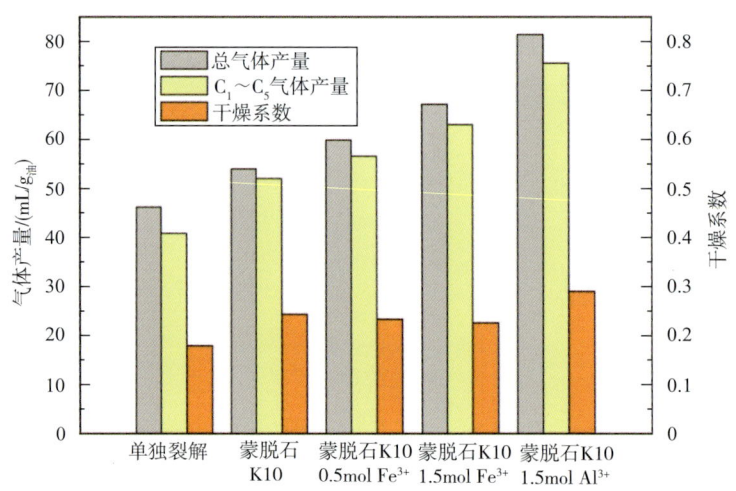

图 1-27　不同表面酸强度的蒙脱石对原油裂解的影响

因此，在原油裂解的早期阶段，黏土矿物（主要是蒙脱石和有序度较低的伊利石/蒙脱石混层）的存在很可能促进了裂解气的生成，这种催化作用与矿物表面的 Brønsted 酸位强度呈正相关。

（四）TSR 对原油裂解的影响

所谓 TSR 作用包括两个方面，即硫酸盐（石膏）的还原反应和烃类的氧化反应，其整个反应过程如下式所示：

$$CaSO_4 + 烃类 \longrightarrow CaCO_3 + H_2S + H_2O + S + CO_2$$

大量的野外观察及实验研究都表明硫酸盐的存在能降低原油或烃类的热稳定性，促使原油氧化降解生成沥青和高酸度（含 H_2S）的干气。

Tang 等针对 TSR 的反应机理开展过大量的工作（Tang et al., 2005；Ellis et al., 2006, 2007；Zhang et al., 2007, 2008a, 2008b; Amrani et al., 2008），并提出，TSR 反应可以分为两个主要阶段，即启动阶段（也称引发阶段）和 H_2S 的自催化阶段。启动阶段是硫酸盐直接氧化烃类的过程，往往需要克服较高的能垒，因此被认为是 TSR 作用的快速反应。他们基于密度函数理论的计算，得出 HSO_4^- 和硫酸盐接触离子对（contact ion pairs, CIP）相对于游离的 SO_4^{2-} 更容易启动 TSR 反应，并提出 CIP 是地质条件下启动 TSR 最可行的氧化剂（Ma et al., 2008）。

由于 TSR 反应机理不同于原油的裂解，其存在势必会改变原油的热稳定性。根据 Tang 等（2011）给出的硫酸盐与不同原油发生 TSR 反应的动力学参数，可以发现，相对于原油的单独裂解来说，TSR 反应所需要的活化能更低。基于动力学参数的地质推演结果表明，TSR 反应的启动温度为 120～160℃，要明显低于正常原油裂解生气的温度（图 1-28）。

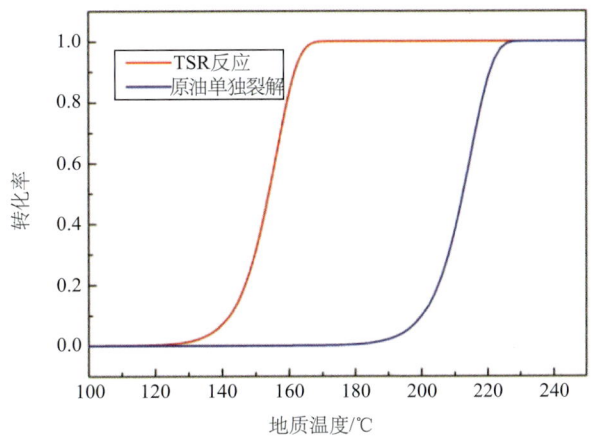

图 1-28　TSR 反应对原油裂解的影响（3℃/Ma）

二、原油裂解气的生成下限

众所周知，不同地区的油藏稳定存在的深度往往存在较大的差异，比如四川盆地深层少见油藏，多见裂解气气藏，而塔里木盆地深层却能普遍见到油藏，尤其是重质黑油和稠油。是什么原因导致原油稳定存在的深度有如此大的差异？实际上，原油的裂解过程包含着一系列复杂的化学反应，这些反应发生的难易及进行的程度是受动力学控制的。原油裂解气气藏的发现，促使国内外地球化学家们开展了一系列相关研究。目前，关于实际地质条件下，原油裂解气形成的温度界限仍存在一定的争议。Tissot 和 Welete（1978）基于一系列盆地原油稳定性的分析，提出 Douala 盆地和 Uinta 盆地的原油大量裂解生气的温度分别为 135℃（2500m）和 150℃（5800m）。Price（1993）在对他们的观察进行了详细的讨论后认为，一些 7000m 以下的超深钻井中重质饱和烃的发现，说明该温度界限要低于实际的原油裂解气大规模生成时的温度。由于油藏中的原油裂解过程是在漫长的地质时间中进行的，要真实观察这一过程，难以实现。依据化学反应动力学的原理，可以通过提高反应温度来减少反应时间。因此，为了在可行的时间里模拟漫长地质历史中的生烃过程，研究者们大都通过提高反应温度来达到提高反应速率的目的。动力学模拟的基本化学公式是 Arrhenius 方程（反应速率常数 $k = A\,e^{-E_a/RT}$），通常假定原油裂解气的生成过程满足一级反应，即 $dC/dt = -kC$。目前，用来进行原油裂解模拟实验的装置主要包括三种，即 MSSV、高温高压反应釜和黄金管热模拟装置。

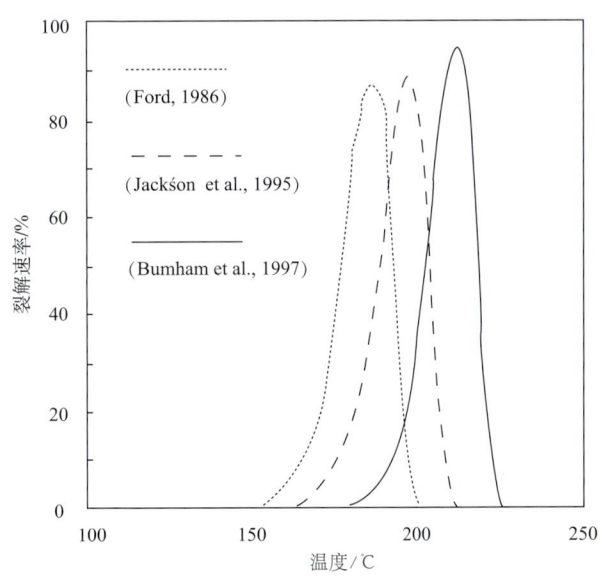

图 1-29　正十六烷裂解速率与温度的对应关系

Ford（1986）、Jackson 等（1995）、Burnham 等（1997）分别用正十六烷进行了原油裂解的模拟实验研究，并推演得到了三种不同裂解速率与温度的分布曲线，如图 1-29 所示，它们对应的最大裂解温度分别为 195℃、196℃、210℃。

Tsuzuki 等（1999）基于原油中不同组分在裂解实验中得到的动力学参数，进行一定地质条件的推演后，得到如图 1-30 所示的最终产物中各组分含量与温度／深度的对应曲线。其中，原油的最大裂解温度在 220 ℃左右，且在低于 5000 m 深度时，不可能有原油裂解气生成。Dieckmann 等（1998）通过 Toarcian 页岩的 MSSV 热解实验研究，得到有机质演化到不同阶段时对应的动力学参数，将地温条件设定为 5.3 K/Ma 时，推演得到原油开始裂解生气对应的温度及 R_o 分别为 150 ℃和 1.2%，生气高峰对应的温度为 180℃。田辉等曾选取塔里木轮南原油进行黄金管模拟实验，并通过动力学参数推演得到了一般地温条件下原油消失（62.5% 转化）的温度为 185～204℃。除此之外，还有大量文献对原油裂解的动力学进行了研究。

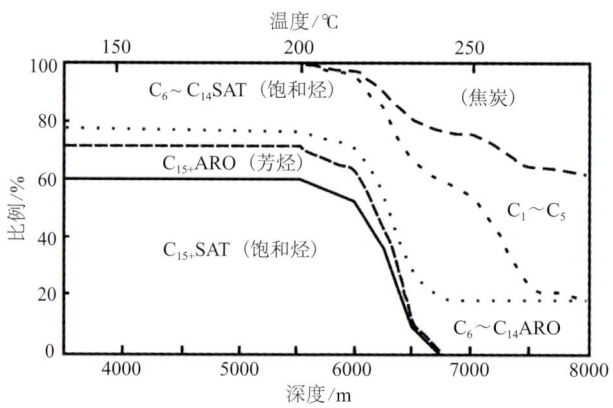

图 1-30　不同组分的含量随温度／深度的变化（Tsuzuki et al.，1999）
假设地表温度、地温梯度和沉积速率分别为 15℃、33℃/km 和 50m/Ma

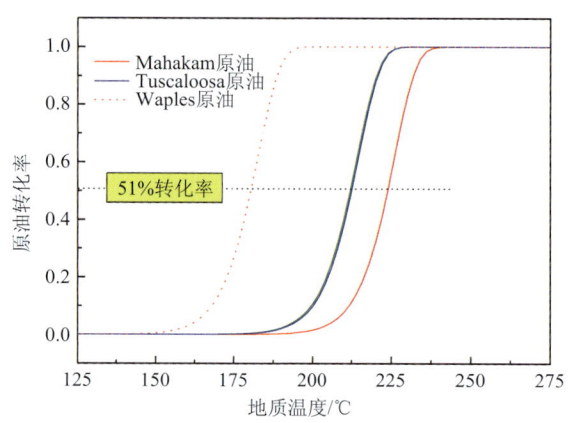

图 1-31　不同原油裂解的地质推演（2℃/Ma）

显然，不同的研究者得到的原油裂解气生成的临界温度或深度不尽相同，甚至是有较大的差别。图 1-31 是基于几种不同原油发生裂解的动力学参数的地质推演结果，观察可以发现相应原油裂解气生成的门限温度差异最大可达 50℃，对应深度差异大于 1300m（假设地温梯度为 3℃/100 m）。

这种差异很大程度上应该归因于实验条件（包括实验所用烃或原油类型、温度或升温条件、压力条件等）及推演所采用的地质条件不同等。值得注意的是，利用原油样品和固体有机质样品进行热解实验得到的原油裂解气形成的动力学参数往往存在较大差异，后者普遍要低于前者。

众所周知，塔里木盆地深层普见油藏，且多为重质油和重质黑油（图 1-32）。为了探讨塔里木深层原油稳定存在的原因，选用了塔北哈德逊油田哈得 11 井原油，通过黄金管热模拟实验，研究了该地区原油裂解动力学及原油裂解过程中的组分演化特征。图 1-33 给出了基于塔里木盆地的哈得原油黄金管热裂解实验得到的动力学模拟的结果。显然，模拟结果与实验结果能较好对应起来。利用高斯分布计算可得，哈得 11 井原油发生裂解反应生成裂解气的平均活化能为 59.8 kcal/mol，频率因子 A 为 $2.13 \times 10^{13}\ s^{-1}$。

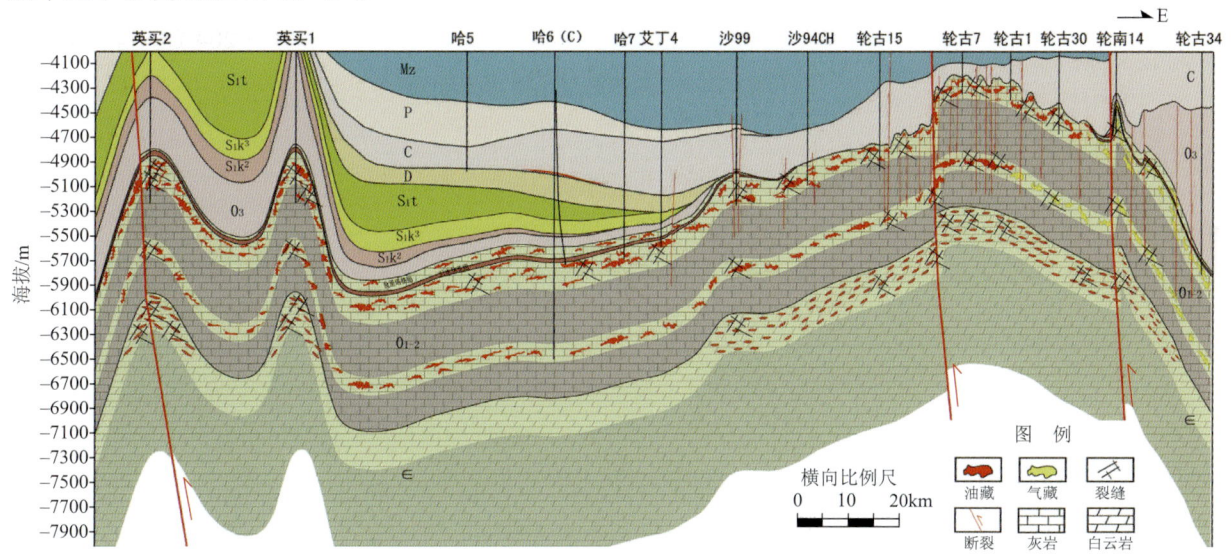

图 1-32 塔里木盆地塔北隆起深层油藏分布

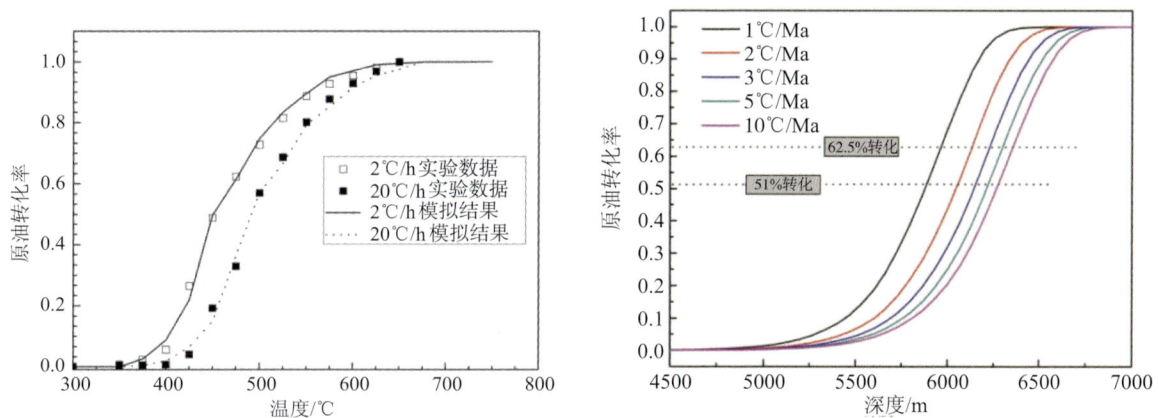

图 1-33 哈得 11 井原油裂解生气动力学模拟结果及地质推演（地温梯度为 30℃/km）

基于动力学模拟得到的动力学参数，设定不同的埋深或升温条件进行了地质推演，结果如图 1-33 所示。由于塔里木盆地 TSR 作用等次生蚀变并不普遍，塔里木盆地原油的稳定性很大程度上取决于其热演化史。从图中可以看出，对于 3℃/Ma 的升温速率来说，油藏中独立相（或液相）存在的原油完全消失对应的深度接近 7000m。因此塔里木盆地较低的地温梯度和独特的热演化史，应该是导致该地区深层存在大量油藏的重要原因。

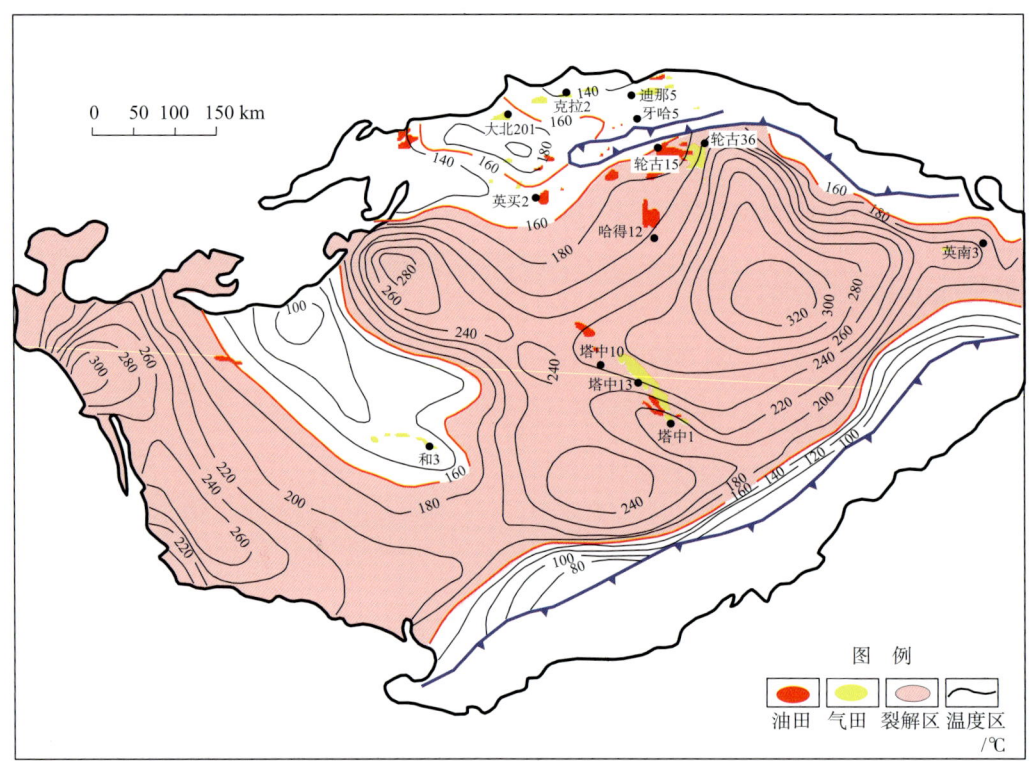

图 1-34 塔里木盆地寒武系底界现今地温分布图

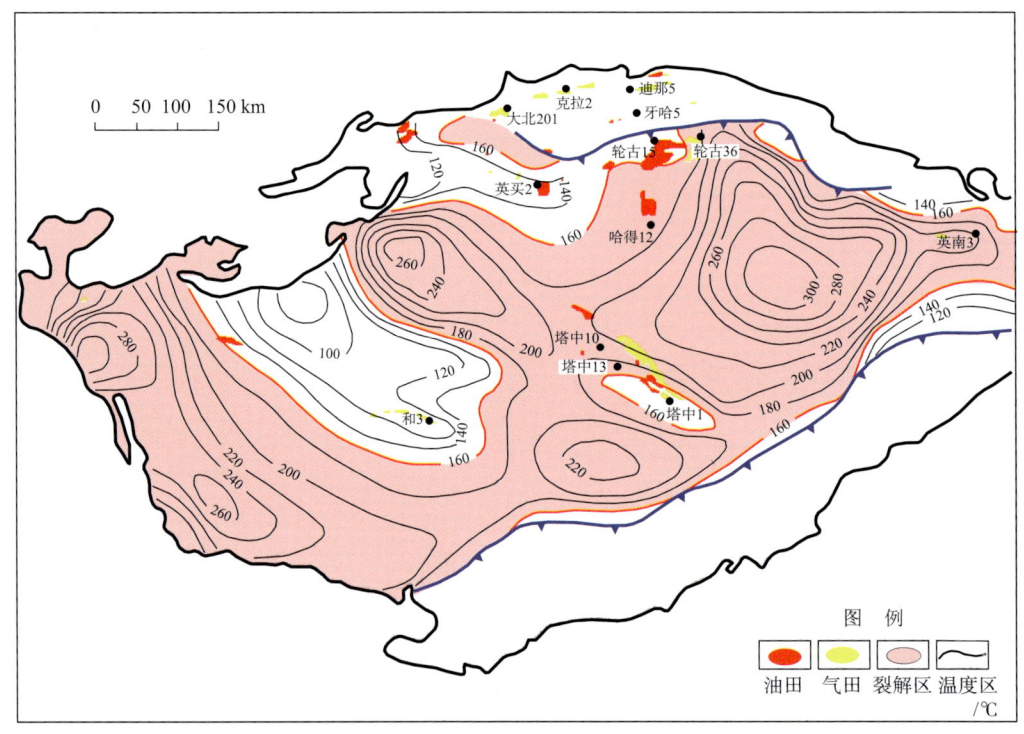

图 1-35 塔里木盆地下奥陶统底界现今地温分布图

从哈得原油在不同地质升温速率条件下的裂解转化率与动力学模拟所对应的地质温度（图1-19）看，原油完全裂解成气的温度下限达到了225℃，与过去普遍认为的150～200℃向下延伸了25℃。这将大大延伸液态烃的生存深度，也为深层勘探和正确判断油气相态提供了技术支持。

为了进一步落实塔里木盆地深层油气赋存相态，笔者编制了塔里木盆地寒武系底界现今地温分布图（图1-34）。明显可见，塔里木盆地西部、中东部现今地温高，地温大于230℃，大面积处于原油裂解气生成温度下限以下，是原油裂解气分布的有利地区；其他地区现今地温较低，应该存在液态烃。勘探证实，处于盆地北部的塔深1井，尽管埋深达到了8400m，但仍然有液态烃的存在。就塔里木盆地下奥陶统而言，由于埋藏较浅，原油裂解气的分布范围明显缩小（图1-35）。

与此同时，笔者编制了四川盆地飞仙关组底界侏罗纪末地温分布图（图1-36）。从中可见，尽管大部分地区地温低于230℃，但由于TSR作用降低了原油的稳定性，促进了原油裂解转化成气的过程，原油裂解成气的下限温度降低到了120～160℃。因此，飞仙关组烃类均以气态存在，勘探应围绕天然气展开。

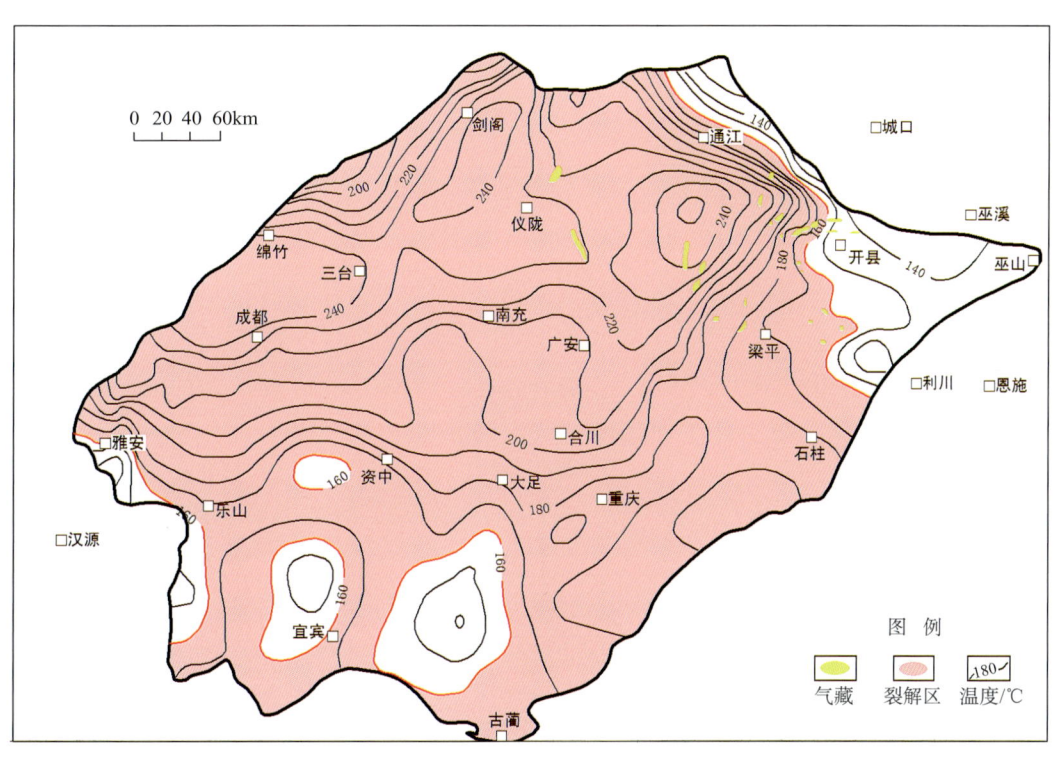

图1-36　四川盆地飞仙关组底界侏罗纪末地温分布图

第三节　生物气的生成下限

生物气是沉积岩（物）中有机质经过微生物降解作用形成的以甲烷为主并含有部分二氧化碳、

少量氮气和其他微量组分的天然气（陈英等，1994）。生物气形成于有机质演化成岩阶段的微生物降解作用，由于受微生物活动、沉积环境和温度条件的限制，通常只能形成于较浅地层中。生物气在世界范围内广泛分布，迄今为止已在俄罗斯、美国、加拿大、德国、意大利、特立尼达、日本和中国等国家和地区先后发现了不同层位及深度、具工业价值的生物气藏。其中，俄罗斯的西伯利亚盆地、中国的柴达木盆地、北美的阿尔伯达盆地和密歇根盆地等都是重要的生物气田区。据 Rice 和 Claypool（1981）统计，世界生物气储量 $13.8×10^{12}m^3$，占天然气总储量的 21.3%。至 2005 年，世界生物气储量 $26.9×10^{12}m^3$，占天然气总储量的 15.5%。中国生物气资源丰富，目前已探明储量约 $3000×10^8m^3$。由于认识和技术条件的限制，关于生物气成因、控制因素和生成下限方面的认识仍存在较多争议。本节对生物气生成途径、生物气形成的地质地球化学条件进行了全面探讨；从活性有机质的角度对柴达木盆地生物气形成的物源条件和微生物活动进行了详细分析，重建了生物气生成的有机质演化模式、生物气的连续生气模式和不同类型有机质生物产甲烷模式；探讨了生物气源岩有机质丰度下限及生物气的生成下限，认为柴达木盆地生物气的形成深度可超过 1700m，并取得了较好的勘探成效。

一、生物气的生成机理

通过研究，人们逐渐认识到，生物气是厌氧微生物在低温、还原条件下分解代谢沉积有机物质的产物，生物气生成发生在有机质沉积的较早阶段，是有机质"接力"生气过程的最初阶段和重要环节（图 1-37）。

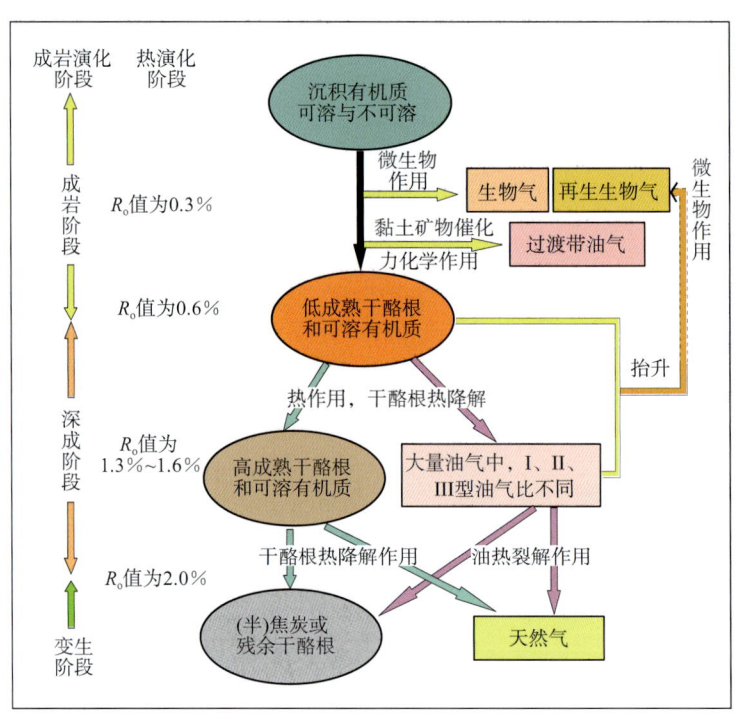

图 1-37　有机质的接力成气机理（赵文智等，2005）

生物气的形成需要产甲烷菌（包括相关微生物）及其底物在沉积初期被封存或"休眠"在地质体内，当达到一定温度（深度）时，微生物生气作用全面启动，天然气大量生成，直到温度（深度）超过产甲烷菌可存活温度后方停止生气过程。

在有机质的转化过程中，产甲烷菌等微生物群体能利用的有机质是生物气形成的物质基础。在沉积物中，为产甲烷菌和非产甲烷菌提供的发酵原料是各种混合基质（图 1-38），包括水溶性的物质（如糖类、氨基酸、多肽），较易水解的物质（如半纤维素、淀粉、脂肪、蛋白质），不易水解的物质（如纤维素、果胶、芳香族化合物），只能部分水解或难以水解的木质素等，能被微生物群体利用的物质越丰富对甲烷气的形成越有利。

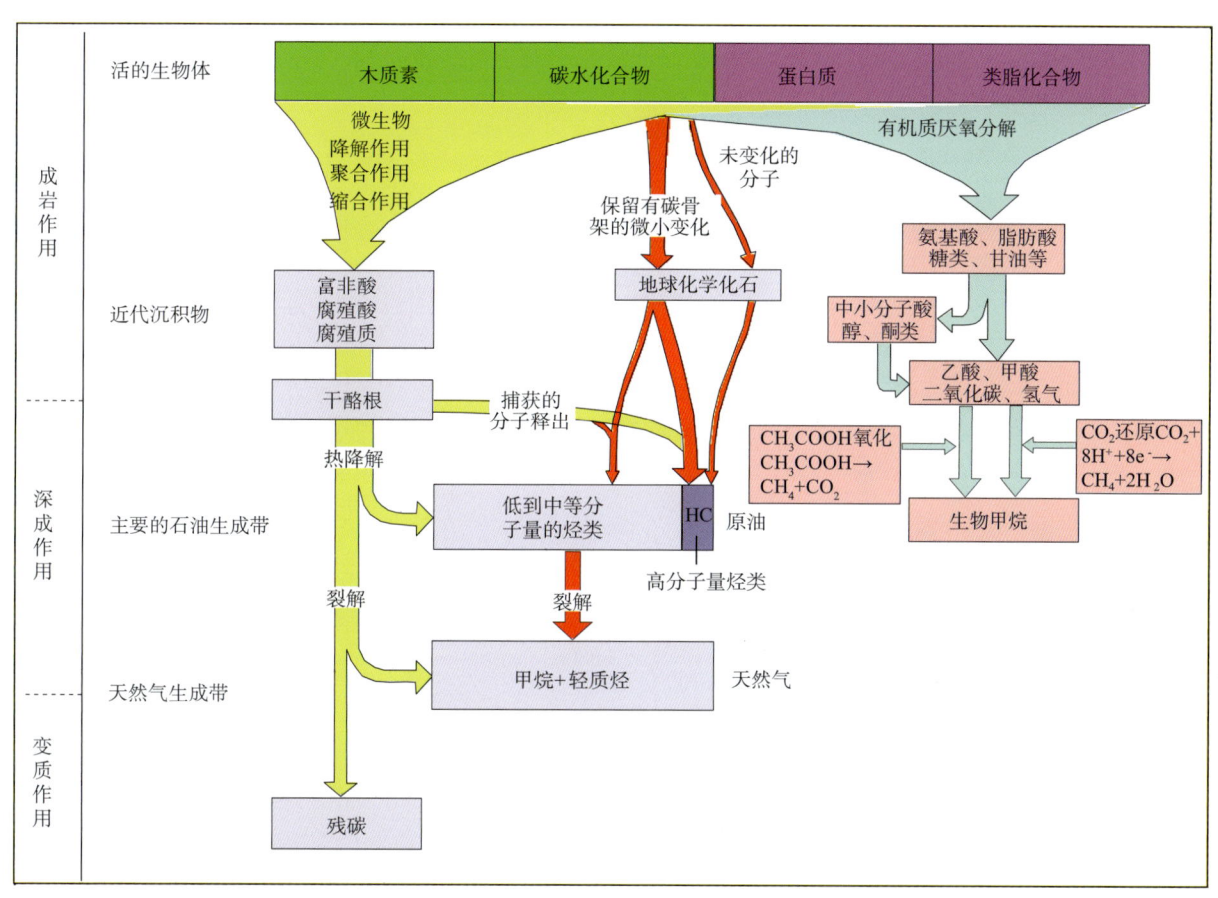

图 1-38　与有机质演化有关的地质条件下烃类来源（Tissot and Welte，1978）

（一）生物气生成途径

产甲烷菌（methanogens）不具有直接分解有机质的能力，它主要依赖先期已经存在的、或经发酵菌和硫酸盐还原菌分解有机质而产生的 CO_2、H_2、乙酸取得碳源和能源得以生存。已被证实的最适合产甲烷菌的底物有 H_2、CO_2、甲酸、一氧化碳、甲醇、乙酸、甲基氨（Mah，1981；Zehnder et al.，1982）。自然界生物气的生成途径主要有两种，即 CO_2 还原和乙酸发酵。

CO_2 还原：$CO_2 + 8H^+ + 8e^- \longrightarrow CH_4 + 2H_2O$。

CH_3COOH 发酵：$CH_3COOH \longrightarrow CH_4 + CO_2$。

浅表厌氧环境下，甲烷生成以乙酸发酵途径为主，约占 67%（Zehnder，1988；丁安娜等，2003）。随着埋深增加，H_2 还原 CO_2 途径所占的比例逐渐增加，并最终取代乙酸发酵途径（Rice，1992；Sugimoto and Wada，1995；Veto et al.，2004），其分布从埋深几十厘米到 2000m，局部地区可达 4000 余米（Kotelnikova，2002）。因此，H_2 还原 CO_2 生成途径在沉积盆地更为普遍、重要，比较直观的证据是世界上绝大多数生物气田的生物气均为 H_2 还原 CO_2 成因类型（Whiticar，1999），中国柴达木盆地三湖地区生物气田（张晓宝等，2002）、莺琼盆地生物气田（邓宇等，1998；黄保家和肖贤明，2002）、陆良、保山生物气藏（高玲和宋进，1998；徐永昌等，2005）；非常规煤层气、页岩气中生物气也多表现为 H_2 还原 CO_2 成因类型（Martini, et al.1998；Ahmed and Smith, 2001; Aravena et al., 2003; Thielemann et al., 2004）；原油降解生物气的主要产生途径亦为 H_2 还原 CO_2 类型。

对柴达木盆地三湖地区第四系生物气罐顶气分析结果表明，特殊条件下，乙酸发酵型生物气同样可以出现在局部层段，但难以形成有效聚集（图 1-39）。

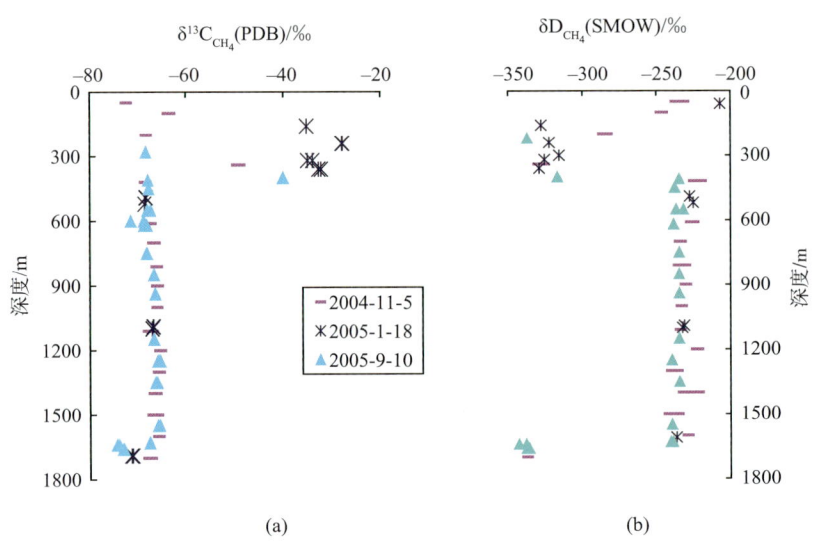

图 1-39　柴达木盆地三湖地区新涩 3-4 井
（a）甲烷稳定碳同位素特征；（b）甲烷稳定氢同位素特征

（二）生物气形成的主要地质地球化学条件

1. 氧化还原环境

产甲烷菌是严格的厌氧菌，只有在氧化还原电位（E_h）小于 –330mV（Bryant，1976）的严格厌氧条件下才能生存，最适宜的氧化还原电位值为 –590～–540mV。自然界中，只有介质中所含的氧、硝酸盐和绝大部分硫酸盐被还原之后，产甲烷菌才能生长。

研究表明，自然沉积环境中有几种电子受体可用于有机质的分解，电子受体被微生物优先利用的次序是 O_2、NO_3^-、SO_4^{2-}、CO_2。因此，沉积初期好氧微生物起着分解有机物的主要作用，随着沉积环境中 O_2 逐渐被耗尽，厌氧微生物菌群逐渐活跃，并最终成为沉积环境中有机物的主要分解菌，同时 E_h 逐步降低。其中，产甲烷菌是专性厌氧微生物，生长在最强的还原环境中（$E_h < -200mV$）。

2. 温度

甲烷的生成温度为 0～100℃（Baross et al.，1982；Zehnder et al.，1982）。虽然从冰岛温泉中分离出来的甲烷嗜热菌属（*Methanothermus*），甲烷生成的上限温度已达 97℃（Stetter et al.，1981），但大多数已知的产甲烷菌是嗜中温的。实验证明，温度低于 15℃，会大大限制淡水环境中的产甲烷作用（Conrad et al.，1987；Zeikus and Winfrey，1976）。

在湖泊沉积物和厌氧消化池中，温度升高会促使甲烷生成，最适宜温度为 35～40℃。嗜热产甲烷菌最适宜温度为 60～65℃。

大量模拟实验表明，适于微生物活动的温度为 0～80℃（Hans，1995），而绝大部分产甲烷菌新陈代谢活跃的范围为 4～45℃，最适宜的温度为 36～42℃。地表低温既能抑制甲烷的生成，又可使甲烷在永久冻土带成为水合物，阻止甲烷散逸，从而形成生物气藏，如美国伊利诺伊州更新世冰碛层中的生物气藏（Coleman et al.，1988）。柴达木盆地第四纪以来一直处于较低的温度环境，而低温对产甲烷菌的活动有抑制作用，从而避免了沉积有机质在沉积浅埋藏阶段的过量消耗，推迟了生物产气的高峰期（管志强等，2001），因而有利于生物气的保存。所以温度条件具有双重作用，地表低温条件有利于有机质的保存，而一定深度的适宜温度可促进微生物的新陈代谢。

3. 盐度

从淡水到高盐环境，几乎都发现产甲烷菌的存在。典型的淡水产甲烷菌至少需要 $1mMNa^+$（折合含 NaCl 0.006%）的环境条件，马氏甲烷嗜盐菌（*Methanohalophilus mahii*）能够在 $3MNa^+$（折合含 NaCl 17.6%）的条件下生长良好。相对而言，较低的盐度条件比高盐环境更适合产甲烷菌的生长。柴达木盆地虽然以其高矿化度和高盐度而被称为中国典型的咸化盆地，但从该盆地一些开发井自溢水分析资料来看，地下水氯离子的浓度一般为 0.3～3 mol/kg，最高 5 mol/kg，并没有破坏产甲烷菌适宜生长的良好环境（王明明等，2003）。

早期成岩阶段生物气生成的沉积环境主要集中于淡水湖泊相、深海、近岸海口和盐湖相沉积，并可分为淡水相和咸水相。由于沉积物盐度不同，造成生物成气的优势菌种的差异。厌氧消化生长基质中如钠盐、硫酸盐与硝酸盐等盐类的含量对微生物的影响非常大，它们一方面提供有机质分解过程中微生物利用的电子受体（如 O_2、NO_3^-、SO_4^{2-} 与 CO_2 等），另一方面影响生物成气过程中的微生物，如钠盐、硝酸盐及硫酸盐对醋酸发酵菌的抑制作用。在盐度较小的沉积物（如淡水湖相沉积物）中，生物气生成以乙酸发酵为主，产甲烷菌和硫酸盐还原菌之间的竞争是沉积物中抑制甲烷生成的主要因素（Whiticar et al.，1986）；盐度较大的沉积物（如深海相沉积物），以 CO_2 还原生成生物气为主，因为微生物所处的高含盐环境对乙酸发酵极为不利。可见，特定地区沉积物的盐度对生物气的生成起着至关重要的作用，决定了其生成机理，但目前对生气机理的影响尚不明确。

4. 酸碱性

绝大部分产甲烷菌对酸碱性很敏感，适宜生存在近中性的水介质中，pH 为 5.9～8.8，最适值是 7.0～7.2。pH 在 6.2 以下，大部分甲烷菌停止生长或不产甲烷；pH 接近 8.8 时，CO_2 的溶解度接近零，大多数甲烷菌因缺乏 CO_2 作为碳源而不能生存，剩下的只有巴氏甲烷八叠球菌

（*Methanosarcina Barkeri*）靠乙酸为碳源而生存。在一些沉积环境中，因地层水 pH 高，可在一定程度上抑制表层沉积物中产甲烷菌的繁殖。当沉积物埋藏到一定深度时，有机质分解形成一些有机酸，使 pH 降低，从而使孔隙中的 CO_3^{2-} 向 CO_2 转化，产甲烷菌才开始大量繁殖。由此可见，pH 与温度具有相似的作用，浅表层抑制，在适宜的深度激活微生物的生长。

5. 硫酸盐和硝酸盐含量

水介质的硫酸盐含量对甲烷的生成有很大影响，主要原因是硫酸盐还原菌摄取 H_2 和乙酸的能力强于产甲烷菌。当 SO_4^{2-} 浓度高时，产甲烷菌的活动受抑制，直到沉积物埋藏较深而绝大部分 SO_4^{2-} 被还原时，甲烷才能大量生成。

硫酸盐、硝酸盐可以明显抑制产甲烷菌的生长和繁殖。自然界很少出现高浓度硝酸盐，它对产甲烷菌的抑制作用通常不明显，而环境水介质中硫酸盐对甲烷的生成影响却很大。传统观点是：只要有硫酸盐存在即不利于甚至不能形成生物气，硫酸盐还原菌摄取 H_2 和乙酸的能力强于产甲烷菌。在 SO_4^{2-} 浓度高时，硫酸盐还原菌与产甲烷菌之间的竞争可抑制产甲烷菌的繁殖，只有环境中 SO_4^{2-} 被消耗完时，甲烷才能大量生成。但近年来国内有学者认为硫酸盐的存在虽对生物气有抑制作用，但并不意味着产甲烷菌不能存活，二者在一定条件下可共存（关德师等，1997；张辉和张洪年，1992）。这说明产甲烷的微生物同样可以生存在含硫酸盐的沉积环境。

作为硫酸盐还原的产物和标志物，柴达木盆地生物气源岩中发现较为丰富的草莓状黄铁矿（图 1-40）。管志强（1998）研究证实：涩试 2 井第四系砂岩储集层中含有黄铁矿，黄铁矿层位对感应测井有很大的影响。另外，在可溶有机质的索氏抽提过程中加入的铜片变黑也反映出硫的存在。硫单质和草莓状黄铁矿的发现不仅指示了微生物厌氧产甲烷菌所处的强还原环境，而且指示了可能的硫酸盐还原菌及其硫酸盐还原作用的存在。

图 1-40　柴达木盆地生物气源岩草莓状黄铁矿照片

6. 沉积速率

沉积速率对生物气的产生和保存具多重影响。高沉积速率利于有机质的保存并阻止浅层天然气泄漏（Schoell，2002）。以柴达木盆地为例，作为中、新生代大型内陆山间盆地，在挤压走滑构造作用下，喜马拉雅中晚期由于青藏高原的隆起，造成其东部快速堆积了巨厚的沉积物（仅2Ma就沉积了至少3000m），第四纪沉积速率达800～1000 m/Ma。快速的堆积不仅提供了巨厚的气源岩，而且使沉积有机质在快速堆积过程中避免了浅表氧化细菌的大量降解而得以完整保存。

沉积速率高时，浅层沉积物中硫酸盐梯度高，硫酸盐还原带厚度小，因此产甲烷菌活动带浅，离沉积物与水界面的距离小。莺歌海盆地上中新世以来持续快速沉降，未发生沉积间断，特别是第四纪以来沉积速率加快（平均800m/Ma），削减了从上覆水体中不断补偿的硫酸盐，从而为微生物群落的生长和繁殖创造了有利的环境条件，形成了丰富的生物气藏（林春明等，1997；黄保家和肖贤明，2002）。

快速沉积有利于生物气的保存。生物气常发现于沉积速率大于50 m/Ma的地区，这是因为快速沉积减少了沉积有机质在浅表层的停留时间，从而利于较深层生物气的生成和保存（Shurr and Ridgley，2002）。中国的勘探实践证明，生物气常聚集于古近系、新近系-第四系沉积速率较高的盆地或沉积环境中。就盆地类型来说，沉积速率较高的裂谷型断陷盆地和前陆盆地对形成大规模的生物气聚集较为有利；就沉积环境而言，具有较高沉积速率的三角洲沉积、浊流沉积和沉降较快的深湖-半深湖沉积都比较有利。

7. 有机质丰度

首先，甲烷生成明显受到可利用有机质数量的限制，当有植物叶类物质加入时，沉积物中的甲烷生成作用加强。实验室生物模拟研究也发现，生物模拟甲烷产率与样品中有机质的含量成正比（关德师等，1997）。

其次，不同有机质的生物降解产甲烷能力有所不同。只要具备适宜的条件，各种有机质，包括原始有机质，如动植物遗体、干酪根、原油、煤等，都可以降解生成以甲烷为主的生物气。

实验表明，原始有机质、沉积岩（尤其是泥岩）中有机质、煤、地下的原油等重质烃类都可经生物降解生成生物气。不同类型的有机质生物模拟产甲烷量不同，陈安定（1991）研究认为，有机物产甲烷的能力：脂类＞蛋白质＞碳水化合物。类脂化合物生成生物甲烷的量可以超过1000m^3/t有机质。关德师（1997）在柴达木和莺琼盆地的研究中，生物模拟产甲烷实验数据分别为12～76m^3/t有机质和45～121m^3/t有机质。

生物气的底物或有机体通常为未成熟的有机质，浅层沉积物中丰富的有机质对生物甲烷的形成必不可少。就柴达木盆地而言，通常所指的岩石中沉积有机质（OM）的丰富与否并不能决定生物气的富集。该盆地第四系及新近系的TOC含量很低，只有0.3%～0.7%，平均为0.3%～0.4%，但同样生成了大量的生物气，并聚集成藏。这说明生物气的碳源可能来源于其他形式的物质。产甲烷菌的活动不需要大量沉积有机质（Katz et al.，2002），0.5%～1%的有机碳足以支撑大量产甲烷菌的活动。甚至发现地下微生物群体含量大多与沉积有机质丰度呈负相关（Noble and Henk，1998），这与生物成因气的聚集有关。生物气形成与有机碳含量究竟有没有关系目前没有明确定论。生物甲烷在生水中溶解有机碳的浓度在海洋环境与淡水环境中基本相似（Kotelnikova，2002）。目前，生物气形成的生物化学过程和机制虽然还不十分清楚，但地下溶解有机质经历缓慢分解为微生物提供碳源和能源的说法已经获得许多研究者的认可。若这一结论成立，生物气源岩与常规烃源岩就没有对应关系，有机碳的含量高低并不能说明生物气形成的多少，需要建立新的生物气源岩评价体系。

8. 有机质类型

丰富的有机质和适宜的有机质类型是形成生物气的物质基础。虽然产甲烷菌不具有直接分解有机质的能力，但它主要依赖发酵菌分解有机质而产生的 CO_2、H_2 与乙酸取得碳源和能源得以生存（Bryant et al., 1976）。沼气发酵微生物学及生物气模拟实验研究成果表明，在微生物作用于有机质形成甲烷的过程中，主要利用有机质中的脂类、蛋白质、纤维素、半纤维素、糖类等可溶性有机物（统称细菌可降解物）作为营养基质，而木质素及高度缩合的腐殖酸、干酪根等则是细菌降解难以利用的物质。草本植物、菌孢子和藻类等水生生物以及咸水-盐湖环境的水溶性物质有利于造就高产气率。产甲烷菌的养分在陆源沉积物中主要是纤维素、半纤维素、糖类、淀粉及果胶等有机化合物（Zeikus et al., 1980），在海相沉积物中主要是蛋白质。有利的生物气母质类型主要有：①腐泥型原始母质，主要为低等植物和浮游动物，如藻类、微生物、类脂化合物和聚合类脂化合物；②腐殖-腐泥型母质，主要为半深水还原环境下的低等植物和浮游动物。

张洪年等（1994）通过对具有 II 型和 III 型干酪根性质的湖相及沼泽相沉积物的生物气模拟实验，认为有机质含量丰富、有机质组成中有较多的蛋白质和类脂化合物的 II 型干酪根湖相泥岩具最大的生气潜力（90 $m^3/t_{岩石}$），是较为理想的生物气源岩；有机质含量较低，有机质组成以碳水化合物为主的 III 型干酪根湖相及海相泥质沉积物的生气潜力较低（20～40 $m^3/t_{岩石}$），属中-差的生物气源岩；III 型干酪根的沼泽相泥炭和碳质泥岩虽然有机质丰富，但其有机质组分中很难被微生物降解的木质素和粗纤维含量很高，所以其单位有机质的产气率并不很高。同时，由于含有机质 10%～20% 的岩石、碳质泥岩和泥岩等岩类对甲烷的吸附容量是含有机质 3% 以下岩石的 10 倍以上，因此泥炭和碳质泥岩所生成的生物气将大部分被岩石本身吸附。II 型有机质比 III 型有机质更有利于形成生物气，在 III 型有机质中，富木本植物母质不利于生物气的形成。

二、生物气的生成下限

（一）生物气源岩中活性有机质评价

蛋白质的生化代谢产甲烷过程可简单表示为：蛋白质→多肽→二肽→氨基酸→有机酸→乙酸、H_2O、CO_2 → CH_4。由于蛋白质可以占生物有机质的 20% 以上，埋藏在地下不到 100 万年就可以分解 70%，因此在早期成岩阶段沉积物中由蛋白质、氨基酸产生的烃类数量是相当可观的。王新洲和李丽（1989）对济阳坳陷东营凹陷古近系、新近系烃源岩氨基酸产甲烷气进行的分析计算结果表明：氨基酸占有机质的比例相当大，明化镇组沉积岩中可达 203 $kg/t_{C残}$，沙河街组沉积岩中有 40 $kg/t_{C残}$。如按丙氨酸计，这些沉积岩中的氨基酸可以生成的甲烷达 7.2～36.5 $kg/t_{C残}$。如按照沉积岩残余有机碳丰度均是 0.5% 计，则岩石可以生成甲烷 0.038～0.18 $kg/t_{C残}$。因此，我们可以采用非常规方法分析沉积物中的蛋白质含量及地层水中的有机酸含量，以了解可供微生物利用的活性有机质的分布情况。

柴达木盆地东部第四系烃源岩中蛋白质含量非常低，普遍为 4.21～186.88 $\mu g/g$，平均为 42.21 $\mu g/g$。蛋白质含量较稳定，随着埋藏深度的增加变化趋势不明显。检测地层水中的有机酸含量普遍较低，为 2～10ppm[①]，与其他盆地地层水相比，并没有任何优势，甚至较低。由此可见，柴达木盆地东部生物气的形成可能不仅仅依赖于沉积埋藏下来的蛋白质之类的活性有机质，更应该有其他因素影响和控制着生物气的形成及规模聚集。

为了解沉积物中活性有机质含量，我们特设计了模拟实验以提取其中的活性有机碳。岩心样品采自涩北一号气田涩 23 井、涩北二号气田涩中 6 井、台南气田台 5 井、那北构造那北 1 井（表 1-8）。沉积物有机碳分析过程借鉴土壤及浅层沉积物中有机质分析方法（Ingalls et al., 2003），详细过程如下：室温（20℃）下取 2g 干燥样品，用 4mL 盐酸（6M）进行水解，超声提取（10min×3 次），放置过夜，然后加 6mL 蒸馏水稀释，放置 8h，使易于降解的活性有机质逐步水解并溶解于酸液中；离心（7000r/min×7min），采用 0.45μm 滤膜过滤。用日本岛津 TOC-5000 仪器分析上清液中有机碳含量，即活性有机碳（ROC_1）；不溶残渣烘干后采用 LECO CS-400 碳硫分析仪获得其中的总有机碳（TOC）。为了考察成岩早期阶段低温热力作用对有机质可降解程度的影响，特设计在 80℃条件下酸解有机碳（ROC_2），分析处理过程与 ROC_1 一样，区别仅在于超声提取之前采用 80℃对系统（浓酸＋样品）进行微加热处理 4h，其他过程均一致。

表 1-8 柴达木盆地三湖地区有机质类型及含量

地区	井号	井深/m	层位	岩性	TS/(mg/g沉积物)	TOC/(mg/g沉积物)	ROC_1/(mg/g沉积物)	ROC_2/(mg/g沉积物)	DOC/(mg/g沉积物)	(DOC/ROC)/%	(ROC/TOC)/%	DOC/TOC/%
三湖地区	涩中6	381	Q	灰色泥岩	0.28	2.70	0.60	0.91	0.39	64.90	18.16	11.79
		555	Q	碳质泥岩	1.51	47.40	0.98	1.76	*		2.03	
		749	Q	灰色泥岩	0.09	2.60	0.63	*	*		19.44	
		797	Q	灰色泥岩	0.18	3.30	0.75	*	*		18.61	
		820	Q	粉砂质泥岩	0.06	2.50	0.49	0.81	0.32	65.89	16.44	10.83
		1183	Q	粉砂质泥岩	0.08	2.00	0.55	0.56	0.31	56.47	21.45	12.12
	涩23	1216.4	Q	粉砂质泥岩	0.04	1.80	0.46	0.50	0.32	69.83	20.44	14.27
		1297	Q	碳质泥岩	1.48	66.80	0.88	1.32	0.61	69.42	1.30	0.90
		1456.5	Q	粉砂质泥岩	0.10	2.20	0.47	0.55	0.21	44.02	17.47	7.69
		1460	Q	碳质泥岩	3.61	182.00	0.94	1.84	0.35	37.01	0.51	0.19
		1483.7	Q	碳质泥岩	1.53	94.60	0.79	1.43	0.63	80.06	0.83	0.66
		1485	Q	灰色泥岩	1.27	4.30	0.38	0.54	0.17	44.65	8.10	3.62
	台南5	1570	Q	灰色泥岩	0.24	3.10	0.52	*	*		14.26	
		1581.5	Q	灰色泥岩	0.40	2.90	0.66	*	*		18.53	
		1691.7	Q	粉砂质泥岩	0.23	2.40	0.69	*	*		22.36	
	那北1	2312.75	N_2^3	灰色泥岩	0.05	0.80	0.30	*	*		27.02	

注：TS 为沉积物中总硫，TOC 为不溶总有机碳，ROC 为活性有机碳，ROC_1 为 20℃降解活性有机碳，ROC_2 为 80℃降解活性有机碳，DOC 为水溶有机碳

＊未检测

水溶有机碳（DOC）提取过程：取 2g 沉积物，室温下采用 10mL 的 K_2SO_4 溶液（浓度 0.5%）超声提取，然后浸泡、静置过液、离心、过滤，分析上清液中的总有机碳含量。

整体上，碳质泥岩有机质相对丰富，TOC 含量为 47.40～182.00mg/g。灰色泥岩有机质相对缺乏，TOC 含量为 0.80～4.30mg/g，与粉砂质泥岩中 TOC 含量没有太大差别。分析结果与前人的认识基本一致，说明所取样品在柴达木盆地三湖地区具有一定代表性。

---

① 1ppm=10^{-6}

活性有机碳（reactive organic carbon）是指可被微生物降解及利用的有机质中的碳。有些研究者将盐溶有机碳表示为活性有机碳，即本章的水溶有机碳（DOC）；有些研究中将弱酸降解水溶有机碳部分作为活性有机碳。从生物化学角度出发，考虑其中有些在盐溶液或弱酸性溶液中不溶，但地质历史过程中也会释放出部分活性物质，供微生物利用，如多糖类（纤维素和半纤维素）。这类活性相对稍差的部分在强酸溶液中会加速水解，释放其中的活性部分，因此，本次研究采用强酸（浓盐酸），通过逐步水解促使其快速转化为活性小分子物质，这部分有机碳则表示活性有机碳。它应该代表样品中最大所能转化的活性部分。分析结果表明：相同室温条件下，水溶有机碳比酸解活性有机碳低，但是活性有机碳中50%以上为极易为微生物利用的水溶部分；水溶有机碳在活性有机碳中的比例随着活性有机碳含量的增加而增加（图1-41）。

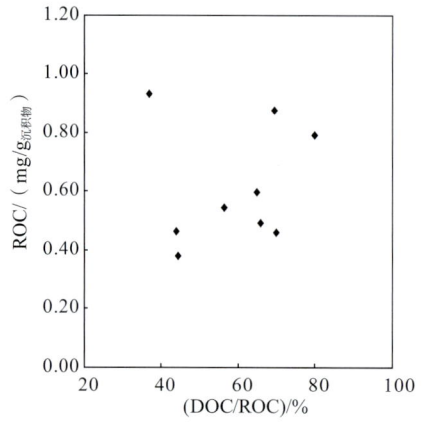

图1-41 水溶有机碳与活性有机碳关系

活性有机碳含量普遍低于TOC含量。对应每个样品，普遍具有水溶有机碳、常温酸解有机碳、高温酸解有机碳逐渐增加的趋势。其中DOC为0.17～0.63mg/g，ROC_1为0.3～0.98mg/g，ROC_2为0.54～1.84mg/g（表1-8）。

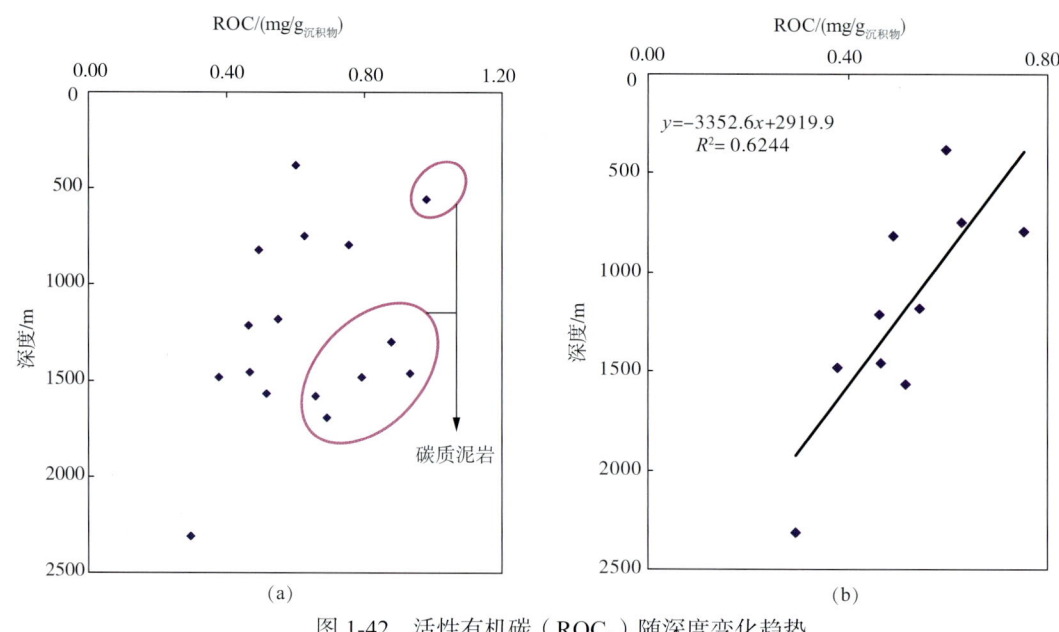

图1-42 活性有机碳（ROC_1）随深度变化趋势
（a）全样品；（b）暗色泥岩

研究表明，活性有机碳含量跟埋深有较密切的关系，整体上随埋深的增加而减少。碳质泥岩普遍比相同深度的暗色泥岩具有更高的活性有机碳含量（图1-42（a））。如果剔除了碳质泥岩，仅对有机碳含量相近的暗色泥岩分析，可见ROC_1与埋藏深度具有极好线性关系（图1-42（b）），说明活性有机碳随着埋深增加逐渐被微生物消耗。据此可以获得活性有机碳降低的速率，根据这个数据获得厚度为2000m的暗色泥岩中活性有机质所能产生的生物甲烷的生气强度约$8.21 \times 10^8 m^3/km^2$；相同方法获得厚度为100m碳质泥岩中活性有机质的生气强度为$1.21 \times 10^8 m^3/km^2$。

通过不同温度的酸解实验可见，温度对活性有机碳含量具有明显的影响，几乎所有的样品经过高温（80℃）酸解作用比常温（25℃）酸解作用所获得的活性有机碳有不同程度的增加（图1-43（a）），而从同一样品不同温度酸解所获得的水溶有机碳含量更能够反映这种变化规律（图1-43（b））。这主要源于有机质本身在成岩过程中受低温热力作用发生结构重组，产生一些能够为微生物利用的小分子物质，最为明显的证据为成岩早期阶段，有机质原子组成（C/H/O）发生明显改变（Tissot and Welte, 1978）。该阶段大量可挥发性物质释出，包括可供微生物利用的有机小分子物质（Kawamura and Kaplan, 1987; Barth et al., 1988）。当然，这部分有机质已经与生物学领域的活性有机质发生了质的区别，但对于深部生物圈层的营养供给是相同的。

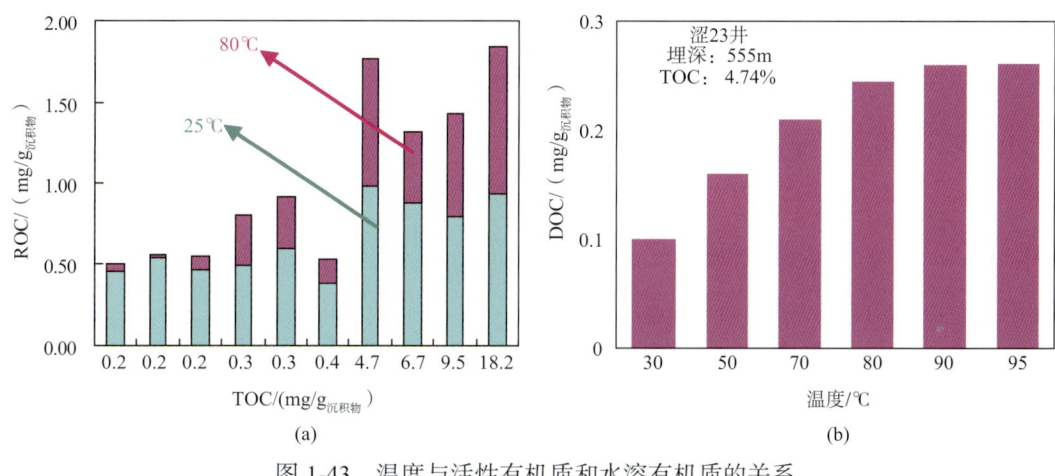

图1-43　温度与活性有机质和水溶有机质的关系

上述研究表明，尽管随着深度增加，温度/压力改变，原始继承性活性有机碳在逐渐消耗而减少的同时，活性有机质仍有进一步的补充，而来源机制主要为温度对有机质的改造重组作用。这也是为什么在越来越不适宜微生物生存的深部地层，仍然不乏微生物的存在，甚至由于生物群落的大规模发育而能使代谢产物-生物气聚集成藏，如柴达木盆地三湖地区。

（二）生物气生气模式

1. 有机质演化与生物气生成

在成岩作用阶段和深成作用的初期，生物气的生成是有机质演化的重要过程（图1-44）。在有机质发生生物化学作用的早期阶段，一方面，有机质被不断降解形成可溶小分子产物，并最终转化为生物甲烷；另一方面，生物降解产生的残渣被保存下来，经过聚合和缩合作用，形成富非酸、腐殖酸和腐殖质等，并最终转化为干酪根。另外，一些类脂化合物经过轻微蚀变后被保存下来，一部分游离烃及有关化合物转化为生物标志物等地球化学化石，另一部分也转化为干酪根。柴达木盆地第四系生物气源岩就处在此生物地球化学作用阶段。而在埋深较大、有机质热演化程度较高的地质条件下，大部分有机质已转化为干酪根等形式，少部分仍以小分子可溶有机质或生物标志物等地球化学化石形式存在。只要具备适宜的环境条件，如氧化还原条件、温度、pH等，厌氧微生物菌群仍然可以降解少量存在的小分子可溶有机质和碳水化合物、氨基酸等，并逐渐降解部分富非酸、腐殖酸和干酪根等物质，生成生物甲烷。

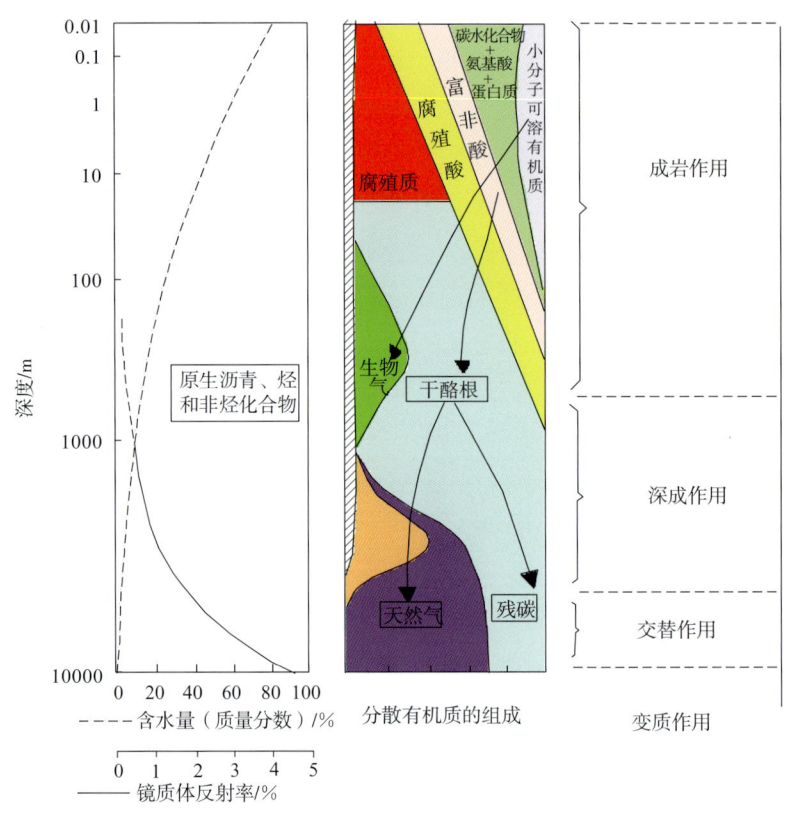

图 1-44　有机质演化模式图（Tissot and Welte，1978）

2. 生物气连续生气模式

沉积盆地生物气形成是低温热力作用与微生物共同作用的结果。浅表层由于继承性活性有机质丰富，弱成岩热力尚未发生作用，形成生物气的物质来源以原始继承性有机质为主要途径；随着埋藏深度增加，由浅部继承性活性有机质转换为深部的热力作用有机质而产生的次生活性有机质（图 1-45），形成连续分布模式。不同地区继承性活性有机质为主的阶段分布层段和所能延续的深度可能会有所差异。但是，综合来看，均处于较浅的埋藏深度，该阶段形成的生物气由于保存条件所限，基本难以聚集成藏；能够聚集成藏的生物气，应该主要来自次生活性有机质释放阶段。

区分不同物质来源阶段的意义在于，不同阶段影响及控制因素差异明显，这对于了解生物气形成的地质条件和背景具有直接影响。同时，控制因素不同也意味着源岩评价参数和方法应有区别（图 1-45）。对于原始继承性活性有机质为主的阶段，除了受控于原始输入有机质丰度、类型外，更主要取决于沉积环境中能够使原始继承性活性有机质保存下来的因素，如厌氧、高盐、低地温等；

对于次生活性有机质阶段，主要取决于沉积物中有机质的丰度、成岩程度，此外，跟原始有机质的输入和保存也有一定关系。

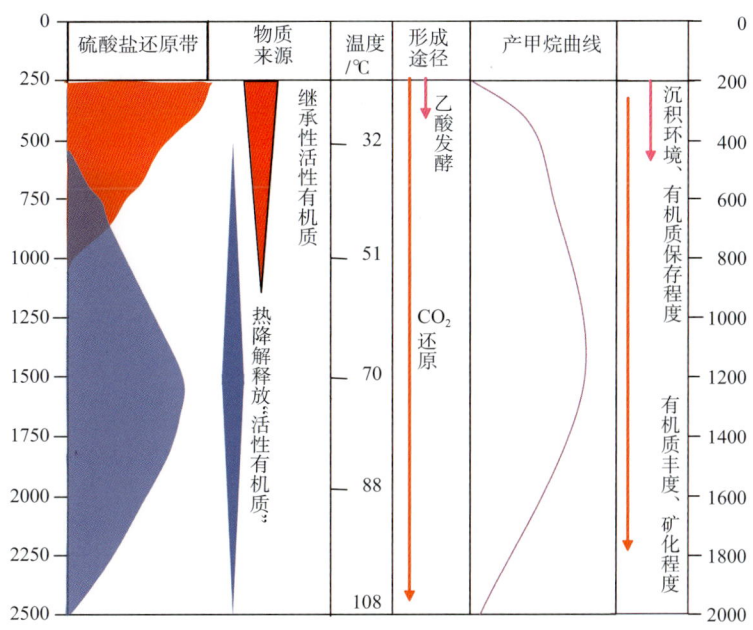

图1-45　生物气连续生气模式示意图

生物气连续生气还有另一个含义，即生成途径的转化和连续性。生物气有两种生成途径，乙酸发酵和H_2还原CO_2。在浅埋藏阶段，生物气以乙酸发酵形成途径为主；随着深度增加，逐渐转化为H_2还原CO_2方式（Rice，1992；Whiticar，1999；张晓宝等，2002；帅燕华等，2007），而无控制生化模拟实验多以乙酸发酵生成途径为主要方式（Zehnder，1988；丁安娜等，2003）；商业性气藏的形成往往以H_2还原CO_2作为主要的生成途径（Whiticar，1999；邓宇等，1998；黄保家和肖贤明，2002；张晓宝等，2002；徐永昌等，2005；帅燕华等，2007）。这两种生成途径主要跟可供微生物利用的营养底物类型和丰度有很大关系，取决于生物气形成环境的差异。因此，生化模拟实验与沉积盆地生物气的形成具有极大的差异性，如何控制生化模拟实验条件，使之贴近地质真实，将对沉积盆地生物气评价发挥更好作用。

3. 不同类型有机质生物产甲烷模式

通过开展藻类、水生草本植物、陆生草本植物和泥炭等不同类型有机质生物模拟实验，发现不同类型有机质生物产甲烷潜力差异很大（图1-46）。①以藻类为代表的Ⅰ类有机质。包括低等水生生物等，原始有机质中含有大量的蛋白质、脂类和容易降解的糖类等碳水化合物，生物可降解性强，生物甲烷产率高，最高可以达到1000mL/g_{TOC}，有机质生物转化率在70%以上。②以水生草本植物为代表的Ⅱ类有机质。原始有机质含有大量的淀粉、半纤维、纤维素等较易降解的碳水化合物和一定量的蛋白质、脂类等物质，生物可降解性较强，生物甲烷产率较高，可以达到500mL/g_{TOC}，有机质生物转化率在40%左右。③以陆生草本植物为代表的Ⅲ类有机质。原始有机质中含有较多的半纤维、纤维素等较易降解的碳水化合物和一定量的木质素等不易降解的有机质，生物可降解性一般，生物甲烷产率一般，在250mL/g_{TOC}左右，有机质生物转化率在20%左右。④以陆生高等植物为代表的 IV 类有机质。包括沼泽环境中受到一定程度氧化的泥炭等，含有大量的木质素等不易降解的有机质和一定含量的纤维素等较易降解的碳水化合物，生物可降解性较差，生物甲烷产率较低，在 60mL/g_{TOC} 左右，有机质生物转化率在 10% 以下。藻类广泛地分布于地质沉积体中，是生物气源岩中有机质的重要组成部分，由于其中含有大量的蛋白质、脂类和容易降解的糖类等碳水化合物，生物可降解性强，生物甲烷产率高。在进行生物气生成量计算和资源评价时，应关注藻类等优质原始有机质在生物气源岩中的分布及对生物气成藏的贡献。

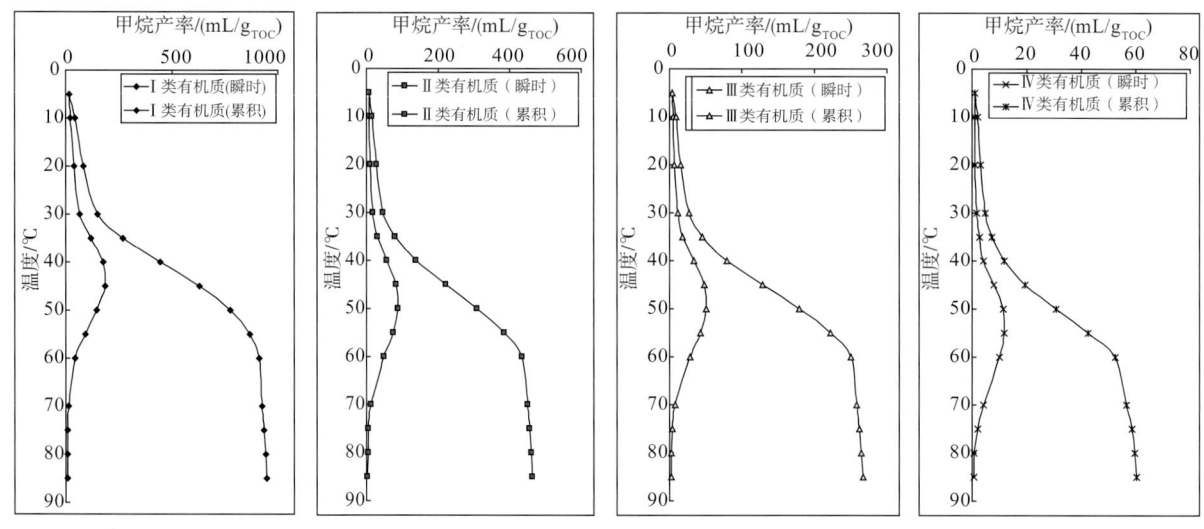

图 1-46　不同类型有机质生物产甲烷模式图

（三）生物气生成下限

1. 生物气源岩有机质丰度下限

天然气资源评价中常以有机碳含量作为烃源岩有机质丰度的基本参数，在应用成因法进行生物气资源评价时，烃源岩有机碳含量也是不可或缺的参数。正确评价生物气源岩有机质丰度，对于了解该区生物气生成条件、准确评价生物气资源及寻找有利勘探领域具有重要意义。

（1）常规方法评价生物气源岩中存在的问题

沉积岩中总有机碳（简称有机碳）含量一直以来是评价烃源岩有机质丰度的重要指标，也是应用成因法进行天然气资源评价的重要参数。专家针对不同类型的烃源岩，建立了不同的烃源岩评价标准，并对烃源岩进行分类评价。对于湖相泥岩，好的烃源岩有机碳含量一般在 1.0% 以上；中等烃源岩有机碳含量一般为 0.6%～1.0%；较差的烃源岩有机碳含量一般为 0.4%～0.6%；有机碳含量在 0.4% 以下为非烃源岩。

但针对柴达木盆地第四系生物气源岩，该标准显得不适用。据文献数据，3000 多块气源岩有机碳分析结果，平均有机碳仅为 0.3% 左右，按常规烃源岩分类标准，只能列入非烃源岩的范畴。烃源岩有机质丰度低，但又发现了大量的天然气，故"七五"以来的历次柴达木盆地生物气资源评价中，都把生物气源岩的有机质丰度下限定为 0.18%，远低于常规湖相泥岩的下限指标。是否柴达木盆地第四系生物气源岩特殊，只需要很低的有机质丰度就可以生成大量的生物气，还是对生物气源岩的认识不够深入，是值得研究的问题。

石油地质学研究认为，烃源岩中的有机质主要为干酪根，干酪根热降解是晚期生油气理论的核心。烃源岩的各项有机地球化学分析项目，多以干酪根作为分析重点。在烃源岩研究中，常规烃源岩分析测定总有机碳含量时，需要对样品进行酸溶和水洗，测定的主要是干酪根等不溶有机质的有机碳含量。由于分析过程中损失掉了大部分可溶有机质，可以认为TOC实际是不溶有机碳的含量。因此，常规分析方法测得的TOC数据可以作为不溶有机碳含量。

生物气生成机理与干酪根热解产气机理完全不同。柴达木盆地东部第四系生物气源岩正处于生物化学作用阶段，各种原始有机质、大分子生物聚合物在各种菌群的作用下逐渐被降解，并最终被转化为生物甲烷。生物化学作用主要发生在干酪根形成之前和形成过程中，以干酪根为重点分析所获得的各项参数显然不适合用来评价生物气源岩。研究认为，在评价未成熟生物气源岩时，应强调总有机质而非只是干酪根对生物气生成的贡献。

（2）生物气源岩中可溶有机质分析

在有机地球化学分析中，常规的有机碳测定方法需要对样品进行酸溶，并用大量的水进行冲洗，使大部分可溶（酸溶和水溶）有机质"流失"。这部分"流失"的有机质，可能与生物气的生成关系更为密切。为避免损失这部分可溶有机质，或者说，为了准确评价烃源岩的有机质丰度，需要重新设计实验方法和流程。在研究过程中，我们针对生物气源岩重新设计了实验流程。对一块烃源岩样品，分成三份，分别测定其总碳含量（TC）、总无机碳含量（TIC）、不溶总有机碳含量。用总碳含量减去总无机碳含量，即总有机碳含量（TOC*）。用总有机碳含量减去常规烃源岩分析测定所得的总有机碳含量（实为不溶总有机碳含量），即获得烃源岩中可溶有机质的总有机碳含量（TDOC）。

通过柴达木盆地东部三湖地区涩北一号、涩北二号、台南、驼峰山构造10口井不同层位、不同深度27个烃源岩样品有机质含量的测定（表1-9），发现采用常规有机地化分析方法测得的TOC均值只有0.24%，而这些样品TDOC均值为0.57%，是TOC均值的2.4倍。把可溶有机质考虑进来，烃源岩TOC*均值达到0.81%，大部分样品（23个，占样品总数的85%）达到中等烃源岩的标准，TOC*大于0.6%。其中，部分样品（5个，占样品总数的19%）达到好烃源岩的标准，TOC*大于1%。

表1-9　柴达木盆地东部第四系生物气源岩不同类型有机质含量

井名	井深/m	岩性	TOC*/%	TOC/%	TDOC/%	TDOC/TOC
台南中1	114.5	黑色淤泥	0.90	0.18	0.72	4.0
台南中1	119	浅灰色淤泥	1.17	0.12	1.05	8.7
台南中1	300.5	土黄色含盐泥岩	0.74	0.18	0.56	3.1
台南中1	315	黑色淤泥	1.03	0.19	0.84	4.4
驼中2井	350	浅灰色泥岩	0.54	0.16	0.38	2.4
涩中6井	419	浅灰色泥岩	1.00	0.20	0.80	4.0
涩中6井	505	浅灰色泥岩	0.87	0.27	0.60	2.2
涩中6井	520	浅灰色泥岩	0.66	0.26	0.40	1.5
涩23井	549	浅灰色泥岩	0.22	0.17	0.05	0.3

续表

井名	井深/m	岩性	TOC*/%	TOC/%	TDOC/%	TDOC/TOC
涩中6井	721.39	浅灰色泥岩	0.64	0.19	0.45	2.3
涩23井	764.7	浅灰色泥岩	0.90	0.22	0.68	3.1
涩中6	899.77	浅灰色泥岩	0.79	0.28	0.51	1.8
涩6-3-3	932	浅灰色泥岩	0.63	0.20	0.43	2.2
台5-7	1042.6	浅灰粉砂质泥岩	0.54	0.26	0.28	1.1
台南5	1058	灰色泥岩	1.68	0.70	0.98	1.4
涩深1	1206	灰色泥岩	0.74	0.16	0.58	3.6
涩23	1236.58	灰色泥岩	0.79	0.20	0.59	2.9
台南6	1280	灰色泥岩	0.70	0.18	0.52	2.9
台南6	1302.9	灰色泥岩	0.91	0.18	0.73	4.1
台南5	1416.5	灰色泥岩	0.89	0.38	0.51	1.3
涩深1	1422	灰色泥岩	0.80	0.26	0.54	2.1
涩深1	1485	浅灰泥岩	0.77	0.30	0.47	1.6
涩深1	1523	浅灰泥岩	1.34	0.19	1.15	6.0
台南5	1694	浅灰泥岩	0.82	0.27	0.55	2.0
台南4	1697.5	灰色泥岩	0.58	0.22	0.36	1.6
台南5	1705	灰色泥岩	0.68	0.35	0.33	1.0
台南8	1740.9	浅灰色粉砂泥岩	0.69	0.28	0.41	1.5
均值			0.81	0.24	0.57	2.4

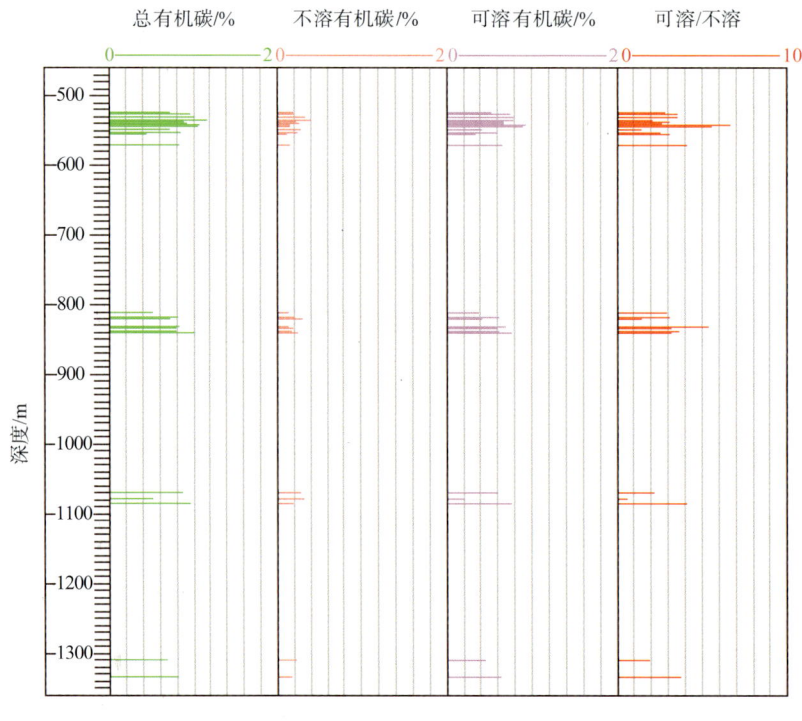

图 1-47　涩北二号气田某井第四系泥岩有机质丰度剖面图

对涩北二号气田的某井520~1335m岩心系统取样分析也获得了非常相似的结果（图1-47）。29个样品TOC*均值为0.83%。其中采用常规有机地化分析方法测得的TOC值平均只有0.22%，TDOC均值为0.61%，是TOC的2.8倍。全部样品TOC*都超过了0.4%。大部分样品（25个，占样品总数的86%）达到中等烃源岩的标准，TOC*大于0.6%。其中，部分样品（6个，占样品总数的21%）达到好烃源岩的标准，TOC*大于1%。

综合56个样品的分析结果，柴达木盆地第四系生物气源岩中TOC*均值为0.82%，有机质大部分以可溶形式存在，TDOC均值为0.59%，是TOC均值0.23%的2.6倍。柴达木盆地东部第四系生物气源岩有机质丰度并不低，只是过去没有认识到可溶有机质，仅以不溶有机质的含量作为总有机质丰度，导致生物气源岩有机质丰度的评价偏低。

（3）可溶有机质大量存在的地质意义

在厌氧环境中，生物降解产甲烷气是在种类繁多的微生物作用下有机质分子量逐渐降低的过程（图1-48）。首先蛋白质、多糖、脂肪、核酸等多聚体被水解为单体和聚体，包括多肽、氨基酸、糖类、有机酸等分子量较小的物质，并进一步水解为醇类、丙酸、丁酸等产物，这些中间产物再被进一步降解为乙酸、甲酸、二氧化碳和氢，最后产甲烷菌利用这些小分子产物来制造生物甲烷。在整个生物地球化学过程中，大量的中间产物，如氨基酸、可溶糖类、有机酸等都是可溶有机质。柴达木盆地东部第四系生物气源岩中大量可溶有机质的存在，指示该区正处于生物甲烷生成阶段，生物化学作用强烈，有机质被大量改造、利用，生物气大量生成。

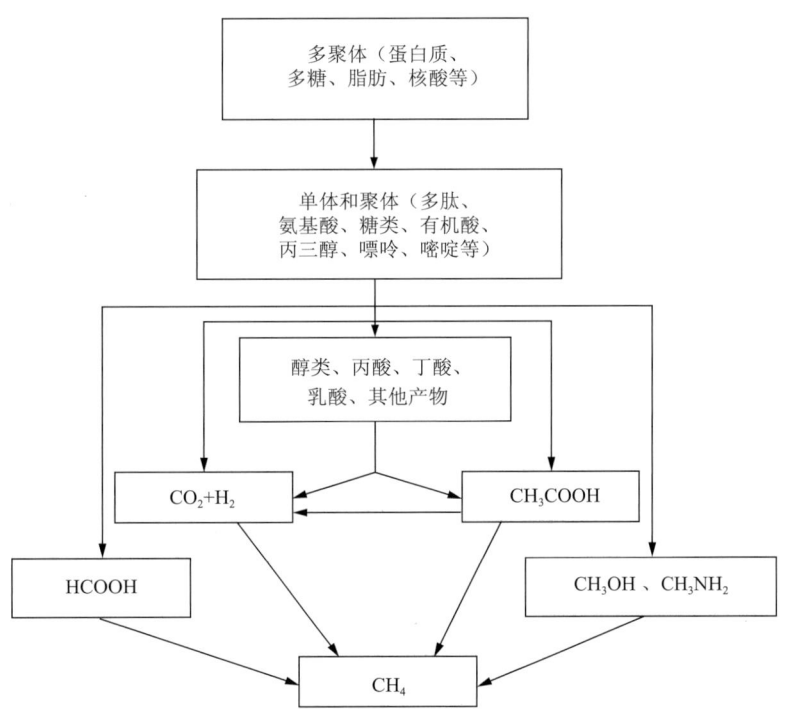

图1-48　厌氧生态环境中的微生物食物链（Zehnder，1998）

（4）生物气源岩有机质丰度评价标准

由于以往柴达木盆地东部第四系生物气源岩的评价过程一直延用传统分析方法，测得的有机质丰度很低，柴达木盆地历次生物气资源评价中，都把生物气源岩的有机质丰度下限定为0.18%。同时这些研究中也发现，即使柴达木盆地东部第四系 TOC 含量只有 0.14% 的岩心样品，在生物气生成模拟过程中也能产生较多的甲烷，所以将下限值定为 0.18% 还是较为保守的。

将 TOC 含量为 0.18% 的下限值用柴达木盆地岩心样品测得的可溶/不溶系数均值 2.6 进行折算，可以发现它代表的 TOC^* 为 0.65%，已经超过了常规湖相泥岩的下限值 0.4%，甚至达到了中等烃源岩（TOC^* 为 0.6%～1.0%）的标准。TOC 含量只有 0.14% 的岩心样品 TOC^* 为 0.50%，也超过了烃源岩的有机质丰度下限值。

分析认为，柴达木盆地东部第四系生物气源岩评价仍可借鉴常规湖相泥岩的烃源岩有机质丰度评价标准，只是应同时考虑可溶和不溶两部分有机质。如果折算为不溶有机碳的含量，则柴达木盆地第四系好的烃源岩 TOC 应在 0.28% 以上，中等烃源岩 TOC 为 0.17%～0.28%，较差的烃源岩 TOC 含量为 0.11%～0.17%，TOC 含量在 0.11% 以下为非烃源岩。

本节的研究表明，柴达木盆地东部第四系生物气源岩中 TOC^* 均值超过 0.8%，有机质丰度整体已经达到中等烃源岩的标准，20% 为好的烃源岩。柴达木盆地东部第四系泥岩基本全部大于有机质丰度下限，生物气源岩厚度在涩北一号、涩北二号和台南气田超过 1000m。如此大面积分布的、巨厚的、有机质丰度较高的生物气源岩，可以生成大量的生物气，从而为在合适的构造或地层条件下生物气的聚集成藏提供了丰厚的气源基础。

2. 生物气生成的深度和温度下限

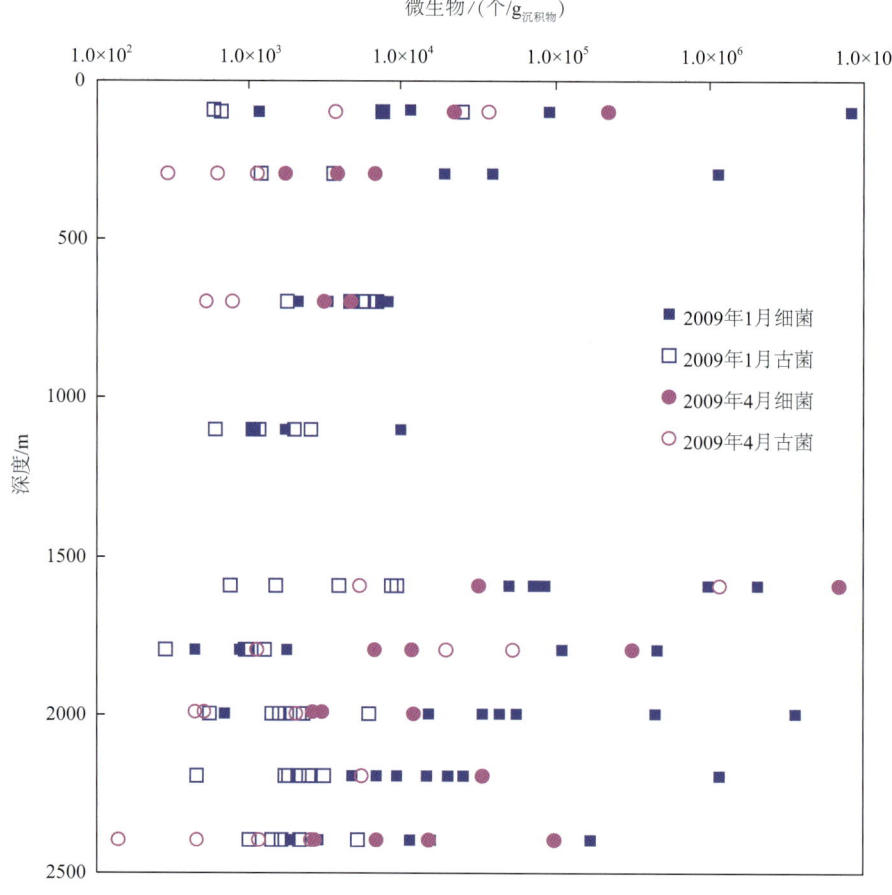

图 1-49　涩北 1 井微生物分布剖面图

以往认为，柴达木三湖地区埋深超过1700m的地层中不再具备生物气生成的条件。但近期诸多的证据能够证明，第四系沉积物在埋深超过1700m深度仍处于强烈的生气状态。在涩北1井检测到了丰富的微生物，即使在埋深2400m的古近系、新近系，温度已经达到101℃的高温环境仍检测到了一定丰度的微生物（图1-49）。利用细菌细胞膜磷脂酸分析结果证明，其中含有活体部分（图1-50）。此外，该区气测录井和罐顶气中均检测到大量H_2的存在，从图1-51统计可见，H_2分布较为普遍，说明存在着能够满足产甲烷菌生存的物质和能量基础。同时，在沉积物中还检测到丙烯，该化合物是微生物仍在活动的直接证据。另外，在涩新3-4井1650～1700m处发现了富含乙酸的井段，该井段生物气的形成应与乙酸发酵有关。深层发现高丰度产甲烷菌物质的存在用传统的生气模式是无法给出合理解释的。尽管深部地层产甲烷菌数量及生气强度尚无明确的结论，但种种迹象均能表明深部产甲烷作用正在进行。

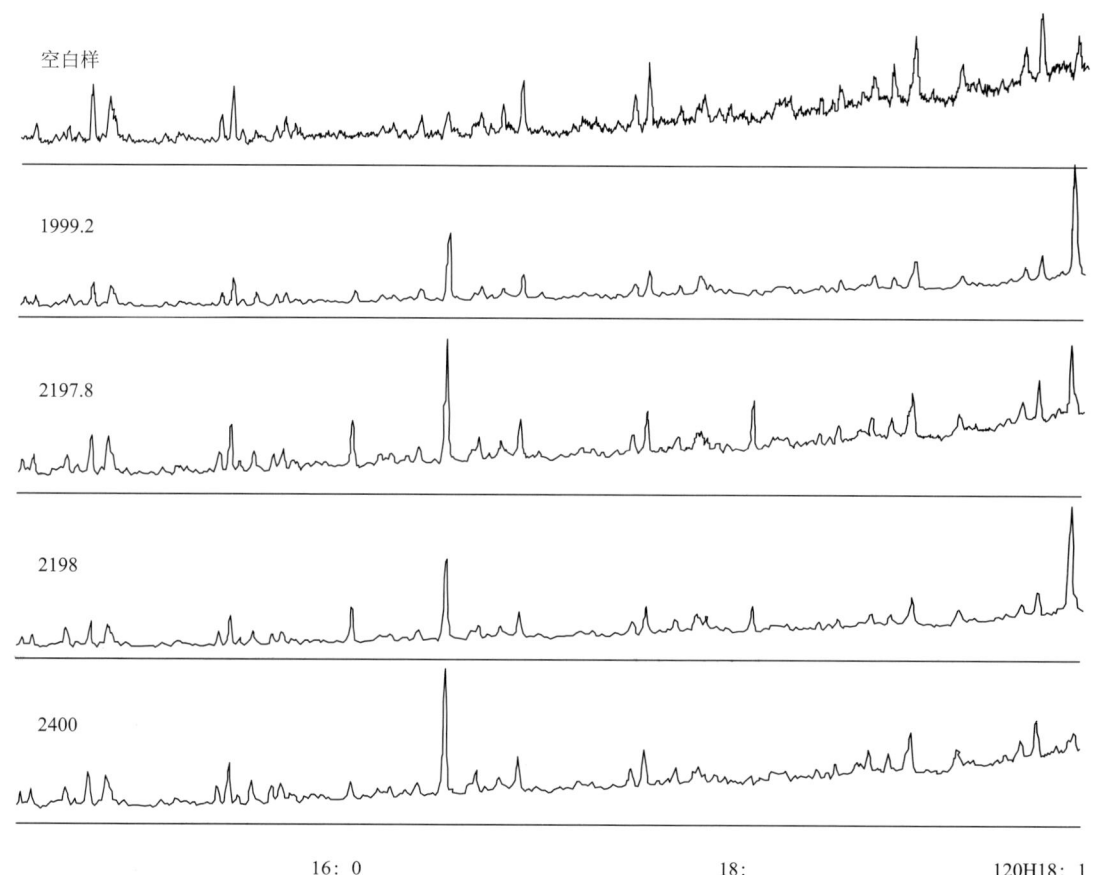

图1-50　柴达木盆地涩北1井活体细菌细胞膜磷脂酸

就柴达木盆地三湖地区而言，过去一般认为，1700m（约75℃）是三湖地区生物气生成及勘探的下限。从涩北1井的实验结果看，埋深达到2400m仍然有大量的活体微生物的存在，预示着可以在更大的深度下大量生成生物气，按2400m的深度保守计算，本区生物气的生成深度向下延伸了至少700m。在这样的思想引导下，在涩北气田大胆开展了深层探索，发现了埋深超过1700m的台南9井-涩34井岩性气藏（图1-52）。同样，在生物气资源丰富的松辽盆地浅层的深部，仍然存在生物气的勘探潜力，这将是松辽盆地天然气储量接替的重要领域，应当在天然气勘探上给予足够的重视。

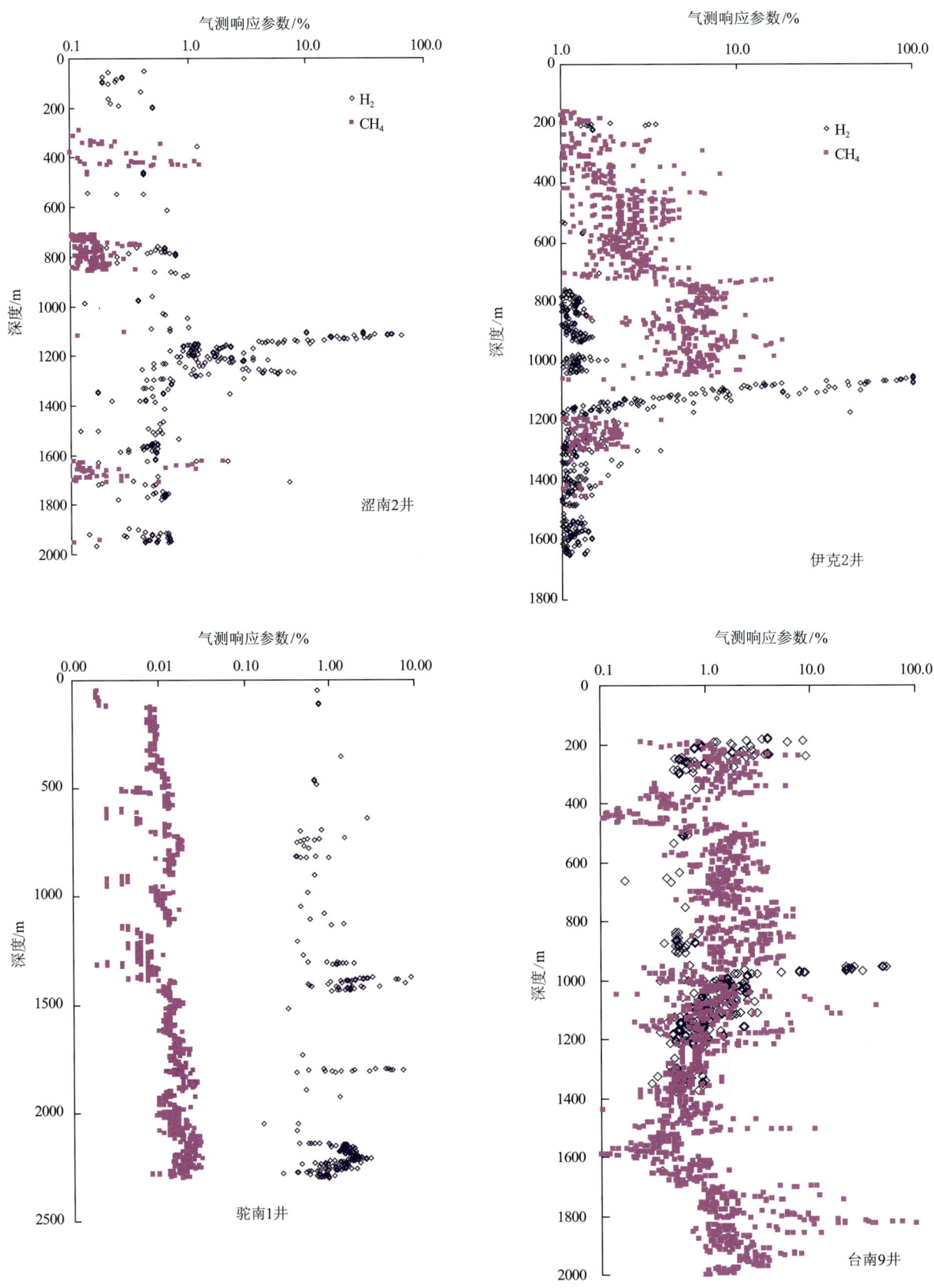

图 1-51 柴达木盆地三湖地区 H_2 气测结果

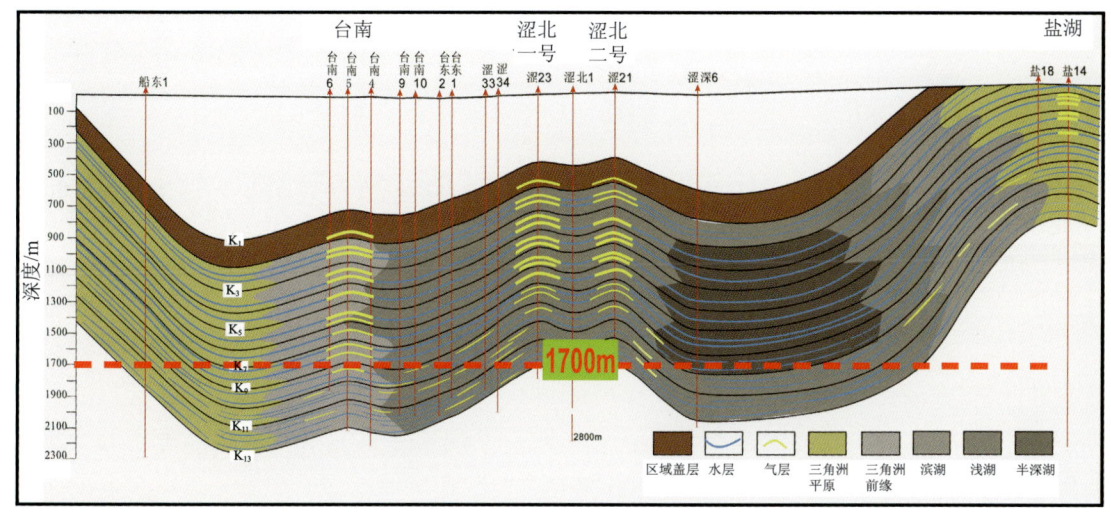

图 1-52　台南 9 井 - 涩 34 井岩性气藏剖面图

第二章 Chapter Two
大型气田优质储层形成机理及应用

"十一五"期间，中国天然气勘探取得重大突破，发现了一批大型气田。已发现的大型气田主要赋存于大面积低渗砂岩、台缘礁滩碳酸盐岩和火山岩三大类储层中。"十一五"期间对三大类天然气储层的研究取得了重要进展和新认识，预测评价了新的有利储层发育区，为"十一五"期间和今后天然气勘探奠定了基础。

第一节 大面积低渗砂岩优质储层特征、主控因素及分布

大面积低渗砂岩天然气勘探是"十一五"期间油气勘探的重点，获得了大量新发现，取得了巨大的勘探成效。其中，最为典型的是四川盆地须家河组和鄂尔多斯盆地山西组1段—石盒子组8段（简称山1段—盒8段）的勘探。这里以四川盆地须家河组和鄂尔多斯盆地山1段—盒8段储层为重点，阐述大面积低渗砂岩优质储层的发育特征、形成的主控因素及其分布。

一、沉积相及砂体展布

（一）四川盆地须家河组

四川盆地上三叠统须家河组发育6个岩性段，须一、须三、须五段以泥岩为主，夹有少量煤层和砂岩；须二、须四、须六段以砂岩为主，夹有少量煤层和泥岩，是须家河组主要含气层段。须二、须四、须六段砂体广泛分布，厚度巨大。2005年以来，须家河组先后发现了广安、合川、安岳、潼南、龙岗、蓬莱、营山等千亿立方米大型气田（区），新增天然气三级储量近$1\times10^{12}m^3$，展示了须家河组良好的勘探前景。

四川盆地内80%的面积里，须二、须四、须六段砂地比值大于60%，形成了"满盆富砂"的特征，原因何在？郭正吾等（1996）认为四川盆地须家河组主要为河流相沉积，河流不断迁移改道，形成砂体大面积分布；侯方浩等（2005）认为，须二、须四、须六段沉积期，四川盆地周缘构造活动强烈，搬运入湖的碎屑物受波浪、湖流等强烈改造，砂体大面积分布；赵霞飞等（2008）认为四川盆

地须家河组主要为近海潮汐沉积,潮汐作用的强烈改造导致了砂体的大面积分布。总之,这些学者试图从沉积机理的角度来探讨大面积砂体的成因,但提出的观点和发育模式都无法解释"满盆富砂"的原因和泥质沉积物的去向问题。

1. 沉积模拟

对四川盆地外围地区及西昌盆地须家河组沉积特征的分析认为,四川盆地为晚三叠世巨大沉积盆地的一部分,沉积水体经四川盆地流经西昌盆地通向广海,形成"敞流型"湖盆沉积。湖盆与广海相通,大量泥质沉积物随水流搬运出四川盆地,形成砂体大面积分布。基于此模式,笔者自主设计了水槽沉积模拟实验。

实验水槽呈长方形,长 12m,宽 6m,设置了 3 个进水口、1 个出水口。a 进水口地形坡降小,水流沿长轴方向进入水槽,水流稳定,砂粒较细。b 和 c 进水口地形坡降大,砂粒较粗,水流较急。出水口位于水槽中上部,根据实验需要,可以随时调整水位。水槽两侧为固定基底,中部为活动基底,根据实验需要可以调节地形坡降。实验分 3 个阶段,分别模拟须一段、须二段和须三段沉积过程。阶段 1 和阶段 3 水位较高,沉积物中泥质含量较高;阶段 2 水位较低,沉积物中砂质含量较高。实验历时 30 天,每个阶段持续 10 天。每个阶段结束后都进行砂体厚度和分布面积的测量。

实验过程中,河流携带沉积物流入湖盆。水槽容量一定,随着水流的不断注入,水槽水量相应增大,但水位维持在溢出点同一高程上,多余水体沿出水口流出水槽,沉积体系中粗粒成分相对集中,沉积下来,而细粒组分随着水体从出水口排出,形成较大的砂地比(图 2-1)。从实验剖面上可以看到:

图 2-1　四川盆地上三叠统水槽模拟实验照片

(a)沉积水槽全景;(b)其中一个三角洲砂体;(c)沉积砂体切片

在近湖中心有较粗粒的砂体保留，中间夹有不等厚的泥岩。在相同的部位沉积物在地势较低的部位富集，而向坡度较小的部位延伸较远。三角洲向湖盆中心进积，湖盆范围因沉积物的充填逐渐变小。

2. 沉积模式

根据研究区须家河组的岩性、岩矿及沉积特征，结合沉积区在整个沉积盆地中所处的位置、沉积时的构造背景、气候条件及野外地质剖面调查等综合分析，认为四川盆地须家河组属于"敞流型"辫状河三角洲-湖泊沉积体系（图2-2）。即四川盆地的沉积水体在西南部与外界相通，虽然水体搬运大量沉积物入盆会造成注入量增大，但出水口流出的水量也增加，水平面仍维持在溢出点同一高程上。这样，受水盆地不但不会因为水体的大量注入而加深，反而因为沉积物的大量堆积而淤浅，砂体向盆地中心不断推进，形成砂体大面积分布。晚三叠世，四川盆地由于存在出水口，在西南部与西昌盆地相通，盆内泥质沉积物随着河流搬运出盆地，形成盆内砂体大面积分布。

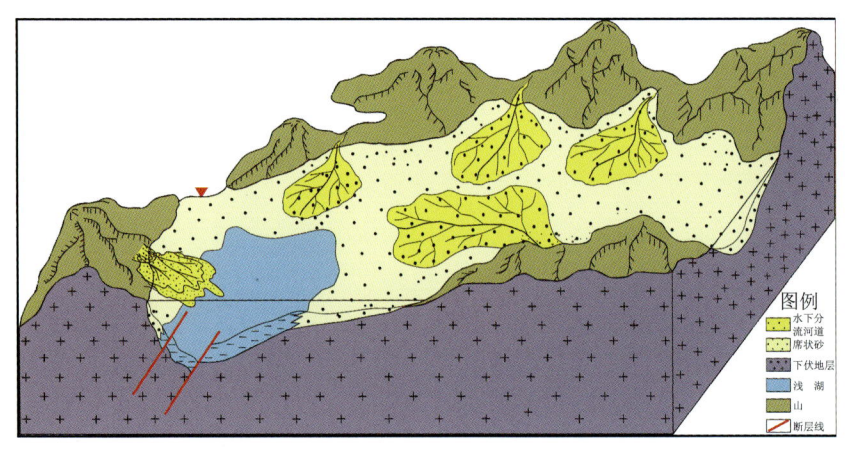

图2-2 四川盆地上三叠统"敞流型"湖盆沉积模式

3. 沉积相类型

须家河组主要发育冲积扇相、三角洲相和湖泊相3种类型（图2-3）。冲积扇相在研究区分布比较局限，仅见于西北部剑阁-平溪一线以北地区，靠近龙门山北山前地带，系由龙门山山间河流所携带的粗碎屑物质在出口处堆积而成。根据沉积环境和沉积特征，可划分为扇根、扇中和扇缘3个亚相。三角洲相分布十分广泛，在川中地区须二、须四、须六段大面积分布。根据沉积环境和沉积特征，可分为三角洲平原、三角洲前缘和前三角洲3个亚相。其中，三角洲平原亚相可进一步划分为水上分流河道、天然堤、决口扇、河漫沼泽4个微相，三角洲前缘亚相可划分为水下分流河道、支流间湾、河口砂坝、远端砂坝4个微相。湖泊相主要在须一、须三、须五段及须二、须四、须六段的盆地中心发育，可细分滨湖和浅湖两个亚相。滨湖亚相分为滨湖沼泽、滨湖泥和滨湖砂坝3个微相，浅湖亚相分为浅湖泥和浅湖砂坝2个微相。

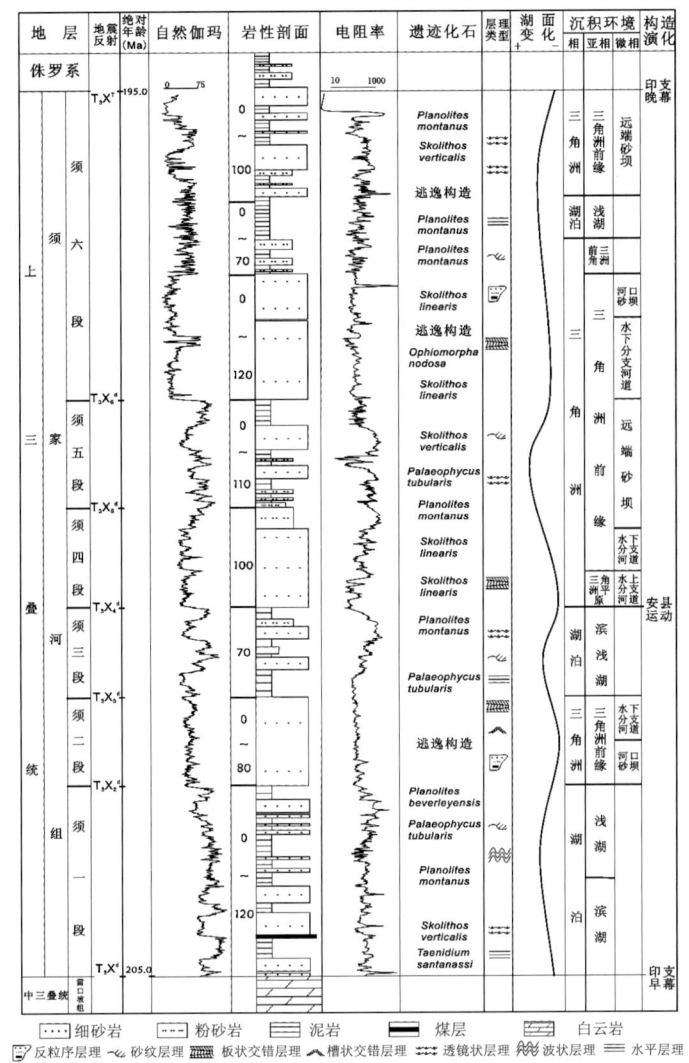

图 2-3　四川盆地上三叠统须家河组地层沉积相综合柱状图

4. 沉积相展布

晚三叠世四川盆地为"敞流型"湖盆,沉积体系展布受 4 大物源控制,发育 4~6 个大的砂体。物源数目众多,不同时期各物源的构造性质及分布位置决定着沉积体系的类型及展布。

须一期,龙门山北段和康滇古陆向盆地提供物源,形成了 2 个小型三角洲砂体(图 2-4(a))。盆地内其他地区以沼泽相和潮坪相沉积为主,沼泽相形成于岸线附近,潮坪相位于盆地西部,向西与松潘-甘孜海相连。该时期地层分布面积较小,沉积中心位于川西中部。

须二期,盆地存在 4 大源区,发育 4 大三角洲砂体,沉积中心向南迁移,向盆地西部存在出水口(图 2-4(b))。源区位于川西北部、川东北部、江南古陆和康滇古陆,前方水下分流河道发育。江南古陆由于地形平坦,多支水下分流河道发育,砂体较大。盆地中部以三角洲前缘河口坝-席状砂沉积为主,占全盆地总面积的 80% 以上。湖泊沉积体系以浅湖亚相为主,仅分布于盆地西部和西南部。

须三期，盆地仍存在4大源区，发育4大三角洲砂体（图2-4c）。源区位于川西北部、川东北部、江南古陆和川西南部。川西北部砂体规模较大，川东北部、川西南部和江南古陆物源供给较少，砂体规模较小。该时期以湖泊和沼泽相沉积为主，三角洲相沉积较少。三角洲相沉积位于源区前方，浅湖相沉积分布于盆地中部，而沼泽相沉积分布于盆地西部和东部。

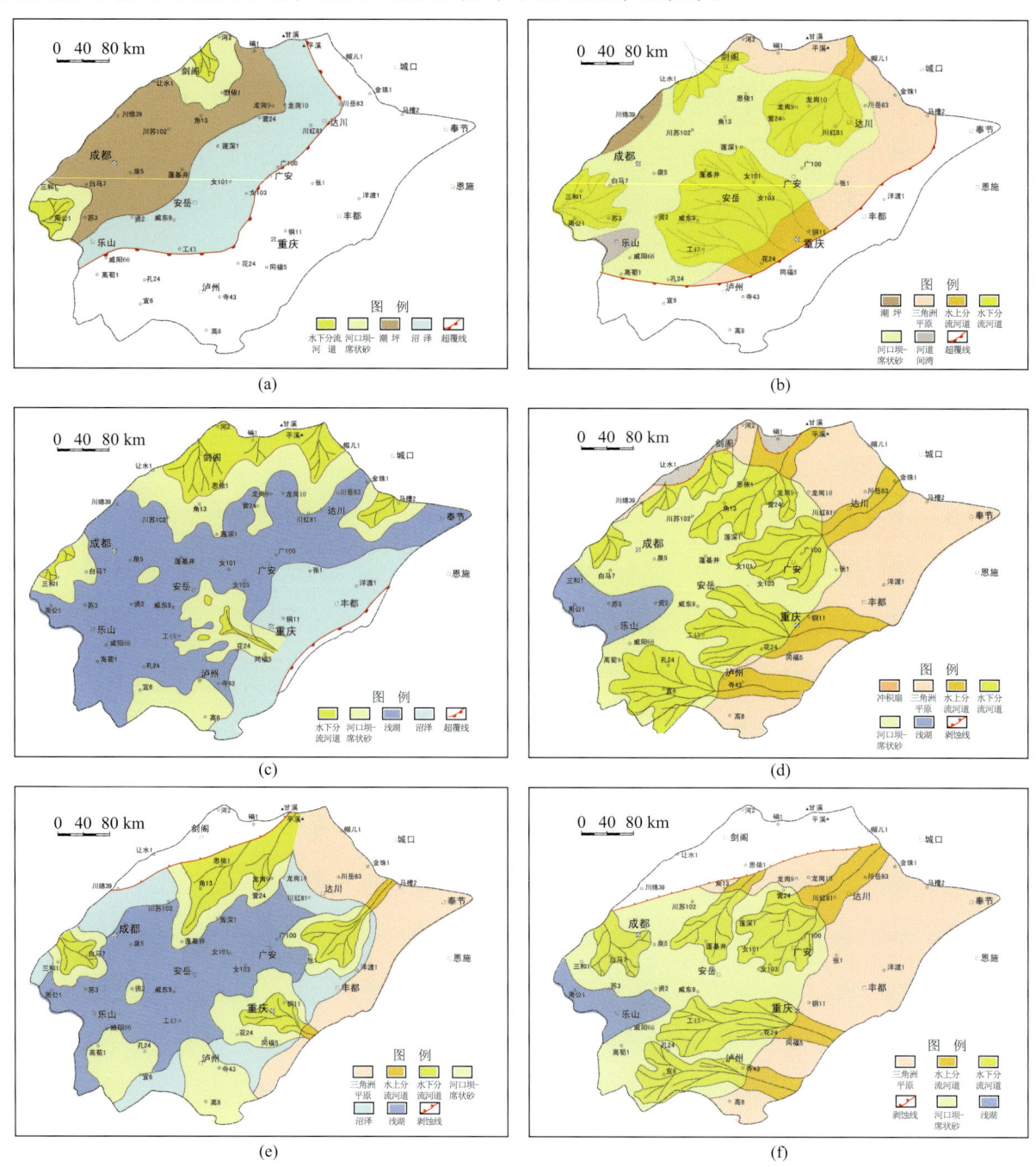

图 2-4　四川盆地须家河组沉积相图
（a）须一段；（b）须二段；（c）须三段；（d）须四段；（e）须五段；（f）须六段

须四期，由于周缘板块构造活动强烈，源区沉积物供应充分，砂体规模较大，沉积中心位于盆地西南部。该时期源区主要位于川西北部、川东北部和江南古陆，发育6大三角洲砂体（图2-4（d））。三角洲分布面积占总面积80%以上，源区前方以水下分流河道沉积为主，而盆地内部则以河口坝-席状砂沉积为主。湖泊沉积体系分布于川南，以浅湖亚相为主，向西南开口，面积较小。

须五期，周缘板块构造活动减弱，物源供给减少，湖泊沼泽相沉积范围扩大（图2-4（e））。该时期源区位于川西北部、北东北部和江南古陆，形成4大三角洲砂体。在三角洲砂体之间，沼泽相沉积发育，而在盆地中部则以浅湖相沉积为主，占总沉积面积的50%之上。该时期沉积中心进一步向西南部迁移。

须六期，源区构造活动增强，盆内冲积扇和三角洲沉积体系分布面积广泛，占盆内总面积的80%（图2-4（f））。湖泊沉积体系仍分布于川南，以浅湖亚相为主，向西南开口。各沉积体系相带稳定、厚度均一。

（二）鄂尔多斯盆地上古生界

鄂尔多斯盆地上古生界发育本溪、太原、山西、石盒子、石千峰5个组19个段。其中，本溪组—太原组主要为海相沉积，发育灰岩、泥岩和煤层；山西组为海陆过渡相河流-三角洲沉积，山2段以砂泥岩为主，夹煤层或煤线，山1段以砂泥岩为主，是上古生界主要含气层段；石盒子组—石千峰组为陆相沉积，发育砂、泥岩地层，盒8段发育厚层的河道砂体，是上古生界主要含气层段。2000年以来，在上古生界先后发现了乌审旗、榆林、神木、子洲等多个大型气田和苏里格整装大气区，展示了上古生界良好的勘探前景。随着勘探的不断深入，原来的湖盆区在山1段—盒8段不断发现粗砂岩，而且发现砂砾岩、含砾砂岩，山1段—盒8段砂体全盆地广覆式分布，砂体纵向相互叠置，横向复合连片，厚10～40m，宽度10～30km，特别是盒8段形成了"满盆富砂"的特征，原因何在？对于砂体的成因，郭英海（1998）、魏红红等（1999）、汪正江等（2002）、付锁堂等（2003a，2003b）、田景春等（2003）、李文厚（2006）、郑荣才等（2007a，2007b）、方少仙（2007）、肖建新等（2008）、陈洪德等（2008）、肖红平等（2012）做了大量的研究。郭英海（1998）等认为盒8段—山西组砂体主要为一套辫状河-三角洲相沉积、河流频繁改道造成的砂体大面积分布；方少仙（2007）等认为，盒8段主要为滩坝沉积、滩坝砂体全盆地分布。总之，这些学者试图通过沉积机理来探讨山1段—盒8段大面积砂体的成因，但提出的观点和发育模式都无法解释"满盆富砂"的成因和砾石的来源及成因问题。

1. 沉积模拟

通过对鄂尔多斯盆地山1段—盒8段沉积特征的分析，认为山1段—盒8段大面积分布的砂体主要为一套受洪水事件控制的"缓坡型"河流-三角洲沉积。基于此模式，自主设计了水槽沉积模拟实验（图2-5）。模型原始底型设计主要是依据鄂尔多斯盆地山1期—盒8期古地形平缓、多物源、砂体大面积分布的特点。鄂尔多斯盆地山西组—盒8段沉积时期，盆地南北缘古陆是主要物源区，因此，模型设计模拟来自北部阴山古陆两个物源、西北缘阿拉善古陆物源、南部的祁连—秦岭古陆物源及西南六盘山古陆物源。同时在底型的设计上突出物源和中央古隆起对沉积的影响，使原始底型尽可能逼近盆地的原始沉积特征。

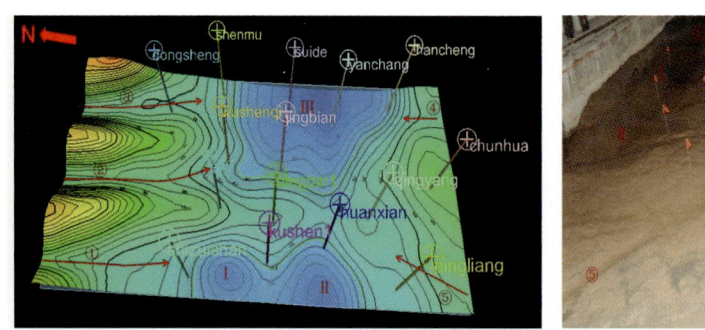

图 2-5　水槽模拟实验原始底型模型

实验水槽与四川盆地须家河组沉积模拟水槽相同，呈长方形，长 12m，宽 6m。设置了 5 个进水口，a、b 和 c 进水口地形坡降小，水流沿长轴方向进入水槽，水流稳定，砂粒较粗，a、b 和 c 进水口选用不同颜色的砂粒。d 和 e 进水口地形坡降大，砂粒较细，水流较急。出水口位于水槽中部，根据实验需要，可以随时调整水位。水槽两侧为固定基底，中部为活动基底，根据实验需要可以调节地形坡降。实验分 4 个阶段，分别模拟山 1 段—盒 8 段高位期和低位期沉积过程。阶段 1 和阶段 3 水位较高，沉积物中泥质含量较高；阶段 2 和阶段 4 水位较低，沉积物中砂质含量较高。实验历时 40 天，每个阶段持续 10 天。每个阶段结束后都进行砂体厚度和分布面积的测量（图 2-6）。

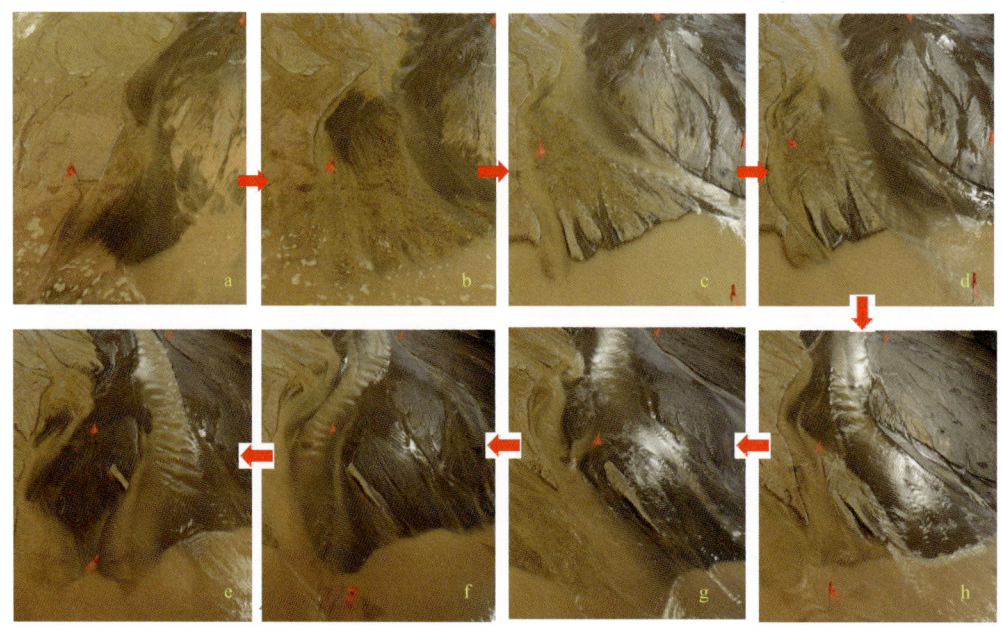

图 2-6　鄂尔多斯盆地山 1 期—盒 8 期砂体迁移演变过程图

实验过程中，河流携带沉积物流入湖盆，水槽长度四分之三处有一出水口。水槽容量一定，随着水流的不断注入，水槽水量相应增大，但水位维持在溢出点同一高程上，多余水体沿出水口流出水槽，沉积体系中粗粒成分相对集中，沉积下来，而细粒组分随着水体从出水口排出，形成较大的砂地比。水槽模拟实验揭示了鄂尔多斯盆地山 1 期—盒 8 期大面积分布砂体成因及控制因素。受古地形、基准面升降和水流流速、流量的控制，河流下切及侧向侵蚀作用明显。基准面下降，可容纳空间减小，河流下切及侧向侵蚀作用较强，对前期形成的砂体改造较大，河流携带沉积物向地势低的部位沉积，砂体不断的向湖区方向推进，发育进积式三角洲，砂体大面积向湖盆中心推进（图2-6）。总之，通过水槽模拟实验明确了山1期—盒8期大面积分布河流三角洲砂体的成因及主控因素，受古地形、基准面升降和水体流速、流量控制，砂体通过接力搬运的方式使山1期—盒8期砂体能够长距离地向南推移，并大面积分布（图2-7）。

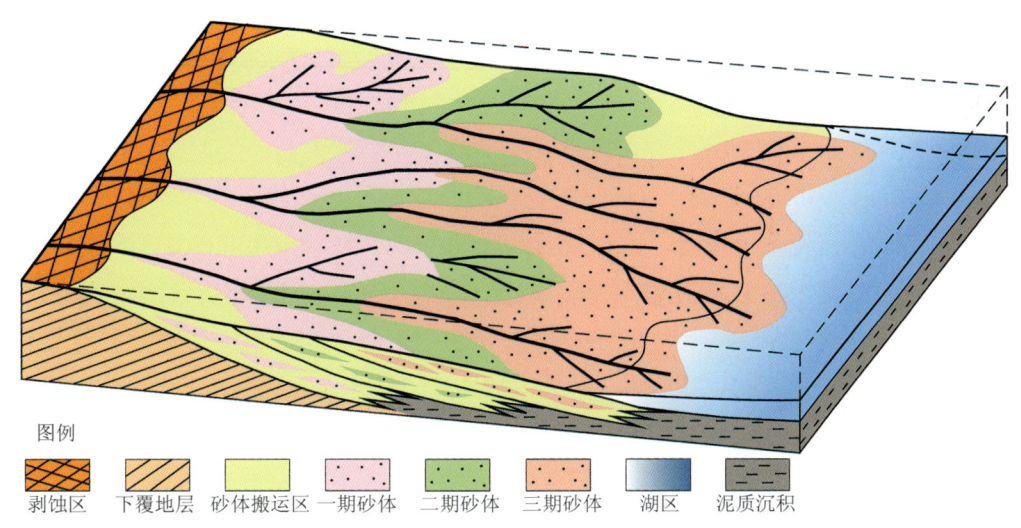

图2-7 鄂尔多斯盆地山1期—盒8期河道砂体接力搬运模式图

2. 沉积模式

通过现代沉积的考察、水槽模拟实验，沉积构造背景、气候条件及野外地质剖面调查等综合分析，认为鄂尔多斯盆地山1段—盒8段沉积属于受洪水事件控制的"缓坡型"辫状河-三角洲沉积体系（图2-8）。即碎屑沉积物的搬运与堆积受制于河流水体的间歇性活动。洪水期河流水体水动

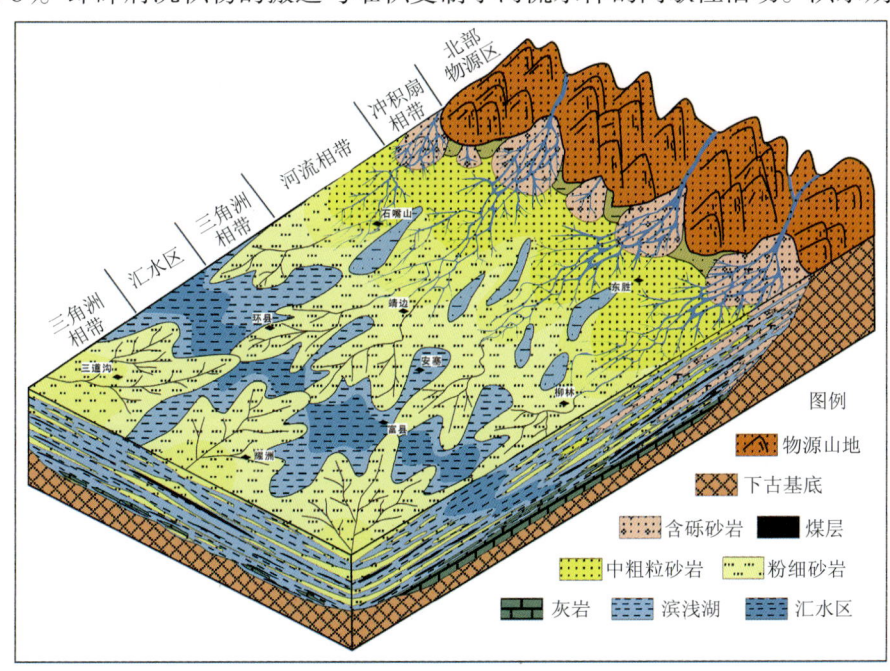

图2-8 "缓坡型"辫状河-三角洲沉积模式图

力条件强，携带大量的砾、砂等物质，形成旋回底部的砾石、含砾粗砂及中粒砂岩等粒度混杂的滞留河道沉积，而且后期的洪水来临时可以冲刷并搬运前期沉积的碎屑物质，使得沉积物不断向盆地内部迁移；枯水期因河流水动力条件的减弱，携砂量明显降低，且以细砂-粉砂及泥质等细碎屑物质为主。

3. 沉积相类型

山1段—盒8段主要发育冲积扇相、河流相、三角洲相和湖泊相4种沉积相类型（图2-9）。冲积扇相在研究区分布比较局限，仅见于盆地北部杭锦旗-鄂尔多斯一线以北地区，靠近伊盟古陆山前地带，系由阴山山间河流所携带的粗碎屑物质在出口处堆积而成，根据沉积环境和沉积特征，可划分为扇根、扇中和扇缘3个亚相。河流相分布十分广泛，在盆地中北部大面积分布，根据沉积环境和沉积特征，可分为河道、河道间湾、沼泽三个亚相。三角洲相分布于盆地中南部，根据沉积环境和沉积特征，可分为三角洲平原、三角洲前缘和前三角洲3个亚相。其中，三角洲平原可进一步划分为水上分流河道、天然堤和决口扇、河漫沼泽4个微相，三角洲前缘可划分为水下分流河道、支流间湾、远端砂坝3个微相。湖泊相在山1段—盒8段分布范围非常局限，仅在富县、延安一带分布。

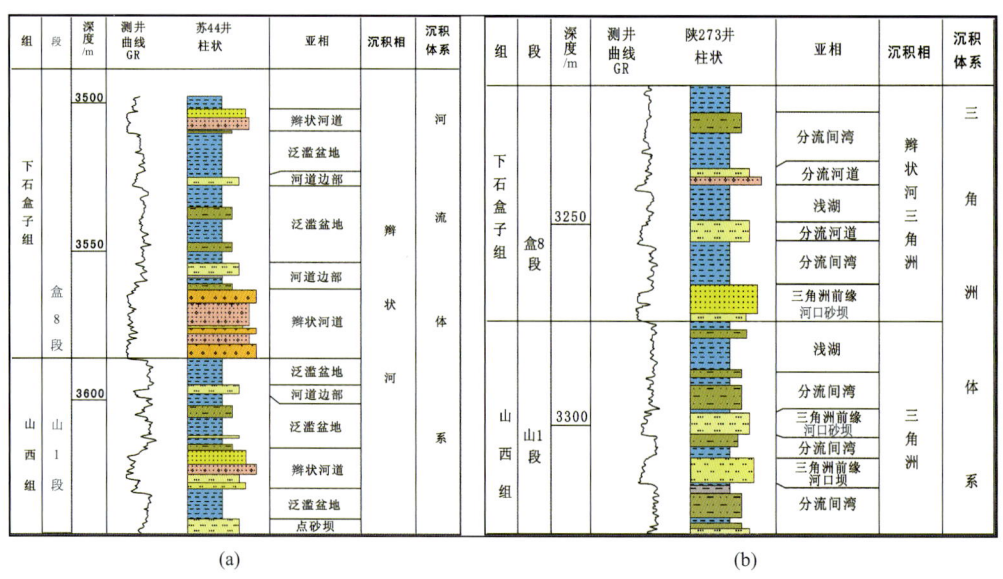

图2-9 山1段—盒8段单井沉积相图
（a）苏44井；（b）陕273井

4. 沉积相展布

山1期—盒8期：鄂尔多斯盆地为"洪水事件型"辫状河-三角洲沉积，沉积体系展布受南北两大物源体系和基准面升降控制，北部砂体发育规模大、延伸距离远，南部砂岩发育规模小、延伸距离短。

山1期：盆地存在南北2大物源体系，北部物源体系发育6大河流-三角洲砂体，砂体延伸到盆地南部的延安一带，冲积扇仅发育于盆地北部的杭锦旗一带，北部大部地区发育河流-三角洲体系沉积，河道、分支河道发育，砂体规模大、分布面积广；南部物源体系发育2大三角洲体系，

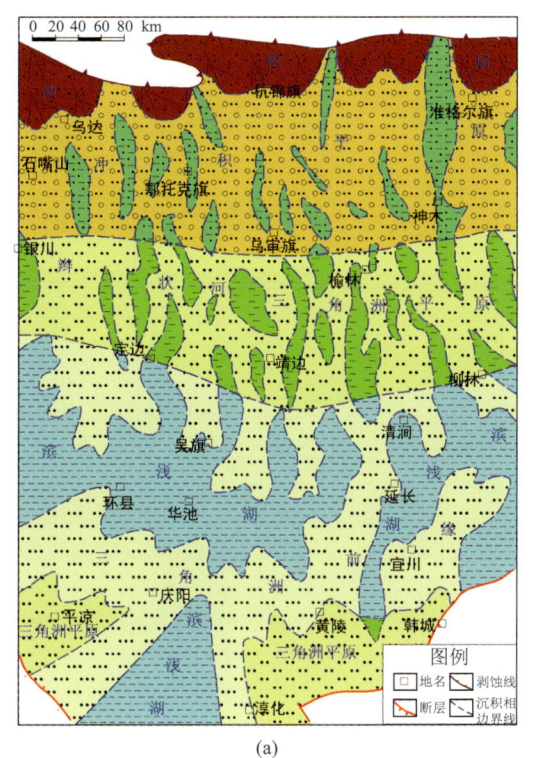

(a) (b)

图 2-10 鄂尔多斯盆地山 1 段—盒 8 段沉积相图
（a）山 1 段；（b）盒 8 段

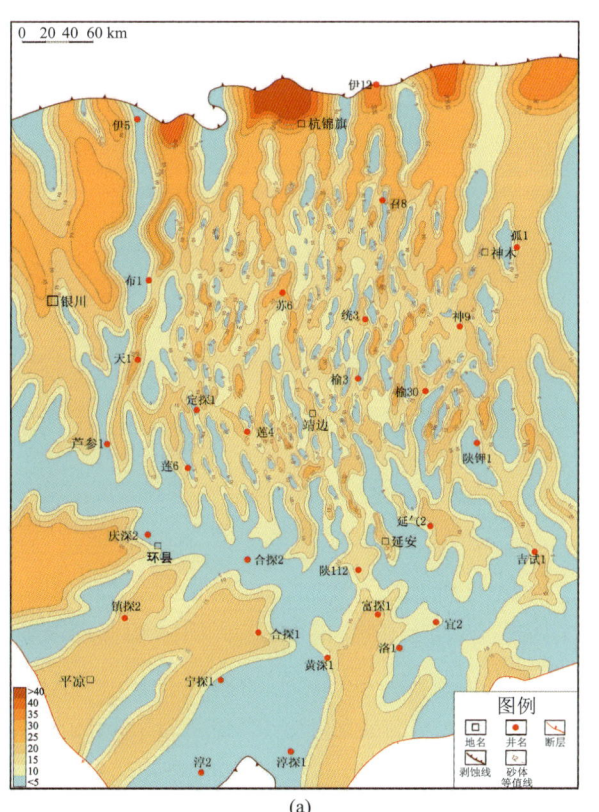
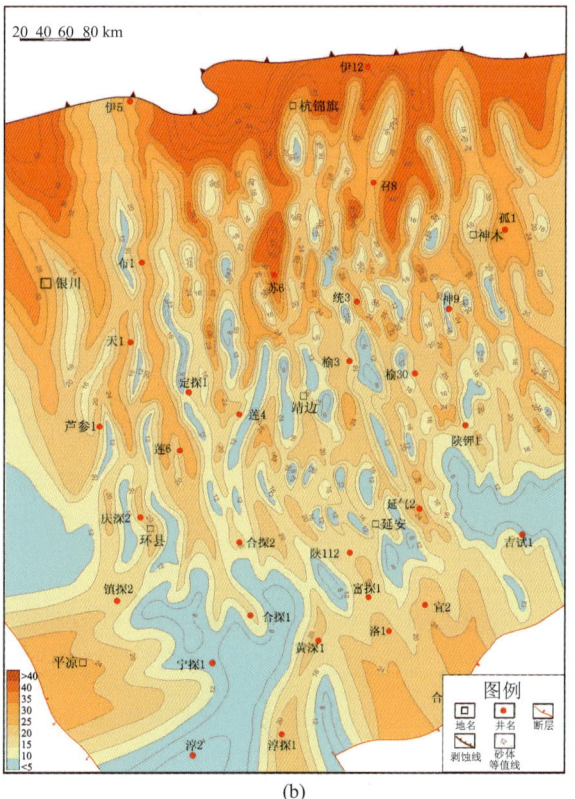

(a) (b)

图 2-11 鄂尔多斯盆地山 1 段—盒 8 段砂岩厚度等值线图
（a）山 1 段；（b）盒 8 段

砂体延伸距离短，向北延伸到环县一带，主要发育分流河道砂体。该期南北部物源体系仅在延安一带有交汇，湖盆中心位于环县-延安一带，且规模较大（图2-10）。

盒8期：盆地南北2大物源体系对沉积的控制作用更加明显，北部物源体系发育的6大河流-三角洲沉积砂体多期叠加、复合连片，砂体向南延伸更远。冲积扇规模加大，演化为冲积扇裙，北部大部分地区发育河流-三角洲体系沉积，河道、分支河道发育，砂体规模进一步加大，向南大幅度推进，分布面积更广，向南延伸到甘泉、环县一带；南部物源体系发育2大三角洲体系，砂体延伸距离短，向北延伸到环县、富县一带，主要发育分流河道砂体。该期南北物源体系在环县、延长一带交汇，湖盆范围进一步缩小，环县-延长一带仅发育一些间接性的洪泛湖，规模较小（图2-10）。辫状河三角洲沉积砂体在南部大面积分布，山1期—盒8期砂体的规模逐渐加大，盒8期呈现了满盆砂的沉积格局（图2-11）。

二、储层发育主控因素

（一）四川盆地须家河组

须家河组储集层段以须二、须四、须六段为主，须一、须三、须五段储层在局部发育，主要岩石类型为长石石英砂岩、长石岩屑砂岩和岩屑石英砂岩，储层物性总体较差，属低孔、低渗和特低孔、特低渗储层。储层孔隙主要是残余原生粒间孔和次生溶蚀孔。储层经历的成岩作用主要有溶蚀作用、破裂作用、压实作用和胶结作用等。储层以低孔低渗为主，孔隙度主要为6%～10%，渗透率主要为$(0.01～1)\times10^{-3}\mu m^2$。须二、须四、须六段储层在平面上延伸远，须三、须五段局部也发育储层，形成纵向上多套储层互相叠置、平面上大面积分布的特点。

储层的物性主要受岩石相、沉积相和成岩相的多重影响。其中沉积相是基础，它决定了储层岩石的原始组分和岩石结构，不仅控制着主要储层的分布范围，同时影响着后期成岩作用类型和强度；成岩相是关键，它影响储集空间的演化和孔喉结构特征，并最终决定储层物性的好坏和现今储层的分布状况。

1. 沉积相

沉积作用对物性的影响，宏观上是通过沉积微相来实现。储层沉积微相是决定储层好坏的基础，沉积微相的分布从宏观上控制着储层的分布及其储集性能，须家河组有利的储集相带是水动力较强、沉积物分选较好、矿物成熟度较高的三角洲前缘分流河道砂体、河口坝砂体（图2-12）。

须家河组主要为三角洲-滨浅湖相沉积，发育三角洲前缘水下分支河道、河口坝、远砂坝、席状砂，三角洲平原水上分支河道和滨浅湖浅滩、砂泥坪等微相。根据60口井沉积微相与储层物性的关系统计，储层物性较好的相带有三角洲平原分支河道、三角洲前缘水下分流河道、河口坝等，它们的平均孔隙度一般在6%以上，平均渗透率一般在$0.5\times10^{-3}\mu m^2$以上。这些相带岩石成分成熟度和结构成熟度较高，粒度较粗（一般在中砂以上），分选较好，杂基含量较低。三角洲前缘远砂坝、席状砂、砂泥坪物性较差，其平均孔隙度一般小于6%，平均渗透率小于$0.05\times10^{-3}\mu m^2$。因此，三角洲前缘水下分支河道、河口坝、三角洲平原水上分支主河道等是最有利于储层发育的微相，滨浅湖浅滩、远砂坝、席状砂次之，分支河道间洼地、湖沼、砂泥坪为不利于储层发育的微相。

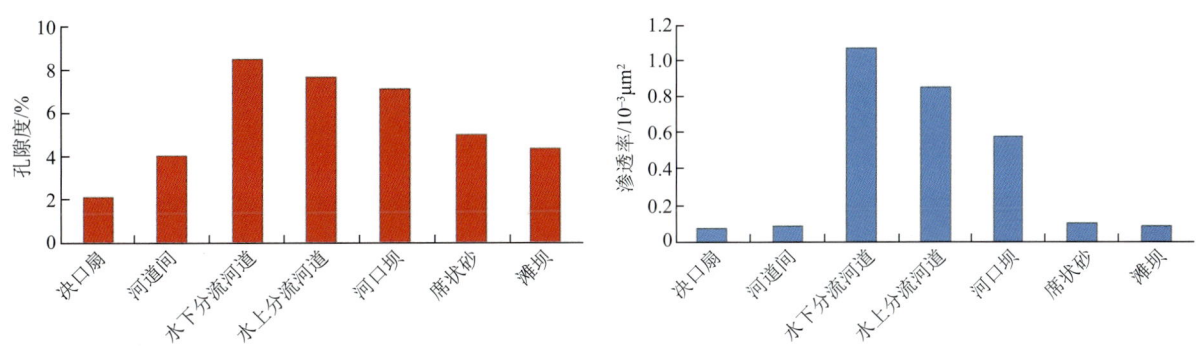

图 2-12　四川盆地须家河组沉积微相与孔隙度、渗透率关系图

2. 岩石相

岩石类型是形成优质储层的基础，根据对须家河组不同岩石类型与物性关系研究，长石岩屑砂岩、岩屑砂岩和岩屑石英砂岩物性最好，为有利的储层岩石类型（图 2-13）。

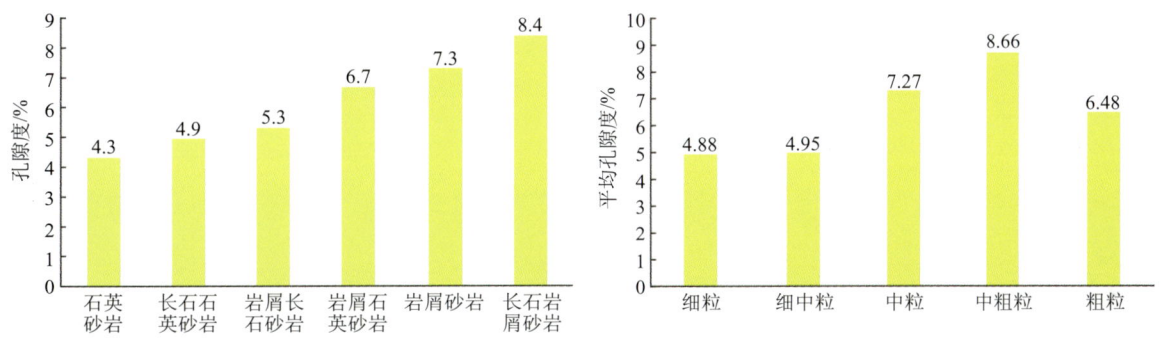

图 2-13　四川盆地广安地区须家河组岩石类型、粒度与孔隙度关系

分析岩石类型与孔隙度的关系，石英含量与孔隙度呈正相关，高孔隙砂岩石英含量一般为 65%～75%。长石含量与孔隙度也呈正相关，长石的含量越多，在一定条件下受溶蚀的机会就越大，产生的溶蚀空间越大。岩心分析表明，储层孔隙度与颗粒大小呈正相关，即随粒径增大，孔隙度也有增大的趋势，粒度越粗储层物性越好（砂、粉砂级），储层物性以中粗粒砂岩为最好。从上面分析可知，在四川盆地须家河组中，中粗粒长石岩屑砂岩物性最好，为最有利的储层岩石类型。

沉积水动力对储层质量的内在控制主要影响碎屑颗粒组分和颗粒大小，因为不同沉积环境的碎屑颗粒大小不同，碎屑组分也发生变化。根据广安地区石英含量与孔隙关系的研究，该地区砂岩储层中的石英含量与孔隙度呈正相关，高孔隙发育的岩石石英含量一般为 65%～75%，主要因为石英颗粒含量高，抗压实能力强，可以支撑储层的空间结构，减缓压实作用；同时砂岩碎屑颗粒粒径越粗，分选越好，成分成熟度和结构成熟度越高，抗压实能力就强，保存过程中其受压实作用减少的孔隙度较少，促使物性较好。研究区中粗粒砂岩孔隙度最好，平均孔隙度可达 8.66%；中粒砂岩孔隙度次之，平均为 7.27%；细粒和细中粒物性最差，平均孔隙度小于 5%（图 2-13）。因此，可以看出碎屑粒度增大，储层的物性变好。

3. 成岩相

须家河组储层经历了多种成岩变化，对储层物性有很大的影响。对储层物性而言，建设性成岩作用主要有溶蚀作用和构造破裂作用，导致孔隙度增大；破坏性成岩作用主要有压实作用、压溶作用和胶结作用，造成孔隙度降低。根据成岩作用的不同，划分为五类成岩相：溶蚀相、绿泥石衬边相、钙质胶结相、硅质胶结相和压实相。其中，储层质量最好的为溶蚀相（图 2-14）。

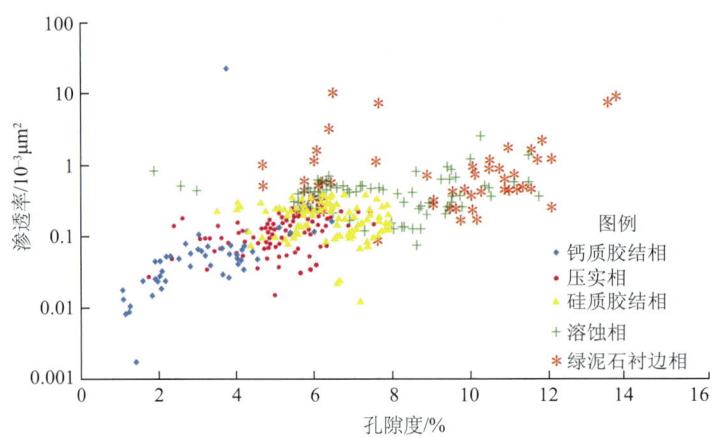

图 2-14 四川盆地须家河组不同成岩相与孔隙度、渗透率关系图

溶蚀相砂岩储层以次生孔隙为主，广泛发育的粒内溶孔、粒间溶孔和铸模孔就是溶蚀作用的结果。溶蚀相主要发生在杂基含量少、塑性岩屑和碳酸盐岩屑含量少、长石含量高的较成熟砂岩中，这种岩石在经过中-浅埋藏的压实压溶作用和胶结作用后，粒间孔隙才不致完全消失，深埋藏环境的酸性流体就有流通通道，从而对岩石中的易溶组分长石产生溶蚀。从沉积相角度出发，水动力能量强的分流河道和河口坝是溶蚀相发育的有利相带。从地区分布来讲，川中及过渡带和川西南部因其长石含量高和离生烃中心近而成为溶蚀相发育的有利地区。

（二）鄂尔多斯盆地上古生界山 1 段—盒 8 段

鄂尔多斯盆地山 1 段—盒 8 段储层主要发育于河流-三角洲相砂体中，砂体规模大、分布范围广，砂岩岩性以中粗粒石英砂岩和岩屑石英砂岩为主，岩屑砂岩、岩屑长石砂岩和长石岩屑砂岩次之。岩屑类型相对单一，以硅质硬岩屑为主，填隙物类型简单，以伊利石、高岭石和硅质为主，杂基含量普遍较低。残余粒间孔和溶蚀孔隙是主要的储集空间，残余粒间孔分布局限，但对储层的贡献大，溶蚀孔隙类型复杂，粒间溶孔、凝灰质、岩屑粒内溶孔普遍，长石粒内溶孔和铸模孔偶见，高岭石晶间孔等也常见，砂岩物性变化大，孔隙度一般 4%～10%，渗透率（0.01～1）×$10^{-3}\mu m^2$，主要为一套低孔低渗致密砂岩储层，储层非均质性强。

通过大量砂岩岩石学特征、物性、孔隙结构等分析，认为山 1 段—盒 8 段砂岩储层的物性主要受岩石相、沉积相和成岩相的多重控制。其中沉积相是优质储层发育的基础，它决定了储集体的原始组构，不仅控制着储层的分布范围，同时影响着后期成岩作用类型和成岩效应；成岩相是关键，它影响储集空间的演化和孔喉结构特征，并最终决定储层物性的好坏和现今储层的分布状况。

1. 沉积相

物源区母岩类型的分异直接控制优质储层的发育。通过盆地北部物源区基岩岩性、盆内轻重矿物对比分析研究，认为山1期—盒8期盆地存在两类五大物源体系，物源规模具有北部大、南部小的特点。

不同的物源形成了完全不同的沉积体系，正北部主要为石英砂岩储层发育区，向东逐渐演变为岩屑石英砂岩、岩屑砂岩发育区，储层的储集性也逐渐变差。

山1期—盒8期，苏里格地区构造平缓，主要发育河流-三角洲沉积体系，具有大平原、小前缘的特点，冲积平原-三角洲平原相带发育。河道经过横向反复迁移、纵向多期叠置，形成延伸范围数百千米大面积分布的砂岩储集体。

在沉积体系研究的基础上，通过对鄂尔多斯盆地上古生界不同沉积微相的砂岩储层储集特征分析，认为河道砂体物性明显优于其他类型砂体（图2-15）。

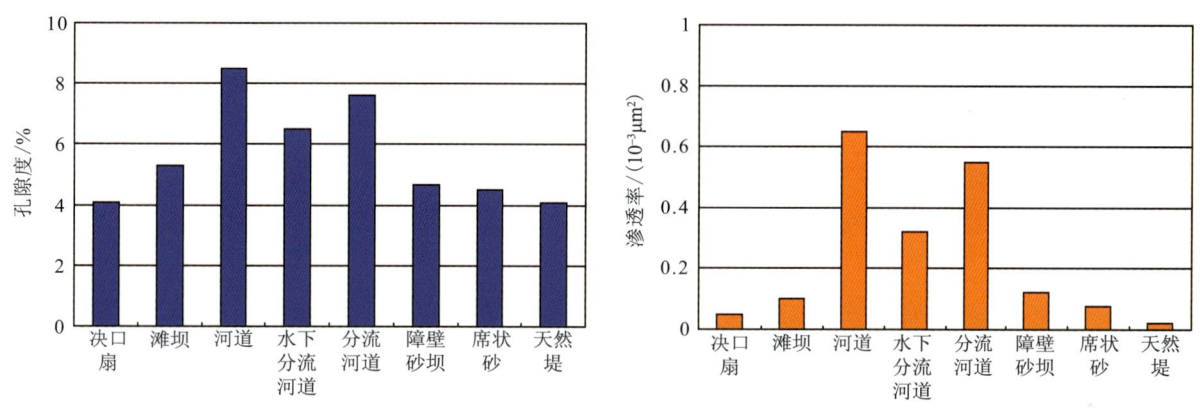

图2-15 鄂尔多斯盆地山1段—盒8段沉积微相与孔隙度、渗透率关系图

2. 岩石相

砂岩粒度和岩性直接控制着砂岩储集性，通过大量的薄片、粒度、物性资料统计对比分析，中粗粒石英砂岩物性最好，溶蚀作用最发育，含砾砂岩物性较好，细砂岩物性最差（图2-16）。

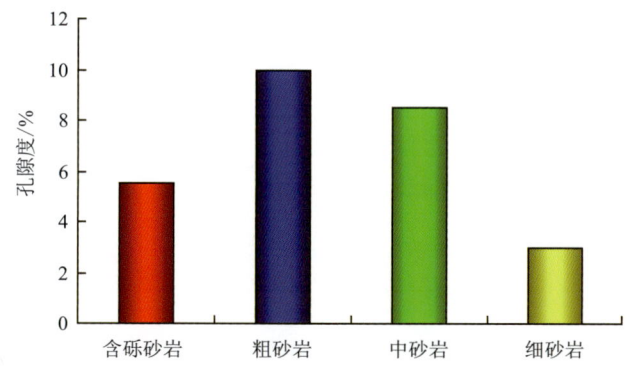

图2-16 鄂尔多斯盆地山1段—盒8段砂岩粒度与孔隙度关系图

3. 成岩相

依据砂岩的骨架组分、填隙物类型和含量、物性和孔隙结构特征，将鄂尔多斯盆地上古生界碎屑岩储层划分为 7 种不同类型的成岩相（表 2-1）。

表 2-1　鄂尔多斯盆地上古生界成岩相类型划分表

序号	成岩相类型	划分依据	孔隙度/%	渗透率/($10^{-3}\mu m^2$)
1	净砂岩弱压实相	杂基<10%，孔隙度>6%	5～18	0.5～121.9
2	净砂岩溶蚀相	杂基<10%，孔隙度>6%	6～21.5	0.5～561
3	净砂岩溶蚀蚀变相	杂基<10%，孔隙度>3%	5～15.5	0.1～7.86
4	杂砂岩溶蚀相	杂基>10%，孔隙度>3%	3.5～10.5	0.01～1.9
5	致密砂岩强压实相	压实率>90%	2～6	0.01～1
6	硅质胶结相	硅质胶结物>7%	3～6	0.1～1
7	钙质胶结相	碳酸盐胶结物>10%	1～6	<0.1

不同成岩相物性资料统计分析和物性与不同成岩相回归可以看出，净砂岩弱压实相、净砂岩溶蚀相、净砂岩溶蚀蚀变相三种成岩相具有良好的储集性，是鄂尔多斯盆地上古生界的有利成岩相（图 2-17）。

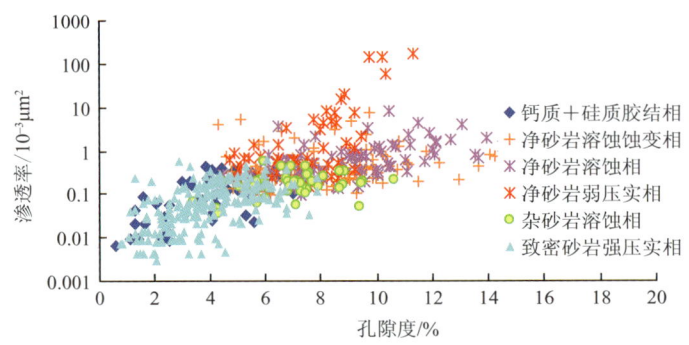

图 2-17　鄂尔多斯盆地山 1 段—盒 8 段成岩相与孔隙度、渗透率关系图

三、储层展布

（一）四川盆地须家河组

根据须家河组低渗砂岩储层岩石成分、储层物性特征和各种类型次生孔隙特点，在储层岩石学特征、成岩作用、成岩相及成岩演化阶段研究基础上，综合考虑孔隙度、渗透率、排驱压力、饱和度中值、储集空间和勘探成果等多方面因素，参考低孔渗储层分类石油行业标准，建立了须家河组储层分类评价标准（表 2-2）。依据此标准，将须家河组储层划分为四类。

表 2-2　四川盆地须家河组储层分类评价表

储层分类	孔隙度/%	渗透率/($10^{-3}\mu m^2$)	排驱压力/MPa	饱和度中值压力/MPa	储集空间	勘探成果	评价
I	>12	>0.5	<0.5	<3	粒间孔、粒内孔、裂缝	发现油气田	好
II	8~12	0.1~0.5	0.5~1	3~6	粒间孔、粒内孔、裂缝	发现气田	较好
III	5~8	0.01~0.1	1~1.5	6~15	粒间孔、裂缝	油气显示好	一般
IV	<5	<0.01	>1.5	>15	粒间孔、基质孔	微量气显示	较差

1. 须二段

须二段主要分布 II、III 类储层，I 类储层只是零星分布 [图 2-18（a）]，主要分布在有利成岩相、裂缝发育带及优势沉积微相叠合处，如川中的广安、安岳；II 类储层分布面积大，主要分布在仪陇、自贡等地区；III 类储层分布主要在川西南与川中过渡带之间。

2. 须四段

须四段主要以 II、III 类储层为主，I 类储层分布较少。I 类储层范围较须二段广，主要分布在荷包场、潼南、广安等地区，这些地区岩石成熟度较高，杂基和软性岩屑含量较少，成岩相主要为绿泥石胶结相和溶蚀相，都位于三角洲水下分流河道微相带，原生粒间孔隙保存较好，同时长石含量高，又位于（或邻近）生烃中心，溶蚀作用强烈。II 类储层的分布主要位于充深 2 井、莲池和川西南地区 [图 2-18（b）]。

3. 须六段

须六段沉积时期，物源较近，砂岩分选性差，有利储层发育面积较须二段和须四段小，主要以 II、III 类储层为主，I 类储层较少。I 类储层主要分布在广安、荷包场地区，II 类储层主要分布在邛西地区。同时优质储层从须二段到须六段逐渐向南迁移 [图 2-18（c）]。

4. 须三段、须五段

须三段储层分布范围较广，主要分布在剑阁、九龙山、通江、绵竹、南充、威东等地区 [图 2-18（d）]，因为这些地区岩石成熟度相对较高，杂基和软性岩屑含量较少，大部分孔隙度 5% 左右、渗透率 $0.4\times10^{-3}\mu m^2$ 左右的有效砂岩储层的粒度中值都在 0.3μm 以上的中、粗砂岩中，平面上主要位于三角洲前缘水下分流河道、三角洲平原水上分流主河道、三角洲席状砂微相带。须五段储层分布范围较小，集中分布在川西北的八角场、盐亭等地区，孔隙度 4%~6%，渗透率 $(0.01\sim0.2)\times10^{-3}\mu m^2$ 之间，平面上主要位于三角洲前缘水下分流河道、三角洲平原水上分流主河道、三角洲席状砂微相带。

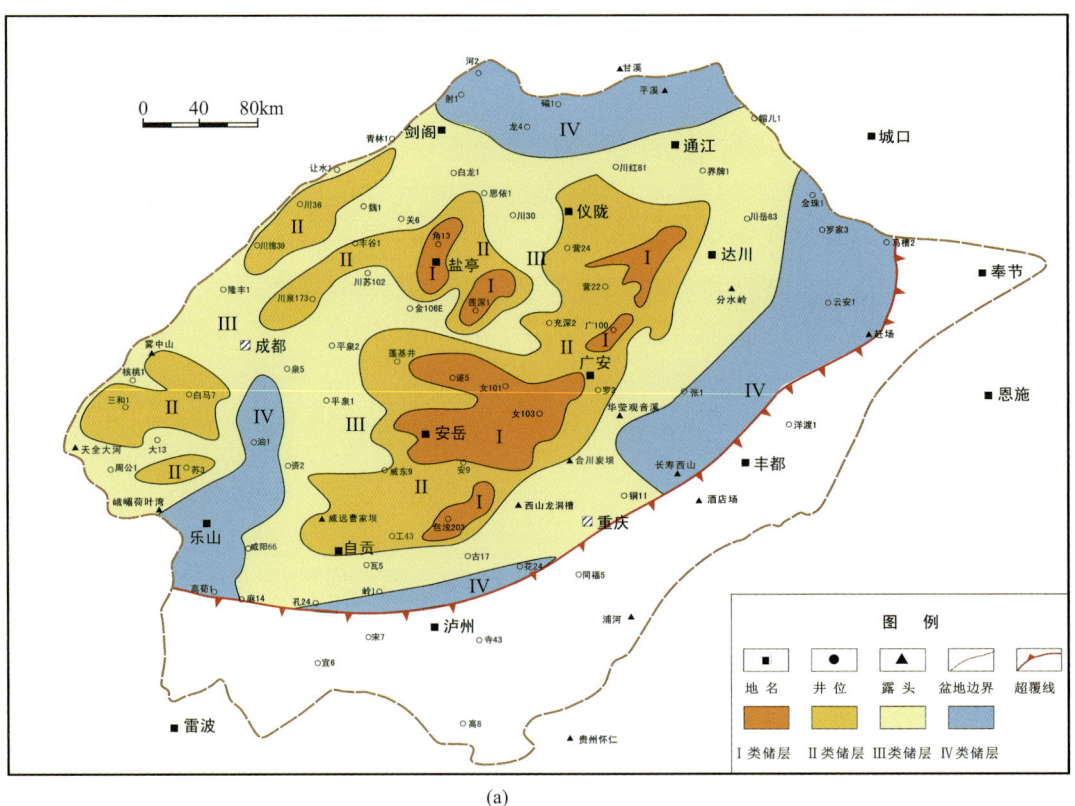

(a)

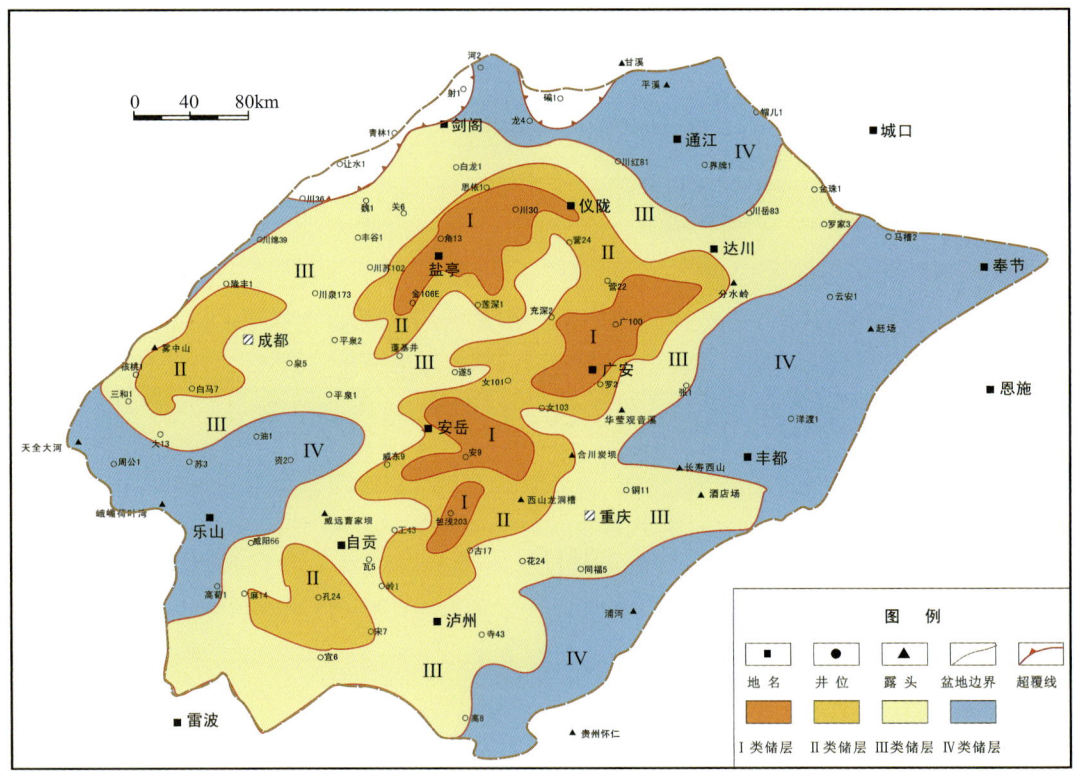

(b)

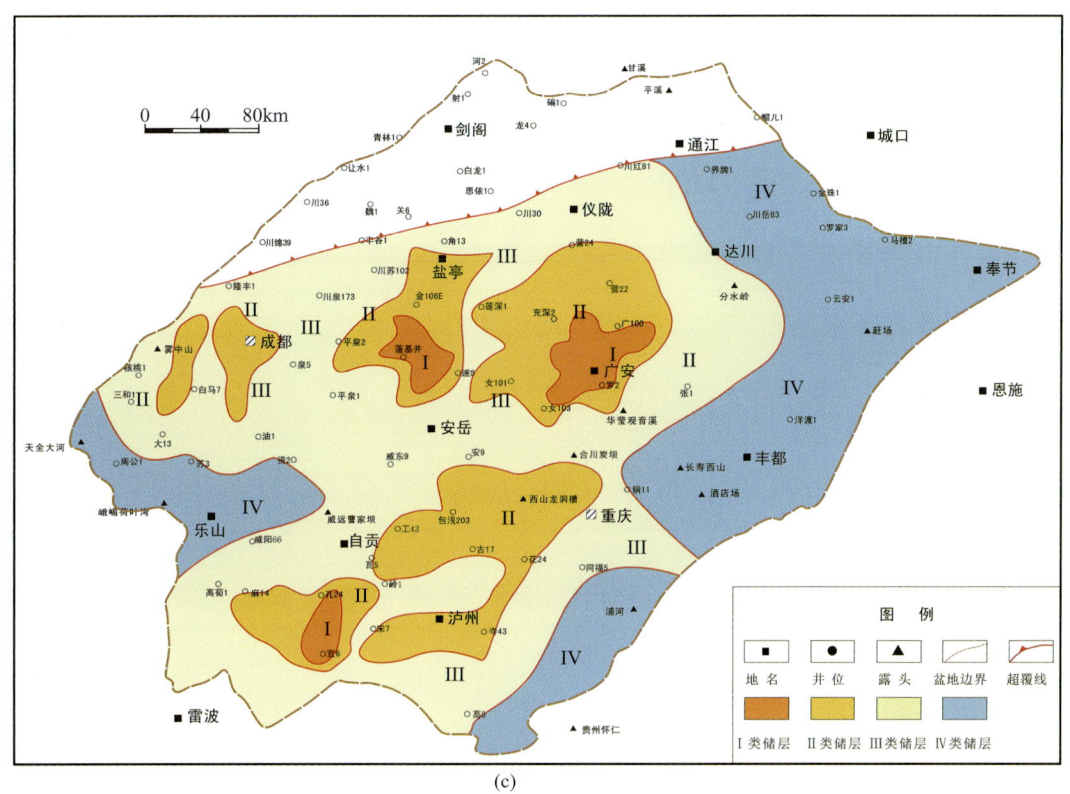

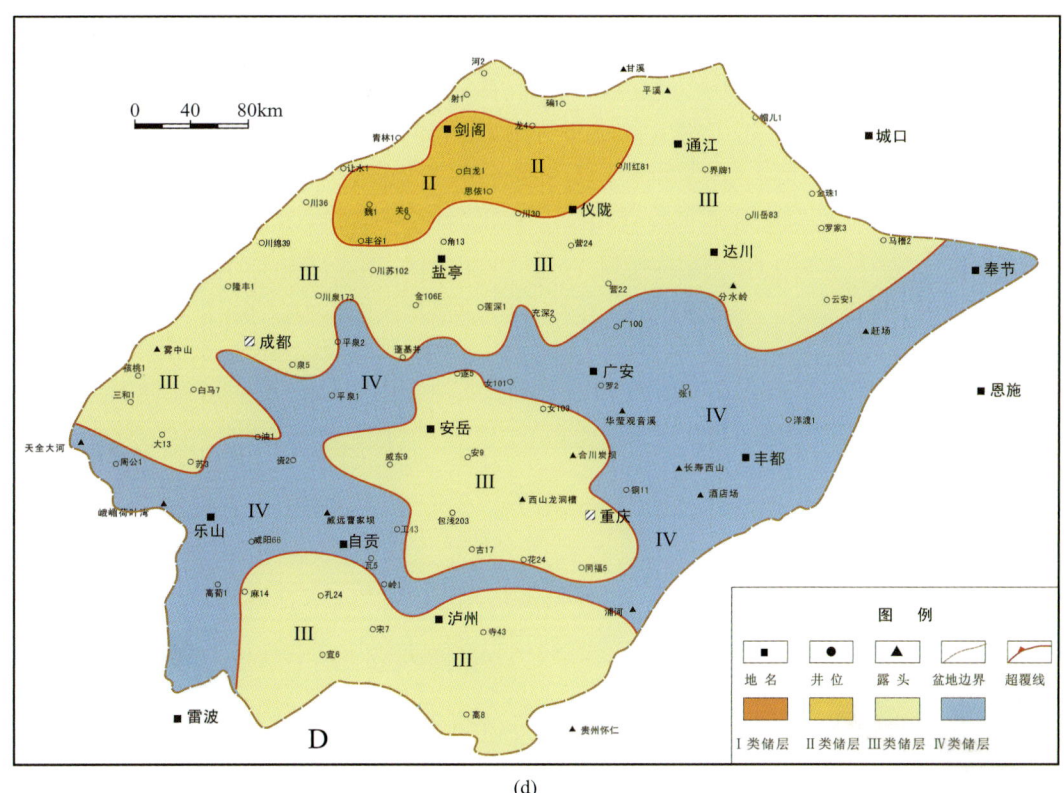

图 2-18　四川盆地须家河组储层综合评价图
（a）须二段；（b）须四段；（c）须六段；（d）须三段

（二）鄂尔多斯盆地上古生界山 1 段—盒 8 段

根据山 1 段—盒 8 段低渗砂岩储层岩石成分、储层物性特征和储层孔隙结构特征，在储层岩石学特征、成岩作用、成岩相及成岩演化阶段研究基础上，综合考虑孔隙度、渗透率、排驱压力、喉道半径、储集空间和勘探成果等多方面因素，参考低孔渗储层分类石油行业标准，建立了山 1 段—盒 8 段储层分类评价标准（表 2-3）。依据此标准，将山 1 段—盒 8 段储层划分为四类。

表 2-3　鄂尔多斯盆地山 1 段—盒 8 段储层分类评价表

储层分类	孔隙度/%	渗透率/($10^{-3}\mu m^2$)	排驱压力/MPa	喉道半径/μm	储集空间	勘探成果	评价
I_A	>10	>0.5	>0.5	>0.5	粒间孔、晶间孔、裂缝	发现气田	好
I_B	5~10	>0.5	0.5~1	0.05~0.5	粒间孔、粒间溶孔、裂缝	发现气田	较好
II	5~8	0.01~0.5	0.5~1	0.05~0.2	晶间孔、粒内孔	油气显示好	一般
III	5~8	0.01~0.35	1~1.5	<0.05	晶间孔、粒内孔	油气显示好	一般
IV	<5	<0.01	>1.5	<0.05	基质孔	微量气显示	较差

1. 山 1 段

鄂尔多斯盆地山西组 1 段砂岩储层以 II、III 类储层为主。I 类储层主要分布于大苏里格地区，属于有利成岩相、裂缝发育带及优势沉积微相叠合处，高能水道的石英砂岩优质储层发育，砂岩的成分成熟度和结构成熟度均较高，杂基和软岩屑含量较少，储集性能最好。II、III 类类储层分布面积非常广，主要分布在苏里格南、榆林-靖边、镇远等三角洲砂体发育区，岩性以中粗粒石英砂岩和岩屑石英砂岩为主，各种类型的溶蚀孔隙是主要的储集空间，成岩相类型主要为净砂岩溶蚀蚀变相、硅质胶结相，储集性能良好。III 类储层分布主要在两个地区，乌海-银川一线的长石岩屑砂岩、长石砂岩发育区，砂岩溶蚀孔隙发育、成岩相类型主要为净砂岩溶蚀蚀变相和杂砂岩溶蚀相，储集物性好，神木地区岩屑石英砂岩和岩屑砂岩发育区，粒内溶孔和晶间孔是主要的储集空间类型，成岩相类型主要为杂砂岩溶蚀相，储集物性好，砂岩储集性能较好 [图 2-19（a）]。

2. 盒 8 段

鄂尔多斯盆地盒 8 段 I、II 类储层广泛发育，该类储层主要分布于大苏里格地区，河流-三角洲砂体纵向上相互叠置、平面上复合连片广覆式分布，砂岩岩性以中粗粒石英砂岩为主，岩屑类型简单，以硅质的硬岩屑为主，杂基含量低，一般小于 3%，填隙物以高岭石和硅质为主，粒间孔和粒间溶孔是主要的储集空间类型，成岩相类型为净砂岩溶蚀相、硅质胶结相，广泛发育石英砂岩优质储层，储集性能最好。II、III 类类储层主要分布于榆林-子洲地区，该区河流-三角洲砂体发育，砂岩岩性以中粗粒石英砂岩和岩屑石英砂岩为主，岩屑类型复杂，板岩、片岩等软岩屑常见，杂基含量较高，一般 3%～5%，填隙物以伊利石、高岭石和硅质为主，同时该区处于上古生界生烃中心，有利于溶蚀作用的发育，粒间、粒内溶孔普遍发育，成岩相类型为净砂岩溶蚀蚀变相和钙质胶结相，储集性能良好。III 类储层分布广泛，乌海-银川一线主要发育长石岩屑砂岩和长石砂岩，砂岩的岩屑类型复杂，花岗片麻岩、片岩等软岩屑含量较高，填隙物类型复杂，该类砂岩溶蚀孔隙非常发育，砂岩物性好，孔隙度一般大于10%，局部层段渗透率最大可达$872×10^{-3}\mu m^2$，成岩相类型为杂砂岩溶蚀相和净砂岩弱压实相，具有较好的储集性；平凉地区主要发育三角洲平原分流河道砂体，砂岩以中粗粒岩屑石英砂岩为主，岩性普遍较致密，发育少量的溶蚀孔隙，成岩相类型为净砂岩溶蚀蚀变相，储集性能较好；神木、黄陵地区主要发育河流-三角洲砂体，砂岩岩性复杂，主要岩石类型为长石岩屑砂岩和岩屑砂岩，砂岩中软岩屑和杂基含量较高，成岩相主要为杂砂岩溶蚀相和致密砂岩强压实相，储层物性较差，仅在个别井发现好的储层［图2-19（b）］。

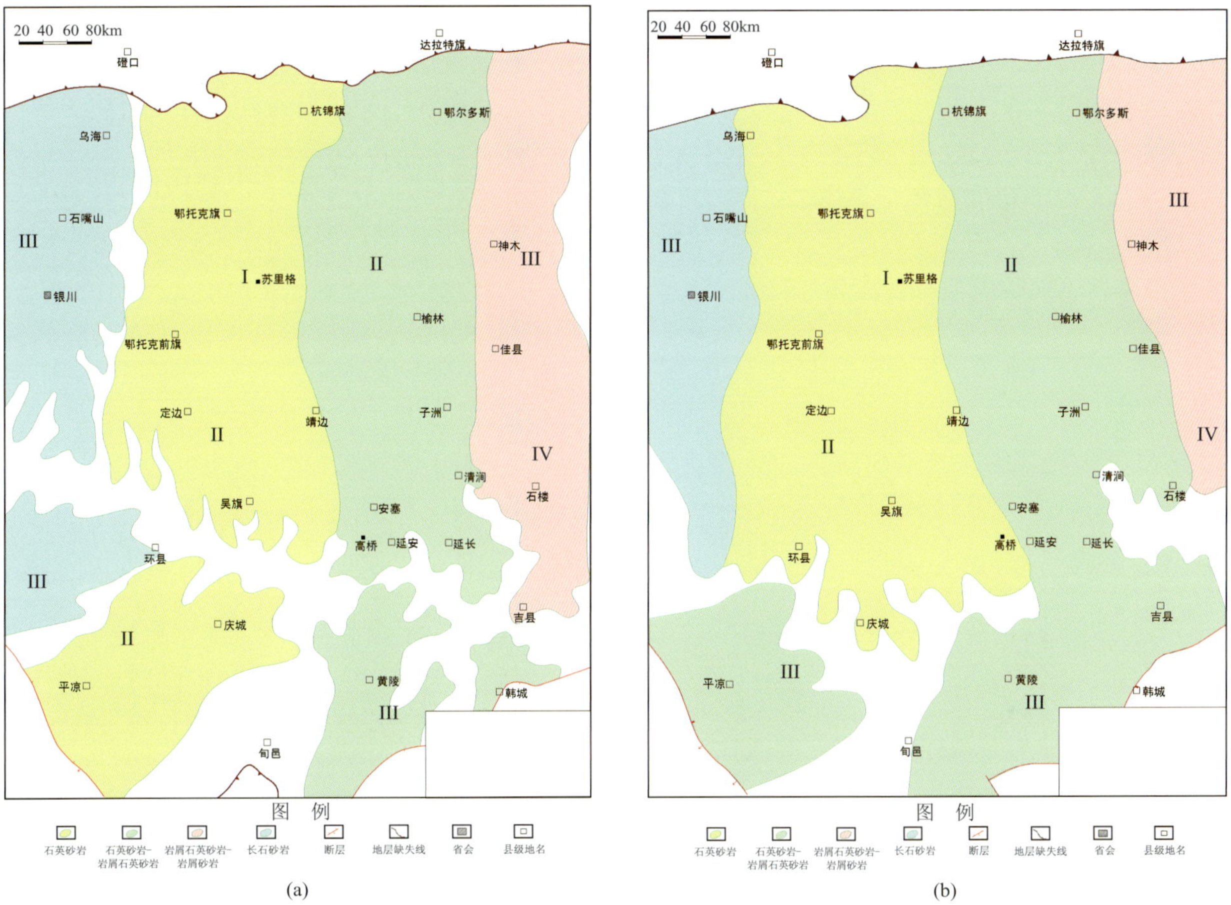

图2-19　鄂尔多斯盆地山1段—盒8段储层综合评价图
（a）山1段；（b）盒8段

第二节　台缘礁滩沉积模式、储层主控因素及新台缘带预测

碳酸盐岩储层是重要的天然气储层，"十一五"期间，碳酸盐岩天然气勘探在四川盆地、塔里木盆地和鄂尔多斯盆地取得重要进展，特别是四川盆地开江-梁平海槽西侧长兴组—飞仙关组台缘礁滩、塔里木盆地塔中地区奥陶系台缘礁滩的天然气勘探取得重大突破，发现多个千亿立方米大型气田。同时对台缘礁滩的沉积模式、储层发育主控因素形成了多项新认识，在四川盆地、塔里木盆

地和鄂尔多斯盆地发现了5个新的台缘礁滩体，并被钻探所证实。因此，这里对台缘礁滩沉积模式、分布及储层主控因素作重点阐述。

一、台缘礁滩沉积模式

虽然各种环境中沉积的碳酸盐岩都有可能由于沉积和成岩影响而成为储集岩，但不同沉积相的碳酸盐岩成为储集岩的潜力却不相同，储层孔隙特征也不一样。碳酸盐岩沉积环境包括近滨、滨岸平原、台地内部、台地边缘、台地斜坡或礁前和半深水到深水盆地（图2-20）。沉积范围从礁仅覆盖几公顷到陆棚或滨外滩的展布达数千平方千米。碳酸盐岩沉积中的高能相带（台地边缘礁滩）是油气勘探中的一种重要储层，其形成与古地貌关系密切，储层质量好，分布较广，可预测性强。在鄂尔多斯盆地下古生界、四川盆地上二叠统—下三叠统，塔里木盆地寒武—奥陶系都有碳酸盐岩高能相带发育。众所周知，四川盆地上二叠统长兴组—下三叠统飞仙关组台缘礁滩发育，已发现多个大型天然气藏，具有较好的代表性。这里以长兴组—飞仙关组台缘礁滩发育特征为例，分析台缘礁滩的发育模式。

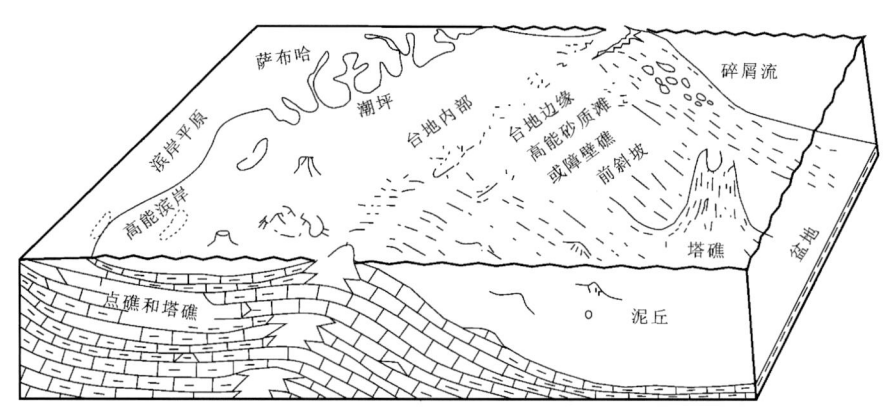

图2-20　碳酸盐沉积环境模式（Jardine and Wilshart, 1987）

（一）层序地层格架

四川盆地上二叠统长兴组总体为大的海侵背景下沉积的一套碳酸盐岩-硅质岩沉积。飞仙关组总体为海退环境下沉积的一套碳酸盐岩沉积。四川盆地内主要发育水下沉积间断不整合、局部暴露层序不整合界面，通过单井层序划分和连井层序地层对比，结合地震层序划分，将四川盆地长兴组—飞仙关组划分为2个二级层序和4个三级层序。其中，长兴组为2个三级层序，飞仙关组为2个三级层序（图2-21）。

从四川盆地中部广安地区到东北部大巴山前鸡唱一带，长兴组—飞仙关组的沉积主要受控于开江-梁平"海槽"和鄂西-城口"海槽"，"海槽"内的沉积以陆棚相为主，由陆棚相向两侧发育斜坡相、台地边缘相、开阔台地相、局限台地相等（图2-21），发育三条台地边缘相带，由于沉积古地貌、构造格局和构造演化不同，三条台地边缘礁滩体发育样式、叠置方式、分布规律各有特色。

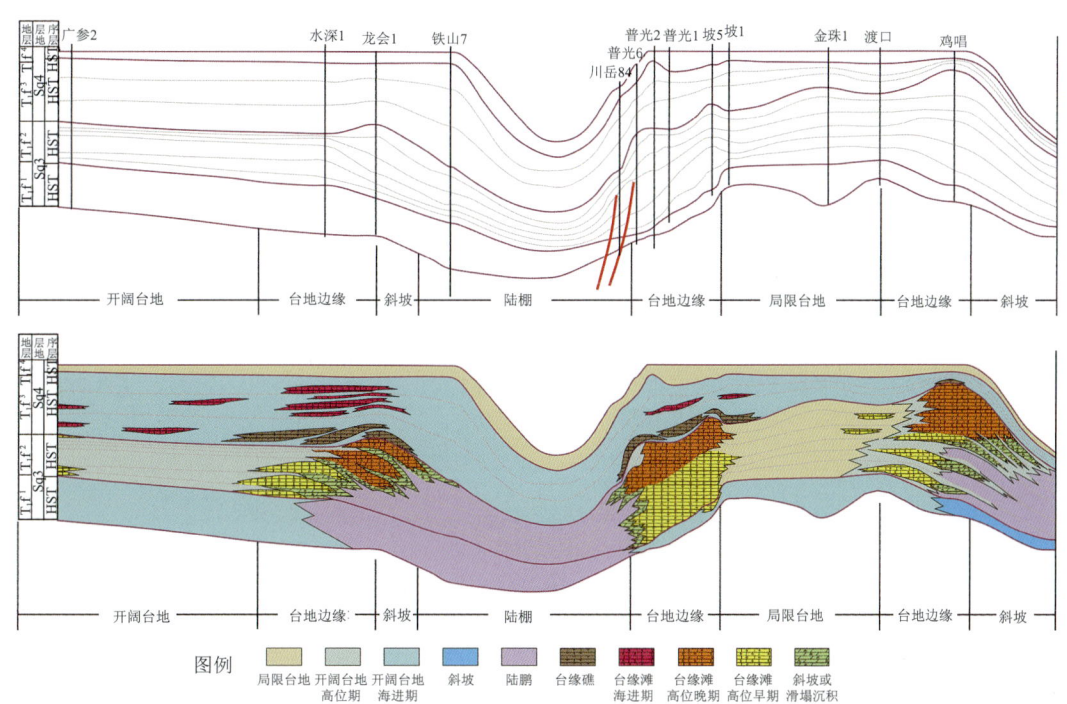

图 2-21　四川盆地长兴组—飞仙关组层序地层格架与台缘礁滩发育特征

（二）台缘礁滩发育模式

在四川盆地长兴组—飞仙关组层序地层划分的基础上，通过四川盆地北部开江-梁平"海槽"两侧、鄂西-城口"海槽"西侧台缘礁滩发育特征综合分析，认为台地边缘礁滩主要有3种发育模式（图2-22）。

1. 缓坡进积型

以开江-梁平"海槽"西侧元坝、龙岗地区长兴组生物礁和飞仙关组鲕滩为代表。海槽西侧坡折带坡度较缓，海平面上升和下降影响范围较宽，使台缘生物礁的生长、台缘鲕滩的沉积范围变化较大，所以形成的礁滩体单层较薄，层数多，分布范围较大（图2-22（a））。

2. 断坡加积型

以开江-梁平"海槽"东侧罗家寨-普光地区的长兴组生物礁和飞仙关组鲕滩为代表。海槽东侧由断裂形成的坡折带坡度较陡（图2-21），海平面上升和下降影响范围很窄，使台缘生物礁的生长、台缘鲕滩的沉积范围变化很小，形成的礁滩体单层厚度大，层数少，分布范围窄（图2-22（b））。

3. 陡坡进积型

以鄂西-城口"海槽"西侧台缘带的长兴组生物礁和飞仙关组鲕滩为代表。鄂西-城口海槽分布范围大、海水深度大，西侧坡折较陡，海平面上升和下降影响范围较窄，使台缘生物礁的生长、台缘鲕滩的沉积范围变化较小，所以形成的礁滩体单层厚度较大，层数少，分布较宽（图2-22（c））。

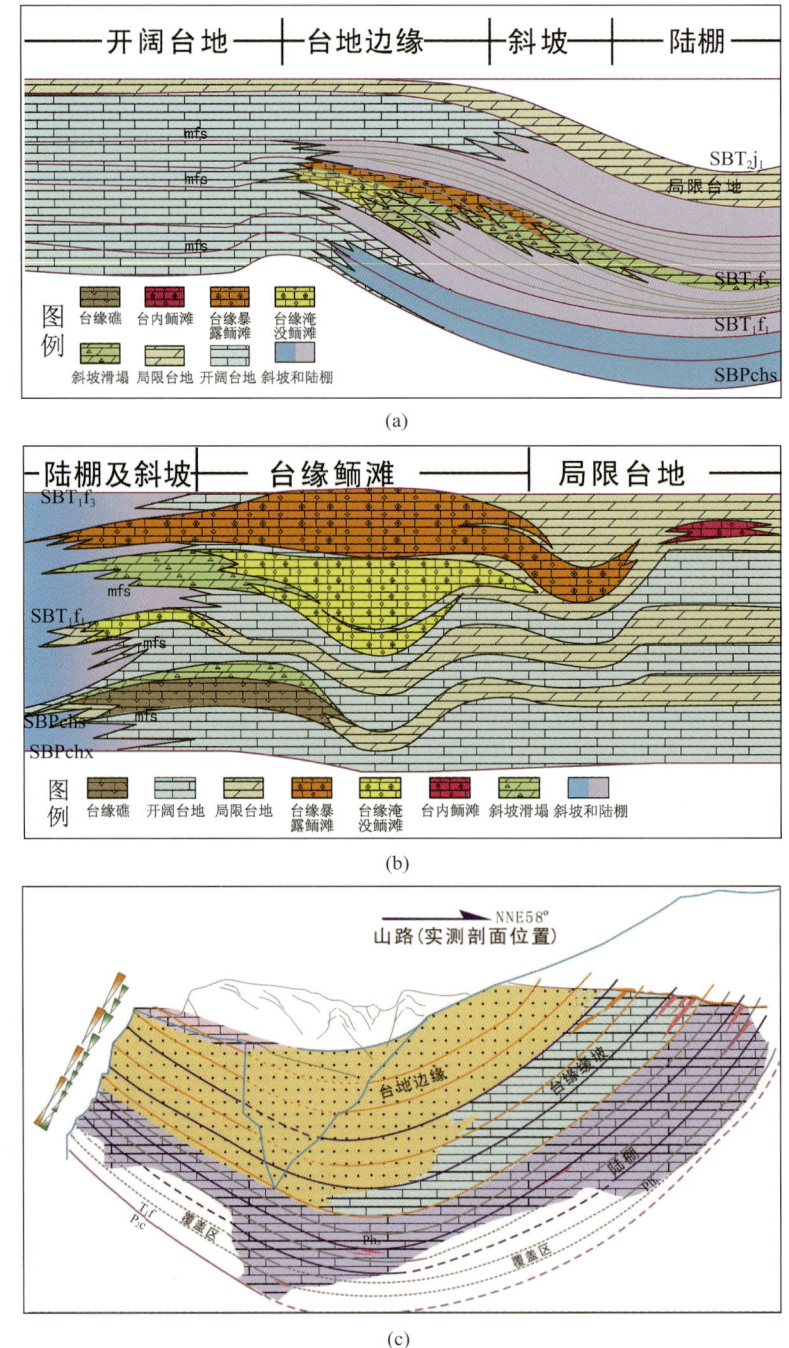

图2-22　不同类型台缘礁滩发育模式
（a）缓坡进积型；（b）断坡加积型；（c）陡坡进积型

二、储层发育的主控因素

近年来台缘礁滩天然气勘探主要集中于四川盆地开江-梁平"海槽"两侧长兴组—飞仙关组台

缘礁滩和塔里木盆地塔中地区奥陶系台缘礁滩。台缘礁滩储层主要岩石类型为礁灰（云）岩、生屑灰（云）岩和鲕粒灰（云）岩等，主要储集空间为粒间、粒内溶孔、白云石晶间孔、生物铸模孔等，储层非均质性较强，孔隙度一般分布范围为0.3%～20%，储层平均孔隙度为3%～6%；裂缝对储层有一定的作用，以孔隙型、裂缝-孔隙型储层为主。

台缘礁滩储层主控因素以这两个领域为例进行研究，主控因素为：岩相古地理和台缘相带、白云岩化作用、溶蚀作用，其中溶蚀作用包括有机酸溶蚀、硫酸盐热化学溶蚀和深部热液溶蚀。

（一）岩相古地理和台缘相带

台缘礁滩储层主要发育在碳酸盐台地和深水斜坡之间的碳酸盐台地边缘带。如四川盆地在长兴组沉积初期台地边缘带沉积物以泥晶灰岩和泥质泥晶灰岩沉积为主，原生孔隙相对不发育；长兴组沉积中期海平面开始呈下降趋势，沉积相逐渐演化为台地边缘生物礁相，沉积物以生物礁骨架为主，原生骨架孔发育；长兴组沉积中后期海平面下降过程中有小幅度升降变化，生物礁反复暴露在海平面以上，发育多旋回生物礁-滩相沉积组合，沉积物以生屑、生物礁骨架、鲕粒、团块为主，原生骨架孔、粒间孔发育；长兴组沉积末期—飞仙关组沉积初期为大规模的海侵期，沉积物以泥晶灰岩为主，原生孔隙不发育；飞一段中期至飞二段，海平面开始呈下降趋势，沉积相为台地边缘浅滩相，沉积了较厚的鲕粒、颗粒灰岩，粒间孔广泛发育，其中海平面的旋回变化，也沉积了多层薄层膏岩；飞二段末期至飞四段沉积相演化为局限台地-蒸发台地相，沉积物主要为灰质白云岩、粉晶白云岩、泥晶白云岩和膏岩，原生孔隙不发育。同生期岩溶作用对碳酸盐岩储层的形成具有重要的贡献。川东北渡口河、罗家寨和普光地区长兴组—飞仙关组沉积阶段，海平面多期次旋回下降，使长兴组生物礁和飞仙关组的鲕粒滩沉积不断暴露在大气淡水渗滤带，发生表生溶蚀。同生期溶蚀作用形成的孔隙主要是铸模孔，包括鲕模孔和生物模孔，该阶段形成的鲕模孔多具有示底构造。

（二）白云石化作用

白云岩有利于孔隙发育和保存。由于白云石的密度比较大，白云石化的过程可能有利于粒内孔和晶间孔的发育，相对于方解石来说，白云石的机械性能比较好，在压溶阶段方解石倾向于被压溶，白云石则倾向于被压裂，这种性质有利于白云岩中粒间孔的保存和裂缝的发育；而且白云岩裂缝易保持开启状态。

四川盆地长兴组后期和飞一段—飞二段时期的淡水淋滤过程一方面产生了表生溶蚀孔隙，另一方面形成了混合水环境，发生了早期混合水白云化作用。长兴组中期为海平面的持续上升期，有利于生物礁的持续生长，但不适于发生白云石化，主要发育礁灰岩。长兴组晚期海平面多期旋回变化，形成的礁滩混合储层不断暴露在大气环境中，形成混合水环境，发生了白云化作用，储层岩性主要为白云岩。长兴组中期和晚期岩性的差别是长兴组晚期发生混合水白云石化成因的良好证据。飞一段至飞二段的鲕粒滩白云岩储层也具有混合水成因。早期形成的白云岩，有序度较低，但也具有了一定的白云岩的性质，对原生孔隙还是起到了一定的保存作用。而且早期的白云石化为晚期埋藏白云石化打下了基础，在深埋的过程中又不断进行了调整和重结晶，形成今天有序度较高、结晶程度较好的白云岩。

塔里木盆地奥陶系台缘礁滩白云岩成因机理为深埋藏白云石化作用，主要证据有：①白云岩中白云石晶体普遍具交代结构或交代残余结构；②碳氧同位素值较低，表明随深度增加，温度增高，反映出埋藏成岩的特征；③微量元素 Sr^{2+}、Na^+ 含量低，Fe^{2+}、Mn^{2+} 含量高，表明还原程度增加，反映埋藏成岩环境的特征；④包裹体温度为 100～130℃，反映埋藏环境的特点。

（三）溶蚀作用

1. 有机酸溶蚀作用

有机酸是造成碳酸盐岩储层深埋溶蚀的主要因素之一，烃源岩埋藏到一定深度，进入生油门限，有机酸和烃类进入储层，对保存下来的原生孔隙进行扩容或增加新的溶蚀孔隙。因为有机酸的酸性有限，增加的溶蚀孔隙也有限，该期形成的溶蚀孔隙多被沥青填充或半填充。随着埋深继续增加和温度升高，有机酸开始发生脱羧反应，产生 CO_2，腐蚀性逐渐减弱，地层水的化学性质逐渐过渡为受 CO_2 等酸性气体的控制。

四川盆地长兴组—飞仙关组台缘礁滩有机酸溶蚀作用与液态烃成熟期伴生的富含有机酸的酸性水活动有关，时间大致在三叠纪末—中侏罗世末，埋深 2000～4500m，主要在生油窗范围内，溶蚀孔洞中充填有少量粗晶方解石，包裹体均一温度 86～122℃。溶孔中普遍见沥青充填物，在大的孔隙中沥青分布于孔隙的边缘，小的孔隙则大多被沥青全充填，表明它们形成于沥青侵位之前，是液态烃的主要储渗空间。溶蚀的对象可能为粒间方解石胶结物，或沿白云石晶间孔，残余原生粒间孔溶蚀扩大。川东北地区有机酸溶蚀作用非常强烈，形成大量的粒间溶孔、溶洞、粒内溶孔、白云石晶间溶孔、鲕粒圈层溶孔等，溶孔中普遍见沥青充填物，据薄片观察统计，该期溶蚀作用形成的孔隙为 6%～10%。

2. 硫酸盐热化学溶蚀作用

台缘礁滩储层在深埋阶段还发生硫酸盐热化学还原溶蚀作用。台缘礁滩的侧翼常富含膏岩的地层，地层水中含大量 SO_4^{2-} 离子，在深埋高温阶段，液态烃裂解或干酪根热裂解生成的 CH_4 与 SO_4^{2-} 反应，生成大量的 H_2S，这种 H_2S 对碳酸盐岩具强烈的腐蚀作用。

如四川盆地飞仙关组气藏中 H_2S 含量高达 10% 以上，表明飞仙关组地层中确实发生过强烈的硫酸盐热化学还原反应。硫酸盐热化学溶蚀作用时间大致在中侏罗世以后，地层埋深在 4500m 以上，溶蚀孔隙中常充填有石英、白云石、硫磺及粗晶方解石，它们含有大量气态烃包裹体、沥青包裹体及气液两相包裹体，包裹体均一温度一般为 140～180℃，少数在 200℃ 以上。

硫酸盐热化学溶蚀作用一般在有机酸溶蚀作用的基础上发育，大部分粒间溶孔和较大的白云石晶间溶孔是这样形成的。这些孔隙中充填有沥青，但沥青并不是分布在孔隙边部，而是呈环形分布于孔隙中央，沥青圆环以内的孔隙是有机酸溶蚀作用形成，沥青环以外的孔隙是硫酸盐热化学溶蚀作用形成。硫酸盐热化学溶蚀作用形成的孔隙为 4%～6%，略低于第一期埋藏溶蚀作用。

3. 深部热液溶蚀作用

塔里木盆地塔中奥陶系台缘礁滩发生明显的埋藏期岩浆热液岩溶作用，主要表现在：①沿岩浆热液活动区发育有萤石、绿泥石、闪锌矿、高温石英、重晶石等热液矿物；②包裹体测温表明塔中地区白云岩包裹体温度最高可达160℃，塔北雅克拉地区晶洞石英和白云石包裹体均一温度达110～180℃，阿克库勒地区两相流体包裹体已检测到的最高均一温度（186.7～196.9℃，208.5～218.5℃）大于该层位在地质历史中所经历了最高温度（130℃±），说明该区经历了热液作用。

塔里木盆地岩浆活动强烈，活动期次较多，其中以二叠系岩浆活动最为强烈。塔中地区奥陶系发现岩浆侵入的井有中古1井、中古4井、中古12井、顺2井、塔中18井、塔中43井、塔中54井等，志留系中发现有岩浆侵入的井有塔中22井、塔中47井。有岩浆侵入活动的井大多在塔中 I 号或塔中 II 号断裂带附近，表明岩浆侵入活动与断裂有密切的关系。

从地震剖面上也可以看到热液流体沿断裂活动形成的一系列事件，其形成模式是：①沿大断裂方向流动产生了溶蚀作用，在断面附近形成了较大溶蚀孔洞；②在断裂附近热液流体还顺岩层面方向流通，形成了顺层分布的小型溶蚀孔洞；③在断裂面附近形成了热液改造区，主要是发生了热液白云石化作用，形成了热液白云岩和萤石等热液矿物（图2-23）。

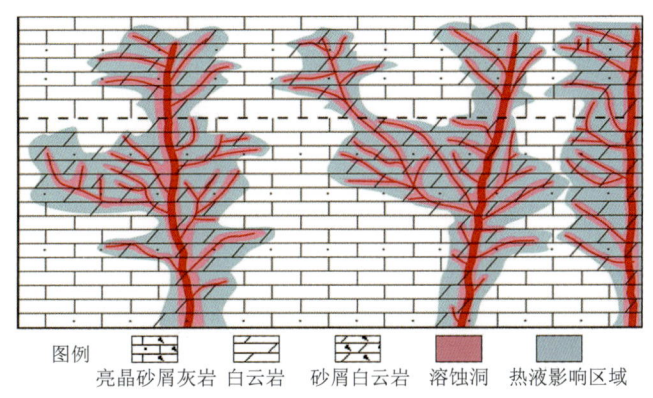

图 2-23　塔中地区沿断裂附近发生的热液溶蚀作用模式图

三、典型台缘礁滩带分布

在四川盆地震旦系—中三叠统雷口坡组、鄂尔多斯盆地奥陶系和塔里木盆地寒武系—奥陶系开展了新一轮的岩相古地理编图，新发现多个新台缘带。下面简要阐述四川盆地震旦系灯影组、下二叠统栖霞组、长兴组—飞仙关组，鄂尔多斯盆地奥陶系和塔里木盆地寒武系—奥陶系台缘带特征。

（一）四川盆地

1. 震旦系灯影组台地边缘高能相带

四川盆地震旦系为典型镶边碳酸盐岩台地沉积体系，主要发育局限台地、开阔台地、台地边缘、浅海陆棚等沉积相。盆地内部沉积主要受震旦纪—早寒武世长宁 - 绵竹裂陷展布的控制，在裂陷两侧灯影组发育台地边缘沉积（图2-24）。

裂陷东侧台缘位于高石梯、磨溪地区，灯二段和灯四段发育藻凝块白云岩、藻叠层白云岩、藻砂屑白云岩和核形石白云岩，岩心上见到大量溶蚀孔洞，为典型的台地边缘丘滩体沉积特征

（图2-25）。裂陷西侧灯二段台地边缘位于威远、资阳等地区，为厚层藻砂屑、叠层石白云岩、凝块石白云岩沉积，溶蚀孔洞发育，为藻丘滩体边缘相。裂陷西侧灯四段台缘位于在乐山、峨眉等地区，该地区的野外先锋剖面灯四段厚210m，岩性主要为藻纹层白云岩、泥粉白云岩和硅质白云岩。

灯二段和灯四段台内丘滩体与云坪相分布在台缘的内侧，由高石梯往东南向女基井地区，藻砂屑白云岩含量逐渐变少，颗粒相对变细，藻砂屑滩体厚度明显减薄，说明沉积水体能量变弱，为局限台地沉积，沉积了部分台内丘滩体。裂陷内部高石17井灯四段为泥晶白云岩沉积，颗粒相对较细，泥质含量重，为斜坡陆棚相沉积。

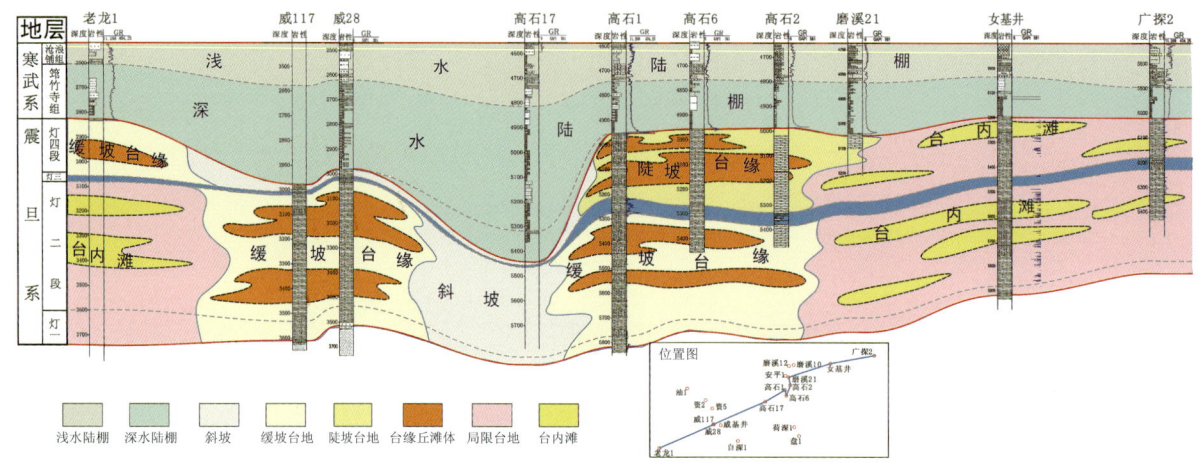

图 2-24　老龙1-高石17-高石2-广探2 地层对比剖面图（龙王庙底界拉平）

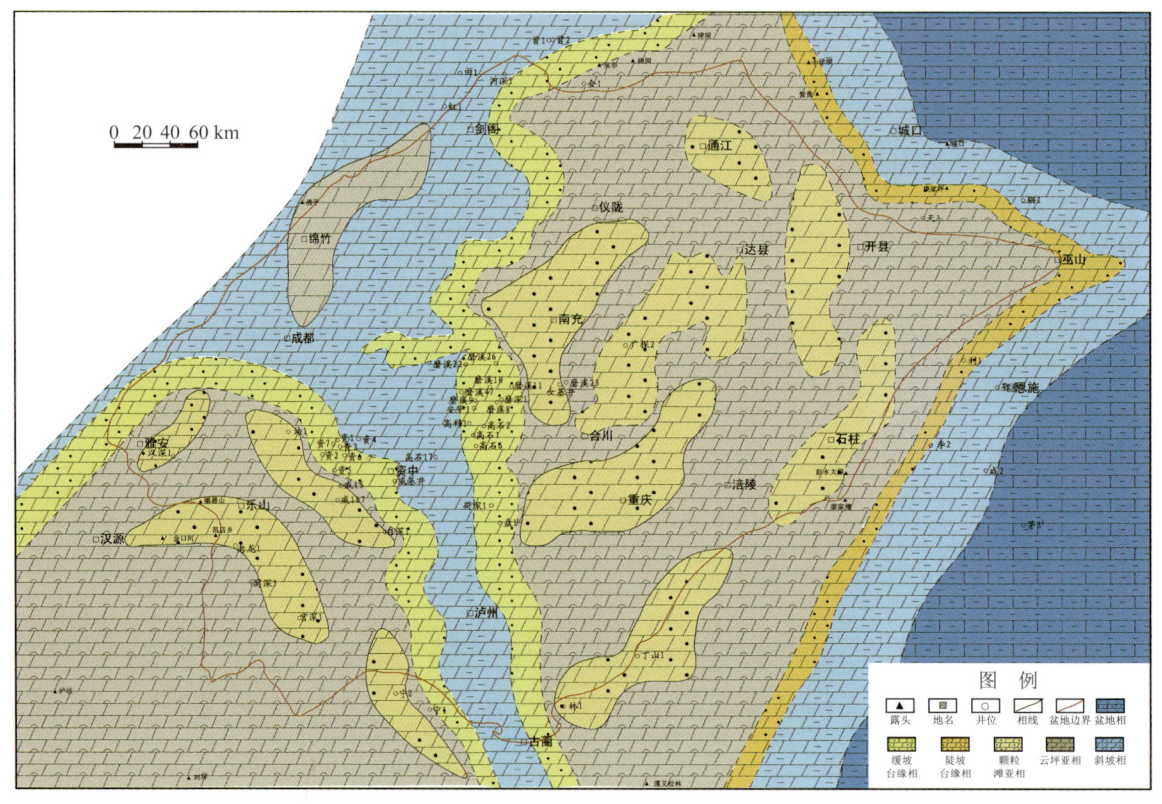

图 2-25　四川盆地震旦纪灯影期（二期）岩相古地理图

2. 下二叠统栖霞组台地边缘滩相带

四川盆地下二叠统栖霞组为典型镶边台地沉积体系，主要发育斜坡相、台地边缘滩相和开阔台地相。台地边缘滩带在川西地区大面积分布，发现和钻遇的厚度最大可达90米多（松盖坝剖面），主要分布于30～50m（矿2井44m，长江沟27m，杨家岩31m，汉1井42.5m，周公1井50.5m）。台地边缘滩相纵向上分布十分连续，以晶粒白云岩、豹斑灰岩（白云岩）和生物屑灰岩为主，其垂直盆地边界分布的宽度可达100km（图2-26）。

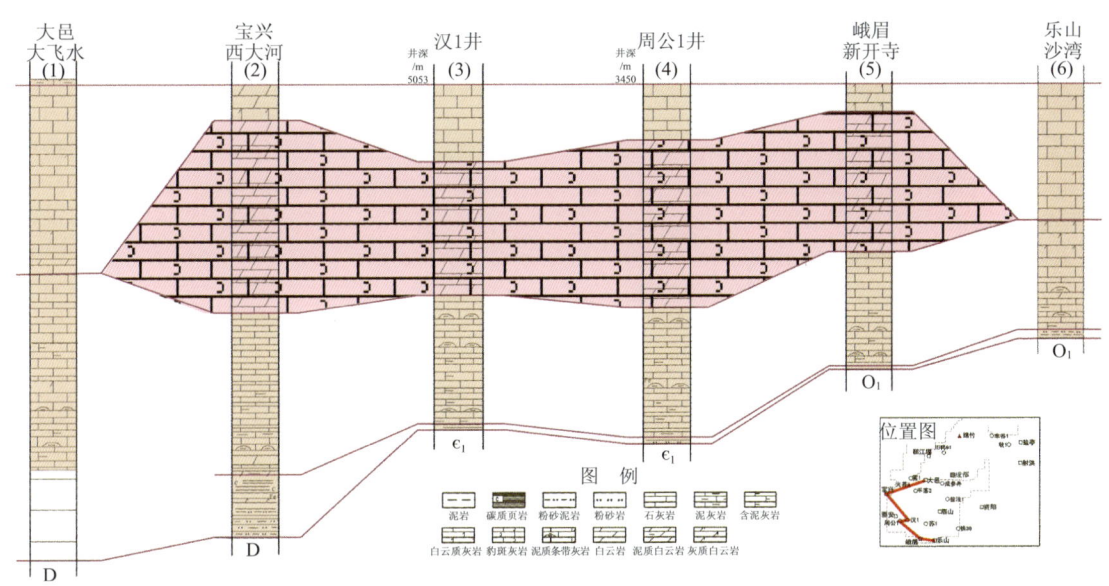

图 2-26 大邑 - 雅安 - 乐山下二叠统栖霞组岩性对比图

四川盆地内部主要发育开阔台地（细分为浅水开阔台地和较深水开阔台地）、台地边缘滩沉积相带（图2-27）。浅水开阔台地相分布最广，以浅灰色、灰色、灰褐色泥-细粉晶灰岩为主，生物含量较高，但总体以低能的灰泥支撑为主。较深水开阔台地仅限于川东南地区的宫2井区-池32井区狭长区域。台地边缘相带分布于川西、川西北一带，由于坡度较陡，形成陡坡进积型台缘，主要以（残余）颗粒白云岩、细晶-中晶白云岩和灰质云岩或云质灰岩。

3. 长兴组—飞仙关组台地边缘礁滩带

长兴组—飞仙关组台缘礁滩带围绕鄂西-城口"海槽"、开江-梁平"海槽"及川西"海槽"呈带状分布（图2-28）。

四川盆地范围内台缘礁滩带分布范围较大，平面上已证实的有3个条带：开江-梁平"海槽"东西两侧各1个条带，鄂西-城口"海槽"西侧发育1个条带（图2-28）。根据资料预测，在川西"海槽"两侧各发育1个条带。目前勘探尚未证实。

第1个条带位于开江-梁平"海槽"以东的地区，台缘礁滩带在普光-铁山坡-渡口河-罗家寨等地区已被勘探证实，该台缘礁滩带为断坡加积型。根据台缘礁滩带分布迁移规律，预测该条带的铁山坡以西以北（坡西地区）仍有大面积台缘礁滩未发育。

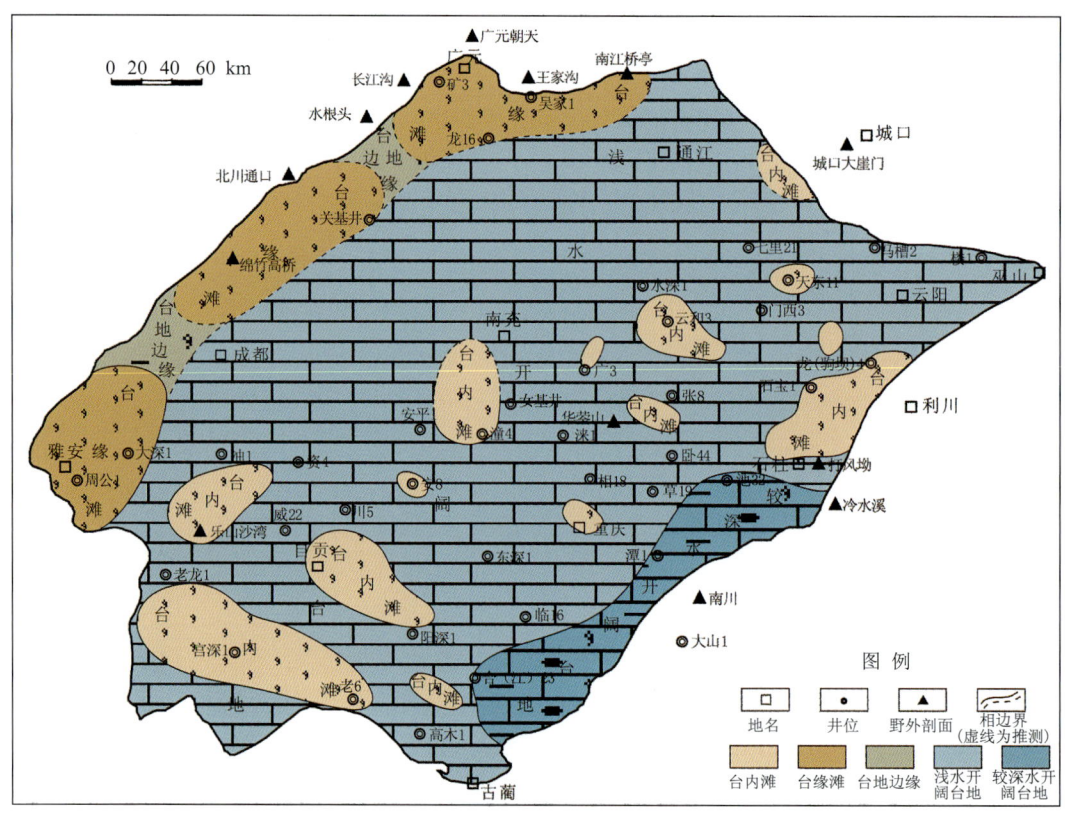

图 2-27 四川盆地早二叠世栖霞期岩相古地理图

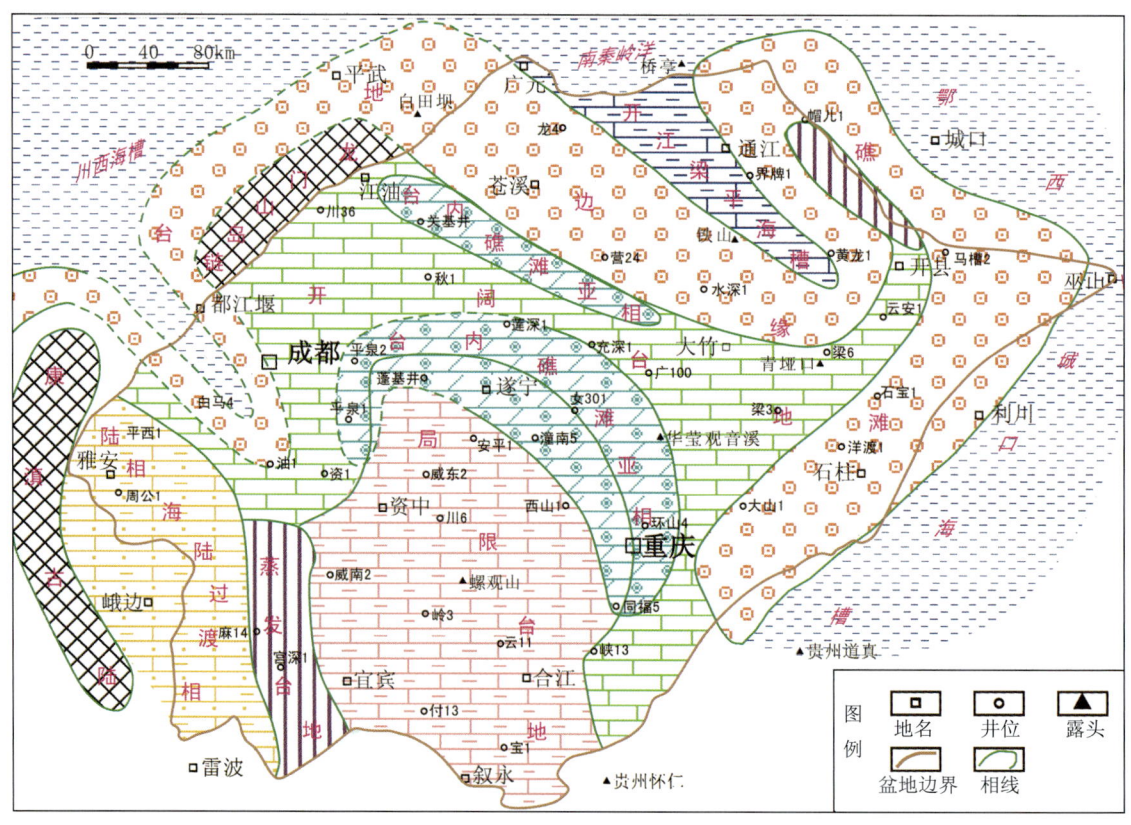

图 2-28 四川盆地长兴期—飞仙关期综合岩相古地理图

第 2 个条带位于开江 - 梁平"海槽"以西的地区，台缘礁滩带在龙岗 - 元坝 - 剑阁等地区已被勘探证实。该台缘礁滩带为缓坡进积型，礁滩体分布较宽，单层厚度小。

第 3 个条带位于鄂西 - 城口"海槽"西侧，台缘礁滩带在马槽坝、黑楼门、寨沟湾、茨竹垭一带被钻探证实，露头上多个点也有发现。该台缘礁滩带为陡坡进积型，礁滩体分布较宽，单层厚度大。

（二）鄂尔多斯盆地奥陶系台地边缘礁滩带

早古生代，沿鄂尔多斯盆地西南缘的秦祁贺坳拉谷再度活动，秦岭、祁连两支拉开较大形成海槽，贺兰一支被遗弃成坳拉槽，秦祁贺海槽呈 L 形，包围鄂尔多斯地块。鄂尔多斯盆地西缘为槽台过渡带接合部位，沉积了巨厚的碳酸盐岩夹碎屑岩沉积，厚度可达 3000m 以上，而鄂尔多斯广大范围处于陆表海环境，发育了一套以碳酸盐岩为主的浅海沉积，厚 1000～3000m。由于秦祁贺海槽的控制，造成了盆地西缘、南缘和盆地主体的沉积环境存在很大差异。奥陶系，整个鄂尔多斯盆地几乎全为海水覆盖，为开阔海台地沉积，仅有阿拉善古陆、伊盟古陆和庆阳古陆，在盆地西缘、南缘发育台地边缘礁滩相带（图 2-29），呈 L 形分布。

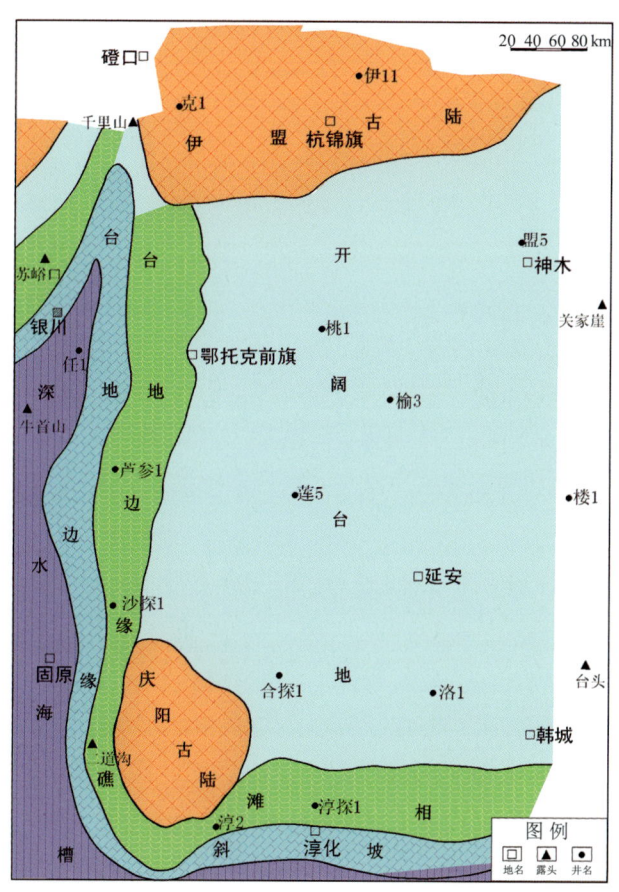

图 2-29　鄂尔多斯盆地早奥陶世克里摩里期岩相古地理图

（三）塔里木盆地寒武系—奥陶系台地边缘滩相带

赵宗举等（2009，2011）对塔里木盆地寒武系—奥陶系岩相古地理进行了详细的研究，认为早寒武世—晚寒武世，以塔西台地为主的孤立碳酸盐台地均因发生了进积 - 加积作用而变得更大，并且不同时空台地边缘类型及其叠置型式也发生了变化，主要表现为早寒武世以发育缓坡 - 弱镶边台地边缘为主（图 2-30），中寒武世—晚寒武世以发育弱镶边 - 镶边台地边缘为主。塔里木板块内发育 3 个镶边台地沉积。其中，盆地内发育较大的一个镶边台地，台地边缘礁滩相带呈环状大面积发育。奥陶系塔里木板块内部存在 5 个孤立碳酸盐台地：塔北台地、巴楚 - 塔中台地、罗西台地、塘南台地及库鲁克塔格台地，形成其"台地 - 盆地"相间的古地理格局。在 5 个孤立台地的周缘都发育台地边缘相带。

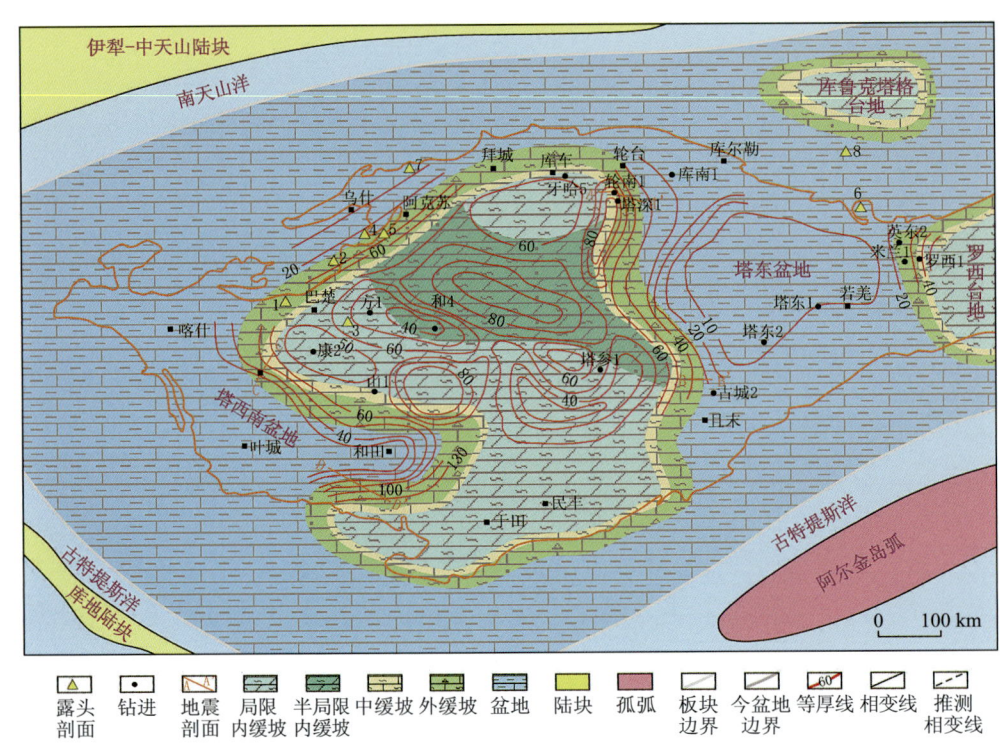

图 2-30　塔里木盆地早寒武世岩相古地理图（赵宗举等，2011）

第三节　火山岩优质储层特征、主控因素及分布

"十一五"期间，松辽盆地深层和准噶尔盆地石炭系火山岩勘探取得重要进展。火山岩储层是重要的大型气田储层，对其认识也逐渐深入，特别是在岩相、优质储层发育主控因素和优质储层分布预测方面取得新进展。

一、火山岩岩相发育模式及特征

（一）火山岩岩相发育模式

火山岩岩相"是一定环境下火山活动产物特征的总称"或者说是指"火山岩形成条件及其在

该条件下所形成的火山岩岩性特征的总和"。不同学者由于对火山岩的研究角度不同，提出了不同的分类方案。其中，王璞珺等（2003）与郭振华（2006）的观点基本一致，认为松辽盆地火山岩岩相可分为 5 种相 15 种亚相。由于火山岩岩相揭示了火山岩时空展布规律和不同岩性组合之间的成因联系，不同岩相带反映出不同储层特征和储层物性，因此，岩相研究是火山岩储层研究的主要内容之一。

松辽盆地中生代火山岩在断陷大范围伸展拉张的背景下发展起来，因此火山岩分布与断陷形成息息相关。从发育相带的特点来看，火山相带发育齐全。结合松辽盆地断陷内火山岩岩相、火山机构等发育特征，我们在前人研究的基础上提出了断陷盆地火山岩"不对称型"岩相发育模式（图 2-31），将松辽盆地断陷深层火山岩划分为 5 种相 16 种亚相。从剖面来看，断陷火山机构具有明显受断裂控制的不对称特征。沿火山通道顺着断裂下盘方向火山机构延伸较远，逆着断裂下盘方向延伸较近（图 2-31、表 2-4）。

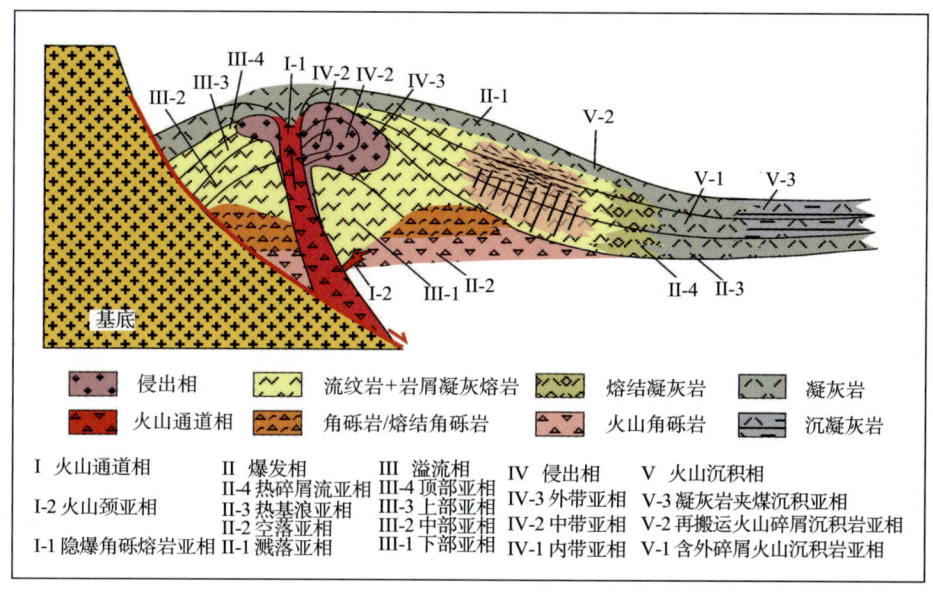

图 2-31　断陷盆地"不对称型"火山岩岩相发育模式图

（二）火山岩岩相特征

1. 火山通道相

发育 2 种亚相，隐爆角砾熔岩亚相以隐爆角砾岩为特征，火山颈亚相以熔结角砾岩、角砾熔岩为特征（表 2-4）。地震标志为火山锥体下方产状为柱状直立，内部反射断续杂乱。

2. 爆发相

发育 4 种亚相，溅落亚相以角砾熔岩、凝灰熔岩、熔结角砾岩等为特征，空落亚相以火山集块岩、火山角砾岩、凝灰熔岩为特征，热基浪亚相以晶屑凝灰岩为特征，热碎屑流亚相以晶屑熔结凝灰岩为特征（表 2-4）。地震反射剖面上顶部常为强反射，丘状，内部弱杂乱反射；测井曲线特征为电阻率中低值，曲线呈锯齿状。

表 2-4 火山岩岩相划分及岩性特征表

相	亚相	成因机制及划分标志	岩石类型	结构
火山通道相	隐爆角砾熔岩亚相	富含挥发分的岩浆侵入到破碎带时，压力得到一定释放、释放又不完全，产生隐爆而形成	隐爆角砾岩	斑状结构、熔结结构、角砾凝灰结构
	火山颈亚相	熔浆流动停止并充填在火山通道内、火山口塌陷充填物	熔结角砾岩、角砾熔岩	
爆发相	溅落亚相	熔浆上涌所携带的围岩及熔岩物质就近坠落堆积而成的岩体	角砾熔岩、凝灰熔岩、熔结角砾岩等	熔结角砾凝灰结构
	空落亚相	气射作用的固态，塑性喷出物作自由落体运动，堆积而成	含火山弹和浮岩块的集块岩、角砾岩、晶屑凝灰岩，以火山集块岩、火山角砾岩、凝灰熔岩为主	集块、角砾凝灰结构
爆发相	热基浪亚相	气射作用的气、固、液态多相浊流体系在重力作用下近地表悬移质搬运，载屑蒸汽流凝结成岩体	多为晶屑、玻屑、浆凝灰岩，以晶屑凝灰岩为主	火山碎屑结构（以晶屑凝灰结构为主）
	热碎屑流亚相	气射柱崩塌后，灼热的碎屑物在后续喷出物推动和自身重力共同作用下沿地表流动固结成岩	岩石类多为含晶屑、玻屑、浆屑、岩屑的熔结凝灰岩，以晶屑熔结凝灰岩为主	熔结凝灰结构火山碎屑结构
溢流相	下部亚相	含晶出物和同生角砾熔浆在后续喷出物的推动自身重力作用下，沿地表流动。固结成岩。顶部炸裂缝发育。上部气孔发育，下部含气孔少，中部致密	低气孔状熔岩	玻璃质、细晶结构、斑状结构
	中部亚相		致密状熔岩	
	上部亚相		气孔熔岩、英安岩	细晶、斑状结构
	顶部亚相		自碎角砾熔岩	球粒、细晶结构
侵出相	内带亚相	高黏度熔浆受内力挤压流动，堆积在火山口附近成岩穹或熔岩，前缘冷凝变形并铲刮和包裹新生和先期岩块	枕状和球粒状珍珠岩	熔结角砾、熔结、凝灰、玻璃质、少斑、珍珠、碎斑等结构
	中带亚相		块状珍珠岩、细晶流纹岩（细晶熔岩）	
	外带亚相		变形流动构造角砾熔岩	
火山沉积相	含外碎屑火山沉积岩亚相	以火山碎屑为主，并混入一定量的陆源碎屑	火山碎屑岩与沉积岩混杂	陆源碎屑结构
	再搬运火山碎屑沉积岩亚相	火山碎屑物再搬运改造而成	各种火山角砾岩、凝灰岩	陆源碎屑结构
	凝灰岩夹煤沉积亚相	火山碎屑经搬运压实固结而成	沉凝灰岩、沉集块岩和沉火山角砾熔岩	陆源碎屑结构

3. 溢流相

发育 4 种亚相，下部亚相为低气孔状熔岩，中部亚相为致密状熔岩，上部亚相为气孔熔岩、英安岩，顶部亚相以自碎角砾熔岩为主（表 2-4）。地震标志为中强反射，中高频、层状或楔状，间断性连续；测井标志为电阻率中高值，曲线外形为厚层状微齿化。

4. 侵出相

发育 3 种亚相，内带亚相以枕状和球粒状珍珠岩为主，中带亚相以块状珍珠岩、细晶流纹岩（细晶熔岩）为主，外带亚相以变形流动构造角砾熔岩为主（表 2-4）。地震标志为外形穹隆状，剖面为断续反射，同相轴以底部为中心呈扁形向外发散。

5. 火山沉积相

发育 3 种亚相，含外碎屑火山沉积岩亚相以火山碎屑岩与沉积岩混杂为主，再搬运火山碎屑沉积岩亚相以各种火山角砾岩、凝灰岩为主，凝灰岩夹煤沉积亚相以沉凝灰岩、沉集块岩和沉火山角砾熔岩为主（表 2-4）。地震标志为中强反射，连续稳定；测井标志为曲线外形有韵律，厚薄不等。

（三）岩相展布

1. 火山岩岩相纵向分布

对于一个相带发育完整的火山机构来讲，纵向自下而上大致为：爆发相、溢流相和火山沉积相，火山通道相一般位于中心位置；亚相的接触关系是底部为爆发相的空落亚相，向上逐次是热基浪亚相、热碎屑流亚相、溅落亚相和溢流相的下部亚相、中部亚相、上部亚相、顶部亚相（图 2-32）。松辽盆地纵向火山岩岩相具有多期叠置的特征，主要为溢流相和爆发相，纵向相序变化：下部为溢流相，中部为爆发相，上部为溢流相 - 爆发相。溢流相横向宽 3～3.5km，纵向厚 200～400m。爆发相横向宽 2～3km，纵向厚 100～200m。火山通道相和侵出相仅分布在火山口附近，横向宽 1km，纵向厚 50～200m。火山沉积相分布在低洼地区，横向宽 2～3km，纵向厚 50～150m。

徐家围子断陷火山喷发具有多期性（图 2-32），上部岩性为流纹质晶屑溶结凝灰岩和含砾凝灰岩，中下部岩性为大段流纹岩，间夹薄层熔结凝灰岩、原地角砾岩和火山角砾岩。具有爆发相和溢流相叠置的特点。

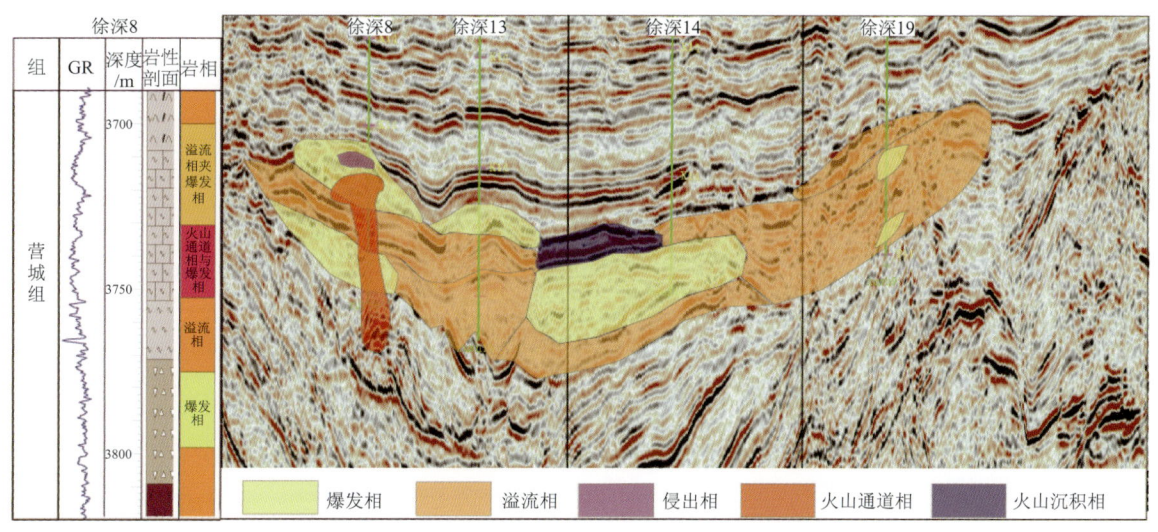

图 2-32 徐家围子断陷火山岩分布剖面图

松辽盆地多期火山喷发的特征在纵向上形成了多套火山岩储集体，从而在同一层位形成了多个互不连通的气藏，如徐深 13 营一段气藏，形成了上水下气的天然气分布特征。

2. 火山岩岩相平面分布

对于一个相带发育完整的火山机构来讲，横向上以火山口为中心，向外依次为：火山通道-侵出相带、溢流相带、爆发相带、火山沉积相带等四个相带呈环状分布。松辽盆地火山岩岩相平面分布是基于单井优势岩相而划分。火山岩岩相平面分布特征以徐家围子断陷为例（图 2-33）：近火山口多以火山通道相和爆发相为主，分布规模较小；溢流相距离火山口较远，分布范围大；火山沉积相距火山口最远，分布面积也较大。另外，火山岩相平面上分布也具有分区性，徐家围子断陷安达地区火山喷发主要以溢流相为主，自北而南爆发相增多；双城断陷火山岩岩相主要以爆发相为主，而东南隆起区火山岩岩相则从北至南，火山岩溢流相比例增加；预测林甸断陷北部以溢流相火山岩为主，而南部则以爆发相为主；古龙断陷期断裂活动强度小，且从现今钻井揭示主要为溢流相的火山岩；长岭断陷中东部爆发相、溢流相火山岩岩相均发育，且范围大。

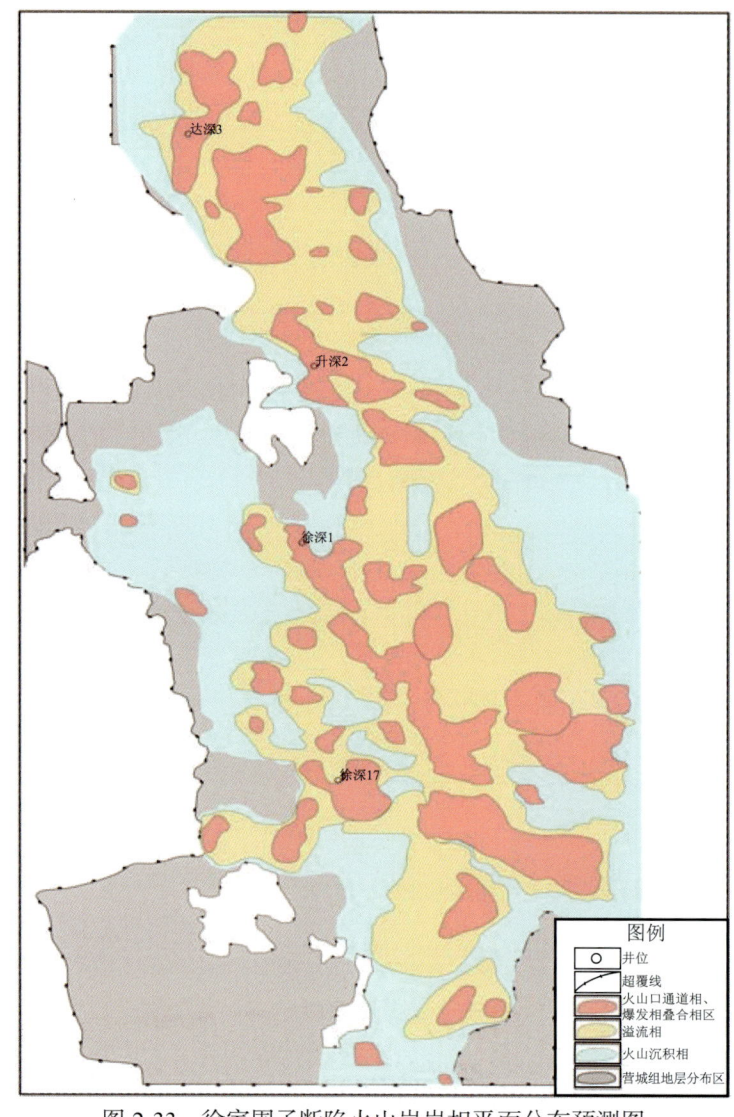

图 2-33　徐家围子断陷火山岩岩相平面分布预测图

二、储层发育主控因素

（一）松辽盆地深层火山岩储层发育主控因素

火山岩储层储集空间以孔隙为主，孔隙占69%左右，裂缝占31%。孔隙及裂缝均以次生为主，次生孔隙占孔隙总数的59%，次生裂缝占裂缝总数的83%左右。孔隙中砾（粒）间孔、砾（粒）间溶孔，基质溶孔较多。裂缝则以构造缝、构造溶蚀缝为主。储层非均质性极强。火山岩储层物性以熔结凝灰岩储层物性最好，凝灰岩孔隙度分布于0.6%～24.6%，平均值最小为0.8%，最大为13.0%；渗透率分布于（0.001～11.1）×$10^{-3}\mu m^2$，平均值为（0.002～3.8）×$10^{-3}\mu m^2$。其中，流纹岩储层物性较好，流纹岩孔隙度分布于0.4%～23%，平均值为1.7%～8.99%；渗透率分布于（0.001～0.88）×$10^{-3}\mu m^2$，均值（0.01～0.88）×$10^{-3}\mu m^2$，一般达到较好-中等储层标准。

根据火山岩储层自身发育特征和规律，结合野外、岩心、镜下观测，综合火山岩储层勘探成果和数据，松辽盆地火山岩优质储层主要受岩相、优势岩性、裂缝、喷发期次（旋回）和频繁程度、成岩后生作用等五大因素控制。

1. 岩相

已钻井资料显示，以火山岩为储层的工业气流井大多分布于爆发相、溢流相上部和下部。通过对比分析发现，无论火山岩是爆发相还是溢流相，只要近火山口分布，都存在较好的储层。因此，火山岩优质储层应在近火山口分布。

（1）爆发相

从目前的勘探和研究现状来看，火山口或近火山口的火山机构为最有利的勘探区带，爆发相为最有利的相带。通过对979块火山岩样品的孔隙度进行统计显示：爆发相优于溢流相，爆发相中凝灰岩的物性最好，角砾岩其次。

徐深1井3440～3450m的流纹质熔结凝灰岩段，孔隙度平均达7.2%，最高可达15%；渗透率平均可达0.24×$10^{-3}\mu m^2$，最高可达0.81×$10^{-3}\mu m^2$，该段压后自喷日产气195 698m^3。长深1井3570～3590m的流纹质凝灰岩段物性好，孔隙度平均达5.6%，渗透率平均达0.06×$10^{-3}\mu m^2$，该段压后自喷日产气326 101m^3。松辽盆地流纹质熔结凝灰岩为爆发相，发育溶蚀孔隙和裂缝，具备优质储层的物性条件。

（2）溢流相上部亚相

对于溢流相火山岩而言，气孔的发育和厚度具有一定的关系。Bondre（2003）通过对玄武岩气孔多年研究指出：厚度<0.5m气孔分布比较分散；厚度0.5～3m，气孔呈顶底分带现象；厚度>3m，气孔具有聚顶现象。实际上，松辽盆地在营城煤矿附近的一套厚度约有100m流纹岩，具有明显的气孔聚顶现象。因此，每期火山作用后，尤其在溢流相火山岩顶面应该是原生气孔发育的区带。另外，火山岩体顶面亦是风化和淋滤的界面，易产生裂缝和溶孔，为有利储层区带形成提供了更好的条件。

2. 优势岩性

野外、岩心样品及镜下薄片观测揭示：从基性玄武岩或玄武质岩到酸性流纹岩或流纹质岩，原生气孔、溶蚀气孔、原生节理和后期裂缝都更为发育。根据937块火山岩样品物性统计发现，流纹岩或流纹质岩类孔隙度最好（图2-34）。究其原因：一是随着岩浆的酸度增加，黏度因此增大，随之流动性降低，岩浆中的气体不易逸出，因此，在流纹岩中，不仅原生气孔最为发育，而且次生孔隙最为发育，体积较大的气孔屡见不鲜。二是随着岩浆酸性的增加，SiO_2含量增高，岩石脆性增大，受力后易于产生裂隙。野外露头揭示流纹岩发育众多的柱状节理和裂隙；钻井岩心统计也表明，流纹岩较其他岩类裂缝发育。这些裂缝使孤立的气孔相互沟通，形成有效的储集空间；同时，裂缝既是有效的储集空间，又是良好的渗流通道，有利于次生孔、缝的发育，又为后续的油气运移提供了良好的通道。三是随着岩浆酸度的增加，碱性长石增多，长石溶蚀孔隙也越为发育。

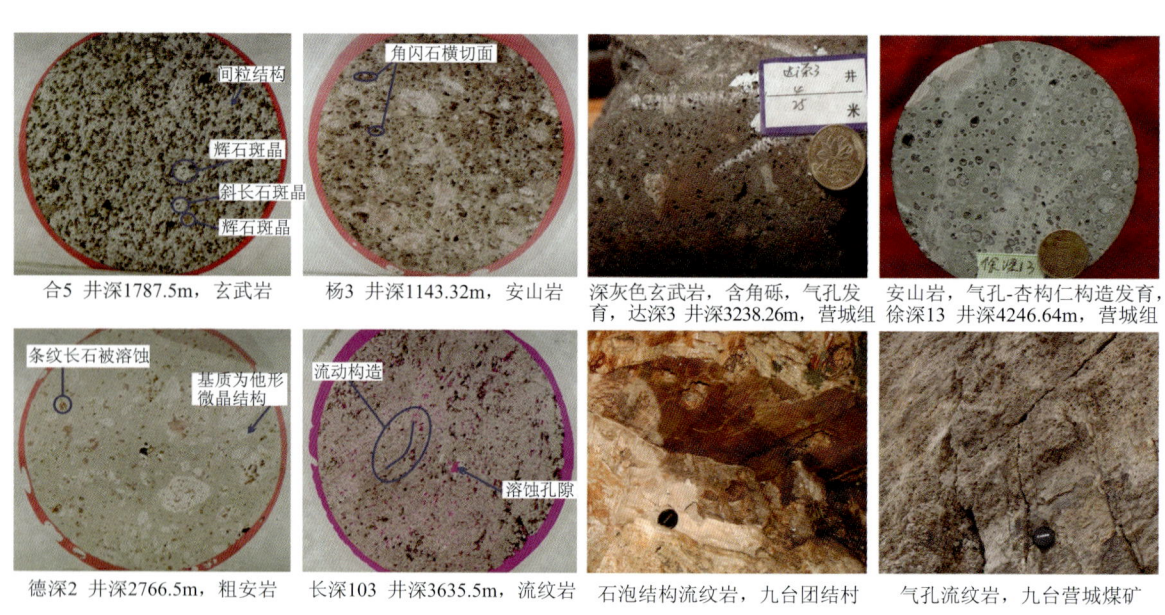

图2-34 不同岩性火山岩孔隙发育特征

3. 裂缝

裂缝是火山岩油气储集空间的重要组成部分，同时又是重要的渗流通道和后续油气运移通道，是影响油气高产的关键因素之一。通过岩心观察和镜下鉴定发现，本区发育了多种裂缝类型，有构造缝和非构造缝。如炸裂缝、水平裂缝、砾间缝等非构造缝和高角度的构造缝（图2-35），但以构造缝为主。

裂缝不仅使火山岩储层中孤立的、互不连通的原生气孔相互沟通，还增大了火山岩的储集空间，如SS1井3500～3600m火山岩储集层段，储集岩属于溢流相下部亚相的含同生角砾的细晶流纹岩，原生孔隙很少见，但由于裂缝较发育，而成为良好储层。同时裂缝又是地下流体的重要渗流通道，如有机酸促使溶蚀孔、缝的发育，改善储集性能。裂缝还是油气运移的重要通道，是油气高产的有利条件，升深更2井和徐深1-2井发育大量的垂向裂缝，可能是高产的关键因素。

在断陷活动背景下，某些火山岩先形成高角度裂缝，随着断陷的持续沉降，沙河子组以及营城组下部的烃源岩在成熟的过程中排出包括烃类在内的酸性流体沿高角度裂缝向上运移，在裂缝尖灭处运移受阻，于是在排烃和酸性流体的压力作用下，在高角度裂缝之上形成了溶蚀孔隙。

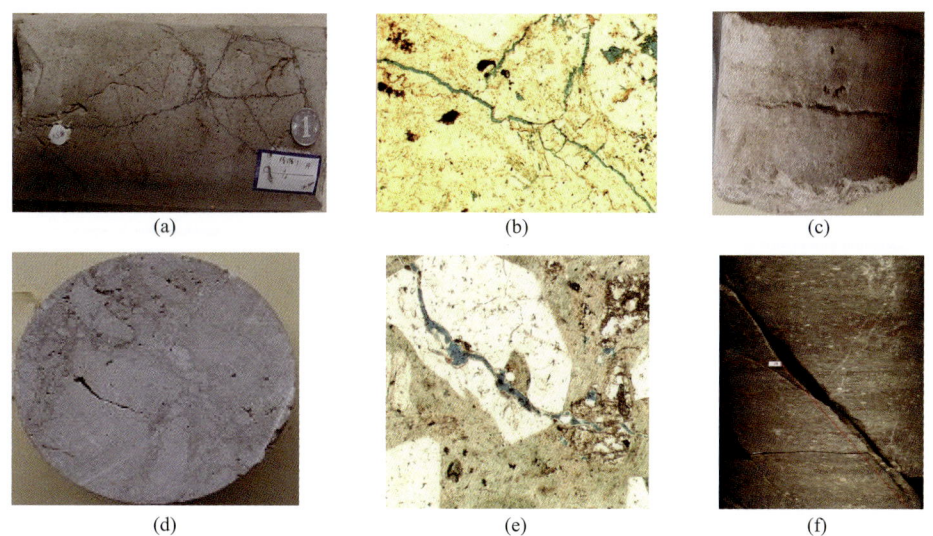

图 2-35　火山岩裂缝发育类型
（a）炸裂缝；（b）微裂缝；（c）水平裂缝；（d）砾间缝；（e）溶蚀裂缝；（f）高角度裂缝

4. 喷发期次（旋回）和频繁程度

通过松辽盆地钻井资料统计发现，不管是中基性火山岩还是酸性火山岩，是否发育有利储层还与喷发期次（旋回）有关。喷发期次或旋回越多，岩性互层越频繁，火山岩的物性越好，相比较而言，单一厚层火山岩储层相对不发育。达深 3 井和达深 4 井火山碎屑岩和中基性火山熔岩交互出现；火山喷发期次频繁且岩性变化快、厚度薄，物性好。达深 3 井顶部玄武岩和凝灰岩互层频繁，厚度较薄的为有利储层，下面厚层的玄武岩无气显示。主要原因是由于薄层火山岩的岩浆喷发到地表后，温度和压力骤然降低，大量气体逸出形成众多的气孔；另外对于薄层火山岩，当受力后产生的裂缝较厚层火山岩裂缝密度大得多，所以薄层火山岩储层物性好。因此喷发期次（旋回）越多，多岩性叠置越频繁，火山岩物性越好。

5. 成岩后生作用

（1）挥发分逸散

当岩浆流出地表后，由于压力的降低，内部挥发组分（大部分为水蒸气，一般 > 90%，有少量 CO、CO_2、HCl 和 HF 等）向外逸散，在熔岩顶、底部形成圆形、椭圆形、拉长形气孔。当挥发气体含量高时，在火山喷发的后期，可形成泡沫状浮岩，气孔特别发育，以至于使岩石的相对密度 < 1，使其能在水上漂浮，故称浮岩。气孔是火山岩的主要原生储集空间，但必须有通道（裂缝）连通，才能成为有效储集空间。

（2）冷凝收缩作用

熔融岩浆在降温、固结成岩过程中，发生冷凝收缩，形成冷凝收缩缝及节理缝。前者是沟通气孔使其成为有效空间的流通喉道；后者既可作为通道，又可作为重要的储集空间。野外剖面观察发现，在火山锥体内的熔岩和溢流相的熔岩台地上发育有柱状节理和水平节理，宽度从几毫米到几厘米。

（3）碎裂作用

储集岩受到差异压实和构造作用，当这种力超过岩石强度极限后，发生破裂形成大小不等、数量多寡不一的裂缝，其宽度 0.1～10mm，甚至形成断裂（断层）（图 2-36（a））。在现场观察岩心时，此类裂缝随处可见，有的内部充填稠油。所以碎裂作用对烃类储、渗性能的改善具有重要的作用。

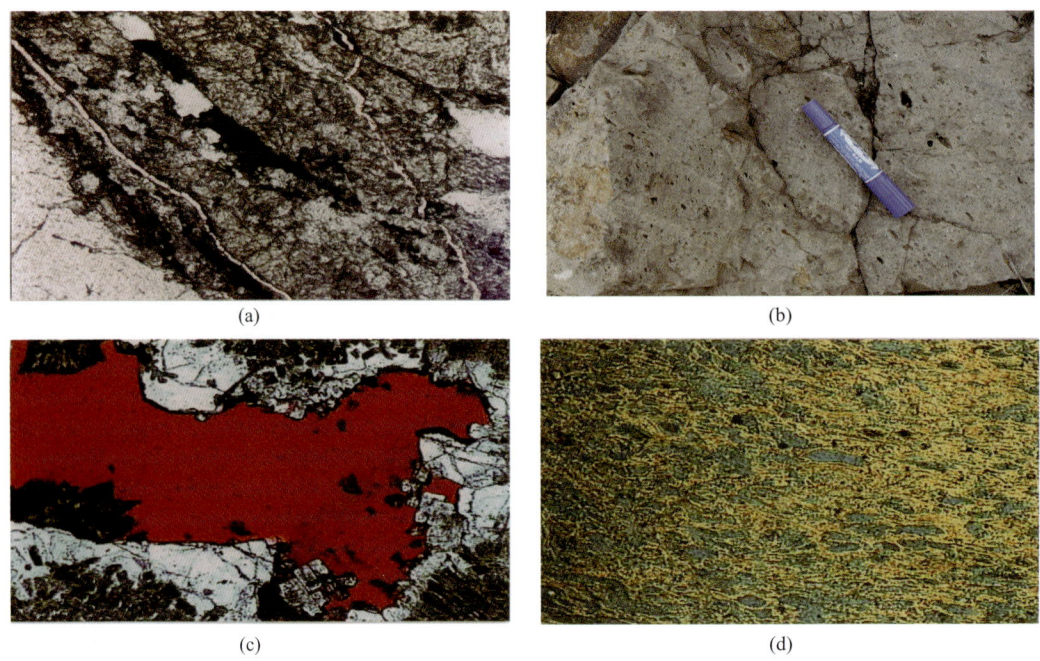

图 2-36　改造作用对火山岩储层的影响图

（a）碎裂作用：蚀变安山岩，榆参 1 井，1993m，K_1hs，×50（−）；（b）表生风化作用：流纹岩经风化淋滤后发育的溶蚀孔隙和裂缝；（c）溶蚀作用：晶屑被溶解成超大孔隙，熔结晶屑凝灰岩，徐深 1 井，3530.8m，×50（−）；（d）溶解作用：玻屑溶解，徐深 401 井，4186.5m，×50（−）

（4）风化淋滤作用

岩层长期暴露于大气中，由于环境的变化，不断遭受热胀冷缩，加之水的侵蚀，岩石碎裂，溶蚀形成大量孔、洞、缝（图 2-36（b）），使其成为有利储集体。肇深 1 井在花岗岩风化壳中获得了天然气流，发现了肇西气田，肇西花岗岩风化壳气藏是一个受风化淋滤作用形成有利储集体的典型实例。

（5）溶蚀、溶解作用

溶蚀、溶解在各类储集岩再造储集空间过程中起着极其重要的作用。当埋深不断加大时，温度、压力逐渐升高。有机质成熟转化，特别是到晚成岩阶段"B"期以下，烃类大量生成，排出有机酸使地下水溶液呈酸性，此溶液进入储集岩体时与其中的易溶组分发生反应，将其溶解、带走，形成次生溶孔（图 2-36（c）（d））。这种作用过程的不断进行，使储集空间不断增多，孔隙度大大提高。

（二）准噶尔盆地石炭系火山岩储层发育的主控因素

1. 岩性

准噶尔盆地石炭系火山岩勘探以陆东-五彩湾地区最为典型，滴南凸起发育的火山岩岩性多样，既有基性喷出岩也有酸性侵入岩和喷出岩。基性喷出玄武岩主要发育在滴南凸起的西北部；中部发育酸性流纹岩、安山岩以及花岗侵入岩；东部则表现为以发育远火山口相的凝灰岩、沉凝灰岩为主。岩石中杏仁体发育，含量为12%～25%，外形极不规则，被绿泥石、浊沸石、硅质和方解石充填。花岗斑岩中斑晶成分为碱性斜长石，表面已具较强的泥化和不均匀的绿泥石化，且局部具溶蚀现象。岩石中发育约1%的长石晶间孔，并具溶蚀扩大现象可见少量裂缝，部分已被绿泥石充填、半充填，后期局部被方解石交代。安山岩表现为杏仁状孔隙特征，杏仁体0.2～2mm，少数达7mm，岩石的主要成分为斜长石，含量35%～75%，斜长石斑晶较少，粒径0.5mm，基质具玻基交织结构；个别安山岩薄片中碳酸盐含量可达40%以上，多数充填玉髓及细小黏土类矿物、石英、碳酸盐、绿泥石等，与褐色铁质形成环带。凝灰岩则主要由岩屑、晶屑及火山灰尘组成。岩屑主要为安山岩组成，晶屑主要为长石，而火山灰尘表现为脱玻具不均匀的水云母化、浊沸石化。从岩石的组分来看，研究区火山岩普遍发育次生矿物以及溶蚀交代作用，表明淋滤作用的流体与岩石发生交换作用，这也是孔隙形成的主要原因之一。

储层岩性具有多样化。气藏储层在花岗岩、凝灰岩、流纹岩、玄武岩以及安山岩中均有发育，且表现出较好的储集性能（表2-5）。以滴西18井区为代表的花岗岩储层发育的孔隙类型为次生晶间孔及斑晶溶孔（图2-37（a）），岩心整体表现为破碎状、裂缝发育，与野外图孜阿克内沟露头花岗岩剖面形态特征相似。说明了花岗岩中储集空间的形成主要受地层的抬升而遭受的风化、剥蚀影响，表现出侵入体长期暴露于地表，受风化和地表水的淋滤作用而成破碎状，岩石的可溶物质被流体溶解带走，形成次生溶孔；后期地层沉降埋藏，有机酸沿表生阶段发育的溶孔继续溶蚀、扩大，从而使花岗岩孔隙增大，储层物性得到了改善。部分孔隙周围的黑色填充物镜下具荧光显示，说明了早期烃类的充注对后期孔隙的保存具有一定的作用。

表 2-5 不同岩性火山岩气藏发育的孔隙类型及成因

井名	层位	井段/m	岩性	孔隙类型	成因
滴西18	C	3345～3580	斑状花岗岩	次生晶间溶孔、斑晶溶孔	表生淋滤作用
滴西14	C	3652～3674	浊沸石化含火山角砾玻屑凝灰岩	次生溶孔、溶缝	交代溶蚀作用
滴西10	C	3024～3048	流纹岩、流纹岩质角砾岩	次生半充填溶缝、碎裂缝	冷凝收缩 挤压碎裂
		3070～3084	流纹岩	次生碎裂缝、半充填溶缝	挤压碎裂 冷凝收缩
滴西17	C	3634～3700	玄武岩	原生气孔	原生残余气孔

滴西14井区凝灰岩储层铸体薄片观察显示，孔隙的类型为角砾内溶蚀孔、基质溶蚀孔以及溶缝（图2-37（b））。孔隙的形成受交代溶蚀作用影响，表现为含火山角砾玻屑凝灰岩中角砾被浊沸石交代，后期发生溶蚀；而基质具较强的水云母化，水云母的进一步溶蚀形成了基质溶孔和溶蚀缝，流纹岩、安山岩主要发育在近火山口爆发相、溢流相中，受断层作用的影响，熔岩成挤压碎裂状，

储集空间类型有角砾间孔（图 2-37（c）），少量的原生气孔。玄武岩作为本区的主要岩石类型，以原生气孔为主，多数杏仁孔被绿泥石半充填（图 2-37（d）），储集物性好。研究区产气层位多数位于玄武岩储集体中，在微裂缝发育段，裂缝连通孔隙可形成高产气井。

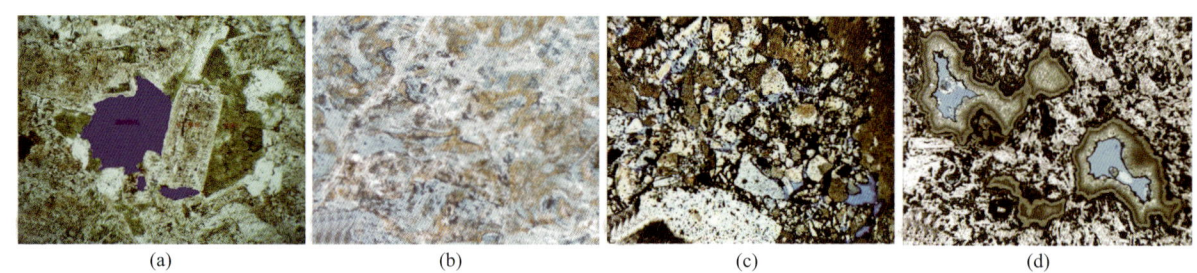

图 2-37　滴南地区不同火山岩性孔隙发育特征

（a）滴西 18 井，花岗斑岩，晶间溶孔，3448.88 m，×10；（b）滴西 14 井，含角砾玻屑凝灰岩，基质内溶孔、缝，3602.49 m，×10；（c）滴西 10 井，流纹岩，碎裂带粒间孔，3028.29 m，×10；（d）滴西 17 井，杏仁孔玄武岩，绿泥石半充填杏仁孔，杏仁孔，3634.79 m，×20

2. 裂缝

石炭系火山岩产气层段普遍发育有裂缝，裂缝对改善火山岩的储集性能起到了十分重要的作用。通过成像测井技术识别火山岩裂缝是一种十分直观、有效的方法，能够很容易识别出裂缝发育的类型以及各种孔 - 缝组合。通过 9 口井的成像测井资料，结合常规测井识别出了天然裂缝和诱导裂缝。石炭系火山岩的产气层段裂缝都较发育，溶蚀孔洞也十分发育，且孔、缝相连。通过对裂缝的定量计算，统计裂缝发育的角度及倾向分布规律，得出其主要发育方向。并通过多口井的分析认为研究区发育的裂缝以高角度缝为主（大于 60°），占统计条数 65% 以上，裂缝的走向为北东—南西向。如滴西 14 井（图 2-38（a））3343～3995m 井段，识别出有效缝 53 条，充填缝 5 条，以高角度缝为主，裂缝面孔率为 0.002%～0.38%，玫瑰图显示该井段裂缝走向为北东 - 南西向（图 2-38（b））。裂缝总体发育情况与滴南凸起近东西走向的区域大断裂相近，表明裂缝的发育受深大断裂的影响明显。裂缝的发育极大地改善了火山岩的储集性能，为气藏的形成创造了有利的储集空间和通道。

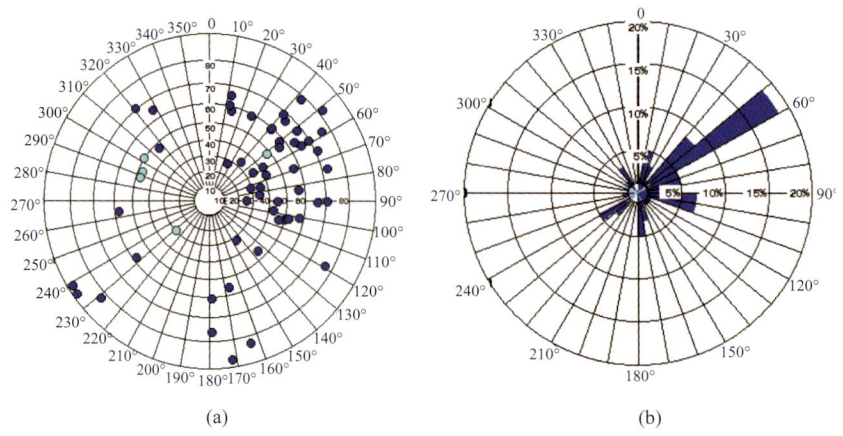

图 2-38　滴西 14 井 3343～3995m 井段裂缝发育图

（a）裂缝倾角及方位散点图；（b）裂缝倾角及方位玫瑰图

3. 断层

断层对火山岩体的改造作用明显，表现为火山岩体的断块作用，形成了断块油气藏且断块作用使致密的火山岩体破碎，从而形成有效的储集空间。滴西 10 井区高产井段，发育以流纹岩为主的溢流相火山岩，地震剖面上显示为断块状。通过岩心和成像测井都可以明显地看出，火山岩的破碎状以及高角度裂缝穿过破碎带。这种破碎是受断层的挤压运动造成的，使储层的储集能力大大提高，有利于油气的聚集。

三、优质储层分布

（一）松辽盆地深层火山岩优质储层分布

综合火山岩岩性、岩相（亚相）及储集空间等特点，将松辽盆地火山岩储层分为 5 类（表 2-6）。火山岩储层物性变化，总的特点是营城组较其他层位物性更好，南部地区个别火石岭组发育有好的储层物性。孔隙度和渗透率随深度的增加缓慢地降低，但变化不是很大。平面上，不同地区火山岩物性总体特征是：持续沉降型断陷区物性较好，如长岭断陷、徐家围子断陷等；晚期反转型断陷区物性较差，如梨树断陷、德惠断陷等。

表 2-6 松辽盆地火山岩天然气储层分类标准

储层类型	孔隙度/%	渗透率/($10^{-3}\mu m^2$)	面孔率/%
Ⅰ 好储层	≥10	≥1	≥5
Ⅱ 较好储层	6~10	0.1~1	2~5
Ⅲ 中等储层	4~6	0.05~0.1	1~2
Ⅳ 较差储层	2~4	0.01~0.05	0.5~1
Ⅴ 差储层	<2	<0.01	<0.5

在松辽盆地中生带深层断陷共识别火山岩体 272 个，面积 17 837 km²。其中，一类火山岩体 127 个，面积 11 845 km²。分布在火石岭组火山岩体 71 个，总面积 5228 km²。其中，一类火山岩体 36 个，面积 3659 km²。分布在营城组火山岩体 201 个，总面积 12 609 km²。其中，一类火山岩体 91 个，面积 8286 km²（图 2-39）。

（二）准噶尔盆地石炭系火山岩优质储层分布

根据火山岩岩性、岩相（亚相）及储集空间等特点，建立了准噶尔盆地石炭系火山岩储层分类评价标准（表 2-7）。结合储层物性，先对单井进行储层评价；在单井评价的基础上，应用地球物

图 2-39　松辽盆地中生代深层断陷火山岩体综合预测评价图

理资料进行储层反演；综合多种资料，对陆东-五彩湾石炭系火山岩储层进行了分类评价。

表 2-7 陆东-五彩湾石炭系火山岩储层分类评价表

储层类别		孔隙度/%	渗透率/($10^{-3}\mu m^2$)	密度/(g/cm³)	备注
I		≥15	≥0.1	<2.40	储层
II	II-1	10~15	≥10	2.40~2.50	
	II-2		0.01~10		
III	III-1	5~10	≥1	2.50~2.55	
	III-2		0.01~1		
IV		<5	≤0.01	≥2.55	非储层

单井评价以滴西 14、17、10 井为例。滴西 14 井于 3631.8～3741m 发育 I 类储层，储层岩性为凝灰岩和凝灰质角砾岩，孔隙度 16.97%，渗透率 $25.40 \times 10^{-3}\mu m^2$（图 2-40）；滴西 17 井于 3633～3644m 发育典型 II 类储层，岩性为玄武岩，孔隙度 11.60%，渗透率 $0.32 \times 10^{-3}\mu m^2$；滴西 10 井于 3022.5～3098m 发育典型 III 类储层，岩性为流纹岩、英安岩，孔隙度 9.71%，渗透率 $6.88 \times 10^{-3}\mu m^2$。

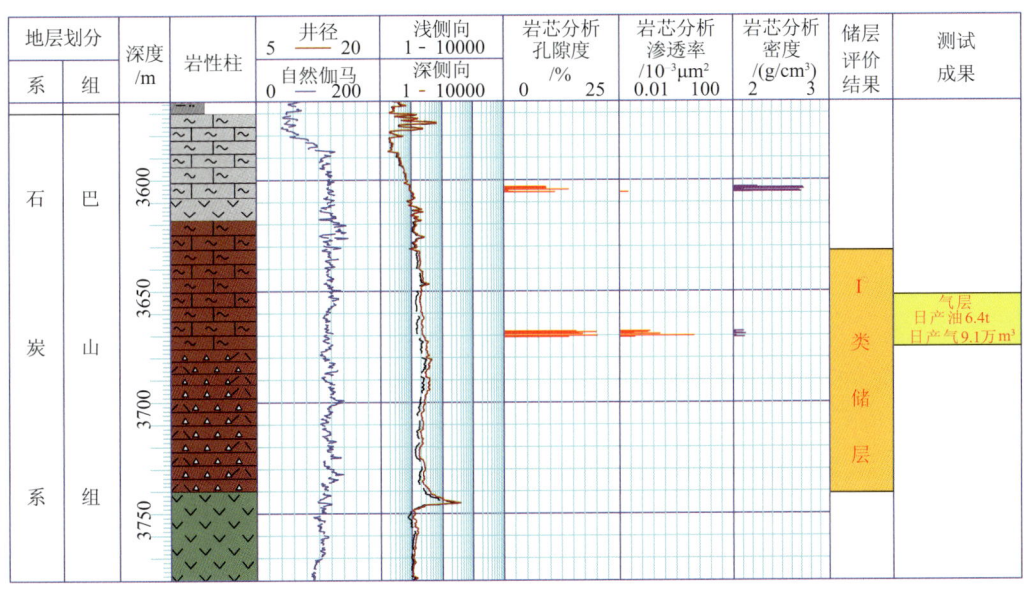

图 2-40 滴西 14 井 I 类储层评价图

结合单井储层评价结果、平面岩性岩相以及滴西三维区块的波阻抗反演，预测了石炭系顶面火山岩储层平面分布（图 2-41）。I、II 类储层成透镜状或条带状分布，主要分布在滴西 5-滴西 17-滴西 14-滴西 18、滴西 21、彩 201、彩 29-彩 27；III 类储层围绕 I、II 类储层分布，面积较大；IV 类火山岩分布区主要四条火山岩带的边缘，往往距火口较远。

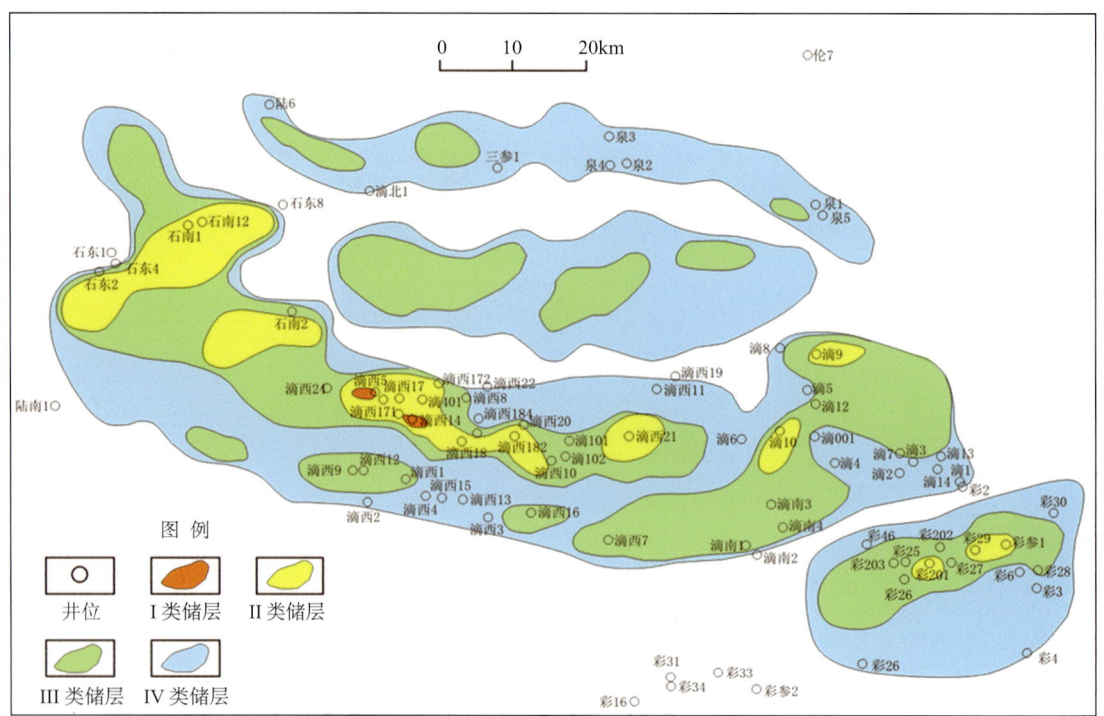

图 2-41　陆东 - 五彩湾地区石炭系顶部火山岩储层平面图

第三章 Chapter Three
大型气田盖层定量评价

  天然气生成、运移、聚集和保存条件是天然气藏形成的核心内容，它包含天然气成藏过程的各静态要素和动态作用过程，但盖层研究一直是天然气地质理论研究的薄弱环节。随着"六五"以来几轮国家天然气科技攻关项目的实施，中国的天然气地质理论不断完善，天然气探明储量和年产量快速增长，盖层在天然气成藏中的地位和作用日益受重视，天然气盖层研究逐渐成为天然气成藏研究中的重要内容，成为国内外研究的热点课题。

  盖层对天然气的封闭是微观和宏观多因素综合作用的一个反映，以往评价盖层的微观参数如盖层的排替压力、孔隙度、渗透率、密度、孔喉中值半径、比表面积、塑性程度、厚度和超压等单一因素只能反映盖层某一方面局部的封闭能力，因此，为了评价盖层综合的封闭能力，预测天然气成藏有利区，需要选取反映盖层封闭能力的主要评价参数，建立适当的、客观准确的综合评价方法。

第一节　天然气盖层综合定量评价方法

一、盖层评价方法综述

  B. M. Рыжим 假设盖层属钢性水压系统，利用盖层孔隙度、厚度、渗透率、地下烃类的黏度和压力梯度等参数，根据达西公式导出了一个评价油气藏解体时间的公式，从侧面反映了盖层对油气藏的保存条件。庞雄奇（1994）是国内较早建立并实践盖层封闭能力综合定量评价方法的学者之一。他建立了一套包括盖层埋深、厚度、流体密度、盖层岩性和欠压实程度等地质因素影响在内的盖层封闭性综合定量评价的计算机模拟系统，采用盖层封油指数（Cap Rock Index，CRI_o）和盖层封气指数（CRI_g）两个数值化指标，利用地震资料综合定量评价盖层的封闭性，并通过建立 CRI 与油气柱高度的关系，建立盖层等级划分标准。加权平均法也是盖层封闭能力综合评价方法之一，在油田实际工作中应用最广泛，但是其缺点是需要依靠评价者的主观经验来划分表征封闭能力等级的总评分值。付广（1995）选取盖岩排替压力、盖储层压力系数差、盖层是否进入生烃门限及是否具有超压、盖层岩性、累积厚度、单层厚度、沉积环境和成岩程度分别作为盖层三种微观封闭能力和宏观封闭特征的评价参数，根据其对盖层封闭能力强弱的影响程度对其进行等级划分，按四个等级分别赋予权值，然后计算各评价参数权值后求平均值，获得盖层的综合评价权值，之后根据盖层综合评价等级划分标准，对盖层进行不同等级平面上分布特征研究。

除了加权平均法外，很多学者也建立了其他有效的盖层封闭能力综合评价方法，如灰色关联分析法、灰色聚类法、灰色规划聚类法和模糊数学评价法。白新华等（1997）通过改进达西定律，在假设外加压力作用下通过盖层天然气渗滤速度大小的计算，建立了盖层封闭游离相天然气能力的综合评价指数（Caprock Sealing Gas Index，CSGI），开创了国内利用公式法定量评价盖层综合封闭能力的先河。周广胜（2007）定义了综合评价参数反映各种地质因素对气藏保存条件的综合作用，即 $I=P_dH/(kt)$，公式中包括盖层排替压力、厚度、气藏本身压力系数和气藏形成时间。吕延防（2005）提出了中国大中型气田天然气封盖条件主要受盖层自身厚度和排替压力、气藏内部能量（压力系数）和天然气本身性质（流动黏度）的影响，并对中国40余个大中型气田盖层特征进行了统计，首次建立了气藏盖层封闭指标（Caprock Seal Index，CSI），综合反映以上四个因素对盖层封盖能力的综合作用。

二、中国大型气田盖层的封盖特征

目前，中国盖层的分类较多，但主要依据岩性、盖层的分布及其对天然气的封盖作用、盖层与储层的相对位置、盖层的封盖机理四个方面进行划分。

根据所研究的大型气田类型不同而确定盖层的分类，划分为低渗砂岩大型气田盖层、超高压大型气田盖层、生物气大型气田盖层、碳酸盐岩大型气田盖层和火山岩大型气田盖层。

截至2010年年底，中国已发现45个储量大于 $300\times10^8m^3$ 的大型气田。对45个大型气田盖层参数进行搜集并经过相关性分析及筛选后发现，大型气田盖层封气能力主要受到盖层厚度、排替压力、气藏压力系数和断裂封堵能力四个因素的影响。

（一）盖层厚度

厚度是影响盖层本身封盖天然气能力的重要参数之一，它不仅影响盖层空间展布范围的大小，而且还在一定程度上影响着盖层封堵的质量。盖层厚度越大，其空间展布面积越大，封堵天然气能力越强，越有利于天然气的聚集与保存；相反，盖层厚度越小，其空间展布面积越小，封堵天然气能力越弱，越不利于天然气的聚集与保存。结合同类型中小型气田的资料，建立各类型气田盖层厚度和储量的关系，可以看出总体上呈正相关，即随盖层厚度的增大，气藏的储量也相应升高，反之则降低（图3-1）。

（二）盖层排替压力

排替压力是影响盖层本身封堵天然气能力的关键参数，排替压力越大，盖层封堵天然气能力越强，越有利于天然气的聚集与保存；相反，排替压力越小，盖层封堵天然气能力越弱，越不利于天然气的聚集与保存。盖层排替压力与气藏储量之间大致呈正相关。即随盖层排替压力的增大，气藏储量也增大；反之，则气藏储量减小（图3-2）。

（三）气藏压力

气藏压力系数与储量之间大致呈正相关。即随气藏压力系数的增大，气藏储量相应增大；反之，则减小（图3-3）。

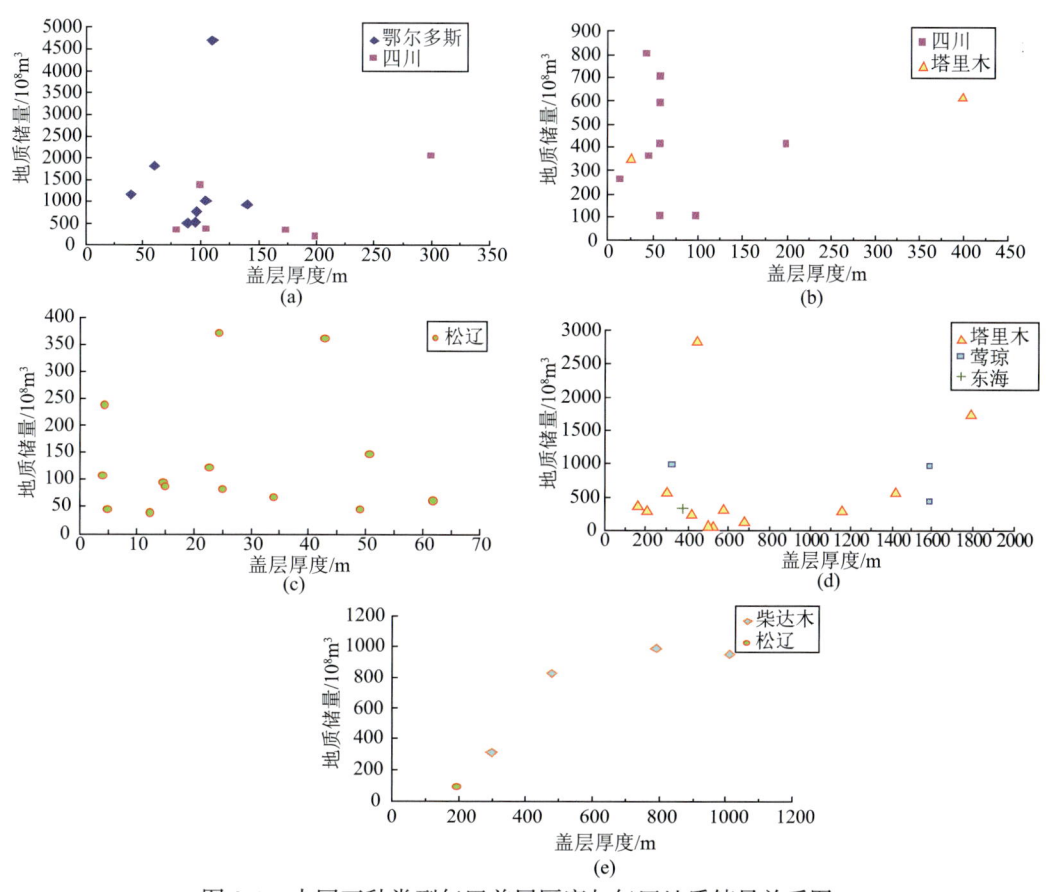

图 3-1 中国五种类型气田盖层厚度与气田地质储量关系图
（a）低渗砂岩气田；（b）礁滩与岩溶气田；（c）火山岩气田；（d）超高压气田；（e）生物气气田

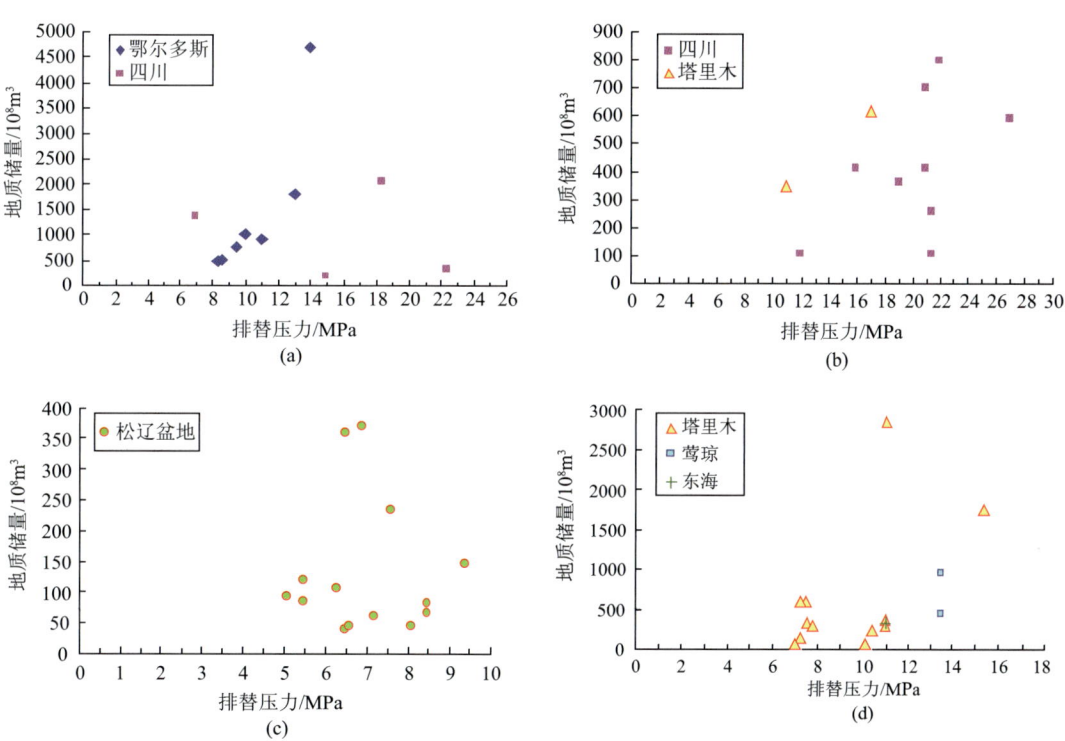

图 3-2 中国五种类型气田盖层排替压力与气田地质储量关系图
（a）低渗砂岩气田；（b）礁滩与岩溶气田；（c）火山岩气田；（d）超高压气田；（e）生物气气田

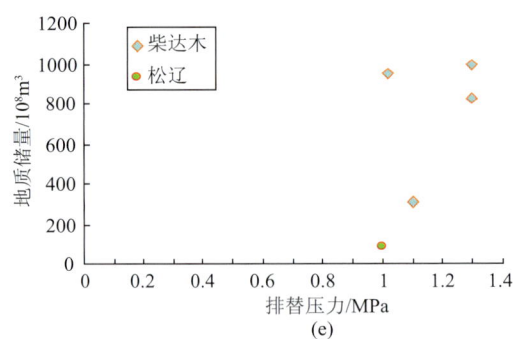

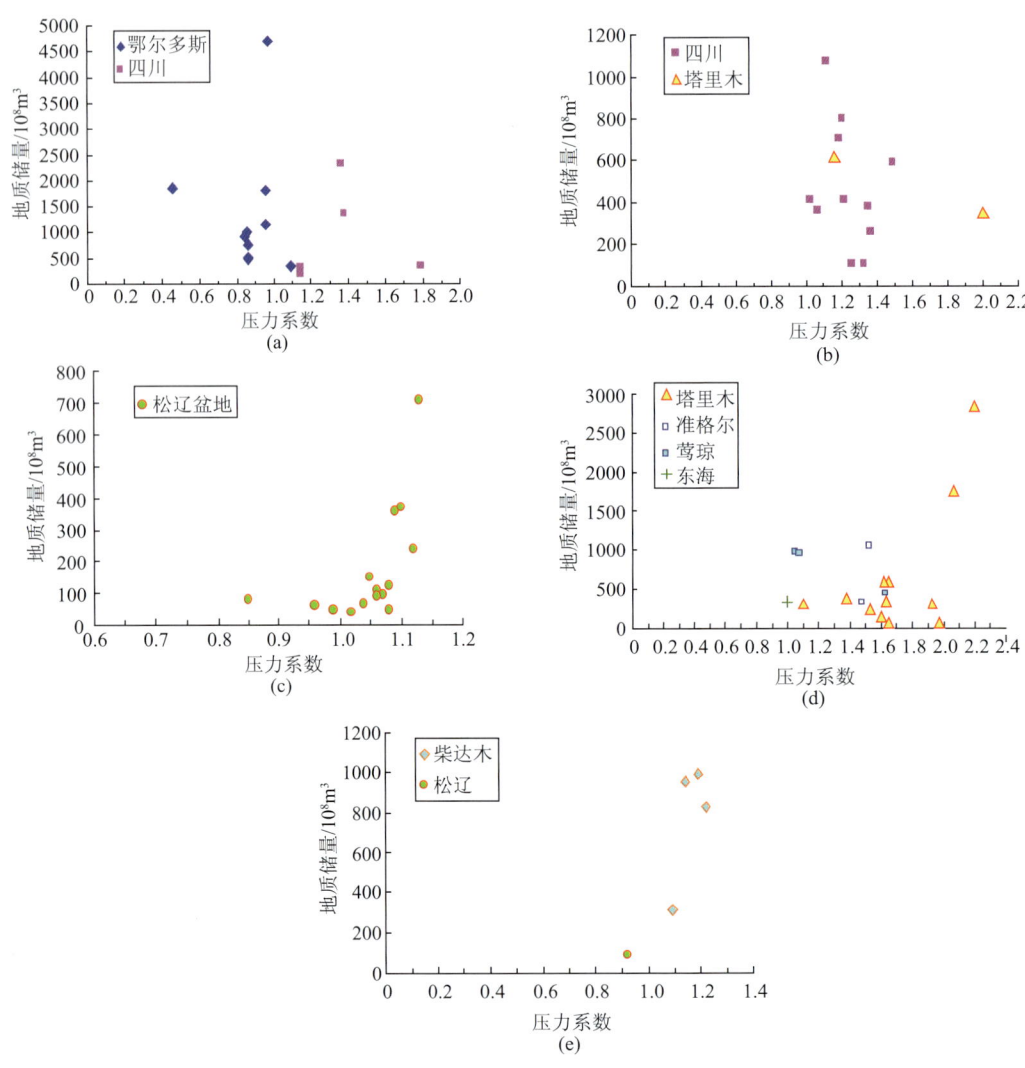

图 3-2　中国五种类型气田盖层排替压力与气田地质储量关系图（续）
（a）低渗砂岩气田；（b）礁滩与岩溶气田；（c）火山岩气田；（d）超高压气田；（e）生物气气田

图 3-3　中国五种类型气田压力系数与气田地质储量关系图
（a）低渗砂岩气田；（b）礁滩与岩溶气田；（c）火山岩气田；（d）超高压气田；（e）生物气气田

天然气本身具有可压缩性，在受到断层封堵和构造挤压等作用后，气藏内部往往具有较正常压实地层异常高的地层孔隙流体压力，即压力系数大于1.0。气藏中的异常高压越大，相应的压力系数越高，那么天然气储量越大；反之，气藏中异常高压越小，相应的压力系数越低，那么天然气储量也越少。而对于盖层评价来说，气藏的压力系数越大，天然气越容易通过盖层散失，因而越不利于天然气的聚集和保存。反之，气藏的压力系数越小，天然气越不容易通过盖层散失，因而越有利于天然气的聚集和保存。即气藏压力越大，其他条件相同时盖层封闭能力越差，反之则越好。

（四）控藏断裂封堵能力

当气藏盖层被断层破坏的时候，如果天然气藏内盖层位置发育断裂，那么断层发育的规模大小、数量，尤其是断裂的封堵性，将是影响盖层封气能力的决定性因素。如果断裂把盖层完全错断，气藏开了"天窗"，保存条件受到破坏，此时断层的侧向封堵性是决定气藏能否被盖层封存的决定因素；如果断裂没有把盖层完全错断，那盖层的封气能力主要取决于断层上升盘底部与断层交点处的垂向封堵性。通过断层封堵性评价方法，定量评价断裂带内的排替压力，评价时取其与盖层排替压力的最小值。

三、气藏盖层封气能力综合评价方法

气藏盖层封气能力的综合评价应考虑盖层厚度、排替压力和气藏压力系数的影响，如果盖层部位发育断裂时，断裂的垂向封堵能力对盖层的影响也要加以考虑。由于排替压力是影响盖层微观封堵能力强弱的最主要参数，厚度是反映盖层发育及分布的最主要参数，在一定程度上也可以反映封堵质量；k 为气藏内部压力系数，这3个参数均是影响盖层封气能力的主要参数，按照它们与盖层封气能力之间关系，重新定义的盖层封气能力评价指标 CSI 如式（3-1）所示。

$$\text{CSI} = \frac{P_{d,\min} H_{\text{有效}}}{k} \tag{3-1}$$

式中：CSI——气藏盖层封气能力综合定量评价指标。

$P_{d,\min}$——盖层段最小排替压力，MPa。当盖层部位不发育断层时，$P_{d,\min} = P_{d,\text{盖}}$；当盖层部位发育断层时，$P_{d,\min} = \min\{P_{d,\text{盖}}, P_{d,\text{断}}\}$；

$H_{\text{有效}}$——盖层有效厚度，m；

k——气藏压力系数，可由实测数据获得。

其中，$H_{\text{有效}}$ 在盖层不发育断层时，即盖层本身厚度。当发育断层时，分为两种情况：①当盖层本身厚度不小于断层断距时，$H_{\text{有效}}$ 即盖层本身厚度与断距的差值。②当盖层本身厚度小于断层断距时，要考虑断层的封堵性。若断层封堵时，$H_{\text{有效}}$ 即盖层本身厚度；若断层不封堵时，$H_{\text{有效}}$ 为0。具体如式（3-2）所示。

$$H_{\text{有效}} = \begin{cases} H_{\text{盖}} - L, & H_{\text{盖}} \geq L \\ H_{\text{盖}}, & P_{d,\text{断}} \geq P_{d,\text{储}}, H_{\text{盖}} < L \\ 0, & P_{d,\text{断}} < P_{d,\text{储}}, H_{\text{盖}} < L \end{cases} \tag{3-2}$$

式中：L——断层垂直断距，m；

$P_{d,断}$——断裂带内部排替压力，MPa；

$P_{d,储}$——储层的排替压力，MPa。

由式（3-1）可以看出，CSI 值既可以反映盖层本身特征对气藏盖层封气能力的作用，又可以反映气藏内部能量和天然气性质对气藏盖层封气能力的作用，是一个综合定量评价指标。CSI 值越大，表明气藏盖层封气能力越强；反之则越弱。

为了使五种类型大型气田内部之间的盖层综合封气能力更有可比性和有利区预测的可行性，采用了对综合评价公式内的参数首先进行归一化而后计算的方法。盖层厚度、排替压力和气藏压力系数三个参数归一化的标准，通过三者分别与气藏储量之间的关系进行确定，即取 $300 \times 10^8 m^3$ 储量对应的值作为归一化标准值，如表 3-1 所示。在评价过程中，若盖层参数大于标准值的，取值为 1；小于标准值的，取其与标准值的比值。

表 3-1　中国大型气田盖层参数归一化标准值

	气田类型	盖层厚度/m	排替压力/MPa	气藏压力系数
归一化标准值	大面积低渗砂岩大型气田	30	6.00	0.80
	礁滩和岩溶大型气田	50	17.00	1.20
	超高压大型气田	300	8.50	1.25
	生物气大型气田	300	1.10	1.10
	火山岩大型气田	40	8.00	1.09

通过获取每种类型大型气田盖层参数的标准值，利用盖层综合评价公式可以得到：只有当气田的标准 CSI 值大于或等于 1 的时候，才证明盖层具有封盖大型气田的能力；反之，则不具有封盖大型气田的能力。利用该标准，便可以对大型气田形成的封盖有利区进行预测。

第二节　低渗砂岩大型气田盖层综合定量评价

低渗砂岩大型气田盖层评价以鄂尔多斯盆地苏里格气田为例进行研究。

苏里格气田上古生界气藏多分布于石盒子组，其次见于山西组和太原组。这种分布表明，上古生界气藏的形成基本受一个区域性盖层控制即上石盒子组湖相泥质岩控制。该套湖泊沉积以砂质泥岩、粉砂质泥岩和泥岩为主，并夹少量砂岩和凝灰岩。

另外，在盆地东部地区发现了上石盒子组及石千峰组千 5 段气藏，说明石千峰上部的干旱湖相泥质岩仍是一个重要的区域盖层。

一、盖层封气能力分析

(一) 盖层宏观发育特征

1. 石千峰组泥岩

晚二叠世石千峰期,整个鄂尔多斯盆地演变成泛滥平原环境,沉积一套紫红色砂泥岩互层,厚度 180～300m。岩性有黄绿色中-细粒砂岩,紫杂色泥岩、泥质粉砂岩等,二者常呈互层发育,岩性北粗南细。

2. 上石盒子组泥岩

晚二叠世上石盒子期主要为一套大面积滨浅湖沉积,厚度 150～240m。红色泥岩及砂质泥岩互层,夹薄层砂岩及粉砂岩,上部夹有 1～3 层硅质层,上石盒子组厚度 50～120m(图 3-4),属于一套干旱湖泊环境为主的沉积。

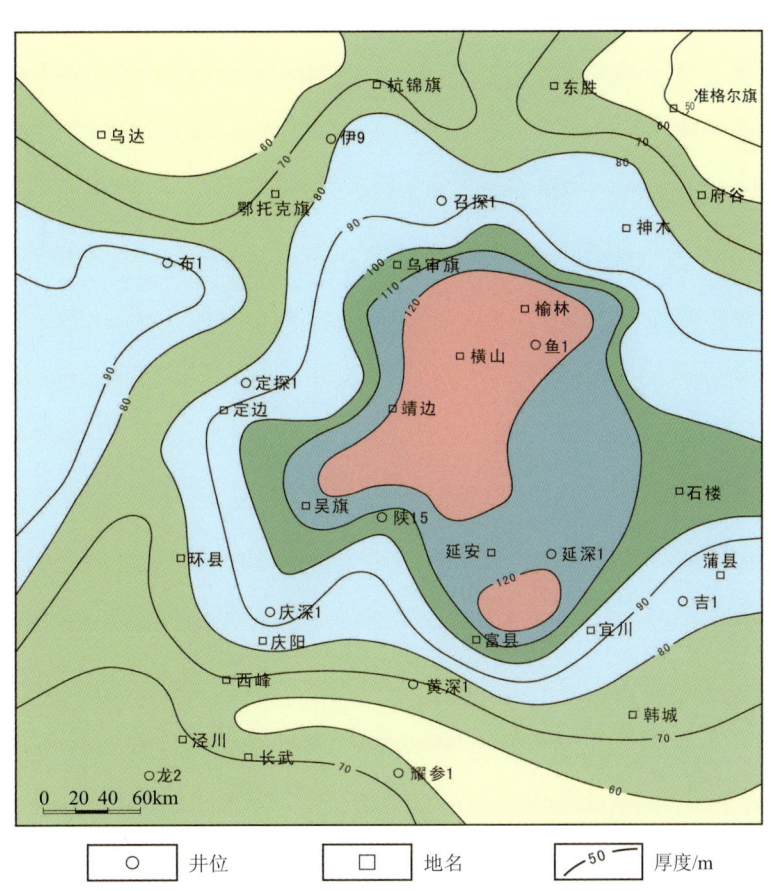

图 3-4 鄂尔多斯盆地上石盒子组区域盖层厚度分布图

（二）盖层封堵能力特征

1. 盖层排替压力获取

前人研究已经证实，沉积盆地的泥岩地层埋深与其排替压力值呈正相关，即随着埋深的增大，泥岩地层的排替压力值升高，反之则排替压力降低。根据排替压力与埋深的关系进行拟合，利用得到的公式，结合泥岩盖层的埋深，便可以对盖层的排替压力分布特征进行预测。

利用前人对苏里格气田盖层岩样的实测排替压力值，建立其与埋深的关系（图3-5），并得到拟合公式：

$$P_d = e^{(Z+819.2)/1903.037} \tag{3-3}$$

式中：P_d——泥岩层排替压力，MPa；
　　　Z——埋深，m。

2. 盖层排替压力发育分布特征

根据式（3-3），并由埋深数据，得到上石盒子组区域盖层排替压力平面分布图（图3-6）。从中可以看出，上石盒子组区域盖层排替压力平面上变化不大，总体上由西南部向东北部降低，最高值为9.9MPa，分布在苏3井附近；最小值也达7.6MPa，分布在苏32井附近。

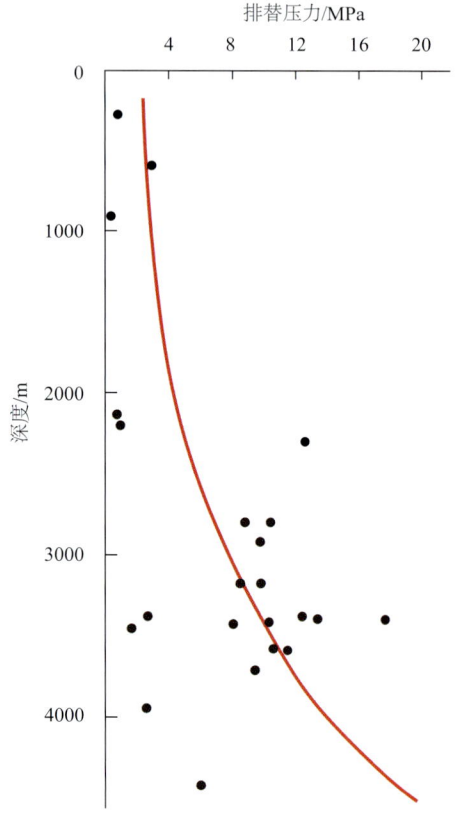

图3-5　苏里格气田泥岩排替压力与埋深的关系图

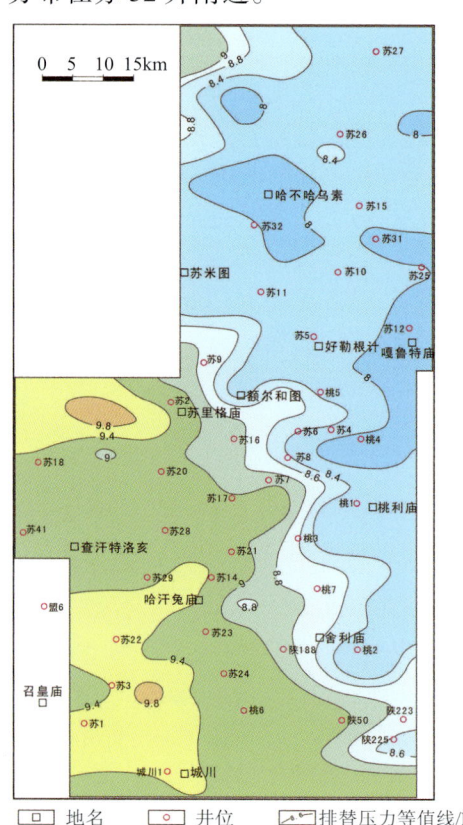

图3-6　苏里格地区上石盒子组区域盖层排替压力平面分布图

3. 气藏压力特征

一般来说，压力系数是实测地层压力与同深度静水（密度为 1.0g/cm³）柱压力之比值，即

$$K = P_f / P_{HY} = P_f / (0.0098 \rho H) \tag{3-4}$$

式中：K 为压力系数；P_f 为地层压力，MPa；P_{HY} 为静水压力，MPa；ρ 为流体密度，g/cm³；H 为液柱高度，m。

通过对苏里格气田符合测压条件的井进行测压，并将实测获得的压力数据点经筛选投影在压力梯度图中，该区压力数据点绝大部分位于压力 K = 0.95 线的下方，属于异常低压压力系统。

尽管苏里格气田不同层段、层组绝大部分属于异常低压压力系统，但其压力特征有所不同。盒 8 上气层静水压力在 24.85～32.93MPa 之间变化，压力系数在 0.75～0.98 之间变化，仅苏 24 井压力系数为 0.98，盟 6 井压力系数为 0.95，两口井压力系数为正常压力系统，因此，盒 8 上以异常低压压力系统为主，但有正常压力系统存在；盒 8 下气层静水压力在 24.71～31.50MPa 之间变化，压力系数都小于 0.95，所以盒 8 下气藏为异常低压压力系统；山 1 气层静水压力在 22.45～31.70MPa 之间变化，压力系数在 0.65～0.96 之间变化，变化悬殊，跨度大，苏 3 井和桃 3 井的压力系数大于 0.95，但该层还是以异常低压压力系统为主。

二、盖层封气能力综合评价

综合以上分析，利用盖层综合评价公式对苏里格气田上石盒子组盖层封气能力进行定量计算得到，苏里格气田上石盒子组泥岩区域盖层封堵能力综合评价参数均为 1，即苏里格气田范围内上石盒子组盖层均具备封盖大型气田的能力，这与该区域内大范围含气的情况是吻合的（图 3-7）。

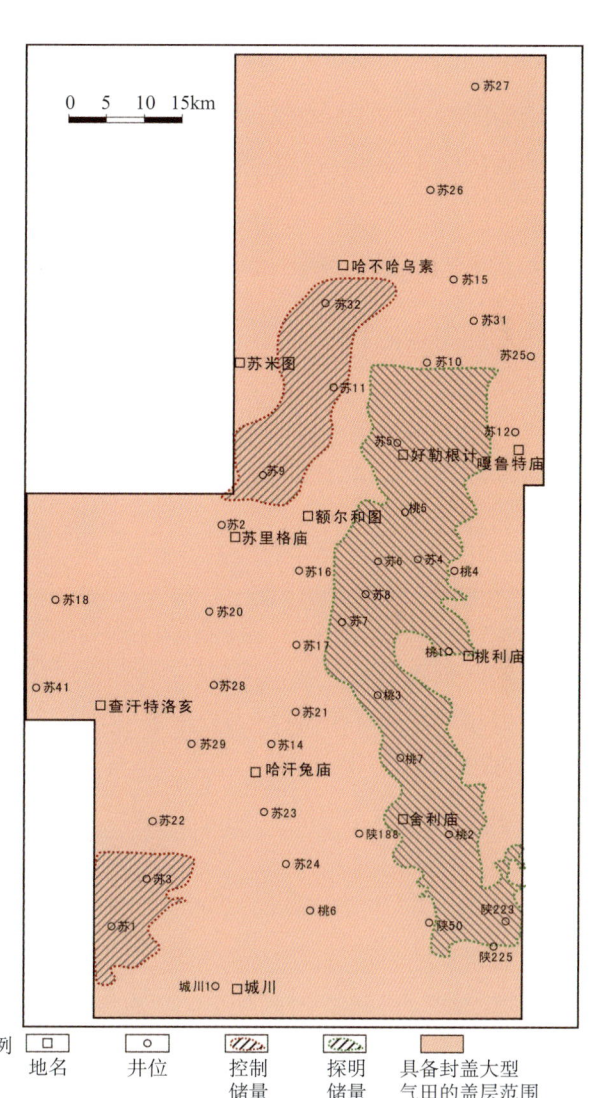

图 3-7　苏里格气田上石盒子组区域盖层封气能力综合评价图

第三节 碳酸盐岩大型气田盖层综合定量评价

碳酸盐岩大型气田盖层评价以川东北地区为例进行研究。

川东北地区下—中三叠统气藏多分布于下三叠统飞仙关组，其次见于下三叠统嘉陵江组，中三叠统雷口坡组仅见少量天然气。这种分布表明，下—中三叠统气藏的形成主要受控于一个区域盖层即雷口坡-嘉陵江组膏盐岩控制。该套沉积总体上为开阔碳酸盐岩台地相—局限海台地相—半封闭海湾蒸发相的海相沉积，以厚层膏盐岩、白云岩为主，夹少量泥岩、页岩和石灰岩。

一、盖层封气能力特征分析

（一）盖层宏观发育特征

由于四川盆地下—中三叠统盖层分布广且稳定，其中的泥质岩或膏盐岩对下伏气藏起到直接或间接的封盖作用。

川东北部地区飞仙关组鲕滩气藏的区域封盖层为下—中三叠统的膏盐岩系，膏盐岩厚度一般在300m左右，最厚达450m，分布在七里25井以南地区。在天东4井附近膏盐岩盖层厚度减薄至50m（图3-8）。

（二）盖层封堵能力特征

川东北地区膏盐岩盖层排替压力较大，主要集中分布为12～16MPa，表现为东高西低的特征。排替压力最高值达20MPa以上，分布在川岳83井附近，由高值区向四周排替压力逐渐降低，在巴中西北部降低至9MPa以下（图3-9）。

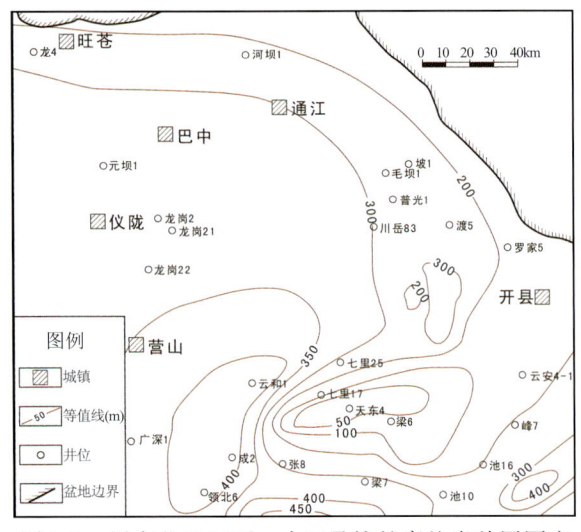

图3-8 川东北地区下—中三叠统的膏盐岩盖层厚度分布图

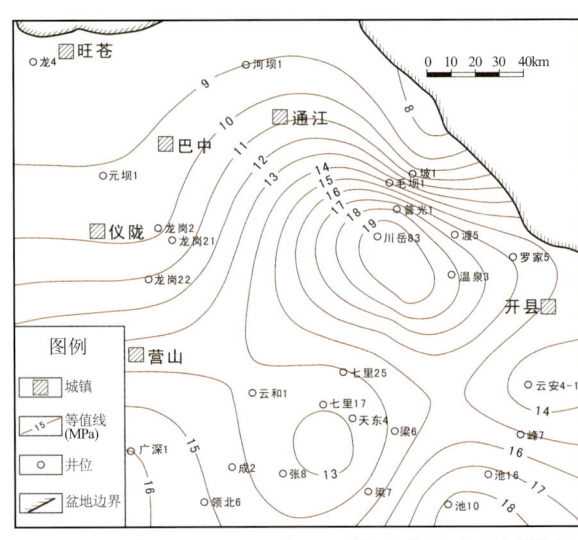

图3-9 川东北地区下—中三叠统的膏盐岩盖层排替压力分布图

(三)气藏压力特征

下三叠统飞仙关组鲕滩气藏原始地层压力在平面上分布极不均匀,高异常压力区呈局部块状分布。平面上,下三叠统飞仙关组地层压力可划分为六个不同的压力区域(图3-10)。

A、B、C 三个区分别是川东中南部大竹-垫江-丰都以南的超高压区、开江-梁平海槽超高压区和大池干井-高峰场异常高压区,压力系数为1.45~2.28。

D、F 区包括川东腹地铁山-云和寨-福成寨-七里峡-龙门等弱高压区和川东北北部弱高压区,压力系数为1.20~1.45。

E 区为川东北中部以及元坝-龙岗正常压力区。包括渡口河、罗家寨、普光等构造,也包括近年含气的七里北、黄龙场岩性圈闭、正坝南构造以及元坝-龙岗地区。

二、盖层封气能力综合评价

利用盖层综合评价公式对川东北地区下—中三叠统膏盐岩盖层封气能力进行定量计算,普光、铁山坡、渡口河、罗家寨以及大天池构造区域的盖层标准 CSI 值达到 1。此外,在广深 1 井以南盖层标准 CSI 值也达到 1。因此,这三个区域内的盖层具备了封盖大型气田的能力,其他区域不具备封盖大型气田的能力(图3-11)。预测盖层封闭大型气田的有利区与目前大型气田的分布相吻合,证明预测的准确性。

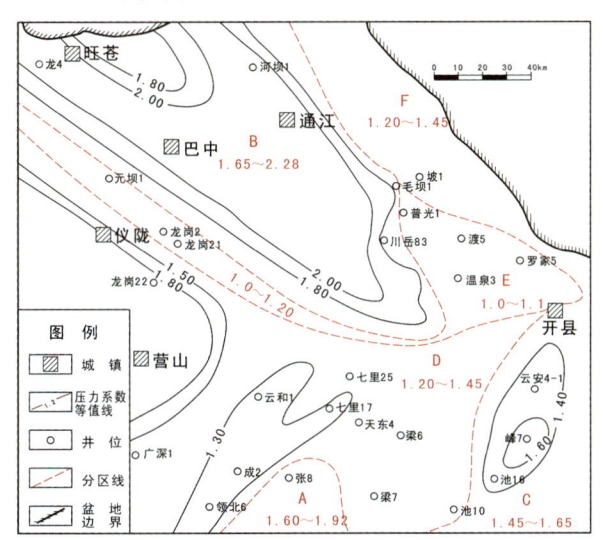

图 3-10 川东北地区下三叠统飞仙关组气藏压力系数分布图

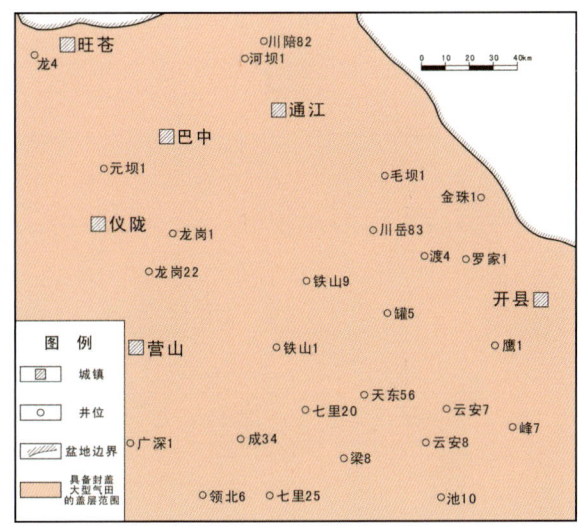

图 3-11 川东北地区下—中三叠统的膏盐岩盖层封气能力综合评价图

第四节 火山岩大型气田盖层综合定量评价

火山岩大型气田以徐家围子断陷徐深气田为例进行研究。

根据徐家围子断陷深层天然气纵向分布划分含气组合，主要含气组合包括：营一段的火山岩储层和营一段顶部局部火山岩/泥岩盖层组合，营三段、营四段、登二段砂砾岩储层和登二段的区域泥岩盖层组合，登三段和泉一、二段的砂砾岩储层和泉一段的区域泥岩盖层组合。徐家围子断陷北部由于缺失营一段和营四段，在汪家屯气田和升深气田，会出现基岩砾岩储层和登二段泥岩盖层的组合形式。因此，营一段顶部火山岩/泥岩局部盖层和登二段泥岩区域盖层是徐家围子断陷火山岩气藏最主要的两套盖层。

一、盖层封气能力特征分析

（一）盖层宏观发育特征

登二段盖层厚度高值分布在达深气藏南部、徐深6气藏东部、徐深231气藏及肇深1气藏南部，这些高值区四周盖层厚度逐渐减薄（图3-12）。营一段盖层厚度高值区在徐东气藏北部，即该区的东北部，该高值区向西、南方向盖层厚度逐渐减薄（图3-13）。

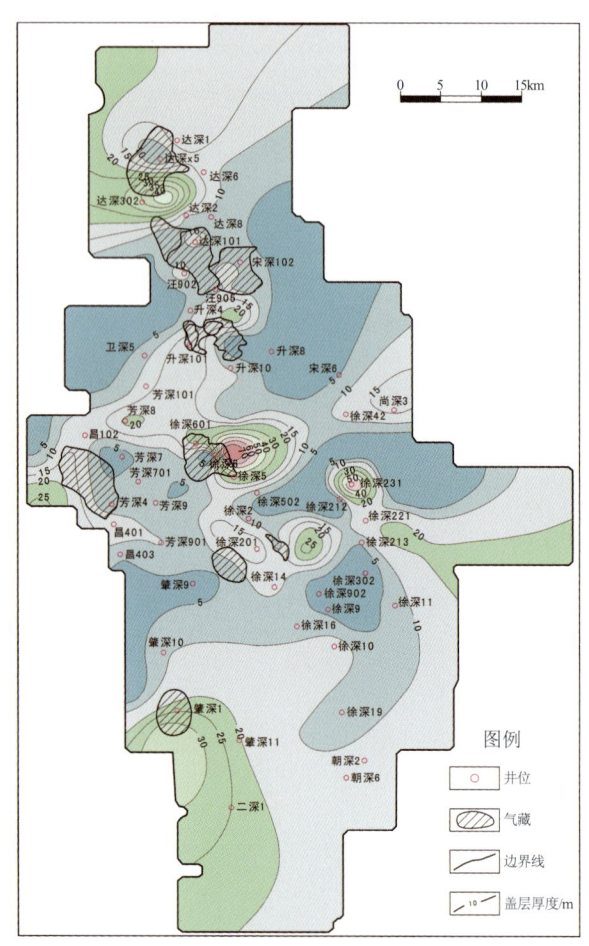

图3-12　徐家围子断陷登二段盖层厚度分布图

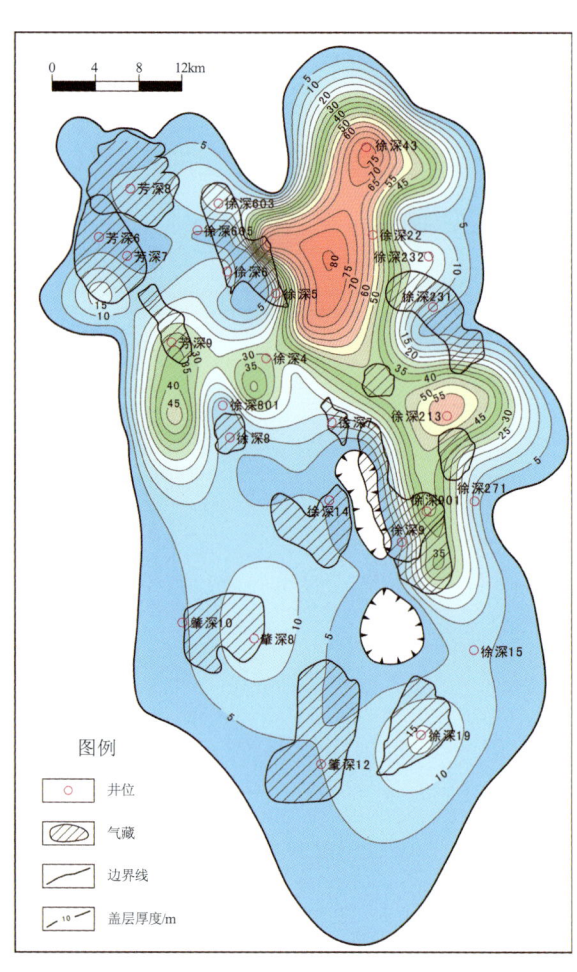

图3-13　徐家围子断陷营一段顶部盖层厚度分布图

（二）盖层封堵能力特征

登二段泥岩盖层排替压力在断陷东部最高，徐深 42 和徐深 232 井处最高值达 9MPa；断陷北部的汪 902 和西部的芳深 6 井处也具有较高的排替压力，达 8MPa。高值区四周盖层排替压力逐渐降低，在断陷北部最低为 3MPa（图 3-14）。营一段顶部盖层排替压力总体上受火山发育的影响，呈点状展布，最高值为 10MPa，分布于徐深 8 井附近；芳深 8 井、芳深 9 井、徐深 901 井和徐深 231 井附近也具较高的排替压力，达 7～9MPa；肇深 12 和徐深 19 井以南地区排替压力最低，仅为 3MPa 以下（图 3-15）。

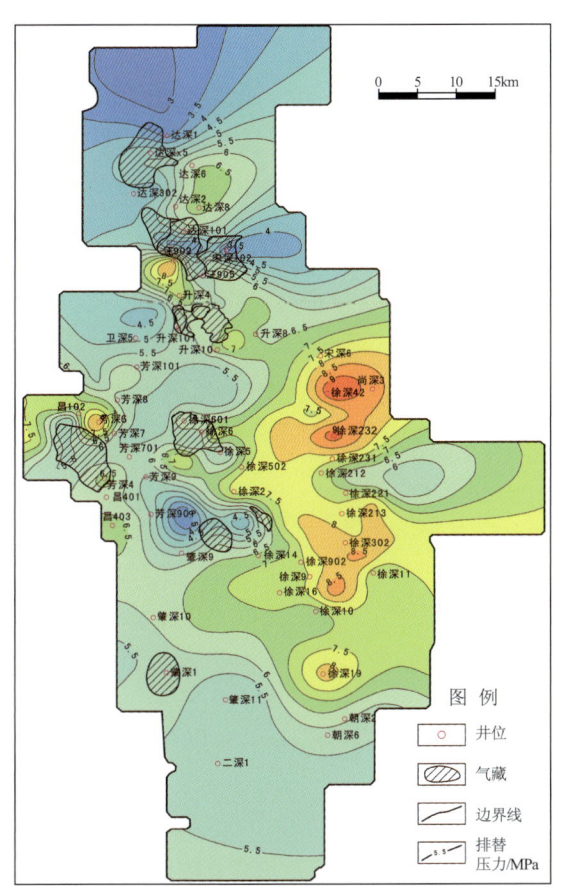 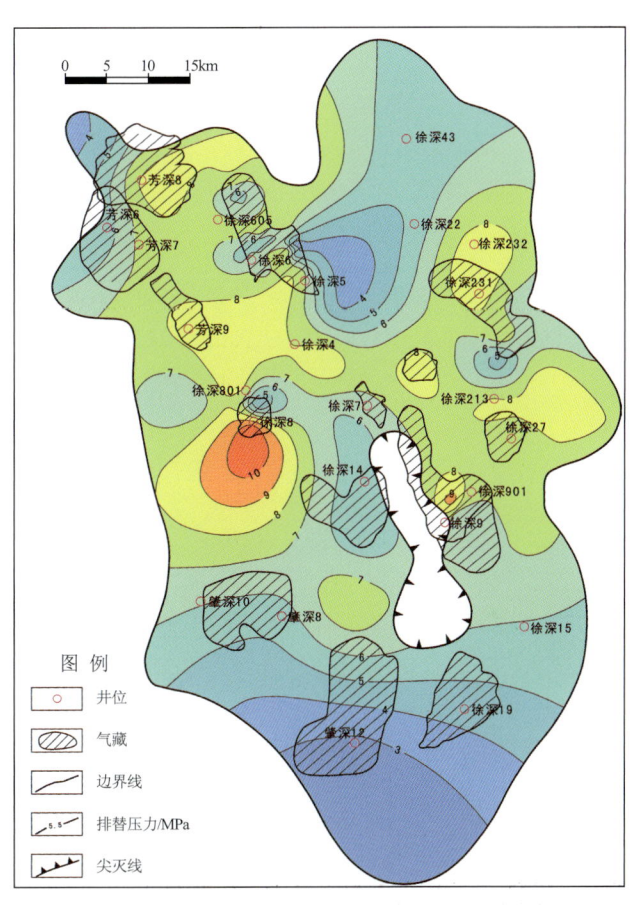

图 3-14　徐家围子断陷登二段泥岩盖层排替压力平面分布图　　图 3-15　徐家围子断陷营一段顶部火山岩盖层排替压力平面分布图

（三）气藏压力特征

登二段盖层下部气藏压力系数显示，登二段下部的地层总体上为常压系统，东北部和东南部较高，压力系数为 1.22 左右，其余地区较低，最低为 0.9。营一段顶部盖层以下气藏压力系数在西部肇深 10 井区较高，为 1.11；在中部的徐深 301 井附近较低，最低为 0.97。

(四)断裂封堵性评价

重点选取了 5 条控制气藏的边界断层进行断层侧向封堵性研究,进而总结出徐家围子断陷深层断层侧向封堵性影响因素及评价标准。

1. 重点断裂侧向封堵性分析

徐中断裂为一走滑断裂,沿着该断裂的走向两侧分布着许多工业气井(徐深 601、徐深 5、徐深 4、徐深 7、徐深 14、徐深 9、徐深 10),徐中断裂既是一条重要的气源断裂,同时它也控制着其两侧气藏的边界,其侧向封堵性的研究对于研究整个工区的深层断裂侧向封堵性具有重要意义。

徐深 601 井位于徐中断裂北端,从纵向上看,砂泥岩互层段(3362.8~3437.8m)气层厚度比较小(2~7m);火山岩(凝灰岩)储层段(3515.2~3650.8m)气层厚度达 135.6m。徐中断裂在徐深 601 井附近断距 270m 左右,远大于储集层厚度,导致了凝灰岩储层与上覆砂泥岩互层对接。其他气藏的情况如表 3-2 所示。

表 3-2 受徐中断裂控藏的气井断层封堵性分析结果

	徐深5	徐深4	徐深7	徐深14	徐深9	徐深10
气藏范围/m	3418~3555.2 3592.4~3689.8	3743.7~3850	3856.6~3901.2	3780~3801.6	3581.6~3706.8	3779.4~3858
储集层岩性	火山岩	砂泥岩互层	流纹岩和凝灰岩	流纹岩	流纹岩	粗面岩
储集层厚度/m	97.4~136.8	2~8	44.6	21.6	125.2	78.6
断面气层处对接模式	火山岩-砂泥岩对接	砂岩-泥岩对接	上部:火山岩-泥岩对接 下部:自我对接	火山岩-泥岩对接	上部1套:火山岩-泥岩对接 下部2套:自我对接	火山岩-泥岩对接
徐中断裂井附近断距/m	150	100左右	100左右	70左右	30左右	100左右
封堵评价结果	岩性对接封堵	岩性对接封堵	岩性对接封堵 自我对接封堵	岩性对接封堵	岩性对接封堵 自我对接封堵	岩性对接封堵

通过断层风险性分析认为:气藏储集岩以流纹岩为主,断裂在气藏段断距远大于储集层厚度,导致储集层通过断裂分别与砂岩和凝灰岩对接。而这两种对接模式交界处恰为气水界面附近,说明岩性对接是该边界断层侧向封堵的决定性因素。

2. 断层封堵性影响因素分析

(1)徐家围子断陷深层天然气储集体大部分为火山岩,从岩石力学特征来看,以这种岩性为主的沉积序列中的断裂侧向封堵性较差。

(2)从已分析过的重点断裂来看,火山岩中天然气大部分都是通过断裂与非火山岩对接,尤其是气柱高度特别大的气藏,其火山岩储集层通过断裂与砂岩、泥岩对接。

（3）从断裂的活动规律来看，所研究的断裂大部分都是 K_1h-K_1ych 活动，之后停止活动，或是 K_1h-K_1ych 活动，K_1q-K_1qn 再次活动。这种活动规律的断层侧向封堵性比较好。

（4）从断距与储集岩层厚度的关系来看，当断距超过储集岩层厚度的情况下，尽管火山岩储集岩的岩石力学性质比较差，但是其封堵能力仍是很强的，这主要是断裂将火山岩储层错断，是其与上覆高排替压力地层相接处，进而形成有利的对接模式。

（5）有些情况下，火山岩与砂岩对接仍可以形成气藏，主要是因为深埋情况下，地下的高温、高压作用，导致砂岩压溶、热流底劈等一系列热液作用使得胶结作用更加强烈。

综上所述，徐家围子断陷深层断裂封堵性决定性因素有：断距与储集岩层的厚度关系，以及断裂内的胶结作用。

3. 断层侧向封堵性评价方法及封堵性评价标准

基于断层封堵性影响因素分析，建立了深层火山岩区考虑多因素的断层侧向封堵性评价方法，评价标准如表 3-3 所示。

表 3-3 徐家围子断陷深层断层侧向封堵性评价标准

断层侧向封堵性等级	好	中等	差
岩石力学特征及岩性	塑性（泥岩和凝灰岩）	脆-塑性（火山沉积岩）	脆性（流纹岩、安山岩、玄武岩）
断距与储集体厚度关系	断距＞储集体厚度	储集体厚度＞断距＞临近井气藏厚度	临近井气藏厚度＞断距
岩性对接关系	火山岩储集体/泥岩、凝灰岩、砾岩	火山岩储集体/非火山岩储集体	火山岩储集体自身对接
断裂活动规律	K_1h-K_1ych 活动，之后停止活动	K_1h-K_1ych 活动，K_1q-K_1qn 再次活动	K_1h-K_1ych 活动，K_1q-K_1qn 再次活动，明水组末期又活动
胶结作用（热液）	直接通热流底劈体	间接通热流底劈体	不通热流底劈体

4. 徐家围子断陷深层断层侧向封堵性评价

断层断距与储集层厚度关系是徐家围子断陷断层侧向封堵性的决定性因素：当断距＞火山岩储集体厚度，封堵性好；当储集体厚度＞断距＞临近井气藏厚度，封堵性中等；当临近井气藏厚度＞断距，封堵性差。按照这一标准，我们对营城组火山岩储层中断裂进行了断层风险性定性评价。

总体上，断层侧向封堵能力以中等-强为主。已发现气藏周围断裂侧向封堵能力都比较强。这也正验证了岩性对接是火山岩储层中断裂封堵的主要类型，而断距是火山岩储层中断层侧向封堵能力的决定性因素。

二、盖层封气能力综合评价

登二段区域盖层绝大部分均具有封盖大型气田的能力，只在分散的局部地区封盖大型气田的能力差（图3-16）；营一段顶部局部盖层在东北部地区具有封盖大型气藏的能力，徐深27井、徐深28井、徐深901井和徐深23等工业气流井分布在可封盖大型气藏的区域（图3-17）。

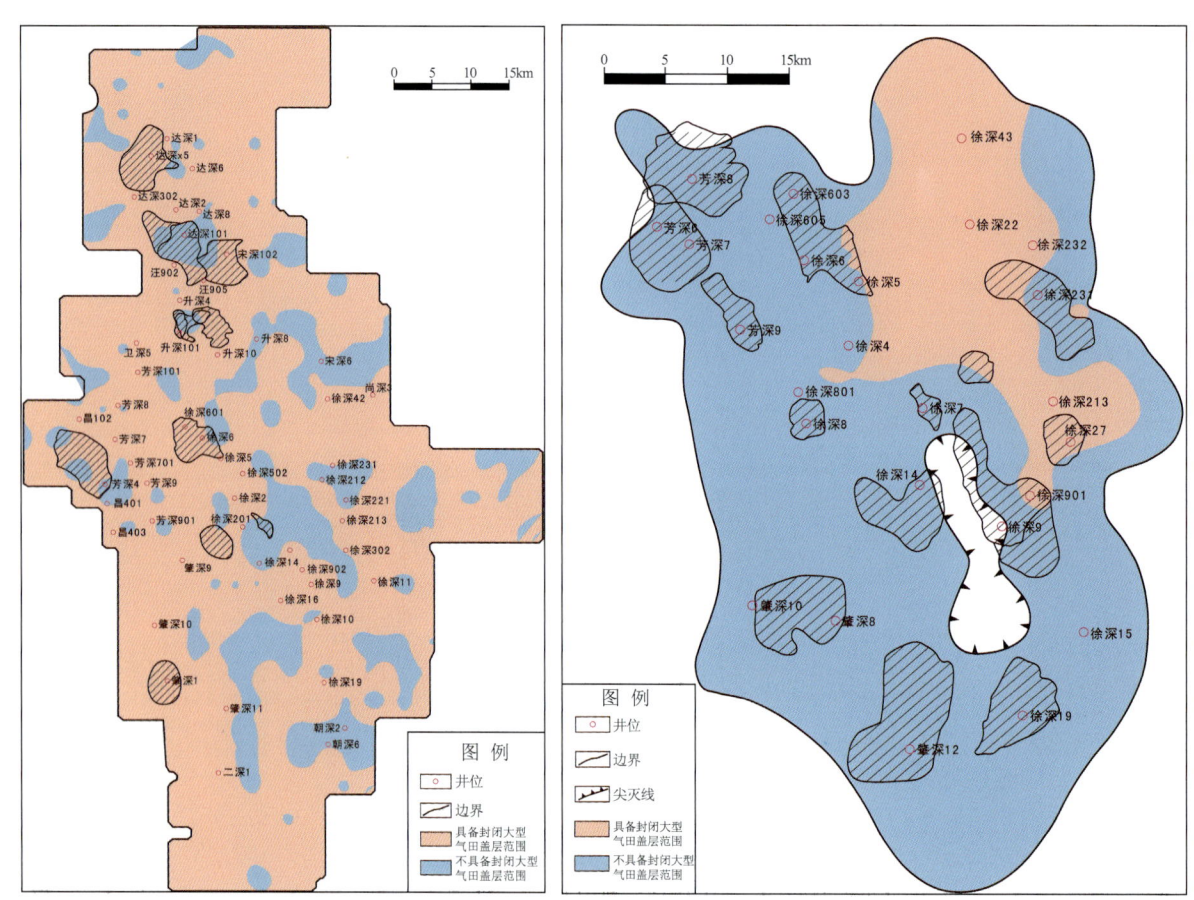

图3-16 徐家围子断陷登二段盖层封堵能力综合评价图

图3-17 徐家围子断陷营一段顶部盖层封堵能力综合评价图

第五节 超高压大型气田盖层综合定量评价

超高压大型气田以库车坳陷气区为例进行研究。

根据库车坳陷天然气聚集层位的分析，气层主要分布在库姆格列木群下部砂砾岩段和巴什基奇克组砂岩，以及吉迪克组下部砂砾岩段和苏维依组砂岩中。据此可知，该区主要存在两套盖层，一套是古近系库姆格列木群膏泥岩，其次是新近系吉迪克组膏泥岩。

一、影响盖层封气能力因素分析

(一) 盖层宏观发育特征

结合地震与录井资料,分别对库姆格列木群和吉迪克组盖层厚度进行研究。库姆格列木群膏泥岩盖层厚度受断裂发育控制,高值区呈东西向条带状分布,最厚约4000m,由高值区向四周逐渐减薄。吉迪克组盖层在东秋5井区和迪那2井区最发育,厚度约2000m,向四周减薄。

(二) 盖层封堵能力特征

建立了库车坳陷实测岩心排替压力与其声波时差之间的关系,并通过拟合公式,结合主要气井的测井资料,对库姆格列木群和吉迪克组两套区域盖层的排替压力分布特征进行研究。

库姆格列木群盖层排替压力分布具有东西部高,中部低的特征。最大值为15.5MPa,处于吐北4井西部;最小值为4MPa,位于羊塔5井东部。主要含气区域的排替压力值为5~9MPa(图3-18)。

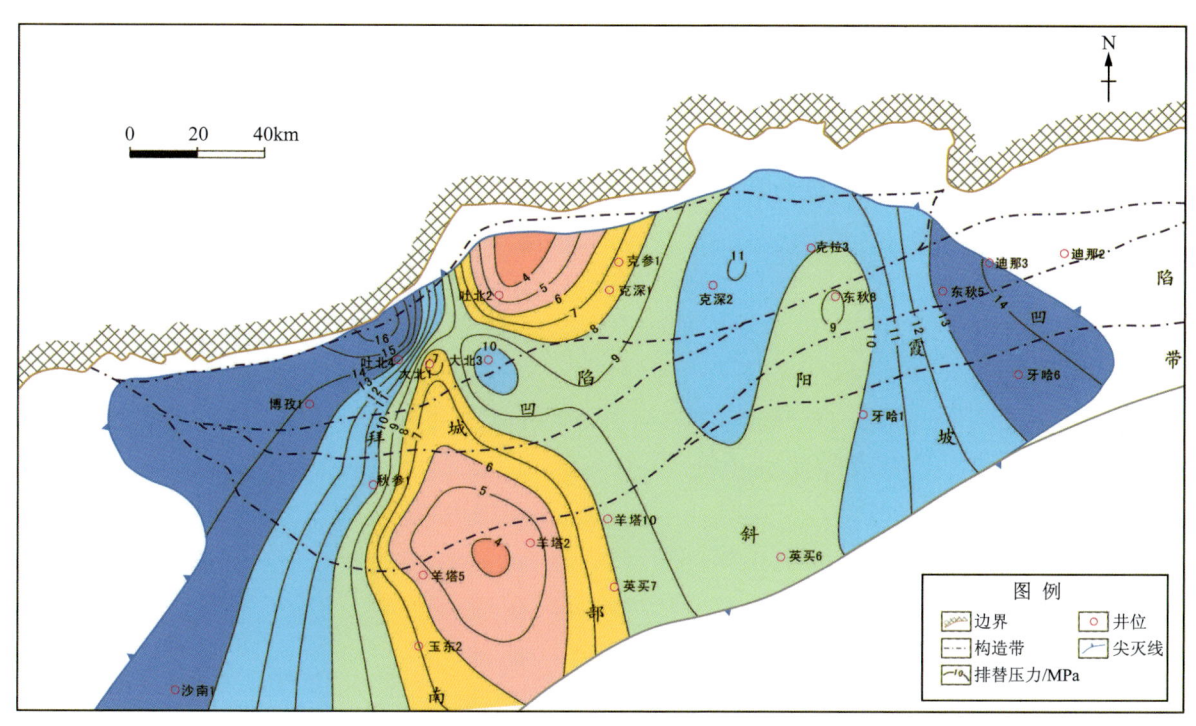

图3-18 库车坳陷库姆格列木群盖层排替压力分布图

吉迪克组盖层排替压力分布与库姆格列木群不同,其排替压力值较大,且表现为由中部的高值区向东部和西部降低的特征。最大值为26MPa,处于迪那2井南部;最小值为1.5MPa,位于东秋8井西部。气藏盖层的排替压力变化较大,但主要气藏总体处于盖层封堵能力最强的区域(图3-19)。

盖层较高的排替压力和巨厚塑性的膏盐岩,使库车坳陷的两套盖层具有较强的封气能力,这也是该区域天然气富集的重要因素之一。

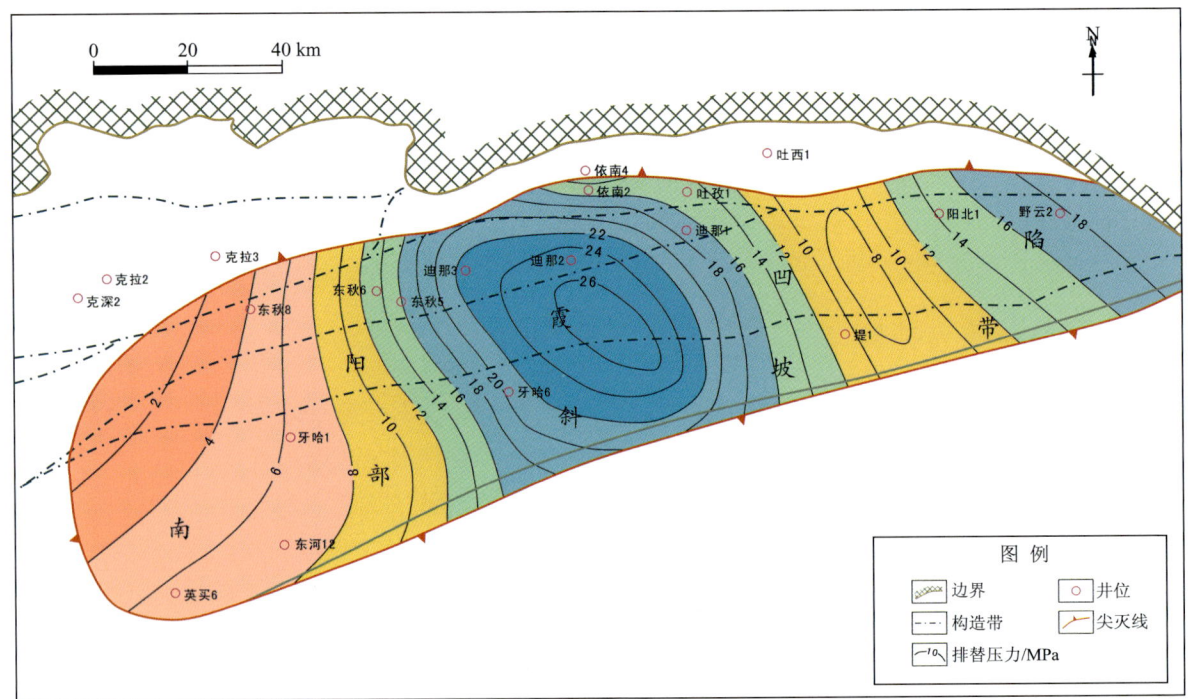

图 3-19　库车坳陷吉迪克组盖层排替压力分布图

（三）气藏压力特征

库姆格列木群盖层下部储层沿山前一侧为超压系统，压力系数均大于 1.6，最高为 2.2，分布在克拉 2 井附近。由此向南，储层压力系数逐渐降低到 1.2 左右。吉迪克组盖层以下储层压力系数高值区也沿山前一侧呈条带状分布，最高为 2.1，分布在东秋 5 井和迪那 202 井附近；向南压力系数逐渐降低，到东河 12 井附近恢复常压系统。

库车坳陷盖层下部储层超高压系统一方面是因为圈闭内天然气储量巨大，造成气藏能量大从而形成超高压力系数；另一方面也有可能因为近山前一侧，构造挤压应力较南部更大，使储层形成超高压力系数。气藏高压环境使天然气的保存条件更加苛刻，客观上要求盖层有更强的封气能力。

（四）断裂封堵性评价

库车坳陷膏泥岩盖层的性质特殊，根据野外的观察，结合已发现大型气藏的特点，发现该地区具有典型的岩性对接封堵的特点，即断层上盘的储层砂岩被抬升后与下盘的膏泥岩盖层对接，形成侧向封堵。但也存在砂砂对接且封堵的现象，此时有必要利用 SGR（页岩断层泥比率，即断层岩泥质含量）定量评价方法对断层进行封堵性分析。

断裂带 SGR 定量评价方法的理论依据是断层封堵主要控制因素是断层带的泥质含量，要对这种类型断层侧向封堵性进行评价就必须研究断裂带断层岩的 SGR 值，其大小可以由式（3-5）求得

$$\text{SGR}=\sum(V_{sh}\cdot\Delta Z)/D\times100\% \tag{3-5}$$

式中：ΔZ 表示断层带的厚度，m；V_{sh} 表示断层带的泥质含量，%；D 表示断层的断距，m。

据式（3-5），断裂带断层岩 SGR 值的计算关键是 V_{sh}、ΔZ 和 D 值的计算。V_{sh} 的确定主要依据测井解释的成果，ΔZ 的确定主要依据岩心录井资料对于岩心的描述，D 值的确定主要依据地震解释成果。

首先，对大北地区的 SGR 临界值进行标定。大北地区气田被多个断层切割成多个含气断圈，且各断圈的气水界面各不相同，故断层对有效圈闭的形成起着不可忽视的作用。为此，依据现今地震数据体建立了大北地区气田的三维构造模型（图 3-20），同时利用相关测井资料对该研究区各个控圈断层开展了断层侧向封闭性评价工作，计算了各个断层的断面属性，并精细分析了其对现今气水关系的控制作用。该封闭性评价体系的建立依赖于资料较齐全的大北 102 气藏与大北 2 气藏。两气藏的含气层位为巴什基奇克组砂岩及其上部的砂砾岩段，大北 102 与大北 2 气水界面海拔深度分别为 –4116m 与 –4040m，相应单井含气深度分别为 5315～5531m 和 5541～5703m（表 3-4）。在建立的三维构造框架模型与采用相应的测井资料基础上，利用式（3-5）通过模拟计算，分别取不同的参数 D 计算各断裂控圈深度范围内所能封闭的最小烃柱高度，并转换成对应的气水界面，当计算的气水界面与实际气水界面吻合时，就确定了参数 D 值。通过分析对比，考虑到误差因素，当参数 D 值取 7 时，计算的气水界面与实际的吻合率最高（表 3-5），并在该 D 值下计算了断面烃柱高度分布图与气水界面分布图。这样就成功利用大北 102 与大北 2 气藏数据确定了适合于大北 1 气田断裂断面 SGR 值与对应的所能封闭气柱高度的函数关系，并以此为依据对其他圈闭的烃柱高度进行预测，并判断断层侧向封闭的范围。

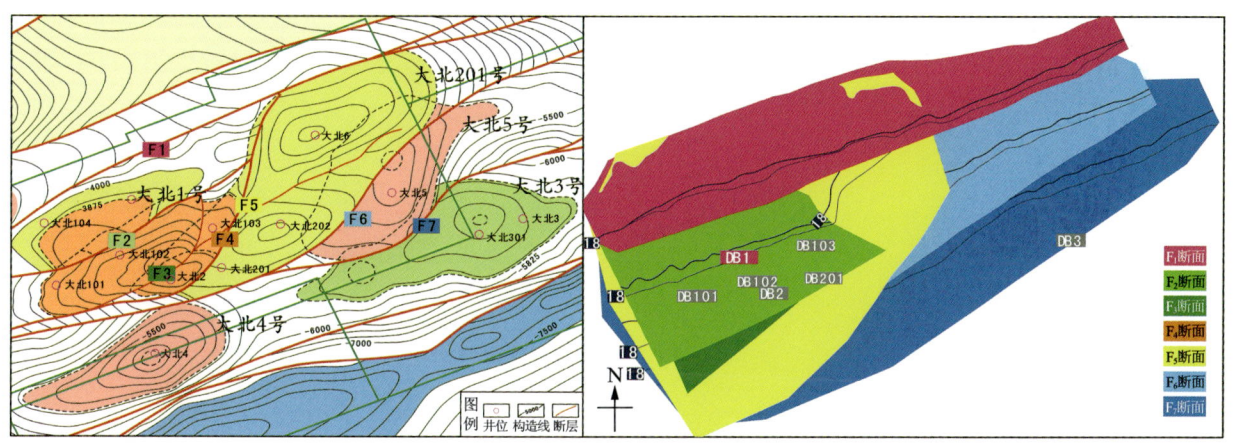

图 3-20　大北 1 气田控圈断层三维构造模型

利用所建立的大北地区断面 SGR 与气柱高度函数关系式，定量评价了大北地区五个断块的控圈断裂侧向封闭能力，并勾绘出圈闭有效范围（表 3-5）。预测的有效圈闭范围与气田开发证实的范围相差不大，可见研究得到的断层封堵性条件具有一定可信度，也对其他断层类圈闭的刻画提供基础。

表 3-4 大北 102 和大北 2 断圈气层不同参数 D 值所确定的气水界面位置

圈闭名称	地质层位	构造高点/m	圈闭溢出点/m	断距单位/m	构造幅度/m	控圈断层侧向封闭性分析			资料油水界面/m	预测油水界面/m	最终预测油水界面/m
						断裂名	控圈范围/m				
大北102	巴什基奇克	-3625	-6400	15	2775	F_3	-3725~-4700		-4116	-4018.3	-3970.5
						F_2	-3900~-6400			-3970.5	
				10		F_3	-3725~-4700			-4231.2	-4004.6
						F_2	-3900~-6400			-4004.6	
				8		F_3	-3725~-4700			-4301.8	-4049.2
						F_2	-3900~-6400			-4049.2	
				7		F_3	-3725~-4700			-4126.1	-4110.5
						F_2	-3900~-6400			-4100.5	
				6.5		F_3	-3725~-4700			-4345.9	-4138.4
						F_2	-3900~-6400			-4138.4	
				5		F_3	-3725~-4700			-4580.5	-4309.3
						F_2	-3900~-6400			-4309.3	
大北2	巴什基奇克	-3850	-4200	15	350	F_3	-3900~-4200		-4040	-4216.8	-4017.5
						大北201_N	-4000~-4200			-4105.4	
						F_4	-4000~-4200			-4017.5	
				10		F_3	-3900~-4200			-4289.4	-4022.9
						大北201_N	-4000~-4200			-4065.9	
						F_4	-4000~-4200			-4022.9	
				8		F_3	-3900~-4200			-4301.4	-4030.3
						大北201_N	-4000~-4200			-4126.2	
						F_4	-4000~-4200			-4030.3	
				7		F_3	-3900~-4200			-4340.8	-4042.4
						大北201_N	-4000~-4200			-4195.3	
						F_4	-4000~-4200			-4042.4	
				6.5		F_3	-3900~-4200			-4357.2	-4058.3
						大北201_N	-4000~-4200			-4246.5	
						F_4	-4000~-4200			-4058.3	
				5		F_3	-3900~-4200			-4562.7	-4076.6
						大北201_N	-4000~-4200			-4696.1	
						F_4	-4000~-4200			-4076.6	

表 3-5 大北地区圈闭预测气水界面数据表

圈闭名称	地质层位	构造高点/m	圈闭溢出点/m	构造幅度/m	资料气水界面/m	控圈断层侧向封闭性分析			预测气水界面/m
						断裂名	控圈范围/m	最终预测气水界面/m	
大北103	K_1bs	-3900	-4400	500	-4185	F3	-3900~-4250	-4320	-4122
						大北201_N	-4100~-4400	-4491.9	
						F4	-3900~-4100	-4122.2	
						大北1_1	-4250~-4400		
大北202	K_1bs	-4050	-4550	500	-4500	大北_F_1	-4400~-4500		-4550
						大北201_N	-4250~-4550	-4492	
						大北201_S	-4350~-4550	-5300.9	
大北5	K_1bs	-5025	-5375	350		大北201_S	-5025~-5375	-5357.2 -5636.1	-5357.2
						大北5_S	-5300~-5900		
大北301	K_1bs	-5700	-5825	125		大北5_S	-5700~-5825	-5799	-5799
大北1	K_1bs	-3725	-4000	275	-4125	大北1_F_2	-3725~-4000	-4093	-4125

二、盖层封气能力综合评价

库姆格列木群区域盖层除了北部、东部、南部以及中部局部地区外，多具备封闭大型气田的能力（图3-21）。吉迪克组区域盖层具备封闭大型气田能力的区域也较大，除了西部和东部的局部地区外，均具备封闭大型气田的能力（图3-22）。

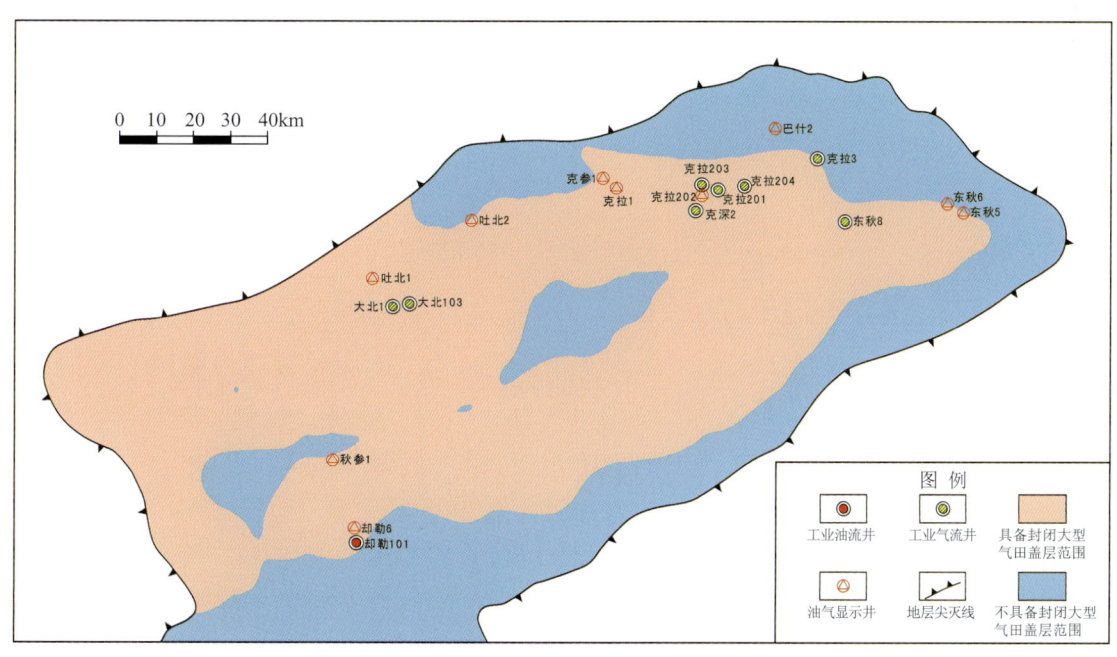

图 3-21　库车坳陷库姆格列木群盖层封气能力综合评价图

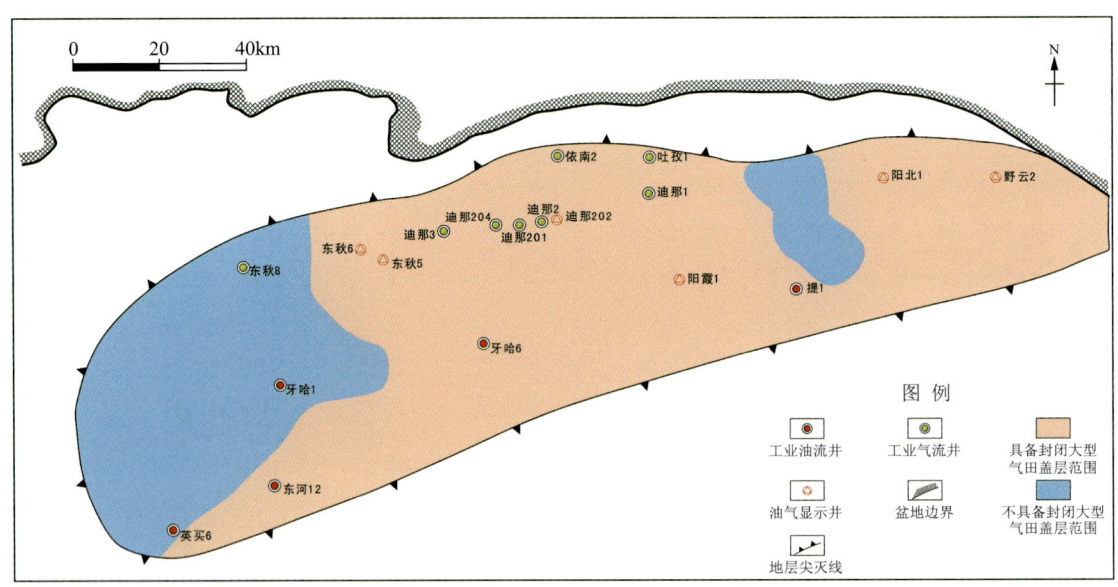

图 3-22 库车坳陷吉迪克组盖层封气能力综合评价图

库车坳陷两套区域盖层厚度大，地层可塑性强，毛细管封堵能力较大，虽然气藏的压力系数较高，但综合封气能力大，这也是该地区天然气藏最为富集的因素之一。

第二篇

大型气田成藏富集规律

第四章 Chapter Four
低渗砂岩大型气田成藏主控因素与富集规律

低渗砂岩是指储层空气渗透率 $< 1 \times 10^{-3} \mu m^2$（或地层渗透率 $< 0.1 \times 10^{-3} \mu m^2$）的砂岩。中国低渗砂岩气藏分布广阔，在不同类型的含油气盆地中均有分布，如在相对稳定、以整体升降为主的平缓背景下的四川、鄂尔多斯盆地，挤压构造背景下的吐哈山前带、塔里木前陆区、准噶尔前陆区，伸展裂陷背景下的松辽、渤海湾深层等。其中大型气田主要分布在鄂尔多斯和四川盆地。本章重点介绍以鄂尔多斯盆地上古生界、四川盆地须家河组为代表的大面积低渗透砂岩大型气田成藏主控因素与富集规律。

第一节 大面积低渗砂岩大型气田形成的关键地质要素

大面积低渗砂岩是指以鄂尔多斯盆地上古生界和四川盆地须家河组为代表的平缓背景下沉积的大型三角洲低渗砂体。平缓的构造背景、源岩广覆式发育、储层大面积分布、孔缝发育并构成良好的网状输导体系等为低渗砂岩大型气田的形成奠定了基础，而源储大面积交互叠置、孔缝网状输导是大型气田形成的关键。

一、源储大面积交互叠置

源储交互叠置是指在海相稳定克拉通之上发展起来的缓坡型（坡度 0.5°～3°）三角洲沉积体系，本章主要指鄂尔多斯盆地上古生界发育遍布全盆地的石炭—二叠系煤系烃源岩与大型缓坡型辫状河三角洲沉积砂体（面积 $21 \times 10^4 km^2$）在空间上呈近邻垂向叠置，四川盆地须家河组煤系烃源岩与大型"敞流型"三角洲沉积砂体（面积 $18 \times 10^4 km^2$）在空间上呈交互叠置（须家河组的"三明治"结构），为大面积低渗砂岩大型气田形成奠定了基础。

（一）鄂尔多斯盆地上古生界源储关系

鄂尔多斯盆地现今构造呈现东高西低、北高南低的格局，构造平缓，地层倾角一般为 1°～2°。

上古生界主要发育山 2、太原和本溪组三套烃源岩，具有"广覆式"分布的特点，储集层主要为盒 8、山 1 和山 2，同时在太原组和本溪组也发育有利的储集砂体。源储在空间上形成两类主要配置关系，即源储垂向叠置（如山 2 生、山 1—盒 8 储）和源储交互发育（如山 2 自生自储）。相对高渗砂体与致密砂体或泥岩之间构成良好的储盖组合关系（图 4-1）。

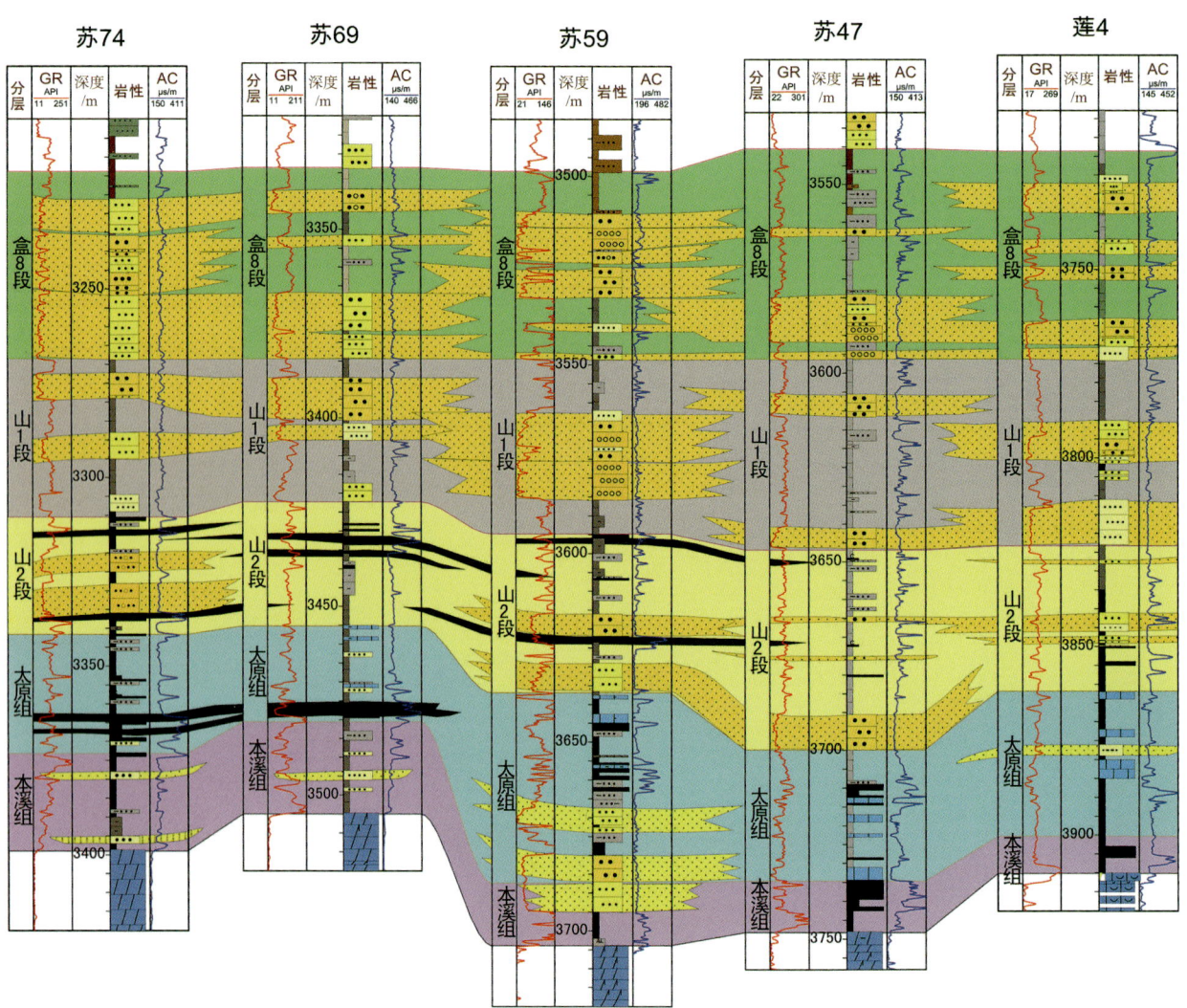

图 4-1　鄂尔多斯盆地上古生界源储组合分布图

鄂尔多斯盆地上古生界本溪组上部—太原组—山西组的煤系烃源岩在西部最厚，东部次之，中部厚度薄而稳定。其中，煤层累计厚度一般 10～20m，盆地西部、东北部达 25m 以上，有机碳含量高达 70.8%～83.2%；暗色泥岩一般厚度 100～150m，有机碳含量高达 2.25%～3.33%。

上古生界烃源岩具有广覆型生气特点，盆地面积 $25\times10^4 km^2$，烃源岩分布面积达 $23\times10^4 km^2$，生烃强度大于 $12\times10^8 m^3/km^2$ 的区块占盆地总面积的 71.6%，大部分地区处于有效供气范围（图 4-2）。盆地内烃源岩有机质热演化程度高，R_o 为 0.6%～3.0%，以盆地南部演化程度最高，处于过成熟干气阶段，并向边缘呈环带状降低，依次过渡为过成熟干 - 湿气过渡带、湿气带和凝析油 - 湿气带。

鄂尔多斯盆地上古生界石英砂岩储层具有粒度粗（以中粗粒度为主）、砂岩成分成熟度高、石英次生加大普遍发育的特点。储层基本组分普遍具有双重性，即骨架组分稳定而填隙物组分复杂多变，这种特征决定了储层成岩类型的多样性和储层物性非均质性强。孔隙类型分区、分层位性明显，太原组—山2段主要发育粒间孔型石英砂岩储层，山1段—盒8段主要发育溶孔型石英砂岩储层。储层整体具有低孔低渗的特点，孔隙度为4%～10%，渗透率为（0.01～0.5）×$10^{-3}\mu m^2$，北部埋深较浅，同时靠近物源区，物性明显优于南部，是上古生界主要勘探区域。

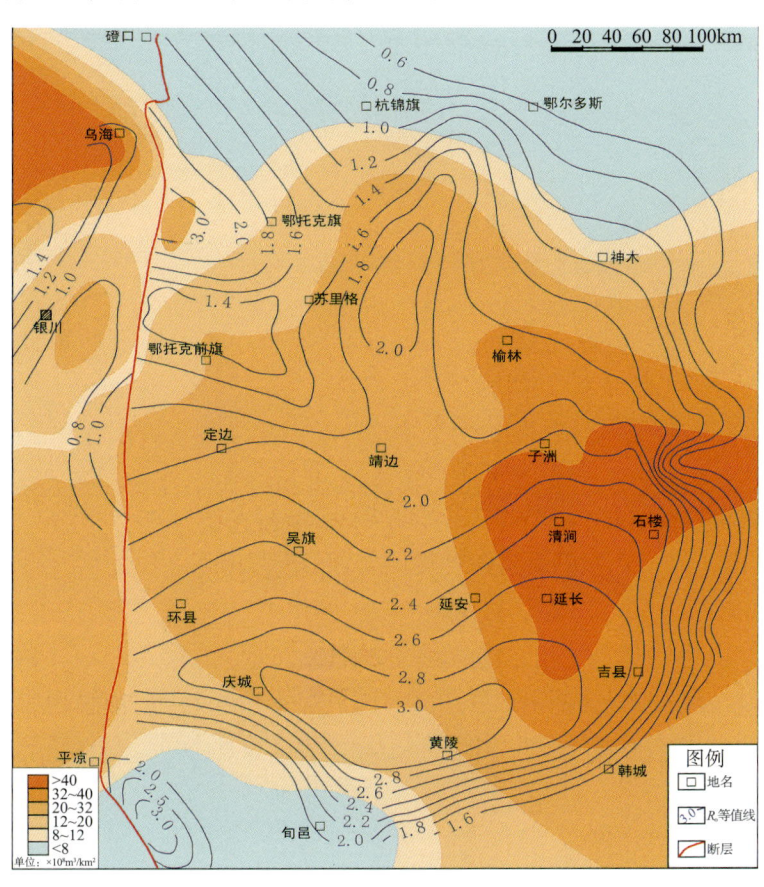

图4-2　鄂尔多斯盆地上古生界烃源岩生气强度与热演化程度叠合图

（二）四川盆地须家河组源储关系

晚三叠世，四川盆地由西向东总体上为一大斜坡背景，局部断层发育（图4-3）。受构造运动的影响，不同区域呈现不同的构造格局，川东为NNE向的高陡背斜褶皱区；川中为近EW向平缓构造区，地层倾角一般2°～3°；川西龙门山前为冲断构造区，川西-川中之间为平缓凹陷区。目前在各区须家河组都有天然气藏发现，但以川中和川西为主。

四川盆地上三叠统须家河组自下而上一般可细分为6段。其中，须二段、须四段、须六段以细-中砂岩为主夹薄层泥岩，是主要的储集层，须一段、须三段、须五段以泥岩、页岩为主夹薄层粉砂岩、炭质页岩和煤线，是主要的烃源岩；但须一段、须三段、须五段的砂岩也是重要的储层，迄今已在须五、须三和须一段砂岩储层中获得了工业气流，须二段、须四段、须六段的泥岩也是重要的烃源岩，可在局部区域提供充足的气源。因此，烃源岩、储层的交互发育构成了大面积成藏的"三明治"结构的良好空间配置关系（图4-4）。

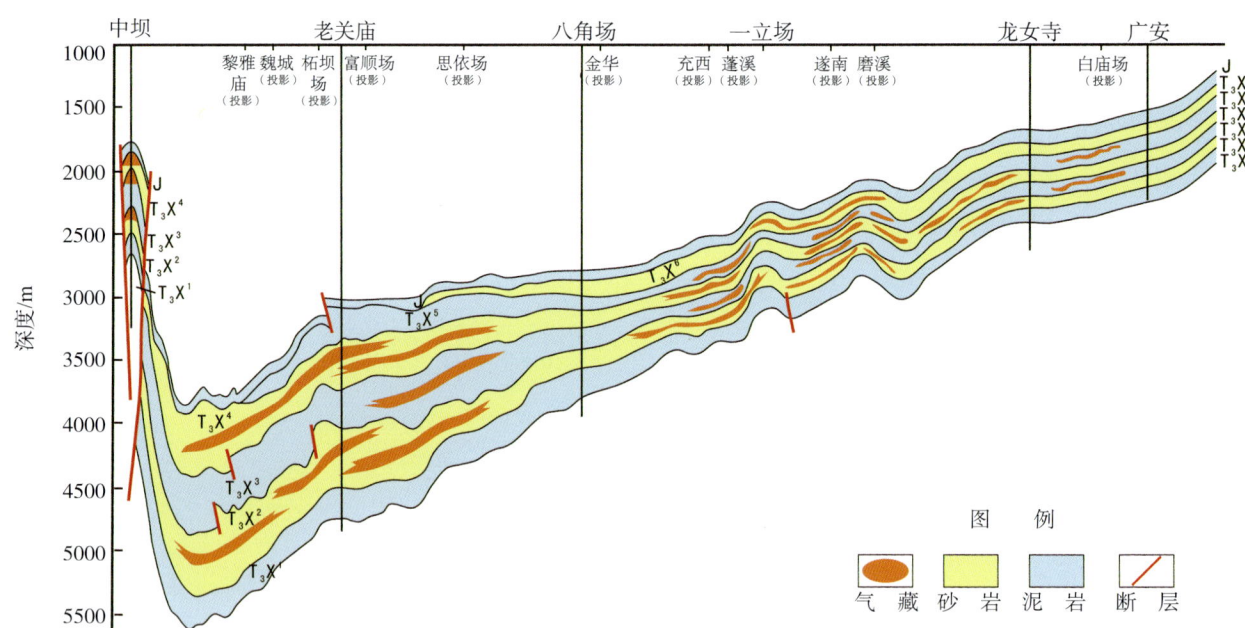

图 4-3　四川盆地上三叠统须家河组东西向气藏剖面图

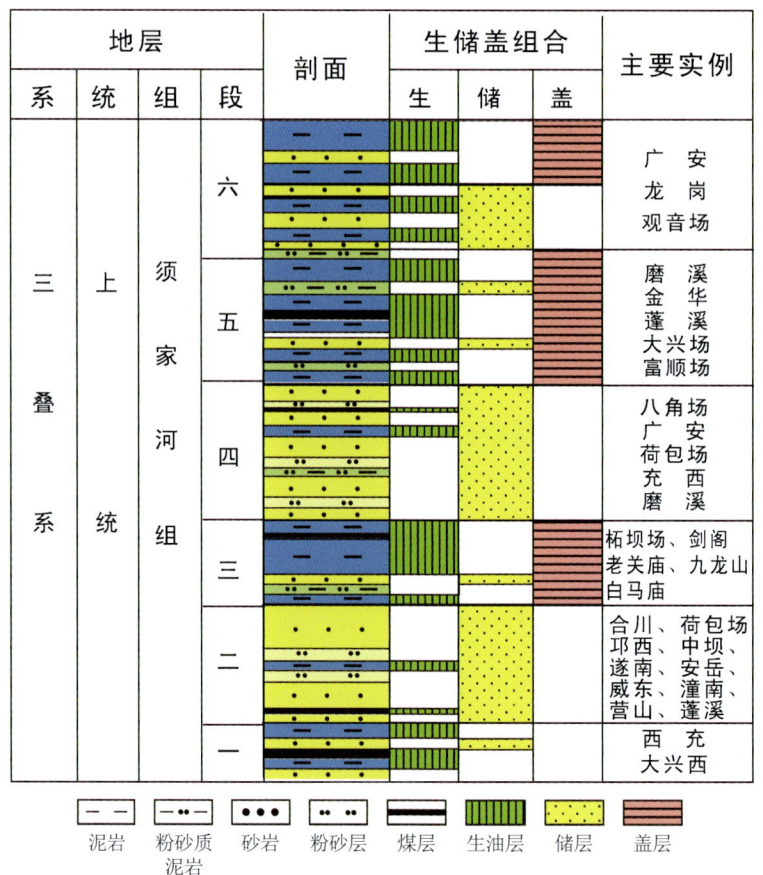

图 4-4　四川盆地上三叠统须家河组生储盖层纵向分布示意图

四川盆地上三叠统须家河组为海相、湖泊、河流-三角洲相的含煤地层，烃源岩主要发育在须一段、须三段、须五段，同时在须二段、须四段、须六段也有暗色泥岩和煤层分布。须家河组暗色泥质烃源岩厚度10～1500m，总体上具有"广覆式"分布的特点，厚度中心在川西，由西向东厚度逐渐减薄。煤层在川西、川北和川中北部，一般厚3m以上，累计厚度在25m以上。成烃高峰期在晚侏罗世—白垩纪，烃源岩热演化程度总体上处于成熟—高成熟—过成熟阶段。以须三段烃源岩为例，在川西南部和川西北部较高，目前处于过成熟阶段，而盆地的广大区域主要处于成熟—高成熟阶段（图4-5）。

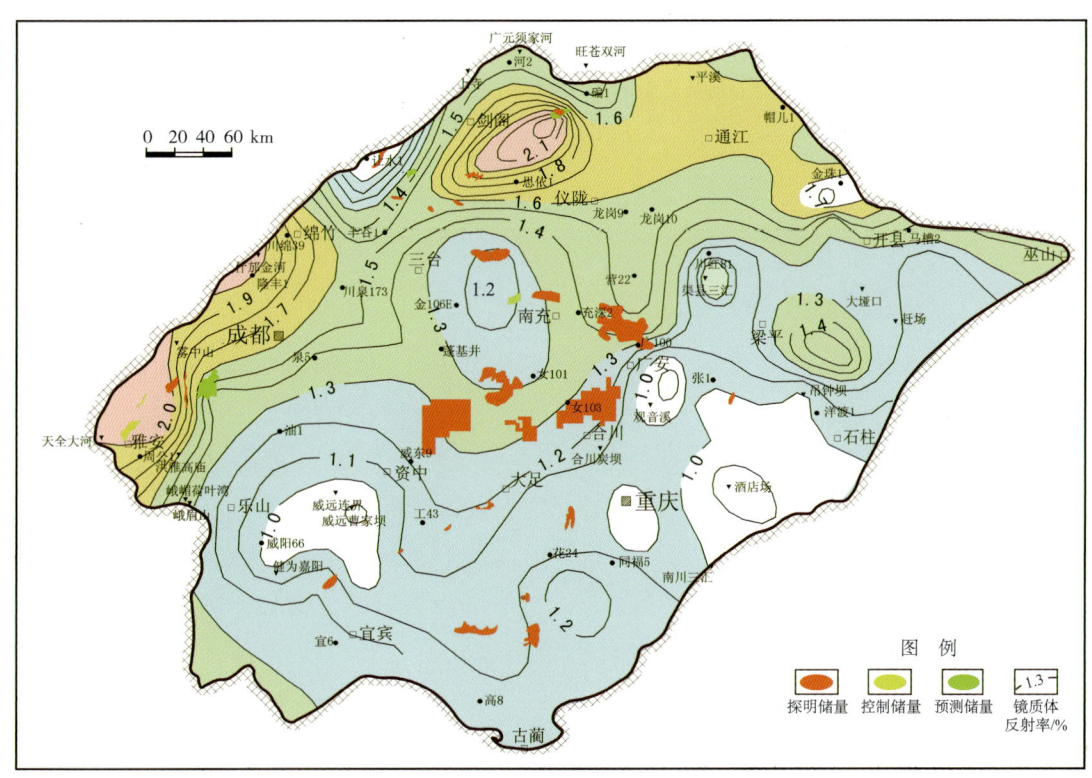

图4-5 四川盆地须家河组须三段烃源岩有机质热演化与气藏分布图

四川盆地须家河组储集层为一套成分成熟度较低而结构成熟度较高的陆源碎屑岩。纵向上，储集岩的成分成熟度有向上逐层降低趋势。储集岩类型主要是细-中粗粒岩屑长石砂岩、长石岩屑砂岩、长石石英砂岩等。孔隙类型主要为粒内溶孔、粒间孔，裂缝是重要的渗流通道，在改善储渗能力方面起重要作用。储集类型主要为裂缝-孔隙型和孔隙型。川中及蜀南地区储层孔隙以粒间孔、粒间及粒内溶孔为主，基质孔隙、微裂缝较为发育。储层平均孔隙度一般5%～8%。渗透率一般$(0.01～0.10)\times10^{-3}\mu m^2$。总体属于低孔低渗储层，但在局部地区也发育中-高孔储层，平均孔隙度可超过10%。川西以溶孔为主，基质孔隙相对欠发育，但断裂、裂缝发育，有效储层的孔隙度下限最低可至3.5%（川西南部，主要是裂缝相当发育）。

须家河组不同层段储层孔隙度、渗透率及厚度数据见表4-1。须二段、须四段、须六段3套广泛分布的主要储层，各段的最大累计厚度在50m左右，而须一段、须三段、须五段3套局部分布的次要储层，各段的最大累计厚度在20m左右。总体上，以川中及川中-川南过渡带储层物性相对最好，构造平缓，具备大面积含气的储集条件。

表 4-1　四川盆地须家河组不同层段物性及厚度统计表

层位	孔隙度/%			渗透率/$10^{-3}\mu m^2$			储层厚度/m		I类储层面积/km^2
	最大	最小	均值（川中）	最大	最小	均值（川中）	单层	累计	
须六段	18.25	0.009	6.10	84.48	0.001	0.40	2～10	10～40	5000
须五段	15.24	0.27	3.80	9.87	0.001	0.13	0～5	0～15	
须四段	21.90	0.001	6.50（6.70）	11190	0.0009	0.62（0.65）	2～15	20～50	9000
须三段	16.25	0.22	2.78	8.81	0.001	0.15	2～10	5～20	
须二段	21.26	0.01	5.50（6.90）	15135	0.0001	0.34（0.48）	2～15	20～50	8000
须一段	12.48	0.09	4.15	13.1	0.001	0.90	0～5	0～15	
合计	21.90	0.001	5.90	15135	0.001	0.45	1～15	55～170	

二、良好的孔缝网状输导体系

孔缝网状输导是指烃源岩中生成的天然气通过源岩微裂缝、扩散运移等方式的初次运移后，进入孔隙和微裂缝发育的低渗砂岩中，孔隙和裂缝在空间上构成网状系统，为天然气在低渗砂岩储层中的运移聚集提供了良好的网状输导体系（图 4-6）。

尽管鄂尔多斯盆地上古生界、四川盆地须家河组大面积低渗砂岩气藏发育区具有构造平缓、断裂不发育的特点，但通过野外露头剖面观察、钻井岩心描述、地震资料和成像测井资料解释等，认为这些区域的小型、微裂缝非常发育，并与大面积分布砂体背景下局部发育的相对高孔渗"甜点"在空间上构成良好的匹配，形成良好的孔缝网状输导体系。

多项资料显示川中须家河组砂岩微裂缝发育。以合川、潼南等地区为代表的须家河组岩心显示水平、垂直、斜交裂缝均很发育（图 4-7），从地震资料也解释出许多小型断裂（图 4-8），成像测井资料也显示发育裂缝。虽然这些小断裂一般仅断开须家河组内部某一、两个层段（如须一段至须二段、须三段至须四段等），但可成为油气运移非常重要的通道。

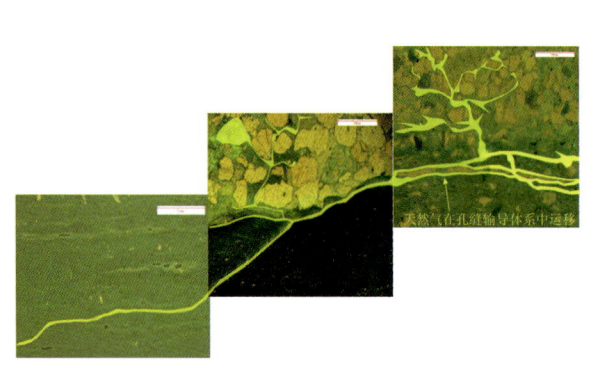

图 4-6　大面积低渗砂岩孔缝网状输导体系中的天然气运移示意图

(a)

(b)

图 4-7　四川盆地须家河组钻井岩心中裂缝发育情况

（a）潼南 101 井须二段，2249.09～2249.86m，发育高角度裂缝；

（b）合川 7 井须二段，2179.03～2179.26m，半充填直立缝

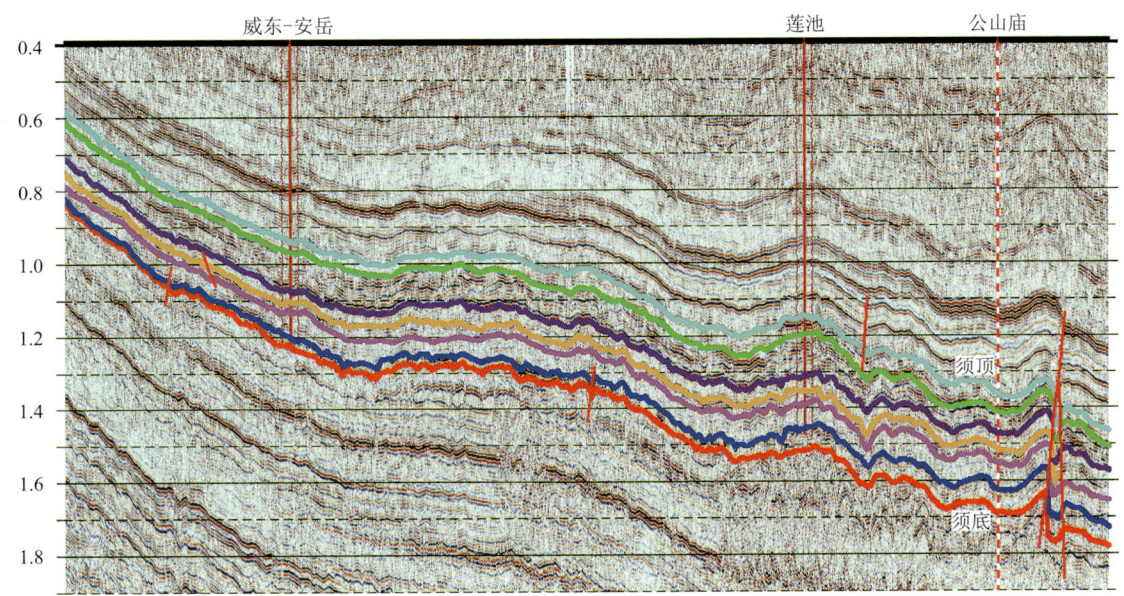

图 4-8　四川盆地威东 - 公山庙地区须家河组地震解释剖面显示小型断裂发育

鄂尔多斯盆地上古生界从野外露头剖面和岩心（图 4-9、图 4-10）均显示出微裂缝非常发育，而且目前的高产气井分布与裂缝分布具有很好的一致性（图 4-11），充分体现了孔缝网状体系在油气成藏中的作用。

图 4-9　鄂尔多斯盆地上古生界钻井岩心中裂缝发育情况

（a）层面缝、层面滑移缝；（b）低角度斜向缝；（c）近垂向缝

a. 苏 116（山 1）；b. 苏 117（盒 8）；c. 苏 146（盒 8）；d. 苏 117（盒 8）；e. 苏 76（盒 8）；f. 苏 116（盒 8）

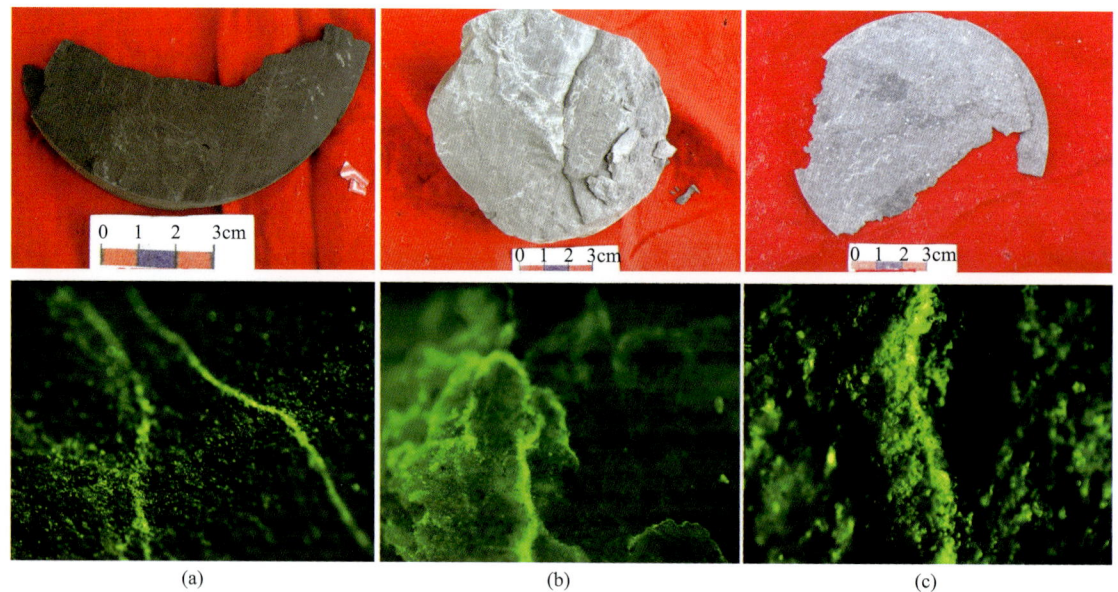

图 4-10 鄂尔多斯盆地上古生界钻井岩心宏观及镜下荧光照片（荧反光 ×50）

(a) 苏 76（3151.4m，盒 8）；(b) 苏 116（3519.2m，盒 8）；(c) 陕 256（3241.8m，盒 8）

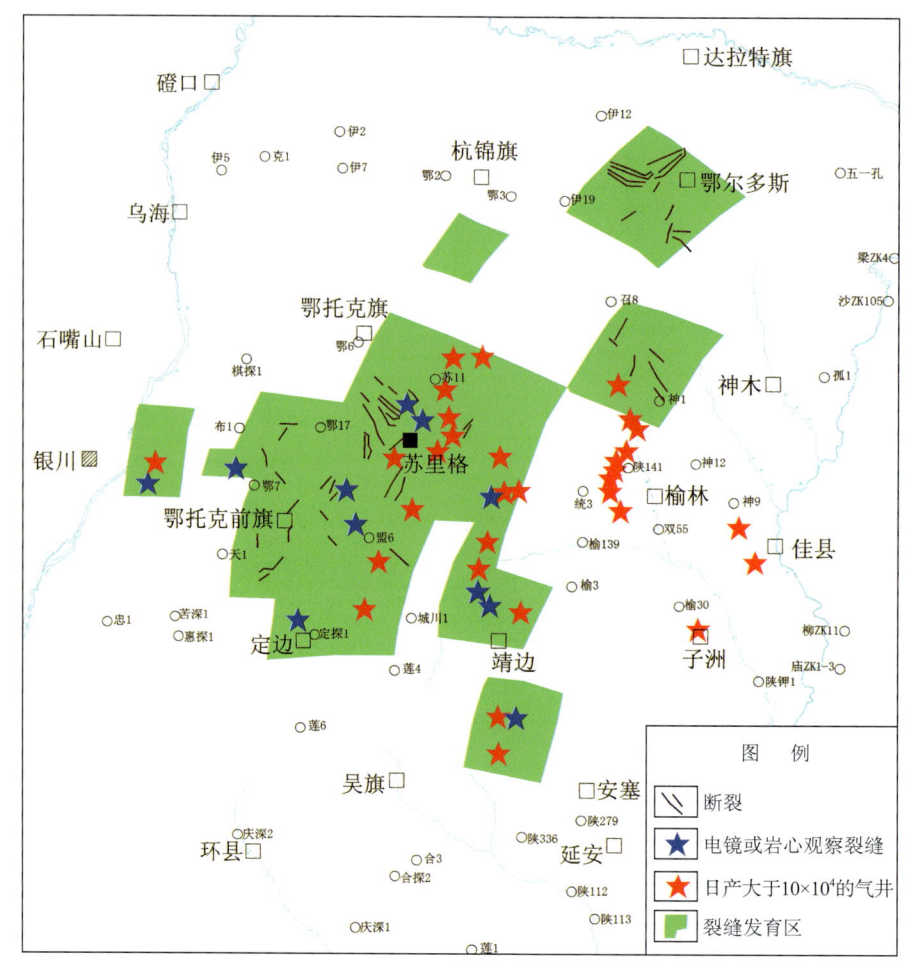

图 4-11 鄂尔多斯盆地上古生界构造裂缝发育区与高产井分布图

第二节 大面积低渗砂岩气藏的运聚机制与成藏模式

大面积低渗砂岩大型气田具有"源岩生烃超压、非达西流运移、动力圈闭近源聚集"的成藏机制，发育区域单斜背景上的大面积岩性气藏和大面积含气、局部构造富气的构造-岩性复合气藏成藏模式。

一、大面积低渗砂岩气藏的运聚机制

大面积低渗砂岩气藏的主要运聚机制是烃源岩的生烃超压和天然气在非均质性低渗储层中的非达西流运移。

（一）大面积低渗砂岩气藏的运移动力主要来源于源岩生烃超压

烃源岩演化除提供天然气源外，还会产生超压为向致密砂岩层系中的排烃和充注提供动力。这是因为在生烃过程中，由干酪根支撑的那部分有效压应力就会转移到孔隙流体上来，若流体不能及时排出必将产生异常高压。根据 Swarbrick 和 Osborne（1998）计算，含 10% 干酪根体积的烃源岩在大量生烃过程中，当其干酪根消耗一半时可产生 10MPa 超压。川中地区须家河组岩性致密，封闭性强，超压不仅在大量生烃的过程中产生，即使在地层抬升后超压仍能保持至今。除须六段气藏多为常压外，其下各段气藏均为超压或超高压（压力系数在 1.4 以上）。超压为天然气成藏提供了最重要的充注和运聚动力，因为在低渗-致密特别又是很平缓的地层中，浮力和水动力很难成为充注和运聚的主要动力，只能在裂缝和一些大孔、渗处起作用。根据川中地区 5 个气田单井的压力演化史研究，须家河组的压力演化可分为三个阶段：150Ma 前为常压阶段，此时烃源岩尚未进入大量生气阶段；150~100Ma 为超压发育阶段，压力系数为 1.1~1.6，对应烃源岩的大量生气阶段；100Ma 至今为地层压力降低而压力系数继续增加的阶段，现今的压力系数为 1.4~1.8，对应地层抬升至今的阶段（图 4-12）。

现今地层中的超压主要反映地层的封闭性强、天然气散失少、古压力得以保存；另一方面反映了生气高峰期产生源储压力差，源储压力差是大面积低渗砂岩成藏的主要动力。虽然超压是最主要的成藏动力，但天然气扩散也相当重要，特别是当压力充注无法达到或实现时，天然气扩散就成为主要的运移方式，也是低渗甚至致密储层中大面积含气的重要原因。

（二）天然气在非均质低渗储层中为非达西流运移

低渗储层孔喉细小，孔隙结构复杂，黏土矿物多，比表面大，液固相间分子力作用强，液相边界层厚度大使有效渗流空间进一步减小，非润湿相的油气还要受到克服变形的毛细管阻力和贾敏效应等作用，使得流体在超微孔喉中渗流非常困难，且流速很慢。通过低渗储层岩心的室内实验可以获得启动压力梯度与渗流速度的非线性关系曲线（吕成远等，2002）。从流速（V）与压力梯度（$\Delta P/L$）

之间的关系可见，它们之间呈非线性关系，不能用达西公式来计算，而属于低速非达西流。其渗流曲线的特征如图 4-13 所示。

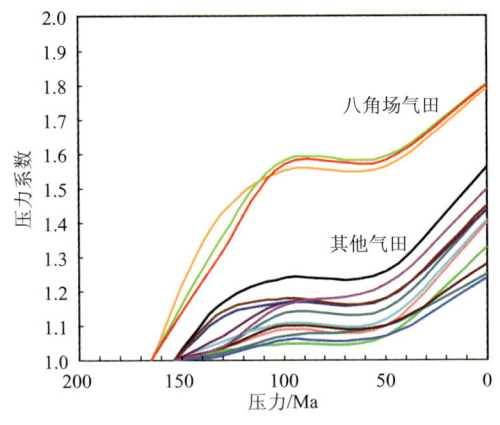

图 4-12　四川盆地川中须家河组低渗砂岩大型气田压力系数演化趋势图

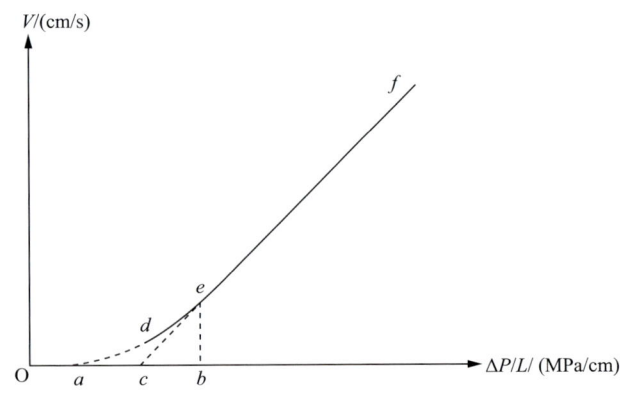

图 4-13　低渗砂岩非达西渗流曲线（李明诚和李剑，2010）

图 4-13 中 Oa 段虽驱动压力梯度（$\Delta P/L$）不断增加，但流速 $V=0$ 说明流体不流动；当 $\Delta P/L$ 达到 a 点（最小启动压力梯度），流体才开始有低速渗流，它表示最大喉道半径中的流动渗流所需启动压力，随着 $\Delta P/L$ 的增加整个 ad 段为上凹形曲线，$\Delta P/L$ 与 V 呈非线性关系，为非线性渗流段，当 $\Delta P/L$ 增加到 b 点（最大启动压力梯度）它代表最小喉道半径中的流体渗流所需启动压力，此后流体开始出现达西渗流，整个 ef 呈直线段；c 点是 ef 直线段在压力梯度轴上的截距，它代表平均喉道半径中流体渗流所需启动压力，又称为拟启动压力梯度，其大小反映了非线性段延伸的长短和曲率的大小，体现了渗流的非线性程度。在定量研究中常用拟启动压力梯度进行渗流量的计算。由此可知，在考虑油气向低渗致密储层中充注运移时，只有当充注压力梯度≥最小启动压力时流体才能开始有充注运移发生。从四川盆地须家河组不同渗透率砂岩样品的充注模拟实验结果可见（图 4-14），随样品渗透率增大，所需启动压力降低。

低渗储层中的非达西流除具有启动压力外，还有另一个突出的特征，就是气—水两相在运移过程中所受阻力大小和难易程度有更大的差别，首先是天然气运移的浮力基本上不起作用，而微小毛细管中的阻力又很大，游离相运移还要求一定的含气饱和度和有效渗透率；而水的运移只有很小的层间摩擦阻力。所以在一定的充注压力梯度下，水先被排出和运移而后才是天然气运移。只有当充注压力梯度足够大、气源又很充足时，最终才会形成上水下气、典型的气-水倒置分布。但实际上由于致密地层的非均质性很强，各处孔喉大小和结构都不同，往往是在局部较大孔喉中为气所占据，而在大部分更微小孔喉中为水所占据，结果大多数情况是气水混杂分布。

二、大面积低渗砂岩气藏的聚集方式与特征

（一）大面积低渗砂岩气藏的聚集方式主要是动力圈闭

随着地层的深埋，烃源岩逐渐成熟开始大量生烃，并产生超压，同时与之相邻的储集砂岩也日

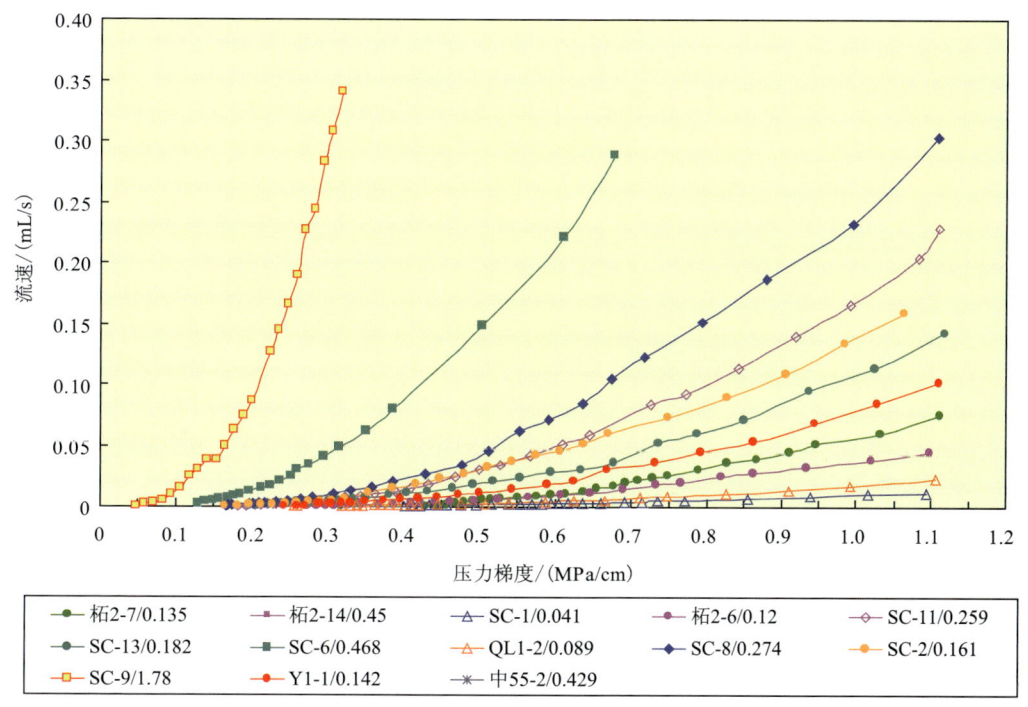

图 4-14 四川盆地须家河组不同渗透率样品的天然气运移渗流曲线

注：柘 2-7/0.135 样号 / 渗透率（ $\times 10^{-3}\mu m^2$ ）

益致密化（尤其是煤系地层中的砂岩更易早期致密），此时排烃的主要动力已由差异压实所产生的瞬时剩余压力转变为生烃过程中所产生的超压，并推动着油气向邻近低渗砂岩储层中的较大孔喉充注。随着埋深和成熟度的增加，超压和超压梯度也不断增加，油气缓慢地在致密储层较大孔喉中延伸并逐渐扩展到相邻的较小孔喉中。在此推进的过程中，由于水容易排出总是运移在前，油气运移困难，总是驱替在后，而且更多地占据较易进入的大孔喉，而水则更多地保留或占据在小孔喉中。结果在非均质性很强，结构复杂的三维孔喉网络空间中，就会形成没有统一烃水界面、没有一定形状的、烃-水混杂分布的状态。如果超压足够大、烃源又充足，那么油气充注的距离和范围就大，孔喉中的含烃饱和度也高；即使砂岩储层的致密程度较高，孔喉较小，也能达到相应较好的充注效果。可见，油气充注范围的大小、含烃饱和度的高低完全取决于生烃超压的强弱以及致密储层中孔喉的大小和分布。

当地层抬升生烃停滞或生烃强度减弱（古地温降低、有机质丰度不足等原因），生烃超压也就不再增加，向致密储层中的充注和运移也就停止了。此时，烃类在致密储层中到达的边界和滞留的三维空间，也就是圈闭的边界和油气藏的范围。这里我们把致密储层中油气的这样一个成藏过程和机制，统称为动力圈闭（李明诚和李剑，2010）（图4-15）。由此可见，动力圈闭既是油气在低渗致密储层中滞留的一个三维空间，又体现了油气在低渗致密储层中运聚成藏的动力；同时也是生烃超压、非达西渗流、近源聚集必然产生的结果。低渗致密储层中的动力圈闭与常规储层中的常规圈闭存在明显不同（表4-2）。

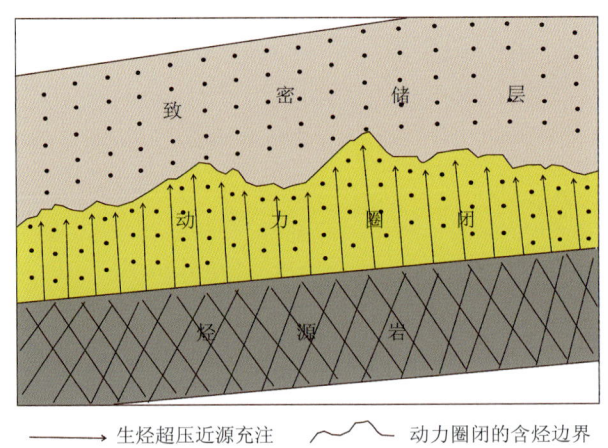

图 4-15 动力圈闭示意图

表 4-2 动力圈闭与常规圈闭特征的比较

特征	动力圈闭	常规圈闭
圈闭储层	低渗致密地层	中高渗地层
圈闭盖层	不需要直接盖层	需要直接盖层
充注动力	以超压为主	以浮力为主
渗流方式	低速非达西流	达西流
圈闭形态	受超压梯度和岩石物性控制，具不规则烃-水边界和形态	受构造和遮挡层（盖层）形态控制，一般有规则的烃-水边界
油（气）水关系	油（气）水混杂分异或无底水形成油（气）水倒置的动态界面	受重力分异，油（气）在上、水在下，有明显的油（气）-水界面
流体压力	有由超压向负压最终到常压的旋回变化	主要是常压
圈闭分布	在地层中可大面积连续分布	在地层中一般是局部非连续分布
含烃饱和度	一般大于35%	一般大于50%
成藏类型	非常规油气藏	常规油气藏

动力圈闭形成条件一般要有能够产生超压的良好烃源岩，在时间上要求当源岩大量生排烃时，低渗致密储层已经形成。源、储层要有良好的配置，在空间上要邻近形成下生上储或上生下储的组合，最好是大范围的叠置互层，以利于生烃超压非达西流近源充注。因此，认识动力圈闭形成的条件能为更有效的进行勘探评价提供思路，只有在储层"甜点"和源岩"甜点"叠合的地区才是勘探最有利的地区。典型气藏的解剖和成藏物理模拟实验均验证了这一问题。

1. 典型实例表明低渗砂岩具有动力圈闭特征

烃源岩生成油气后将使源岩体积发生膨胀，从而产生超压。在超压驱动下，油气沿断裂或微裂缝运移至就近储层，置换出储层中的原始地层水，并优先聚集在物性较好的部位。广安须六气藏就是其中的典型实例，天然气主要富集在广安 2、广 51 和广安 103 等井区的相对高孔储集体中

（图4-16），平均孔隙度分别为11.55%、10.1%和8.2%；广参2井等储层孔隙（平均孔隙度7.8%）较低处同样含气，只是由于物性较低而以产微气为主。含油气的边界和范围完全随超压梯度的大小和储层物性的非均质而变化。成藏范围和大小主要决定于超压充注的强度，超压梯度越大，油气能够充注的储层下限就越低，砂体含气的范围就越大。

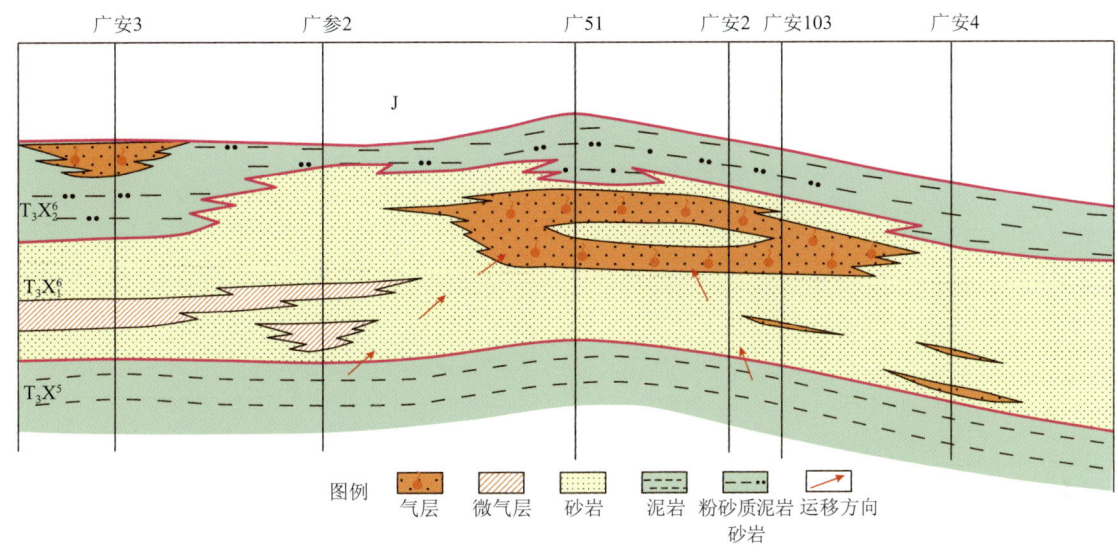

图4-16　四川盆地广安气田须六段气藏动力圈闭聚集模式图

鄂尔多斯盆地盒8段气藏（图4-17）同样展示，在一定的充注压力下，有效砂体之间的低渗砂岩（致密砂岩）可以构成有效储层的"阻流层"，随着充注动力的增大，"阻流层"范围逐渐缩小。因此，平缓背景下低渗砂岩储层的非均质性易形成动力圈闭气藏。

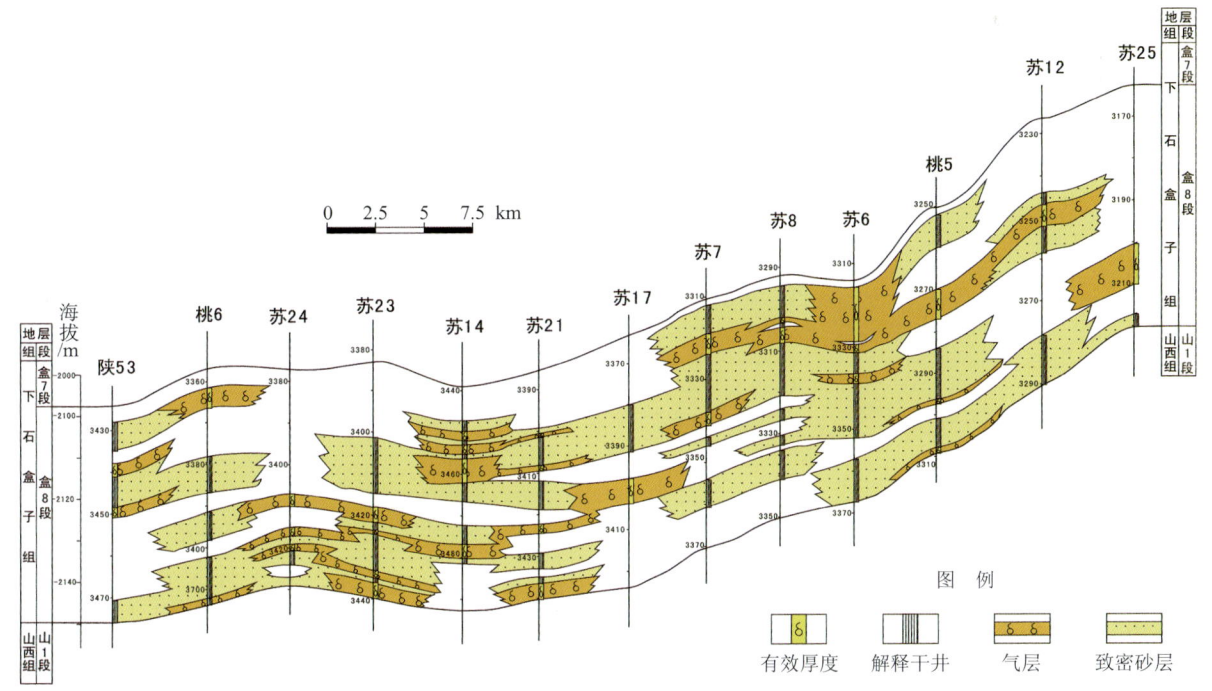

图4-17　苏里格气田陕53-苏25井盒8段气藏剖面图

2. 二维成藏物理模拟实验再现了充注动力与渗透率级差控藏

为了验证上述气藏解剖的现象，开展了多轮二维成藏模拟实验。第一轮模拟实验主要从定性角度说明了物性差异对天然气富集的影响。将两种不同粒径的砂（粗砂为20～40目，细砂为40～60目）制成图4-18中的实验模型（红线条之内为粗砂，周缘为细砂），并采用底部注气方式。左图为充气前模型，右图为最终实验结果，可见在三个相对粗砂中形成了天然气富集（砂体颜色发白）。这一实验说明只要存在物性差异，就可在相对粗砂层中形成天然气的富集。

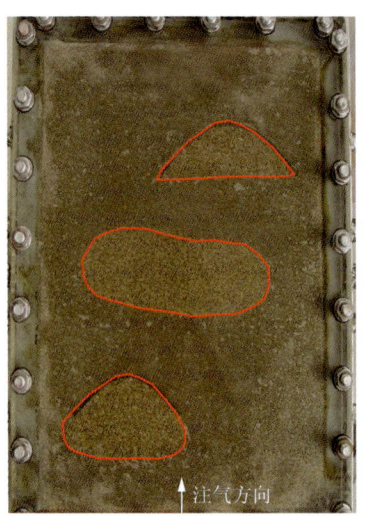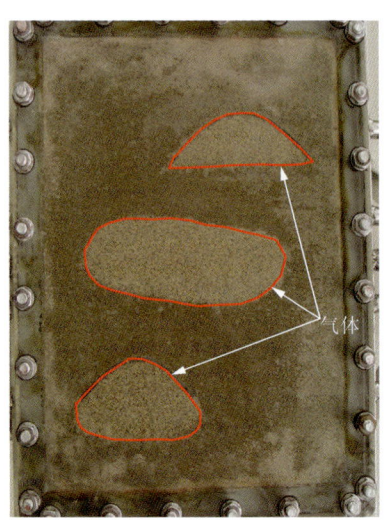

图4-18　砂岩成藏物理模拟实验图（两种粒径砂）

为了说明不同粒径砂对天然气富集的影响，采用了四种不同粒径的砂（1～4号砂的粒径分别为20～30目、30～40目、40～60目、60～80目）制成如图4-19的模型，仍然采用底部注气方式。实验结果是：

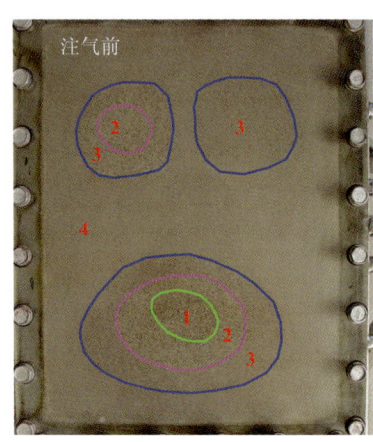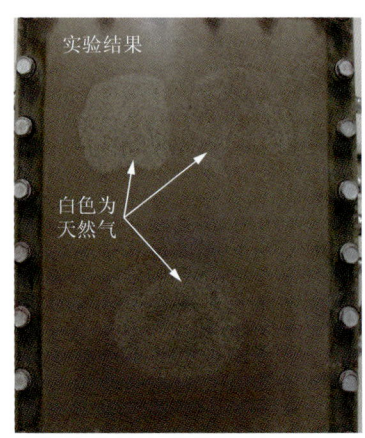

图4-19　砂岩成藏物理模拟实验图（四种粒径砂）

天然气首先聚集在下部的1号砂体，然后是下部的2号砂体和左上部的2号砂体，2号砂体聚气后，依次聚集下部的3号砂体和上部的两处3号砂体。4号砂体中虽然没有象其他砂体那样明显含气，实际上其中也含气，只是含气程度较低，没有形成"规模"聚集而已。这一实验说明了天然气具有优势聚集的特点，按照充注的能级顺序依次聚集在由粗砂到细砂的不同粒径砂层中。

以上的实验只是从定性角度探讨天然气的富集特点，在此基础上，我们对实验进行了四个方面的改进，即定量描述不同粒径砂的渗透率及相对关系；定量采用了不同的充注压力；多部位注气：底部、侧面、顶部、中间；增加了灵敏度高的压力传感器。通过多组实验，获得多项重要认识：

（1）砂体含气或含水与其充注动力有关

实验模型中不同粒级砂（砂粒相对大小：细砂1＜细砂2＜粗砂1＜粗砂2）的排列次序如图4-20所示，采用底部注气。最终的实验结果表明：在较小充注压力下，气体主要聚集在粗砂1中（图4-20（a）），而未能突破里层的细砂1，致使中间部位的粗砂2没有聚气。随充注压力的增大，气体能突破细砂1进入粗砂2中（图4-20（b）），且随注压力的增大，气体进入细砂2的时间缩短（图4-20（c）（d））。

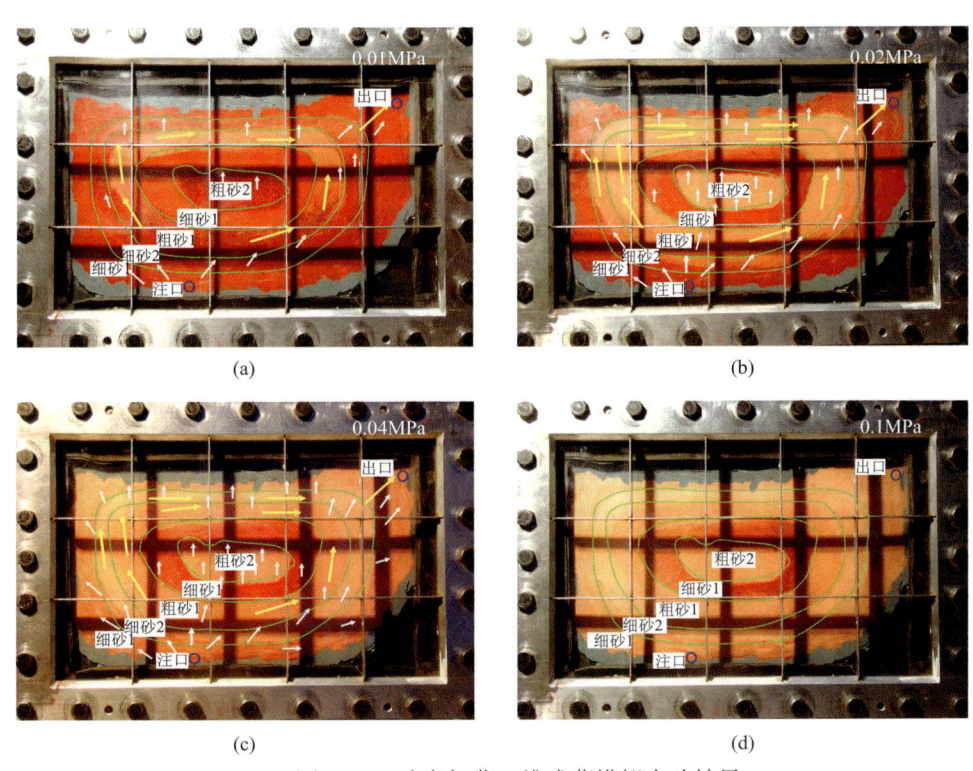

图4-20 砂岩气藏二维成藏模拟实验结果

（a）0.01MPa注气压力下，注气382min后，实验达到稳定；（b）0.02MPa注气压力下，注气533min后，实验达到稳定；（c）注气压力至0.04MPa，注气353min后，实验达到稳定；（d）注气压力至0.1MPa，注气247min后，实验达到稳定

（2）实验条件下，砂体物性一定，注气位置不同、注气压力不同，能够成藏的砂体渗透率级差大于3.2

根据须家河组源储交互的地质特点，设置了如图4-21所示的实验模型。自下而上共有四个大面积分布的砂层，分别为细砂1、细砂2、细砂1、细砂2，在上、下两个细砂2中，分别有物性不同的粗砂1和粗砂2砂体，其中下部的细砂2砂层中，各有一个粗砂1和粗砂2砂体，上部的细砂2砂层中，有1个粗砂1砂体和和2个粗砂2砂体。细砂1粒径为0.05～0.1mm

（渗透率 $416\times10^{-3}\mu m^2$），细砂 2 粒径为 0.1～0.15mm（渗透率 $1156\times10^{-3}\mu m^2$），各粗砂的参数如表 4-3 所示。

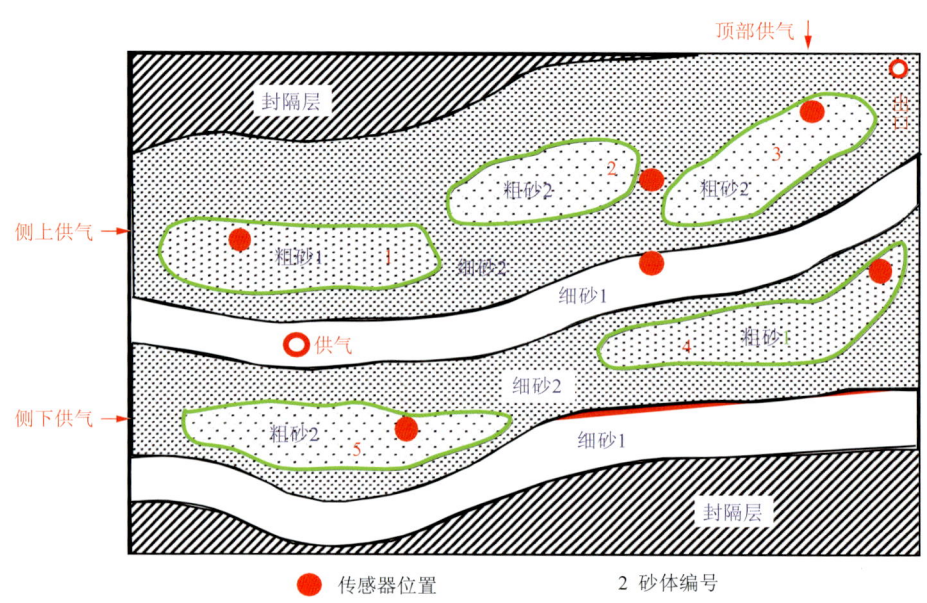

图 4-21　二维成藏模拟实验模型

不同充注方式中，中间注气、侧下注气、侧上注气、顶部小压注气的压力均为 0.01MPa，顶部大压注气的压力均为 0.02MPa。从这些实验结果可见，在充注压力一定时，砂体的成藏受渗透率级差的影响，当渗透率级差大于 3.2 时，2、3、5 号砂体可以成藏（表 4-3）；当渗透率级差不变时，同样是顶部注气，充注压力为 0.01MPa 时，5 号砂体不能成藏，而动力越大，充注压力为 0.02MPa 时，处于下部的 5 号砂体则能成藏。

表 4-3　模拟实验参数、注气方式与气体聚集状况

砂体编号	粒径/mm	渗透率/$10^{-3}\mu m^2$	与围岩砂层的渗透率级差	注气方式及是否成藏				
				中间注气	侧下注气	侧上注气	顶部小压注气	顶部大压注气
1号（粗砂1）	0.15～0.2	2266	2.0	否	否	否	否	否
2号（粗砂2）	0.2～0.25	3746	3.2	是	是	是	是	是
3号（粗砂2）	0.2～0.25	3746	3.2	是	是	是	是	是
4号（粗砂1）	0.15～0.2	2266	2.0	否	否	否	否	否
5号（粗砂2）	0.2～0.25	3746	3.2	是	是	否	否	是

综上可见，充注动力和渗透率级差是控制大面积低渗透砂岩天然气富集的关键因素，也体现了动力圈闭大面积低渗砂岩气藏的聚集方式。

（二）大面积低渗砂岩气藏具有近源高效聚集的特征

近源高效聚集包含近源充注和高效聚集两方面的涵义。近源充注是指低渗砂岩气藏的天然气组份、同位素特征和源岩成熟度具有很好的一致性，即烃源岩成熟度相对较高的区域，天然气组份偏干，甲烷碳同位素偏重。如四川盆地须家河组须四段所含的天然气紧邻下伏的须家河组三段烃源岩，因此，在横向上，相对较重的天然气甲烷碳同位素值主要分布在烃源岩成熟度相对较高的区域（图4-22），天然气组份中的甲烷含量也有相似的分布规律。纵向上，同一气田下部层段天然气成熟度略高于上部层段，天然气 $\delta^{13}C_1$ 值自上而下变重，甲烷含量增高，干燥系数增大。鄂尔多斯盆地上古生界天然气组份、同位素分布格局与石炭—二叠系烃源岩的成熟演化趋势也具有较好的相似性，曹锋（2011）、李贤庆等（2012）也论证了鄂尔多斯盆地上古生界天然气近源运聚的特征。这些证据揭示了克拉通之上平缓背景下致密砂岩天然气主要为近源充注、聚集的特征。

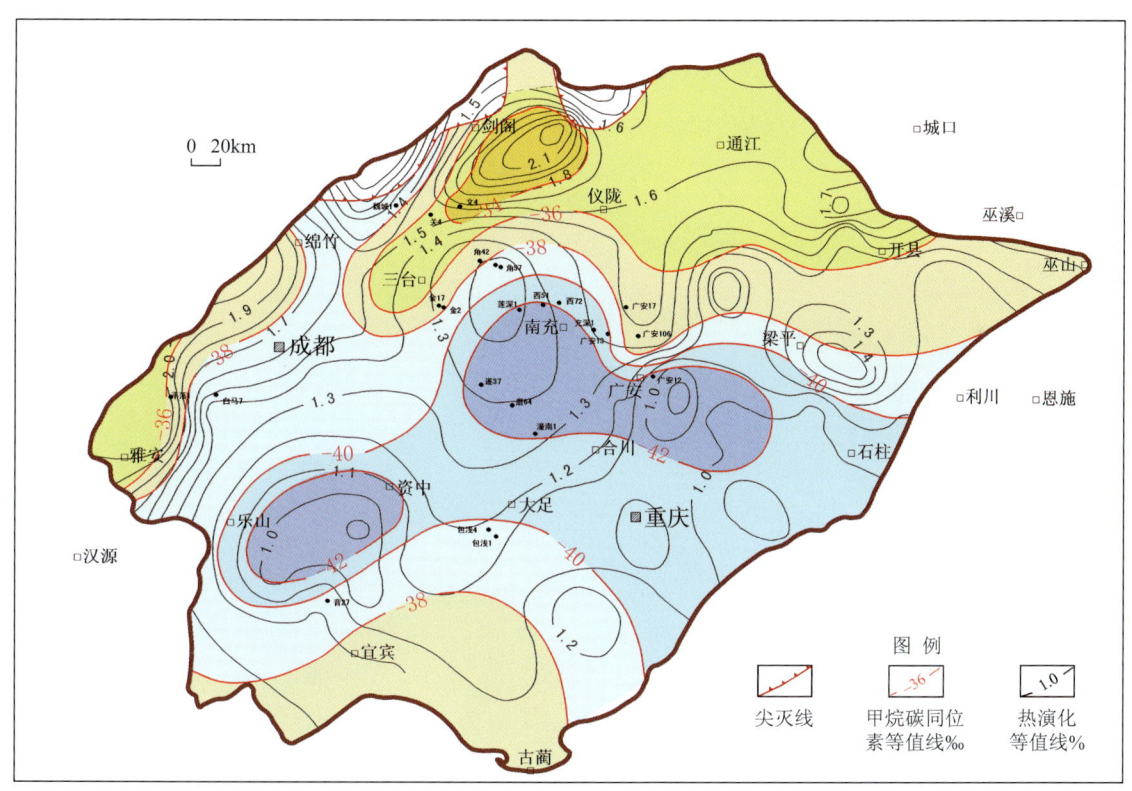

图4-22　四川盆地天然气甲烷碳同位素与烃源岩热演化趋势图

这种近源高效聚集的"高效"与时间无关，是指天然气运聚的量占总生气量的比例高，即运聚系数高。低渗砂岩气藏由于储层致密，天然气进入储层以后难以散失，聚集效率比常规气藏相对要高。通过典型气藏（刻度区）的解剖，低渗砂岩天然气的运聚系数较高，可达3%~5.2%，如鄂尔多斯苏里格等气藏运聚系数为3.0%~3.8%，四川须家河组气藏运聚系数为4.6%~5.2%

（表 4-4）。这种高效聚集使得低渗砂岩在烃源岩生气强度 $10 \times 10^8 m^3/km^2$ 的区域可以形成大气田（图 4-23、图 4-24），这就突破了大气田形成于生气强度大于 $20 \times 10^8 m^3/km^2$ 的认识。

表 4-4　四川盆地和鄂尔多斯盆地刻度区运聚系数

刻度区	单元面积/km²	生气量/10⁸m³	储量/10⁸m³	运聚系数/%
广安	1733	29470	1356	4.6
八角场	208.8	7308	351	4.8
合川	3532.3	44154	2296	5.2
苏里格西一区	8033	160821	6169	3.8
苏里格中区	6261	150452	5337	3.5
苏里格东一区	6692	170579	6115	3.6
榆林	3241	69617	2094	3.0

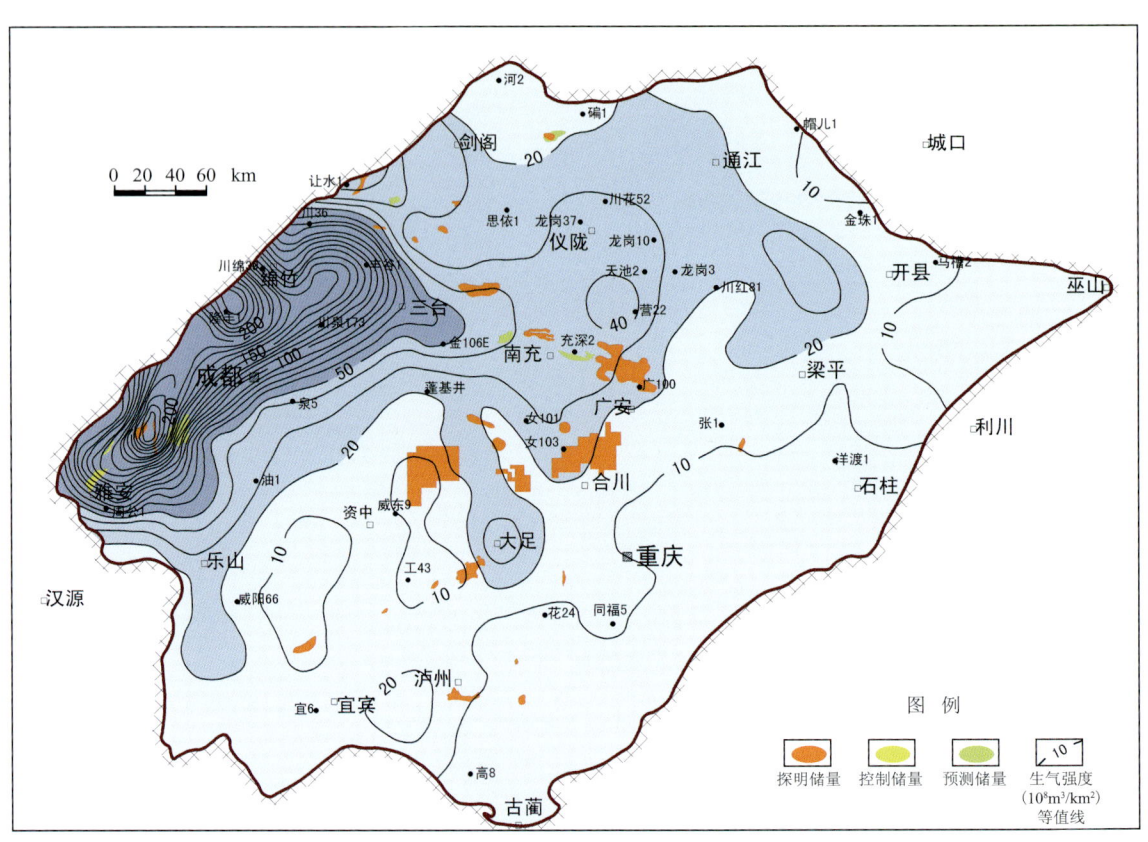

图 4-23　四川盆地须家河组烃源岩生气强度等值线与气藏叠合图

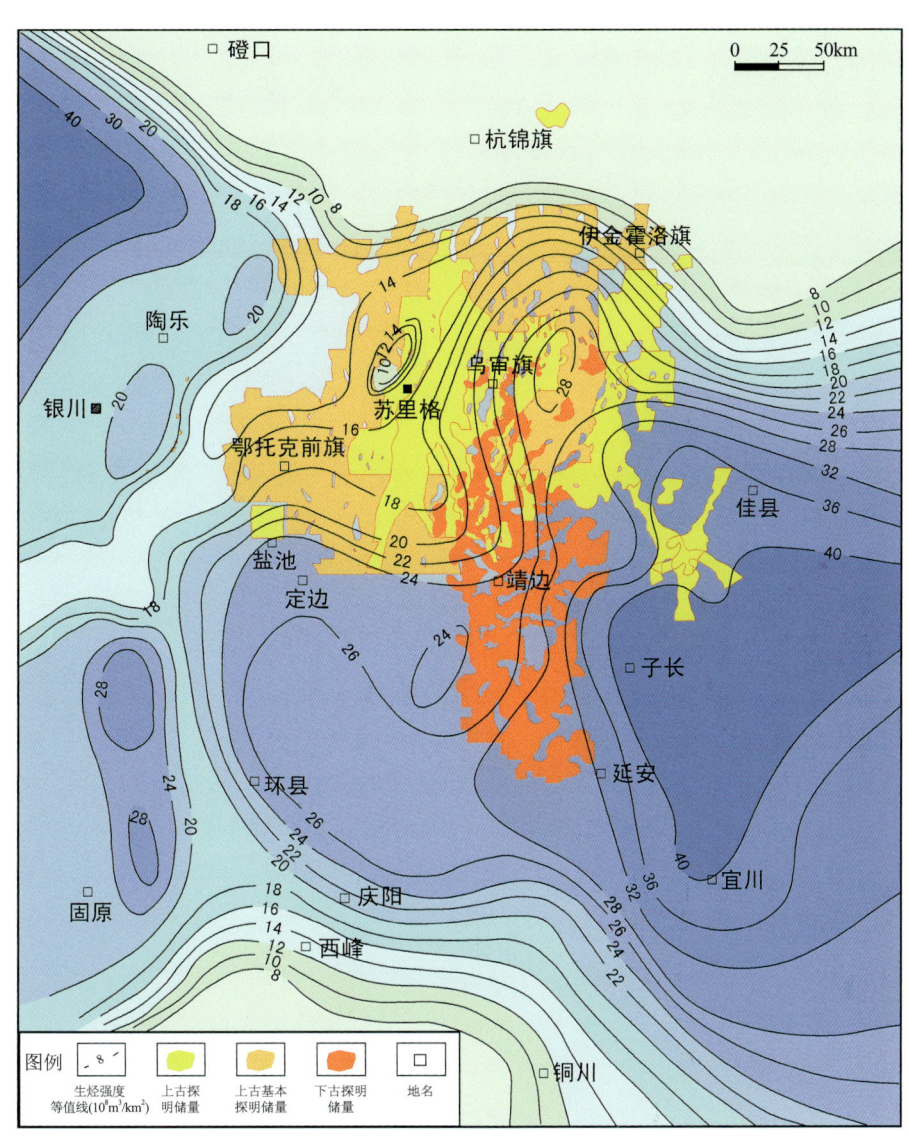

图 4-24 鄂尔多斯盆地上古生界烃源岩生气强度等值线与气藏分布叠合图

三、大面积低渗砂岩气藏的成藏模式

鄂尔多斯盆地上古生界和四川盆地须家河低渗砂岩气藏既有许多相似之处，如低孔低渗、大面积含气、分布于分流河道、储量丰度总体较低、中低产量为主等，但仍然存在一些不同点，主要表现为鄂尔多斯盆地上古生界为区域单斜背景上的大面积岩性气藏，大川中须家河组主要为大面积含气、局部构造富气的构造-岩性复合气藏。

（一）区域单斜背景上大面积含气的低渗砂岩气藏成藏模式

苏里格-榆林地区煤系烃源层主要发育在山西组2段—太原组，而储集层主要是山1段—盒8段、山2段—太原组，从源储空间分布关系看，存在下生上储（山2段—太原组生，山1段—盒8段储）和自生自储（山2段—太原组生、储）两种源储配置关系（图4-25）。从目前的勘探现状看，盒8

段气藏储集性能最好，其次是山 1 段气藏，山 2 段—太原组较低，与此相类似，已发现储量也是盒 8 段气藏最多，其次是山 1 段气藏，山 2 段—太原组较少。

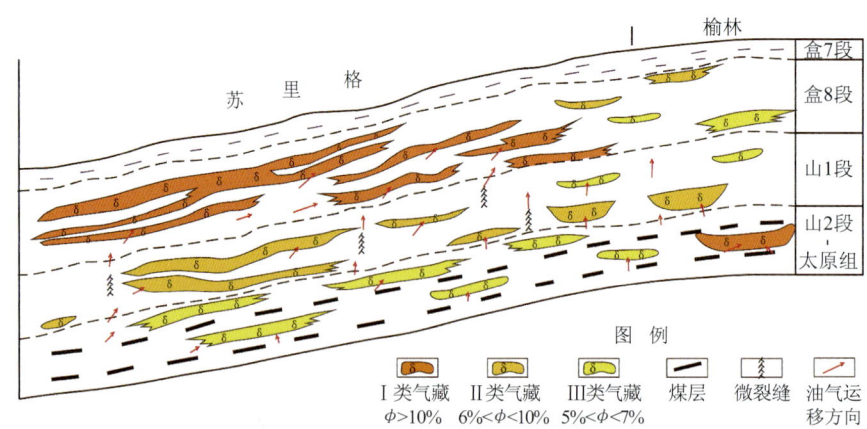

图 4-25 鄂尔多斯盆地上古生界大面积岩性气藏成藏模式：苏里格 - 榆林气藏剖面示意图

山 2 段—太原组这种源内组合气藏，主要是在烃源岩生烃超压的驱动下，油气就近进入储集性能较好的储集体中并富集成藏。对于某些相对致密层段，油气可能以扩散方式运移其中，形成了大面积含气的局面。

山 1 段—盒 8 段源顶组合气藏，孔隙和微裂缝构成的网状输导体系起着非常重要的作用。在底部烃源岩生烃超压的驱动下，油气沿网状输导通道向山 1 段—盒 8 段储层运移，并在较好的储集体中富集成藏。随着下部气源的不断补充，油气逐渐向顶部的盒 8 段储层中运移、富集，形成了盒 8 段气藏天然气富集程度明显高于山 1 段和山 2 段太原组气藏的现象。

（二）大面积含气、局部构造富气的气藏成藏过程与模式

1. 须家河组低渗砂岩大型气田成藏过程

气田的成藏过程实际上就是成藏条件（即成藏要素和成藏作用）在时空上有效匹配的过程。这一有效过程用时间来描述就是成藏的时期（即成藏期）。

对采自川中 - 川南地区须家河组不同构造的 39 块样品进行了含烃类包裹体均一温度的测试。这些包裹体赋存在石英颗粒的微裂隙和砂岩裂缝充填的方解石脉中。从所测得的结果分析，全区须家河组包裹体均一温度为 80～180℃，但主要为 80～140℃，主峰为 100～120℃。表明烃类充注属于连续充注类型，应看作是一次充注，只是其充注的时间跨度较大。结合烃源岩的演化史，我们认为，天然气充注时期为晚侏罗世至白垩纪。

须家河组样品的 K-Ar 年龄为 120.6～75Ma，这一年龄对应的地质年代是白垩纪。这也表明须家河组油气进入储层的最早时间以白垩纪为主。

2. 成藏要素的配置关系分析

空间上，须家河组气藏是自生自储的，但从小范围内的生储盖层空间接触关系看，属于多层叠置的下生上储和上生下储的关系（图 4-26）。因为烃源岩生成的油气可以充注到紧邻的上下储

层中。这种空间配置关系有利于油气的运移聚集。

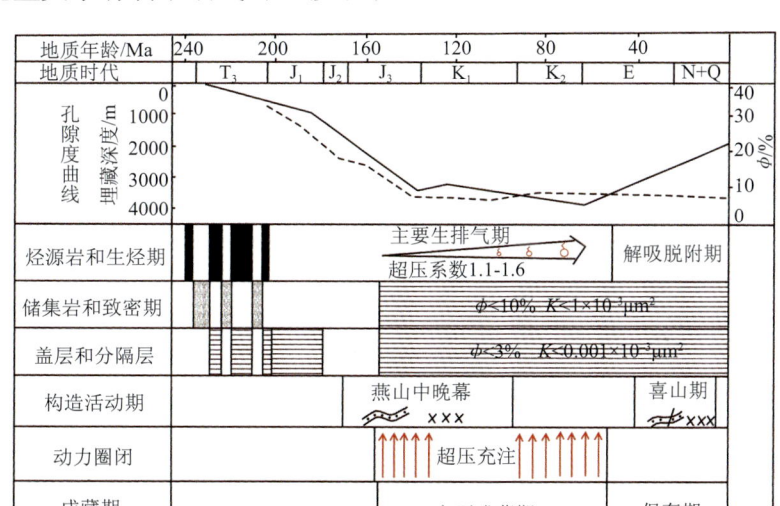

图 4-26　四川盆地川中地区须家河组天然气成藏综合事件图

时间上，须家河组烃源岩在中侏罗世时开始进入生烃门限，晚侏罗世时已开始大量生油，晚侏罗纪晚期开始进入高成熟的湿气生成阶段，现今基本处于高成熟阶段，以生成湿气为主。

储层孔隙演化史表明，川中地区须家河组砂岩演化至晚侏罗世早期，在经历了压实作用、砂岩次生加大等作用后，孔隙度已大为降低，一般降至10%左右。晚侏罗世—早白垩世时期，砂岩又经历了铁绿泥石环边胶结、自生石英充填等作用，其孔隙度仍然保持在10%左右。经过上述的成岩演化，颗粒粗的大部分岩屑石英砂岩仅残留了部分原生孔隙，细粒砂岩几乎没有多少孔隙，喉道发育差，而此时也是须家河组烃源岩大量生烃的时期。该区砂岩孔隙普遍致密、含水饱和度高、地层水矿化度高等说明烃类的大量注入时期应该是在砂岩致密化之后。

川中地区的砂岩透镜体岩性圈闭在侏罗纪时期，其周缘的泥岩封盖层已具有封闭能力，而构造圈闭虽然是在喜山期最终定型，但在三叠纪末期已具雏形，为烃类的充注提供了聚集的场所。

3. 天然气藏成藏模式

根据须家河组烃源岩热演化史、储层孔隙演化史以及构造圈闭发育史，结合油、气、水地球化学性质及气藏温压演化特点，建立了须家河组主要层段大面积低渗砂岩气藏的成藏模式。

印支期，须家河组沉积后，在须二段、须四段和须六段以砂岩为主的储层段中，由于砂岩储层的非均质性，在某些地区形成相对高渗的储集体，为烃类的充注提供聚集场所（图4-27（a））。

燕山期，须一段、须三段、须五段烃源层生成的大量油气首先以垂向运移方式进入须二段、须四段和须六段储层。此期砂岩透镜体圈闭可聚集油气，进入储层的油气在持续烃源超压供给的情况下，在漫长的地质历史过程中在储层内部进行短距离的侧向运移，并向相对高渗部位逐渐富集。由于在烃类进入储层之前，砂岩孔隙中是被地层水饱和的，随着烃类的充注，在流体重力分异作用下，原始孔隙中的地层水逐渐被烃类置换，然后往低部位运移，而烃类则在高部位逐渐富集成藏（图4-27（b））。

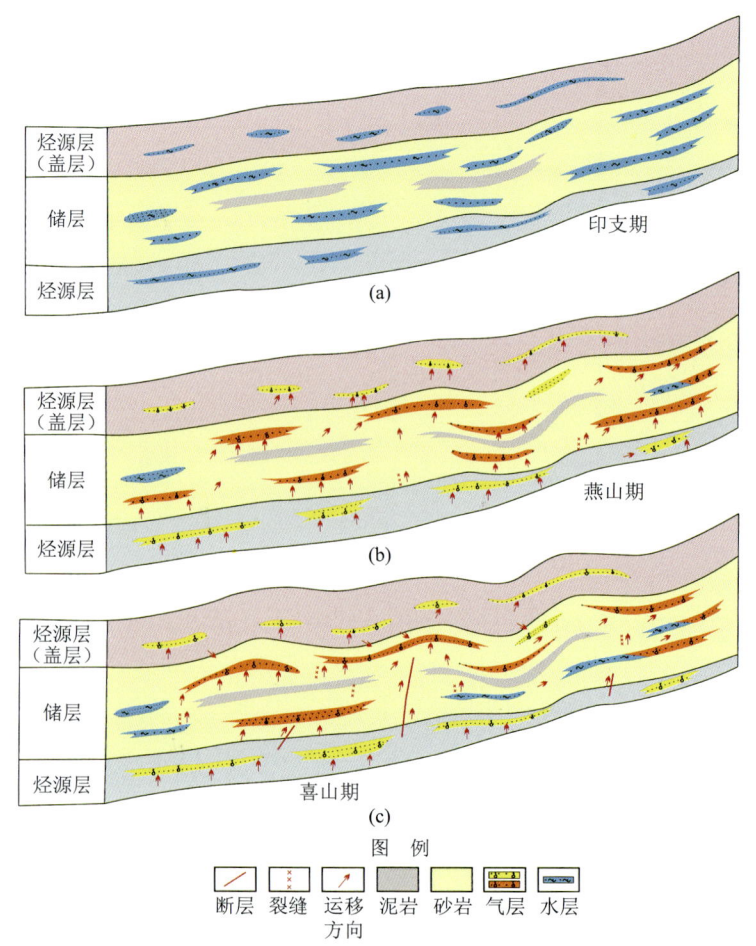

图 4-27 四川盆地须家河组天然气成藏模式图

此外，由于大面积低渗砂岩分布区地层比较平缓、构造活动较弱，且储层非均质性强，油气靠浮力的作用向高部位聚集，并驱替出地层水的速度比较慢，这也可能是须家河组气水分异程度差、储层含水饱和度普遍较高的主要原因之一。

在燕山晚期的深埋藏阶段，储层孔隙度进一步降低到 5%～10%，阻止了油气的侧向运移。喜山期，由于喜山早晚幕构造运动褶皱影响，一系列新圈闭形成，并使圈闭最终定型，此期在褶皱强度低、已有油气聚集的部位，胶结作用和压实作用受到抑制，仍能保存油气藏；在褶皱强度大的部位，构造破裂作用肢解已有油气藏，其中的油气沿着破裂带发生转移，在新圈闭中重新聚集成藏。此外，伴随破裂作用产生的裂缝成为油气运移通道，本期仍处于烃源岩高成熟湿气生成阶段，烃源岩仍能排烃，并运聚成藏。

同时，随着天然气逐渐向构造高部位聚集、并驱替地层水。同一砂体，在流体重力分异作用下，水逐渐向低部位运移，总体表现为高部位富集气，由高部位向低部位，含水量逐渐增多，直至基本为水层（图 4-27（c））。

第三节 低渗砂岩大型气田成藏富集规律

低渗砂岩大型气田的成藏富集主要受四大因素控制，即构造控制天然气的运移方向与富集程度，优质储层控制气藏的规模，有效烃源岩控制气藏的充满程度，裂缝控制天然气富集与高产。

一、构造控制天然气的运移方向与富集程度

构造对油气富集的控制作用包括古构造和现今构造两个方面。古构造对须家河组大型气田的形成有较大的影响。印支期古隆起控制华蓥山断裂以西的天然气富集，川西地区发现的气田或含气构造主要分布在燕山期古隆起及其周缘地区。

对构造型气藏而言，现今构造无疑对气藏的形成起着重要的作用，所有天然气均聚集在与构造相关的圈闭中，并且具有明显的气水边界。而对于大面积分布的岩性、复合型气藏而言，局部构造则对大面积聚集、局部富气起着一定的控制作用，同时对气水分异也有较大的影响。

四川盆地须家河组源储交互叠置的有利条件，使其具有烃源岩广覆生烃、天然气大面积聚集成藏的特点，局部构造的发育则是局部富气的主要控制因素之一。局部构造对广安须六段气藏的天然气富集及气水分布影响较为显著，构造高部位含气丰度高、气水分异程度高。如须六段在构造的高部位（广安 2-广安 103 井区）气柱高度、储量丰度比低部位（广安 109-广安 111 井区）高，高部位的气柱高度 60～150m，储量丰度 $4.2\times10^8m^3/km^2$；低部位的气柱高度 20～60m，储量丰度 $(0.5～0.8)\times10^8m^3/km^2$；高部位气水分异程度高，低部位含水增多，含气饱和度 46.6%～62.2%，均值 52.1%。广安须四气藏虽然含水程度整体较高，但对于同一砂体，仍然遵循高部位产气、低部位产水的规律；营山、龙岗构造虽然各自均没有统一的气水界面，尤其是营山 103、营山 105、营山 106、龙岗 172 井在须二段均产不同程度的水，但目前大部分的纯产气井主要分布在局部构造高点上。

鄂尔多斯盆地苏里格山西组—石盒子组气藏是在区域西倾单斜背景上的岩性气藏，气藏的形成主要受储层物性差异的控制，因此，构造格局对其控制作用不明显。

二、优质储层控制气藏的规模

大面积低渗砂岩储层的发育主要受沉积相、岩石相和成岩相的控制。储层的发育进一步控制着天然气富集的部位和规模。

（一）天然气主要分布于三角洲前缘的分流河道沉积相中

沉积相研究结果表明，四川盆地须家河组主要发育三角洲沉积相和湖泊沉积相，沉积微相主要包括三角洲平原、沼泽、分流河道、河口坝、席状砂、浅湖相等。其中，三角洲相的分流河道是储层物性较好的地带，也就是控制气藏分布最主要的沉积相带。须二段、须四段和须六段相似，获工

业油气流的井主要分布在水下分流河道沉积的有利相带中，如龙岗构造获工业油气流的龙岗3、龙岗9、龙岗10、龙岗20等井，以及大足-荷包场等构造均分布于水下分流河道沉积微相中。

鄂尔多斯盆地低孔渗碎屑岩优质储层则主要发育于河道微相中。根据对鄂尔多斯盆地上古生界沉积微相研究，鄂尔多斯盆地上古生界中粗粒砂岩主要分布在辫状水道和分流河道微相中，这些相带储层物性相对好（图4-28），因此有效储层以辫状水道和分流河道砂体为主，有利于油气的富集。目前已发现的气藏主要分布在辫状水道和分流河道中。

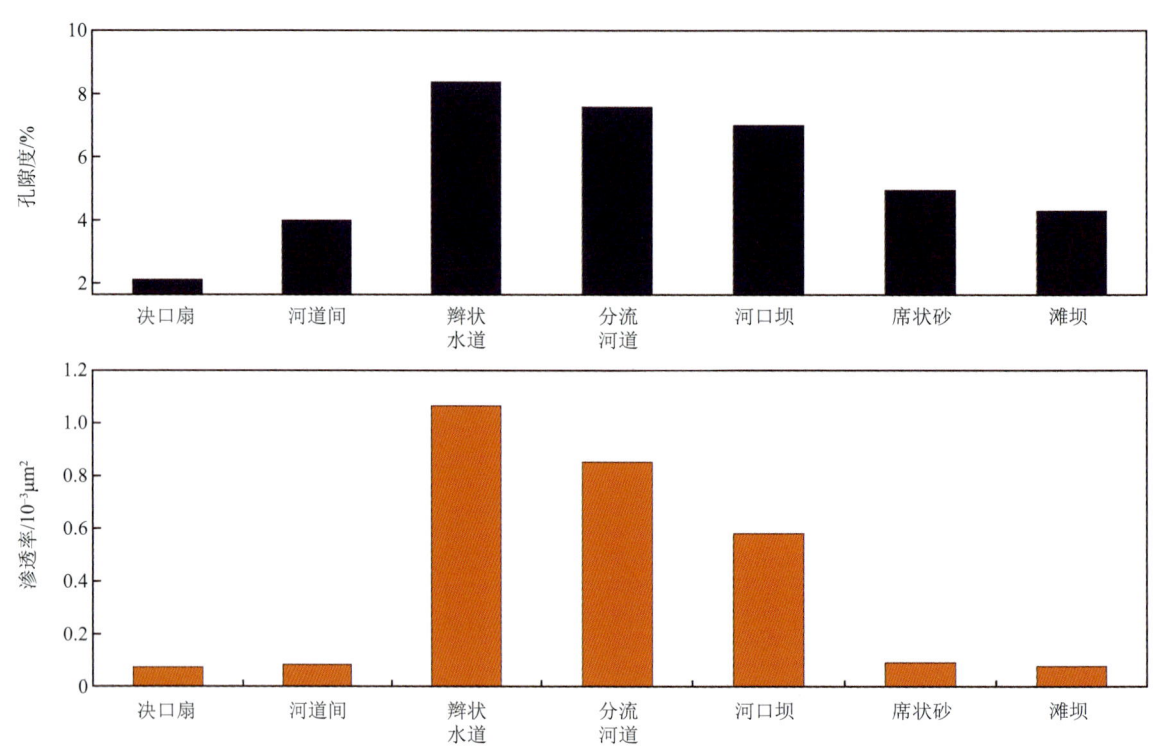

图4-28　低渗透砂岩不同沉积微相的储层物性分布图

（二）储层发育部位控制天然气的富集

根据砂体沉积时物源供应速率与可容纳空间增长速率之间关系，将须家河组砂体划分为进积、加积式及退积式三种砂体叠置方式。研究表明，纵向上，加积式砂体的储集性能最佳，是油气富集的主要部位（图4-29）。平面上，储层的广泛发育控制天然气大面积成藏，而相对高孔渗储层的发育控制局部富气，大型气田主要分布于多套优质储层叠置区。须家河组储层的大面积分布为天然气的大面积成藏奠定了基础，但储层的非均质性又是造成局部富气的重要原因之一。从须二储层孔隙度平面分布与气藏分布的叠合图（图4-30）看，气藏主要分布在储层孔隙相对发育的区域。须四、须六段气藏也具有同样的特征。

鄂尔多斯盆地原生孔隙发育的高石英含量砂岩控制山2段气藏的分布。山2段气藏受控于物源分异和原生孔隙的保存：物源分异造就山2段两大高石英含量带原生孔隙发育。同时，烃类早期充注抑制了石英的次生加大，有利于原生孔隙的保存，盆地中东部和天环北地区为早期气体充注区。

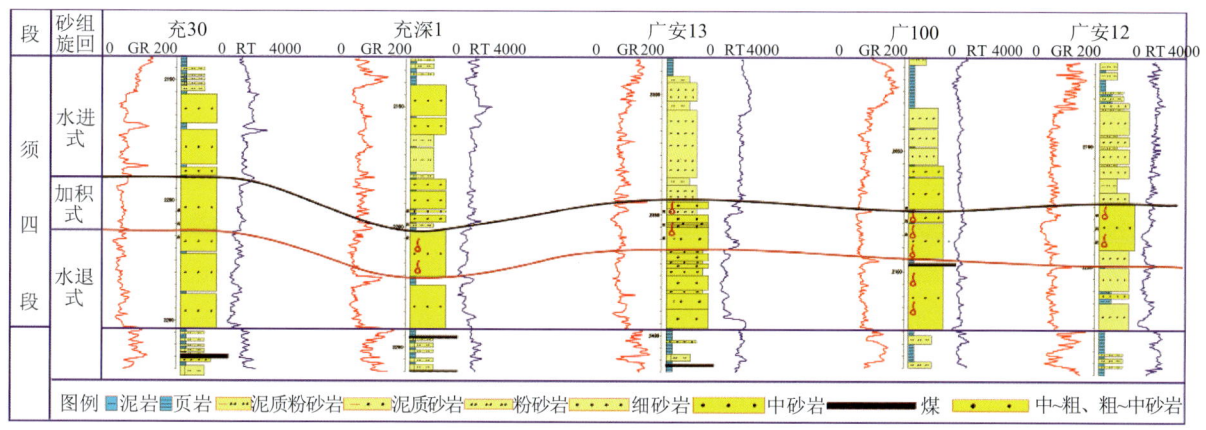

图 4-29　广安地区须四段厚层砂岩叠置方式及油气富集部位

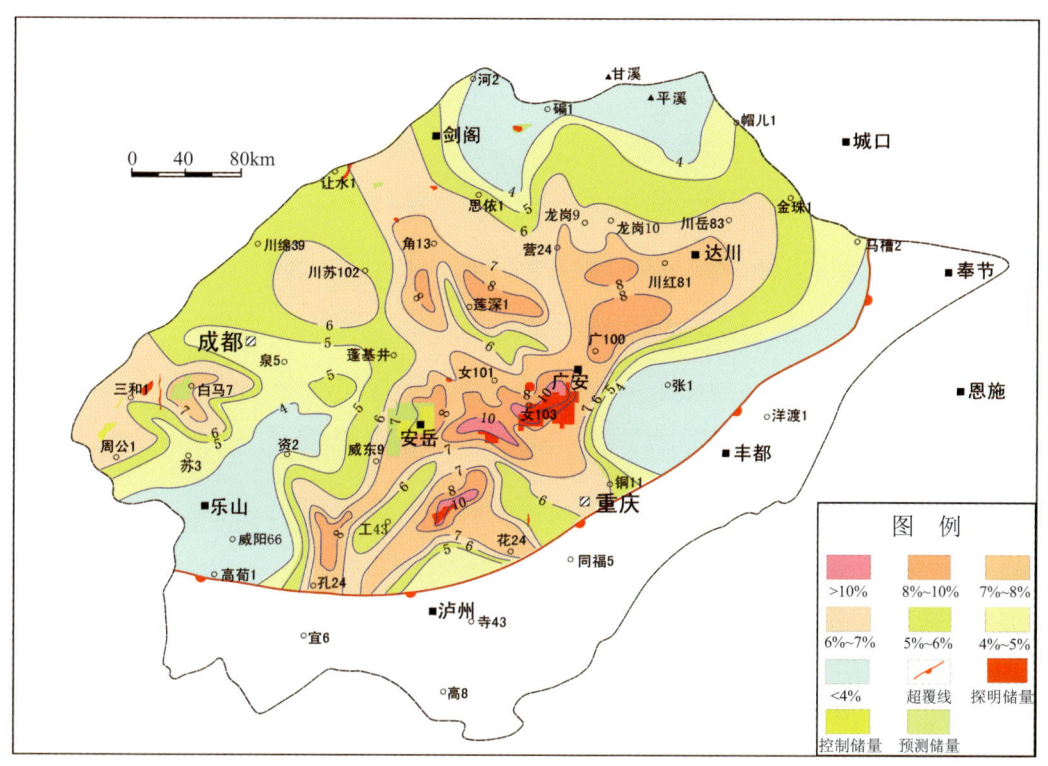

图 4-30　四川盆地须二储层孔隙度与主要气藏分布图

次生孔隙发育的粗相带砂岩控制盒 8 段气藏的富集与分布。次生孔隙发育是盒 8 段高效储层形成的有利条件，研究表明高产井主要分布于强溶蚀作用带和粗相带砂岩，次生孔隙发育。据统计，日产量大于 $5\times10^4m^3$ 产层一般有效厚度大于 3m，次生孔隙发育段大于 1~2m。高能水道形成的中-粗石英砂岩大孔隙发育，为次生孔隙发育提供有效流体流动空间。

三、有效烃源岩控制气藏的充满程度

由于须家河组各层系烃源岩生成的油气主要在紧邻烃源层的上下储集体中聚集，因此，主要储层段须四段和须六段均可分别接受来自其上下烃源岩的油气，一般不存在烃源不足的问题，而须二段储层，在须一段烃源岩厚度减薄或缺失处，源控特征就比较突出，最为典型的就是安岳、合川及九龙山地区。威东-磨溪、界市场-荷包场地区在须家河组沉积前发育两排古构造，在这些区域，须一烃源岩缺失或厚度较薄，从而对该领域须二下段的天然气充满程度产生一定的影响。安岳地区须二上亚段的含气性明显优于下亚段（图4-31），须二上亚段主要产纯气，须二下亚段气水同产或产水。如安岳2井须二上亚段日产气 $0.8646 \times 10^4 m^3$；岳101井上亚段日产气 $11.43 \times 10^4 m^3$，下亚段日产气 $0.083 \times 10^4 m^3$，日产水 $2.4 m^3$；岳5井上亚段日产气 $0.638 \times 10^4 m^3$，下亚段日产气 $0.108 \times 10^4 m^3$，日产水 $6.5 m^3$；岳3井下亚段日产气 $1.26 \times 10^4 m^3$，日产油 8.27t，日产水 $26 m^3$；岳10井下亚段测试结果为干层。

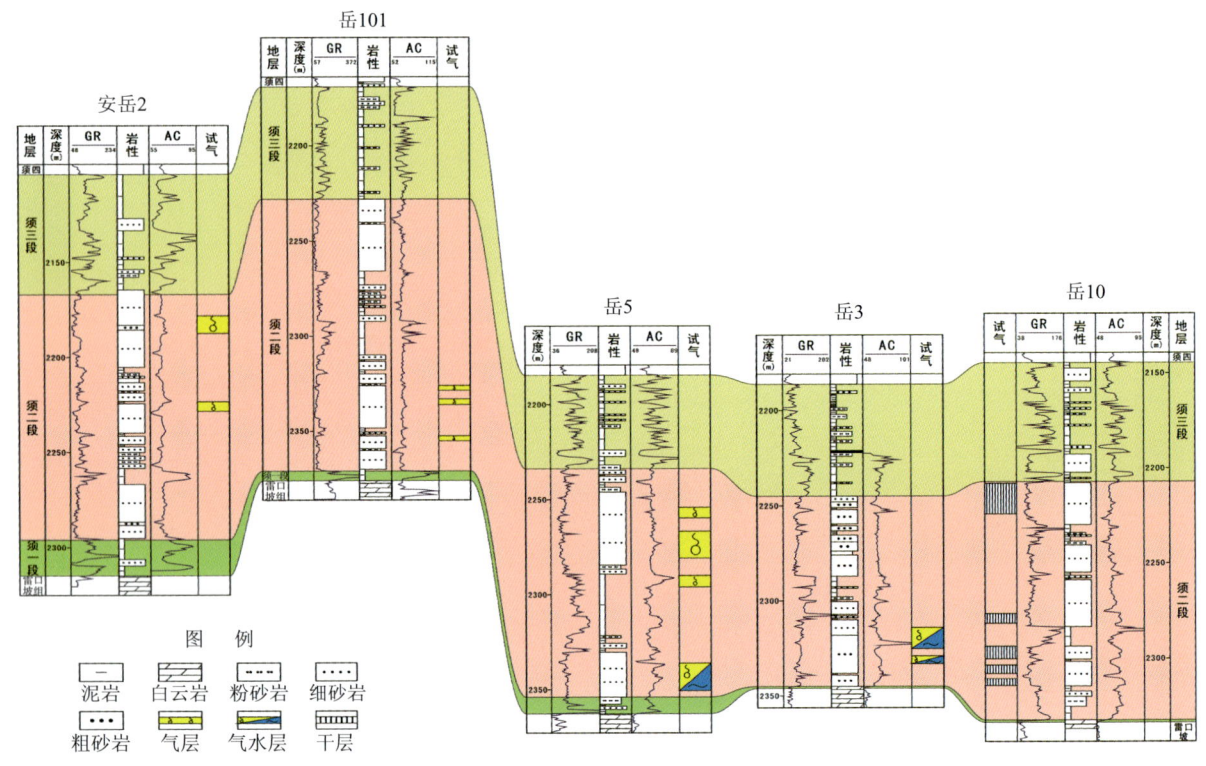

图4-31 安岳地区须二气藏剖面图

合川气田须二段气藏的气水分布具有相似的特征，产水部位主要分布在须二储层的中下部，往上以产气为主，产水的几率降低。

九龙山须家河组气田发育须三段、须二上段、须二下段多套气藏，目前须三段、须二上段气藏基本以产气为主，须二下段气藏以气水同产为主。这也与该区域内须一烃源岩厚度较薄（<20m）、生气强度较低（$5 \times 10^8 m^3/km^2$ 左右）有关。

鄂尔多斯盆地上古生界气藏的气源供给总体是比较充足的，但烃源岩发育的差异性，以及由于储层的非均质性导致的近源聚集的特点，使得在烃源岩生气强度较低的地区，气藏的充满程度较低或含水增多。生气强度大于 $16 \times 10^8 m^3/km^2$ 地区含水较少，生气强度小于 $12 \times 10^8 m^3/km^2$ 的地区含水相对较多。

四、裂缝控制天然气富集与高产

尽管四川、鄂尔多斯盆地大面积低渗砂岩气藏发育区具有构造平缓、大型断裂不发育的特点，但通过钻井岩心描述、地震资料和成像测井资料解释等，认为这些区域小型微裂缝非常发育（图 4-7～图 4-11）。如须家河组这些小断裂一般仅断开须家河组内部某一两个层段（如须一段至须二段、须三段至须四段等），但可成为油气运移非常重要的通道，并控制着天然气的高产，如岳 101、103、105，合川 109、138，潼南 1、111，广安 5 等井在测试中获得了高产气流，与这些断裂的发育是密切相关的。

第五章 Chapter Five
碳酸盐岩大型气田成藏主控因素与富集规律

中国海相碳酸盐岩的油气勘探始于1958年。50多年来，尽管在中国南方、华北和西部广大地区都进行了勘探，但储量规模较大的气藏主要集中在四川、塔里木和鄂尔多斯三大克拉通盆地。按储层成因可将碳酸盐岩气藏分为台缘礁滩、台内礁滩、岩溶风化壳及层状白云岩气藏等类型。四川盆地碳酸盐岩大型气田主要分布在台地边缘和台内滩相带，这些相带中的大型气田探明储量占该盆地碳酸盐岩大型气田储量的84%左右；塔里木盆地塔中地区发现了塔中Ⅰ号奥陶系大型气田、塔西南和田河奥陶系大型气田、塔北隆起塔河奥陶系大型气田；鄂尔多斯盆地发现了靖边奥陶系岩溶风化壳型大型气田。这些领域的重大突破展示了碳酸盐岩巨大的勘探潜力。

第一节 碳酸盐岩大型气田形成的地质条件

中国海相碳酸盐岩大型气田的形成与长期继承性大型古隆起背景、优质烃源岩生烃强度大、发育有利沉积相带及优质溶蚀孔洞型储层、断裂和侵蚀沟槽等有效输导、膏盐岩和泥质岩的有效封盖和遮挡等密切相关。

一、大型古隆起

海相克拉通盆地长期发育的古隆起是油气富集的主要场所，这是普遍的规律（邱中建等，1998）。古隆起在油气藏形成中的作用主要体现在有利于形成优质储层和控制油气运移聚集的方向等方面。四川、塔里木和鄂尔多斯盆地的勘探实践已证实了迄今发现的碳酸盐岩大型气田均与其所处的长期继承性古隆起密切相关。例如，四川盆地高石梯-磨溪地区震旦系—下古生界勘探的大型气田的形成与其长期处于桐湾期大型古隆起有关。最新研究表明，震旦纪灯影期-寒武纪筇竹寺期的桐湾构造旋回，四川盆地发生了三幕运动，分别为震旦纪灯二期末的桐湾运动一幕、灯四期末的桐湾运动二幕和寒武纪麦地坪期末的桐湾运动三幕。利用层拉平和平衡剖面技术对四川盆地 25 条地震大剖面及邻近测线 27 000km 进行了构造演化分析，结果表明桐湾期构造运动形成了高石梯 - 磨溪和资阳 - 威远两个巨型古隆起。即寒武系龙王庙组沉积前，震旦系顶面表现为"两隆一坳"的构造格局（图 5-1a），两个隆起相互独立，坳陷东、西边的隆起分别称之为高石梯 - 磨溪古隆起和威远 - 资阳古隆起；奥陶系沉积前，震旦系顶面依旧发育两个独立的古隆起（图 5-1b），该时期高石梯 - 磨溪和威远 - 资阳古隆起核部面积分别为 2.7 万 km^2 和 1.9 万 km^2 左右；二叠系沉积前，震旦系顶面演化为一个大型古隆起（相当于人们通常所说的乐山 - 龙女寺古隆起），存在两个高点（图 5-1（c））；此后的演化，威远 - 资阳古隆起构造高点发生了变迁，由早期的资阳地区迁移到威远地区，而高石梯 - 磨溪古隆起的高点位置基本没变，继承性发育（图 5-1（d）～（f））。桐湾期古地貌格局从根本上控制了烃源岩、储层的发育以及大规模古油藏形成和后期的裂解聚集成藏，尤其是高石梯 - 磨溪古隆起自震旦纪 - 现今长期继承性发育，为特大型气田形成提供了最有利场所。乐山 - 龙女寺加里东期古隆起自奥陶纪 - 现今对高石梯 - 磨溪地区桐湾期古隆起和特大型气田形成与分布只起到改造作用。

四川盆地威远震旦系大型气田天然气虽储存于喜山期形成的构造圈闭中，但属于加里东期形成的乐山 - 龙女寺古隆起范围的古油藏原油裂解气重新调整形成（魏国齐等，2010）；四川盆地川东高陡构造带的大天池、卧龙河石炭系大型气田，开江 - 梁平海槽东侧的普光、罗家寨、渡口河、铁山坡长兴 —飞仙关组礁滩大型气田，川中磨溪雷口坡组—嘉陵江组大型气田等均是由印支期开江古隆起控制的古油藏裂解气经喜马拉雅期构造运动改造调整后，在原地或附近二次成藏（戴金星，2000；李晓清等，2001；谢增业等，2005）；塔里木盆地塔中 I 号奥陶系大型气田、塔西南和田河大型气田以及塔北塔河大油气田分别受控于塔中古隆起、巴楚古隆起和塔北古隆起（周新源等，2006；2009；杨宁等，2008）；鄂尔多斯盆地靖边大型气田受控于大型古潜台（马振芳等，1998）。

二、优质烃源岩生烃强度大

中国海相碳酸盐岩大型气田的气源包括不同类型（泥岩、煤系泥岩和碳酸盐岩）烃源岩和烃源岩在生油窗阶段生成的液态烃二次裂解等。不同的克拉通盆地由于当时所处的古地理位置和古气候的不同，烃源岩发育的时代和岩性有较大差异。

四川盆地发育的烃源岩层系最多，迄今与已发现碳酸盐岩大型气田相关的烃源岩主要是下寒武统（筇竹寺组、麦地坪组）页岩、震旦系（灯影组灯三段泥岩、陡山沱组泥岩、灯影组泥质碳酸盐岩）、下志留统龙马溪组页岩、上二叠统煤系泥岩及碳酸盐岩等。前人普遍认为四川盆地震旦系天然气源自寒武系烃源岩"倒灌"，并主要在震旦系顶部风化壳聚集成藏（黄籍中等，1993；戴金星，2003）。近期综合应用露头 - 钻井 - 地震资料，重新刻画了震旦系—寒武系烃源岩的宏观展布，下寒武统筇竹寺组烃源岩与之前的认识有很大差异，在桐湾期的克拉通内裂陷部位厚度最大（图 5-2），同时应用烃源岩常规地球化学、有机岩石学及无机微量元素等古老烃源岩评价方法，

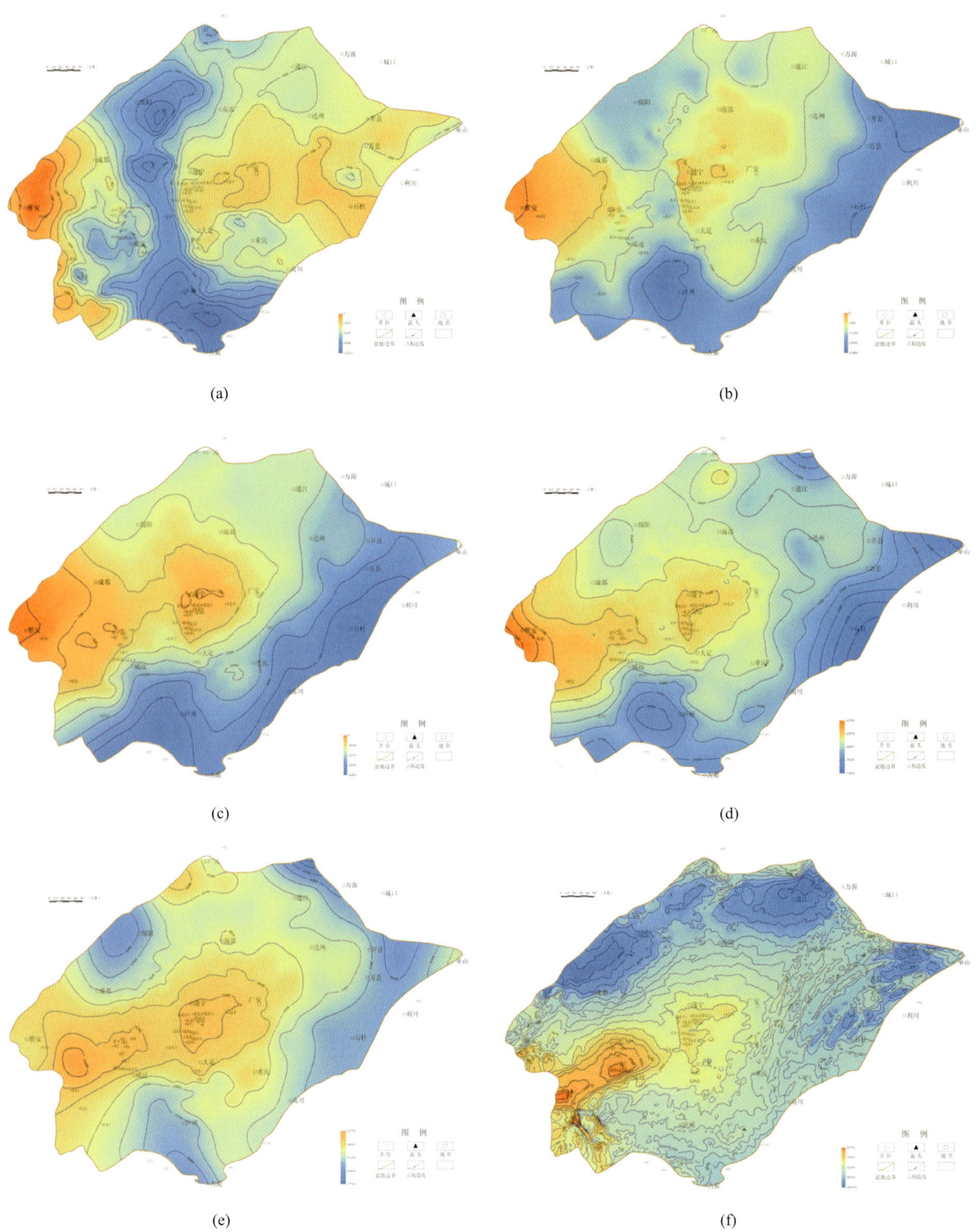

图 5-1 四川盆地不同地质时期震旦系顶面构造图

（a）四川盆地龙王庙期前震旦系顶界古构造形态图；（b）四川盆地奥陶纪前震旦系顶界古构造形态图；
（c）四川盆地二叠纪前震旦系顶界古构造形态图；（d）四川盆地晚三叠世前震旦系顶界古构造形态图；
（e）四川盆地侏罗纪前震旦系顶界古构造形态图；（f）四川盆地震旦系顶界现今构造形态图

系统评价了盆地周缘露头和盆地内部井下震旦系—寒武系烃源岩的有效性（表5-1），提出除发育下寒武统筇竹寺组页岩、麦地坪组页岩主力烃源岩外，还发育震旦系陡山沱组泥岩、灯影组泥岩优质烃源岩和震旦系灯影组泥质碳酸盐岩烃源岩，均处于过成熟阶段。这5套烃源岩在盆地内部广泛发育，叠加面积约 $42 \times 10^4 km^2$，生气量为 $1938 \times 10^{12} m^3$，为大型气田的形成提供了充足的气源。震旦系烃源岩的发现，使寻找震旦系内幕气藏成为可能，拓展了勘探空间。

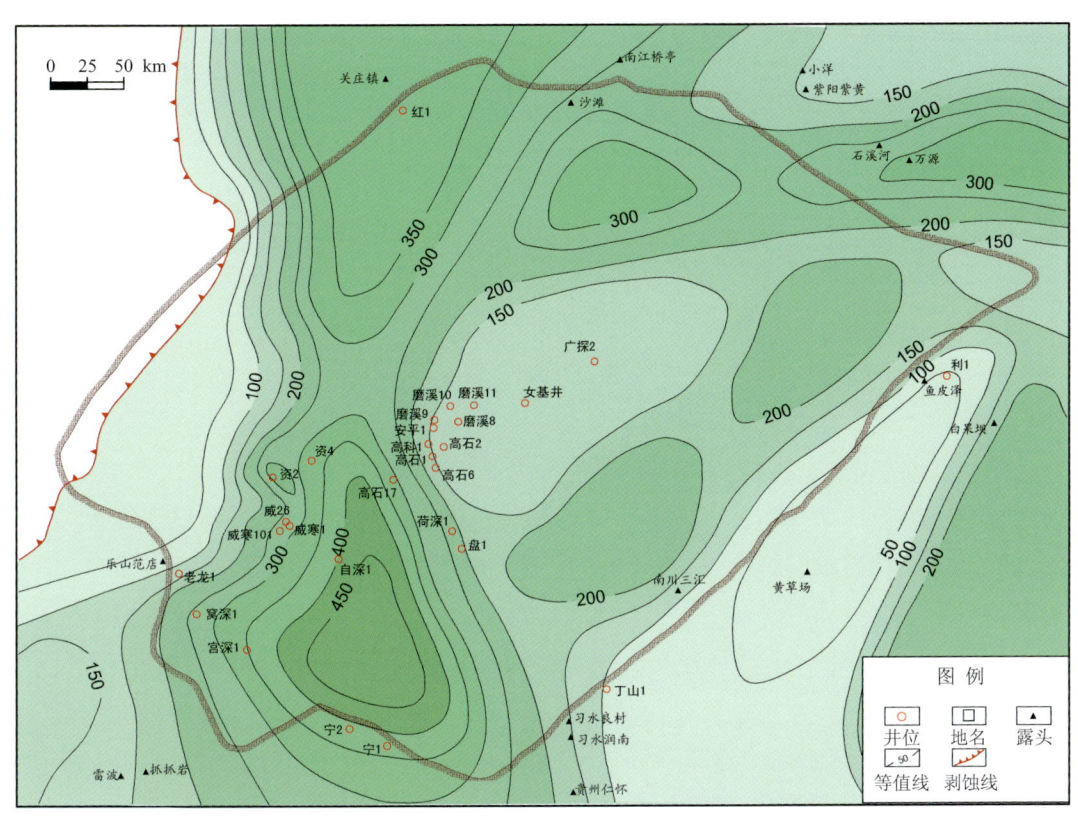

图 5-2　四川盆地下寒武统筇竹寺组烃源岩厚度等值线图

表 5-1　四川盆地震旦系—下寒武统烃源岩特征表

层位及岩性		TOC/%	等效 R_o/%	有机质类型	备注
寒武系	筇竹寺组页岩	0.50～8.49/1.95（409）	1.84～2.42	腐泥型	高过成熟腐泥型烃源岩
	麦地坪组页岩	0.52～4.00/1.68（33）	2.23～2.42	腐泥型	高过成熟腐泥型烃源岩
震旦系	灯三段泥岩	0.50～4.73/1.19（62）	3.16～3.21	腐泥型	过成熟腐泥型烃源岩
	灯影组碳酸盐岩	0.20～3.67/0.61（415）	1.97～3.46	混合型	过成熟混合型烃源岩
	陡山沱组泥岩	0.50～14.17/2.91（95）	2.08～3.82	腐泥型	过成熟腐泥型烃源岩

　　四川盆地下志留统龙马溪组黑色页岩厚度一般100～600m，有机质类型以腐泥型为主，TOC值0.4%～1.6%，R_o值2.0%～4.5%，生气强度一般（20～80）$\times 10^8 m^3/km^2$，是大天池、卧龙河等川东石炭系气藏的主力烃源岩。上二叠统烃源岩包括泥质岩、碳酸盐岩和煤，泥质岩厚度一般10～150m，在川东北的普光5井钻揭黑色泥质岩厚度为200m（马永生，2007），有机质类型以腐殖型或腐泥腐殖型为主，TOC值0.5%～12.55%，平均2.91%；碳酸盐岩烃源岩厚度一

般 10～284m，有机质类型以腐泥型为主，TOC 值 0.2～1.5%；煤层厚度一般 2～10m，在川中、川南地区厚度较大，女基井达 17.5m，开江 - 梁平海槽西侧的龙岗长兴组—飞仙关组礁滩气藏天然气呈现出煤成气特征，这与该区域发育较厚的煤层有一定的关系；上二叠统烃源岩 R_o 值一般 1.6%～2.8%，生气强度一般（10～60）×$10^8m^3/km^2$，是普光、罗家寨、渡口河、铁山坡等长兴组—飞仙关组大型气田，以及磨溪嘉陵江组、雷口坡组大型气田的主力烃源层。此外，最近新发现的震旦系（灯影组、陡山沱组）泥岩和暗色泥质白云岩等优质烃源岩对川中高石梯 - 磨溪震旦系气藏有重要贡献；下二叠统梁山组薄层（厚度一般 5～20m）碳质页岩、暗色碳酸盐岩对二叠系—中下三叠统气藏有一定的贡献。

塔里木盆地台盆区对塔中地区提供油气的烃源岩主要有两套（张水昌等，2001）：一是分布于塔中低凸起北侧、满加尔凹陷西部地区的过成熟高有机质丰度中下寒武统泥质岩，烃源岩厚 30～200m，TOC 最高可达 2.43%，R_o 1.5%～2.3%，最高大于 3%，处于高—过成熟阶段。二是中上奥陶统烃源岩。其中，上奥陶统灰泥丘相泥灰岩。塔中低凸起上普遍分布，满西地区中奥陶统烃源岩 20～60m，TOC 为 0.5%～1.3%，R_o 1.5%～2.0%，处于高—过成熟阶段；中奥陶统黑土凹组烃源岩，分布于满加尔凹陷西部地区。塔中地区上奥陶统烃源岩厚约 80m，主要为碳酸盐岩陆棚内的洼地沉积，有机质丰度较低，TOC 一般 0.5%～5.54%，R_o 一般 0.81%～1.30%，处于成熟阶段。对和田河气田提供油气的烃源岩主要分布在阿瓦提凹陷的中下寒武统泥质岩，烃源岩厚度一般 100～200m。总之，这些烃源岩厚度大分布广，在历史阶段生成的油气资源丰富，为塔中、和田河等奥陶系大型油气藏的形成奠定了物质基础。

鄂尔多斯盆地奥陶系碳酸盐岩大型气田的气源主要来源于上覆的上石炭统本溪组—下二叠统山西组煤系地层（包括煤层、碳质泥岩和暗色泥岩），煤层厚度 3～6m，碳质泥岩及暗色泥岩厚度介于 60～120m（杨华等，2011），靖边大型气田附近的烃源岩生气强度达（20～36）×$10^8m^3/km^2$。此外，部分奥陶系油型气则来源于奥陶系自身的腐泥型烃源岩。无论是石炭—二叠系，还是奥陶系烃源岩，目前均处于高—过成熟阶段。

三、发育有利沉积相带及大面积叠置连片的优质溶蚀孔洞型储层

碳酸盐岩优质储层发育于台地边缘及台内滩等高能生物礁、生屑滩以及鲕粒滩等沉积微相带，其受沉积古地貌的控制。台地边缘带礁滩体的分布受到区域构造、沉积发育的制约。不同区域礁滩体的生长发育时期、分布特征和储集性能存在差异。四川盆地碳酸盐台地边缘带目前在盆地中部灯影期、晚二叠世中晚期至早三叠世飞仙关早期—中期发育，包括长宁 - 德阳克拉通内裂陷东西两侧灯二、灯四台缘带、环"开江 - 梁平海槽"台缘带和"城口 - 鄂西海槽"西侧台缘带，均是优质储层及大型气田的主要分布相带。

（一）古地貌控制了震旦系台地边缘沉积和龙王庙组台内滩沉积

四川盆地震旦系—寒武系沉积及优质储层的发育受控于桐湾期古地貌格局。震旦纪—早寒武世在长宁 - 德阳发育一个克拉通内裂陷，该裂陷平面上为南北向展布，裂陷东侧边界较西侧边界陡峭，

东侧边界同相轴呈现不连续特征，指示可能发育大型断层，裂陷西侧具有相对较缓的边界，整体呈现箕状坳陷构造形态。该裂陷从灯影组初期具有雏形，至早寒武世一直继承性发育，控制了灯影组台地边缘的沉积，在裂陷东侧的高石梯-磨溪和裂陷西侧的资阳-威远等古地貌高部位发育丘滩体沉积，沿裂陷形成条带状的台地边缘相带。

灯二段沉积时期，裂陷东侧高石梯-磨溪地区地层厚度相对较大，地震剖面上见到前积的特征，显示为台地边缘沉积；从高石梯往龙女寺地区，地层厚度变小，地震轴相对连续，为局限台地云坪相沉积。裂陷西侧在威远-资阳地区发育台地边缘沉积，由资阳地区往高石17井地区，灯二段地层厚度显著减薄，逐渐转变为斜坡相沉积。灯四段沉积时期，裂陷东侧高石梯-磨溪地区地层厚度相对大，地震轴为弱杂乱反射，见到垂向加积特征，为台地边缘沉积特征；裂陷西侧在威远、资阳地区地层沉积均较薄，地震剖面上为连续强轴，为斜坡深水沉积；地震剖面显示，该时期灯四段地层在乐山、犍为地区增厚，说明西侧台缘位于威远构造西南部的乐山-犍为地区。通过地震剖面和连井沉积对比，裂陷东侧灯四段地层厚度变化大，坡度较陡，发育陡坡型台缘；灯二段地层厚度变化较小，坡度较缓，为缓坡型台缘；裂陷西侧灯二段地层变化较缓，沉积厚度变化较小，发育缓坡型台缘（图2-24）。

龙王庙组是四川盆地乃至上扬子区寒武系第一套稳定分布、地层沉积厚度不大、但分布极为广泛的碳酸盐岩沉积，属内缓坡型台地沉积，自西往东北、东南依次为由颗粒滩、滩间与潟湖各类白云岩组成的内环坡，由各类颗粒灰岩、层纹泥晶白云岩构成的中缓坡，以及由薄板状、瘤状泥质泥晶灰岩、灰质泥岩构成的外缓坡-盆地相。地层对比剖面显示，该时期台内裂陷已经初步被填平补齐，但是裂陷内部地层厚度相对两侧依旧厚；裂陷内部的沉积水体相对较深，沉积的物质颗粒相对较细，岩心颜色相对偏深。裂陷东侧的高石梯-磨溪-龙女寺地区为水下古隆起，水体相对较浅，形成了大面积分布的颗粒滩。

不同时期滩体的发育程度及展布方向有别。震旦系灯二段发育台地边缘相带，裂陷两边古隆起上的台内滩体展布方向不同，高石梯-磨溪古隆起南部台内滩以NE向展布为主，北部台内滩以SN向展布为主，威远-资阳古隆起上台内滩以NW向展布为主（图2-25）；灯四段台内滩基本继承了灯二段的展布格局（图5-3（a））。寒武系龙王庙组台内滩发育同样受桐湾期古地貌格局的控制，每个滩体以NE向展布为主，多个滩体由南向北成排成带分布（图5-3（b））。古地貌的不同地区发育不同能量的滩体，高石梯-磨溪古隆起区域发育高能颗粒滩，溶蚀孔洞发育，颗粒相对较粗，滩体单层厚度大；龙王庙组纵向发育四期加积型颗粒滩，四期颗粒滩叠置连片大面积分布；每期滩体可分为滩主体和滩边缘，磨溪地区平面上发育两个大型颗粒滩主体。裂陷内部发育低能颗粒滩，发育针孔状溶洞，颗粒相对较细，滩体单层厚度小。

除了上述三套主要储集体外，寒武系洗象池组也发育良好储集空间。沉积特征表现为镶边型碳酸盐岩台地，盆地内以局限台地沉积为主，颗粒滩和白云岩坪分布面积广。

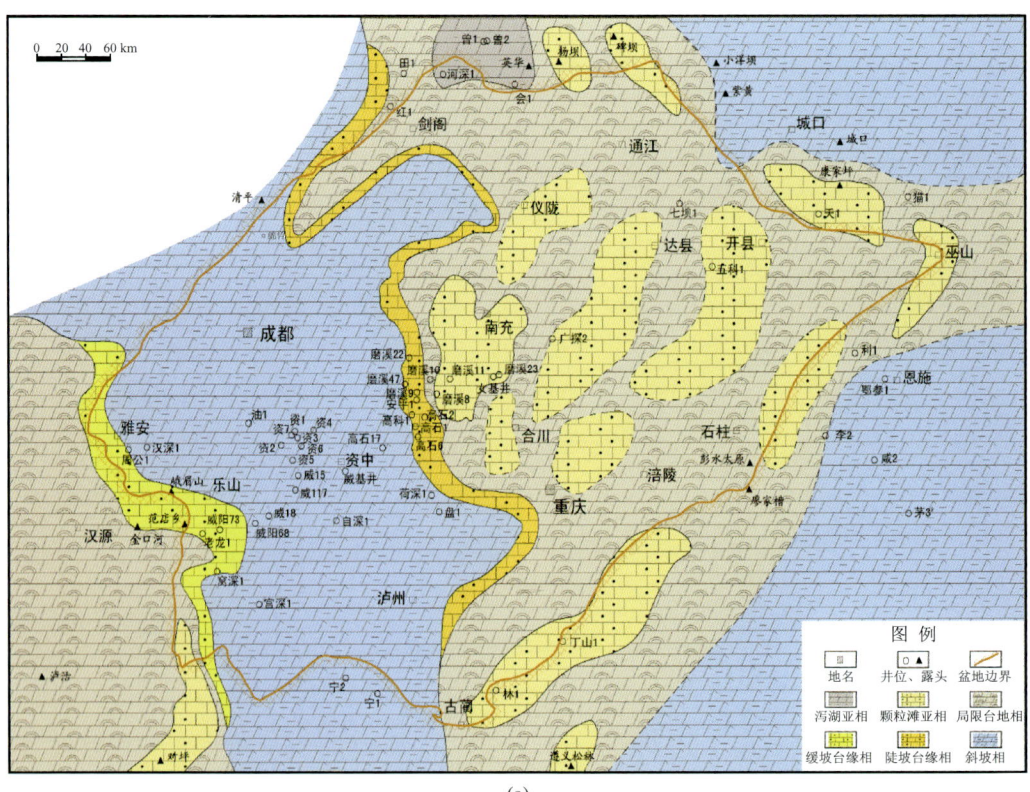

(a)

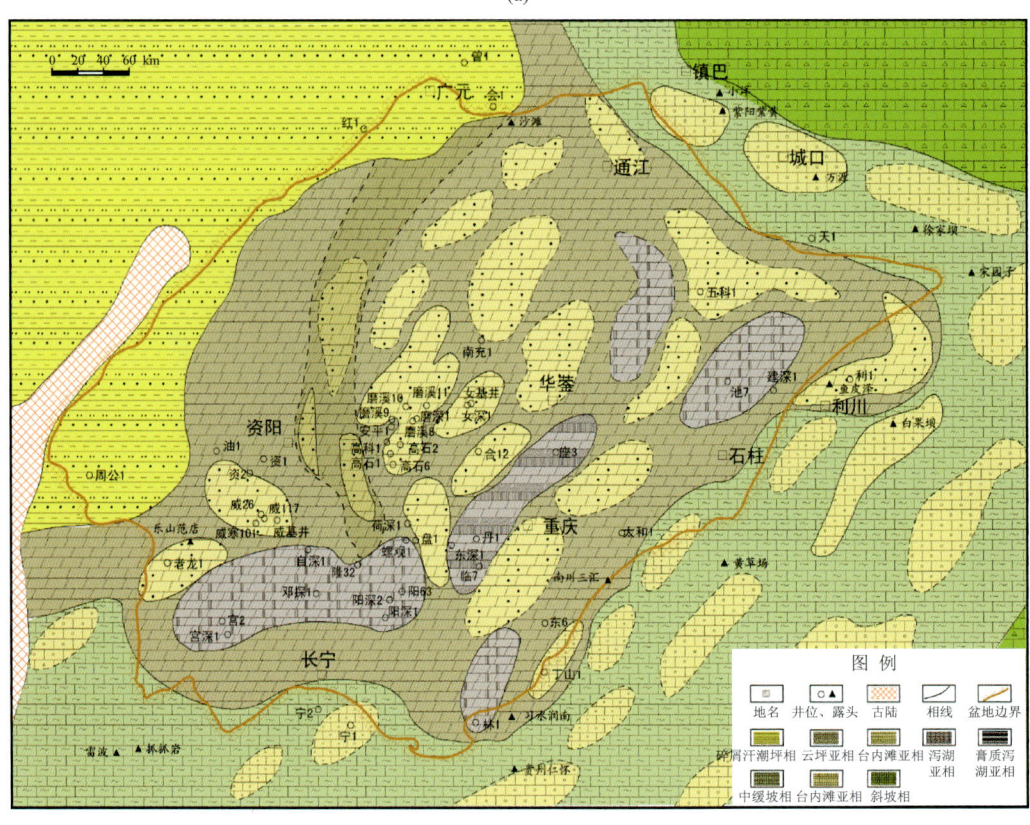

图 5-3 四川盆地震旦系—寒武系岩相古地理图

（a）震旦系灯影组灯四段；（b）寒武系龙王庙组

震旦系灯影组在台内裂陷两侧的古地貌高部位发育带状分布的台地边缘相带,受桐湾运动影响,发生多次隆升和剥蚀作用,导致古地貌高部位震旦系遭受风化剥蚀,形成了灯二段和灯四段两套大面积分布的优质岩溶储层。灯二段储层以受多旋回层间岩溶面控制的溶孔为主,与葡萄花边构造伴生的溶孔、格架孔发育,具有顺层发育、纵向叠置的特点;储层单层厚度大,溶孔溶洞发育,孔洞顺层排列,储层延伸远,叠置连片,储层厚度主要在 50～100m 范围内变化。灯四段储层经历桐湾Ⅱ、Ⅲ幕两期强烈的风化壳岩溶作用,岩溶储层孔洞发育,多期溶蚀和构造运动形成缝洞系统,薄片下见溶蚀孔洞,少量裂缝,常见沥青充填,储层厚度在 50～200m 之间。台内裂陷东侧和西侧地区台缘带储层孔洞特别发育,西侧的资阳地区溶蚀孔洞最好。台内裂陷东侧以高石梯和磨溪地区溶洞最为发育,岩心上灯二段、灯四段均发育大型的溶蚀孔洞,镜下薄片上也见到粒间溶蚀孔洞。其中,高科 1 井灯四段取心段有大洞 54 个,中洞 133 个,小洞 2304 个,分布相对较集中,连通性较好(图 5-4)。灯影组储层储集空间主要为次生的溶洞、粒间、晶间溶孔等,灯二段和灯四段有效孔隙度分别为 2.3%～3.8% 和 2.8%～5.5%,渗透率主要区间分别为(0.01～10)×$10^{-3}\mu m^2$ 和(0.01～1)×$10^{-3}\mu m^2$,总体表现为低孔低渗特征。

龙王庙组储层储集空间以粒间溶孔、晶间溶孔为主,发育中小型溶洞,有效孔隙度 2.9%～6.6%,渗透率主要分布区间为(0.01～10)×$10^{-3}\mu m^2$。洗象池组储层储集空间主要为粒间溶孔、晶间溶孔及微裂缝等,平均孔隙度 4.5% 左右,平均渗透率 $0.4×10^{-3}\mu m^2$ 左右,具有低孔、中低渗物性特征。

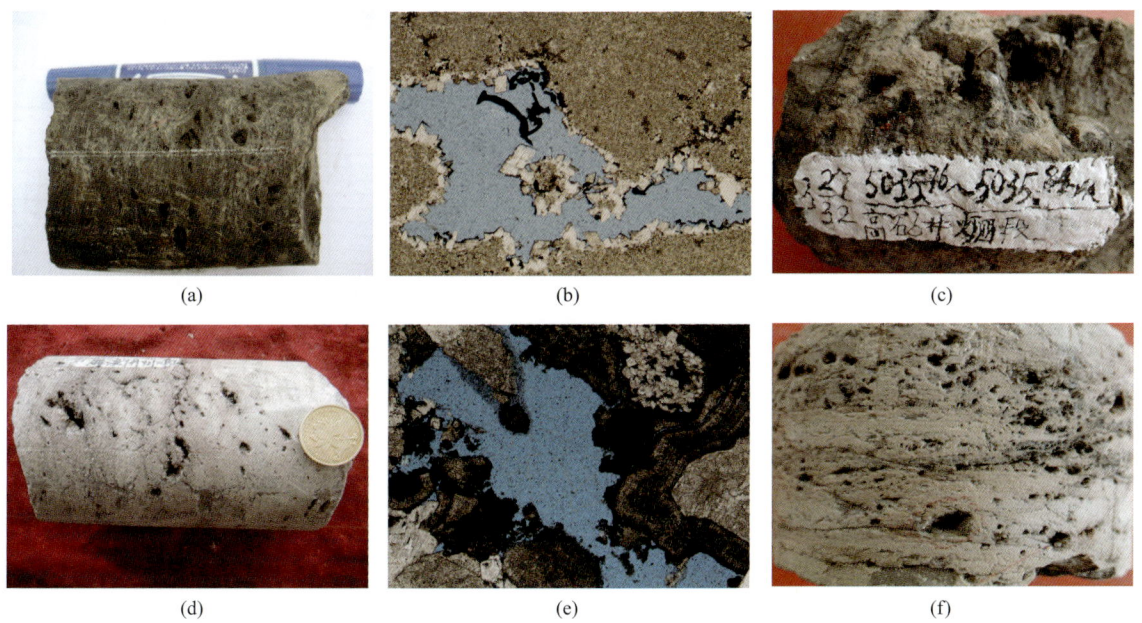

图 5-4 四川盆地高石梯 - 磨溪地区储层孔隙发育特征

(a)高石 1 井,灯四段,4967.21m,藻砂屑白云岩,溶蚀小孔洞;(b)高石 1,灯四段,4984.8m,藻砂屑白云岩,粒间溶孔,4×10;(c)高石 6,灯四段,藻凝块白云岩,丘核及格架孔洞;(d)磨溪 9,灯二段,5431.17m,溶蚀孔洞,藻砂屑白云岩;(e)磨溪 9,灯二段,5435m,藻凝块状白云岩,粒间溶蚀孔,4×10;(f)高石 6,灯二段,台地边缘灰泥丘丘核及格架孔洞

(二)开江—梁平海槽的形成、演化控制了台地边缘带的发育

四川盆地晚二叠世—早三叠世,由于特提斯洋北带打开,使扬子板块西部边缘发生了洋壳扩张,扬子板块西缘及其西南部地区以峨眉山玄武岩为主体,出现了大面积的玄武岩喷发。钻井表明,开江-梁平地区晚二叠世也发生过相当规模的玄武岩喷溢,说明当时也处于拉张环境,开江梁平海槽就是在这种应力背景下形成于扬子板块北部被动大陆边缘的裂陷海槽。海槽的形成与四川盆地NW向基底断裂的活动密切相关(杜金虎等,2010)。

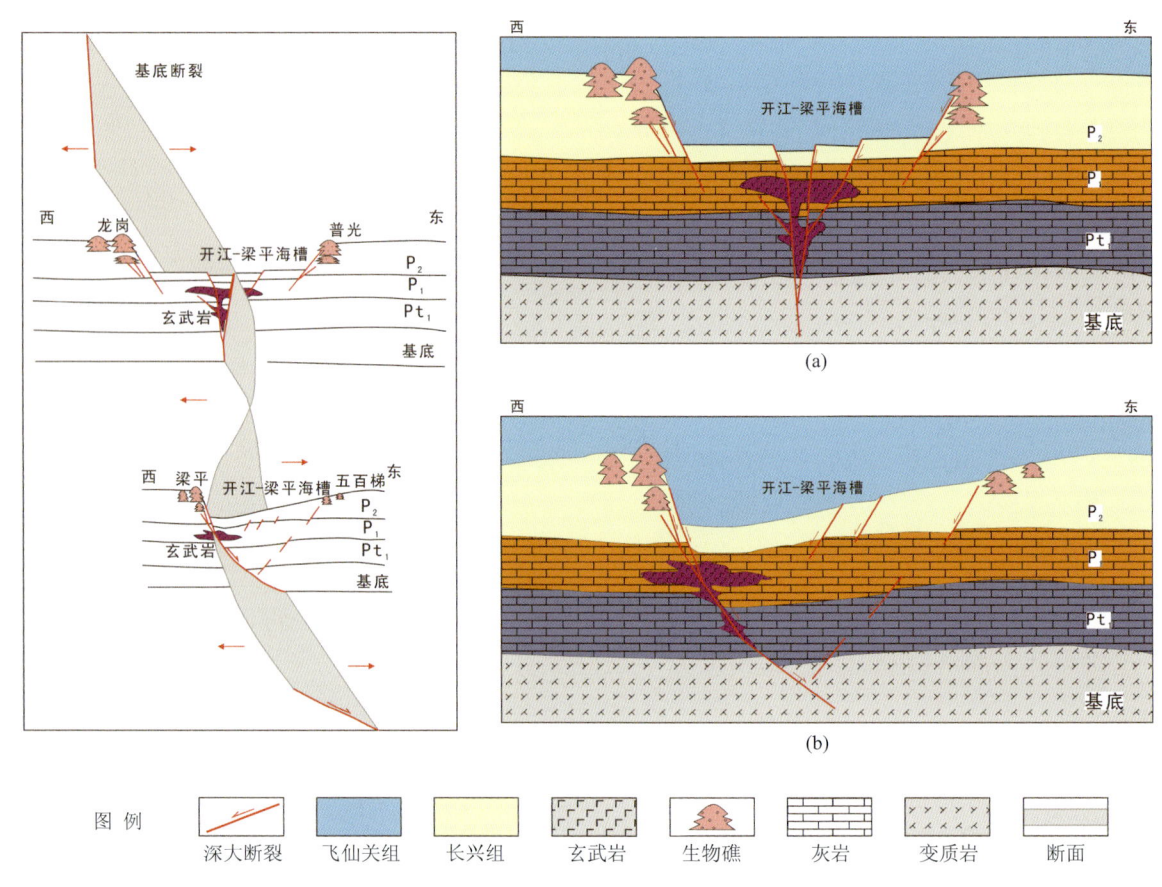

图 5-5 开江-梁平海槽基底断裂与生物礁发育模式
(a)海槽中部-西北部基地断裂与生物礁发育模式;(b)海槽东南部基地断裂与生物礁发育模式

基底断裂拉张所形成的同沉积作用控制着开江-梁平海槽地貌形态。断层与海槽的斜交关系反映了断层拉张受力过程受力不均,基底断层在海槽中部至西北部基本是近垂直的高角度正断层,而在海槽东南部断层面发生扭转,断面角度变缓,呈NE倾向(图5-5)。这种断层形态特征对开江-梁平海槽的拉伸形态起到了控制作用,造成了在海槽中部至西北部东西两侧拉张沉降基本一致,形态基本对称,而在海槽的东南部,则存在非对称拉张现象,海槽西侧靠近基底断层,同沉积拉张沉陷作用使其具有比海槽东侧更陡的断陷沉积地貌。

台缘地貌的陡缓变化控制礁滩发育与分布特征。陡缘型镶边台地生物礁发育较早,礁滩上下叠置;缓缘型台地以发育单礁型、礁后滩型垂向组合模式为特征。

长兴期海槽西侧及东侧的普光地区总体上具有较陡的台地前缘斜坡。这种早期的断陷沉降作用形成了早期的地貌差异，促使长一时期生物礁形成，随着断陷沉降的发展，地貌差异更加明显，生物礁继续生长，而生物礁的生长又促进了台缘障壁的形成，为后期生物礁的生长发育进一步创造了条件。这一过程持续到长兴末期，最终形成了海槽西侧从长一段开始，连续发育的多个生物礁旋回。在陡缘型镶边台地，由于长三段发育生物礁，生屑滩强烈白云石化，储层主要发育在礁顶生屑滩；长兴期结束后生物礁发育区地貌较高，为飞一段、飞二段的鲕粒岩发育创造的了条件，储层主要发育在飞一段顶部及飞二段，以鲕粒白云岩储层为主。长兴组礁滩储层上部叠置了飞仙关组鲕滩储层，这种叠置关系称为"礁滩叠置型"储层（杜金虎等，2010）。

龙潭晚期，该区离断陷沉降中心较远，形成了坡度很缓的斜坡，未能形成明显地貌差异，长一时期生物礁不发育。在长二期，断陷沉降继续发展，海槽形态逐渐形成，该区深浅水地貌差异逐渐明显，生物礁开始生长发育。但该区还是属于斜坡沉积环境，从天成1井过天东67、天东11井至门西3井上二叠统地层厚度变化特征可以看出，台地—斜坡—盆地上二叠统厚度逐渐减薄，即便是天东67、天东11井发育生物礁，这一特征仍然很明显，这与陡缘型镶边台地有明显区别。飞仙关地层厚度变化则与上二叠统呈互补关系，台地—斜坡—盆地厚度逐渐增大。这一特征表明，海槽东侧七里北及其以南的斜坡特征在长兴期开始存在，并且持续到飞一、飞二时期，这种飞仙关期的斜坡常形成滑塌变形、滑塌角砾等沉积结构，在岩心、成像测井上均能够很好识别出来。飞一、飞二时期的斜坡沉积环境水深较大，形成鲕粒岩所需的水动力条件不足，因此，在该斜坡坡度平缓的地区，鲕粒滩不发育，只有礁组合，称之为单礁型，如五百梯地区（图5-6）。在斜坡相对陡一些的地区，鲕滩发育在礁后斜坡上部水体相对较浅，水动力较强的区域，称为礁后滩型，如黄龙场地区（图5-7）。

（三）长兴组、飞仙关组沉积演化与台地边缘礁滩的分布

长兴组礁滩储层主要为礁滩复合体内的生屑白云岩，其次为礁核相白云岩，少量礁核相灰岩。同一个礁滩复合体内，生屑滩比礁核云化强，因此礁滩复合体内的生屑滩是长兴组储层最主要的微相类型。根据大猫坪生物礁沉积相、微相与储层孔隙度之间的统计结果，礁顶滩相储层物性最好，平均孔隙度可达4.7%，其次为礁间滩和礁基滩，孔隙度为3.3%～3.4%。礁顶潮坪相虽然发育部分白云岩，但为泥晶白云岩，较为致密，云安012-2井潮坪相储层孔隙度为2.5%，云安012-1井仅为1.46%，礁核除部分井段发育生物体腔孔物性较好外，基本上较为致密。

长一期（TST）：海侵进一步扩大，首先在鄂西一带开始形成生物岩隆，如红花礁、盘龙洞礁等。同时，开江-梁平海槽已经开始断陷沉降，在地貌变化较大的海槽西侧和东侧的北段，在局部生屑滩的基础上，生物礁逐渐开始发育，如龙岗礁、铁山礁、梁平礁、普光礁等。海陆过渡相范围往陆相推进，煤盆残余在资阳、老翁场附近。火山活动已经平息，喷发物成为主要的物源，对沉积区域影响逐渐显现。

长二期（HST）：沉积格局大体同长一期，主要变化表现在生屑滩规模的扩大、成带展布以及生物礁间歇性地向西爬升、迁移，形成了众多礁体。随着开江-梁平海槽的断陷扩张，在海槽东侧斜坡带的黄龙场、五百梯等生物礁也开始发育。台内地区也发育带状生屑滩体，分布在广安-邻水、卧新双等区域。海陆过渡相界限大体不变，交互相环境中乐山-威远之间再次形成一个煤盆。

158　中国陆上天然气地质与勘探

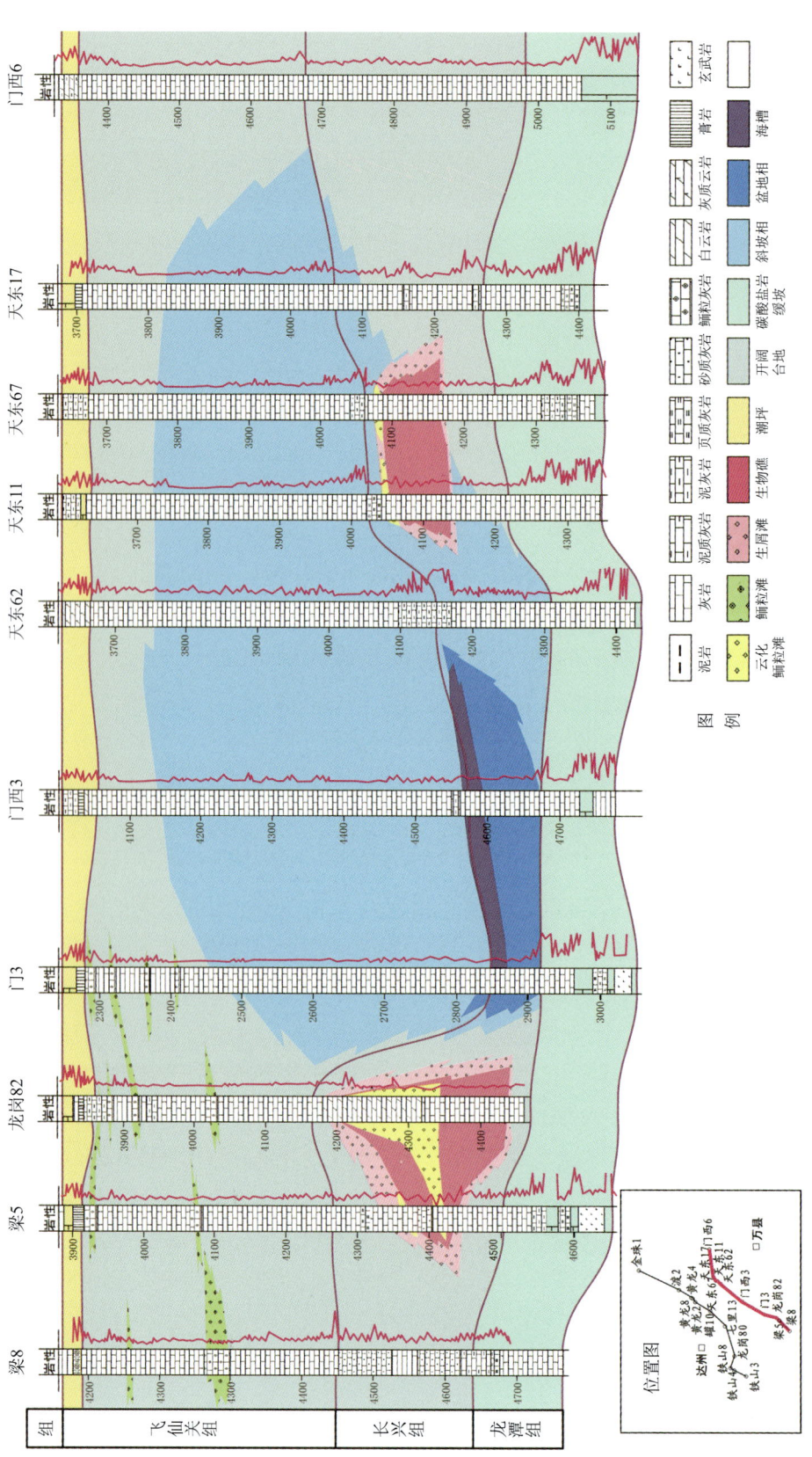

图 5-6　五百梯跨海槽龙潭组-飞仙关组沉积相剖面图

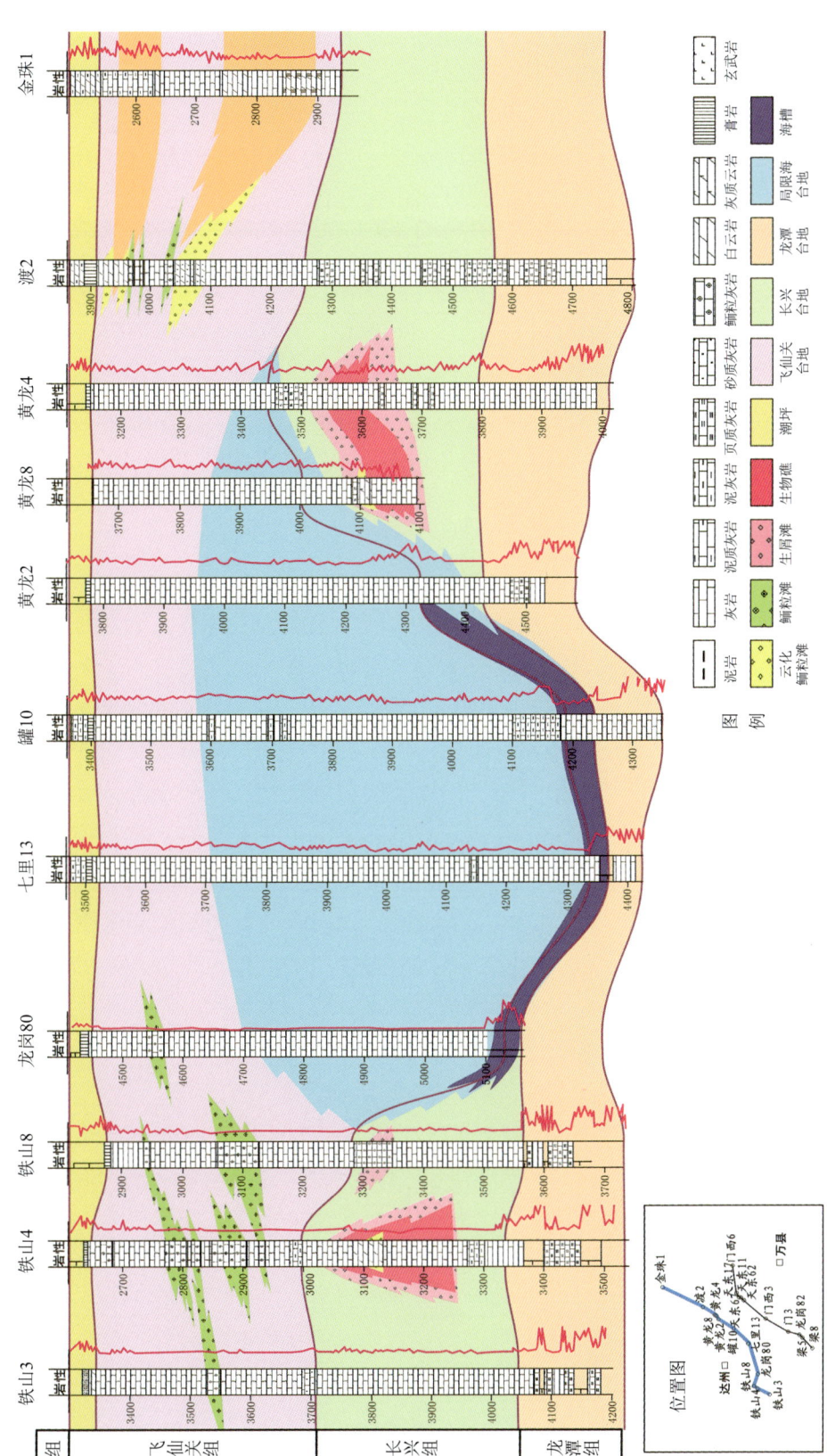

图 5-7 铁山—黄龙场跨海槽沉积相剖面图

长三期（TST）：海水再次侵入，在长兴晚期程度达到最大，至此开江-梁平海槽向北可能与广旺海槽相连，边缘带特征明显并且礁滩发育。陆相及交互相范围都大幅减少。陆相范围集中在古隆至天全-马边一线以西，海陆交互相处于大邑-内江-合江一线以西。在台内涞滩礁、广安礁等礁体则逐渐开始发育，并且华蓥山一带逐渐形成了多个点礁，分布在蓬溪-武胜台凹前后缘。

飞仙关组优质鲕粒白云岩储层受控于有利沉积相带的迁移。鲕粒白云岩集中分布在开江-梁平海槽的东西两侧。以飞一、飞二最为发育。飞三开始，海槽明显退缩，均一台地化，鲕粒云岩厚度明显减薄并出现向海槽退却方向迁移的特征。

飞一期（HST）：飞一早期，区域海平面逐渐下降，康滇古陆开始活动，陆相范围扩大到邛崃-宜宾一线，海陆过渡带比较窄，大范围仍是碳酸盐岩台地相。开江梁平海槽形态依然，台缘礁滩相区继承性的形成了高能鲕粒坝。在川东北地区，台地已演化为孤立蒸发台地，表现为高能鲕粒坝环绕台地外围，台地内部为蒸发潮坪环境。在川中地区，陆相沉积物的影响范围较大。这一时期，海槽东侧川东北地区铁山坡-普光地区鲕粒白云岩最为发育，厚度可达到100m以上。海槽西侧在龙岗地区和铁山、双家坝地区有薄层的零星分布，一般厚度1~5m。

飞一期（TST）：飞一晚期，飞仙关期第一次海进，鲕粒滩、坝普遍发育。陆相范围基本未变，分布在邛崃-威远-自贡-长宁一线以西。开阔台地相的分布范围扩大，海陆交互相的范围缩小。在川中、川东南、川南地区有鲕粒滩，发育在龙女寺地区、磨溪-王家场-永安场-丹凤场附近。开江-梁平海槽已经因为台地的侧向进积在地貌上呈现出填平补齐的沉积现象。海槽退缩，环海槽分布的鲕粒坝亦向海槽方向推进。但斜坡环境的范围依然较大。该时期海槽东侧的川东北铁山坡-普光地区鲕粒云岩依然较厚，厚度能达到40m左右，海槽西侧龙岗中、龙岗东一带厚度在5~10m。

飞二期（HST）：康滇古陆此时最为活跃，陆相边界向东推进到三台-合川-璧山一线以东，以紫红色的泥页岩沉积为主。交互相界限向海推进，以江油-营山-邻水一线为界。界限以东为台地相，在川东的梁平、万县、忠县周缘形成了数个鲕粒滩体。原台缘地区鲕粒滩仍然发育，在达县地区西部的天东、铁山地区局部已经演化为蒸发环境。海槽范围继续缩小，斜坡范围依然较大。该期海槽西侧台缘带龙岗中部鲕粒云岩厚度增大，可达30~50m。龙岗东地区5~10m，鲕粒云岩亦向海槽方向迁移至铁山8-天东19井一线。龙岗西地区呈薄层分布，云化程度低；海槽东侧鲕粒白云岩主要发育区向西迁移至坡5-黄龙3-罗家4-坝南1一线，厚度已经明显较飞一时期减薄，目前的钻井揭示的厚度大都小于10m。

飞三海侵期（TST）：又一次海进旋回，过渡相区界线向陆推进到大邑、资阳、泸州一线，碳酸盐岩台地相位于三台-遂宁-璧山一线以东，鲕粒滩发育较为普遍，主要有龙岗-铁山、南充-广安-华蓥、龙女寺-合川-同福场等几个连片的滩体。这一时期鲕粒云岩厚度普遍减薄，海槽西侧龙岗中部鲕粒云岩厚度10m左右，龙岗东地区在天东19、56井区、梁6、梁参井有零星分布。龙岗西侧则明显向海槽方向迁移至龙16井区域；海槽东侧鲕粒白云岩主要发育区继续向西迁移至坡5井-黄龙3一线，但厚度进一步减薄，分布范围也明显缩小，鲕粒云岩分布又呈现分散、薄的特征，厚度都小于5m。在平昌-达州-宣汉-开江附近，由于其四周鲕粒滩的发育阻隔形成了一个能量较低的台地泻湖环境，泻湖的东西两侧都有蒸发潮坪。残余海槽已经退至旺苍、广元之外，并沿着斜坡环境在广元-旺苍-南江一线沉积了一套鲕粒坝。

飞三—飞四海退期（HST）：为高水位体系域，盆地普遍潮坪化，陆相在大邑-资阳-内江一线以西，其它地区基本上为混积潮坪沉积，仅在达州-开江位置残存台地潟湖，鲕粒滩、鲕粒坝也围绕这个低能环境发育。在台内仅岳池-合川附近发育有鲕粒滩，台地外至城口-鄂西一线的范围内也有两处较大的鲕粒坝。

由上可见，环开江-梁平海槽的台缘带长兴组生物礁储层最有利的沉积微相是台缘带礁滩复合体内的生屑滩，飞仙关组鲕滩储层最有利微相是台缘高能相带，其次是台内高能滩。这些沉积微相中的储层均经历了白云石化及埋藏溶蚀作用，因此是优质储层发育的最有利地区，也是天然气富集的最有利区。此类气藏主要表现为储层平均有效厚度较大、平均有效孔隙度为低孔—特低孔、平均有效渗透率为中—低渗，以及低—中—高—储量丰度特征（表5-2）。

表5-2 四川盆地主要礁滩气藏特征参数表

气藏类型	气藏名称	气藏储量/10^8m^3	有效平均厚度/m	平均有效孔隙度/%	平均渗透率/($10^{-3}\mu m^2$)	地质储量丰度/($10^8m^3/km^2$)
飞仙关组鲕滩气藏	龙岗	337	12.3～32.9	3.7～8.5	0.12～50.6	4.33
	渡口河	359	42.50	8.64	85.7	10.62
	罗家寨	720	37.70～55.4	5.1～7.00	9.1～25.5	7.28～7.56
	铁山坡	374	34.2～122.3	6.4～7.9	8.3	6.83～28.29
	普光	3719	11.3～111.7	3.9～10.3	3.69～200	32.42
	七里北	229	36.1	7	6.35	7.68
长兴组礁气藏	龙岗	384	15.9～34.6	3.9～5.0	1.64～19.52	3.38
	七里北	53	42.7	4.1	2.75	5.10
	罗家寨	33	16.8	6.1		2.57
	大天池	47	27.7	5.3	15	4.27

（四）大面积溶蚀孔洞型优质白云岩储集层发育

中国海相碳酸盐岩大型气田储层主要发育在震旦系、寒武系、奥陶系、石炭系、上二叠统长兴组、下三叠统飞仙关组和嘉陵江组、中三叠统雷口坡组。储层类型包括岩溶风化壳储层（塔里木盆地下奥陶统、鄂尔多斯盆地中奥陶统、四川盆地震旦系、石炭系）、台缘礁滩储层（塔里木盆地上奥陶统、四川盆地长兴组—飞仙关组）以及台内滩相的白云岩储层（四川盆地寒武系、嘉陵江组、雷口坡组）等。储层岩性主要为细—粉晶白云岩、角砾溶孔云岩、鲕粒溶孔白云岩、砂屑白云岩、亮晶生屑灰岩等。储层总体上以低孔为主，并有随时代变新孔隙度增大的趋势，如四川盆地寒武系龙王庙组储层平均孔隙度3.3%～5.8%，均值4.1%；塔里木盆地奥陶系储层平均孔隙度2.1%～5.0%，均值3.72%；鄂尔多斯盆地奥陶系储层平均孔隙度4.5%～7.4%，均值5.76%；四川盆地石炭系储层平均孔隙度5.2%～6.5%，均值5.67%；长兴组4.9%～7.4%，均值6.2%；飞仙关组4.3%～10.3%，均值6.9%；嘉陵江组7.1%；雷口坡组为7.45%～8.4%，均值7.92%。单个气藏储量＞$10\times10^8m^3$的储层渗透率以＞$1\times10^{-3}\mu m^2$为主，尤其是普光、罗家寨、渡口河等飞仙关组气藏的储层平均渗透率均＞$10\times10^{-3}\mu m^2$。储层孔隙度和渗透率虽影响气藏的规模，但不是主要的因素，储层有效厚度与含气面积才是决定气藏规模的关键要素（图5-8）。图中展示的储层参数是组成大型气田的每个气藏储量计算单元的取值。这些碳酸盐岩大型气田除鄂尔多斯盆地奥陶系大型气田表现为面积大（26.6～1008.6km²）、厚度薄（3.1～8.1m）的特点外，其他大型气田单个气藏的厚度主要为

15～75m、含气面积主要为10～100km², 有效厚度、含气面积均与气藏储量具有较好的正相关关系。

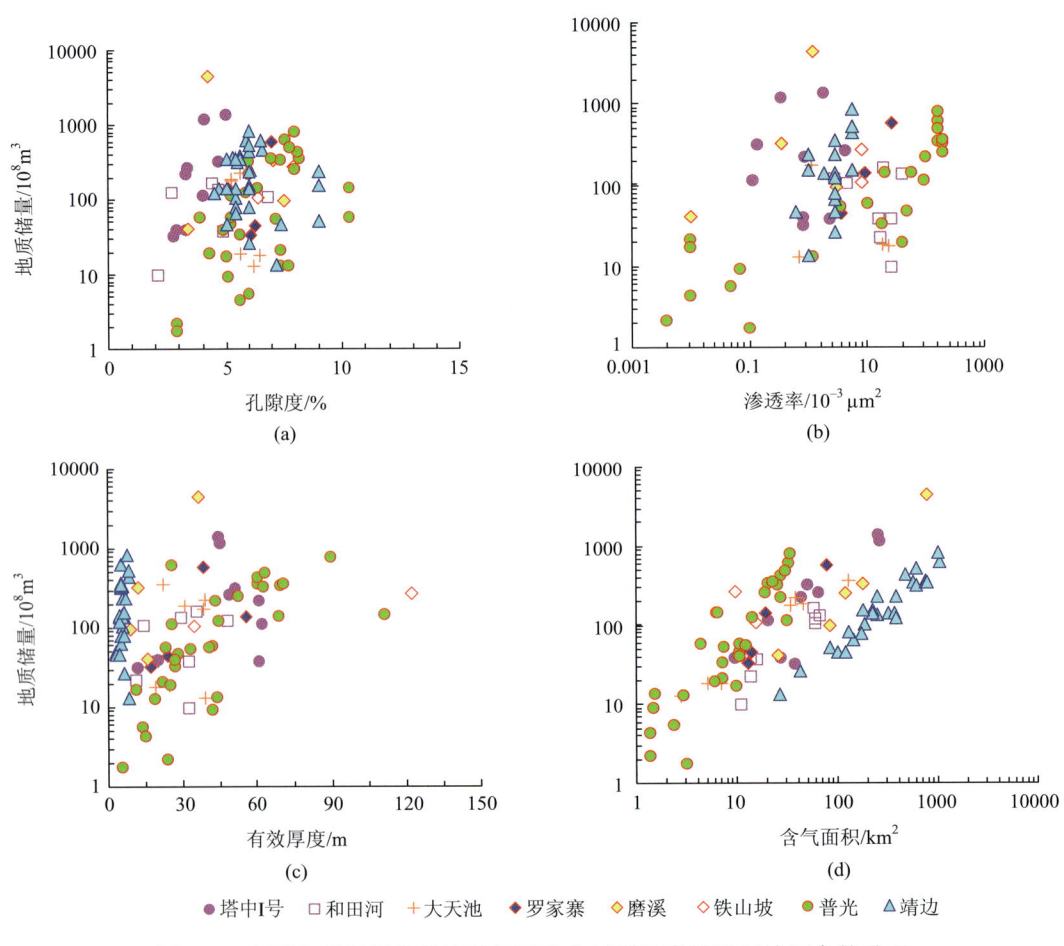

图5-8 中国大型海相碳酸盐岩气田单个气藏地质储量与储层参数关系

四、发育断裂和侵蚀沟槽等有效输导体系

从烃源岩与储层的相对关系而言，中国碳酸盐岩大型气田主要属于源—储分离的它源型成藏体系，油气运移通道是其成藏的关键要素之一。目前主要发育两类输导体系，一类是以断裂、裂缝作为输导通道，如四川盆地普光、罗家寨、渡口河、铁山坡等气田的长兴组—飞仙关组气藏天然气主要来源于下伏的二叠系煤系及碳酸盐岩烃源岩（马永生等，2007）（图5-9（a）、图5-9（b）），川东高陡构造带大天池气田石炭系气藏天然气主要来源于下伏的下志留统龙马溪组页岩（图5-9（c）），川中平缓构造背景下的磨溪大型气田嘉陵江组、雷口坡组气藏天然气主要来源于下伏的龙潭组（大隆组）烃源岩（图5-9（d）），塔里木盆地塔中Ⅰ号大型气田奥陶系气藏天然气主要来源于下伏的中下寒武统烃源岩（图5-9（e）），塔里木和田河气田天然气主要来源于下伏的寒武系烃源岩等。这些大型气田的形成均与大型断裂、裂缝的沟通密切相关，断裂的发育程度影响气藏的充满度及规模。断裂发育，输导条件好的区域，天然气藏的充满度一般较高，如川东北地区气藏充满度为86.5%～100%，平均90%左右，而四川盆地龙岗平缓构造带，断裂欠发育，且断层规模

小，天然气充注成藏主要靠裂缝，因此天然气藏的充满度相对较低，飞仙关组鲕滩气藏充满度为48%～73%，平均58%，长兴组生物礁气藏充满度为41%～100%，平均72%。

另一类是以不整合面或侵蚀沟槽作为输导通道，如鄂尔多斯盆地靖边大型气田奥陶系马家沟组风化壳气藏天然气主要来源于上覆石炭—二叠系煤系烃源岩，烃源岩生成的油气主要沿不整合或古侵蚀沟槽侧向进入奥陶系风化壳岩溶储层聚集成藏（杨华等，2011）（图5-9（f）、图5-9（g））；四川盆地威远震旦系大型气田天然气主要来源于上覆下寒武统筇竹寺组页岩，油气主要沿不整合面侧向进入震旦系灯影组风化壳岩溶储层聚集成藏（图5-9h）；高石梯-磨溪震旦系天然气有震旦系和寒武系烃源岩共同的贡献，其中寒武系烃源岩生成的天然气也主要通过侵蚀面侧向进入震旦系储层中（图5-9（i））。

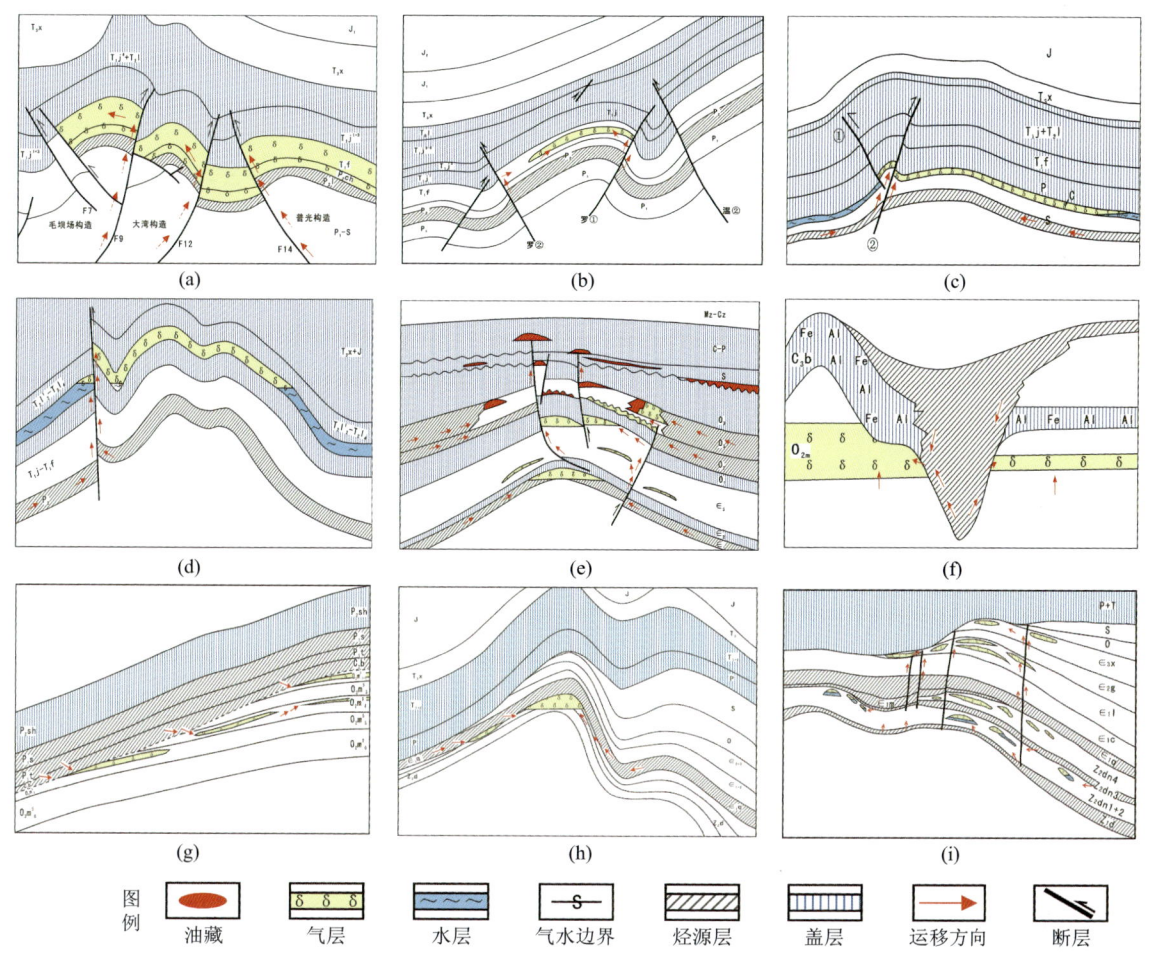

图5-9 中国大型海相碳酸盐岩气田输导体系类型

Cz，新生界；Mz，中生界；T_3x，上三叠统须家河组；T_2l，中三叠统雷口坡组；T_1j1，下三叠统嘉陵江组一段；T_1j2，下三叠统嘉陵江组二段；T_1j3，下三叠统嘉陵江组三段；T_1j4，下三叠统嘉陵江组四段；T_1j5，下三叠统嘉陵江组五段；T_1f，下三叠统飞仙关组；P_2ch，上二叠统长兴组；P_2l，上二叠统龙潭组；P_1s，上二叠统石盒子组；P_1s，下二叠统山西组；P_1t，下二叠统太原组；C_2b，上石炭统本溪组；S，志留系；O_3s，上奥陶统桑塔木组；O_3l，上奥陶统良里塔格组；O_3l，上奥陶统良里塔格组；O_2m，中奥陶统马家沟组；$O_2m_5^3$，中奥陶统马家沟组五段3亚段；$O_2m_5^5$，中奥陶统马家沟组五段5亚段；$O_2m_5^6$，中奥陶统马家沟组五段6亚段；$\in_1x$，上寒武统洗象池组；$\in_2g$，中寒武统高台组；$\in_1l$，下寒武统龙王庙组；$\in_1c$，下寒武统沧浪铺组；$\in_1q$，下寒武统筇竹寺组；Z_2d，上震旦统灯影组；Z_2dn4，上震旦统灯影组四段；Z_2dn3，上震旦统灯影组三段；Z_2dn1+2，上震旦统灯影组一段+二段；Z_1d，下震旦统陡山沱组

（a）普光气田；（b）罗家寨气田；（c）大天池气田；（d）磨溪气田；（e）塔中Ⅰ号气田；（f）靖边气田；（g）靖边气田；（h）威远气田；（i）安岳气田

五、膏盐岩和泥质岩盖层的有效封闭和遮挡

中国碳酸盐岩大型气田的盖层岩石类型包括膏盐岩、泥质岩和碳酸盐岩等（图 5-10）。这些大型气田的盖层可分为两类：一是主要以泥岩和含泥灰岩作为盖层，二是以膏盐岩和泥质岩作为盖层。

以泥岩和含泥灰岩作为盖层的主要有塔里木盆地塔中Ⅰ号及和田河大型气田等。塔中Ⅰ号大型气田下奥陶统鹰山组气藏的直接盖层为上奥陶统良里塔格组良三—良五段含泥灰岩，厚度一般超过 100m；上奥陶统良里塔格组气藏的直接盖层则为上奥陶统的桑塔木组厚层泥层，厚度 388～1093m，同时也是鹰山组气藏的区域盖层。和田河大型气田上奥陶统良里塔格组碳酸盐岩气藏的直接盖层为其上覆的下石炭统巴楚组下泥岩段泥岩；巴楚组生屑灰岩段气藏的直接盖层为下石炭统卡拉沙依组的中泥岩段泥岩；卡拉沙依组砂泥岩气藏的直接盖层为砂泥岩互层中的泥岩。石炭系泥岩盖层厚度在和田河大型气田区域达到 450～500m 左右，在塔中地区为 100～250m；排替压力值介于 5～20MPa 左右，封闭能力强，是一套优质的区域性盖层，对塔中Ⅰ号及和田河大型气田的保存均发挥了重要的作用。

大多数大型气田均在不同程度上有膏盐岩作为直接盖层或区域性盖层。如鄂尔多斯盆地靖边奥陶系大型气田，直接盖层主要是各气层之间的泥质白云岩、白云质泥岩、含膏白云岩、膏质白云岩、膏岩以及本溪组底部的铁铝质泥岩、泥岩及泥质粉砂岩等，铁铝质泥岩厚度一般为 10～15m，铝土岩的渗透率为 $6.5\times10^{-9}\mu m^2$，饱含空气时突破压力为 5MPa，铝土质泥岩饱含空气的突破压力为 15MPa，封闭性能好；区域封盖层主要为二叠系上石盒子组和石千峰组的湖相泥质岩，泥质岩厚度达 240～350m，在盆地中部分布广泛，其气体绝对渗透率（7～10.8）$\times10^{-9}\mu m^2$，饱含空气时的突破压力为 2～6MPa，具有较强的封闭性。四川盆地普光、罗家寨、渡口河、铁山坡等大型气田长兴组—飞仙关组气藏的直接盖层是长兴组之上的致密碳酸盐岩、飞仙关组之上的致密碳酸盐岩、飞仙关组四段的膏质云岩、泥岩及泥质云岩，飞四段膏岩+泥岩厚度一般 7～30m。区域盖层为中下三叠统的膏盐岩系，膏盐岩厚度一般 100～300m。大天池、卧龙河等石炭系大型气田的直接盖层是上覆下二叠统梁山组泥质岩，厚度一般 10～15m，分布稳定，与石炭系储层间有明显的压力差，排驱压力相差大，盖层条件好；区域盖层位于直接盖层之上，包括中下三叠统的膏盐岩及下二叠统茅口组的高压层，茅口组地层压力系数达 1.65，佐证了间接盖层保存完好。威远震旦系大型气田的直接盖层为下寒武统筇竹寺组页岩，威远 - 资阳一带可达 300～350m，平均排替压力 36.85MPa，均值吼道半径 0.0065μm，封盖能力强；中下三叠统由致密的泥粉晶灰岩、泥岩及较厚的硬石膏层组成，可作为封隔能力较强的区域盖层。磨溪大型气田雷一^{1}气藏上覆的雷一^{2}段—雷四段厚度约 400m 左右的泥质云岩、膏质云岩、石膏及灰岩等是直接的盖层，嘉二气藏的直接盖层为嘉三—嘉五厚度约 400m 的石膏、盐岩、灰岩与白云岩等。

四川盆地高石梯 - 磨溪地区震旦系—寒武系气藏的保存条件除了上覆的中下三叠统膏盐岩封盖外，区域分布的二叠系超压层对其保存也起着至关重要的作用。高石梯 - 磨溪地区灯影组、龙王庙组气藏压力系数呈规律性分布：自灯影组向上至龙王庙组，气藏压力系数由常压变为高压，而灯影

组内部也呈现出压力系数自下而上变大的趋势。气藏压力系数的规律性变化不是偶然的，而是与天然气逐渐向上扩散、寒武系气藏更靠近超高压盖层、天然气散失量较小、更好地保持了原始气藏压力有关。实际上，灯影组、龙王庙组在地质历史时期均为超压，超压气藏的形成与烃源灶（包括烃源岩和原油裂解）的大量生气有关，并且地层超压的形成主要始于三叠纪末。为什么灯影组气藏在后期会演变为常压？从气藏保存条件的研究也许能得出比较合理的解释。

图 5-10　中国碳酸盐岩大型气田天然气产层与盖层关系图

理论上，盖层岩石的孔隙吼道直径小于油（气）分子直径时才具有封闭能力。而实际并非如此，天然气分子直径一般小于 1nm，其它岩类的孔喉直径均大于天然气分子直径。因此，盖层岩石仅靠物性难以形成毛细管的直接封闭，需要有其它封盖条件共同封闭才能形成天然气聚集。

具体到四川盆地，通过 CT 扫描和压汞实验，得到寒武系筇竹寺组页岩的喉道中值半径一般分布 1～9nm。也就是说，四川盆地区域分布的筇竹寺组页岩尽管是一套优质的烃源岩和良好盖层，但天然气仍然可以通过分子扩散而逐渐散失。高温高压条件下岩石扩散系数模拟实验结果表明温度和压力对天然气的扩散有重要影响。在实验温度 120℃不变的情况下，随着围压的增大，天然气扩散系数有降低的趋势（图 5-11（a））；而恒定围压（32MPa），随着温度的升高，天然气扩散系数增大（图 5-11（b））。高石梯-磨溪地区灯影组、龙王庙组气藏埋藏深度为 4500～5800m，龙王庙组气藏温度介于 135～145℃，灯影组气藏温度介于 148～163℃。按照扩散系数随温度变化的规律，灯影组气藏天然气扩散的速率相对要高，其扩散损失要比龙王庙组大。此外，发育于灯影组和龙王庙组之间，并止于二叠系区域性盖层之下的一些近于直立的断层，可能成为灯影组天然气向上运移的通道。

从高石梯-磨溪地区气藏含气饱和度的统计结果也可以看出，自灯影组灯二段、灯四段向上至龙王庙组，含气饱和度逐渐增高，如含气饱和度平均值，灯二段为 74.6%，灯四下段为 77.5%，灯四上段为 76.8%，龙王庙组为 83.5%。反映了天然气有向上运移扩散的趋势。

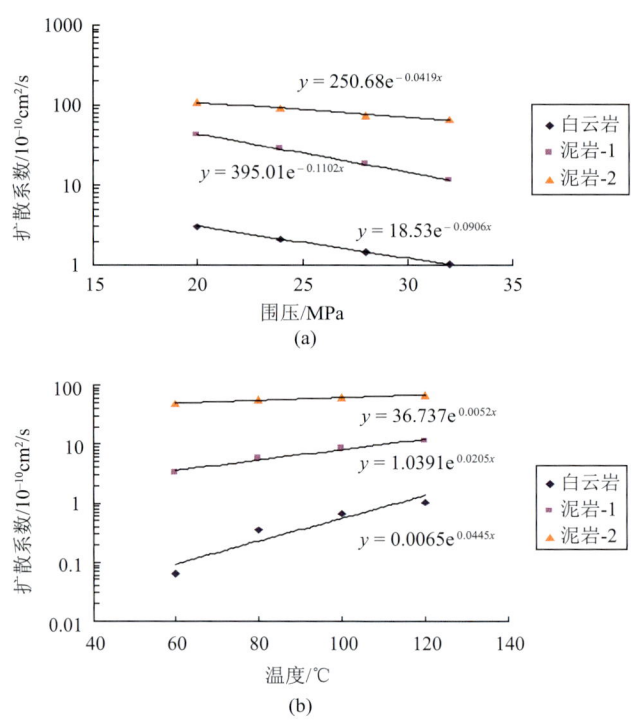

图 5-11 高温高压下天然气扩散系数与围压、温度的关系图
（a）扩散系数与围压的关系；（b）扩散系数与温度的关系

龙王庙组气藏超压能够从主要生气期一直保存至今，与其上覆的超压层及区域性膏盐岩的联合封闭密切相关。高石梯-磨溪地区自上而下存在三套泥岩超压层。其中，二叠系（3800～4200m）的超压强度最大，寒武系（4600～5200m）的最小（图 5-12（a））。实钻结果也表明，川中地区自嘉陵江组向下至寒武系均为超压地层（图 5-12（b））。这些超压层的存在无疑对下伏气藏的保存起着至关重要的作用。

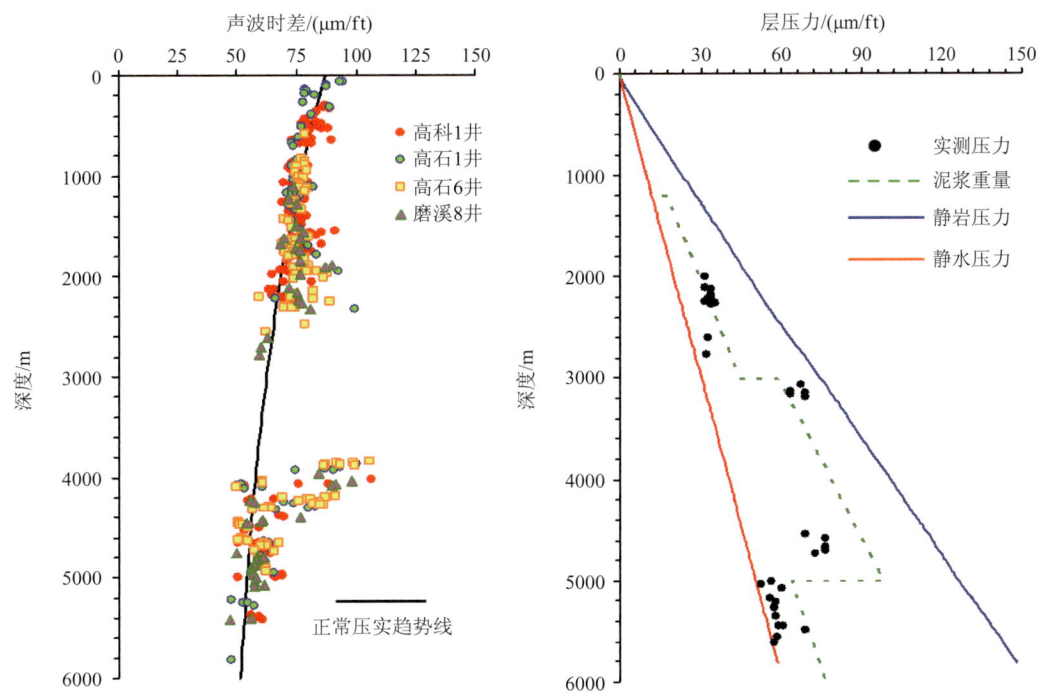

图 5-12 川中地区泥岩声波时差、地层压力与深度关系
（a）声波时差与深度关系；（b）地层压力与深度关系

第二节 碳酸盐岩气藏特征与成藏模式

一、典型碳酸盐岩气藏特征

四川盆地安岳气田寒武系龙王庙组气藏是迄今为止我国发现的单个气藏规模最大的整装特大型气藏，且高石梯 - 磨溪地区灯影组、龙王庙组三级储量之和超过万亿立方米；而开江 - 梁平海槽东、西两侧长兴组—飞仙关组气藏已探明天然气储量也超过万亿立方米。因此，解剖这些大型气藏将提高对大型、特大型气藏形成规律的认识，对下步勘探部署决策和新领域拓展具有重要的指导意义。

（一）震旦系—寒武系天然气藏特征

该类气藏以四川盆地高石梯 - 磨溪震旦系灯影组、寒武系龙王庙组气藏为代表。天然气组成总体上以烃类气体为主，甲烷含量为 82.65%～97.35%，乙烷含量为 0.01%～0.29%（龙王庙组主要为 0.12%～0.29%，灯影组为 0.01%～0.05%），偶有痕量丙烷，天然气干燥系数介于 0.9976～0.9999，是典型的干气。非烃类气体主要包括 N_2、CO_2、H_2S、He，以 N_2 和 CO_2 为主。其中，N_2 含量为 0.44%～6.13%，CO_2 含量为 0.10%～14.16%；H_2S 含量为 0.26%～3.19%。其中，龙王庙组主要为 0.26%～0.78%，灯四段为 1.00%～2.09%，灯二段为 0.58%～3.19%；He 含量主要为 0.01%～0.06%。

1. 天然气主要属于原油裂解气

有 5 方面的证据揭示了高石梯 - 磨溪地区震旦系—寒武系天然气以原油二次裂解气为主。

1）华北元古界下马岭组低成熟腐泥型页岩的模拟实验结果表明：Ⅰ型有机质干酪根直接生气量是有机质总生气量的 1/4 左右；干酪根直接裂解成气的阶段主要为 R_o = 1.3%～2.5%；R_o > 2.5% 以后的干酪根生气量约占有机质总生气量的 1/20 左右。

2）天然气组分特征。威远灯影组—寒武系、高石梯 - 磨溪、荷包场等灯影组—龙王庙组等天然气的源岩母质类型以腐泥型为主，均处于高过成熟阶段，天然气组成中乙烷、丙烷的含量均很低，因此，这些天然气的 ln（C_1/C_2）值变化相对较小，如高石梯 - 磨溪灯影组 ln（C_1/C_2）值 7.5～8.4，龙王庙组 ln（C_1/C_2）值 6.6～7.3；而 ln（C_2/C_3）值变化范围相对较大，如高石梯 - 磨溪灯影组 ln（C_2/C_3）值 0.40～3.91，龙王庙组 ln（C_2/C_2）值 2.64～4.17，在 ln（C_1/C_2）与 ln（C_2/C_3）的图版中总体表现出与水平轴近于"垂直"的趋势，主要属于原油或分散液态烃的二次裂解气（图 5-13）。荷深 1 井灯影组、宝龙 1 井龙王庙组也落入灯影组的分布区域。因此，高石梯 - 磨溪、荷包场等震旦系灯影组、龙王庙组天然气均具有原油或分散液态烃二次裂解气的特征。

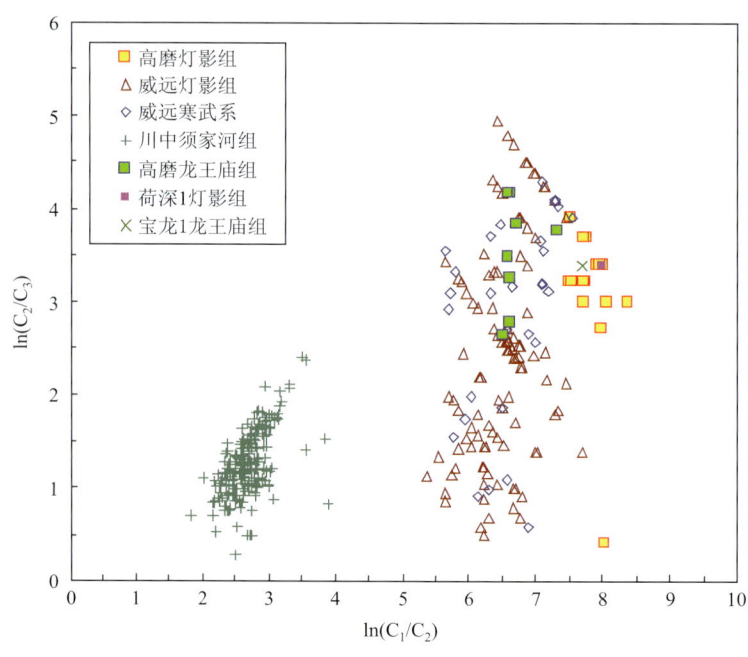

图 5-13　四川盆地主要层系天然气 ln(C_1/C_2) 与 ln(C_2/C_3) 关系图

3）天然气 C_6-C_7 轻烃组成。四川盆地高石梯 - 磨溪震旦系、磨溪龙王庙组天然气的甲基环己烷 / 正庚烷和（2- 甲基己烷 +3- 甲基己烷）/ 正己烷两项比值分别大于 1.5 和 0.5，属于原油二次裂解气（图 5-14）。

4）C_8 以上重烃化合物。除了 C_6-C_7 轻烃指标外，高石 1 井天然气轻烃分析中检测到 C_8-C_{11} 重烃进一步证实了高石 1 井天然气为原油裂解气。为什么是这样呢？这主要有以下几方面的原因：以腐泥型为主的有机质直接由干酪根裂解成气的比例仅占 20%～25%；有机质的二次裂解一般经历大分子至中等分子，再至小分子，直至形成甲烷的过程，C_6～C_7 轻烃化合物以及 C_8 以上化合物是有机质裂解的中间产物。

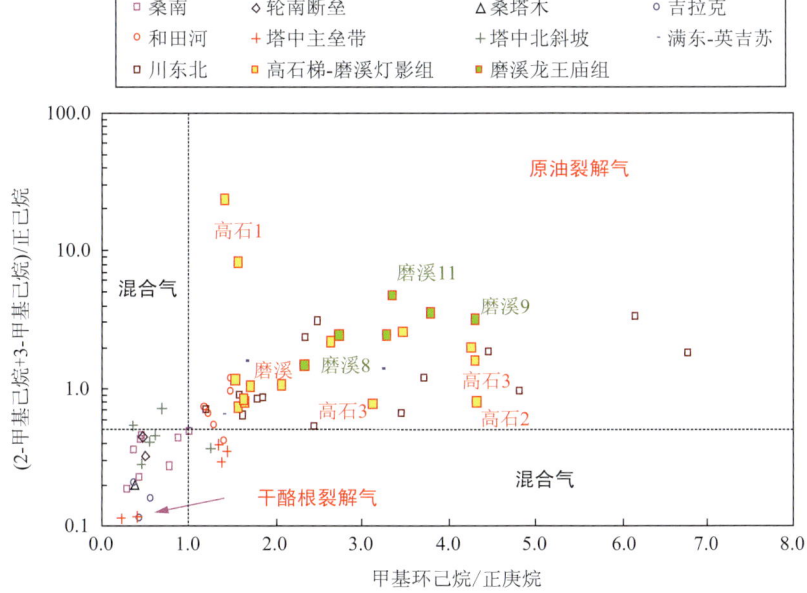

图 5-14　天然气甲基环己烷 / 正庚烷与（2-甲基己烷 +3-甲基己烷）/ 正己烷的相关图

应用开放体系的模拟实验技术，对含沥青云岩、藻类、泥岩、干酪根等不同类型有机质分别在 300℃、400℃、500℃和 600℃条件下，模拟了不同温度下的轻烃特征。从模拟结果看，含沥青云岩，藻、富藻云岩、藻云岩干酪根等再次裂解时仍可产生 C_8 以上的重烃化合物，相反，泥岩或泥岩干酪根的 C_8 以上的重烃化合物几乎没有检测到。因为含沥青云岩模拟实验结果反映的主要是沥青的情况。300℃时，主要反映吸附烃的轻烃特征，总体上丰度不高；随着模拟温度的升高，沥青中残留的高碳数烃类进一步发生裂解，形成许多 C_8 以上的中等分子中间产物，400～500℃时的重烃化合物最丰富，而 C_7 以下的低分子烃类则相对较少；600℃时，C_8 以上重烃化合物明显较少，而低分子烃类丰度则明显增高。这一实验结果很好地反映了有机质由高碳数烃类逐渐裂解成中等碳数烃类，并最终裂解成低碳数烃类，直至甲烷的裂解过程。

5）储层沥青含量分布特征。通过对四川盆地震旦系灯影组—寒武系龙王庙组储层沥青的系统检测，表明沥青含量分布与古构造背景有一定的关系。古隆起高部位，沥青含量一般较高，而古构造低部位，沥青含量则相对较低，如古隆起高部位的威远震旦系灯影组，沥青含量主要为 0.25%～5.0%，资阳灯影组为 0.25%～2.50%，老龙 1 井灯影组（2836～2867m）4 个样品的含量为 0.70%～1.50%，高石梯 - 磨溪灯影组、龙王庙组一般为 0.25%～3.50%；相反，古隆起斜坡、坳陷部位的盘 1 井、窝深 1 井的沥青含量较低，盘 1 井 4 个样品的沥青含量为 0.013%～0.056%，窝深 1 井 4 个样品（4660～4691m）均未检测到沥青，荷深 1 井龙王庙组（4743.7～4761.0m）8 个样品和灯影组（5742.3～5752.5m）2 个样品的沥青含量分别为 0.1%～0.2% 和 0.10%。

沥青含量的分布还有一个现象，即威远震旦系、老龙 1 井震旦系的沥青含量随埋藏增大而降低，也就是沥青主要富集在震旦系灯影组的顶部溶孔储层中；而高石梯 - 磨溪地区灯影组、龙王庙组储层中，不同深度段的沥青含量均较丰富。

2. 气藏温压系统

（1）由震旦系的常压气藏过渡为寒武系的高压气藏

高石梯区块灯二段单井气层中部地层压力为 57.56~57.66MPa，压力系数为 1.07~1.08；磨溪区块单井气层中部地层压力为 58.62~59.08MPa，压力系数为 1.07~1.10，属常压气藏。灯四段进一步分为灯四上亚段和灯四下亚段，高石梯区块灯四上亚段产层中部地层压力为 56.57~56.63MPa，压力系数为 1.12~1.13，磨溪区块产层中部地层压力为 56.80MPa，压力系数为 1.10；高石 6 井灯四下亚段地层压力为 56.84MPa，压力系数 1.10，为常压气藏，高石梯-磨溪区块灯四上、下亚段压力系数非常接近，为同一压力系统。磨溪区块地层压力为 75.81~76.37MPa，压力系数 1.56~1.70，根据 SY/T6168—2009 的气藏分类标准属于高压气藏；高石梯区块龙王庙组地层压力为 68.27MPa，压力系数 1.53，为高压气藏，与磨溪区块处于不同的压力系统。

（2）震旦—寒武系气藏为高温气藏

安岳气田震旦系、寒武系气藏地温梯度基本分布为 2.5~2.7℃/100m，气藏中部温度为 137.5~163.28℃，为高温气藏。在不同区块、不同层段略有差异。例如，灯二段气藏磨溪区块为 155.82~159.91℃，高石梯区块为 156.71~163.28℃；灯四上亚段气藏高石梯区块为 150.2~161.0℃，磨溪区块为 149.6~158.5℃；灯四下亚段气藏高石梯区块为 155.1~160.3℃；龙王庙组气藏为 137.5~143.9℃。

3. 油气充注与成藏期次

油气成藏过程是成藏动力系统中，油气在多种成藏要素综合配置下经过运移聚集，并最终在圈闭中聚集形成具工业规模的油气藏过程。本次主要采用储层流体包裹体测温法和同位素动力学方法研究了震旦系灯影组气藏及寒武系龙王庙组气藏的成藏时期，认为现今气藏捕获的天然气主要是 195Ma 以来生成的。

流体包裹体是指地层中的岩石在埋藏成岩过程中所捕获的液态或气态流体，它记录了与地层所经历的地质历史事件有关的信息，这些信息为认识地质历史提供了重要依据。20 世纪 90 年代以来，流体包裹体在油气成藏研究中得到了广泛应用，已成为当代石油地质领域研究油气藏形成期次最重要、最有效的一种方法。

本次研究所测包裹体样品来自威远、资阳、高石梯、磨溪、盘龙场等的灯影组和磨溪地区的龙王庙组。所测包裹体为溶蚀孔洞缝或裂缝中充填的以方解石、白云石和自生石英为宿主矿物的原生包裹体。所测包裹体为群体包裹体，包裹体大小不一，小者为 1×2，大者可达 25×15，气液比 5~20，以＞10 为主，气相、液相包裹体均为无色。从储层流体包裹体均一温度总的分布特征看，包裹体均一温度分布范围大，从 92℃到 236℃，但主要分布在两个区间：一是 130~160℃，二是 190~220℃。区域上，虽受分析样品数量的限制，但其温度区间的分布趋势还是比较明显的：威远灯影组温度分布范围宽，主要峰值区间为 130~180℃；资阳灯影组则呈现两个峰值：一是 130~150℃，二是 200~220℃。盘龙场地区虽样品点少，但也呈现出分布范围大的特点，以 200~240℃为主。高石梯灯影组也有两个峰值，主要为 130~150℃，其次是 190~220℃。磨溪灯影组的温度范围宽，以 120~160℃为主。磨溪龙王庙组样品点少，但 130~150℃的峰值仍然较为明显，同时 >180℃的高温区间也有较大的比例。

包裹体测温结果表明，四川盆地震旦系经历了多期烃类的充注过程，其中加里东期、海西期之前形成的包裹体均一温度以 <140℃为主，140~200℃的主要形成时期为印支期—燕山期或喜山期，>200℃的主要形成于燕山期。与此相类似，龙王庙组同样经历了多期烃类的充注过程，其中印支期之前捕获的包裹体均一温度 <120℃，120~200℃的主要形成时期为燕山期或喜山期，>200℃的主要形成于燕山期。

天然气碳同位素动力学是 20 世纪 90 年代中期以来兴起的一门天然气地球化学技术，它是化学动力学为基础建立的一种动力学分馏模型。该类模型将天然气分为 ^{12}C 和 ^{13}C 两个同位素组分，通过确定两者各自独立的生烃动力学参数，进而求取天然气生成过程中相应的瞬时和累积碳同位素值。与现今天然气的同位素组成相比对，并结合其基本地质背景（构造演化史、沉积埋藏史、热史），可再现天然气的生、运、聚、散等过程。本次研究应用低成熟泥灰岩样品的模拟实验结果，获取了甲烷生成及碳同位素的动力学参数。在乐山—龙女寺古隆起不同区块共选取了 11 口井进行原油裂解成气及其碳同位素分馏的化学动力学应用，其中高石梯区块 5 口（灯影组）、磨溪区块 4 口（龙王庙组和灯影组）、资阳气区 1 口以及威远气区 1 口（表 5-3）。

图 5-15（a）为高石 1 井沉积埋藏史和热史，从中可以看出，奥陶世地层抬升，奥陶系几乎全部被剥蚀，志留系、石炭系和泥盆系缺失，早三叠世初地层有小幅度的抬升，至末期开始迅速沉积，并在中侏罗世末埋深达到最大值。快速沉降期地温大幅上升（图 5-15（a）），原油裂解成总气主要发生在晚三叠世末至中侏罗世末 205~159Ma 约 46Ma 的时期内，转化率达 97.2%（图 5-15（b）），原油裂解成甲烷主要发生在早侏罗世初至中侏罗世末 200~159Ma 约 41Ma 的时期内，转化率达 93.9%（图 5-15（c））。原油裂解成总气起始生成温度为 147℃，裂解成甲烷起始生成温度为 160℃，至中侏罗世末，停止转化时，古地温达 266℃（图 5-15（d）（e））。对比不同地质时期总气和甲烷转化率曲线可以看出，总气开始转化时间要早于甲烷，且总气转化率高于甲烷转化率，这是由于原油裂解成气过程中，重烃气（C_{2-5}）为中间产物，原油在裂解为重烃气的同时重烃气也在向甲烷裂解。图 5-15（f）为高石 1 井不同地质时期（横轴坐标）之后累积所生天然气运聚成藏所对应的甲烷碳同位素值曲线，高石 1 井天然气的现今 $\delta^{13}C_1$ 约为 –32.4‰，从图中可以看出，该值大致相当于 188Ma 之后所生天然气聚集所对应的甲烷碳同位素值，对应油成甲烷转化率为 24%，之前所生甲烷可能未运聚成藏或成藏后散失，甲烷成藏参与率为 74.4%。图 5-15（g）为考虑早期裂解气参与成藏得到的甲烷碳同位素值曲线，由图可以看出，高石 1 井天然气甲烷碳同位素值明显重于计算值，说明该区主要是晚期裂解气参与成藏。

采用同样方法计算了其余井的生烃及同位素动力学参数，其计算结果见表 5-3。总体而言，高石梯 - 磨溪地区灯影组、龙王庙组气藏主要聚集了 195～160Ma 裂解生成的天然气，捕获的天然气量仅占总裂解气量的 60.9%～83.1%。威远灯影组气藏捕获的天然气为 125～70Ma 裂解生成的天然气，占总生气量的 51%。资阳灯影组气藏捕获的天然气为 230～120Ma 裂解生成的天然气，占总生气量的 80%。

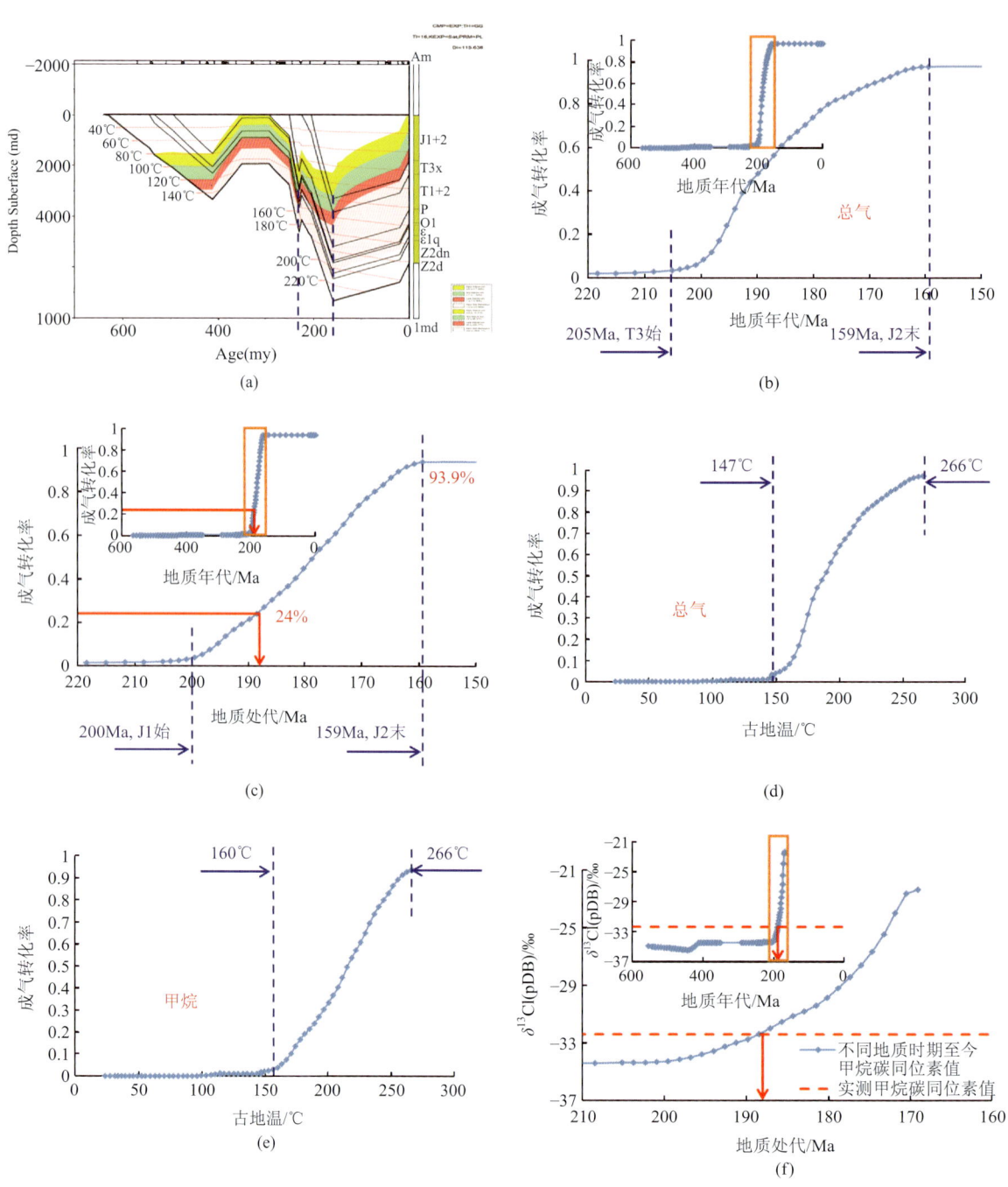

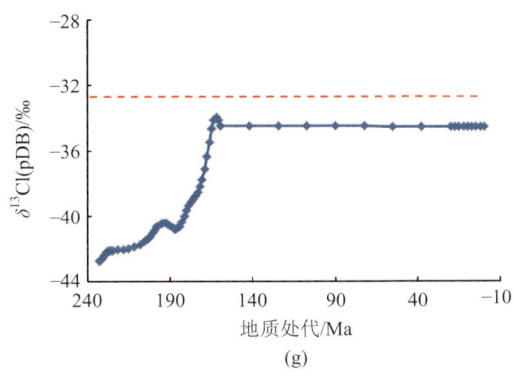

图 5-15　高石 1 井生烃及同位素动力学地质应用结果（灯影组）

（a）沉积埋藏史和热史；（b）地质时期原油裂解成总气转化率曲线；（c）地质时期原油裂解成甲烷转化率曲线；
（d）原油裂解成总气转化率与古地温关系；（e）原油裂解成甲烷转化率与古地温关系；（f）不同地质时期之后
累积所生天然气运聚成藏所对应的甲烷碳同位素值；（g）油成甲烷累积碳同位素值演化曲线

表 5-3　高石梯 - 磨溪、威远 - 资阳地区同位素动力学模拟结果

井号（产层）	原油裂解成气时间	现今成气转化率/%	最高古地温/℃	甲烷碳同位素/‰	捕获阶段气	成藏效率/%
高石1（灯影组）	T_3x末-J_2末	97.2	266	-32.4	188~160Ma	74.4
高石3（灯影组）	T_3x末-J_2末	97.6	271	-32.9	194~160Ma	78.0
高石6（灯影组）	T_3x末-J_2末	97.2	267	-32.7	190~160Ma	76.6
高石2（灯影组）	T_3x末-J_2末	97.5	271	-33.1	193~160Ma	76.0
高科1（灯影组）	T_3x末-J_2末	95.9	250	-32.43	188~160Ma	73.2
磨溪12（灯影组）	T_3x末-J_2末	97.6	272	-33.1	193~160Ma	75.3
磨溪12（龙王庙组）	J_1初-J_2末	92.8	248	-33.4	182~160Ma	60.0
磨溪16（龙王庙组）	J_1初-J_2末	94.5	252	-32.5	186~160Ma	68.1
磨溪8（灯影组）	T_3x末-J_2末	97.5	270.3	-32.6	191~160Ma	75.8
磨溪8（龙王庙组）	J_1初-J_2末	92.7	247.3	-32.75	180~160Ma	65.2
磨溪9（灯影组）	T_3x末-J_2末	97.4	269.8	-33.5	195~160Ma	83.2
磨溪9（龙王庙组）	J_1初-J_2末	92.0	245.6	-32.8	178~160Ma	60.9
资阳1（灯影组）	T_3x初-K末	99.6	286	-37.1	230~120Ma	80.0
威117（灯影组）	T_3x初-K末	91.6	233	-32.19	125~70Ma	51.0

（二）开江 - 梁平海槽东、西侧裂解气藏特征

1）开江 - 梁平海槽东、西两侧礁滩气藏存在两种类型天然气，东侧台缘带以原油裂解气为主，西侧台缘带以过成熟煤成气为主。

通过天然气组分、同位素、轻烃等地化特征，论证了开江 - 梁平海槽东侧的罗家寨等飞仙关组鲕滩天然气是一种以腐泥型为主的高过成熟古油藏原油裂解气，并且与上二叠统长兴组的天然气具有相似的特征。开江 - 梁平海槽西侧的龙岗礁滩天然气无论是组分，还是同位素，均与东侧的礁滩

气有些差异。以罗家寨、渡口河、铁山坡、普光等气藏为代表的礁滩天然气含有较高的 H_2S 含量，一般 > 6%，烃类组成中，以甲烷为主，含量为 74.29% ~ 89.64%，乙烷含量仅为 0.02% ~ 0.11%；天然气 $\delta^{13}C_2$ 值 < –28‰。龙岗礁滩天然气虽也有 H_2S 含量在 8% ~ 10% 的，但以 < 6% 为主；烃类组成中，以甲烷为主，含量为 85.23% ~ 94.09%，乙烷含量仅为 0.04% ~ 0.09%，干燥系数 > 0.999，为典型的干气；$\delta^{13}C_2$ 值以 > –28‰ 为主，少量 $\delta^{13}C_2$ 值 < –28‰，表现出以煤成气为主的特点。

2）礁滩气藏存在多期次充注。

尽管开江 - 梁平海槽两侧的台缘带在天然气的性质上表现出一定的差异，但通过包裹体的检测，证实了其烃类充注的时期大体上是相当的，反映了多期烃类充注的特点。如谢增业等（2004）曾分析了海槽东侧罗家寨、渡口河、铁山坡和金珠坪等气藏的烃类充注期次，结果表明包裹体均一温度分布为 96 ~ 201℃，并将其划分为 < 100℃、100 ~ 140℃、140 ~ 180℃和 > 180℃四个阶段。秦建中等（2008）认为，普光 2 气藏的包裹体均一温度 96 ~ 216℃，分为三期，第一期主要是充填在白云岩重结晶后晶间溶洞亮晶方解石中的流体包裹体，盐水包裹体均一化温度 96 ~ 130℃，主峰温度 106 ~ 116℃；第二期主要是产于方解石脉及溶蚀充填方解石中的包裹体，盐水包裹体均一化温度介于 139 ~ 161℃，主峰温度在 146 ~ 156℃；第三期主要是产于溶洞石英晶体及方解石脉中的包裹体，盐水包裹体均一化温度 174 ~ 216℃，主峰温度 180 ~ 195℃。赵文智等（2011）认为，龙岗和罗家寨 - 普光地区礁、滩储层流体包裹体均一温度可划分为三期，第一期均一温度较低（< 120℃），为液相烃类包裹体，标志着早期液态烃充注；第二期均一温度 130 ~ 150℃，为气 - 液两相烃类包裹体，反映液态烃及其伴生气和煤系生成的气态烃混合充注；第三期均一温度大于 160℃，为含盐水气烃包裹体，激光拉曼检测出以甲烷为主的含硫化氢高温气烃包裹体，反映液态烃高温裂解生气成藏事件（龙岗地区发育大量不含硫化氢的气烃包裹体，反映煤系大量生烃充注）。

3）礁滩气藏既有原油裂解气藏，也有以干酪根裂解为主的气藏。

1995 年，Prinzofer 根据 Behar 等（1991）对 Ⅱ、Ⅲ 型干酪根的金属管封闭体系产烃模拟实验结果，提出可用天然气的 $\ln(C_1/C_2)$-$\ln(C_2/C_3)$ 图版来区分干酪根初次裂解气和原油二次裂解气的图版（Prinzofer et al.，1995）。近年来，国内有不少人引用这一图版，例如在塔里木盆地，用它来区分出和田河气田（$C、O_1$）属原油裂解气，而桑塔木 - 吉拉克地区的天然气主要是干酪根热解气（赵孟军等，2001）。

开江 - 梁平海槽东侧长兴—飞仙关组天然气 $\ln(C_1/C_2)$ 值主要 4.8 ~ 8.0，$\ln(C_2/C_3)$ 值主要 0.4 ~ 6，表现出原油二次裂解气的特征。开江 - 梁平海槽东侧的罗家寨、铁山坡、渡口河、普光等气区二、三叠系天然气样点（图中的川东北样点）都落在轻烃比值图版的原油裂解气区之中（图 5-14）。除天然气地球化学指标外，四川盆地长兴组—飞仙关组气层中含有十分丰富的高反射率沥青（R_b = 2.30% ~ 3.18%），这是古油藏原油裂解成气残留物的确凿证据。

开江 - 梁平海槽西侧的龙岗地区礁滩储层中的沥青丰富，但天然气的地球化学性质主要表现为煤成气特征，说明该区存在多期油气充注。

4）礁滩气藏压力以常压为主。

长兴—飞仙关组台缘礁滩气藏压力主要为常压，少量高压（表 5-4）。生物礁气藏除天东礁、南门场礁为高压外，其它为常压；飞仙关组台缘鲕滩气藏除铁山坡为高压外，其他均为常压。

表 5-4 四川盆地主要礁滩气藏压力数据表

气藏类型	气藏名称	代表井	地层压力/MPa	压力系数	备注
台缘礁气藏	天东礁	天东10、21	52.42~54.45	1.28~1.42	高压
	南门场礁	门4	48.01	1.41	高压
	铁山礁	铁山5、14、21	31.08~35.00	1.05~1.15	常压
	七里北礁	七里北2、七北101	54.25~54.32	1.06~1.09	常压
	黄龙场礁	黄龙1、4	42.52~43.40	1.13~1.18	常压
	云安厂礁	云安12	53.39	1.17	常压
	龙岗礁	龙岗1、2、8、26、27、28	53.28~67.95	1.01~1.11	常压
台缘鲕滩气藏	龙岗	龙岗1、2、6、26、27、001-1、001-3、001-6	52.856~61.324	1.03~1.13	常压
	龙门	天东4、5、55、56	38.321~44.376	1.029~1.26	常压
	铁山	铁山5、8、11、13	34.589~37.438	1.18~1.25	常压
	渡口河	渡1、2、3、4、5	45.38~49.557	1.061~1.106	常压
	罗家寨	罗家1、2、4、5、6	30.595~42.033	1.061~1.283	常压
	金珠坪	金珠1	32.902	1.137	常压
	铁山坡	坡1、2、4	48.39~49.694	1.28~1.463	高压

二、碳酸盐岩气藏类型与成藏模式

油气藏分类通常按圈闭成因将其划分为构造油气藏、地层岩性油气藏和复合型油气藏三大类，不同类型的气藏其形成机制有别。鉴于我国碳酸盐岩地层中呈现出多种相态的油气藏类型，即既有干气藏，又有凝析气藏，因此，本研究主要从油气藏性质（干气藏、凝析气藏）出发，重点讨论以四川盆地为代表的古油藏或分散有机质裂解为主的干气藏、以塔里木盆地塔中奥陶系为代表的早期油藏受到晚期干气的气侵改造形成的凝析气藏、以四川盆地龙岗、元坝礁滩及鄂尔多斯盆地靖边奥陶系煤成气为主的混源型干气藏（表 5-5）。它们是大型碳酸盐岩干气藏和凝析气藏的典型代表。

表 5-5 碳酸盐岩气藏类型划分表

大类	类型	地质背景	典型实例
原油裂解干气藏	原位裂解聚集型	继承性古隆起，原位裂解聚集	高石梯-磨溪灯影组、龙王庙组气藏
	晚期就近调整型	早期古隆起，晚期构造岩性共同控藏	罗家寨、普光等礁滩气藏
	晚期异位聚集型	早期斜坡，晚期构造，异地聚集	威远灯影组气藏、荷深1灯影组气藏
	晚期残留型	早期古隆起，晚期斜坡	资阳灯影组气藏
煤成气为主的混源型干气藏	岩溶风化壳型	斜坡背景，上古生界煤成气侧向充注为主，与奥陶系腐泥型气混合成藏	靖边奥陶系气藏
	台缘礁滩型	台缘带高部位，以煤成气为主，少量腐泥型气	龙岗、元坝长兴组-飞仙关组礁滩气藏
混源凝析气藏	气侵型	古隆起背景，正常油藏受到来自异地干气的气侵作用	塔中奥陶系气藏

（一）原油裂解型干气藏成藏模式

此类气藏可进一步划分为4类，继承性古隆起原位裂解聚集型、古隆起裂解气晚期就近调整型、裂解气晚期异位聚集型和裂解气晚期残留型。

1. 继承性古隆起原位裂解聚集型气藏

该类气藏以四川盆地高石梯-磨溪震旦系灯影组、寒武系龙王庙组气藏为代表。其成藏过程基本上可划分为三个阶段：一是原油生成阶段，包括奥陶纪—志留纪的初次生油阶段和二叠纪—中三叠世时期的再次生油阶段；二是原油发生裂解的阶段，主要时期是晚三叠世—白垩纪；三是气藏的调整与定型阶段，主要时期是喜山期（图5-16）。

奥陶纪末，高石梯-磨溪地区灯影组烃源岩开始进入低成熟演化阶段，乐山—龙女寺古隆起斜坡及坳陷部位的烃源岩则进入成熟阶段，生成的液态烃从坳陷和斜坡带向构造高部位运移，在古隆起顶部形成古油藏。

志留纪末，受加里东期构造运动抬升、剥蚀作用影响，震旦系烃源岩埋藏变浅，中止了第一期成烃作用；高石梯-磨溪地区寒武系烃源岩此时刚进入生烃门限。这种成熟状况一直持续到二叠纪沉积前。

早二叠世后，经过东吴、印支运动，中生代以来，川西由早古生代的隆起转为坳陷，川东南由早古生代的坳陷转为隆起，川中地区由龙女寺北—遂宁—资阳北—雅安至龙女寺—安岳及威远—老龙坝一带，震旦系—下古生界构造轴线由北东—南西向往南东方向偏移，形成现今的区域性隆起带。随埋深快速加大，晚二叠世时震旦系灯影组烃源岩进入二次生烃期，下寒武统筇竹寺组烃源岩也进入生烃期。震旦系烃源岩生成的油气就近运移至灯二段及灯四段岩溶储层中，在构造高部位聚集成藏，筇竹寺组烃源岩在三叠纪—中侏罗世进入主要生烃期（中侏罗世 R_o 值为1.7%），生成的烃类一部分向上运移至龙王庙组聚集成藏，另一部分则通过侧向进入灯影组岩溶风化壳储层中聚集形成古油藏。

晚三叠世开始，随着地层的深埋，地温升高，促使已形成古油藏或分散液态烃开始发生裂解。晚侏罗世—白垩纪，烃源岩埋深超过5000m，处于生气高峰期（筇竹寺组烃源岩 R_o 值晚侏罗世为1.9%、白垩纪末为3.1%）。至中生代后期，乐山—龙女寺古隆起区既有烃源岩在生气高峰期生成的气态烃，又有古油气藏的液态烃热裂解形成的气态烃。至白垩纪末，古油藏原油或分散液态烃已基本裂解完毕。灯影组沥青含量普遍较高，含量从坳陷、斜坡带到古隆起顶部逐渐升高，可作为古油气藏的液态烃经历热裂解过程的佐证；龙王庙组储层沥青含量从古隆起斜坡部位的荷深1（0.2%）向古隆起顶部的高石梯-磨溪（1.1%～3.5%）同样表现出逐渐增高的趋势。

喜山期，高石梯-磨溪地区继承性沉降，古气藏原地聚集，保存条件良好，最终定型。相反，资阳、威远地区由早期的古隆起高部位逐渐演变为斜坡和现今背斜构造，古气藏经历了重新调整聚集成藏的过程。

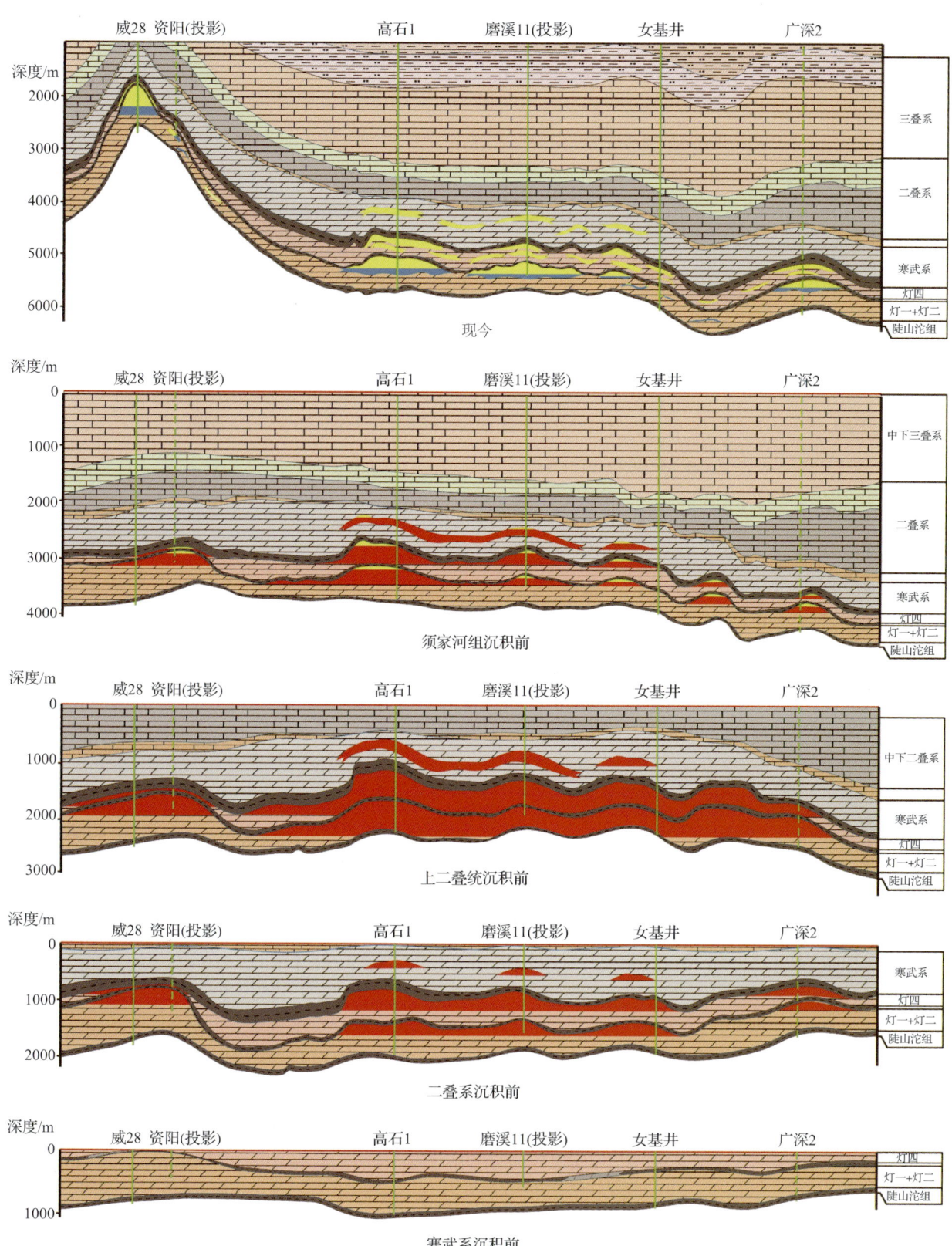

图 5-16 高石梯-磨溪地区震旦系—龙王庙组气藏形成演化剖面图

2. 古隆起裂解气晚期就近调整型气藏

该类气藏以四川盆地长兴—飞仙关组礁滩气藏为代表。原油裂解型气藏的形成是古油藏或分散液态烃裂解成气的古气藏，经后期调整改造成现今气藏的（图5-17）。对于川东北罗家寨气田和其他大多数鲕滩气田来说有如下成藏特征：它们的成藏要素在空间上属于"下生上储顶盖式"的正常组合；它们的成藏作用在时间上属于"早生晚聚"的晚期成藏型；在聚烃相态类型上，都有早期为油藏，晚期为裂解气藏的成藏转变；在油气圈闭类型上，都具有早期岩性圈闭，晚期构造圈闭的复合圈闭特征。

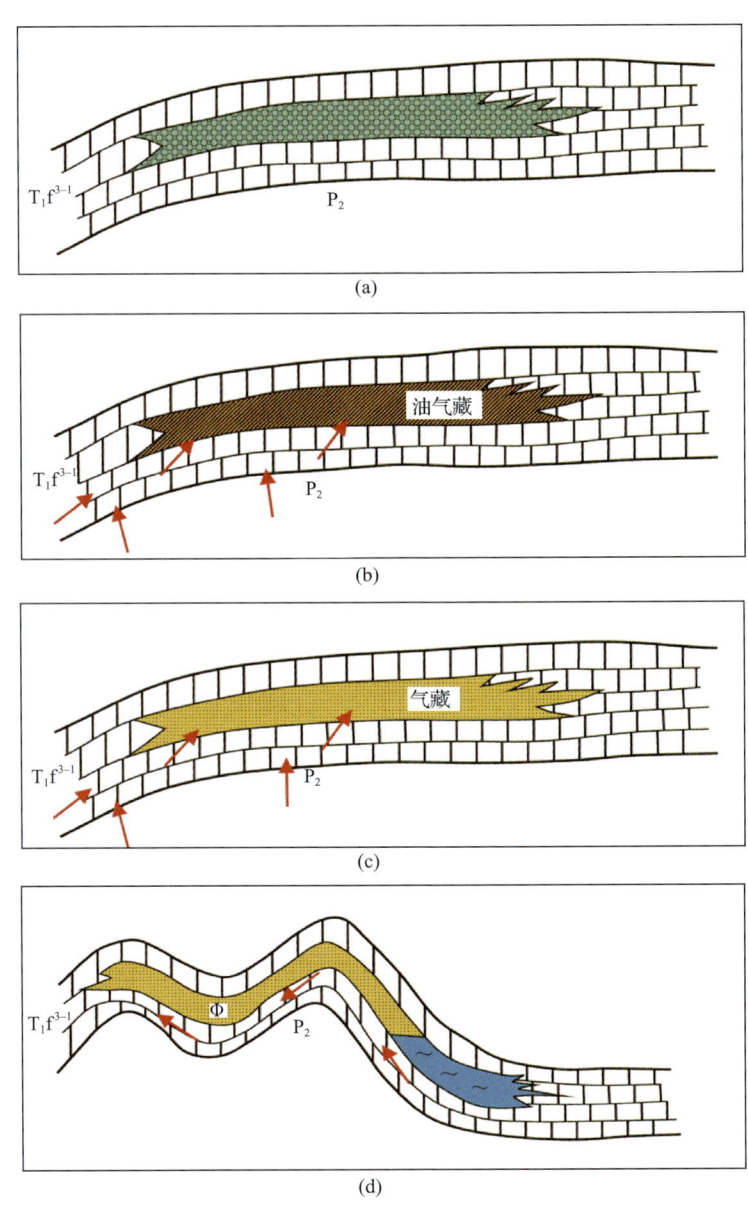

图 5-17　川东北礁滩气藏成藏模式图

（a）早三叠世飞仙关期鲕粒岩原生孔隙形成阶段；（b）印支晚期—燕山早期烃源岩生烃高峰期及鲕粒岩控油气阶段；
（c）燕山中期烃源岩、液态烃裂解生气期及鲕粒岩控油气阶段；（d）燕山晚期—喜山期，气藏调整期及岩性—构造控气阶段

长兴—飞仙关组礁滩天然气主要来源于上二叠统烃源岩，包括暗色泥岩、煤系及碳酸盐岩，累计厚度达120～440m。目前该套烃源岩镜质组反射率普遍达到2.2%～3.2%，已进入高—过成熟阶段。有机质演化模拟结果表明，上二叠统烃源岩在晚三叠世前处于未熟期（R_o＜0.6%）；晚三叠世晚期—早侏罗世早期，有机质开始生油，并在中侏罗世进入生烃高峰，大量液态烃生成；晚侏罗世—白垩纪，进入湿气—干气阶段（R_o=1.35%～2.3%）。因此，礁滩气藏的形成在时间演化上大致可以划分为三个阶段：一是古油藏阶段，二是古气藏阶段，三是古气藏调整最终定型阶段。

印支晚期—燕山早期，烃源岩处于成油高峰阶段，烃源岩中生成的烃类沿早期的边界断裂及其相邻裂缝系统，向上运移至飞仙关组台地边缘的鲕滩储层后，在台缘储层发育区内孔隙性好的鲕粒岩中富集，并与周围的致密岩层形成一种很好的岩性圈闭油气藏，即形成了古油藏。这一阶段充填在白云岩重结晶后晶间溶洞亮晶方解石中的流体包裹体均一化温度一般＜120℃，为液相烃类包裹体，标志着早期液态烃充注。

燕山中期，随着油气藏埋深的增大和地层温度的升高，液态烃类逐渐发生裂解，形成小分子烃类，直至生成以甲烷为主的干气。这一时期的包裹体主要产于方解石脉及溶蚀充填方解石中的包裹体，包裹体均一化温度主要分布于120～180℃，为气-液两相烃类包裹体，反映液态烃及其伴生气混合充注。

燕山晚期—喜山期，构造圈闭最终形成，原来形成的气藏进行内部调整，在流体重力分异作用下，形成现今圈闭中上气下水的分布格局。这一时期的包裹体主要产于溶洞石英晶体及方解石脉中，包裹体均一化温度＞180℃，反映液态烃高温裂解生气成藏事件。

3. 裂解气晚期异位聚集型气藏

此类气藏以威远气田灯影组气藏、荷包场构造荷深1灯影组气藏等为代表。威远震旦系气藏在晚三叠世前（即古油藏原油大量裂解前）处于威远—资阳古圈闭的南斜坡带，喜马拉雅期，威远地区成为隆起部位最高、闭合幅度最大的背斜圈闭气藏。天然气成藏经历了古油藏—原油裂解—隆升调整、背斜构造再聚集过程（图5-16）。

荷深1气藏所在位置在喜马拉雅期构造运动之前一直处于古隆起的斜坡部位，喜马拉雅运动在南部地区形成了荷包场、邓井关、太和场等一系列现今构造。"十二五"期间对优质烃源岩生排烃效率的研究表明，在成熟阶段烃源岩内残留分散液态烃的数量可达40%～60%，在高成熟阶段烃源岩内残留分散液态烃的数量可达20%～40%。生烃演化研究已表明，燕山-喜山期进入了液态烃裂解生气阶段，该时期烃源岩内的分散液态烃裂解成气，沿不整合面向高部位运移，古隆起斜坡地区在烃源岩生烃高峰期虽然没有形成构造圈闭，但同样发育大面积有效储层，平面上大面积分布，并在孔洞发育处形成局部富集（图5-18）。这些广泛分布在斜坡带储层和滞留在烃源岩中的分散液态烃晚期裂解成气后，在斜坡带构造圈闭内聚集成藏。储层沥青分析结果表明，荷深1井区沥青含量不到0.5%，说明该地区早期原油含量低，现今天然气主要为晚期运移再聚集的天然气。

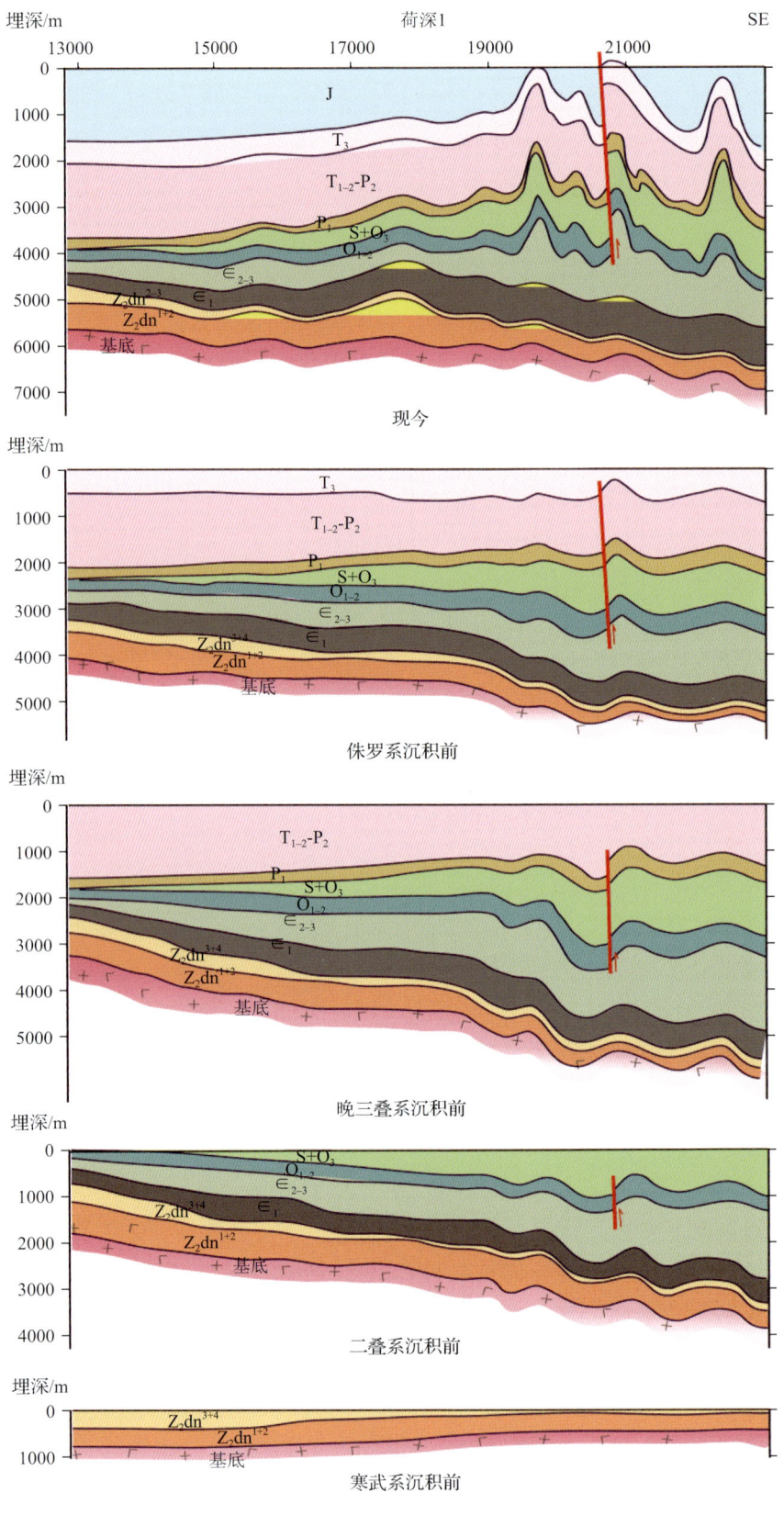

图 5-18　四川盆地古隆起斜坡带裂解气成藏模式图

4. 裂解气晚期残留型气藏

此类气藏以资阳灯影组气藏为代表。在主要成油期（二叠纪—中三叠世）及古油藏原油大量裂解前（晚三叠世前）一直处于威远—资阳古圈闭的高部位，喜马拉雅期，资阳地区成为威远背斜西北缓翼的大单斜构造，气藏规模进一步缩小。天然气成藏经历了古油藏—原油裂解—隆升调整，形成单斜背景上残留气藏（图5-16）。

（二）气侵型凝析气藏成藏模式

此类气藏的形成是由塔里木盆地台盆区独特的地质条件所决定的。典型代表是塔中奥陶系凝析气藏。

1. 气侵作用机理及条件

气侵作用是指圈闭中先富集原油，遭受后期天然气注入，引起原油密度降低、气油比升高、差异聚集或者形成凝析油气藏的现象。当先期聚油量较少，后期有过量干气向圈闭充注，地层压力增大，导致原始油气藏相态发生改变，形成新的凝析油气藏的现象，称为"气侵"。此时的凝析油气溶解了原先富集的原油，这导致发生过气侵的凝析油气藏含蜡量较高。当断裂活动破坏保存条件导致压力降低时，气相组分分异出来形成凝析气藏，残留的富高碳数烷烃组分形成蜡质油。

塔里木盆地塔中地区地温梯度一般为1.8～2.3℃/100m，塔中地区6000m左右的地温仅140～150℃，未达到原油发生裂解的温度门限，主要产层压力系数达1.12～1.26，在一定的压力作用下，气态烃对一定数量的液态烃产生萃取抽提，使液态烃溶解到气体中。因此，低地温场和适当压力场的有效配置是大型凝析气藏形成的关键。塔中Ⅰ号坡折带气侵方向为北东至南西，从南东向北西方向气侵强度减弱，以及Ⅰ号断裂（坡折）带天然气组分干、甲烷碳同位素偏重、乙烷碳同位素偏轻，而远离Ⅰ号断裂带天然气组分较湿、甲烷碳同位素偏轻、乙烷碳同位素偏重等，这些证据显示发生气侵的干气主要来源于紧邻塔中地区的满加尔凹陷中。塔中地区发育多个走滑断层系，断层交汇处是干气充注的有利部位，而且走滑断层越发育，表现出的晚期气侵越强烈；相反，走滑断层的结构越简单，气侵的程度越小。

2. 气侵型气藏成藏模式

研究表明，与塔里木盆地塔中地区奥陶系气藏密切相关的烃源岩主要是中下寒武统和中上奥陶统。烃源岩的差异熟化形成了多期（加里东期、晚海西期、喜山期）油气充注与成藏。塔中地区和满加尔凹陷西部的中下寒武统烃源岩在晚加里东期达到生油高峰，在晚海西期达到生气高峰，目前处于过成熟干气阶段；塔中低凸起中上奥陶统烃源岩在二叠纪末—燕山早期进入生油门限，在喜山期达到生油高峰；满加尔凹陷西部的中上奥陶统烃源岩在晚海西期进入生油高峰期，在喜山期进入生气高峰。烃源岩的生烃史及构造演化决定了气侵型气藏的形成演化及模式，总体上具有多源供烃、晚期气侵的特点。

塔中古隆起形成于早奥陶世，奥陶纪中晚期满加尔凹陷中下寒武统烃源岩进入生油高峰，生成的油气主要聚集在寒武系膏盐层之下，形成广泛分布的大型古油藏；在膏盐层被断裂断开的区域，油气沿断裂向位于高部位的寒武系白云岩、下奥陶统风化壳、上奥陶统礁滩体圈闭运移聚集（图 5-19a）。该时期捕获的与烃类相伴生的盐水包裹体均一化温度分布于 70～100℃。

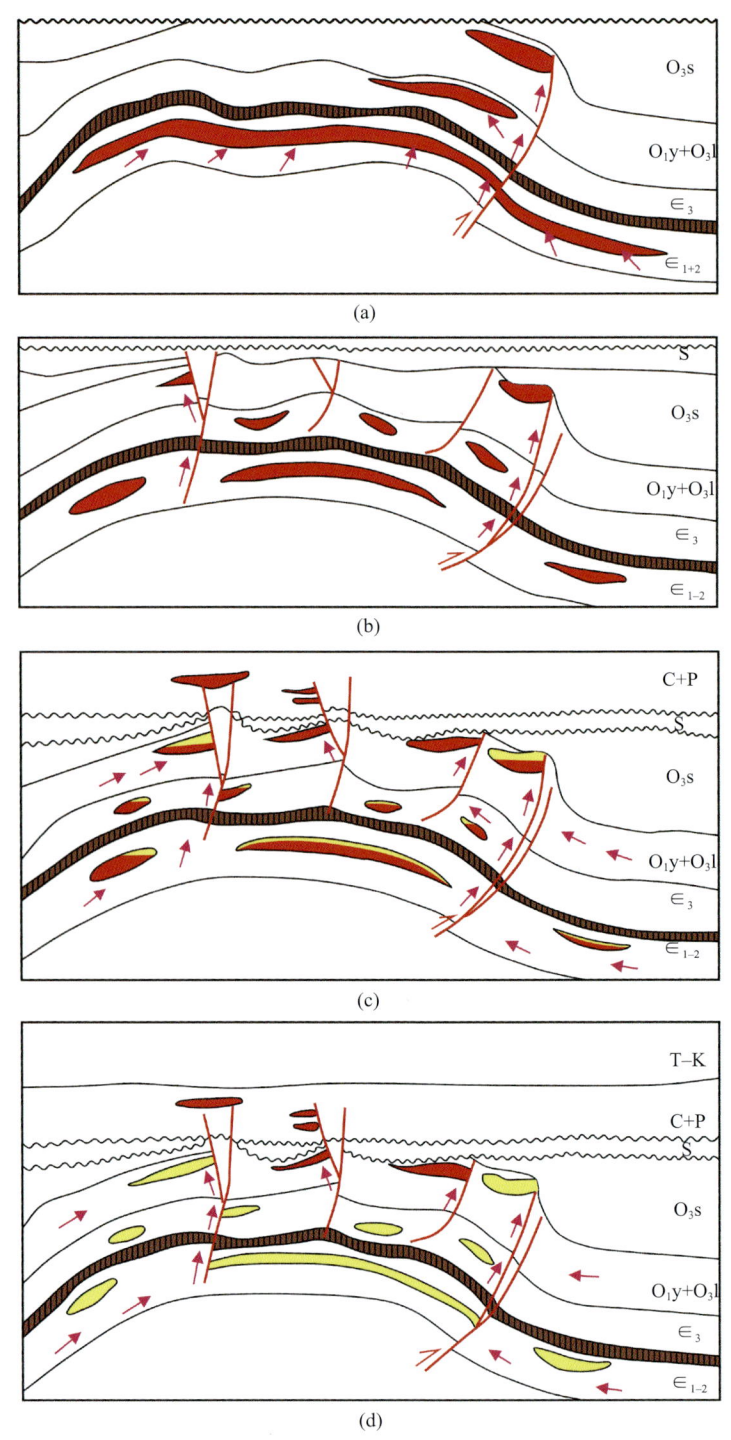

图 5-19　塔里木盆地气侵型凝析气藏成藏模式图

（a）喜山期；（b）晚海西期；（c）石炭系沉积前；（d）晚奥陶世桑塔木组泥岩沉积期

志留纪末至石炭系沉积前，塔中大部分地区整体抬升，泥盆系、志留系及奥陶系遭到严重剥蚀。早期聚集的油气沿断裂向上运移遭受破坏，大量的油气发生散失，形成志留系普遍赋存的沥青与稠油（图 5-19b）。

晚海西期，中下寒武统烃源岩进入高成熟期，中上奥陶统优质烃源岩进入生烃高峰期，来源于该两套烃源岩的油气在塔中奥陶系优质储层发生混源成藏，形成塔中北斜坡奥陶系大面积分布的混源油气藏（图 5-19c）。该时期捕获的与烃类相伴生的盐水包裹体均一化温度分布于 90～125℃。

进入中新生代后，塔中地区进入了稳定的演化阶段，主要表现为整体的沉降或抬升，对石炭系之下的隆起形态影响不大。因此，喜山期，塔中地区的深埋作用，促使烃源岩进一步熟化，塔中及满加尔西部的中上奥陶统烃源岩分别进入生油高峰和高成熟期，为奥陶系储层提供了大量的液态烃，而此时满加尔坳陷的中下寒武统烃源岩则进入大量干气生成阶段，生成的干气侧向运移至塔中地区，之后干气沿断裂向上运移至下奥陶统及上奥陶统，对已在储层中聚集的油藏产生强烈气侵，形成现今塔中北斜坡大面积分布的凝析气藏（图 5-19d）。该时期捕获的与烃类相伴生的盐水包裹体均一化温度分布在 120～155℃左右。

（三）以煤成气为主的混源型干气藏

典型代表是四川盆地龙岗、元坝二叠系长兴组—下三叠统飞仙关组台缘礁滩气藏和鄂尔多斯盆地的靖边奥陶系岩溶风化壳气藏。

1. 以煤成气为主的台缘礁滩气藏

（1）气藏形成条件

气源对比研究表明，四川盆地长兴组—飞仙关组礁滩天然气主要来源于上二叠统烃源岩，发育层段包括龙潭组（吴家坪组）以及开江-梁平海槽内的大隆组。龙潭组是一套区域性含煤地层，盆地内煤岩厚度变化为 0～17.5m。暗色泥质岩厚度多大于 20m，最大厚度达 130m。暗色泥质岩有机碳含量多分布于 0.5%～8%，现今的 R_o 值多大于 1.8%，除盆地周缘局部地区成熟度相对较低外，盆地内多处于高成熟～过成熟阶段，以生气为主。龙潭组烃源岩有机质类型存在明显的分区性，主要受控于有机质发育的沉积环境，川东北地区烃源岩有机显微组分以腐泥组（主要是藻类）为主，干酪根 $\delta^{13}C$ 为 –29.24‰～–26.9‰，平均 –27.8‰，干酪根类型为 I - II$_1$ 型；川中及川西南广大台内地区以腐殖型为主，两个区带之间的川西北—龙岗—川东南等地区为腐泥-腐殖型。大隆组分布在海槽相，岩性以硅质岩类为主，色暗、富硅质和泥质、含火山灰，黑色泥质的 TOC 1.44%～24.31%，暗色泥晶灰岩 TOC 平均值为 0.67%，区间值 0.19%～1.71%，烃源岩干酪根类型主要为腐泥型。

台缘带长兴组礁滩储集岩主要包括残余生屑白云岩、晶粒白云岩、残余海绵骨架白云岩。其中，残余生屑云岩和晶粒白云岩是最优质的储集岩类型。台缘带飞仙关组鲕粒滩坝优质储层岩石类型主要包括残余鲕粒白云岩、残余鲕粒中 - 细晶白云岩、残余鲕粒灰质白云岩、残余鲕粒云质灰岩。台缘带礁滩体储层储集空间主要包括晶间孔、粒内溶孔、粒间溶孔和裂缝。长兴组总体表现为中-低孔、低渗特点。台缘带内溶孔云岩孔渗性最好，孔隙度最大值为12.7%，最小值为1.37%，平均为5.3%。渗透率最大值为$58.2\times10^{-3}\mu m^2$，平均为$2.6\times10^{-3}\mu m^2$，而残余生屑云岩和晶粒白云岩是发育溶孔云岩的主要岩类。飞仙关组鲕粒云岩孔隙度最大值为26.82%，最小值为0.85%，平均为10.18%；渗透率最大值为$1210\times10^{-3}\mu m^2$，平均为$33.55\times10^{-3}\mu m^2$。

龙岗地区礁滩气藏发育在构造平缓背景下，缺乏深大断裂作为天然气的输导通道，但在海槽形成期，海槽的断陷沉降，伴生了与之对应的正断层。这些断层规模虽然有限，但可以沟通烃源岩和礁储层，是重要的油气输导通道。

礁滩气藏以下三叠统嘉陵江组和中三叠统雷口坡组膏岩为区域盖层，而飞四段膏岩、泥灰岩为直接盖层。雷口坡组和嘉陵江组膏岩累计厚度一般为200～500m。

（2）气藏成藏模式

开江-梁平海槽西侧龙岗、元坝等以煤成气为主的混源干气藏的形成可分为三个演化阶段（图5-20）。

中晚三叠世—早侏罗世（T_3—J_1）液态烃充注阶段。中晚三叠世—早侏罗世，上二叠统腐泥型烃源岩进入成熟期并大量生成液态烃，腐殖型烃源岩主要生成凝析油。在台缘带（龙岗1井区），液态烃主要通过槽缘断裂及高角度裂缝（印支运动晚幕形成）向礁滩储集体中充注；在台内带（龙岗11井区），断裂欠发育，缝合线难以让大量液态烃通过，因而储层内液态烃几乎没有充注，仅有少量腐殖型烃源岩生成的凝析油运移经过缝合线。液态烃的充注以垂向运移为主，海槽相深水部位（龙岗10井东北部）发育的大隆组烃源岩生成的液态烃侧向运移，而后垂向充注。

中晚侏罗世—白垩纪（J_{2-3}—K）天然气充注阶段。至中侏罗世，腐殖型烃源岩（龙潭煤系）开始大量生气。至晚侏罗世，地温大于160℃，早期充注的液态烃开始裂解成气。同时，腐殖型烃源岩生成的煤型气就近向长兴组优先充注。台缘带（龙岗1井区）断层-裂缝输导条件较好，煤型气自下而上均有充注；台内带（龙岗11井区）裂缝不发育，但发育高角度缝合线，由于天然气分子直径小，也可向长兴组储层充注。晚侏罗世以后发生中燕山运动，地层曾有短暂抬升剥蚀，由于抬升幅度不大，对气藏形成的影响有限，但该期构造运动形成的断层-裂缝为油气运移提供更多的通道。中燕山运动之后至白垩纪末期，地层持续深埋，煤型气、原油裂解气继续充注，古气藏形成。

早第三纪（E）气藏调整充注阶段。白垩纪末期至早第三纪发生的喜山运动是一次影响极其深远的构造运动，它使震旦纪至早第三纪以来的沉积盖层全部褶皱，并把不同时期、不同地域的皱褶和断裂连成一体，从此盆地格局基本定型。龙岗地区一直处于构造平缓带，所受的构造作用弱，未形成川东北地区那样的高陡背斜构造，加之区域膏岩盖层的有效封盖，礁滩圈闭中捕获的天然气没有遭受较大的破坏。由于小幅构造的形成，礁滩岩性圈闭的遮挡条件发生改变，气水关系局部有所调整。喜山期后，气藏最终定型，形成了现今的分布格局。

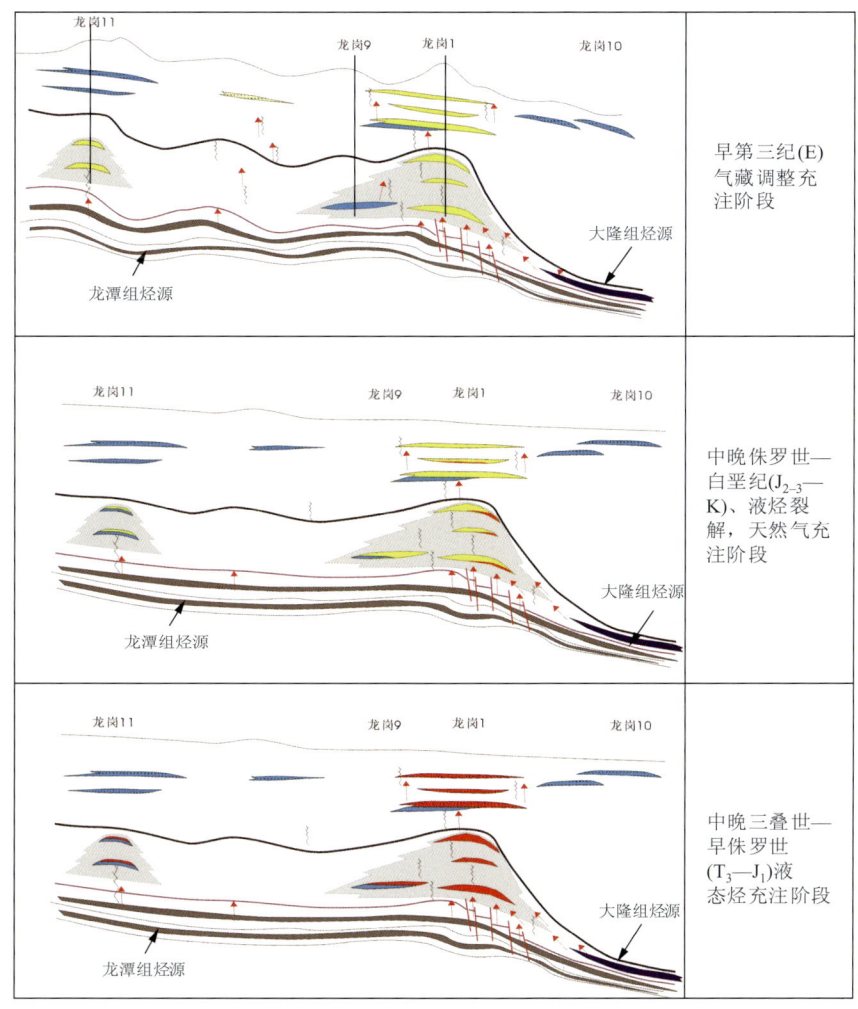

图 5-20　龙岗地区长兴—飞仙关组礁滩天然气成藏模式图

2. 以煤成气为主的岩溶风化壳气藏

（1）气藏形成条件

两类烃源岩生烃、风化壳溶孔白云岩储集和膏盐岩有效封盖等要素的时空匹配是两源混合型裂解型气藏形成的关键。鄂尔多斯盆地发育上古生界石炭系—二叠系海陆过渡环境的煤系烃源岩、灰岩和下古生界奥陶系海相碳酸盐岩两类烃源岩。石炭系—二叠系煤系是一套优质气源岩，在鄂尔多斯盆地广泛分布，煤层总厚度一般为 10~15m，局部达 40m 以上；泥岩累计厚度达 200m 以上，在盆地中、东部一般为 70~130m；本溪组灰岩厚度较小，一般 2~5m，分布局限；太原组中上部灰岩较发育，一般 3~5m，在盆地的中东部厚度较大，最厚可达 50m，靖边大型气田一带厚度为 40m 左右。煤、暗色泥岩及灰岩的残余有机碳含量分别为 70.8%~83.2%、2.0%~3.0% 和 0.3%~1.5%。煤和暗色泥岩的有机质类型为典型的腐殖型（Ⅲ型），灰岩则为腐殖-腐泥型。石炭—二叠系烃源岩总体处于高—过成熟阶段，总生气强度 $8~40 \times 10^8 m^3/km^2$。

奥陶系沉积后，加里东运动使鄂尔多斯盆地整体抬升，奥陶系经历了长期风化剥蚀形成了准平原化的侵蚀古地貌。在不同的地史阶段，奥陶系先后经历了层间岩溶、风化壳岩溶和压释水岩溶的叠加改造，造就了分布广泛的孔洞缝储集空间，在总体低孔隙低渗透背景上，存在着孔渗性相对较好的区块，且层间差异明显，如马五气藏孔隙型储层的孔隙度一般 5.6%～10%，最大 19.8%，渗透率 $(1～11.5)×10^{-3}\mu m^2$，最大 $316×10^{-3}\mu m^2$；裂缝溶孔型，孔隙度一般为 4%～8%，渗透率大于 $1×10^{-3}\mu m^2$，此类储层约占主力气层的 80% 以上，是气田储层的主要储集类型。

奥陶系气层之间的硬石膏泥质间隔层（局部盖层）、奥陶系上覆的本溪组底部铝土质泥岩（直接盖层）以及二叠系上石盒子组厚度达 240～350m 的湖相泥质岩（区域盖层）的相互配置，构成了气藏的良好保存条件。

（2）气藏成藏模式

鄂尔多斯盆地靖边奥陶系气藏具有两源混合成藏的特征。靖边奥陶系天然气既表现出煤成气特征，以石炭—二叠系煤系烃源岩的贡献为主，也表现出天然气乙烷碳同位素轻，属于典型腐泥型气的特征，奥陶系气藏中储层沥青的存在，进一步说明奥陶系腐泥型烃源岩有贡献。两类不同烃源岩生成天然气混合成藏形成两种结果：一是在靖边气田的北部、西部和南部区域以下古生界烃源岩来源为主，占 60%～70%，上古生界烃源岩来源气为辅，占 30%～40%；二是在气田东部以上古生界烃源岩来源气为主，占 70%，下古生界烃源岩来源气为辅，约占 30%。

奥陶系烃源岩一般在中晚三叠世达到生油高峰，中侏罗世达到高成熟湿气生成阶段。侏罗纪末期至早白垩世一次岩浆侵入活动造成的地温急剧升高热事件（古地温梯度 3.3～4.5℃/100m），加快了烃源岩的熟化以及已生成液态烃类裂解的速率，此时期奥陶系和石炭—二叠系煤系两套烃源岩有机质热演化均已进入高成熟—过成熟大量生气阶段，早期生成的液态烃已裂解成干气，同时，石炭系—二叠系大量高—过成熟煤成气也通过两种方式（一是沿侵蚀沟槽，另一是沿不整合面侧向运移）进入奥陶系储层（图 5-9（f）（g））不断充注到奥陶系储层中。因此，高地温场背景下，石炭系—二叠系过成熟煤成气和奥陶系腐泥型烃源岩生成的液态烃裂解气混合形成了靖边奥陶系干气藏。

第三节　碳酸盐岩大型气田成藏富集规律

由于碳酸盐岩大型气田均属于源-储分离的成藏体系，因此，在有效输导体系发育和良好封盖的前提下，海相盆地台缘礁滩及台内滩储层、古隆起及斜坡的岩溶储层发育区是大型气田最有利的富集区。

一、大型气田富集在碳酸盐岩台地边缘及台内滩等高能相带中

震旦纪时期，四川盆地发育碳酸盐岩镶边台地，主要包括台地边缘相、台内丘滩相、丘滩间海相和蒸发台地相等，其中的台地边缘相和台内丘滩相是优质储层发育的有利相带，迄今发现的灯影组气藏主要分布在灯二段、灯四段的台地边缘相和台内丘滩相带中。寒武纪时期，四川盆地发育碳酸盐缓坡型台地，其中的颗粒滩相是龙王庙组、洗象池组优质储层发育的有利相带，迄今发现的安岳特大型寒武系龙王庙组气藏（探明储量 $4404×10^8m^3$）主要分布在颗粒滩相中。

长兴组—飞仙关组礁滩气藏主要以岩性圈闭或构造 - 岩性圈闭气藏为主，因此，没有生物礁或滩就难以形成较大规模的礁滩气藏，沉积相无疑对礁滩气藏的形成有着最基本的控制作用。研究表明，四川盆地长兴组—飞仙关组沉积相主要包括海槽相、前缘斜坡相和碳酸盐台地相等。其中前缘斜坡相带是台缘礁、滩储层最发育的相带，台内礁、滩则发育在台内相带中。

长兴组—飞仙关组礁滩气藏的勘探结果表明，具有一定规模储量的礁滩气藏主要分布在台缘礁相带中。截至 2013 年底，已在长兴组—飞仙关组礁滩领域探明天然气地质储量超过万亿立方米，其中，开江 - 梁平海槽两侧的台缘带中已探明的礁滩气藏储量约 $1.07 \times 10^{12} m^3$，这主要包括东侧的普光、罗家寨、渡口河、铁山坡、七里北、大天池、高峰场等气田，西侧的元坝、龙岗、铁山等气田；台内已探明的礁滩气藏储量约 $70 \times 10^8 m^3$，包括金珠坪、卧龙河、板东、双龙、福成寨、张家场、黄草峡等气田（图 5-21）。

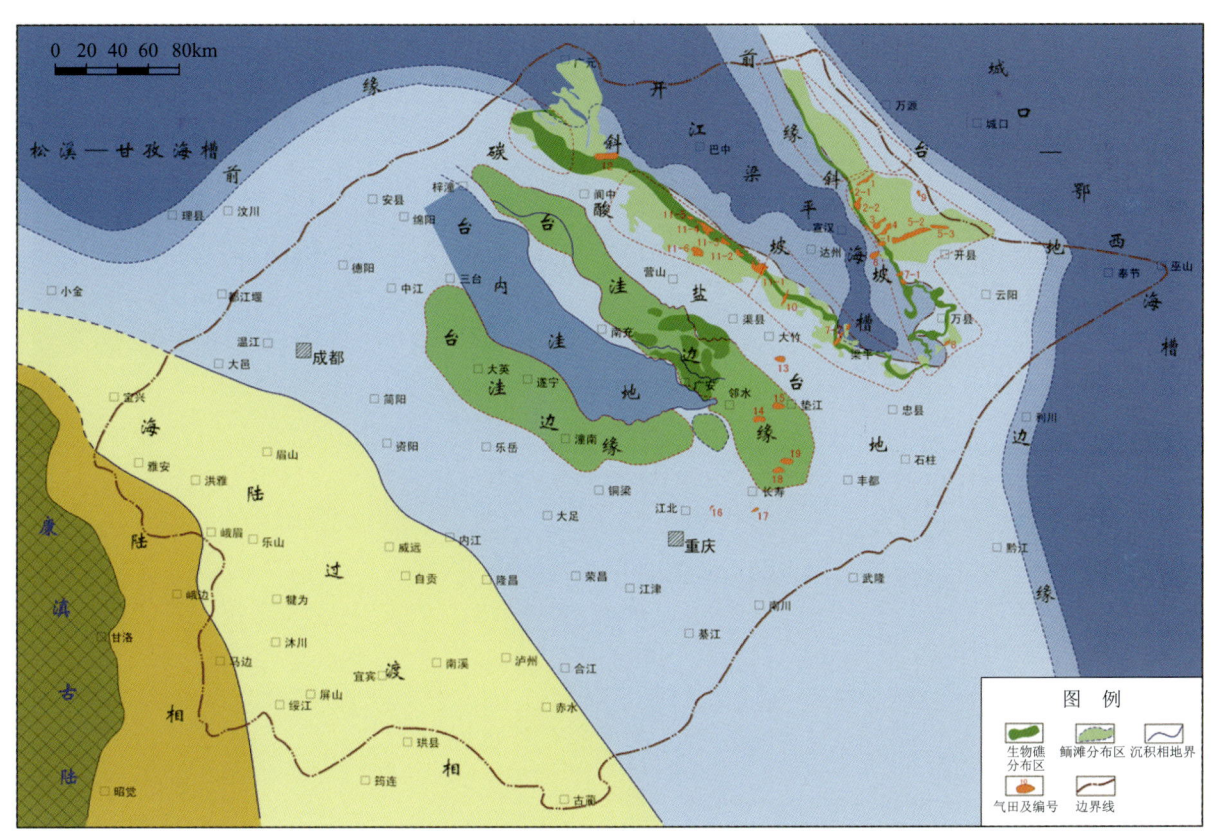

图 5-21 四川盆地长兴组—飞仙关组礁滩与气藏分布叠合图

1. 铁山坡；2. 普光；3. 七里北；4. 渡口河；5. 罗家寨；6. 沙罐坪；7. 大天池；8. 高峰场；9. 金珠坪；10. 铁山；
11. 龙岗；12. 元坝；13. 福成寨；14. 板东；15. 张家场；16. 铜锣峡；17. 黄草峡；18. 双龙；19. 卧龙河

台缘带中，礁滩体不同部位对气藏形成所起的作用不同。如从礁组合的特征看，礁体中不同的相带对礁气藏的形成起着不同的作用。原生孔隙很高的礁核相（骨架岩相）经过强烈的胶结作用变得非常致密，白云化作用一般很弱，实验测试样品孔隙度低于 1.5%，铸体薄片中只见少量微裂缝注入。礁盖相的白云岩是准同生泥晶白云岩，在华蓥山区及板东礁、双龙礁、铁山礁及天东礁等都存在。礁盖相准同生泥晶白云岩孔隙细小，喉道半径 < 0.05μm，在礁气藏中一般起盖层的作用。而礁体中的礁滩相则在礁气藏的形成中起着关键的作用。

礁储层与礁滩相之间的相关性非常明显。川东地区礁气藏的储层绝大部分是由各种礁滩相经白云石化后形成的晶粒白云岩，此外，也有少量的颗粒灰岩或颗粒泥晶灰岩经强烈溶蚀作用改造后成为礁气藏储层，如板东礁3515～3516.4m。就绝大多数未云化的礁滩相灰岩而言，其原生孔隙均因成岩期的压实作用、胶结作用及重结晶作用而大大缩小甚至消失，孔隙度一般低于1.5%。晶粒白云岩系浅埋藏环境中由礁滩相泥粒岩、粒泥岩经冷海水白云石化作用或埋藏水白云石化作用形成的，其中常见原结构幻影。晶粒白云岩中溶孔发育的成为礁气藏，溶孔不发育的则为干层或产少量水，如马槽2井。

可见，沉积微相控制礁滩储层的发育，进而控制礁滩气藏的分布，但礁滩气藏中是否含水，则与沉积微相的关系不大，主要是受其它因素的制约。如在台缘礁带，有纯气层（五百梯、铁山等），也有气、水层（七里北、龙岗等），或纯水层（南门场、黄泥堂等）；在台内礁带中，同样也有纯气层（板东、张家场等）、气、水层（广安、涞滩等）和水层（卧龙河等）。

塔里木盆地大型碳酸盐岩气田的形成也与沉积相带有密切的关系。如塔中地区碳酸盐岩油气藏主要分布于生物礁和粒屑滩这两种沉积环境中。从岩性的角度来说，主要分布于生物格架灰岩、藻粘结生屑、砂粒屑灰岩和生屑砂屑灰岩中。同时从塔中地区含油气饱和度的统计可知，碳酸盐岩储层的含油饱和度与储层的孔渗条件表现出一定的正相关关系，孔渗条件越好其含油饱和度越高。低于临界值范围（孔隙度＜8%，渗透率＜$1\times10^{-3}\mu m^2$）的储层中含油饱和度小于50%，说明高产富集的油气藏均与优质的储层存在明显的依存关系。从图5-22中可以看出塔中Ⅰ号带的油气藏分布与沉积相密切相关。

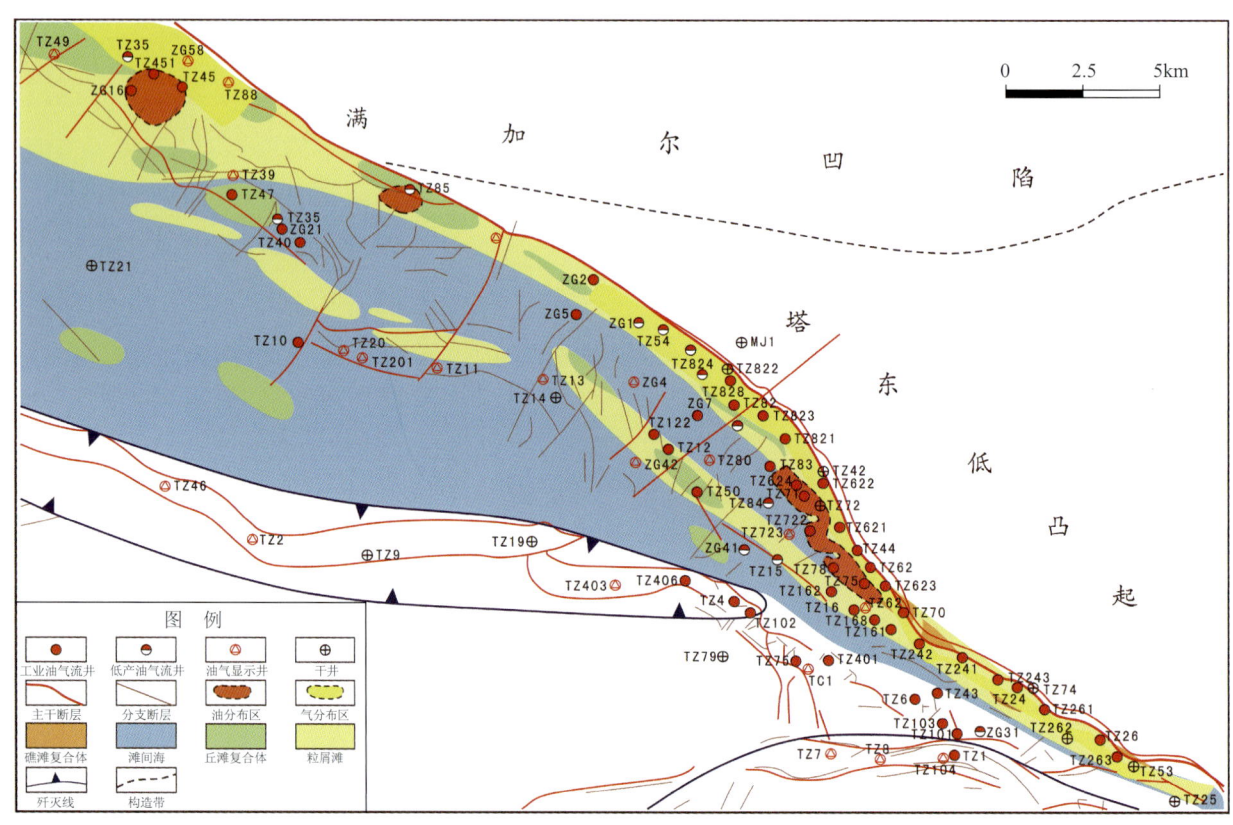

图5-22　塔里木盆地塔中地区上奥陶统沉积相与油气藏叠合图

二、具有构造背景的优质储层中油气最富集

四川盆地高石梯-磨溪地区安岳气田深层（龙王庙组—灯影组底）构造格局表现为在乐山-龙女寺古隆起背景上的北东东向大型鼻状隆起，由西向北东倾伏，呈多排、多高点的复式构造特征。储层总体具有单层厚度小（平均值1.2～3.66m）、累计厚度大（平均值24.4～39.5m），以低孔（平均孔隙度3.22%～4.28%）低渗（平均渗透率（0.593～1.16×10^{-3}μm^2）），为主、局部发育高孔渗段。储层岩石类型龙王庙组以砂屑白云岩、残余砂屑白云岩和细-中晶白云岩为主，灯影组以藻粘结砂屑云岩、藻砂屑云岩、隐藻凝块云岩、藻叠层云岩、藻格架岩和砂屑云岩为主，储集空间主要是以各类次生溶蚀孔隙（包括粒间溶孔、粒内溶孔、晶间溶孔和残余粒间孔等）和溶洞为主，各类裂缝（包括构造缝、溶缝和缝合线缝）也较发育，对改善储层的渗透性能以及增大储集空间发挥重要的作用。目前已发现龙王庙组、灯四段、灯二段等多个气藏，不同层段气藏的圈闭特征（表5-6）与气藏类型有别。龙王庙组气藏主要属于构造-岩性气藏（图5-23（a）、5-23（b））。灯四段为一个面积广大的构造—地层复合型气藏发育区（图5-23（c））。高石梯-磨溪灯二段气藏主要受构造圈闭控制，灯二段上部含气，下部普遍含水，磨溪区块、高石梯区块各自具有相对统一的气、水界面，分别为–5167.5m和–5159.2m，属于具有底水的构造圈闭气藏（图5-23（d））。

表5-6 高石梯-磨溪气田构造圈闭要素及气水界面数据表

层位	高石梯潜伏构造				磨溪潜伏构造					气水界面海拔/m
	高点海拔/m	最低圈闭线/m	闭合度/m	面积/km^2	潜高位置	高点海拔/m	最低圈闭线/m	闭合度/m	面积/km^2	
龙王庙组	–4150	–4250	100	136.7	主高点	–4215	–4360	145	510.9	气水分布复杂，无统一的气水界面
					南断高	–4220	–4320	100	25.4	
灯四段	–4640	–4940	300	995	共圈	–4680	–4940	260	982	磨溪：–5243
灯二段	–4970	–5170	200	673	东高点	–5020	–5150	130	310	高石梯：–5167.5 磨溪：–5159.2
					西高点	–5050	–5150	100	74	
					南高点	–5010	–5230	220	39	

四川盆地长兴-飞仙关组礁滩气藏的储层主要是与礁、滩相发育有关的各种颗粒岩、泥粒岩或鲕粒岩，经选择性白云石化和埋藏溶蚀作用形成各种次生孔、洞、缝的储渗体，它们被周围致密岩体的包围、封堵及上覆含泥质、膏质岩层封盖而形成圈闭。

长兴组生物礁是环开江-梁平海槽区域的一个重要储层，具有产能较高、规模成藏的特点。该储层往往发育于台地向海槽过渡的台地边缘相带，岩石类型主要有残余生屑细-中晶白云岩、亮晶生屑白云岩、生物灰岩、生物碎屑灰岩等。主要的储集空间为晶间孔、粒内孔、粒间溶孔、铸模孔、溶洞等，是溶蚀和白云石化两种成岩作用的产物。长兴组在成像测井图上即表现出裂缝发育的特征，同时有较好的溶蚀孔发育，形成裂缝-孔隙型储层。储层孔隙度、渗透率较高，如普光气田孔隙度平均值为7.33%，最高达23.1%，渗透率为（0.0183～9664.887）×10^{-3}μm^2，平均值为173.0×10^{-3}μm^2；龙岗、五百梯、七里北和黄龙场气田的平均孔隙度分别为5.20%、4.60%、4.10%和3.70%，平均渗透率分别为（0.01～54）×10^{-3}μm^2、（0.01～196）×10^{-3}μm^2、（0.01～168）×10^{-3}μm^2、和（0.01～47）×10^{-3}μm^2。但不同岩类的孔隙度、渗透率仍有所差别，白云岩的储集性好于灰岩。

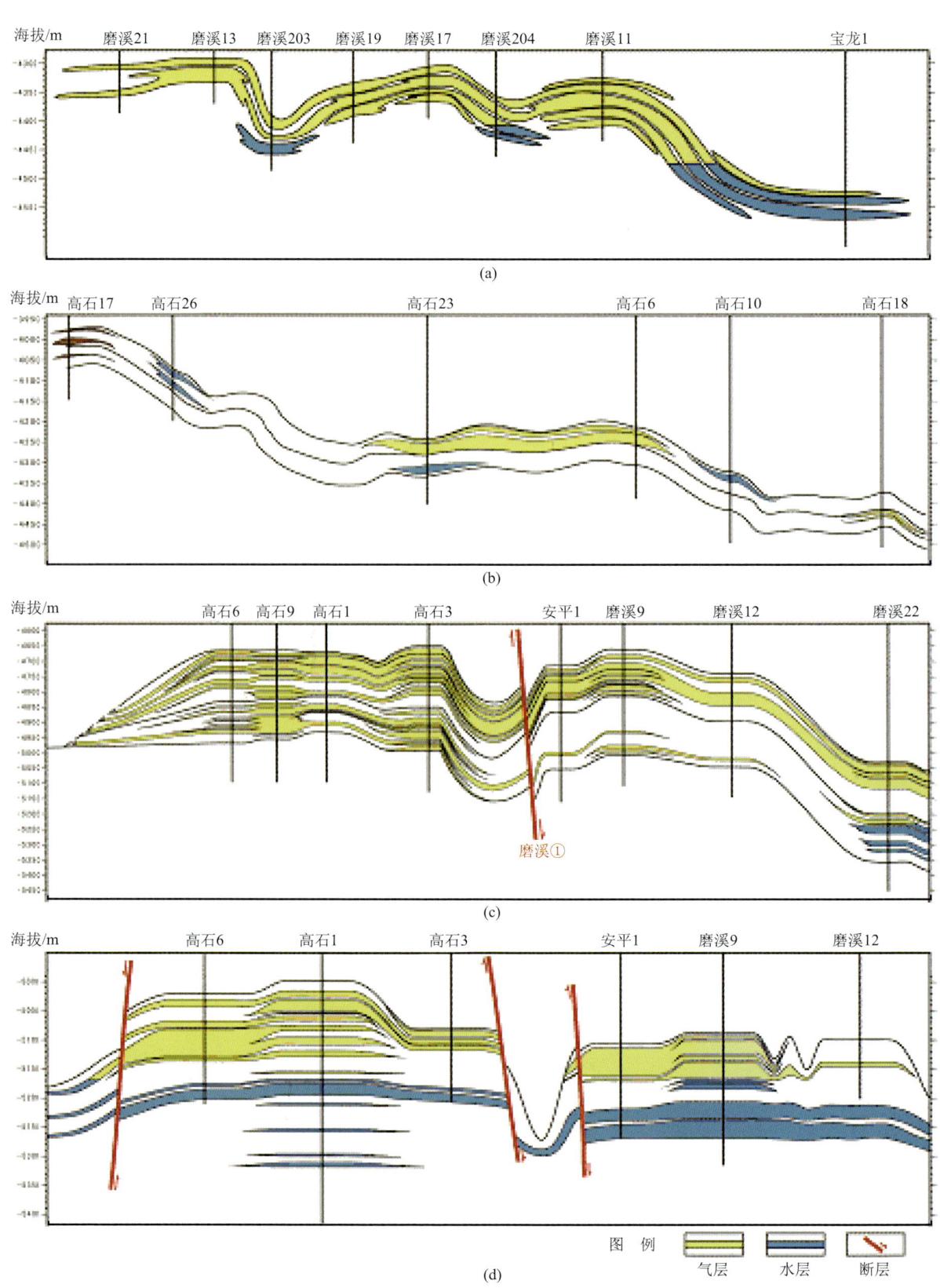

图 5-23 四川盆地安岳气田震旦系—寒武系气藏剖面图

（a）(b) 龙王庙组气藏；(c) 灯四段气藏；(d) 灯二段气藏）

与长兴组生物礁类似，飞仙关组鲕粒白云岩储层也主要发育于台地边缘隆起的高地处。飞仙关组鲕滩气藏的产层主要分布在飞一上部-飞三段，气藏规模与沉积相的演化有密切的关系，大中型气田一般分布在台缘鲕粒坝及鲕粒滩的沉积微相中。岩性为鲕粒白云岩、残余鲕粒白云岩、砂砾屑灰岩、砂屑泥晶白云岩和白云化鲕粒灰岩等。其中，鲕粒白云岩和残余鲕粒白云岩是最主要的两种类型。飞仙关组储层物性以中孔中渗、高孔高渗储层为主，储集性能较好。如普光气田飞仙关组储层段孔隙度2%～28.86%，平均8.11%，主要为6%～12%；渗透率变化大，最小值0.0112×$10^{-3}\mu m^2$，最大值可达3354×$10^{-3}\mu m^2$，以大于1.0×$10^{-3}\mu m^2$占优势，具有较好的渗透性。主要的储集空间为孔隙与裂缝及其组合，是后生成岩作用的产物。飞仙关组储层孔隙较发育，主要有与溶蚀作用有关的孔隙（溶孔、溶洞、溶缝）和晶间孔及极少量的原生粒间孔。溶蚀孔（洞）占总孔隙的80%以上，晶间孔占10%～15%。罗家寨、渡口河、铁山坡、龙岗等大中型气藏飞仙关组储层也具有较高的孔隙度和渗透率。上述大型气田均分布在构造背景下优质储层发育部位。

塔里木盆地塔中地区下古生界碳酸盐岩经历长期成岩演化史，储层以低孔低渗为主，沉积相带、岩溶、裂缝是储层发育主控因素，其中不整合岩溶对优质储层的分布具有重要作用，多期不整合暴露控制了大面积碳酸盐岩储层的分布。

宏观与镜下微观研究表明，塔中地区碳酸盐岩储层的有效储集空间绝大多数为次生的溶蚀孔洞与裂缝，原生孔隙贡献很小。以塔中Ⅰ号坡折带上奥陶统储层为例，1402块岩心样品统计分析表明，最大孔隙度达12.74%，最小仅0.099%，孔隙度均值1.78%，孔隙度＞2%占35%，渗透率（0.001～840）×$10^{-3}\mu m^2$，平均10.35×$10^{-3}\mu m^2$，属特低孔-低孔、超低渗透-低渗透储层，孔渗相关性很低。由于大型缝洞发育段难以取心，而且岩心缝洞发育段易破碎，岩心样品物性整体偏低，仅代表基质物性特征，测井解释储层段孔隙度一般3%～6%，大型缝洞发育段孔隙度＞10%，大致能反映本区物性特征。从储层发育情况看，储层主要岩石类型为礁灰岩和颗粒灰岩，次生孔隙是主要的储集空间，储集空间以大型溶洞、溶蚀孔洞、粒内及粒间孔为主，裂缝是主要的渗透通道。礁滩复合体中的棘屑灰岩、生物砂砾屑灰岩以均匀溶蚀的蜂窝状孔洞发育为特征，孔径一般1～10mm，面孔率最高达10%，储层物性好，孔隙度平均2.27%，渗透率平均5.5×$10^{-3}\mu m^2$，储层主要分布在良里塔格组的良一段、良二段，厚度一般在50～300m，有效储层厚30～160m。塔中Ⅰ号构造带准同生期溶蚀及埋藏期溶蚀作用发育（周新源等，2006），在良里塔格组沉积后也有短暂的暴露岩溶，各种溶蚀作用多沿礁滩体原生孔隙层段与裂隙发育，而且可能形成大型缝洞系统，溶蚀孔洞发育段孔隙度可达4%～8%，洞穴发育段高达15%以上，后期的暴露岩溶及埋藏溶蚀作用大大改善了礁滩复合体的储集性能。

三、断裂、裂缝输导体系是天然气富集和高产的关键

断裂在气藏成藏过程中的作用是勿容置疑的。从川东北已钻构造和获气情况分析，天然气主要富集在北东、北东东向的轴向断层相关的构造圈闭中，并且其含气性明显好于北西向背斜构造。这类发育于构造翼部的轴向逆断层断距数十米至上千米，倾角多大于60°，切穿飞仙关组后向上多消失在嘉陵江组富含膏盐岩的层段中，保证了构造性复合圈闭的完整性和封闭性。大川中、龙岗地区处于构造相对平缓区，但小断层与裂缝非常发育，是礁滩气藏的有效输导体系，同时也是富集成藏

和高产的关键因素。

断裂、裂缝对塔里木盆地塔中奥陶系碳酸盐岩气藏的形成同样具有重要的控制作用。塔中奥陶系凝析气藏天然气主要来自深层下寒武统的原油裂解气，天然气主要形成于晚近期，而且正处于充注过程之中，下寒武统生成的天然气需要通过巨厚的中寒武统盐膏层，因此气源断裂对天然气的运聚成藏具有举足轻重的作用（杨海军等，2007；赵文智等，2009）。塔中古隆起发育多类、多期、多组方向断裂，具有平面分带、纵向分层的特点，以挤压断裂为主，同时发育走滑断裂，逆冲断裂造成南北分带、走滑断裂造成东西分段，断裂成网状交织，同时塔中下古生界碳酸盐岩发育多套不整合，形成多套区域储盖组合，形成网状油气输导体系，造成塔中古隆起上油气运聚成藏的广泛性。塔中奥陶系凝析气藏垂向输导体系主要以塔中 I 号断裂及次一级断裂、中央断裂、塔中 10 号断裂和走滑断裂构成，侧向输导体系则由下奥陶统鹰山组顶部不整合面、上奥陶统灰岩潜山不整合面和碳酸盐岩中缝洞发育带构成，断裂、不整合面和碳酸盐岩缝洞体系构成三维输导体系，垂向与侧向运移的结合是形成塔中奥陶系大型凝析气藏的重要条件。

断裂与裂缝在起着输导作用的同时，也对改善风化壳储层具有重要的作用。塔中隆起存在中、晚加里东和早海西等多期构造应力作用，形成的断裂和裂缝对岩溶型储层的储集性能有重要影响。断裂的发育一方面派生一系列裂缝，扩大储集空间，改善储集条件，提高渗透能力，另一方面断裂及其派生的裂缝系统为大气淡水渗滤以及深部热液进行溶蚀提供了通道，使岩溶的深度和范围均有所增加。值得注意的是，在下奥陶统风化壳岩溶发育的基础上，沿断裂产生的溶蚀作用也可以对良里塔格组含泥灰岩段进行改造，使得下奥陶统风化壳储层与含泥灰岩段储层互相连通，产生风化壳储层可以穿越下奥陶统顶面不整合面向上与含泥灰岩段储层构成统一缝洞体系的现象。

塔中碳酸盐岩油气沿优质储层聚集成藏，受储层控制，宏观上呈准层状的分布特点。具体到储层内单独的一个缝洞单元内，油气水分异正常，流体的分布主要受控于该缝洞体所处的构造部位及其与断裂的关系等（图 5-24）。

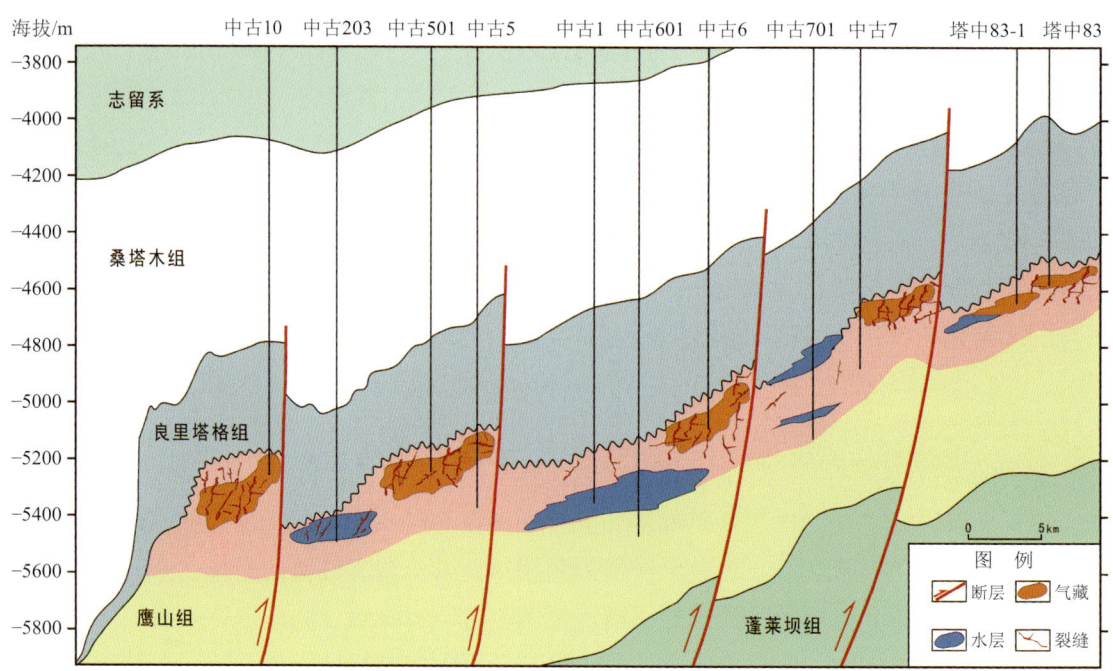

图 5-24　塔里木盆地中古 10- 塔中 83 井区油气水分布模式图

四、大型气田富集在区域分布的膏盐岩和泥岩盖层下

封盖条件对天然气的成藏具有重要影响，盖层的好坏直接影响到气藏的富集。由于四川盆地中下三叠统总体上为开阔碳酸盐岩台地相 - 局限海台地 - 半封闭海湾蒸发相的海相沉积，盖层分布广且稳定，其中的泥质岩或膏盐岩对下伏储气层起到直接或间接的封盖作用。

四川盆地震旦系—寒武系、长兴组—飞仙关组礁滩等气藏的区域封盖层是中下三叠统的膏盐岩系，膏盐岩厚度一般 100～300m，区域封盖能力较好。此外，中下三叠统—二叠系地层的超压对下伏气藏的保存也起到非常重要的作用。

飞仙关组鲕滩气藏的直接封堵层在四川盆地同样发育较好。气藏之上的致密灰岩以及飞仙关组四段局限海台地相蒸发产物 - 膏质云岩、泥岩、泥质云岩均具备封堵油气的条件。飞仙关组四段厚度分布比较稳定，钻井揭穿厚度 23.5（罗家 2）～47.5m（鹰 1）。其中，膏岩＋泥岩厚度 7～29m。即使飞仙关组四段的封堵性较差，飞仙关组三段致密灰岩本身亦具备自封堵能力，如金珠 1 井，钻探过程中从侏罗系到飞仙关组四段均出现不同程度的井漏，地层压力较低，保存条件并不理想，但金珠 1 井飞仙关组完钻后测试的日产气量仍为 $7.22 \times 10^4 \text{m}^3$。研究区域内，飞仙关组储集层段距离飞仙关组顶部地层的厚度一般大于 100m，最大的金珠 1 井达到 320m，储集层段以上的岩性均较致密，是重要的直接封隔层。目前川东北地区飞仙关组大中型气田的发现表明鲕滩气藏的封盖条件是非常优越的。处于五宝场凹陷及高陡构造翼部的潜伏构造，即使飞仙关组出水的渡 5 井、紫 1 井，日产水量小于 $40 \times \text{m}^3$，且属于封存地层水，未发现地表水的影响，也说明了这些构造部位的封盖条件好。

从盖层微观参数的测试结果（表 5-7）看，飞仙关组致密灰岩、白云岩、膏云岩及石膏的孔隙度均小于 2%，渗透率介于（0.0015～0.0092）$\times 10^{-3} \mu\text{m}^2$ 之间，饱和煤油的突破压力 4～12MPa，折算成饱和水的突破压力介于 10.7～18.7MPa。为便于对比，选取了一个含方解石脉的致密白云岩（朱家 1）和一个储层（罗家 1）样品，其孔隙度为分别为 1.3% 和 5.6%，渗透率分别为 $0.129 \times 10^{-3} \mu\text{m}^2$ 和 $0.101 \times 10^{-3} \mu\text{m}^2$，饱和煤油与饱和水的突破压力分别为 1.0MPa 和 4.57MPa。由表可见，储层的渗透率一般为盖层渗透率的 10～70 倍，而盖层的饱和水突破压力一般为储层的 2.3～4.1 倍，盖层的饱和煤油突破压力一般为储层的 4～12 倍。当储层的孔隙性能变好时，这种差异性更为明显。表明飞仙关鲕滩气藏的封盖条件应该是很好的。此外，当致密样品含有裂缝时，即使是被方解石等充填物充填，其封盖性能也将变差。这从另一方面也说明了上二叠统烃源岩生成的油气要向上运移到飞仙关储层，仅靠岩性的扩散渗透是难以进行的，必需有疏导断层才能进行大规模的运移。

塔里木盆地塔中古隆起斜坡区具有良好的封盖与保存条件。塔中 I 号构造带形成于早加里东期，在奥陶纪末基本定型，志留系与石炭系都是自西向东披覆其上，在石炭纪后基本没有断裂活动。塔中北部斜坡带及 I 号构造带奥陶系碳酸盐岩上覆一套稳定的区域盖层——上奥陶统桑塔木组泥岩，厚度一般 300～500m，对上奥陶统良里塔格组台缘礁滩气藏和下奥陶统鹰山组岩溶风化壳气藏均起到非常重要的封盖作用（图 5-25）。

对于一些在上倾方向部位的油气成藏，其侧向封堵条件是重要的，侧向封堵可以由于岩性的变化，主要是由于储层和封堵层的孔渗性变化，导致岩层毛细管力的差异而造成的封闭。也可以是由

于上倾方向存在饱含水的岩层，由水柱的静水压力和饱含水的岩层的毛细管力共同起作用而形成下部气藏的封堵性。

表 5-7　飞仙关组不同岩性盖层微观参数表

井号	样号	岩性	孔隙度/%	渗透率/($10^{-3}\mu m^2$)	饱和煤油突破压力/MPa	饱和水突破压力/Mpa
坡1	108	白云岩	1.2	0.018	4.0	10.7
金珠1	105	膏云岩	1.8	0.0059	4.0	10.7
金珠1	696	石膏	0.9	0.0092	6.0	13.2
金珠1	1124	白云岩	1.6	0.0034	4.0	10.7
罐5	298	灰岩	1.4	0.0024	4.0	10.7
罐8	110	灰岩	0.7	0.0026	12.0	18.7
罗家5	37	白云岩	0.3	0.0015	9.0	15.9
坡3	843	白云岩	0.9	0.0036	6.0	13.2
朱家1	733	白云岩（含方解石脉）	1.3	0.129	1.0	4.57
罗家1	514	鲕粒云岩	5.6	0.101	1.0	4.57

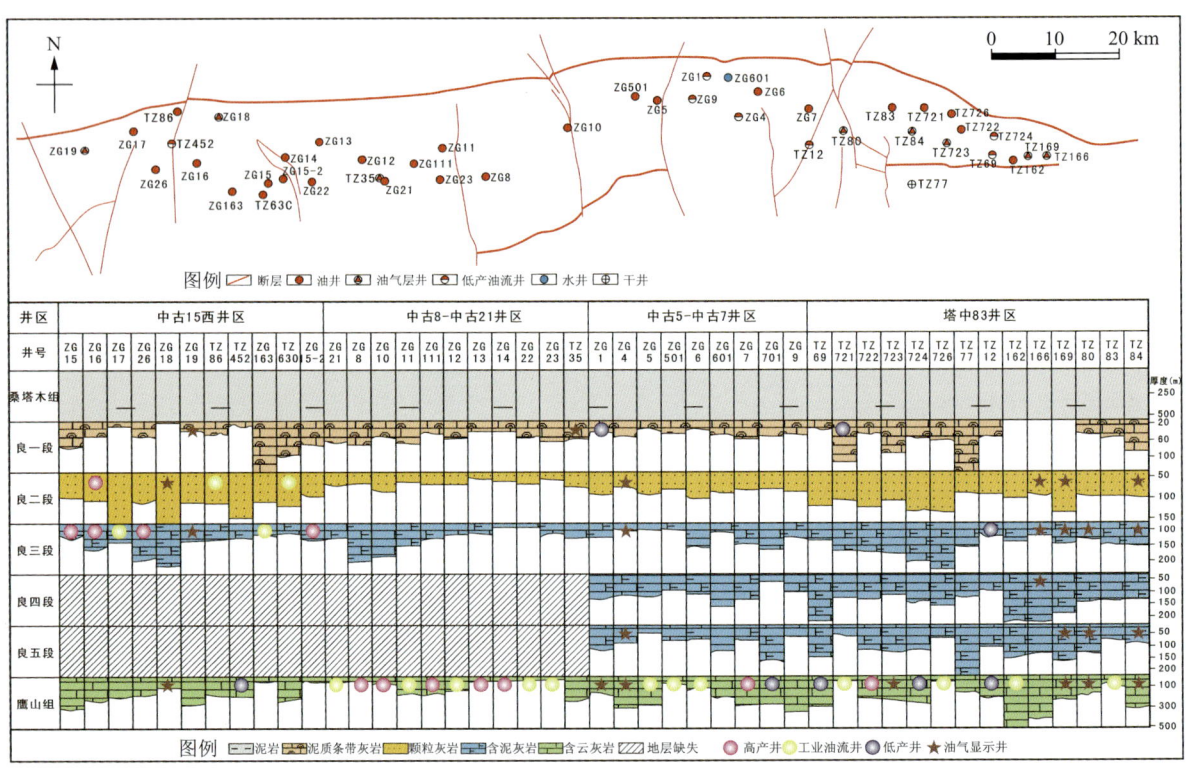

图 5-25　塔中奥陶系气藏与盖层分布图

第六章 Chapter Six
火山岩大型气田成藏主控因素与富集规律

近些年来，国内外火山岩油气勘探相继获得重大发现（Mark and John，1991；张子枢和吴邦辉，1994；Schutter，2003），由此对火山岩油气藏研究也得到了更多的重视和关注。我国先后在松辽盆地（高瑞祺等，1995；陈树民等，2003）、准噶尔盆地（吴晓智等，2009）、渤海湾盆地（杨立民等，2007）、二连盆地（安学勇等，2004）及辽河坳陷（徐浩等，2010）发现了火山岩油气藏，因此火山岩也成为油气勘探重要领域之一。松辽盆地是中国东部大型叠合含油气盆地，具有早期上侏罗统—下白垩统为断陷和晚期上白垩统为坳陷的双层地质结构。上构造层的上白垩统因大庆油田的发现而举世瞩目，下构造层断陷群中发现大型火山岩气藏也备受关注。自 2002 年以来，松辽盆地深层断陷先后发现了徐深、长岭Ⅰ号、英台、王府及德惠等大型火山岩气田，为大庆油田和吉林油田的增储上产提供了资源保障。本章以松辽深层断陷盆地为例，重点阐述火山岩大型气田成藏主控因素与富集规律。

第一节 断陷盆地火山岩大型气田形成的关键地质要素

松辽盆地是在古生代褶皱基底上发展起来的大型陆相盆地，经历了中生代以来断陷期、坳陷期和反转期明显的构造演化过程。晚侏罗世-早白垩世，由于区域上受伸展拉张的动力机制控制，是松辽盆地深部断陷形成的关键时期，也是火山活动强烈时期，盆地深层通常指泉二段以下地层，包括上侏罗统火石岭组和下白垩统沙河子组、营城组、登娄库组、泉头组一段、二段（图 6-1），断陷期地层主要包括火石岭组、沙河子组和营城组（杜金虎，2010）。营城组火山岩是深层天然气勘探的主力储层，火石岭组火山岩勘探在盆地南部获得良好效果，已成为吉林油田重要的勘探层系。

在整个断陷期，受区域伸展拉张作用，松辽盆地深层发育 NE—NNE 和 NW—NNW 向的两组控陷断裂，这两类断裂的先后作用控制了中生代 36 个相互独立断陷的形成演化及断陷内主断槽的发育（图 6-2），也控制了火山岩的分布。同时，深层控陷断裂控制断陷的规模、演化、成烃，进而也决定了断陷勘探潜力和价值。

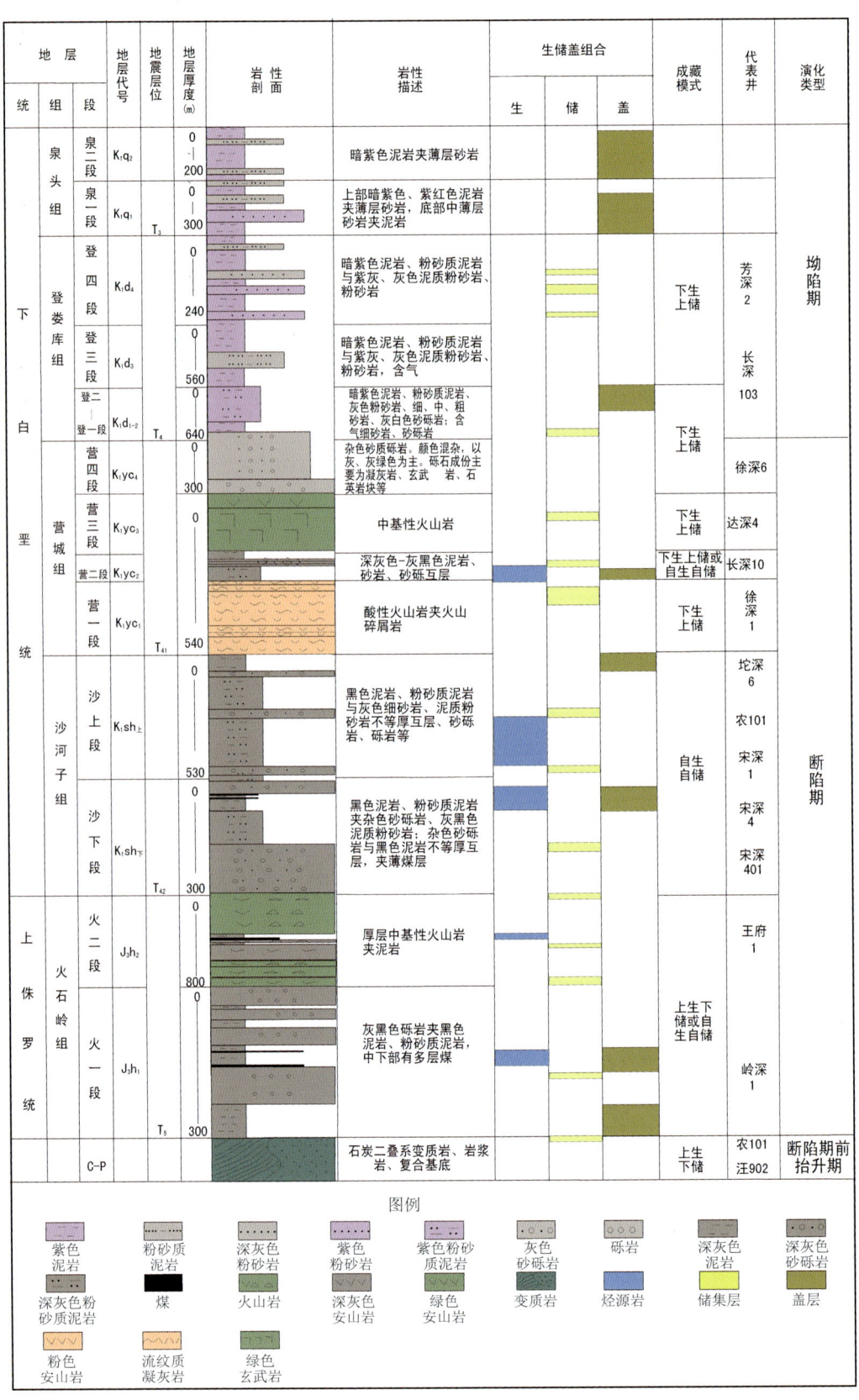

图 6-1 松辽盆地深层综合柱状简图

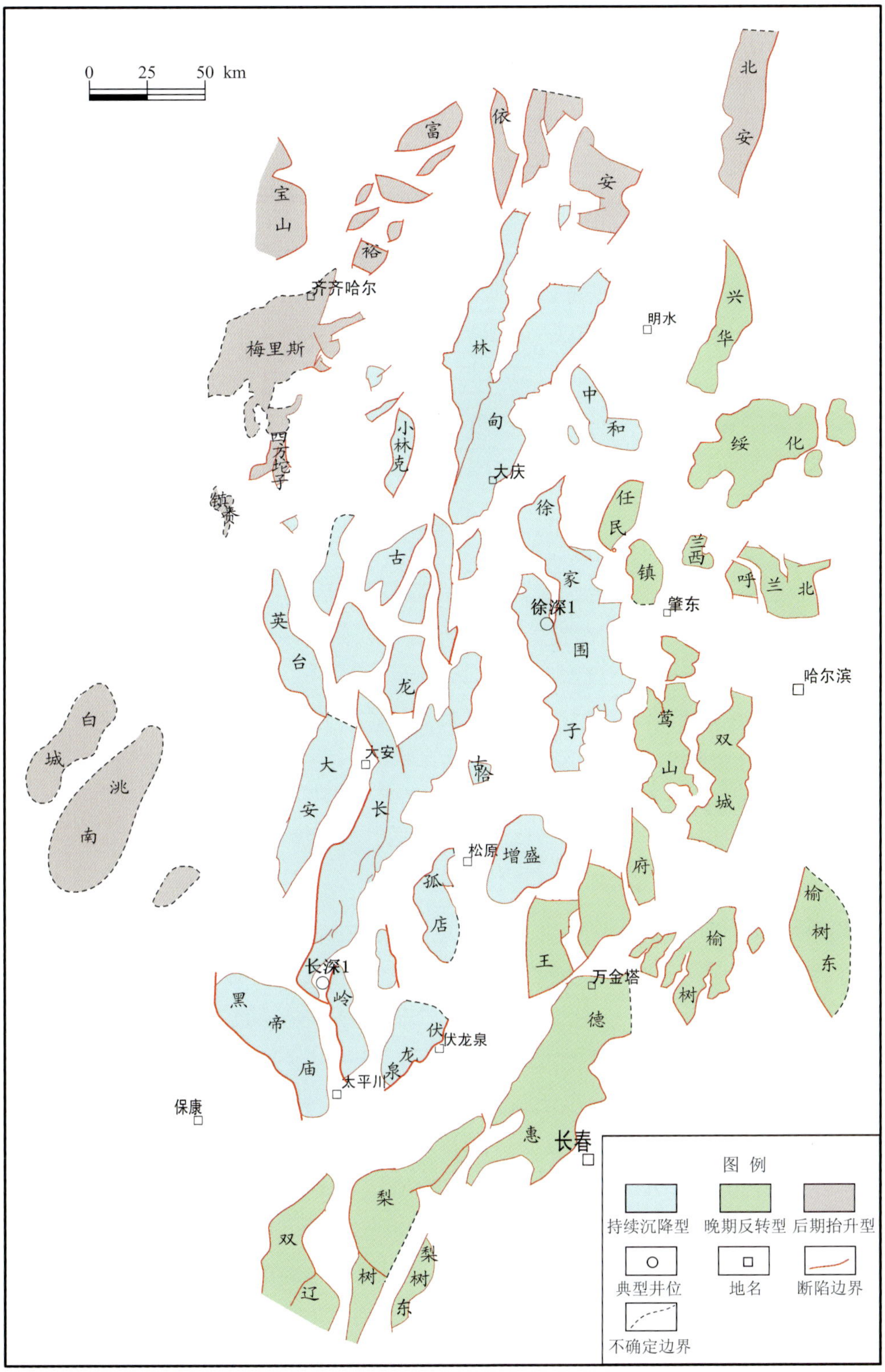

图 6-2 松辽盆地中生代三种断陷演化类型平面分布图

一、断陷类型及分布

杜金虎等（2010）根据断陷演化的特征，把松辽盆地中生代断陷群划分为三种演化模式：持续沉降型、晚期反转型和后期抬升型，三类断陷具有不同的分布特征和成藏条件。

1. 持续沉降型

持续沉降型断陷是在断陷形成后，后期经历了持续稳定沉积作用，因此地层发育齐全，沉积厚度大，后期未经历强烈的构造活动，改造程度弱。整个断陷期地层发育，总厚度最厚为4000m，一般1200~1800m；其中沙河子组最大沉积厚度为2000m（长岭断陷），一般500~800m。沙河子组烃源岩发育，最厚1200m，一般200~500m；且后期继承性沉积，改造弱，使天然气得以良好保存；另外天然气资源丰富，是大型气田分布的主要断陷类型。该类断陷主要发育在盆地中心地带，典型断陷有徐家围子、长岭、英台、孤店、英台等断陷（图6-2）。

2. 晚期反转型

晚期反转型断陷是在断陷形成后，后期沉积作用持续稳定，但在明水-古近纪末期经历了一次强烈的褶皱改造作用，因此地层发育齐全，沉积厚度大，但后期改造强。在断陷主要发育期，沙河子组沉积最大厚度为1945m（德惠断陷），最小为100m，一般为300~500m；烃源岩发育，一般为100~300m；但由于后期抬升剥蚀，遭受强烈的改造，使部分天然气散失或形成次生气藏，资源丰度相对于持续沉降型断陷较低。主要发育在盆地东南隆起带，典型断陷有莺山、双城、王府、榆树、榆树东、德惠、梨树、梨树东等断陷（图6-2）。

3. 后期抬升型

后期抬升型断陷是断陷形成后，处于不断抬升状态，因此地层发育不齐全，沉积厚度薄。在断陷主要发育期-沙河子期，最大沉积厚度可达800m（富裕断陷），最小为100m，一般为300~400m；烃源层较为发育；但由于后期不断抬升，影响烃源岩的成熟度。因此，天然气成藏条件较差。这类断陷主要分布在盆地的西部和北部，可能受大兴安岭地区整体隆起的影响后期一直处于抬升状态，典型断陷有宝山、梅里斯、富裕、依安、北安、镇赉、洮安、白城和四方坨子等断陷（图6-2）。

综上所述，持续沉降型断陷烃源层发育，油气资源丰富，改造作用弱，保存条件好，是天然气分布有利区，也是盆地内发育最多的断陷类型。晚期反转型断陷烃源层发育，油气资源丰富，但后期改造作用强烈，使油气遭受散失或形成次生气藏。因此，持续沉降型断陷是深层天然气勘探最有利的断陷类型，对于晚期反转型断陷，应在断陷内保存条件好的地区寻找原生气藏和中浅层寻找次生气藏，而后期抬升型断陷天然气资源相对较为贫乏，在生烃条件较好的断陷，可谨慎进行勘探。

二、烃源岩发育特征

松辽盆地断陷层自下而上发育火石岭组、沙河子组、营城组和登娄库组四套烃源岩层，其中沙河子组为主要烃源岩层，烃源岩以暗色泥岩和煤层为主。整体而言，松辽盆地深层烃源岩的分布受生烃断槽的控制，生烃断槽的发育规模控制了烃源岩的厚度和面积（图6-3）。

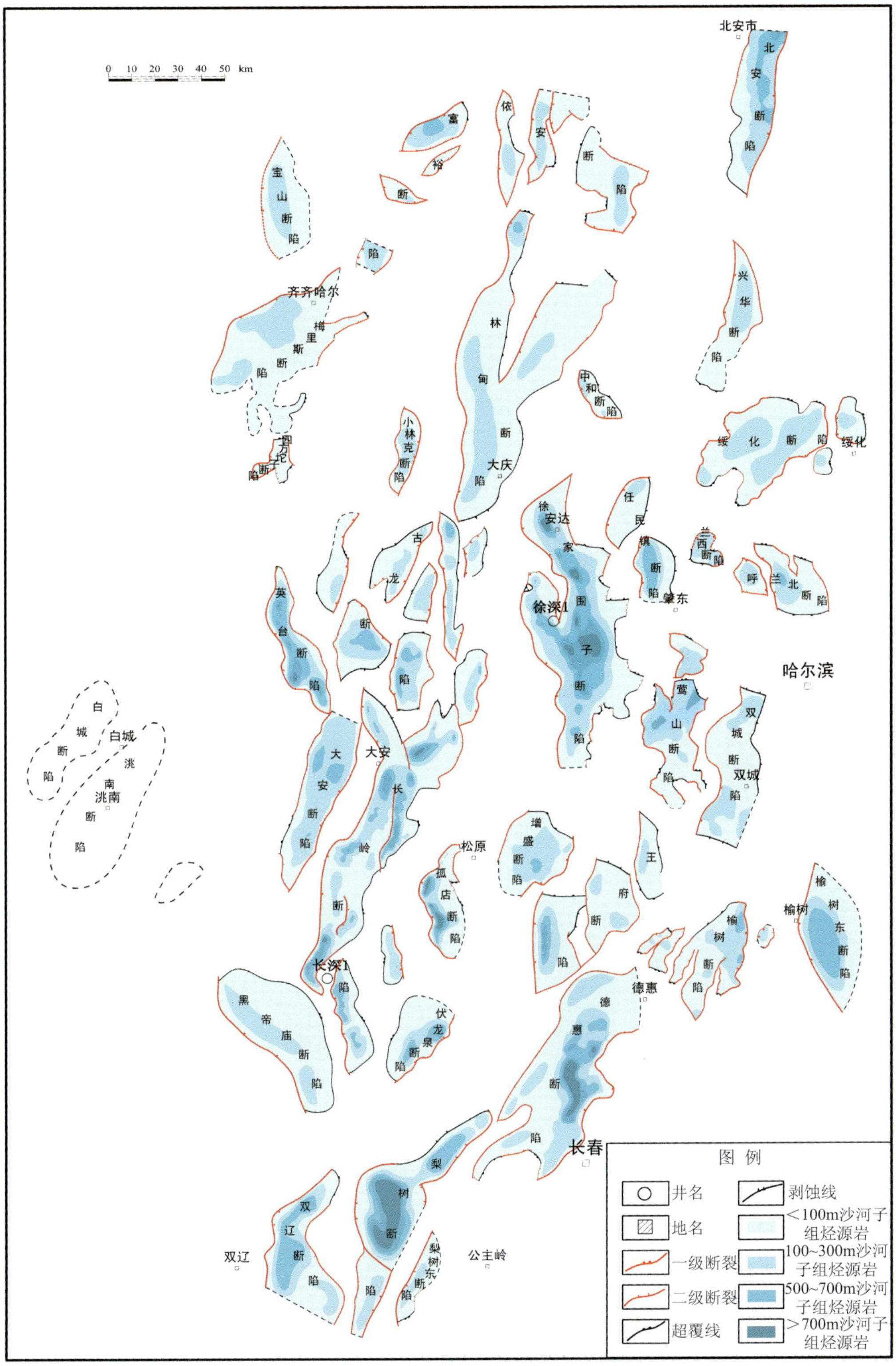

图 6-3 松辽盆地生烃断槽发育分布图

火石岭组烃源岩主要发育于该组上部，为一套浅湖相灰色、深灰色泥岩，局部发育薄煤层。泥岩厚度薄，一般 10～150m。煤层主要在徐家围子、王府和孤店断陷钻井揭示，徐家围子断陷钻遇煤层最大厚度约 35m。火石岭组烃源岩由于分析样品较少，且碳质泥岩及煤样相对较多，有机碳含量相对较高，一般为 1.39%～1.83%，生烃潜力平均 0.21～0.49mg/g，为中等 - 好烃源岩。

沙河子时期是断陷湖盆发育的鼎盛时期，发育大套深湖 - 半深湖相黑色、灰黑色泥岩，有机质丰度高。暗色泥岩厚度大，一般为 300～500m；分布范围广，全区 36 个断陷均有分布，总面积超过 $5×10^4 km^2$。此外，沙河子组煤层发育，在徐家围子断陷、双城西断陷、德惠断陷等多个断陷均有钻遇，煤层主要发育于扇三角洲平原沼泽相和湖泊淤浅沼泽相中，单层厚度一般为 1～5m，多沿断陷缓坡区零星状分布。少数断陷缓坡淤浅部位形成稳定分布的煤层，如徐家围子断陷宋深 3 井区，钻遇煤层累计厚度达 103m。沙河子组平均有机碳 0.53%～14.63%，生烃潜力约 0.52～4.08mg/g，达到中等 - 好烃源岩标准。由于目前钻遇沙河子组的探井大多分布在断陷边部，因此推测断陷中部烃源岩有机质丰度更高。

营城时期也是断陷湖盆重要时期，湖盆面积相对较大，但由于该时期火山活动强烈，火山岩广泛发育，一定程度上影响了泥岩的发育。目前的钻探表明，营城组烃源岩主要分布于徐家围子、德惠、英台、长岭等断陷，烃源岩以滨浅湖相灰色、深灰色泥岩为主，在局部地区发育黑色泥岩、夹煤层，尤其以英台断陷为代表。如英台断陷龙深 1 井，钻遇营城组暗色泥岩厚 267m。营城组暗色泥岩有机碳平均 0.54%～6.81%，生烃潜力平均在 0.28～12.29mg/g，为一套中等 - 好烃源岩。

登娄库组烃源岩主要发育于登二段，为一套滨浅湖相沉积，有机碳平均值 0.69%，大部分小于 0.5%，生烃潜力平均 0.38mg/g，有机质丰度较低，为一套中等 - 差烃源岩。

三、储层发育特征

松辽盆地中生代火山岩十分发育，主要分布在火石岭组与营城组。由于火山岩储层物性受埋深的影响较小，因此，对深部天然气勘探，火山岩储层可能较碎屑岩储层具有更大的优势。目前中生代火山岩天然气勘探的主要目的层为营城组和火石岭组。

火山岩储层岩性主要为流纹岩，其它凝灰岩、角砾岩等火山碎屑岩及玄武岩、玄武安山岩、安山岩等中性熔岩在不同地区也有发育。

根据对松辽盆地深层火山岩储层铸体薄片和普通岩石薄片镜下观测，按照孔隙的成因分为原生孔隙和次生孔隙。其中原生孔隙包括：原生气孔、杏仁体内孔、粒间孔和晶间孔，前三种是本区主要的原生孔隙。次生孔隙主要包括晶内溶孔、玻屑溶孔、基质溶孔和铸模孔。其中晶内溶孔、基质溶孔和铸模孔普遍发育。数据分析统计揭示：深层火山岩储层物性以熔结凝灰岩储层物性最好，凝灰岩孔隙度 0.6%～24.6%，平均值最小 0.8%，最大 13.0%；渗透率 $(0.001～11.1)×10^{-3}μm^2$，均值 $(0.002～3.8)×10^{-3}μm^2$。其次是流纹岩，孔隙度 0.4%～23%，均值 1.7%～8.99%；渗透率 $(0.001～0.88)×10^{-3}μm^2$，均值 $(0.01～0.88)×10^{-3}μm^2$，一般达到较好 - 中等储层标准。

通常来说，优质火山岩储层具有孔隙发育、裂缝发育、连通性好的特点。火山岩储层由于自身特殊的成岩作用和特征，影响其孔隙和裂缝发育的因素较多，但主要与岩性、岩相、构造作用等因素有关。

四、盖层特征及保存条件

松辽盆地深层盖层条件良好，主要发育登二段和泉头组一段、二段两套区域盖层。登娄库组盖层厚度薄，累计厚度多小于100m，单层最大厚度11m，平均厚度小于5m，盖层突破压力一般大于5MPa小于12MPa，盆地北部盖层突破压力高值区分布在古龙断陷南部断槽，最大可达13MPa；其次为徐家围子和双城地区二深1和肇深5井附近，突破压力达到10MPa以上，突破压力向东和向北逐渐减小，宋站、五站以及太平庄等地附近均小于8MPa。盆地南部在德深1井、梨参1井和长岭断陷中心形成三个高值区，突破压力值超过16MPa；泉一段和泉二段盖层厚度相对较大，累计厚度大于100m，单层厚度多大于10m，泉头组泥岩突破压力平均6～9MPa，盆地北部高值区分布在古龙断陷南部断槽，最高达9MPa，徐家围子和双城地区盖层突破压力基本在6～8MPa；盆地南部高值区分布在长岭断陷中部，最大超过13MPa，低值区主要在梨树断陷北部、伏龙泉地区，以及德惠断陷西南地区，基本小于3MPa。此外，深层沙河子、营城组泥岩也可作为局部盖层起到一定封盖作用。

深层天然气的成藏期是在泉头期末至青山口期。因此，影响天然气保存是青山口期以后的晚期构造活动，主要有嫩江期末、明水期末、古近纪末和新近纪末等构造活动。前已述及松辽盆地深层盖层整体发育，因此深层天然气保存条件良好，但对于晚期构造运动在东南隆起区如双城、德惠、任民镇等断陷反转活动强烈，使深层天然气藏一定程度受到破坏，形成了部分次生气藏。

第二节 断陷盆地火山岩气藏类型与成藏模式

松辽盆地深层火山岩气藏类型多样，既有有机成因天然气藏，又有无机成因CO_2气藏；既有典型的简单岩性气藏，又发育复杂的复合气藏；既在营城组火山岩中发现了大规模地质储量，又在火石岭组火山岩中不断获得新突破（如双辽断陷双9井火石岭组凝灰岩和王府断陷王府1井火石岭组安山岩）。本节以断陷湖盆发育的次级构造带为单元，通过开展构造单元内形成的典型火山岩气藏系统解剖，明确气藏类型，建立成藏模式，以期为下步天然气勘探部署提供依据。

一、断陷盆地火山岩气藏类型

火山岩气藏是松辽盆地深层天然气藏一大特色，由于火山岩体内部及岩体间强烈的分割性决定了火山岩气藏的总体类型是以岩性气藏为主，但已发现的火山岩气藏大多数又具有鼻状构造形态、气柱高度受岩体隆起幅度控制等特点（焦贵浩等，2009），因此，总的来看火山岩气藏受构造和岩性双重因素控制。杜金虎等（2010）把松辽盆地深层火山岩气藏主要分为岩性、岩性-构造和构造-岩性三种类型。本部分主要按圈闭类型对气藏进行分类（图6-4），分为构造气藏（火山岩体背斜）、岩性气藏（火山岩透镜体）和复合气藏（构造岩性、岩性构造）。

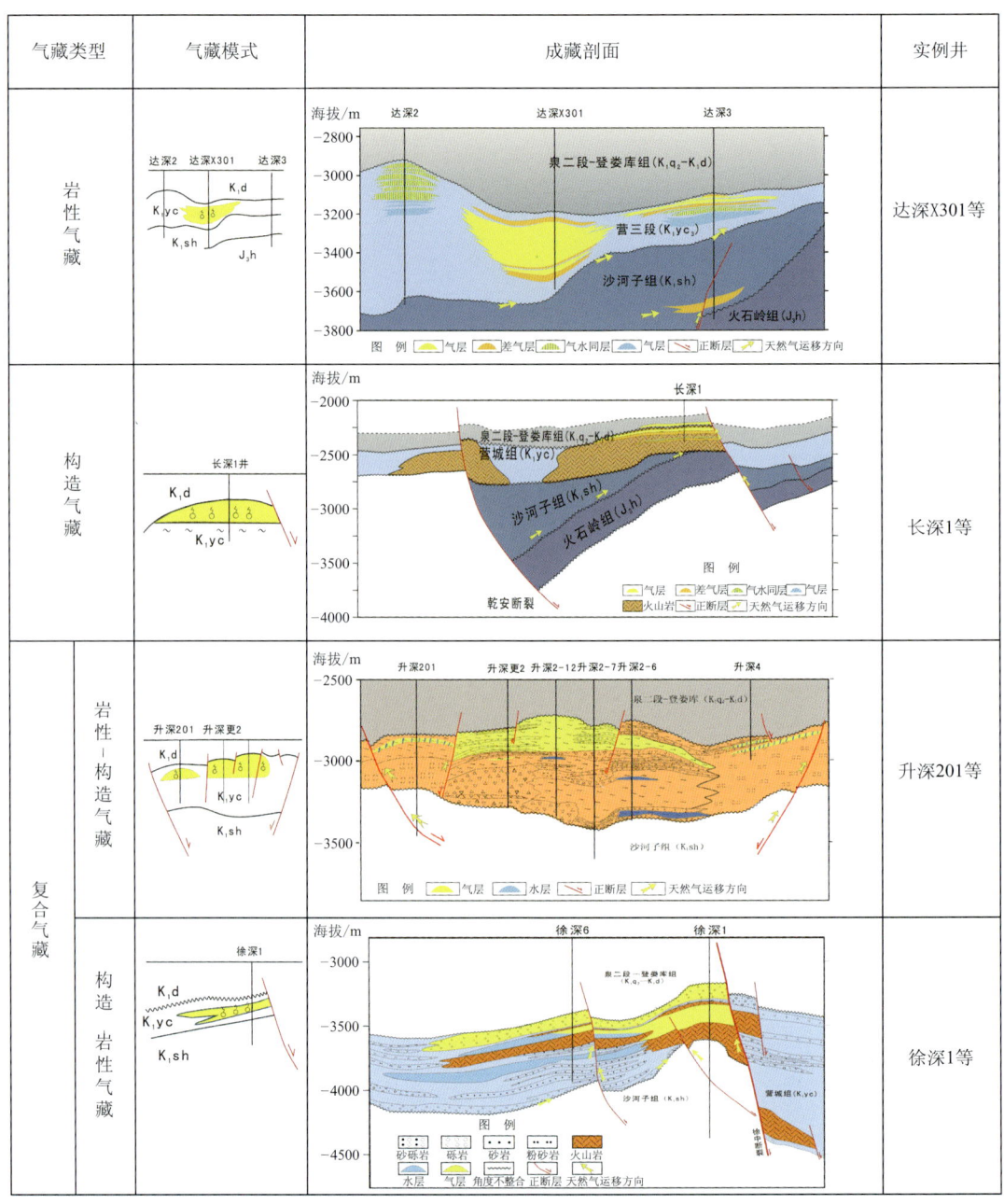

图 6-4 松辽盆地深层火山岩气藏类型模式图

二、断陷盆地火山岩气藏成藏模式

如前所述，断陷由一个或多个独立的断槽组成，断槽控制烃源岩的发育，断槽自成含气系统。通常而言，箕状结构是断陷盆地最为特征的结构样式，一般由三部分或四部分组成，即陡坡带、断槽（洼）带和缓坡带，当断陷比较开阔时，有时发育中央构造带（图 6-5）。不同的构造带发育不同的气藏类型，具有不同的成藏模式。据不完全统计，徐家围子断陷发现了 95 个火山岩气藏，其中断鼻、断背斜岩性复合气藏 40 个，占 42.1%，主要发育于控陷断裂附近的陡坡带或中央构造带；火山岩岩性构造复合气藏 30 个，占 31.6%，主要分布在古隆起或斜坡带上；火山岩岩性气藏 25 个，占 26.3%，主要分布于断陷中心断槽带，如徐家围子断陷安达断槽中的达深 X301 营城组火山岩透镜体岩性气藏等。

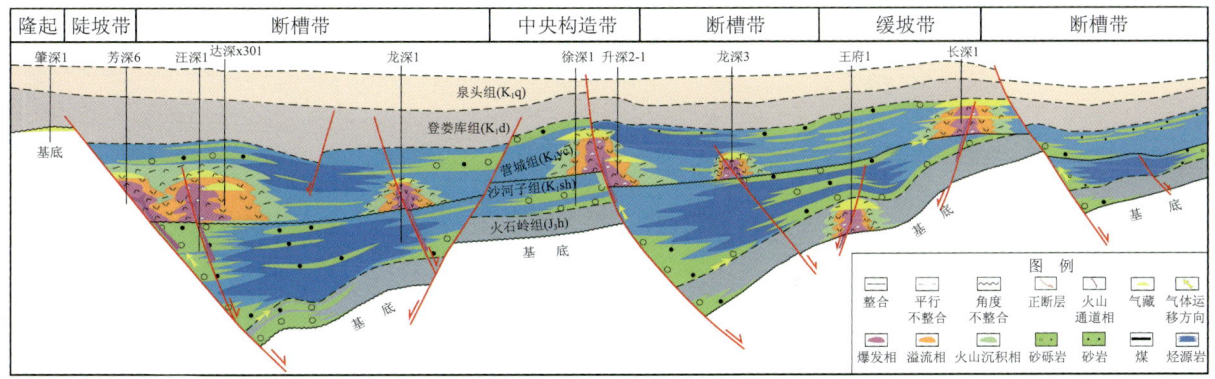

图 6-5　松辽盆地深层火山岩成藏模式图

（一）断槽带成藏模式

断槽带位于断陷的中央部位，夹持于陡坡带和缓坡带之间，是断陷长期发育的沉降中心、沉积中心和生烃中心；火山岩以断裂为通道上涌喷发，沿断裂的下降盘向断陷中心延伸较远，在断槽内部多形成源、储空间叠置关系好的火山岩岩性气藏。如徐家围子断陷安达断槽中的达深 X301 井营城组火山岩透镜体岩性气藏为一火山岩透镜体（图 6-4A），面积 9.1km²。达深 X301 井钻遇营城组火山岩厚 405.7m（未穿），火山岩相主要为爆发相空落亚相，岩性主要为粗安质角砾凝灰岩，储层有效厚度 196.1m。储集空间类型主要为角砾内溶蚀孔及裂缝。测井解释火山岩平均孔隙度 13.2%，利用试气资料推算气藏有效渗透率最大可达 $8.40 \times 10^{-3} \mu m^2$。该气藏位于有利生烃断槽之中，气源丰富。同时在常规地震剖面上可见沟通深断裂的火山通道、火山活动的扰动痕迹和顶部具有明显火山口特征，这可能是该井 CO_2 气含量高，CO_2 平均含量为 75.54% 的重要原因。类似气藏还有徐家围子断陷东部断槽中的徐深 22 气藏、芳深 8 井营一段火山岩透镜体气藏等。

（二）缓坡带成藏模式

缓坡带一般是断陷湖盆油气有利的运聚区带，油气在湖盆生烃中心沿层间面、不整合面侧向运移，因此缓坡带具备更有利的成藏条件。缓坡带构造相对比较简单，一般发育有鼻状构造，是油气运移的指向，若上倾方向有遮挡，就可形成油气藏（图 6-5）。缓坡上还可形成岩性上倾尖灭圈闭，有利于岩性油气藏的形成；还发育有反向正断裂，这种断裂与控陷断裂基本上同时发生，沿断裂带往往有火山喷发，易于形成火山岩体圈闭。长岭断陷东部缓坡带上的长深 1 号大型气田就发育反向断裂控制的继承性断鼻构造（图 6-4B），形成了典型的营一段火山岩岩性 - 断鼻气藏。

长深 1 气田位于长岭断陷中部，东斜坡带上的西倾哈尔金断鼻构造营城组探明天然气地质储量 $513.41 \times 10^8 m^3$。哈尔金断鼻构造是一个长期继承性发育的构造，营城组顶面构造幅度 350m，面积 93.47km²。长深 1 揭示营城组一段火山岩储层岩性主要有溶蚀角砾岩、流纹岩、凝灰岩和含砾凝灰岩。储集空间主要为原生孔隙、次生孔隙、冷凝收缩缝、构造裂缝等，岩心分析孔隙度 3%～23%，具有较好的储集能力。其中以溢流相的原地溶蚀角砾岩和上部亚相的流纹岩物性较好，储层有效厚度 90.4m。

该断鼻构造夹持在南、北生烃断槽之间，南北逢源，且是油气长期运移的指向。断槽中生成的油气沿断层或不整合面运移到圈闭中聚集成藏，以营城组火山岩断鼻构造火山岩构造气藏为代表，气水界面深度 $-3635m$，最大气柱高度 $260m$，为一个大型块状底水断鼻构造气藏（图6-4B）。

（三）中央构造带成藏模式

当断陷盆地比较开阔时，在断陷中央常形成中央构造带。中央构造带两侧发育生烃断槽，可以形成单向或多向供烃，是断陷盆地油气聚集最为有利构造带。通常中央构造带以断裂和和相邻的生烃断槽为接触关系，断裂不但是火山岩上涌喷出的重要通道，强烈的断裂活动和火山岩作用也促进裂缝的发育，为油气成藏提供有利的运聚条件。徐家围子断陷徐深1区块就位于典型的中央构造带，徐家围子断陷在拉张的过程中，以推进式的伸展方式产生张剪性徐中断裂，使基岩块体发生翘倾，从而形成了NNW向徐中中央断裂构造带。在中央构造带的东侧发育了安达断槽和徐东断槽；在西侧发育了徐西断槽和徐南断槽，为形成升平、兴城气田创造了各项有利条件，形成以岩性-背斜（图6-4C）及断鼻-岩性（图6-4D）复合气藏为典型类型。

1. 断鼻–岩性复合气藏

兴城气田是该类气藏的典型代表，位于徐家围子断陷升平-兴城构造带上，由徐深1、徐深8、徐深7和徐深3多个区块组成，发育有营城组一段火山岩气藏和营城组四段砾岩气藏。徐深1区块为一个火山体鼻状构造（图6-4D），营城组营一段顶面构造以海拔 $-3350m$ 构造线圈闭，高点海拔 $-2950m$，构造幅度为 $400m$，圈闭面积为 $10.9km^2$，已探明天然气地质储量 $413 \times 10^8 m^3$。

储层为营城组一段火山岩，火山岩厚度 $77 \sim 989m$，平均厚度 $367m$，储层有效厚度 $80.2m$。主要发育爆发相的凝灰岩、流纹质集块岩和溢流相流纹岩。储集空间类型主要为气孔、脱玻化产生的微孔隙、长石溶蚀孔、火山灰溶蚀孔、裂缝及微裂缝等，孔隙度为 $1.8\% \sim 18.8\%$，平均孔隙度为 5.3%；渗透率为 $(0.01 \sim 13) \times 10^{-3} \mu m^2$，平均渗透率为 $0.35 \times 10^{-3} \mu m^2$。

该构造紧邻沙河子组生烃断槽，烃源层生成的天然气，通过断裂短距离运移，就近聚集到圈闭中成藏。气藏明显受断鼻构造和火山岩岩性双重因素的控制。一方面，构造高部位气柱高度大、富集高产，低部位气柱高度小、气水分异差；另一方面，受岩性因素的控制，没有统一的气水界面，含气高度超出圈闭的闭合度。即使是同一火山岩体不同期次喷发的火山岩气藏具有不同的气水分布关系，主要表现为气水界面不统一，气柱高度不同等。

2. 岩性–背斜气藏

以升平气田的升深2-1火山岩体背斜气藏为例（图6-4C）。升深2-1火山岩气藏位于徐家围子断陷升平-兴城构造带的北部，火山岩含气面积 $19.93km^2$，已探明天然气地质储量 $132.47 \times 10^8 m^3$。圈闭为营城期火山喷发形成的火山岩体背斜。储层主要为营城组火山岩，有效厚度 $50.8m$。大致有四期火山喷发，最后多个火山机构叠置形成了大的火山岩体。火山岩体内部岩相变化快，但岩性相对较为单一，以流纹岩和熔结角砾岩为主。储集空间主要为原生气孔、气孔被充填后的残余孔及杏仁体内孔、流纹质玻璃脱玻化产生的微孔隙、长石和碳酸盐矿物溶蚀产生的孔隙以及微裂缝等。储层物性以流纹岩最好，其次为熔结角砾岩。孔隙度一般为 $7\% \sim 10\%$，渗透率为 $(0.01 \sim 191) \times 10^{-3} \mu m^2$，主要为 $(0.1 \sim 0.5) \times 10^{-3} \mu m^2$。

升深 2-1 气藏处于生烃断陷的中央，气源丰富。气源对比分析认为，天然气主要来自沙河子组泥岩和煤。沙河子组气源岩最大厚度达 900m 以上，其中煤层最厚 105m。该气藏为火山岩体背斜气藏，同一火山岩体具有基本统一的气水界面，不同火山岩体气水界面不同。

（四）陡坡带成藏模式

陡坡带是断陷活动的起始带，是控陷主断裂的发育部位。陡坡带背靠隆起，面向断陷，一般具有坡度陡、物源近、相带窄、变化快和构造活动强烈等特点。陡坡带控陷断裂不但控制断陷的形成演化，也是火山岩喷发的主要通道，因此靠近陡坡带发育火山岩岩性气藏，如沟通底部基底深大断陷，多易形成 CO_2 气藏，如徐家围子断陷的芳深 6 井营城组火山岩岩性气藏，以及长岭断陷靠近陡坡带的长深 2 气藏等。

第三节　断陷盆地火山岩大型气田成藏富集规律

根据松辽盆地深层断陷发育类型、演化特征，断槽发育规模和分布特征，结合火山岩优质储层发育情况以及典型火山岩气藏的解剖，认为持续沉降型断陷控制了中生代天然气藏的区域分布，主生烃断槽控制了断陷内天然气的分布，近邻生烃断槽的断裂构造带是断陷内天然气藏富集区带。

一、环槽富集是深层断陷火山岩大气区形成最基本的规律

最新的研究表明：松辽盆地深层断陷群是由 36 个孤立的断陷组成。每个断陷之间有凸起（隆起）隔开，整个断陷期，尤其沙河子时期每个断陷是个独立的汇水湖盆，因此也决定了独立断陷自成含气系统的特征。

由于断陷盆地的控陷断裂的走向、延伸长度和断距大小的变化以及变换带的发育，因此，一个断陷往往分割成一个或多个断槽。36 个大小不等的断陷，共发育了 74 个断槽。断槽面积最大为 $1443km^2$，最小为 $131km^2$，大于 $500km^2$ 的断槽有 32 个。并不是每个断槽都具备良好的生烃条件。更准确地讲，不是断陷控制了天然气的分布，而是断陷内生烃断槽控制了天然气的分布。每一个断槽是一个独立的沉积湖盆，也是一个独立的成藏单元。因此，中小型断陷只要存在品质好的生烃断槽，同样具备形成大气区的资源条件。

统计发现断陷盆地天然气一般近源聚集。沙河子烃源岩天然气运移距离一般不超过 10km。在统计的 69 口井中，距源岩距离小于 10km 的井有 52 口，其中仅有 4 口井为干层，主要原因是储层较致密而失利；距源岩距离 10～20km 的井有 14 口，其中有 6 口井见气显示，4 口井为水层，4 口井为干层；而距源岩距离大于 20km 的井有 3 口，无气显示，其中 1 口井为水层，2 口井为干层。如长岭断陷的长深 3 井，距气源区的距离为 20km 以上，钻探失利。而长深 103 井距气源近，获日产天然气 $11.5×10^4m^3$。由此可见，紧邻富烃断槽，距离生烃中心小于 10km，有利于天然气富集高产。

松辽盆地深层断陷独特的地质条件决定了天然气具有短距离运移、围绕生烃断槽附近聚集、呈环状分布的成藏特点。正是对于成藏规律的正确认识，有效地指导了勘探，发现了系列大型火山

岩气田，如徐家围子断陷围绕断槽找到了升平气田、兴城气田、昌德气田、徐深气田及汪家屯气田（藏）等（图 6-6）。

二、断裂控制了火山岩大气区的分布

对于断陷盆地，天然气藏具有近源聚集、环槽富集的特征，确切地说生烃主断槽控制了断陷内天然气藏的分布。在断陷盆地火山岩成藏演化过程中，断裂起着十分重要的作用：控制了火山岩分布、圈闭的形成，改善了油气运聚的通道条件，因此，紧邻生烃断槽的断裂构造带是断陷内天然气有利富集区带。

（一）断裂控制了火山岩储层的分布

基底大断裂切割深，是地壳的脆弱带，尤其是多条断裂的交汇处是地球内部压力的释放点，也是火山喷发的通道，因此，它控制了火山口和火山岩的分布。如徐家围子断陷营城组火山岩沿深大断裂成 NNW 向分布（图 6-7），主要分布于徐西、徐中断裂带上，形成了重要的火山岩储气带并均找到了大型气田。

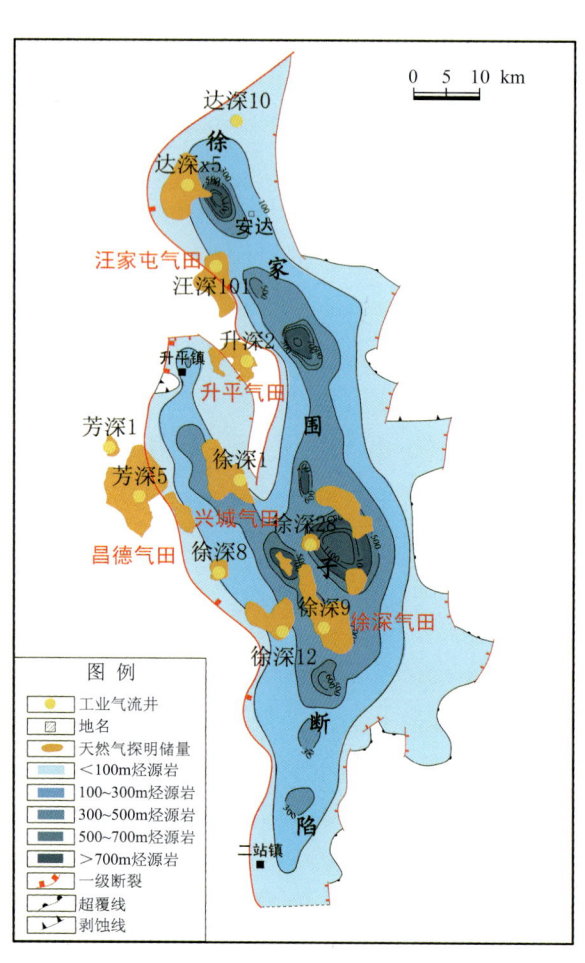

图 6-6　徐家围子断陷气藏沿生烃断槽分布图

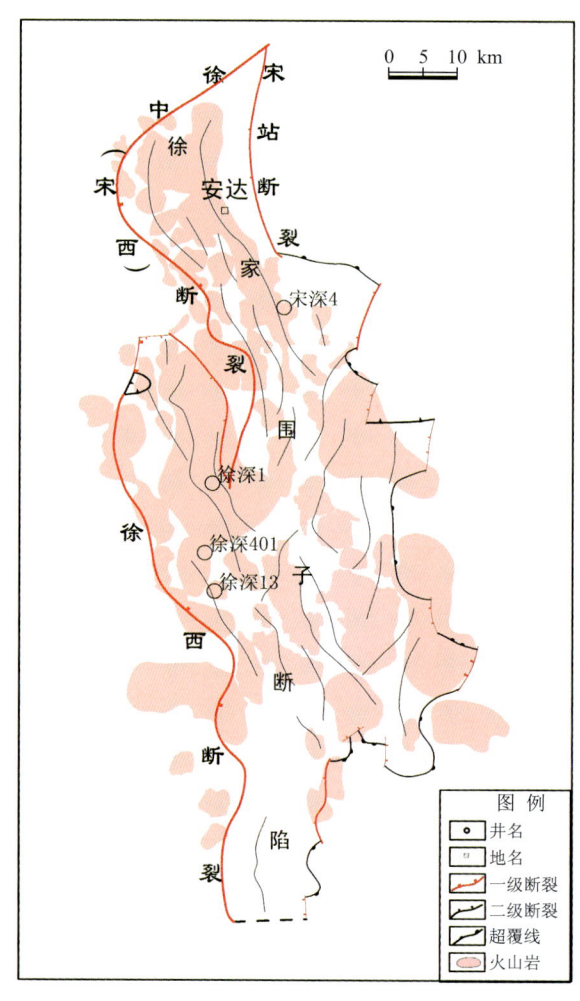

图 6-7　徐家围子断陷火山岩分布图

（二）断裂控制了圈闭的形成

对于断陷盆地而言，圈闭主要沿断裂带分布。松辽盆地深层断陷同样具有这样的特征，但特别值得一提的是，该区深层火山岩特别发育，形成独具风格的火山岩体圈闭，如火山岩透镜体气藏（龙深 3 和达深 X301 等）、构造-岩性气藏（徐深 1 和龙深 1 气藏等）以及岩性-构造气藏（长深 1 和升深 2-1 气藏等）。综合来看，断裂控制了火山岩储层的分布，也控制了火山岩气藏圈闭的形成。

（三）基底断裂有利于油气运移和储集性能的改善

基底断裂作为天然气运聚的主要通道是火山岩气藏形成或是高产的关键因素。基底断裂的活动不但为天然气提供运聚通道，而且还有利于火山岩储层物性的改善。断裂带附近本身由于构造作用造成大量裂缝发育，不仅可以通过沟通火山岩储层内孔隙扩大有效储集空间，还作为酸性流体的运移通道促使储层溶蚀孔隙发育而改善储集性能；另外断裂的抬升作用使火山岩顶面遭受风化、淋滤改造作用，更好地改善储集性能。

综上所述，断裂控制火山岩的分布，构造背景控制圈闭形成和裂缝发育，因此近邻生烃断槽的断裂-构造带是断陷内天然气富集区带，如徐家围子断陷天然气藏沿徐西、徐中和宋站基底大断裂分布，长岭 1 号气田也分布于基底断裂附近。

三、岩性、岩相及裂缝控制着火山岩优质储层的发育及天然气的聚集成藏

松辽盆地深层火山岩是在断陷大范围伸展拉张的基础上发展起来，因此火山岩活动与断陷的形成息息相关。从剖面上来看，断陷火山机构具有明显受断裂控制的不对称特征。沿火山通道顺着断裂上盘方向火山机构延伸较远，逆着断裂上盘活动方向延伸较小。就松辽盆地而言，最新的研究成果表明火山岩优质储层的形成，岩性、岩相是基础，构造是条件。对于火山岩气藏的分布和富集则更是如此。

（一）火山岩岩性、岩相控制了优质储层的发育

火山岩储层研究发现，松辽盆地深层酸性火山岩储层发育，物性好。这是因为随着酸度的增加，气孔更加发育，碱性长石增多使长石溶孔更发育，酸性玻璃脱玻化作用增强使微孔隙更发育，岩石脆性增加，裂缝越发育。因此，溢流相中的流纹岩，流纹质晶屑熔结凝灰岩物性好，是有利储层。如长岭断陷长深 1 区块钻井揭示营城组火山岩 206～374m，岩性主要为流纹质晶屑熔结凝灰岩和流纹岩，孔隙发育，孔隙度最大值为 23%，一般为 5%～9%，平均为 7.3%；渗透率最大值为 $17.31 \times 10^{-3} \mu m^2$，平均为 $0.66 \times 10^{-3} \mu m^2$，具有较好的储集能力。

火山岩相对优质储层发育及天然气富集起到明显的控制作用。从目前的勘探和研究现状来看，火山口或近火山口的相带为最有利的勘探区带，爆发相为最有利的相带。火山岩样品的孔隙度统计揭示：爆发相优于溢流相，爆发相中凝灰岩的物性最好，角砾岩其次。如徐深 1 井 3440～3450m 的流纹质熔结凝灰岩段，孔隙度平均达 7.2%，最高可达 15%；渗透率平均可达 $0.24 \times 10^{-3} \mu m^2$，最高可达 $0.81 \times 10^{-3} \mu m^2$，该段压后自喷日产气 $19.6 \times 10^4 m^3$。松辽盆地流纹质熔

结凝灰岩为爆发相，发育溶蚀孔隙和裂缝，具备优质储层的物性条件。近火山口的火山岩储层物性好，含气饱满，远离火山口的火山岩储层物性差，含气饱和度低。例如，徐家围子断陷的徐深1、徐深3、升深2-1井等工业气流井大都分布在火山口或近火山口附近，而远火山口的徐深16井则未获成功。

（二）裂缝促进了优质储层的发育

裂缝是火山岩油气储集空间的重要组成部分，同时又是重要的渗流通道和后续油气运移通道，是影响油气高产的关键因素之一。岩心观察和镜下鉴定发现，松辽盆地深层发育了多种裂缝类型，有构造缝和非构造缝，如炸裂缝、收缩缝、粒沿缝和溶蚀缝等非构造缝和高角度的构造缝，总体以构造缝和溶蚀缝为主。

裂缝既是储集空间，同时也是地下水渗流通道，对溶蚀缝、孔的发育起到了十分重要的作用。裂缝的发育与岩性和构造活动有着密切的关系。一般脆性岩石、薄层岩层和火山喷发期次愈多，岩性变化愈频繁，裂缝愈发育，如松辽盆地深层酸性火山岩-流纹岩、流纹质熔结凝灰岩裂缝发育。统计表明，流纹岩裂缝最发育，裂缝线密度为5.70条/m，其次是流纹质熔结凝灰岩，裂缝线密度为5.27条/m。构造作用强烈的地区，如断裂带附近裂缝发育。长岭断陷长岭Ⅰ号气田北部发育了10条断层，由于火山岩储层断裂、裂缝发育，使得原生孔隙和次生孔隙相互沟通，产生的次生孔隙沿断裂、裂缝呈串珠状分布，致使储集物性变好。至2011年底，长深1号气田探明天然气地质储量$706.3 \times 10^8 m^3$，为高产大型气田。而德惠断陷德深7井同样钻遇了大套火山岩，火山岩面积约$390 km^2$，厚度$150 \sim 1600 m$，且临近生烃断槽，源储配置关系良好，由于裂缝不发育未能形成大气藏。

（三）风化淋滤作用改善了储集性能

当岩层暴露于大气中，由于不断遭受热胀冷缩，易于产生风化缝，使岩石破碎；加之雨水的淋滤和溶蚀作用，形成大量的溶蚀孔、洞、缝，改善储层的储集性能。如营城期末的沉积间断，有利于储层性能的改善从而形成火山岩气藏。

第七章 Chapter Seven
超高压大型气田成藏主控因素与富集规律

从世界范围来看，超高压现象在含油气盆地中十分普遍，超高压可发育于任何构造背景、任何沉积环境形成的地层中（Hunt，1996；Law and Spencer，1998）。中国主要含油气盆地均不同程度地发育超高压，地层年代为石炭纪—第四纪，压力系数为 1.5～2.2，这些盆地中不乏有大型超高压气田。本章主要讨论库车前陆盆地超高压大型气田成藏主控因素与富集规律。

近年来随着油气勘探程度的日益提高，前陆盆地超高压大型气田已成为中国天然气勘探的一种重要类型，具有很大的勘探潜力。库车前陆盆地已发现了克拉2、大北1、克深2等多个超高压大型气田，为"西气东输"工程奠定了资源基础。

 ## 第一节 超高压大型气田形成的关键地质要素

中国已发现的前陆盆地超高压大型气田主要分布在中国西部的库车前陆盆地，克拉2、大北1、迪那2、克深2超高压大型气田产气层为白垩系、古近—新近系砂岩，主要气源岩为中生界煤系（表7-1）。古近纪—新近纪以来，经历了快速沉降和快速充填，沉积速率高，并发育了超高压储层，压力系数超过 1.5～2.0。

表 7-1 库车前陆盆地主要超高压大型气田一览表

大型气田	储量/$10^8 m^3$	探明年代	主要储集岩	主要气源岩	天然气成因类型
克拉2	2840.29	2000	K、E砂岩	J、T煤系	煤成气
迪那2	556.82	2002	E砂岩	J、T煤系	煤成气
大北1	586.99	2009	K、E砂岩	J、T煤系	煤成气
克深2	1290.49（控制）	2009	K、E砂岩	J、T煤系	煤成气

从成藏地质特征看，这些超高压大型气田总体是在挤压构造背景控制下形成的完整背斜、断背斜、断块型构造圈闭，圈闭幅度大，含气饱和度高，受到上覆厚层膏盐及泥岩的强封盖，在喜马拉

雅晚期聚集成藏。前陆盆地超高压大型气田形成的关键地质要素包括源岩快速生烃、超晚期成藏和膏盐岩超强封盖。

一、源岩快速生烃

库车前陆盆地主要发育三叠系—侏罗系湖沼相和湖相烃源岩。湖沼相煤系烃源岩主要分布于克孜勒努尔组、阳霞组和塔里奇克组，湖相烃源岩主要分布于恰克马克组、黄山街组和克拉玛依组。烃源岩总体厚度大，分布范围广，多数地区厚度达1000m，其中侏罗系烃源岩厚度一般为300～700m，三叠系烃源岩厚度一般为200～600m。

库车前陆盆地煤层厚度为5～50m，有机碳（TOC）含量平均为58%；碳质泥岩厚度为100～400m，TOC含量平均为15.7%；暗色泥岩厚度为400～1100m，TOC含量平均为1.69%，其有机质丰度高。侏罗系泥质烃源岩TOC范围值为0.4%～37.36%，各剖面和井的TOC均值为1.88%～4.31%；三叠系泥质烃源岩TOC范围值为0.4%～10.1%，各剖面和井的TOC均值为1.07%～2.91%。

库车前陆盆地侏罗—三叠系煤系烃源岩有机显微组分以镜质组、半镜质组和惰质组为主，且过渡显微组分含量较高，属于倾气型烃源岩。从有机质类型来看，总体上侏罗系烃源岩干酪根以III_1-III_2型为主，三叠系烃源岩干酪根以III_1-II型为主。从有机质热演化程度来看，三叠—侏罗系烃源岩在不同地区差别较大，镜质体反射率R_o为0.6%～2.5%，成熟度总体上西高东低，北高南低；凹陷中心演化程度大大高于凹陷边缘，阳霞凹陷中心烃源岩R_o达1.4%，拜城凹陷中心则更高，达2.2%以上（王飞宇等，1999；秦胜飞等，2002）。

烃源岩快速深埋藏及其引起的快速生烃对于库车前陆盆地超高压大型气田的形成具有重要意义。通过分析库车前陆盆地探井和人工井的埋藏史与成熟度曲线，可以看出一个鲜明特点：库车前陆盆地在中生代缓慢沉降，新近纪以来急剧下沉，埋藏史曲线"先缓后陡"，热演化"先慢后快"。在整个中生代180Ma的漫长时期中，三叠系、侏罗系、白垩系的总厚度不过3200m（压实前最厚3700m），晚白垩世还有短暂抬升，缺失上白垩统，中生代的沉积速率只有0.02mm/年；但是，到了新近纪，随着南天山的"复活"和库车"再生"前陆盆地的剧烈下沉，在短短的23Ma期间，就堆积了厚达4700m的新近系红层和第四系，其中仅上新世（5Ma）以来的库车组（N_2）和第四系沉积厚达2500m，新近纪沉积速率高达0.2mm/年，上新世以来更高，达0.5mm/年，相当于中生代沉积速率的10～25倍。无论在相邻的吐哈、焉耆、三塘湖等盆地，还是在鄂尔多斯、四川盆地的西缘前陆逆冲带，如此快的沉降、沉积速率都不曾出现过，快速深埋、升温、增压、生烃的确是库车前陆盆地的一大特色。

库车前陆盆地中生代缓慢沉降和晚白垩世的抬升，导致三叠系、侏罗系两套烃源岩在新近纪之前一直处于低成熟状态；而新近纪以来的急剧下沉，则导致两套烃源岩在短短的12Ma内迅速经历了（$\Delta R_o/t$）>1.0% → R_o>1.3% → R_o>2.0% → R_o>2.5%的快速深埋热演化过程。其结果，两套烃源岩的生气高峰期和生干气期都很晚。中上三叠统烃源岩是在中新世开始大量生气；中下侏罗统烃源岩则是在5Ma、特别在2.5Ma以后大量生干气，只是在这时，库车前陆盆地中才出现大范围R_o>2.0%的干气区；克拉2、克深2大型气田正是在这一时期形成的。

应用生烃动力学方法，对库车前陆盆地拜城凹陷中心中下侏罗统烃源岩生气速率进行了模拟计算，结果见图 7-1。图中明显反映出在距今 5 Ma 之前，库车前陆盆地拜城凹陷中心中下侏罗统烃源岩生气速率一直非常低，小于 3mg/（g_{TOC}·Ma）。但是，距今 5 Ma 以来，中下侏罗统烃源岩生气速率快速增加，平均达到 10 mg/（g_{TOC}·Ma），这说明 5 Ma 以后快速生气是库车前陆盆地天然气生成的一个最典型特点，这可能也是库车前陆盆地形成超高压大型气田的一个重要原因。克拉苏-大北构造带侏罗系烃源岩在晚期（即 5.3～3.0 Ma）进入生气高峰，而且在短时间（2.3Ma）内熟化速率（$\Delta R_o/t$）达到了 0.313%～0.539%/Ma，表明逆冲带构造叠加作用具有显著的快速生烃效应，为晚期构造提供了充足的气源。

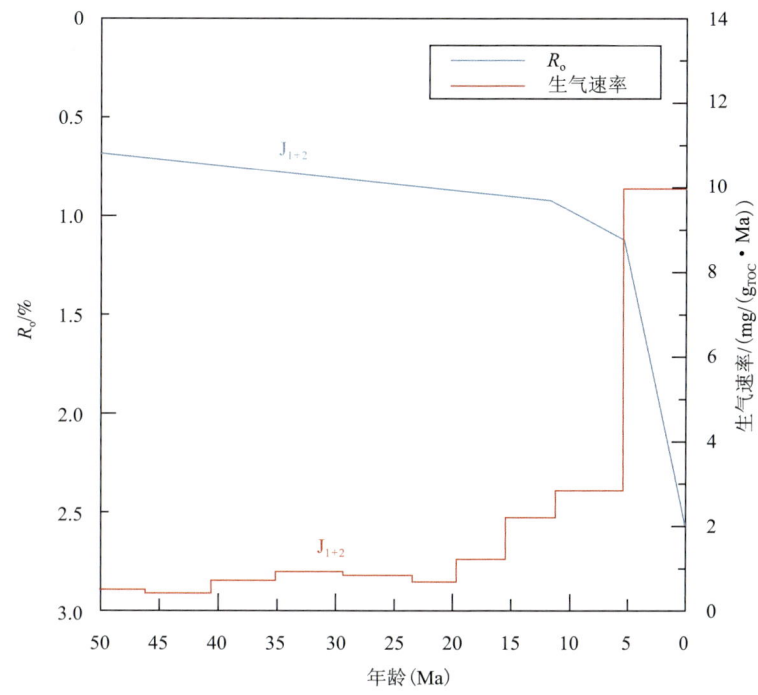

图 7-1 拜城凹陷中心中下侏罗统煤系烃源岩生气速率和成熟度随地质时间的演化
（天然气大量生成主要发生在 5Ma 以来）

二、超晚期成藏

晚期成藏对大中型气田形成具有重大作用。戴金星等（2000，2003）对中国大中型气田的成藏期进行过统计分析，认为中国大中型气田主要成藏于白垩纪及更新世，大多数成藏于新生代。一般来说，大型气田要求成藏期较晚。库车前陆盆地超高压大型气田的成藏期也不例外。

根据库车前陆盆地克拉苏和大北地区储层岩心样品的流体包裹体分析结果，流体包裹体绝大多数是气态烃和盐水溶液包裹体，液态烃包裹体很少。流体包裹体的均一温度为 85～170℃，以 90～150℃最集中，图 7-2 展示了库车前陆盆地大北和克拉苏地区包裹体均一温度分布。图 7-3 的埋藏史与成藏期分析表明：由于库车期的快速沉降，从包裹体均一温度标定，克拉 2 气田和大北 1 气田天然气均属于超晚期充注成藏的，主要成藏期为 5Ma 的库车期以后。

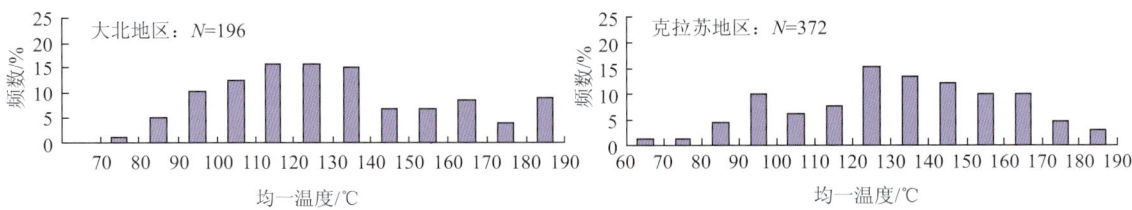

图 7-2 大北和克拉苏地区储层包裹体均一温度分布图

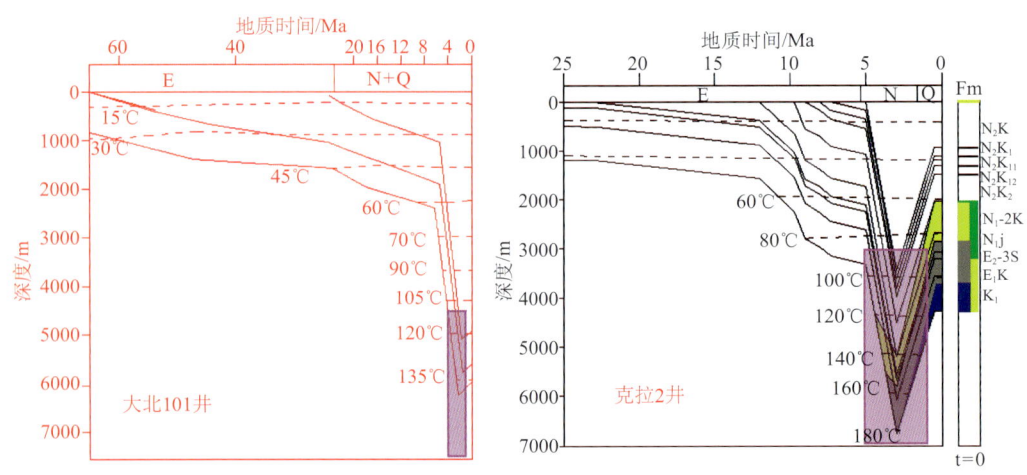

图 7-3 大北和克拉苏地区天然气成藏期分析图

应用碳同位素动力学方法，推导了克拉 2 超高压大型气田天然气成藏时期。参考 Tang 等（2000）和 Cramer 等（2001）的模型，根据克拉 2 气田天然气 $\delta^{13}C_1$ 为 $-28‰ \sim -26‰$，平均 $-27‰$ 左右，对库车前陆盆地拜城中心和克拉 2 井区中下侏罗统煤系烃源岩进行了甲烷碳同位素动力学模拟计算（图 7-4、图 7-5），推导出天然气充注成藏时间如下：拜城凹陷中心的中下侏罗统煤生气，天然气充

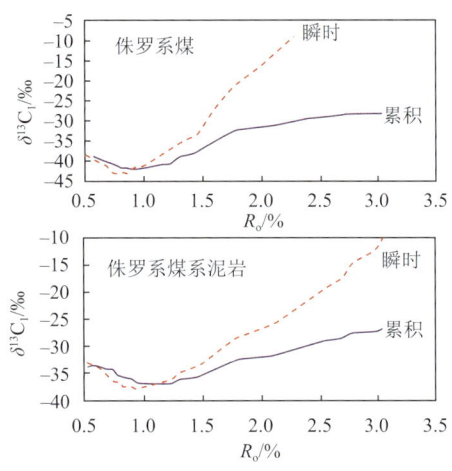

图 7-4 库车前陆盆地侏罗系烃源岩 $\delta^{13}C_1$-R_o 碳同位素动力学模拟结果

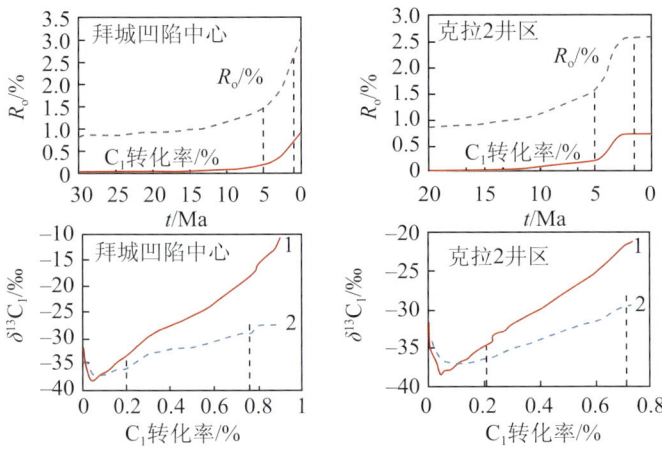

图 7-5 拜城中心和克拉 2 井区侏罗系烃源岩甲烷碳同位素动力学模拟结果

注成藏时间为 5~1.0Ma，对应地层温度 180~240℃，R_o 为 1.5%~2.5%；中下侏罗统煤系泥岩生气，天然气充注成藏时间为 5.3~1.0Ma，对应地层温度 160~240℃，R_o 为 1.3%~2.5%。克拉 2 井区的中下侏罗统煤，天然气充注成藏时间为 5~1Ma，对应地层温度 180~230℃，R_o 为 1.5%~2.55%；中下侏罗统煤系泥岩生气，天然气充注成藏时间为 5.3~1.0Ma，对应 R_o 为 1.35%~2.5%。由此可见，克拉 2 超高压大型气田天然气主要经历了 5.3~1.0Ma 以来的阶段性聚集，对应成熟度范围 R_o 为 1.3%~2.5%，气源区包括拜城凹陷中心及克拉 2 井区。显然，克拉 2 超高压大型气田天然气具有超晚期成藏特点。

三、膏盐岩超强封盖

库车前陆盆地发育了新近系和古近系膏（盐）岩、膏泥岩和侏罗系煤系 3 套最主要的区域性盖层，其中，古近系库姆格列木群膏泥岩和新近系吉迪克组膏泥岩是最重要的两套盖层，为优质区域性盖层，这也是库车前陆盆地内天然气富集的关键因素之一。

库车前陆盆地古近系膏盐岩厚度变化剧烈，最厚达 3900m。古近系膏泥/盐岩在克拉苏构造带分布稳定，厚度为 100~1000m，构成该区强封闭性的区域盖层。膏泥岩实测扩散系数为 $9.98 \times 10^{-13} m^2/s$，而普通泥岩为 $1.89 \times 10^{-11} m^2/s$，表明膏泥岩封盖能力极强，其为克拉 2 超高压大型气田盖层。新近系吉迪克组膏盐岩、膏泥岩盖层发育在坳陷东段，并与古近系优质盖层在空间上连为一体，覆盖整个库车前陆盆地。侏罗系克孜勒努尔组下部至阳霞组上部煤系地层盖层主要为厚层碳质泥岩、泥岩夹煤层，厚 330m 左右。

第二节 超高压形成机制与气藏成藏模式

一、超高压形成机制

国内外研究表明，超高压有多种成因机制，包括构造挤压、生烃作用、压实不均衡等（Osborne and Swarbrick，1997；Law and Spencer，1998；Swarbrick and Osborne，2000）。在中国，超高压的发育主要与构造背景、沉降和沉积速率、源岩的性质、生烃作用和封盖层的性质有关（Hao et al.，2007）。就库车前陆盆地而言，构造挤压、烃类充注和构造抬升剥蚀对大型气田超高压的形成具有重要贡献。

（一）构造挤压

构造挤压是克拉 2 气田异常高压的重要成因机制是目前的一个主流观点（张明利等，2004；王震亮等，2005；柳广弟和王雅星，2006；孙明亮和柳广弟，2007），但对于构造挤压对储层异常高压的贡献却有不同认识。目前尚无准确方法来定量描述构造挤压对异常高压的贡献，且此机制依赖于构造挤压作用力，即存在构造挤压力时，就会导致地层压力的增加，但是一旦构造挤压力消失，其导致的异常压力就会瞬间随之消失,其对异常压力的贡献取决于挤压力的大小。由于该区受南天山冲撞挤压,所以构造挤压对该区异常高压的发育必然有贡献。

(二)烃类充注

烃类的充注导致储层中流体体积的增加,从而引起地层压力的增加,因此烃源岩的生排烃对储层中流体的地层压力具有重要影响,是储层异常高压的重要成因机制。克拉苏地区已完钻井都未钻达侏罗系及三叠系的烃源岩,这限制了单井烃源岩成熟度演化的模拟。依据区域地层分布和古热史,对克拉2气田区烃源岩的成熟度演化进行的模拟表明,烃源岩在15Ma之前已经成熟,尤其是从10Ma至今达到中成熟,烃源岩开始大量排烃。虽然烃源岩排烃时储层已经处于超压阶段,而对于烃类向高压储层的充注机理目前还不明确,但是现今的油气发现说明,烃类必然大规模的向储层充注过。天然气的充注,必然会导致储层中流体压力的增加。孙明亮和柳广弟(2007)研究认为气体的充注是克拉2气体异常高压的主要成因机制,其对异常高压的贡献达57.1%。

(三)构造抬升剥蚀

库车前陆盆地在新近纪晚期发生了强烈的构造抬升剥蚀,剥蚀量在2000m左右(万桂梅等,2006)。构造抬升剥蚀引起地层温度的降低,从而造成储层中流体体积的减小,导致地层压力的降低(夏新宇等,2001)。但是在地层压力降低的同时,由于封隔体的抬升静水压力也发生了更明显下降,从而导致地层压力系数的增加(朱玉新等,2000)。

邱楠生等(2010)研究了克拉2气田区构造抬升剥蚀对地层压力的影响,认为构造抬升剥蚀过程中产生的温度降低、气体的调整和散失导致了地层压力的降低,从3Ma至今,白垩系巴什基奇克组(K_1bs)地层温度约降低了70℃,导致地层压力降低约25%,但地层的压力系数却并未发生明显的变化,这主要是因为在构造抬升过程中静水压力也发生了下降,总体效应导致了压力系数基本未变化。

二、超高压气藏的成藏模式

库车前陆盆地大北-克拉苏构造带上已发现了克拉2、大北1、克深2等多个超高压大型气田。以克拉苏断裂为界,划分出克拉苏背斜区带和深部区带。克拉苏背斜区带主要为背斜型,克深区带主要为断背斜型、断块型和背斜型。地质对比分析表明,克拉苏背斜区带和深部区带成藏特征有明显差异。

克拉苏背斜区带是库车前陆盆地目前勘探程度最高的区带,已发现克拉2气田(天然气探明储量为$2840.29 \times 10^8 m^3$)。该区带埋藏较浅,储层为超高压带(压力系数达1.85~2.2),主要为干气气藏,其孔隙度大于10%,具有一定厚度膏盐岩盖层的完整背斜圈闭可以形成大规模气藏,而断块式、断层切穿式圈闭难成藏或不成藏(图7-6)。该区带天然气成藏特点:埋藏较浅、储层物性好;超高压区带,对盖层条件要求高;大断裂不具封堵性,难以形成断块型圈闭;靠近物源,浅层粒度变化大,膏盐岩厚度变化大圈闭落实难,储备圈闭少。

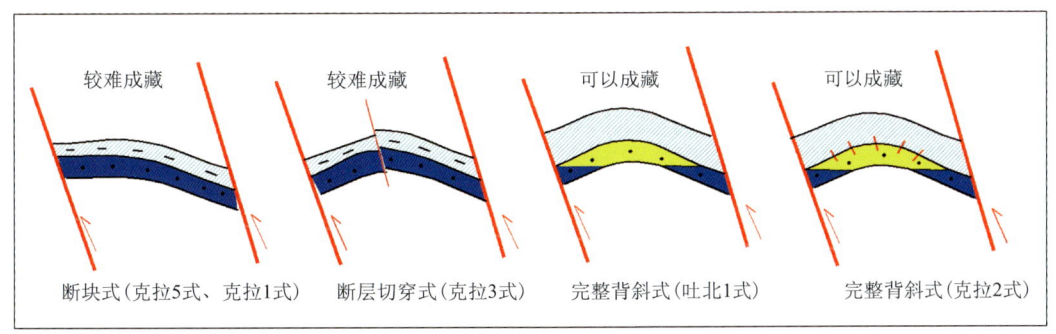

图 7-6　克拉苏背斜区带几种成藏示意图

克深区带位于克拉苏逆冲断裂下盘，拜城凹陷北缘，与克拉苏背斜区带以断层相接，石油地质条件与克拉苏背斜带相似。该带由大北 1、大北 3、克深 2、克深 3 等多个局部构造组成，圈闭总面积 136.5km²，经钻探发现大北 1 气田，天然气探明地质储量 $1093.19 \times 10^8 m^3$，该区带也是一个勘探潜力大的地区。该区带也为超高压气藏（压力系数 1.5～1.75），为纯干气气藏（克深 2），其孔隙度小于 10%；埋藏深，断裂输导体系发育，断块控藏，在巨厚膏盐层封盖下整体含气，叠置连片（图 7-7）。该区带天然气成藏特点：深埋、巨厚膏盐岩盖层；断裂、裂缝网状输导体系；低孔非均质裂缝 - 孔隙型砂岩储层；整体含气。

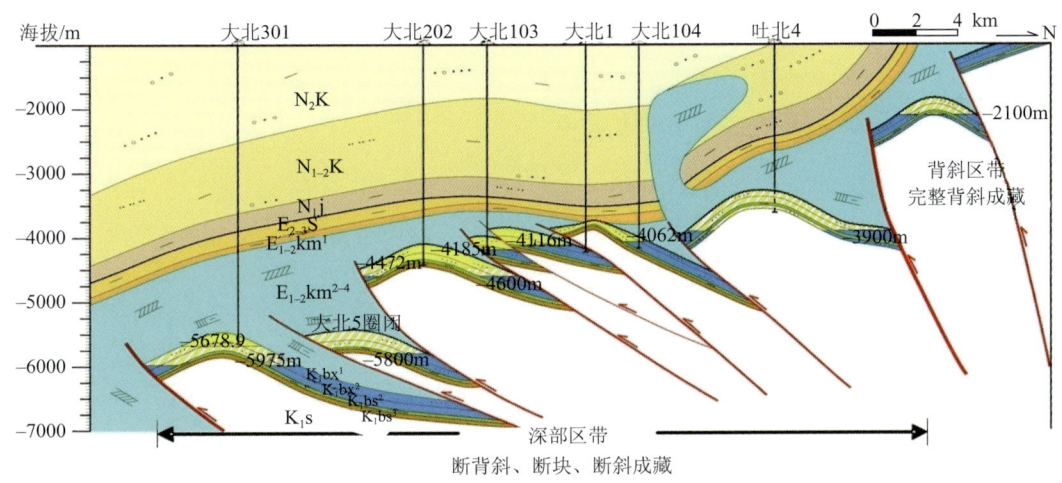

图 7-7　大北气藏剖面图

库车前陆盆地克拉苏逆冲带形成于喜马拉雅构造运动晚期（贾承造，1999；卢华复等，2001；戴金星等，2003），该逆冲带已发现了多个大中型天然气田。前人从多方面阐述了该构造带生、储、盖、圈、运、保等油气成藏地质条件，研究了克拉 2 气田成藏的主要特征（戴金星等，2003；梁狄刚等，2004）。赵文智等（2008）通过天然气充注过程的物理模拟实验，从成藏动力学方面证明了构造抽吸作用是克拉 2 高效天然气成藏的一种重要机制。

从圈闭发育史和生烃史分析可知，在中—上新世康村期（12～5Ma），库车前陆盆地中上三叠统和中下侏罗统烃源岩虽已先后进入生油高峰期，但克拉 2 构造尚未形成。康村期的古构造雏形也完全不同于现今的克拉 2 构造，这一时期即使有油气注入，但经以后库车—西域期的逆冲推覆，油气已大量散失破坏，所以克拉苏构造带上未见石油聚集，但地面有油砂。只有到了上新世库车期（5Ma以来），中下侏罗统煤系烃源岩进入大量生气阶段，再加 3Ma 以来（库车末期）的构造挤压抬升，又使克拉 2 构造最终定型，天然气一次注入，克拉 2 气田最终形成。所以说，克拉 2 超高压气田是深部气源层和气囊带在封闭性很好的穹隆构造形成和挤压抬升过程中同期充注形成与保存的。克拉 2 气田的成藏期在库车期（5～0Ma），主要在 3Ma 以来的库车晚期至第四纪。

克拉 2 气田储层压力系数超过 2.0，强超压和超压大型气田的保存是挤压构造背景和膏盐的强塑性共同作用的结果。Bjørlykke 等（1998）指出，盐岩具有极强的韧性，不易发生脆性破裂，因此可封闭较高的流体压力，在其他条件相同时，可使超压系统保存较丰富的油气。库车前陆盆地处于较强的挤压构造背景，较强的挤压应力和膏盐层的强塑性导致克拉 2 超高压大型气田的保存。

根据上述成藏特征，概括出前陆盆地克拉 2 式超高压大型气田成藏模式（图 7-8）。研究认为，库车前陆盆地超高压大型气田天然气属于高 - 过成熟的煤成气，气源来自中下侏罗统和中上三叠统烃源岩，主要为库车晚期—第四纪的快速生气、超晚期充注、高效断裂输导、膏盐层的强封盖，致使大量的天然气在超高压储层中运聚成藏。

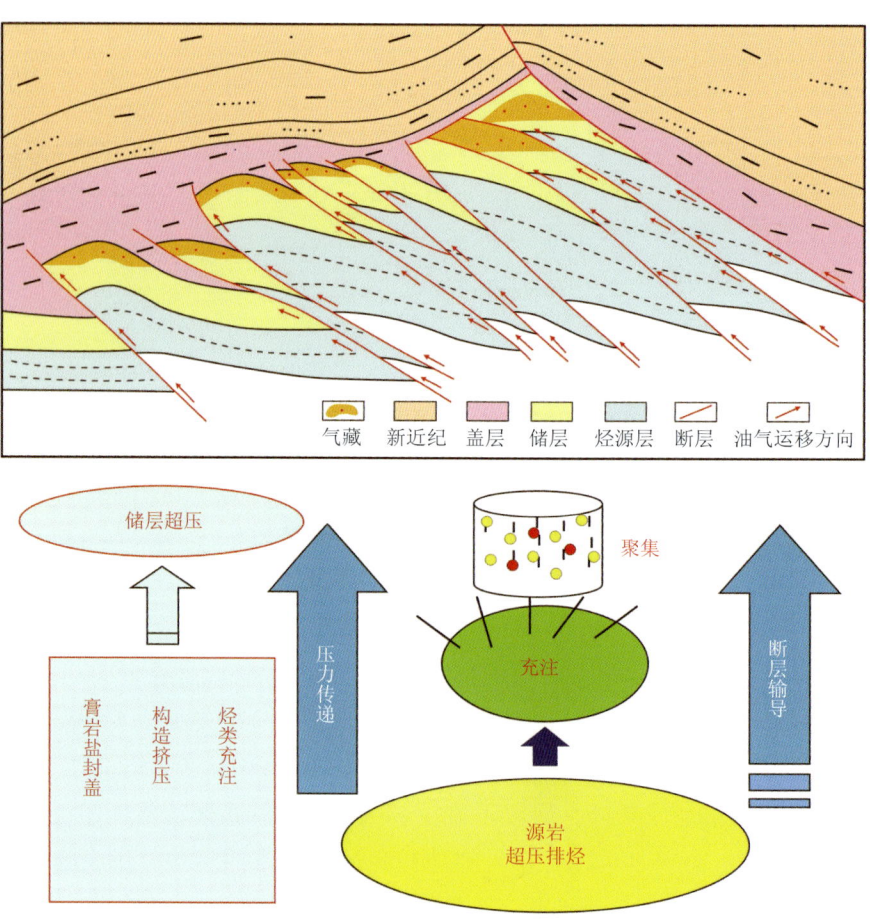

图 7-8　前陆盆地克拉 2 式超高压大型气田成藏模式图

第三节　超高压大型气田成藏富集规律

一、强充注的气源灶为超高压大型气田形成奠定了丰富的物质基础

勘探实践证实，生气强度中心对库车前陆盆地天然气富集程度具有明显的控制作用，特别是超高压大型气田主要分布于生气强度中心附近。克拉 2、克深 2 大型气田即位于三叠系与侏罗系两套烃源岩的生气强度中心附近。充足有效的气源为形成超高压大型气田提供了丰富的物质基础。

（一）生气强度中心决定了大型气田的储量规模和平面分布

从库车前陆盆地中下侏罗统烃源岩现今生气强度分布来看，库车前陆盆地中下侏罗统烃源岩存在 2 个强生气中心，一个是拜城凹陷及克拉苏构造带，生气强度为 $(90\sim110)\times10^8m^3/km^2$，最大超过 $110\times10^8m^3/km^2$，另一个生气中心位于东秋 5 井和迪那 2 井之间，最大生气强度超过 $90\times10^8m^3/km^2$，乌什凹陷和阳霞凹陷的生气强度相对较小，基本在 $(10\sim50)\times10^8m^3/km^2$。

从库车前陆盆地中上三叠统烃源岩生气强度看，生气强度平面分布与中下侏罗统烃源岩存在一定的差别，中上三叠统烃源岩的生气强度仅存在一个生气中心，出现在拜城凹陷、克依构造带，生气强度一般为 $(70\sim90)\times10^8m^3/km^2$；乌什凹陷现今累计生气强度为 $(10\sim30)\times10^8m^3/km^2$；阳霞凹陷稍大于乌什凹陷，生气强度为 $(30\sim50)\times10^8m^3/km^2$。

（二）烃源岩晚期快速生气有利于大气田的形成

烃源岩对大型气田的控制作用从下述两方面来进行：一是满足形成大型气田的气源条件，气源岩的有机质丰度要高，且具有一定的分布规模和厚度，表现在生气强度要大于 $20\times10^8m^3/km^2$（戴金星等，1997）；二是气源岩生气过程要快，快速埋藏或高地热场导致的气源岩快速熟化和高生气效率，单位时间具有较大的供气量（赵文智等，2008），即烃源岩晚期快速生气有利于大型气田的形成。

根据生烃史研究，库车前陆盆地中上三叠统烃源岩基本上在距今 12Ma 有机质成熟度 R_o 达到 1.2%～1.4%，而同一时期中下侏罗统烃源岩的成熟度 R_o 也达到 1.0%。之后由于喜山晚期再生前陆盆地的巨厚沉积，成为重要的晚期天然气聚集期，因而库车前陆盆地侏罗系烃源岩的主生气期为 10Ma 至今（相当于 R_o 为 1.0%～2.8%），中上三叠统烃源岩的主生气期为 12Ma 至今（相当于 R_o 为 1.2%～3.0%）。

赵文智（2008）研究表明，库车前陆盆地侏罗系烃源岩在主生气期内的熟化率为 0.05%～0.11%/Ma，等值线基本形态呈碟型，拜城凹陷的熟化率要明显大于阳霞凹陷和乌什凹陷，拜城凹陷为 0.11%/Ma，阳霞凹陷为 0.05%～0.07%/Ma，乌什凹陷为 0.05%～0.07%/Ma。三叠系烃源岩的熟化率曲线与侏罗系烃源岩类似，拜城凹陷熟化率为 0.09%～0.11%/Ma，阳霞凹陷为 0.05%～0.09%/Ma，乌什凹陷为 0.05%～0.07%/Ma。根据下限标准 0.05%/Ma，库车前陆盆地烃源岩均达到高效烃源岩的标准。

中下侏罗统烃源岩的生气速率在库车前陆盆地各地区的差异比较大。乌什凹陷生气速率为 $(0.5\sim3.0)\times10^8m^3/km^2\cdot Ma$；阳霞凹陷生气速率为 $(1.0\sim5.0)\times10^8m^3/km^2\cdot Ma$，依南 2 井附近为 $(5.0\sim7.0)\times10^8m^3/km^2\cdot Ma$，生气速率最大的地区为拜城坳陷及克依构造带附近，生气速率可达 $(7.0\sim9.0)\times10^8m^3/km^2\cdot Ma$。同样，中上三叠统烃源岩的生气速率在库车前陆盆地各地区的差异比较大，生气速率越大的地层天然气越富集。

二、优质盖层对超高压大型气田保存起关键作用

库车前陆盆地克拉 2 大型气田超高压天然气蕴藏于古近系膏泥岩段之下的砂岩中，这套膏泥岩层是克拉 2 大型气田的直接盖层，同时它也是一套区域性盖层。在克拉 2 大型气田，这套膏泥岩层最小厚度在 300m 以上，在库车前陆盆地中西部地区，由于构造挤压造成塑性流动，最厚可达 3000 多米。这套膏泥岩层在库车前陆盆地东部地区与新近系吉迪克组膏泥岩段在平面上连成一片，覆盖了整个库车前陆盆地，构成库车前陆盆地最主要的区域性盖层。

古近系—新近系两套膏泥岩、膏（盐）岩层构成的区域性盖层不仅分布广、厚度大，而且纯盐层、纯膏岩层发育，纯膏（盐）层厚度可达 250m 以上，而泥岩则普遍含有膏质，封盖能力强。郝石生和黄志龙（1991）在饱和盐水的实验条件下测得纯盐岩对天然气扩散系数为 $5.15\times10^{-13}m^2/s$，对库车前陆盆地古近系膏泥岩实测扩散系数为 $9.89\times10^{-13}m^2/s$，而普通泥岩仅为 $1.89\times10^{-11}m^2/s$，可见古近系—新近系这套区域性盖层是一套优质盖层。

库车前陆盆地的构造变形纵向上具有分层性，可分为"盐上、盐下"两大构造层，盐上构造层是库车前陆盆地的区域性滑脱层之一，分布有古近系—新近系膏泥岩。盐下构造层是圈闭主要发育场所，同时也是库车前陆盆地烃源岩分布所在。从源岩到主要圈闭都在古近系—新近系膏泥岩之下，无疑，这套优质区域性盐盖层对油气的保存具有极其重要的作用。

由于古近系发育巨厚区域性盐盖层，盐层可塑性强，突破压力达 60MPa，圈闭的封闭性非常好，厚层膏盐层的屏蔽作用导致逐步增高的压力无法外泄；而构造挤压导致岩石颗粒接触更加紧密，孔隙空间减小，流体压力增高，使得封闭系统中的古近系—白垩系气藏增压，得以异常高压气藏形成并保存下来。另一方面，由于大规模构造侵位和大幅度抬升，封闭系统中的储层保持了古埋深时的静水压力，也是气藏超压的一个重要因素。

三、与天然气充注期呈良好耦合关系的圈闭有利于超高压天然气晚期聚集

库车前陆盆地超高压气藏分布较广泛，主要分布于克拉苏和大北构造带。天然气有湿气、凝析气和干气多种类型，但以干气为主。大北和克拉苏地区超高压气藏天然气干燥系数很高，C_1/C_{1-5} 一般大于 0.97，明显为干气。

克拉苏背斜区带的克拉 2、克拉 201、克拉 203 井天然气化学组成较一致；天然气碳同位素整体偏重，克拉 2 气田碳同位素最重，克深区带的克深 2、井碳同位素也重。

大北构造带的大北 1、大北 101、大北 102、大北 103、大北 2、大北 201、大北 3 井天然气组成基本一致。迪那 2 气藏天然气为湿气，非烃含量较低（表 7-2）。

根据天然气甲烷、乙烷碳同位素值，并结合非烃中 CO_2 的碳同位素值（小于 –10‰）以及稀有气体氦、氩同位素值（$^3He/^4He$ 为（2.48～6.99）×10^{-8}、$^{40}Ar/^{36}Ar$ 为 504～1200）分析，库车前陆盆地大北 - 克拉苏构造带天然气中 N_2、CO_2 与烃类气同源，应属有机成因，主要为高 - 过成熟煤系有机质热解成因产物。

表 7-2　库车前陆盆地主要超高压大型气田天然气碳同位素特征、甲烷、重烃含量表

	克拉2气田	克深2井区	大北气田	迪那2气田
CH_4 含量/%	>97	97.5	92～97	88.68
重烃含量/%	<1	<1	1～4	9.13
非烃(N_2和CO_2)含量/%	<2	>1.5	<4	1.92
$\delta^{13}C_1$/‰	–28～–26	–28.3		–36.9
$\delta^{13}C_2$/‰	–19～–17	–17.7		–21.3
$\delta^{13}C_3$/‰				–24.4
天然气成因类型	煤成气	煤成气	煤成气	煤成气

库车前陆盆地天然气 $\delta^{13}C_1$ 和 $\delta^{13}C_2$–$\delta^{13}C_1$ 差值较高，随成熟度增加，$\delta^{13}C_1$ 增高，$\delta^{13}C_2$–$\delta^{13}C_1$ 差值减小，如过成熟的克拉 2 井。天然气 $\delta^{13}C_2$ 普遍大于 –28‰，特别是克拉 2 气田 $\delta^{13}C_2$ 很重，为 –19‰～–17‰。不同气藏天然气甲烷、乙烷碳同位素特征有较大差异，如迪那 2 天然气的 $\delta^{13}C_1$ 较轻，明显轻于克拉苏地区，说明其成熟度较低，而克拉苏地区天然气表现出高的成熟度。气源分析表明，克拉苏和大北地区超高压气藏天然气均为煤成气，气源主要来自中下侏罗统煤系烃源岩，这与前述的碳同位素动力学模拟结果不谋而合。

库车前陆盆地构造格局，即盆地中大量向南冲断的北倾逆断层也决定了盆地中的油气主要为由北向南、由深处向浅处运移。天然气运移的通道主要有断层、不整合面和砂体。其中断层是天然气垂向运移的主要通道，主要位于盆地北部的克 - 依构造带，侏罗系煤系生成的气主要沿这些断层向上倾方向运移、聚集，并由此形成了克拉 2、克深 2 大型气田。而三叠系、侏罗系中的砂体及其与下伏古生界之间的角度或平行不整合面，则是天然气侧向运移的主要通道。北部烃源岩生成的天然气主要沿该不整合面和砂体向上倾方向运移、聚集，并由此形成了秋里塔格构造带的迪那 1、迪那 2 气田。

天然气运移的动力主要来源于烃源岩的异常孔隙流体压力，亦即通常所说的超压驱动。由于库车前陆盆地的主力烃源岩—侏罗系湖沼相煤系烃源岩的生气能力极强，生气量巨大，从而使烃源岩具有很高的孔隙流体压力。当这些孔隙流体压力达到或超过烃源岩破裂的临界压力时，天然气就从烃源岩排出来，并在该异常高的孔隙流体压力的驱动下源源不断地向气藏方向运移。

从克 - 依构造带上天然气藏的分布来看，克拉 2、克拉 3 气藏中的天然气主要以垂向运移为主，因而运移距离短；南部秋里塔格构造带上的天然气分布，既有垂向运移，又有侧向运移，运移距离稍长，如迪那 1、迪那 2 气田中的天然气。

如前所述，库车前陆盆地三叠—侏罗系烃源岩生气晚，生气期主要出现在 12Ma 以后，生气高峰为 5Ma 以来。这种晚期生气与库车前陆盆地构造圈闭及运移通道相匹配，为该区超高压大型气田的形成提供了充足的气源，同时这两套气源岩生气作用在时空上叠加。从中下侏罗统煤系烃源岩在不同时期的熟化率和生气速率变化来看，库车前陆盆地天然气生成主要集中在很短的 5Ma 地质

时间内，有利于天然气的集中排气和运移，天然气散失时间短，散失量小，有利于保存。这种独特的地质条件有利于大型气田形成。

库车前陆盆地中新生界两个构造层具有不同的圈闭形式，尤其是在克拉苏构造带、依奇克里克构造带、秋立塔克构造带表现得更为突出。上构造层的中—上新统康村组以典型的柔性形变为主，构造形式为低角度逆掩、推覆、滑脱断层所控制，断层相关褶皱发育；下构造层的中生界则常常以中、高角度断层为特色，构造形式以断块、断鼻、断层传播褶皱为主，形成构造圈闭。

根据对克拉苏构造带圈闭的最新研究表明，该带的圈闭类型主要为背斜、断背斜、断块型圈闭，目前已在该带发现了克拉2、克深2等高储量丰度的超高压大型气田。在克拉苏背斜区带，以发育背斜圈闭为主，在深部区带，主要发育断背斜圈闭，其次是背斜圈闭和断块圈闭。在克拉苏深部区带已发现气藏中，主要发育断背斜和断块型气藏，其次是背斜型气藏，而克拉苏背斜区带主要发育背斜型气藏。

圈闭的类型、圈闭的形成时间和烃源岩的生烃时间以及运移时间之间的耦合关系对天然气的成藏起着关键性的作用。库车前陆盆地的圈闭类型主要背斜、断背斜、断鼻。库车前陆盆地晚期喜马拉雅运动，为圈闭的形成提供了动力条件，同时形成了很多断裂构造。断裂活动期，为天然气的运移提供了通道，断裂静止期成为圈闭的封闭条件。在新近纪末期，圈闭已经基本形成，为天然气的充注提供了条件。天然气的大规模充注主要发生在新近纪末期—早更新世，圈闭的定型期最终形成时期为早更新世。库车前陆盆地三叠系—侏罗系烃源岩总体上在古近纪末进入成熟早期阶段，在新近纪，中上三叠统和中侏罗统烃源岩相继进入生油高峰，进入生油高峰时间分别在中新世早期与中新世末期，只有在中新世末期以后才进入大量生气阶段。

四、成排成带构造圈闭连片分布形成超高压大型气田群

塔里木盆地新生代以来强烈的挤压运动，导致库车坳陷自山前向盆地形成了多排与断层相关褶皱有关的成排成带的大型逆冲构造带和相关的褶皱圈闭，为油气的聚集提供了理想的场所。库车前陆盆地为典型的中、新生代前陆盆地，构造样式具有上、下分层，南、北分带和东、西分块的特征，由北向南形成北部边缘冲断构造带、克拉苏-依奇克里克构造带、乌什-拜城-阳霞凹陷带、秋里塔格构造带等。库车前陆冲断带包括北部边缘冲带-单斜带、克拉苏构造带、依奇克里克构造带、秋里塔格构造带。每个构造带又包括若干区带和众多连片分布的大型圈闭构造群，如克拉苏构造带南北向主体发育五排"阶梯状"构造区带（克拉苏区带、克深北区带、克深区带、克深南区带、拜城北区带），发育各类圈闭近30个，受逆冲断层控制，成带成排展布，资源量$2 \times 10^{12} m^3$，有形成万亿方大气田群的优越条件，是近期拿储量的重点地区。这些大型优质圈闭群与沟通油气的断裂、气源、储层、盖层的良好配置，形成超高压大气田群。

五、高效断裂输导有利于超高压大气田形成

在天然气成藏的诸多控制因素中，由于断裂的发育决定着圈闭的形成、油气的运聚和盖层的封堵性，从而成为天然气成藏的关键要素。因此，以断层发育为核心的断-源-储-盖的空间组合样

式决定了油气的疏导能力、圈闭的封闭性和充满度，从而最终决定了天然气的成藏。断层作用控制着断层相关褶皱的不同构造样式，断裂既是形成圈闭的重要条件，同时又是油气垂向运移的通道。断层相关褶皱的完整性是油气成藏的关键。库车前陆盆地侏罗系生油层与白垩系、古近系、新近系储层之间存在着巨厚的齐古组-舒善河组泥岩隔层，断裂是油气垂向运移的主要通道。因此，不管是什么构造变形样式，无论是断层转折褶皱、断层传播褶皱、还是双重构造，断层切入三叠—侏罗系烃源岩，油气就会沿断裂向上运移。克拉2超高压大型气田的形成受益于断裂的沟通。

圈闭保存完好、储集层发育且下部烃源岩生烃强度很大，有时候却未获得工业气藏，根本原因是缺少沟通下部烃源岩和上部储集层的气源断裂。库车前陆盆地盐下构造发育，形成一系列近EW走向的逆冲叠瓦构造、双重构造、及背冲断块构造等。克拉苏构造带古近系—白垩系储层与三叠、侏罗系烃源岩之间相隔巨厚的下白垩统舒善河组泥岩，下部烃源岩中生成的气向上部运移在区域上不是均一的，而是沿着由断层构成的一系列运移通道发生的。克拉苏构造带新近系形成的逆冲叠瓦状断层贯通了圈闭和烃源岩，为克拉苏构造带提供了较大的油气汇聚范围。克拉苏构造带的相关断层就是下部烃源岩生成的天然气向上运移的通道。

研究（赵文智等，2008）表明，库车前陆盆地下白垩统顶部断裂输导天然气能力评价参数存在3个高值区，第一个高值区位于克依构造带西部的大北1井周围，断裂输导系数值可达到1000×10^{-4}以上，第二个高值区位于克依构造带中西部克拉4-克拉1-克拉2-克拉3井周围，断裂输导系数值也可以达到1000×10^{-4}以上，第三个高值区位于东部克依构造带与秋里塔克背斜带构造带交界处的东秋5-迪那2-迪那1-依南5井一圈以内，断裂输导系数也可以达到1000×10^{-4}以上。由此向其四周断裂输导天然气能力评价参数逐渐降低，尤其是向北部单斜带和南部的秋里塔克背斜构造带和南部平缓背斜带断裂输导天然气能力评价参数值下降的更快。

断裂输导天然气能力评价参数越大，表明中上三叠统和中下侏罗统烃源岩生成排出的天然气向下白垩统顶部储集层中的垂向运移能力越强，越有利于天然气的运聚成藏。在下白垩统顶部储集层中已发现的克拉2、大北1、迪那2等超高压大型气田均分布在该区高效断裂输导天然气区内。

第八章 Chapter Eight
生物气大型气田成藏主控因素与富集规律

生物气是指在表层生物化学作用下，沉积有机质经厌氧细菌进行生物化学降解而形成的气态产物。生物气为典型的干气，甲烷含量一般大于98%，重烃含量极少，一般少于1%～2%，含有少量的N_2和CO_2。具有较轻的碳同位素组成，甲烷的$\delta^{13}C_1$值一般为 –90‰～ –55‰，最低 –110‰。依据生物气的形成途径和成因机理，可将广义生物成因气划分为早期生物成因气、低熟气、晚期生物成因气、原油降解次生生物气和浅层油气次生蚀变改造型天然气等5类，其分别属于原生型生物气和次生型生物气（李先奇等，2005）。

国外已在许多盆地发现了大量生物气藏，如俄罗斯西西伯利亚盆地、美国墨西哥湾海上和阿拉斯加的库克湾、波兰的喀尔巴阡山前缘、意大利的亚平宁山前缘、日本的盐水气。中国已发现的大型生物气田分布在柴达木盆地。另外，松辽盆地已发现阿拉新和红岗明水组等生物气藏，陆良盆地和保山盆地也发现了小型生物气田。

我们主要以柴达木盆地第四系大型生物气田为实例，并结合国外大型生物气田、松辽盆地浅层生物气藏以及国内其他盆地已发现的生物气藏，总结生物气大型气田的成藏主控因素和富集规律。

第一节 生物气大型气田形成的关键地质要素

生物气成藏，尤其是要形成大型气田，需要同时具备多个条件。由于生物气来源于有机质的厌氧降解，生成时受到温度、氧化-还原条件、活动孔隙空间等多方面因素限制，也就限定了生物气的赋存地区、层位和深度。

生物气一般形成于有机质沉积埋藏的早期，已发现的生物气藏都位于年代较新的地层中，且气田的埋深一般不大。中国在第四系、古近系、新近系、白垩系发现生物气藏，以第四系生物气储量规模最大。中国生物气藏的埋深几米至2000m不等，不同盆地生物气生成底界有所区别，如柴达木盆地约为2000m，松辽盆地约为1200m，渤海湾盆地约为1500m。生物气的生成阶段和埋藏深度，都决定了生物气具有易散失、生聚系数低的特点。因此，生物气大型气田的形成，需要充足的气源条件和较好的保存条件。

一、特定的生物、化学、物理条件

生物气是适宜环境中有机质在甲烷生成菌的作用下，经过生物化学作用形成的以甲烷为主要成分的天然气。适宜的环境包括：适合的温度、还原环境、中性水介质条件和一定的盐度以及硫酸盐和硝酸盐含量。详细论述见第一章第三节，这里不再赘述。

二、特殊的沉积环境

海相沉积环境和陆相淡水沉积环境均可生成生物气并聚集成藏。从已发现的大规模生物气聚集带来看，分布在海相沉积环境的占明显优势。如俄罗斯、美国、加拿大的生物气均产自海相地层，日本的新潟水溶气也产自海相盐水中。中国的生物气虽主要分布在陆相环境，但柴达木盆地能够形成生物气大型气田与高盐度水有关。

高速率非补偿湖相沉积体系的发育有利于陆相有机质的保存，有利于生物气烃源岩的形成与演化：

（1）快速沉积有利于形成还原环境，有利于有机质较快地埋藏保存，避免有机质的大量氧化破坏，为厌氧微生物的生存繁殖创造有利的环境和物质条件，为甲烷的大量生成提供了良好的基础。

（2）有利于形成巨厚的生物气源岩。喜马拉雅中晚期柴达木盆地东部快速沉降，仅2Ma湖相沉积就达到了3200m，形成了巨厚的生物气源岩。

（3）快速沉积造成成岩压实程度较低，泥岩孔隙直径大，有利于细菌的繁殖。柴达木盆地第四系泥岩的孔隙直径比其他盆地要大得多，第四系泥岩中以16～160nm的较小孔隙占有主导优势，占孔隙总量的52%～87%，其次是2～16nm的微孔约占9.4%，泥岩中值孔隙为31～180nm，饱和水、细菌个体平均大小为1～10nm，不会影响细菌的活动，有利于细菌的繁殖。

三、生气强度大，保存条件好

生物气藏时代新、埋藏浅，成岩作用弱，天然气扩散作用强，生物气充注量大于散失量才能成藏，因此，需要较强的生气强度和较好的保存条件。

（一）生气强度大，且持续生气

1. 柴达木盆地第四系生物气源岩条件

柴达木盆地第四系已发现三个大型生物气田（台南、涩北一号和涩北二号）、两个小型生物气田（盐湖和驼峰山）、两个含气构造（台吉乃尔和伊克雅乌汝）。柴达木盆地三湖第四系沉积厚度一般在300～3500m，沉积厚度大于2000m的地区约为25 000km^2。气源岩主要分布在台吉乃尔-涩聂湖一带，呈北西西展布，坳陷中心气源岩厚度大于1000m。

以往研究认为，柴达木盆地三湖地区的主要生物气源岩为一套湖相泥岩，源岩平均有机碳含量仅为 0.3% 左右，按常规烃源岩分类标准，只能列入非烃源岩的范畴。主要原因是未认识到可溶有机质的大量存在及其对生物气生成的贡献，仅以不溶有机质的含量作为总有机质丰度，导致有机质丰度评价偏低。我们通过三湖地区不同构造、不同深度样品的分析，发现该区第四系生物气源岩中包含大量水溶（可溶）有机质，总体有机质丰度并不低。

柴达木盆地第四系埋深 100～1800m 的湖相泥岩样品中总有机碳含量 0.22%～1.68%，均值 0.82%（图 8-1），绝大部分达到有效烃源岩丰度标准的下限值（0.4%），有一半以上达到好烃源岩的标准。其中不溶部分均值为 0.23%，而可溶部分的均值为 0.59%，占总有机质总量的 70% 以上。如果只评价烃源岩中不溶部分的有机质丰度，很容易得出烃源岩有机质丰度低的认识。

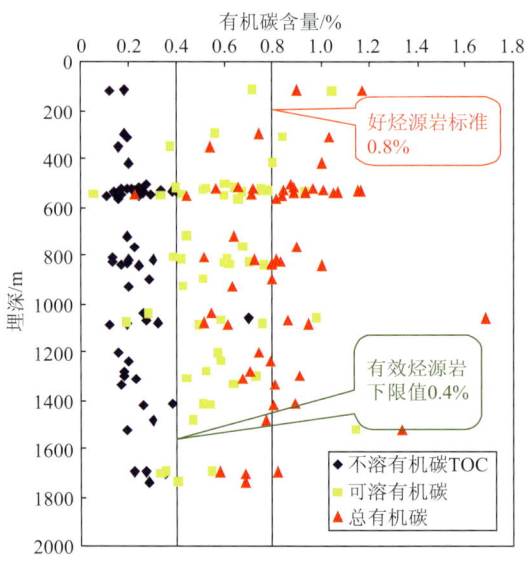

图 8-1 柴达木盆地第四系泥岩有机质丰度

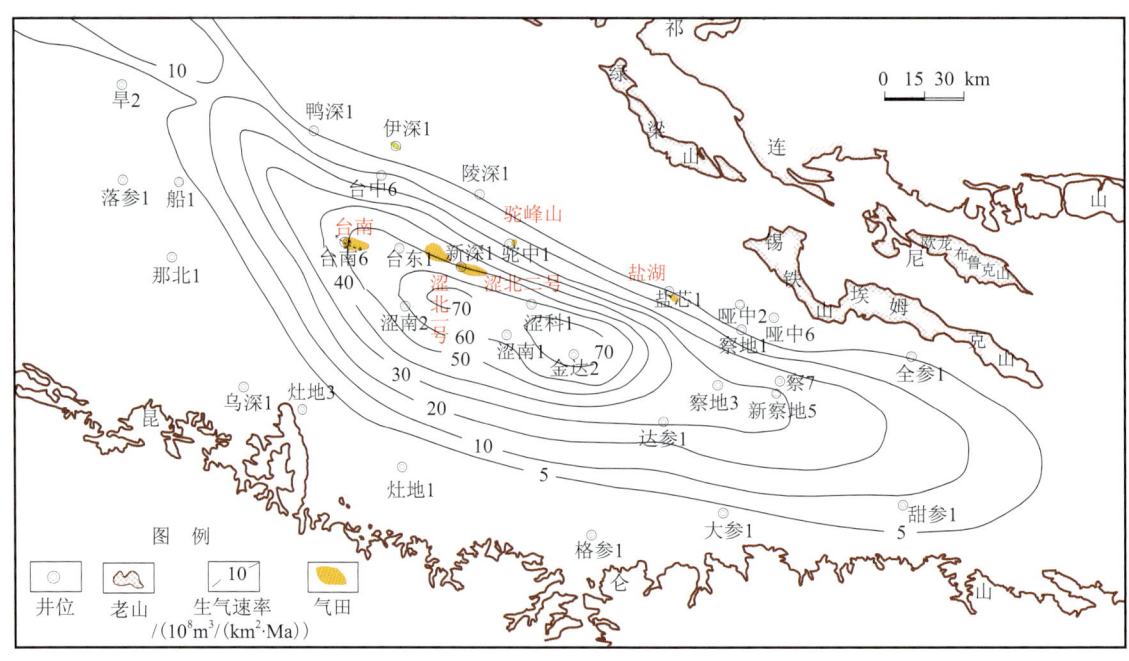

图 8-2 柴达木盆地第四系生物气源岩生物气速率图

柴达木盆地东部第四系生物气生气强度（40～80）×10^{8}m^3/km^2，生烃中心的产气速率达到 60×10^{8}m^3/km^{2}Ma（图 8-2），远远高于其他常规热成因气区。涩北一号、涩北二号、台南等大型气田都落在产气速率大于 40×10^{8}m^3/km^{2}Ma 的区域内。

2. 松辽盆地浅层生物气源岩条件

松辽盆地浅层发育多套未熟气源岩，叠置连片，厚度大。从有机质成熟度来看，松辽盆地生物气源岩主要分布在嫩二段及以上地层；嫩一段源岩在中央坳陷区周围及盆地边部成熟度低，青二、青三段和青一段源岩在盆地边部成熟度低，对生物气的生成有一定贡献。松辽盆地浅层生物气源岩的有机质主要来自低等水生生物，有机质类型以 I 型和 II 型为主，产甲烷能力强。

以位于西部斜坡区泰康隆起带的阿拉新气田为例，前人研究大多认为，气源主要来自气藏下伏及其周边的油环（石油储量 315×10^{4}t），天然气由原油生物降解而成。在气藏下伏和边缘油环中的原油，普遍受到生物降解，正构烷烃基本消失，原油的密度偏高，一般大于 0.9，最高达 0.9412。除了原油可以作为微生物降解而产生生物甲烷的母质外，该区广泛存在的成熟度较低的富含有机质的泥岩，可能是更重要的生物气源岩。在泥岩中，普遍见到了微生物对有机质改造的迹象。如在杜 1-4 井嫩三段暗灰色泥岩中，观察到的藻类体 A1，可能为小型拟沟鞭藻，个体较小，中度降解，结构渐趋消逝，降解较深（图 8-3）；在杜 16 井嫩二段暗灰色泥岩中绝大部分藻类体降解比较彻底，形成矿物沥青基质 MB 构成岩石基底，但也见少量抗降解能力强的藻类体 A1 尚大体保存原形和结构（图 8-4）。

图 8-3　杜 1-4 井嫩三段暗灰色泥岩

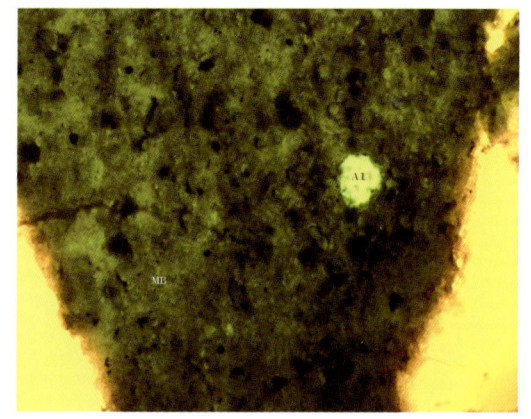
图 8-4　杜 16 井嫩二段暗灰色泥岩

（二）较好的保存条件

生物气藏埋藏浅、成岩作用弱，其封盖层的孔、渗性较好，孔隙度一般可达 20%～30%，渗透率多大于 1×10^{-3}μm^2。生物气盖层的封闭机理与常规盖层有所区别，具有高含水饱和度、多层叠加接力封闭的直接盖层，稳定分布且厚度较大的区域盖层对形成大规模生物气藏具有重要作用。

1. 生物气藏的封闭机理

柴达木盆地东部第四系盖层为高孔高渗砂泥岩互层沉积，特定的组合封闭条件使得该盖层能封住大型生物气田。

（1）物性封闭为主要的封闭作用

柴达木盆地东部第四系生物气盖层主要是浅湖相、半深湖相的含砂泥岩、砂质泥岩和泥岩。泥质岩类的最大特点是高孔低渗，孔隙度18%～30%，渗透率（0.01～10）×$10^{-3}μm^2$，平均喉道半径＜1μm，平均排驱压力＞1.2MPa。在柴达木盆地东部第四系，相同埋深的砂岩、泥质粉砂岩、砂质泥岩和泥岩虽然孔隙度相差不大，但渗透率却存在数量级的差异。正是渗透率的差异，使得砂岩和粉砂岩成了良好的储层，而泥岩和砂质泥岩成了主要盖层。

（2）岩石含水饱和度高增强封闭能力

物理模拟实验表明，随着含水饱和度的增加，柴达木盆地第四系对天然气的封闭能力呈指数增加。当含水饱和度大于60%时，岩心突破压力随含水饱和度的增加而显著增加。当含水饱和度达到80%以后，突破压力值增加不大，已经接近饱和水状态下的最高突破压力。柴达木盆地第四系盖层饱和水后扩散系数与干样品的扩散系数相差4个数量级，从$2.50×10^{-3}cm^2/s$提高到$6.65×10^{-7}cm^2/s$，接近常规天然气良好盖层的扩散系数，说明这种盖层对气藏中生物气扩散散失能起到良好的封闭作用。

2. 接力封闭

除含水饱和度高使盖层的封闭能力有一定增强外，泥岩厚度的增加也在一定程度上补偿了物性封闭作用的不足。以涩19井为例，气柱高度与各气层组内上覆泥岩叠加厚度呈较好的正相关（图8-5），说明泥岩累加厚度越大，所能封住的气柱高度越大，即盖层对气藏存在接力封闭的效应。

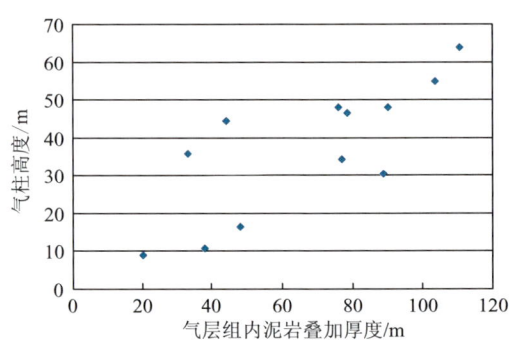

图 8-5　涩19井气层组内泥岩叠加厚度 - 含气单元气柱高度关系图

柴达木盆地气藏直接盖层单层厚度薄，但层数多。为了考察多层薄泥岩的累积封闭效应，开展了实验室物理模拟实验。实验中模拟地层储盖层配置关系，设计了两种实验方案。

实验方案一：首先测定单个岩心的突破压力，然后把突破压力接近、长度接近的4块岩心中间夹高渗层拼接，再测定岩心长度累加后的突破压力值。

实验方案二：选择突破压力有差异的多块岩心，把突破压力接近、长度接近的2块岩心作为一组，分别测定岩心长度累加后的突破压力值，与算术求和值比较，考察岩心是否具有累积封闭效应。

图8-6为实验方案一的结果。分别测定四块岩心样品的突破压力，获得四组岩心长度与突破压力数据。再把四块样品叠加在一起，测定突破压力值。实验结果表明，岩石叠加后测得的突破压力与小段岩心突破压力算术相加值相近，叠加突破压力大于单独的小段岩心突破压力值。

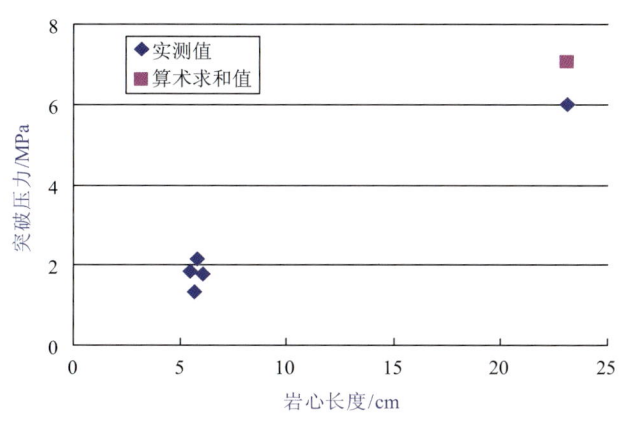 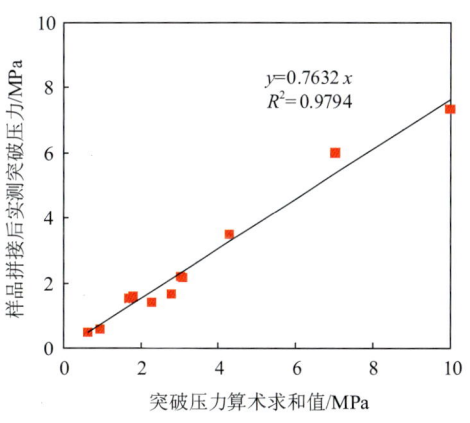

图 8-6　一组样品岩心长度与突破压力关系图　　图 8-7　多组岩石突破能力实验反映叠加效应统计

图 8-7 为实验方案二的结果。多组不同物性条件的岩心样品实验显示相同的规律：岩石叠加后测得的突破压力与单独小段岩心的突破压力算术相加值有正相关，说明盖层岩心长度叠加后突破压力值增大，即具有累积封闭效应。

两种实验方法均证明，随着累积厚度增加，岩石的突破压力增大。即多层泥岩盖层叠加，可以增强封闭能力。

3. 盖层稳定发育

柴达木盆地第四系气田存在两套盖层：厚度超过 500m（靠近盆地中心的台南、涩北一号、涩北二号）的区域盖层和厚度为几米至几十米多层分布的直接盖层。区域盖层和直接盖层互相配合，对生物气藏的保存发挥了重要作用。分析已发现的气田可以看出：区域盖层越厚，形成的气田规模越大，如台南、涩北一号、涩北二号气田的探明储量远远大于盐湖和驼峰山气田。

四、源储盖一体

柴达木盆地第四系由于沉积时间短，沉降速率快，地层处于未成岩 - 弱成岩阶段，地层疏松（图 8-8（a）），多数砂质岩只达到半固结状态。岩性以大套泥岩、泥质粉砂岩和粉砂质泥岩为主，单层厚度薄、层数多、砂泥岩频繁间互，钻井证实储层厚度主要为 0.5～2.5m（图 8-8（b）），超过 5m 仅占 15% 左右，构成了良好的生、储、盖组合。原生孔隙发育（图 8-8（c）），孔渗性能好，孔隙度主要为 25%～35%，渗透率主要为 $(12～300)\times10^{-3}\mu m^2$，具有高孔隙中等渗透的特点（图 8-8（d））。由于总体粒级较细，造成储层与源岩无严格的界限，砂岩中也含有一定数量的有机碳，具备生气能力。

生物气源岩和盖层一体是柴达木盆地东部地区生物气成藏的另一显著特色。第四系湖相暗色泥岩，既是上覆储层的源岩层，又是下伏储层的直接盖层。受波动式湖泊沉积的影响，第四系储集层表现出层多、层薄的特点。在台南气田渗透层和泥质岩层均达到 150 层之多，渗透层单层厚度多为 1～3m，最大单层厚度只有 10m。台南、涩北气田第四系的灰色、深灰色泥岩不仅是盖层，也是

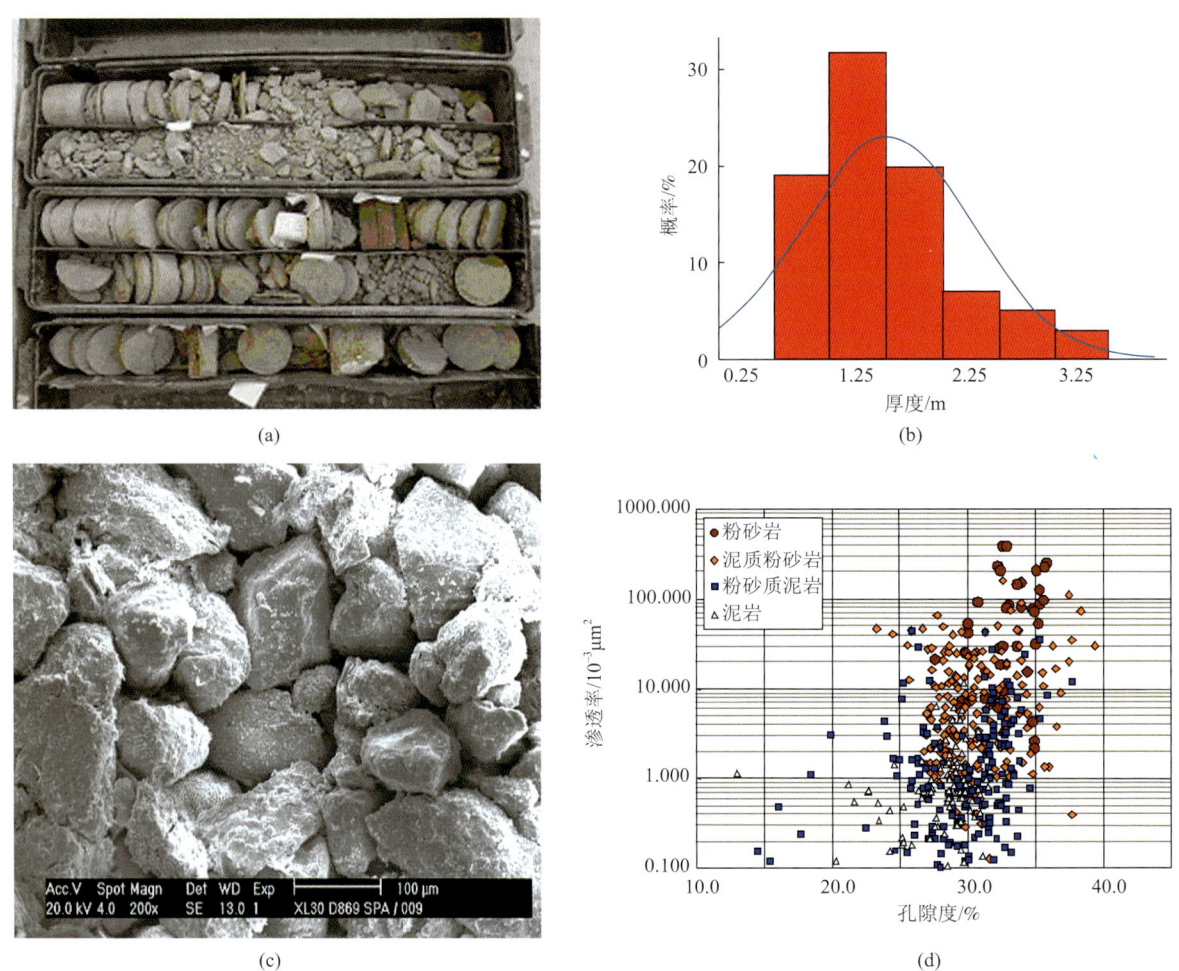

图 8-8 柴达木盆地第四系地层岩性和物性特征
（a）砂泥岩薄互层，未成岩图；(b) 储层单层厚度概率直方图；
（c）涩 23 井 1457.80m，粒间孔发育；(d) 各类岩性孔渗统计图

生物气的气源岩，第四系砂泥岩沉积的频繁交互，形成了生储比为 3∶1～5∶1 的最佳配置比，构成良好的生储盖组合。这样的生储配置比和生储盖组合，其优势明显：

（1）可以边生边排，产自下伏源岩层的生物气只需经过数米的运移便可进入储层，运聚效率高。

（2）烃浓度封闭可更好地起作用。由于泥质岩既是盖层又是气源层，而且一直在生气，高浓度的生物气就会向上、向下两个方向扩散，对下伏储层更好地起到盖层作用。

（3）频繁交互，生物气生成→运移→聚集作用进行的比较彻底，生成的生物气近 100% 可以排出来。三湖地区已知气田充满程度接近百分之百，如涩北一号构造充满程度为 97.6%，表明形成高充满程度的气藏必须具有很高的生气强度及良好的生储盖组合配置。

第二节 生物气藏的运聚机制与成藏模式

一、生物气藏的运聚机制

主要发生在成岩早期阶段的生物气运移和聚集，虽然在理论上可以把运移作用划分出从气源岩排出的初次运移和在砂层中的二次运移，但在以柴达木盆地第四系为代表的砂泥岩薄互层，且以泥质岩为主（占75%以上）的层系中，初次和二次运移不仅在时间上几乎同时发生，在空间上也几乎混为一体，泥质烃源岩中的生物气可以很快地排入相邻砂岩进行运移，遇到圈闭就可能聚集成藏。

（一）生物气的运移机制

1. 运移的主要相态

甲烷在水中有相当大的溶解度，所以生物气生成以后首先要溶解于地层孔隙水中。由于第四系成岩差，地层孔隙度一般>20%，因此水溶相就成为生物气运移的重要相态，满足了水相溶解之后就可出现游离相生物气。由于甲烷在水中的溶解度受外界条件的影响，因此当压力、温度降低或盐度增加时，原来呈水溶相的甲烷可以析出呈成游离相；而当压力、温度增高或盐度降低时，原来呈游离相的甲烷也可以溶于水呈水溶相。游离相可以直接运聚成藏，是最有效的运移相态。另外，扩散相也是天然气运移的一种重要相态，甲烷在其浓度差的驱使下可以从高浓度处向低浓度处扩散。

2. 运移的主要动力和方向

水溶相生物气随压实水运移，其主要动力是由压实作用所产生的剩余流体压力。压实流体运移的大方向呈由下往上、由盆地中心向盆地边缘的特征。但在柴达木盆地东部地区第四系砂、泥岩的岩性和物性差别不大且以泥质岩为主的情况下，压实流体主要是由下往上排出和运移。

游离相生物气运移的动力主要是剩余压力和浮力。由于剩余压力和浮力的大方向基本一致（除向下排出外），在大多数情况下运移的动力是两者的合力。当游离相生物气在地层孔喉系统中达到临界运移饱和度时（一般要超过10%），就可与压实水一起呈气-水两相连续运移；达不到临界运移饱和度时则随压实水呈分散状运移。在泥岩压实向上排出流体时，剩余压力和浮力都是动力；向下排时浮力则是阻力，所以游离相生物气更多地是排到上覆相邻的砂岩中。而在砂岩中游离相生物气无论呈连续状或是分散状，都是随压实水流沿地层上倾方向运移，若遇垂直裂缝、断层等大孔渗运移通道则可穿层上浮。

扩散相生物气运移的动力主要是甲烷的浓度差，为了力求达到浓度平衡，甲烷分子从高浓度处向低浓度方向扩散。在三湖地区第四系砂泥岩地层中，泥质岩是气源岩，甲烷浓度高，所以其扩散大方向首先是指向四周的砂岩，并不断向四面八方扩散，直达到浓度平衡或到达地表为止。

（二）生物气的聚集机制

1. 聚集的主要相态

生物气在圈闭中聚集的相态主要有水溶相和游离相，它们在圈闭中往往是同时共存，只有主次之分，且其相态可随外界压力、温度、盐度等变化而相互转换。水溶相若聚集成藏则称为水溶相生物气藏或简称水溶气。

游离相生物气藏，是指生物气在地下呈游离相态赋存于圈闭之中，开发时虽也产水但主要是产游离气，其中也包含由于压力、温度降低从水中析出的游离气。可以说这种气藏除了是浅层生物成因气外，与一般干酪根热降解成因气的成藏条件并无多大差别。

柴达木盆地三湖地区第四系的生物成因气，一般埋深浅于2000m，属常压、正常地温，且地层水的盐度比较高，一般可达40g/L左右，所以气水比较低，多为 $0.4 \sim 2kg/m^3$；此外在第四系剖面中泥质气源岩平均约占75%，而砂质岩平均只约占25%，两者呈互层状致使砂岩层多而薄（一般<3m），再加上生气量很大，这样就造成除水溶气外地层中还存在大量的游离气。因此三湖地区第四系生物气是以游离相聚集为主。

2. 聚集的动力

生物气在圈闭中聚集的动力，主要与聚集的相态和圈闭的类型有关。根据柴达木盆地三湖地区第四系生物气的聚集相态和成藏特征，综合分析认为，聚集的动力主要有浮力、压实水动力、渗透压力、下渗水动力、毛细管压力。其中压实水动力、下渗水动力和渗透压力主要是含气水流的运移动力。因为在运移过程中可以析出游离气从而有助于游离相生物气的成藏，也可以理解为间接的成藏动力。

二、柴达木盆地第四系生物气藏的成藏模式

（一）垂向运聚为主

生物气藏主要表现为垂向运聚成藏，即在同一个背斜圈闭的控制下，包含多个气层组，其中又有多个储、盖组合形成的小气藏，最终形成多个垂向叠置的气藏。其丰度受各气层组的生气强度、有效排气强度、储层厚度和盖层封闭能力控制。已发现气藏主要集中在上述条件比较好的 K_3-K_{10} 地层段中，充分反映了近源、自生自储、垂向运聚成藏的特征。

这种由顶部的大气层和下面多个含气面积递减的小气层垂向叠置组成的气藏，其成藏过程为垂向运聚的游离气首先在顶部较好的盖层下聚集，当气-水界面达到其下储层的顶面时，透过了其间的隔夹层（过渡岩性）进入第二个储层，如此相继在第三、第四个小而薄的储层中聚集。最终形成一个受同一圈闭、同一有效封盖层控制的、由多个薄气层组成的具有统一气水界面和统一压力系统的气藏（图8-9）。可以认为三湖地区第四系游离相生物气成藏是以近源自生自储垂向运聚的成藏模式为主，而侧向水动力运聚不是主要的成藏模式。

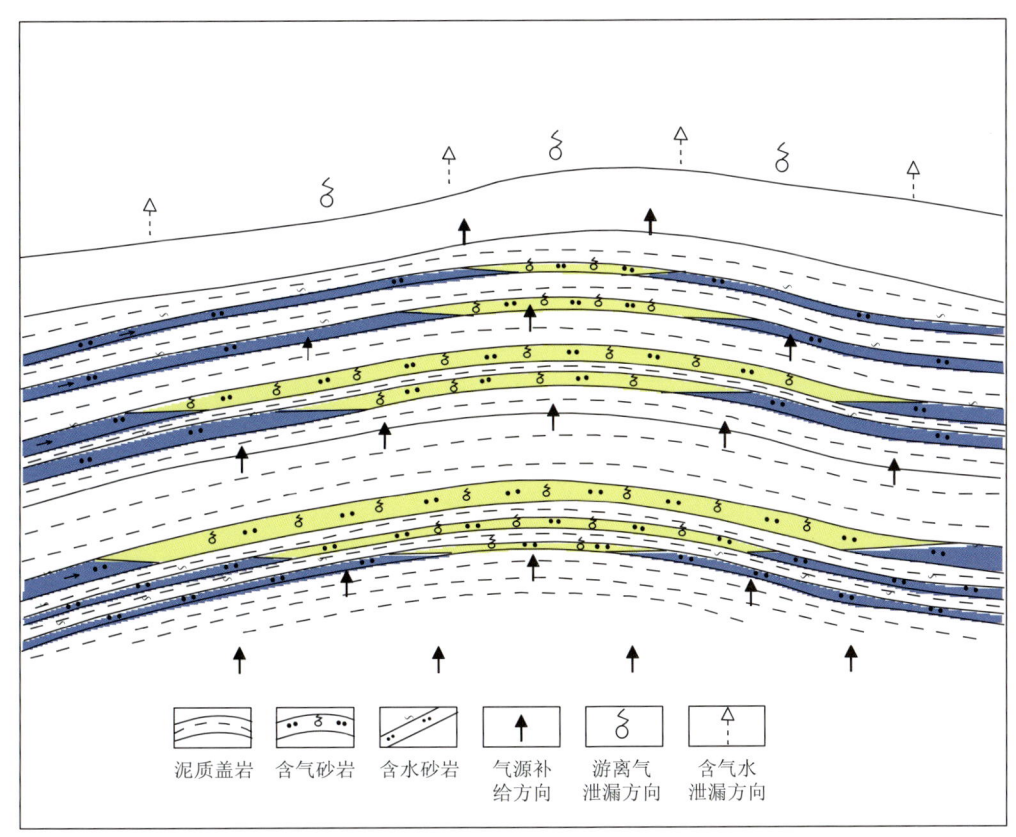

图 8-9 柴达木盆地三湖地区第四系游离相生物气成藏模式示意图

（二）动态成藏

生物气在具构造背景的砂岩层中聚集成小气藏，砂岩上覆的泥岩即成为盖层。泥 - 砂 - 泥间互搭配，形成微型的生储盖组合。每一层泥岩，既是上部生物气的源岩，又是下部生物气的盖层。层层叠置的砂泥岩组合，构成多套互相叠置的生储盖组合。

由于泥岩的成岩作用弱，不能很好的封闭下面的生物气。在下伏砂岩中生物气压力不高时，生物气可以以扩散的形式进入上层砂岩中。当下面砂岩中聚集的生物气压力可以突破上覆泥岩后，则开始进入泥岩上部的砂层。在地质历史过程中，生物气不断生成，不断重新分配，呈现动平衡的特征。

三、松辽盆地白垩系浅层生物气成藏模式

松辽盆地白垩系浅层生物气以近源成藏为特征，一般不经过大规模的横向运移。源岩（既包括低成熟泥岩，也包括原油）经微生物降解生成的生物甲烷气体，会就近向砂岩中排烃。砂岩中的气体经过较短的横向运移后，会在合适的圈闭中聚集成藏。松辽盆地西部斜坡区阿拉新气田即属于自生自储与下生上储相结合的成藏模式（图 8-10）。

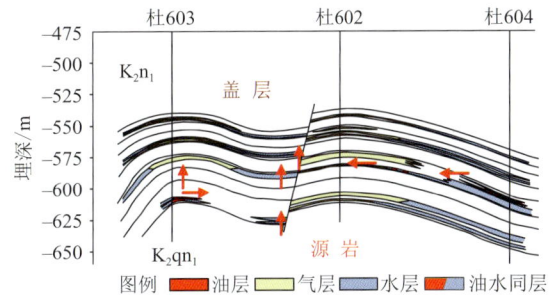

图 8-10 松辽盆地阿拉新气田天然气成藏模式图

第三节　生物气大型气田成藏富集规律

生物气的生成机理及生物气对源岩、储盖层、成藏及保存条件的特殊要求，决定了生物气大型气田的分布规律。

一、生物气大型气田分布在中新生界气源岩大规模富集区

多数发育未成熟源岩的盆地均发现了生物气藏或显示。国内外已发现很多生物成因气藏。其中最重要的是西伯利亚盆地，生物成因的天然气约占50%。世界上其他重要的生物产气区还有波兰的喀尔巴阡山前缘（图8-11中4）、意大利北部波河盆地（图8-11中5）、美国阿拉斯加（图8-11中2）、墨西哥湾（图8-11中1）、哥伦比亚、加拿大阿尔伯达、中国的柴达木盆地（图8-11中6）和日本的盐水气（图8-11中7）。

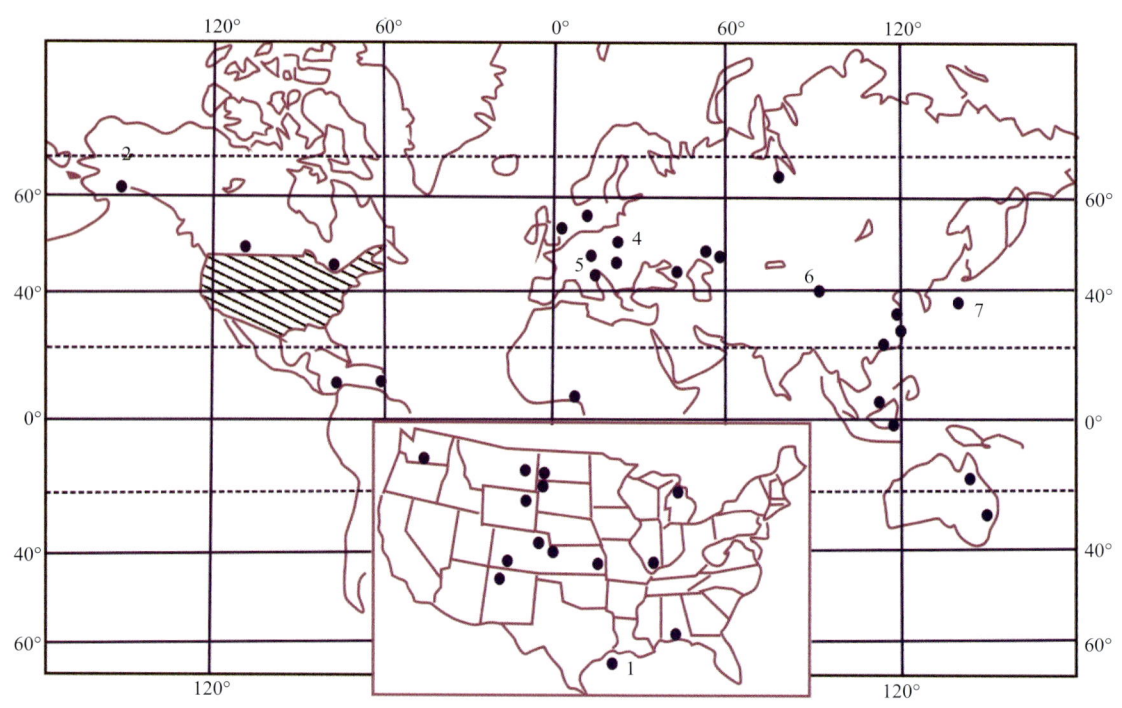

图8-11　世界上已经确证的浅层生物气藏分布图（George and Jennie, 2002）

中国生物气分布受源岩分布严格控制，如图8-12、图8-13所示源岩的质量和规模，决定了生物气聚集的规模。

古近系—新近系—第四系是中国生物气分布的主要层系，主要分布在柴达木盆地、准噶尔盆地、河套盆地以及东部近海诸沉积盆地。中国已发现的生物气气田以及生物气显示，大部分分布在该套地层中（图8-12）。大量具有商业价值生物气藏的发现，揭示了该层系生物气具备良好的勘探前景。

第八章 生物气大型气田成藏主控因素与富集规律

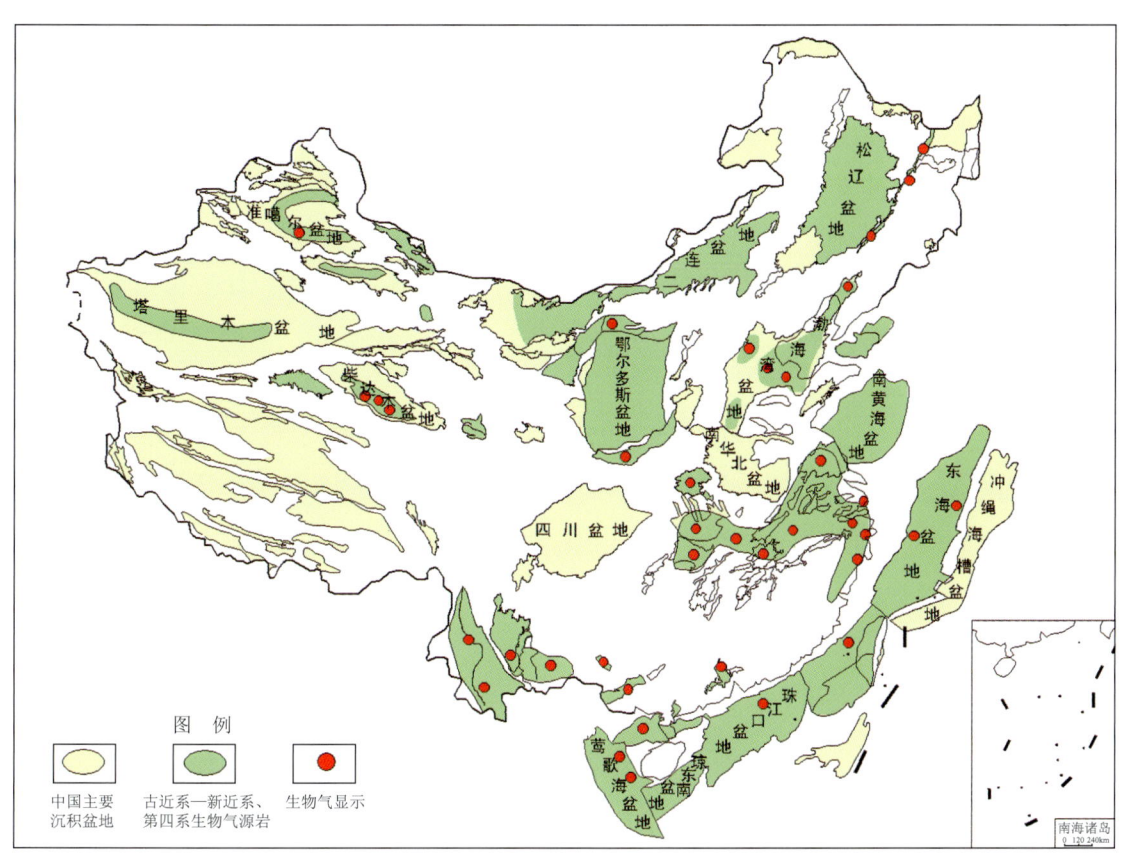

图 8-12　中国古近系—新近系—第四系生物气源岩与气显示分布

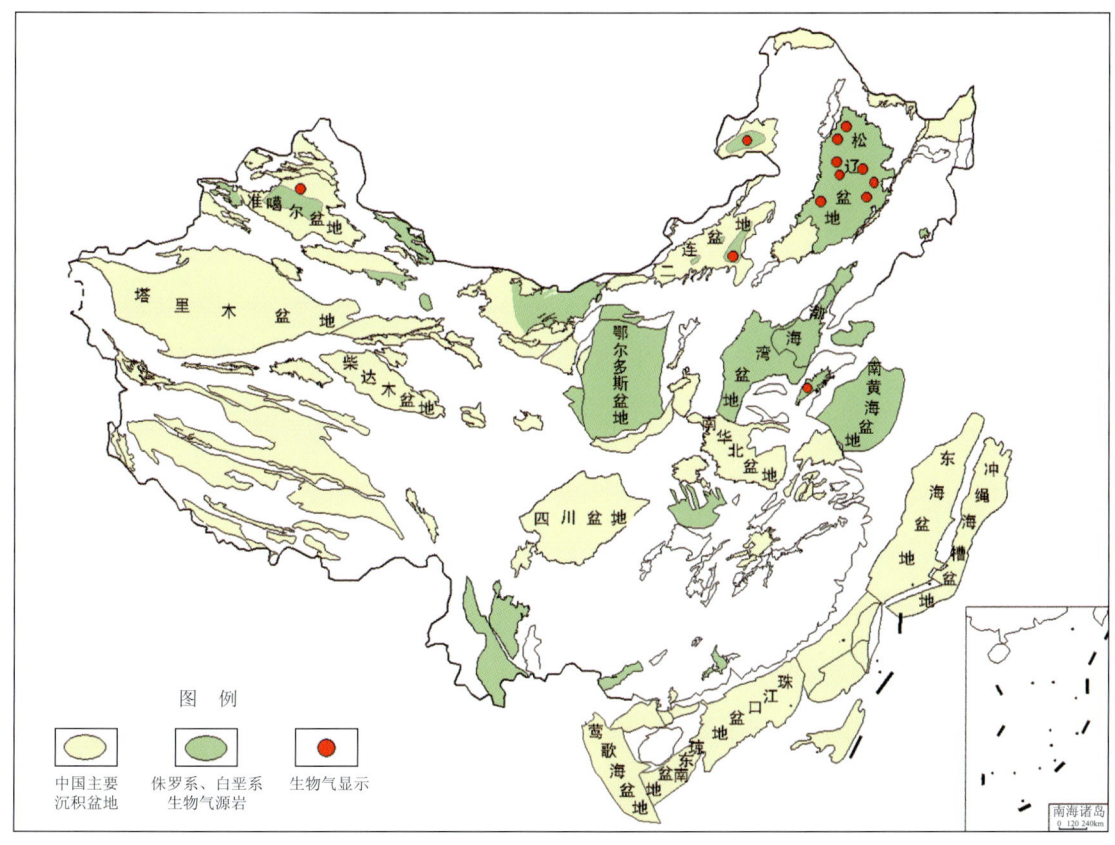

图 8-13　中国侏罗系—白垩系生物气源岩与气显示分布

松辽盆地已发现的生物气藏，包括红岗明一段气藏、阿拉新气藏、富拉尔基气藏、大安嫩五段气藏等，全部分布在白垩系中（图 8-13）。二连盆地马尼特坳陷阿南凹陷中部的阿南生物气藏，产气层位是下白垩统腾格尔组二段（K_1bt^2）中部。白垩系发育的海拉尔盆地、河套盆地、胶莱盆地也见生物气显示。此外，准噶尔盆地陆梁地区发现侏罗系的生物气显示。

二、生物气大型气田主要赋存于早期圈闭或同沉积构造中

已发现的大型生物气藏，其圈闭类型主要为构造圈闭，尤以同沉积构造最多。国外的西西伯利亚盆地、北高加索地区，中国的柴达木盆地等发现的大型生物气田，主要为背斜型气藏。

柴达木盆地东部涩北地区生物气聚集成藏受第四纪的同沉积构造控制。涩北一号构造 K_9 层沉积时，开始有古高点存在；K_1 层沉积后，高点发育完整。早更新世末期，多数同沉积构造已具 50~60m 的圈闭幅度。主力产气层段埋深一般不超过 1000m，相应的地层温度为 20~50℃（地温梯度 2.86~4.35℃/100m），暗色泥岩正好处于生物气的生烃高峰期，储层的孔隙度在 30% 以上。从源岩到圈闭形成最佳搭配，最终形成了大型气田。

三、三角洲、滨 – 浅海、滨 – 浅湖相有利于生物气的富集成藏

世界上的主要生物气田为三角洲、滨-浅海、滨-浅湖相沉积。表 8-1 列出了它们的沉积和储层特征。在这些沉积体系中，储层与源岩和盖层就近组合，有利于生物气藏的形成和保存。

已发现的气藏，无论纵向、横向上，均距气源岩较近，源岩所生成的天然气会优先在附近的圈闭内富集形成气藏。如柴达木盆地，储层与源岩呈砂泥岩互层分布，生成的生物气可以就近聚集成藏。云南陆良盆地深坳陷区泥质烃源岩最厚 1800m，TOC 平均 0.76%，已发现气田均在生气中心附近和浅湖相、三角洲相区。

表 8-1 部分生物气储气层特征表

地区（层段）	岩性	孔隙度/%	渗透率/$10^{-3}\mu m^2$	沉积相
原苏联乌连戈伊气田（K_2）	砂岩、粉砂岩	20~30	400~1750	滨-浅湖、三角洲相
美国浅层生物气藏（K_2）	砂岩、粉砂岩	26	150	滨-浅海相
日本中条气田（E—N）	砂岩、粉砂岩	30~35		浅海相
涩北二号气田（Q）	粉砂岩、砂岩	31	76~470	滨-浅湖相
阿拉新气田（K_1）	粉砂岩	23.2~29.3	954.7~1249.8	滨-浅湖相
红岗明水组气藏（K_2）	细砂岩	28.6	419	滨-浅湖相
昆明盆地（Q_3—Q_4）	粉砂岩	>30	800~1000	滨-浅湖、三角洲相
莺-琼盆地（N—Q）	粉砂岩、泥质粉砂岩	20~35	11~47	浅-半深海相
苏北刘庄气田（Ef^2）	生物碎屑灰岩	17.5~28.8	227.15	滨岸浅滩相
二连盆地（K_1bt）	粉砂岩、砂岩	20~30	1000	滨-浅湖相

第三篇

重点气区大型气田勘探领域

第九章 Chapter Nine
四川盆地大型气田勘探领域

四川盆地西为龙门山、北为米仓山和大巴山、南为大凉山和大娄山、东为七耀山，面积约 $18×10^4km^2$。四川盆地演化经历了震旦纪—中三叠世的克拉通盆地和晚三叠世—新生代前陆盆地两大阶段。地层发育齐全，震旦系—中三叠统为海相地层，以碳酸盐岩为主，厚度 6000~7000m；上三叠统—白垩系主要为陆相地层，厚度 2000~5000m。盆地发育多套生储盖组合和多套含油气系统。勘探工作始于 20 世纪 50 年代，经过几十年的勘探开发，截至 2010 年底，全盆地累计探明天然气地质储量 $2.2×10^{12}m^3$，探明石油地质储量 $8240.6×10^4t$。

"十一五"期间，四川盆地天然气勘探取得重要进展，主要在开江-梁平海槽西侧龙岗地区长兴—飞仙关组礁滩和大川中地区须家河组低渗砂岩两个主要领域勘探成效显著，发现了多个大型气田。四川盆地震旦系—下古生界成藏条件好，有利勘探面积大，资源潜力大，是下步勘探的重要领域。因此，按长兴组—飞仙关组礁滩、须家河组低渗砂岩和震旦系—下古生界三个领域阐述四川盆地大型气田勘探领域、潜力和方向。

第一节 长兴组—飞仙关组礁滩大型气田勘探领域

四川盆地长兴组—飞仙关组礁滩勘探始于 1995 年，主要以川东北地区飞仙关组鲕滩气藏为勘探对象，先后发现了渡口河、铁山坡、罗家寨、金珠坪、滚子坪、普光、七里北、毛坝等气田，截至 2010 年底，累计获探明天然气地质储量约 $6000×10^8m^3$。

2006 年开江-梁平海槽西侧龙岗地区龙岗 1 井在长兴组—飞仙关组礁滩勘探中取得重大进展，拉开了龙岗地区大规模勘探的序幕，随后开始了鄂西-城口台缘带礁滩和川中台内礁滩的探索。

长兴组—飞仙关组礁滩勘探范围约 $12×10^4km^2$，目前勘探主要集中于开江-梁平海槽东侧台缘带、西侧台缘带等 $1×10^4km^2$ 的范围内，新区、新领域勘探程度低、潜力巨大。该领域勘探已完成以长兴组—飞仙关组礁滩为主要目的层的探井约 200 口，主要集中在川东北、川东及川中北部，新区探井低于 0.3 口 $/1000km^2$。

四川盆地长兴组—飞仙关组天然气资源丰富。最新评价结果表明，长兴组—飞仙关组天然气总资源量为 $2.50×10^{12}m^3$。其中，飞仙关组 $1.6×10^{12}m^3$，长兴组 $9000×10^8m^3$。可见，长兴组—飞仙关组礁滩剩余天然气资源丰富，勘探潜力大。

一、成藏条件分析

四川盆地长兴组—飞仙关组礁滩有利勘探领域发育3大类储集体：台缘生物礁鲕粒滩、台内生物礁鲕粒滩和海槽区飞三段鲕滩。综合地质研究和勘探实践表明，该领域是寻找大型气田的有利场所。利用地震资料，对全盆地礁滩体进行精细刻画和储层预测，呈现三个台缘礁滩带、两个台内礁滩带和海槽区飞仙关组三段鲕滩等三类储层大面积分布的场面，尤其是龙岗礁滩气藏获得重大发现，展现出该领域良好的勘探前景。

（一）沉积环境

长兴组台地边缘礁规模较大，在开江-梁平海槽两侧和鄂西-城口海槽西侧的台地边缘成群、成带发育，呈串珠状密集分布；礁体相带前后不对称，垂直海槽方向厚度会突然增大或变小，地震响应特征明显，易于识别。飞仙关组台缘鲕滩带，层位集中在飞一段-飞二段，鲕滩体厚度大，白云岩发育，储层物性好。飞仙关组台缘鲕滩体随台地的增生和海槽的消亡，表现出向深水区进积的特征。开江-梁平海槽区在飞仙关中晚期（飞三期）演化为开阔台地环境，大面积发育鲕滩，井下已发现的滩体主要集中在海槽区东部铁山北-黄泥塘北段和海槽区西北部的广元-旺苍地区。

（二）储层

沉积相带控制了礁滩体的展布，成岩作用控制了储层的最终展布和内部孔隙结构。台地边缘相带水动力强，生物礁和鲕粒滩发育的规模较大，古地形较高，有利于礁滩体间歇暴露，发生大气淡水淋滤作用和渗透回流白云岩化作用，并为后期大规模埋藏白云岩化作用和埋藏溶蚀作用提供良好基础，对优质储层的形成极为有利。白云岩化及多期埋藏溶蚀作用是礁滩储层形成的关键，现今深埋（埋深大于6500m）条件下仍能发育厚度大、分布广的优质礁、滩储层；这些储层几乎全为孔隙性白云岩，具有厚度较大、面积较广、中-高孔渗的特征。

除了上述台地边缘礁滩储层外，海槽区飞三段鲕滩储层以灰岩为主，白云石化程度较低，厚度较薄，主要为裂缝-孔隙型储层。储层厚度为10~50m，平均为15m。孔隙度0.92%~16.92%，平均3.54%。已发现的海槽区飞三段鲕滩储层储集空间以粒内溶孔为主，裂缝发育程度对单井产能有明显影响。

（三）烃源岩

前已述及长兴组—飞仙关组礁滩气藏天然气主要来源于上二叠统烃源岩。上二叠统烃源岩主要为龙潭组和海槽区长兴组（大隆组），包括生物灰岩、暗色泥岩和煤系。龙潭组烃源岩厚度80~120m，生气强度（30~50）×$10^8m^3/km^2$；海槽相长兴组（大隆组）泥质烃源岩厚10~30m，TOC含量达1.0%~8.5%，生气强度（5~23）×$10^8m^3/km^2$。上二叠统烃源岩总生气强度（10~80）×$10^8m^3/km^2$（图9-1），存在两个生烃中心。有利储集相带（三个台缘礁滩带、两个台内高带）位于生烃中心或附近，气源充足，而且开江-梁平海槽东侧台缘带和鄂西-城口台缘带断层发育，断层沟通深部气源，可使下二叠统、志留系、寒武系烃源岩生成的天然气沿断层向上运移，气源供给更加充足。

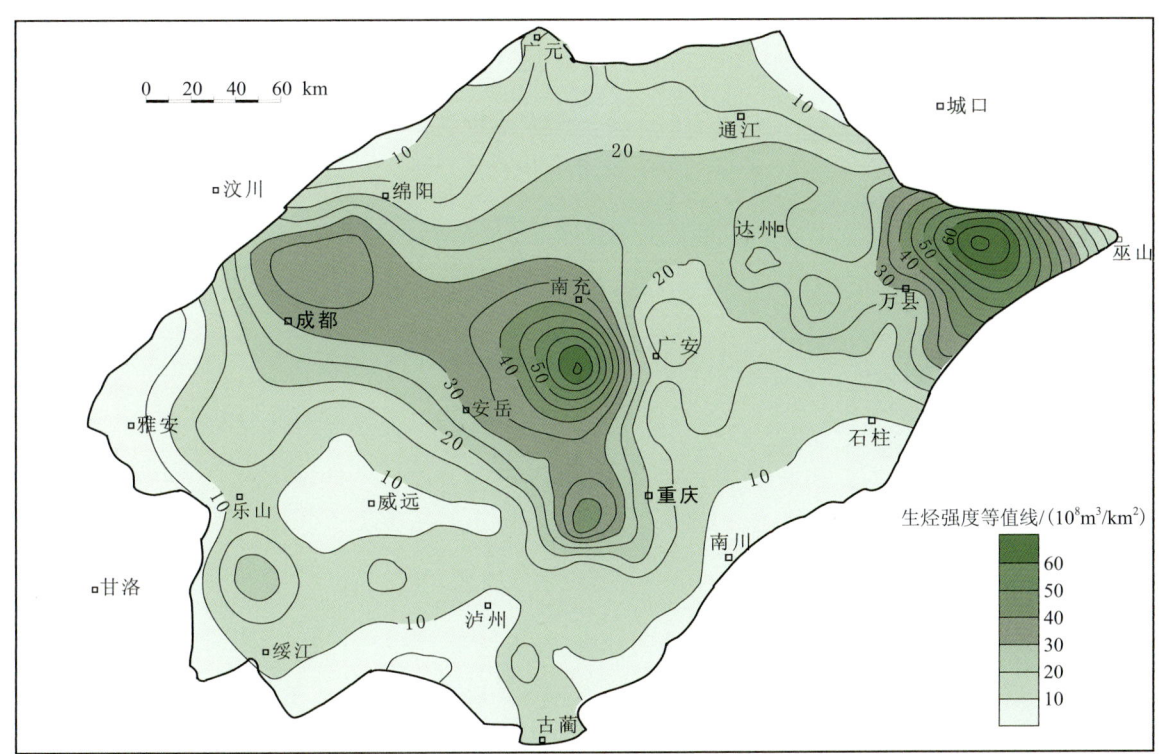

图 9-1 四川盆地上二叠统烃源岩总生气强度图

（四）油源断裂

开江-梁平海槽两侧和鄂西-城口海槽西侧油源断裂普遍发育。处于川东高陡构造带的礁滩层系多发育深大断裂，断层规模大，向下切至奥陶系甚至寒武系烃源岩，向上消失于下—中三叠统的膏岩层系中，沟通烃源岩与礁滩储层以作为天然气有利的运移通道；位于龙岗等平缓构造区的礁滩层系缺乏较大规模的断层，但有小规模断层和高角度裂缝发育，同样可作为有效的天然气运移通道，并利于天然气聚集成藏。因此，无论高陡构造区的深大断裂还是平缓构造区的小规模断层-裂缝系统，都是天然气运移的有效通道，有利于天然气在台缘带礁滩储层中富集成藏。

（五）保存条件

长兴组和飞仙关组礁滩储层的直接盖层为长兴组储层顶部的致密碳酸盐岩和飞仙关组飞四段泥岩、泥灰岩。长兴组储层顶部的致密碳酸盐岩厚度一般 20～30m，飞仙关组飞四段泥岩、泥灰岩厚度 50～80m。

区域性盖层有两套：一套是下—中三叠统嘉陵江组和雷口坡组膏岩层，另一套是上三叠统—中侏罗统的泥质岩。嘉陵江组和雷口坡组膏盐岩区域上普遍发育，累计厚度 300～500m。区域性膏盐岩分布稳定，厚度大，是龙岗地区礁滩气藏的封盖层。川东北及龙岗东地区构造变形较强烈，膏盐岩与断层、褶皱相配合，形成构造圈闭。

二、勘探领域评价

四川盆地长兴组、飞仙关组呈现"三隆两凹"及五条高带的沉积格局，有利区为3条台地边缘高能相带（鄂西-城口西侧台缘带、开江-梁平海槽东侧台缘带、开江-梁平海槽西侧台缘带）、2条台内滩发育带（广安台内礁滩带、遂宁台内礁滩带）（图9-2）。

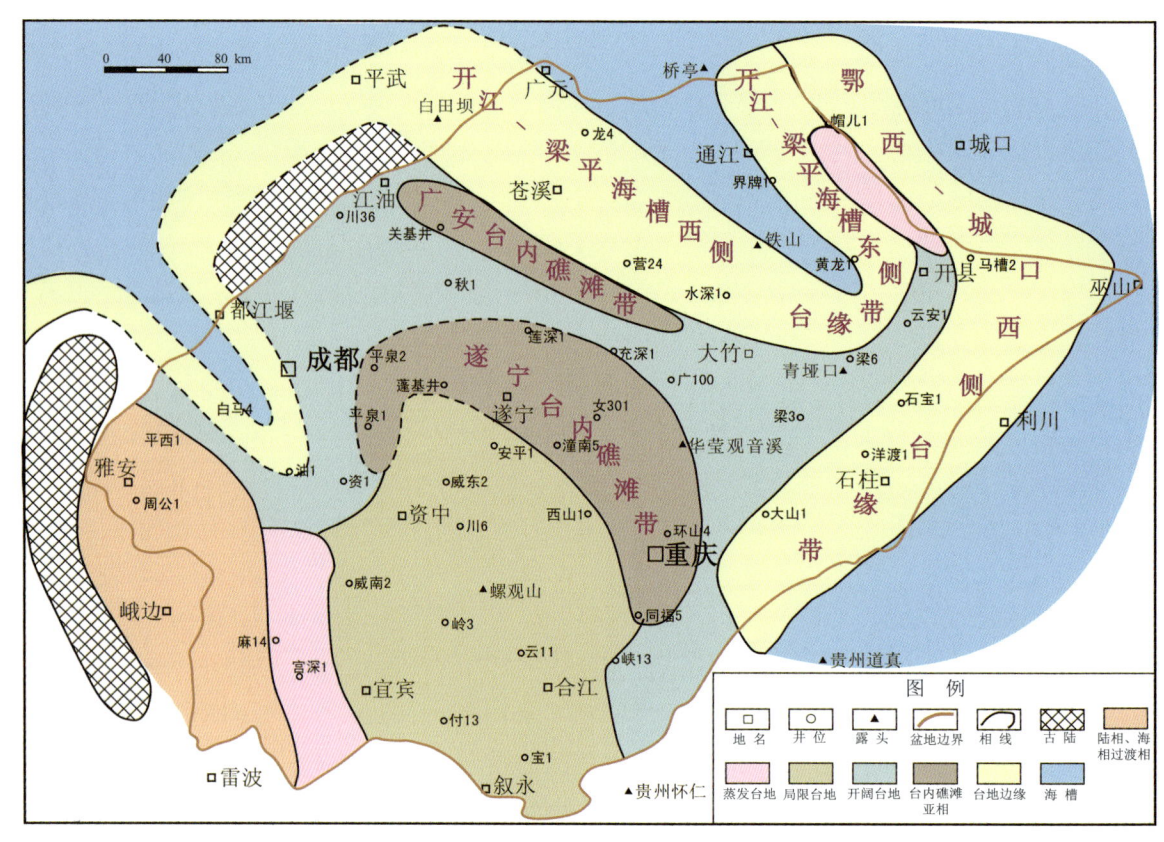

图9-2　四川盆地长兴组、飞仙关组有利区带划分图

其中，环开江-梁平海槽台缘带无论是从已有勘探成果还是成藏地质条件分析，都具有良好的勘探前景，是勘探最现实的领域。鄂西-城口台缘带勘探程度很低，野外及地震资料揭示台缘带的存在，生物礁和鲕滩云岩较为发育，勘探前景看好。川中地区的广安、遂宁台内礁滩带广泛发育台内礁、滩，已获工业气流井，该区龙潭组煤系发育，是盆地的生烃中心之一，成藏条件较为有利。开江-梁平海槽区飞三段鲕粒滩体分布面积大，已发现裂缝-孔隙性储层，烃类检测新发现有面积较大的含气异常，值得进一步探索。

（一）开江-梁平海槽西侧台缘带

1. 龙岗主体地区

龙岗主体地腹构造形态总体表现为一个北西倾向的单斜构造，飞三顶埋深4700～6600m，大部分地区构造平缓、褶皱强度弱、起伏低，东南部龙岗6～27井区受华蓥山影响，局部构造发育，近南北向成排成带分布。龙岗地区优质礁滩储层具有明显规律性,平面上主要分布在台缘,表现出礁滩储层叠置发育的特征,礁储层发育带较窄,一般1～3km,鲕滩储层发育带较宽,一般3～5km。

目前龙岗主体台缘带完钻探井不到20口,特别是西部的龙岗39～36井区只有少量预探井,考虑到该区存在多个独立的礁滩气藏的地质背景,同时台缘带走向存在曲折变化,台缘带内侧台内勘探还没有突破,依据目前的探井分布还不足以完全认识清楚,仍然还有较大的勘探潜力。

2. 龙岗西地区

龙岗西地区位于川西北苍溪至剑阁一带,三维地震预测台缘区面积约1000km^2(图9-3)。剑门1井、龙岗61井、龙岗62井钻遇生物礁滩储层并获工业气流,证实了该区是礁滩储层发育的有利区带。

该区长兴组生物礁发育,礁体大,鲕滩储层大面积分布(图9-3),发育小规模断层,有利于油气运聚到礁滩体中。生物礁异常发育带面积530km^2,预测礁储层厚10～50m,其中龙岗63井区礁异常体面积可达37km^2;预测厚度大于20m的鲕滩储层分布面积约320km^2,大于50m的分布面积约60km^2,大面积分布的台缘带鲕滩储层,预示该区有良好的勘探前景。

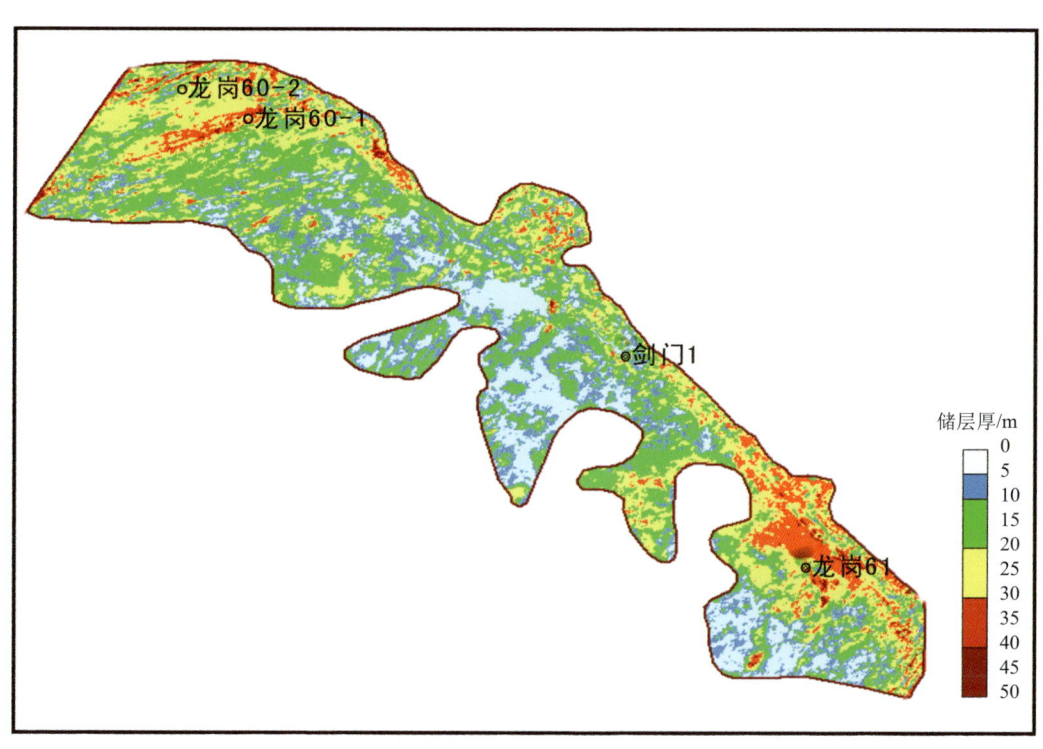

图9-3 龙岗西地区生物礁地震预测成果

(二)开江-梁平海槽东侧台缘带-坡西地区

开江-梁平海槽东侧台缘带勘探成效好,已发现罗家寨、渡口河、普光等大型气田。但坡西地区尚未有大的发现。坡西地区已完钻探井2口(分水1井和坡西1井)。分水1井在飞仙关组上部钻遇鲕粒灰岩,呈薄层夹于灰岩之中,飞仙关组下部具斜坡相深水沉积特征。坡西1井岩心资料揭示飞仙关组鲕粒云岩发育,电测解释储层厚116m(以水层为主),孔隙度多为3%～9%,与铁山坡坡 1、坡 2 井类似，具台缘鲕粒滩坝特征。根据沉积相和地震相综合研究认为，海槽东侧台缘带在坡西地区仍然存在，发育长兴组生物礁和飞仙关组台缘滩坝相云岩储层（图 9-4）。

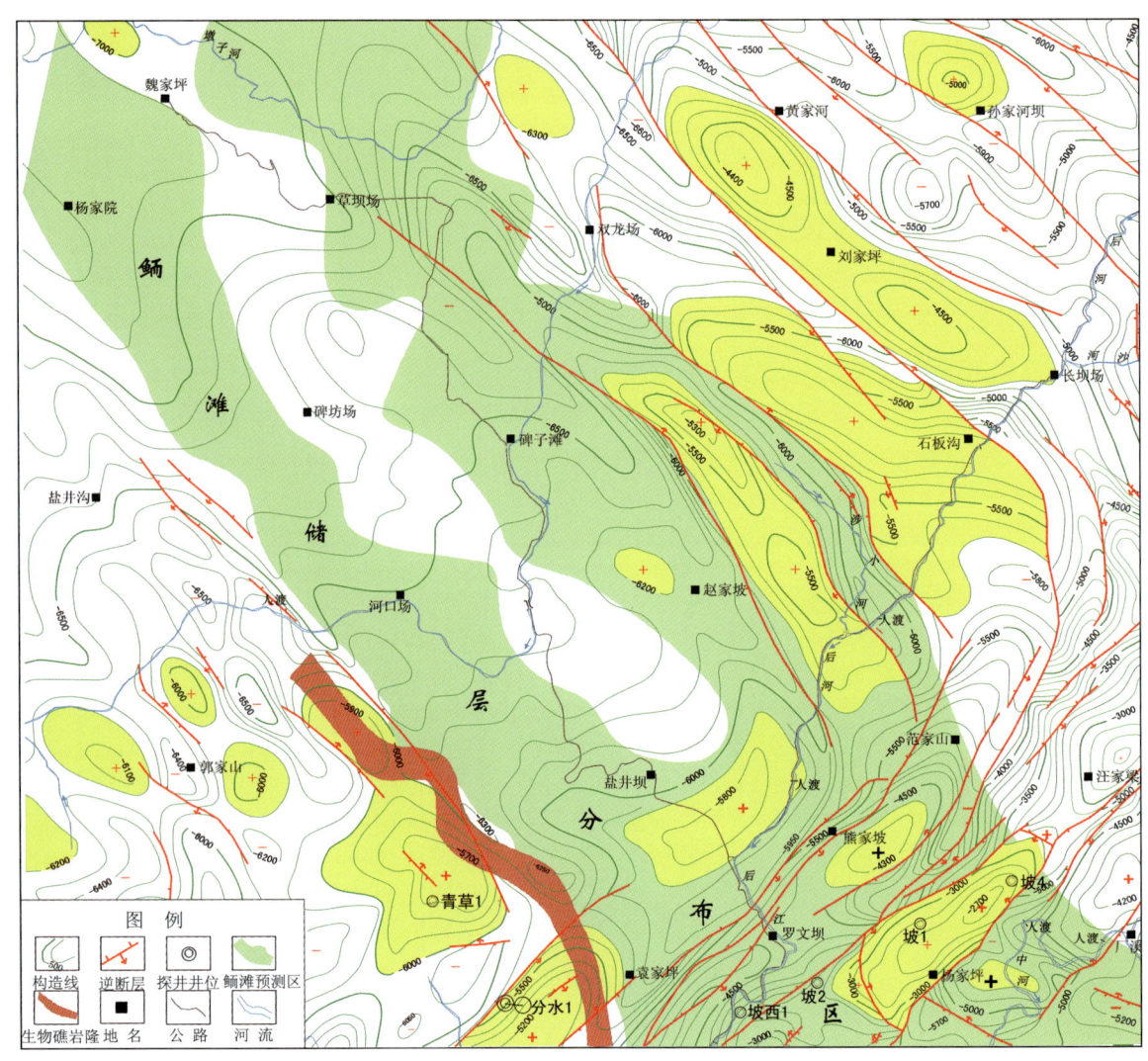

图 9-4 坡西地区礁滩分布及飞四底界构造图

根据地震资料分析，该区鲕滩储层地震异常沿台地边缘连片分布，台缘带沿铁山坡继续向西延伸，从邻区毛坝构造钻探成果看，飞仙关组鲕滩白云岩储层发育，一般厚 30~40m，已在铁山坡以西约 5700km² 区块内已发现构造圈闭 46 个，预测构造圈闭资源量 $3900 \times 10^8 m^3$，具有良好的勘探前景。

（三）鄂西－城口西侧台缘带

储层研究表明，长兴组—飞仙关组礁滩储层在鄂西－城口海槽西侧南北两段的发育状况存在较大差异，由于沉积环境、沉积地貌的不同，北部围绕金珠坪－老鹰岩古地貌高地，形成一个以混合水白云石化为主的鲕粒白云岩发育带，其南端延伸到开县、门 5 井、门南 1 井附近。而南部如云安厂、石宝寨一带，地势较为平缓，水体较深，发育厚度大、分布面积广、以鲕粒灰岩为主的台地边缘滩沉积，白云石化不发育。

根据已钻探井及储层研究成果，飞仙关组优质储层主要是溶蚀孔、白云岩晶间孔较为发育的鲕粒白云岩，这类储层孔隙系统发育，储集性能最好，属于Ⅰ类储层。对于鲕粒灰岩，若溶蚀孔洞较为发育则仍具有一定储集性能，属于Ⅱ类储层。如果溶蚀作用不发育，储集空间仅依靠溶蚀微孔和裂缝，则储集性能较差，属于Ⅲ类储层。基于这类划分，该区南部的飞仙关组主要为Ⅱ、Ⅲ类储层，其中Ⅱ类储层分布在门南1井、云安厂至云阳、建南之间，Ⅲ类储层位于其东侧。

南部的储层物性普遍不及北部，这类储层因为自身孔隙不发育，只有受后期裂缝的改造才能形成较好的储层，如云安厂构造飞仙关组储层的平均孔隙度在1.5%～3%，加之裂缝不发育，为低孔低渗储层，高峰场构造除北部峰4井受裂缝改造获得气流外，其余地区储层物性普遍不好，孔隙度多小于3%。龙驹坝构造鲕粒灰岩的平均孔隙度仅1%～2%，但裂缝率在18.9%～35.9%，因而实测孔隙度到达12.7%，形成典型的裂缝-孔隙型储层。

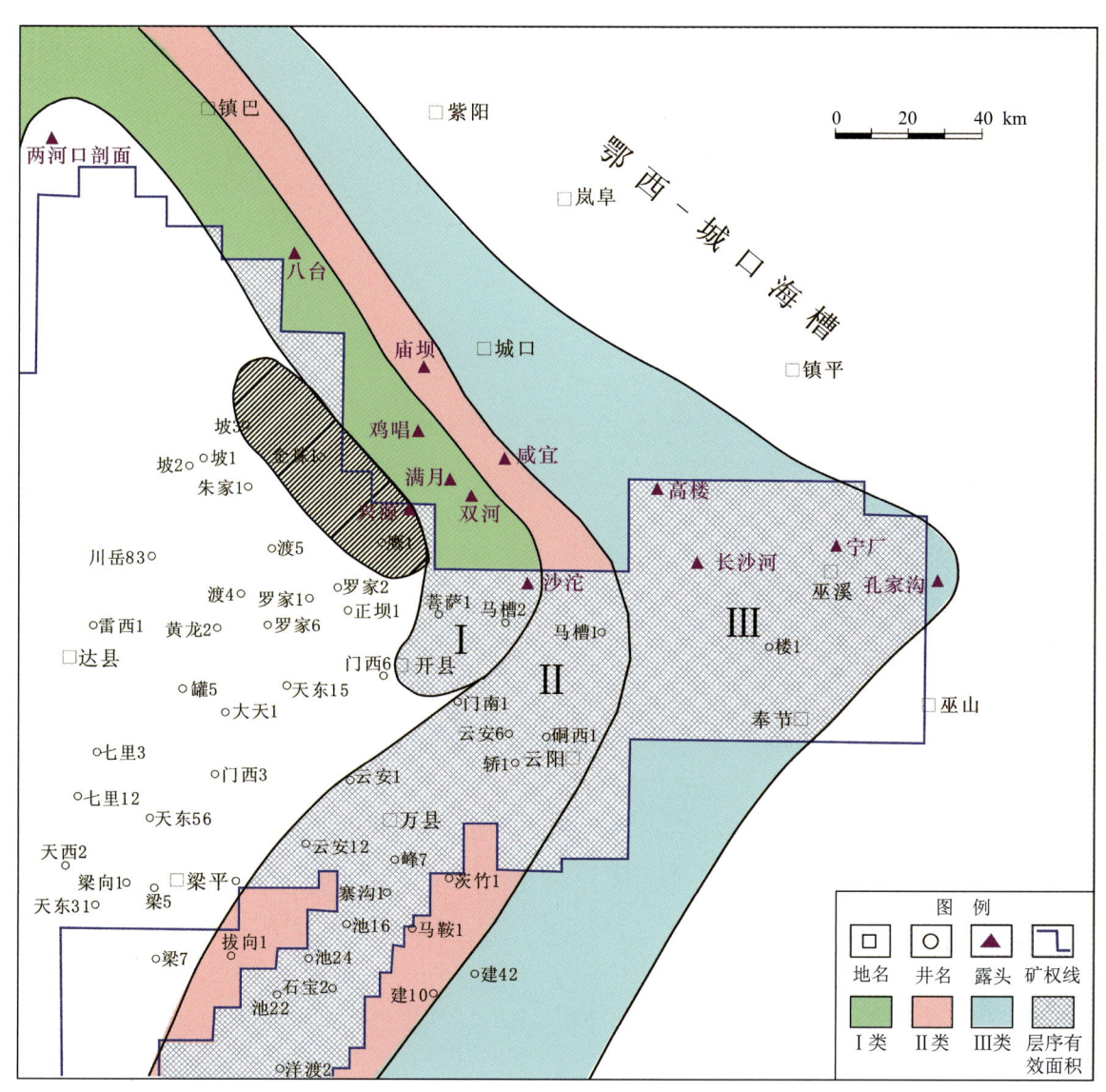

图9-5 鄂西-城口台缘带有利区带划分图

根据储集条件、沉积相展布，同时结合烃源岩分布、盖层条件、地表条件等方面进行区带划分，划分了3类有利区（图9-5）。参照川东北地区已发现长兴组—飞仙关礁滩气藏的储量丰度$0.46\times10^8m^3/km^2$，对潜在资源进行计算。中石油矿区内长兴组—飞仙关礁滩覆盖区鲕滩的分布面积约有15 000km^2，潜在资源量$7000\times10^8m^3$，其中Ⅰ类区面积2000km^2，潜在资源量$2000\times10^8m^3$，Ⅱ类区面积8000km^2，潜在资源量$3500\times10^8m^3$，Ⅲ类区面积5000km^2，潜在资源量$1500\times10^8m^3$。

（四）川中遂宁、广安台内滩带

1. 涞滩生物礁滩异常体

据涞1井实钻资料与地震资料共同确定，礁滩异常体比较可靠，走向北东，分布范围比较大，面积127km^2，预测资源量$204.81\times10^8m^3$。涞滩礁滩体地表构造位于涞滩场附近，为一北东向的低缓背斜，闭合度10m，闭合面积15km^2。

涞滩礁滩异常主体在涞1井以东，处于长内长顶平行-连续多相位强反射区，对应台内高带，地震异常特征明显，长顶弱反射，长兴组明显增厚，与正常长兴组地震相对比具有明显的上隆丘状结构，同时长兴组时差增大、振幅减弱。相邻测线上异常反射特征也比较明显。

2. 合川钱塘镇礁滩异常体

合川北边钱塘镇附近的8号生物礁异常带，走向近东西，位于涞滩礁西部，该礁异常分布比较宽，面积136km^2，预测资源量$230.23\times10^8m^3$。区域上，该礁异常位于川中大单斜上合川构造以北，宽缓褶曲上形成两个局部小高点，闭合度均小于20m。该礁异常区地震相处于多强轴区，对应的地质相为台内高带，与涞1井同在一个地震异常区带内，地震异常特征明显。

（五）开江-梁平海槽内飞三段鲕滩

该区带包括飞仙关早期的斜坡区和海槽区分布的鲕粒滩体。由于台地的增生，海槽退缩消亡，早期的斜坡-海槽相地区在飞仙关晚期演化为台地环境，因此具备发育鲕粒滩的地质条件。

开江-梁平斜坡-海槽区的面积约16 000km^2，钻达飞仙关组的井60口左右，主要集中在川东的达县、开江、梁平地区，以石炭系为主要目的层，其次是九龙山、河湾场、涪阳坝和龙岗（龙岗10）有少量钻达飞仙关组的探井。总体上区块范围大，勘探程度低。槽内已发现九龙山、铁山北、龙门（天东56井区）以及涪阳坝等4个飞三段鲕滩气藏，表明这一地区礁滩储集体具有良好的成藏富集条件。从含气井的情况看，海槽区飞三段鲕滩除了要有孔隙型储层外，裂缝的发育程度对单井产能有明显影响，因此还需要有一定的构造背景与之搭配才能形成工业产能，如龙16井、铁山北1井、河坝1井都在构造的高部位，裂缝的沟通起到重要作用，可见该区为一重要勘探领域。

第二节 须家河组低渗砂岩大型气田勘探领域

四川盆地须家河组天然气勘探始于20世纪50年代，长期以来，一直以构造气藏勘探和兼探为主，始终未取得实质性的突破。2005年以后，以岩性气藏地质勘探理论为指导，在大川中地区天然气勘探取得重大突破，发现广安、合川、安岳等多个以岩性气藏为主的千亿立方米大型气田。截至2010年底，中国石油在须家河组共探明天然气地质储量近 $6000 \times 10^8 m^3$，三级储量近万亿立方米。

2005年以前，勘探以中小型构造气藏勘探为主，工作主要集中在川中和川西地区，以局部构造勘探和深层勘探的兼探为主，先后发现了中坝、平落坝、白马庙、邛西、遂南等中小型构造气田，探明天然气地质储量 $318 \times 10^8 m^3$。但勘探实践证实须家河组广泛含气，应是四川盆地勘探潜力巨大的层系之一。

2005年之后，川中地区广安构造的广安2井在须六段获日产天然气 $4.2 \times 10^4 m^3$，展示了须家河组良好的岩性气藏勘探潜力，以岩性大气区勘探理论为指导，部署了一组风险探井，如鲜渡1、合川1、安岳2和安岳3等。其中，合川1、鲜渡1和安岳2获工业气流，开启了四川盆地须家河组天然气勘探大发展的新篇章。在须家河组天然气勘探获得重大突破之后，将大川中地区整体部署的 $8 \times 8km$ 二维地震测网加密到 $4 \times 4km$，重点区块地震测网加密到 $2 \times 2km$，整体评价大川中地区须二段、须四段、须六段，开展基础地质、地震处理解释、储层预测等方面的研究工作，加强技术攻关，采用先进适用的欠平衡钻井、加砂压裂改造等技术，先后探明了以须二段、须四段、须六段为主要产气层的广安、合川、安岳、潼南等多个千亿立方米大型气田，发现了营山、龙岗、蓬莱等千亿立方米含气区。在剑阁、九龙山、莲花山、灌口、安岳等地区须一段、须三段、须五段获得重要发现，川西北部剑阁地区须三段多口井获得高产工业气流，剑门102井须三段获日产天然气 $102 \times 10^4 m^3$。整体部署、整体勘探成效显著，近几年来，大川中地区须家河组年增天然气三级地质储量超 $3000 \times 10^8 m^3$ 以上，成为四川盆地天然气规模增储、规模建产的重要领域之一。

一、成藏条件分析

（一）构造背景

四川盆地是在扬子稳定克拉通前寒武纪变质基底发育起来的呈东北向展布的菱形构造-沉积盆地。须家河组沉积时，四川盆地经历前陆盆地发育阶段，地形平缓稳定，总体为宽缓斜坡背景，斜坡面积占须家河组沉积面积的80%以上，川中地区地层坡度多小于3°，一般1°～2°，为须家河组大面积发育奠定了良好的地质背景。

（二）烃源岩

四川盆地须家河期大型陆相湖泊，湖大水浅，坡度平缓，多期水进，多层系发育大面积优质烃源岩。总体看，湖盆沉积受湖平面升降影响，发育六套烃源岩，其中须一段、须三段、须五段是主力烃源岩，岩性以暗色泥岩夹煤层为主，有机质丰度总体较高。须一段泥岩有机碳含量最高 6.16%，平均值达到 1.32%，其中有机碳含量大于 1% 以上的占 54%。平面上川西坳陷、川中地区及川北局部地区有机碳含量高，基本大于 2.0%；须三段泥岩有机碳含量最高达到 14.8%，平均 2.40%，其中有机碳含量大于 1% 以上的占 81.89%，有机碳含量高值区主要分布在川西坳陷内，有机碳含量基本大于 3.0%；须五段泥质岩有机碳含量最高 7.20%，平均 2.55%，其中有机碳含量大于 1% 以上的占 77.95%。有机质类型因受海侵影响，以 II-III 型为主，有机质类型较好。从烃源岩分布看，须家河组须一段、须三段、须五段泥质烃源岩全盆都有分布，厚度 10～1500m，厚值区分布在川西坳陷；煤层主要分布在川西坳陷，厚 2～25m。三套主力烃源岩叠加厚度最大 800m，厚度大于 100m 的分布面积约 $12\times10^4km^2$。

最新研究表明，须二段、须四段、须六段砂岩夹层中也广泛发育高丰度烃源岩，如须二段泥岩有机碳含量 0.5%～17.62%，平均值 3.06%，其中有机碳含量大于 1% 的占 75.27%。须四段泥质岩有机碳含量最高达 7.20%，平均值达到 2.16%，其中有机碳含量大于 1% 的占 81.33%。须六段泥质岩有机碳含量平均达到 0.61%，其中有机碳含量大于 0.5% 的占 50% 以上。按照烃源岩评价标准，综合评价为中等至好烃源岩，生气潜力较大。须二段、须四段、须六段次要烃源岩与主力烃源岩相比，泥质烃源岩分布范围较广，只是厚度较须一段、须三段、须五段薄。统计结果表明，三套次要烃源岩叠加厚度最大 500m，大于 50m 的分布面积约 $6\times10^4km^2$。

须家河组三套主力烃源岩与三套次要烃源岩纵向上相互叠加，平面上叠合连片，有效烃源岩分布面积达 $16\times10^4km^2$（图 4-23），与盆地面积基本相当。

（三）沉积相和砂体

四川须家河组"敞流型"三角洲砂体发育，多物源、小坡降和水体频繁进退造成砂体大面积分布。须二段沉积时，盆地存在 4 大源区，发育 4 个大型三角洲砂体，沉积中心向南迁移，盆地西部存在出水口。因地形平坦，多支水下分流河道发育，砂体规模较大，三角洲前缘河口坝-席状砂沉积约占盆地面积的 80%。须四段沉积时，由于周缘板块构造活动强烈，源区沉积物供应充分，发育 6 个大型三角洲砂体，砂体规模更大，砂体分布面积约占盆地面积的 80% 以上。须六段沉积时，源区构造活动增强，盆内冲积扇和三角洲沉积体系分布广泛，砂体面积约占盆地面积的 80%。由于河流频繁摆动，砂体纵向上相互叠置，单层厚度 1～5m，叠合厚度 150～700m；横向上复合连片，须二、须四、须六砂体叠合面积达（12～17）$\times10^4km^2$，基本满盆分布。因湖盆的频繁震荡，须一、须三、须五也有规模不等的砂体发育。其中，须三、须五段砂体叠合面积可达（4～6）$\times10^4km^2$。

（四）储层

四川盆地须家河组砂岩以低孔渗储层为主，大面积分布。根据全盆地 36 372 个物性数据统计，须家河组砂岩平均孔隙度 5.9%，最小 0.001%，最大 21.9%；平均渗透率为 $0.45\times10^{-3}\mu m^2$，最小 $0.0001\times10^{-3}\mu m^2$，最高 $15\,135\times10^{-3}\mu m^2$（发育裂缝）。孔隙度主要为 5%～10%，渗透率为

（0.01～1）×10⁻³μm²，储层物性总体较差，属低孔、低渗或特低孔、特低渗储层。根据研究，孔隙度6%～10%的储层叠合分布面积约10×10⁴km²。其中，须二段分布面积约8×10⁴km²，须四段分布面积约10×10⁴km²（图9-6），须六段分布面积约6×10⁴km²。

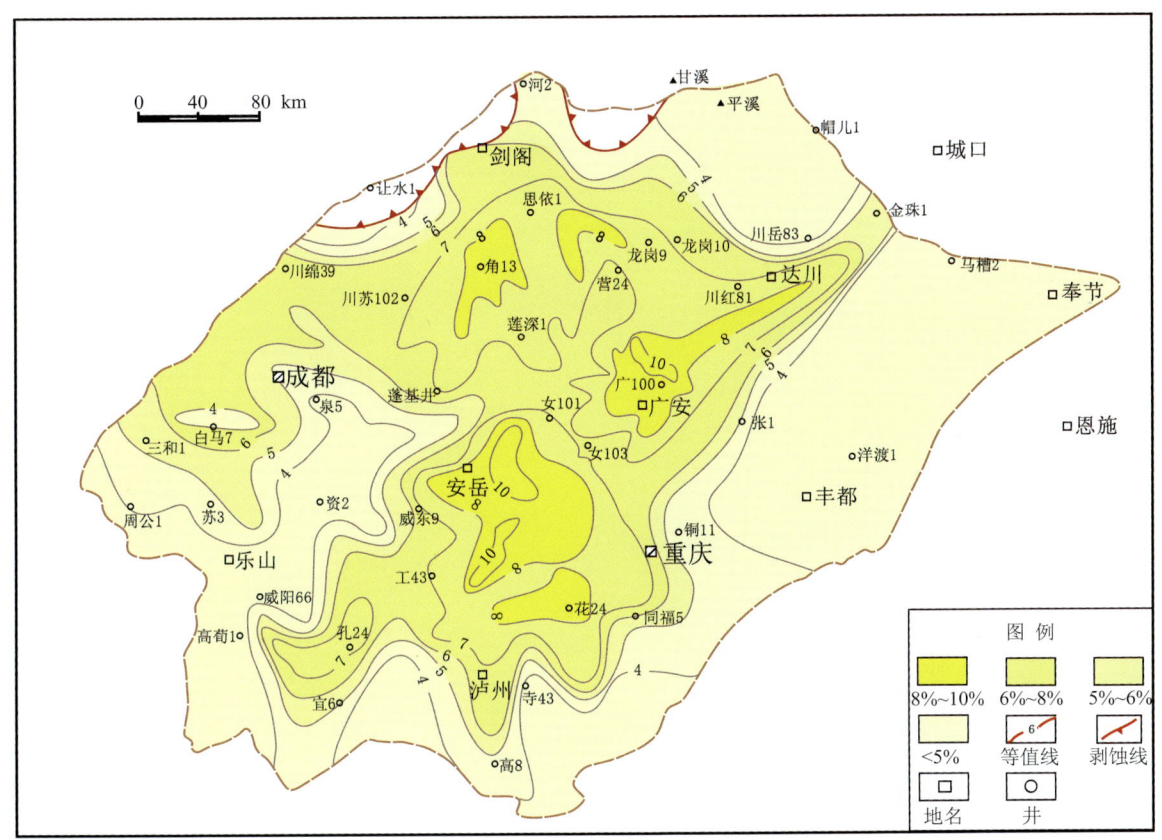

图9-6　四川盆地须家河组须四段储层孔隙度分布图

二、勘探领域评价

（一）大川中地区

　　大川中地区须家河组源储叠置式生储盖组合，有利于大面积岩性圈闭的形成，为大面积岩性气藏的形成创造了条件。结合须家河组天然气成藏特点、分布规律及勘探和认识程度，将大川中岩性气藏发育区划分出9个有利勘探区带。其中，广安、合川-安岳2个区带为Ⅰ类区带，该类区带是当前现实的勘探区带，也是近期储量增长的主要地区；营山、蓬莱、剑阁、西充-仁寿、平泉-成都、乐山-威远、龙岗7个区带为Ⅱ类区带，该类区带是需要加快和积极准备的勘探有利区带（图9-7）。由于广安地区勘探和认识程度较高，因此，本次研究重点论述合川-安岳、营山、蓬莱、剑阁这4个区带。龙岗、西充-仁寿、平泉-成都、乐山-威远4个区带也具有较好的成藏条件，但勘探程度较低，是下一步值得积极探索的有利区带。

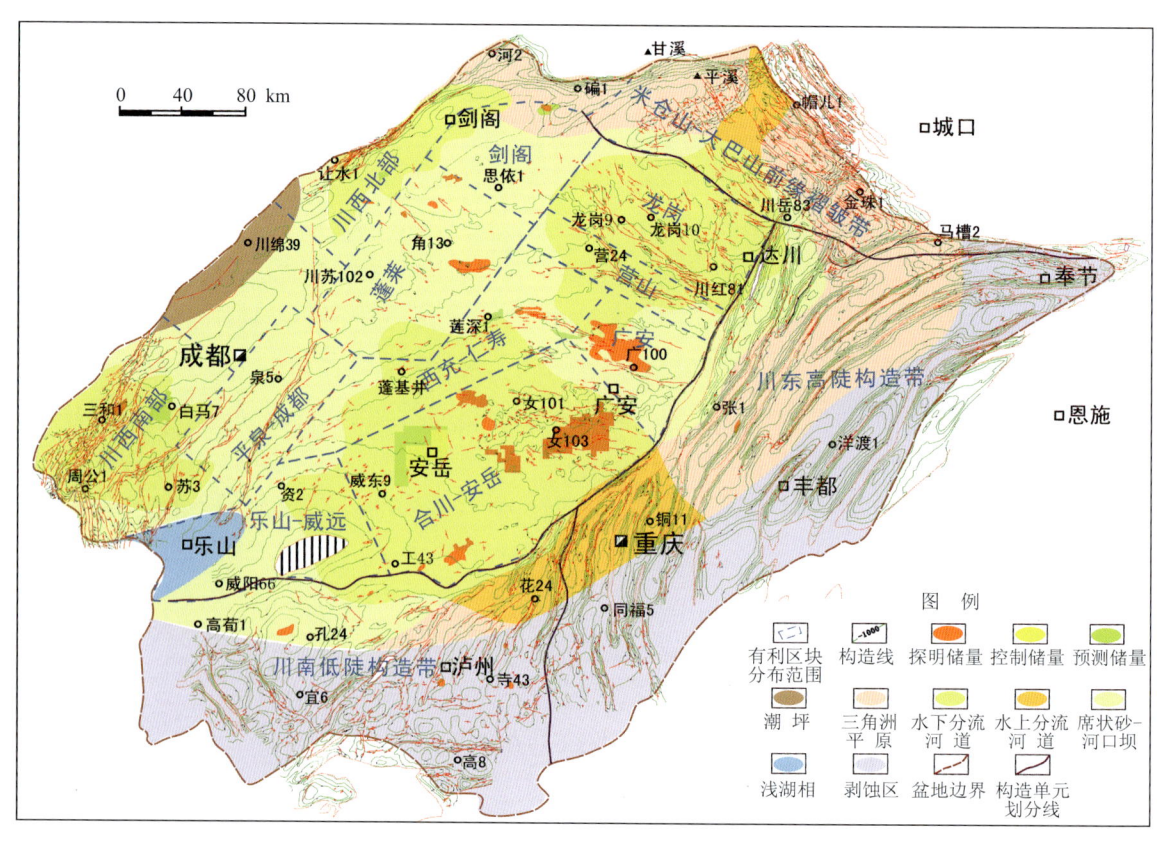

图 9-7 四川盆地须家河组有利区带划分及勘探成果图

1. 合川－安岳区块

该区块位于大川中地区东南部，包括合川、潼南、安岳和荷包场等多个勘探区块，总面积约 $1.78 \times 10^4 km^2$。2005～2007 年，先后在潼南、威东-王家场、合川-涞滩地区投入大量地震和钻探工作，该区块 2005 年以来完成二维地震测线 7280.7km，测网密度为 1.5×1.5km，局部地区达到 1×1km。截至 2010 年底，分别在合川 125、合川 1、潼南 2、包浅 1、包浅 4、岳 101 区块上报天然气探明储量 $3639.1 \times 10^8 m^3$，安居 1 井区块上报预测储量 $1048.56 \times 10^8 m^3$。合川-安岳地区是近年来须家河组储量增长最快的勘探区块，也是须家河组增储上产的最为现实的勘探区块。

合川-安岳区块成藏条件优越，须家河组生烃强度为 $(5～20) \times 10^8/km^2$，大部分地区处于 $(10～20) \times 10^8/km^2$ 之间，预测资源潜力在 $(5000～8000) \times 10^8 m^3$。沉积研究表明，该区块沉积物源主要来源于东南方向，主力产气层段须二段主要发育三角洲前缘亚相沉积，大部分区域以水下分流河道微相和河口坝微相为主，仅少部分区域发育分流间湾微相沉积。有效储层单层厚度一般 1～10m，累计厚度一般 15～30m，孔隙度一般为 7%～10%。由于处于晚三叠世前陆盆地斜坡-隆起带，须家河组的埋深较小，须二段顶部的埋深通常小于 3000m，后期没有大规模破坏性断裂作用，且发育众多规模较小的层内断层，对该地区的储层具有改善作用，整体上以 I-II 储层发育为特点。

2. 营山区块

营山区块位于大川中北部，面积约 3300km²，是 2005 年以来须家河组勘探获得突破的一个重要区块。2010 年前，该区块须家河组的勘探效果并不理想，2010 年，在营山地区部署了多口探井，其中营山 101、营山 104 等井在须二段和须六段获工业气流，并上报天然气控制储量 $1163.32 \times 10^8 m^3$，显示出该区块较大的勘探潜力。

营山地区须家河组生烃强度 $(20 \sim 30) \times 10^8/km^2$，预测资源潜力 $(2000 \sim 3000) \times 10^8 m^3$。储集层主要为三角洲前缘亚相沉积，且储层主要分布在水下分流河道和河口坝沉积微相中。储集空间类型主要有粒间孔、粒内溶孔、杂基孔，有少量微裂缝，孔隙度一般 7%～10%。有效储层单层厚度一般 0.5～16.1m，累计厚度一般 3.9～53.4m。与盆地中部和西南部不同，该区块发育水上和水下分流河道沉积，营山地区须六段以水上分流河道沉积为主，储层物性表现为低孔低渗，以 II-III 储层为主。须二段为水下分流河道和河口坝沉积微相，砂岩孔隙度一般为 4.59%～9.27%，平均为 5.99%；渗透率一般为 $(0.021 \sim 0.636) \times 10^{-3} \mu m^2$，平均为 $0.103 \times 10^{-3} \mu m^2$。整体上以 II、III 类储层普遍发育为特点。

在区块内，发育多排北西-南东向构造（图 9-8），使该区的构造裂缝非常发育，后期裂缝的改造对储层物性好坏至关重要。同时，构造圈闭的发育也是天然气富集的有利条件之一。该区储层埋深一般为 3000～4500m，南部地区埋深较浅，须二段顶面埋深小于 3000m。从近年的勘探成效和成藏富集条件分析，营山区块的勘探潜力巨大，下一步需要对其投入大量勘探、研究工作，加快其勘探进程。

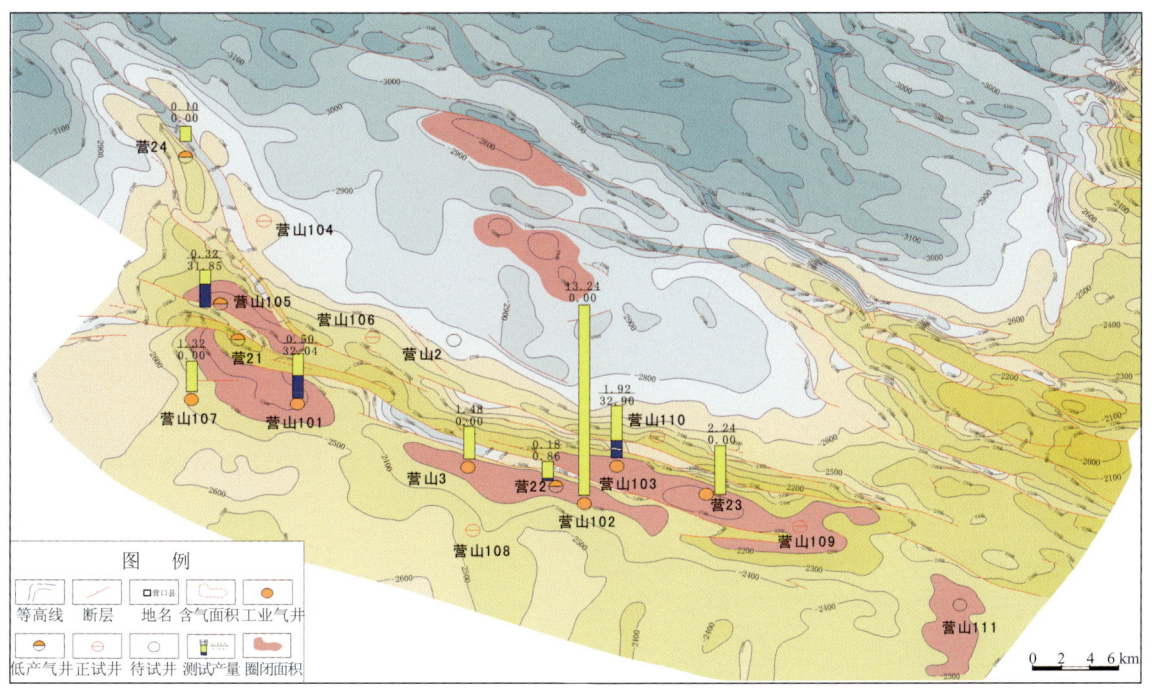

图 9-8 营山区块须二段顶面构造图

3. 蓬莱区块

该区块位于大川中地区中部，面积约 9800km²，早期勘探在蓬莱地区首钻花 3 井须二段获气 $1.83 \times 10^4 \text{m}^3/\text{d}$，油 1.66t/d，之后该地区须家河组气藏的勘探处于停滞阶段。2008～2009 年在蓬莱地区部署二维地震 5231km，测网密度 4×4km，并先后部署了蓬溪 1、蓬莱 2、蓬莱 3、蓬莱 4、立 18 等 5 口预探井，开启了该区须家河组勘探的新篇章。截至 2010 年 8 月，该区共完钻探井 7 口，工业气井 5 口，提交天然气预测储量 $1589 \times 10^8 \text{m}^3$。

蓬莱地区须家河组生烃强度 $(20～60) \times 10^8/\text{km}^2$，预测资源潜力 $(3000～5000) \times 10^8 \text{m}^3$。主要产气层段须二段处于三角洲前缘沉积相带，储层发育的有利微相是水下分流河道和河口坝。储集空间类型主要为残余粒间孔、粒间溶孔、粒内溶孔和微裂缝，孔隙度一般 5%～8%，平均 6.72%。综合评价为 II、III 类储层。有效储层单层厚度一般较小，最大单层厚 7.50m（蓬溪 1 井），平均单层厚 3.62m，累计厚度为 25.5～33.7m，平均 30.9m。蓬莱地区表现为南高北低单斜背景，局部发育小潜高，区内断层不发育。储层预测显示，须二段砂岩储层大面积分布，且气水分布不受构造控制，具有明显的岩性圈闭特征。通过近两年的勘探，蓬莱地区须家河组取得了较好的勘探效果，下一步需加密地震测网，部署预探井，取得更为丰富的地震、钻井、测井及取心资料后，实现储量升级。

4. 剑阁区块

位于大川中地区西北部，面积约 5200km²，该区以往勘探一直未有突破。2008～2009 年在剑阁地区部署了三维地震 1000km²，为该区勘探奠定了基础。自剑门 1 井在须三下段测试含气 $9.03 \times 10^4 \text{m}^3/\text{d}$ 后，龙 001-U2、龙 102、龙 103 等 9 口探井也先后获得工业气流，其中剑门 102 井须三段测试含气 $102 \times 10^4 \text{m}^3/\text{d}$，展现出该区须家河组良好的勘探前景。

剑阁区块须三段是主要的勘探目的层段，该区须家河组生烃强度 $(20～60) \times 10^8/\text{km}^2$，预测资源潜力为 $(2000～4000) \times 10^8 \text{m}^3$。沉积研究表明，剑阁地区须三段砂体发育（图 9-9），有效储层平均厚度 17.1m，孔隙度 5.1%。储层类型为 II-IV 型。剑阁区块勘探已获得重大突破，勘探潜力巨大，下一步需要对其加大投入，加快勘探进程。

（二）盆地周缘区

盆地周缘地区由于构造活动强烈，构造型圈闭十分发育，因此有利于形成构造型气藏。但由于盆地周缘地区断层发育，保存条件差，形成的气藏规模一般较小。根据前述构造单元划分和成藏地质条件研究，可将盆地周缘划分为川西南部、川西北部、米仓山-大巴山前缘褶皱带、川南低陡构造带和川东高陡构造带 5 个勘探区带（图 9-7）。其中川西南部、川西北部两个区带紧临须家河组生烃中心，天然气供给充足，是寻找构造气藏的主要区带。已发现的中坝、平落坝等构造型气藏均位于该构造带。

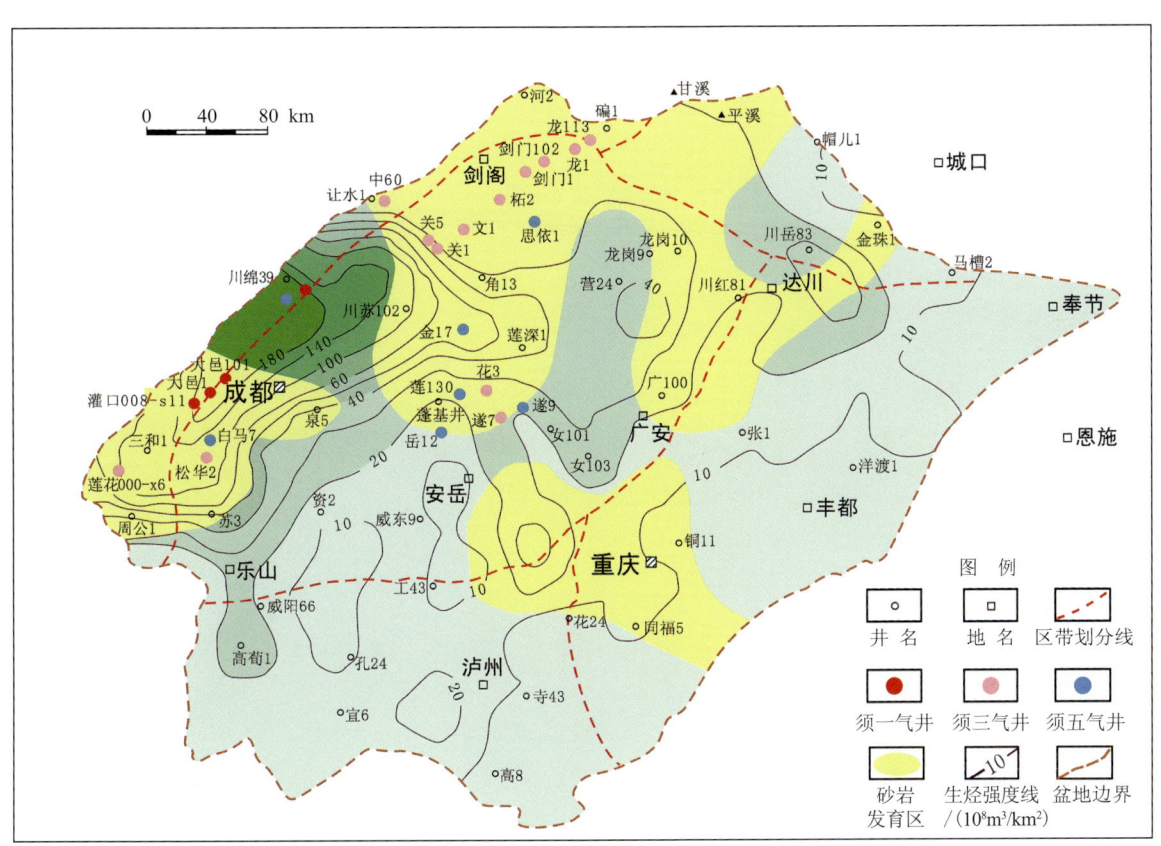

图 9-9 四川盆地须一段、须三段、须五段有利区带划分示意图

1. 川西南部

该带位于龙门山前缘褶皱带的南部，是盆地周缘区最为有利的勘探区带，已发现了邛西、平落坝、莲花山、张家坪等须家河组气藏（田）。具有气水分异彻底、单井产量高、裂缝发育、气藏规模小等特点。该带紧邻川西须家河组生烃中心，有利于天然气富集成藏，具有较好的勘探潜力。但构造复杂、地面条件差制约了该带的勘探。

2. 川西北部

该带位于龙门山前缘褶皱带的西北部，已发现中坝、柘坝场、文兴场、老关庙、魏城等须家河组气藏（田），储量规模小。该带紧邻川西须家河组生烃中心，天然气供给充足；须二、须四段三角洲砂体发育，厚度大，但储集物性较差；虽然后期构造活动多、裂缝发育，对储集性能改造较为有利，但保存条件差，圈闭规模小。落实优选构造圈闭是该带下步勘探的重点。

3. 米仓山–大巴山前缘褶皱带

该带须家河组局部地区出露，须五、须六段部分地区被剥蚀，有一定的勘探价值。从整体上看，具有一定的烃源和储集条件，虽保存条件较差，但已有气井发现，是下一步寻找浅层构造气藏的区带。

4. 川南低陡构造带

该带构造主体部分须家河组已出露或完全被剥蚀殆尽，在向斜区和部分构造上须家河组有所保留，可形成小型的构造型气藏，有一定的勘探潜力，如观音场、大塔场、丹凤场等。该带的向斜区可能形成岩性气藏，有一定的勘探价值，值得探索。烃源和保存条件是制约向斜区须家河组天然气富集成藏的关键。

5. 川东高陡构造带

该带构造主体须家河组已出露或完全剥蚀殆尽，勘探价值较低。向斜区内虽有须家河组保存，但从整体上看，烃源、储集、保存等成藏条件较差，仅在卧龙河构造发现须家河组次生气藏（气源主要来自下伏海相地层），具有一定的勘探潜力。

第三节 震旦系—下古生界大型气田勘探领域

四川盆地震旦系—下古生界地层勘探从 20 世纪 50 年代中期开始，迄今已将近 60 年的历史。四川盆地震旦系包括陡山沱组和灯影组，厚 300～1200m，其中灯影组以藻白云岩、晶粒白云岩为主，陡山沱组以砂泥岩沉积为主。1964 年，四川盆地乐山-龙女寺古隆起上发现了以震旦系灯影组为产层的威远气田，探明地质储量 $400×10^8m^3$。乐山-龙女寺古隆起为加里东期的大型古隆起，面积 $6×10^4km^2$。威远气田发现后，20 世纪 70～90 年代，围绕乐山-龙女寺古隆起核部及斜坡区域，以震旦系为目的层，进行了一系列的勘探，钻探了龙女寺、安平店、资阳等 11 个构造，钻探井 16 口井，获工业气井 4 口（女基井、资 1、资 3、资 7），获控制天然气地质储量 $102×10^8m^3$、预测天然气地质储量 $338×10^8m^3$。2000 年后，通过对老井复查和重新再认识，发现寒武系洗象池组可能有较好的潜力，并对威远气田震旦系气藏报废井进行上试发现了寒武系气藏，获工业气井 16 口，加里东古隆起重新成为关注重点。2004 年威远构造新钻探寒武系专层井 6 口（威寒 1、101、102、103、104、105 井），其中仅威寒 1 井在寒武系洗象池组测试产气 $0.12×10^4m^3/d$，龙王庙组测试产气 $12.3×10^4m^3/d$，产水 $192m^3/d$，其余 5 口井未获工业气流。2005 年后，相继部署了汉深 1、宝龙 1、螺观 1 等风险探井，宝龙 1 井在洗象池组测试日产气 $1.347×10^4m^3$。勘探家对乐山-龙女寺古隆起震旦系—下古生界寄予厚望，探索和研究工作一直持续展开。近年来，通过对震旦系—下古生界沉积相、烃源岩、储层等成藏条件的系统分析，认为从烃源岩、有利储集体和储层、古构造演化和保存条件等方面看，四川盆地震旦系—下古生界具备形成大型气田的基本条件。

一、成藏条件分析

（一）古隆起

澄江运动之后，四川盆地在稳定的褶皱隆起基底的背景下，接受了晚震旦世沉积，并在晚震旦世中晚期与寒武纪早期发生了抬升暴露，遭受剥蚀及淡水淋滤作用。乐山-龙女寺古隆起正是在川中刚性强磁性基岩隆起及龙门山基岩隆起带的基础上发展起来的，其形成是受龙门山及川西-川中基岩隆起带控制，具有同沉积隆起兼剥蚀隆起性质。乐山-龙女寺古隆起在下震旦统沉积时即具隆起雏形。主要表现为：①南沱期冰碛物仅在川中、川西、川北以外地区分布。冰期之后盆地内首次海侵沉积的陡山沱组，从厚度看，川中地区较薄，厚度9~50m，沉积物粒度较粗。②灯影组是晚震旦世海侵规模最大的沉积产物，盆地内表现为相对稳定的台地沉积。

桐湾运动促使乐山-龙女寺的初步形成，同时造成灯影组不同程度的风化、剥蚀，有利于形成大面积的风化壳岩溶储层，其中灯四段残厚一般近100m，龙门山及川西边缘隆起最高，剥蚀至灯二段，资阳大部分地区剥蚀至灯三，川中地区剥蚀相对较弱，川中高科1井、安平1井、女基井仅剥蚀部分灯四段，这样在川中到川西南地区，存在地层尖灭，可以形成大型地层岩性圈闭。

乐山-龙女寺古隆起的形成演化经历了漫长构造演化过程，其中加里东运动使古隆起定型。桐湾运动之后，古隆起接受了寒武、奥陶、志留系沉积，古隆起顶部上述三套地层累厚1130~1400m，古隆起南、北两翼沉积厚度分别为3000m、2000m，显示出同沉积隆起特征。加里东早期基底断裂呈北东向，使龙门山一带隆起，末期川西-川中基底隆起，乐山-龙女寺古隆起开始继承性发育。加里东运动晚期，盆地抬升剥蚀，形成了乐山-龙女寺古隆起，这次运动一直持续至二叠纪前，古隆起平均剥蚀厚度达960m，在古隆起核部遭受剥蚀程度大，川中地区剥到下奥陶统，局部剥到上寒武统，处于古隆起轴部的资阳古隆起顶部志留系全被剥蚀，从东倾伏端向西，剥蚀层位逐渐变老，川西核部剥蚀至灯影组（图9-10）。

（二）储层

1. 震旦系储层

通过详细的钻井、露头和分析化验资料的分析研究：认为由于两期桐湾运动，造成震旦系存在两期不整合，形成灯四段和灯二段两套岩溶储层，灯二段储层段较灯四段发育。其岩溶储层标志如下：①桐湾运动造成震旦系灯影组不同程度的剥蚀，并与上覆下寒武统筇竹寺组呈区域性不整合接触，灯四残厚不一，高科1井灯四段厚78.7m，安平1井残厚90.2m，女基井86.5m，资阳区已剥蚀至灯三段，向西剥蚀程度高，此古地形总趋势为西北隆、中部高、东南洼；②灯四段发育溶塌角砾云岩和灯二段顶部存在凝灰质泥岩等暴露标志（图9-11（a）（b）），灯四顶部和灯二顶部，碳氧同位素突然变轻，显示沉积过程中受大气淡水影响。在高科1井距震顶有3.45m角砾云岩角砾形态不规则，大小为 1.5～2mm，由不均匀的粉晶白云石组成，且见泥质或陆源石英等不均匀分布于角砾云石间；③稀土元素呈现大气淡水特征，岩石阴极发红色或橙红色，显示灯影组受到风化壳岩溶作用（图 9-11（c））。

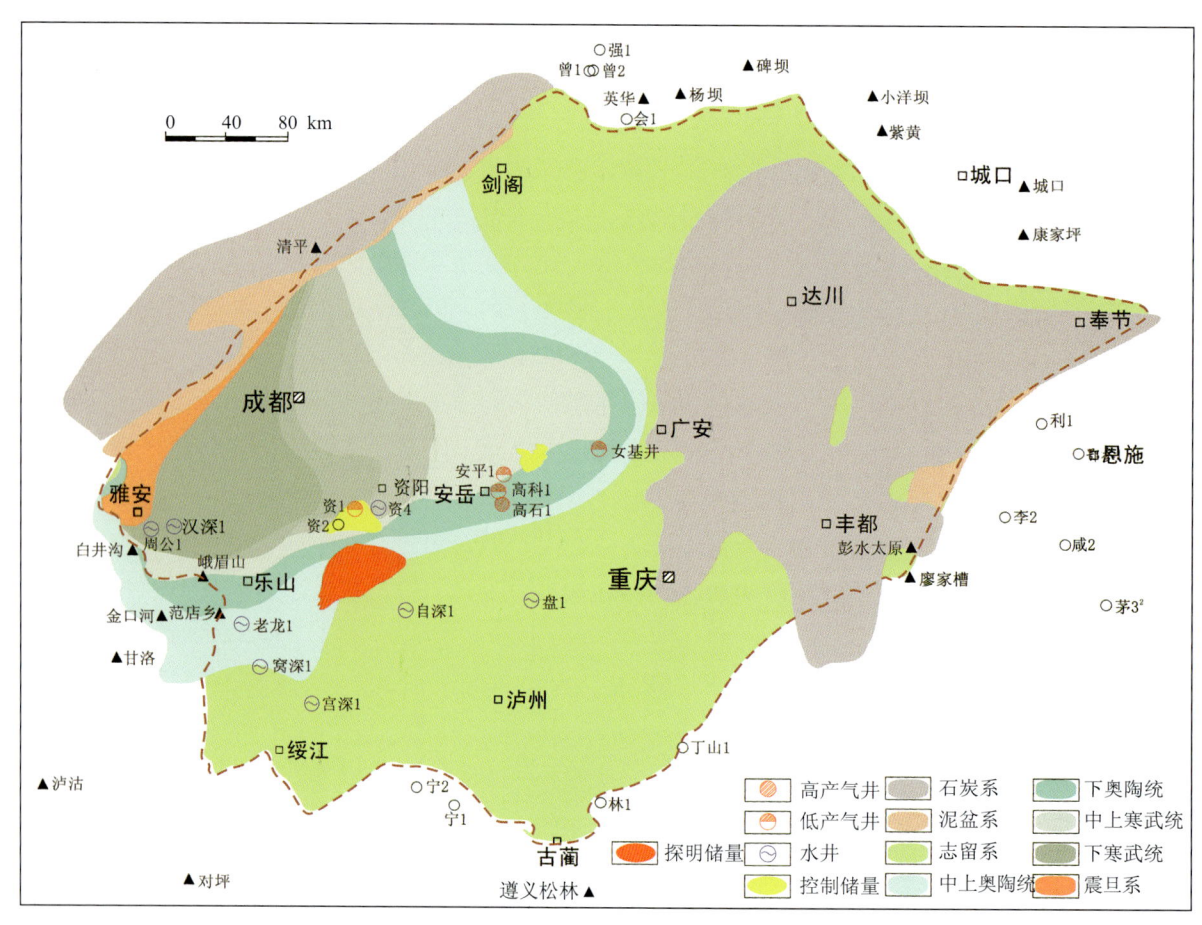

图 9-10　四川盆地二叠纪前古地质图

震旦系灯影组储层以低孔低渗为主，主要储集空间为溶孔和溶缝，平均孔隙度 1.65%（小样品）（图 9-12）。高石 1 井灯四段取芯全直径物性较好，平均为 4.7%，渗透率平均 $1.50\times10^{-3}\mu m^2$；高科 1 井取芯段见溶蚀孔洞层 22.5m（占 36.01%），安平 1 井灯四段取芯段溶蚀孔洞层 15.16m（占 52.84%）；灯二、灯四段孔隙度较高（灯四段 6 个核磁样品 4.9%～8.8%，平均 6.2%，灯二段 3 个核磁样品 2.2%～6.8%，平均 5%）。

灯影组溶蚀孔洞以高石梯-磨溪、资阳地区最好，威远次之（图 9-11（a）（d））。川中地区孔洞分布不均匀，高科 1 井区溶洞较发育，安平 1 井区溶洞较差。资阳地区灯影组储集空间以中-小溶洞为主，小洞（2～200mm）占 68.3%，中洞（200～400mm）占 15.8%，大洞占 10.60%，洞穴占 5.3%。威远地区灯影组岩心发育小洞为主，洞径 2～10mm 占 75.28%，10～100mm 占 23.75%，大于 100mm 的洞仅占 0.96%。高科 1 井灯四段取芯段有大洞 54 个、中洞 133 个、小洞 2304 个，分布较集中，连通性较好。盘 1 井灯影组岩心孔洞发育，有些孔能达到 1cm，取心 100m 见大洞 194 个，中洞 225 个，小洞 595 个（图 9-11（b））。

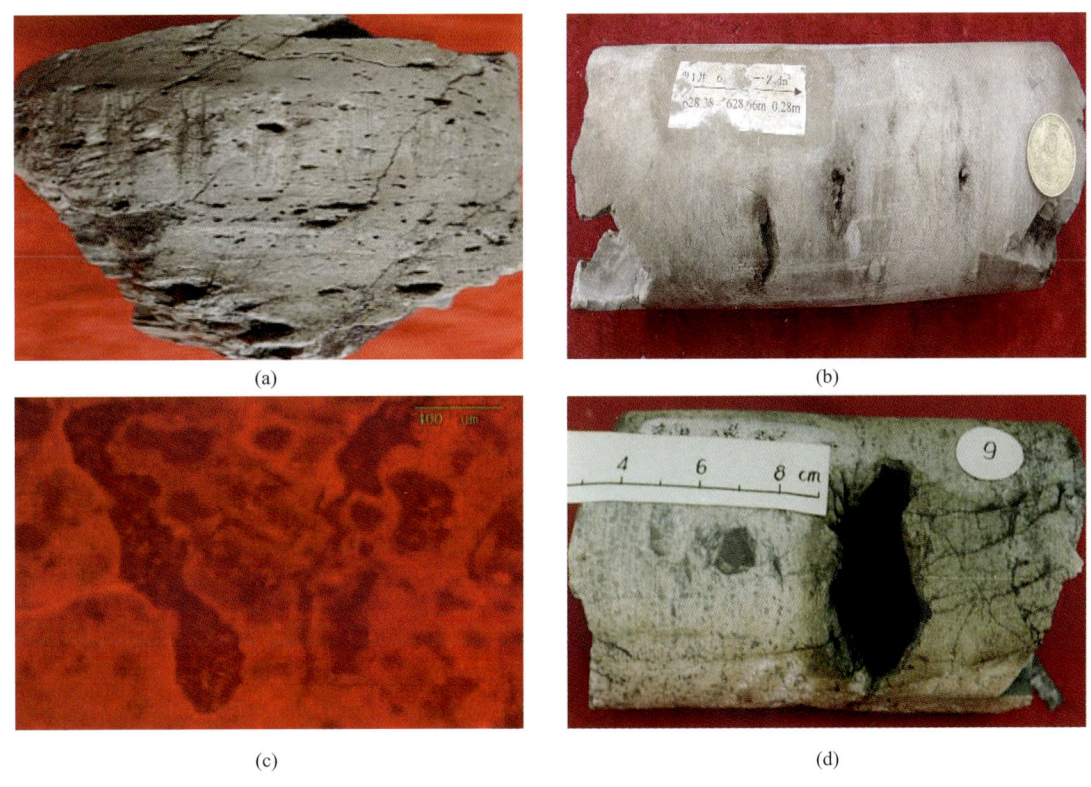

图 9-11 震旦系灯影组溶蚀孔洞照片

(a)高科 1 井,5441.96m,发育溶蚀孔洞和未充填高角度缝;(b)盘 1 井,5628.6m,溶孔白云岩;
(c)峨眉张山,灯四段,格架孔中充填的粒状白云石发昏暗光;(d)资 1 井,3998.61～3998.64m,粉晶云岩,溶洞

灯四段和灯二段储层分布较稳定,纵向上互相叠置,储层大面积分布。灯二段岩溶储层单层厚度大,溶孔、溶洞发育,孔洞顺层排列,储层延伸远,但横向厚度有所变化,厚度主要在 50～100m 范围内变化;灯四段储层连片分布,厚度主要在 50～200m 范围内变化。灯影组优质岩溶储层主要在乐山-龙女寺古隆起核部和斜坡部位大面积分布,有利储层面积约 $5\times10^4 km^2$,Ⅰ类储层主要分布在威远、高石梯、安平店等地区,显示灯影组风化壳领域具有广阔勘探前景。

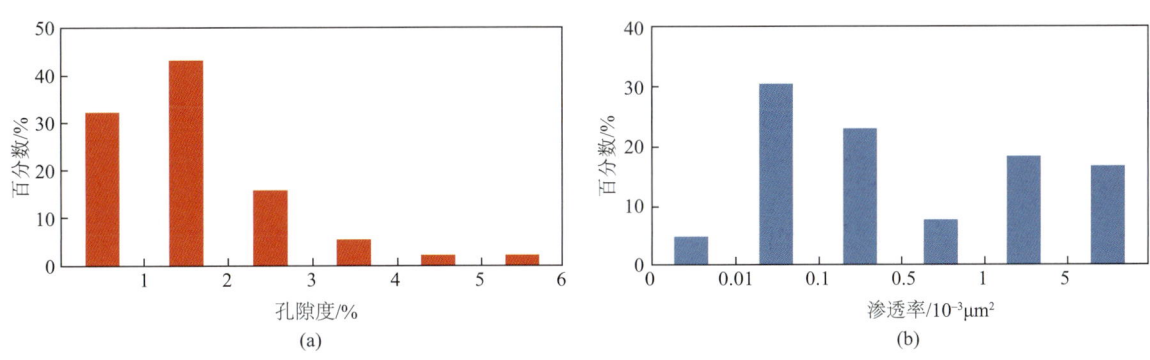

图 9-12 四川盆地震旦系灯影组储层物性直方图
(a)孔隙度;(b)渗透率

2. 寒武系储层

四川盆地寒武系主要发育局限台地台内滩和台内白云岩 2 类有利储集体，分布于龙王庙组和洗象池组。这两类储集体在沉积演化过程中，受到加里东运动抬升，发生溶蚀作用，形成大面积分布的储层。

台内滩储层岩性为砂屑白云岩和鲕粒白云岩，储集空间主要为粒间孔和溶蚀孔洞（图 9-13（a）（b）），见大量裂缝，储层单层厚度较大，一般为 2～10m。寒武系台内滩主要发育于局限台地相潟湖亚相周缘，分布于盆地中部，在磨溪、高石梯和荷包场地区均发育，岩性为细晶白云岩、砂屑白云岩和鲕粒白云岩（图 9-13（c）（d）），孔隙度分布为 2%～6%，渗透率为 $(0.01～0.1)\times10^{-3}\mu m^2$，储层单层厚度大，平面上叠置连片，延伸较长。

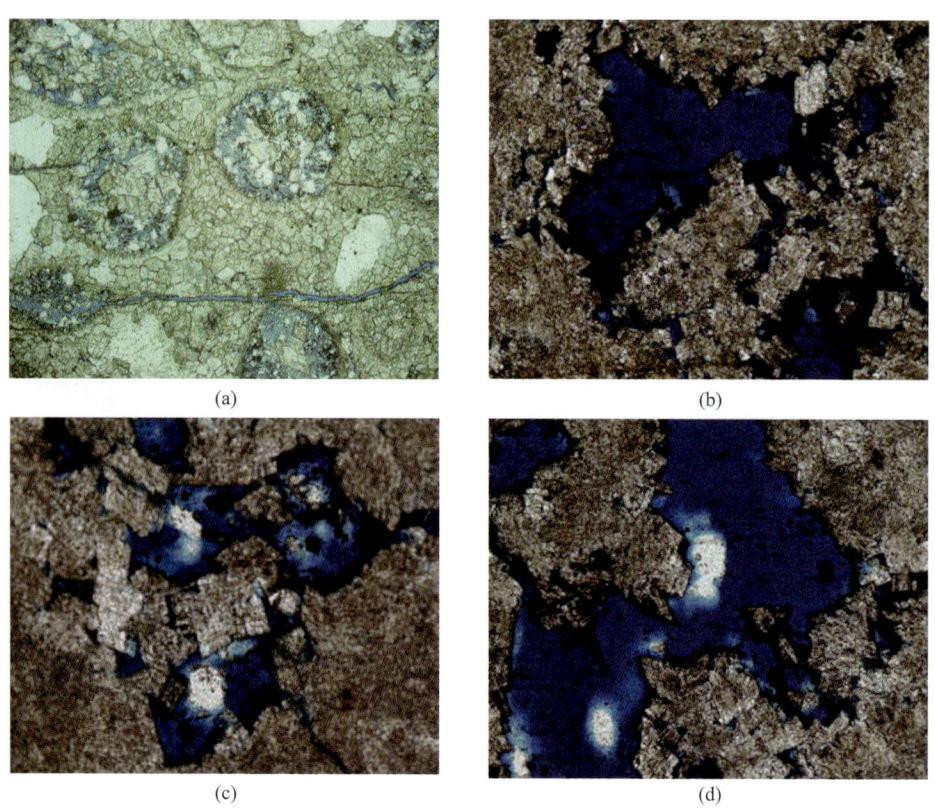

图 9-13 台内滩与台内白云岩储集体储层孔隙特征

（a）威寒 1 井，2072.38m，洗象池组，残余鲕粒云岩，粒内溶孔，单偏光 ×25；（b）威寒 101 井，2303.8m，龙王庙组，针孔砂屑云岩，粒间孔和粒间溶孔，单偏光 ×50；（c）威寒 105 井，2455.1m，龙王庙组，细粉晶云岩，粒间溶蚀孔，单偏光 ×50；（d）威寒 105 井，2457.2m，龙王庙组，细粉晶白云岩，粒间溶孔，单偏光 ×50

台内白云岩储层，寒武系局限台地相内广泛发育准同生白云岩储集体，岩性以细粉晶白云岩为主，孔隙度分布在 1%～6%，渗透率分布在 $(0.01～0.1)\times10^{-3}\mu m^2$，储集空间主要为白云石晶间孔和晶间溶孔。因受多期次大气淡水淋溶，岩心具角砾化和晚表生岩溶特征。

有利储层主要发育于寒武系洗象池组和龙王庙组。龙王庙组储层岩性为鲕粒白云岩、砂屑白云岩，孔隙度为 3%～8%，单层厚度 1～10m，累计厚度 20～50m，厚度大于 20m 的储层分布面

积达 $2.5 \times 10^4 \text{km}^2$，主要分布在威远、磨溪、高石梯、荷包场等地区。洗象池组储层岩性为粉晶白云岩、砂屑白云岩，在岩心上见针孔状储集空间，储层平均孔隙度为 3.4%，单层厚度为 1～5m，累计厚度 8～40m，厚度大于 10m 的储层分布面积达 $2 \times 10^4 \text{km}^2$，分布在威远、高石梯和荷包场等地区。

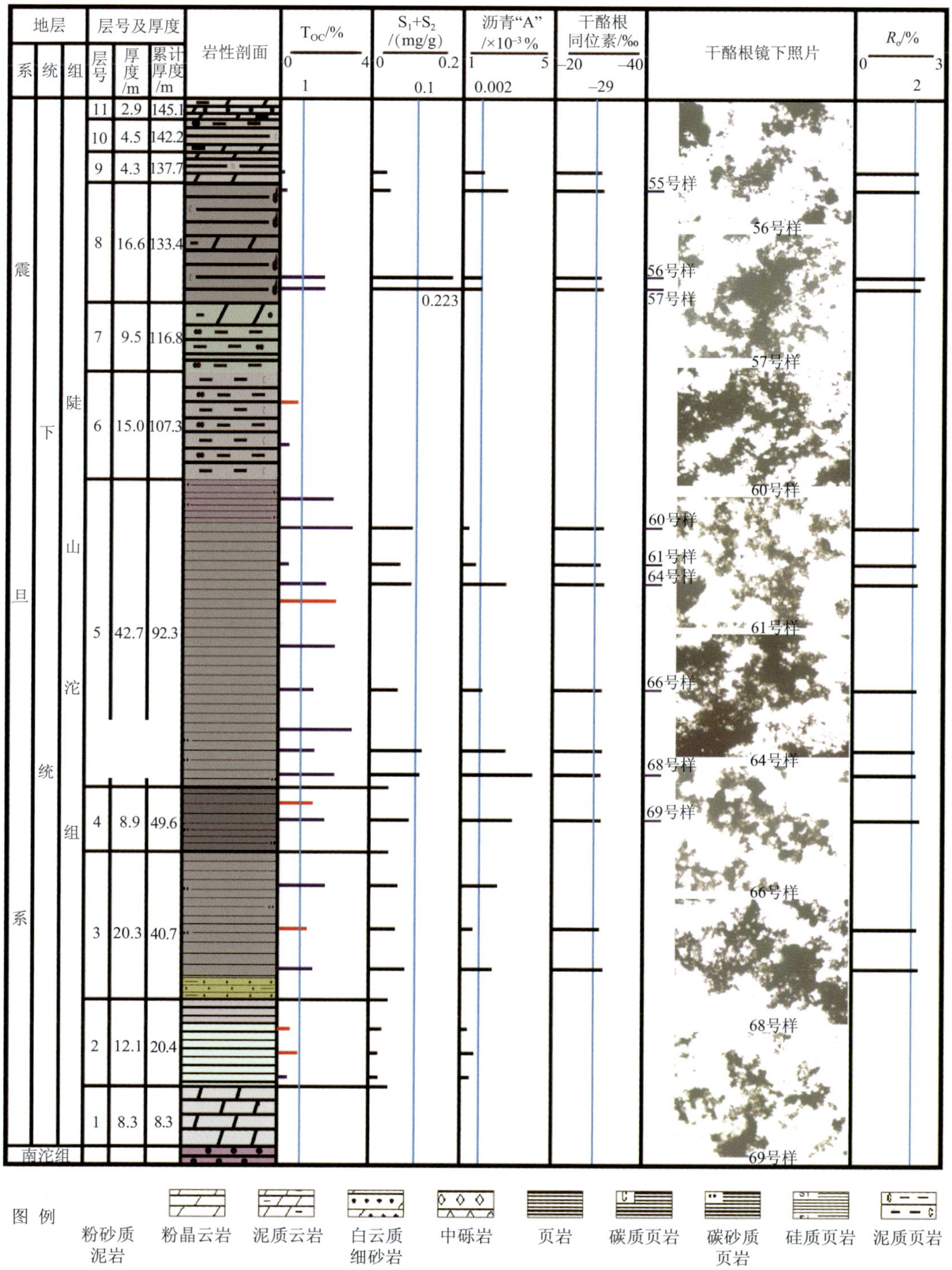

图 9-14 遵义六井震旦系陡山沱组烃源岩地球化学剖面

（三）烃源岩

1. 震旦系陡山沱组烃源岩

通过详细的野外地质调查、钻井资料取样分析，在震旦系陡山沱组发现优质烃源岩。震旦系陡山沱组的黑色泥页岩在盆地边缘厚 0～150m，盆地内部厚度小，一般 0～80m；在川东南陡山沱组黑色、灰绿色页岩厚度大，为 70～150m。其中遵义六井厚 75m（图 9-14）、梵净山剖面厚 22m、松桃剖面厚 25m、鄂参 1 井厚 30m。川中地区井下也发育陡山沱组泥岩，厚 20～50m。在川西南峨边先锋剖面发现了 18m 厚的陡山沱组地层，其中纯黑色泥岩厚 2.5m。

2. 灯三段泥质烃源岩

钻井资料揭示，灯三段底部发育一套薄层连续分布的泥岩，厚度为 0～60m，其中高科 1 井黑灰色页岩厚 37.2m，有机碳含量 0.11%～2.39%，平均 1.23%；安平 1 井灯三段底泥岩厚 14.5m。储层预测表明高石梯灯三段泥岩厚度为 0～60m，往北增厚。

3. 寒武系筇竹寺组泥质烃源岩

下寒武统筇竹寺组的陆棚相暗色泥质岩是震旦系、寒武系及奥陶系气藏的主要烃源岩。盆地内厚度为 150～450m。其中，川西南的自贡-泸州一带厚度最大，最厚处约 450m；川西北地区一般为 100～350m（图 5-2）。

4. 震旦系灯影组泥质碳酸盐岩

震旦系灯影组泥质碳酸盐岩有一定的生烃潜力。189 个样品的残余有机碳含量为 0.04%～1.80%，平均 0.37%；干酪根碳同位素值 $-32.8‰ \sim -31.8‰$，平均 $-32.3‰$，为腐泥型；等效镜质体反射率为 1.97%～3.14%，处于高过成熟阶段。

二、勘探领域评价

通过对四川盆地震旦系—下古生界石油地质条件分析，认为乐山-龙女寺古隆起、川东南、川东和川西北四个区带为震旦系—下古生界有利勘探区带（图 9-15）。

（一）乐山-龙女寺古隆起

乐山-龙女寺古隆起核部和斜坡地区有利勘探面积约 $4 \times 10^4 km^2$，已发现威远气田、资阳和高石梯-磨溪含气构造，探明天然气地质储量 $400 \times 10^8 m^3$。灯影组发育灯二段、灯三段和灯四段岩溶储层。受桐湾运动的影响，灯影组遭受抬升剥蚀，溶蚀孔洞发育，以资阳地区灯影组剥蚀程度大，古风化岩溶最发育。震旦系顶面风化壳为区域性储集层，在资阳、威远等地区钻井获高产气井。灯影组测井、取心资料中古风化壳特征明显，高科 1 井震顶发育 3.45m 角砾云岩，角砾形态不规则，大小约 1.5～2mm，由不均匀的粉晶白云石组成，且见泥质或陆源石英等不均匀分布于角砾云石间，

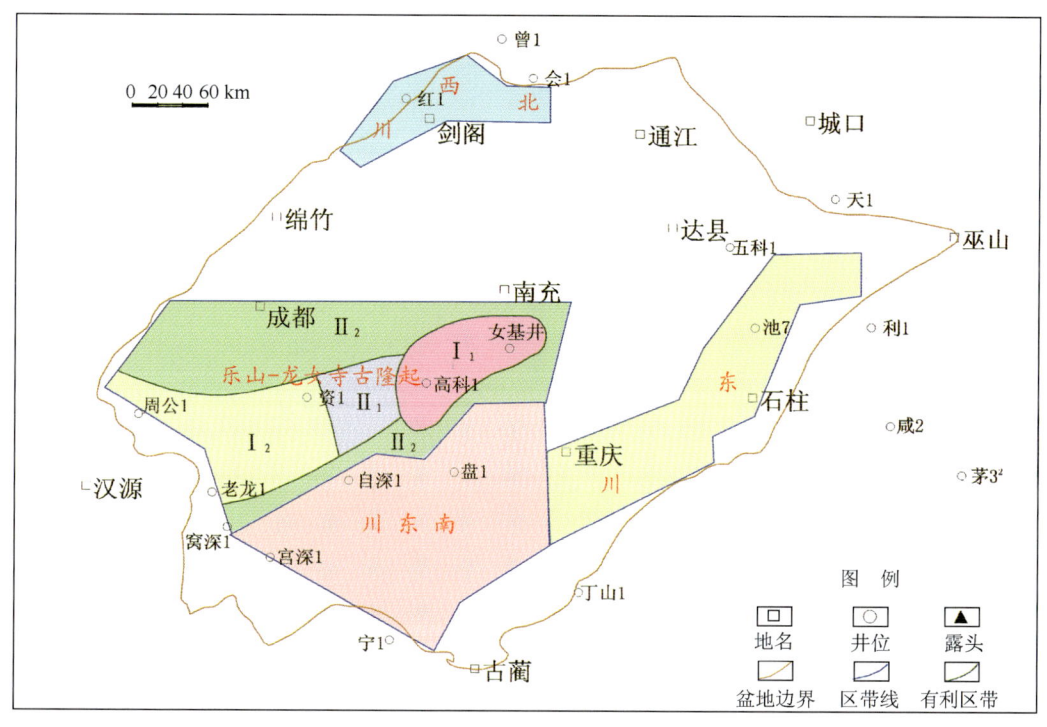

图 9-15 四川盆地震旦系—下古生界有利勘探区带划分

可见古隆起核部岩溶风化壳较为发育。寒武系洗象池组和龙王庙组为台内滩沉积，沉积了砾屑白云岩、砂屑白云岩、鲕粒白云岩和晶粒白云岩，储层经历过强烈的暴露溶蚀和埋藏溶蚀作用，物性较好。其中龙王庙组储层厚度 15～25m，储层平均孔隙度 3.5%～5%；洗象池组储层累计厚度 8～16m，储层平均孔隙度 3%～4%，构造缝和溶蚀孔洞较发育。该区发育寒武系筇竹寺组、灯影组三段和陡山沱组三套优质泥质烃源岩，与三套岩溶储层配置良好，为最有利的勘探区域。

从成藏条件分析，乐山－龙女寺古隆起是四川盆地震旦系—下古生界最有利的勘探领域，古隆起核部和斜坡部位都是有利勘探区，目标区有 3 类。第一，最有利目标区为长期继承性古构造，高石梯－磨溪－龙女寺构造（图 9-15-I_1）最典型，该构造长期位于古构造高部位，一直是油气运移的指向区，而且构造圈闭面积大，资源潜力大，是勘探的首选目标。通过对高石梯－磨溪－龙女寺地区的构造优选，认为高石梯构造为最有利的目标。利用 2007 年高石梯构造地区新加密二维地震侧线、以及荷包场地区 2005～2006 年针对须家河组勘探新采集的二维测线共 159 条，总计 8500km，对高石梯构造进行了构造解释、储层反演和烃类检测。高石梯震旦系顶面圈闭面积为 $365km^2$，海拔高点为 $-4600m$、圈闭闭合度为 160m；利用波阻抗、地震属性等手段对高石梯灯影组进行了储层预测，震旦系灯四段和灯二段均发育储层，灯四段厚度大于 30m 的储层分布面积达 $290km^2$；利用吸收系数预测震旦系含气面积 $297km^2$。综合构造解释、储层预测及烃类检测的结果，优选确定了风险探井－高石 1 井（井位为 2005AT006 地震剖面 1580CDP 处），该井钻探目的层位为震旦系和寒武系。第二，较有利的勘探目标区为威远构造与高石梯－磨溪构造之间的斜坡区（图 9-15-II_1），该区域在油气成藏期一直位于古隆起核部，喜山期由于威远构造的隆起成为斜坡区，可能发育地层岩性圈闭，应是下步探索的重点领域。第三，古隆起核部的周围（图 9-15-II_2），成藏条件与核部相似，长期位于油气运移的通道上，其局部构造、岩性封堵带和地层尖灭带为该领域勘探首选目标。

（二）川东南有利勘探区

川东南有利勘探区面积约 $5×10^4km^2$（图9-15）。该区发育印支期形成的泸州古隆起，其与乐山-龙女寺古隆起相似，为一继承性古隆起。区内构造发育，震旦系构造圈闭多、面积大，圈闭保存完整。据不完全统计，该区震旦系大于 $10km^2$ 的圈闭40个，总面积达 $4200km^2$；大于 $20km^2$ 的圈闭27个，总面积达 $4000km^2$。该区勘探程度低，钻至震旦系的井仅5口，均未获得突破。

从成藏条件看，该区域震旦系沉积相、储层与乐山-龙女寺古隆起相似，烃源层发育，是活性流体和液、气烃运移区。特别是古隆起北部，寒武系洗象池组和龙王庙组发育局限台地台内滩，发育有利的沉积相带。在乐山-龙女寺古隆起形成过程中，该地区处于斜坡地带，有利于形成顺层岩溶储层。震旦系发育大面积分布的岩溶储层，储层厚度大，为50～150m。同时该地区位于寒武系筇竹寺组烃源岩生烃中心，生气强度 $(50～120)×10^8m^3/km^2$，距震旦系陡山沱组烃源岩生烃中心更近。与乐山-龙女寺古隆起不同的是断裂发育，震旦系之上地层的构造圈闭不完整，因此保存条件好坏是该区成藏的关键。因此，该区勘探应优选震旦系构造完整、保存条件好的圈闭进行钻探，邓井关、西山、东山、纳溪、古佛山等构造可作为该区寻找震旦系大中型气田有利目标。

（三）川东有利勘探区

川东有利勘探区面积 $20\,000km^2$（图9-15），尚无井钻遇震旦系，盆地内部仅有4口井钻到寒武系，加上该区为川东高陡构造发育区，地震资料品质差，所以对震旦系—下古生界地层分布特征认识程度很低。从四川盆地东缘露头剖面上震旦系沉积特征和盆地震旦系沉积古地貌推测，该区震旦系发育局限台地云坪亚相和浅缓坡砂屑滩亚相有利储集体，特别是砂屑滩亚相储层物性较好，平均孔隙度3.5%左右。寒武系—奥陶系发育开阔台地的台内滩亚相，分布呈条带状，面积较大，储层孔隙度2%～5%。该地区发育寒武系筇竹寺组和震旦系陡山沱组2套烃源层，生烃潜力大，生气强度 $(40～100)×10^8m^3/km^2$，是四川盆地震旦系—下古生界有利勘探领域，太和场、九峰寺、大池干井、马槽坝等构造是当前较为现实的勘探目标。

（四）川西北有利勘探区

川西北有利勘探区面积 $10\,000km^2$（图9-15），该区盆地内尚无井钻遇震旦系，在盆地外有4口井钻遇震旦系，但该区构造复杂，地震资料品质差，对震旦系—下古生界地层分布、沉积相等特征认识程度很低。该区的天井山构造和矿山梁构造在寒武系筇竹寺组发育有多条沥青脉，说明震旦系—下古生界有较好的勘探潜力，是四川盆地震旦系—下古生界潜在后备领域，天井山、河湾场、矿山梁等构造是较为现实的勘探目标。

第十章 Chapter Ten
鄂尔多斯盆地大型气田勘探领域

鄂尔多斯盆地面积约 $25 \times 10^4 km^2$，地理上横跨陕、甘、宁、蒙、晋五省（区），可划分为伊盟隆起、伊陕斜坡、渭北隆起、西缘冲断带、天环坳陷、晋西挠褶带等六个二级构造单元。沉积岩总厚度约6000m，主要发育上古生界、下古生界两套含气层系，古生界天然气总资源量达 $10.70 \times 10^{12} m^3$（中石油第三次资源评价）。

已发现并探明了靖边、榆林、米脂、乌审旗、苏里格、子洲、神木等大型气田。上古生界低渗砂岩和下古生界碳酸盐岩两个大型气田勘探领域的不断突破，使鄂尔多斯盆地成为中国最大的天然气生产基地（图 10-1、图 10-2）。

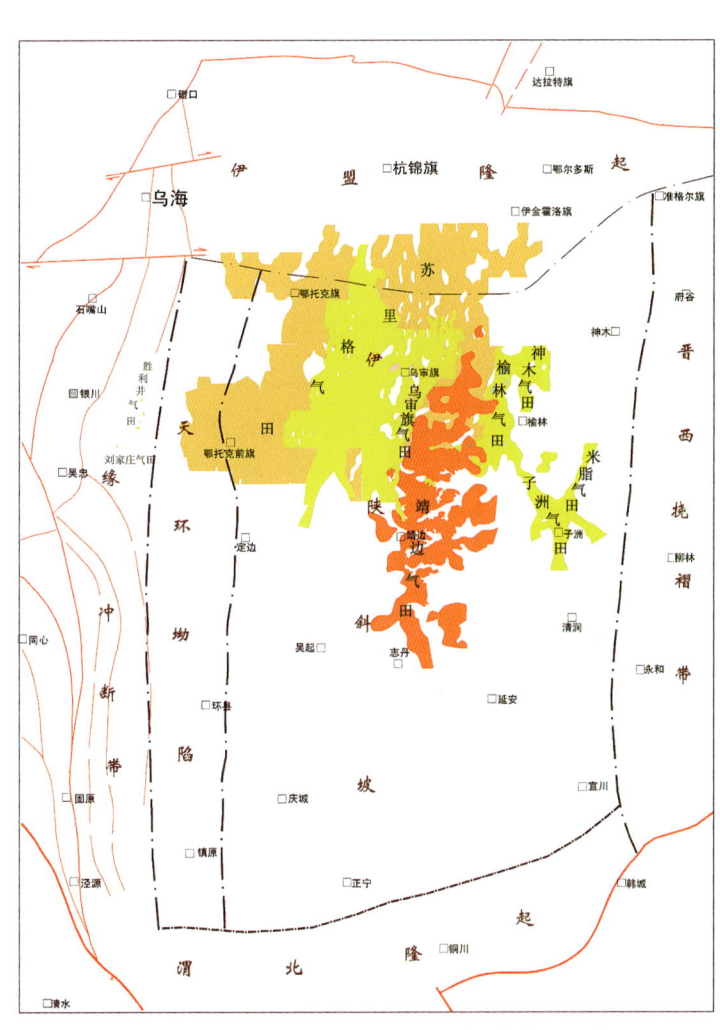

图 10-1 鄂尔多斯盆地古生界构造单元与气田叠加图

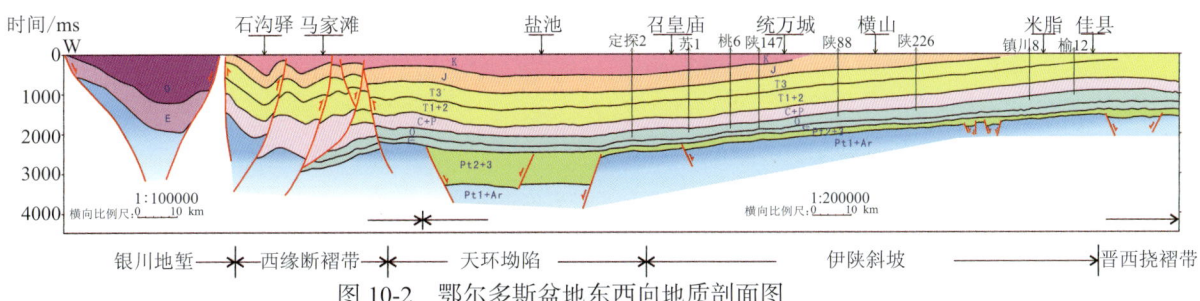

图 10-2 鄂尔多斯盆地东西向地质剖面图

第一节 上古生界低渗砂岩大型气田勘探领域

鄂尔多斯盆地上古生界低渗砂岩大型气田勘探领域有利勘探面积 $10 \times 10^4 km^2$，资源量 $8.37 \times 10^{12} m^3$（三次资评），其主要勘探层系为石盒子组、山西组和太原组，已发现榆林、米脂、乌审旗、苏里格、子洲、神木等 6 个大型气田，探明储量 $3.54 \times 10^{12} m^3$，近年苏里格大气区不断扩展，展现出该领域良好的勘探前景。

一、成藏条件分析

（一）烃源岩

鄂尔多斯盆地上古生界自下而上发育本溪组、太原组、山西组三套海相 - 海陆过渡相 - 陆相的煤系气源岩（煤和暗色泥岩）和碳酸盐岩气源岩，西部最厚，东部次之，中部厚度薄而稳定。其中，煤层累计厚度一般为 $10 \sim 20m$，盆地西部、东北部达 25m 以上（图 10-3），暗色泥岩厚度一般

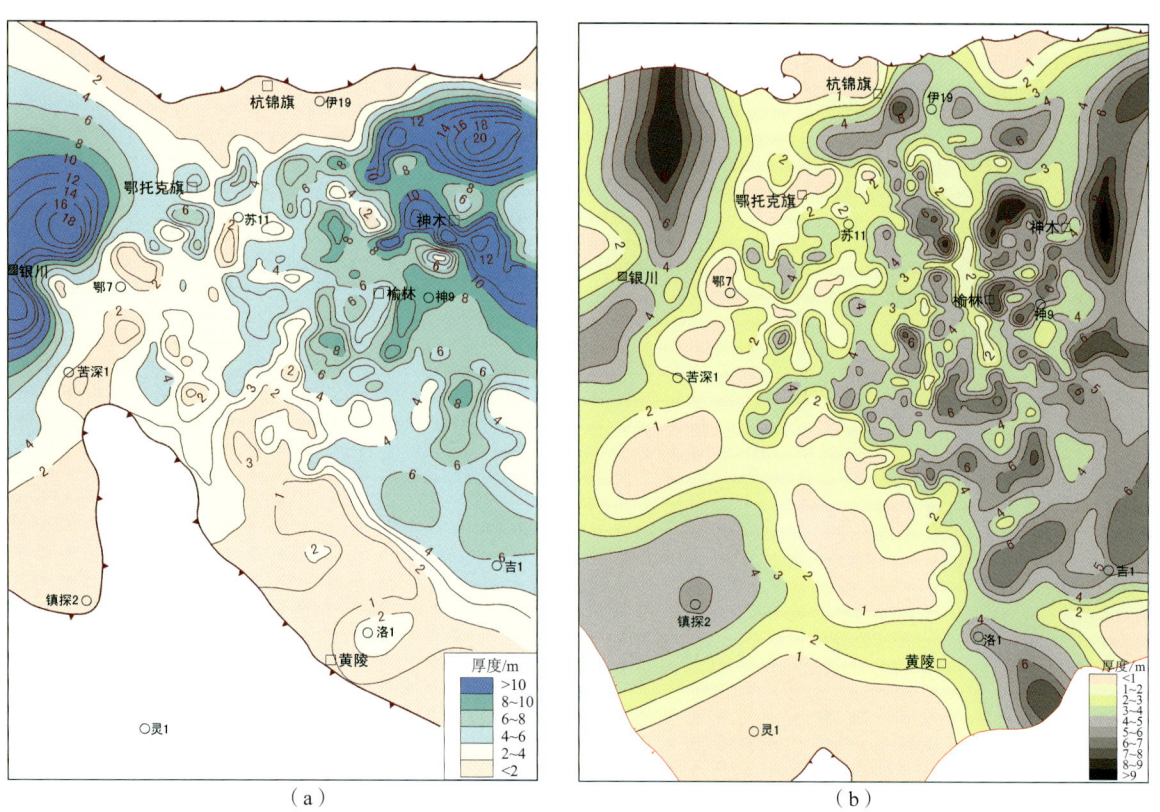

图 10-3　鄂尔多斯盆地石炭系本溪组、二叠系山西组 2 段煤层厚度图
（a）本溪组；（b）山西组 2 段

为 20~130m。煤系气源岩有机碳含量较高，热演化程度进入干气阶段。氯仿沥青"A"平均含量为 0.61%~0.8%，煤的有机碳含量一般为 70.8%~83.2%，暗色泥岩有机碳含量 2.25%~3.33%。上古生界烃源岩成熟度一般为 R_o=1.6%~3.0%，已进入干气阶段，具备形成大型气田的烃源岩条件。

鄂尔多斯盆地上古生界烃源岩具有广覆型生气的特点，烃源岩分布面积达 $23\times10^4 km^2$，生烃强度大于 $12\times10^8 m^3/km^2$ 的地区占盆地总面积的 71.6%，大部分地区处于有效供气范围（图 4-24），为大型气田的形成提供良好的气源条件。

（二）沉积相

古地形、南北两大物源体系和水体频繁进退控制砂体大面积分布。山 2 沉积时，盆地北部物源体系发育 4 大河流三角洲砂体，砂体规模较大，延伸距离较远，相带南北延伸的长度达 200 多千米，南部物源体系规模较小，砂体延伸距离短，该期河流三角洲砂体分布面积约占盆地面积 68%；山 1 期—盒 8 期沉积时，来自物源区的碎屑物更加充足，沉积物的搬运与堆积受制于河流水体的间歇性活动。多期间歇性的洪水事件型沉积使河流三角洲砂体垂向上相互叠置，平面上大面积复合连片，洪水事件推动砂体接力搬运，使砂体延伸距离更远，山 1 期河流三角洲砂体分布面积占到盆地面积 80%，盒 8 期河流三角洲砂体分布面积达到 $23\times10^4 km^2$，约占盆地面积 90%，构成了满盆砂的沉积格局（图 10-4）。

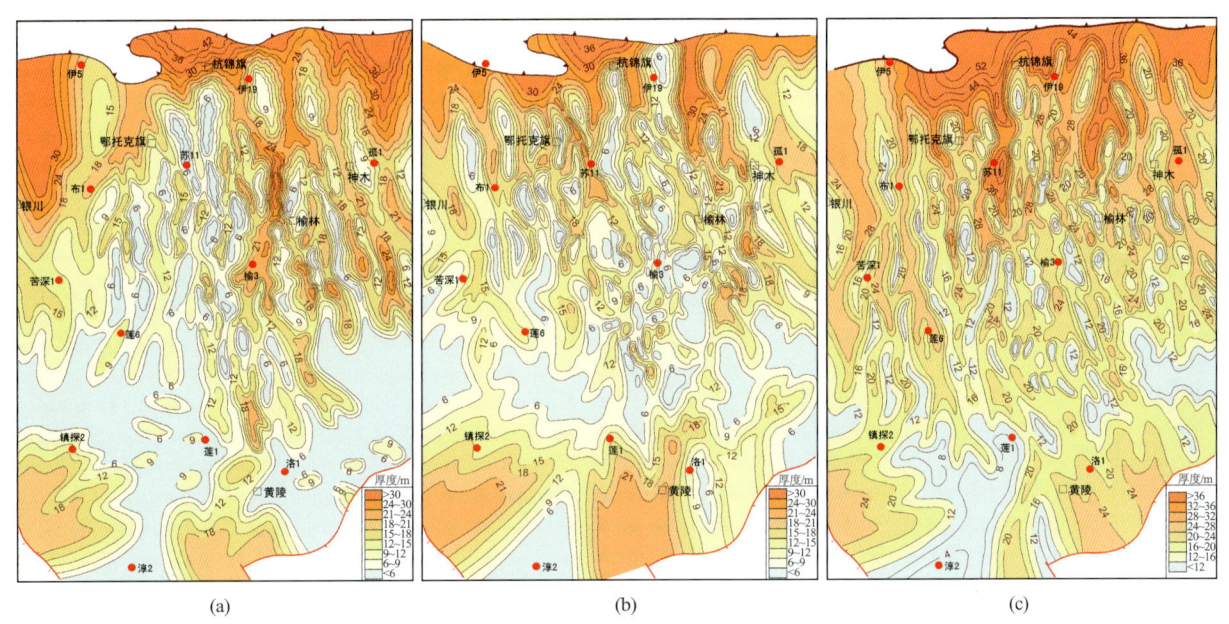

图 10-4　鄂尔多斯盆地上古生界山 2 段—盒 8 段砂体等厚图
（a）山 2 段；（b）山 1 段；（c）盒 8 段

鄂尔多斯盆地受区域构造不断隆升与基准面相对下降控制，山 2 至盒 8 期盆地南北物源体系对峙推进，湖盆范围不断缩小，河流-三角洲体系由南北两个方向向湖盆中心不断推进，发育一系列的辫状河道、三角洲平原分流河道。砂体叠加厚度大，河道侧向迁移、摆动频繁，砂体大面积复合连片。

（三）储集层

通过鄂尔多斯盆地上古生界碎屑岩储层储集性及含油气性的分析研究，认为低孔渗大型气田碎屑岩储层总体具有以下特点：

含气层位多，鄂尔多斯盆地上古生界石千峰组—本溪组已发现10个油气产层或显示层，从石千锋组千5段到本溪组均获得了工业气流。

储层储集相带丰富、储集体类型多样，河道砂体、分流河道砂体、水下分流河道砂体和滩坝砂体均可形成优质储层。

低孔渗大型气田碎屑岩储层砂岩粒度粗、岩石类型丰富，以中-粗粒度为主，储层基本组分普遍具有双重性即骨架组分稳定、填隙物组分复杂多变的特征，这种特征决定了储层成岩作用复杂性和储层物性强非均质性。

孔隙结构复杂，溶蚀孔隙是低孔渗大型气田碎屑岩储层的主要储集空间，储层平均孔隙度 $4\% \sim 10\%$，渗透率 $(0.01 \sim 1) \times 10^{-3} \mu m^2$，储层物性总体上较差，属低孔渗和特低孔渗储层（图10-5）。孔隙结构复杂、孔隙类型多样且分区、分层位性明显，山西组2段—太原组主要发育粒间孔型石英砂岩储层，山1段—盒8段主要发育溶孔型石英砂岩储层（图10-6）。

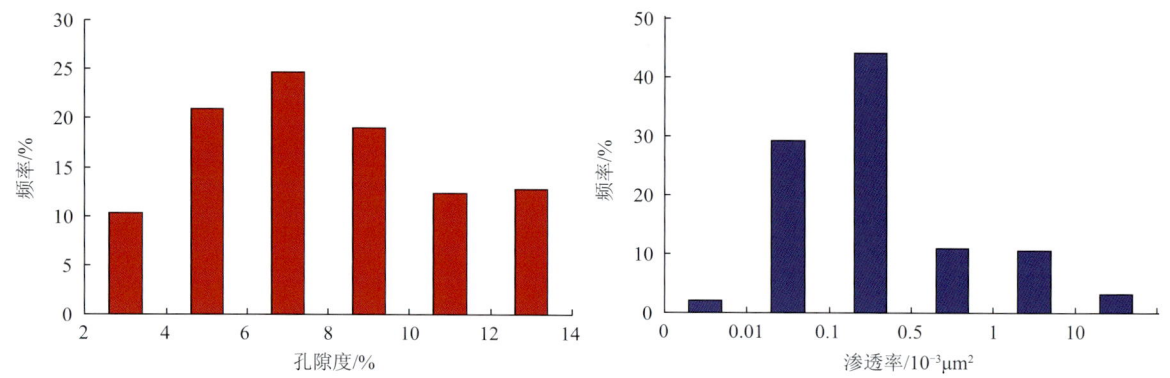

图 10-5　鄂尔多斯盆地上古生界盒8段孔渗分布直方图

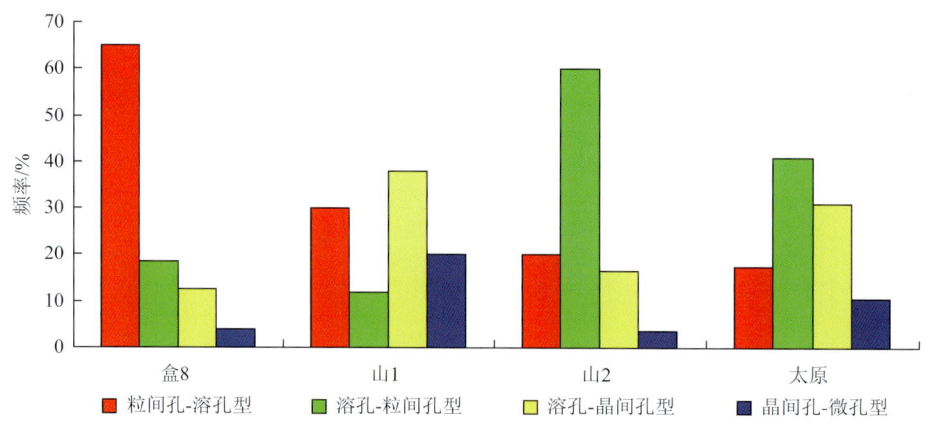

图 10-6　鄂尔多斯盆地不同层位砂岩储层的孔隙类型图

（四）源储配置关系

鄂尔多斯盆地上古生界主要发育山 2、太原和本溪组三套烃源岩，储集层主要为盒 8、山 1 和山 2，同时在太原组和本溪组也发育有利的储集砂体，形成两类主要源储配置关系，即源储垂向叠置（如本溪—山 2 生，山 1—盒 8 储）和源储交互发育（如本溪—山 2 自生自储），在相对高渗砂体与致密砂体、泥岩之间构成良好的储盖组合关系。

二、有利勘探领域

鄂尔多斯盆地上古生界源储叠置和源储交互式生储盖组合，有利于大面积岩性圈闭的形成，为大面积岩性气藏的形成创造了条件。结合上古生界天然气成藏特点、分布规律及勘探和认识程度，将鄂尔多斯盆地上古生界岩性气藏发育区划分为 6 个有利勘探区带，其中苏里格、高桥和神木 - 米脂 3 个区带为 I 类区带，该类区带是当前现实的勘探区带，也是近期储量增长的主要地区；盆地西南部、西北部和东南部 3 个区带为 II 类区带，该类区带是需要加快和积极准备勘探的有利区带（图 10-7）。

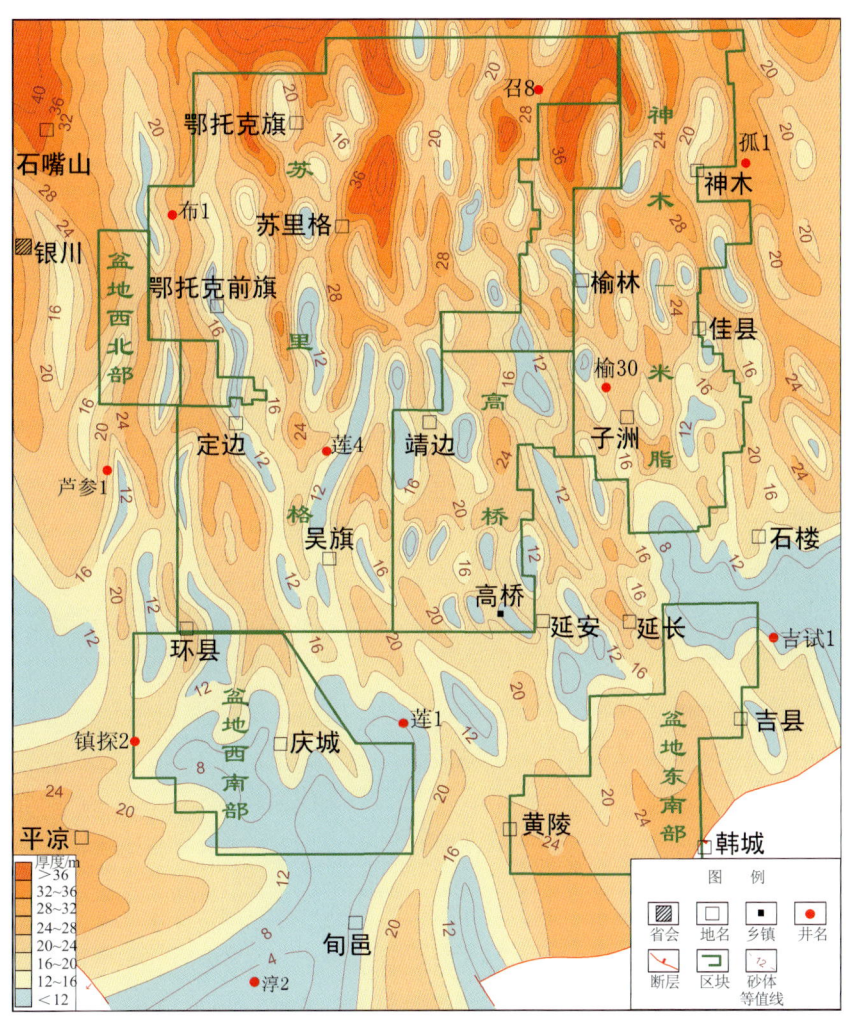

图 10-7 鄂尔多斯盆地石盒子组 8 段砂体及勘探区带划分图

1. 苏里格地区

苏里格地区位于盆地中北部,西接天环向斜,北抵伊盟隆起南段,东接榆林气田,勘探面积约 $4 \times 10^4 km^2$,大规模天然气勘探始于2000年,主要勘探目的层系为石盒子组、山西组。2006年底,中国石油天然气集团公司做出了进一步加大苏里格地区天然气勘探的决定,制定了"十一五"末苏里格地区新增基本探明储量 $2 \times 10^{12} m^3$ 宏伟目标。自2007年以来,苏里格地区平均年新增探明和基本探明储量 $5000 \times 10^8 m^3$,是上古生界增储上产的最为现实的勘探区块。

苏里格地区成藏条件优越,大部分地区生烃强度处于 $(10 \sim 20) \times 10^8 /km^2$ 之间,预测资源潜力 $3800 \times 10^8 m^3$。沉积研究表明,该区块沉积物源主要来源于盆地北部,主力产气层山1段—盒8段为河流三角洲沉积,河道砂体大面积复合连片,分布稳定。有效储层单层厚度一般 $5 \sim 12m$,累计厚度一般 $15 \sim 30m$,储层岩性为中粗粒石英质岩屑石英砂岩和石英砂岩,普遍发育粒间孔和溶孔(图10-8),主力气层盒8段砂岩孔隙度一般为 $6\% \sim 10\%$,平均 8.59%,最高 21.24%;渗透率一般为 $(0.05 \sim 10.0) \times 10^{-3} \mu m^2$,平均 $1.51 \times 10^{-3} \mu m^2$,最大 $561 \times 10^{-3} \mu m^2$,整体上以 I-II 储层发育为特点。

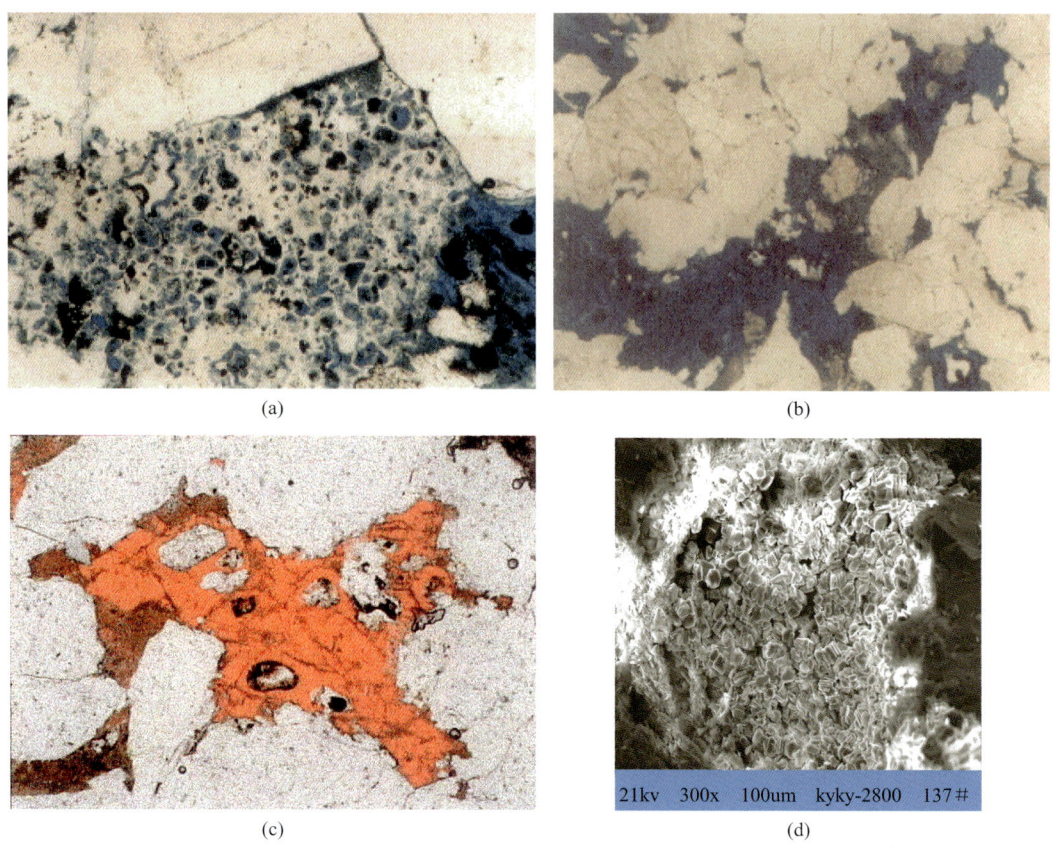

图 10-8 不同类型次生孔隙特征图
(a) 凝灰岩屑粒内溶孔(苏18井,盒8段,32×);(b) 扩大的缝、长条孔隙(苏6井,盒8段,32×);
(c) 凝灰质溶蚀超大孔(苏6井,盒8段,32×);(d) 凝灰岩屑高岭石晶间孔(盟6井,盒8段,32×)

2. 高桥地区

该区位于靖边气田南部，有利勘探面积 11 500km²，勘探主要目的层为上古生界石盒子组盒 8 段、山西组山 2 段及下古生界奥陶系风化壳，兼探山西组山 1 段、本溪组。天然气总资源量 $10\,000\times10^8\mathrm{m}^3$。

石盒子组盒 8 期高桥地区与苏里格地区属于同一沉积体系，是苏里格辫状河三角洲体系向南的延伸，发育缓坡型浅水三角洲，主要为三角洲前缘水下分流河道沉积砂体，厚度 15～30m，分布稳定（图 10-6）。储层岩性以中粗粒石英砂岩为主，孔隙类型以溶孔、粒间孔为主，平均孔隙度 8.4%，平均渗透率 $0.81\times10^{-3}\mu\mathrm{m}^2$，物性较好，与苏里格气田具有类似的储集条件。气层沿主砂体带分布，由北向南多层叠置，横向连片性较好，分布稳定，宽度 5～10km，厚度 6～10m，具有大面积含气的特点。其中陕 99、陕 282 井试气获得 $40\times10^4\mathrm{m}^3/\mathrm{d}$ 以上的工业气流，表明区内局部发育高产富集区，区内已提交盒 8 段控制地质储量 $581.53\times10^8\mathrm{m}^3$，预测地质储量 $233.65\times10^8\mathrm{m}^3$，储量升级潜力大，是区内主力勘探层段之一。

山西组山 2 段发育海相三角洲前缘水下分流河道砂体，厚 8～22m（图 10-9），储层岩性为中粗粒石英砂岩，物性、含气性较好，具有与榆林、子洲气田类似的成藏条件。陕 301 井山 2_3 解释含气层 10.5m，试气获 $6.93\times10^4\mathrm{m}^3/\mathrm{d}$（AOF[①]）的工业气流，已提交山 2 段控制地质储量 $423.89\times10^8\mathrm{m}^3$，预测地质储量 $821.22\times10^8\mathrm{m}^3$，具有良好的勘探潜力。

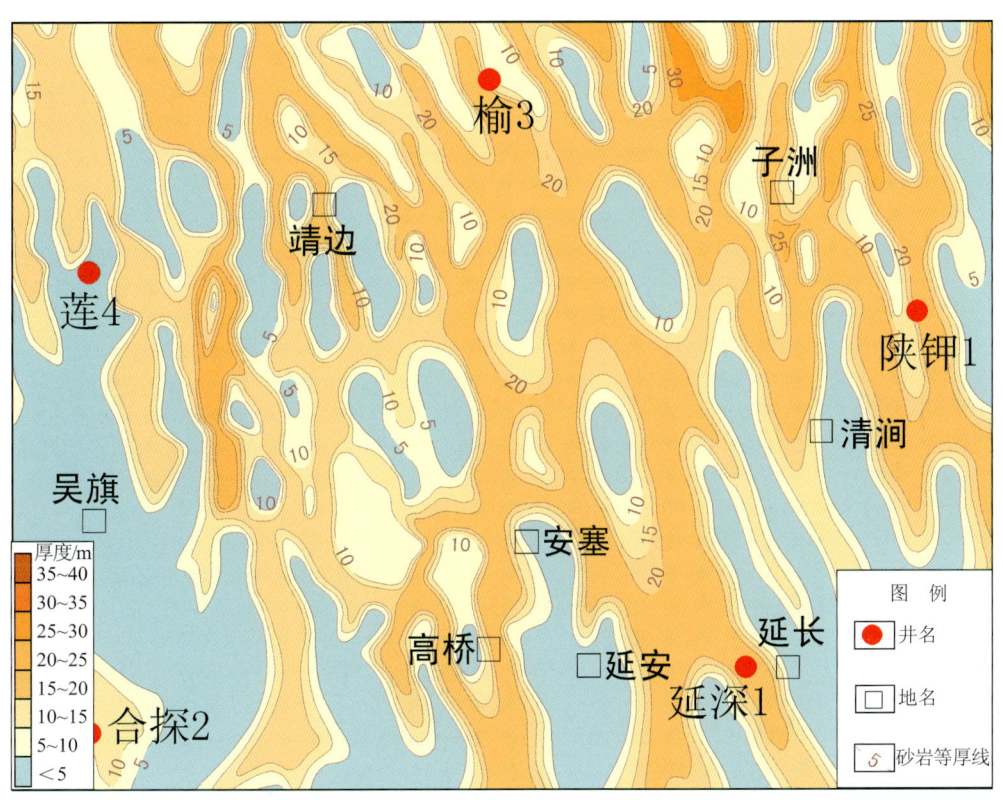

图 10-9 鄂尔多斯盆地高桥地区山 2 段砂岩厚度图

---

① 绝对无阻流量

3. 神木 – 米脂地区

神木 – 米脂地区位于盆地东北部，西接榆林气田，北抵伊盟隆起东段，南至薛家峁，勘探面积约 15 000km²。主要勘探目标为太原组、山西组山 2、石盒子组盒 8 岩性气藏，兼探石盒子组盒 3—盒 7、石千峰组千 5 及奥陶系马家沟组气藏。天然气总资源量 $15 000 \times 10^8 m^3$。

神木 – 米脂地区位于上古生界生烃中心附近，生烃强度达 $(20 \sim 50) \times 10^8 m^3/km^2$，气源较充足，是油气运聚的有利区。上古生界石炭—二叠系发育河流、三角洲砂岩储集体，并与分流间湾泥岩相间分布，具有埋藏浅、多层系复合含气等优越条件，是天然气储量增长的重要后备目标区。

石盒子组盒 8 发育河流三角洲砂体，砂体侧向迁移摆动频繁，多期砂体叠置，砂体横向连片性好，厚度一般为 15 ～ 25m，分布稳定。储层岩性主要为中 - 粗粒岩屑石英砂岩，发育岩屑溶孔、粒间孔、高岭石晶间孔，平均孔隙度 8.3%，平均渗透率 $0.51 \times 10^{-3} \mu m^2$，物性较好。石盒子组盒 8 含气普遍，是储量增长的有利目的层系。

山西早期发育海相三角洲沉积，形成了与榆林、子洲气田储层同期的砂体。山 2 主要发育三角洲前缘分流河道砂体，砂体规模较小，厚度变化较大。砂体厚 5 ～ 10m；储层岩性以岩屑石英砂岩为主，主要发育岩屑溶孔、粒间孔，平均孔隙度 7.6%，平均渗透率 $0.55 \times 10^{-3} \mu m^2$，物性较好。

太原组沉积期海相浅水三角洲分流河道砂体发育，砂体呈近南北向展布，厚 10 ～ 15m，宽 10 ～ 20km，分布比较稳定。储层以岩屑石英砂岩为主，主要发育颗粒溶孔及粒间孔，平均孔隙度 8.7%，平均渗透率 $0.93 \times 10^{-3} \mu m^2$，物性较好。成藏条件优越，气层分布稳定，含气普遍。

除太原组、山 2、盒 8 普遍含气外，区内还发育山西组山 1、石盒子组盒 3—盒 7，石千峰组千 5 等多套含气层系，形成复合叠置的岩性气藏群。

4. 盆地西南部

盆地西南部勘探面积 14 500km²，天然气总资源量 $8200 \times 10^8 m^3$。主要勘探目的层为石盒子组和山西组，兼探奥陶系马家沟组。区内完钻探井 9 口，两口井获得工业气流，其中镇探 1 井在上古生界山 1 段测试获 $5.46 \times 10^4 m^3/d$（AOF）工业气流，表明该区上古生界具有良好的天然气勘探潜力。

该区处于上、下古生界生烃中心西南部。上古生界煤系烃源岩较发育，生烃强度普遍大于 $12 \times 10^8 m^3/km^2$；下古生界烃源岩主要为海相碳酸盐岩和泥页岩，厚度较大。镇探 1 井在二叠系山西组—太原组钻遇煤层厚 7.8m，暗色泥岩厚 51.0m，有机碳含量 2.3% ～ 4.1%，热演化已达过成熟阶段，生气条件较好，显示该区古生界具备较好的气源供给条件。

上古生界石千峰组、石盒子组、山西组砂岩较发育，砂岩总厚度和单层厚度较大，有利于大型砂岩岩性气藏的形成。镇探 1 井石千峰组、石盒子组、山西组、太原组发育砂岩 55 层，总厚度达到 103.5m。其中山 1 含气砂岩厚 9.0m，岩性为浅灰白色中 - 粗粒岩屑石英砂岩。气层发育特征与苏里格地区类似，主力含气层段山 1、盒 8 储集砂体与下伏的煤系烃源岩有效配置，天然气近距离运移成藏，有利于形成致密砂岩气藏（图 10-10）。

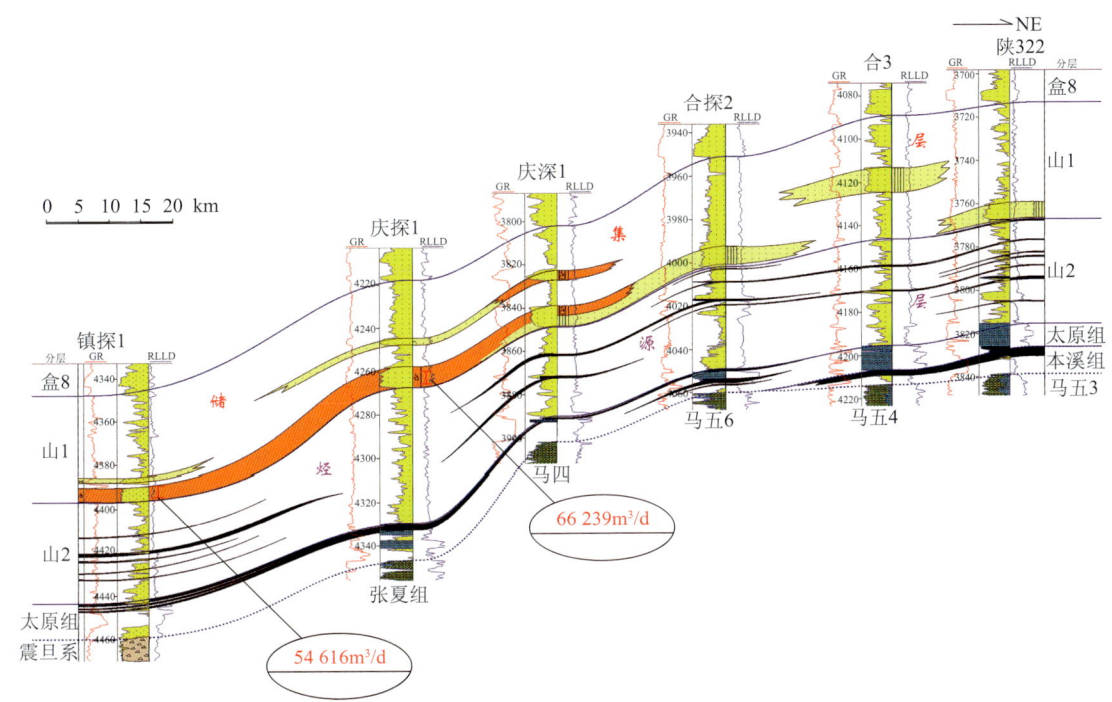

图 10-10　镇探 1 井 - 庆深 1 井 - 陕 322 井源储配置剖面图
资料来源：长庆油田内部资料。
注：RLLD 指测井深侧向电阻率

5. 盆地西北部

盆地西部横跨天环坳陷和伊陕斜坡两大构造单元，勘探面积 6500km²，拥有天然气总资源量 $4000×10^8m^3$。勘探目的层主要为山西组山 1 段—石盒子组盒 8 段，兼探奥陶系。

上古生界盆地北部二叠纪沉积相与苏里格相似，以河流 - 三角洲沉积为主，广泛发育河控三角洲沉积体系。储集体岩性以细 - 中粒石英砂岩、岩屑石英砂岩为主，碎屑成分以石英为主。填隙物主要为高岭石和伊利石，局部自生石英胶结较为强烈。孔隙类型主要为高岭石晶间孔、粒间溶孔、粒内孔和粒间孔。

石盒子组盒 8 砂体以辫状河三角洲平原亚相为主，发育河流相中 - 粗粒石英砂岩储层，砂岩厚度 10～20m。平均孔隙度 7.6%，平均渗透率 $0.51×10^{-3}\mu m^2$，具有一定的勘探潜力。

山西组山 1 段砂体以曲流河三角平原亚相为主，河道与边滩沉积砂体为有利储层。砂层厚 10～15m，岩性为石英砂岩，局部物性和含气性较好。

6. 盆地东南部

盆地东南部勘探面积 12 000km²，总资源量 $3600×10^8m^3$。完钻的 14 口探井和评价井中上古生界含气显示普遍，两口井获工业气流。

该区处在上古生界生烃中心南端，石炭—二叠系煤层厚度 3～8m，暗色泥岩厚 30～70m，石炭系灰岩厚 2～18m。其中煤层有机碳含量达 73.6%～83.2%，为区内主要烃源层，生气强度为 $(15～45)×10^8m^3/km^2$，烃源条件较为有利。

盆地东南部宜川地区晚古生代以来，以北部物源体系的三角洲分流河道沉积砂体为主，砂岩厚度变薄，岩性变细，储层岩性为中-细粒石英砂岩；黄龙地区晚古生代主要接受来自古秦岭的物源供给，河流由南向北在富县-宜川一线注入湖区。有利储集砂体主要发育于二叠系山西组山1段—石盒子组盒8段，砂体厚度可达10～20m，孔隙度8%～11%，渗透率（0.20～0.62）×10^{-3} μm^2；山1砂体厚度可达5～12m，岩性为浅灰色岩屑砂岩与灰白色长石岩屑砂岩。孔隙度5%～10%，渗透率（0.12～0.43）×10^{-3} μm^2。

盆地东南部本溪—太原组海相石英砂岩作为一个新的勘探层系，具有良好的成藏条件。该区处于华北海沿岸砂坝的东南端，沿岸砂坝砂体发育，同时，源储一体，有利于油气的富集成藏，具有良好的勘探潜力。

第二节 下古生界碳酸盐岩大型气田勘探领域

鄂尔多斯盆地下古生界碳酸盐岩大型气田勘探领域有利勘探面积6×10^4 km^2，资源量2.43×$10^{12}m^3$（中石油第三次资源评价），其主要勘探层系为奥陶系马家沟组，已发现靖边大型气田，探明储量6265.35×10^8m^3。

一、基本地质条件

（一）烃源岩

上下古生界两个生、排烃中心叠合分布，是靖边气田形成的关键因素。从生、排烃中心的分布来看，奥陶系生排烃中心位于靖边、榆林、延安一带，面积25 000km^2，排烃强度（9～15）×$10^8m^3/km^2$；石炭、二叠系生、排烃中心位于乌审旗、富县、吴堡一带，面积50 000km^2，排烃强度大于12×$10^8m^3/km^2$。由于受构造-热体制的影响，生排烃时间具有南早北晚的特点。生、排烃较晚的乌审旗、靖边地区，恰好与奥陶系生、排烃中心叠合，构成生、排烃主体带，为盆地中部奥陶系风化壳古岩溶储集体提供了充足的气源。

（二）古地貌

加里东期长期强烈的风化淋滤和溶蚀改造作用，在奥陶系马家沟组顶面形成沟壑纵横、槽台相间的岩溶古地貌。受当时西高东低古构造格局的影响，由西向东依次发育古岩溶高地、古岩溶斜坡、古岩溶盆地等古地貌单元。其中岩溶斜坡是岩溶储层发育的有利部位，斜坡地带，地势起伏大，为地下水的径流区，斜坡底部为地表水和地下水的排泄中心，水循环条件有利于岩溶发育；岩溶斜坡经历了层间岩溶、风化壳岩溶和压释水岩溶的叠加改造，形成了分布广泛的孔、洞、缝储集空间。其中层间岩溶的发育，导致溶蚀孔洞的分布具有层状延伸展布的特征；风化壳岩溶的发育，进一步加大了孔、洞、缝及岩溶管道和沟槽网络的发育；埋藏期，压释水岩溶的形成，改变了风化壳水化学环境，伴随烃类的成熟，有机质脱酸基作用产生的压释水进入风化壳，通过对前期岩溶孔隙的调整改造，使岩溶储层总体表现为在低孔低渗背景上，存在着孔、渗性较好的优质储层。

（三）沉积环境

沉积相奠定了天然气储层形成的基础，已探明的天然气藏，均分布在有利岩相带。早奥陶世马家沟期，盆地中部普遍发育了蒸发潮坪沉积。由于振荡运动导致了潮坪沉积的多旋回性，纵向上形成了一套频繁交替的微相韵律和向上的递变序列。即潮下 - 潮间 - 潮上的全旋回相律组合及潮间 - 潮上的半旋回相律组合。这些相律组合的上部不仅发育了蒸发岩类沉积，而且随着微相韵律的纵向递变，具有层状发育的特点。并且有着特定的岩性组合，尤其在次生孔隙的产状方面更为突出。在含膏云坪、藻泥云坪微相带中的白云岩，是发育溶蚀孔洞的重要岩石组合；在云坪、灰云坪微相带中的白云岩，是发育晶间孔、晶间溶孔的重要岩石组合；在云灰坪、泥云坪微相带中的白云岩，是发育微裂缝的主要岩石组合。这些岩石组合在奥陶系风化壳不同层位、不同区带的广泛分布，构成了不同孔隙类型的发育基础。平面上，沉积微相的展布，虽与古地形有一定关系，但变化的总趋势仍然遵循了瓦尔索相律的特点。从陕北坳陷到中央隆起区，依次呈现出泥云坪 - 藻泥云坪 - 灰云坪 - 藻泥云坪加含膏云坪这样一个微相演化系列。从而在盆地中部南北一线形成了长约 200km、宽 30～40km 的有利微相带，为天然气储层大面积展布奠定了基础。

（四）储层

古岩溶塑造了风化壳储集体，在不同地史阶段，奥陶系顶部先后发育了层间岩溶、风化壳岩溶和缝洞系岩溶这三期古岩溶的叠加发育，造就了缝洞分布广泛的风化壳储集体。

层间岩溶的发育，依附于沉积旋回的顶部，旋回层一旦暴露，便可发育层间岩溶，从而使白云岩中的易溶矿物首先被选择性溶蚀，暴露的周期越长，溶蚀的深度和广度就越大。纵向上由于受双层结构的古水文条件制约，在沉积层中形成渗流、潜流、扩散流三个带，控制了岩溶作用。横向上由于沿沉积相带的展布方向延伸，具有层状发育的规律。

风化壳岩溶发育广泛，作用时间长。大气淡水的长期淋滤，导致了碳酸盐岩和蒸发岩类的强烈溶蚀。在层间岩溶的基础上进一步发育了溶孔、溶洞和溶蚀管道，使岩溶空间的规模达到了高峰。孔隙发育率的统计表明，层间岩溶阶段孔隙发育率为 20%，风化壳岩溶阶段孔隙发育率达到 40%，可见风化壳岩溶对天然气储集体的形成具有决定性作用。缝洞系岩溶的形成，改变了地下水的水动力和水化学条件，使岩溶环境由开放体系转变为封闭体系。特别在海西运动之后，奥陶系风化壳进入深埋藏阶段。随着温、压的增高，有机质脱羧基作用产生的压释水进入风化壳，进行调整性溶蚀改造。随着埋藏的继续加深，岩溶水的 pH 值急剧向碱性转化，最终因抑制水化学反应的进行，使岩溶空间趋于定型。由此表明，缝洞系岩溶的发育，既有一定的溶蚀作用，为烃类的进入提供了载体，同时又使岩溶空间向成岩致密方向演化，导致岩溶储集体呈现出低孔、低渗大面积分布的特点。

（五）源储配置

古生界存在两套烃源岩，即下古生界中、下奥陶统海相碳酸盐岩和上古生界石炭—二叠系发育的海陆过渡相含煤地层。其中下古生界烃源岩主要为奥陶系海相碳酸盐岩，上古生界石炭—二叠系烃源岩主要为煤层、暗色泥岩，两套烃源岩在古风化壳上下广泛分布，为大气田的形成提供了丰富的气源。

三叠系沉积末期，印支运动使盆地古构造面貌由西高东低变为南高北低的格局，上覆石炭—二叠系有机质成熟脱羧基作用产生的压释水，沿铝土质泥岩缺失地区注入风化壳，对储集空间进行调整性溶蚀改造，与上覆石炭系沉积的泥岩形成古地貌遮挡。在环绕东部岩溶盆地的岩溶阶地与石炭系不同层位接触，因而在石炭系砂岩与奥陶系古风化壳接触的部位，形成天然气运移的"窗口"，使石炭—二叠系烃源岩为古风化壳成藏提供了充足的气源，为形成大面积展布的风化壳气藏奠定了基础。

二、有利勘探领域

鄂尔多斯盆地奥陶系沉积时"三隆（伊盟古陆、中央古隆起、韩城古陆）二鞍（天池鞍部、黄龙鞍部）一坳陷（米脂坳陷）"的古构造背景，控制了由西向东3个呈弧形展布的有利储集相带（图10-11、图10-12），即东部古岩溶风化壳、中部白云岩体和西部礁滩-岩溶洞穴储集体。综合地质研究和勘探实践，认为东部古岩溶风化壳弧形带无论从已有勘探成果还是成藏地质条件分析，都具有良好的勘探前景，是勘探最现实的领域。西部风化壳与白云岩体复合弧形带礁滩-岩溶洞穴储集体勘探程度很低，野外及地震资料揭示台缘带的存在，生物礁和岩溶洞穴云岩较为发育，勘探前景值得重视。中部白云岩体弧形带发育储集性能良好的白云岩储层，但成藏条件复杂，值得进一步探索。

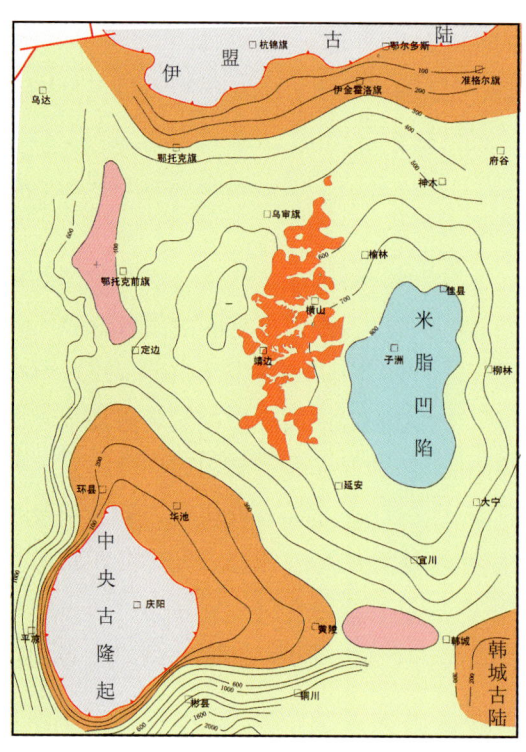
图10-11 盆地奥陶系马家沟期古构造图

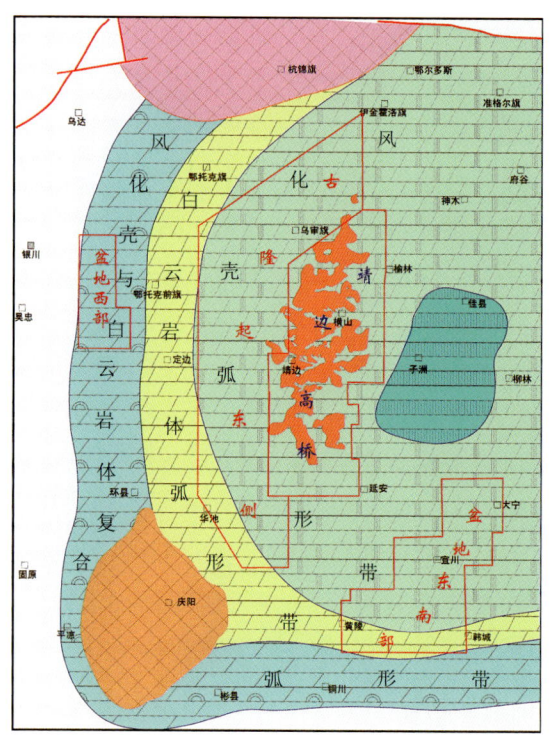
图10-12 盆地奥陶系马家沟期岩相古地理

（一）靖边 – 高桥

该区位于风化壳弧形带中部，有利勘探面积 15 000km²，勘探主要目的层为马家沟组上部风化壳（马五$_1$—马五$_4$），兼探上古生界石盒子组盒 8、山西组山 2 段及山西组山 1 段、本溪组。发现并探明了下古生界最大的气田——靖边气田，天然气总资源量 14 600×10⁸m³。

靖边潜台具有良好的成藏地质条件，发育上、下古生界两套烃源岩。上古生界山西组、太原组煤系烃源岩厚度近 100m，残余有机碳含量 2%～2.5%，每层厚约 5～20m；奥陶系马家沟组碳酸盐岩烃源岩厚约 300～500m，残余有机碳含量 0.25%。奥陶系烃源岩厚度大，有机质类型好（I-II 型），但丰度低；石炭 - 二叠系烃源岩厚度小，有机质类型差（III 型），但丰度高。处于古岩溶地貌的岩溶高地 - 斜坡，溶蚀孔洞型储层较为发育，局部储层物性、含气性较好，主力含气层段马五地层保存较全，马家沟组马五期发育硬石膏结核白云岩坪和含硬石膏结核白云岩坪有利沉积相带有利于后期岩溶储层发育，为风化壳气藏的形成创造了条件。马五$_1$—马五$_3$成岩古地貌潜台圈闭气藏，东侧为古地貌遮挡，东北部为成岩遮挡，气藏的直接顶板为石炭系本溪组铝土质泥岩，保存条件优越。钻探表明马五$_{1+2}$主力气层分布稳定，储层厚度马五$_1$约 7m，平均有效厚度 5.15m。平均孔隙度 4.4%，平均渗透率 0.58×10⁻³μm²，含气性较好。陕 347 井马五$_{1+2}$钻遇气层 3.4m，试气获 31.16×10⁴m³/d（AOF）的高产工业气流，表明马五$_{1+2}$含气面积落实，并向西扩大，具有较好的勘探前景。同时，发现了马五$_4$新的含气区。完试的陕 356 井马五$_4^1$钻遇气层 2.6m，试气获 21.10×10⁴m³/d（AOF）高产工业气流，说明该区马五$_4$具有一定的勘探潜力（图 10-13）。

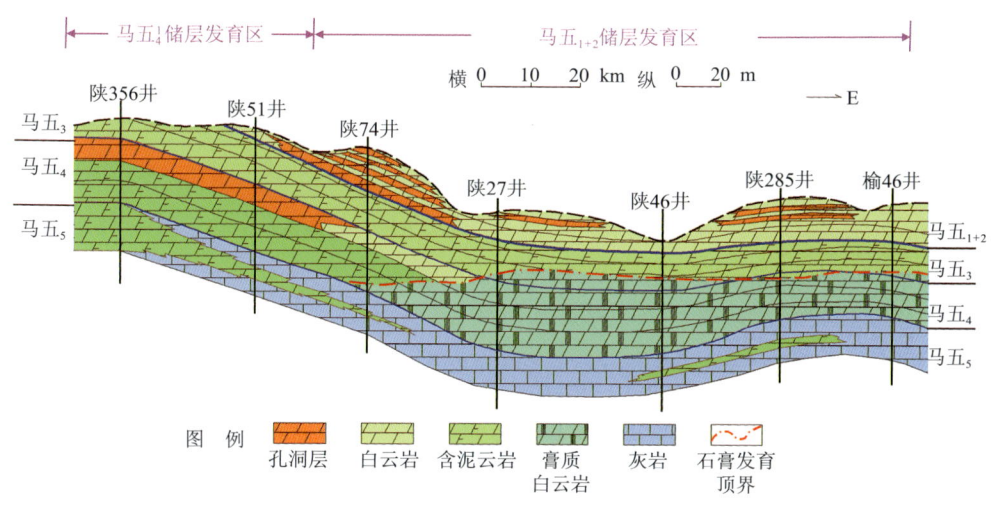

图 10-13　风化壳岩溶发育剖面图

（二）古隆起东侧

该区位于靖边气田西侧，有利勘探面积 22 000km²，勘探主要目的层为马家沟组上部风化壳（马五$_1$—马五$_4$）、马家沟组中下组合（马五$_5$—马五$_{10}$），兼探上古生界石盒子组盒 8、山西组山 2 段及山西组山 1、本溪组。已提交控制储量 2086.96×10⁸m³，天然气总资源量 8000×10⁸m³。

中央古隆起东侧奥陶系风化壳储层岩石类型多样，主要为一套泥-细粉晶准同生白云岩，普遍含石膏结核、石膏砂屑等易溶矿物，为溶蚀孔洞型储集空间的形成奠定了基础。储集空间类型主要为晶间孔及晶间溶孔、粒间孔及粒间溶孔和硬石膏结核铸模孔（核模孔），其中硬石膏结核铸模孔是马五段重要储集空间，各小层均有发育。风化壳储层孔隙多被白云石、方解石、硅质（石英）混合充填。白云石充填孔隙以半填充为主，晶间孔较为发育，有利于储集性能的提高。通过对比靖边气田、靖边西部充填物类型及孔隙特征发现，靖边西部孔隙充填物仍然以白云石为主，次为方解石，与靖边气田类似，对储集性具有明显影响的成岩作用以白云岩化、岩溶、胶结、交代、重结晶、压溶等作用为主。其中古岩溶作用、胶结、交代作用是对该区马五$_{1+2}$风化壳储层孔隙的形成与演化起到关键性的成岩作用，储层物性整体较好。

同时，该区发育马家沟组中下组合（马五$_5$—马五$_{10}$）气藏，通过中部组合（马五$_5$—马五$_{10}$）沉积演化史研究，钻井、地震相结合，精细刻画出多个滩体发育带，在深化白云岩化成因模式、分析成藏要素的基础上，明确了气藏的分布范围，优选出多个有利勘探目标。中组合马五$_5$期是盆地内一次的较大海侵期，沉积相带围绕盆地东部灰岩呈环带状分布；自东向西岩性分布呈现从以灰岩为主向以白云岩为主过渡的趋势，依次发育东部洼地、靖边缓坡、靖西台坪及环陆云坪，并在靖西台坪区发育台内滩相沉积。加里东期由东向西，马五$_{1+2}$—马五$_3$—马五$_4$—马五$_5$—马五$_6$等地层依次剥露地表，在马五$_5$白云岩剥露区，上古生界煤系烃源岩与晶粒白云岩储层直接接触，有利于白云岩气藏的形成。综合分析表明，马五$_5$中组合天然气富集区受控于靖西台坪颗粒滩高能相带的粗粉晶白云岩储层分布及上覆奥陶系残余地层厚度等因素，呈环带状分布。近期在靖西地区针对奥陶系中部组合，加大甩开勘探力度，地质研究结合地震预测成果，钻探落实了苏 127、苏 203、桃平 1 等 3 个有利勘探区。

（三）盆地东南部

该区位于风化壳弧形带东南部，勘探面积 12 000km^2，区块总资源量 3600×10^{8}m^3。完钻的 14 口探井和评价井中，10 口钻遇风化壳含气层，显示良好的勘探潜力。

该区发育上、下古生界两套烃源岩，石炭—二叠系煤层和暗色泥岩广泛发育，同时，发育 500～1000m 厚的寒武系-奥陶系碳酸盐岩，烃源条件非常有利。

该区奥陶纪马家沟期位于米脂盐湖南缘的中央古隆起北斜坡带，加里东风化壳岩溶期处于岩溶阶地建设性岩溶储层发育区。马家沟组顶部的潮坪相含膏白云岩、藻白云岩，通过准同生期的层间岩溶作用、风化壳岩溶作用和埋藏期酸性水岩溶作用等多重改造后，形成大面积展布的白云岩岩溶型储层。储层孔隙类型为晶间孔、晶间溶孔、溶孔（洞）、膏模孔、微裂隙等，孔隙度一般 3%～6%，渗透率（0.10～2.48）×10^{-3}μm^2；"十一五"钻探的宜 6 井马五$_{1+2}$解释含气层 4 段共 9.6m，平均孔隙度 2.41%，平均渗透率 0.10×10^{-3}μm^2，试气获 2.08×10^{4}m^3/d（井口）的工业气流；宜 6-2 井在马五$_{1+2}$和太原组合试获 5.82×10^{4}m^3（AOF）工业气流。通过进一步深化地质研究，该区天然气勘探有望获得新突破。

（四）盆地西部

该区位于风化壳与白云岩体复合弧形带中部，横跨天环坳陷和伊陕斜坡两大构造单元，勘探面积 6500km², 天然气总资源量 4000×10⁸m³。勘探目的层主要为石盒子盒 8 段、山西组山 1 段，兼探奥陶系。区内已有多口探井中钻遇岩溶洞穴型储层，其中余探 1 井试气获工业气流。

盆地西部祁连海奥陶系碳酸盐岩近期勘探发现新苗头，余探 1 井在克里摩里组钻遇缝洞型储层，测试含气 $3.46×10^4m^3/d$，显示该区下古生界具备天然气基本成藏地质条件，具有一定勘探潜力。

盆地西部受区域沉积岩相及风化剥蚀程度的影响，奥陶系顶部剥露地层的岩性在横向上有较大变化，以石灰岩为主。其中克里摩里组厚 0～140m，岩性以颗粒石灰岩为主，在台缘斜坡带，由于水动力较强，局部层段发育生屑灰岩、藻屑灰岩和砂屑灰岩等颗粒灰岩，为形成缝洞型储层奠定了物质基础，风化壳期该区处于定边—吴起岩溶高地部位，岩溶作用强烈。东高西低的古地貌格局有利于岩溶高地克里摩里组石灰岩层段发生顺层岩溶作用，形成缝洞型岩溶储层，是缝洞型储层发育的有利相带。地震与地质相结合，在奥陶系克里摩里组预测岩溶缝洞体 40 个，总面积 1525.85km²。

综上所述，第一弧形带内侧的靖边-高桥地区是鄂尔多斯盆地下古生界天然气勘探的最现实目标区；外侧的古隆起东侧发育马家沟组上部风化壳（马五$_1$—马五$_4$）、马家沟组中下组合（马五$_5$—马五$_{10}$），近期钻探效果良好，建议加大勘探力度，提交规模储量；盆地西部祁连海奥陶系构造高部位发育碳酸盐岩缝洞型储层，建议加强地震攻关，落实洞穴圈闭体，加强勘探风险评估。

第十一章 Chapter Eleven
塔里木盆地大型气田勘探领域

塔里木盆地是中国最大的沉积盆地（图11-1、图11-2），面积 $56 \times 10^4 \text{km}^2$，为叠合复合型盆地，天然气资源量 $7.96 \times 10^{12} \text{m}^3$，主要勘探层系为中新生界的新近系、古近系、白垩系、侏罗系以及古生界的寒武系、奥陶系。截至2010年底，已探明天然气储量为 $12\,044 \times 10^8 \text{m}^3$，控制储量 $6668 \times 10^8 \text{m}^3$，预测储量 $6743 \times 10^8 \text{m}^3$。依据区域构造特征与天然气成因特点，塔里木盆地大型气田勘探领域可划分为库车前陆区大气田勘探领域、塔中碳酸盐岩大气田勘探领域、塔西南前陆区冲断带大气田勘探领域以及塔东地区下古生界碳酸盐岩勘探领域。

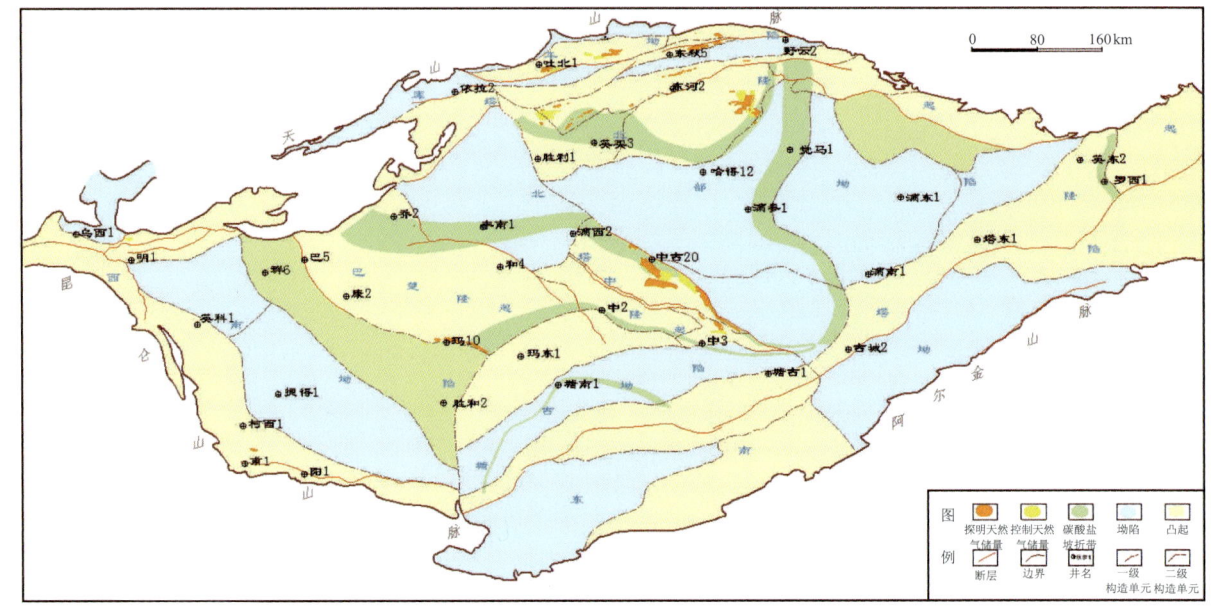

图 11-1　塔里木油田勘探成果图

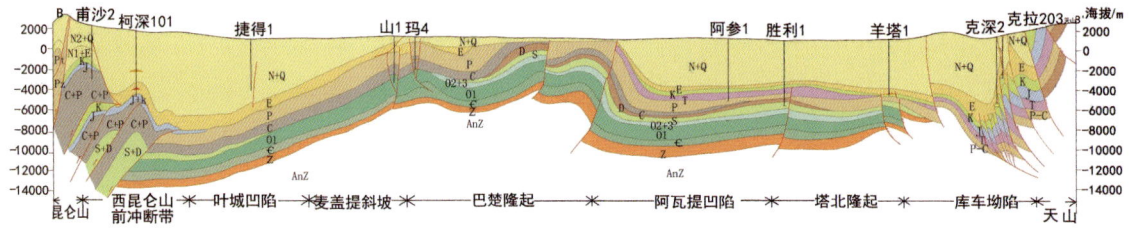

图 11-2　塔里木盆地叶城凹陷 - 巴楚隆起 - 阿瓦提凹陷 - 库车坳陷地质剖面

第一节 库车前陆区大型气田勘探领域

库车勘探始于 20 世纪 50 年代,早年主要针对浅层地表构造开展勘探,发现了依奇克里克油田。大规模的勘探则始于 20 世纪 90 年代,先后发现了牙哈等一批凝析气田。1997 年克拉 2 勘探的突破揭开了前陆冲断带盐下勘探新起点。截至 2010 年底,已发现克拉 2、大北、迪那、克深等一批大型气田,累计探明储量约 $6400 \times 10^8 m^3$,成为我国西气东输主要的资源基地。

库车前陆盆地勘探面积约 $35\,000km^2$,最新资源评价结果表明总资源量为 $4 \times 10^{12} m^3$。目前勘探主要集中在克深构造带,并在向西的博孜、阿瓦特、乌什地区以及东部迪北地区的勘探取得重大突破,揭示库车前陆区天然气分布富集具多种气藏类型并存、天然气广泛分布的特点。

一、基本地质条件

(一)气源条件

库车坳陷发育一套以湖沼相为主的三叠系—侏罗系烃源岩,分布面积 $12\,000 \sim 14\,000km^2$,总厚度为 $450 \sim 1200m$,从下到上分别是:三叠系黄山街组、塔里奇克组,侏罗系阿合组、阳霞组、克孜勒努尔组和恰克马克组。其中,塔里奇克组、阳霞组和克孜勒努尔组为湖沼相沉积,源岩为煤系地层的泥岩、碳质泥岩和煤,泥岩总厚度为 $420 \sim 570m$,煤总厚度为 $22 \sim 64m$,广泛分布的煤系烃源岩是库车坳陷大型气田的物质基础。

库车坳陷三叠、侏罗系成熟度普遍达到高—过成熟的演化阶段($R_o > 1.75\%$),以生气为主,且生气强度大。总生气强度大于 $100 \times 10^8 m^3/km^2$ 的面积超过 $10\,000km^2$,比世界上最富集天然气的西西伯利亚盆地的生气强度($60 \times 10^8 m^3/km^2$)还大。因此库车坳陷三叠、侏罗系烃源岩足以为形成特大型气田提供充足的气源。

(二)储层发育特征

库车前陆区发育从侏罗系到新近系多套砂岩储层,其中主要储层为白垩系巴什基奇克组、舒善河组、

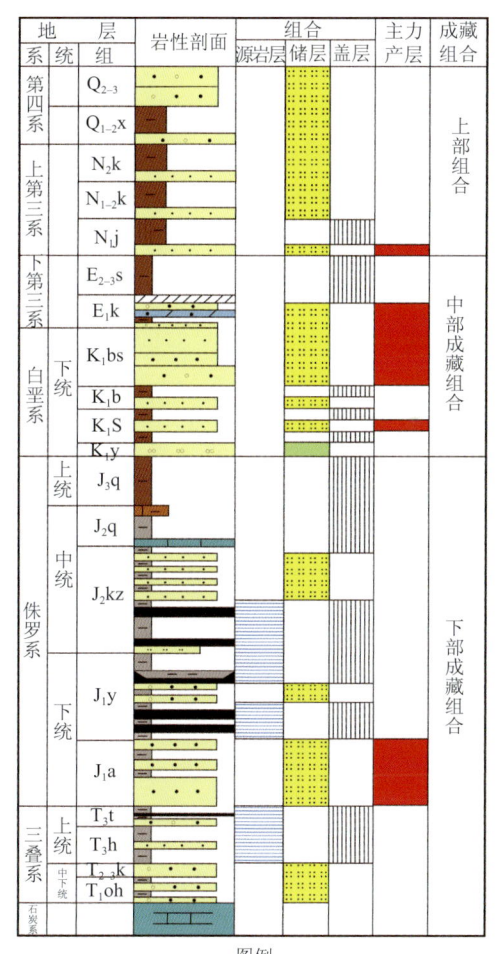

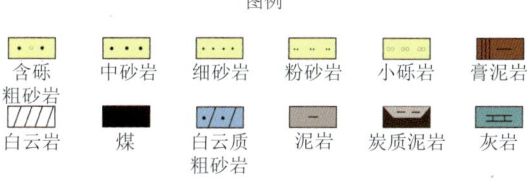

图 11-3 库车坳陷生、储、盖综合柱状图

侏罗系阿合组、阳霞组，古近系库姆格列木组（图 11-3）。

1. 沉积特征

阿合组在阳霞地区为快速沉降、快速沉积环境下形成的粗碎屑辫状河三角洲沉积，沉积亚相可以分为分流河道、河道间。阿合组沉积时期，物源主要来自北部的南天山，并分为北东、北西方向两个物源。北西方向物源范围较小，向湖盆延伸较短；北东方向物源向湖盆方向进积较远，分布范围广。该区阿合组发育辫状河三角洲平原和辫状河三角洲前缘两种亚相，无论是水上的平原部分还是水下的前缘部分均以发育分流河道微相为特征，河道间微相不发育，从早期到晚期，辫状河三角洲平原亚相范围不断缩小，前缘亚相范围扩大，表现为物源退积特征。阿合组早期（下砂砾岩段沉积时期），沉积物主要为浅灰色砂砾岩、含砾砂岩，并发育若干向上变细正旋回，为辫状河三角洲平原沉积，平原分流河道广泛发育。阿合组中期（上砂砾岩段沉积时期），主要沉积浅灰色含砾粗砂岩、粗砂岩，主体部分为辫状河三角洲平原分流河道沉积。阿合组晚期（砂砾岩夹泥岩段沉积时期），发育浅灰、绿灰色砂岩、含砾砂岩，其中夹数层灰绿色、深灰色泥岩或碳质泥岩，为辫状河三角洲平原分流河道沉积夹河道间沉积。

白垩系舒善河组在乌什凹陷主要存在两大沉积体系：南部受古木别孜断裂控制，形成了陡坡物源的扇三角洲沉积，西部为缓坡物源的辫状河三角洲沉积。神木 1 井为辫状河三角洲前缘亚相，乌参 1 井为扇三角洲前缘亚相，乌参 1 和神木 2 井处于两大三角洲体系交汇处。扇三角洲主要发育在温宿物源区，表现为扇体规模较小，横向变化较快，乌参 1 井和依拉 101 井虽均为扇三角洲沉积，但并不是一个扇体，也不是同一亚相。辫状河三角洲沉积主要发育在西部物源区，其代表为神木 1 井，白垩系舒善河沉积时期，温宿西部地势较为平缓，因而以辫状河三角洲沉积为主。

白垩系巴什基奇克组由北向南沉积相表现为冲积扇、扇三角洲或辫状三角洲、滨浅湖沉积体系。冲积扇及扇（或辫状）三角洲垂向上表现为多期扇体相互叠置，在平面上表现为多个扇体相互连接，这样形成的冲积扇-扇（或辫状）三角洲复合体直接进入湖盆，形成了纵向厚度巨大、横向连片的砂体（图 11-4）。

巴什基奇克组纵向可以分为三段。沉积早期（第三段）构造活动强烈，造山带隆升较快，沉积区与物源区有较大高差，坡度大。沉积物成熟度较低，古水流向由北向南，属于地形较陡的冲积扇-扇三角洲-滨浅湖沉积体系。巴什基奇克组第三段沿盆地北缘多个冲积扇三角洲在平面上相互连接而形成冲积扇三角洲复合体，沉积相沿东西向展布，南北向相带变化明显。物源自北向南，露头剖面上以冲积扇沉积为主，向南过渡为扇三角洲平原亚相，在克参 1-巴什 2 井以南为扇三角洲前缘亚相沉积，主要为水下分流河道微相沉积，夹有分流间湾沉积，河口砂坝发育较少（图 11-5）。巴什基奇克中晚期（第一段、第二段）构造活动较弱，造山带隆升较慢，随着填平补齐作用，古地形变得较为平坦，沉积物成熟度也较高，古流向由北向南，因地形坡角小表现为冲积扇-辫状河三角洲沉积体系。卡普沙良河-克拉苏河露头剖面一线为冲积扇沉积，向南至库北吐北 2-克参 1-巴什 2 一带以辫状三角洲平原亚相沉积为主，往南发育辫状河三角洲前缘亚相沉积，克深 2 井区主要为水下分流河道微相沉积，夹有分流间湾及少量河口砂坝沉积（图 11-5）。

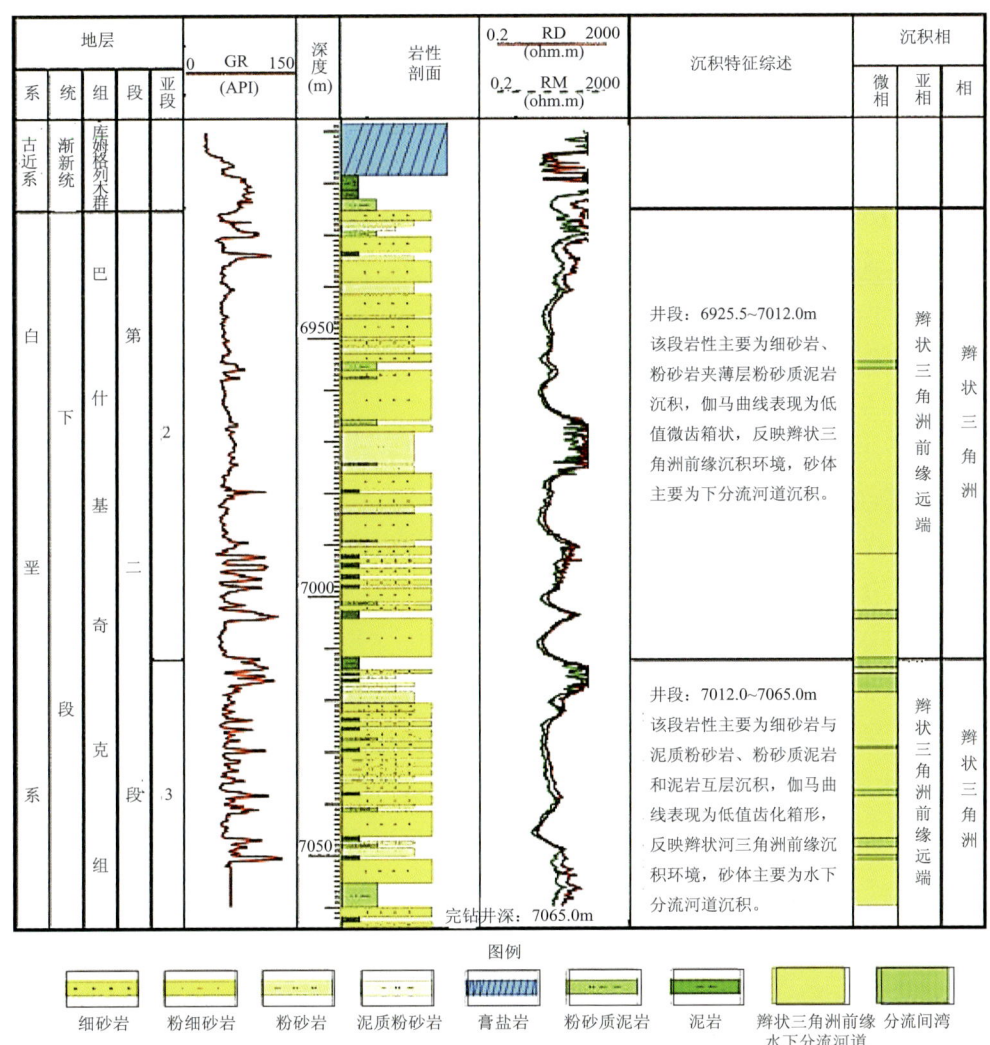

图 11-4 大北 301 井白垩系巴什基奇克组沉积相单井综合柱状图
1API=39.37A/m

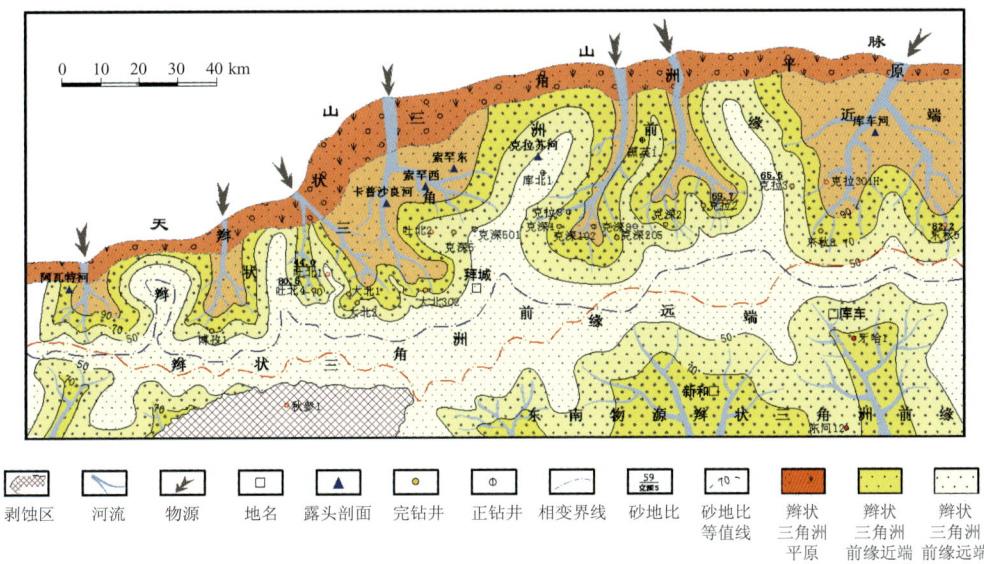

图 11-5 塔里木盆地库车坳陷克拉苏构造带白垩系巴什基奇克组第二段沉积相及岩相平面展布图

2. 储层特征

阳霞地区侏罗系阿合组厚层砂岩储层主要以岩屑砂岩为主，岩石颗粒较粗，以砾岩、含砾粗砂岩、不等粒砂岩为主。填隙物含量平均为6.8%～9.5%，主要由杂基组成，杂基的成分以泥质、铁泥质为主；胶结物主要为硅质胶结、方解石胶结。储层的储集空间主要为粒间杂基溶蚀孔，其次是长石、岩屑溶蚀孔，储层整体致密，但微裂缝发育。从迪北地区阿合组纵向上储层发育特征来看，顶部物性较底部的好；从平面上来看阳霞东部地区的依西1、克孜1井的储层物性较差，平均孔隙在3%以下，往东逐渐变好，在明南1井地区达到最高值，其平均孔隙度在16%左右，而东部吐格尔明地区物性又逐渐变差。

乌什地区白垩系储集岩类型包括细砂岩、粉砂岩、含砾砂岩和砂砾岩，产层段储层主要为细砂岩及含砾砂岩。储层为岩屑砂岩，其中石英含量平均为43%，长石含量平均为3%，岩屑含量平均为54%。岩心平均孔隙度为9.02%，测井解释储层段平均孔隙度为9.04%，为一套低孔低渗、特低孔特低渗砂岩、砂砾岩储层。神木1井舒善河组储层总体成岩压实强烈，孔隙不发育，面孔率一般为0.5%～7.8%，以原生粒间孔为主。镜下薄片观察还发现，粒间孔主要发育在石英质中粗砂岩及石英质砾状砂岩中；而砂砾岩则分选差，粒间孔不发育；岩屑含量较高的砂岩中粒间孔也不发育，局部见一些高岭石晶间孔。根据岩心孔隙度测试，孔隙度为2.44%～12.22%，平均7.15%；渗透率在（0.02～26.94）×10^{-3} μm^2，平均2.98×10^{-3} μm^2。乌参1井岩心平均孔隙度为9.27%。平均渗透率为3.78×10^{-3} μm^2。这些砂体为扇三角洲前缘的辫状分流河道充填，物性较好，但总体上仍属于低孔低渗储层。

克拉苏地区白垩系巴什基奇克组储层物性主要受控于沉积相与埋藏深度。三角洲前缘亚相是储层最有利储集相带，具有分选好，杂基含量低，颗粒支撑的特点，库车前陆冲断带及其斜坡带均位于该相带内。冲积扇和三角洲平原亚相表现为粒度粗，分选差，混杂堆积的特点，其物性较差，但这类相带仅分布在北部露头区较窄的范围内。

埋藏深度对储层物性影响也较大，由于库车前陆盆地属于低温盆地，且是200万～500万年晚期快速深埋，因此原生孔隙保存的深度下限较深，6000m以下还保存有一定的原生孔隙。在4000m以内，主要以原生孔为主，孔隙度高，一般为12%～20%，4000～6000m以原生孔与次生溶蚀孔为主，孔隙度为6%～15%，6000～8000m，以次生溶孔为主，孔隙度为3%～9%。

克深-大北-博孜地区是库车坳陷近期主要勘探区带，储层埋深多在6000m以下，储层致密，储集空间主要为残余原生粒间孔、粒间溶孔和裂缝，裂缝发育是本区获得高产气流的重要条件，储层类型为裂缝-孔隙型、孔隙型。岩心、测井资料物性统计表明：大北、克深地区白垩系巴什基奇克组砂岩储层孔隙度主要为3.0%～9.0%，渗透率主要为（0.01～0.1）×10^{-3} μm^2，孔渗相关性较好，基本属于低孔低渗-低孔特低渗储层。平面上储层岩性、物性均变化较小；纵向上看，随着深度的增加，巴什基奇克组储层孔隙度、渗透率呈逐渐变小的趋势。

裂缝是白垩系深层储层的重要储集空间。根据岩心观察和成像测井分析，区内巴什基奇克组储层构造裂缝非常发育，主要为未充填的高角度缝和网状缝。

平面上，东部克拉2气田白垩系巴什基奇克组第一段-第三段发育齐全，且有效储层厚度大。中西部大北-克深地区白垩系巴什基奇克组第一段被剥蚀殆尽。第二段与东部克拉2气田相比，地层厚度有减薄趋势。相应地，有效储层厚度也减薄。第三段全区分布稳定，厚度相当。

垂向上，库车东部克拉 2 气田白垩系巴什基奇克组有效储层主要分布在第一段、第二段及第三段上部；中西部大北 - 克深地区白垩系巴什基奇克组有效储层主要分布在第二段及第三段的中上部，各区块内部储层横向展布稳定。

（三）构造圈闭

1. 构造特征

（1）构造单元

库车坳陷可划分为 7 个次级构造单元（图 11-6）。这些构造单元均呈 NEE 向条带状展布，整体上呈向南凸出的弧形，宏观上构成"两隆夹一坳"的构造格局。

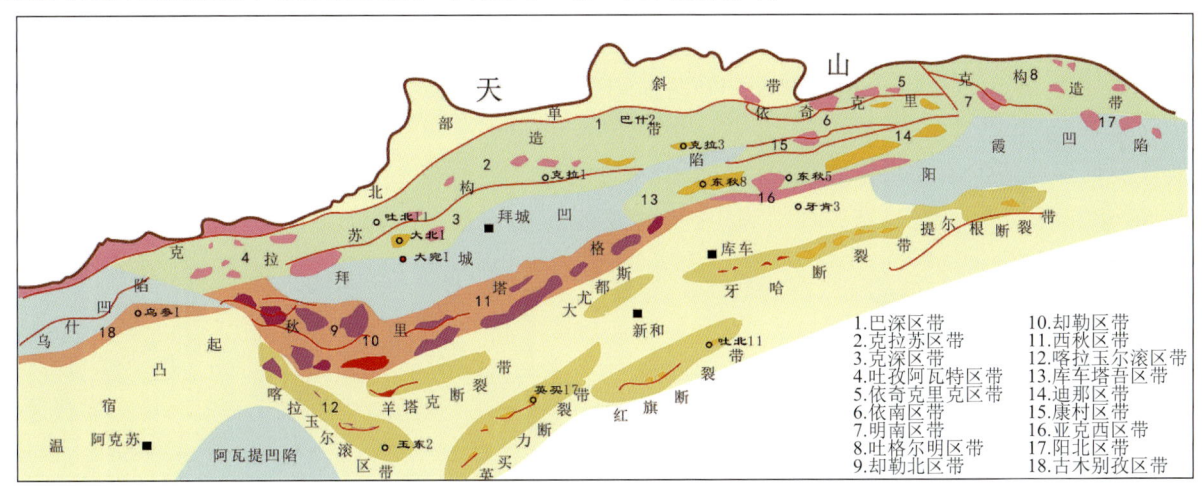

图 11-6　库车前陆盆地区带划分与圈闭分布图

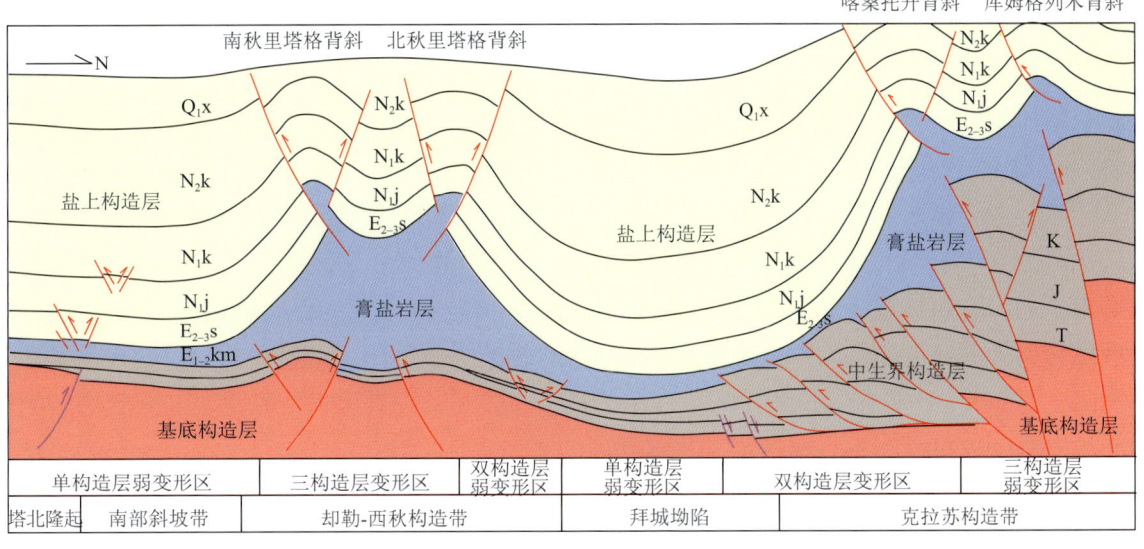

图 11-7　库车坳陷区域构造模式图

（2）构造变形特征

库车坳陷构造变形具有"整体挤压，分层变形"的特征。"整体挤压"是指在南天山与塔里木板块近南北向区域挤压作用下，克拉苏构造带和却勒-西秋构造带的盐上层、膏盐岩层和盐下层整体受到挤压，都发生了构造变形，只是由于与南天山距离的不同、卷入变形地层的能干性不同等原因，形成了不同的构造样式；"分层变形"是指由于厚层的古近系库姆格列木群塑性膏盐岩层的分隔，盐上新生界与盐下中生界分层变形，可形成不同的构造样式，但盐上地层、膏盐岩层和盐下地层的变形是相互关联的"三位一体"关系（图11-7）。

库车坳陷可划分为三个构造变形层：盐上层构造变形系统、中生界构造变形系统和盆地基底变形系统。强烈构造变形区为三构造变形层，中等强度构造变形区为双构造变形层，弱构造变形区为单构造变形层。强烈构造变形区发育基底卷入收缩构造，中等、弱构造变形区发育盖层滑脱收缩构造。克拉苏构造带为双构造层变形区和三构造层变形区。盐上构造层表现为两个断层冲破的滑脱背斜，深层的两条高角度基底卷入逆冲断层可能诱导了盐上层两个滑脱背斜的发育。三构造层变形区盐下主要以两条高角度基底卷入逆冲断层为主导，并在断层下盘发育捷径断层。双构造层变形区盐下是以含煤地层或盆地基底为滑脱面形成的薄皮叠瓦构造。却勒-西秋构造带为三构造层变形区和双构造层弱变形区。盐上构造层为共轭剪切诱导形成的两个滑脱背斜，并在后期被断层冲破。三构造层变形区中生界与基底由于共轭剪切，形成对冲构造、背冲构造；盆地基底不起滑脱作用，中生界与基底共同变形，构造形态一致。双构造层弱变形区盆地基底仅发生了有限的滑脱，逆冲断层向下终止于盆地基底面。

2. 构造演化

库车前陆盆地构造演化主要分中生代、古近纪—新近纪挤压前陆两个演化阶段。构造演化序列如下：

（1）早三叠世—晚三叠世早期：盆地同沉积构造变形阶段。晚二叠世挤压变形后，库车坳陷发育塌陷型伸展盆地，同时有同生正断层形成。

（2）晚三叠世晚期：区域隆升阶段。受印支运动影响，库车-南天山发生区域隆升，南天山相对强烈，向南至盆地内部减弱，并造成三叠系及更老岩层的广泛剥蚀，形成了塔里木北部侏罗系—白垩系与下伏岩层的不整合接触。三叠纪末的隆升可能与岩石圈内部的热作用有关，但并没有发生显著的区域挤压收缩构造变形。

（3）侏罗纪—早白垩世：裂陷伸展盆地阶段。印支运动后，岩石圈板块冷却引起的应力松弛和地壳均衡，形成裂陷伸展盆地。沉积中心可能位于南天山山前。侏罗系同沉积期可能发育有正断层，但是并没有形成大型地堑、半地堑构造。侏罗系沉积后可能经历过一次短暂的区域隆升和沉积间断，白垩系沉积期区域伸展作用减弱，沉积盆地表现为区域坳陷特征。

（4）晚白垩世：区域隆升阶段。库车坳陷晚白垩世发生区域性隆升，缺失沉积，形成古近系与下白垩统及更老岩层的不整合接触关系。

（5）上新世—第四纪：再生前陆盆地阶段。在区域挤压作用下发育的再生前陆盆地，库车组、西域组发育有大量的同沉积逆冲断层、同沉积褶皱。近SN向的挤压作用使库车坳陷的盐下层、盐岩层和盐上层同时发生复杂的收缩构造变形。盐下层形成多条逆冲断层，部分断层可能是早期正断层发生反转的结果。盐上层总体表现为以盐岩层为滑脱层的褶皱构造变形，其中同沉积背斜相对紧闭，并发育破冲断层，向斜相对宽缓，成为盆地沉降-沉积中心。盐岩层在盐上层、盐下层的不协调构造变形中起滑脱层作用，在盐下层的基底逆冲断层下盘、盐上层的背斜核部加厚。

二、有利勘探领域

依据油气分布特征、圈闭发育情况、资源量等区带评价条件，库车坳陷有利区带主要为大北-克深地区、博孜-阿瓦特地区、西秋构造带、阳霞致密砂岩气区、乌什地区、克拉苏背斜带（图11-8）。

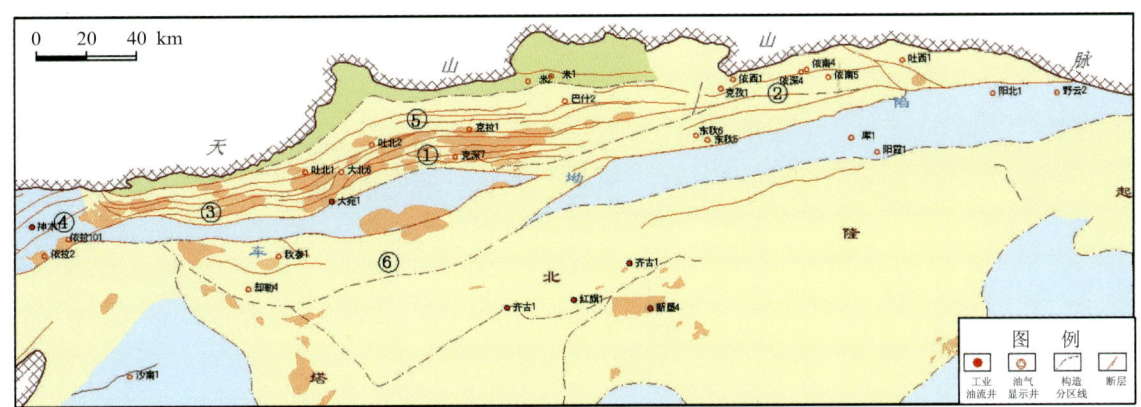

图 11-8　库车前陆区有利区带分布图
①大北-克深地区；②阳霞致密砂岩气区；③博孜-阿瓦特地区；④乌什地区；
⑤克拉苏背斜带；⑥西秋构造带

（一）大北–克深地区

1. 大北–克深 5 段

包括大北及克深 5 至构造带走向转换部位。该段西部盐层较厚，变形强烈，形成大宛齐盐丘，东部克深 5 段发育大型盐刺穿；盐下以基底卷入型断裂为主。大北 1 气田的钻探证实该段盐层及盐下构造变形较强，盐下发育的断块间垂直断距大，而水平断距较小。该段发育幅度较大的背斜、断背斜、断块型油气藏。除已发现油气的大北 1、大北 201、大北 103、大北 201 等 7 个断块外，该区段还发现 4 个圈闭，总面积 229.5km²，天然气资源量 $3769.16 \times 10^8 m^3$、石油资源量 $116.5 \times 10^4 t$。

2. 克深 1–克深 2 段

范围从克深 5 号构造向东延伸到克拉 2 号构造与克拉 3 号构造之间，断裂走向为近东西向。该区盐层较厚，变形较强烈；盐下以基底滑脱型断裂为主。该段构造应力集中，克拉苏断裂表现为高角度北倾逆冲断层，断距达 4000m，具有典型的犁式断层的特点。在克拉苏断裂下盘盐层骤然加厚，再往南又逐渐减薄。克深区带盐下发育 6～8 个断片，断片之间垂直断距大，水平断距小，除在局部发育背斜圈闭外，该段主要发育幅度大的断背斜。该区段尚有 8 个未钻探圈闭及圈闭显示，总面积 417.1km², 天然气资源量 9214.53×10⁸m³。

3. 克拉 3 段

该段包括克拉 3 号构造及其以东的部分，断层近 EW 走向。该段盐层较薄，主要发育断层传播褶皱；盐上构造层与盐下构造层变形基本一致，发育同轴背斜。总体而言，相对于克深 1~2 段断裂系统，该段具有水平和垂直断距都逐渐变小的特点。该段膏盐岩层以膏岩为主，盐岩厚度薄，其膏盐岩层变形较弱。该段往东逐渐收敛，仅发育 2~3 断片，由于受断层影响较小，发育面积较小的完整的长轴背斜圈闭。该区段发现圈闭及圈闭显示 3 个，总面积 41.2km²，天然气资源量 194.04×10⁸m³。

（二）博孜-阿瓦特地区

西至乌什 1 号构造以西，东至博孜构造，主要包括吐孜阿瓦特和博孜构造集中段。博孜构造区克拉苏断裂以北发育规模较大的盐刺穿，以南盐层厚度薄，变形较弱，主要发育冲断叠瓦构造，盐下深部发育 4 排断块，断块间垂直断距较小，水平断距较大，具有明显双重构造特点。盐下发育低幅度构造。

从博孜到吐孜阿瓦特盐层逐渐加厚，吐孜阿瓦特盐层厚度为 600~1200m。由于受南天山挤压及喀拉玉尔滚走滑断层双重影响，构造变形较博孜区强，发育冲断叠瓦构造。该区段发现圈闭及圈闭显示 10 个，总面积 328.2km²，天然气资源量 3869.08×10⁸m³，石油资源量 14653.4×10⁴t。

（三）西秋构造带

西秋构造带古近系盐下构造样式以相对完整的低幅度背斜或断背斜为主，主体为双峰式背斜，南北两个高点，部分区域被断层分割成若干个断背斜，向东西两端延伸逐渐变为一个背斜，西段为由北向南逆冲的两条边界断层控制，东段由两条背冲的边界断层控制。西秋 1、西秋 2 号构造代表了该区带典型的构造样式。该区块圈闭落实程度较低，发现圈闭及显示 13 个（不含西秋 4、西秋 10），总面积 324km²，天然气资源量 3262.15×10⁸m³，石油资源量 4436.5×10⁴t。

（四）阳霞致密砂岩气区

致密砂岩气主要分布在依奇克里克构造带的斜坡部位，已经在依南 2 井区提交的天然气预测储量 1600×10⁸m³。本区侏罗系阿合组砂体分布广、砂层厚，储层致密，但微裂缝十分发育，对储层物性的改善有重要作用，其中高角度裂缝发育区是致密砂岩气富集区。有利的致密砂岩气区面积 3380 km²，潜在天然气资源量 1.2×10¹²m³，凝析油资源量 7200×10⁴t。

（五）乌什地区

乌什地区位于库车前陆盆地的最西端，西起阿合奇的柯坪断隆，东接吐孜、阿瓦特构造带和秋里塔格构造带，北靠南天山造山带，南为温宿凸起。乌参 1 井和神木 1 井先后在白垩系获重大突破。2012 年底神木 2 井在舒善河组获得日产 120 吨高产工业油气流，从而使乌什地区白垩系的勘探进入一个新的发展时期，乌什地区已经提交天然气预测储量 1100×10⁸m³、凝析油预测储量

2860×10^4t。随着勘探的进一步深入，必将成为库车地区凝析油气储量增长的主要战场。

（六）克拉苏背斜带

克拉苏背斜带受控于克拉苏断裂，平面上呈NEE向条带状展布，东西长约230km，南北最宽约9km，北侧与北部单斜带相接，局部地区二者以断层相隔；南侧发育克拉苏断裂，克拉苏背斜带位于断层上盘，下盘为克深区带。

该区带局部圈闭埋藏浅、构造完整，勘探程度较高，已发现克拉2、克拉3两个气藏。由于克拉苏冲断带东西段所受构造应力存在差异，局部圈闭的发育也存在明显的分段性，东部应力较弱，圈闭保存相对完整；西段应力强，圈闭被破坏严重，局部断层发育，圈闭规模也较小。该区带目前发现圈闭及圈闭显示3个，总面积$60.9km^2$，天然气资源量$1021.83\times10^8m^3$，石油资源量254.18×10^4t。研究认为该区只有具有较厚的膏盐岩盖层与盐下完整背斜组合才具备形成气藏的条件。

第二节　塔中碳酸盐岩大型气田勘探领域

塔中勘探始于20世纪90年代，主要针对塔中大型古隆起与大型背斜构造进行钻探、获得塔中4等小型油气田。自2005年针对塔中I号台缘带礁滩体的勘探获得了极大成功。形成了在纵向上多层系、多类型，在平面上大面积叠置连片的大型气田。截至2010年底，累计探明储量约$4000\times10^8m^3$。

塔中勘探面积约50 000km^2，天然气资源为$50\,000\times10^8m^3$。目前主要勘探层系为鹰山组层间岩溶岩性油气藏为主，且近期在盐下寒武系白云岩勘探获得突破，预示塔中近年来新一轮的储量增长高峰。

一、基本地质条件

（一）区域构造特征

从构造体系上看，塔中主要受塔南前陆冲断的影响，一度成为塔南前陆盆地的前缘隆起和冲断褶皱带，同时也受塔西南前陆盆地体系和库车前陆盆地体系的影响。由于受到不同方向的构造应力，塔中的构造变形具有明显的走滑特征，断裂形态以帚状为特征。

下古生界构造格局表现为：构造带多呈NW走向，塔中1-8号和塔中5号断垒带的西段、塘北2号构造带则呈NE走向，构造带的整体展布具有向西发散、向东收敛的特征。中生界构造格局，因塔中1号东、西断裂、塔中10号断裂和塔中南缘等断裂的消失，其构造带的平面展布规律与下古生界相比略有变化，构造带继承了NW、NE走向和向西发散、向东收敛的平面展布特征，所不同的是由下古生界以断裂相关的构造带变为以鼻状构造带为主。

塔中隆起的断裂具向西发散、向东收敛，呈右行带状展布的特点。西部断裂一般向南逆冲，东部断裂一般向北逆冲。这种现象可能与盆地南缘阿尔金、东西昆仑的边界断裂走滑及塔南隆起、唐古孜巴斯凹陷的形成有关。中央断垒带对凸起两翼地层的发育及岩相带的分布起主要控制作用。古隆起早古生代形成后，晚古生代沿大型断裂带有活动改造，中新生代以后稳定埋藏，局部断裂受新生代塔西南前陆挤压冲断影响，断裂有所活动，如塔中中央主垒带断裂。

（二）油气源分析

塔中原油总体表现为混源特征。天然气以源于寒武系烃源岩的古油藏中原油的裂解气为主。

塔里木台地-盆地区主要主要发育寒武系—下奥陶统和中上奥陶统两套海相烃源岩，且在盆地内广泛分布。从塔中隆起原油生标特征来看，既有来源于寒武系的原油，也有来源于中上奥陶统的原油，表现为混源特征。

单体烃同位素反映烃类母源岩沉积环境与生源输入特征，受成熟度、运移分馏的影响程度较小，一般小于 3‰。塔中地区不同层系、不同构造部位的原油的正构烷烃单体同位素的分析结果表明，多数原油的单体烃同位素值为 –32‰~–33‰（图 11-9），反映多数原油成因相近。从生物标志物角度看，塔东 2（Ꞓ-O_1）、英买 2（O_1）井原油分别被认为是塔里木盆地代表性的寒武系与中上奥陶统成因原油，上述两口井原油单体同位素具有显著的差异，反映母源岩不同沉积环境与生源输入差异，进一步验证了其成因的差异。塔中多数原油介于这两类原油之间，充分反映塔中地区多数原油为混源油。

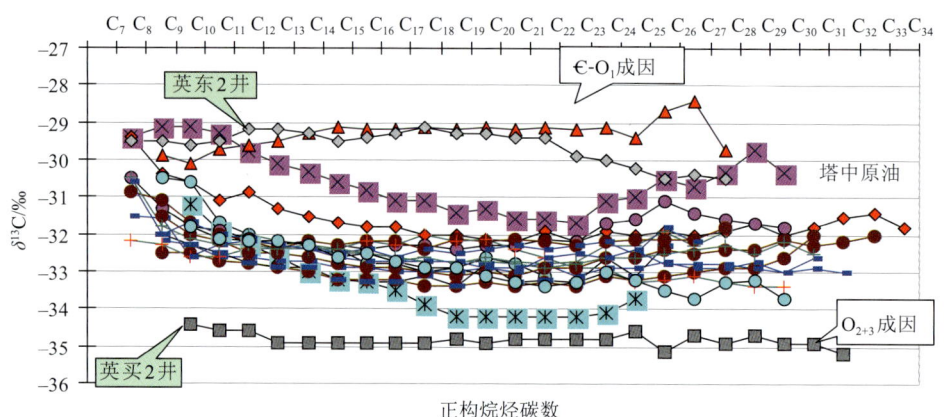

图 11-9 塔中部分原油的正构烷烃单体同位素特征

由于不同来源原油在单体烃同位素组成上具有明显的差异，可以通过单体烃同位素计算油气的混源比例，计算的公式为

$$\text{Mix(Ema)} = (\delta(\text{Mi}) - \delta(\text{Emb}))/(\delta(\text{Ema}) - \delta(\text{Emb})) \times 100 \tag{11-1}$$

式中，Mix(Ema) 为端元油 a 的混源量（%）；δMi 为原油 i 的测定同位素值；δEma 为端元油 a 的测定同位素值；δEmb 为端元油 b 的测定同位素值。

从塔中地区原油混源相对贡献结果（图 11-10）可以看出，随着深度的增加，寒武系—下奥陶统成因原油混合量增大。中古 17、中古 2、中古 16 井原油中寒武统—下奥陶统成因原油的含量估算分别高达 91%、84%、63%。个别浅理层系保存有较多的 Ꞓ-O_1 成因原油，如 TZ62 井志留系基本为 Ꞓ-O_1 成因。

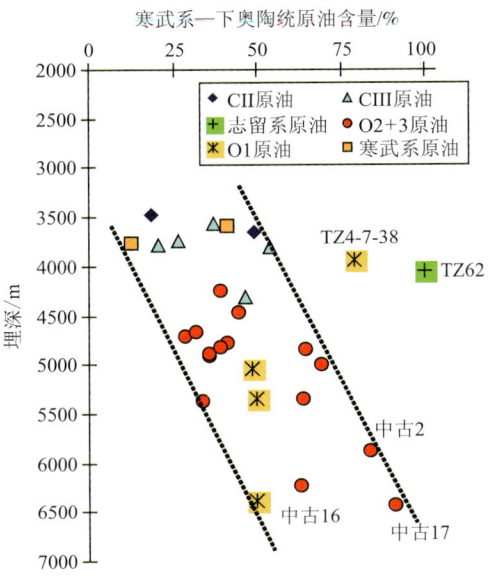

图 11-10 塔中地区原油混源相对贡献

塔中天然气主要为原油裂解气。目前，比较公认的干酪根裂解气（塔里木轮南 59 井、四川威 8 井）的甲烷碳同位素在 −34‰ 左右，比较公认的原油裂解气（塔里木盆地玛 4 井、英南 2 井，四川资 3 井）甲烷碳同位素在 −38‰ 左右，而塔中地区的天然气，甲烷碳同位素绝大部分轻于 −38‰，应该是以原油裂解气为主（图 11-11），源于寒武系为烃源岩的古油藏中原油的裂解。

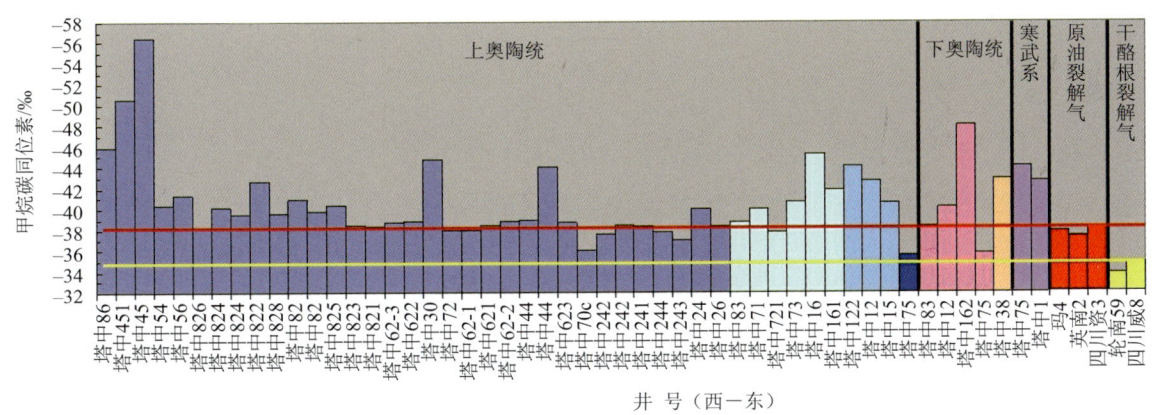

图 11-11 塔中天然气甲烷碳同位素分布图

（三）碳酸盐岩储层特征

1. 储层类型

塔中鹰山组储层以砂屑灰岩储层为主，占 45.25%；云质粒屑灰岩（主要为云质砂屑灰岩）次之，达到 23.32%；砂屑云岩和粒屑泥晶灰岩也较多，达到 10% 左右。储层最大孔隙度达 27.75%，最小孔隙度仅 0.17%，平均孔隙度为 1.7%。岩心渗透率为 $(0.002 \sim 58.9) \times 10^{-3} \mu m^2$，平均 $1.91 \times 10^{-3} \mu m^2$。整体分析认为塔中地区下奥陶统鹰山组岩心属于低孔、低渗储层，部分孔渗异常值为裂缝影响的结果。通过对塔中下奥陶岩心和铸体薄片及地震、钻井、测井信息分析，鹰山组碳酸盐岩储集空间主要有孔、洞、缝三大类，它们是油气赋存的场所。宏观储集空间包括洞穴、孔洞、裂缝。微观储集空间主要有粒内溶孔、铸模孔、粒间溶孔、晶间孔、晶间溶孔和微裂缝。

根据塔中奥陶系鹰山组储集空间组合特征将储层划分为四大类：孔洞型储层、裂缝型储层、裂缝-孔洞型储层和洞穴型储层。

根据测井储层解释统计，塔中西部中古 8 井区下奥陶统鹰山组洞穴型储层占 13.27%，孔洞型储层占 32.79%，裂缝-孔洞型储层占 47.07%，裂缝型储层占 6.87%，说明该井区储集层以裂缝-孔洞型和孔洞型储层为主；东部 83 井区奥陶系孔洞型储层占 2.1%，裂缝-孔洞型储层占 67.8%，裂缝型储层占 23.7%，洞穴型储层占 6.3%，说明该井区储集层以裂缝-孔洞型储层为主。

2. 储层主控因素分析

（1）高能粒屑滩是岩溶型储层发育的物质基础

塔中奥陶系鹰山组纵向上表现为台内滩、滩间海的多旋回组合，横向上主要以多期次台内滩沉积为主，滩间海次之，平面上多沿北东—南西向呈带状展布，多套大面积的滩体发育为优质储层形成提供了岩性基础。

通过对鹰山组测井解释、物性资料的统计，发现沉积亚相与孔渗存在一定的对应关系，总体上台内滩物性较好，平均孔隙度为 3.44%、渗透率为 $1.18 \times 10^{-3} \mu m^2$，滩间海的储层物性次之，平均孔隙度为 3.32%，渗透率为 $1.16 \times 10^{-3} \mu m^2$。灰泥丘中储层相对不发育。

沉积相控制了岩石的岩性和结构，从而控制了岩石原生孔隙的发育。鹰山组厚度大、分布广泛的台内滩的颗粒灰岩由于颗粒支撑作用形成大量的粒间孔、粒内孔，为岩溶型储层发育提供了物质基础。另外，原生孔隙的存在为后期组构选择性溶蚀奠定了基础，由于原生孔隙在胶结充填中多有残余通道，且充填物与颗粒间有薄弱带，在后期酸性流体的运聚过程中，有利于溶蚀作用发育。

（2）岩溶作用是形成优质储层的根本原因

① 风化壳岩溶作用。塔中东部 83 井区和西部中古 8 井区鹰山组上部发育大型不整合风化岩溶。鹰山组沉积前受加里东运动影响，缺失吐木休克组及一间房组，鹰山组顶部遭受大面积暴露淋滤，呈喀斯特地貌特征，沿不整合面形成准层状分布的大规模缝洞储集体，缝洞系统非常发育，串珠状地震反射特征清晰，形成了厚度大、横向连续性好的优质储层。风化壳储层岩溶系统纵向上分为垂直渗流带、水平潜流带和深部缓流带。垂直渗流带厚约 50m，溶蚀作用表现为沿裂缝发育的溶蚀孔洞，大型溶洞主要为落水洞，小型孔洞具有垂向不连续串珠状分布特点，溶蚀孔洞的延伸方向大多垂直层面。水平潜流带厚约 50 ~ 120m，大型孔洞发育，溶蚀孔洞的形态具有水平伸长状特点，裂缝开启程度高，溶蚀孔洞常沿裂缝呈串珠分布，二者之间连通性好。井区内有效储集体呈准层状分布在垂直渗流带和水平潜流带内，两个带厚度共约 160m。

② 埋藏岩溶作用。埋藏岩溶作用形成了大量的缝洞系统，有效改善了储层的储集性能。埋藏流体沿着裂隙-缝洞系统对灰岩进行改造，在下部层位表现为溶蚀作用，使灰岩孔渗性能增大，成为良好储层；而在上方一定层位表现为沉淀作用，沉淀物主要为方解石、硬石膏、石英等。塔中

83井区和中古8井区中下奥陶统鹰山组顶部由于不整合面岩溶作用产生一系列溶孔、溶洞，再加上后期的构造改造作用，在埋藏期进一步遭受溶蚀作用，几种作用常常叠加，从而形成局部分布的好孔洞层。

（3）构造断裂作用产生的裂缝和断裂提高了储层渗流性能，促进岩溶作用。

构造是控制古岩溶发育的最重要的因素之一。从奥陶系沉积至今，多次构造运动可形成多期裂缝，而在同一期的构造运动中又可产生不同的裂缝类型，并随其形成的先后顺序又可互相改造、切割。多期构造破裂作用所形成的裂缝成为储层的储集空间和渗滤通道，有效提高了储层的渗流性能，同时裂缝系统的产生有利于孔隙水和地下水的活动及溶蚀孔洞的发育，又促进了岩溶作用的进行，形成统一的孔洞缝系统，因此断裂发育带往往是储层最发育的地区。

值得一提的是垂直塔中I号坡折带分布的晚期（喜山期）走滑断裂活动，其断裂和裂缝系统不仅沟通了孔洞层，且伴随酸性水的进入，发生了多期的埋藏溶蚀作用，形成溶缝、串珠状溶孔、溶蚀孔洞，与先期残余孔洞一起构成新的储渗组合，不仅使孔隙度有所增加，而且大大改善了储层的渗流性能，为油气运移和聚集提供了良好的通道和空间。裂缝发育区的分布对高产油气井的分布具有控制作用。

（4）白云岩化对鹰山组储层的储集性能改善具积极作用。

构造作用不仅控制着风化壳储层的分布，由它所引起的构造裂缝和断层发育带同样是埋藏期酸性流体上移的重要通道，同时非渗透性岩层的屏蔽和阻挡对流体的汇集具有重要意义，与热液岩溶有关的储层通常发育在区域性盖层之下。

在塔中西部中古13井以北的地震剖面上，隆起带翼部有两条规模较大的走滑断层，相交成花瓣状，一般认为它们具有张扭性断层的特征，是热液流体的重要通道。在中古8井区良里塔格组底部渗透性较差的泥质灰岩层下，鹰山组渗透性较好的灰岩层是热液汇聚的部位，鹰山组中上部灰岩夹云岩层以及灰岩云岩互层，在热液作用下易进一步白云岩化。

白云岩化作用对提高岩层的储集性能有积极作用，井区内的中古11、中古15、中古21井的热液白云岩化作用特征明显，云质灰岩、云岩类岩石的储集物性明显变好。

二、有利勘探领域

（一）塔中I号台缘带

台缘带礁滩体主要发育于上奥陶统良里塔格组，礁滩复合体纵向多旋回叠置、横向多期次加积，厚度120～180m，沿台缘成群、成带分布（图11-12）。东西延伸220km，南北宽3～10km，有利勘探面积约1000km^2，剩余天然气资源量2000×10^{8}m^3，石油资源量1.5×10^{8}t。

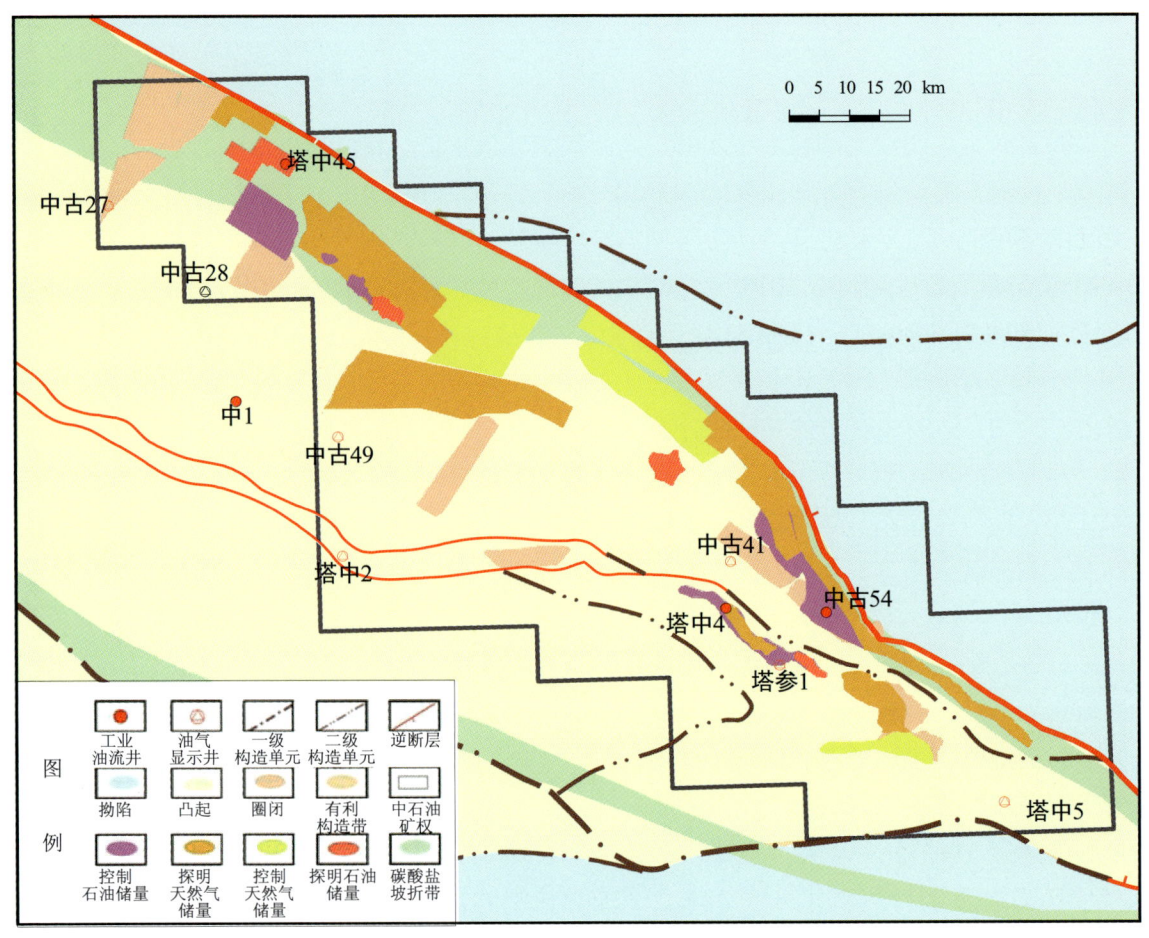

图 11-12 塔中 I 台缘带构造位置图

（二）塔中内幕鹰山组层间岩溶带

下奥陶统鹰山组发育受储层控制、横向连片、大面积分布的碳酸盐岩岩溶风化壳型油气藏。储层为大面积分布的风化壳岩溶储层，以裂缝 - 孔洞型、洞穴型储层为主，储集空间为孔、洞、缝。主要发育在风化壳以下 170m 以内的垂直渗流带与水平潜流带，在地震属性剖面上，鹰山组有利储层分布在风化壳顶面以下 60m 以内。储层主要受古地貌与断裂控制，沿构造高地围斜及断裂附近发育。

（三）深层寒武系

深层寒武系主要发育白云岩油气藏，勘探呈现良好苗头。储层主要发育在中、下寒武统两套白云岩中。中寒武统储层为膏质白云岩，储集空间为石膏铸模孔、晶间溶孔、粒间溶孔；下寒武统储层白云岩，储集空间以裂缝 - 孔洞型为主。中寒武统白云岩储层在塔中区域分布，下寒武统白云岩储层大面积分布。中深 1 钻探表明：中、下寒武统白云岩是塔中油气勘探战略接替领域。中深 1 区块中、下寒武统两套目的层总资源量约 $4000 \times 10^8 m^3$。

第三节　塔西南前陆区冲断带大型气田勘探领域

塔西南勘探始于 20 世纪 50 年代，直至 1977 年发现了柯克亚气田，但由于构造条件复杂，勘探长期未获得重大发现，截至 2010 年获得气田 1 个，探明储量 $350\times10^8\text{m}^3$。塔西南前陆冲断带具有与库车前陆冲断带相似的成藏条件，天然气资源量约 $20\,000\times10^8\text{m}^3$，具备形成大型气田的基本地质条件，是一个值得重视的勘探领域。

一、基本地质条件

（一）烃源岩发育特征

1. 侏罗系

侏罗系烃源岩集中分布在下侏罗统的康苏组和中侏罗统的杨叶组。康苏组以河流沼泽相为主，杨叶组以半深湖 - 深湖相泥岩为主。杨叶组厚度较大，一般在 300m 以上，最厚可达 700m。其有机质丰度较高，TOC 平均值为 2.37%，有机质类型以 II 型为主，III 型次之。康苏组烃源岩为薄层灰黑色碳质泥岩和煤线，厚度 25～38m。TOC 1.05%～24.68%，均值 8.36%。康苏组烃源 $T_{\max}$ 值主要为 440～510℃，相当于 R_o 值为 0.75%～2.0%，主要处于成熟 - 高成熟阶段。从露头剖面来看，喀什凹陷侏罗系烃源岩现今成熟度差异较大，凹陷北缘的侏罗系烃源岩 R_o 值一般在 0.52%～0.75%，主体处于低熟 - 成熟演化阶段；南缘且末干和库山河剖面 R_o 值为 0.65%，处于低成熟阶段；依格孜牙剖面 R_o 为 1.5%，有机质处于高成熟演化阶段。在凹陷内由于埋深增大，成熟度更高。

2. 二叠系

二叠系源岩主要分布于麦盖提斜坡、叶城凹陷以西及喀什凹陷西部地区。在乌鲁乌斯塘河以西称棋盘组，岩性为砂岩、泥岩、生物碎屑灰岩，厚度 282～565m。泥质烃源岩厚度在 150～300m。乌鲁乌斯河以东称普司格组，为一套深水湖泊、滨浅湖—三角洲相的沉积，是塔西南地区有利的烃源层。二叠系源岩有机碳含量平均为 0.33%～4.19%，源岩在阳 1 井最厚，可达 400m，塔西南山前坳陷下二叠统湖相烃源岩有机质类型主要为 II - I 型；而下二叠统海相烃源岩主要为 III 型有机质。喀什凹陷二叠系源岩主要处于成熟演化阶段；叶城凹陷西南缘二叠系处于高 - 过成熟演化阶段，叶城凹陷山前露头二叠系处于低成熟演化阶段，推测在凹陷内，烃源岩可能处于成熟 - 高成熟演化阶段。

3. 石炭系

石炭系有效源岩主要分布在巴楚断隆和麦盖提斜坡及塔西南地区，纵向上分布在石炭系巴楚组生屑灰岩段和卡拉沙依组砂泥岩段、含灰岩段。巴楚组生屑灰岩段为台地边缘 - 台缘斜坡相沉积，厚度为 30～56m，TOC 为 0.5%～1.89%，有机质类型主要为 II_2 型。卡拉沙依组砂泥岩段、含灰岩段属滨海湖泊 - 沼泽和近海河流 - 沼泽相沉积，在玛参 1 井最厚，可达 97m，岩性主要包括暗色泥岩、碳质泥岩及煤，烃源岩有机质丰度较高，有机质类型主要为 II_2 和 III 型。

古近纪末，除局部地区外，喀什凹陷石炭系烃源岩处于成熟阶段，R_o 为 0.7%～1.3%，以生油为主；随着上覆地层沉积，尤其是上新世 - 第四纪的快速堆积，石炭系烃源岩快速深埋，凹陷区石炭系普遍达到过成熟阶段，R_o 均大于 2.0%，最高达 5.0%，生成干气。巴楚 - 麦盖提石炭系源岩的 R_o 为 0.68%～0.87%。在叶城凹陷西南部露头区，R_o 为 1.44%～1.94%，处于高 - 过成熟阶段。

（二）沉积储层特征

1. 沉积特征

乌依塔克组、依格孜牙组、吐依洛克组，西部统一为东巴组，岩性组合相似，以膏泥岩、灰岩、砂岩沉积为主，岩性组合受控于沉积相分布。

（1）下白垩统克孜勒苏群沉积

塔西南白垩系沉积构造背景为断陷盆地，下白垩统克孜勒苏群主要为一套冲积扇 - 三角洲沉积体系，沉积相沿山前条带状展布，由山前向盆地依次分布冲积扇、扇三角洲平原、前三角洲相，部分区域由于晚期的构造剥蚀作用而仅存扇三角洲平原与前三角洲相（图 11-13）。相带变化较快，相带较窄，三角洲前缘亚相分布相对库车坳陷较小。

（2）上白垩统英吉沙群沉积相类型及其特征

在区内分布较为稳定，主要为潮坪沉积。库克拜组为潮上带棕红色粉砂岩、潮间—潮下带的绿色泥岩夹生物碎屑及生物碎屑云灰岩；乌依塔克组厚度 10～20m，以棕红色泥质粉砂岩和粉砂岩为主，以潮上泥坪沉积为主，夹少量潮间带沉积。依格孜牙组沉积相主要为潮间的灰坪，生屑灰岩及生物礁体在和什拉甫以西比较发育。吐依洛克组在和什拉甫以西沉积厚度较小，沉积了一套棕红色潮坪泥岩及薄层膏岩夹生屑灰岩，沉积范围萎缩至和什拉甫以西。

2. 储层特征

（1）储层岩石学特征

克孜勒苏群细砂岩储层厚度最大可达 500 余米，粉砂岩可达 400 余米，中粒砂岩储层厚度可达 100 余米，储层以细、粉中粒砂岩为主。克孜勒苏群碎屑岩以岩屑砂岩为主，次为长石砂岩，成分成熟度低、岩石结构成熟度高，胶结物总量较低。上白垩统库克拜组和乌依塔克组碎屑岩储层以细、粉砂岩为主，为长石岩屑砂岩，属低成分成熟度砂岩；依格孜牙组主要发育碳酸盐岩储层，类型主要有鲕粒灰岩、生物碎屑灰岩、生物格架礁灰岩等，镜下观察胶结物以亮晶和粉晶为主。

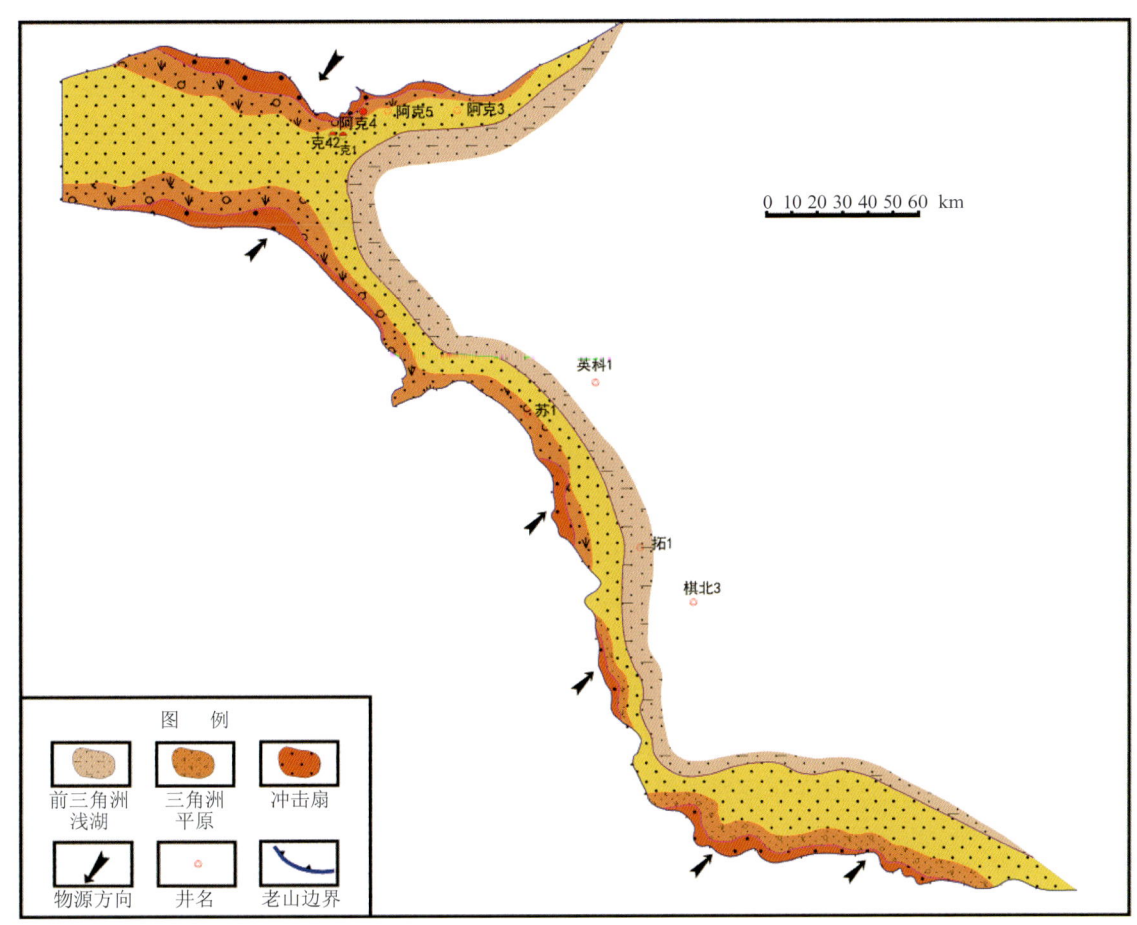

图 11-13 塔西南山前白垩系克孜勒苏群沉积相平面图

塔西南山前白垩系砂岩储层的孔隙类型以原生粒间孔、粒间溶孔、粒内溶孔为主，次为微孔隙和铸模孔及少量晶间孔、收缩缝、构造缝等。

（2）储层特征

克孜勒苏群储层总体表现为西厚东薄、中孔－中低渗的特征。受沉积相控制呈条带状展布，扇三角洲平原与前缘相带为最优质的砂体储层分布区，也是全区白垩系的主力产油层段。同由路克地区在全区储集性质最优，孔隙度一般为12%～25%，有的可达30%，渗透率一般为（10～1000）×$10^{-3}\mu m^2$，为 I 类储层。塔木河地区，孔隙度一般为6%～12%，渗透率一般为（0.1～10）×$10^{-3}\mu m^2$，为 II - III 类储层。齐姆根凸起地区孔隙度一般为2%～5%，渗透率一般为（0.1～1）×$10^{-3}\mu m^2$，为 IV - V 类储层，属低孔超低渗—致密—很致密储层。和什拉甫至甫司格地区孔隙度为5%～14%，渗透率为（0.01～1.0）×$10^{-3}\mu m^2$，为 III 类储层，属低孔特低渗。

上白垩统库克拜组、乌依塔克组和依格孜牙组均发育储层。依格孜牙组为碳酸盐岩储层，在和什拉甫以西即同由路克、塔木河、干加特地区厚度巨大，砂质云灰岩及生物礁比较发育，而在和什拉甫以东储层厚度小，且生物礁不发育，储层物性和什拉甫以西好于和什拉甫以东，但研究区都属中－差的碳酸盐岩储层，和什拉甫以北为中－好储层，和什拉甫以东北为中－差储层。

库克拜组和乌依塔克组为砂岩储层，2010年3月完钻的柯东1井在上白垩统发现了凝析气藏，日产气 90 516m³，油 58.48m³。

（三）构造特征及演化

根据变形特征的不同，塔西南昆仑山前冲断带自西向东可以分为：乌泊尔逆冲构造带、齐姆根走滑冲断构造带、棋北-柯克亚逆冲构造带和皮山-和田推覆构造段。乌泊尔构造带、齐姆根构造带总体呈向北、北东突出的弧形；而棋北-柯克亚构造带以及皮山-和田推覆构造带则呈带状自北西向南东展布，乌泊尔构造带与喀什北缘对冲，形成"双造山"构造格局。塔西南山前带的构造变形总体具有"后缘基底卷入，前缘盖层滑脱"的特征。

塔西南发育两套重要的滑脱层：中寒武统和田河组膏盐岩和古近系底阿尔塔什组和齐姆根组膏泥岩，这两套滑脱层对塔西南的中、新生代变形具有重要的影响。以中寒武统和田河膏盐岩为滑脱层的构造变形主要发育于二叠纪—三叠纪和古新世末，构造变形样式主要为断层转折褶皱和断层传播褶皱，主要分布于麦盖提斜坡和色力布亚-玛扎塔格断裂带；以古近系底部阿尔塔什组和齐姆根组膏泥岩为滑脱层的构造变形主要发育于渐新世末和第四纪，主要分布于塔西南山前冲断带和色力布亚-玛扎塔格断裂带；靠近山前带，以基底地层卷入变形为主，发育一些高角度逆冲断层，形成基底卷入构造。

构造演化方面：前寒武纪—早奥陶世，陆缘拉张，塔里木盆地整体处于伸展背景；中、晚奥陶世，库车洋俯冲消亡关闭，西昆仑-阿尔金古陆与塔里木碰撞，塔西南成为塔南前陆冲断带一部分；志留纪—泥盆纪，古昆仑洋沿乌依塔格、库地、阿其克库勒湖和香日德一线向南俯冲消减，在塔西南-塔东南地区发育周缘前陆盆地；古昆仑消失，成为塔南前陆褶皱冲断带；石炭纪，塔西南进入被动大陆边缘发展阶段，发育被动大陆边缘沉积，石炭纪是重要的海侵时期，发育了大量的海相沉积；二叠纪，塔里木盆地南缘的板块构造特征从被动大陆边缘转化为活动大陆边缘，古特提斯洋开始向塔里木板块俯冲，造成了板块内部发生了大规模的岩浆作用；早三叠世，新特提斯洋扩张；晚三叠世—早侏罗世，古特提斯洋向欧亚大陆俯冲；三叠纪末期，古特提斯洋关闭，羌塘板块、甜水海地块与昆仑山碰撞，沿康西瓦、经大柳滩到甜水海兵站，由叠瓦式推覆构造变为大型宽缓褶皱，是一个典型的前陆褶皱冲断带，塔西南地区整体是一个弧后前陆盆地，该前陆盆地叠加并改造早期志留纪—泥盆纪周缘前陆盆地；中侏罗世—早古近纪，由于岩石圈冷却，塔西南总体进入应力松弛的断坳陷盆地发育阶段，白垩纪末期，由于Kohinstan-Dras岛弧与拉萨地体碰撞，导致塔里木盆地及其周缘受挤压而发生构造反转；始新世（40Ma），印度板块沿着喜马拉雅山南侧一线开始与欧亚板块发生碰撞，帕米尔突刺开始发育，阿尔金走滑断层开始活动，新特提斯洋俯冲消失，西昆仑山迅速隆升，发育塔西南弧后前陆盆地。

二、有利勘探领域

塔西南前陆区主要由两大山前带组成，分别为南天山山前冲断带与西昆仑山山前冲断带；南天山山前冲断带评价出3个有利区带：乌恰构造带、克拉托构造带、巴什布拉克构造带（图11-14）。

乌恰构造带为喀什北区块最早取得突破的构造带，已发现阿克1气田。目前储备了阿克北、乌恰东、康西1和阿克2等4个圈闭，圈闭面积38.5km²，天然气资源量$700 \times 10^8 m^3$。

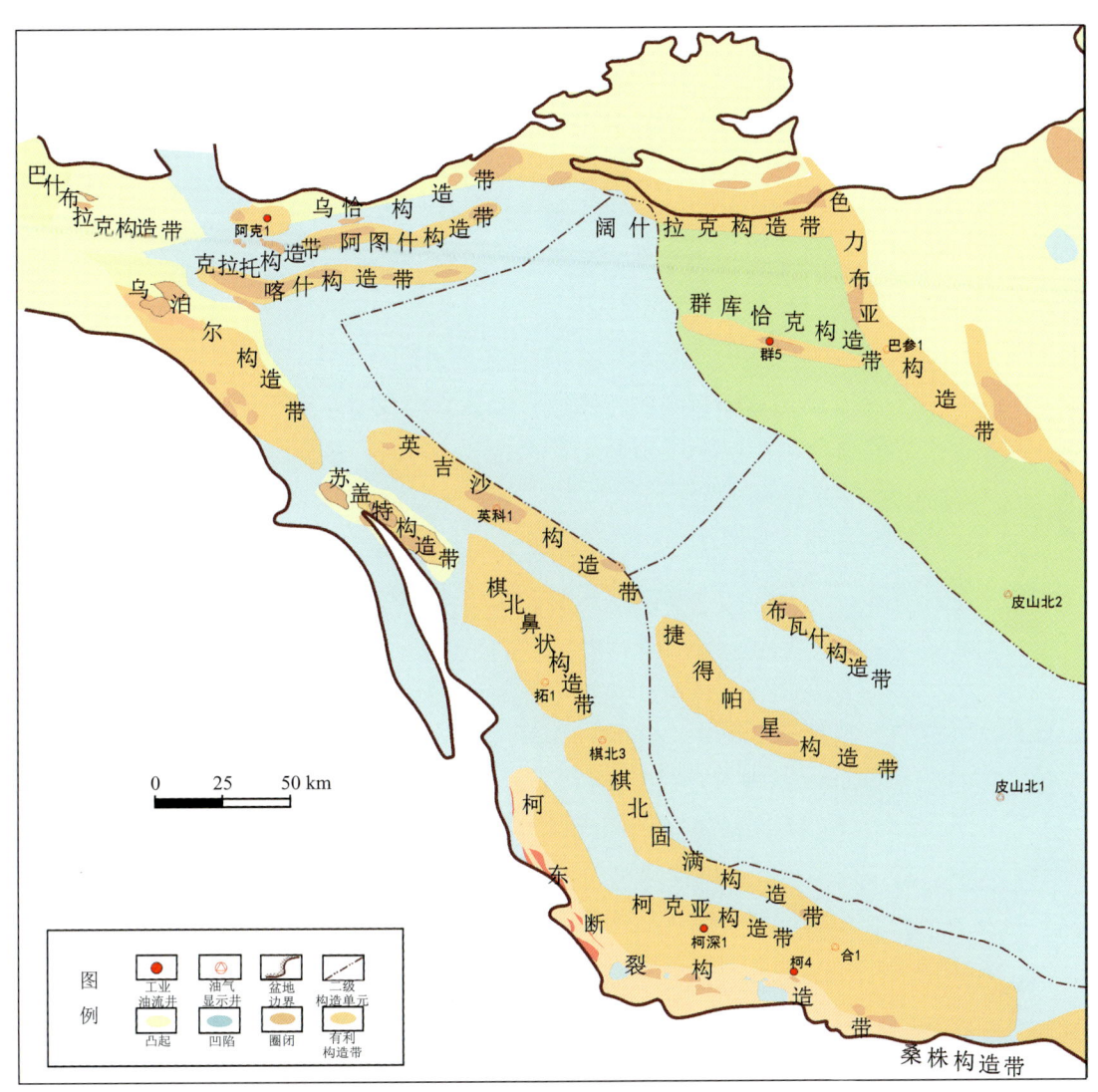

图 11-14 塔西南地区有利区带构造图

克拉托构造带发现克拉托浅层油藏，石油地质条件较为优越。地震测网密度 2km×4km，2009 年采集 343km 宽线。50～70 年代共钻浅井 17 口，深层无钻井。目前储备 8 个圈闭，圈闭面积 141.8km², 天然气资源量 $1470\times10^8m^3$、石油资源量 4600×10^4t。

巴什布拉克构造带位于康苏断陷西缘，大面积侏罗系、白垩系地层出露。地震测网达到 2km×2km～2km×4km，已钻井乌西 1 井。目前发现乌西 2-乌西 5 等 4 个圈闭和显示，圈闭面积 88.2km², 石油资源量 1.16×10^8t。

塔西南昆仑山前冲断带目前已发现柯克亚凝析气田和柯东 1 凝析气藏，总体勘探程度低。油气发现和大量地表油苗证实本区成藏条件优越，勘探潜力巨大。通过重新对塔西南昆仑山前进行构造划分和圈闭梳理，分为三大区段七个构造带，储备圈闭及显示共 20 个，圈闭总面积 1180km²。认为塔西南昆仑山前柯东断裂构造带、乌泊尔构造带和苏盖特构造带等构造单元的构造落实程度最高、石油地质条件优越，是塔西南昆仑山前重要勘探领域。

柯东断裂构造带位于昆仑山前冲断带南段，成藏条件与柯克亚油田基本接近。白垩系砂岩与古近系膏泥岩组成优质储盖组合。构造格架总体表现为受高角度基底卷入式断层控制的楔状叠瓦扇，形成三排断块平行排列，每排均发育多个断层相关褶皱。柯东断裂构造带目前已发现 12 个圈闭或圈闭显示，圈闭面积达 800km²。柯东 1 井在白垩系砂岩获高产油气流，证实了本区隐伏构造真实存在，成藏条件和储盖组合优良。

乌泊尔构造带位于昆仑山前冲断带北段，成藏条件与阿克莫木气田相似，在邻区克拉托和库山河均发现了油苗。构造格架总体表现为受乌泊尔大断裂控制的叠瓦式逆冲带。乌泊尔构造带已发现 3 个圈闭或圈闭显示，圈闭总面积达 270km²，资源量 2.1×10^8t 油气当量，勘探潜力巨大，但整体勘探程度较低。

苏盖特构造带位于昆仑山前冲断带中段。构造特征表现为发育双重构造及堆垛式背斜等与断层相关褶皱。苏盖特构造带已发现 4 个圈闭或显示，圈闭面积 260km²，总资源量达 1.7×10^8t 油气当量。

第四节　塔东地区下古生界碳酸盐岩勘探领域

塔东地区位于库鲁克塔格隆起以南，塔东低凸起以北，古城坡折带以东，包括满加尔凹陷东部、英吉苏凹陷、罗布泊凹陷、孔雀河斜坡和塔东低凸起等次级构造单元。塔东的勘探始于 20 世纪 60 年代，经过几代人坚持不懈的工作，始终未能获得实质突破，仅仅发现英南 2、满东 1 两个气藏。

塔东勘探面积大约 10×10^4km²，勘探层系多，勘探领域广，天然气资源量大约 $20\,000\times10^8$ m³。特别是近期针对古城台缘带的勘探获得了重大突破，揭开塔东油气勘探新篇章。

一、基本地质条件

（一）烃源岩发育特征

塔东地区寒武系—中下奥陶统烃源岩比较发育，厚度大，分布广，有巨大的生烃能力。

塔东低凸起上的塔东 1 井和塔东 2 井以及英吉苏凹陷中的英东 2 井揭示的寒武系 - 中下奥陶统烃源岩总厚 340~780m；在下寒武统完井的库南 1 井（孔雀河斜坡）和米兰 1 井（罗南斜坡）钻遇本套烃源岩总厚 800~1500m；在上寒武统完井的罗西 1 井（罗南斜坡）和古城 4 井钻遇本套烃源岩均在 1000m 以上，烃源岩厚度大。各段烃源岩的岩性和厚度均有明显差别，中下奥陶统黑土凹组以黑色泥岩和粉砂质泥岩为主，下奥陶统突尔沙克塔格组上部以泥灰岩和泥质灰岩为主，上寒武统突尔沙克塔格下部以灰岩和白云岩为主，中寒武统莫合尔山组以灰岩为主夹泥岩，下寒武统西大山组 - 西山布拉克组以泥岩和泥灰岩为主。泥质岩与碳酸盐岩频繁交替是本套海相烃源岩（系）的重要特点。

烃源岩系主要由泥质岩（泥岩及页岩）、灰岩和白云岩以及它们之间的过渡型岩石组成，泥质岩和灰岩约各占 30%，白云岩、钙质泥岩、泥质灰岩及泥灰岩各约 10%，其他如硅质泥岩、粉砂质泥岩等多在 5% 以下。少量碳质泥岩和云质灰岩分别归并在泥质岩和灰岩中。

(二)沉积储层特征

1. 沉积特征

从寒武纪到奥陶纪,塔里木盆地的盆地中心都位于东部地区。现有的资料除了塔东低凸起上 6 口单井资料外,北部沿着孔雀河断裂带有寒武系、奥陶系露头的出露,还有几条区域地震剖面。根据这些资料,结合地震相编制了塔东地区早中寒武世、晚寒武世、早中奥陶世沉积相图。

(1)早中寒武世沉积相

塔东地区早中寒武世盆地的面积较大,古城地区处在碳酸盐岩缓斜坡。北部沿着孔雀河一带都为深海盆地相沉积(图 11-15)。

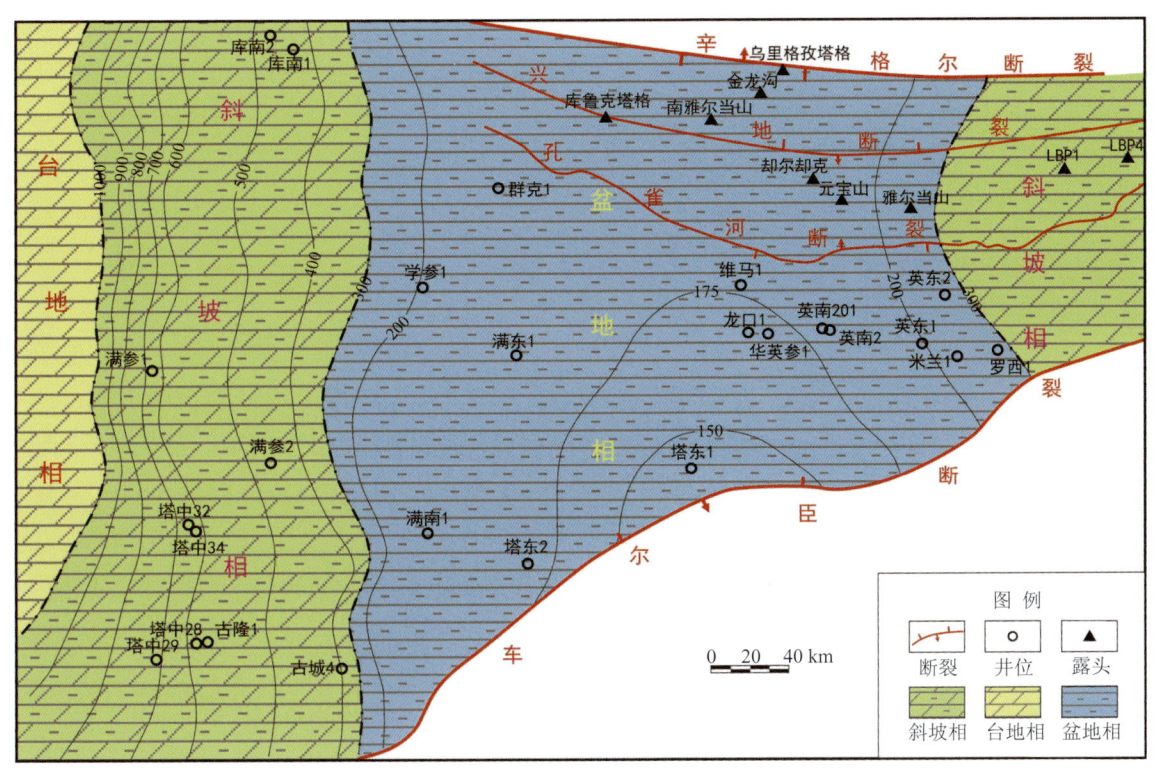

图 11-15 塔东地区早中寒武世沉积相图

(2)晚寒武世沉积相

晚寒武世沉积时期,古城地区台地边缘发育有浅滩相沉积。孔雀河一带发育有瘤状灰岩与泥页岩的互层,属于浅海陆棚相沉积。此阶段在英东 2 井、米兰 1 井一带发育有台地边缘的垮塌沉积以及碳酸盐岩浊流沉积,属于台地前缘的斜坡沉积。罗西 1 井区沉积相为台地边缘,发育浅水滩相沉积(图 11-16)。

(3)早中奥陶世沉积相

早中奥陶世,塔东地区北部沿着孔雀河一带的陆源物质增多,发育三角洲以及沿着断裂带发育的近岸水下扇。在三角洲的侧翼还发育浊流沉积,并且陆相碎屑岩的沉积与碳酸盐岩的沉积交互形成混积区。古城地区以及罗西 1 井区仍然沉积碳酸盐岩,发育浅水滩相。古城 - 轮东地区的碳酸盐岩缓坡逐渐发育为具有明显坡折的台地边缘（图 11-17）。

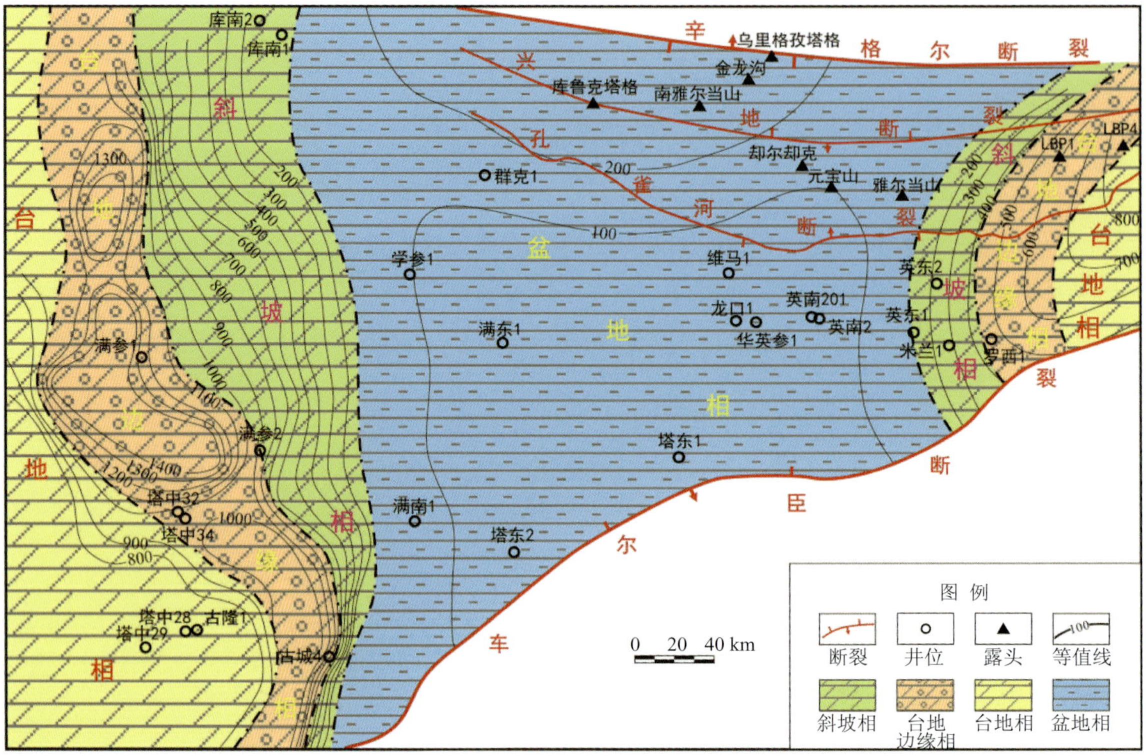

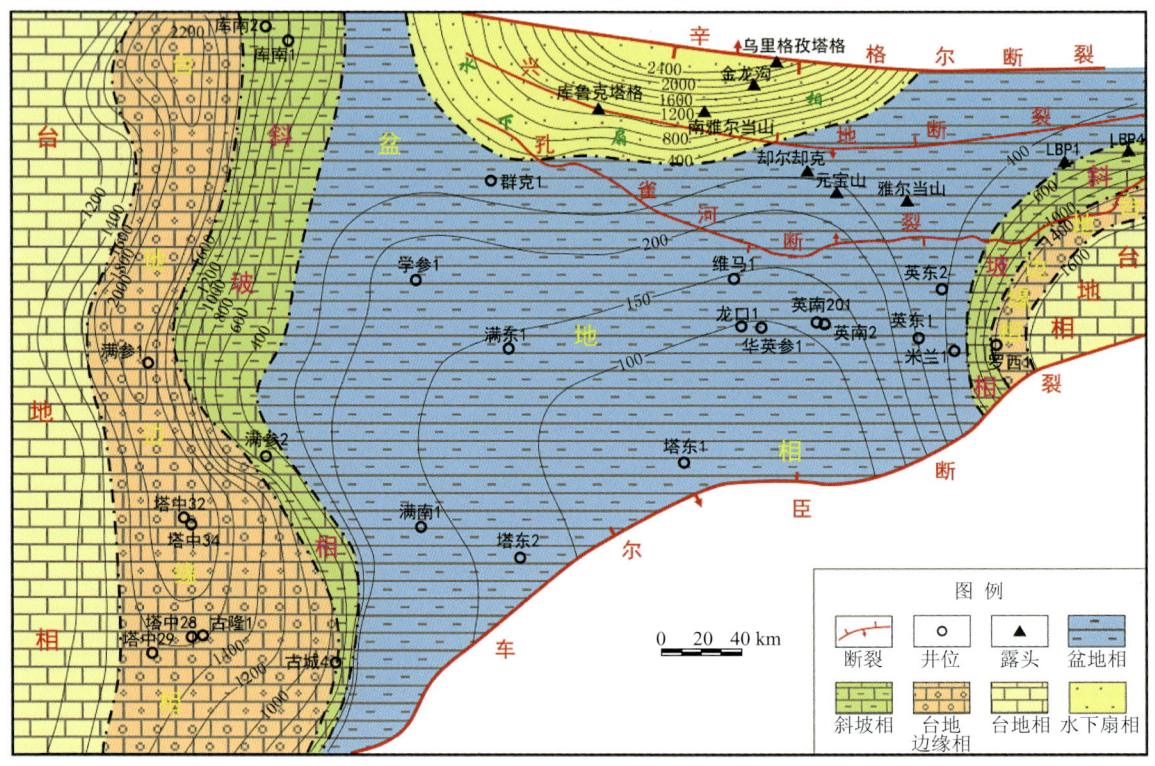

图 11-16　塔东地区晚寒武世沉积相图

图 11-17　塔东地区早中奥陶世沉积相图

2. 储层特征

（1）古城地区储层特征

该区发育 2 期层间岩溶：第一期岩溶主要发育于蓬莱坝组沉积末，从地表露头看缺少 3～5 个化石层，存在明显的沉积间断。另外，古城 4 井在蓬莱坝组见到岩溶角砾与去白云化作用，是这次层间岩溶作用的结果，同时在塔东 1 井、英东 1 井寒武系顶—黑土凹组见到去白云化作用与岩溶角砾，反应这次层间岩溶作用的规模比较大。第二期岩溶作用发生于一间房组沉积末。塔北的勘探实践证明，这期岩溶作用具有区域性的广泛分布，岩溶储层主要集中在土木休克组以下 150m 范围内的一间房—鹰山组。

深部岩溶作用：见到了与有机质有关的皮壳状方解石脉以及它型晶白云石，表明存在有深部溶蚀，主要在大量生油阶段，与有机酸有关的深部溶蚀。张性断层有助于深部酸性水向上运移，形成酸性水的深部溶蚀，改善了储集性能。

（2）英东地区储层特征

英东地区主要储层发育于上寒武统，沉积环境属于斜坡相，主要岩石类型为白云岩。白云岩的成因分析表明，主要属于深水准同生白云岩。

深水准同生白云岩是指闭塞的深水海盆中蒸发作用产生的浓缩海水使海底松软的灰泥沉积物发生白云化而形成的白云岩。这类白云岩在塔东地区发育，见于塔东 1、塔东 2 井、英东 2、米兰 1 井等，其特点是：晶粒细小，为泥粉晶白云岩，即白云岩主要由泥晶级和粉晶级白云石组成；有序度低，根据本区 68 个白云岩样品统计分析，塔东地区泥粉晶白云岩有序度明显偏低，峰高分布范围 0.26～0.9，平均值 0.5573，峰面积分布范围 0.4～1.33，平均值 0.7498。泥粉晶白云岩的值较小，离散度大。有序度普遍低反映这类准同生白云岩是咸化海水在准同生阶段白云化形成的。

（三）构造演化特征

早海西期、晚海西期和印支 - 燕山早期这三期构造运动造成了塔东地区 3 次大的剥蚀，也分别对应研究区石炭系与前石炭系不整合、三叠系与前三叠系不整合、以及侏罗系与前侏罗系不整合这三大不整合面。所以，这三期构造运动是划分塔东地区古生界构造演化、变形阶段的重要依据。据此，可以把塔东地区古生界的构造变形划分为 3 个阶段。

1. 构造初始形成期（∈ –D）

碳酸盐岩顶面在志留系、泥盆系沉积期间不仅埋深逐步增大，而且还表现出由台地向盆地埋深急剧加大的特征。满参 1 井向西，以及罗西 1 井向东，沉积厚度呈现"新月"型的台缘沉积特征，并向盆地方向迅速加大，沉积中心随时代的推移，有略微向东北方向迁移的趋势。晚志留世车尔臣断裂开始活动，海西运动期间活动强烈，特别是泥盆纪末的早海西运动，使得塔东低凸起一带的剥蚀量最大。早海西运动期间，受车尔臣断裂活动的影响，古城地区的南部强烈抬升剥蚀，此时古城南部寒武系底面形成古隆起而北部古隆起相对不明显，碳酸盐岩顶面也相应有较大规模的隆起。泥盆纪末，早海西运动使古城 - 英东地区的构造基本形成。

2. 构造定型期（C—P—T）

早海西运动后，塔东地区开始接受石炭系沉积，至二叠系沉积都比较连续，只是在二叠纪末的晚海西运动期间又开始隆升，造成研究区东部地区石炭系、二叠系大量剥蚀。

3. 构造稳定期（J—现今）

侏罗系及其以后的沉积地层中虽然也发育有规模不大的不整合，但没有明显的大量剥蚀现象。该时期另外一个重要特征是早侏罗世，在英吉苏地区前侏罗纪残余古隆起背景之上沉积了大套含煤碎屑岩建造，英吉苏凹陷开始形成，寒武系底及碳酸盐岩顶面在英吉苏地区有比较明显的沉降。

二、有利勘探领域

从储层、构造背景、有利裂解气三大因素对下古生界碳酸盐岩进行了综合评价（图 11-18）。评价出了 I 类区带 1 个，即古城鼻状构造带；II 类区带 1 个，即英东构造带；III 类区带 3 个，即塔东 1 号、塔东 2 号构造带。

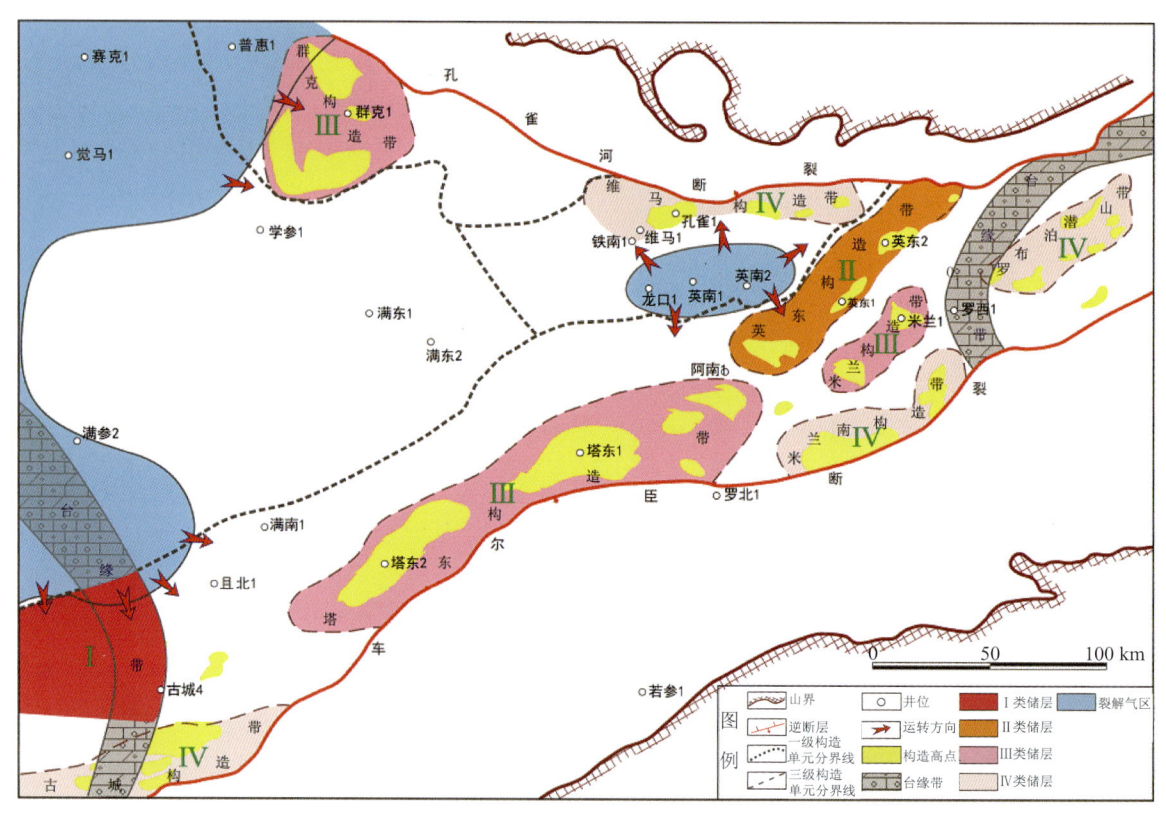

图 11-18 塔东地区下古生界综合评价图

（一）古城鼻状构造带

位于古城鼻隆上，断鼻向北延伸，南端被一南倾大断层分割。从储层发育分析，ϵ-O_{1-2} 沉积属台地边缘相与开阔台地相,发育∈-O_1白云岩及中下奥陶统礁相灰岩。实钻资料证实该区储层发育,特别是由于热液作用形成溶蚀孔洞,极大改善了储集性能。古城4井高沥青含量证实该区存在古油藏。该区属于持续裂解供烃区,古油藏的后期裂解为气藏提供了充足的气源。另外在北侧及东侧发育盆地相的烃源岩,也是提供后期气源的主要来源。古隆1井获得工业气流也证实该区具有有效的成藏过程。

(二)英东构造带

英东构造带是塔东低凸起向北延伸的正向构造单元。构造圈闭发育且完整,上寒武统白云岩发育,属于台地边缘-台地斜坡沉积,特别是热液白云石化作用及伴随的溶蚀作用极大地改善其储集性能。西侧烃源岩中吸附的液态烃裂解,提供了气源,从成熟度演化分析,原油裂解气在侏罗纪沉积前已经结束,此时英东构造带已经形成,具有形成古油气藏的条件,并且后期改造不明显。英东2井钻探见到较好的气显示,获得气流,复查表明还可能存在好的气层,该区勘探最关键的问题是储层的非均质性强,可能属于构造背景下的岩性气藏,应选择储层发育区进行钻探。

(三)塔东1号、塔东2号构造带

塔东1号、塔东2号构造带是自加里东运动开始发育起来的大型正向构造带,构造圈闭完整。∈-O储层不发育,但是该区存在震旦系白云岩,为较好的储集体。这一储集体有可能捕获液态烃形成古油藏,该区同时也是长期的油气聚集区,具有优越的石油地质条件。勘探面临的关键问题是有效的储层发育区。从原油裂解气分析看,塔东1号、塔东2号构造带以及英东构造带属于残余的古油气藏,如果考虑到重烃裂解,该构造带的勘探价值将大大提高。

第十二章 Chapter Twelve
准噶尔盆地大型气田勘探领域

准噶尔盆地位于哈萨克斯坦古板块、西伯利亚古板块及塔里木古板块的交汇部位，是哈萨克斯坦古板块的一部分，为三面被古生代缝合线包围的晚石炭世到第四纪发展起来的大陆板内叠合盆地（图12-1、图12-2），也是我国重要的含油气盆地之一。准噶尔盆地天然气地质条件优越，含气层系多，从石炭系到古近系、新近系都有气藏发现。近年来，随着以克拉美丽火山岩大型气田为代表的重大天然气勘探发现，盆地天然气勘探进入了新的发展阶段。最新天然气资源评价结果显示，准噶尔盆地天然气资源量为 $2.96 \times 10^{12} m^3$，目前探明天然气地质储量 $1972 \times 10^8 m^3$，探明率仅 6.75%，剩余资源丰富，勘探潜力很大。最新研究成果与勘探实践表明，除腹部莫索湾地区外，陆东-五彩湾地区火山岩和准噶尔盆地南缘是准噶尔盆地两个最现实的天然气勘探领域。

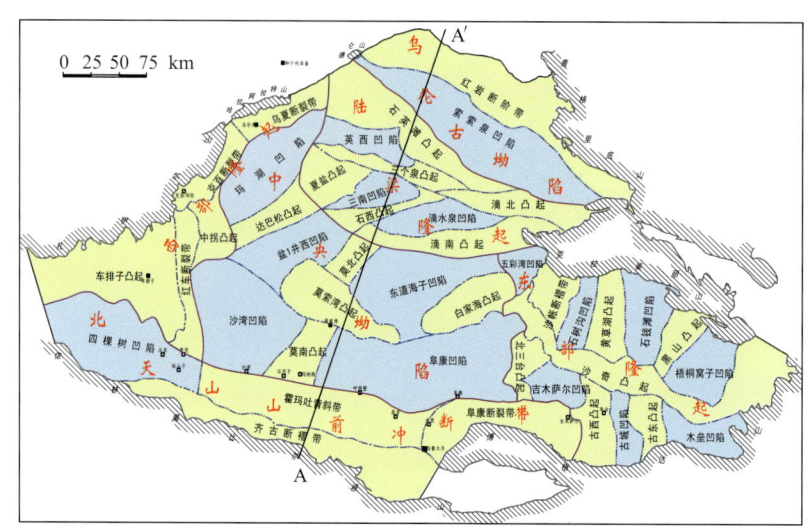

图 12-1 准噶尔盆地构造单元划分图

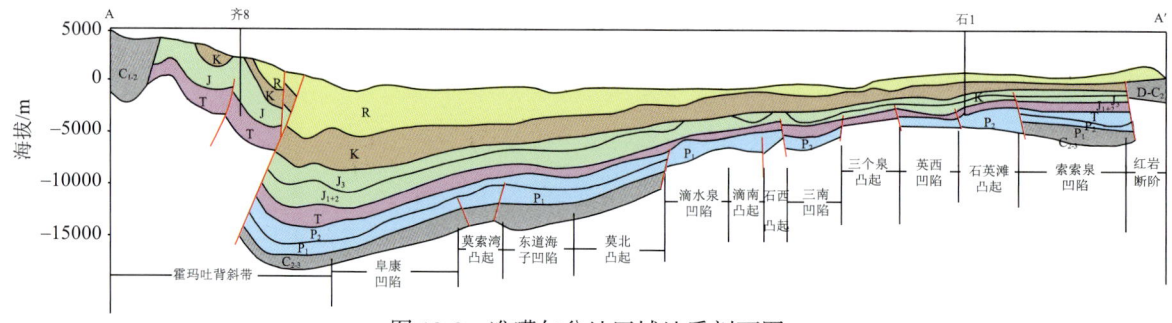

图 12-2 准噶尔盆地区域地质剖面图

第一节　陆东-五彩湾火山岩大型气田勘探领域

一、基本地质条件

陆东-五彩湾地区位于准噶尔盆地的白家海凸起以北、莫北凸起以东、克拉美丽山以西、乌伦古坳陷以南的地区，包括腹部陆梁隆起上的三个泉凸起、石西凸起、滴南凸起、滴北凸起、滴水泉凹陷，东部隆起的五彩湾凹陷、东道海子北凹陷和白家海凸起的一部分，工区面积约 18 700km²。最新研究结果表明，陆东-五彩湾地区石炭系火山岩天然气资源量约 $7000\times10^8m^3$，目前在由滴水泉南断裂和滴水泉北断裂夹持的滴南凸起石炭系已发现 4 个气藏，并发现了滴南凸起中段北部鼻状凸起含气构造，探明天然气地质储量 $1033\times10^8m^3$，形成了地质储量超过千亿方的克拉美丽大型气田，主要以滴西 14、滴西 17、滴西 18 等井区的多个天然气藏平面上分布组成的大型天然气藏群为特征。陆东-五彩湾地区石炭系火山岩天然气地质条件优越，是当前准噶尔盆地天然气最现实的勘探领域之一。

（一）烃源岩

准噶尔盆地大部分地区天然气以湿气为主，局部地区为干气，如准东、滴西和五彩湾地区，这样的分布特征除与源岩热演化程度有关外，还受到有机质类型的制约。准东地区的天然气主要来源于中下侏罗统煤系烃源岩，其干气特征主要受到有机质类型的控制；滴西和五彩湾地区主要发育石炭系和二叠系两套烃源岩，二叠系源岩有机质类型较好，演化程度低，而陆东-五彩湾地区石炭系烃源岩成熟度普遍较高，R_o 多在 1.50% 左右，且有机质多为 II_2-III 型，其产物以干气为主，因此其天然气应主要来源于石炭系烃源岩。陆东地区石炭系天然气甲烷碳同位素 $\delta^{13}C_1$ 主要为 –28‰～–30‰，乙烷碳同位素 $\delta^{13}C_2$ 主要为 –26‰～–28‰，具有明显偏腐殖型的特点。与之相类似的是，五彩湾地区石炭系天然气甲烷碳同位素 $\delta^{13}C_1$ 主要为 –29‰～–30‰，乙烷碳同位素 $\delta^{13}C_2$ 主要为 –24‰～–27‰，同样具有明显偏腐殖型的特点。由此，陆东-五彩湾天然气主要来源于腐殖-偏腐殖的石炭系烃源岩，属自生自储式天然气藏。

陆东-五彩湾地区石炭系各组都有不同程度的烃源岩发育，主要是下石炭统塔木岗组（C_1t）、滴水泉组（C_1d）烃源岩，岩性主要是暗色煤系泥岩和少量沉凝灰岩；中石炭统巴山组（C_2b）里也发育了一些烃源岩，岩性主要是凝灰质泥岩和沉凝灰岩。石炭系烃源岩有机质丰度高，以 II_2-III 型有机质为主，且成熟度较高，是一套较好的烃源岩。

下石炭统塔木岗组主要为滨、浅海相沉积，海水进退频繁，浪潮作用较强烈，不利于生物繁殖和有机质的堆积和保存，有机质丰度较低，为差-中等烃源岩。塔木岗组由北西向南东水体加深，还原性增强，有利于有机质的富集、保存和转化，泥质岩有机碳含量具有由北西向南东呈增高的趋势（表 12-1）。

下石炭统滴水泉组为一套湖泊相沉积，区内分布广泛，是一套较好烃源岩。滴西地区的滴西 2 井在滴水泉组钻遇一套 200m 厚的灰色、深灰色泥岩和砂质泥岩，陆南 1 井也在该组地层中钻遇了一套300m厚的深灰色白云质泥岩，它们均具有一定的生烃能力；五彩湾凹陷该组岩性为灰-深灰色泥岩、凝灰质泥岩夹凝灰岩及薄煤层，为滨湖沼泽-河流相沉积，其中碳质泥岩及煤有机质丰度高，为好烃源岩，而暗色泥岩及凝灰岩有机质丰度较低，为中-差烃源岩。靠近凹陷边缘的彩2井、彩26井碳质泥岩有机碳平均含量为4.42%～4.91%，靠近凹陷沉积中心的彩参1井有机碳平均达8.59%（表12-1），有机碳含量由滨湖到浅湖呈增高趋势。气源对比表明，下石炭统滴水泉组是形成石炭系气藏的主力烃源岩。

研究认为，下石炭统烃源岩本区主要分布在石南凹陷、东道海子-五彩湾凹陷，呈现多个沉积中心，最大厚度超过500m，资源规模约$7000 \times 10^8 m^3$。

石炭系上统巴山组主要为一套陆相火山岩系，总体环境为湖沼环境，水体较浅，火山活动强烈。火山沉积相远离火山口，多在火山喷发间歇期形成，沉积岩层及烃源岩较发育。处于火山沉积相的地区（沙丘、北三台、奇台等）暗色泥岩、碳质泥岩及煤层发育，厚度可达几十至几百米，有机质丰度较高（表12-1），为中-好烃源岩。由于演化程度低，可作为本区辅助气源岩。

表12-1 准噶尔盆地陆东-五彩湾地区石炭系巴山组烃源岩有机质丰度表

层位	井号	沉积相	岩性	有机碳/%	氯仿沥青"A"/%	总烃/ppm	S_1+S_2/(mg/g)	类型	评价
C_2b	彩28	溢流相	灰黑色凝灰岩	1.79–0.27 1.06(3)	0.0209(1)		2.18–0.10 1.10(3)		差
			灰黑色沉凝灰岩夹煤	27.69–1.36 10.68(9)	0.7483–0.0150 0.2474(9)	4976-101 1702(9)	52.25–0.96 15.41(9)		好
			深灰色泥岩	3.26–1.27 1.97(3)	0.0593–0.0309 0.0451(2)	191(1)	3.22–0.93 1.81(3)		差
			煤	37.59–17.3 26.01(3)	0.3727–0.0204 0.1966(2)	2441	24.47–0.55 12.51(2)		好
	彩2		黑色沉凝灰岩	4.19–0.57 2.38(2)	0.2544–0.0096 0.132(2)	1953-62 1008(2)	4.44–0.58 2.51(2)		中-好
	彩30	过渡相	灰褐色泥岩	0.04–0.03 0.04(2)			0.05–0.02 0.04(2)		非
C_1d	彩2	滨湖沼泽相	黑色碳质泥岩、泥岩	4.42–1.16 2.45(3)	0.0572–0.0056 0.0314(2)	446-34 240(2)	1.02–0.14 0.58(2)	II2(1)–III(1)	中-差
	彩参1		碳质泥岩	10.7–7.08 8.59(3)	0.3704–0.011 0.1724（3）	1911-70 707(3)	19.86–13.1 15.44（3）	II1–III	好
	彩26		灰黑色泥岩	26.76–0.19 4.91(12)	1.135–0.0033 0.2302(5)	3303-19 1122（3）	58.03–0.07 11.14（12）	II2(2)–III(3)	较差-好
C_1t	彩参2	滨海相	灰色粉砂质泥岩	1.01–0.17 0.75(5)	0.0701–0.0557 0.0612(3)	453-313 369(3)	1.16–0.51 0.92(4)	II2(1)	中
			灰色泥质粉砂岩	0.4–0.28 0.34(2)	0.0116–0.0066 0.0091(2)	39-21 30(2)		III(1)–II(1)	差
			深灰色泥岩	1.43–0.31 0.70(15)	0.1055–0.0077 0.0387(11)	427-23 219(9)	1.25–0.22 0.67(12)	II2(3)–III(6)	中

注：有机碳括注数字指分析样品的个数

(二)火山岩分布与储层

航磁滤波剩余异常显示,陆东-五彩湾地区石炭系火山岩广泛分布,通过地震、非地震、录井等手段对火山岩顶面岩性-岩相精细刻画(图12-3)显示,火山岩分布面积约5283km^2,是天然气储集的有利载体。

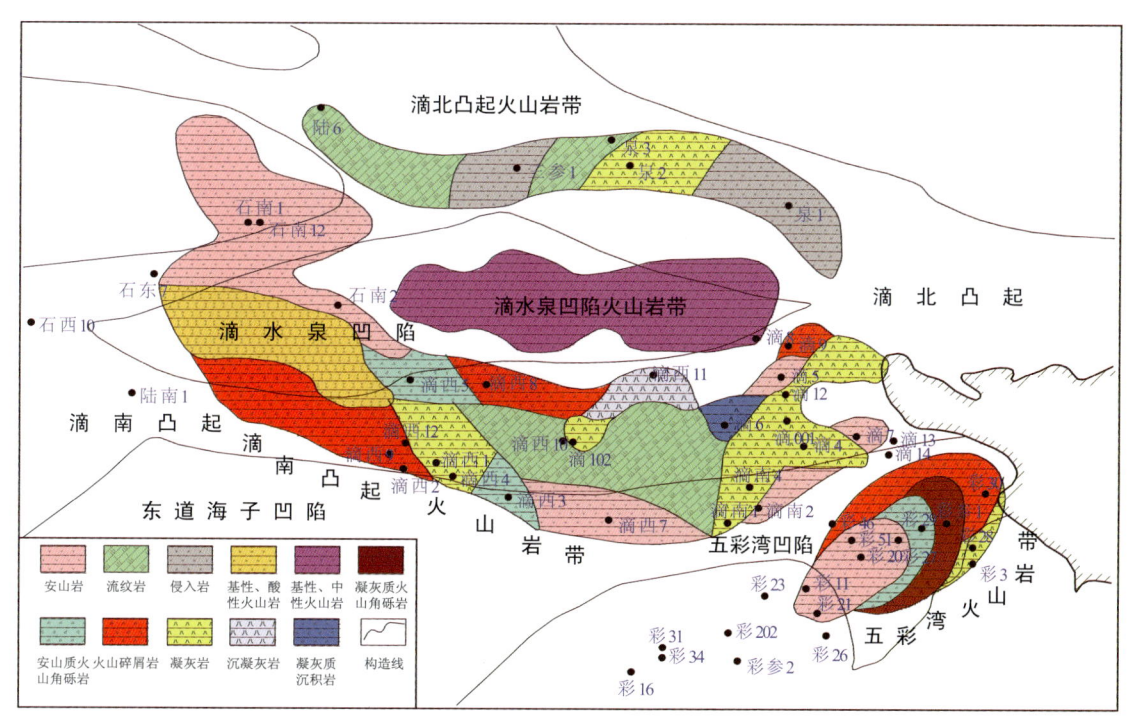

图12-3 陆东-五彩湾地区火山岩顶面岩性-岩相分布图

钻井取心、地质录井和镜下鉴定结果,陆东-五彩湾地区石炭系火山岩共发育三种大相四大岩类九种岩性。三种大相包括溢流相、爆发相和过渡相。溢流相中包括三种岩类,即基性、中性和酸性火山岩,基性火山岩主要包括玄武岩,中性火山岩主要包括安山岩和蚀变安山岩,酸性火山岩主要包括英安岩和流纹岩;爆发相中的火山碎屑岩类包括火山集块岩、火山角砾岩和凝灰岩,火山角砾岩主要包括安山质火山角砾岩,凝灰岩主要包括凝灰岩、安山质凝灰岩;过渡相主要包括沉凝灰岩。克拉美丽气田已钻揭的火山岩主要为爆发相的火山碎屑岩类,主要岩性有凝灰岩和火山角砾岩,其次是溢流相的安山岩、英安岩、玄武岩和流纹岩等,以中性的安山岩分布最广,其次是基性的玄武岩,玄武岩主要分布在五彩湾-白家海凸起一带,酸性的流纹岩和英安岩主要分布在滴西10井区。

陆东-五彩湾地区火山岩储集空间主要为微裂缝及次生孔隙,储集空间类型与岩石类型关系不是很密切。主要有裂缝、基质溶孔、角砾(或岩屑)内半充填气孔、气孔、斑晶溶蚀孔、基质溶孔、杏仁体中自生矿物溶孔等;五彩湾地区主要为次生孔隙及微裂缝,不同岩类储集空间类型不同,安山岩和玄武岩储集空间为裂缝、半充填气孔、气孔、斑晶溶蚀孔、杏仁体中自生矿物溶孔;火山角砾岩储集空间主要为基质溶孔、裂缝;凝灰岩及碎屑熔岩储集空间为裂缝、基质溶孔、其它溶孔。次生孔隙主要形成于表生作用下的淡水淋滤,在构造高部位作用强烈,充填作用弱,次生孔隙发育;相反,构造低部位,溶蚀作用形成的孔隙多被绿泥石、方解石充填。

储层物性分析结果表明（表 12-2），陆东 - 五彩湾地区石炭系火山岩普遍具有低 - 中等孔隙度和低渗透率的特征。但相对来讲，安山岩、火山角砾岩、英安岩和流纹岩物性较好，而玄武岩和凝灰岩物性较差。说明火山岩储层的物性与火山岩性紧密相关，爆发相和溢流相中都存在物性较好的储层，爆发相近火山口的火山角砾岩类岩石物性普遍较好。

表 12-2 陆东 - 五彩湾地区火山岩物性分析数据统计表

岩性	孔隙度/%			渗透率/$10^{-3}\mu m^2$			样品个数
	最小值	最大值	平均值	最小值	最大值	平均值	
玄武岩	2.0	12.4	5.9	0.002	7.64	0.57	17
安山岩	0.0	19.0	8.5	0.002	67.64	1.11	218
高伽马安山岩	0.3	11.9	4.2	0.002	13.25	3.14	12
火山角砾岩	1.26	30.08	8.44	0.001	39.30	10.16	123
安山质火山角砾岩	1.3	23.7	8.1	0.001	145.69	2.42	239
英安岩	7.9	14.6	10.0	0.076	77.00	10.55	11
流纹岩	2.2	14.5	9.3	0.015	6.37	1.84	8
岩屑凝灰岩	3.2	17.8	8.9	0.005	2.46	0.17	59
安山质凝灰岩	0.2	9.3	5.7	0.002	2.54	0.07	63
凝灰岩	3.3	16.8	9.5	0.004	0.23	0.05	30

综上所述，陆东 - 五彩湾地区石炭系火山岩储层可以归纳为如下特点：

（1）火山岩分布广，凸起和凹陷都有分布，为天然气储集提供了广泛空间。

（2）火山岩具有复杂的孔隙、裂缝类型。溶蚀孔、构造裂缝是本区最主要的储集空间，构造高部位淋滤强烈，充填作用弱，次生孔隙发育；构造低部位，溶蚀作用形成的孔隙多被绿泥石、方解石充填，属孔隙 - 裂缝双重介质型储层。

（3）火山角砾岩、安山岩、玄武岩是本区物性条件较好的岩石类型。位于断裂带上或构造位置较高的火山岩因受构造应力作用及风化作用等因素影响，火山岩物性参数较好，为优质储层。

（4）普遍具有低 - 中等孔隙度和低渗透率的特点。爆发相和溢流相中都存在物性较好和较差的储层，爆发相中近火山口的火山角砾岩类物性普遍较好。

（5）从火山岩岩性、岩相分布、喷发环境、构造位置、空间配置、风化作用及断裂作用等方面综合考虑，近火山口爆发相的火山角砾岩及溢流相的安山岩、流纹岩都是较好的火山岩储层。

（三）断裂与圈闭

断裂控制火山岩的分布，同时也控制气藏的分布。克拉美丽气田石炭系火山岩气藏以自生自储式为主，生储盖配置主要为上下叠置型，所以油气运移以纵向运移为主要方式。因此，断裂是主要的油气运移通道，尤其是断入基底的深大断裂。研究区主要发育深层逆冲断裂、浅层张扭断裂两套系统，对石炭系成藏贡献最大的是深层逆冲断裂系统。

深层逆冲断层主要形成于海西晚期，多是基底断层，主断层有四条，包括滴北凸起断层、滴水泉北断层、滴水泉断层、滴水泉南断层，都是近东西向展布的逆断层，由北往南平行排开，断距较大，断面较陡，延伸较远（图12-4）。次级断层大大小小有数十条，大多为主断层的派生分支断层，以北东向展布为主，其次是北西向断层，断距一般较小，延伸也较短，剖面断距较小。

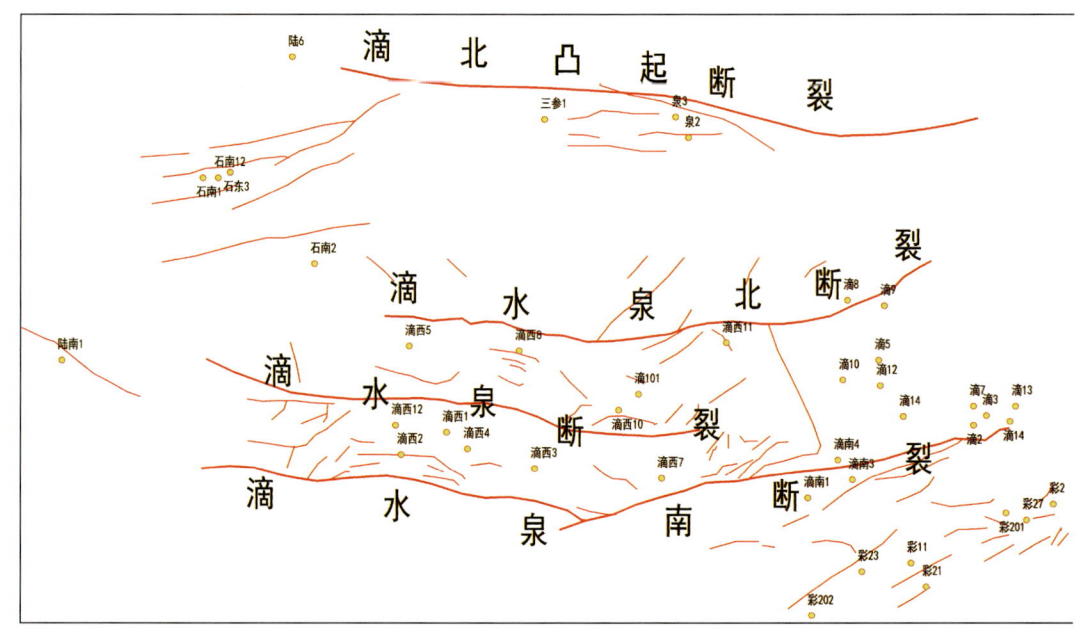

图12-4　陆东-五彩湾地区海西期断裂体系分布图（王东良等，2006）

在东部，靠近克拉美丽山前，断层多而密集；在西部，远离山前，断层少而稀疏，表明断层的发育与克拉美丽山的隆起活动有很大关系。断层的组合以主断裂为依托，次级断层与主断层交切，平面上形成断裂网络，整体形成断裂破碎带。在这种断裂结构下，滴南、滴北凸起实际上是两个东部较西部更为破碎的断裂构造带，这些基底断层有效地沟通了下部烃源层与基底顶面火山岩储层，有利于油气向上运移成藏。深层断裂控制了本区凹隆格局和二级构造带的形成，也控制着石炭系气藏的分布，目前发现的石炭系火山岩气藏都邻近深大断裂。

中浅层张扭断层主要发育于燕山中晚期，多为张扭性正断层，以断面高陡为特征，具张扭性质，在工区内呈北东、北西向展布，平面分布与基底断层相似，表明其形成与基底有一定的相关性。浅层断层断距小、延伸短，对本区盖层圈闭的形成及浅层油气垂向运聚起决定性作用。

在油气成藏过程中，断层起到了四个方面的作用：其一，主大断裂控制构造带的形成和火山岩的分布，次级断层切割构造带，形成圈闭。其二，断裂对火成岩的破碎作用，改造了火山岩的储集性能。理论上，火山岩一般是比较致密的，主要是因为火成岩在形成时要经过冷却结晶过程，即便是具有气孔结构的火山岩，其连通性也是很差的，但是通过断层的破碎，再经过风化淋滤作用，火成岩的孔渗能力能得到良好的改善。其三，对油气源的沟通，是油气纵向运移的主要通道，尤其是基底断裂。由于本区大面积的火山岩与烃源岩的配置关系以上、下型为主，因此油气运移主要是纵向运移，断层的通道作用尤为重要。其四，对油气的再分配，主要是次级断层以及浅层张扭性断层。本区的次级断层大部分是主断层的派生断层，其特点是裂而不断，断距一般很小，类似于大型裂缝，有助于油气在火山岩储层中的侧向运移，对油气的再分配起重要作用。

从实钻结果看，石炭系见气流的井主要分布在断裂比较发育的地区，如滴西10井区、滴12井区、五彩湾气田及石南 1 井区等。以滴西 10 井区为例，该井区位于滴南凸起中部，其中滴西 10、滴西 14 井均在石炭系获高产工业气流。这两口井紧邻滴水泉主断层，南北两端分别临近滴水泉南主断层和滴水泉北主断层。这些主断层控制了滴南凸起构造带的形成，并在次级断层的切割下形成了滴西 10、滴西 14 等多个构造圈闭。同时，这些断层的破碎作用对火山岩的储集性能进行了有效的改善。此外，主断层纵向上断距大，断开层位多，可以很好地沟通北部滴水泉凹陷和南部石炭系油气源，对油气向滴南凸起的运移聚集起控制作用，并在火山岩内聚集形成油气藏。由此可见石炭系油气藏的形成与断层的发育和分布存在着密切的关系。

从目前石炭系油气的富集情况看，本区中东部比西部更为富集，高产油气井基本都位于中东部，如滴西 10、滴西 14 以及五彩湾气田等。从构造情况看，东部靠近克拉美丽山，受其隆升运动的影响，东部比西部断裂更发育，一方面更好地改善了火山岩的储集性能，另一方面更好地沟通油气源。油气富集与断层发育程度之间不无关系。

但是，断层的发育同时也带来了不利的影响，晚期断层对石炭系油气藏的破坏不容忽视。本区含气层系多，包括石炭系在内的二叠系、三叠系、侏罗系、白垩系等，而本区主要的烃源层是石炭系，毫无疑问晚期断层对石炭系油气的破坏和再分配是必然的，很多井上部层系获工业油气流，而下部石炭系低产，甚至出水，都说明了这一点。

在针对本区石炭系油气藏勘探时，必须重点考虑断层的控制作用。较为有利的地区首选滴南凸起，主断层发育，次级断层多，不论是对油气源的沟通，还是对火山岩储集性能的改造都较好，其中东段比西段好。其次是滴北凸起，有滴北主断层对油气的沟通，次级断层也较发育。另外，在石南 1-石东 8 井一带，断裂发育密集，可很好地沟通气源。

（四）区域盖层与保存条件

陆东-五彩湾地区主要是以石炭系火山喷发相中裂缝、溶孔等为储层，以梧桐沟组上部泥岩为盖层的储盖组合（图 12-5）。气藏对盖层的封堵条件要求要远高于油藏，因此盖层的分布和有效性对石炭系火山岩天然气成藏至关重要。

二叠系梧桐沟组是石炭系火山岩的上覆岩层，是一套湖相砂泥岩地层，厚度较大，滴南凸起上厚度为 50～150m，洪泛平原泥岩及滨浅湖相泥岩比较发育，厚度在 100m 左右，占地层百分比在 50% 以上，主要形成于湖盆扩张期（湖侵）。

二叠系梧桐沟组是一套区域性盖层，分布范围广，覆盖了滴南凸起滴 12 井以西的全部地区。除克拉美丽山前滴 12 井以东地区外，梧桐沟组在盆地腹部与陆梁地区遭受剥蚀现象很小，其高位体系域泥岩盖层得到保留。因此，能够有效封盖油气，为区内油气聚集带的形成发挥了重要作用。其次是三叠系地层，主要分布在研究区北部，对侏罗—白垩系油气起到重要封盖作用。滴南凸起东段则主要分布侏罗系地层（图 12-6）。

综合研究认为，构造背景下的岩性、岩相、早期发育的深大断裂控制着本区天然气藏的形成，是成藏的主控因素。由于本区石炭系天然气主要为自生自储，断裂起到了沟通气源的作用，气源决定着气藏的存在与否，气源的充足程度决定着气藏的丰度大小。因此，天然气的气源、深大断裂和火山岩岩性、岩相三大要素构成了天然气成藏的主要控制因素，也可以概括为源、断、相共控（图 12-7）。

第十二章 准噶尔盆地大型气田勘探领域

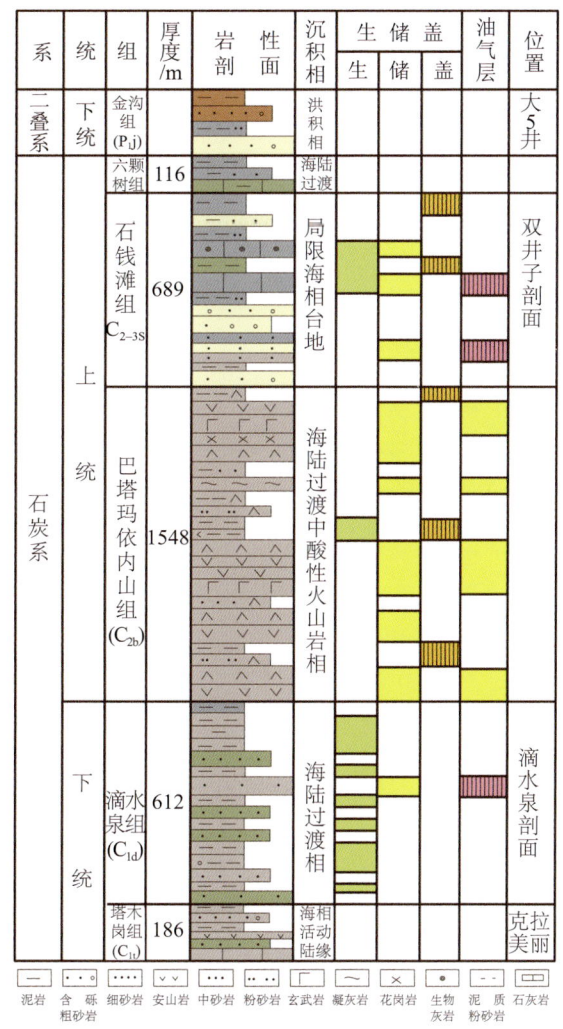

图 12-5 陆东-五彩湾地区储盖组合图

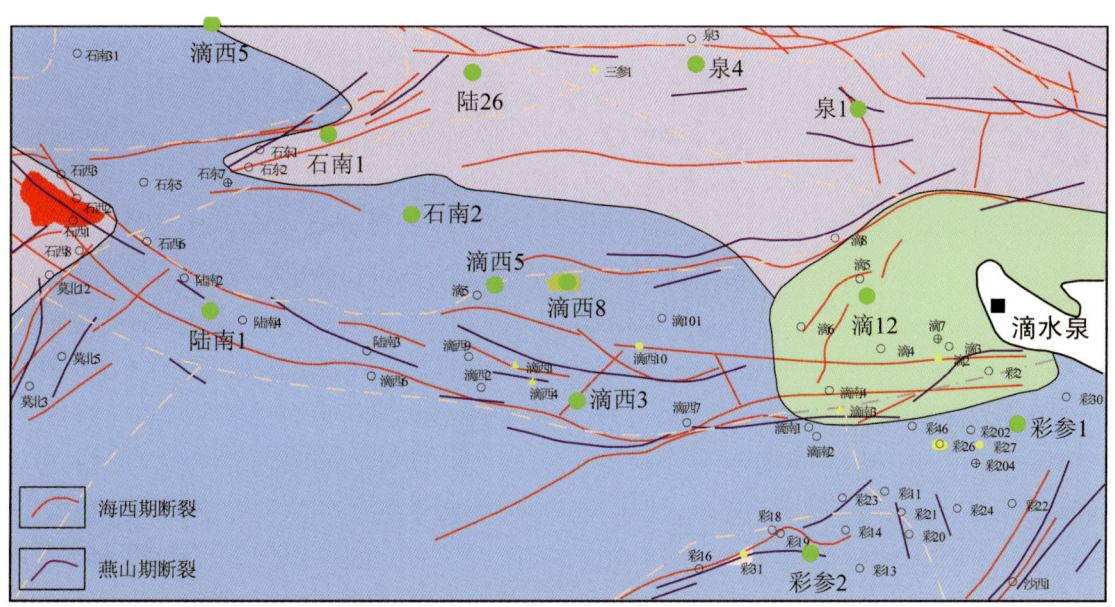

图 12-6 克拉美丽气田石炭系上覆地层分布图（王东良等，2006）

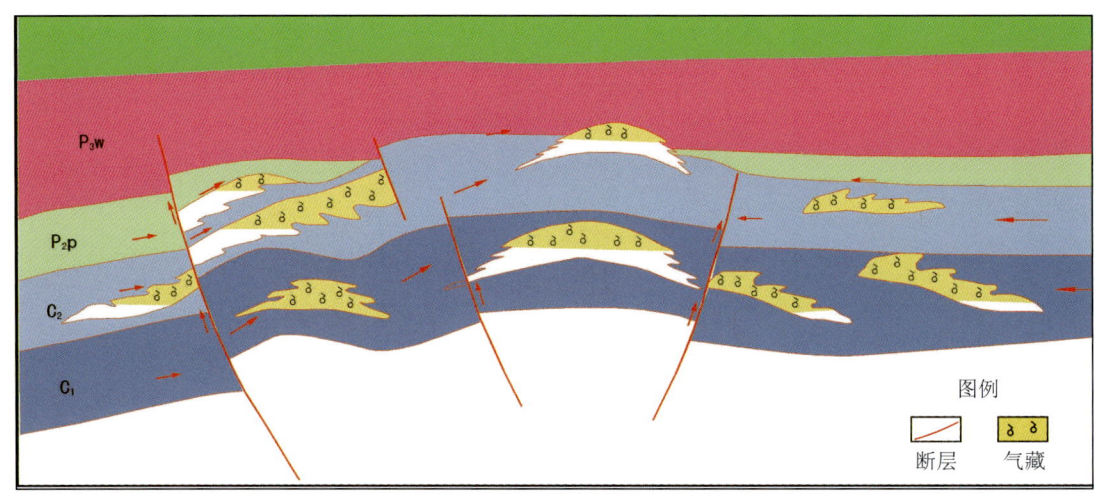

图 12-7 陆东 - 五彩湾地区天然气成藏模式图

二、有利勘探领域

准噶尔盆地火山岩油气藏具有以下特征：①烃源岩落实，有可靠的油气源；②相对优质的储集层，主要为酸性熔岩、次火山岩、火山角砾岩；③良好的生储盖配置。从目前勘探实践结果看，高质量的区域性盖层对石炭、二叠系火山岩成藏，特别是天然气成藏尤为重要；④后期相对稳定的地质背景和一定规模的沉积盖层；⑤早期沉积建造遭受一定时间的暴露。就石炭系而言，无论熔岩还是火山碎屑岩，甚至常规碎屑岩，岩石的基质孔隙度均较低，因此必要的后期构造改造、风化淋滤有助于改善孔隙结构和储集空间，如石西石炭系潜山风化壳型油藏以及西北缘断裂上盘的石炭系油藏，石炭系均经历了长期的暴露与风化剥蚀；⑥圈闭形成与油气生成运移的时间配套关系良好。克拉美丽气田是最好的实例，该区石炭系烃源岩 R_o 平均值仅 1.02%，热演化程度不高，目前正处于成熟期，因此即使石炭系在晚二叠世以前长期暴露，对后期成藏影响有限；⑦陆东石炭系处于五彩湾 - 东道海子复合含油气系统。综合分析认为滴南凸起带和白家海凸起 - 五彩湾凹陷带是最有利的勘探区带(图 12-8)。

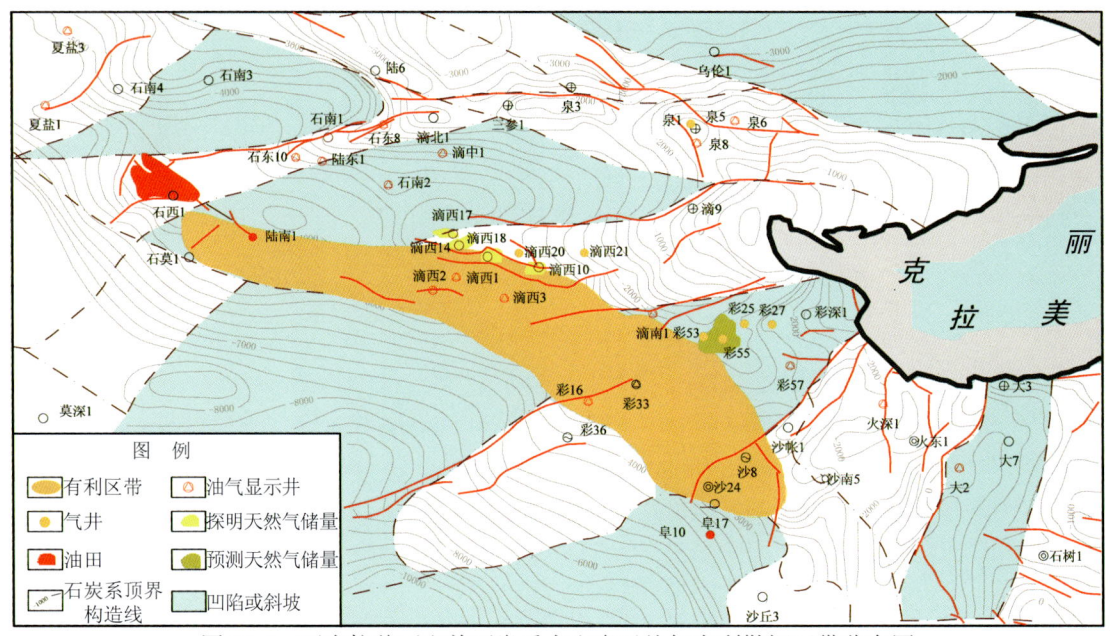

图 12-8 环克拉美丽山前石炭系火山岩天然气有利勘探区带分布图

（一）滴南凸起带

该地区位于石炭—二叠系复合油气系统，是一个以天然气为主的油气聚集区。石炭系成熟度较高，二叠纪以后生烃作用仍在继续，可以作为气源岩。天然气主要聚集在二叠系底部的区域不整合面之下，不整合面附近的石炭系火山岩风化壳是油气富集的主要部位。根据盆地腹部和东部重、磁、电联合反演结果并结合地震解释成果预测，有利的石炭系火山岩相带分布广泛，滴南凸起勘探有利区面积达 268km²。滴西 10 井获高产气流，说明寻找不整合面附近的石炭系火山岩风化壳气藏是该地区天然气勘探的重点方向。

（二）白家海凸起－五彩湾凹陷带

该地区位于石炭系巴塔玛依内山组—滴水泉组复合含油气系统。晚石炭世该区为一隆起构造，位于上石炭统巴塔玛依内山组和下石炭统滴水泉但有利气源岩分布区，烃源条件优越；古隆起的构造背景为有利的储层发育创造了条件；在该区东、西两侧分布有彩中古构造和白家海鼻隆，形成时期早（印支期之前），有利于油气的聚集，是良好的圈闭。

石炭系自生自储型的原生气藏依然是五彩湾凹陷。白家海凸起为石炭纪发育的继承性古隆起，其周围有烃源岩发育，具有先油后气、多期充注的特征，烃类捕获能力很强，而且盖层封闭性强于五彩湾凹陷。因此，白家海凸起应以寻找古构造控制下的岩性—地层气藏为主。

第二节　准噶尔盆地南缘大型气田勘探领域

准噶尔盆地南缘分东段阜康断裂带与西段昌吉凹陷、四棵树凹陷及山前断褶带。东段阜康断裂带西起乌鲁木齐，东至吉木萨尔，南接博格达山北麓，北抵乌奇公路，全区东西长 140km，南北宽 22km，总面积约 3100km²，行政区划属新疆昌吉州；西段东起乌鲁木齐，西至托托，北抵乌伊公路，南接天山北麓，东西长 330km，南北宽约 50km，面积约 16 500km²。整个盆地南缘勘探总面积约为 18 600km²。

受北天山侧向挤压作用，南缘主要形成背斜圈闭（图 12-9），其次形成断背斜和断块圈闭，在四棵树凹陷北部发育地层岩性圈闭。盆地南缘绝大部分背斜构造都进行了探井钻探，但大部分井均钻探于 50～60 年代，且大多未钻至现在出油的目的层。地震勘探方面由于地形复杂，测线疏密不一，资料品质差异很大。

盆地南缘石油总资源量 17.80×10^8t，天然气总资源量 7470×10^8m³。目前，已发现了独山子、齐古、呼图壁、甘河子、三台和卡因迪克 6 个油气田，探明石油地质储量 4971×10^4t，探明天然气地质储量 183×10^8m³，预测石油地质储量 $10\ 380 \times 10^4$t，石油潜在资源量为 $16\ 420 \times 10^4$t，探明率为 9.6%。

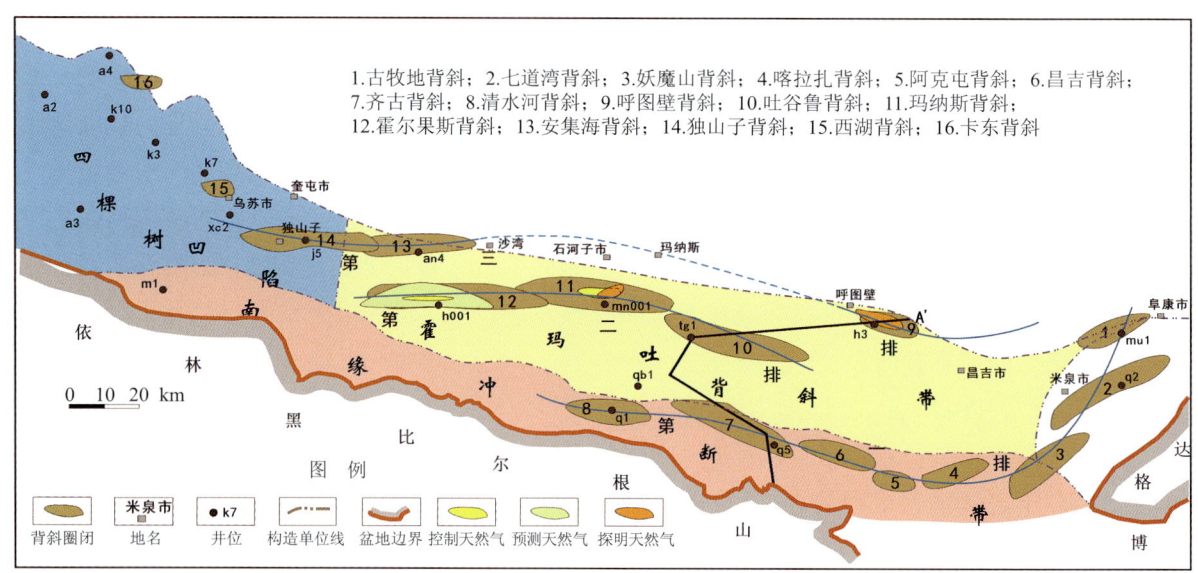

图 12-9　准噶尔盆地南缘构造划分及天然气藏分布图

一、基本地质条件

（一）烃源岩

准南地区发育二叠系、三叠系、侏罗系、白垩系和古近系、新近系五套烃源岩（图 12-10）。二叠系源岩主要分布在下二叠统风城组和上二叠统芦草沟组。风城组（P_1f）主要为灰绿色泥岩、碳质泥岩，芦草沟组（P_2l）上部主要为灰黑色页岩、油页岩互层。三叠系烃源岩主要集中在上三叠统小泉沟群中的黄山街组，主要为一套泥岩和黑色碳质泥岩组成。侏罗系地层主要在山前第一排构造带出露，并在第一排构造带及坳陷东西边缘井下钻揭。八道湾组（J_1b）在南缘仅在齐8井

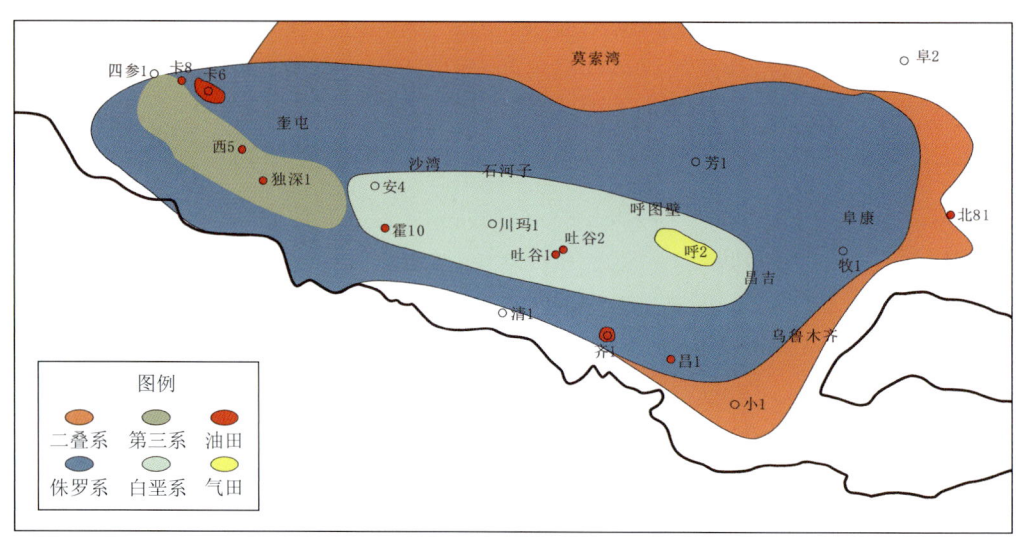

图 12-10　准噶尔盆地南缘各套烃源岩分布范围图（王绪龙，2008）

钻及，为灰绿色泥岩、黑灰色页岩与灰绿色中粒长石砂岩；三工河组（J_1s）为暗灰色泥岩夹薄层细砂岩，黑色碳质泥岩、灰绿色泥岩与灰绿色中粒砂岩互层，发育砂岩透镜体；西山窑组（J_2x）为棕红色、暗褐色、灰绿色泥岩，发育煤层。白垩系烃源岩主要发育在下白垩统吐谷鲁群（主要分布在清水河组和胜金口组），岩性主要为灰绿色、灰色泥岩、砂质泥岩互层。安集海河组（$E_{2-3}a$）是准南古近系、新近系沉积物中岩性最细的一套地层，主要为巨厚的以灰绿、深灰色泥岩夹细粉砂岩。

勘探研究显示，主力烃源层为侏罗系，其次为二叠系。其中南缘东段以及中段第一排以二叠系和侏罗系源岩贡献为主，西段及中段二、三排以侏罗系源岩贡献为主。

（二）储集层

主要储集层有新近系、古近系和上白垩统，相对优质储层为古近系紫泥泉子组。中下侏罗统储层特征以前较少关注，包括南缘白垩系、侏罗系砂岩，它们在岩石学上总体表现为低成分成熟度、低结构成熟度、较低胶结物含量和较弱溶蚀作用的"三低一弱"的特征。

1. 新近系

塔西河组为一套滨浅湖和河流交互相沉积，以滨浅湖相为主。岩性为浅灰绿色、棕红色泥岩、砂质泥岩夹绿灰色、灰色细砂岩、不等粒砂岩，单层厚度多为 2～4m，少数可达 8m。储集层为滨浅湖相的沿岸砂坝、三角洲前缘亚相砂层。含油层为塔西河组下部塔一段，储层分选、磨圆好，孔隙度 15%～20%，渗透率（4.05～240）×$10^{-3}\mu m^2$，属于中孔隙度、高渗透储层。

沙湾组为滨浅湖相与三角洲相交替沉积。储集层为滨浅湖相的沿岸砂坝和三角洲相的水下分流河道。霍尔果斯油气田含油层为沙湾组沙二段，霍 001 井沙湾组沙二段储集层主要为细砂岩、粉砂岩，单层厚度多为 2～4m，最大可达 10m。总体上沙二段平均孔隙度一般都大于 14%。其中车排子地区车 84 井和独深 1 井物性最好，平均孔隙度均大于 20%，平均渗透率大于 $100×10^{-3}\mu m^2$；安集海背斜和呼图壁背斜的平均孔隙度在 10%～15% 之间，平均渗透率大于 $10×10^{-3}\mu m^2$；独南背斜最差，平均孔隙度仅为 5.29%，平均渗透率为 $0.71×10^{-3}\mu m^2$；霍尔果斯背斜区物性较差，平均孔隙度在 10% 以下。

2. 古近系

呼图壁气田和霍尔果斯油气田的主力产层为古近系古新统紫泥泉子组，储层岩性为细砂岩，其次为不等粒砂岩和含砾不等粒砂岩，碎屑成分以石英为主，其次为长石，分选性中等，颗粒磨圆度为棱角-次棱角状、次棱角-次圆状，岩屑成分以凝灰岩为主，另外还有少量花岗岩、霏细流纹岩及云母片岩等。$E_{1-2}z_2^1$ 储层孔隙度在 5.6%～27.9%，平均 17.34%，水平渗透率为（0.143～1300）×$10^{-3}\mu m^2$，平均 $19.5×10^{-3}\mu m^2$；$E_{1-2}z_2^2$ 储层孔隙度在 5.3%～22.4%，平均 12.85%，水平渗透率为 (0.201～131)×$10^{-3}\mu m^2$，平均 $1.971×10^{-3}\mu m^2$。储层孔隙发育连通中等-好，综合评价认为紫泥泉子组储层属于中等孔隙、中等渗透率、中等喉道、中等-强水敏性的中等储层。

3. 白垩系

白垩系以东沟组（K_2d）、呼图壁组（K_1h）和清水河组（K_1q）为主要的储集层。南缘白垩系储层总体上具有"低成分成熟度"、"低结构成熟度"的岩石学特征。白垩系储层整体较细，以细砂岩、粉细砂岩、极细-细砂岩为主，少量中细砂岩和细中粒砂岩，个别层段出现不等粒砂岩，其岩石类型多为岩屑砂岩、长石岩屑砂岩，在车排子地区和南缘山前构造带的清水河组中发育少量的砂砾岩储层，但分布较为局限。

东沟组优质储层主要分布在车排子地区、芳1井区及玛纳斯背斜，其次是卡因迪克和霍尔果斯背斜。车排子地区的物性最好，平均孔隙度一般都在12%以上；芳1井区平均孔隙度为15.8%，平均渗透率为 $213.18 \times 10^{-3} \mu m^2$。

呼图壁河组储层在车排子地区的物性最好，平均孔隙度一般都在15%以上，在南缘西段储集物性变差，卡因迪克地区孔隙度在3.70%～14.7%，平均为6.43%，渗透率大多在 $1.0 \times 10^{-3} \mu m^2$ 以下。

清水河组储层好的物性主要分布在莫索湾-莫北地区、阜16井、芳2井区以及车排子地区，其中莫北地区的平均孔隙度在19%以上，平均渗透率也为 $444 \times 10^{-3} \mu m^2$；阜16井的平均孔隙度更是达到了22.69%，平均渗透率也达到了 $1196.11 \times 10^{-3} \mu m^2$；芳2井的物性也很好，平均孔隙度为18.58%，平均渗透率也为 $1385.41 \times 10^{-3} \mu m^2$；西段的卡因迪克地区物性最差，平均孔隙度只有4.95%，平均渗透率也只有 $3.99 \times 10^{-3} \mu m^2$。

4. 侏罗系

南缘侏罗系地层在莫索湾地区分布较为广泛，车排子次之，而在山前构造带所钻遇该层系的探井中，有资料的井仅见于九运1井、牧7井、齐009井、齐206井、齐8井、南安1井，卡因迪克只有齐古组。侏罗系砂岩储层在岩石学上表现为低成分成熟度、低结构成熟度和塑性岩屑含量高的"两低一高"的总体特征，但在不同层组和不同地区略有差异。侏罗系储层岩性整体较白垩系粗，以细中粒砂岩、中粒砂岩、中粗和粗中粒砂岩为主，少量不等粒砂岩。储层砂岩的岩石类型主要以岩屑砂岩为主，其次为长石岩屑砂岩，在车排子地区的八道湾组储层中发育有少量的砂砾岩或砂质砾岩储层，且碎屑成分基本由岩屑组成，石英、长石含量很少。

侏罗系各层段中物性最好的是齐古组，其次是三工河组，八道湾组除艾4井外其他地区物性一般，西山窑组中大多属于特低孔特低渗储层，头屯河组样品点少不具代表性。

（三）成藏特征与主控因素

（1）中下侏罗统烃源岩是南缘主要的气源岩，天然气的平面分布受中下侏罗统含油气系统的控制。经过气源地化对比分析认为，中西段呼图壁、霍尔果斯等气田中的天然气主要来自中下侏罗统烃源岩，天然气具有近源分布的特点（图12-11）。

（2）有效的断裂疏导决定南缘纵向上多层系含气。主要在喜马拉雅期形成的断裂切穿了巨厚的吐谷鲁群地层，沟通了深层侏罗系及二叠系烃源层与较浅白垩系、古近系和新近系储层，天然气能够在吐谷鲁群上下各地层成藏。

（3）纵向上多套储层是南缘地区油气聚集的有利场所。新近系、古近系和上白垩统、中下侏罗统储层广泛发育，其中古近系紫泥泉子组储层性能优越，是呼图壁气田和霍尔果斯油气田的主力气层。

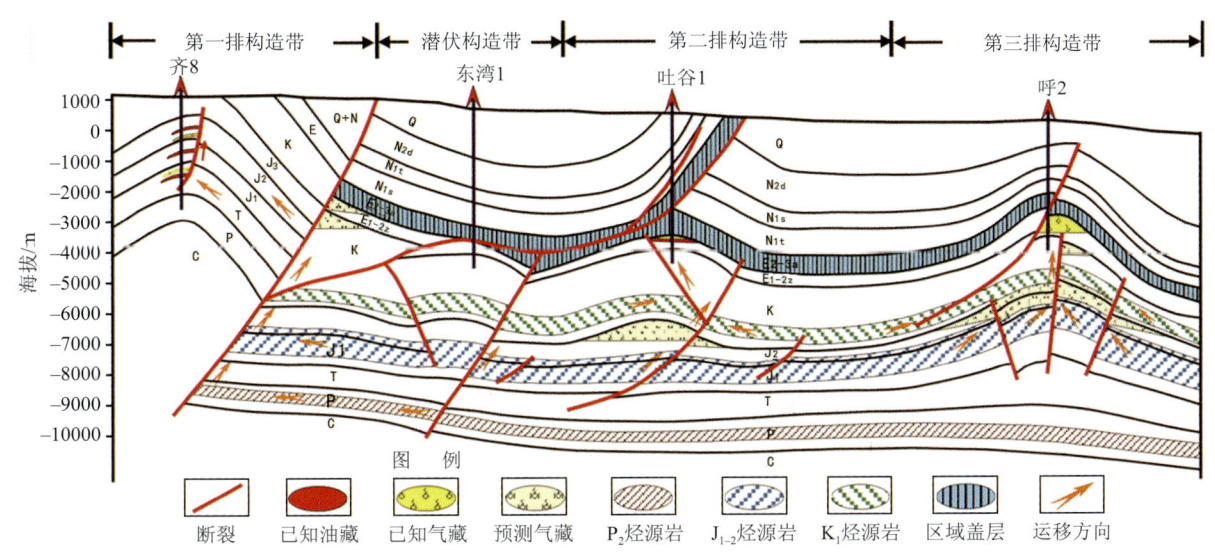

图 12-11 南缘中段天然气成藏模式图

（4）气藏集中分布在良好的区域盖层之下。安集海河组上部泥岩和吐谷鲁群厚层泥岩为区域盖层，对天然气保存有利。现已发现的天然气藏均存在于安集海河组泥岩盖层之下。吐谷鲁群盖层之下地层因为埋藏较深，目前还没有大的发现，只在齐古背斜的侏罗系和三叠系有气藏形成。因此，今后天然气勘探应围绕上述两套区域盖层展开。

（5）油气成藏以纵向运移为主。准噶尔盆地南缘陆相沉积以河流相为主，岩性变化大，储层非均质性强，因此油气横向运移的距离不会太远，只能就近聚集成藏。

（6）异常高压下的封存箱是天然气成藏的有利场所。南缘异常高压主要是由地层欠压实和构造挤压形成，天然气尽管在异常高压带上部、内部和下部都分布，但高压带下部的常压带是天然气聚集最有利的场所，如呼图壁古近系紫泥泉子组气藏。

二、有利勘探领域

准噶尔盆地南缘沙湾以东 - 呼图壁以西之间的南缘中段侏罗系煤岩厚度和对应的生烃强度均最大，天然气资源量比西段和东段更为丰富，因此，南缘中段是今后天然气勘探重点地区。而二叠系和三叠系烃源岩主要分布于南缘东段和中段一排构造范围内，考虑到生、排烃期与构造形成期配套关系，寻找以二叠系为烃源的天然气应当局限于齐古背斜以东的第一排构造上，但由于第一排构造断裂十分发育，天然气保存条件较差，勘探风险大。纵向上，断裂的有效沟通使得烃源岩生成的天然气能够在侏罗系内部以及沿断裂向上择层聚集成藏，天然气在浅层和深层都具备成藏条件。

综合分析认为有利的勘探区域位于冲断带中段第二、三排构造带的古近系、新近系和上白垩统及第一排构造带侏罗系。从成藏组合特征上来看，有利的区域位于中、下组合（图 12-12）。

（一）南缘山前二、三排构造带中组合

中组合主要指古近系及上白垩统东沟组储盖组合，主要勘探领域是山前断褶带中段二、三排构造及艾卡断裂带等。天然气成藏主要以安集海河组、紫泥泉子组和东沟组砂岩为储层，安集海

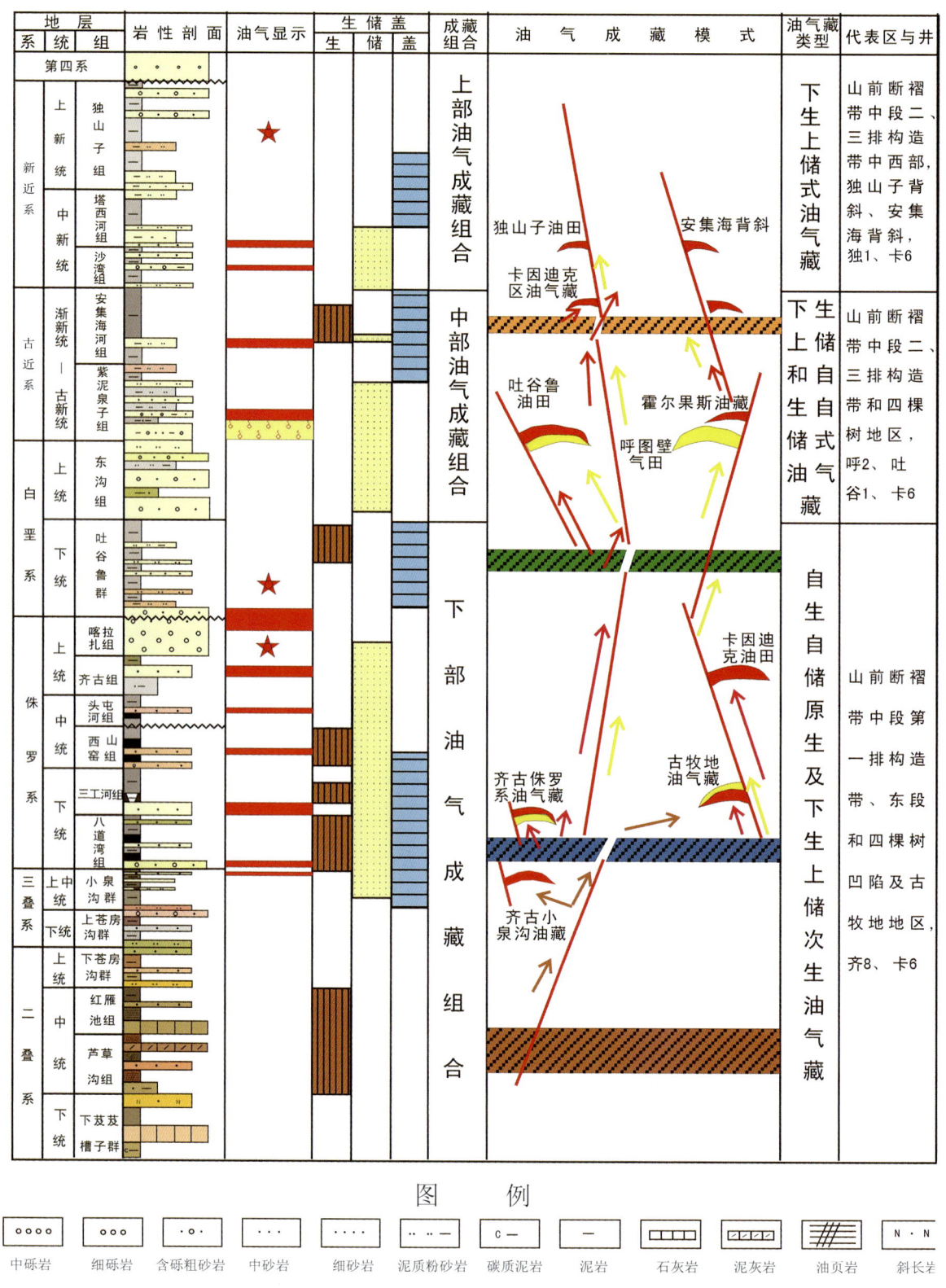

图 12-12 准南前陆盆地油气藏分布及成藏组合模式图

河组高压层为区域性盖层,中下侏罗统煤系烃源岩生成的天然气通过断裂垂向运移聚集成藏,多属晚期成藏,深部断裂对成藏至关重要。目前,该组合已经发现霍尔果斯油气田和呼图壁气田等。根据目前的勘探研究及实践分析,山前二、三排构造带中组合是较为现实的提交天然气探明储量的区块,有利目标是霍尔果斯背斜和玛纳斯背斜,预测储量 $200 \times 10^8 m^3$ 以上。

霍尔果斯背斜位于第二排构造,在霍10井获高产工业油气流后,获得较大规模的控制和预测储量,但随后在构造较低部位上钻探霍001、霍002两口评价井相继失利,给储量升级带来了困难。但最保守的估计,根据霍10井一口井推算,天然气含气面积至少应大于 $10km^2$,预测储量至少在 $150 \times 10^8 m^3$ 以上。

玛纳斯背斜也位于第二排构造,1998年7月在该背斜高点西南约3km处钻探了川玛1井,完钻层位为上白垩统东沟组,该井在安集海河组、紫泥泉子组和东沟组试油,均见到了少量气。玛纳斯背斜石油地质条件有利,与它相邻的霍尔果斯背斜和吐谷鲁背斜都已获得工业油气流。该背斜从地理位置、构造背景、生储盖条件、圈闭形态、油气聚集和保存条件与霍尔果斯背斜非常相似。虽然川玛1井未能获得突破,但已见到了少量气,且该井没打在构造高部位。因此,该背斜的油气藏应当是存在的,只是规模大小的问题。该圈闭在白垩系东沟组、紫泥泉子组和安集海河组,圈闭面积分别为 $92km^2$、$121km^2$ 和 $135km^2$,如果在构造高点部署一口探井,很有可能获得突破。

(二)南缘山前二、三排构造带下组合

下组合指吐谷鲁群及以下地层储盖组合,以侏罗系为主体。该区处于盆地中下侏罗统烃源岩及二叠系烃源岩的生排烃中心地带,气源条件十分优越。呼图壁背斜已经在紫泥泉子组获得天然气发现和探明,气源主要来自深层侏罗系。因此,完全有可能在现有呼图壁气田之下继续找到气田。

呼图壁背斜下白垩统呼图壁河组圈闭面积 $51.5km^2$、闭合度200m、高点埋深5800m,侏罗系顶界圈闭面积 $38km^2$、闭合150m、高点埋深6750m。呼图壁背斜及其以东地区,异常高压只存在于古近系安集海河组,下部为常压区,可以考虑首先在这一区域进行钻探。如果在该区带获得突破,对深层气的勘探意义重大。另外,从呼图壁、安集海、霍尔果斯、玛纳斯、吐谷鲁背斜至西湖、高泉背斜深层大都发育低幅度背斜,构成下部生储盖组合,有形成原生天然气田的有利条件。下组合油气成藏以中二叠统和中下侏罗统烃源岩为油气源,侏罗系砂岩为储层,三工河组和吐谷鲁群泥岩为区域性盖层,以断裂为油气主要运移通道,形成自生自储及下生上储式油气藏。有利条件是构造形成期早,烃源充足,构造一直处于油气运移的有利指向区,多期成藏,气源断裂发育,储层较好。

第十三章 Chapter Thirteen
松辽盆地大型气田勘探领域

松辽盆地四周为山脉、丘陵所环绕，西为大兴安岭，东北与小兴安岭接壤，东南以张广才岭为界，南部为康平 - 法库丘陵地带。盆内地势低平，平均海拔在150m左右，地处松花江、嫩江、辽河流域，面积 $26×10^4 km^2$。盆地发育中浅层和深层两大套含油气系统多套生储盖组合。20世纪50～60年代在中浅层发现了举世闻名的特大型陆相油田-大庆油田，探明石油地质储量约 $75×10^8 t$。随着徐深1井、长深1井在营城组火山岩相继获高产气流，实现了松辽盆地下构造层勘探历史性的突破。深层天然气资源为 $4.2×10^{12} m^3$，深层探明天然气地质储量约为 $4000×10^8 m^3$，勘探潜力大。此外，浅层天然气资源也很丰富。已发现多个小型浅层气田（藏）。其中，松北19个，松南11个，探明储量约为 $590×10^8 m^3$。

近年深层除了在徐家围子和长岭断陷继续扩大勘探成果外，实现了英台、王府、莺山、德惠、孤店和双辽6个中小型断陷的突破；王府断陷王府1和孤店断陷岭深1风险井分别在火石岭组火山岩和砂砾岩获得日产 $7.9×10^4 m^3$ 和 $5.8×10^4 m^3$ 工业气流，实现了火石岭组的突破和继营城组后勘探层系接替；此外，在深层不同层系的碎屑岩获得重要的突破或发现，碎屑岩无疑成为继火山岩后重要勘探接替领域；浅层气也实现多口井突破。总之，松辽盆地纵向上表现出多层系立体成藏格局，预示着巨大的勘探潜力。

第一节 深层火山岩大型气田勘探领域

松辽深层油气勘探工作自1959年至2005年长深1井突破，大体经历了三个阶段：①深层天然气探索阶段（1959～1985年），在盆地边部和隆起部位进行中浅层钻探时，多口探井在登娄库组、基岩风化壳发现气测异常和含气显示，初步证明松辽盆地上侏罗统—下白垩统是一个值得探索的领域。②小型构造气藏发现阶段（1986～2000年），以构造圈闭为主要钻探对象，发现了16个登娄库组和泉头组小型砂岩气藏，探明天然气地质储量 $178×10^8 m^3$。1995年升深2井在火山岩储层中获得高产气流，进一步深化了火山岩成藏条件的认识，营城组火山岩储层也成为了深层勘探的主要目的层。③大型火山岩气藏发现阶段（2001～2005年），2002年徐家围子徐中构造带徐深1井和2005年长岭断陷风险探井长深1井获高产工业气流，实现了松辽盆地深层火山岩天然气勘探的重大突破，从而拉开了松辽盆地火山岩整体勘探大发展的序幕。

依据深层天然气勘探现状，火山岩气藏仍然是当前勘探的主要对象，营城组是主要勘探目的层。截至2012年，全区共发现规模较大的火山岩烃类气田（藏）约20个，如著名的徐家围子断陷兴城气田和长岭断陷长深1气田，探明天然气地质储量约$3600 \times 10^8 m^3$；发现火山岩无机成因CO_2气田（藏）3个，如徐家围子断陷昌德气田和长岭断陷长深6气藏，CO_2气藏探明地质储量约$220 \times 10^8 m^3$。随着勘探的不断深入，尤其南部火石岭组火山岩的接连突破，火石岭组也成为一个重要勘探层系。

一、基本地质条件

（一）烃源岩

前已述及松辽盆地深层主要发育火石岭组、沙河子组、营城组和登娄库组四套烃源岩层，而沙河子组为主力烃源岩层。烃源岩主要包括暗色泥岩和煤系地层。沙河子期是断陷湖盆发育的鼎盛时期，烃源岩分布面积广，全盆地约$5 \times 10^4 km^2$，泥岩厚度大，一般约300～500m，有机质丰度高，平均有机碳为0.53%～14.63%，生气强度高，断陷内大部分地区生气强度都大于$20 \times 10^8 m^3/km^2$。这为深层天然气藏提供了良好的生烃条件。

（二）储层

储层上，松辽盆地深层一直以来营城组火山岩为重点勘探层系，先后发现了徐深1、长深1等多个大气田，而火石岭组火山岩随着近几年在松辽盆地南部勘探的突破已经也被作为一个重点勘探层系。火山岩储层岩性主要为流纹岩及酸性凝灰岩、角砾岩等，储集空间类型以晶内溶孔、基质溶孔为主，以熔结凝灰岩储层物性最好，其次是流纹岩，储层孔隙度最大可达13.0%，渗透率最大可达$3.8 \times 10^{-3} \mu m^2$。松辽盆地深层火山岩储层具有分布面积广，多期次沿断裂发育的特点。

（三）盖层

对于松辽盆地深层而言，由于发育登二段和泉头组一段、二段两套区域盖层，盖层区域分布稳定，厚度大，为深层火山岩气藏提供了良好的封盖条件。

总而言之，松辽盆地深层具备烃源岩发育，火山岩储层与烃源岩配置良好，盖层封堵性好，保存条件优良的有利地质条件。

二、断陷优选排队

松辽盆地深层断陷是由一个或多个次级断槽组成，断槽控制着沙河子组烃源岩发育，并自成含气系统，因此必须以次级断槽为勘探评价单元。以断陷面积、生气强度、厚度大于100m的烃源岩面积、目的层埋深及后期构造活动保存条件5项评价参数为标准，以勘探程度较高的徐家围子断陷的徐西断槽和长岭断陷的哈尔金断槽为刻度区，建立松辽盆地中生代断陷的评价标准，对深层23个主要断陷进行了综合评价。根据断陷排队结果，将断陷划分为4大类（表13-1）：

1）Ⅰ类断陷3个：徐家围子、长岭、英台，该类断陷已获得突破，勘探和认识程度较高，是近年深层储量增长的主要勘探区。

2）Ⅱ类断陷5个：王府、德惠、孤店、双辽和莺山断陷，该类断陷虽勘探程度较低，但已经获得突破，证实为含气断陷，是深层增储的重要勘探接替区域。

3）Ⅲ类断陷9个：大安、绥化、梨树、任民镇、双城、榆树东、榆树、古龙、林甸断陷，该类断陷深层探井少，断陷结构尚待进一步落实，现有地震资料揭示烃源岩条件较好，具备较好的勘探潜力，有待于开展区带评价和目标部署，寻求突破。

4）Ⅳ类断陷6个：梅里斯、兴华、中和、富裕、梨树东和兰西断陷，该类断陷整体面积较小，埋深浅，断陷结构和烃源岩尚待落实，大部分地震资料品质较差，认识程度低，有待于进一步研究探索。

从评价结果来看，Ⅰ类、Ⅱ类断陷主要分布在盆地中部和东部断陷带，是目前主要勘探的断陷类型。徐家围子和长岭断陷地质认识和勘探程度最高，勘探成果也最丰富。不过近几年随着对中小型断陷勘探的重视及思路的转变，一些中小型断陷也获得了重要发现，以英台、王府断陷为代表，具有千亿方资源规模的中小型断陷在松辽盆地南部勘探中实现了重要的战略接替，也给整个松辽盆地深层中小型断陷勘探带来了信心。

表 13-1 松辽盆地深层主要断陷综合评价表

断陷名称	断陷面积/km²	生气强度/(10^8m³/km²)	烃源岩厚度大于100m面积/km²	目的层埋深/m	后期构造活动	排队	分类
徐家围子	3079	63.83	2145	-3500～-4300	弱	1	Ⅰ
长岭	5827	23.73	2457	-3900～-5200	弱	2	
英台	860	25.69	368	-2300～-3100	弱	3	
王府	2360	23.63	945	-1900～-3300	弱—中等	4	Ⅱ
德惠	2608	25.42	1247	-1800～-2900	强	5	
孤店	564	20.61	235	-2400～-3000	弱—中等	6	
双辽	1202	16.49	689	-2800～-3400	强	7	
莺山	1063	46.75	837	-2300～-3600	强	8	
大安	1141	22.28	542	-3500～-4100	弱	9	Ⅲ
绥化	1790	14	752	-900～-1700	强	10	
梨树	1834	32.11	857	-2300～-3200	中等—强	11	
任民镇	748	50.79	424	-1500～-1900	中等—强	12	
双城	980	26	287	-1400～-2300	强	13	
榆树东	945	27.53	354	-1500～-2600	强	14	
榆树	2458	28.82	712	-1300～-2900	强	15	
古龙	3568	18.6	982	-4200～-5100	弱—中等	16	
林甸	3377	15.35	745	-3500～-4200	弱—中等	17	
梅里斯	1930	10	300	-1200	弱	18	Ⅳ
兴华	735	15	147	-700	强	19	
中和	484	8.66	321	-2400	弱—中等	20	
富裕	749	8.08	285	-1600	弱	21	
梨树东	286	11	72	-1700～-2200	强	22	
兰西	152	40	45	-1200	弱—中等	23	

三、火山岩勘探领域

从断陷综合评价结果可以看出，Ⅰ类、Ⅱ类断陷是松辽盆地深层火山岩大气田下步勘探的主要领域。我们在全区综合利用地质、重、磁、电、地震和测井等资料分析的基础上，结合火山岩优质储层主控因素，对勘探程度较高的地区开展岩性、岩相和裂缝等预测：共识别预测营城组火山岩体245个，面积12 983.9km^2，其中一类火山岩体100个，面积7898.4 km^2（图13-1）；二类火山岩体82个，面积3296.2km^2；三类火山岩体63个，面积1789.3km^2（图13-2，图13-1）。识别预测火石岭组火山岩体117个，面积7208.9km^2。其中，一类火山岩体58个，面积3901.4km^2；二类火山岩体38个，面积2543.1km^2；三类火山岩体21个，面积764.4km^2（图13-2，图13-1）。该预测成果可为火山岩天然气下步勘探部署提供有利依据。根据对天然气地质条件和分布规律的认识程度，结合勘探现状，按照营城组和火石岭组两大层系论述火山岩勘探领域。

（一）营城组火山岩

1. 分布特征

全盆地247口钻遇火山岩探井统计揭示：营城组火山岩形成于松辽盆地早白垩世规模最大、延续时间最长、分布面积最广的火山喷发活动。主要分布在徐家围子、古龙、长岭、英台、德惠、大安等断陷（图13-2，图13-3）。火山喷发活动非常频繁，由多个喷发、喷溢韵律组成，总体上火山喷发可分为两大期次：第一次喷发（营一段）以酸性的流纹质火山岩系为主，第二次喷发（营三段）主要为中性和酸性火山喷发岩。这两套火山岩之间为营二段暗紫色砂岩、砾岩、凝灰质砾岩与深灰色、灰黑色泥岩的不等厚互层。

从岩性分布特点来看，中基性岩主要分布在徐家围子断陷北部、德惠断陷、长岭断陷东部和南部以及林甸断陷；酸性岩主要发育在徐家围子断陷中部和南部、双城断陷、长岭断陷和英台断陷，在榆树和德惠断陷也有零星分布。

2. 重点勘探方向

根据深层天然气勘探现状和潜力分析，营城组火山岩依然是勘探的重要领域。通过断陷的综合评价以及火山岩的评价分类（图13-3），下步勘探主要在以下几个断陷展开。

（1）徐家围子断陷

徐家围子断陷位于松辽盆地持续沉降型断陷带的中部（图6-2），呈NNW向展布，面积3079km^2。钻深层探井156口，获工业气流井71口，已探明、控制、预测储量约3800×10^{8}m^3。

断陷整体为西断东超的箕状结构（图6-4）。中央隆起构造带将断陷分为东西两个断槽带，西部断槽带自北向南由徐西断槽和徐南断槽组成；东部断槽带由安达断槽和徐东断槽组成，徐东断槽沉降较深。

沙河子组为主力烃源岩，暗色泥岩最大厚度384m，有机质丰度高，有机质类型为Ⅱ$_2$-Ⅲ型。天然气资源量（7749～11 624）×10^{8}m^3。

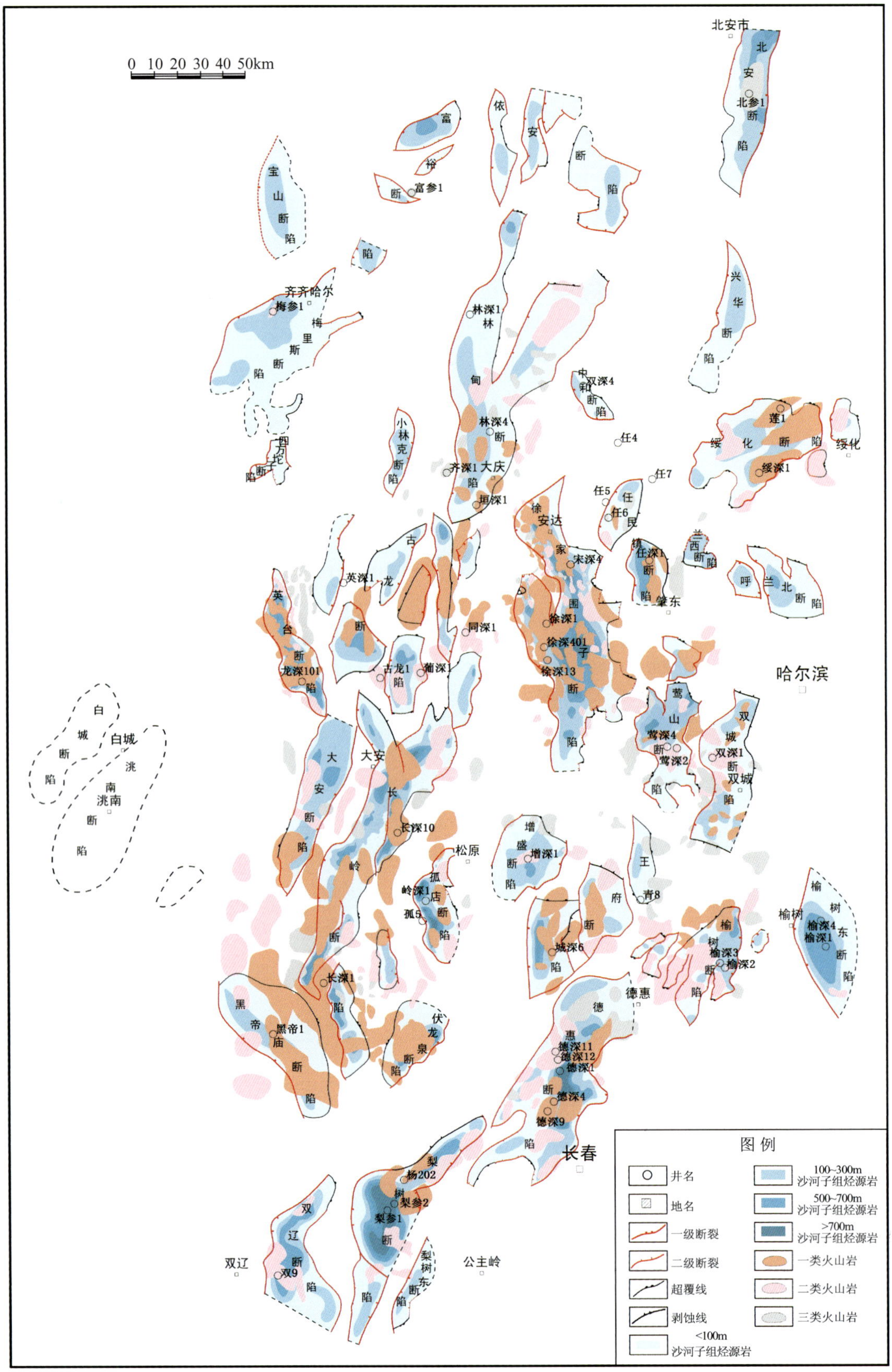

图 13-1 松辽盆地深层火山岩综合评价图

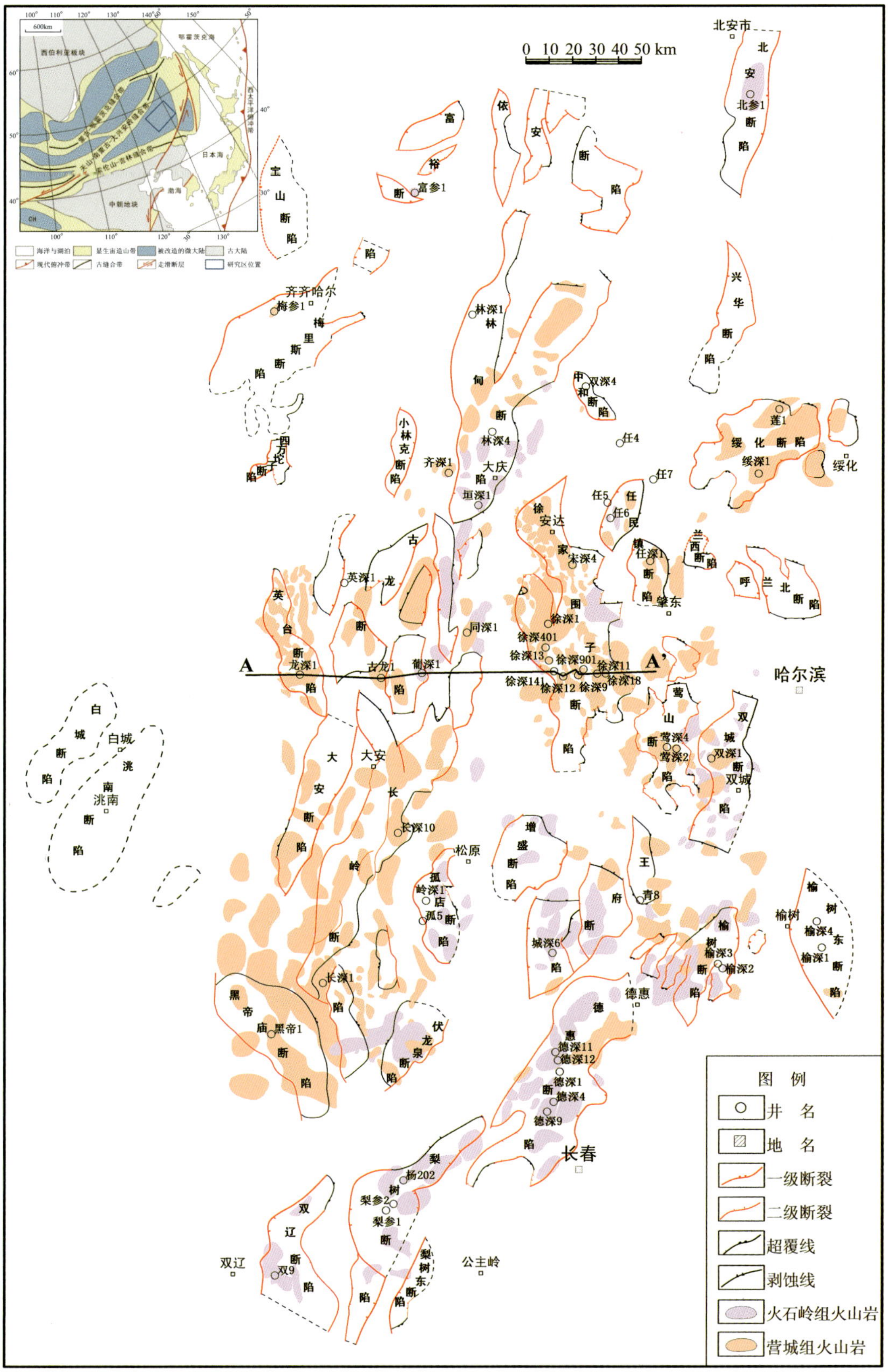

图 13-2 松辽盆地深层火山岩分布预测图

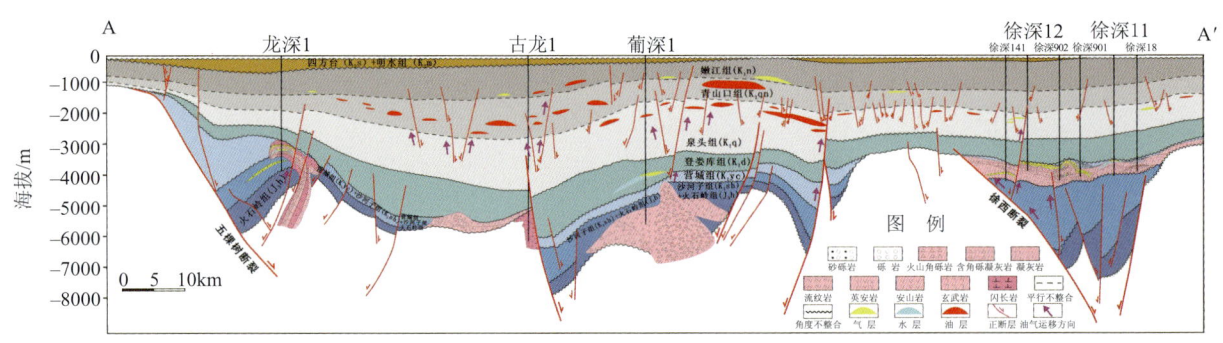

图 13-3 松辽盆地中生代断陷结构剖面图

主要储层为营城组一段、三段和火石岭组二段火山岩，碎屑岩亦为重要的储层。本区火山岩十分发育，分布面积 1358km²，面积系数为 45.62%。火山岩主要沿徐西、徐中和宋站 3 条基底大断裂分布，尤其是 NW 向与 NE 向断裂的交叉处火山口最发育。

徐家围子断陷天然气资源探明率 21.1%～31.7%，勘探潜力大，应加大勘探力度继续扩大勘探成果，尤其加强东部断槽中基性溢流相火山岩气藏勘探。

从目前的断陷评价成果来看（图 13-3），以酸性爆发相火山岩气藏为主，主要集中分布在徐西断槽周缘及安达断槽西侧。和西部断槽相比，东部安达断槽和徐东断槽勘探程度相对较低，但火山岩储层发育，尤其中基性溢流相火山岩分布广、面积大。达深 10 到宋深 5 井区的中基性溢流相火山岩体储层发育，且见到好的苗头。宋深 102 井侧钻水平井在溢流相安山岩中获日产气 $7.39×10^4m^3$，储层平均孔隙度为 10.3%；达深 10 井在营城组溢流相玄武岩中解释了 156.8m 厚度气藏，储层平均孔隙度 11.6%，平均渗透率 $0.03×10^{-3}\mu m^2$。揭示了东部断槽溢流相中基性火山岩具有广阔的勘探前景，需加强勘探。另外南部断槽埋藏浅，火山岩发育，具备基本的成藏条件，可以开展探索性勘探。

（2）长岭断陷

长岭断陷位于松辽盆地中部持续沉降型断陷带的南部，整体呈 NNE 向展布（图 6-2），基底埋深 1000～9000m，面积 7044km²。钻遇断陷期地层的探井 32 口，获工业气流井 15 口，已探明、控制、预测储量约 $1720×10^8m^3$，天然气资源量（7796～11 695）$×10^8m^3$。

断陷整体呈现出西断东超单断箕状断陷的特点（图 13-4），但断陷的北部局部为双断式结构。断陷中北部主要受斜列式的 NNE 向乾安断裂和乾北断裂的控制，南部受 NNW 向长岭断裂和哈尔金断裂的控制。最新成果认为长岭断陷不是一个统一的大型断陷，而是由几个相互独立的小型断陷组成，长深 1 气田位于南部两个小断陷之间的低隆构造带上。

烃源岩为营城组和沙河子组的泥岩和煤层。沙河子组是主要烃源岩，集中分布在北部断槽和南部断槽中，暗色泥岩最大厚度达 900m，一般 300～500m；有机质丰度较高，有机质类型为 II₂ 型、III 型。

长岭断陷火山岩储层发育，共预测火山岩体 53 个（图 13-3），分布面积 1642km²，面积系数为 39.13%。营城组火山岩主要为酸性、中酸性火山岩，具有较好的储集能力，是长岭断陷的主力储层，长岭断陷天然气资源探明率仅为 7%～10%，剩余资源潜力大，具有广阔的勘探前景。但该断陷西部 NNE 向控陷断裂带 CO_2 气藏局部富集，并呈带状分布，而断陷的中东部 CO_2 气含量相对较低。因此，为了避开 CO_2 气勘探烃类天然气，应选择中东部作为主要勘探方向。

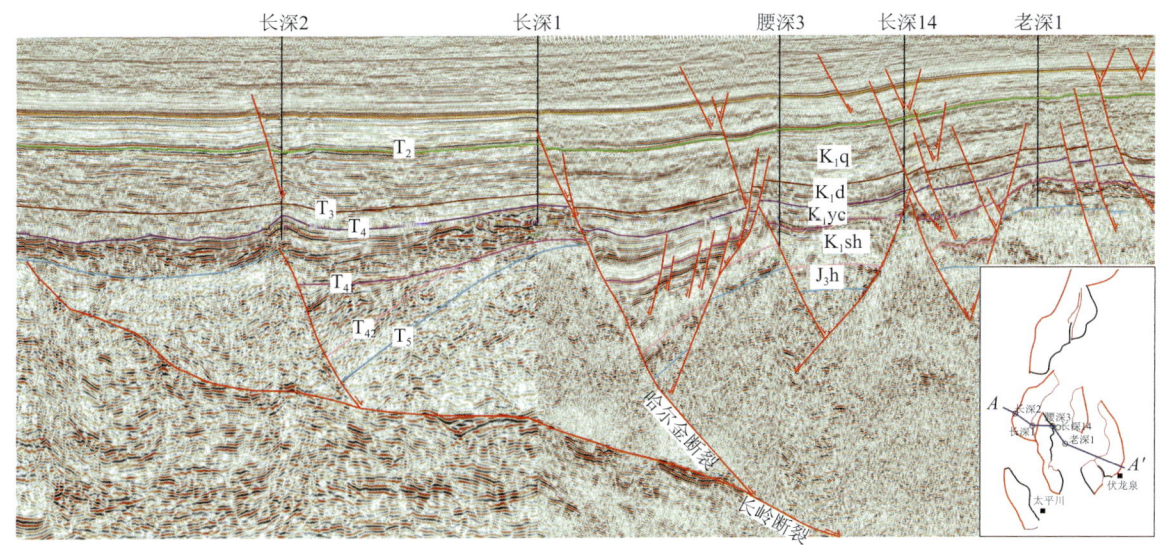

图 13-4 长岭断陷过长深 1 井地震剖面

勘探实践证实，中部低隆起上的长深 1-3 井和长深 103 井，东部斜坡带长深 8 和长深 10 都是烃类气藏。因此，加强中部低隆和北断槽东斜坡带火山岩气藏勘探是最为现实的方向。南部断槽的东斜坡带面积约 1700km²，已发现了伏龙泉、海坨子和老爷庙油气田，也是下步勘探值得重视的区带。

（3）英台断陷

英台断陷位于松辽盆地西部，属于持续沉降型断陷（图 6-2），面积 860km²。钻遇断陷期地层探井 15 口，获得工业气流井 9 口。其中，龙深 2 井火山岩层段获 $14.5×10^4m^3/d$ 工业气流，可提交探明天然气地质储量约为 $600×10^8m^3$，是一个具备形成千亿方储量规模的中小型断陷。

最新研究表明，沙河子期主要受西侧的五棵树断裂控制，整体表现为西断东超的结构样式（图 13-5）。

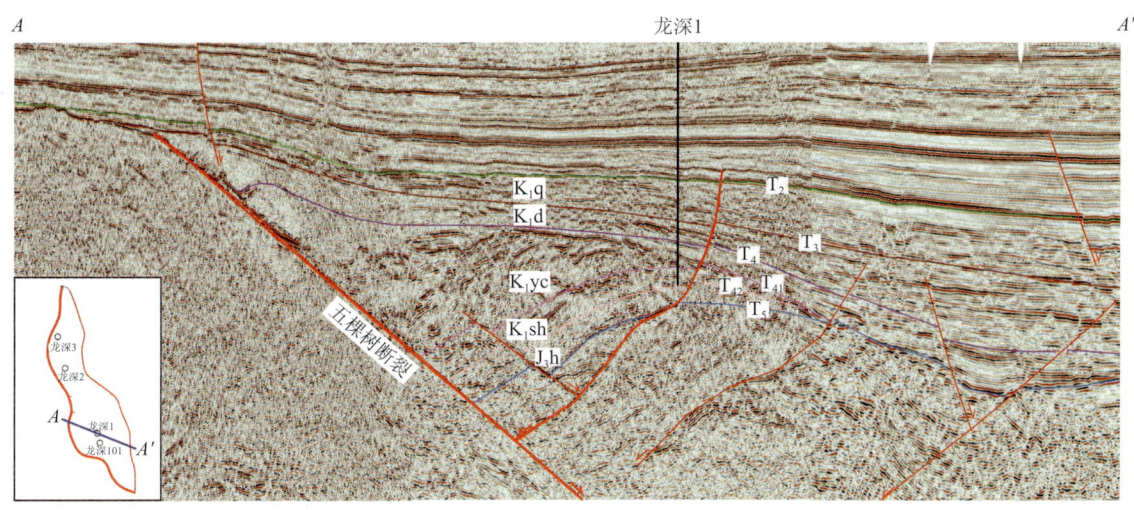

图 13-5 英台断陷过龙深 1 地震剖面

发育沙河子组和营城组两套主力烃源岩：营城组有机碳值 0.63%～1.99%，平均值 0.95%；生烃潜量 0.8～3.7mg/g，平均值 2.2mg/g。沙河子组烃源岩有机碳 0.36%～2.43%，平均值 0.94%；

生烃潜量 0.63～8.56mg/g，平均值 2.18mg/g，有机质类型为 II_2 型，均属于较好的气源岩。

英台断陷火山岩储层十分发育，根据地震资料预测火山岩体 16 个（图 13-3），面积 489km²。钻井揭示，断陷内发育喷发岩与侵入岩；岩石类型有酸性岩、中性岩和基性岩，以中性岩为主。

发育营城组和沙河子组两套较好烃源岩和营城组火山岩储层。营城组一段火山岩储层夹持于沙河子组与营城组烃源岩中，其上覆登娄库组和泉头组泥岩为盖层，具有理想的生储盖组合。有利勘探目标主要是生烃断槽中的鼻状构造火山岩体和临近生烃断陷边部的火山岩体。

（4）莺山断陷

莺山断陷位于松辽盆地东部，属于反转型断陷（图 6-2），沙河子期断陷面积 1063km²。断陷内完钻深层探井 9 口，莺深 2 井在营城组火山岩中获工业气流，莺深 4 井在营城组火山岩获日产气 $7.9\times10^4m^3$。

断陷整体呈 SN-NNE 向展布，整体受西部四站断裂和东部临江断裂控制（图 13-6）。据最新研究成果，沙河子期主生烃断槽主要沿三深 1-三深 2 井 NNE 向展布。钻井揭示，莺山断陷暗色泥岩发育，沙河子组是主力烃源岩，暗色泥岩厚度 300～700m，预测最大厚度达 1000m 以上，断槽中心厚度最大，向四周逐渐减薄。约 40% 的样品有机碳含量 1%～2%，生烃潜量为（S_1+S_2）0～0.2mg/g。干酪根类型以 III 型为主。另外，还发育煤系烃源岩，如在四深 1、三深 2、三深 1 井中均见有煤层，厚度 4.5～17m。

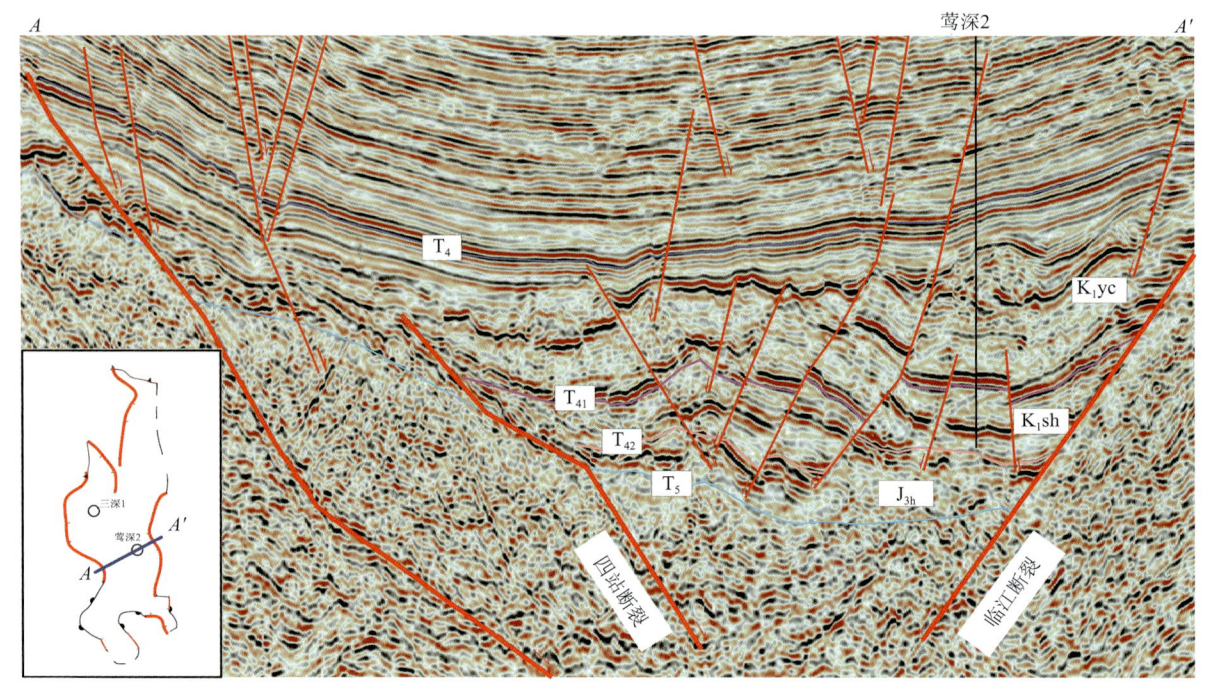

图 13-6 莺山断陷过莺深 2 地震剖面

断陷内火山岩发育。火山岩储层主要分布于营城组和火石岭组，平面分布于主控断裂附近。营城组的火山岩主要为凝灰岩、流纹岩和火山角砾岩等，孔隙度 0.9%～8%；火石岭组火山岩主要为安山岩、英安岩、流纹岩、火山角砾岩、凝灰岩等，孔隙度 0.3%～5%。

综上所述，莺山断陷具有较好的烃源条件、储集条件和盖层条件。从目前勘探实效来看，从断陷南部莺深 3- 双深 10- 莺深 1- 莺深 2 井的钻探成果看,从南向北含气情况依次为含水层 - 低产气流 - 工业气流井,可能揭示气藏主要临近北部的主生烃断槽,未向南部大规模运移聚集,因此优选北部生烃断槽到莺深 2 之间的过渡带为有利区带(图 13-3)。下步勘探的关键是围绕有利区带,寻找保存条件好、优质储层发育的火山岩体,力争实现大的发现,尤其火石岭组是值得重视的一个新层系。

(5)绥化断陷

绥化断陷位于松辽盆地东部,属于晚期反转型断陷(图 6-2)。断陷由三个独立的小断陷组成,面积共 1784km²,主体为一个大断陷,呈 NE 向展布,面积 1502km²。截至 2012 年,该断陷已完成二维地震 7260km;钻遇深层探井 2 口,未见显示。

断陷主体是一个双断地堑式断陷,靠近控陷断裂发育四个断槽,主断槽发育在断陷中北部,断槽沉降较深(图 13-7)。沙河子末期,断陷南部发生剥蚀,但是剥蚀量较小,对断陷整体结构影响不大;白垩纪末期,断陷北部发生了与挤压有关的强烈构造作用,发生了一次构造反转作用,形成了松辽盆地滨北地区东部的一个大规模的反转背斜构造带,呈 NNE 向展布。

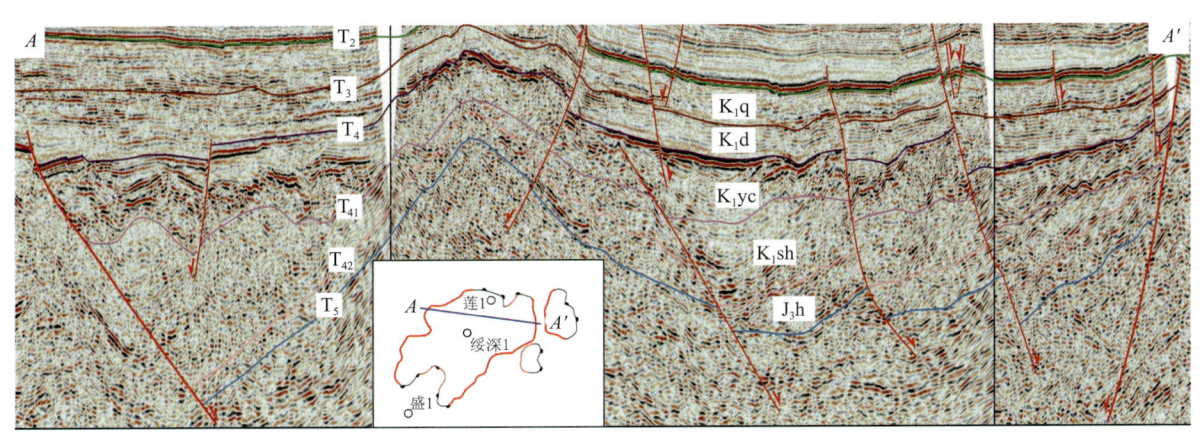

图 13-7 绥化断陷 90-208 测线地震剖面

沙河子组为主力烃源岩,烃源岩最大厚度 247m,R_o 为 1.15%～1.22%,有机质丰度较高,平均有机碳(TOC)0.57%,生烃潜力(S_1+S_2)0.38mg/g,达到中等烃源岩标准,揭示绥化断陷是一个生烃断陷。

储层主要为营城组火山岩,分布面积达 1018km²,面积系数为 57.06%。火山岩主要沿控陷断裂和北部反转断裂分布,呈 NW 或 NE 向展布。

从绥深 1 和莲 1 井钻遇火山岩情况来看,以安山岩和酸性喷发岩为主,单井火山岩厚度可达 1780m,孔隙度 1.2%～9.9%,渗透率 $(0.025～8.1)×10^{-3}\mu m^2$,局部裂隙发育,勘探的关键是围绕北部有利区带,寻找源、储叠合配置关系好的区带,优选有利目标开展勘探(图 13-3)。

(6)大安断陷

大安断陷位于松辽盆地持续沉降型断陷带的中西部,长岭断陷西北侧(图 6-2),面积 1046km²。目前尚无深层探井钻遇断陷期地层,勘探程度总体偏低。周围探井如长深 3、长深 5 和长深 9 都钻遇花岗岩和变质火山岩基底,揭示大安断陷与长岭断陷为基底隆起相隔,为一独立的断陷。

大安断陷呈 NNE 向展布,呈现两种结构样式:北部为双断地堑式特征,南部为东断西超的箕状断陷(图 13-8),主要受 NNE 向的大安断裂控制。发育南北两个断槽,北部断槽规模较大,为

614km², 南部断槽面积为 432km², 中间为低隆。晚期受大安断裂强烈反转活动的影响，断陷浅部地层发育大规模的褶皱。

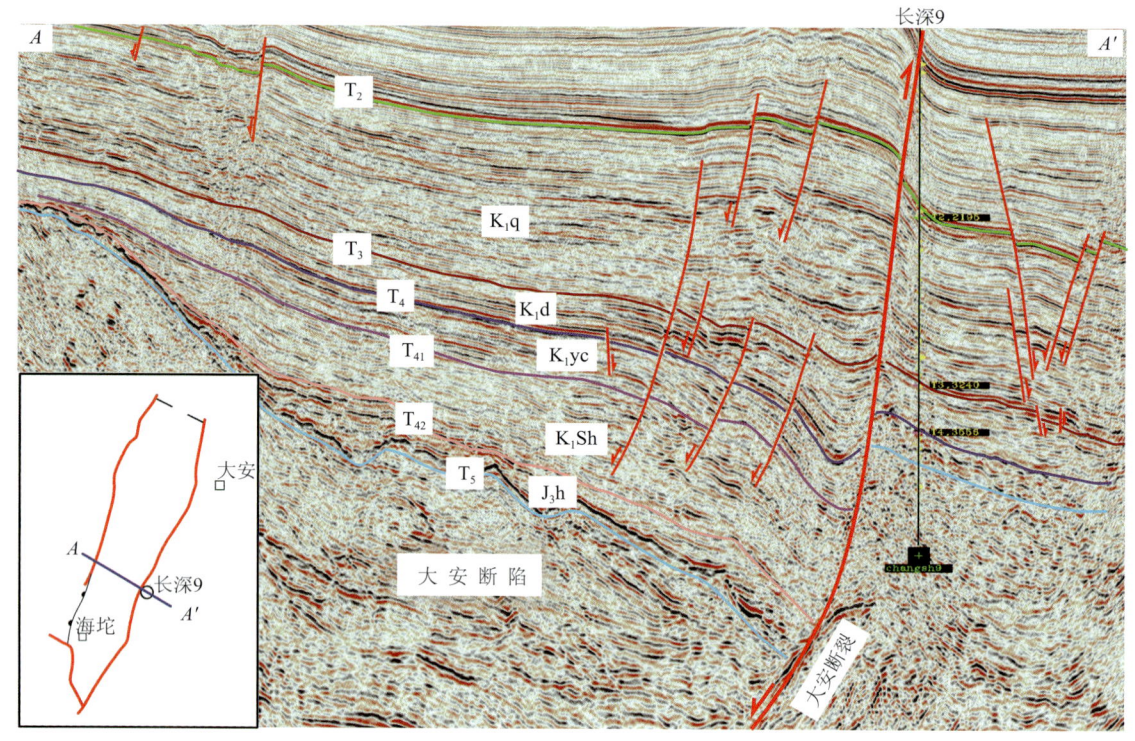

图 13-8　大安断陷南部断槽 HGN3d-L146 测线地震剖面

大安断陷南部与孤店断陷和伏龙泉具有相似的断陷结构，沙河子地层反射特征十分明显，沙河子组烃源岩较为落实，表现出明显的连续、层状、弱反射特征，与区域上沙河子组烃源岩反射特征具有很强的相似性，预测为一套深湖-半深湖相泥岩，厚度达 100～500m，面积达 608km²，预测资源量约 $1200 \times 10^8 m^3$。

火山岩储层较为发育，由于无探井钻遇，根据地震等资料预测，已发现 8 个火山岩体，分布面积为 801km²，面积系数为 76.58%。火山岩储层发育于断陷期营城组和火石岭组中，火石岭组火山岩分布范围广，面积大，具有较好的储集条件。

发育两种类型的生储盖组合：一是以沙河子组为主要烃源岩，以营城组火山岩为主要储集层的下生上储组合；二是以沙河子组为主要烃源岩，以火石岭组砂砾岩和火山岩为主要储集层的上生下储组合，具有较好的成藏条件。①在两个断槽低隆具备形成构造或构造-岩性复合气藏的条件。②在断槽中和西斜坡具备形成砂砾岩、火山岩岩性气藏的条件。结合大安断陷预测烃源岩分布落实情况、有利构造部位和储层空间配置关系，综合认为大安断陷南部断槽获得突破的潜力更大，近邻生烃断槽的缓坡构造带为有利区带。

（7）古龙断陷

古龙断陷位于持续沉降型断陷群中北部，面积 3568 km²。区内二维地震测线 2639.28km，测网密度 2×4km，中浅层三维地震基本连片。钻遇登娄库组及以下地层的探井 12 口，其中，古深 1 井压后获日产气 1455m³；在多套层系中见气显示，以营城组火山岩和登娄库组砂岩显示为最好。

古龙断陷由 8 个小型断槽组成（图 13-9），由南至北依次为：长岭北断槽、葡深 1 断槽、英深 1 南断槽、英深 1 西断槽、英深 1 东断槽、同深 1 西断槽、杏深 1 西断槽。其中，长岭北断槽规模最大，沙河子组沉积最厚，是勘探潜力最大的断槽。

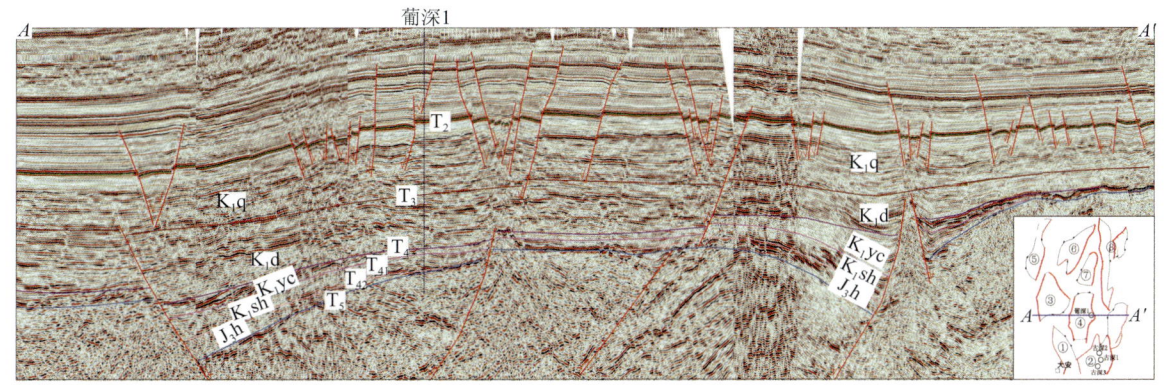

图 13-9　古龙断陷过葡深 1 井地震剖面

断陷南部烃源岩发育，主要烃源层为沙河子组，厚度一般为 100～300m，最厚可达 500m 以上。据葡深 1 井的资料，古龙断陷火石岭组、沙河子组、营城组和登娄库组烃源岩有机碳含量平均值分别为 0.84%、0.72%、0.86% 和 0.44%，有机质类型为Ⅲ型干酪根。烃源岩均处于高 - 过成熟阶段。预测断陷内天然气资源量约为 $3110\times10^8\mathrm{m}^3$。

发育两类储层，即火山岩和砂岩储层。钻井揭示，火山岩储层物性整体较差，爆发相相对较好，共预测出火山岩体 25 个（图 13-3），面积 2072km²，评价出一类火山岩体 9 个，面积 934km²。砂岩总厚度大，但储层发育比例小，物性差，登三、四段物性相对较好。通过分层段统计，登四段砂岩储层相对有利，孔隙度 8%～12%，渗透率大于 $1\times10^{-3}\mu\mathrm{m}^2$。

根据烃源岩和火山岩储层发育特点，通过综合评价（图 13-3），认为断陷南部烃源岩厚度大，火山岩发育，是有利的勘探地区；另外由于古龙断陷整体埋深大，因此寻找具有良好构造背景、有沟通底部气源断裂的登娄库组砂岩气藏也是值得探索的一个领域。

（8）林甸断陷

林甸断陷位于持续沉降型断陷群中北部，古龙断陷北侧（图 6-2），面积为 3116 km²。区内二维地震测网密度为 2×4km，钻遇泉二段及以下地层的探井 12 口。由于深部探井大都钻在断陷边部，对断陷内部地质情况还需进一步落实。从完钻的两口风险探井结果来看，钻遇了爆发相火山岩，林深 4 井物性较好，垣深 1 井效果较差，主断槽和烃源岩是否落实还有待深入研究和勘探实践来证实。

林甸断陷主要发育三条控陷断裂，即林甸断裂、黑鱼泡断裂（图 13-10）和鱼东断裂。断裂的走向主要为 NNE 向，但也发育 NNW 向断裂段。断陷整体呈 NNE 向展布。

林甸断陷已钻探井均在断陷边部，钻遇大套砾岩中夹有少部分泥岩，分析有机碳含量中等。从探井钻遇地层来看，是否钻遇到沙河子组烃源岩还需再落实。

林甸断陷发育火山岩和碎屑岩储层。钻遇的营城组火山岩以中基性岩为主，地震上多表现为较连续的反射特征，火山喷发旋回少，物性较差。断陷内登娄库组（主要发育登娄库组三段和四段）砂岩储层发育，具有近物源，物性好的特征，测井解释孔隙度为 6.5%～16.4%。

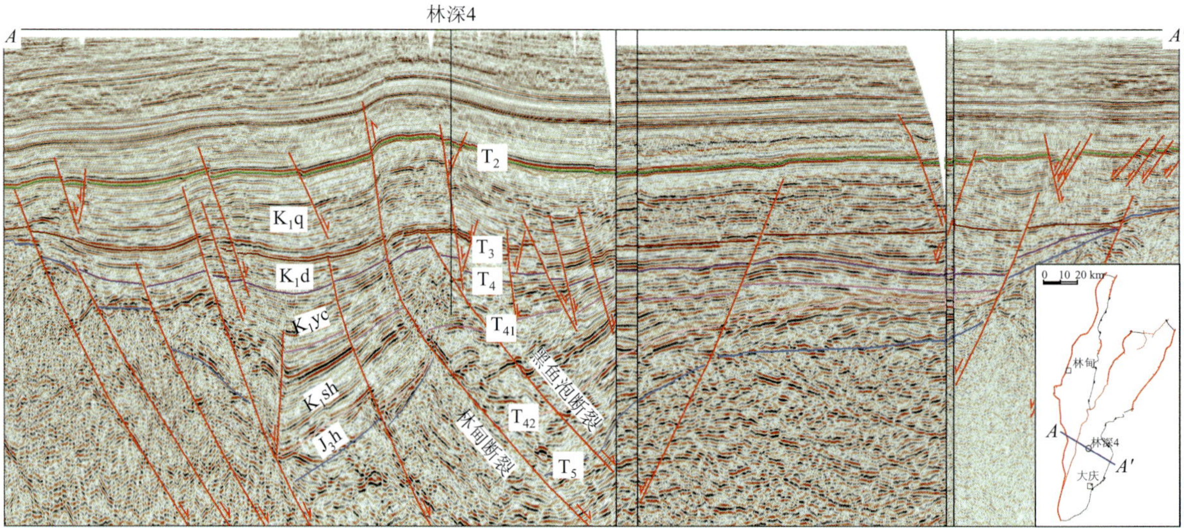

图 13-10　林甸断陷南部 BB04-199 测线地震剖面

根据目前研究和勘探现状，落实断陷结构和主断槽发育位置、沙河子组烃源岩厚度和品质是下步勘探研究的主要工作。一旦主断槽和烃源岩落实，围绕生烃主断槽寻找烃源岩和火山岩空间配置关系好的目标开展论证评价，为整个断陷勘探和评价奠定基础。

（二）火石岭组火山岩

1. 分布特征

火石岭期火山喷发活动也是较为强烈的一次，沿 NNE 基底深大断裂呈裂隙式喷发。从图 13-1 可以看出，南部火石岭组火山岩较北部发育，尤其东南隆起断陷带；松辽盆地北部以中、酸性火山岩为主，松辽盆地南部以中、基性和酸性火山岩为主。松辽盆地北部徐家围断陷钻遇火山岩岩性主要为基性、中基性、中性和中酸性火山熔岩、火山碎屑岩。如升深 101 井火山岩厚 400m 以上，主要为中性火山岩，含少量中基性火山岩，包括灰黑色、紫灰色安山岩、安山质火山角砾岩、安山质角砾熔岩、玄武安山岩、英安岩等。其它断陷局部地区（如三深 1 井等）为安山岩、玄武岩和陆源碎屑岩互层。火山岩与下伏基底呈角度不整合接触，与上覆沙河子组也呈角度不整合接触。东南隆起的王府断陷和德惠断陷都在火石岭组火山岩获得重大发现，王府 1 井揭示火石岭组自底到顶包括三套岩性组合：最底部的中基性火山岩段，下段为含紫红色安山岩（部分井揭示含有玄武岩），上段为绿灰色安山岩过渡到沉积岩；中部进入湖盆间歇期，沉积了较厚的碳质泥岩和砂岩、粉砂岩互层段；上部为末期的火山岩，与区域上为一套灰绿色中性岩为主不同的是王府断陷钻井揭示为灰色流纹岩。王府断陷钻井揭示火石岭总体厚度较大，平均近 600m，最厚可超过 1000m，为发育厚层火山岩奠定了基础。

2. 重点勘探方向

随着勘探的不断深入，火石岭组在松南多个断陷相继获得突破，包括王府断陷、德惠断陷、孤店断陷和双辽断陷（图 6-3），已经成为松辽盆地南部继营城组后重要的勘探新层系。

（1）王府断陷

王府断陷位于晚期反转型断陷带的中西部（图6-2），面积2180 km^2。已完成深层探井20口，获工业气流井6口。随着风险探井王府1在火石岭组获得突破，火石岭组已经成为该断陷重要的勘探层系，新增火石岭组天然气预测地质储量约$1300×10^8m^3$，具备形成千亿方储量规模。

王府断陷由二个中小型断槽组成，整体上呈NE-NEE向展布（图6-3），西部主断槽总体为西断东超的箕状结构（图13-11）。基底最大埋深为5400m，断陷期地层厚度为2000～3000m。钻井揭示发育三套烃源岩，主要分布于断陷中西部府西断裂带附近。火石岭组有机碳含量0.2%～10.3%，平均值2.75%；生烃潜量0.05～1.9mg/g，平均值0.9mg/g；R_o 1.8%～2.1%，平均值1.94%。沙河子组烃源层最大厚度可达700m，有效生烃面积516km^2，有机碳含量0.5%～10.1%，平均值2.58%；生烃潜量0.09～2.63mg/g，平均值1.13mg/g；R_o 1.3%～2.1%，平均值1.58%。营城组有机碳含量0.1%～9.6%，平均值0.48%；生烃潜量0.06～1.3mg/g，平均值0.19mg/g；R_o 0.8%～1.4%，平均值1.02%。

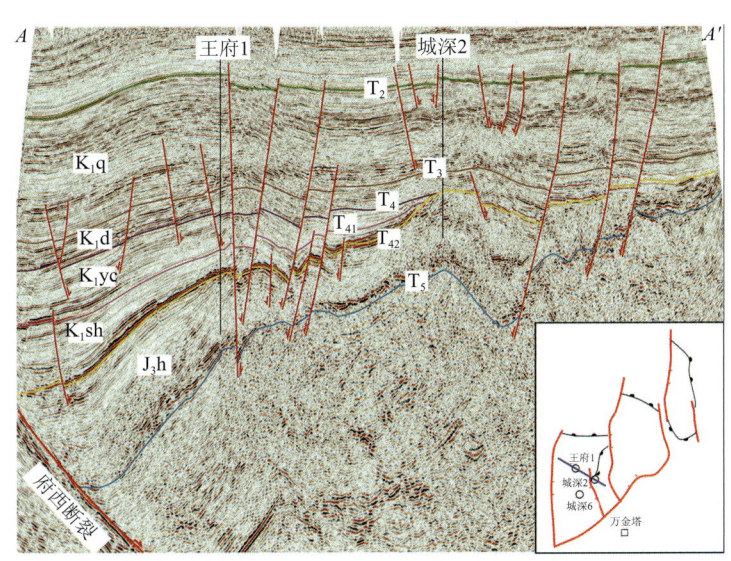

图13-11 王府断陷过王府1-城深2井地震剖面图

断陷内火石岭组火山岩十分发育。有16口探井钻遇了火石岭组火山岩，岩性以安山岩、粗面岩、安山质凝灰岩和角砾岩为主，顶部钻遇薄层的流纹岩（王府1）。厚度281～1223m，平均约700m；孔隙度4%～8%，局部可达14%（城深2）。

以王府1井为代表的探井钻探结果表明：以沙河子组为主要烃源岩、以火石岭组火山岩为主要储集层形成上生下储组合的火石岭组火山岩气藏为有利成藏组合。另外以沙河子组为主要烃源岩、以营城组火山岩为主要储集层、形成下生上储组合的营城组火山岩气藏也为有利的成藏组合。下步勘探应主要围绕西部生烃断槽展开（图13-2），近邻西部生烃断槽、与烃源岩配置关系好的砂砾岩或火山岩体为有利目标区。

（2）德惠断陷

德惠断陷位于松辽盆地东南部（图6-3），面积2072 km^2。钻遇营城组的井32口，其中有4口井在火山岩储层中获天然气。截至2009年，已经获得工业气流井22口，大都分布在农安-杨大城子、布海和小合隆背斜带上，为深部气藏破坏后形成的次生小型气藏。最近在断陷内火石岭组原生气藏获得突破，如德深 11 井和德深 12 井，揭示了该断陷火石岭组火山岩勘探的良好前景。

德惠断陷为由德东断裂与德西断裂控制的 NNE 向双断断陷（图 13-12）。德东控陷断裂对德惠断陷起到了主要的控制作用。断陷基底最大埋深 7000m，沙河子组沉降中心在断陷中北部，最大厚度大于 1000m。

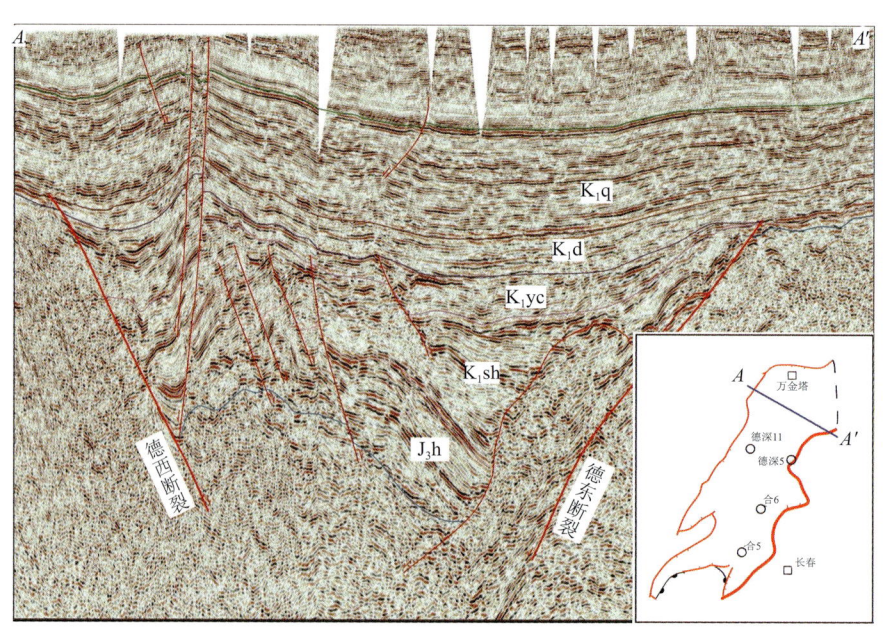

图 13-12　德惠断陷 L516 测线地震剖面

钻井揭示，德惠断陷自下而上发育火石岭组、沙河子组、营城组三套主力烃源岩：火石岭组有机碳含量平均值 0.72%，生烃潜量平均值为 0.9mg/g，R_o 平均值为 1.21%。沙河子组有机碳含量 0.3%～10.1%，平均值 2.09%；生烃潜量 0.3～10.2mg/g，平均值 1.61mg/g；R_o 0.6%～1.9%，平均值 1.13%。营城组有机碳含量 0.05%～10.2%，平均值 1.7%；生烃潜量 0.06～12.3mg/g，平均值 1.7mg/g；R_o 0.7%～1.7%，平均值 0.93%。

德惠断陷火山岩储层发育，主要发育在营城组和火石岭组。单井最厚可达 690m，岩性主要以安山岩、玄武岩和晶屑凝灰岩为主，德深 16 井火山岩孔隙度 10%～14%，平均 12%，渗透率（0.04～5.4）×$10^{-3}\mu m^2$，平均 0.3×$10^{-3}\mu m^2$。

德惠断陷属于晚期反转型断陷。由于该断陷在明水期末、古近纪末遭受强烈的改造作用，形成了农安-杨大城子挤压背斜带和大房身-合隆挤压背斜。同时断裂后期强烈活动，使得一些原生气藏遭到破坏和再调整，油气沿断层垂向运移并聚集至上部泉头组地层中，形成一些小型次生气藏。为此，德惠断陷主要以寻找自生自储原生天然气藏为主，其次是寻找圈闭规模较大的次生气藏。

由于德惠断陷深层受后期构造运动影响强烈，所以易形成浅层次生气藏。火石岭由于埋藏深，多以火山岩为主，后期构造活动影响较小，得以形成源储一体的原生气藏。因此应将火山岩和烃源岩空间配置好的原生气藏，以及浅层具有良好构造背景的碎屑岩次生气藏作为主要的勘探方向（图 13-3）。

（3）孤店断陷

孤店断陷位于松辽盆地中南部（图 6-3），面积为 686km²。钻遇断陷期地层的探井 2 口（孤 5、岭深1）：其中岭深1井在火石岭组砂砾岩中获日产$5.8\times10^4m^3$工业气流。

孤店断陷走向自北向南，由NNE向转向NNW向，受孤店断裂控制，为西断东超的箕状断陷（图13-13）。沉降中心位于孤店断层根部，发育南、北两个沉积断槽，二者之间夹有鼻状隆起。营城组、沙河子组均为砂泥岩互层的碎屑岩沉积，暗色泥岩发育，分布广。预测沙河子组烃源岩厚度大于100m的分布面积为$452km^2$，营城组烃源岩厚度100～500m。预测天然气资源量$1600\times10^8m^3$。

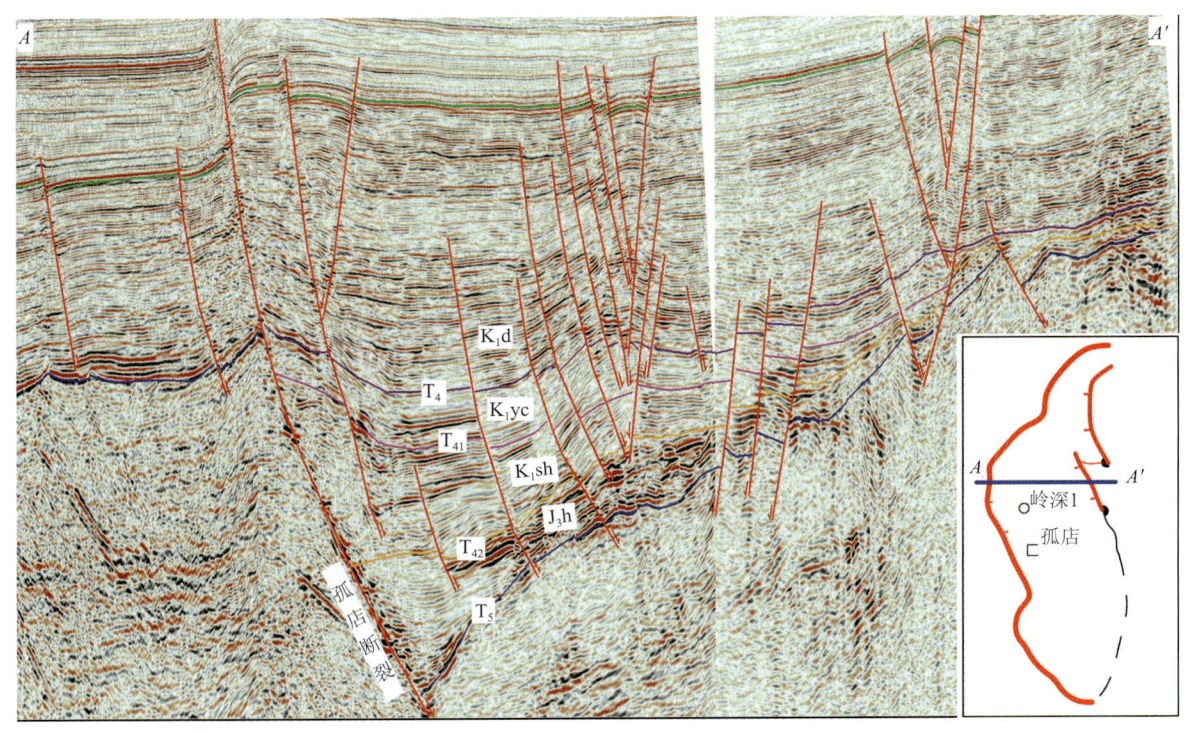

图13-13　孤店断陷木头三维L1688测线地震剖面

孤店断陷火山岩比较发育，主要分布在火石岭组。利用三维地震资料预测孤店断陷火山岩体7个，总面积$298km^2$，主要分布在断陷中东部。其中，一类火山岩体4个，二类火山岩体3个（图13-3）。预测砾岩体2个，面积$56km^2$，主要分布在断陷南北两个断槽西侧，靠近控陷断裂。

发育两种类型的生储盖组合：一是以沙河子组为主要烃源岩，以营城组火山岩，登娄库组、泉一段河流相砂体为主要储集层，以泉二段以上地层为盖层，形成下生上储组合；二是以沙河子组为主要烃源岩，以火石岭组砂砾岩和火山岩为主要储集层，以沙河子组泥岩为局部盖层，形成上生下储组合，具有较好的成藏条件。

根据成藏组合特点，孤店断陷深层天然气勘探可遵循两个原则：① 在鼻状隆起构造上寻找构造或构造-岩性复合气藏。② 在断槽和斜坡区寻找砂砾岩、火山岩岩性气藏。

（4）双辽断陷

双辽断陷位于东部晚期反转型断陷带西南端（图6-2），断陷面积$1202km^2$。深层完钻探井5口，4口井见油气显示。其中，双9井在火石岭组凝灰岩中获得日产$2.2\times10^4m^3$工业气流，提交预测天然气地质储量$330\times10^8m^3$，揭示了该断陷良好的勘探前景。

双辽断陷为一不对称双断地堑式断陷（图13-14），西部受双西断裂控制，东部受双东断裂控制，总体具有西陡东缓的特征，东斜坡具有明显超覆特征。断陷最大埋深约 4000m，营城组顶面平均埋约深 2500m。发育两个生烃断槽，中部生烃断槽较北部断槽发育规模大，控制着主要烃源岩发育。明水期-古近纪末期，断陷经历了明显褶皱反转构造活动。

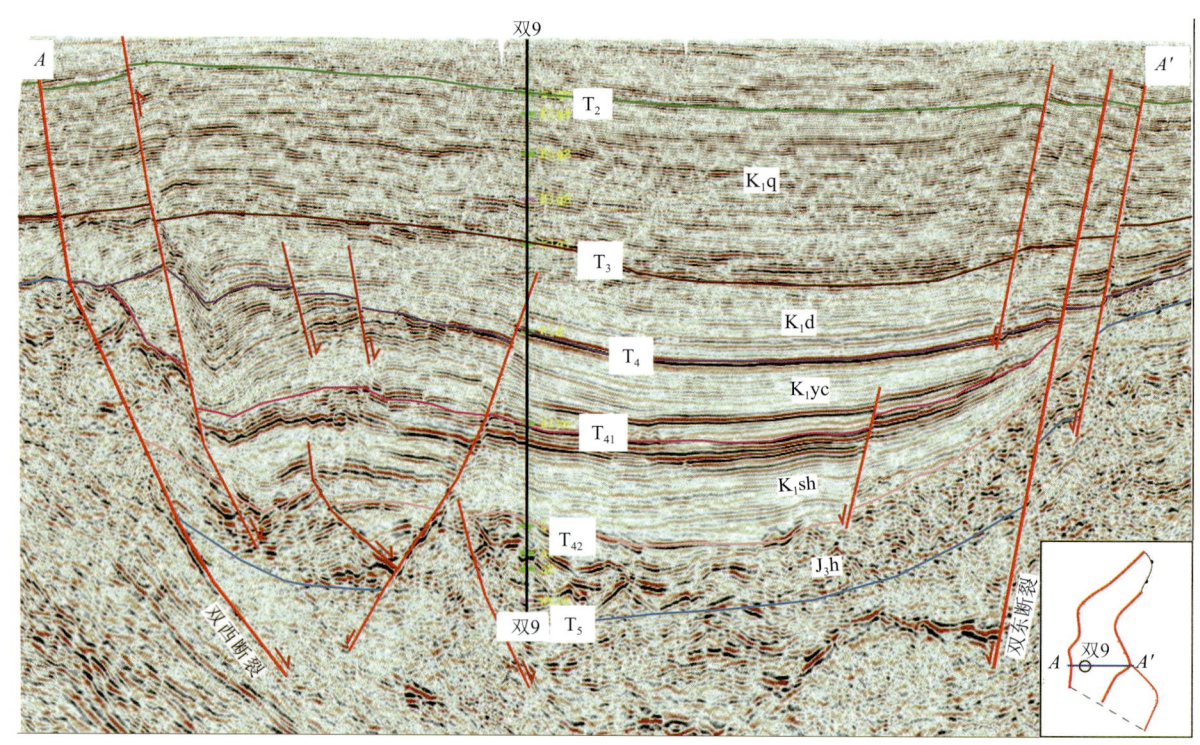

图 13-14 双辽断陷 L160 测线地震剖面

双辽断陷烃源岩主要发育在营城组和沙河子组，主力烃源层为沙河子组烃源岩，主要分布在南北两个生烃断槽中，厚度大于 200m，有利生烃面积 130km²，为中等-好烃源岩，有机质类型为Ⅲ型。

双辽断陷火山岩较为发育，以凝灰岩和玄武岩为主。双 6 井钻遇营城组基性玄武岩，厚度为 23m。双 9 井钻遇火石岭凝灰岩厚度大于 500m，孔隙度达 7%～11%，储层物性较好。预测火山岩体 5 个（图 13-3），面积 267km²。

（5）任民镇断陷

任民镇断陷位于晚期反转型断陷群的中北部，徐家围子断陷的东北侧（图 6-2），面积约 739km²。钻遇泉二段以下地层的探井 9 口。其中，任 6 井钻遇沙河子组大套暗色泥岩地层，东 5 井泉四段获日产气 30586m³，气源来自深部，预示深部具有一定勘探潜力。

任民镇断陷受任民镇断裂的控制，为西断东超的箕状断陷（图 13-15），发育南北两个断槽（图 6-3）。南部断槽规模大，呈近 SN 向展布，面积 392km²，基底最大埋深约 4500m；北部断槽的走向为 NE 向，面积为 347km²，基底最大埋深 2800m。

区内烃源岩发育，北部主断槽任 6 井钻遇暗色泥岩，累计厚度达 116m，钻遇煤层 1m，生烃指标好，有机碳（TOC）1.12%～2.35%，生烃潜量（S_1+S_2）0.72～2.55mg/g，最高热解峰温（T_{max}）447～463℃，R_o 1.06%～1.27%；南部断槽烃源岩厚度一般 100～300m，最厚超过 500m，初步计算天然气资源量约 $350×10^8m^3$。

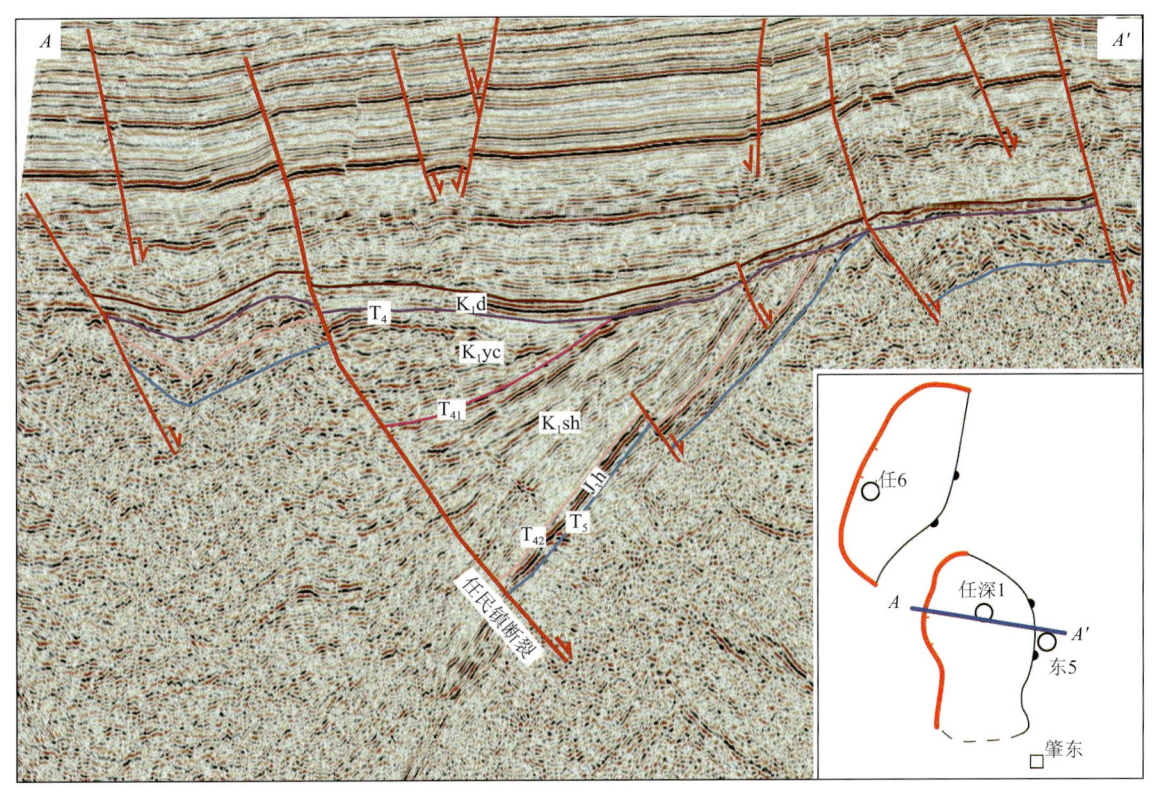

图 13-15　任民镇断陷 lx1987-139 测线地震剖面

火山岩比较发育，5 口井（东 35、东 31、任 11、东 5、任 6 井）钻遇火山岩，主要分布在营城组和火石岭组，以中酸性岩为主。利用该区钻井及二维地震资料预测任民镇断陷火山岩体 8 个（图 13-1），分布于南北两个断槽中，其中北部断槽中单个火山岩体面积较小，南部断槽火山岩体面积较大，临近于生烃洼陷，是有利的火山岩储集体。

发育两种类型的生储盖组合：一是以沙河子组为主要烃源岩，以营城组火山岩为主要储集层的下生上储组合；二是以沙河子组为主要烃源岩，以火石岭组火山岩为主要储集层的上生下储组合。综合分析认为，任民镇断陷主要勘探有利目标为分布在南部生烃断槽，或东部缓坡带上与烃源岩空间配置关系好的火山岩体。另外，徐家围子、莺山、大安等断陷也揭示了火石岭组火山岩，前已述及，也是火石岭组火山岩天然气重要的勘探领域。

第二节　深层砂砾岩勘探领域

近年来，松辽盆地深层碎屑岩在多个层系获得重要的发现或突破：如徐家围子断陷徐深 6 井在营城组四段砂砾岩中获得 $52.3 \times 10^4 \text{m}^3/\text{d}$ 高产气流，长岭断陷长深 D 平 2 井在登娄库组砂岩中获得 $35.8 \times 10^4 \text{m}^3/\text{d}$ 高产气流，王府断陷城深 6 井在沙河子组砂砾岩中获得高产气流，尤其是长深 10 井在埋深 4890m 左右的营城组二段砂砾岩中获得工业气流，突破了深层常规碎屑岩勘探深度，而沙河子组砂砾岩勘探一直未获得突破。2013年，徐家围子断陷宋深9H在沙河子组砂砾岩获得日产$20.8 \times 10^4 m^3$高产气流，2014年，徐探1井在沙河子组砂砾岩中压后获得$10.1 \times 10^4 m^3/d$工业气流，计算无阻流量$28.4 \times 10^4 m^3/d$，实现了沙河子组致密砂砾岩气勘探的真正突破，揭示了沙河子组砂砾岩天然气勘探具有巨大潜力，预示深着沙河子组致密砂砾岩气将成为继火山岩后重要的接替勘探领域，对于松辽深层天然气下步勘探意义重大。

一、基本地质条件

（一）沉积特征

松辽深层各层段均发育碎屑岩，且普遍含气。

火石岭组以火山台地式沉积为主，基本不受断陷控制。火一段主要为粗碎屑岩夹凝灰岩，火二段为中基性火山岩夹碎屑岩（朱德丰，2007）。常家围子断陷为安山岩、安山玄武岩夹沉积岩薄层，德惠断陷、莺山断陷则为砂泥岩、砂砾岩夹煤层。

沙河子组是松辽盆地断陷发育鼎盛时期，湖盆面积大，烃源岩大面积分布，砂砾岩分布面积广。沙河子组在各断陷几乎都有分布，岩性主要为深灰色、灰黑色泥岩、砂质泥岩、深灰色细砂岩、砂砾岩夹煤层。结合区域地质背景，在单井相、地震相分析的基础上将沙河子组划分为四段，沙一段湖盆范围小，水体浅，主要为辫状河、三角洲和滨浅湖沉积，以相对粗粒的砂砾岩、砂岩沉积为主，夹泥岩；沙二段湖盆范围扩大，水体变深，进入半深湖-深湖沉积，发育中-厚层泥岩，同时三角洲体系也发育，岩性主要为砂岩、深灰色粉砂岩、泥岩、并发育煤层，随着水体进一步加深达到最大湖泛面；沙三段是继最大湖泛面出现后的一套沉积，湖盆逐渐开始进入缓慢萎缩阶段，该时期仍发育泥岩，并由于进积型三角洲向湖盆的推进，砂体发育，三角洲平原沼泽相发育煤层；沙四时期湖盆进一步萎缩，可容纳空间减少，进积型三角洲进一步向湖盆推进，砂体大面积发育，泥岩相对不发育，局部有煤层。沙河子时期断陷陡坡带主要发育冲积扇、扇三角洲沉积，缓坡带主要发育辫状河和辫状河三角洲沉积，洼槽带以半深湖-深湖、滨浅湖沉积为主（图13-16）。沙二段、三段泥

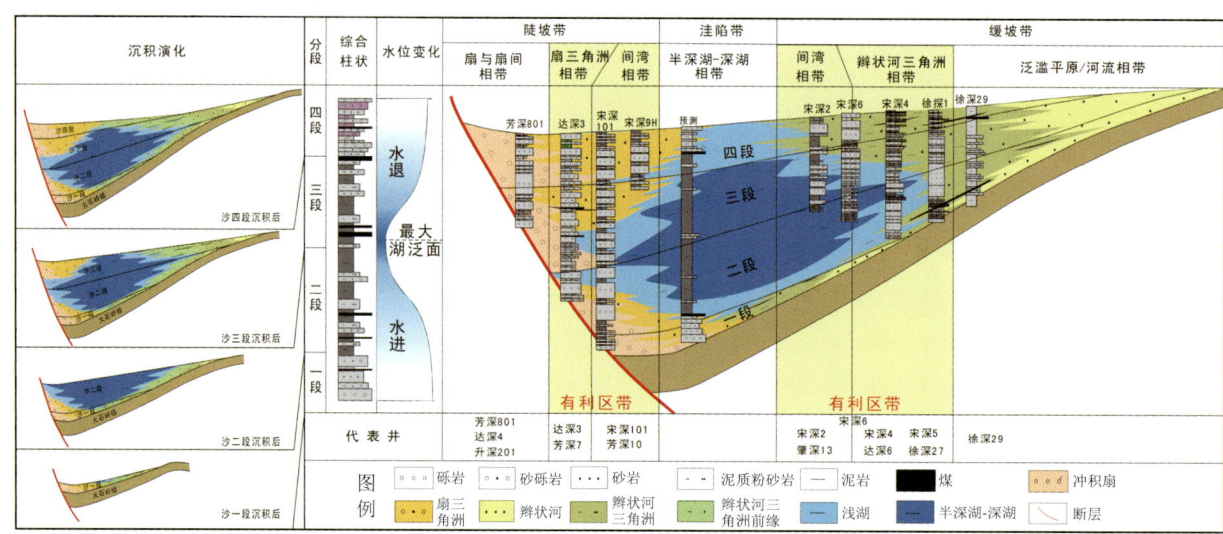

图13-16 沙河子组沉积演化及发育模式图

岩厚度大，发育厚层暗色泥岩，同时发育煤层，有机质丰度高，最大湖泛面位于沙二段、三段之间，沙二段后期湖盆面积最大，泥岩分布面积最广，这也决定了沙二段、三段为有利勘探层段。

营城组由于控陷断裂的差异沉降及火山喷发后期古地貌控制物源，多发育近源短流入湖的扇三角洲或近岸扇体沉积相带，多见火山岩和沉积岩互层。按照目前油田常用的划分方案，营城组可细分为四段，总体上为两套火山岩和两套碎屑岩互层，营城组一段与三段为火山岩，营城组二段与四段为碎屑岩，其中，营二段为砾岩与砂、泥岩互层，泥质岩颜色为深灰色、灰黑色，夹暗紫色。营城组四段在松辽盆地北部的徐家围子断陷最为发育，岩性主要为泥岩、粉砂质泥岩、灰色泥质粉砂岩、粉砂岩和厚层杂色砂砾岩和砾岩（侯启军等，2009）。

登娄库组主要分布于盆地中部和东部，以滨浅湖、河流相沉积为主，岩性主要为一套灰白色厚层砂岩与灰黑、灰绿及暗紫红色砂泥岩、泥岩，呈频繁互层的类复理石沉积，底部为砂砾岩，层内见少量凝灰岩薄层。

登娄库后期，松辽盆地由断陷转为大面积坳陷，随后沉积的泉头组一段、二段在全盆地都有分布，以各类河流沉积和滨浅湖沉积交互出现为特点，岩性为棕红、紫红、紫褐色泥岩、砂质泥岩与灰绿、灰白、紫灰色砂岩、泥质粉砂岩。

松辽深层碎屑岩天然气勘探从火石岭组到泉二段都有发现。据岩性统计结果分析，火石岭组至营城组已获工业气流的碎屑岩产层岩性主要为砂砾岩，而登娄库组及泉头组一段、二段以砂岩为主。

（二）烃源岩

前已述及，松辽盆地深层发育火石岭组、沙河子组、营城组和登娄库组四套烃源岩层。其中，沙河子组为主要烃源岩层，分布面积广，生烃能力强，生气强度大，为致密气藏的形成提供了充足的气源。

（三）储层

1. 砂砾岩深层优势岩性

通过对45口井420个深层碎屑岩样品物性统计发现：孔隙度和渗透率随深度增加而变小。砂岩在3800m左右基本到达一个临界值，超过3800m的孔隙度基本都小于0.5%，而砂砾岩在深度4900m左右仍可发育有效储层，孔隙度达到5%，渗透率也可达到$0.01\times10^{-3}\mu m^2$（图13-17）。由此可见，砂砾岩是沙河子组致密气勘探的重点对象。

2. 砂砾岩储层物性及控制因素

（1）砂砾岩储层物性

松辽盆地深层由于沉积环境不同砂砾岩成分、结构上都存在差异。由于营城组末期进入断坳转换阶段，沉积环境稳定，火山活动少，营城组四段以上砂砾岩主要以辫状河、辫状河三角洲沉积为主，砂砾岩砾石成分主要为沉积岩，该阶段砂砾岩多为长物源沉积，成分、结构成熟度高，磨圆好；营四段以下砂砾岩为断陷期沉积形成，火山活动强烈，砾石成分复杂，包括岩浆岩、变质岩和沉积岩，以岩浆岩砾石为主，通过对徐家围子断陷40口钻遇沙河子组井统计发现，岩浆岩砾石砂砾岩

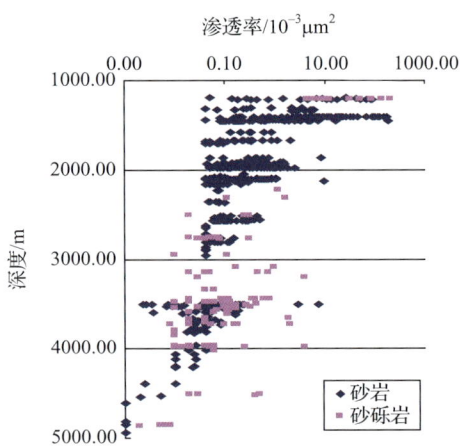

图 13-17　松辽深层碎屑岩样品物性统计图

含量高达 77%，主要为中酸性火山岩。且砂砾岩多为短物源形成，成分、结构成熟度低，分选中-差，磨圆度为次圆。断陷期砂砾岩主要发育于陡坡带扇三角洲及缓坡带辫状河三角洲相。

根据松辽深层钻遇碎屑岩的 45 口井岩心、铸体薄片观测统计，发现深层碎屑岩孔隙和裂缝发育。孔隙主要发育粒间孔隙、粒内孔隙、粒间-粒内孔隙和溶蚀孔隙，溶蚀孔隙是主要类型（图 13-18（a）～（c））。裂缝主要为微裂缝、粒内溶缝（裂缝）和贴砾缝。贴砾缝是深层砂砾岩有别于砂岩的特殊裂缝，贴砾缝是砂砾岩最为特征的储集空间类型。一方面能有效沟通孔隙；另一方面也可作为有效的储集空间，改善了砂砾岩储层物性（图 13-18（d））。

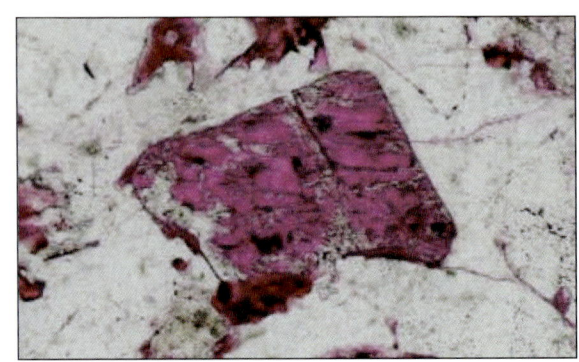

(a) 粒内孔隙：万17井(K1d，2095.3m)，
单偏光，视域宽1.2mm

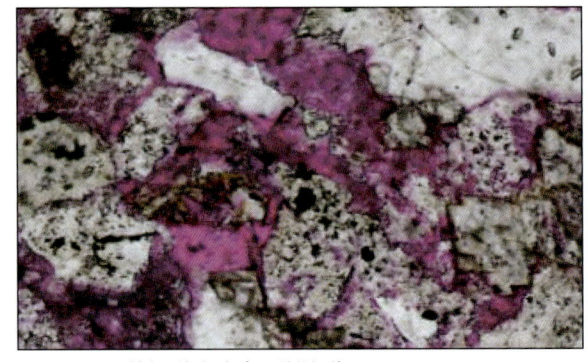

(b) 粒间-粒内孔隙：德深9井(K1yc，2014.05m)，
单偏光，视域宽1.2mm

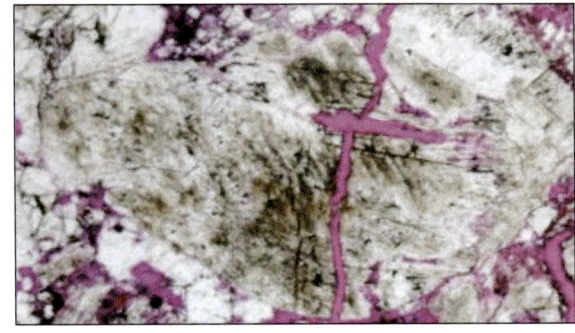

(c) 粒内溶/裂缝：榆深3井(K1d，2047.6m)，
单偏光，视域宽0.2mm

(d) 贴砾缝：榆深4井(K1yc，1008.5m)，
单偏光，视域宽3mm

图 13-18　松辽盆地深层碎屑岩孔缝发育类型图

由于压实作用影响,沙河子组砂砾岩储层相对致密,整体表现为低孔低渗的特征。孔隙度 0.4%～7.9%,平均 3.91%,且 2%～4% 占多数;渗透率 0.01～11.2×$10^{-3}\mu m^2$,平均 1.66×$10^{-3}\mu m^2$,且一半以上小于 0.1×$10^{-3}\mu m^2$(图 13-19)。

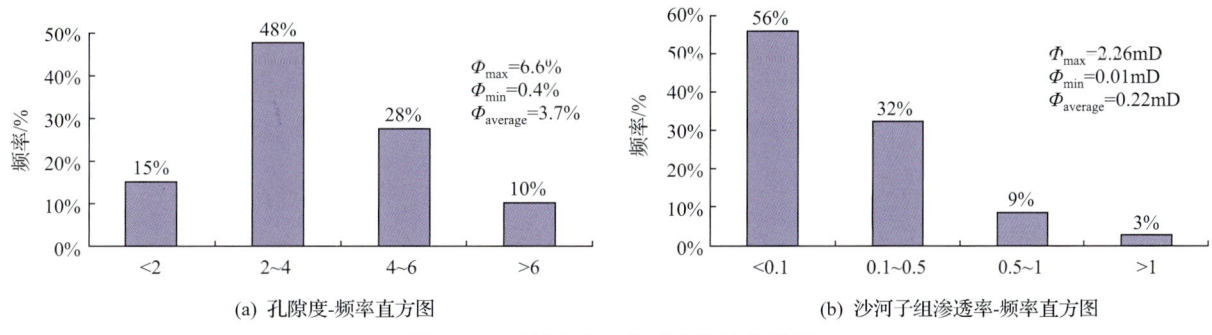

图 13-19　沙河子组砂砾岩物性统计图

（2）砂砾岩储层控制因素

通过对研究区沙河子组砂砾岩储层的系统研究认为砂砾岩有利储层受控于母岩成分、结构、沉积相带及成岩作用等因素,具体表现为:①富含长石的酸性火山岩砾石孔隙发育(图 13-20),芳深 5 井酸性火山岩角砾砾石孔隙明显较徐深 1-2 井安山岩砾石及徐深 19 井变质岩砾石孔隙发育。这为从母源上分析砂砾岩储层物性提供了一定的借鉴意义;②颗粒支撑结构的砂砾岩物性好于杂基支撑结构,从岩石结构上分析认为,颗粒支撑结构可以保持良好的原生砾间孔隙,从而发育欠压实空间,提高砂砾岩储层物性;③缓坡带辫状河三角洲前缘和陡坡带扇三角洲前缘是有利相带。扇三角洲前缘临近生烃断槽湖区,受流体作用的影响一定程度上可以改善储层;④浊沸石化是长石溶蚀孔隙发育的重要作用(图 13-21),长石发生浊沸石作用后更容易形成溶蚀孔隙。

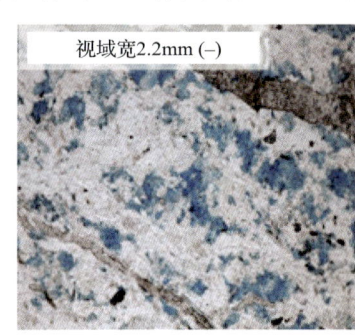
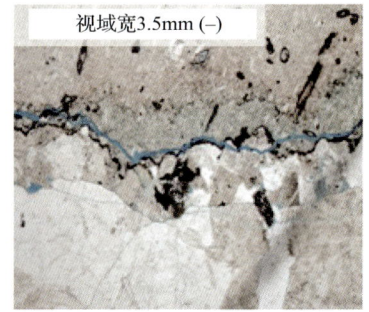
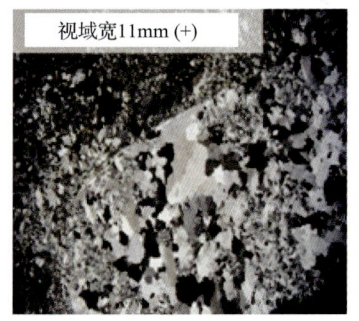

图 13-20　不同母岩砾石孔隙发育微观照片

（四）盖层

松辽深层主要发育登二段和泉头组一段、二段两套区域盖层,其中登娄库组盖层厚度薄,累计厚度多小于 100m,单层最大厚度 11m,平均小于 5m;但泉一段和泉二段盖层发育,盖层累计厚度大于 100m,单层厚度超过 10m,且同时具有物性、超压两种封闭机理,可作为良好的区域盖层。这两套区域盖层在泉头组末 - 青山口组沉积前已经形成,因此在泉头期末至青山口期生烃高峰来临时,油气成藏的条件已经具备,源岩生成的天然气能源源不断地进入储层中聚集成藏,气藏的保存条件好。

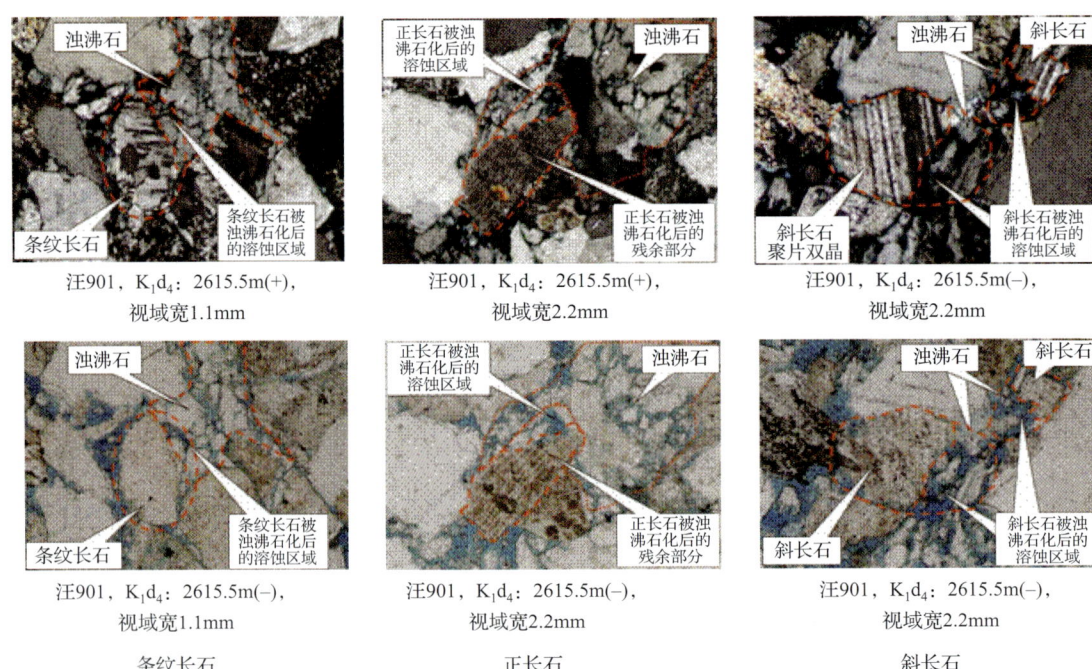

图 13-21 长石显微镜下溶蚀现象

同时，营城组内部的火山岩体、登娄库组下部、营城组以及沙河子组层间泥岩也均可作为气藏的直接盖层，同样对天然气保存有重要的作用。

二、有利勘探区带

从致密气藏形成的条件分析，松辽深层沙河子组是最为现实的勘探领域，理由有二：一是这两套地层中碎屑岩分布广泛，面积约 $5×10^4 km^2$；二是这两套地层中都有烃源岩发育，烃源岩和储层可以大面积直接接触，或是位于烃源岩夹层之中。营城组和沙河子组相比而言，营城组火山岩发育，除了营四段以外，砂砾岩相对发育面积小，且烃源岩与砂砾岩的配置关系也不如沙河子组优良。登娄库组由于烃源岩不发育，尤其登二段以上基本都为紫红色泥岩，虽然储层大面积分布，但需要有断裂沟通深部气源，因此，沙河子组是深层致密气藏最具潜力的勘探层系，从断陷资源潜力和储层发育特征等多方面分析认为，具有较大勘探前景的断陷包括徐家围子断陷、长岭断陷、英台断陷和王府断陷。

（一）徐家围子断陷

徐家围子断陷深层砂砾岩勘探最先在营城组营四段取得突破，已探明天然气地质储量 $260×10^8 m^3$，而随着宋深9H、徐探1在沙河子组砂砾岩中相继获得高产气流，揭开了沙河子组致密气勘探的序幕。徐家围子断陷计算资源量为$(7749～11624)×10^8 m^3$，生气强度为 $135.1×10^8 m^3/km^2$，是松辽盆地最富烃的一个断陷，初步估算徐家围子断陷沙河子组致密气资源量近 $2600×10^8 m^3$，因此，徐家围子断陷深层砂砾岩勘探应以沙河子组为主。

通过沉积相、源储配置关系等综合研究认为沙河子组沙二、沙三段砂砾岩发育面积大（图13-22），与烃源岩大面积接触，是深层致密气勘探最为有利的勘探层段。在此基础上结合构造埋深、烃源岩分布特征、砂砾岩分布特征，优选出安达、徐西、徐东三个区带为徐家围子沙河子组砂砾岩勘探有利区，在此基础上，结合沉积相研究成果进一步圈定沙二、沙三段有利相带面积合计 1945km²，陡坡扇三角洲前缘有利相带面积 373km²，缓坡辫状河三角洲前缘相带面积 1572km²。其中，沙二段砂砾岩厚度 10～250m 陡坡带有利面积 156km²，缓坡带有利面积 730km²。沙三段砂砾岩厚度 10～300m 陡坡带有利面积 217km²，缓坡带有利面积 842km²。

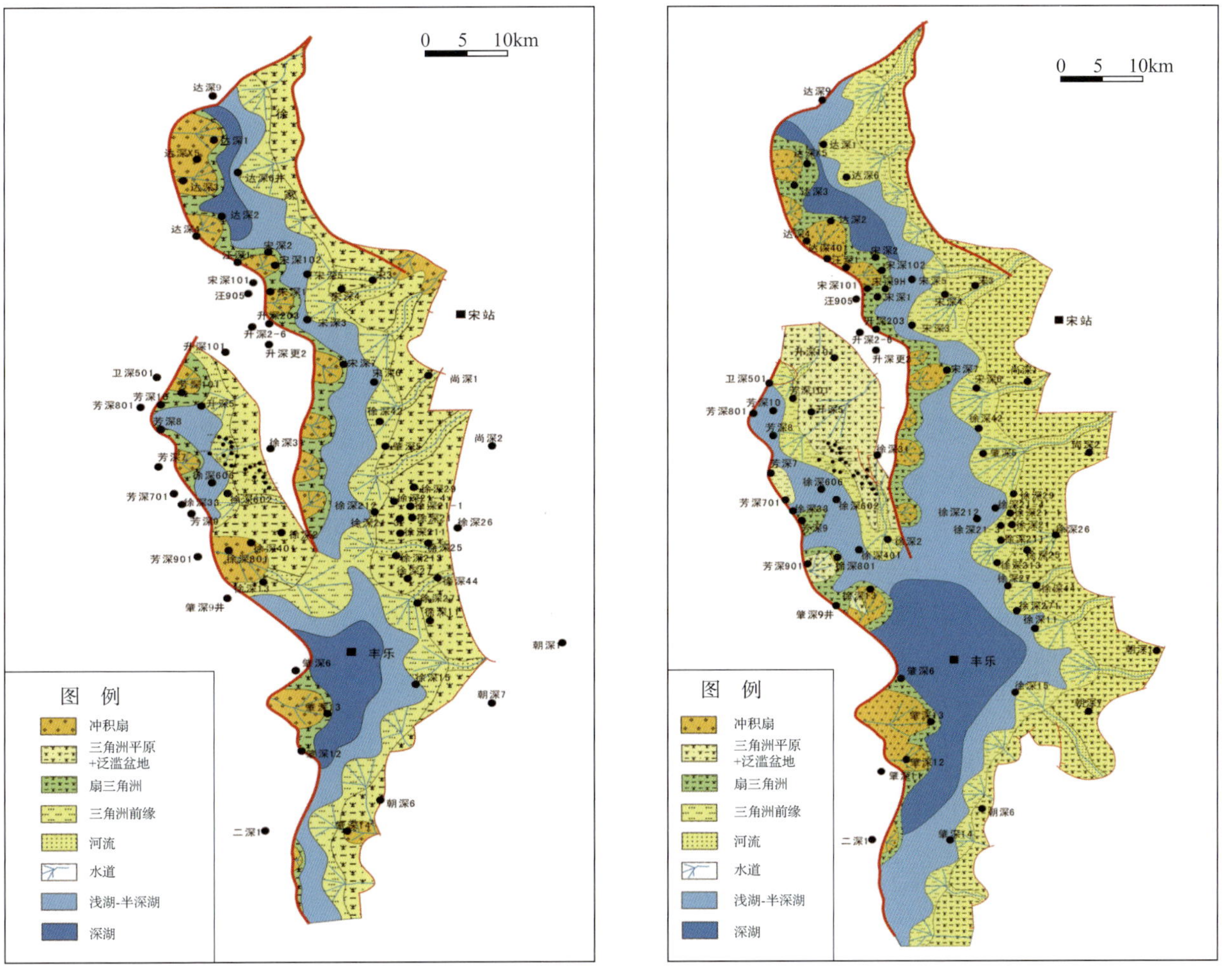

(a) 沙二段沉积相图　　　　　　　　(b) 沙三段沉积相图

图 13-22　徐家围子断陷沙河子组沉积相图

（二）长岭断陷

长岭断陷深层砂砾岩勘探已在登娄库组一段和营城组取得重大突破，登娄库组已提交天然气探明地质储量 $197×10^8m^3$。长深 10 井在埋深 4890m 左右的营城组二段砂砾岩获得工业气流，不但拓展了深层碎屑岩气藏勘探深度，也揭示长岭断陷具有广阔的勘探前景，需要加强勘探。

（三）英台断陷

龙深 1-1 井在登娄库组 - 泉二段碎屑岩中获得 $15×10^4m^3/d$ 的工业气流，该气藏是由登娄库组、泉一段和泉二段顶面地层尖灭线、断层共同配置形成断层-超覆复合型圈闭，从而拓宽了英台断陷勘探领域和范围。

生烃断槽缓坡带发育的登娄库组-泉二段碎屑岩断层-超覆复合型圈闭类型是值得重视的一个领域和方向。

（四）王府断陷

城深6井揭示以沙河子组为主要烃源岩，以沙河子组砂砾岩为主要储集层，可形成自生自储组合的沙河子组砂砾岩致密气藏。王府断陷砂砾岩勘探应主要围绕西部生烃断槽展开，近邻西部生烃断槽、与烃源岩配置关系好的砂砾岩为有利目标区。

第三节 浅层生物气勘探领域

松辽盆地浅层已发现多个小型浅层气田（藏）。其中，松北22个，松南23个，探明储量$586.55 \times 10^8 m^3$，既有纯气藏，也有部分油田伴生气。

松辽盆地浅层气田（藏）主要分布在松辽盆地西斜坡，中央坳陷区的大庆长垣、齐家古龙凹陷和朝阳沟阶地，以及东南隆起区（图13-23）。

据中国石油勘探开发研究院廊坊分院2006年采用成因法计算结果松辽盆地浅层气资源量为$1.1 \times 10^{12} m^3$。浅层气按成因可分为与生物作用相关的浅层生物气和与热作用相关的浅层热成因气两种类型，其中中央坳陷区以生物气为主，且大面积连片分布，资源量约为$0.9 \times 10^{12} m^3$，是最重要的勘探领域；西斜坡浅层气资源潜力约$0.1 \times 10^{12} m^3$，以生物气为主，既有烃源岩降解生物气，也有原油降解生物气；东南隆起区资源量约为$0.1 \times 10^{12} m^3$，以后期构造调整形成的浅层次生热成因气藏为主，也存在部分生物气。

一、基本地质条件

松辽盆地同时存在浅层生物气和浅层热成因次生气两种类型的浅层天然气藏，从浅层气成藏条件来看，浅层生物气的资源前景和勘探潜力大，是值得探索的重要领域。

（一）烃源岩

松辽盆地浅层形成生物气的未熟-低熟烃源岩分布广，层系多。松辽盆地生物气的生成产出层位主要是白垩系，该区白垩系地层体积巨大，以湖相沉积为主。在盆地边缘及埋藏较浅地区，白垩系烃源岩演化程度低，可生成大量的生物。

浅层主要烃源岩形成于晚白垩世青山口期和嫩江期，由于地温梯度较高，生油门限深度相对较浅，大约为1300m。青山口组和嫩江组在沉积期间，由于湖盆展布范围、水生生物发育程度、古气候变化的不同，对生物气源岩的形成有较大的影响，主要气源层为青一、青二、青三段，嫩江组一段-四段和明水组，其中规模较大的未成熟源岩主要分布在嫩一段、嫩二段、嫩三段、嫩四段和明水组一段（图 13-23）。

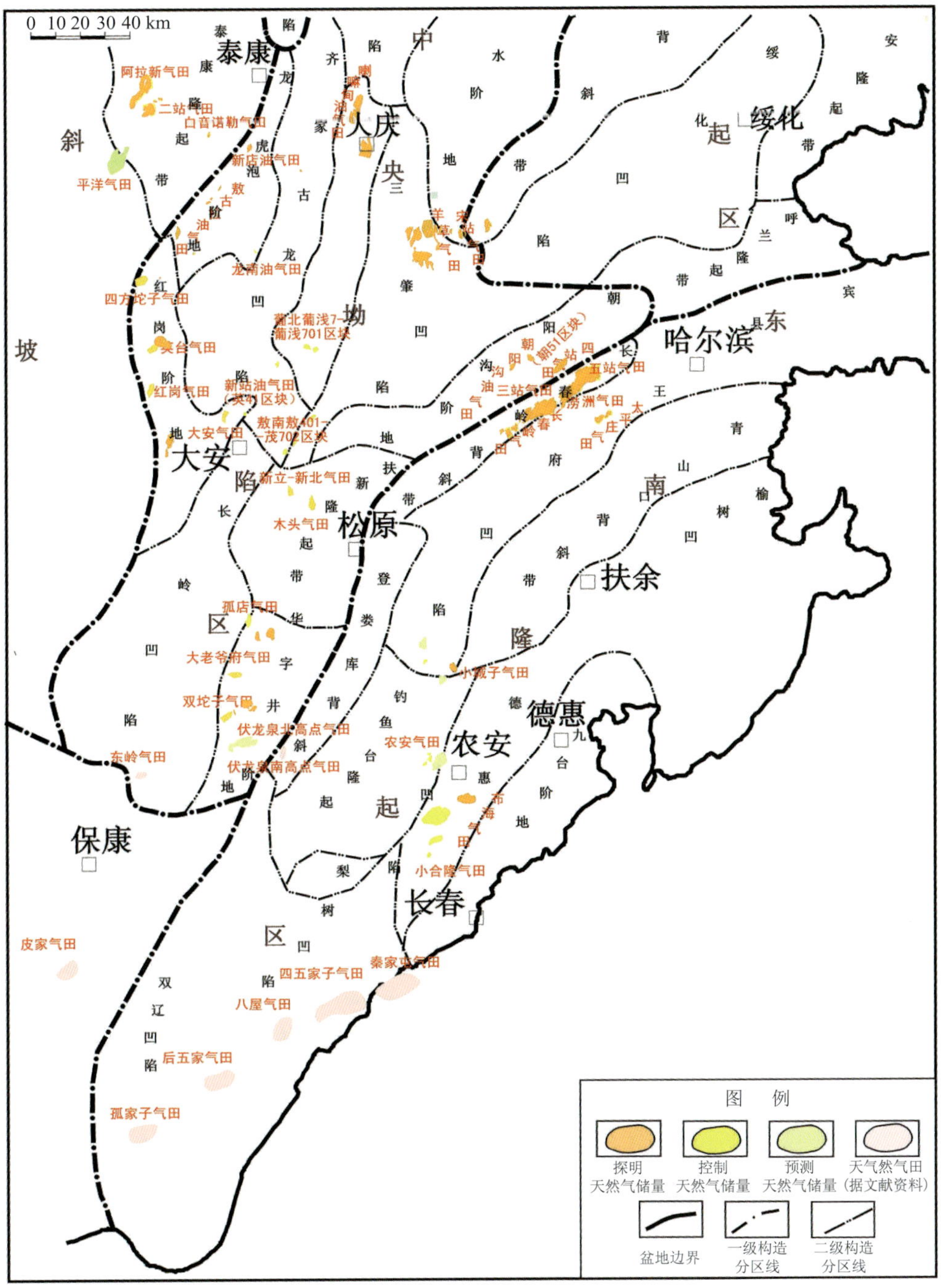

图 13-23　松辽盆地主要浅层气田分布图

1. 青一段生物气源岩

青一段为湖相沉积，湖泊最大面积可达 87 000km²，烃源岩岩性为黑、灰黑色泥、页岩夹劣质油页岩，向盆地西部和北部相变为灰黑、灰绿色泥岩和砂岩互层，盆地南部、西南部变为红色泥岩和砂岩。该套源岩为松辽盆地浅层最主要的烃源岩，在中央坳陷区厚度为 60～80m，一般为 10～30m，平均有机碳含量为 2.2%。青一段地层的未熟 - 低熟区（R_o<0.7%）暗色泥岩分布面积为 15 000km^2。盆地北部生物气有利烃源岩发育区在泰康以西地区、朝长 - 王府地区和东北隆起区。

2. 青二段、青三段生物气源岩

青二段、青三段沉积期湖盆范围缩小约为 20 000km^2，烃源岩岩性为灰黑、灰绿色泥岩夹薄层灰色含钙及钙质粉砂岩和介形虫层，盆地中部为黑色泥岩，南、北、西部和长垣北部地区砂岩发育，盆地东部为红色泥岩。这套烃源岩相对较厚（在中央坳陷区最厚可达 350m），中央坳陷以外的地区成熟度大多低于 0.7%，暗色泥岩累计厚度大。有机碳含量，一般都大于 0.5%，高的在 3% 以上，平均为 0.71%，对生物气的贡献不可忽视。

3. 嫩一段生物气源岩

嫩一段沉积期湖盆发生了第二次大规模扩张，湖面达 60 000km^2 以上。源岩为灰黑、深灰色泥岩夹灰绿色砂质泥岩、粉砂岩，暗色泥岩厚度 25～100m，由湖区边缘向中心增厚。嫩一段底部有一套 5～20m 的黑色泥岩夹劣质油页岩，遍布全盆地，有机碳含量一般都大于 1.0%，最高达 8.4%，平均为 2.4%，是盆地内有机质丰度最高的烃源岩。源岩中生物来源极为丰富，见有大量的半咸水 - 微咸水藻类。嫩一段泥岩由于埋深较浅（一般小于 1300m），仅在盆地中央坳陷区的古龙凹陷深凹陷内达到成熟，大部分地区为低熟区，总面积达 40 000km^2 以上。

4. 嫩二段低成熟烃源岩

嫩二段沉积期，松辽湖盆水面扩展到最大，约达 120 000km^2。嫩二段岩性主要为灰黑色泥、页岩，上部夹有薄层灰、灰白色泥质砂岩、粉砂岩，底部有 5～15m 油页岩，分布很稳定，生物化石丰富，地层厚 150～250m，有机碳含量一般都大于 1%，最高可达 4.06%，平均为 1.56%。嫩二段烃源岩地层埋藏浅，一般厚 50～200m，R_o<0.7% 的低成熟区要比嫩一段更多，绝大部分处于未成熟 - 低成熟阶段，分布面积达 80 000km^2 以上，是盆地中生物气的重要源岩层。

5. 嫩三段生物气源岩

嫩三段沉积期湖盆范围缩小，岩性由下向上变粗，从灰黑色泥岩依次变为灰色、灰白色泥质砂岩再到砂岩，含有较多的介形类、叶肢介、软体动物和植物化石，地层厚度为 60～100m。嫩三段源岩一般厚 20～75m，最厚处可达 120m，最大单层厚为 63.5m，平均厚度为 60m，有机碳含量 0.15%～9.77%，平均值 0.53%。嫩三段源岩绝大部分处于未熟 - 低成熟阶段，只在局部地区进入成熟，生物气源岩面积在 25 000km^2 以上，是盆地重要的生物气源岩。

6. 嫩四段生物气源岩

嫩四段为一套灰绿色为主的砂岩泥岩交互层，下部黑色泥岩较多，向上红色及杂色泥岩增加，砂泥岩呈正韵律。该段含化石丰富，在盆地中部保存较全，最大厚度达 300m。嫩四段暗色泥岩总厚度较大，一般厚 75～150m，平均厚 112.7m，有机碳含量 0.14%～2.51%，平均值 1.02%，几乎全部处于低成熟阶段。

7. 明一段生物气源岩

明一段由灰色砂岩与灰黑色泥岩交互沉积层组成，暗色泥岩厚度一般为 20～60m，最厚可达 100m，有机碳含量 0.47%～1.28%，平均 0.80%。该层段研究程度较低，烃源岩成熟度 R_o 一般小于 0.47%，且基本属于未成熟阶段。

（二）储层

松辽盆地浅层河流-三角洲相沉积体系发育，多为条带状或透镜状，砂岩储层纵向上多套叠置（图13-24），平面上错叠连片。这些广泛分布的河道砂体，为浅层大面积生物气藏的形成提供了良好的储集场所。储层孔隙以原生孔隙为主，孔渗性能较好。主要储层包括萨尔图、黑帝庙、明一段砂岩。

1. 萨尔图储层

主要指姚二段-三段、嫩一段储层，以大型河流-三角洲、滨浅湖以及扇三角洲沉积为主，其岩性主要为粗粉～细粒长石砂岩为主，埋深小于1200m，地层孔隙度25%～30%，渗透率一般为（200～1000）×$10^{-3}\mu m^2$，随着深度增加和成岩作用增强，其物性将变差。萨尔图储层砂岩厚度一般为30～50m，分布范围广。

2. 黑帝庙储层

主要指嫩三段、嫩四段、嫩五段储层，以多套叠置的河流相砂岩沉积为主。在全盆地广泛分布，一般厚度为40～110m，层数达3～30层，单层最大厚度可达30m左右；以粉、细砂岩为主，分选好，次棱角状，泥质含量6%～18%，孔隙度17.1%～26.9%，渗透率大于$50\times10^{-3}\mu m^2$。

3. 明一段储层

明一段沉积时期，湖区面积小，盆地绝大部分地区以分流平原相和湖沼相为主。其中砂岩分布特点是横向上不连续、纵向上薄厚不均，且与泥岩以互层状形式存在。明一段砂岩在红岗地区总厚为10～15m，大安-乾安一带为10m左右，到黑帝庙地区变为3～5m；岩性为粉、细砂岩，分选好，次棱角状，泥质胶结；砂岩储层物性好，孔隙度28%～40%，渗透率一般为（200～1000）×$10^{-3}\mu m^2$。

（三）盖层

松辽盆地浅层盖层比较发育。盆地内存在多套区域盖层和局部盖层，包括泉头组一段、二段，青山口组一段、嫩江组一段、二段和明水组一段等四套区域泥岩盖层，以及泉头组三段中部、嫩四段、嫩五段等局部盖层。浅层生物气藏的盖层主要是嫩一段、二段泥岩和嫩四段、五段泥岩和明一段泥岩（图13-24）。

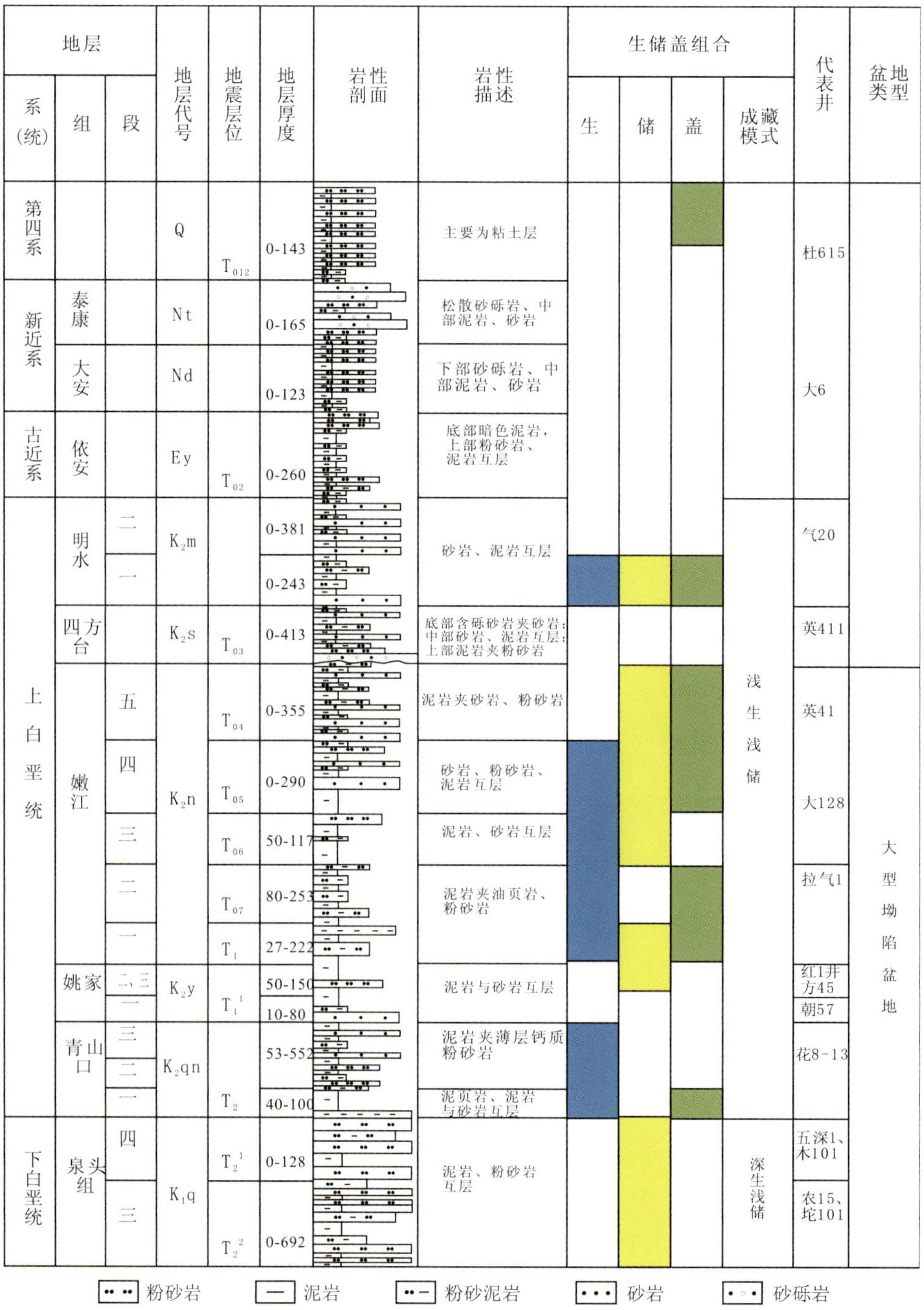

地层			地层代号	地震层位	地层厚度	岩性剖面	岩性描述	生储盖组合			成藏模式	代表井	盆地类型
系(统)	组	段						生	储	盖			
第四系			Q	T_{012}	0-143		主要为粘土层					杜615	大型坳陷盆地
新近系	泰康		Nt		0-165		松散砂砾岩、中部泥岩、砂岩					大6	
	大安		Nd		0-123		下部砂砾岩、中部泥岩、砂岩						
古近系	依安		Ey	T_{02}	0-260		底部暗色泥岩，上部粉砂岩、泥岩互层						
上白垩统	明水	二	K_2m		0-381		砂岩、泥岩互层				浅生浅储	气20	
		一			0-243								
	四方台		K_2s	T_{03}	0-413		底部含砾岩夹砂岩；中部砂岩、泥岩互层；上部泥岩夹粉砂岩					英411	
	嫩江	五	K_2n	T_{04}	0-355		泥岩夹砂岩、粉砂岩					英41	
		四		T_{05}	0-290		砂岩、粉砂岩、泥岩互层					大128	
		三		T_{06}	50-117		泥岩、砂岩互层						
		二		T_{07}	80-253		泥岩夹油页岩、粉砂岩					拉气1	
		一		T_1	27-222								
	姚家	二、三	K_2y	T_1^1	50-150		泥岩与砂岩互层					红1井方45	
		一			10-80							朝57	
	青山口	三	K_2qn		53-552		泥岩夹薄层钙质粉砂岩					花8-13	
		二												
		一		T_2	40-100		泥页岩、泥岩与砂岩互层						
下白垩统	泉头组	四	K_1q	T_2^1	0-128		泥岩、粉砂岩互层				深生浅储	五深1、木101	
		三		T_2^2	0-692							农15、坨101	

⦁⦁⦁ 粉砂岩　　— 泥岩　　⦁—⦁ 粉砂泥岩　　⦁⦁⦁ 砂岩　　⦁○⦁ 砂砾岩

图 13-24　松辽盆地中浅层综合柱状图

1. 嫩一段、二段泥岩盖层

嫩一段、二段泥质岩（包括油页岩）分布面积广、厚度大而稳定，为灰、灰黑、黑色泥岩，质纯，累计厚度为 250～400m。断层及裂隙不发育，为压力和烃浓度封闭，封堵性能强。

2. 嫩四段、五段泥岩盖层

嫩四段、五段泥岩为紫、灰绿、灰黑色，质不纯，多含砂质，厚度变化大，累计厚 100～490m，其中大安一带为 100～270m，乾安-长岭一带为 300～490m，单层最大厚度为 65m。这套泥岩也可作为局部盖层，如大安嫩五段气藏的盖层为 10m 厚的泥岩。

3. 明一段泥岩盖层

明一段泥岩质纯，为灰绿、灰黑色，具有北薄南厚的特点。红岗-大安一带厚 20～30m，到乾安-黑帝庙一带为 80～180m，该套泥岩全区分布较稳定，是良好的区域盖层。

4. 第四系泥岩盖层

松辽盆地新生代以来没有经历过强烈的构造运动，所以其新生界地质构造平缓，以大型坳陷和隆起为特点。第四系中、上部发育有一套湖相泥质亚黏土层，由于受构造活动影响弱，断层少，地层分布广泛而连续，可形成一个区域性盖层，对生物气聚集成藏十分有利。

二、有利勘探区带

松辽盆地具有形成浅层生物气成藏的有利条件，浅层生物气资源潜力巨大，勘探前景广阔。

（1）松辽盆地具有适宜生物气生成的地质和地球化学条件。①嫩江组、明一段源岩属于深湖相、半深湖相沉积，处于强还原—弱还原环境，气源岩在沉积期间处于还原环境，有利于生物气生成。②松辽盆地是一个高地温场的盆地，地温梯度具有中部高、边部变低、环状分布的特点，1500m 以浅的地层未成熟烃源岩或稠油分布区地温一般低于 56～75℃，处于生物产气界限内，适宜生物气的生成。③甲烷菌适于在中性的水介质中生长繁殖，适合生长范围 pH 值为 4～9，最佳 pH 值为 6.8～7.2，最佳盐度为 5000～15 000mg/L；松辽盆地古湖泊的水介质条件为淡水—微咸水，水质的酸碱度为中—弱碱性，盆地北部地层水盐度大多数 2000～7800mg/L，水介质的盐度和 pH 值也较适合产甲烷菌的生存。④水介质的硫酸盐含量对甲烷的生成有很大影响，当 SO_4^{2-} 浓度高时，甲烷菌的活动受抑制，直到沉积物埋藏较深而绝大部分 SO_4^{2-} 被还原时，甲烷才能大量生成；松辽盆地地层水的水型有 $NaHCO_3$ 型、$CaCl_2$ 型，并以 $NaHCO_3$ 型为主，SO_4^{2-} 含量少，对生物气生成有利。

（2）松辽盆地主要烃源岩形成于晚白垩世青山口组和嫩江组沉积时期，由于盆地中部地温梯度高而边部地温梯度低，在盆地边缘及中央坳陷埋藏较浅地区，烃源岩演化程度低，尚未达到生油门限，是良好的生物气、低熟气的源岩。例如，西部斜坡带分布的青一段，青二段、三段未熟—低熟烃源岩及中央坳陷埋藏较浅地区广泛分布嫩江组一至四段和明一段未熟—低熟烃源岩为源岩降解生物气、低熟气的生成提供了充足的气源条件；此外，该区大量稠油也为次生原油降解生物气提供了充足的气源。

（3）松辽盆地浅层具有优越的储集条件。例如，西部斜坡区以河流、滨浅湖相及三角洲相为主的嫩一段、姚二段、三段以及青二段、三段，条带状的河道砂岩、滨浅湖相及三角洲前缘的透镜状砂和席状砂为西部斜坡区主要储集体；中央坳陷区浅层嫩二段、嫩三段、嫩四段、嫩五段、明水组等主要为河流—三角洲相条带状和透镜状砂体普遍发育，形成纵向上多套叠置平面上错叠连片，为大面积岩性气藏的形成提供了良好的储集场所。

（4）松辽盆地浅层存在多套分布面积广、厚度大而稳定的区域盖层和局部盖层。例如，西部斜坡区存在区域性、连续性很好的广泛分布的嫩一段、二段盖层，为西部斜坡区浅层生物气保存起到良好的保存条件;中央坳陷区浅层嫩三段、嫩四段、五段和明水组三套泥岩盖层广泛分布,同样也为中央坳陷区浅层生物气、低熟气提供了良好的保存条件。

(5)从已发现的浅层气藏或气显示丰富。西部斜坡区已发现的阿拉新、二站等原油降解生物气田;中央坳陷区的敖南和葡北等地区源岩降解生物气、低熟气均显示丰富,两地均有良好的浅层生物气和低熟气资源前景。综合分析认为,西部斜坡区和中央坳陷区浅层是松北浅层生物气的有利勘探区;同时,热成因浅层气在松南也具有一定勘探潜力。目前初步可划分出3个浅层气勘探有利区带,分别是中央坳陷主体区、西部斜坡区和东南隆起区(图13-25)。其中,前两个是浅层生物气有利勘探区带,最后一个为热成因浅层气有利区带。

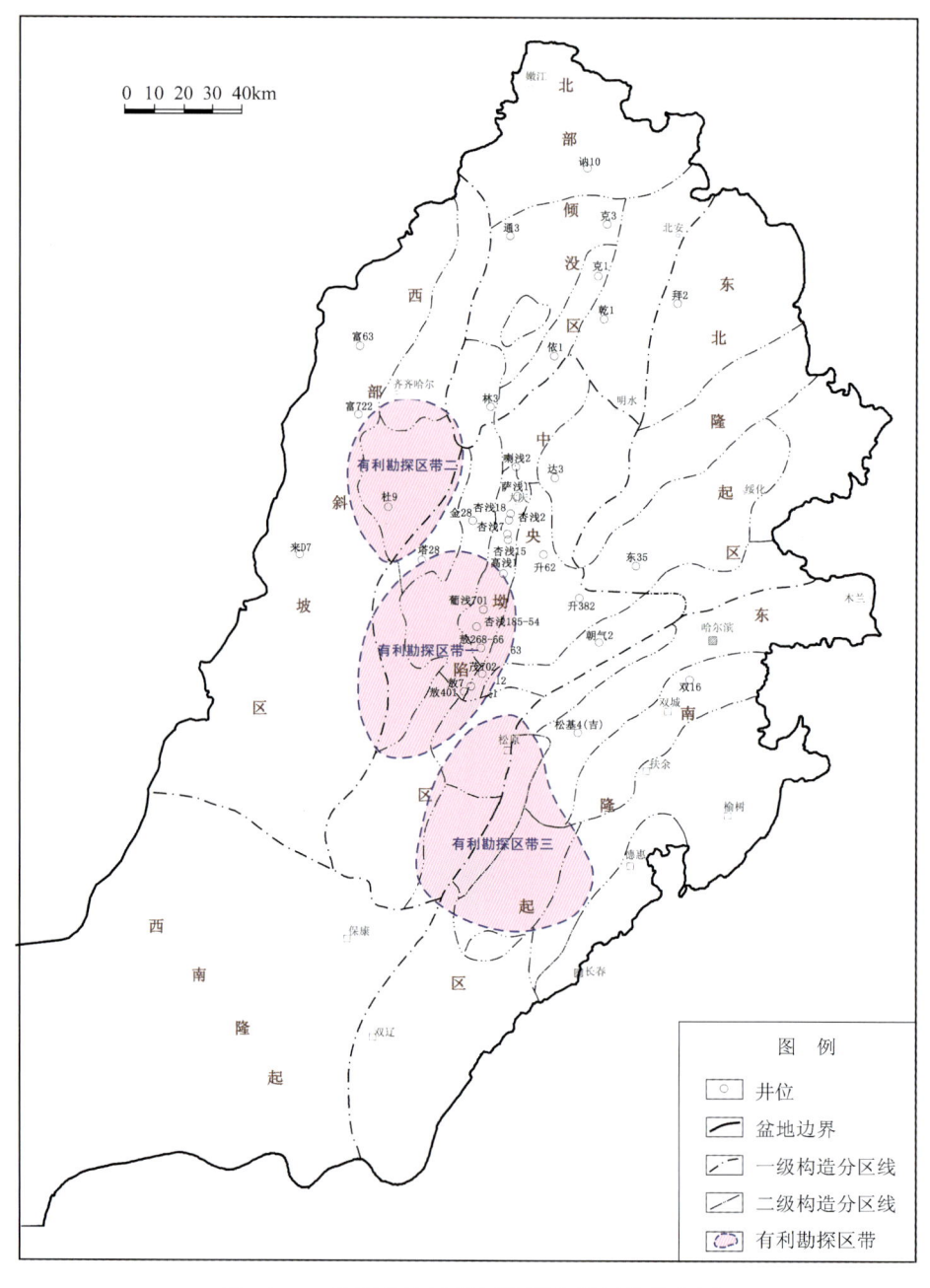

图 13-25 松辽盆地浅层气勘探有利区带分布图

(一)中央坳陷主体区

该区带位于中央坳陷区大庆长垣和齐家古龙凹陷南部,横跨中央坳陷区的四个二级构造单元,包括红岗阶地、齐家古龙凹陷南部、大庆长垣南部、三肇坳陷西南部和扶新隆起带(前郭、新立-新北)(图13-25)。有利勘探面积约9952km^2,已有探井639口,浅层气显示井约83口。该区带生、储、盖组合良好,其中生物气源岩以嫩江组为主,规模较大的未成熟源岩主要分布在嫩二段、嫩三段、嫩四段和明水组一段中;储层主要为黑帝庙储层,嫩三段、嫩四段、嫩五段砂体发育;盖层主要为嫩三段、嫩四五段和明水组三套泥岩盖层。该区带敖南地区浅层已经获得工业气流,葡北地区也有较多的浅层生物气显示,是较为现实的勘探区。

同时,该区带浅层还存在两套不同成因的天然气。其中,300~800m主要为原生生物气,源岩分布广泛,成藏条件较好,具有较好的勘探前景,但需要针对性地开展勘探;900~1300m以热成因的油型气为主,与油层分布密切相关,在勘探时可以兼顾。

(二)西部斜坡区

该区带主要指松辽盆地西部泰康隆起带及周缘地区,东临中央坳陷齐家-古龙凹陷,西到盆地边缘,南至嫩江河畔(图13-25)。西部斜坡浅层气有利勘探区带面积约6125km^2,已钻探井237口,其中浅层气显示井65口。该区区域地质构造背景为一平缓东倾的大单斜,地层倾角极小,由东向西坡度从4°~5°减至小于1°,从泉头组末期至嫩江组时期,前后经历了5次较大的湖进和4次湖退,从而发育了巨厚的暗色泥岩。西斜坡泰康隆起带属于松辽盆地浅层气中部储盖组合,具备原油降解气和源岩降解气两种类型生物气的成藏条件。该区带阿拉新、二站、富拉尔基、江桥、平洋等地区浅层生物气显示众多,已获工业气流井,是寻找浅层生物气藏的重点地区。

(三)东南隆起区

该区带主要是热成因的浅层天然气分布区,包括东南隆起带上的登娄库背斜带、德惠凹陷(农安),以及中央坳陷东南部扶新隆起带(木头)、华字井阶地等(图13-25)。有利勘探面积约11 517km^2,气源主要是断陷期的烃源岩生气,气源岩热演化程度成熟至高成熟,在不同的演化阶段均有天然气生成,断裂是天然气运移的主要通道,泉三段、泉四段砂岩作为有效储层,青山口组泥岩作为区域盖层,可形成深生浅储的有利组合。气藏形成的时间较早,持续时间长,气藏主要为背斜构造气藏或背斜构造控制下的岩性气藏。因此,热成因浅层气藏的勘探也值得重视。

第四节 基岩潜山勘探领域

松辽盆地基岩潜山分布面积大,全盆地都有分布,面积约$26×10^4$km^2。基岩岩性类型多样,既有C—P基岩,也有更古老的基岩。多年来松辽盆地的勘探集中在盆地内断陷期地层,基岩勘探一直未受到重视,由于目前研究薄弱,认识程度较低。针对松辽盆地基岩潜山的研究以C—P基岩为主。松辽盆地钻遇基底井共计 215 口,大部分井只钻到了二叠系表层,其中,松北大庆探区钻遇基底井 119 口,松南吉林探区钻遇基底井 96 口。松北汪 902 在基底变质砾岩获得日产 $3.3\times10^4m^3$ 工业气流,松南农 103 井在基底片岩中获得 $4.2\times10^4m^3$ 工业气流,且多口井在基岩见到良好显示,前人通过盆地模拟计算出 C—P 地层总生气量约 $8.8\times10^{12}m^3$,揭示了基岩潜山具备较大的勘探潜力,也引起了对基岩潜山勘探新领域的重视。

一、基本地质条件

松辽盆地 C—P 基岩整体呈 NE 向展布,厚度为 1000～7500m,最厚可达 7500m。目前研究表明,基岩厚度高值区分布在三个地区:林甸地区,最厚达 7500m;东北隆起区,最厚 5500m;东南隆起区,最厚 4400m。

(一)烃源岩

松辽盆地基岩上覆盆地盖层资源丰富,包括断陷期与坳陷期两大套烃源岩层系。前已述及断陷期以沙河子组为主力烃源岩层系,暗色泥岩厚度大,分布范围广,烃源岩热演化程度高,有机质丰度较高,有机质类型为 II_2、III 型,以生气为主;坳陷期烃源岩主要包括青山口组和嫩江组两套烃源岩层,大部分进入成熟演化阶段,烃源岩有机质丰度高,TOC 一般大于 1%,青一段与嫩一段达到 2% 以上,有机质类型主要为 I 型,以生油为主,比较而言,嫩江组烃源岩较青山口组烃源岩分布面积大,有机质丰度高,但由于成熟度较低,相对生烃量少,青山口组烃源岩成熟度高,生烃量大,是坳陷层主力烃源岩层系。

对于 C—P 基岩是否具备生烃能力是目前存在争议的一个问题。C—P 烃源岩主要有三种类型:泥板岩、碳酸盐岩、煤系,以泥板岩为主。松北四深 1 井钻遇 C—P 地层 1289.5m,见 8 层 54m 气测显示,TOC 平均值为 1.55%,氯仿"A"平均值为 0.041%,生烃潜量平均值为 1.79mg/g,Ro 平均值为 5.4%。目前针对 C—P 地层生烃能力的研究较少,徐家围子断陷昌德气田气源分析表明 C—P 地层具备生烃能力。其中,芳深 1、芳深 2 井 C—P 地层供烃达到天然气总含量的 80% 以上,其它井主要供烃层系仍为断陷期烃源岩。野外露头、岩心等样品系统分析表明,C—P 地层具备一定生烃条件 C—P 有机质类型 II_2～III 型为主,有机质丰度较高,TOC>1%,Ro 基本大于 1.3%,大部分大于 2.0%,属于过成熟阶段。前人研究认为,松辽盆地基底石炭系—二叠系在大部分地区经历过不同程度变质,且以热变质作用为主。综合分析认为 C—P 基岩虽然也具备一定生烃能力,但由于经历了长时间的盆地演化,大部分散失或是不同程度变质,不能作为主力烃源岩。

因此,对于松辽盆地深层基岩潜山而言,断陷期烃源岩为主要贡献者,前已述及松辽盆地深层发育四套烃源岩,烃源岩分布面积广,发育厚度大,沙河子组为主力烃源岩层系,为基岩潜山提供了充足的气源,烃类通过不整合面或断层运移到基岩成藏。

(二)储层

全区 215 口探井统计揭示基岩岩性类型丰富,主要包括花岗岩、浅变质碎屑岩、片岩、碳酸盐岩等 10 大类(图 13-26)。

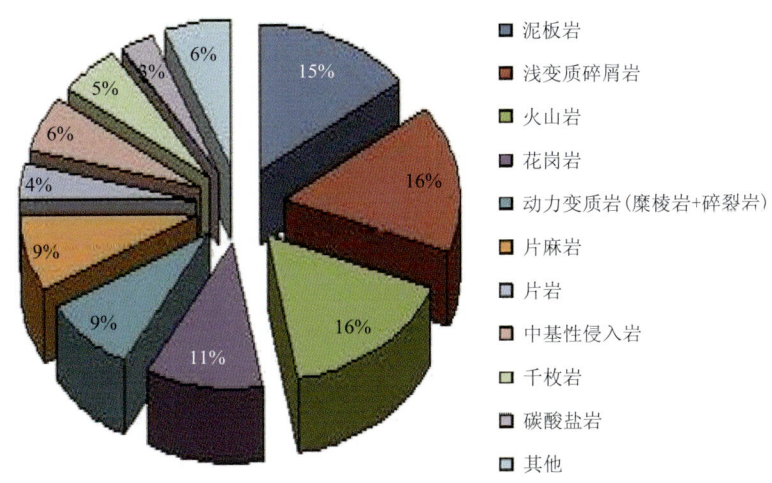

图 13-26 松辽深层基岩岩性统计图

基岩储层类型包括风化壳储层和基岩内幕储层两大类。①风化壳储层：松北中央隆起带有 16 口井钻遇风化壳，7 口井见油气，风化壳厚度一般 4.4~72.61m，一般 5~20m，岩性主要为灰岩、花岗岩、片麻岩等，地震上表现为低波阻抗特征。其中，肇深 1 井于 2860.0~2870.0m 井段的花岗岩风化壳中获得工业气流（13 611m³/d）。芳深 1 井、芳深 4 井、肇深 3 井在石炭—二叠系风化壳也获得少量天然气流或良好显示。暴露时间、断裂活动、后期溶蚀作用是影响风化壳储层的关键因素。②内幕储层：目前针对松辽盆地基岩内幕的研究很少，缺少规律性认识，但借鉴辽河等其它盆地基岩潜山勘探经验，认为内幕储层具备以下特点：基岩顶面之下，距基岩顶面有一定距离的基岩中，发育多期裂缝，具备内幕储、隔层，层状或似层状多重储盖组合，通过对钻遇基岩井的岩石样品定年分析及地震资料分析，认为松辽盆地基岩存在多期叠置、断裂系统发育的特征。

前人通过松辽盆地深层基岩的研究表明，石炭系砂岩和灰岩储层孔隙度一般小于 5%，渗透一般小于 $0.5×10^{-3}μm^2$，属低孔低渗的致密储层，平均为 1.1%~2.4%，平均渗透率为（0.02~0.07）$×10^{-3}μm^2$，二叠系砂岩储层孔隙度多小于 10%，但整体而言储层较石炭系好，盆地西部二叠系林西组渗透可达 $3×10^{-3}μm^2$ 以上，孔隙度可达 10% 以上。

松辽盆地基岩由于埋深大，且多为结晶基底，储层孔隙度较小，因此，要形成规模性储层必须有裂缝发育，裂缝系统可以大大改善储层物性，形成孔隙-裂缝型储层，提供烃类聚集场所。

（三）盖层

石炭系—二叠系盖层主要岩性为泥岩、粉砂质泥岩和泥板岩，同时还包括泥晶灰岩与火山岩。石炭系盖层主要为泥灰岩，二叠系盖层以泥板岩、粉砂质泥岩为主，相对更为发育。其中，上二叠统孙家坟组 Ⅱ 段下部粉砂质泥岩盖层厚度最大可达 240m，粉砂质泥岩累计厚度约为 112m。下二叠统的泥板岩厚度最大可达 184m。

二、有利勘探区带

(一) 基岩潜山成藏模式

分析基岩潜山成藏模式是进行勘探选区的基础。根据成藏类型将松辽盆地基岩潜山基岩气藏分为潜山顶和潜山内幕两大类（图 13-27）。潜山顶型是指烃类通过断层、不整合面或者二者形成的复合疏导体系运移至潜山顶部成藏，该类气藏受构造控制作用强；潜山内幕型是指烃类通过断层、不整合面或者二者形成的复合疏导体系运移至潜山内部地层成藏，该类气藏主要受岩性控制。

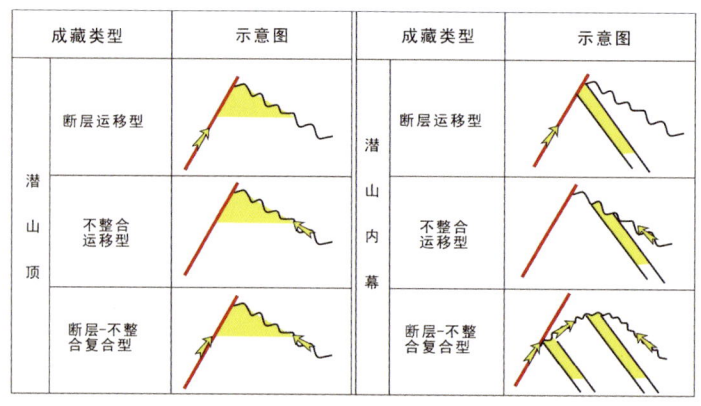

图 13-27 松辽盆地基岩潜山成藏类型示意图

结合目前松辽盆地基岩潜山勘探实践及潜山发育特征，建立了四种基岩潜山成藏模式（图 13-28）。

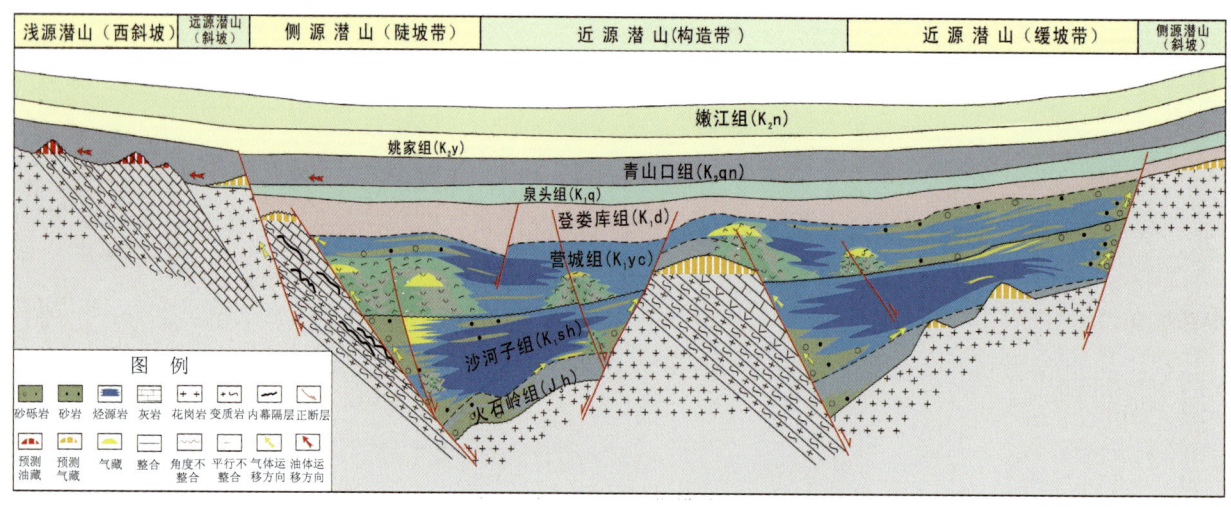

图 13-28 松辽盆地四类基岩潜山成藏模式图

1. 近源型

潜山发育位置为断陷内部，其上部直接与生烃洼槽接触，往往以"洼中隆"出现，该类潜山距离源岩近，油气源充足，烃源岩直接通过与潜山对接面侧向或纵向供烃，运移距离短，该类潜山以松南农 103 井钻遇的潜山为代表（图 13-29），该井在基底片岩中获得 $4.2 \times 10^4 m^3$ 工业气流。

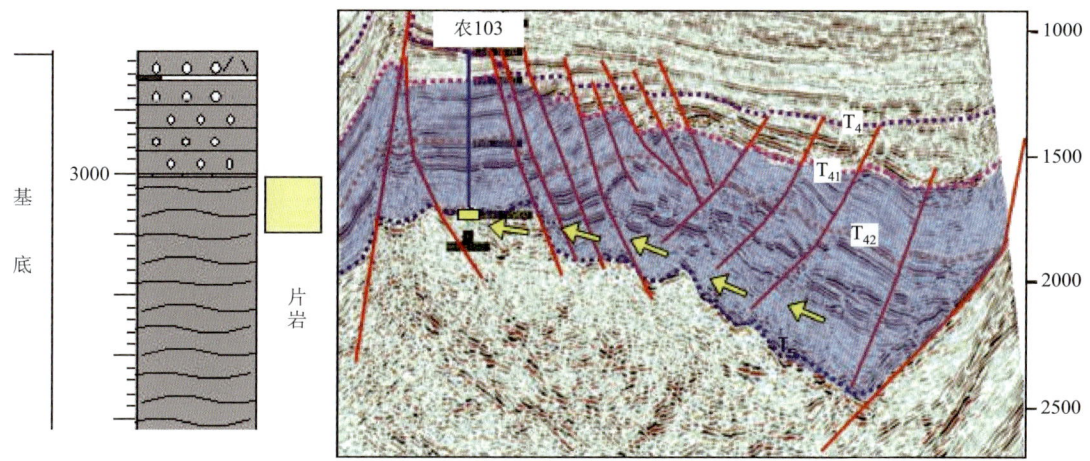

图 13-29　过农 103 井地震剖面

2. 侧源型

潜山发育位置临近洼陷，多位于断陷边部，与洼槽多以断层接触，洼槽内源岩排烃后通过侧向运移由断层面进入潜山，该类潜山以松北昌 102 井汪 902 井钻遇的潜山为代表（图 13-30），该井在基底变质砾岩获得日产 $3.3 \times 10^4 m^3$ 工业气流。

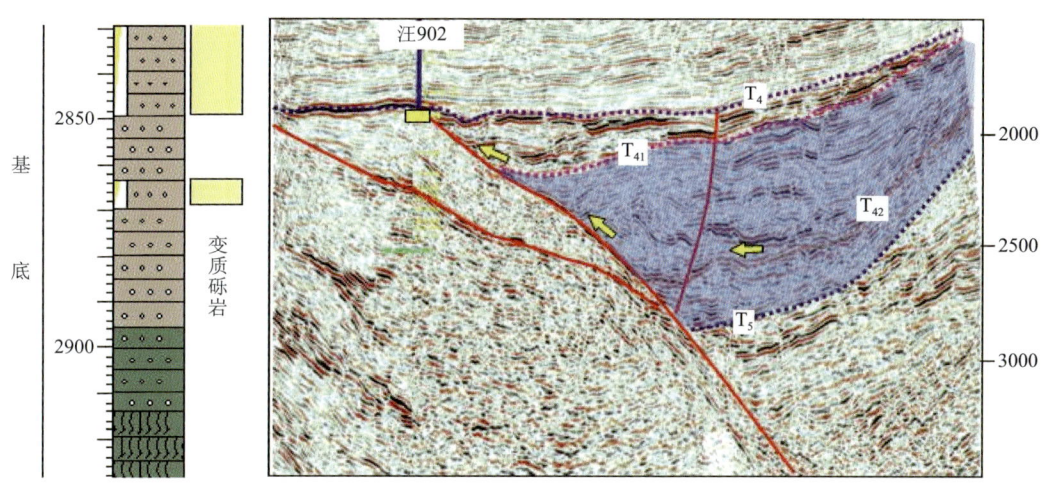

图 13-30　过汪 902 井地震剖面

3. 远源型

该类潜山与侧源型较为类似，不同的是远源型潜山距离断陷较远，断陷内烃类要通过远的距离运移至圈闭成藏。该类潜山以松北肇深 3 井钻遇的潜山为代表（图 13-31），该井基底未获得气流为干层。

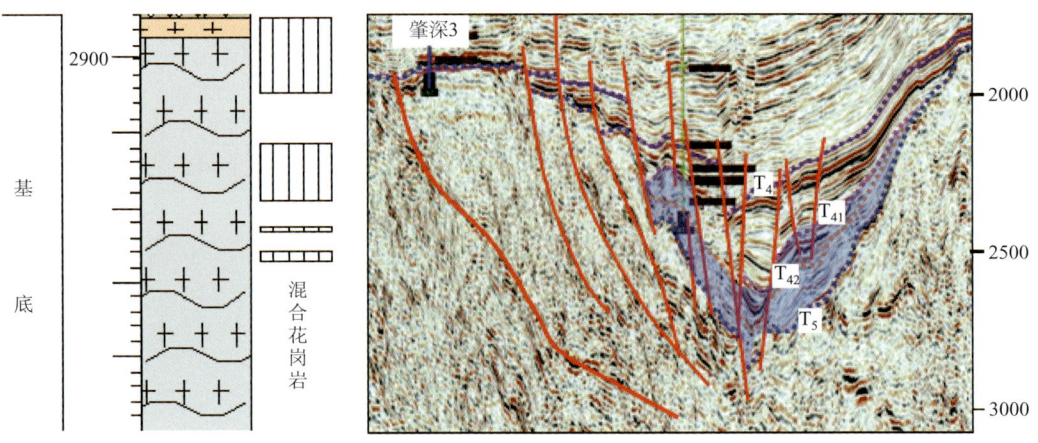

图 13-31 过肇深 3 井地震剖面

4. 浅源型

浅源型潜山主要发育在松辽盆地西斜坡，埋藏较浅，与断陷期生烃断槽距离远，主要由上覆或侧向对接的青山口组烃源岩供烃，由于青山口组埋藏浅，热演化低，烃源岩多处于生油阶段，因此，浅源型潜山主要形成油藏，目前，该类潜山尚无突破，是正在探索的重要类型。

对以上四种基岩潜山成藏模式对比分析认为，近源型潜山最为有利。近源型由于位于生烃洼槽之内，多方向供源，供烃窗口决定气藏规模；侧源型紧邻生烃洼槽，近源聚集，断裂及供烃窗口决定气藏规模；远源型与生烃洼槽相间，良好的疏导体系为关键；浅源型直接与烃源岩对接，储层物性是能否成藏的关键因素。

（二）有利勘探区带

在以上认识的基础上，为了进一步明确基岩潜山勘探前景，对松辽盆地深层基岩潜山进行了初步评价，共评价出潜山圈闭 46 个，面积 14 287km^2（表 13-2 和图 13-32）。

表 13-2 基岩潜山圈闭评价表

类别	潜山类型	面积/km^2	圈闭个数/个	主要岩性
Ⅰ类	近源型	4238	19	灰岩、片麻岩、花岗岩、泥板岩等
Ⅱ类	侧源型	4714	13	灰岩、浅变质砂（砾）岩、片麻岩、花岗岩等
Ⅲ类	远源型	4800	3	灰岩、片麻岩、浅变质砂（砾）岩、花岗岩、泥板岩
Ⅳ类	浅源型	535	11	花岗岩、火山岩、浅变质砂（砾）岩、灰岩

结合成藏配套关系，综合分析认为松辽盆地基岩潜山勘探应该重点把握三大方面勘探区带：东部断陷带近源型、古中央隆起带侧源型及西部斜坡区浅源型。

1. 东部断陷带近源型

东部断陷带位于松辽盆地中央坳陷区以东（图 13-32），由南向北主要包括梨树、德惠、王府、

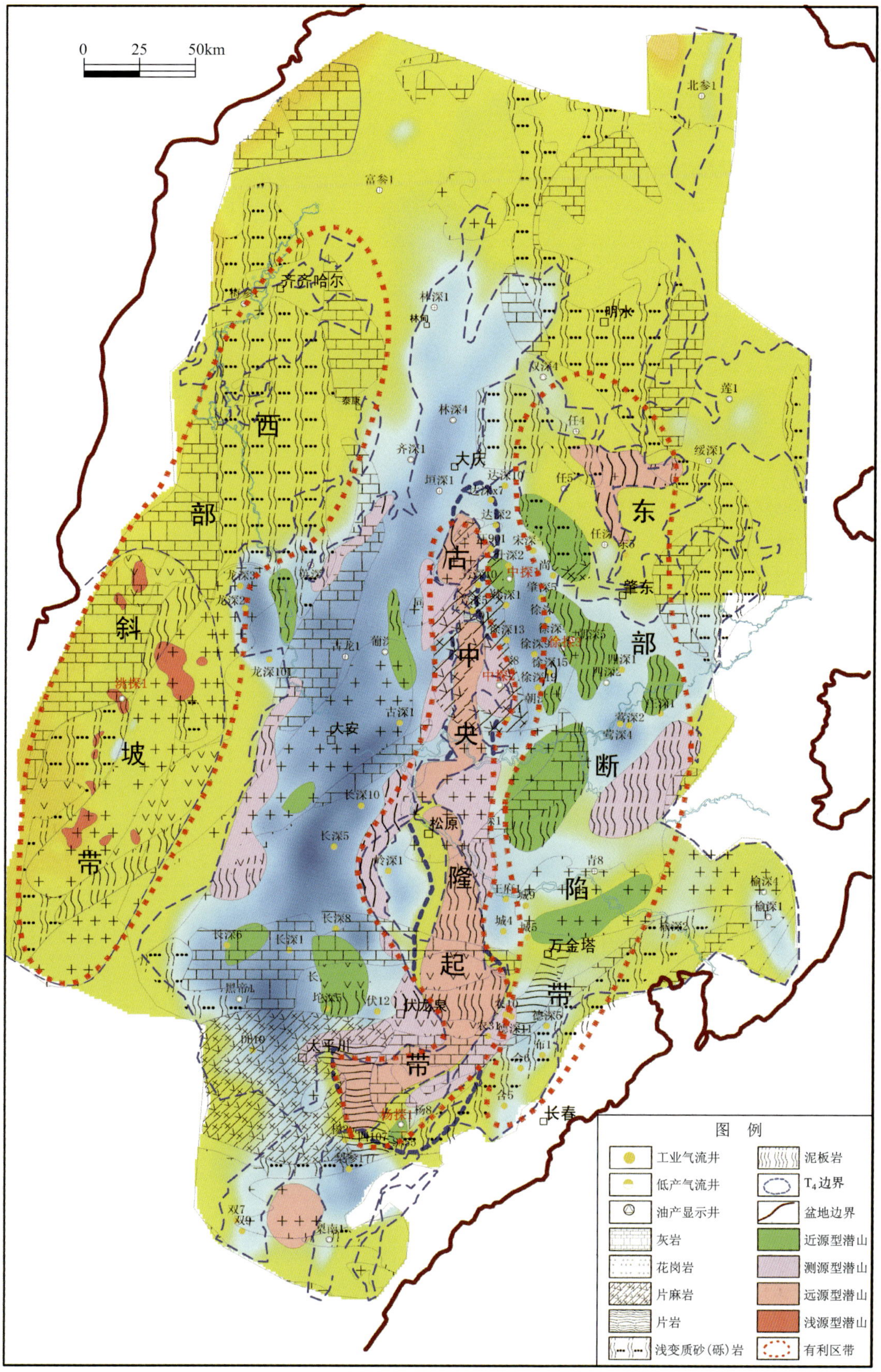

图 13-32 松辽盆地基岩综合评价图

莺山、双城、任民镇等断陷，该类断陷发育近源型潜山类型，德惠断陷农103井钻遇的潜山属于此类（图13-29）。由于该类断陷由于东部断陷群多属于晚期反转型断陷，断陷形成后经历了持续稳定的沉积，地层发育齐全，厚度大，沙河子组沉积最大厚度为1945m（德惠断陷），最小为100m，一般为300~500m，烃源岩发育，一般为100~300m，生烃条件良好，为基岩潜山提供了良好的气源，"洼中隆"近源型潜山优先捕获烃类形成潜山气藏；后期由于明水至古近纪末期经历了褶皱改造作用，断陷抬升反转，基底隆升，之前形成的"洼中隆"近源型潜山也随之抬升。因此，一方面断陷期烃源岩发育，提供了充足的气源；另一方面，由于东部断陷群近源型潜山具备气源充足、埋藏浅的特点。断陷后期反转，基底隆升，形成了多个"洼中隆"近源型潜山。

2. 古中央隆起带侧源型

古中央隆起带夹持于松辽盆地中央坳陷区林甸-古龙-长岭断陷与徐家围子-王府-德惠-梨树断陷之间，跨松北松南两个区，呈近SN向带状分布（图13-32），面积近10 000km^2，埋藏浅（1000~4000m）。

由于古中央隆起带周围紧邻徐家围子、长岭、王府及德惠等多个富烃断陷，形成了多方向侧向供烃的有利条件，分布面积大，近10 000km^2；埋藏浅，埋深1000~4000m，是洼内油气侧向运聚的有利区带；松北中央隆起带汪902在基底变质砾岩获得日产3.3×10^{4}m^{3}工业气流（图13-30）。古中央隆起带由于抬升时间较早，顶部往往长时间暴露地表，经历了长期的风化淋滤作用从而易形成有利的风化壳储层。同时由于该构造带受区域应力作用影响，内部断裂发育，也可形成基岩内幕储层。对于古中央隆起带而言，紧邻周围生烃断槽的构造圈闭是油气运聚最有利的场所，断裂沟通是关键，供烃窗口决定气藏规模。

3. 西部斜坡区浅源型

西部斜坡区位于松辽盆地中央坳陷带以西（图13-32），分布面积大，近20 000km^2，是目前勘探程度较低的一个区带，目前主要在中浅层发现了油藏，而针对基岩潜山勘探的井较少，也尚未获得突破。

在松北发现的多个稠油带及松南发现的油砂矿证实了西部斜坡区烃类运移通过，且西部斜坡区基岩潜山埋藏浅，发育多排潜山构造，与青山口组烃源岩直接对接，具备形成潜山油藏的有利条件，储层物性是影响成藏的关键因素。

第十四章 Chapter Fourteen
柴达木盆地大型气田勘探领域

柴达木盆地位于青藏高原北麓，为祁连山、昆仑山和阿尔金山环抱的菱形山间高原盆地，为前侏罗纪地块基础上发育起来的中、新生代陆内沉积盆地，面积 $12.1 \times 10^4 km^2$，全国第三次油气资源评价估算柴达木天然气资源量 $2.5 \times 10^{12} m^3$，石油资源量 $21.5 \times 10^8 t$。发育古生界、中生界和新生界地层，沉积岩最大厚度为 17 200m。主要发育三湖第四系生物气、柴西古近系、新近系油型气和柴北缘侏罗系煤型气三大含油气系统，主要勘探层系为三湖第四系、柴西古近系、新近系及柴北缘的古近系、新近系和侏罗系，已发现涩北一号、涩北二号、台南、南八仙、马海、东坪-牛东等气田和马北、冷湖七号、台吉乃尔、南翼山、英东等含气构造，累计探明天然气地质储量 $3233.84 \times 10^8 m^3$，三级天然气地质储量 $6419.46 \times 10^8 m^3$，探明率 12.9%。

第一节 三湖第四系生物气大型气田勘探领域

柴达木盆地三湖地区西起船形丘构造，东止南北霍布逊湖，北到北陵丘，南邻昆仑山，面积约 30 000km²，因其境内分布着东西台吉乃尔湖、涩聂湖和达布逊湖三个大型盐湖而得名。一级构造单元称为三湖坳陷，三湖坳陷进一步划分为北斜坡区、中央凹陷区、南斜坡区、西斜坡区和东斜坡区等 5 个二级构造单元（图 14-1）。

柴达木盆地更新统—全新统地层是在上新世末期新构造运动作用下，柴达木盆地沉积中心由西向东整体迁移的产物。第四系分布面积 47 500km²，三次资评估算天然气总资源量约 $15\,000 \times 10^8 m^3$，先后发现了台南、涩北一号、涩北二号及盐湖等 5 个生物气田，累计探明天然气地质储量 $2897.74 \times 10^8 m^3$，控制天然气地质储量 $431.72 \times 10^8 m^3$，目前探明率仅为 19.3%。

一、成藏条件分析

（一）烃源岩

从整体上来看，第四纪大多数层段有机质含量均较低，普遍为 0.1%～0.4%，平均 0.30%。但总有机碳含量较高，为 0.22%～1.68%，平均 0.82%。大量实测的镜质体反射率和模拟结果都表明该区镜质体反射率大部分小于 0.5%，三湖地区第四系主体处于未成熟阶段。

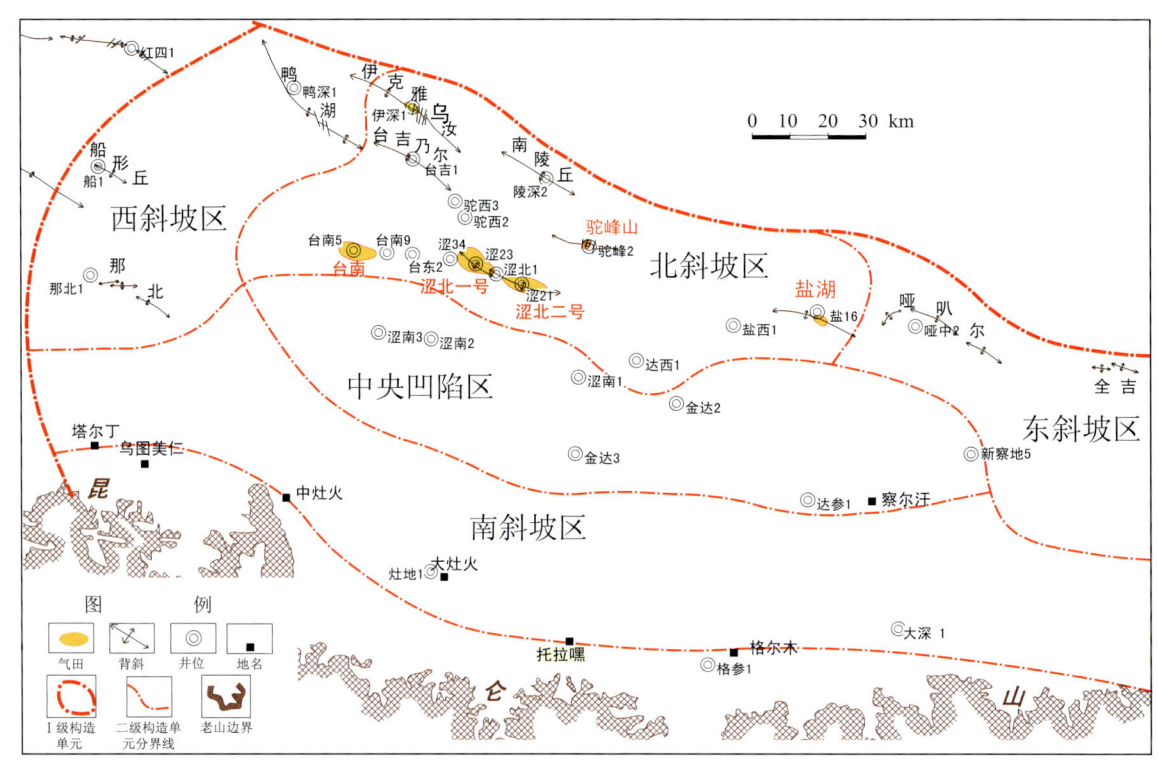

图 14-1　柴达木盆地三湖地区构造单元划分图

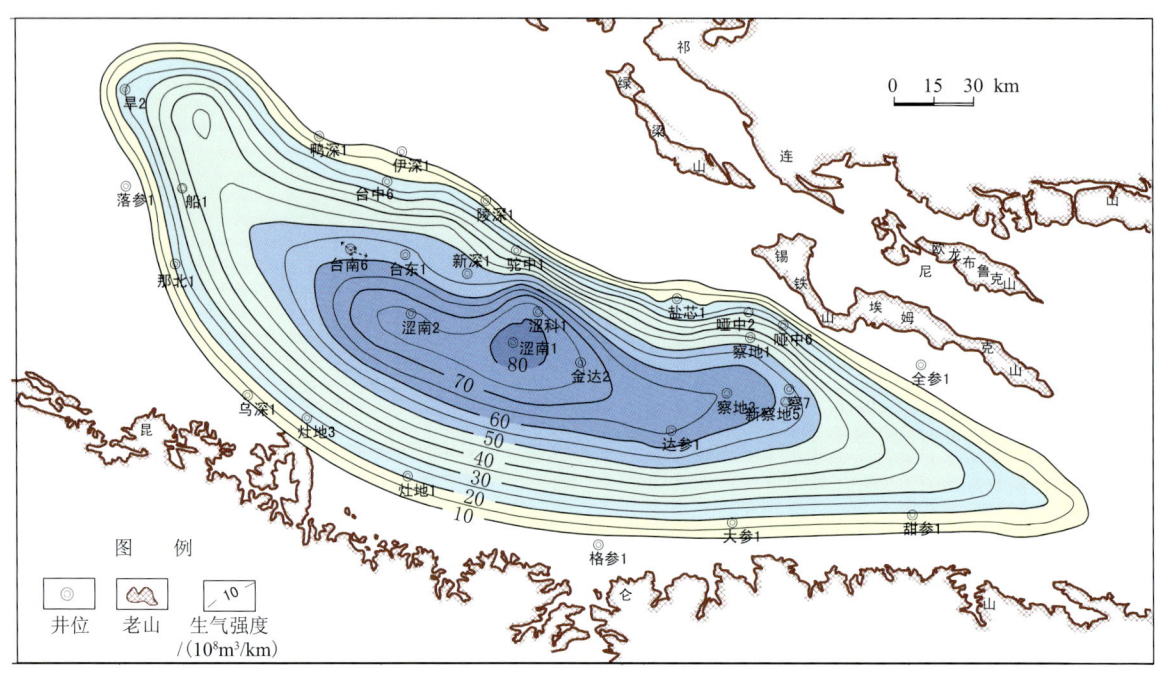

图 14-2　三湖地区第四系总生气强度图

第四系沉积厚度一般为 300～3500m，沉积厚度大于 2000m 的分布面积约为 25 000km²。气源岩主要分布在台吉乃尔到涩聂湖一带，呈北西西展布，坳陷中心气源岩厚度大于1000m，存在两个次一级的生气凹陷：伊北凹陷和一里坪凹陷，气源岩厚度大于1000m。根据对第四系生气岩生烃潜力的模拟实验和产甲烷率分析表明，一般生气强度为 $(20 \sim 80) \times 10^8 m^3/km^2$（图14-2），生气强度大于 $20 \times 10^8 m^3/km^2$ 的面积为 27 650 km²，资源量 $11\,090 \times 10^8 m^3 \sim 12\,470 \times 10^8 m^3$。

（二）沉积与储层

柴达木盆地三湖地区第四纪物源呈明显的不对称性，南部昆仑山的物源是主导物源，锡铁山和埃姆尼克山的物源是次要物源。尤其是在乌图美仁、格尔木分别发育了两个规模较大的水系进入盆地。三湖地区各个时期沉积相展布特征相似，这里以 k_5—k_6 时期沉积相图为例说明。从图14-3可以看出，从盆地边缘到盆地中央，沉积相带呈环带状分布，依次分布冲积扇 - 冲积平原 - 滨湖 - 浅湖 - 半深湖。其中半深湖相位于台南 - 涩北一号 - 涩北二号构造带以南的凹陷区，面积较小。

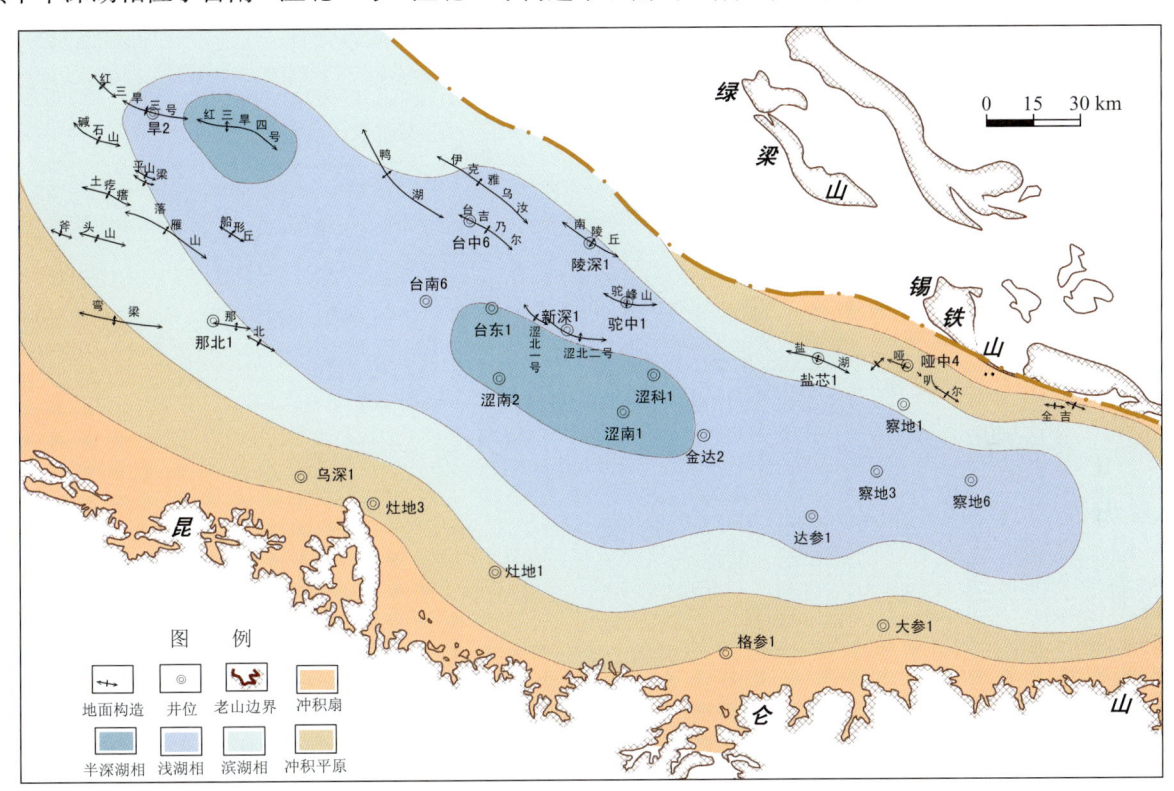

图 14-3　三湖地区 k_5—k_6 时期沉积相分布图

三湖地区地层和储层具有自身独有的特点。第四系地层由于沉积时间短，沉降速率快，地层处于未成岩 - 弱成岩阶段，地层疏松，多数砂质岩只达到半固结状态；其岩性以大套泥岩、泥质粉砂岩和粉砂质泥岩为主，单层厚度薄、层数多、砂泥岩频繁间互，钻井证实储层单层厚度主要集中为 0.5～2.5m，超过5m仅占15%左右，形成了3∶1～5∶1的最佳生储比，构成了良好的生、储、盖组合；原生孔隙发育，孔渗性能好；孔隙度主要为25%～30%，渗透率主要集中为 $(12 \sim 300) \times 10^{-3} \mu m^2$，具有高孔隙中等渗透的特点。由于总体粒级较细，造成储层与源岩无严格的界限，砂岩中也含有一定数量的有机碳，具备生气能力，而泥岩孔隙度高，具备一定的渗透性，并非是严格意义上的源岩和盖层。

（三）圈闭条件

勘探实践表明，三湖地区可能存在三种类型的生物气有利圈闭。一是背斜圈闭：包括台南、涩北、伊克雅乌汝、台吉乃尔、盐湖、驼峰山等。其中，位于三湖北斜坡内带的台南、涩北背斜构造由于受构造运动的影响较弱，构造幅度较小，无断层发育，圈闭完整；位于三湖北斜坡外带的伊克雅乌汝、台吉乃尔、盐湖、驼峰山背斜构造，由于受构造运动的影响较强，构造幅度较大，断层较为发育，圈闭多为断背斜。二是发育于构造背景上的岩性圈闭，主要分布于台东、涩东、驼西、盐西等鼻状构造或斜坡上，其类型为岩性透镜体，上倾方向岩性或物性尖灭体，其中台东、驼西已发现了此类岩性气藏。三是分布于中央凹陷和南斜坡的三角洲前缘砂体或砂体透镜体，目前尚处于探索阶段。

（四）保存条件

三湖地区生物气藏存在两套盖层：直接泥岩盖层直接覆盖于含气储层之上；区域盖层则是覆盖于所有气藏或气层组之上的区域泥岩层。直接盖层一般只控制一个含气储层或气藏，盖层厚度越大质量越好，盖层上下的压力差异就越大，下伏气层的丰度和气柱也就越高；区域盖层则对其下伏的所有气藏或气层组均能发挥控制作用，区域盖层质量越好、沉积厚度越大，所形成的环境的压力就越高，下伏气藏或气层组也就越发育。例如，台南气田区域盖层厚达900m，涩北气田区域盖层厚度为600m（图14-4），而盐湖气田缺失了区域盖层，天然气储量明显与区域盖层厚度呈正相关性。

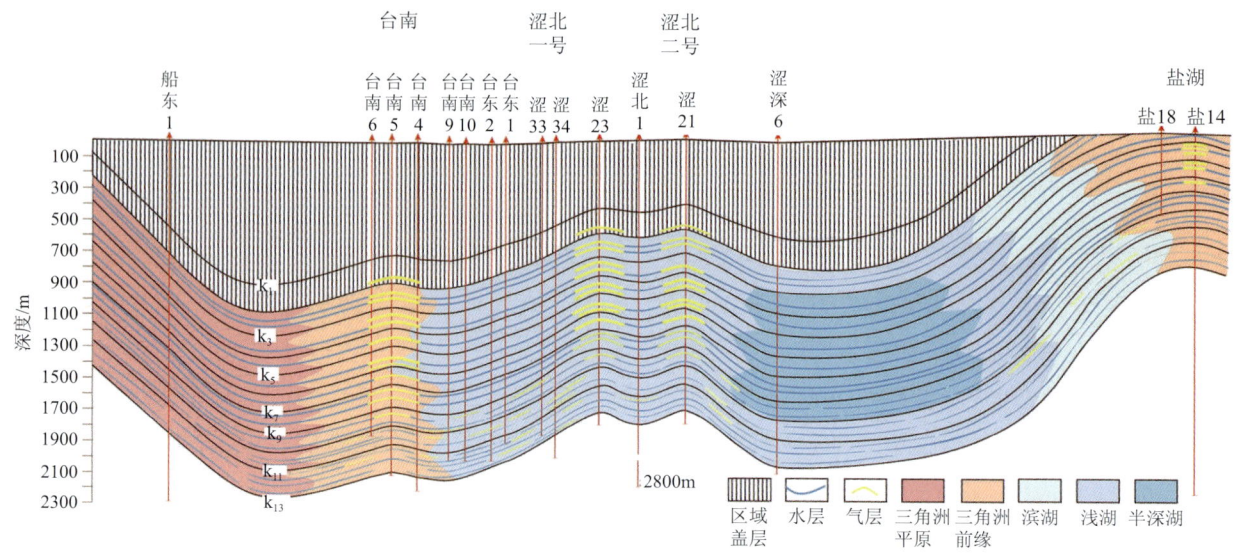

图 14-4 三湖地区东西向综合地质剖面图

从气田断裂发育程度来看：台南气田没有发生大规模的构造抬升，无剥蚀、无断裂，保存最好，涩北构造地层保存完整程度略次于台南，盐湖构造抬升幅度达466m，发育有5条断层（断层下切深度较小），驼峰山构造抬升幅度达526m，断层下切深度也最大（大于1000m），构造保存条件最差，造成大量天然气沿断层及其伴生裂缝散失，结果驼峰山气田只有一口井获工业气流，台吉乃尔构造断层极发育（多达 24 条），断层下切深度也较大，结果造成与驼峰山气田一样的结果——大量天然气沿断层和伴生裂缝散失。后期稳定的构造环境是气藏得以保存的又一个重要因素。

二、有利勘探领域

根据生物气成藏条件和三湖地区的勘探情况，三湖坳陷可分为五个勘探区带，即北斜坡区、中央凹陷区、南斜坡区、西斜坡区和东斜坡区。三湖坳陷北斜坡区集中了三湖地区已发现所有气田和含气构造，具有充足的气源条件，优越的生储盖组合，有利的圈闭条件，良好的保存条件，为三湖地区天然气勘探最为有利的区带。可进一步划分为北斜坡内带和北斜坡外带（图 14-5）。

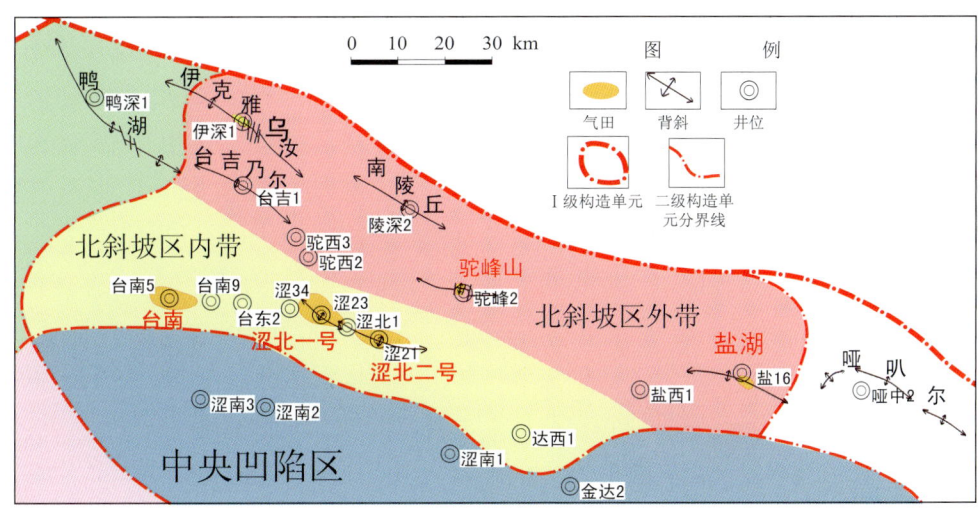

图 14-5 三湖地区北斜坡构造单元划分

（一）北斜坡内带

勘探面积约 3200km^2，已完成二维地震 3800km，测网密度 2×2km；已完成探井 69 口，进尺 12.6×10^{4}m。探明天然气地质储量 2768.56×10^{8}m^3。该区带是目前三湖地区生物气富集程度最高的地区，三湖地区已发现生物气储量的 90% 处于台南-涩东区带。

北斜坡内带的构造在上新世开始发育，形成构造雏型，表征为沉降中心挠曲带或潜伏隆起上同沉积背斜，更新世（Q_{1+2}）又叠加发育了区域压扭性构造动力作用而定型。从西至东为台南背斜、台东鼻隆、涩北一号背斜、涩北鞍部、涩北二号背斜、涩东鼻隆，总体表现为沉积坳陷近中央弧形隆起带上存在三个背斜高点的特征。由于受区域构造应力较弱，该区带背斜构造圈闭幅度较低（40~90m），无断层发育，圈闭完整。勘探实践表明，该区带除存在完整的背斜圈闭外，在鼻隆和斜坡背景上还存在地层-岩性圈闭。

台南-涩东区带呈弧形隆起带分布于三湖坳陷，其西北为台吉乃尔生气凹陷，南为涩聂湖生气凹陷，东南为达布逊湖生气凹陷，呈典型的凹中隆分布格局。由于盆地南缘昆仑山的迅速隆升，致使三湖坳陷第四系生烃中心不断迁移，故该带气源条件十分充裕。岩性统计表明，该区带砂泥比为 1:3~1:5，生储盖组合良好。构造为同沉积背斜或鼻隆，圈闭类型为背斜圈闭和鼻隆及斜坡背景上地层-岩性圈闭，圈闭完整，无断层发育。该区带已发现了台南、涩一号、涩北二号大型生物气田及台东鼻状含气构造。可见，该区带具有充足的气源条件，优越的生储盖组合，适时圈闭配置及良好的后期保存条件。不仅是过去，而且是今后三湖地区天然气勘探最现实、最有利的地区。台南-涩东区带处于三湖坳陷三个生气凹陷之间，气源条件非常丰富，几乎所有钻井均含气或有气显示。

台南-涩东弧形带第四系成藏条件优越，勘探效果好，勘探潜力大。该区已发现台南、涩北一、涩北二号三个大型气田。未来的勘探目标和方向有两个：一是台南、涩北一、涩北二气田外围构造气藏勘探领域，二是台东、涩东鼻状构造的岩性气藏勘探领域。

（二）北斜坡外带

勘探面积约4130km^2，已完成二维地震约3000km、探井61口。该区带发现盐湖、驼峰山2个小气田及伊克雅乌汝、台吉乃尔2个含气构造，探明天然气地质储量2.42×10^{8}m^3，控制天然气地质储量463.03×10^{8}m^3。根据构造圈闭特征、生储盖组合特征及勘探现状，该区带有效勘探范围为台吉乃尔-盐湖区带，包括伊克雅乌汝和台吉乃尔含气构造、盐湖和驼峰山气田、驼西鼻状构造、盐西斜坡。该区带获工业气流井主要集中台吉乃尔-盐湖区带。

由于靠近盆地边缘，构造运动比较强烈，该区带背斜构造地面断层比较发育，构造轴部第四系剥蚀较严重，构造北翼多发育从基底至达地面的深大断裂，圈闭类型为背斜和断背斜，闭合高度大。发育于该区带的鼻状构造和斜坡处于次一级沉积凹陷，无断层发育。可见，该区带既存在闭合幅度大的背斜、断背斜圈闭，也存在斜坡和构造背景上发育的地层-岩性圈闭。

该区带所发现构造均为同沉积背斜或鼻状构造，圈闭类型为背斜、断背斜、岩性尖灭体。气藏类型为层状背斜气藏、层状断背斜气藏及构造背景上的层状岩性气藏。根据岩性统计，除哑叭尔、全吉地区由于靠近沉积物源，岩性较粗外，其他地区生储比为1:3～1:5，具有良好的生储盖组合；该区带西部为伊北凹陷、南边靠近台吉乃尔凹陷和达布逊凹陷，具有较好的气源条件。已发现台吉乃尔和伊克雅乌汝含气构造，盐湖、驼峰山小型气田，驼西地区涩35井也获得了工业气流，说明该区带具有良好的成藏地质条件。但由于该区带圈闭幅度大，但盖层突破压力有限，加之地面断层发育，构造轴部第四系不同程度遭受剥蚀，极大的限制了盖层封存的气柱高度，所以形成了大圈闭，小气藏的局面。而处于次一级沉积凹陷鼻状构造、斜坡地区，无断层发育，沉积岩性较细，第四系剥蚀较轻，应该是寻找岩性气藏的有利地区。

第二节　柴西古近系、新近系油型气大型气田勘探领域

柴西地区面积36 800km^2，天然气资源量6562.48×10^{8}m^3，主要勘探层系是古近系、新近系。已发现了南翼山、乌南、小梁山、英东、油南及开特米里克等含气构造或气田，探明天然气地质储量4.41×10^{8}m^3，控制天然气储量24.59×10^{8}m^3，预测天然气地质储量1374.45×10^{8}m^3。

一、成藏条件分析

(一)烃源岩

柴西地区发育红狮凹陷、扎哈泉凹陷、小梁山凹陷、茫崖西凹陷和茫崖东凹陷等5个主力生烃中心(图14-6)。其中,E_3^2层优质烃源岩主要分布在柴西南的红柳泉-狮子沟、跃进-扎哈泉和茫崖凹陷的西部及柴西北的干柴沟-咸水泉-南翼山一带,面积约2090km²;N_1优质烃源岩分布范围更广,几乎覆盖整个柴西地区,面积达6753km²。总生气强度大于$20 \times 10^8 m^3/km^2$的面积为5300km²,具备形成大型气田的物质基础。

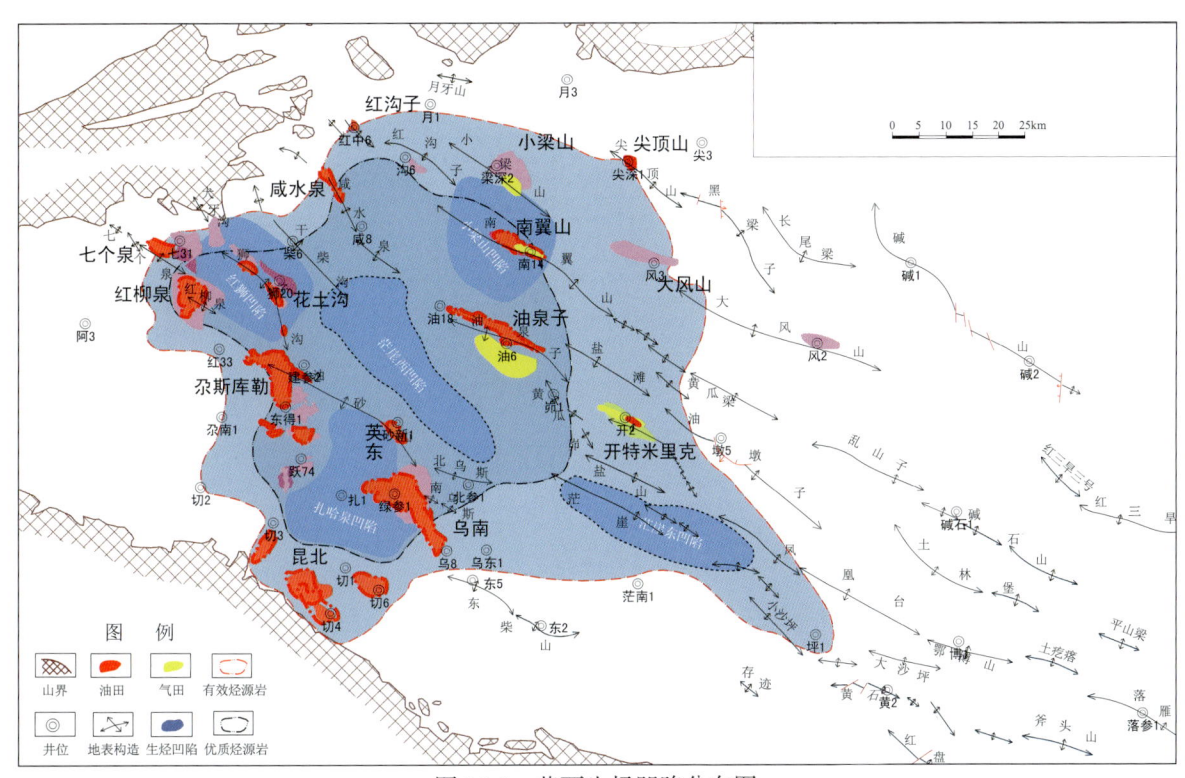

图14-6 柴西生烃凹陷分布图

从目前油气田分布及油源对比来看,柴西南油气田分布受红狮主力生烃中心、切克-扎哈泉主力生烃中心和茫崖西部主力生烃中心控制(图14-6)。环红狮主力生烃中心形成了七个泉、红柳泉、狮子沟-油砂山及尕斯库勒等油田;环切克-扎哈泉主力生烃中心发育了乌南、跃进二号、跃进四号、昆北扎哈泉等油田;柴西北区的咸水泉、油泉子、南翼山及尖顶山等油气田受南翼山-小梁山主力生烃中心控制。整个柴西富油气凹陷油气藏的分布具有"多凹控藏、环凹分布、近源聚集"的主力凹陷控藏特征。

(二)沉积储层

柴西地区古近系、新近系发育两大类沉积、五大物源、十类重要储集体及六类主要含油气储集体。柴西地区发育有阿尔金西段近岸水下扇-扇三角洲、阿拉尔辫状河三角洲、铁木里克(祁漫塔格)辫状河三角洲、东柴山辫状河三角洲及牛鼻子梁辫状河三角洲等五大沉积物源体系(图14-7);发育外源型碎屑岩及内源型碳酸盐岩-膏盐岩两大类沉积体系;古近系、新近系发育冲积扇、近岸水下扇、扇三角洲、辫状河三角洲、湖相等 5 大沉积相类型。

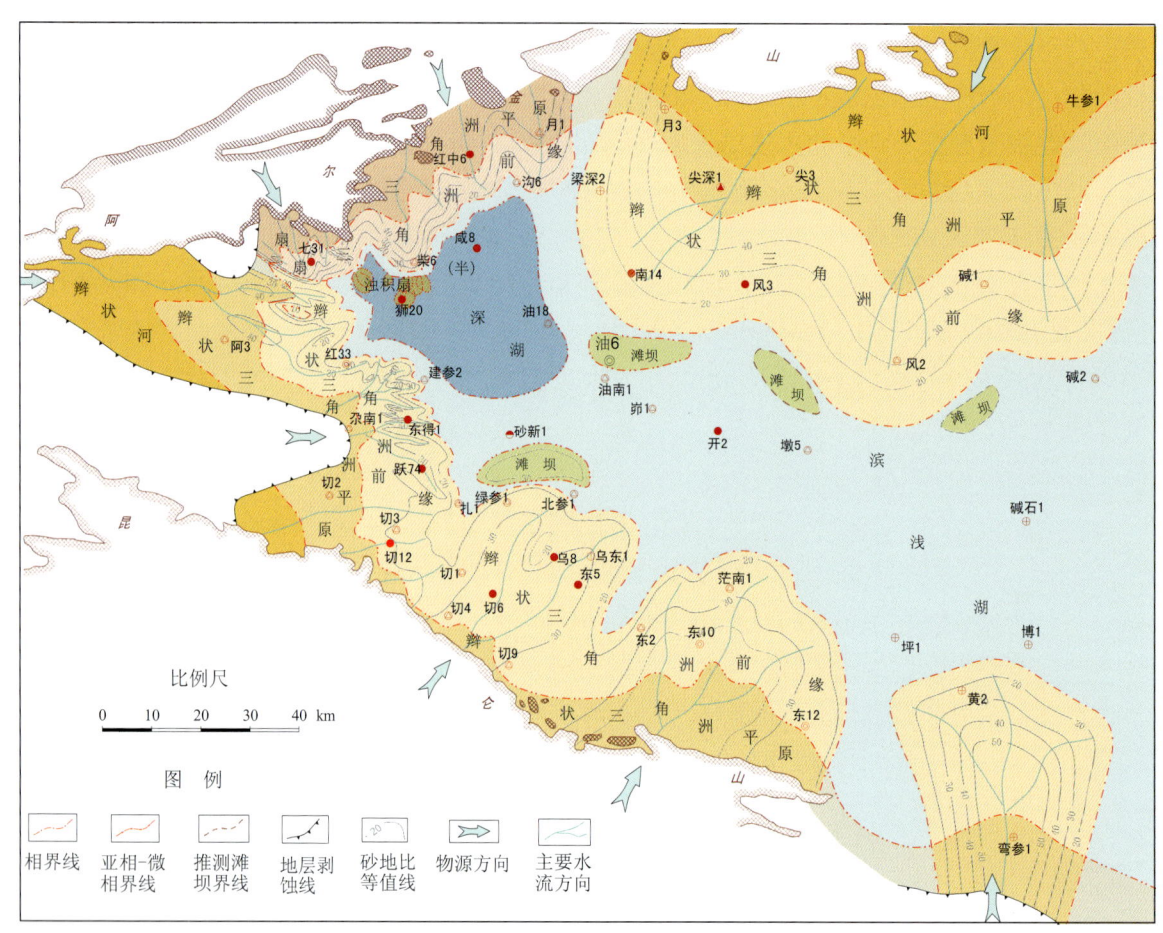

图 14-7　柴西 N_2^1 沉积相分布图

柴西地区第三系发育碎屑岩储层和碳酸盐岩储层储集空间两大类储层。碎屑岩储层储集空间以原生孔隙为主，有少量次生孔隙发育，而碳酸盐岩储层储集空间则以次生孔隙为主；原始沉积组构、成岩水介质性质、构造应力及热成熟度是影响储层性质的四大关键因素；碎屑岩优质储层主要发育在辫状河三角洲前缘亚相带、扇三角洲前缘亚相带、近岸水下扇的扇中-扇端亚相带、浊积扇及滨浅湖亚相滩坝砂体内，碳酸盐岩优质储层主要为发育在滨浅湖亚相带内的藻灰岩。

柴西地区古近系、新近系发育藻纹层灰岩、藻叠层灰岩、藻团块灰岩、藻泥晶灰岩、亮晶鲕粒灰岩、亮晶生屑灰岩和陆屑（藻）泥晶灰岩等 7 类碳酸盐岩。其中，3 类是主要的含油孔隙型储层，即藻纹层灰岩、藻叠层灰岩与藻团块灰岩。藻灰岩的分布受控于湖盆的区域构造活动性和迁移性、陆源碎屑物质输入量和输入频率、同生断裂和水下古隆起。

（三）圈闭条件

柴西富油气凹陷的构造圈闭主要包括背斜圈闭、断块圈闭和裂缝圈闭三亚类。柴西富油气凹陷已发现的许多大型油气田都是背斜油气藏，如尕斯库勒油田。断块圈闭是指储集层上倾或各个方向由断层封闭而形成的圈闭，按其成因可分为简单断块、断阶和逆掩断块。

岩性圈闭主要包括岩性透镜体型、岩性上倾尖灭型、物性遮挡型三亚类。岩性透镜型圈闭按照储集层的类型，又可分为碎屑岩和碳酸盐岩2种。河道砂、三角洲分流河道、河口坝砂体、沿岸带分布的滩坝砂、断坡扇、浊积体等大多数属于砂岩透镜体。柴西南区的乌南油田发育的大面积的滩坝砂群就是典型一个例子。柴西富油气凹陷古近纪早期为斜坡构造背景，而在古近系沉积后，晚喜山多期幕式构造运动使部分斜坡发生了构造反转，从而形成了砂岩上倾尖灭型岩性圈闭。如红柳泉斜坡区E_3^1II区块岩性圈闭、尕斯东南斜坡E_3^1岩性圈闭、七个泉古近系扇三角洲岩性圈闭等。地层圈闭主要包括超覆不整合型、地层削蚀型、风化剥蚀型。超覆不整合型地层圈闭在柴西山前带的昆北地区、阿尔金山前带均有发育，如昆北上盘的切16井区受不整合面与E_3^2最大湖泛时期的厚层泥岩的遮挡，就形成了这种典型的超覆不整合型地层圈闭。地层削蚀型圈闭在柴西山前带的七个泉组底面（T_0）、狮子沟组底面（T_1）、上油砂山组底面（T_2'）等多期不整合面之下普遍存在。风化剥蚀型地层圈闭在柴西富油气凹陷发育较为广泛，主要发育在花岗岩基岩隆起区和同沉积断裂的上盘，柴西南昆北断阶带、跃进二号等地区均已发现了这种风化剥蚀型的地层油藏。

二、有利勘探领域

柴西油型气属于热成因气。柴西北区气油比高，是现今天然气的主要分布区。造成天然气这种分布特点的主要控制因素是烃源岩的成熟度。柴西北区烃源岩埋深大，成熟度高，生气强度大，因此有利勘探领域主要位于柴西北区。狮子沟-油砂山-英东和油泉子-开特米里克-油墩子是有利勘探区带（图14-8）。

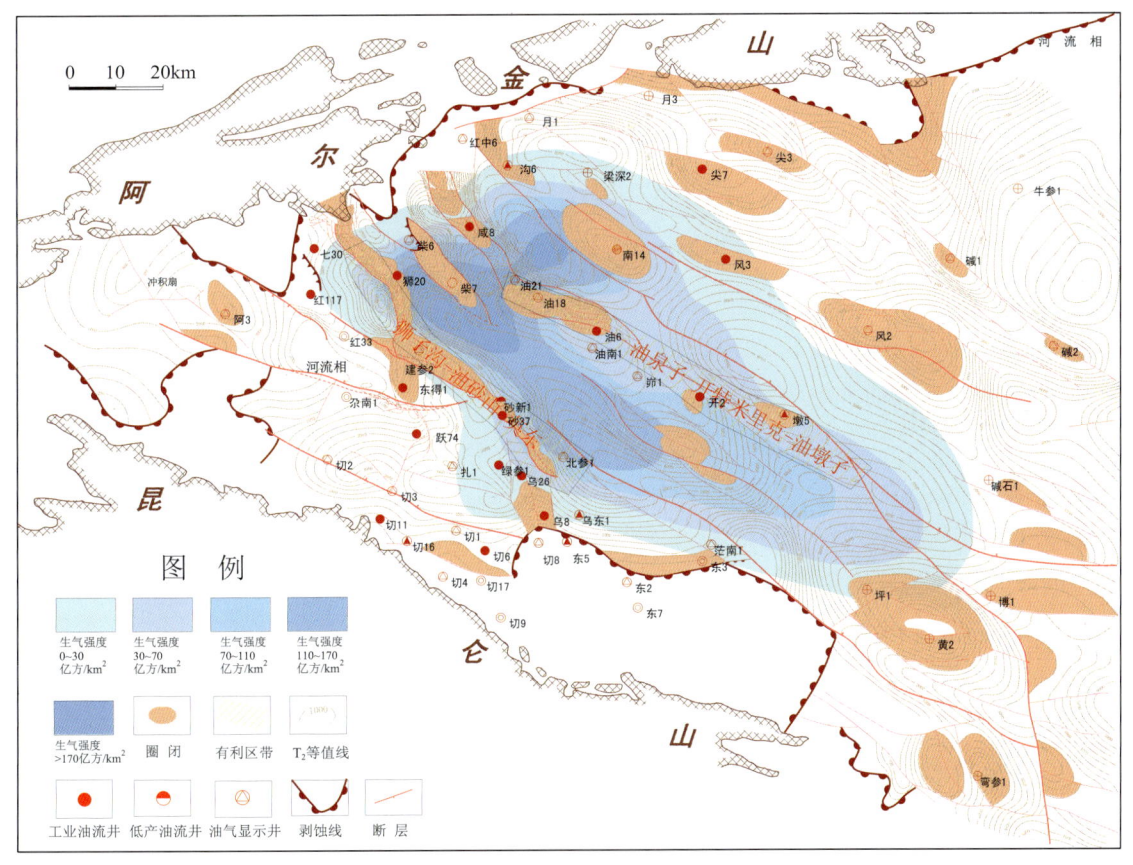

图14-8　柴西古近系、新近系油型气有利勘探区带

（一）狮子沟 – 油砂山构造带

该构造带紧邻主力生气凹陷，碎屑岩储层发育（图14-7），发育大型背斜圈闭，深大断裂沟通深层油气源，成藏条件优越。狮子沟深层和英东浅层均发现天然气藏，仍具有很大的勘探潜力。狮子沟 - 油砂山地区发育了深、浅两套构造，浅层构造受狮子沟断层和油砂山断层控制。狮子沟断层断面北东倾，断面上陡下缓，滑脱于E_3^2地层。平面上从犬牙沟延伸至游园沟，与油砂山断层相接，延伸长度约32km。油砂山断层断面北倾，纵向上断面上陡下缓，滑脱于E_3^2地层，平面上北西西向展布，从砂西一直延伸到大乌斯地区，区内延伸长度约60km。

这些深大断裂是油气源运移的通道，深层油气源通过断层运移至浅层圈闭形成浅层油气藏，如狮子沟 - 油砂山油气田和英东一号浅层油气田；深层形成自生自储油气藏，如狮子沟深层油气藏。

（二）油泉子 – 开特米里克 – 油墩子构造带

油泉子地区从E_3^2上部开始至N_2^3长期处于浅湖 - 较深湖环境，粪球粒普遍发育，表明水生动物相当繁盛，为油气的形成提供了丰富的有机质，特别是湖进体系域顶部和高位体系域（N_1—N_2^1底部）的较深湖沉积，是本区最有利的烃源岩分布区。沉积相类型主要为湖泊相，发育有少量浅滩和碎屑流沉积。三角洲相仅见于油6井E_3地层中，井深3050～4616m为一套砂泥岩互层，下部以砂岩为主，岩石呈红色；上部以泥岩、粉砂岩占优势，岩石呈红色、深灰色。E_3^2—N_2^2长期处于湖泊环境，沉积了巨厚的泥岩层，到晚期N_2^2—N_2^3时期，气候干旱，湖水浓缩，盐度增大，为碳酸盐 - 硫酸盐沉积阶段，沉积了厚层泥岩、钙质泥岩夹盐岩及石膏层，表层形成石膏及盐碱壳，1000多米厚的膏泥岩层，构成了该区良好的区域盖层。油泉子构造中深层目前确定的大型断层有四条，四条断层大致平行，其中油北、油南断层为两翼的倾轴断层，剖面上呈Y形组合，上盘形成断垒，下盘形成与断层走向一致的断鼻构造和断背斜，呈现"两断加一隆"的构造格局。

油墩子、开特米里克地区已钻遇上新近系N_2^3、N_2^2、N_2^1三套地层，总的岩性特征是一套湖相暗色泥质岩、钙质泥岩和泥灰岩，岩性较细，以泥质岩为主。暗色泥质岩占地层总厚度的80%以上。储层岩性为钙质泥岩、砂质泥岩、泥灰岩、藻泥灰岩、云质泥岩、云质泥灰岩、泥晶云岩、泥质粉砂岩等，储集空间类型主要为溶蚀孔、洞，粒间孔和粒内孔。在N_2^1后期至N_2^2时期，受沉积湖盆收缩的影响，在该区形成了一套盐湖相沉积，岩石的碳酸盐含量为25%～52%，氯离子含量为2000～24 000ppm，沉积物为石膏质、钙芒硝质的碳酸盐岩和泥灰岩。因为碳酸盐岩集中段比其上覆的高盐度层段（膏盐发育段）更易产生裂缝。所以碳酸盐岩集中段是非常规油气藏的储层分布段，而高盐度层段则可作为这类储层的有效盖层。油墩子、开特米里克构造地下形态较为复杂。该区浅层构造形态受浅层大型滑脱断层控制，且被次级小断层所切割，形成复杂的断背斜，分为东西两个断块。其中西断块浅层断裂发育，构造形态复杂，现有的地震资料落实构造形态难度较大，勘探难度大。

第三节　柴北缘侏罗系煤型气大型气田勘探领域

柴北缘面积 36 700km², 天然气资源量 3700.11×10⁸m³（三次资评），主要勘探层系是古近系、新近系和侏罗系，已经发现马海、马西、冷湖七号、冷湖五号、南八仙、东坪-牛东等多个天然气藏或油气藏，探明天然气地质储量 153.93×10⁸m³，控制天然气地质储量 511.66×10⁸m³，预测天然气地质储量 1843.36×10⁸m³。

一、成藏条件分析

（一）烃源岩

柴北缘地区侏罗系发育油页岩、泥岩、碳质页岩和煤层四种烃源岩，其中油页岩、湖相泥岩富含生油组分，生油潜力大，碳质泥岩、煤层富含生气组分，生气潜力大。柴北缘地区侏罗系烃源岩主要分布在冷湖-伊北、赛什腾-鱼卡、德令哈三大生烃凹陷（图14-9）。

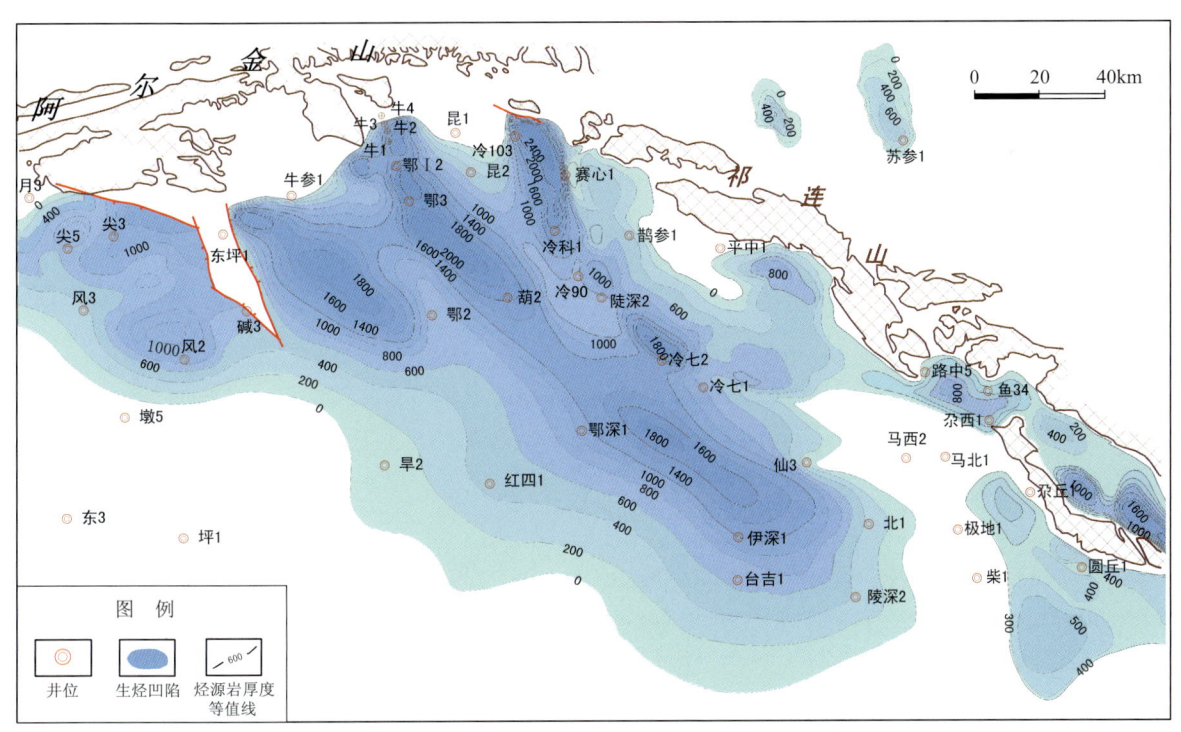

图 14-9　柴北缘中下侏罗统烃源岩分布图

下侏罗统有效烃源岩主要分布于冷湖-南八仙构造带以南，分布范围较广，厚度较大，总面积 21 100km²，中侏罗统烃源岩则主要分布于冷湖-南八仙构造带以北，总面积 4660km²，与下侏罗统相比，其厚度要小得多，大部分地区小于 100m。下侏罗统烃源岩发育多个生烃中心，岩性主要为暗色泥岩，其次为碳质泥岩，厚度大。地化特征表现为有机质丰度高，类型以腐殖型为主，成熟度高，以生气为主，综合评价为一套好的烃源岩。中侏罗统烃源岩以鱼卡凹陷为中心，岩性以油页岩为主，其次为碳质页岩、碳质泥岩和薄煤层，分布范围和厚度较小。地化特征表现为有机质丰度较高，类型较好，成熟度较低，以生油为主。赛什腾地区成熟度高，以生气为主，综合评价为一套较差 - 中等烃源岩。

（二）沉积储层

柴北缘西段发育两大物源体系，西部为阿尔金近源型扇三角洲沉积体系，东部为鱼卡 - 路乐河远源型河流 - 三角洲沉积体系，砂体类型以三角洲（或扇三角洲）前缘砂体和滨湖滩坝砂为主（图 14-10）。南八仙 - 马北地区发育远源型河流 - 三角洲沉积体系，岩石颗粒经过较长距离的搬运、磨圆，在三角洲前缘沉积下来，因此三角洲前缘砂体比较发育、厚度大、砂岩分选好、储层物性好，形成良好的储集空间。

（三）圈闭条件

柴北缘地区发育燕山、喜山两期古构造。燕山末期主要发育 9 个古构造，分别是平台、潜西、昆特依、鄂南、冷湖七号，马海、欧龙布鲁克、欧东、埃东等。早喜山期主要发育 6 个低幅度古构造，分别是冷湖五号、昆特依、冷湖七号 - 马海、欧东、埃东，它们分别控制着晚燕山期和早喜山期地层超覆带和古圈闭发育，控制着早期油气运聚和原生油气藏的分布。

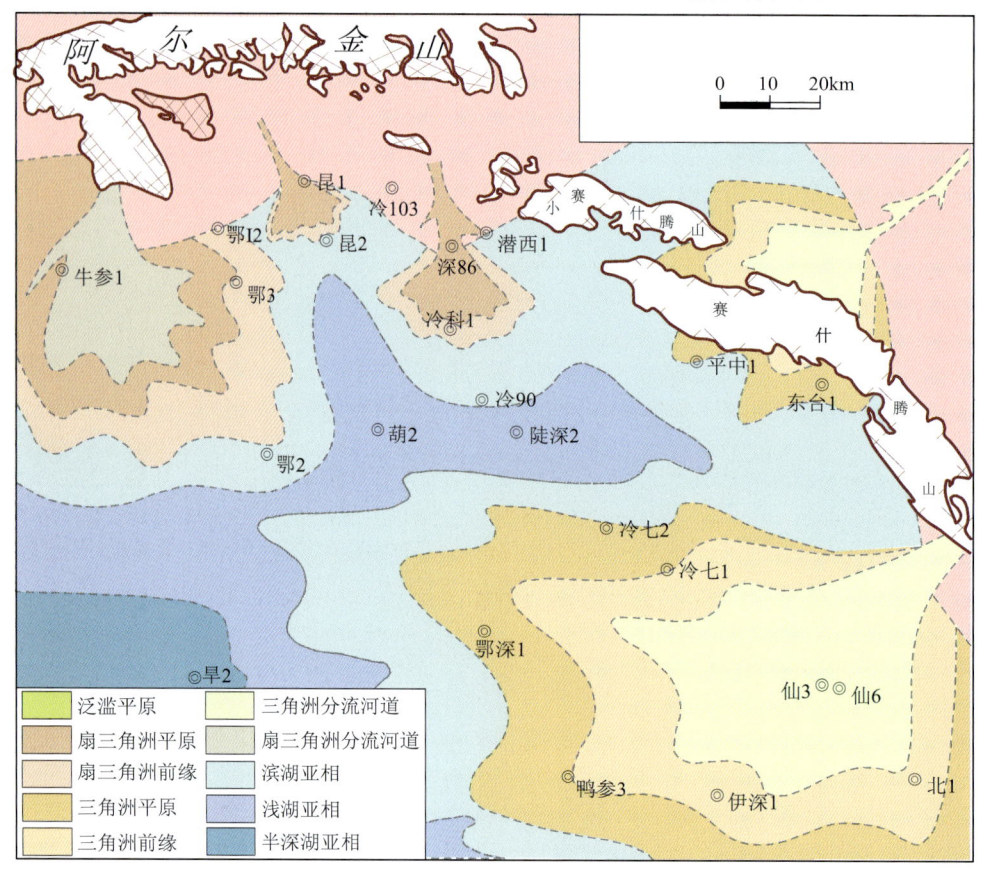

图 14-10　柴北缘西段上干柴沟组沉积相图

（四）运移通道

柴北缘以中下侏罗统为油气源岩，主要发育下生上储、下生侧上储源储组合，深大断裂纵向沟通油源，不整合与砂体控制油气横向运聚，三种运移通道在空间上构成立体的输导体系（图14-11）。柴北缘西段已发现油气田均与深大断裂紧密相关。南八仙构造发育仙南断层，并与北一号断层相连，马北构造带紧靠马仙断层，并有两条近南北向断层与之相连。这些断层均为深大断裂，在纵向上断穿侏罗系和古近系，断距大、活动时间长，起到沟通深部油源的作用，在横向上连接生烃凹陷与构造隆起带，起到横向输导作用，因此是油气运移最有效的通道。

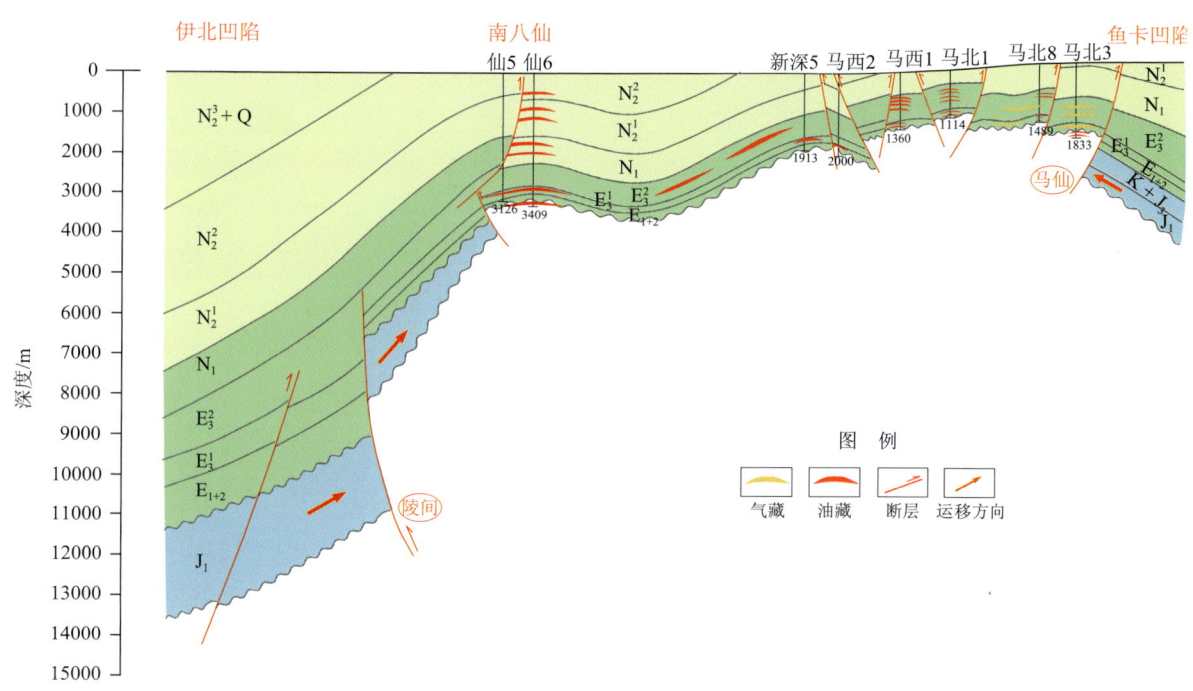

图 14-11　南八仙 - 马西 - 马北天然气成藏模式

二、有利勘探领域

柴北缘地区在生烃凹陷、古构造带、储盖组合的控制下，发育东、西两大油气区。西段以冷湖 - 伊北凹陷、赛什腾 - 鱼卡凹陷为主体，形成东坪 - 牛东、马海 - 南八仙构造带、冷湖构造带、鄂博梁构造带和平台古隆起煤型气勘探领域，东段以德令哈侏罗系、石炭系叠合凹陷为主体，形成中央凸起带和山前冲断带两大勘探领域。现实的有利勘探领域是柴北缘东段的东坪 - 牛东、马海 - 南八仙构造带、冷湖构造带东段和平台地区及周缘（图14-12）。

（一）东坪 - 牛东地区

东坪 - 牛东地区位于阿尔金山前东段，西起月牙山、东至昆特依斜坡、南抵碱山一带，东西长140km，南北宽35km，勘探面积5000km²。发育盆缘大型古隆起，呈现四级构造结构，利于油气聚集。

山前到盆内发育"高断阶 - 中斜坡 - 低断隆 - 深凹陷"的四级结构，圈闭类型多样。从西向东发育东坪鼻隆、牛东鼻隆及牛北断阶三个构造带。

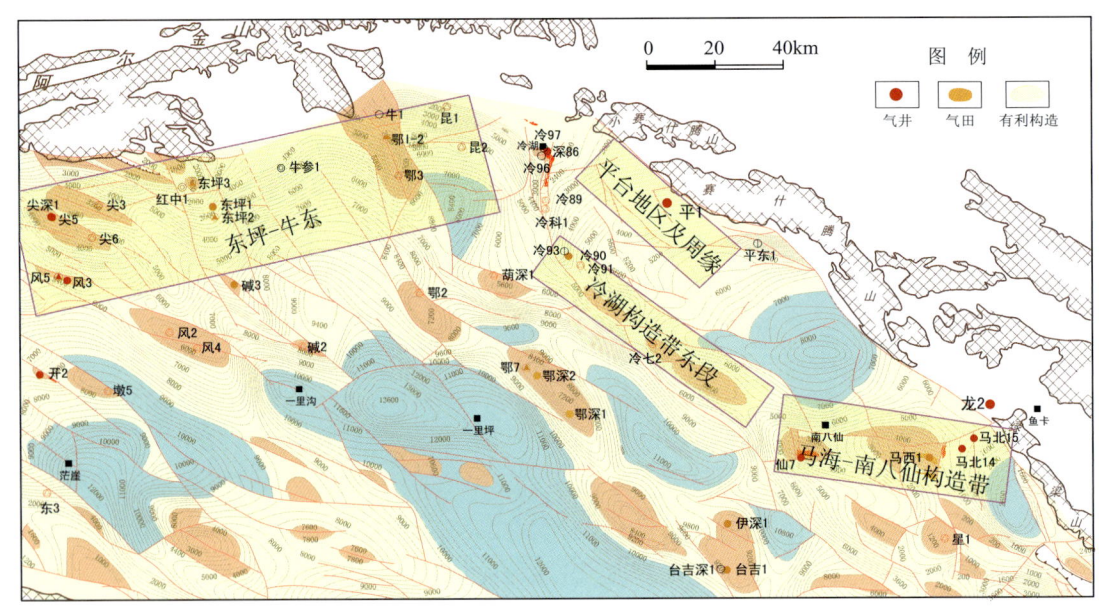

图 14-12　柴北缘有利区带分布图

该区以侏罗系油气源为主，主要分布于柴北缘坪东断裂以东，资源基础雄厚。通过埋藏史、演化史分析以及周缘井生烃热压模拟实验分析，初步估算坪东凹陷资源量达 $3400×10^8m^3$。E_{1+2} 为大面积的继承性冲积扇 - 三角洲沉积体系，具备良好的储盖组合。其中断层和基岩风化不整合面组合复合优势疏导体系，有利于凹陷生成的油气运移到盆地边缘古构造富集成藏。因此，在大面积展布的源岩与厚层砂岩储层、持续发育的大型古隆起等有利成藏背景下，高断阶、低断隆均成藏，在区域性不整合和深大断裂的复合优势疏导体系下能形成高断阶 - 中斜坡 - 低断隆复合连片成藏模式。

（二）马海 - 南八仙构造带

马海 - 南八仙构造带面积 $1200km^2$，发现含油气构造 8 个，分别为南八仙、马海、马北、北陵丘、东陵丘、北极星、无柴沟、孕丘。但目前发现的油气藏主要集中在南八仙、马海、马北地区。该构造带紧邻伊北、鱼卡两大生烃凹陷，油气源条件充足。该构造带上发育多套储盖组合，自下而上从基岩（马海地区）到南八仙的 N_1、N_2 都发育有油气藏，主力勘探层系以 E_3 为主。辫状河沉积体系中发育的心滩、河道等砂岩体为油气提供了有效的储集空间。从整个柴北缘已发现的油气藏来看，并没发现区域性的盖层，盖层主要是辫状河道间湾的泥岩。由于马海 - 南八仙构造带处于古隆起带，稳定的早期古隆起背景是油气运移的长期指向区。另外，古隆起的斜坡带有利于岩性圈闭的发育。

（三）冷湖构造带东段

该区南面紧邻侏罗系主生烃凹陷的昆特依凹陷和伊克雅乌汝凹陷。冷湖地区在侏罗系时期处于生油凹陷中心，侏罗系生油岩分布广泛，冷科 1 井钻遇厚度达 1723m 的优质生油岩，深 86 井钻遇侏罗系沉积厚度超过 1440m，说明油源充足。该区碎屑岩储层发育，可分为深浅两套，即侏罗系和古近系、新近系，主要为河流相碎屑岩储层，储层岩性以砂岩、粉砂岩为主。干柴沟组发育有巨厚泥质岩，分布稳定，是良好的盖层，有利于油气保存。

（四）平台地区及周缘

在柴北缘地区，潜西平台是有利的风险目标区。平台地区划分为平台构造带和驼南构造带。至 70 年代相继钻探了一批地面构造。2000 年后赛什腾山前进行了 CEMP、MT 勘探及高精度的重磁细测，地震测网 $2\times2\sim2\times4$km。2005 年钻探了驼南 1 井。驼南中 1 井见油气显示，早年钻探的几口井显示不好，主要原因是构造不落实，钻探层位比较浅，没有揭示有利的油气层。

该区油气成藏条件较好，有利于油气富集成藏。主要有利条件为：① 紧邻生油洼槽。具备良好的烃源岩，中侏罗统主要分布在冷湖构造带以北。据潜深 10 井和潜参 2 井钻遇的中侏罗统地层看，视厚度 350m 左右，分布面积 3840km^2，以含煤及砂砾岩的滨浅湖相沉积为主，生油岩为浅灰绿色、浅灰黑色泥岩及少量的碳质泥岩。② 储集条件优越。为辫状河三角洲沉积，河道砂体发育，而且从均方根振幅属性上可以看出三角洲形态明显，而且在地震上有明显的差异压实作用，即可能存在透镜体。③ 良好的运移通道。侏罗系沉积时为古隆起，现今为构造高部位，为持续性古构造，稳定的早期构造背景为油气运聚的有利地区。油气由西向东运移通道为风化壳及砂体。④ 构造条件有利。三组断层控制该区构造格局，在赛南断层以南发育 3 排构造带。

第十五章 Chapter Fifteen
渤海湾盆地大型气田勘探领域

渤海湾盆地位于中国东部，盆地面积 $19.5×10^4 km^2$。盆地是中、上元古界—古生界地台沉积地层基础上叠置的中、新生代陆相沉积盆地。晚侏罗世—古近纪由众多的断陷群组成，新近纪是统一的大型坳陷。区内划分为辽河、冀中、黄骅、济阳、昌潍、临清、渤中和辽东湾 8 个坳陷以及沧县、埕宁 2 个隆起（图 15-1、图 15-2）。渤海湾盆地古近系、新近系是主要的含油气层系，陆地主要为沙河街组三段生油层，海域逐渐转换为沙街组一段和东营组生油层；部分地区石炭系—二叠系也是一套重要的烃源岩，冀中坳陷的苏桥-文安地区、黄骅坳陷的乌马营-王官屯潜山和埕海潜山、东濮凹陷的文留和马厂均发现了煤型凝析油气藏。歧口凹陷是渤海湾盆地天然气最丰富的地区，因此，本章以黄骅坳陷歧口凹陷为例，分析渤海湾盆地大型气田的勘探领域。

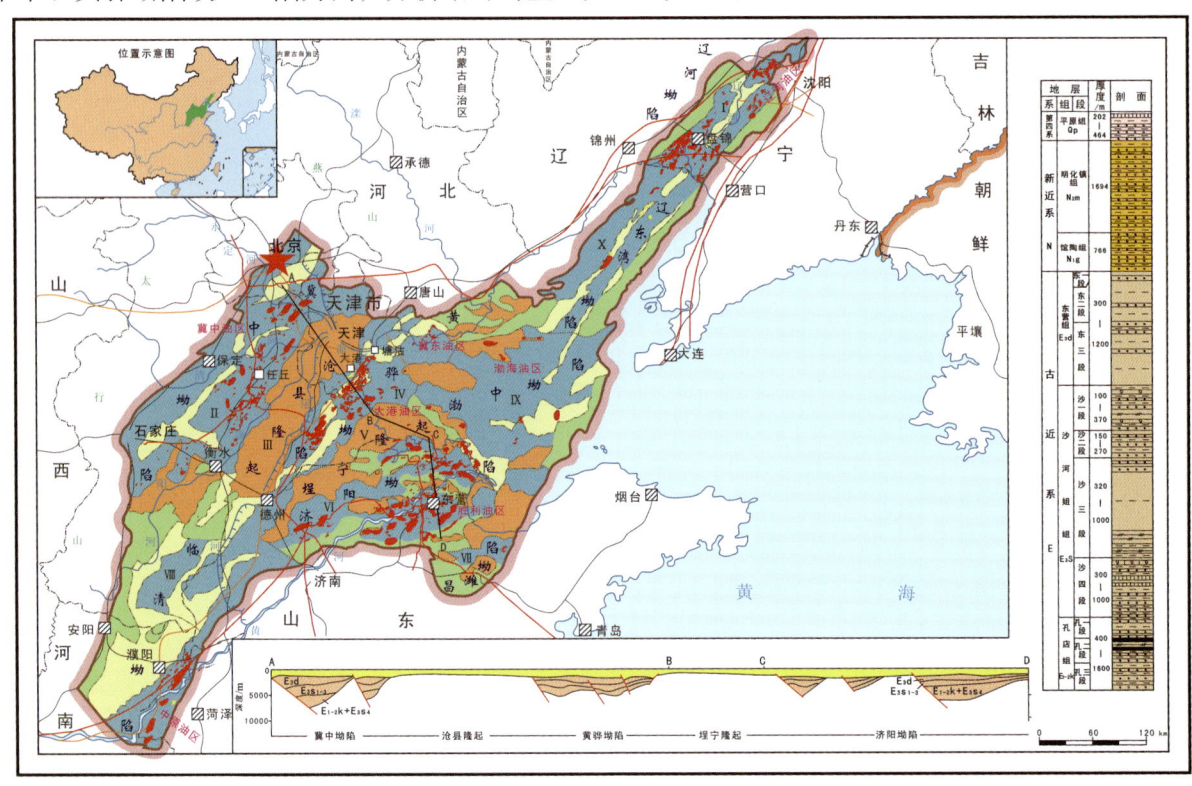

图 15-1 渤海湾盆地构造单元划分图（李国玉，2002）

第十五章
渤海湾盆地大型气田勘探领域

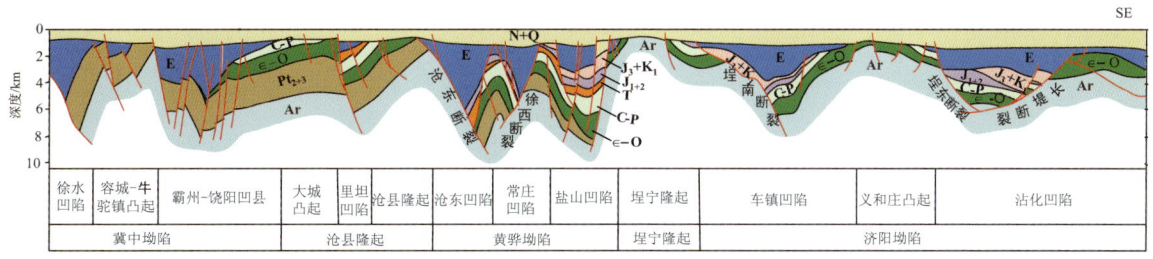

图 15-2　渤海湾盆地地质剖面图

歧口凹陷位于渤海湾盆地黄骅坳陷中北部，总面积 6640km²。凹陷内部发育 5 个规模不等的次级凹陷（图 15-3），包括一个主凹（歧口主凹）、四个次凹（板桥次凹、歧南次凹、歧北次凹和北塘次凹），形成环绕歧口主凹、多沉降中心共存的宏观格局；发育了 6 个主要正向构造单元，包括埕北断坡带、南大港潜山构造带、北大港潜山构造带、滨海Ⅰ号断裂构造带、塘沽-新港潜山构造带和涧南潜山构造带。歧口凹陷发育了古近系碎屑岩、古生界碳酸盐岩和中、新生界火山岩三种类

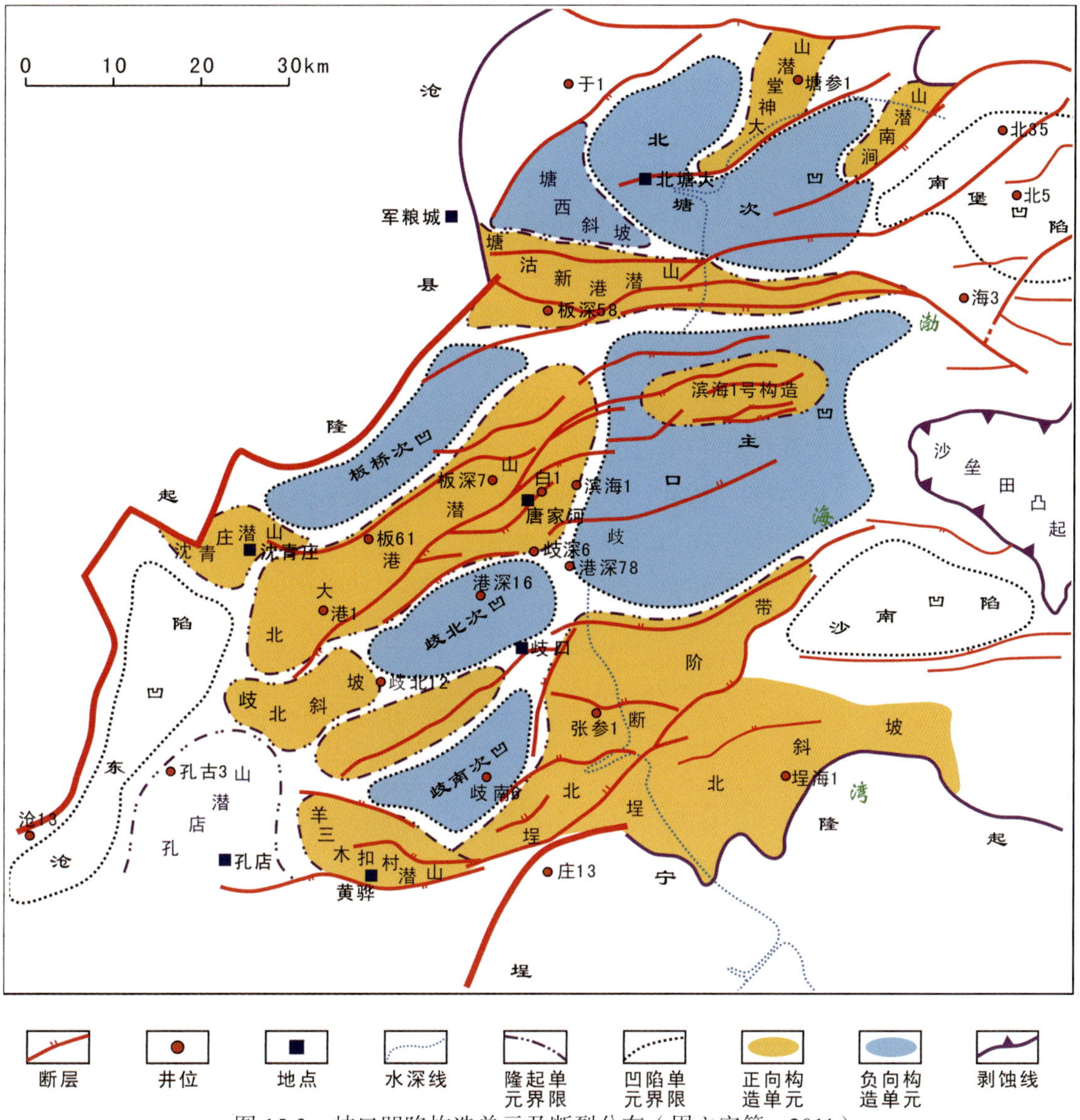

图 15-3　歧口凹陷构造单元及断裂分布（周立宏等，2011）

型储集体。已探明的天然气储量主要分布在前两类储集体中，截至2010年底，探明天然气地质储量 $741\times10^8m^3$，其中古生界碳酸盐岩储层探明地质储量 $266\times10^8m^3$，古近系碎屑岩储层探明地质储量 $475\times10^8m^3$。近两年，歧口凹陷又相继在滨海地区的滨深22井、滨深3×1井的碎屑岩储层和埕海地区的海古1井等碳酸盐岩储层获得了高产油气流。这些勘探成果既展示了歧口凹陷良好的天然气勘探前景，又说明深层的碎屑岩和碳酸盐岩潜山仍是今后歧口凹陷天然气勘探的两大领域。

第一节　深层碎屑岩大型气田勘探领域

一、基本地质条件

歧口凹陷古近系发育了多套烃源岩，沙河街组二段、三段为主力气源岩，天然气资源量 $3228.36\times10^8m^3$；深层的碎屑岩储层发育了多个次生孔隙发育带，具有双重孔隙介质特征，为天然气提供良好的储集空间；岩性、异常高压和烃浓度的多重封闭作用对油气藏的分布起到了非常重要的控制作用。综合分析认为，歧口凹陷具备形成大中型气田的基本条件。

（一）气源岩特征

歧口凹陷古近系经历了多个沉积旋回，发育了东营组三段（Ed_3）、沙河街组一段中亚段（$Es_1^{中}$）、沙河街组一段下亚段（$Es_1^{下}$）、沙河街组二段（Es_2）、三段（Es_3）多套湖相烃源岩。受物源输入及沉积相带的控制，烃源岩有机质丰度总体上呈南好北差的分布特征，纵向上，南部表现为上好下差，中北部则表现为上差下好。如歧南次凹歧南2井沙河街组二段、三段有机碳含量主要为1%～2%，沙河街组一段中亚段、沙河街组一段下亚段和东营组三段主要为2%～3%。中北部的板桥次凹板深35井烃源岩，最好烃源岩主要分布在沙河街组三段，有机碳含量主要为1%～2%，其次为沙河街组一段中亚段、沙河街组一段下亚段，有机碳含量主要为0.5%～2%，东营组烃源岩最差，有机碳含量均＜1.0%（图15-4）。

歧口凹陷古近系源岩有机质类型丰富。平面上，从南向北呈现出由偏腐泥型有机质向混合型和偏腐殖型有机质过渡的趋势。纵向上来看，沙河街组三段烃源岩的有机质类型以混合型母质为主，但南部歧南-歧北地区以偏腐泥型占优，歧口主凹中北部及板桥次凹则以偏腐殖型为主。沙河街组一段中亚段、沙河街组一段下亚段烃源岩属于半咸水-咸水沉积环境，有机质类型总体好于沙河街组三段，平面上同样表现为南好北差特征。

歧口凹陷古近系烃源岩的热演化程度可分为4个阶段：＜2800m为未熟阶段，2800～3800m属低熟阶段，3800～4800m属于成熟阶段，＞4800m为属于高成熟阶段（图15-4）。上述4个阶段的划分主要是针对生油阶段来讲的，歧口凹陷主生气门限深度大致在4400m（$R_o＞1.1\%$），这一深度对应地层主要是沙河街组三段，沙河街组三段除构造高部位外，凹陷区大部分进入大量生气阶段；而沙河街组一段中亚段、沙河街组一段下亚段烃源岩则只有在歧口主凹沉积中心区才进入生气阶段。综上所述，沙河街组三段烃源岩是古近系的主力气源岩，天然气成因对比也证实了这一点（国建英，2009，2011；王振升，2010）。

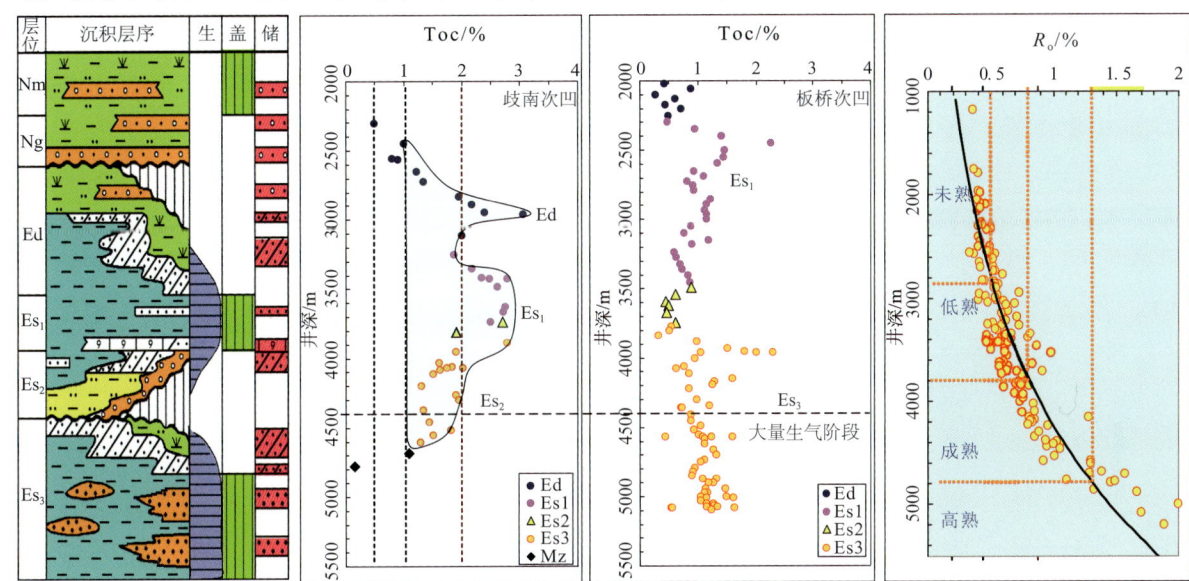

图 15-4　歧口凹陷烃源岩有机碳含量及镜质体反射率随深度变化图

歧口凹陷古近系天然气总资源量 $4158 \times 10^8 m^3$。其中，歧口主凹陷区天然气资源量 $2900 \times 10^8 m^3$，占总资源量的 70%；板桥次凹、北塘次凹天然气资源量分别为 $1118 \times 10^8 m^3$、$140 \times 10^8 m^3$。纵向上，沙河街组三段天然气资源量 $3228.36 \times 10^8 m^3$，约占总资源量的 78%，沙河街组一段天然气资源量为 $696.84 \times 10^8 m^3$。

（二）储层特征

歧口凹陷古近系存在北部燕山、西部沧县隆起、南部埕宁隆起及东部沙垒田凸起四大盆外物源以及盆内港西、孔店-羊三木两个物源。湖盆内外物源交互输送波及，为凹陷区输送了充足的碎屑物质，发育了辫状河三角洲、扇三角洲、远岸水下扇、浊积砂体和滨浅湖滩坝等多期多类型砂体，形成北塘、板桥、歧北、歧南、滨海、埕海多个大型碎屑岩储集带，这些砂体在横向上控制了大油气田分布。

歧口凹陷的古近系碎屑岩主要为岩屑长石砂岩，含有少量长石砂岩、长石岩屑砂岩。以歧北斜坡沙河街组三段为例，石英平均含量为 31%，长石含量为 45%，岩屑含量为 26%。砂岩碎屑组分中，可溶性组分长石和岩屑含量较高，为次生孔隙的形成提供了丰富的物质基础（王书香，2010）。储层在纵向上分带性分布，具有双重孔隙介质结构特征；中浅层（< 2800m 左右）属于正常的压力系统，储集空间以原生孔隙为主，储集物性较好；埋深 3000~5500m，异常超压发育，再加上烃源岩已进入大量生油气阶段，次生溶蚀孔隙发育，孔隙类型以粒间溶蚀孔为主，其次是颗粒内溶蚀孔和颗粒铸模孔，粒间溶孔所占比例可达 65%~80%。另外，裂缝在歧口凹陷深层普遍发育，宏观的岩心和微观镜下鉴定照片显示均有裂缝（隙）存在。孔隙及裂缝为油气成藏提供了储集空间。

（三）储盖组合

歧口凹陷古近系在沉积过程中经历了多个沉积旋回，自下而上发生多次湖侵或水进事件，沉积了多套泥岩层，这些泥岩层既是有效烃源岩，又是良好的区域性盖层，控制了多套生储盖组合（或成藏组合）。包括沙河街组三段自生自储储盖组合，沙河街组一段中亚段-沙河街组一段下亚段-沙河街组二段成藏组合，东营组三段-沙河街组一段上亚段上段储盖组合以及明化镇组-馆陶组储盖组合。歧口凹陷的生气门限深度较大，天然气主要来自深部，沙河街组三段、沙河街组一段中亚段是热成因气盖层。泥岩段也是异常高压发育带，压力系数一般为1.2～1.5，油气多分布在高压过渡区或封存箱内（图15-5）。因此，岩性、异常高压以及烃浓度的多重封闭作用是油气藏得以保存的主要因素。

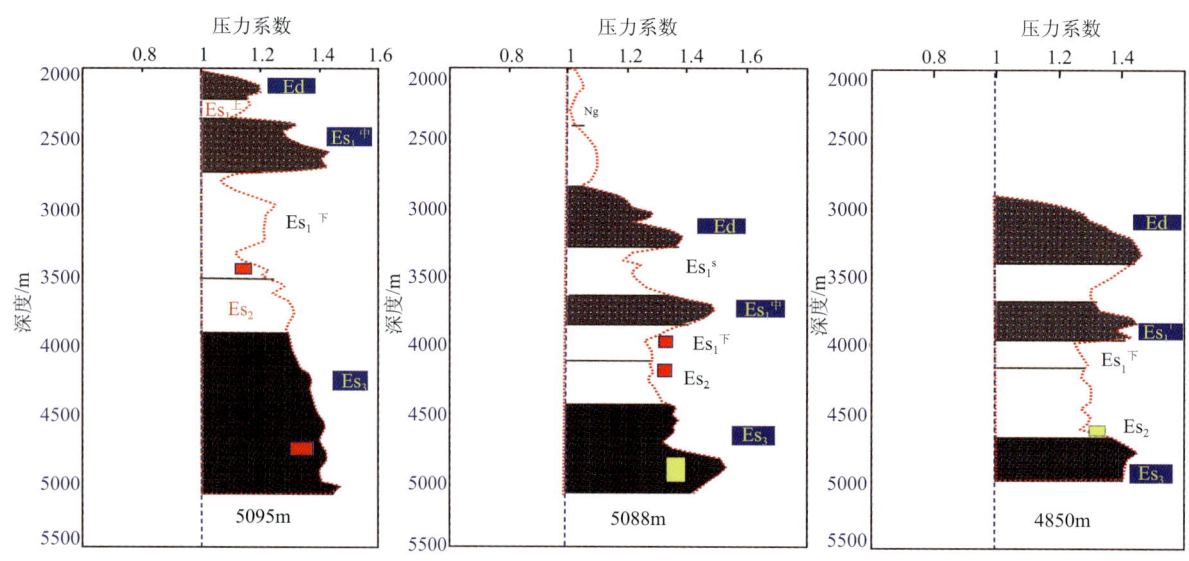

图15-5 歧口凹陷压力系数分布与油气藏关系

二、有利勘探领域

歧口凹陷早年的勘探以中浅层构造圈闭为主，随着中浅层勘探难度愈来愈大，以及勘探理论和技术的不断发展，中深层的勘探变得越来越重要，成为天然气勘探的重点。歧口凹陷古近系天然气总资源量$4158\times10^8m^3$，探明储量$741\times10^8m^3$，剩余资源量丰富。近年，滨深22井、滨深3×1等深层天然气勘探均取得很好效果，证实了深层天然气良好的勘探前景。

歧口凹陷古近系深层天然气以热成因油型气为主，主要来自沙河街组三段主力气源岩，属于自生自储，近源成藏。因此，近源砂体是最有利的成藏砂体，而大面积砂体的分布则主要受控于大型斜坡的发育。歧口凹陷临近生气中心的斜坡主要包括板桥斜坡、滨海斜坡、歧北斜坡和埕北断坡（图15-6）。

板桥斜坡区位于凹陷的西部，勘探面积$700km^2$，为近NE向的长轴状凹陷，具有西陡东缓、西断东超的结构特征，已发现板桥凝析气田。板桥次凹的物源来自西部沧县隆起，深层沙河街组三段以三角洲和水下扇沉积为主，不同层系砂体叠置，几乎覆盖整个次凹，砂体在西部近源陡坡形成砂砾岩体圈闭，在东部缓坡形成构造背景上的岩性或地层岩性圈闭。由于深部异常超压发育，储层双重孔隙介质发育，储集性能好，而且晚期构造活动弱，断层少，有利于天然气藏的保存。该斜坡区沙河街组三段中下部是主力气源层，生气强度$(20～80)\times10^8m^3/km^2$，气源条件好。该区已发现板深35井深层沙河街组三段气藏，但沙河街组三段中下部勘探程度仍然很低，是天然气勘探的有利目标区。

歧北斜坡位于歧口凹陷西南缘，该区地质结构存在三级坡折。其中，第二坡折区位于歧口凹陷

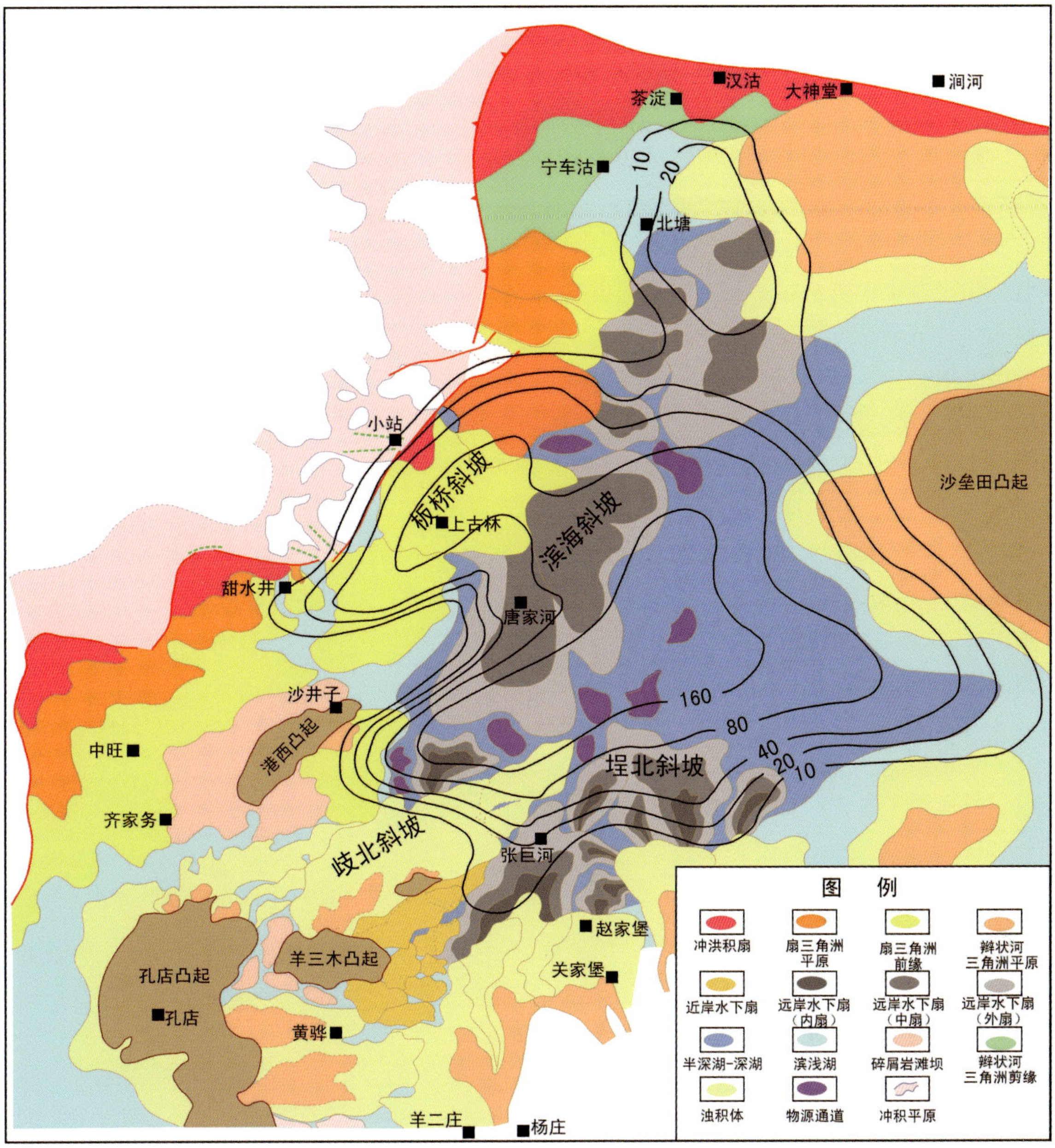

图 15-6 歧口凹陷沙三段沉积相与生气强度关系图

主要生气区附近，烃源岩演化程度适中（R_o 为 1.3%～1.8%），且该区是歧口凹陷有机质丰度最高、优质烃源岩最发育的地区，气源条件好，生气强度可以达到 $160×10^8 m^3/km^2$；受南部孔店-羊三木和北部物源的控制，歧北斜坡沙河街组三段以辫状河三角洲的前缘砂体和远岸水下扇体为主，沙河街组二段主要为以滩坝沉积，砂层厚度大，储层物性好；同时受构造背景和沉积类型控制，歧北斜坡构造-岩性圈闭和岩性圈闭比较发育。综合评价认为歧北斜坡天然气成藏条件有利，该区已探明滨深 22 井沙河街组二段小型气田，但沙河街组二、沙河街组三段总体勘探程度低，是又一天然气勘探的有利目标区（韩国猛等，2010）。

滨海斜坡指北大港构造带东北翼的广大地区（包括滨海断鼻）。滨海断鼻为位于滨海断层东翼的大型鼻状构造，沙河街组二段、沙河街组三段构造相对比较完整，勘探面积大，沙河街组二段为滩坝沉积，沙河街组三段位于远岸水下扇扇中部位，砂层厚度大，储集性能好，且该区位于歧口凹陷沙河街组三段生气中心区，成藏条件有利。该断鼻沙三段已有 3 口井在深层获得工业气流，断鼻南侧和北端的沙河街组二段也在深层发现高产气流井，因此，滨海断鼻沙河街组二段、沙河街组三段是天然气勘探的有利目标；滨海斜坡沙河街组一下亚段是歧口凹陷重力流体系的主要发育区，具有砂体厚度大、储层物性好的特点，同时北部物源砂体在北大港大型构造带东北翼形成地层上倾方向的岩性尖灭，在斜坡区地层岩性圈闭发育，深斜坡和凹陷区发育孤立砂体，该区沙河街组一中亚段、河街组沙一下亚段多口井在深层获得工业气流，且裂缝发育，气源条件好，地层能量充足，异常超压发育，有利于天然气的有效运聚，是形成深层岩性气藏的有利目标区。

埕海断坡区位于歧口凹陷南部的埕海地区，该区靠近南部埕宁隆起物源区，砂体发育，受东、西两个物源体系的控制，分别在海域和陆地形成两大辫状河三角洲沉积体系，这两大物源体系分别成为东部海域埕海断坡区和陆地歧南斜坡区的主要储集体；埕海断坡紧临歧口凹陷主生烃区，断阶式的结构使其具有良好的油气运聚条件，成为油气运移的主要指向区，歧南斜坡区所处的歧南次凹本身具有较好的生烃条件，深斜坡烃源岩生气条件好，具有自生自储的条件。在埕海断阶区已发现了赵东浅层气藏及张海 5、张海 15 等高产气流井，歧南斜坡区近期钻探的埕 59 井在沙河街组三段也获得工业气流，证实埕海地区也是天然气勘探的有利区。

第二节　潜山大型气田勘探领域

一、基本地质条件

潜山气藏的气源岩包括了古近系湖相烃源岩和上古生界石炭系—二叠系煤系两套烃源岩，天然气资源丰富；奥陶系碳酸盐岩储层是潜山主要储集岩类型，孔隙类型以溶孔和裂缝为主；发育了"新生古储"和"古生古储"两种潜山成藏模式。源储对接窗口的大小和天然气资源规模是控制潜山成藏的主要要素。

（一）气源岩特征

潜山气藏的气源岩包括古近系湖相烃源岩和上古生界石炭系—二叠系煤系烃源，古近系烃源岩前文已有叙述，现对上古生界石炭系 - 二叠系煤系烃源特征进行论述。

大港探区上古生界石炭系 - 二叠系以海陆交互相含煤地层和陆相碎屑岩沉积为主。纵向上，石炭系 - 二叠系自下而上发育了石炭系本溪组，二叠系太原组、山西组、石盒子组和石千峰组，煤系烃源岩主要分布在二叠系下部的山西组和太原组。

煤系地层中包括煤、碳质泥岩和暗色泥岩 3 类烃源岩。煤系烃源岩总厚度平面分布相对稳定，一般为 100～450m，歧口凹陷的厚值区主要分布在埕海 - 歧南地区，厚度 250～300m，孔南地区的孔店凸起 - 乌马营 - 东光地区烃源岩总厚度 300～450m。煤的有机碳含量为 25.3%～67.4%，平均值41.5%；生烃潜量为83.6~175.7mg/g，平均值102mg/g；碳质泥岩有机碳含量一般为8%~20%，泥岩有机碳含量主要为1.5%~4.0%。煤有机显微组分以镜质组为主，镜质组平均含量为56.7%~67%，惰质组为19.2%~24.5%，壳质组+腐泥组一般为12.3%~34.0%，其富氢的壳质组分含量较高，生烃能力强，是一套重要的油气源层。

大港探区埋藏史、热史等研究表明，该区上古生界地层经历了多期构造活动的改造，经受了多次大规模的沉积间断和抬升剥蚀才形成现今的分布状况。上古生界主要有四种埋藏史类型，即持续深埋型、早抬晚埋型、间歇埋藏型和早埋晚抬型。其中，前两类为煤系地层有利的二次生烃区，二次生烃总面积5362km²，较为有利的二次生烃范围约2980km²，主要分布在歧北-歧南地区以及孔西-王官屯-乌马营地区。初步估算歧口凹陷的煤成气资源量为$1000 \times 10^8 m^3$。

（二）储层特征

歧口凹陷潜山储集岩性类型较为丰富，包括碳酸盐岩、碎屑岩和火山岩，碳酸盐岩是最主要的储层类型，产层为峰峰组及上马家沟组，千米桥和埕海两个奥陶系潜山气藏均产自该套储层。受印支运动影响，古生界顶部遭受了差异风化剥蚀并形成了不同的储层类型。千米桥潜山在加里东和印支运动期间遭受了裸露风化壳岩溶作用，加上后期的深埋岩溶作用及裂缝改造，形成了以缝洞型为主的孔隙类型；而埕海潜山奥陶系上部覆盖了石炭—二叠系地层，风化岩溶作用相当较弱，主要遭受了准同生期的层间岩溶作用，后期的深埋岩溶作用及裂缝改造，形成了以孔缝型为主的岩溶储层。歧口凹陷碳酸盐岩储层的物性较差，以千米桥潜山为例，孔隙度主要为3%~5%，渗透率主要为$(0.1~1)\times 10^{-3} \mu m^2$。

（三）储盖组合

前古近系地层中存在多个成藏组合，由于差异抬升剥蚀，所以不同的地区存在不同的储盖组合。北大港地区上古生界遭受剥蚀，主要发育了中生界泥岩及下部火山岩储盖组合，中生界河流相泥岩及奥陶系碳酸盐岩储盖组合；埕海地区则发育了三叠系泥岩—二叠系碎屑岩储盖组合和石炭系煤系烃源岩—奥陶系碳酸盐岩储盖组合。

（四）成藏模式

歧口凹陷的碳酸盐岩潜山气藏有两种成藏模式：一种以千米桥潜山为代表的"新生古储"模式，气源岩主要为沙河街组三段烃源岩，储层为奥陶系的岩溶风化壳，天然气通过断面和不整合面运移聚集，盖层为中生界河流相泥岩（图15-7）。另一种以埕海潜山为代表的"古生古储"模式，气源岩主要为石炭系—二叠系煤系烃源岩，储层为奥陶系的层间岩溶储层，天然气通过不整合面以及沟槽侧向运移成藏，盖层为石炭系煤系泥岩（图15-8）。

两种不同的成藏模式，成藏的主控因素也有所不同，"新生古储"模式上部直接覆盖无生烃能力的红色泥岩，油气只能侧向供应，因此源储有无对接窗口和对接窗口的大小是其最为重要的控制因素。"古生古储"模式源储直接接触，运移通道不是问题，但由于奥陶系地层沉积间断时间相对前者短，储层物性一般不如前者好；再则，本区石炭系—二叠系煤系烃源岩早期发生过一次生烃，后期经历了抬升及再埋深的过程，能否发生二次生烃并生成大量天然气是古生古储类型潜山又一主要的控制因素。由于渤海湾盆地的生油气门限深度大，天然气潜山领域应以中低位的潜山为重要勘探对象，高位潜山以找油为主。

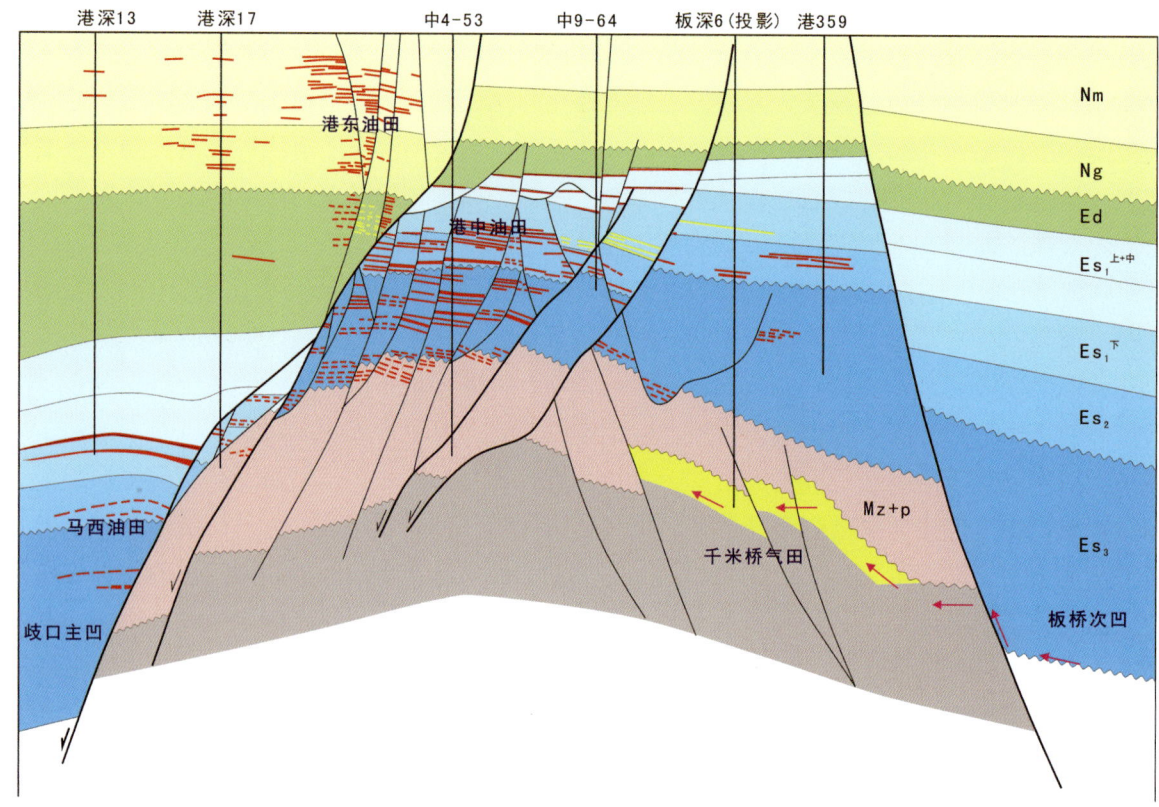

图 15-7　千米桥潜山"新生古储"成藏模式图

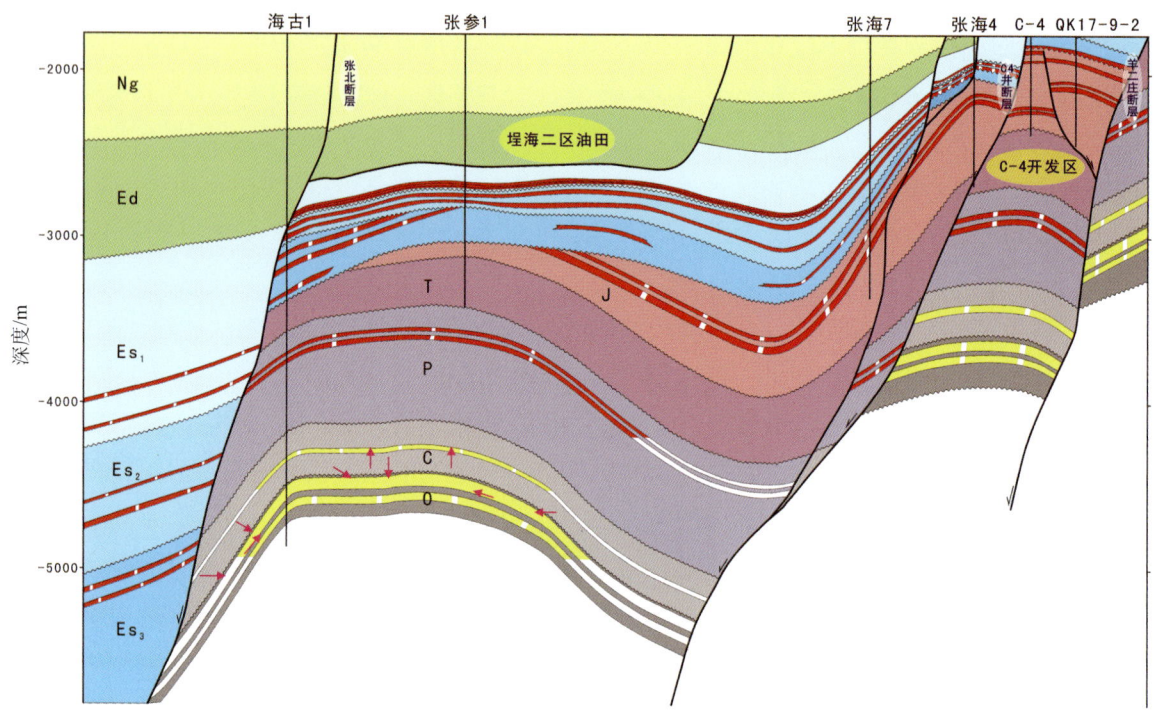

图 15-8　埕海潜山"古生古储"成藏模式图

二、有利勘探领域

潜山有利的勘探领域包括歧口凹陷的埕海深潜山、歧北潜山和孔南地区的乌马营-王官屯潜山构造群及孔店潜山带。

埕海深潜山是歧口凹陷最有利的中低位潜山勘探领域。埕海深潜山为位于歧口南缘埕海断斜坡区的大型断裂背斜潜山，宏观为形态背斜，奥陶系构造圈闭面积近46km²，高点埋深6000～6200m，圈闭幅度500m。潜山邻近气源灶，且古近系油型气和石炭系—二叠系煤型气双源供气，古近系烃源岩生气强度20～160×10⁸m³/km²（图15-6），石炭系—二叠系煤系烃源岩厚度累计近400m，有机质丰度达到中等-好烃源岩标准，有机质类型为II_2-III型，有机质处于成熟-高成熟阶段，镜质体反射率为0.9%～2.1%；储层为奥陶系的碳酸盐岩孔缝型储层；赵北等5条基底断裂控制潜山南部的近东西向潜山带，能够有效沟通气源，供烃窗口大；奥陶系上覆完整石炭系—二叠系、三叠系地层，保存条件好（图15-9）。歧北潜山也具有相似的成藏条件（付立新，2010）。

乌马营-王官屯潜山构造群位于孔南地区的南皮凹陷，是一个逆冲推覆构造，南北向延伸24km，圈闭面积47.8km²，高点埋深4525～4800m。潜山上覆或侧翼对接石炭系—二叠系煤系烃源岩，烃源岩累计厚度200～300m，有机质成熟度主要处于成熟-高成熟阶段，具备规模成气条件；储层主要为奥陶系碳酸盐岩潜山内幕和二叠系碎屑砂岩储层，该区石炭系—二叠系地层挤压变形强烈，预测构造裂缝发育，储层物性较好；奥陶系潜山的盖层为石炭系泥岩，二叠系碎屑岩储层的盖层为石千峰组红色泥岩，区域性盖层发育为气藏保存提供必要条件，而且古近纪以来长期深埋，晚期断层对古逆冲构造改造作用弱，保存条件更为优越。综合分析认为，乌马营-王官屯潜山构造群具备形成规模气藏的成藏条件。

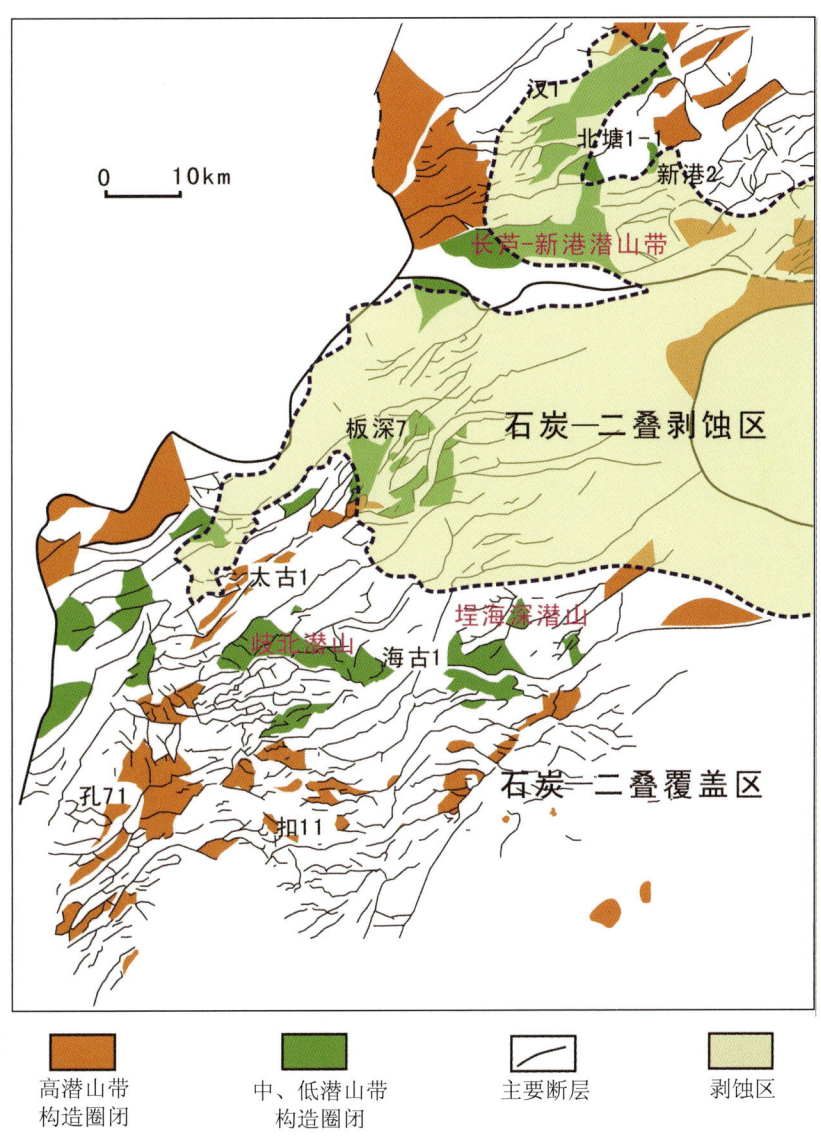

图15-9 歧口凹陷潜山平面分布特征（大港油田，2010）

第四篇

大型气田勘探技术

第十六章 Chapter Sixteen
地震储层预测与烃类检测识别新技术及应用

地震资料包含十分丰富的储层信息，地震储层预测与烃类检测是油气勘探开发中的重要研究方向。地震储层预测和烃类检测以高分辨率地震和测井资料为基础，以地质和钻井资料为参考，主要运用的技术有地震属性分析技术、地震反演技术以及叠前 AVO 技术等。本章在利用实验室方法模拟低渗砂岩、碳酸盐岩和火山岩储层含气、含水时的岩石物理和地球物理特征及模型正演研究的基础上，着重介绍了地震储层预测与识别技术，及近几年在中国低渗砂岩、碳酸盐岩和复杂火山岩地区的应用。

第一节 岩石物理分析与正演模型研究

低渗砂岩气藏、碳酸盐岩裂缝性气藏和火山岩气藏储层岩性复杂、非均质性强、纵横向变化大，有效储层预测和气藏的识别难度大、勘探风险高。目前尚无有效的地球物理方法、技术对这些储层进行精确识别和描述，需要对这些储层进行岩石物理和地震波场特征研究。因此本节利用实验室方法研究了不同储层含流体时的地震波的响应特征，为天然气藏的识别和预测提供基础数据和理论依据。

从人工砂岩的研制入手，重点分析低丰度致密砂岩、火山岩和碳酸盐岩气藏地震物理模型设计、制作、采集、处理和分析工作，模拟了低丰度致密砂岩、火山岩和碳酸盐岩储层含气、含水的吸收衰减、AVO 和地震波响应特征，为天然气藏的识别提供了根据。

一、低渗砂岩岩石物理分析与正演模型研究

（一）低渗砂岩岩石样品物理特征分析

1. 人工致密砂岩的制作及岩石物理特征

人工砂岩的制作方法很多，多数采用压制的方法。为能制作面积较大的层状模型，采用了环氧

树脂与砂粒混合压制的方法。通过不同的颗粒大小与环氧树脂的配比以及压力的大小来控制模型样品的孔隙度。环氧树脂作为胶结物包裹砂粒，使砂粒相互间更好地结合。在实验室制作的砂岩样品砂粒的颗粒一般选择为 50～200 目，用环氧树脂作为胶结物。砂粒与环氧树脂间的配比以重量比为准，具体的比值是在不断摸索中确定的。制作人工砂岩先确定各种配比，然后充分的搅拌，最后把搅拌均匀的砂料放入模具内进行压制。

砂岩样品的孔隙控制有多种因素。其中，主要有以下 3 个因素必须考虑：一是砂粒大小的分布，二是胶结物的多少，三是压力的大小。

图 16-1 是低孔隙度人工砂岩样品，孔隙度变化从 20% 下降到 7%，密度的变化范围在 1.82～2.18g/cm³，密度的变化主要是孔隙度的大小引起的，符合实际岩石的性质。同样，图 16-2 给出了人工砂岩样品纵波速度与孔隙度的关系，呈线性关系，最高速度达到 4000m/s，最低速度在 3000m/s。基本上符合致密砂岩速度范围。

图 16-1 低孔隙人工砂岩样品（孔隙度 7%～20%，密度 1.85～2.18g/cm³）

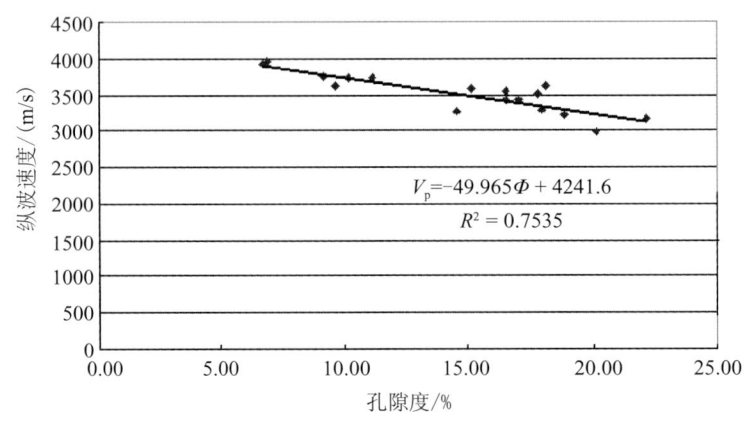

图 16-2 人工砂岩样品纵波速度与孔隙度间的关系

重点关注人工砂岩在含水或含气时孔隙度对纵横波速度的影响，需对上述样品进行含水前后的纵横波速度测试。为了消除水对岩石骨架化学软化作用的影响，在测试前首先将砂岩样品进行含水和干燥处理，即先把样品在水中浸泡几天使其饱和水，再进行干燥，将制作的砂岩置于温度为 50 度的烘箱中均匀烘干 72h，以使样品绝对干燥（仅含结晶水）；然后再将烘干后的样品置于潮湿空气露天放置 48h，得到含 2%～3% 水分的"干燥"砂岩样品。先对干燥的砂岩进行测试，得到干燥状态下纵横波速度与孔隙度的变化关系。

在干燥情况下，制作的人工砂岩纵波速度为2000～3800m/s，横波速度为1000～2300m/s，这个速度比未进行饱和水前的速度要略低，这是制作使用的石粉中含有一定量的泥质所引起的。但从速度的变化范围看基本符合实际砂层的波速度。砂岩的纵横波速度基本是随孔隙度变化而线性变化的，对于同一块砂岩样品，纵横波速度比为1.5～1.7，与砂岩实际的岩石物理性质相符。

在进行水饱和速度测试时，关注全饱和水时速度与孔隙度间的变化关系。因此先对所有的砂岩样品全水饱和情况下的纵横波速度测试，给出与孔隙度的关系曲线。在水饱和情况下，人工砂岩纵波速度随孔隙度的变化为2300～4000m/s，比干燥时的速度变化范围有所提高；横波速度随孔隙度的变化为800～2000m/s，速度有所下降。对于同一块砂岩样品，纵横波速度比仍然在1.5～1.7之间，与砂岩实际的岩石物理性质相符。

下面对饱水前后纵横波速度变化进行分析（图16-3、图16-4）。

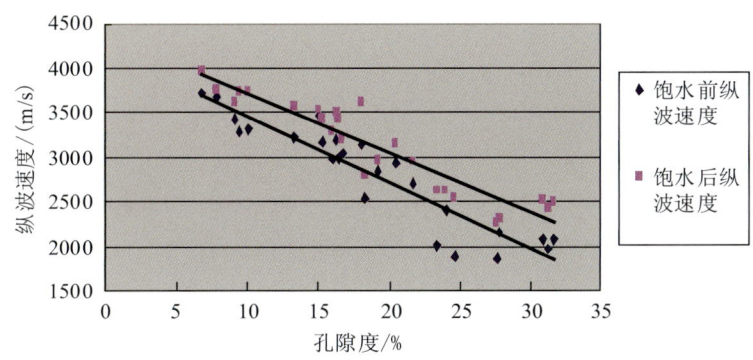

图16-3　饱水前后砂岩纵波速度对比

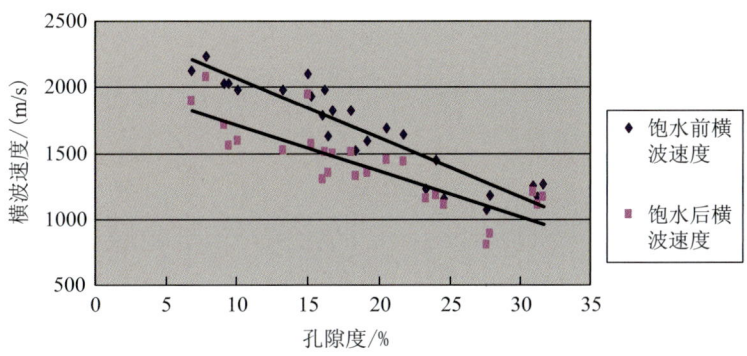

图16-4　饱水前后砂岩横波速度对比

通过对比可以看出，饱水和后砂岩的纵波速度增加，增加幅度约为25%；而水饱和后，横波速度减少，并与孔隙度有密切关系。孔隙度较大的样品，纵波速度的改变也大；孔隙度较小的样品，纵波速度变化也较小。根据等效介质理论及岩石物理性质可知，一般情况下，孔隙流体的填充会使岩石纵波速度增加。而流体填充，岩石的横波速度降低，实验测试的结果与之相符。

从图16-5和图16-6可以看到，水饱和前后，纵横波基本都是随孔隙度的变化而线性变化的。通过对比可知，水饱和后砂岩的纵横波速度比增大。因此认为，在实际流体识别工作中，可将纵横波速度比作为一个重要的标志进行考虑。

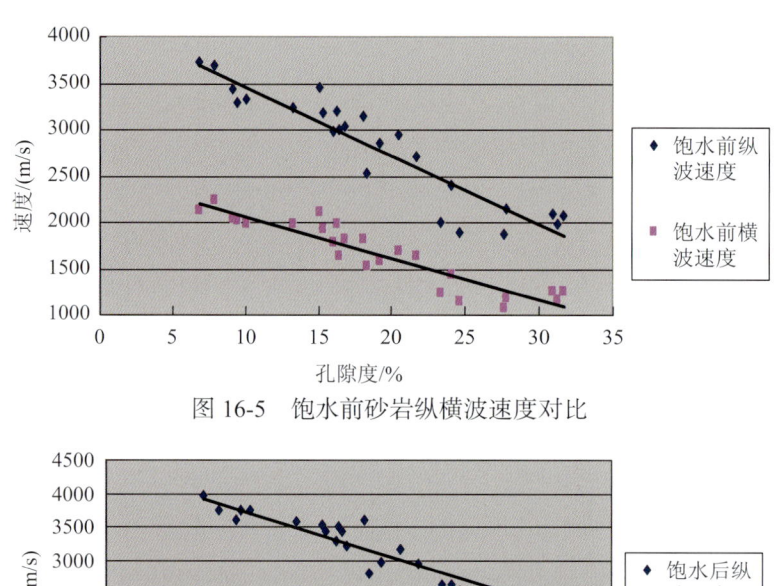

图 16-5 饱水前砂岩纵横波速度对比

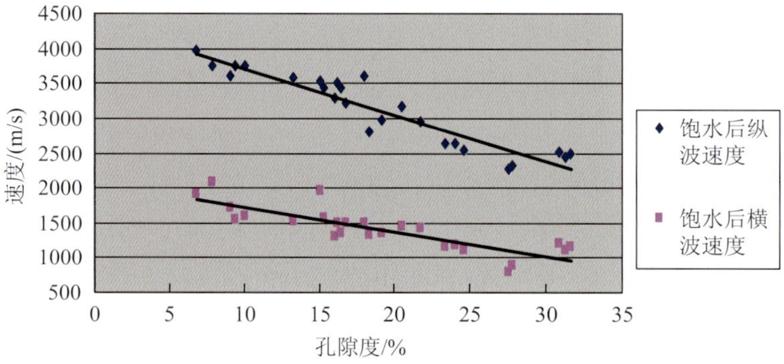

图 16-6 饱水后砂岩纵横波速度对比

2. 天然致密砂岩岩石物理特征

天然致密砂岩是从各个石料市场中寻找得到的，由于石料市场的需求与笔者研究不同，所以仅找到一种砂岩较符合要求。图 16-7 给出了加工好的两种成形的天然致密砂岩，石料的来源都为同一个采石厂和同一块大的石料上的。圆柱形样品用于较精确参数测试，板状用于地震物理模型测试。

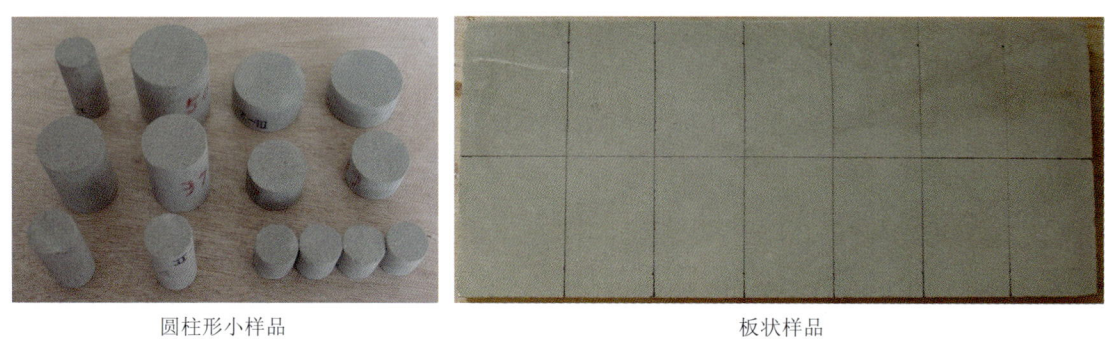

圆柱形小样品　　　　　　　　　　板状样品

图 16-7 天然致密砂岩样品

（二）低渗砂岩地震物理模型研制、数据采集处理和波场特征分析

1. 高孔隙砂岩地震物理模型及处理分析

（1）高孔隙砂岩地震物理模型

利用天然海滩砂制作了多块人工砂岩平板，选取均匀性较好的一块用于制作多层地质模型，如

图 16-8。表 16-1 给出了模型各地层的速度参数。砂层的孔隙度为 28%，含气纵波速度这 2130m/s，含水纵波速度为 2430m/s。从中看到，砂岩层含气时与含水时的泊松比有很大的变化，这为研究响应特征提供保证。

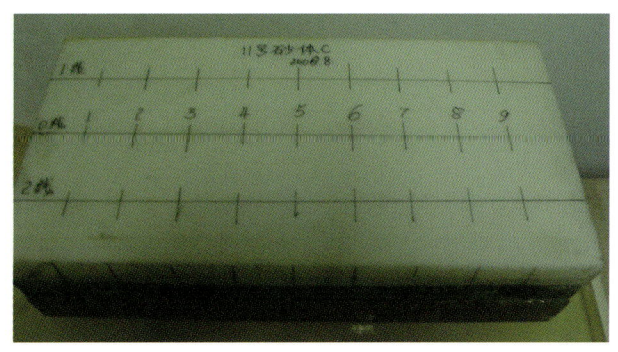

图 16-8　高孔隙人工砂岩层状模型

表 16-1　模型各地层速度参数

	纵波速度/（m/s）	横波速度/（m/s）	密度/（g/cm³）	泊松比
上覆层	2310	1080	1.16	0.3601
含气砂岩	2130	1270	1.147	0.2242
含水砂岩	2430	1130	1.467	0.3620

模型被放在水槽中进行二维地震数据采集，具体模型放置和观测方式，采用单炮激发方式，120 道接收；最小炮检距 160m，最大炮检距 2060m；炮距 40m，道距 20m；共采集 100 炮。图 16-9 给出了单炮记录。对含气和含水记录进行了处理，见图 16-10。

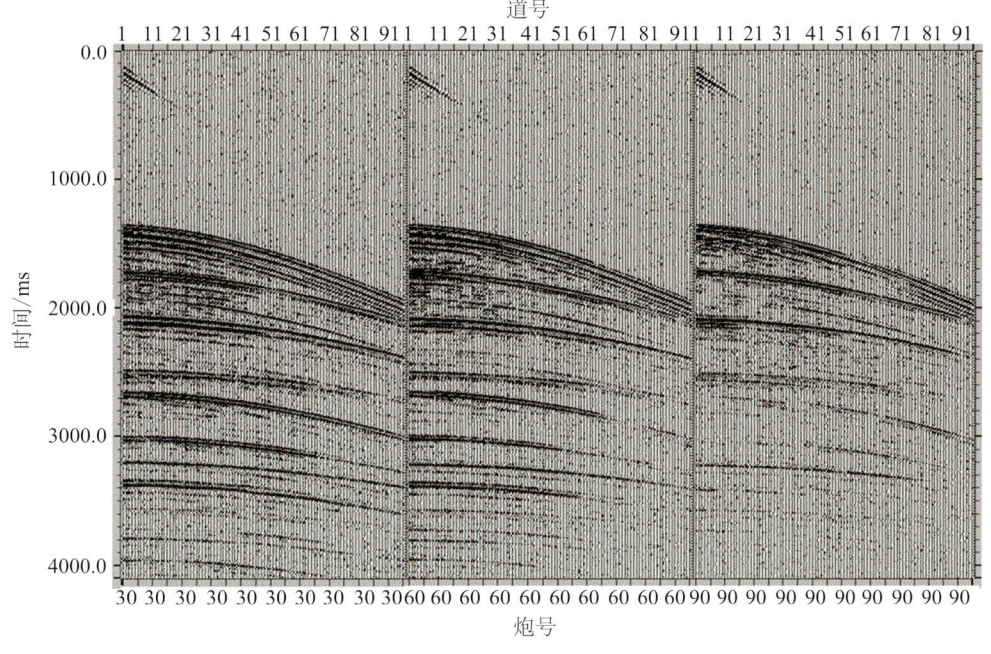

图 16-9　气模型的单炮记录

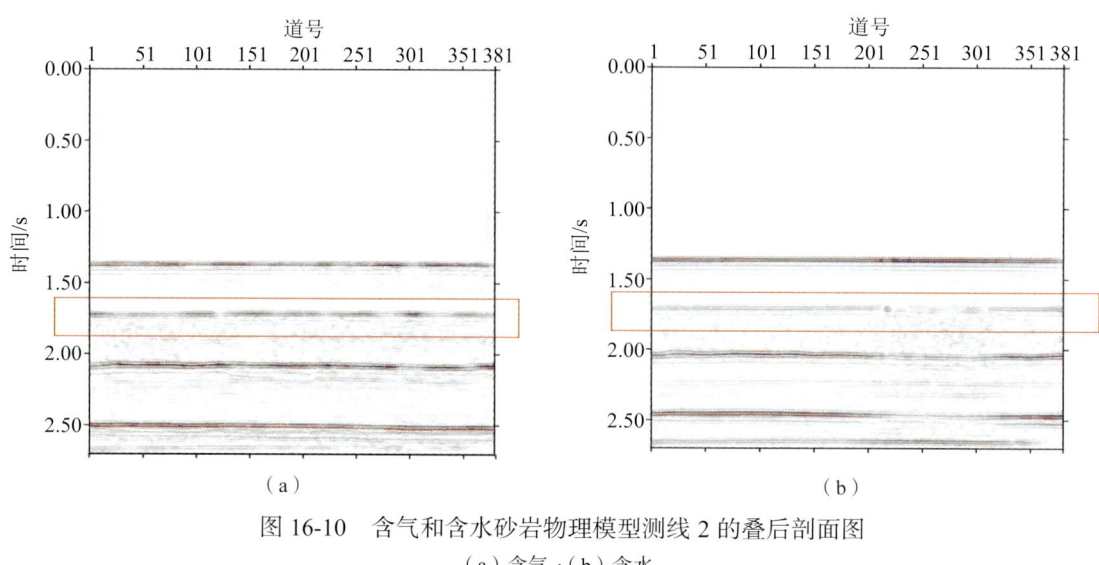

图 16-10　含气和含水砂岩物理模型测线 2 的叠后剖面图
(a) 含气 ；(b) 含水

（2）处理分析

对砂岩层顶进行时频处理，对比含气和含水砂岩顶层在 15～35Hz 的 6 个频率振幅可以发现：在 15Hz 时，砂岩无论是含气还是含水，振幅能量都比较强；在 20Hz 时，砂岩含气时，能量依然很强，而含水时，则已经开始减小了；在 23Hz 时，含气砂岩依旧可以看见明显的能量强点，而含水砂岩已经很小了；在 25Hz 以上时，两者的能量都减少到很难看清的程度了。

含气砂岩和含水砂岩为 20～23Hz，振幅能量上有着明显的区别。认为这种现象是由于纵波速度在含气砂岩中的频散程度比在含水砂岩中的频散程度要大。

2. 中低孔隙砂岩地震物理模型

中低孔隙砂岩地震物理模型是依据目前地震物理模型技术中多孔砂岩地层研制进展设计的，分别采用中等孔隙人工砂岩和天然砂岩制作了两个砂岩地震物理模型：一个是中等孔隙度的第 III 类砂岩物理模型，另一个是低孔隙度的第 I 类砂岩物理模型。

（1）第 III 类砂岩物理模型制作

第 III 类砂岩的划分特征是在饱和含气状态下其波阻抗要小于上覆围岩波阻抗。在地震物理模型实验技术中，由于模型材料主要选用环氧树脂、硅橡胶或它们的混合物，这些材料的速度、密度等参数都比实际砂岩的低，为了能够跟实际地质状况相符合，因此选用人工砂岩进行砂层的模拟，通过调节人工砂岩的孔隙度、密度和速度，达到符合第 III 类砂岩的基本条件。

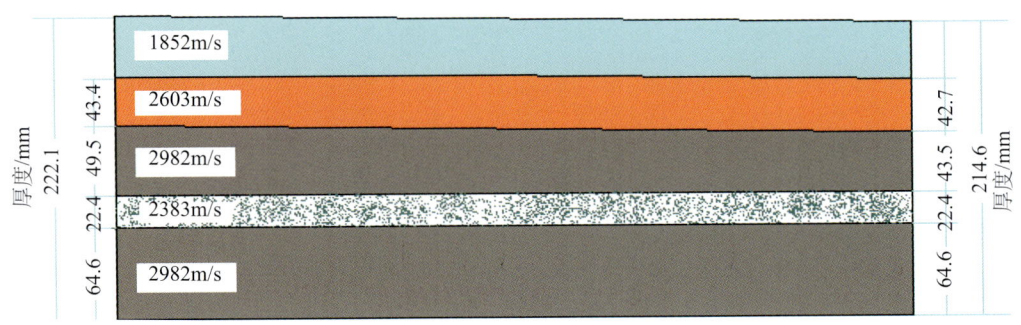

图 16-11　第 III 类砂岩模型设计图

物理模型与实际地层比例为 1 : 10000，按速度比 1 : 1 制作，第 III 类砂岩模型设计六层，砂岩层在第五层，见图 16-11，图中给出的模型的实际尺寸，按比例模型总长 5074m，宽 2633m，共六层。第一层用水层代替低速层。第二层厚 422m，层内纵波速度为 1852m/s。第三层厚 434m，层内纵波速度设计为 2603m/s。第四层为砂层上覆围岩厚 495m，层内纵波速度设计为 2982m/s。第五层是砂层厚 224m，层内纵波速度设计为 2383m/s。第六层厚 644m，速度跟第四层相同。

通过表 16-2 可以利用 Shuey 近似方程，计算出砂层饱和含气和含水时其顶界面反射系数随入射角的变化曲线，见图 16-12。可以看出，该模型为第 III 类砂岩，其反射系数随入射角的变化特征较明显。人工砂岩的孔隙度约为 17%。

表 16-2　第 III 类砂岩模型参数表

模型层	各层材料	纵波速度/(m/s)	横波速度/(m/s)	密度/(g/cm³)	厚度/m	泊松比
1	水层	1472	0	1	1200	0.5
2	环氧硅橡胶	1900	800	1.13	422	0.392
3	环氧	2646	1224	1.18	434	0.364
4	混合层	2890	1380	1.61	495	0.352
5	含气砂岩	2370	1400	1.55	224	0.232
5	含水砂岩	2620	1280	1.75	224	0.343
6	混合层	2836	1492	1.60	646	0.308

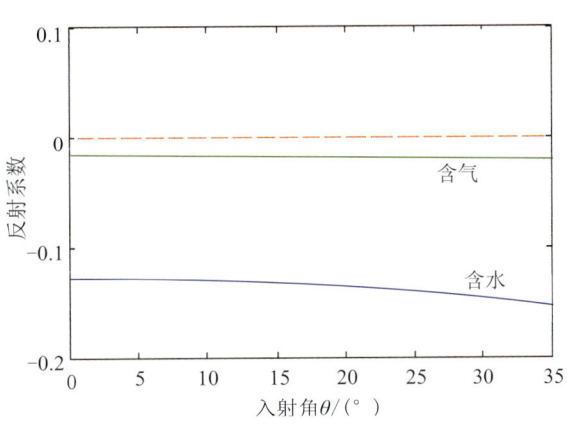

图 16-12　第 III 类砂岩模型顶层反射系数与入射角的关系

（2）第 I 类砂岩物理模型制作

第 I 类砂岩的划分特征是在含气状态下其波阻抗要大于上覆围岩波阻抗。制作这类砂岩模型比第 III 类砂岩稍容易，但针对低孔隙砂岩的模拟首先需要选择合适的模型材料。由于实验室工艺和设备条件的限制，这对砂岩层的孔隙度要求很高，目前还不能制作做出合适的低孔隙压实的致密人工砂岩，为此选用密度为 2.3 g/cm³ 的自然界砂体。经过测试其各点的孔隙度为 9% ～ 11.5%，平均约为 10.2%，密度为 2.3 g/cm³，符合低孔隙的要求。

第Ⅰ类砂岩模型与第Ⅲ类模拟模型一样，共设计六层，由于砂岩层的速度和密度都较高，其上下层介质的速度和密度也要适当提高，所以采用了一种新的混合模型材料，图16-13和表16-3分别给出了此模型的制作实物和各层的参数表。砂岩物理模型饱和含气和饱和含水的状态下参数最终稳定的均值如表16-3所示。图16-14显示的是利用Shuey近似方程，根据测量值得到的砂层饱和含气和含水时其砂岩物理模型饱和含气和饱和含水状态下参数最终稳定均值如表16-3所示。图16-14显示的是利用Shuey近似方程，根据测量值得到的砂层饱和含气和含水时其顶界面反射系数随入射角的变化曲线。可以看到该模型在理论上存在明显的AVO异常，且会在27度入射角处发生相位反转。

图16-13　第Ⅰ类砂岩模型实例图

表16-3　第Ⅰ类砂岩模型参数表

层序数	各层材料	纵波速度/(m/s)	横波速度/(m/s)	密度/(g/cm³)	层厚度/m	泊松比
1	水层	1480	0	1	1200	0.5
2	混合层	2000	796	1.12	415	0.406
3	环氧层	2544	1178	1.18	411	0.364
4	高速混合层	2900	1520	1.66	493	0.31
5	含气砂岩	3055	1930	1.86	255	0.168
5	含水砂岩	3280	1825	1.96	255	0.276
6	高速混合层	2920	1530	1.66	610	0.312

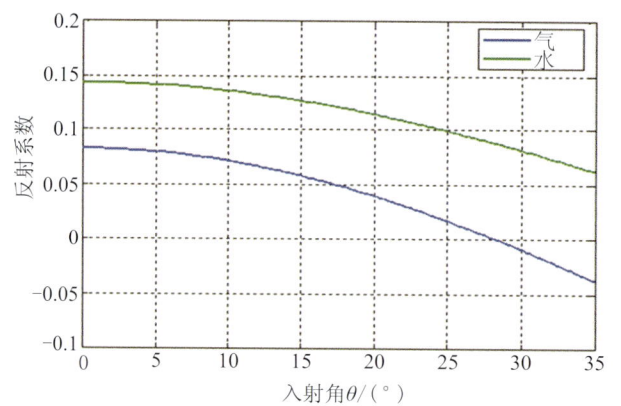

图16-14　砂岩模型顶层反射系数与入射角的关系

（3）二维地震数据采集

对这二类砂岩地震物理模型分别在砂层充水和充气两种状态下进行了二维观测。模型放在水槽中，采用超声波反射测试技术进行观测。采集的基本要求是选用开角能量辐射较大的激发和接受换能器，同时要兼顾其灵敏度和分辨率，调试出一个很好的子波形态。同时在设计观测系统时主要考虑其排列长度，得到大偏移距数据。

在砂岩物理模型表面正上方 120mm 处水面进行数据采集。实验室观测系统为：单炮激发，单边 180 道接收；最小炮检距 16mm，最大炮检距 374mm；炮距 2mm，道距 2mm；总炮次 314 炮，满覆盖次数为 90 次；单道采样个数 4096，采样间隔为 0.1us。对比到野外的观测系统为：单炮激发，单边 180 道接收；最小炮检距 160m，最大炮检距 3740m；炮距 20m，道距 20m；总炮次 314 炮，满覆盖次数为 90 次；单道采样个数 4096，采样间隔为 1ms。

（4）第 III 类砂岩模型地震数据处理和分析

AVO 地震响应特征主要在叠前 CMP 道集和叠加剖面上体现，前者处理效果的好坏关系到整个分析过程。处理过程中需保证各处理环节有效信号频谱和波形的一致性，重点研究参考层和目标层（砂层顶）的振幅变化。物理模型数据分析 AVO 响应特征，优势很明显，跟数值模拟不同的是，物理模拟波场信息全面，跟实际野外实际情况更为符合，模型简单模拟目标明确，其他因素的干扰小；主要的问题在于模型材料的弹性性质跟实际岩层是不是可模拟的，能量的激发和接收有其特有的机制，需要做特殊的振幅补偿。而这两个问题上面已经做过分析，定性认为具备可模拟性，分析结果是可靠的。

1）叠前 CMP 道集处理分析。

针对物理模型自身的特点，应用下面的处理流程进行处理和分析，为了分析方法的一致性和分析结果的可靠性，保证同样的处理流程以及每个处理环节处理参数一致。处理流程如下：抽 CMP 道集 - 波场识别 - 叠前去噪 - 球面扩散补偿 - 吸收衰减补偿 - 速度分析（动校正）- 换能器开角能量补偿 -CMP 道集 AVO 分析。在模型数据中，除了去除直达波、多次波之外，由于采集仪器的原因，存在 150Hz 到 250Hz 普遍分布的高频噪声，从上面对原始数据频谱分析来看，这种噪声跟有效信号是完全分离开来的。另外，数据远道的高频衰减比较大，转换横波跟有效波存在交叉，这对做 AVO 分析影响很大，但通过频谱拉平及波场分离处理，发现对偏移距方向上的相对振幅影响很大。

扩散补偿主要做球面扩散补偿，由于模型材料可以看作是各向同性均匀介质，砂岩上覆各层对能量的吸收暂不考虑，信号激发和接收是一对一，经过了大量测试，其激发能量从振幅、相位、频谱都是一致的，各道接收干涉可以忽略。

在对地震物理模型的数据进行 AVO 分析时，换能器开角能量补偿是一个重要部分。基于模型数据的特点，对 4 个反射层分别做开角能量补偿，这种方法是行得通的，因为模型各层时间厚度较大，可以清晰地分辨。具体方法是通过速度场数据，换算出各层各道对应反射点的换能器入射角度，按换能器入射角度进行各自矫正补偿。图 16-15、图 16-16 给出了经过换能器入射角补偿前后的动校正道集。

通过以上处理，最终得到了基于 AVO 处理的标准 CMP 道集叠前数据体。各个处理环节主要针对相对振幅关系的恢复和保持，以及波形和频谱的保持，从图 16-16（a）可以定性看到，对于含气砂层顶面反射，其最大波谷大概在 2740ms 左右，其振幅随偏移距有明显的增强，而从图 16-16（b）

看到，含水砂层顶面反射振幅随偏移距衰减明显。下面更为详细定量化地评价一下最终 CMP 道集数据的 AVO 特征异常跟理论结果的符合程度和差异。

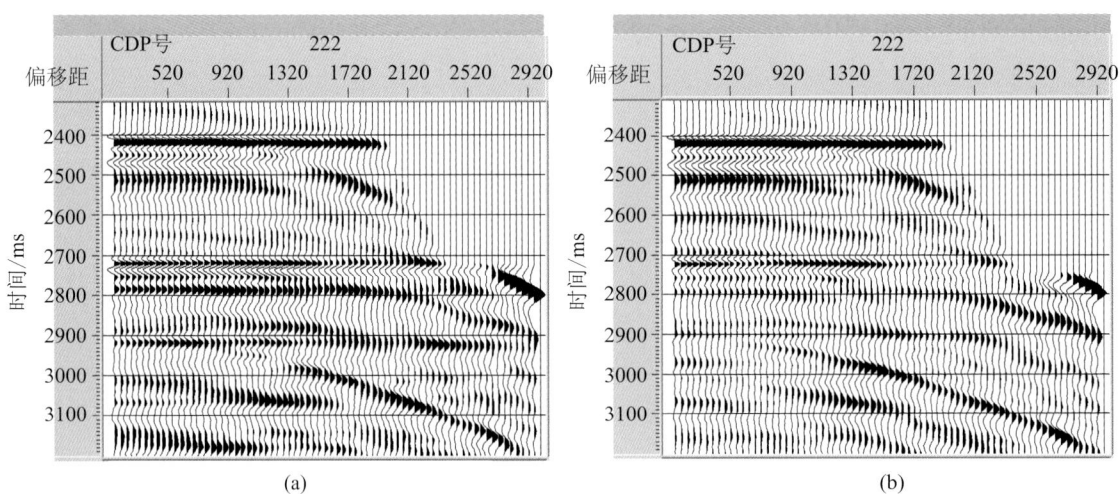

图 16-15　第 III 类砂岩模型动校正道集 (未作换能器开角校正)
(a) 第 III 类含气砂岩动校正数据；(b) 第 III 类含水砂岩动校正数据

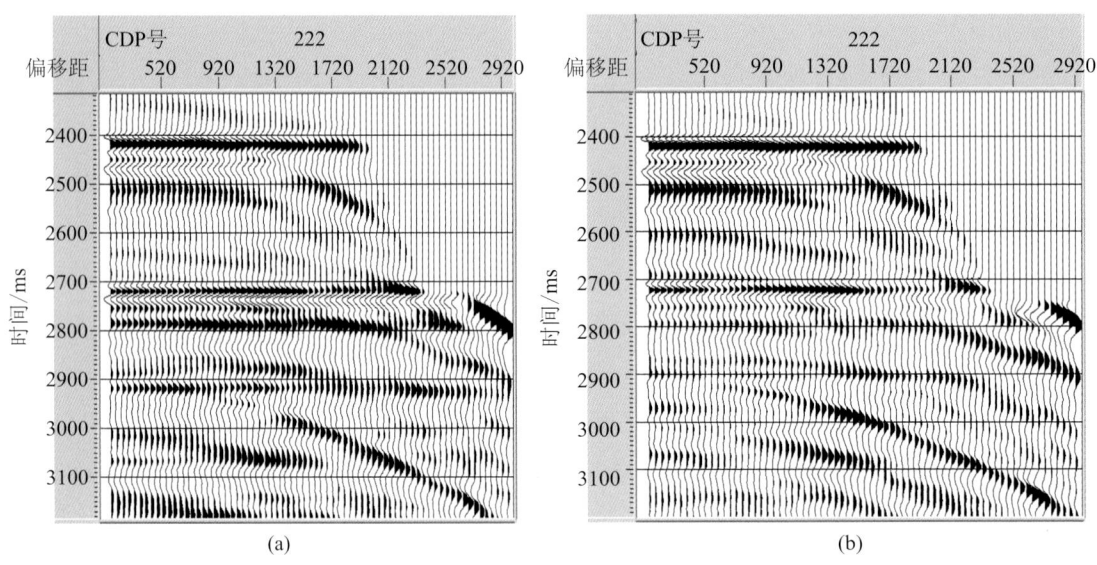

图 16-16　第 III 类砂岩模型动校正道集 (换能器开角校正后)
(a) 第 III 类含气砂岩换能器开角能量补偿数据；(b) 第 III 类含水砂岩换能器开角能量补偿数据

图 16-17(a) 为对含气砂岩储层顶面反射抽取出的第 222 个 CMP 道集振幅数据，蓝色小方块为从波谷提取出的振幅数据，而红色的为从相应波峰中提取出的振幅数据，然后对振幅样点分别进行拟合。从图 16-17(a) 清楚地看到，绝对振幅值随着偏移距都是明显增大。图 16-17(b) 为对应含水砂岩顶层反射振幅，可以看到其振幅随偏移距变化要小很多。其中，最大入射角为 32°。

依照 Shuey 近似公式 $R_{PP} \approx A+B\sin^2\theta$，以可给出含气和含水的 AVO 截距梯度交汇图 (图 16-18)。含气时截距梯度交汇点主要落在了第三象限，而含水时落在了第二象限，其 AVO 特征非常明显。同样梯度烃类指示因子交汇 (图 16-19)，也很好的刻画了含气性。

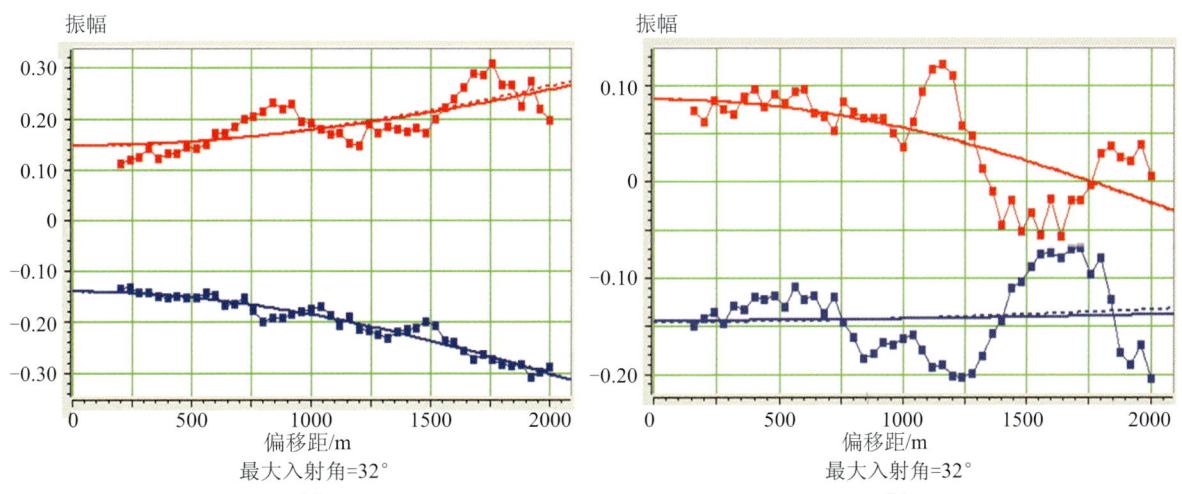

图 16-17　第 III 类砂岩层顶底第 222 个 CMP 道集振幅随偏移距变化
(a) 第 III 类含气砂岩层反射振幅随偏移距变化；(b) 第 III 类含水砂岩层反射振幅随偏移距变化

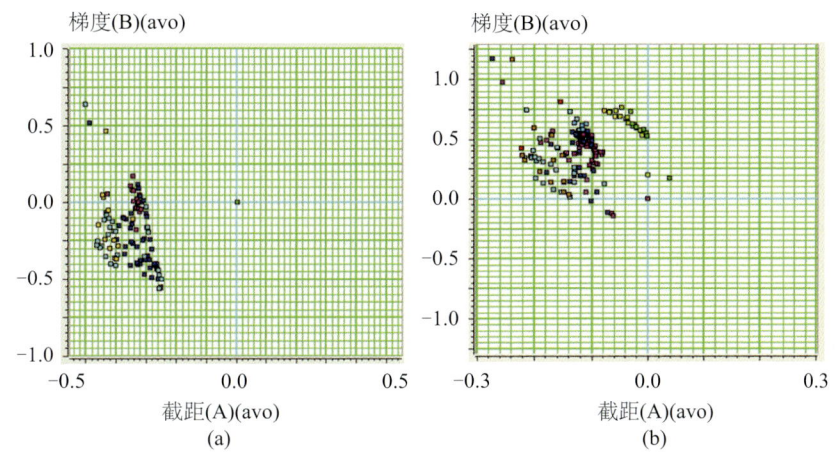

图 16-18　第 III 类砂岩 AVO 截距梯度交汇图
（a）含气；（b）含水

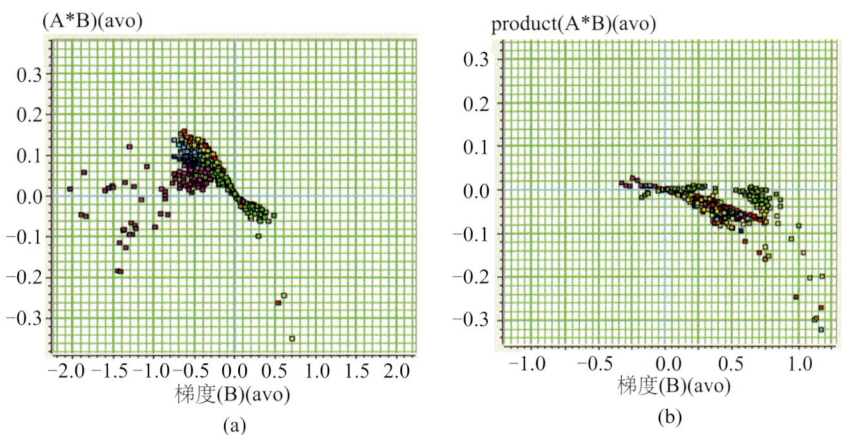

图 16-19　第 III 类砂岩 AVO 梯度烃类指示因子交汇图
（a）含气；（b）含水

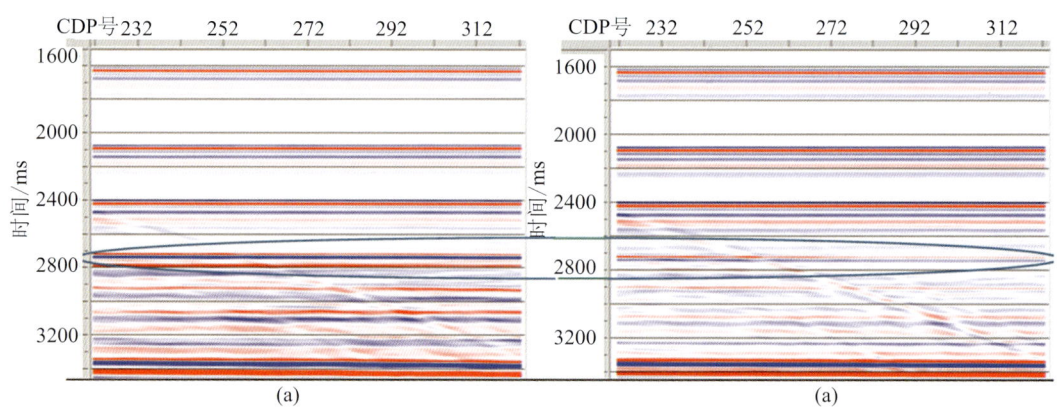

图 16-20　第 III 类砂岩含气和含水常规叠加剖面
（a）含气；（b）含水

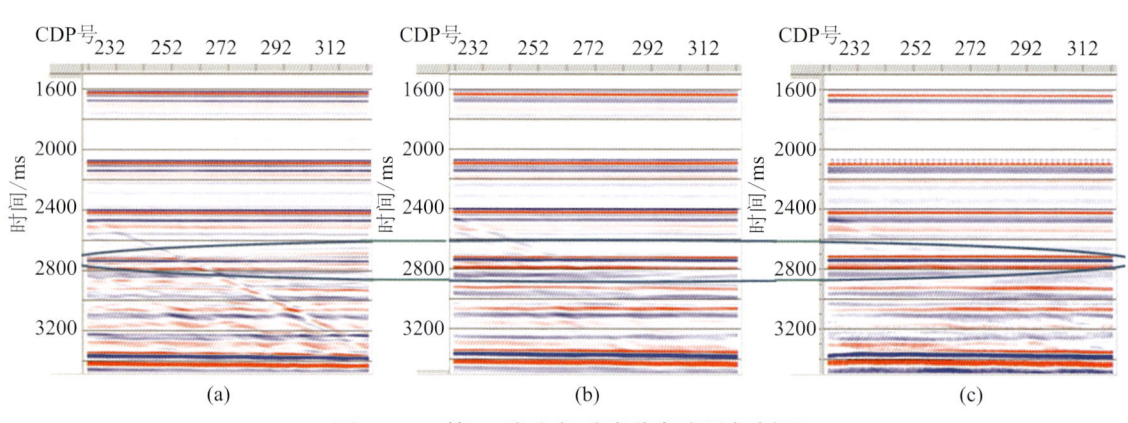

图 16-21　第 III 类含气砂岩分角度叠加剖面
（a）近道；（b）中道；（c）远道

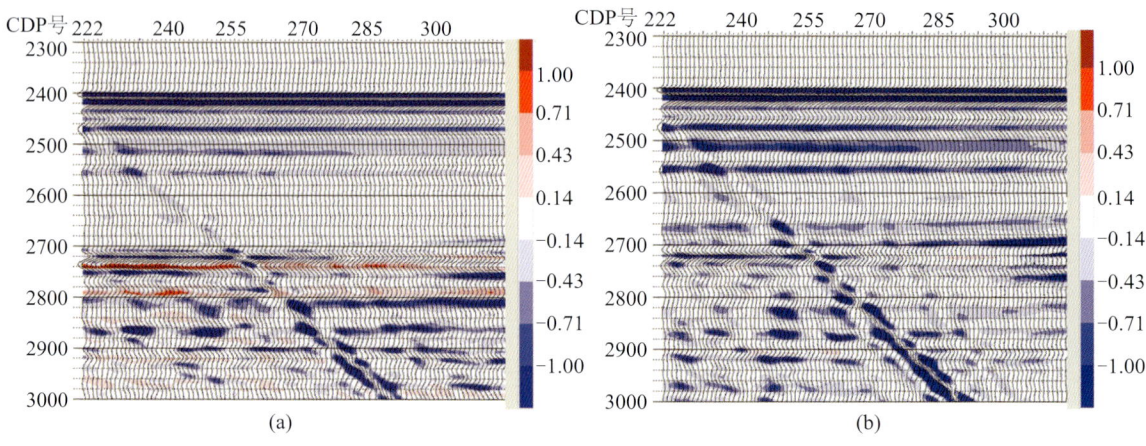

图 16-22　第 III 类砂岩烃类指示因子剖面
（a）含气；（b）含水

2）叠后处理分析

对于第 III 类砂岩，在砂岩饱和含气与饱和含水两种状态下，叠加剖面特征异常非常明显。在常规叠加剖面上，含气顶层反射会产生亮点，表现出强的振幅异常，如图 16-20 所示；当分角度道集叠加时，含气砂岩顶层反射振幅的增强更是明显，而相应的含水顶层反射振幅显著地衰减，这从

图 16-21 可以清楚地看到。对于 AVO 的一些属性剖面，主要有截距 P 剖面、梯度 G 剖面、AVO 烃类指示因子 P*G 剖面等，这种属性剖面对特征异常的差异也会刻画的很清晰，图 16-22 为两种状态下的烃类指示因子叠加剖面，在含气剖面上可以清楚地看到烃类异常，并且含气范围也得到了很好的刻画，这说明对于第 III 类砂岩，烃类指示因子对含气性的预测效果很好。

（5）第 I 类砂岩模型数据处理和分析。

第 I 类含气砂岩叠前 CMP 道集地震响应的一个显著特征就是在大偏移距上出现相位的反转，这就需要有远炮检距道的资料。对于物理模拟，主要问题是远炮检距资料复杂畸变，对于做振幅分析影响很大。下面也是通过叠前与叠后分析加以讨论。数据处理的流程与第 III 类数据相同。

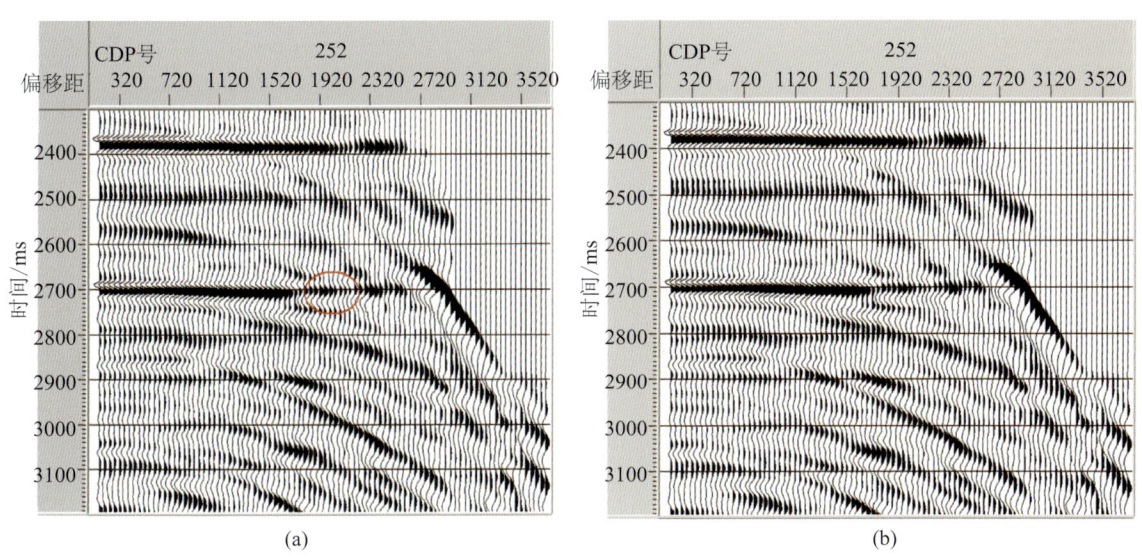

图 16-23　第 I 类含气和水砂岩能量补偿后 CMP 点道集
（a）第 I 类含气砂岩能量补偿后 CMP 点道集；（b）第 I 类含水砂岩能量补偿后 CMP 点道集

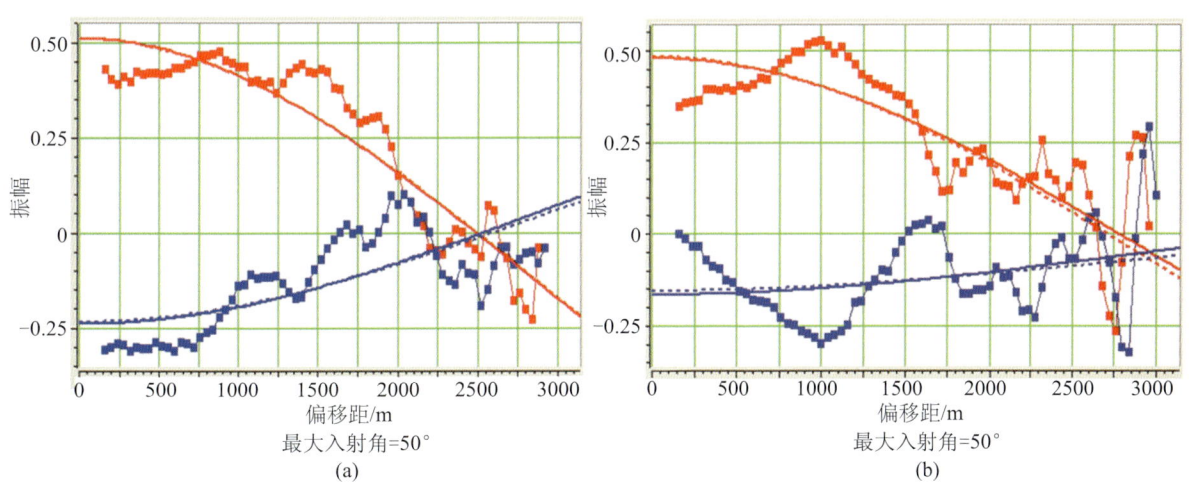

图 16-24　第 I 类含水砂岩层反射振幅随偏移距变化
（a）含气；（b）含水

通过上述处理同样得到经各种校正的叠前 CMP 点道集，见图 16-23。从图 16-23 矫正后的

CMP 道集看到，在含气状态下，目的层反射同相轴在偏移距 2000m 处出现极性反转，而含水状态下，其在整个排列上，同相轴都是连续正极性的。同样提取出其反射振幅样点曲线如图 16-24，可以明显地看到含气层的极性反转现象，AVO 特征明显。而对应含水层反射振幅的变化也相对很大，但没有发生反转。

对于第 I 类砂岩，在砂岩饱和含气与饱和含水两种状态下，其时间叠加剖面上的特征异常也比较明显。在常规叠加剖面上面，含气顶层反射由于远近道极性相反而叠加产生暗点，而相应的含水顶层反射较强（图 16-25）。而 AVO 的一些属性剖面，很难对含不同流体的特征异常进行刻画。

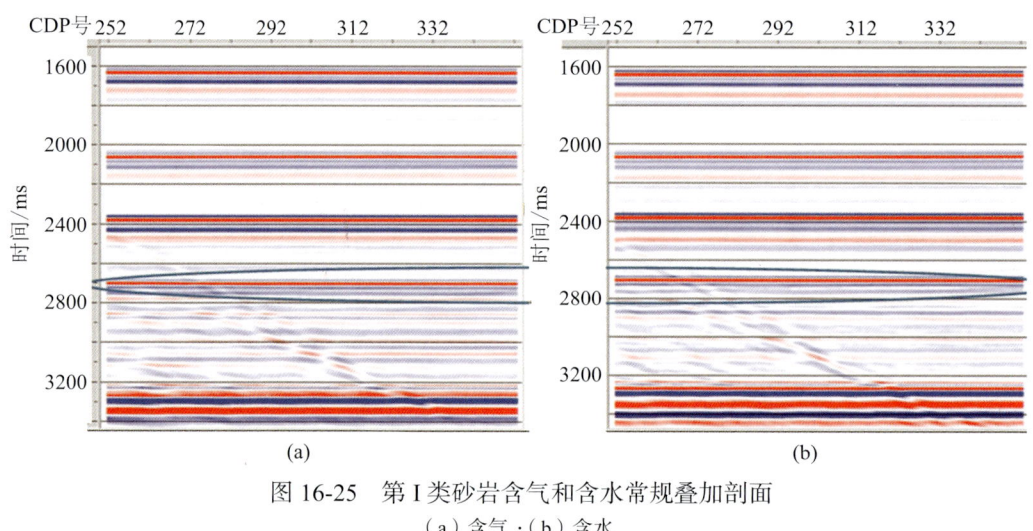

图 16-25　第 I 类砂岩含气和含水常规叠加剖面
（a）含气；（b）含水

二、碳酸盐岩储层地震物理模型

碳酸盐岩孔洞型油气藏是一种典型的复杂非均匀介质，可以视为准均质介质中不规则分布的大小形状各异的低速体共同组成的非层状储集体。在地震剖面上看到的储集体的波，应是这些非均匀分布、大小形态各异的低速体的强弱不同的散射（绕射）波，其波场非常复杂。因此，要搞清楚波的散射能量大小与洞的形态、横向尺度的关系，必须结合地震正演模拟，根据正演结果，来分析地震剖面上"串珠状"强反射的形成机理，从而为地震解释提供一定帮助。

（一）含气水油孔洞模型制作

碳酸盐岩孔洞模型由简单的二层固体平层构成，在围岩高速的底层，安放 6 个水平洞，见图 16-26 所示。其中 3 个分别充填气体（空气）、水和机油（黏度要大些）。考虑制作充气和水的三维洞的难度问题，6 个洞在模型的宽度（Y）方向打通，并且它们的直径基本相同。

在三个气、水和油洞中，气用空气充填，油使用黏度较大的机油，速度 1285 m/s 的固体，密度约 $0.97g/cm^3$。另三个洞用固体物充填，速度分别为 1020m/s、1258 m/s 和 2104 m/s。因此，在这 6 个洞，充水、油和速度为 1258 m/s 固体的三个洞中的充填波阻抗基本相近。对这三种充填物对比，可区分含油水和固体的差别。图 16-27 给出了孔洞模型制作的实物照片，左边三个洞中还是空气，当测试时再分别充入水和油。该模型采用 2D 观测方式，单炮激发，单边 120 道接收；最小炮检距 16mm，最大炮检距 254mm；炮距 4mm，道距 2mm；总炮次 136 炮，满覆盖次数为 30 次；单道采样个数 4096，采样间隔为 0.1μs。

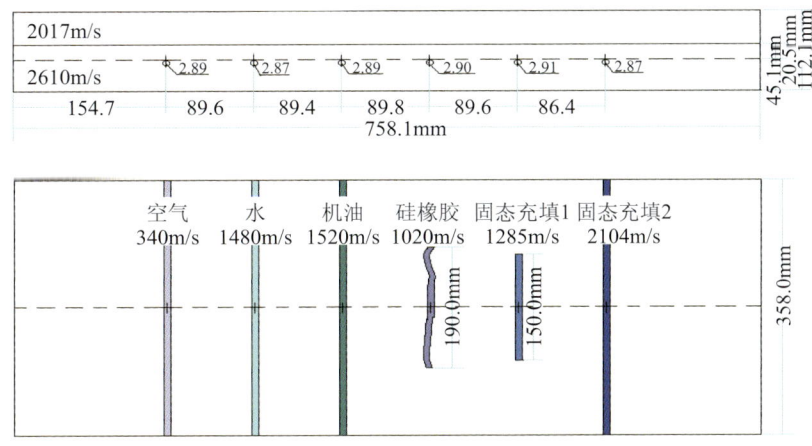

图 16-26　含空气、水、油和固体模型示意图：二维水平洞

图 16-27　模型实物照片

（二）二维地震数据采集和处理

孔洞模型的数据采集主要采用二维观测系统，模型固体表面距正上方水面 100m 处。地质模型的空间尺度采用 10000∶1 因子缩小，模型材料的速度与实际地层速度的比为 1∶2。数据采集分为 2 种方式：2D 和 3D 观测方式。对于 2D 采集方式，实验室一般设计为单炮激发，单边 120 道接收；最小炮检距 16mm，最大炮检距 254mm；炮距 4mm，道距 2mm；总炮次 136 炮，满覆盖次数为 30 次；单道采样个数 4096，采样间隔为 0.1μs；对于 3D 采集方式，主要是采用自激自收的方式，测线总条数为 201 条，测线间间距为 2mm；每条测线设计观测点 251 个，观测点间间距为 2mm。观测方式为在每个观测点进行自激自收观测，单道采样个数 4096，采样间隔为 0.1μs。对比到野外的观测系统为：线距 20m，道距 20m，单道采样个数 4096，采样间隔为 1ms。

（三）不同充填物（含油气水）与"串珠"关系

研究孔隙中含气、水、油等不同充填物进引起的"串珠"特征时，数据处理后的偏移剖面中，只显示一个局部时窗，如图 16-28 所示。从串珠振幅能量来分析，充填气体的洞，串珠振幅相对其他充填物能量最大，水跟固体 2 的串珠能量最弱。为了更准确反映它们之间的振幅能量关系，在

$T1800\sim2200$ ms 时间范围内，提取了串珠振幅能量的绝对极大值进行比较。

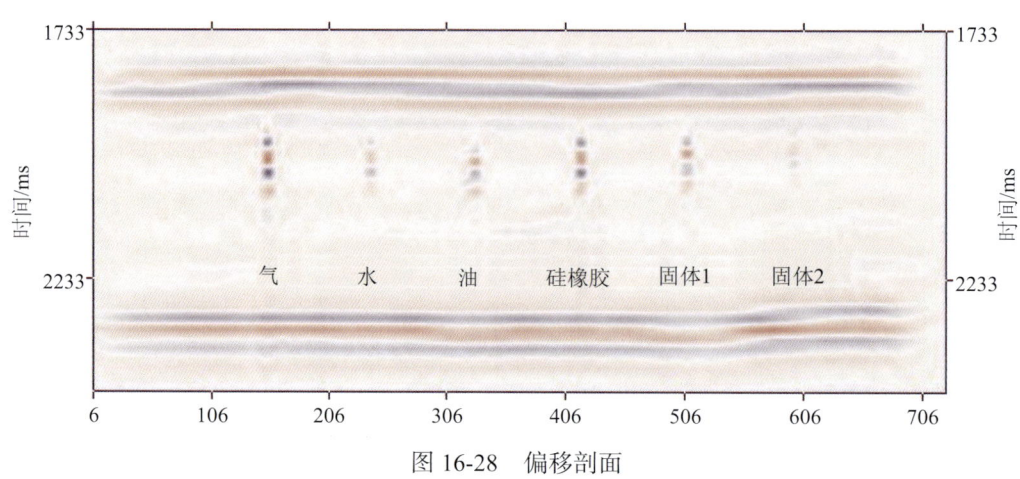

图 16-28 偏移剖面

我们主要利用了第三个物理模型数据来进行分析。这个模型数据用了六种充填介质，分别是空气、水、油、硅橡胶及两种固态充填物，这里只给出一个简单示意图，便于属性分析解释。如图 16-29 所示，孔洞位置是在 T_3—T_4 层，垂向上，距离 T_3 界面 20mm，洞与洞之间为 90mm，模型总长度为 760mm，宽 300mm。

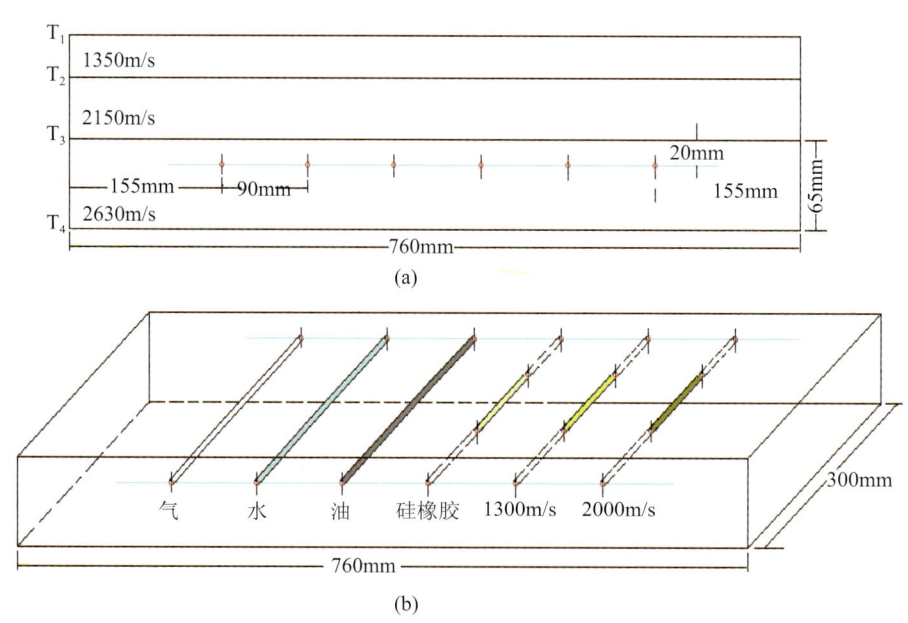

图 16-29 不同充填物模型图
（a）模型剖面；（b）单洞分布

图 16-30 给出了不同 CDP 点各道的振幅值。从图 16-26 可知，充气与充油两个管的形态、直径是相同的，都是 2.89mm，但充填物不同。因此，可以认为串珠振幅跟充填物直接相关，从图看出含气振幅明显大于含油的振幅。这是由于气体速度为 340m/s，油的速度 1520m/s，气体与围岩的波阻抗差大于油与围岩的差，相应的反射率也比油的大，所以振幅能量大于含油的振幅能量。同样

充水跟固体 2 情况类似气与油情况。对于含油与含水及充填固体 1 的孔洞，速度相近，波阻抗基本相同，从串珠能量来看，含油与固体 1 能量相近，含水稍微弱一些。总之，对于尺度形态相近孔洞，充填物（油气水）引起的串珠振幅能量关系：气＞油＞水。对于充填固态介质，速度越大，能量越低，如果速度接近油的速度时，串珠振幅能量接近含油的振幅能量。

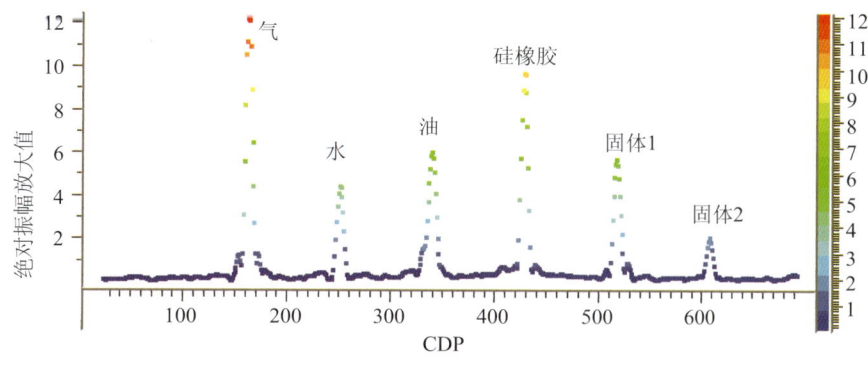

图 16-30　绝对值振幅极大值

从叠前道集也能看出它们之间的响应特征，从叠加剖面（图 16-31）孔洞位置对应 CDP 提取它们各自的动校正后叠前道集，可以看出，它们对应的地震绕射波顶位置的 CDP 号分别在 161、251、340、429、517、607 上，时间是在 2000ms。

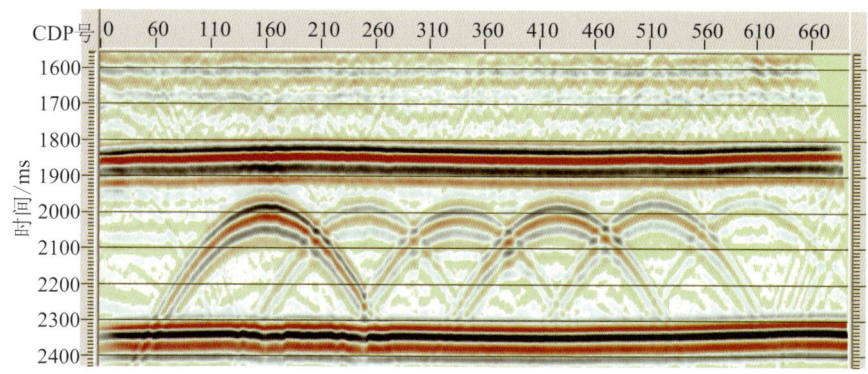

图 16-31　含油气水模型叠加剖面

图 16-32 为它们对应的叠前道集（动校正后），红色框为孔洞位置各个 CDP 点所对应的地震叠前道集，每个 CDP 有 30 次覆盖。从各 CDP 对应的道集来看，有效波动校正后基本被校平，未被校平的同相轴存在多次波。速度分析时，相比一次有效波，多次波速度偏低。因此，在动校正时，校正不足，没有被校平。在叠加时，多次波会被压制。从红色框内，可分析叠后偏移剖面串珠位置的各 CDP 叠前地震道的振幅特征。很明显看出，能量是各不相同的，但大致趋势是跟在偏移剖面上统计振幅大小关系相同的，如图 16-30 所示。

一般来说，对于含气储层在地震剖面上会有一些 AVO 响应特征。所以在这提取孔洞位置 CDP 叠前道集，一方面主要为了分析不同充填物叠前响应特征，另一方面也是为了分析是否存在 AVO 异常。CDP 为 161 叠前道集，对应是含气孔洞储层，从道集上分析，时间在 2000ms 的振幅并没有明显出现地震振幅随偏移距的增加而增大，振幅大小几乎差不多。尽管没有这一现象，但是，如果从叠加偏移地震剖面上无法辨别是否含油气孔洞时，从叠前道集来分析区分它们有可能是一个很好的办法。

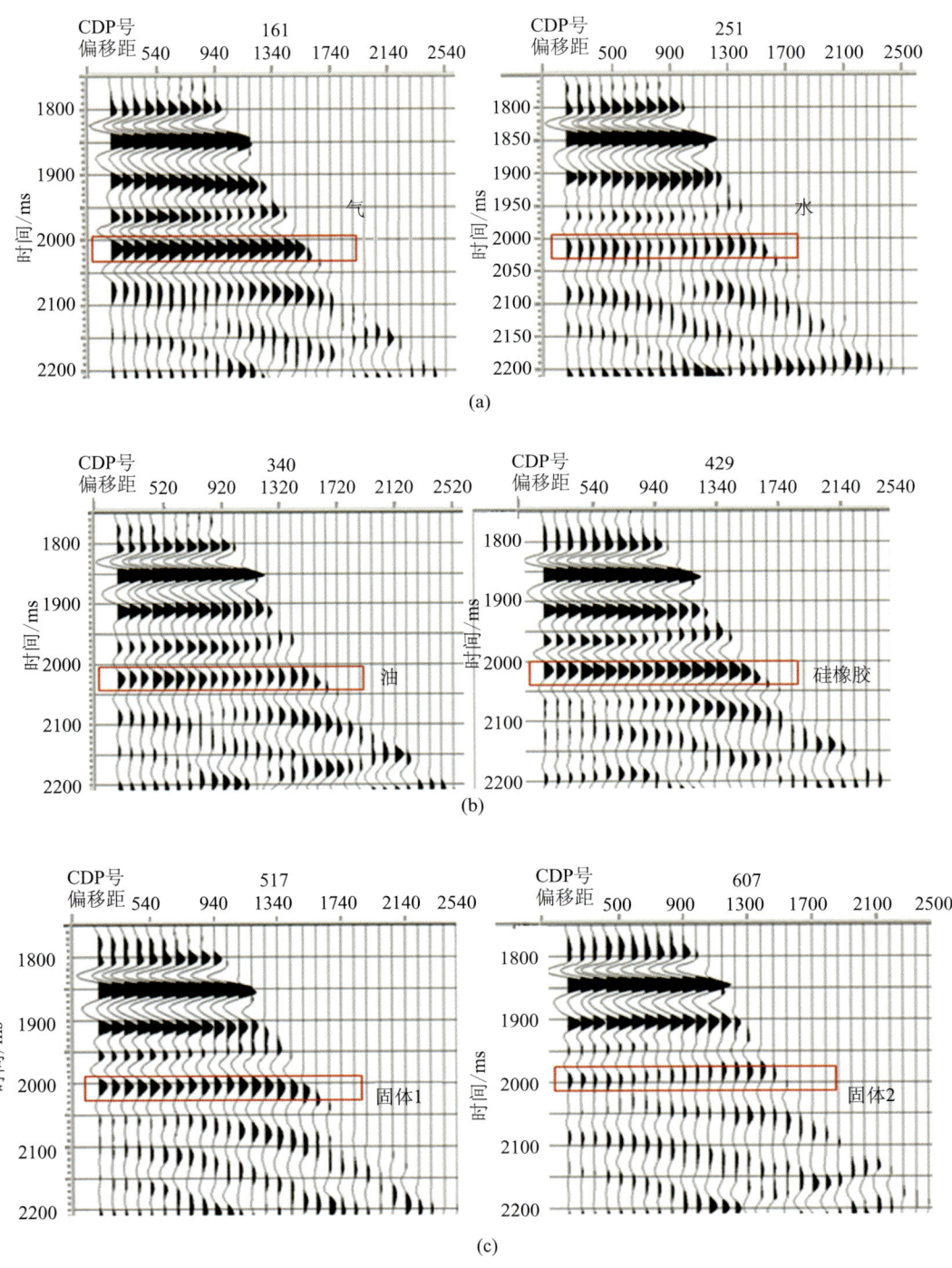

图16-32 串珠位置CDP对应的叠前道集（NMO校正后）
(a) 洞内充填物为气和水；(b) 洞内充填物为油和硅橡胶；(c) 洞内充填物为低速固体混合物

同时，也可以从瞬时能量来看，不同充填物的孔洞串珠的响应特征如图16-33所示。图16-33中分析的时间窗口为1900～2200ms，中间图片为地震剖面，可以看出串珠的波形及能量。图16-33(a) (b)为它们的瞬时能量,只是显示的门槛值不一样,其目的为了逐渐区分它们的能量,从图 16-33(a)可以看出,含气孔洞对应串珠能量大于其他孔洞响应能量,其次是充填硅胶的孔洞,随着门槛值放低,含油跟含固体 1 的孔洞对应能量开始逐渐加强,含水的次之,最弱的是含固体 2 的孔洞。比较图 16-30 可知,瞬时能量跟绝对振幅值在反映不同充填物孔洞所对应串珠能量关系是一致的,只是瞬时能量能反映每个点的振幅大小,而绝对振幅只是统计某个时窗一个点的振幅值,因此瞬时能量更能反映串珠各点的能量。

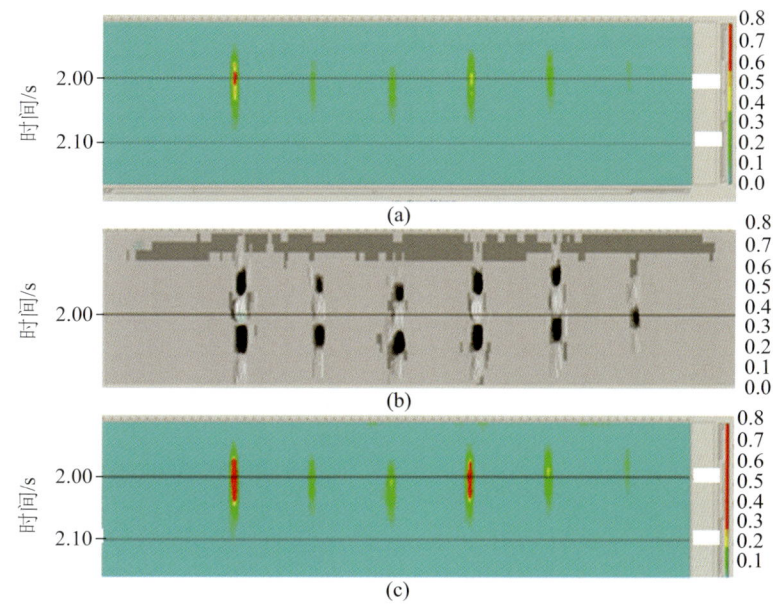

图 16-33 瞬时能量及地震剖面

在分析不同充填物孔洞串珠地震响应时频分析属性时,分别提取了 6 个串珠中心一个 CDP 道进行了分析,如图 16-34 所示。

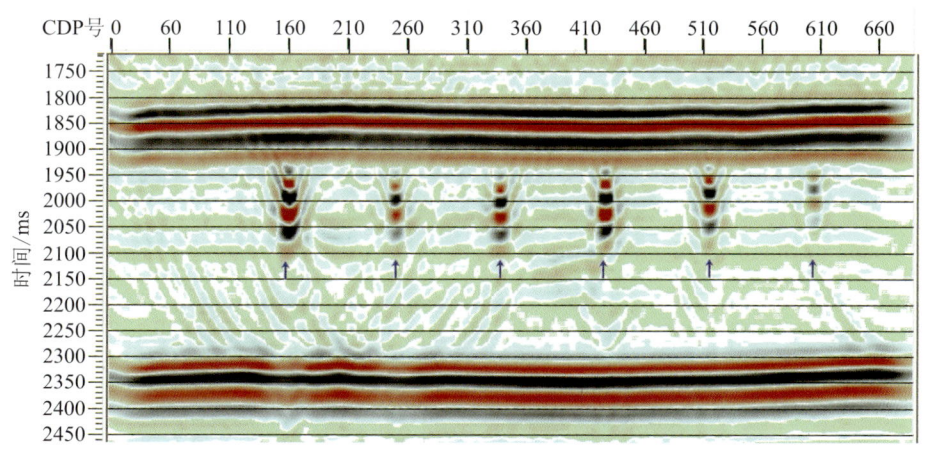

图 16-34 用于时频分析 5 个 CDP 地震道对应的位置(蓝色箭头)

图 16-35 为对应的地震记录道,从上到下,分别对应气、水、油、硅橡胶、固体 1、固体 2 的地震响应记录,串珠是在 2s 位置(为红色框内)。

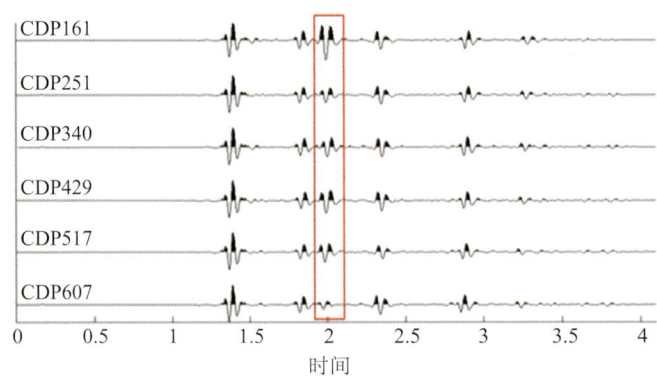

图 16-35 6 道（161、251、340、429、517、607）地震记录

图 16-36 为对应的时频分析图。比较图 16-35 与图 16-36（a）、（b）、（c）可知，时频分析图上在不同时间的每个子波频率基本清晰可见，纵坐标为频率轴，横坐标为时间轴。图上橙色线是以 1.5s 子波频率能量中心线的，频率为 20Hz。粉红色线是以 2s 子波频率能量中心划的，不同充填物对应频率不同，其目的是为了更为直观刻画频率吸收情况。首先是从 6 种不同填充物的在孔洞位置 2s 位置，频率能量大小关系（从到小）依次是气体＞硅橡胶＞固体 1 ＞油＞固体 2。

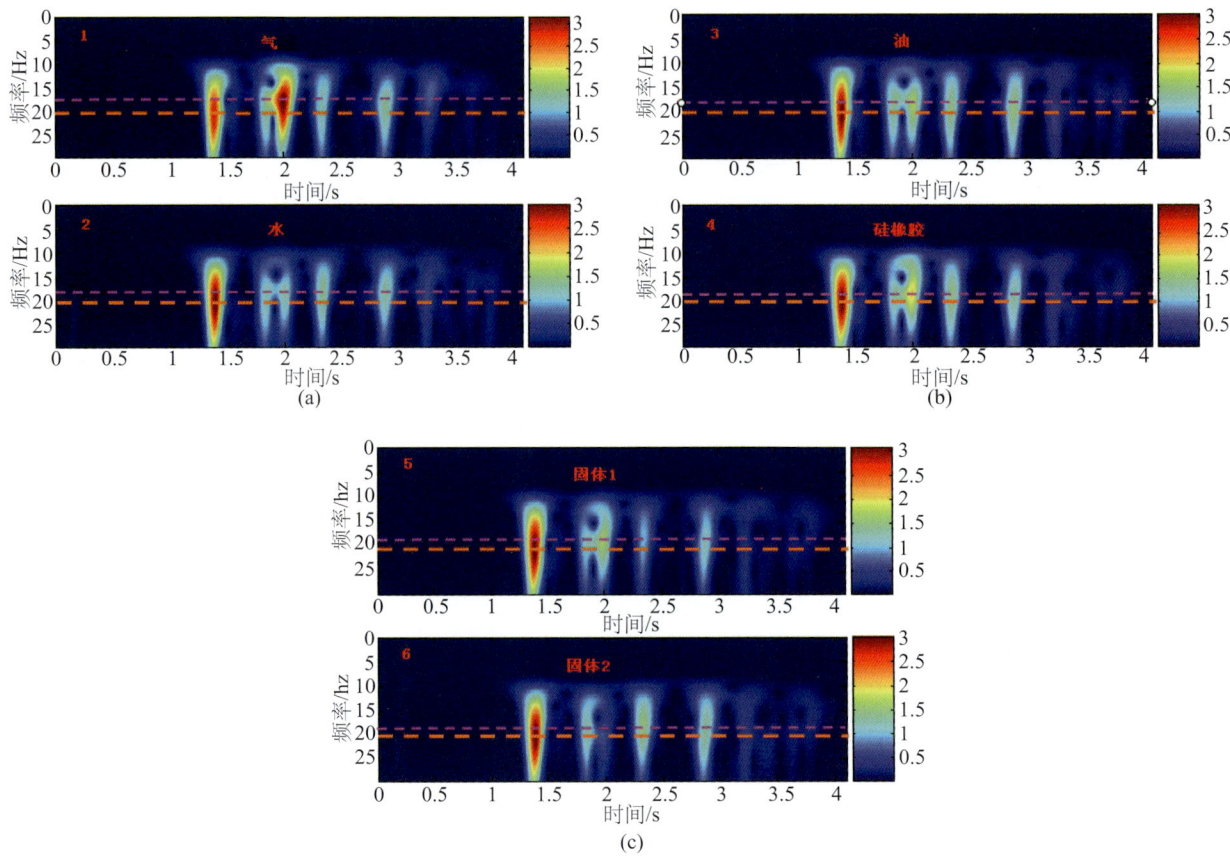

图 16-36 不同填充物时频分析图
（a）气体与水充填物时频分析；（b）油与硅橡胶充填物气体与水充填物时频分析；
（c）固体 1 与固体 2 气体与水充填物时频分析

从频率衰减来分析，总体来说，各种不同充填物对频率吸收比较小，但还是可以区分一些，见图16-36。在1.5s附近，子波频率基本都在20Hz（如橙色虚线所示），当波传播到孔洞位置时，部分频率被吸收了一些。在时间2s附近，充填气体孔洞子波响应频率降低到17Hz，其他充填物也吸收了些部分频率，但是并没有气体吸收那么明显。充填固体2的孔洞频率吸收是最少的，子波在1.5s与在2s位置频率非常接近（见橙色线与粉红色线）。充填油孔洞跟其他低速体充填物孔洞频率吸收衰减比较难区分，差异太小，分辨力不够。

对于复地震道属性（瞬时振幅、瞬时相位、瞬时频率）分析见图16-37所示。瞬时振幅跟瞬时能量一样，能够区分孔洞里面不同充填物，而瞬时相位属性很难辨别它们的差异。在瞬时频率图中，串珠位置（蓝色圈内）频率是降低的，从20Hz变到15Hz左右，黄色颜色为20Hz，棕色颜色在15Hz左右。但是，用图16-37瞬时频率变化来分析充填物的性质，还是很难区分各孔洞内充填物的物性。

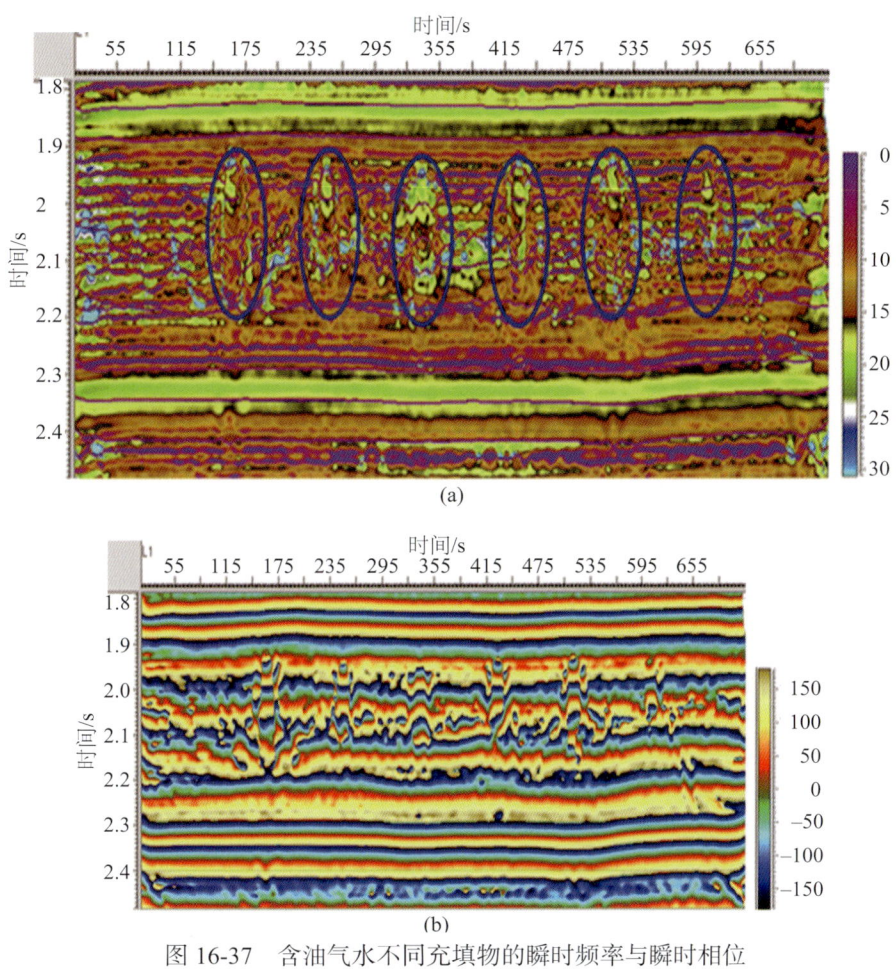

图16-37 含油气水不同充填物的瞬时频率与瞬时相位
（a）瞬时频率；（b）瞬时相位

三、火山岩岩石物理特征分析

（一）火山岩样品的密度测试

火山岩样品的密度测试是在模拟储层条件下进行的。表16-4给出了12块火山岩含不同流体

（CO_2、CH_4 和水）时的测试的密度。表中的值是在储层压力下（42MPa）得到的。从表 16-4 中看到，即使在超临界状态，CO_2 和 CH_4 的密度要小于水，而 CH_4 的密度约是 CO_2 密度的一半。在三种流体中水的密度最大为 1，其次是 CO_2，最小是 CH_4。从表 16-4 中可估算出 CO_2 的密度约是 CH_4 的两倍。

表 16-4 火山岩含不同流体（CO_2、CH_4 和水）时的密度

岩心序号	长度/cm	直径/cm	孔隙度/%	密度/(g/cm³)				
				CO_2含量 98%	CO_2含量 75%	CO_2含量 25%	CH_4含量 100%	水含量 100%
1	5.238	2.519	3.4	2.553	2.549	2.542	2.534	2.559
2	5.086	2.521	4.4	2.517	2.516	2.509	2.501	2.538
3	5.453	2.516	10.9	2.374	2.355	2.341	2.316	2.389
4	5.543	2.516	4.3	2.501	2.491	2.484	2.479	2.523
5	5.154	2.518	6.8	2.489	2.478	2.451	2.447	2.498
6	5.07	2.51	6.8	2.492	2.478	2.455	2.444	2.503
7	5.169	2.515	18.4	2.233	2.208	2.168	2.127	2.259
8	5.139	2.51	20.2	2.184	2.157	2.124	2.091	2.248
9	4.924	2.513	2.2	2.568	2.565	2.559	2.554	2.573
10	5.179	2.507	5.8	2.478	2.466	2.462	2.453	2.497
11	5.205	2.5	16.9	2.249	2.226	2.201	2.159	2.279
12	4.285	2.514	6.5	2.505	2.483	2.478	2.473	2.513

注：① CO_2 含量是指孔隙中与水相对含量；② 模拟地层的测试条件，围压 85MPa，孔隙压力 42MPa，温度 139℃。

（二）火山岩样品纵横波速度测试

火山岩样品的纵横波速度测试也是在模拟储层条件下进行的，样品被放入压力容器内，采用超声透射法测试超声波在样品中的传播时间，测试频率为 0.6～1MHz。测试时样品所受的围压为 85MPa、孔隙压力 42MPa、温度 139℃。

对每块样品进行了不同流体的饱和状态下的速度测试，先进行饱和 CH_4 的测试，然后逐步注入 CO_2，在三种不同的 CO_2 含量（相对 CH_4）状态下测试纵横波速度。图 16-38、图 16-39 给出了在储层条件下不同流体饱和状态时的纵波和横波测试波形，从波形的起跳时间上可见到饱和流体时对速度的影响。

火山岩样品饱和不同 CO_2 含量（相对 CH_4）和饱和水的纵横波速度分别由表 16-5 和表 16-6 给出，表中 CO_2 含量是指 CO_2 与甲烷气体各占百分比，98% 含量可以看作为全饱和 CO_2，含水是岩石中充满水。

从表 16-5 中可以看出，在火山岩样品中含水饱和时的纵波速度最高，而在饱和 CH_4 时速度最低。总体上，这组火山岩样品的速度为 4000～5500m/s，它们的岩性有一些变化，但纵波速度的变化范围并不太大，引起速度变化大的主要因素是孔隙度（Φ）的变化。孔隙度小于 6% 的样品速

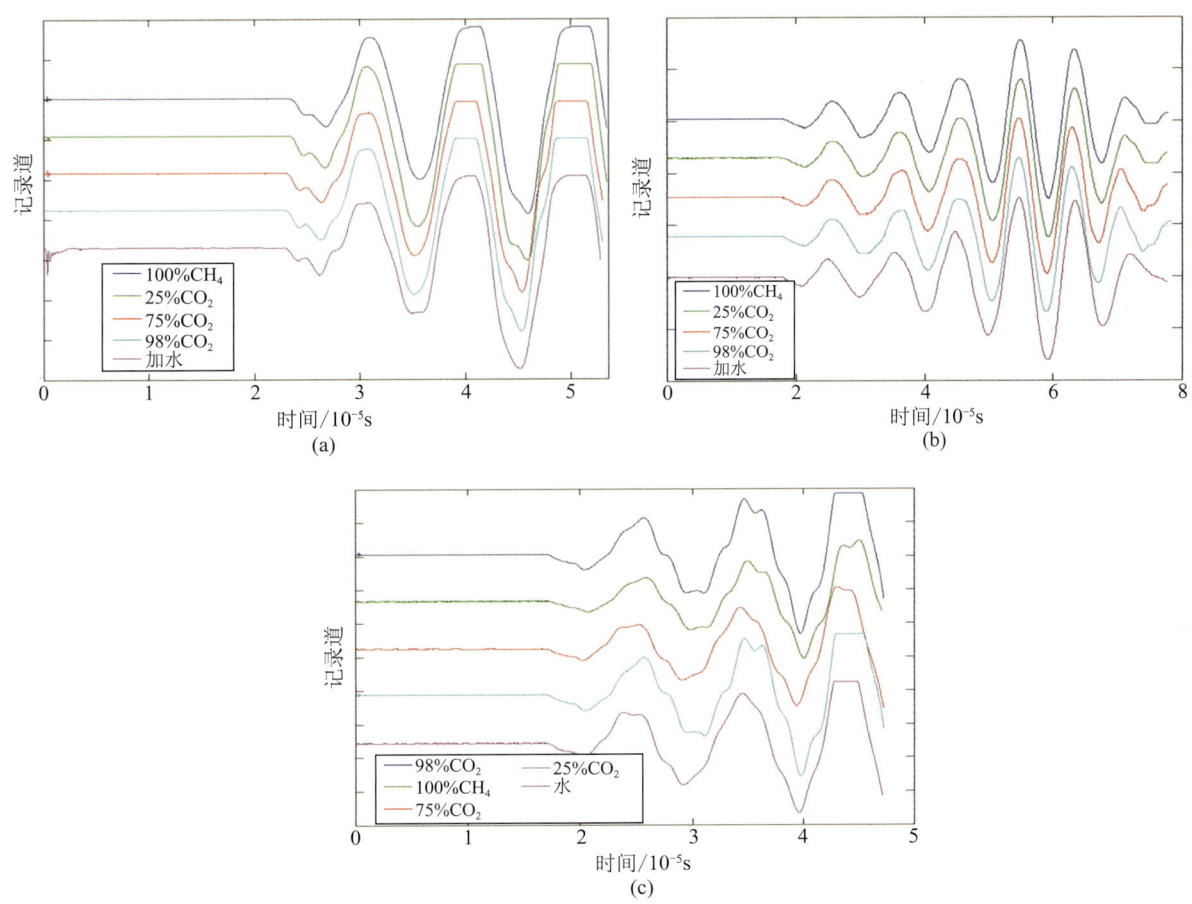

图 16-38 在储层条件下火山岩样品的纵波测试波形

（a）长深 103-16 纵波形；（b）升深 2-1-3 纵波形；（c）徐深 1-7-1 纵波形围压 85MPa，孔压 42MPa，温度 139℃

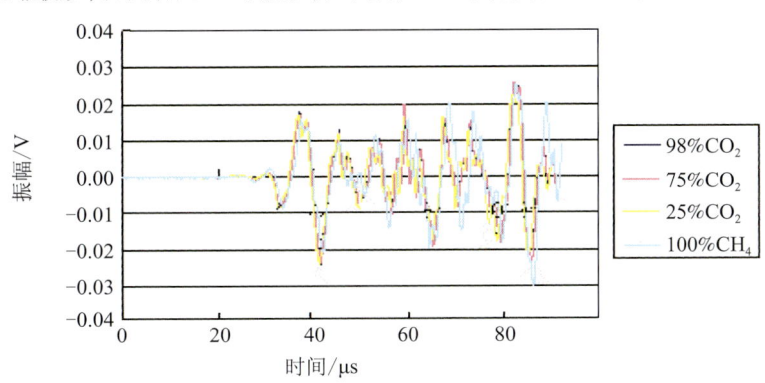

图 16-39 在储层条件下火山岩样品的横波测试波形
围压 85MPa，孔压 42MPa，温度 139℃

度大于 5000m/s；孔隙度大于 10%，则速度在 4500m/s 以下。图 16-40 给出了火山岩样品在含不同流体时的纵波速度与孔隙度的关系。从图中曲线可看出，无论是 CO_2、CH_4 或是水全饱和时纵波速度与孔隙度呈线性关系，且变化的趋势基本一致。

从表 16-6 中的横波随不同流体饱和的变化数据中看到。总体上，这组火山岩样品的横波速度为 2070～2600m/s。横波速度随孔隙度的变化与纵波一样，孔隙度增大，横波速度下降，从图 16-38 和图 16-39 可以注意到横波速度随孔隙度下降的斜率略大于纵波。

表 16-5　火山岩含不同流体（CO_2、CH_4 和水）时的纵波速度（按井排列）

岩心序号	孔隙度/%	岩心中充注不同流体量的纵波速度/（m/s）				
		98%CO_2	75%CO_2	25%CO_2	100%CH_4	地层水
1	3.4	5304	5293	5214	5163	5320
2	4.4	5330	5302	5247	5141	5358
3	10.9	4476	4422	4378	4343	4523
4	4.3	5083	5048	5025	4969	5130
5	6.8	4619	4547	4518	4478	4682
6	6.8	5095	5045	4995	4934	5173
7	18.4	4260	4255	4203	4120	4308
8	20.2	4179	4129	4096	4063	4266
9	2.2	5513	5436	5377	5348	5544
10	5.8	5206	5180	5129	5078	5248
11	16.9	4397	4342	4306	4270	4463
12	6.5	5232	5184	5153	5107	5296

表 16-6　火山岩含不同流体（CO_2、CH_4 和水）时的横波速度（按井排列）

岩心序号	孔隙度/%	岩心中充注不同流体量的横波速度/（m/s）				
		98%CO_2	75%CO_2	25%CO_2	100%CH_4	地层水
1	3.4	2596	2602	2612	2625	2589
2	4.4	2589	2594	2612	2625	2562
3	10.9	2296	2306	2325	2330	2281
4	4.3	2483	2488	2494	2502	2469
5	6.8	2326	2334	2350	2358	2318
6	6.8	2543	2552	2559	2582	2540
7	18.4	2178	2192	2201	2210	2166
8	20.2	2121	2127	2143	2156	2074
9	2.2	2577	2584	2594	2601	2571
10	5.8	2448	2453	2456	2471	2442
11	16.9	2230	2235	2247	2264	2192
12	6.5	2467	2478	2496	2514	2405

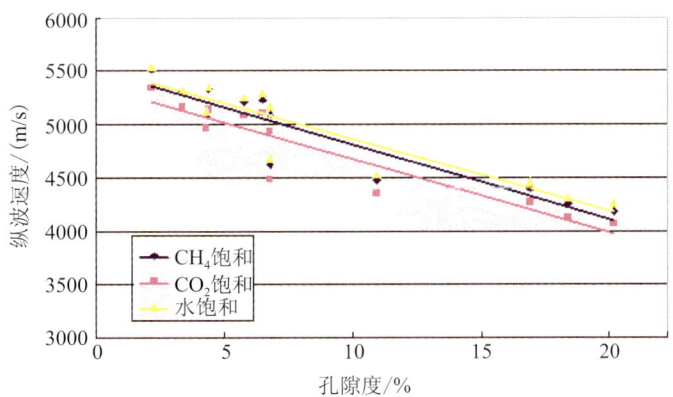

图 16-40　火山岩样品含不同流体时纵波速度与孔隙度的关系

（三）火山岩样品含不同流体时速度变化分析

通过表 16-5、表 16-6 和图 16-41、图 16-42 可以分析出饱和流体不同时火山岩样品所引起的速度变化规律。

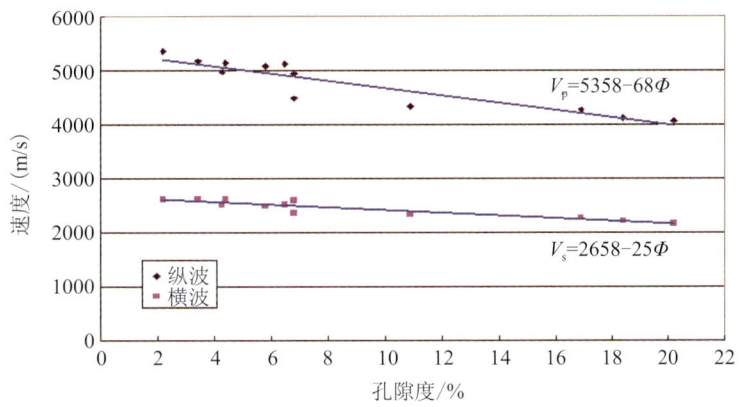

图 16-41　火山岩样品含全饱和 CH_4 时纵波和横波速度与孔隙度的关系

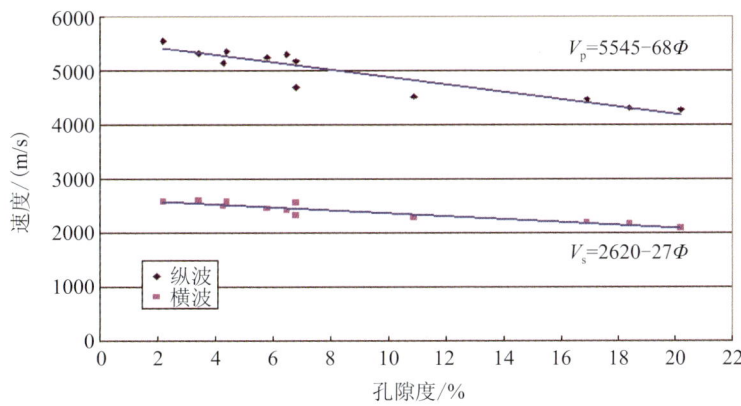

图 16-42　火山岩样品含全饱和水时纵波和横波速度与孔隙度的关系

1. 火山岩样品中含有不同饱和流体时的速度差

图 16-43 给出了火山岩样品中饱和水和 CO_2、水和 CH_4 时,以及饱和 CO_2 和 CH_4 时的纵波速度差异。从图 16-43 中曲线上看到,饱和水时样品的纵波相对于 CO_2 和 CH_4 速度最大,其次是饱和 CO_2,速度最小是饱和 CH_4。当饱和 CO_2 和 CH_4 相对于饱和水来讲随孔隙度增大时,这种差异略有增加,相对饱和 CO_2 速度高 0.3%~2.5%,相对饱和 CH4 速度高 3%~6%。对 CO_2 和 CH_4 几乎没有变化,说明当样品饱和水时,速度对孔隙度的敏感性较强。

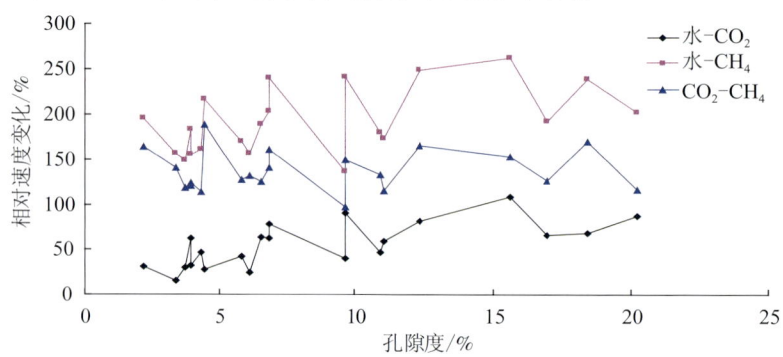

图 16-43 不同饱和流体之间的纵波速度差随孔隙度的变化

所以当岩石含有 CO_2、CH_4 和水时对横波的速度贡献不大,反而由于密度的增大使横波速度有所下降。

2. 火山岩样品的纵横波速度关系

从图 16-41 和图 16-42 中已知火山岩样品的纵横波速度与孔隙度呈线性关系,在不同饱和流体时它们的拟合公式中斜率差异不大,但截距值有一定的变化,水饱和时的纵波速度比 CH_4 全饱和的速度高约 200m/s,而横波速度略低 40m/s。这说明无论是 CH_4 或是水,流体没有剪切模量,无论孔隙度的大小,对模型速度的影响都不大,而对于纵波来说,CH_4 或是水对纵波的影响是明显的。

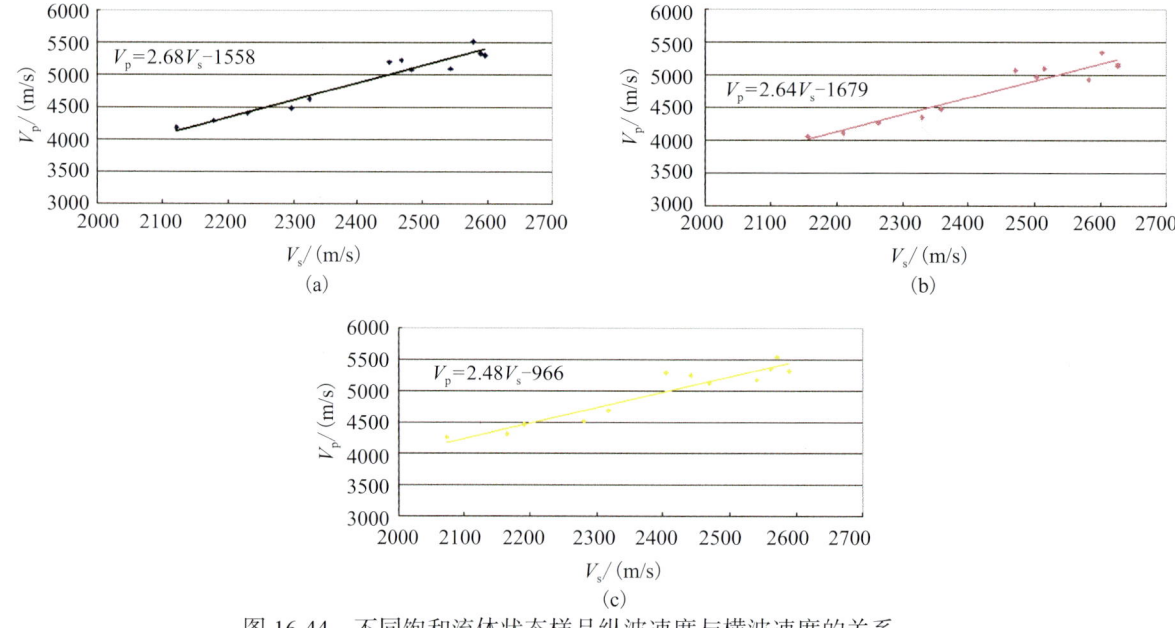

图 16-44 不同饱和流体状态样品纵波速度与横波速度的关系
(a) CO_2 全饱和;(b) CH_4 全饱和;(c) 水全饱和

图 16-44 给出了三种饱和状态时纵波速度与横波速度之间的关系，从三条曲线看，都呈线性关系，但其拟合公式中 CO_2 和 CH_4 基本相似，而与水的斜率和截距有一定的差异。即水的纵横波速度比与 CO_2 以及 CH_4 的纵横波速度比都不一样。

第二节　地震储层预测与识别技术

本章第一节利用实验室方法研究不同储层含流体时的地震波的响应特征，分析低渗砂岩、火山岩和碳酸盐岩储层含气、含水的吸收衰减、AVO 和地震波响应特征，为天然气地震预测和烃类检测提供理论依据。

在天然气藏地震预测技术研究过程中，充分运用地震检测气藏的新技术，新方法，以多属性和 AVO 含气性检测综合研究为重点，综合测井、钻井、分析化验等多方面信息，系统阐述了多属性和 AVO 检测天然气藏的有效方法。从资料处理开始，进行一系列的针对气层检测的处理，目的是突出目的层地震反射的 AVO 特征，有利于气层的地震检测。在储层预测与 AVO 气层检测过程中，主要利用近、远道叠加剖面特征法，地震异常振幅法，地震主振幅-主频率法，地震叠前反演，属性预测等技术，从而实现利用叠前地震资料进行含气储层及天然气藏的检测。

一、地震属性技术

（一）地震属性提取与分析技术

20 世纪 90 年代以来，由于三维地震勘探技术的进步和储层描述的需要，地震属性技术快速发展，广泛利用地震属性进行储层不均匀性描述，在地质特征控制及测井资料的约束下，在地震属性和地层物性特征之间建立某种联系，广泛应用于储层预测、油藏描述、油藏动态监测等油气勘探和开发领域。

选择时频分析、地震相分析和以地震属性优化为主的地震属性综合分析技术进行研究，并对以上技术的应用效果进行了探讨，说明这些技术对天然气藏的识别是有效的。

1. 时频分析算法研究

时频分析技术是近年来发展起来的一项基于地震信号频谱分析的储层解释技术，与时间域地震资料分析与解释技术相比，在一定意义上，时频分析技术是地震资料解释技术的一次革命性的进步和变革。

时频分析的主要研究对象是非平稳或时变信号，其核心是用于描述信号的频谱随时间变化的分布特征，在时间和频率两个方面同时表示信号的能量或强度。20 世纪 40 年代以来，时频分析技术从提出到成熟，经历了约半个世纪的发展，在信号分析领域得到了广泛应用，并于 20 世纪 80 年代后期被引入地震信号分析领域，并被广泛应用于地震资料的分析和解释。

与利用地震资料进行地层构造解释不同，时频分析技术提供了一种新的、非传统的地震资料解释方式。该项技术能够在频率域内对地震资料进行分析,有助于解决正常情况下在时间域不能解决的问题。目前时频分析技术有两大应用领域,一是利用薄层反射的频率调谐特性,通过振幅谱陷频周期反映薄层厚度的变化,从而精细刻画薄层地质体内部的地层反射特征,客观揭示储层的纵横向变化趋势,提高薄层岩性的识别能力;二是利用地震波的传播特性,通过分析不同频带地震波的变化特征进行储层识别,进而提高岩性和流体的识别能力。

2. 时频分析技术及其实现方法

在传统的信号分析领域,基于傅里叶变换的信号频率域表示及能量的频域分布揭示了信号在频率域的特征,它们在传统的信号分析与处理的发展史上发挥了极其重要的作用。但是傅里叶变换是一种整体变换,它反映的是信号的整体特征,无法说明其中某种频率成分出现在什么时候及其变化情况。

然而,在现实中,许多信号是非平稳的,其统计量(如相关函数、功率谱等)是时变函数,即其特征是随时间变化的,地震信号就是一个典型的例子。在这种情况下,只了解信号在时间域或频率域的全局特征是远远不够的,最希望得到的是信号频谱随时间变化的情况。为此,需要使用时间和频率的联合函数来表示信号,将这种表示简称为信号的时频表示,其所用的分析手段称为时频分析。

目前常用的时频分析技术很多,如短时傅里叶变换、Gabor 变换、S 变换、广义 S 变换、Prony 变换和小波变换等。由于小波变换继承和发展了短时窗傅里叶局部化的思想,同时又克服了窗口大小不随频率变换等缺点,具有很强的时间域和频率域局部分析功能,可自动地通过尺度深时和平移实现对信号的多分辨率分析,因此它成为实现时频分析技术的重要工具。同样是小波变换,又可分为离散小波变换和连续小波变换,由于二者具有不同的实现方法,其应用领域不同。连续小波变换因其可随意选择小波的中心频率,并且在运算时在任何频段均不降低地震资料的分辨率(图16-45),因此成为地震资料时频分析的首选技术。

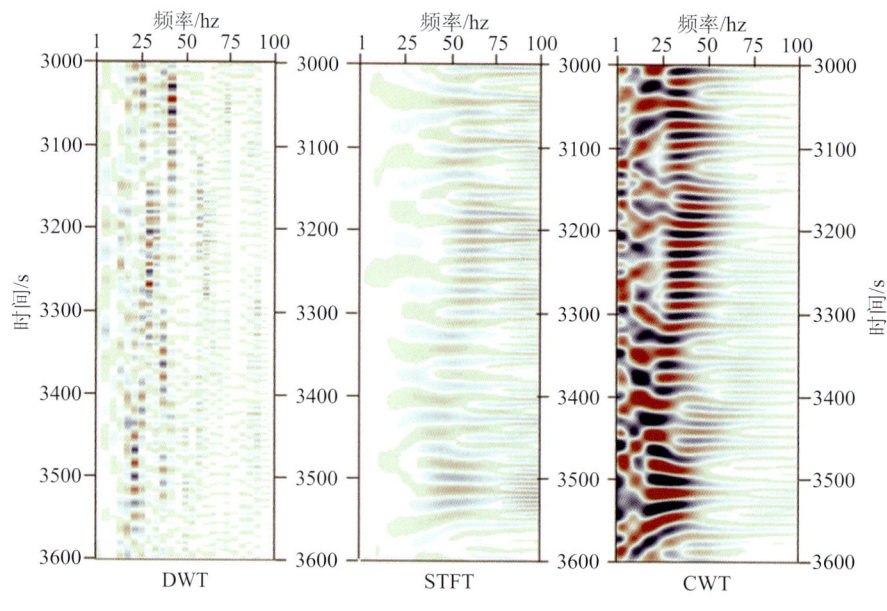

图16-45 不同类型时频分析技术效果对比(陈茂山等,2010)

在图 16-45 中，左部为离散小波变换结果。由于快速离散小波变换降低了高频部分的分辨率，导致变换结果的块状化；中部为短时窗傅立叶变换结果，由于傅立叶变换的局限性，在不同频带上地震信号的能量不够集中；右部为采用 Morlet 小波基的连续小波变换结果，它克服了离散小波变换和短时傅里叶变换的缺陷，使时频分析结果对信号的时频特征表现更加明显。

（二）基于广义 S 变换的谱分解技术

S 变换首先由 Stockwell 等提出，它是 Morlet 小波变换的延伸。在 S 变换中，基本小波是由简谐波与高斯函数的乘积构成的。基本小波中的简谐波在时间域仅作伸缩变换，高斯函数则进行伸缩和平移。与小波变换相比，S 变换的优势体现在信号 S 变换的时频谱中的频率与 Fourier 谱直接相关，基本小波不必满足容许性条件等。其理论推导为：

对 $h \in L^2$，信号 h 的 S 正变换为

$$S(\tau,f) = \int_{-\infty}^{+\infty} h(t)w(\tau-t)e^{-2\pi ft}dt$$

反变换为

$$h(t) = \int_{-\infty}^{+\infty} \left\{ \int_{-\infty}^{+\infty} S(\tau,f)d\tau \right\} e^{i2\pi ft} df$$

窗函数定义为

$$w(t) = \frac{f}{\sqrt{2\pi}} e^{\left(\frac{-f^2 t^2}{2}\right)}$$

窗函数在满足条件 $\int_{-\infty}^{+\infty} w(\tau-t)d\tau = 1$ 时，S 变换可逆。推导如下：

$$\int_{-\infty}^{+\infty} S(\tau,f)d\tau = \int_{-\infty}^{+\infty} h(t)e^{-2\pi ft}\left(\int_{-\infty}^{+\infty} w(\tau-t)d\tau\right)dt = \int_{-\infty}^{+\infty} h(t)e^{-2\pi ft}dt = H(f)$$

图 16-46(a) 是一个数学模型，共有 5 个反射，是由多个主频不同的 Ricker 子波分量叠加得到合成一维复杂地震记录模型。其中，第一个波是主频为 40Hz 的反射波；第二个波由一个 10Hz 和 40Hz 的子波叠加而成的复合波；第三个波由两个 30Hz 的子波叠加，并且这两个波有 50ms 的时移；第四个波分别由两个 20Hz 和 30Hz 的子波叠加，并且这四个子波也有 50ms 的时移；第五个波由三个 30Hz 的分量叠加，其中一个是反相位，子波间没有时移。图 16-46(b) 是对该模型进行 more 小波变换得到的时频谱，图 16-46(c) 是对该模型进行 Paul 小波变换得到的时频谱，图 16-46(d) 是对该模型进行广义 S 变换得到的时频谱。对比可以看出 Paul 小波分解结果在时间域聚焦效果优于其他两种方法，广义 S 变换在频率域的聚焦效果优于其他方法。图 16-47、图 16-48 是利用短时窗傅氏变换和广义 S 变换得到的单频体切片的对比。该数据在目的层附近有一套生物礁滩沉积。图 16-47 为基于傅里叶变换的谱分解单频振幅切片，图 16-48 为基于广义 S 变化的谱分解单频振幅切片，可以看出在断层、水下河道和生物礁内部构造的成像上，图 16-48 都要优于图 16-47。

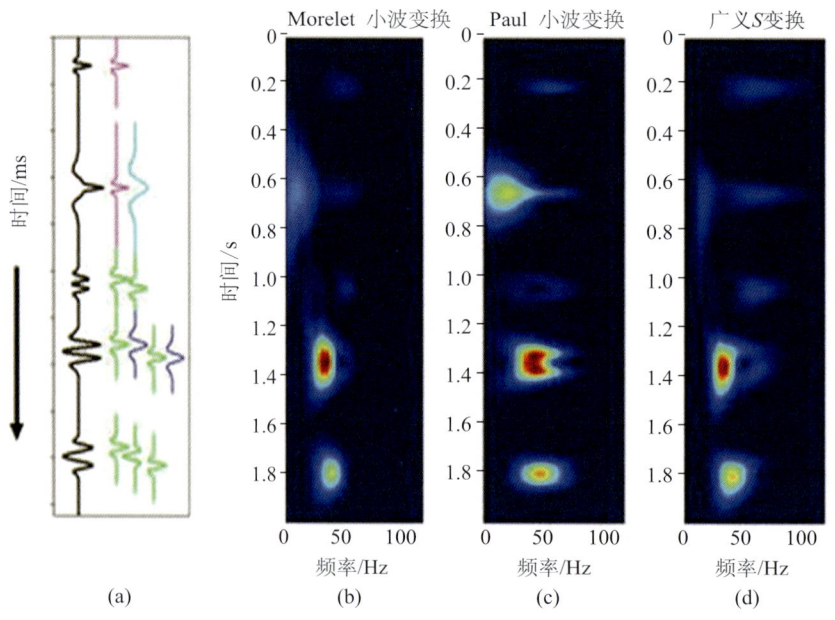

图 16-46　不同算法的时频谱对比

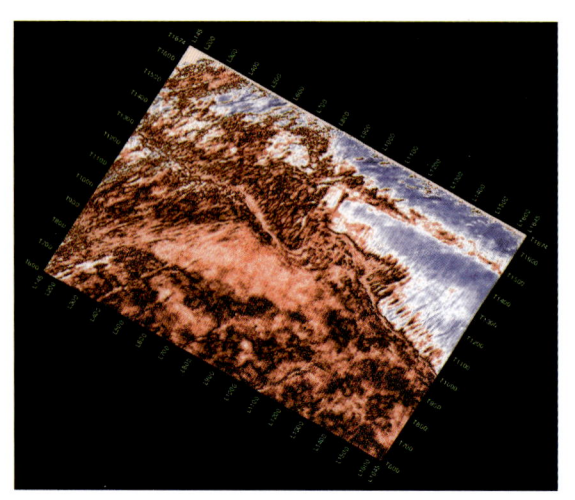

图 16-47　DFT 算法得到的单频切片

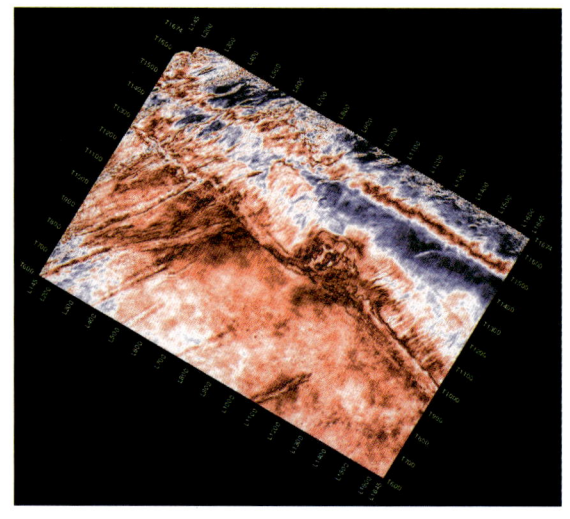

图 16-48　广义 S 变换算法得到的单频切片

（三）波形分类

波形分类方法的原理是使用神经网络技术对地震波形进行分类处理。在地震层段中，利用神经网络对实际地震道波形进行学习，通过多次迭代，构建合成地震道，并与实际地震道进行比较。根据其自适应学习和误差纠正能力，在寻求与实际地震数据较好的迭代中，合成记录并逐渐逼近，从而建立一个代表地震层段内波形差异的量板，即模型道。最后进行实际地震道与模型道的相关对比，并将与实际地震道最相似的模型道值赋予实际地震道。

（四）高亮体技术

在时频分析中，可以将三维地震数据体通过时频分析得到许多不同频率的数据体。每个数据体所包含的反映地层物性变化的信息都不尽相同。要逐一对这些数据进行分析和解释，对解释人员来说解释工作量很大，效率会很低。通过将多个单一频率的分频体中的关键信息压缩为两个体（图16-49）。一个是峰值频率体；另一个是峰值振幅减去谱平均振幅的数据体（相当于偏差），生成高亮体属性，有助于用户快速分析和解释。认识基础是：低峰值频率对应厚层、高峰值频率对应薄层；小的偏差对应正常的振幅，而大的偏差为异常振幅。

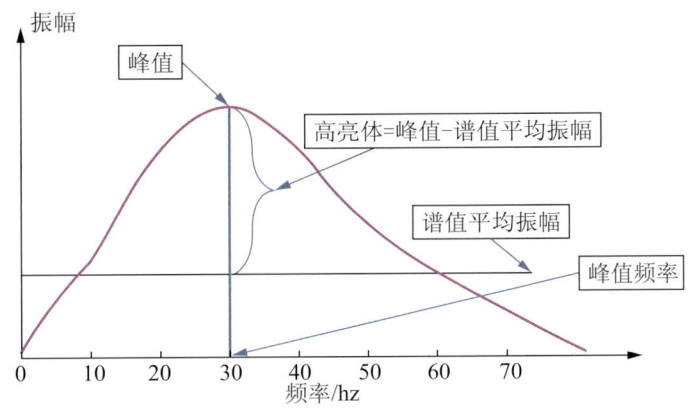

图 16-49　高亮体技术原理示意图

根据这一思路，将三维地震数据体利用时频分析方法提出三个属性数据体：峰值体、峰值频率体、峰值与谱平均振幅之差数据体。应用该方法能够在一定程度上排除假异常的干扰，突出真正异常（图16-50）。

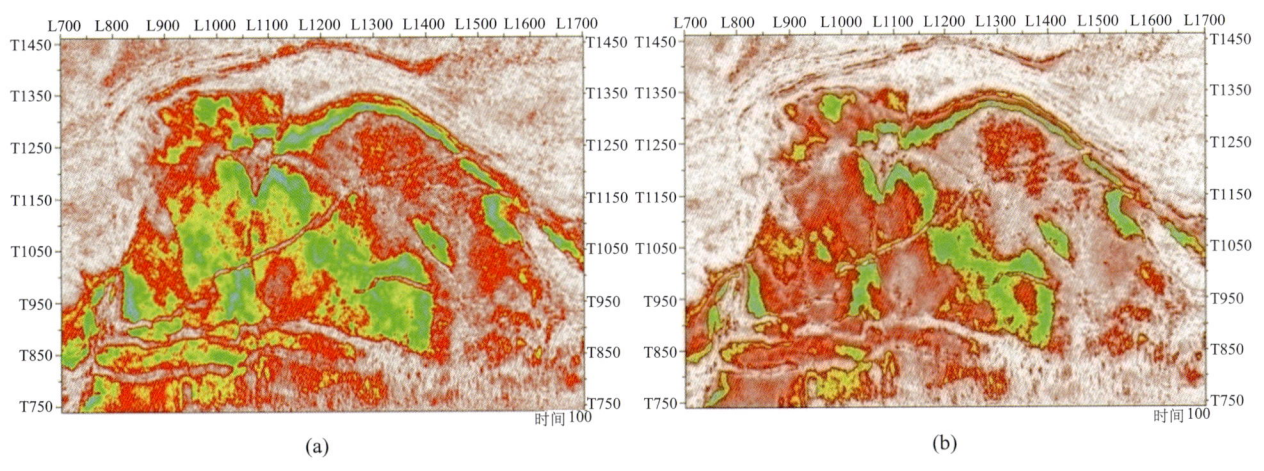

图 16-50　高亮体技术在塔中 45 井区的应用
（a）峰值切片；（b）峰值减平均振幅切片（高亮体）

二、地震反演技术

（一）横波速度估算方法

叠前反演的目标是直接从地震数据中定量提取岩性、孔隙度和孔隙流体成分，岩石物理学为地震岩性测定提供了基础依据。纵横波速度是连接岩石各种物理性质与地震波勘探的桥梁，通过对纵横波速度的研究，可以对储层岩性、物性和流体进行分析识别，其中应用纵横波速度计算的泊松比和纵横波速度比是划分岩性及识别流体的重要指标和参数。随着油田勘探开发的深入，复杂岩性储层的描述识别成为目前地震勘探的主要目标，在储层岩性及其孔隙介质识别过程中，通过增加横波速度信息和弹性参数信息，可以有效地提高储层识别精度。

随着 AVO 技术的发展和应用，提出了很多近似公式，对横波速度进行估算，如业界中常被用来简单估算碎屑岩储集层横波速度的 Castagna 泥岩线公式：

利用 Kuster-Toksöz 方程可计算出干岩骨架的体积模量和剪切模量：

$$V_s = 0.862 V_p - 1.172$$

$$K_d - K_m = \frac{K' - K_m}{3} \frac{3K_d + 4\mu_m}{3K_m + 4\mu_m} \sum_{l=s,c} \phi_l T_{iijj}(a_l)$$

$$\mu_d - \mu_m = \frac{\mu' - \mu_m}{5} \frac{6\mu_d(K_m + 2\mu_m) + (9K_m + 8\mu_m)}{5\mu_m(3K_m + 4\mu_m)} \sum_{l=s,c} \phi_l F(a_l)$$

$$F(a) = T_{ijij}(a) - \frac{T_{iijj}(a)}{3}$$

式中：K_d、K_m 和 K' 分别是干岩骨架、岩石基质和孔隙所含介质的体积模量；μ_d、μ_m 和 μ' 分别是相应的剪切模量（若求干岩模量，则令 K' 和 μ' 值为零，即孔隙中不含有任何流体）；$\sum_{l=s,c} \phi_l T_{iijj}(a_l)$ 中，l 取 s 或 c，其形成的角标分别对应砂岩和泥岩，即 a_s 和 a_c 分别为刚性（砂岩孔隙）和柔性（泥岩孔隙）孔隙的孔隙纵横比；$T_{iijj}(a_l)$ 和 $F(a)$ 是从 Eshelby 张量 T_{ijkl} 中推导出的孔隙纵横比函数，张量 T_{ijkl} 将无限空间的均匀应变场和包含弹性椭圆体物质的应变场相联系起来。

假设干岩的泊松比对于孔隙度而言近似看作是常量，则有

$$K(\phi) = K_m(1-\phi)^p, \quad \mu(\phi) = \mu_m(1-\phi)^q$$

式中：$K(\phi)$ 和 $\mu(\phi)$ 分别是孔隙度为 ϕ 时的干岩石体积和剪切模量；K_m 和 μ_m 分别是岩石基质的体积和剪切模量；

$$p = \frac{1}{3} \sum_{l=s,c} C_l T_{iijj}(a_l), \quad q = \frac{1}{5} \sum_{l=s,c} C_l F(a_l)$$

当计算出干岩的弹性模量后，Xu-White 利用 Gassmann 方程计算饱和流体岩石的体变模量和剪切模量，通过这些模量参数可以计算得到纵波和横波的速度。

用这种方法计算泥质砂岩的干岩石模量，需要已知砂、泥的基质纵横波速度和密度等。在缺乏岩心的实验室测量数据时，这种方法是可行的。通过求取岩石骨架弹性模量，再结合 Gassmann 方

程估算纵波和横波速度。

用 Gassmann 方程求取饱和岩石的体积模量 K，Gassmann 方程形式如下：

$$K = K_d + \frac{(1-\frac{K_d}{K_0})^2}{\frac{\phi}{K_f}+\frac{1-\phi}{K_0}-\frac{K_d}{K_0^2}}, \quad \mu = \mu_d$$

式中：K 和 μ 分别是饱和岩石的体积模量和剪切模量；ϕ 是孔隙度；K_0 是岩石骨架的有效体积模量；K_f 是孔隙流体的有效体积模量；K_d 和 μ_d 分别是干岩石的体积模量和剪切模量。

Gassmann 方程假设岩石的骨架是单矿物的，而实际中通常是由几种矿物组成的多相体，因此可以使用等效介质模型来计算骨架的有效模量和密度。同样，孔隙中的流体也常常是液体、气体或它们的混合物，需要计算它们的等效模量和密度。在得到岩石的体积模量和密度后，就可直接计算岩石的纵横波速度了。具体流程见图 16-51。

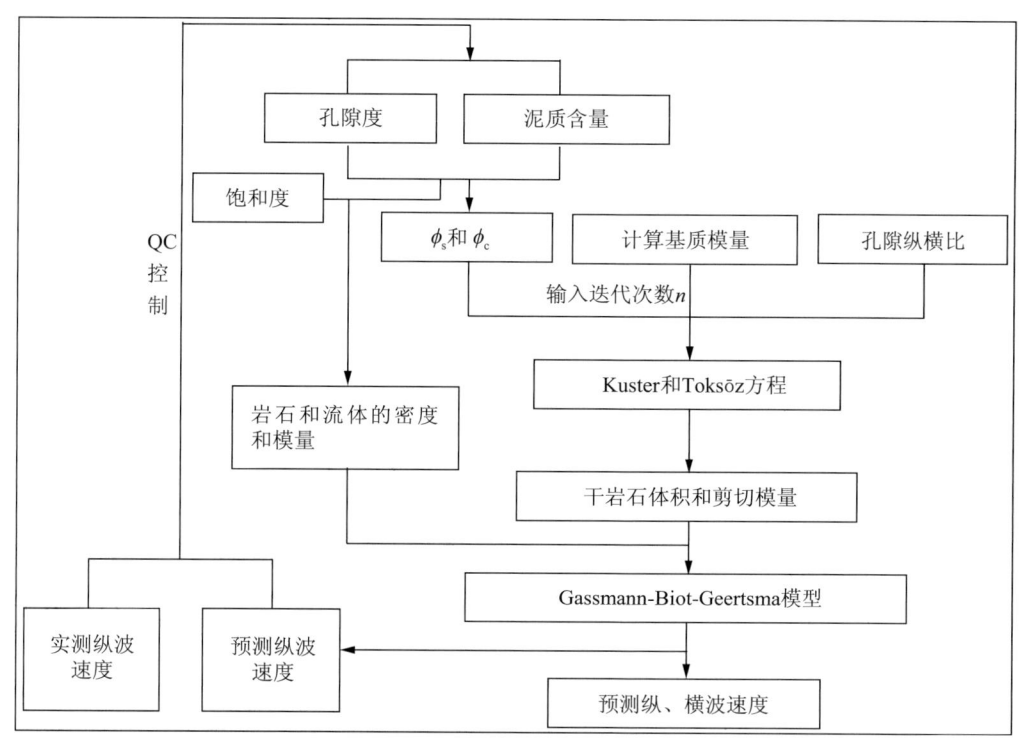

图 16-51 Xu-white 模型算法流程图

（二）弹性参数反演

为更好地描述地下储层信息，期望得到岩石物理参数数据体，其中基本的岩石物理性质（压缩性、不可压缩性、体积模量、剪切模量等）比声波速度和波阻抗更容易理解。

通常以拉梅常数 μ、λ 表示岩石的弹性性质。μ 又称剪切模量，仅受骨架连通性的影响，对流体变化不敏感。λ 表征岩石的不可压缩性，对孔隙流体的体积变化敏感。常规的 AVO 反演都是利用 Zoppritze 方程的 Shuey 近似式来表示振幅随入射角的变化特点。如 Connolly 的弹性波阻抗方程是纵、横波速度和密度的函数。从 Connolly 方程的弹性波阻抗反演数据体中可直接提取纵、横波速度和密度数据体。其他的类似于 λ、μ 等的岩石物理参数数据体只能由提取出的纵、横波速度和密度间接计算，这样就引进了人为误差。从而使得到的岩石物理参数数据体误差较大。为得到更准确的岩石物理参数数据体，减小计算误差的累积效应，人们希望通过某种方法直接提取岩石物理参数，用于储层预测。

近年来，人们在利用 AVO 技术预测含油气砂岩储层时发现，除泊松比外，其他反映岩石物理性质的弹性参量对反射振幅也有很大影响。利用弹性模量交会图不仅可以有效地提取岩性信息，而且还可以更有效地区分孔隙流体。Gray 近似便是人们利用弹性模量对反射系数的精确解进行的一种近似。

Gray 近似把佐普里兹方程表示为反射系数是剪切模量 μ、密度 ρ 和拉梅常数 λ 的函数，即

$$R(\theta)=\left[\frac{1}{4}-\frac{1}{2}\left(\frac{\beta}{\alpha}\right)^2\right]\sec^2\theta\frac{\Delta\lambda}{\lambda}+\left(\frac{\beta}{\alpha}\right)^2\left(\frac{1}{2}\sec^2\theta-2\sin^2\theta\right)\frac{\Delta\mu}{\mu}+\frac{1}{4}(1-\tan^2\theta)\frac{\Delta\rho}{\rho}$$

式中：$R(\theta)$ 为反射系数，θ 为入射角；β 为横波速度；α 为纵波速度；λ 为拉梅常数；μ 为剪切模量。

Gray 近似可以利用纵横波速度比关系式直接还原为 Xu 和 Bancroft 近似（Xu and Bancroft, 1997），其最大特点是直接利用与原含油气储层十分敏感的弹性参数的相对变化表示反射系数系列，根据该近似式可以直接提取 $\Delta\lambda/\lambda$、$\Delta\mu/\mu$ 等参数的相对变化。另外，在入射角 θ 接近 60° 时，式中的第三项趋于零，此时利用前两项完全可以代替反射系数系列，并且在入射角 θ 小于 70° 的入射范围内，Gray 近似的误差较小。

用上式进行弹性参数的反演过程与基于 Connolly 的弹性波阻抗方程的反演过程相似，都需要经过地震资料处理、测井资料处理、角度子波的提取和弹性波阻抗反演几个步骤（图 16-52），在反演得到不同入射角范围的弹性波阻抗后直接计算弹性参数。

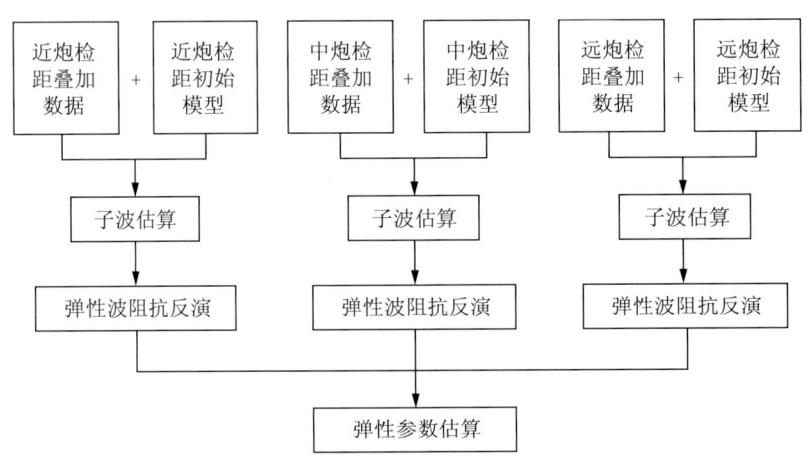

图 16-52　整体流程图

（三）叠前泊松比同步反演

地震资料含有丰富的地层岩性信息，由地震波资料提取岩性信息并预测油气的核心是地震数据的处理和解释，在高精度、高保真的地震数据资料处理的基础上，适应各向异性介质的地震波资料

多参数反演及解释显得更加重要。在实际生产中常常缺少横波测井数据，妨碍常规叠前反演算法的进行。叠前 AVO 同步反演方法充分利用地震处理得到的偏移速度场和叠前道集，通过分析道集内地震反射振幅随入射角变化的规律来预测纵波、横波速度的变化情况。避免了测井数据缺乏和不可靠的问题，避免了叠加对地震数据信息的平均作用。

根据 VTI 介质波动理论，可建立纵、横波由界面两边入射时的反射和透射系数。

同时为了更好地反映地层上下界面的特性以及便于反演，用具有较明确意义的纵波速度、横波速度、密度以及 Thomsen 各向异性系数等岩性参数来代替弹性参数。

Thomsen 定义：

$$V_\alpha = \sqrt{c_{33}/\rho}$$

$$V_\beta = \sqrt{c_{44}/\rho}$$

$$\varepsilon = \frac{c_{11} - c_{33}}{2c_{33}}$$

$$\delta = \frac{(c_{13} + c_{44})^2 - (c_{33} - c_{44})^2}{2c_{33}(c_{33} - c_{44})}$$

$$V_\alpha(\theta) \approx V_\alpha(1 + \delta \sin^2\theta \cos^2\theta + \varepsilon \sin^4\theta)$$

$$V_\beta(\theta) \approx V_\beta \left(1 + V_\alpha^2/V_\beta^2 (\varepsilon - \delta) \sin^2\theta \cos^2\theta \right)$$

设实测 CMP 道集记录为 $Y(\boldsymbol{M}, x, y) = \{y(\boldsymbol{M}, x_1, t), y(\boldsymbol{M}, x_2, t), \cdots, y(\boldsymbol{M}, x_n, t)\}$。其中，$n$ 为 CMP 道集的道数，x 为炮检距（也可为入射角 θ），t 为地震波的双程旅行时间，$\boldsymbol{M} = (V_{p1}, V_{s1}, \rho_1, \varepsilon_1, \delta_1, \cdots, V_{pm}, V_{sm}, \rho_m, \varepsilon_m, \delta_m)^\mathrm{T}$ 为模型参量，m 为地震记录的采样数，所以模型参量的维数为 $5*m$。由地震记录的褶积模型可知，地震记录等于反射系数序列与地震子波的褶积：

$$Y(\boldsymbol{M}, x, t) = w(t) * R(\boldsymbol{M}, x, y)$$

式中：$w(t)$ 为空不变地震子波，$R(\boldsymbol{M}, x, t)$ 为反射系数序列。

假设模型参数向量的初始估计为 $\boldsymbol{M}_0$，则对地震记录 $Y(\boldsymbol{M}, x, t)$ 在初始模型参量 $\boldsymbol{M}_0$ 附近用 Taylor 级数展开并略去高阶项得：

$$Y(\boldsymbol{M}, x, t) = Y(\boldsymbol{M}_0, x, t) + J(\boldsymbol{M}_0)(\boldsymbol{M} - \boldsymbol{M}_0)$$

式中，J 为 Jacobi 矩阵，其维数为 $(n*m)*(5*m)$，Jacobi 矩阵由 $Y(\boldsymbol{M}, x, t)$ 关于模型参量 M 各分量的一阶偏导数组成。如果令 $\Delta Y = Y(\boldsymbol{M}, x, t) - Y(\boldsymbol{M}_0, x, t)$ 为实测数据和用初始值取得的预测数据之差，$\Delta \boldsymbol{M} = \boldsymbol{M} - \boldsymbol{M}_0$ 为模型参数的修改增量，则有

$$\Delta Y = J \Delta \boldsymbol{M}$$

通过迭代计算，不断求解上式并修改模型参数，便可以得到模型的逼近值。

在得到反演结果纵波速度、横波速度和密度后，就可根据岩石物理学公式来计算总横波速度比、弹性模量、泊松比、弹性波阻抗等地层弹性参数。

纵横波速度比：$\gamma = V_\mathrm{p}/V_\mathrm{s}$。

泊松比：$\sigma = \dfrac{0.5\gamma^2 - 1}{\gamma^2 - 1}$。

体积模量：$K = \rho\left(V_p^2 - \dfrac{4}{3}V_s^2\right)$。

弹性阻抗是声阻抗的延伸和推广。相对声阻抗而言，弹性阻抗包含了更为丰富的岩性以及流体信息。

各向同性介质中的弹性阻抗计算公式为

$$\mathrm{EI}_{iso}(\theta) = V_{p0}\rho_0\left(\left(\dfrac{V_p}{V_{p0}}\right)^a \left(\dfrac{V_s}{V_{s0}}\right)^b \left(\dfrac{\rho}{\rho_0}\right)^c\right)$$

式中：θ 为 P 波入射角；V_p 为纵波速度；V_s 为横波速度；ρ 为地层密度；K 为纵横波速度比的平方；a，b，c 为指数因子。

$$a = 1 + \sin^2\theta$$
$$b = -8K\sin^2\theta$$
$$c = 1 - 4K\sin^2\theta$$
$$K = (V_s/V_p)^2$$

VTI 介质中的弹性阻抗（Martins, 2006）计算公式为

$$\mathrm{EI}_{ani}(\theta) = \mathrm{EI}_{iso}(\theta)\Delta\mathrm{EI}(\theta)$$

$$\Delta\mathrm{EI}(\theta) = \exp\left(\delta\sin^2\theta + \varepsilon\sin^2\theta\tan^2\theta\right)$$

弹性阻抗是入射角 θ 的函数，因此，还可计算 EI 随 θ 的变化梯度，形成弹性阻抗梯度剖面。

图 16-53 是叠前 AVO 反演的整体流程。首先输入经过动校正或叠前偏移的地震数据、建立的速度场以及构造层位信息，进行角道集转换，得到一定角度范围内的角道集数据，再估算子波，最后进行叠前反演，得到反演结果。

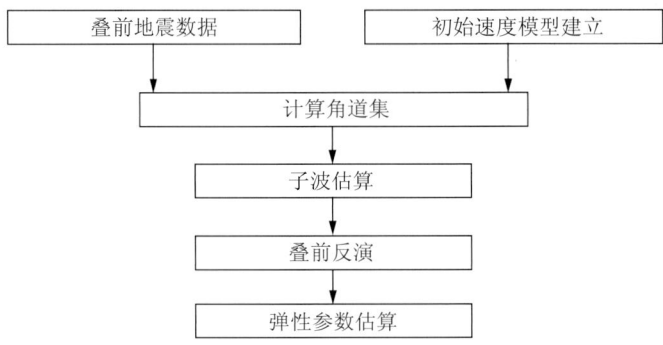

图 16-53　叠前 AVO 反演整体流程

三、AVO 含气性检测技术

（一）近、远道叠加剖面特征法

1. 方法基础

地震反射系数大小不但与介质的波阻抗差有关，而且还与地层的弹性系数有关。在碎屑岩地层中，当砂岩储层含气后，泊松比降低，可以产生 AVO 现象。利用 AVO 技术分析 CMP 道集振幅变化，即研究振幅随炮检距的变化关系，可用于检测气层。但 CMP 道集记录数据量大，资料多，剖面长，应用起来不方便，特别是 CMP 记录受野外采集资料品质和室内数据处理质量的影响大，往往 AVO 现象不很明显。当然还可以用 AVO 属性参数，如拟法线入射零炮检距剖面（由 AVO 截距 P 组成的剖面）、反映泊松比特征的（P+G）剖面等剖面识别气层。但这种属性剖面受地震分辨率和信噪比影响较大，对地震资料品质要求较高，实际利用效果不理想。与 AVO 技术相比，"亮点"技术应用的常规叠加剖面由于采用多次数字覆盖，资料一般信噪比高，数据量小，剖面短，应用方便、直观，地震解释效率高。而 AVO 技术应用地震叠前数据，信息量大、丰富，更能反映地层含流体性质特别是天然气的变化特征。

将 AVO 属性分析引入到实际资料的处理分析中时，受到地震资料信噪比、分辨率等因素的制约，使得在某些地方直接应用上述 AVO 属性参数存在一定困难，特别是在低信噪比地区，很难精确得到 AVO 属性参数。解决这一问题的简便方法之一是对叠前道集进行部分叠加，即选择不同偏移距范围内地震记录进行叠加以增强反射记录的信噪比。通常，进行叠前道集部分叠加时多选择小偏移距和大偏移距两类进行叠加，参照图 16-54 所示。采用这种部分叠加进行含气层反射特征识别方法的优点是，一方面，部分叠加可以提高不同偏移距（近道和远道）的信噪比，有利于识别含气层的标定与预测；另一方面，部分叠加不同于完全叠加，部分叠加仍然保留了含气层反射的 AVO 特征，即反射振幅的绝对值随偏移距的增大而增强的特点。

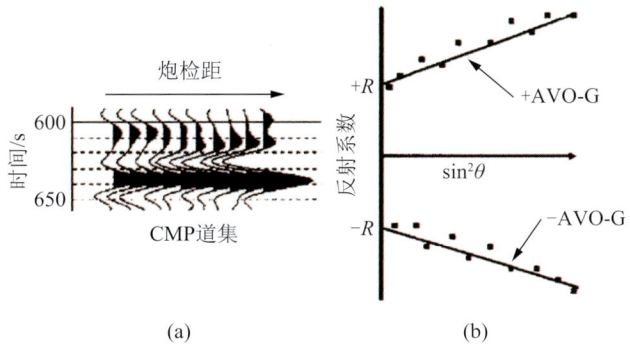

图 16-54 共中心点道集及反射系数随入射角变化特征图
(a) 共中心点道集；(b) 反射系数与 $\sin^2\theta$

对于两种偏移距部分叠加记录而言，近道叠加记录与远道叠加记录所包含的 AVO 信息有所不同，见图 16-54（b），对于近道叠加记录，其构成主要与纵波阻抗及入射角有关；而远道叠加不仅与纵波阻抗及入射角有关,而且还受横波阻抗的影响。近、远道叠加记录有利于第一、二类含气砂岩的识别。

实际资料分析中,采用近、远道叠加记录进行含气层反射特征识别时,需解决如何划分近偏移范围和远距偏移范围的问题。理想的解决方法是,通过了解含气层及其围岩的弹性参数分布,进行正演来确定划分界线。在未知弹性参数条件下,也可根据叠前反射波性相似性测度来确定近、远道叠加的偏移距范围,常用的计算方法包括欧氏距离、马氏距离、明氏距离等等。例如,使用马氏距离划分近、远偏移距计算部分叠加记录的方法如下:

Manhattan 距离是地质统计学中一种计算两个点的相似程度的算法。设多维空间中有 $A(A_1, A_2, A_3, \cdots, A_n)$、$B(B_1, B_2, B_3, \cdots, B_n)$ 两点,其 Manhattan 距离可表示为

$$M = |A_1 - B_1| + |A_2 - B_2| + \cdots + |A_n - B_n|$$

M 越小,就表示这两点越相似。利用该方法,通过计算两个波形的 Manhattan 距离可判断两个波形的相似程度。图 16-55 为一个实际道集的计算实例,根据该道集的马氏距离特征,反射波形在炮检距为 1220m 处发生明显变化。因此,这个炮检距位置可以作为近、远道叠加的分界位置。

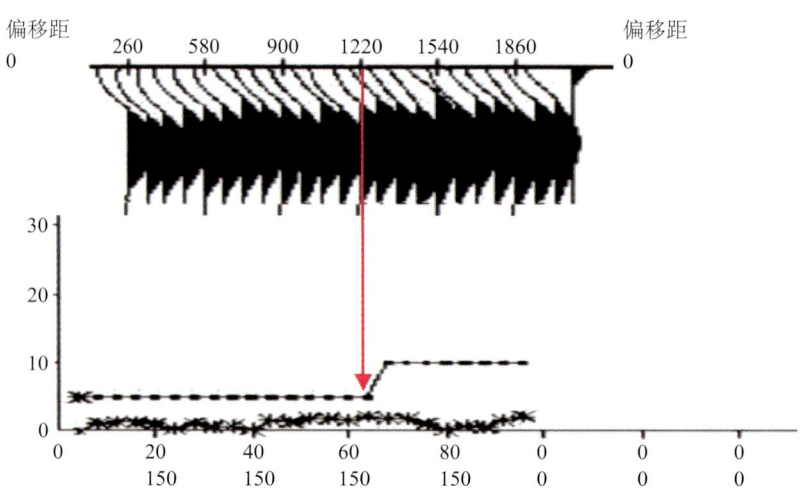

图 16-55　采用马氏距离划分近、远偏移距示意图

2. 气层地震响应类型划分

气层的地震响应受多种因素影响。鄂尔多斯盆地上古生界碎屑岩气层地震响应特征主要影响因素是气层组的厚薄、物性好坏以及气层与围岩的组合关系,是气层地震响应类型划分的主要参数。岩石的成岩作用、矿物成分、埋藏深度、温度、压力和构造等因素相对变化较小,可作为辅助因素。

为清晰明了,也便于应用,首先根据储层的含气性分为气层和致密砂岩层(非气层或差含气层),再依据气层在常规叠加剖面及近、远道叠加剖面上的地震响应特征和可分辨性,分为"厚"气层和薄气层,又考虑气藏开发的经济性,把薄气层和致密砂岩层归为一类,因此分为"厚"气层和致密砂岩层+薄气层两大类(图 16-56、图 16-57)。其地震响应类型见表 16-7。

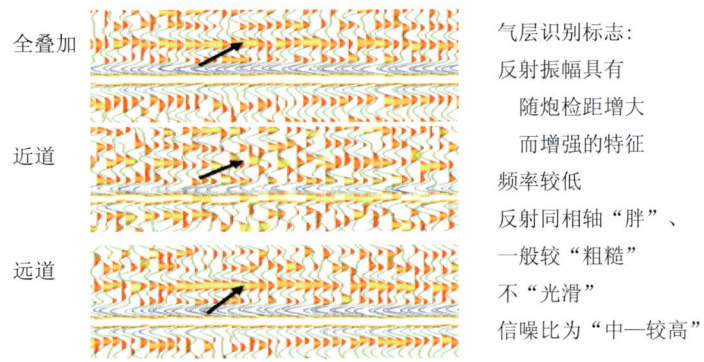

图 16-56 过苏 38-16-7 井盒 8 下气层地震响应特征图

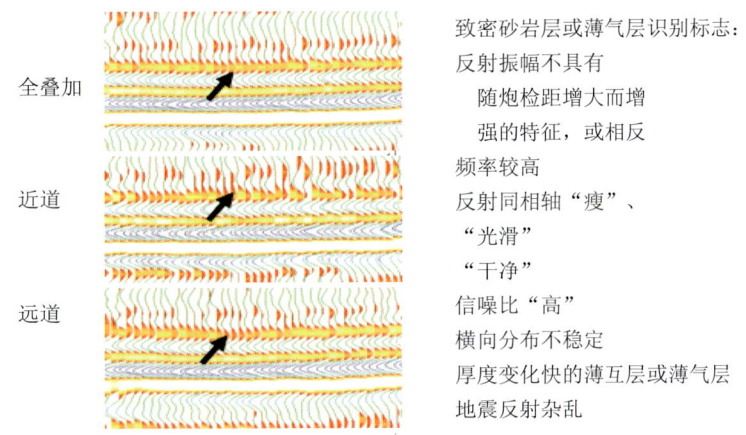

图 16-57 过苏 34-17 井致密砂岩层地震响应特征图

表 16-7 砂岩含气性的地震响应类型表

"厚"气层	致密砂层+薄气层
"亮点"型	强振幅连续反射型
中–强振幅型	弱振幅连续反射型
弱–中振幅型	中强振幅断续反射型
"暗点"型	杂乱反射型

鄂尔多斯盆地上古生界碎屑岩气层在应用常规叠加剖面时，地震分辨率按 1/4 波长计算为 30m，1/8 波长为 15m。AVO 技术 P（AVO 截距）、G（AVO 梯度）交绘图表明，6m 气层或气层组有较明显的 AVO 响应特征。依据实际资料的统计分析，厚度 4m 且分布较为稳定气层，在 AVO 远、近道叠加剖面上可显示振幅随炮检距增大而增强的特征。因此，从"厚"气层和致密砂岩层＋薄气层两大类型在地震剖面上的响应特征看，"厚"气层要有两个方面含义：一是地震剖面上有明显的响应特征，通过分析可以识别出来；二是受地震资料的品质影响大，地震资料信噪比高、波阻特征清楚、频谱宽，厚度较薄的气层仍可识别，反之即使厚度较大的气层也无法识别或产生判识错误。致密砂岩层含气性差、速度大、密度高，波阻抗值大于围岩，属非气层类型；薄气层因地震分辨率不够，在地震剖面上没有明显的气层地震响应特征，薄气层的判识也受地震资料品质的影响。

3. 气层的识别

（1）"厚"气层的地震响应特征

①"亮点"型。在常规叠加剖面上反射振幅强，呈"亮点"特征，在近、远道叠加剖面上，都有较强的反射振幅，反射振幅具有明显的随炮检距增大而增强的特征。该类型气层组厚度较大，物性好，与上覆盖层有较大的负波阻抗差。

②中强振幅型。在常规叠加剖面上为中强振幅，近道叠加剖面上为中弱反射振幅，远炮检距叠加剖面上为强反射振幅，呈"亮点"特征，反射振幅具有明显的随炮检距增大而增强特征。属于气层组厚度较大、物性较好、与上覆盖层存在负波阻抗差的气层组合地震反射特征。

③中弱振幅型。在常规叠加剖面上为中弱振幅，近道叠加剖面上为弱反射振幅，呈"暗点"特征，远道叠加剖面上为中—强振幅，反射振幅具有随炮检距增大而增强的特征。该类型地震反射特征代表气层组较厚，物性中—较差、气层的波阻抗值虽小于上覆盖层，但差异较小的气层组合。

④"暗点"型。在常规叠加剖面和近、远道叠加剖面上为"干净"的空白反射，呈"暗点"特征，反射振幅随炮检距增大而增强，但不明显。气层组的厚度大，物性相对差，气层组的波阻抗与上覆盖层差值小或略高于盖层的波阻抗。

以上四种类型气层在常规叠加剖面及近、远道叠加剖面上有特征的频率特性，表现为频率较低，反射同相轴"胖"，一般较"粗糙"、不"光滑"，信噪比为"中 - 较高"。这些反射特征与振幅的变化一样，都是气层综合识别的重要参数（图16-58）。

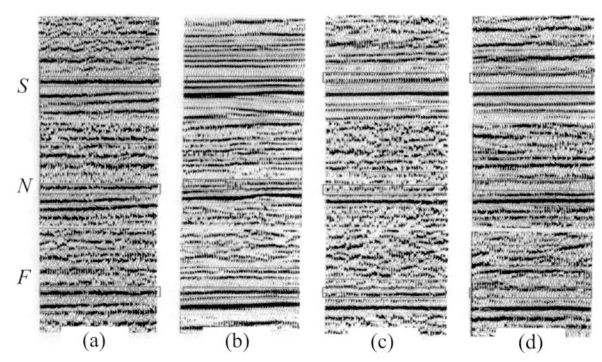

图 16-58 "厚"气层地震响应特征图
(a)"亮点"型；(b)中 - 强振幅型；(c)弱 - 中振幅型；(d)"暗点"型
S，常规叠加剖面；N，近道叠加剖面；F，远道叠加剖面

（2）致密砂岩层或薄气层的地震响应特征

①强振幅连续反射型。常规、近道和远道叠加剖面上均为强反射振幅，反射同相轴"瘦"且"光滑"，连续性好，近、远道叠加剖面振幅没有明显的变化，或者有较大的振幅增强，为致密砂岩型、砂泥岩互层、单层厚度较大的地震反射特征。

②弱振幅连续反射型。三种剖面上均表现为弱的反射振幅，反射同相轴连续性较好，近、远道叠加剖面振幅没有明显的变化，或近道比远道振幅强。是较为稳定的砂泥薄互层地震反射特征。

③中强振幅断续反射型。反射同相轴能量团断断续续，横向变化快，但较强，反射同相轴连续性较差，远道比近道叠加剖面的振幅有较小的增强。为砂泥薄互气层或致密砂岩层、横向变化较

大、砂体延续范围小的岩性组合或气层组合地震反射特征。

④ 杂乱反射型。反射断断续续，杂乱，反射同相轴连续性差，近、远道叠加剖面上没有明显的振幅增强或减弱的变化。为砂泥薄互透镜状地震反射特征。

分布稳定的致密砂岩层或砂泥岩薄互层与"厚"气层的反射特征相反，频率较高，反射同相轴"瘦"、"光滑"、"干净"，信噪比"高"，而横向分布不稳定、厚度变化快的薄互层或薄气层，地震反射杂乱或断续反射，信噪比"低"（图 16-59）。

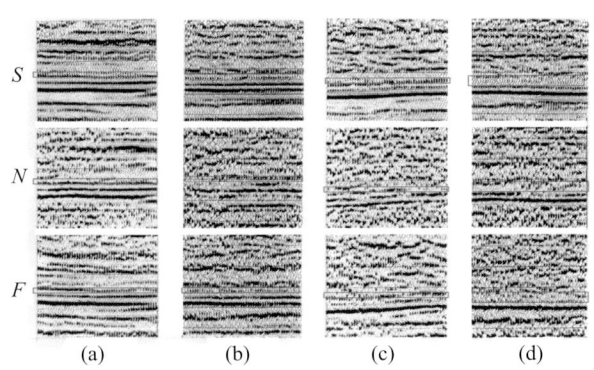

图 16-59　致密砂岩层与薄气层地震响应特征图
（a）强振幅连续反射型；(b)弱振幅连续反射型；(c)中强振幅断续反射型；(d)杂乱反射型
S, 常规叠加剖面；N, 近道叠加剖面；F, 远道叠加剖面

（二）异常振幅法

1. 异常振幅属性的提出

近十年来，地震属性分析技术已经成为储层参数预测的一项重要技术。地震属性是指那些由叠前或叠后地震数据，经过数学变换而导出的相关地震波的几何形态、运动学特征、动力学特征和统计学特征的特殊测量值。通过十几年的探索和技术总结，现在可以计算统计出振幅、波形、相位、相关、频率、比率、能量和衰减等八大类上百种地震属性。地震属性分析的一个很重要的问题是大多数地震属性没有明确的地质意义，在实际地区应用时应结合地区的实际情况进行归纳总结。多解性是地震属性的另一个特点，一种地质异常并非只引起一种地质属性响应，同样，一种地震属性不仅仅对应一种地质异常。

目前振幅属性是地震属性中最敏感、应用的最广泛的地震属性，是地震资料岩性解释和储层预测中最常用的动力学参数。总的来说，振幅特征是岩性变化、流体变化、岩性物性特征变化、不整合面、地层调协效应和地层层序变化等诸因素的综合。振幅属性可以表述为：均方根振幅、最大峰值振幅、平均峰值振幅、最大谷值振幅、平均谷值振幅等多种形式。

大量油气勘探实践和经验的统计结果表明，油气储层性质与地震属性之间确实存在某种统计相关性。振幅类属性都可能反映有关地层或流体变化，只不过是敏感程度不同。用地震属性进行含气性检测的问题是迄今还没有提出一种属性具有明确的地质含义，可以用于气层预测。

对此提出异常振幅属性可以用于气层检测。异常振幅属性是表征由于储层含气引起的在叠前道集上气层反射振幅随偏移距变化而形成的振幅异常。如图 16-60 所示，通过苏 25-39-12 井的 AVO

正演模拟可以知道，苏里格地区盒 8 气层地震反射随偏移距的增加而增加，这种振幅异常就显示了气层的存在，因此异常振幅属性就具有指示含气的地质意义。

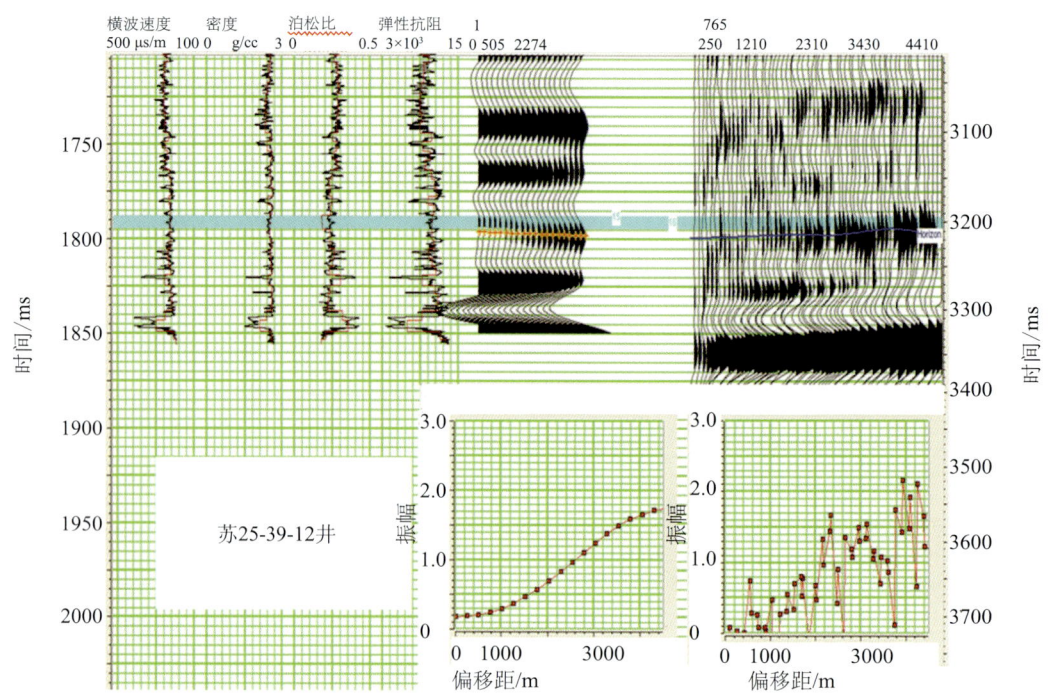

图 16-60　苏 25-39-12 井 AVO 正演记录

始于 20 世纪 70 年代的"亮点"技术就是利用异常振幅的一种形式。亮点的形成通常是由于上覆层的速度本来低于储集层的速度，当孔隙中充填的流体是气而非水时，上覆层和储集层的速度差异就会加大，导致储层顶部产生的反射波的振幅增强。

因此认为利用异常振幅属性进行气层识别必须是在叠前进行，在叠前道集上选取对气层反映最敏感的反射道范围，提取其异常振幅属性，进行气层检测。

储层含气引起的振幅异常不仅与气层与围岩的波阻抗差异有关，还与气层与围岩的泊松比的差异有关。怎样提取异常振幅属性，认为在不同的气区应首先选取该区的实际地层的速度、密度及泊松比等地球物理特征参数，建立 AVO 正演模型，研究气层反射振幅随偏移距的变化规律，选取对气层反射振幅变化最敏感的道集范围，沿层提取振幅异常。提取异常振幅属性的另一个重要参数是计算时窗，计算时窗的设立，不能太大，又不能太小，既要尽可能剔除目的层外的地震信息，同时又要考虑地震资料固有的分辨率，保证提取的异常属性准确可信。

2. 异常振幅气层检测

异常振幅属性可以用来进行气层检测。在实际工作中通过 AVO 正演模拟来确定提取异常振幅属性的关键参数。图 16-61 是选取苏里格气田的实际地层地球物理参数做的 AVO 正演模型。

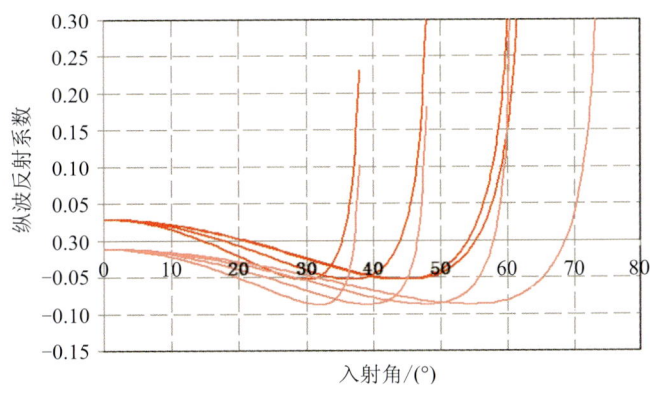

图 16-61　苏里格地区气层纵波反射系数正演曲线图

根据苏里格地区气层纵波反射系数正演曲线图分析可知，在苏里格地区对气层最敏感的地震反射最大入射角为 35°～37°，据此可以确定在叠前道集上提取异常振幅属性的道集范围。另外还根据合成记录标定来确定异常振幅属性提取的时间窗口。在获得这两个重要参数后，就可以沿层提取异常振幅属性，对气层在平面上的分布进行刻画，寻找有利的含气富集区。

（三）振幅－频率法

1. 理论基础

实际上地下勘探目标往往是多变的，而作为地震波传播和反射的载体，并不像大多数地震勘探理论所假设的那样，是完全弹性的，而是黏弹性的或各向异性的。地震波（假设为平面波）在黏弹性介质中传播时，波的弹性能量逐渐被介质吸收，最终转化为热能。弹性能转换成热能的过程称之为吸收，吸收的结果是造成波的衰减。

实验室测量表明：对于 P 波来说，完全干燥的岩石品质因子最大；完全饱和的岩石品质因子较小；部分饱和岩石品质因子最小。因此，衰减因子可以有效指示储层是否含气。地震波的球面发散与吸收衰减特性可近似的由下式表示：

$$h = (t, f) \frac{1}{\upsilon t} \mathrm{e}^{-\alpha(t,f)t}$$

式中：υ 为传播速度；t 为传播时间；$\alpha(t,f)t$ 为吸收衰减系数。

介质的吸收效应在地震勘探理论中是用参数"品质因子 Q"来描述的，它是信号中储存能量与频散能量的比率。品质因子越小，说明岩石的衰减越严重，也就是说信号的能量被强烈吸收。地震波在黏弹性介质中传播理论表明：介质的速度频散导致在时间域波的振幅随传播时间呈指数衰减，传播波形发生畸变；在频率域，振幅随频率成指数衰减，表现为高频成分被吸收，相位谱随着传播时间在不断变化，这种变化很难用直观的方法来描述，而振幅谱的表达方式则相对比较简单，当前人们主要利用地震信号的振幅谱来研究地下介质的衰减特性。

在碎屑岩地区，地震波通过天然气富集区时，高频能量衰减明显，图 16-62 反映高产气层的地震频谱主振幅频率为 16～18Hz，非含气井或低产气井地震频谱主振幅频率大于 22Hz，富气区比贫气区在地震频谱图上主振幅频率低 4～6Hz。

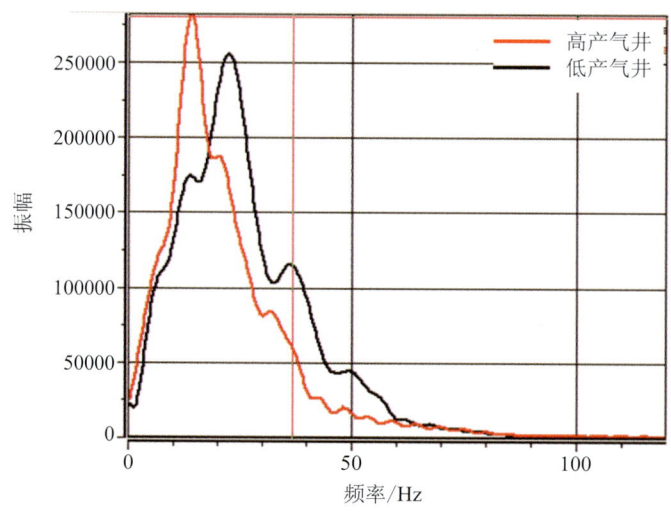

图 16-62　高、低产气井目的层段地震频率 - 振幅图

2. 吸收系数计算

在上述分析的基础上，可以通过计算拟吸收系数来评价地震波能量衰减与吸收的程度，从而进行气层检测。方法是用小波变换求取异常谱，用高、低频振幅比计算出高频衰减率，即拟吸收系数，可以用来分析地震资料中衰减吸收异常，进行气层检测。设地震信号 $s(t)$ 的小波变换为

$$S(b,a) = \frac{1}{a}\int_{-\infty}^{+\infty} s(t) \overline{g\left(\frac{t-b}{a}\right)} dt$$

$$= \frac{1}{a}\int_{-\infty}^{+\infty} s(t)\left[g_{\mathbf{R}}\left(\frac{t-b}{a}\right) - ig_i\left(\frac{t-b}{a}\right)\right] dt$$

$$= S_{\mathbf{R}}(b,a) + S_i(B,A)$$

$$S_{\mathbf{R}}(b,a) = \frac{1}{a}\int_{-\infty}^{+\infty} s(t) g_{\mathbf{R}}\left(\frac{t-b}{a}\right) dt$$

$$S_{\mathrm{I}}(b,a) = \frac{1}{a}\int_{-\infty}^{+\infty} s(t) g_i\left(\frac{t-b}{a}\right) dt$$

式中：b 为时间因子，且 $t, b \in \mathbf{R}$；a 为尺度因子，且 $a \in \mathbf{R}\{0\}$，$\overline{g\left(\frac{t-b}{a}\right)}$ 为小波函数 $g(\frac{t-b}{a})$ 的共轭；$S_{\mathbf{R}}(b,a)$ 为小波函数的实部；$S_{\mathrm{I}}(b,a)$ 为小波变换的虚部。

如果小波函数满足

$$g(t) \in L^1(\mathbf{R}, dt) \cap L^2(\mathbf{R}, dt)$$

$$g(\omega) \in L^1\left(\mathbf{R}/\{0\}, \frac{d\omega}{\omega}\right) \cap L^2\left(\mathbf{R}/\{0\}, \frac{d\omega}{\omega}\right)$$

$$C_g = \int_0^\infty \frac{g_{\mathbf{R}}(\omega)}{\omega} d\omega < \infty, \ C_g \neq 0$$

则

$$\frac{1}{C_g} = \int_0^\infty S(b,a)\frac{da}{a} = S(b) + iH(S(b))$$

即小波变换的虚部是实部的 Hilbert 变换。

定义对应不同尺度因子 $[a_i, a_i+1]$（相当不同频带）的瞬时振幅为

$$A(b,a) = \sqrt{S_R^2(b,a) + S_I^2(b,a)}$$

式中：$a \in [a_i, a_{i+1}]$。

当地震波穿过油气层时，瞬时振幅的高频成分明显被吸收，而低频成分基本被保留。因此，定义物理参数拟吸收系数为：

$$C_i = \lambda_i \frac{A_{Hi}}{A_L}$$

式中：A_{Hi}、A_L 分别表示高、低频的瞬时振幅；λ_i 为对应不同 A_{Hi} 的校正系数；C_i 为吸收系数；i 为高频段的频数序号（$a \in [a_i, a_{i+1}]$）；A_L 为低频主频振幅（具体频率由试验确定）。

由于拟吸收系数数据体异常差异太大，加上从浅到深低频成分加大，高频吸收增大，因而很难直接从拟吸收系数数据体上分析和确定与油气有关的拟吸收系数低值异常区，为了便于识别油气引起的拟吸收系数较低值异常，采用沿层开时窗提取的方法计算目的层的拟瞬时吸收系数。

四、裂缝预测技术

（一）地层倾角、方位角预测断层

众所周知，叠后地震反射消除了地震波旅行路径差异后，等效于垂直入射。这样，叠后地震反射波同相轴的倾斜角度和展布情况与地下反射层基本对应。所以，通过计算反射波同相轴的倾角和方位角来推知地层的倾角和方位角是可行的。并且随着应用范围的扩大，倾角和方位角体能成为一种非常有价值的解释工具。首先，利用图 16-63 来定义地层倾角和方位角的关系。在计算该类属性的早期，是通过拾取的层位信息来计算的。通过实际应用发现，地层倾角和方位角能突出地下那些断距少于 10ms 的断层。随着算法的开发，现在可以在不要拾取层位的情况下计算三维反射层的倾角和方位角。目前最常用的算法是利用复数道分析计算倾角矢量和三维倾角矢量的多窗口估算两种方法。目前开发的是利用复数道分析计算倾角矢量。

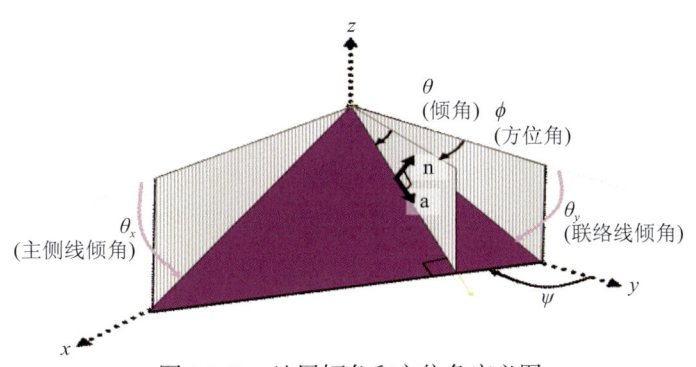

图 16-63　地层倾角和方位角定义图

首先，利用 Hilbert 变换求取地震道的正交道，再求取瞬时相位和瞬时频率，求取主测线和联络线的瞬时波数（沿测线方向对瞬时相位求导），沿测线方向的瞬时波数与瞬时频率相除即可得到

沿测线的瞬时倾角。

具体计算公式如下：

瞬时相位：

$$\phi = \tan^{-1}(d^H / d)$$

瞬时频率：

$$\omega = 2\pi f = 2\pi \frac{\partial \phi}{\partial t} = 2\pi \frac{d\dfrac{\partial d^H}{\partial t} - d^H \dfrac{\partial d}{\partial t}}{d^2 + (d^H)^2}$$

主测线方向瞬时波数：

$$k_x = \frac{\partial \phi}{\partial x} = \frac{d\dfrac{\partial d^H}{\partial x} - d^H \dfrac{\partial d}{\partial x}}{d^2 + (d^H)^2}$$

联络线方向瞬时波数：

$$k_y = \frac{\partial \phi}{\partial y} = \frac{d\dfrac{\partial d^H}{\partial y} - d^H \dfrac{\partial d}{\partial y}}{d^2 + (d^H)^2}$$

瞬时视倾角：

$$p = \frac{k_x}{\omega}, \quad q = \frac{k_y}{\omega}$$

式中：d 是原始地震道；d^H 是原始地震道的 Hilbert 变换。

通过应用于实际资料（图 16-64），可以看出在倾角中对断层的反映十分清晰，特别是一些细小的地方比相干还要好。

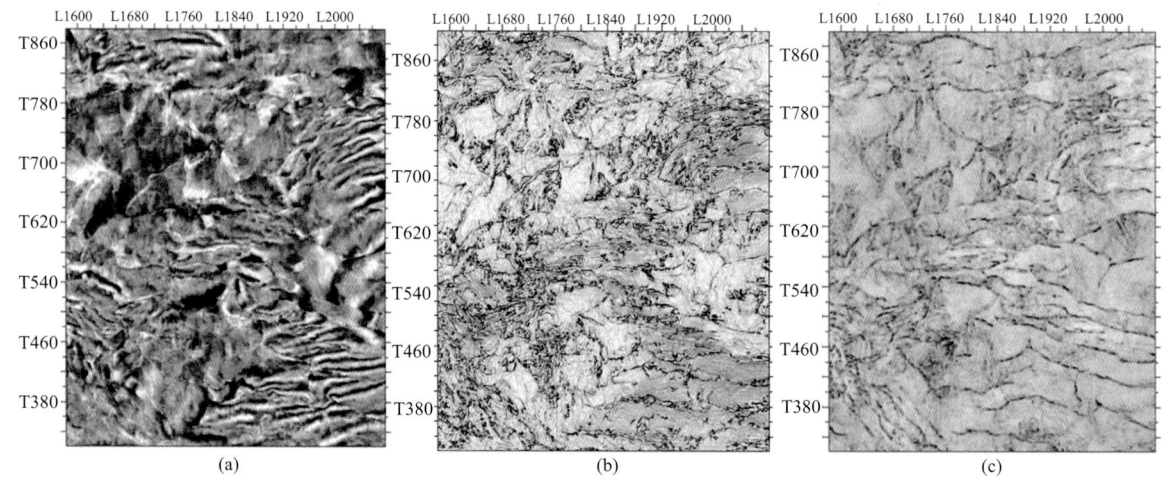

图 16-64　地震时间切片、倾角切片、相干切片比较
（a）地震时间切片；（b）倾角切片；（c）相干切片

(二)体曲率分析

曲率是一条曲线的二维属性,它是一个圆半径的倒数(图 16-65),大小可以反映一个弧形的弯曲程度,曲率越大越弯曲。对于脆性岩石,裂缝发育程度与弯曲程度成正比。所以,用构造曲率法评价裂缝是合理的。曲率是描述曲线上任一点的弯曲程度。它与地质现象能很好地联系起来,在图 16-65 中进行了标注说明。

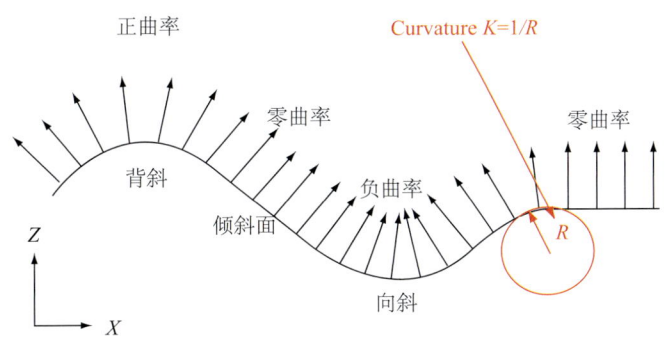

图 16-65　二维曲率的基本概念定义

根据构造最终变形结果,从构造形态分析断裂分布特征,其结果主要反映现代构造裂缝的展布状况。从数学的观念来看,裂缝分布主要可由构造面的曲率来反映。通俗的说,曲面的构造曲率越大,就越弯曲,越弯曲就越容易有裂缝。

网格化的层面曲率计算有很多种方法,本次研究采用最小二乘法计算的,为计算某一点的曲率,用周围八个网格点的数值对局部进行拟合,再用相邻的 3×3 网格面元做逼近(图 16-66)。

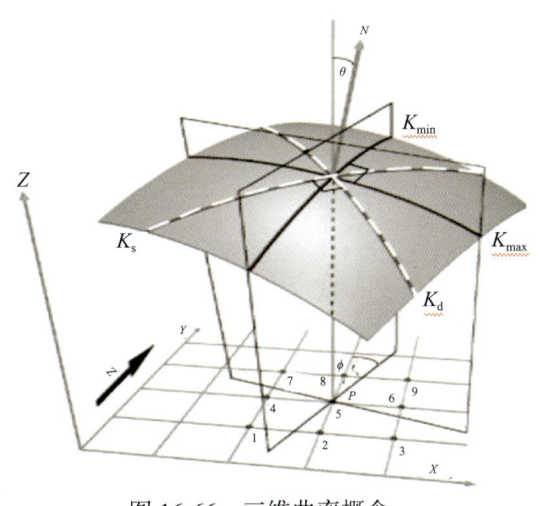

图 16-66　三维曲率概念

Davis 给出了构造面拟合的二次趋势面,其一般表达式为[9]

$$f(x,y) = ax^2 + by^2 + cxy + dx + ey + f$$

式中:

$$a = \frac{1}{2} \cdot \frac{d^2 y}{dx^2} = \frac{z_1 + z_3 + z_4 + z_6 + z_7 + z_9}{12(\Delta x)^2} - \frac{z_2 + z_5 + z_8}{6(\Delta x)^2};$$

$$b = \frac{1}{2} \cdot \frac{d^2 z}{dx^2} = \frac{z_1 + z_2 + z_3 + z_7 + z_8 + z_9}{12(\Delta x)^2} - \frac{z_4 + z_5 + z_6}{6(\Delta x)^2};$$

$$c = \frac{d^2 z}{dxdy} = \frac{z_1 + z_2 - z_7 - z_9}{4(\Delta x)^2};$$

$$d = \frac{dz}{dx} = \frac{z_3 + z_6 + z_9 - z_1 - z_4 - z_7}{6\Delta x};$$

$$e = \frac{dz}{dy} = \frac{z_1 + z_2 + z_3 - z_7 - z_8 - z_9}{6\Delta x};$$

$$f = \frac{2(z_2 + z_4 + z_6 + z_8) - (z_1 + z_3 + z_7 + z_9) + 5z_5}{9}。$$

利用上述公式，可以求得曲率计算中的两个重要的性质：

$$\text{DipAngle} = \tan^{-1}(\sqrt{d^2 + e^2})$$

$$\text{Azimuth} = \tan^{-1}\left(\frac{e}{d}\right)$$

同时可以计算出平均曲率 K_m、用 Euler 公式来计算一点的曲率、极大曲率 K_{max}、极小曲率 K_{min}：

$$K_m = \frac{a(1+e^2) + b(1+d^2) - cde}{(1+d^2+e^2)^{3/2}}$$

$$K_g = \frac{4ab - c^2}{(1+d^2+c^2)^2}$$

$$K_{max} = K_m + \sqrt{K_m^2 - K_g}$$

$$K_{min} = K_m - \sqrt{K_m^2 - K_g}$$

最后，可求得层上任一点的 K_i：$K_i = K_{max} \cos^2 \delta + K_{min} \sin^2 \delta$。

大多数正曲率和大多数负曲率计算公式：

$$k_{pos} = (a+b) + [(a-b)^2 + c^2]^{1/2}$$

$$k_{neg} = (a+b) - [(a-b)^2 + c^2]^{1/2}$$

这是两个应用非常广泛的曲率属性。

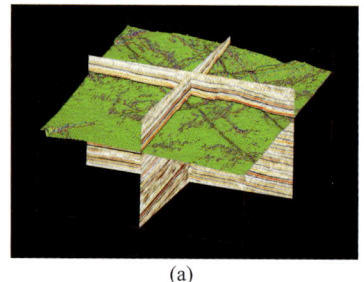
(a)

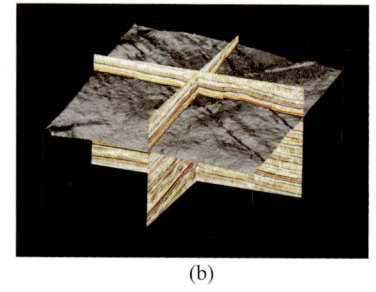
(b)

图 16-67　平均曲率与方差比较
（a）平均曲率；（b）方差

图 16-66 是沿层平均曲率与方差比较，从中可以看出平均曲率很好地反映了断裂系统。图 16-67 是曲率属性和方差属性的对比，可以看出平均曲率属性不仅能和方差属性一样较好的描述了大的断裂的走向和组合关系，对小的断裂也能很好的成像。图 16-68 是各种不同沿层曲率，它们都很好地体现了断裂系统的分布。

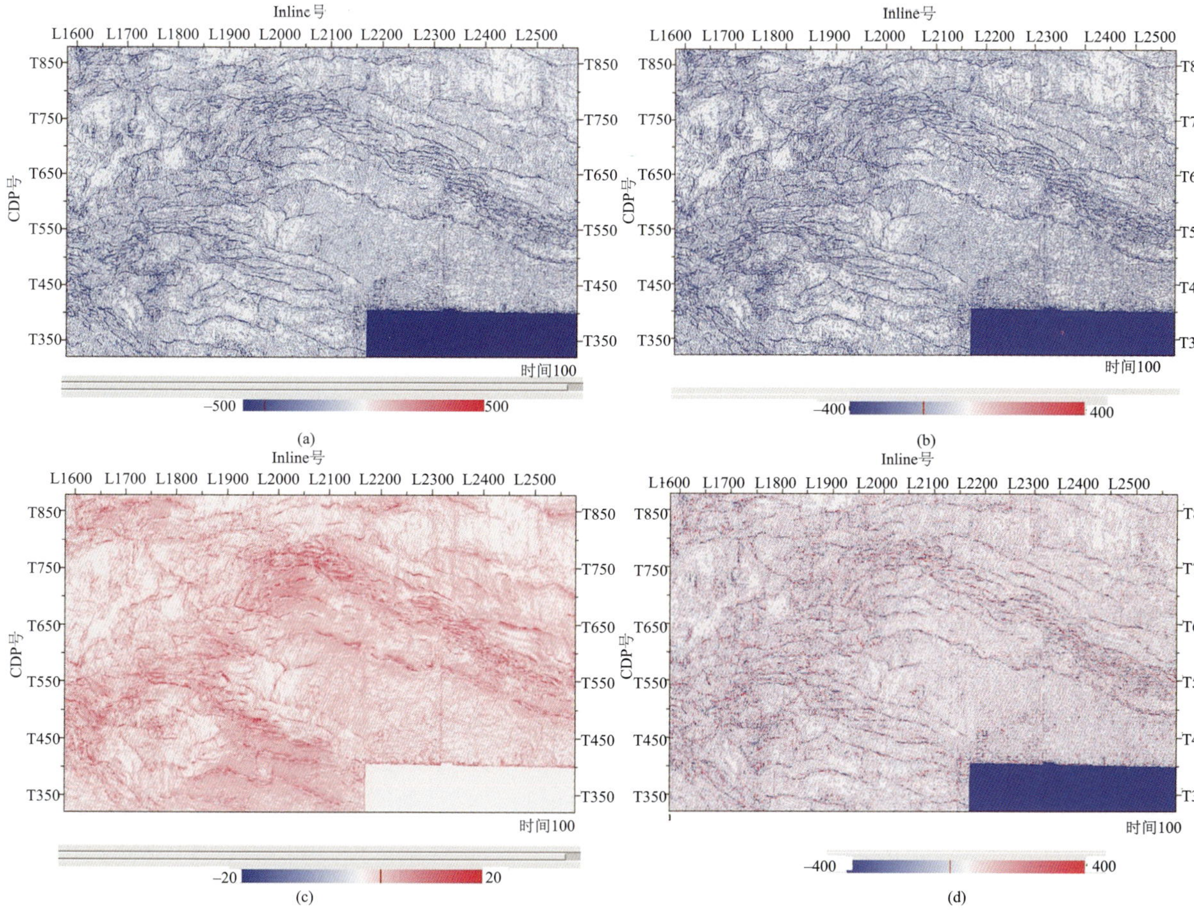

图 16-68　各种曲率结果
(a) 大多数负曲率；(b) 最小曲率；(c) 平均曲率；(d) 曲率倾角

（三）多方位 AVO 裂缝预测技术

裂缝性储层已成为油气勘探中不可回避的一个重要领域，由于裂缝性地层最明显标志是横波分裂，因此最初人们使用横波来探测裂缝，但横波勘探成本昂贵，同时资料信噪比较低。

近年来，有关应用纵波地震勘探资料检测储层裂缝的分布已引起石油工业界的广泛兴趣，在这些方法中，采用 AVO 技术对叠前三维道集资料进行多方位分析，以确定储层中裂缝的分布状况更是具有代表性和概括性的前缘研究，并在近几年得到了迅速发展，Schoenberg、D.Cray、Feng Shen 等利用地震波方位 AVO 检测裂缝的分布，取得了良好的效果。

AVO 之所以能用于储层裂缝预测是因为裂缝能导致地震波属性（如地震振幅或速度等）随方位角变化而变化，即方位各向异性。方位各向异性尽管也受到沉积历史和沉积类型的影响，但主要还是受裂缝及地层压力等因素的控制。

1. 储层各向异性与地震观测方位

现在愈来愈多的野外地震资料和实验室岩石测试结果都证明，地壳上的沉积岩普遍表现出各向异性（Crampin，1984），如一般泥岩都表现为各向异性。在多方位 AVO 研究中，可以将介质的各向异性被定义为地震波在介质中传播时地震属性随入射角度的变化而变化的特征。石油勘探中所遇到的各向异性主要是由周期性的薄互层、透镜体或裂隙所引起的。特别是与裂缝有关的方位各向异性对地震波的传播有很大的影响。

裂缝所表现的各项异性主要表现在两个方面：一是速度的各向异性，二是 AVO 异常属性的各向异性。根据裂缝介质的速度模型（图 16-69）有

$$V = V_0 \left[1 - b\varepsilon(1 - \cos^2 a \cdot \cos^2 \theta) \right]^{\frac{1}{2}}$$

式中：V 为地震波在裂缝介质中的传播速度；V_0 为地震波在无裂缝介质中的传播速度；b 为常数（0~1）；ε 为裂缝密度；a 为地震波传播方向与裂缝带（面）的夹角；θ 为地震波传播方向与裂缝带（面）走向的夹角。

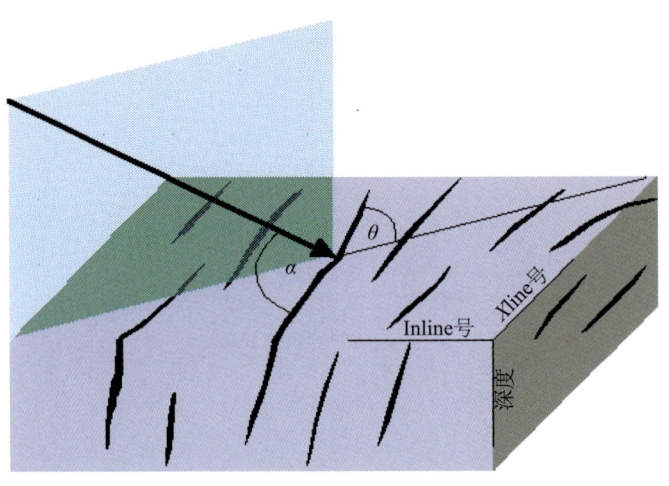

图 16-69 裂缝地层地震反射示意图

公式可以这样理解：在裂缝地层中，当观测方向垂直裂缝走向时，裂缝对 AVO 属性参数的影响达到最大；当观测方向水平裂缝走向时，裂缝对 AVO 属性参数的影响达到最小。因此，对裂缝储层同一地点的多方位 AVO 观测都会表现出相应的差异；任何影响纵波速度变化的因素会导致反射系数的变化。只有当储层不发育裂缝时，这种差异才会达到被忽视的程度。

2. 地震资料的处理及表征

多方位 AVO 裂缝检测技术是一项集地震采集、处理和解释为一体的综合性技术，其关键技术包括：宽方位三维地震采集技术、高精度和地表一致性的叠前预处理技术和多方位 AVO 属性提取技术等。宽方位三维地震资料是多方位 AVO 裂缝检测技术应用的前提，叠前精细保幅预处理是提高裂缝预测精度的基础。因此要想获得好的应用效果，地震 CDP 道集资料必须满足以下基本条件：

（1）地震数据必须是宽方位采集：方位角分布较好，远近炮检距分布较均匀，有较高的覆盖次

数且覆盖次数分布均匀、纵横向次数接近；目的层最大入射角 30°左右；

（2）目的层地震资料要有较高的信噪比；

（3）精细相对保幅处理：尽可能保持可靠的相对振幅变化；

（4）叠前时间或深度偏移处理。

由于裂缝的 AVO 研究是建立在 AVO 属性参数的方位性差异的基础上的，因此，资料的处理不仅要以针对 AVO 应用目标为前提，在尽可能保幅的条件下，进行各种校正和去噪，继而进行地震道集的叠前时间偏移，而且，在对资料进行偏移前，还必须对资料进行不同方位的采样，形成不同方位角范围的道集数据体，再对各数据体进行单独偏移。

地震资料的连片处理是以常规的处理方法为基础，考虑到 AVO 的应用，整个过程都是在保幅基础上进行，同时增强静校正处理，另外在叠前时间偏移前，按方位角范围分选道集。从而形成两个方位角范围的 CRP 道集。根据三维地震资料方位角的信息统计，基于覆盖次数近似相等的原则，把地震原始道集分成 0°～60°和 60°～90°两个道集。事实上，根据其对称和反向关系，0°～60°的道集包括的是 300°～0°～60°和 120°～240°两个扇形方位的道集；60°～90°是包括 60°～120°和 240°～300°两个扇形方位的道集（图 16-70）。

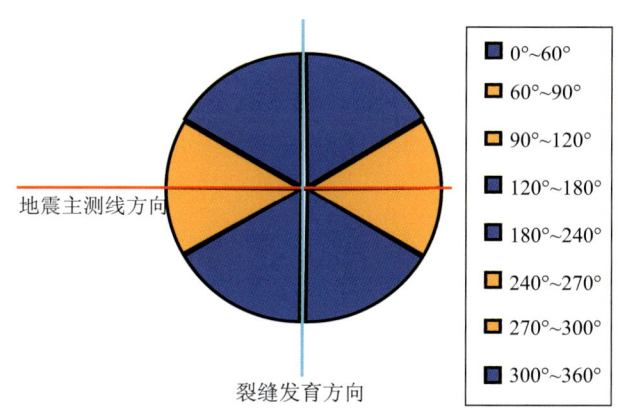

图 16-70　地震道集按方位角分选道集示意图

在对三维纵波道集资料进行叠前时间偏移的基础上，分别抽取不同方位范围内的道集资料进行 AVO 异常属性参数分析，然后对各方位角的属性参数进行对比分析，在差异属性参数与裂缝发育程度确定的基础上，检测裂缝的分布及发育程度。

对选定的各方位角道集进行常规 AVO 属性反演，重点是形成不同方位角范围的入射角道集（图 16-71）。考虑到纵波速度还受流体因素的影响，实际选择的是横波速度，因为该项参数可以从 AVO 异常属性中提取。

储层裂缝预测实际选择的是 AVO 的相对横波速度的方位性差，预测的结果应具有代表性。但由于地震方法本身的原因，采用该方法预测裂缝还只是定性的。

不同方位上的角度道集和横波速度异常都显示地层存在明显的各向异性，这种特征对地震参数的影响变化符合构造研究对裂缝分布状况的初步预测，符合地质概念，多方位 AVO 方法预测裂缝具有可行性。

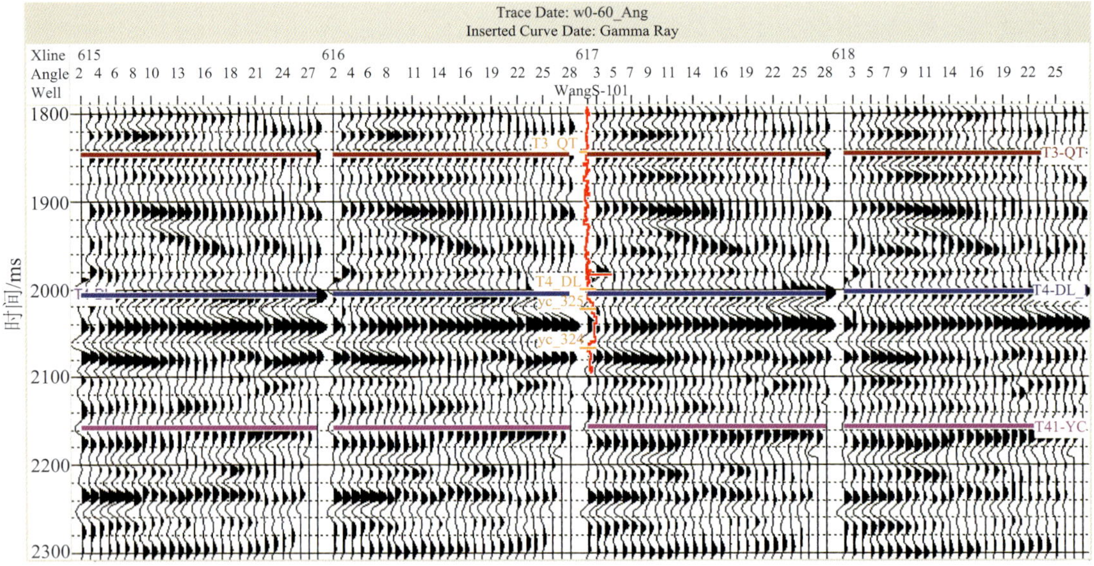

图 16-71　汪深 101 井处不同方位的角度道集

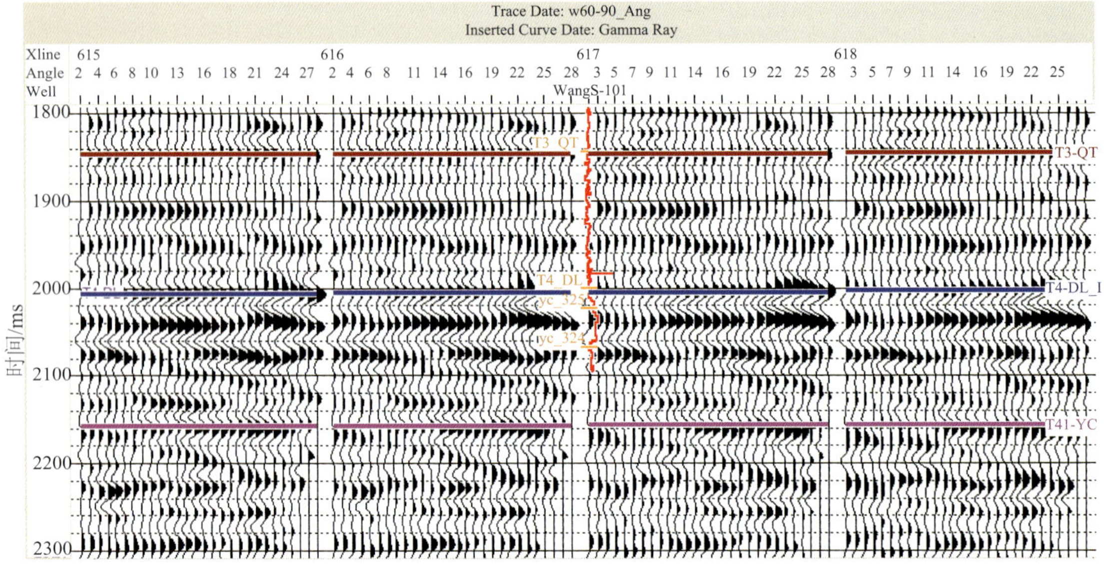

(a) 0°~60° 方位，近于平行裂缝方向；(b) 60°~90° 方位，近于垂直裂缝方向

第三节　应用实例

在上述方法研究的基础上，针对碎屑岩、碳酸盐岩、火山岩三种储层类型，选取具有不同地质特征的地区开展储层预测和含气性检测。

在四川盆地广安地区和鄂尔多斯盆地苏里格中北部地区，应用碎屑岩气层检测方法，综合评价和预测有利含气区的分布，均取得了的显著效果。

在四川盆地龙岗地区和塔里木盆地塔中 I 号气田塔中 82 区块开展碳酸盐岩储层预测和含气性检测，通过选择适合于 AVO 气层检测的关键技术，提高了礁滩体成像精度和储层预测精度。

在准噶尔盆地克拉美丽气田滴西地区开展了火山岩储层反演和裂缝检测技术研究，有效的划分了含油气储层的空间展布情况，预测了有利目标区，为井位部署提供依据。

一、四川盆地低渗砂岩气田 - 广安气田的应用效果

（一）气田区域地质背景及开发难点分析

广安地区位于川中古隆起中斜平缓构造带东部（图 16-72），即东起华蓥山麓，西至龙女寺构造，南抵涞滩场构造，北达鲜渡河构造，勘探面积 5200km^2。该区须家河组构造总体上为南高北低的区域大单斜，在此背景上发育规模不等的潜高、鼻突及扭曲等次级构造，局部正向构造与多期河道叠合形成构造 - 岩性复合圈闭，为须家河组大面积、低丰度天然气藏的形成奠定了基础。须家河组纵向上划分成六段。其中，须一段、须三段、须五段为湖沼沉积，以泥岩为主，是主要的生烃层；须二段、须四段、须六段为三角洲分流平原或三角洲前缘沉积，以细 - 中粒砂岩为主，是主要的储集岩发育段，块状中 - 粗砂岩是主要的储集岩，须六段、须四段是广安地区主力产气层段，是开展气藏检测研究的主要目的层。

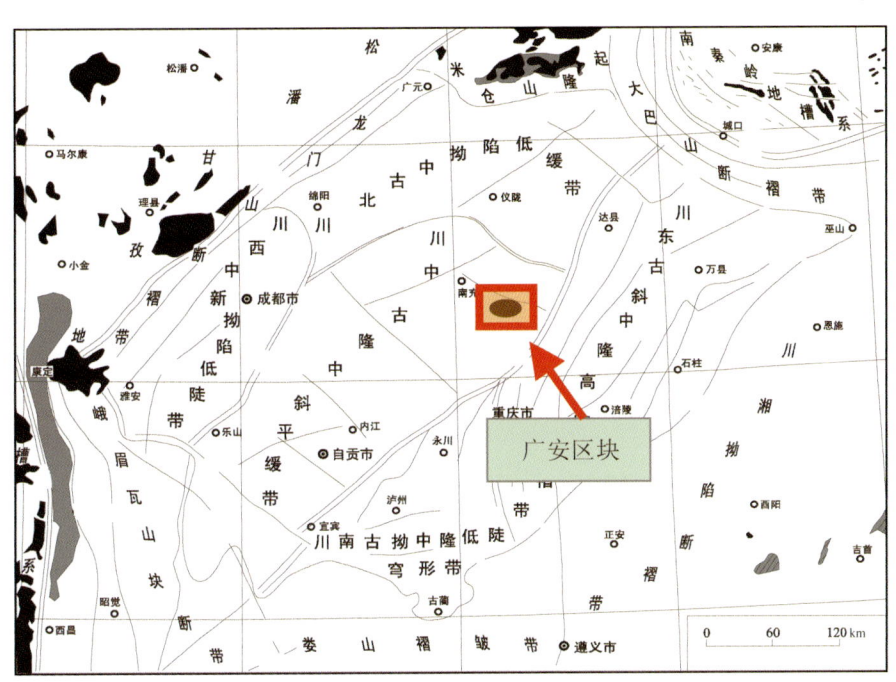

图 16-72　四川盆地构造分区图

目前广安地区须六段、须四段气藏已经进入开发阶段，在开发过程中面临气藏气水关系复杂、

储层非均质性强、横向变化大、含气层地球物理特征不明显的问题。广安气田气层预测的关键点是运用叠前 AVO 地震技术预测储层的含气性，预测气层和气水层纵向分布特点及平面展布特征。

（二）应用效果分析

根据总结的广安气田须六段工业气层、低产气层、水层和干层等不同类型储层在全叠加剖面、AVO 道集、近远叠加剖面、AVO 属性剖面等资料上的响应特征，通过系统分析对比各种 AVO 异常特征，编制了广安气田 2 井区须六段含气储层综合评价图（图 16-73）。

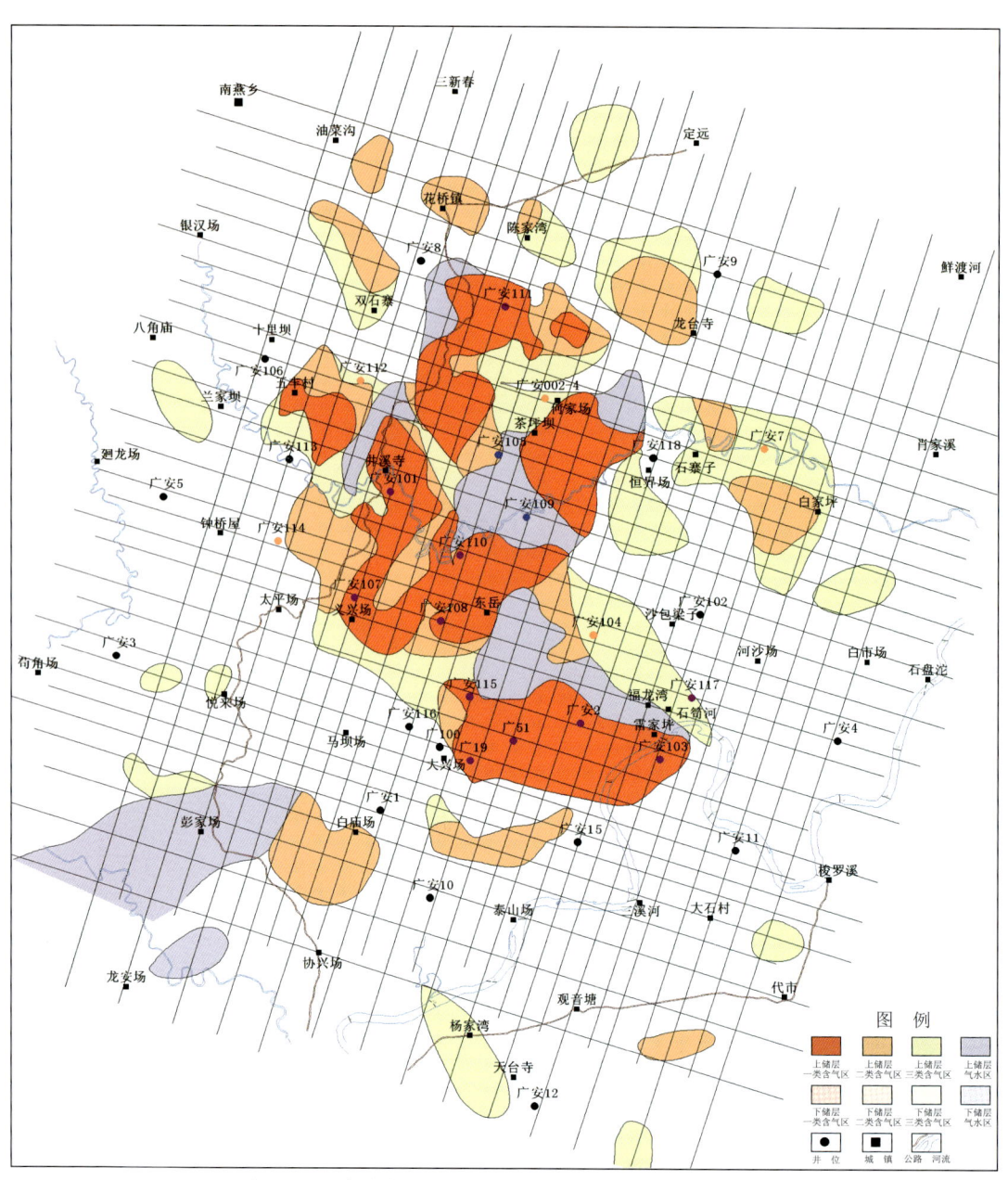

图 16-73 广安气田 2 井区须六段含气储层综合评价图

根据含气储层综合评价结果，共提出 20 口开发建议井位和 8 口评价井位，它们都具有比较明显的 AVO 含气异常特征。钻探证实，这 28 口井的预测结果和实钻结果符合率高达 90% 以上。

二、鄂尔多斯盆地苏里格低渗砂岩气田的应用效果

(一)区域地质特征

苏里格地区位于鄂尔多斯盆地伊陕斜坡西部,西起内蒙古自治区鄂托克前旗,东到陕西省靖边县,北起内蒙古自治区鄂托克旗,南至陕西省吴旗县,勘探面积约 4×10^4 km²。该区北部地表为草原、沙丘,南部为黄土塬地貌。

苏里格气田储层具有典型的辫状河沉积特征,辫状河道砂体横向上复合连片,纵向上多期河道砂体叠置。气田前期开发试验证明,苏里格气田为典型的"三低"岩性气藏。因此在开发前期要求搞清储层的分布规律,储量的相对富集区。利用地震技术进行储层含气性预测,优选开发井井位,是这类非均质性强的岩性气藏进行经济有效开发的关键。

研究区为苏里格气田中北部,包括苏 11-10 区块、苏 76 区块、苏 53 区块、苏 25 区块。目的层为上古生界石盒子组盒 8 段,其次是山西组山 1 段,主力气层是盒 8 下亚段,岩性为石英砂岩。

(二)地球物理特征分析与开发难点分析

苏里格中北部储层整体为低孔低渗特征,气层的主要电性特征为"三低、两高、一大",即低自然伽马、低密度、低补偿中子;高电阻率、高时差;大幅度自然电位异常。

对该区各种岩性的测井值统计后表明,气层速度特征表现为低速,与干砂岩有明显的速度差异,含气层速度较气层高,与干砂岩接近。纯泥岩的速度范围与气层速度范围重叠,碳质泥岩速度较气层和泥岩有明显的降低。气层密度特征最为明显,较含气层、干砂岩、泥岩呈明显的低值,但比碳质泥岩高。各种岩性的速度、密度及波阻抗范围见表 16-8、图 16-74、图 16-75。

表 16-8 苏里格中北部岩石物理参数统计表

	速度/(m/s)	密度/(g/cm³)	波阻抗/(g/cm²·m/s)
气 层	3900~4700	2.37~2.54	9500~11200
含气层	4400~4900	2.43~2.58	10800~11800
干 层	4550~5100	2.57~2.65	11500~12900
泥 岩	4000~4500	2.58~2.68	10600~12100
碳质泥岩	3500~4200	2.05~2.5	8000~10000

由图 16-74、图 16-75 可知,本区气层波阻抗较含气砂岩、致密砂岩、泥岩的稍低,但还是有一部分范围的重叠。波阻抗反演有一定的多解性。在苏里格气田采用地震波阻抗反演不能有效区分含气砂岩、致密砂岩和泥岩的另一个重要原因就是分辨率问题,苏里格气田目的层埋深 3200~3400m,地震波速度达到 4000m/s,而地震波目的层的高频一般只有 20~30HZ,按 1/4λ 分辨为地层厚度大于 30m,按 1/8λ 计算大于 15m,苏里格气田单层气层厚度一般大于 10m,较厚

的单层厚度 3～5m，气层组一般小于 15m。

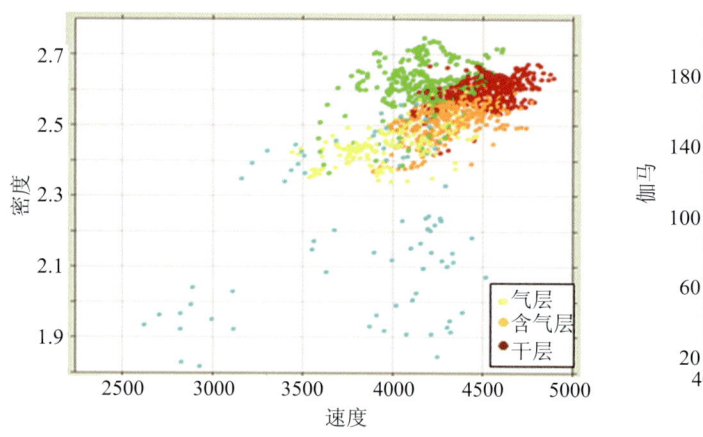

图 16-74 苏里格中北部岩石速度-密度交汇图

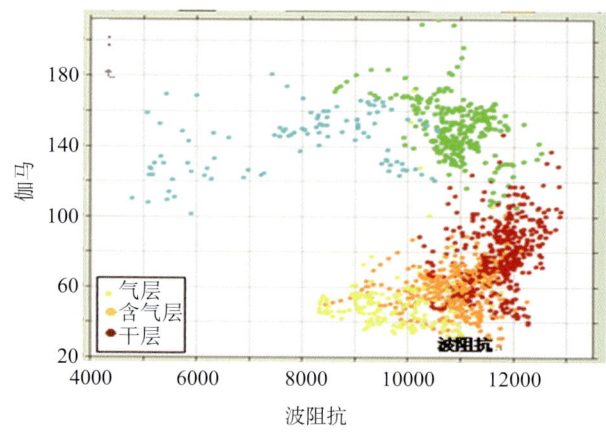

16-75 苏里格中北部岩石伽马-波阻抗交汇图

利用地震、地质、测井、试气及油田开发等各种资料，开展了从地质到地震等方面的深入细致的基础研究和综合研究，编制了苏里格中北部苏 11-10 区块、苏 76 区块、苏 53 区块、苏 25 区块盒 8 下与山 1 异常振幅分布图（图 16-76、图 16-77）。研究表明地震异常振幅属性对储层含气性有较好的反映，可以在平面上预测盒 8 下与山 1 气层的展布及分布规律。

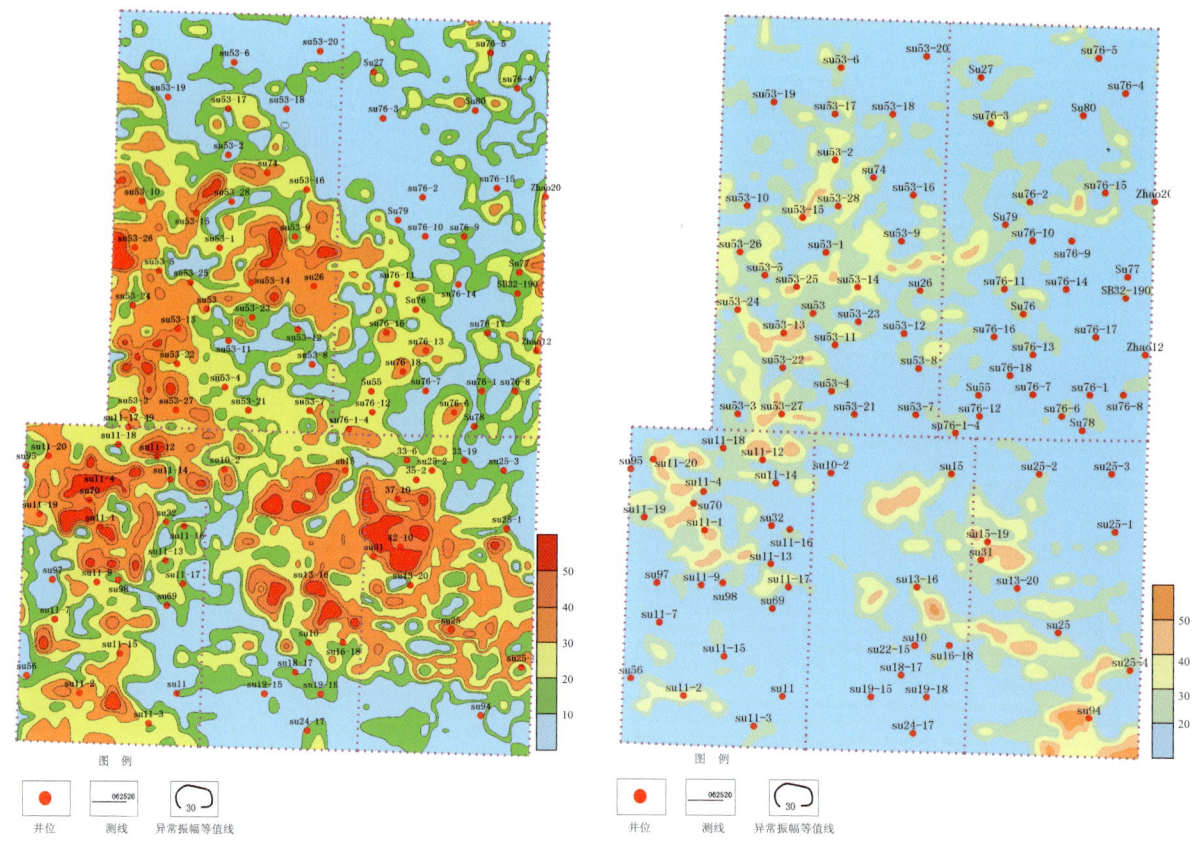

图 16-76 苏里格气田中北区盒 8 下段地震异常振幅图　图 16-77 苏里格气田中北区山 1 段地震异常振幅图

(三)含气储层综合评价与应用效果分析

综合近远道解释图、异常振幅分布图等,可以看出苏里格气田中北部储层含气特征具有明显的分带性,含气富集区分布在中部,呈北西-南东向展布,东北部主要为致密砂岩区,局部含水,是中部天然气富集成藏的上倾遮挡因素,南部储层含气性较差,富含水。

根据前述气层在地震剖面上可以产生地震振幅异常,在常规及近、远道叠加剖面上产生不同的响应特征,在频率上降低。解释中,依据常规及近、远道叠加剖面结合频率特征定性解释有利气层的分布。根据盒8下含气储层分布,结合钻井,将含气储层划分为I、II两种类型(图16-78)。

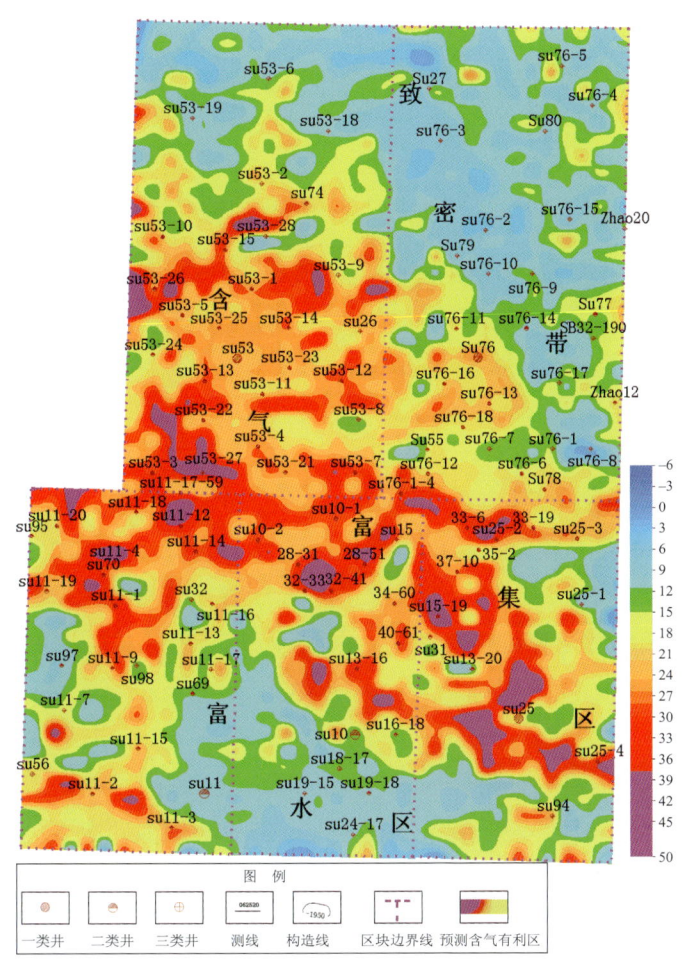

图 16-78 苏里格气田中北区盒 8 下段地震含气储层预测分布评价

近几年来,在苏里格气田综合运用上述几种方法进行气层检测,大大提高了气层检测的成功率,完钻开发井 I+II 类井的比例从不到 70% 提高到 80% 以上。在苏里格气田北部苏 10 区块和苏 25 区块地震从野外采集到资料处理、气层解释完全采用我们研究中提出的系列方法,目前完钻开发井 I+II 类井的比例从不到 70% 提高到 90% 以上,应用效果十分显著。苏 10 区块在原提交储量基础上预计可新增探明储量约 $500 \times 10^8 m^3$。

苏里格勘探开发实践证明,我们提出的气层检测方法能有效识别气层,提高气层检测的成功率,为开发井的部署提供了有利的依据,保证了苏里格气田这类低孔低渗非均质性强的气田得到经济有效开发。

三、四川盆地龙岗气田的应用效果

（一）区域地质特征及开发难点分析

龙岗地区位于四川省仪陇县以东、平昌县以西、巴中县以南、营山县以北的区域，面积约 7000km²。下面我们重点对龙岗中东部三维区（图 16-79）气藏检测和识别的应用情况进行论述。

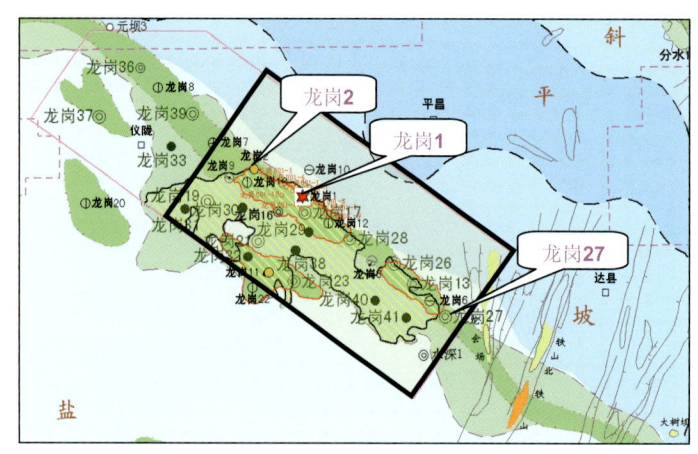

图 16-79　龙岗三维研究区区域位置图

龙岗气田礁滩气藏具有分布范围广，勘探开发潜力巨大的特点，但由于储层埋深大，地震资料信噪比和分辨率较低；储层非均质性强、气水关系非常复杂，给气田开发部署带来严重影响。如何利用现有的三维地震资料开展叠前资料处理和 AVO 气藏检测和气水层识别，已经成为开发上急需解决的关键问题。

（二）气藏检测和气水识别

随着龙岗气田认识加深，储层分布规律基本明朗。在地震技术的应用上，叠后波阻抗反演、吸收衰减等预测礁滩储层及其含气性取得了一定的效果。但由于龙岗气田礁滩储层的复杂性，这些技术在应用中的多解性也是明显的。储层预测的精度不能满足开发的要求，也解决不了气水预测等开发问题。

龙岗气田长兴组和飞仙关组礁滩储层气水层分布关系是非常复杂的，从理论上讲，AVO 方法是预测气层分布、识别气水分布关系非常有效的方法，但对于研究区礁滩储层这种气层中含水、而水层中又含少量气的情况，仅通过 AVO 方法识别储层的含气性，特别是判识储层的含气程度（或含水饱和度）是非常困难的。为此，在研究中，采用了以 AVO 方法为重点，结合主振幅、主频率和其他地震信息的综合气水预测方法。

图 16-80 和图 16-81 是把 AVO 异常振幅信息和主振幅主频率信息综合分析后得到的气水层平面分布预测结果，红-黄色区代表含气有利区，兰色区为含水区或储层不发育区。

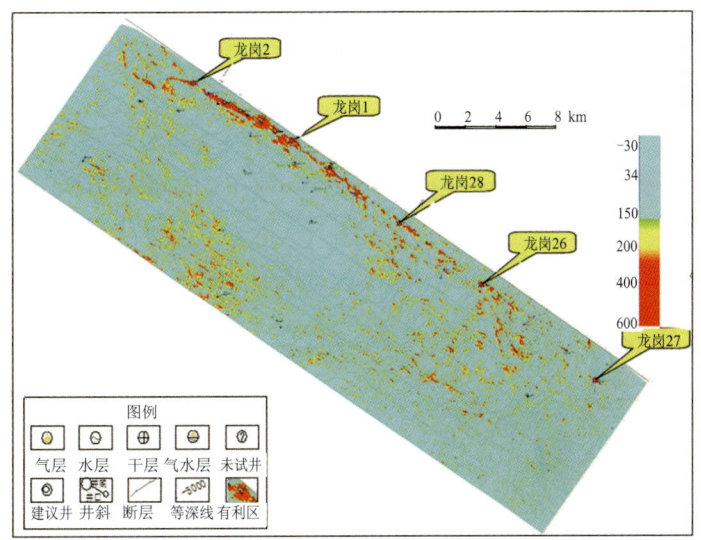

图 16-80　飞仙关组储层 AVO 含气性预测平面分布图

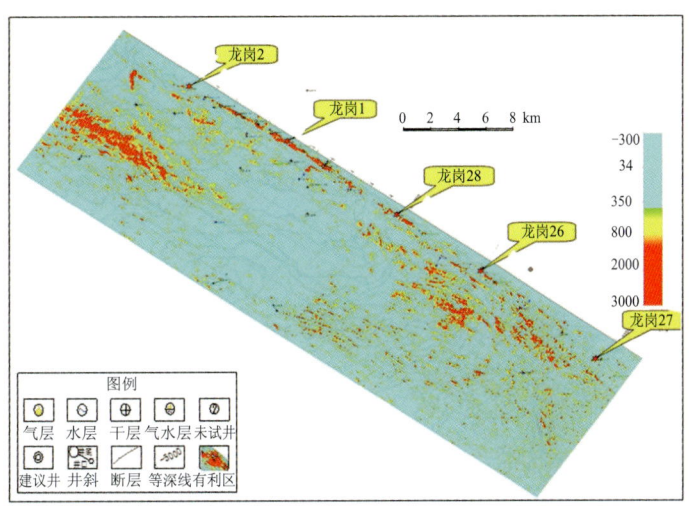

图 16-81　长兴组储层 AVO 含气性预测平面分布图

四、塔里木盆地塔中气田的应用效果

（一）研究区概况及储层预测难点

塔中 I 号气田是中国奥陶系发现的第一个生物礁大型油气田，已在塔中 26 至塔中 82 井区，累计探明含油气面积 189.45km^2，基本控制塔中 I 号坡折带中西部储量规模，累计控制含油气面积 351.6km^2。虽然该区油气勘探取得重大成果，但为了部署水平井，实现塔中奥陶系增储上产，有必要加强对塔中 82 井区上奥陶统礁滩体储层分布特征进行预测和评价，深化本区礁滩体储层预测。

研究区奥陶系碳酸盐岩储层复杂，主要表现在：储层岩性类型多样，储集类型复杂；储层埋深大；储层与围岩波阻抗差异小。塔中地区碳酸盐岩具有强烈的非均质性，储层与围岩间没有良好的波阻抗界面，地震波反射或绕射能量弱，从而加大了利用地震技术预测储层的难度。

针对以上难点，我们从分析储层特点和井资料入手，开展储层岩石物理分析和高产井、低产能井和干井的正演模型建立，及地震属性分析，波阻抗反演等，系统地开展研究，积极评价其勘探潜力，指出有利的勘探方向，优选勘探目标。

（二）储层综合评价

研究采用相干体分析、属性提取、频谱分析、波阻抗反演及含气性检测等一系列比较有效的技术和方法进行储层预测，这些不同地震储层预测方法预测结果基本一致，但局部存在差异。为了避免多解性，把各种属性按不同的加权系数进行合并，形成地震储层预测综合属性。综合属性与实钻储层厚度具有良好的吻合关系，同时结合有效储层预测厚度、油气显示等多种因素对塔中82井区礁滩体储层进行了综合评价。

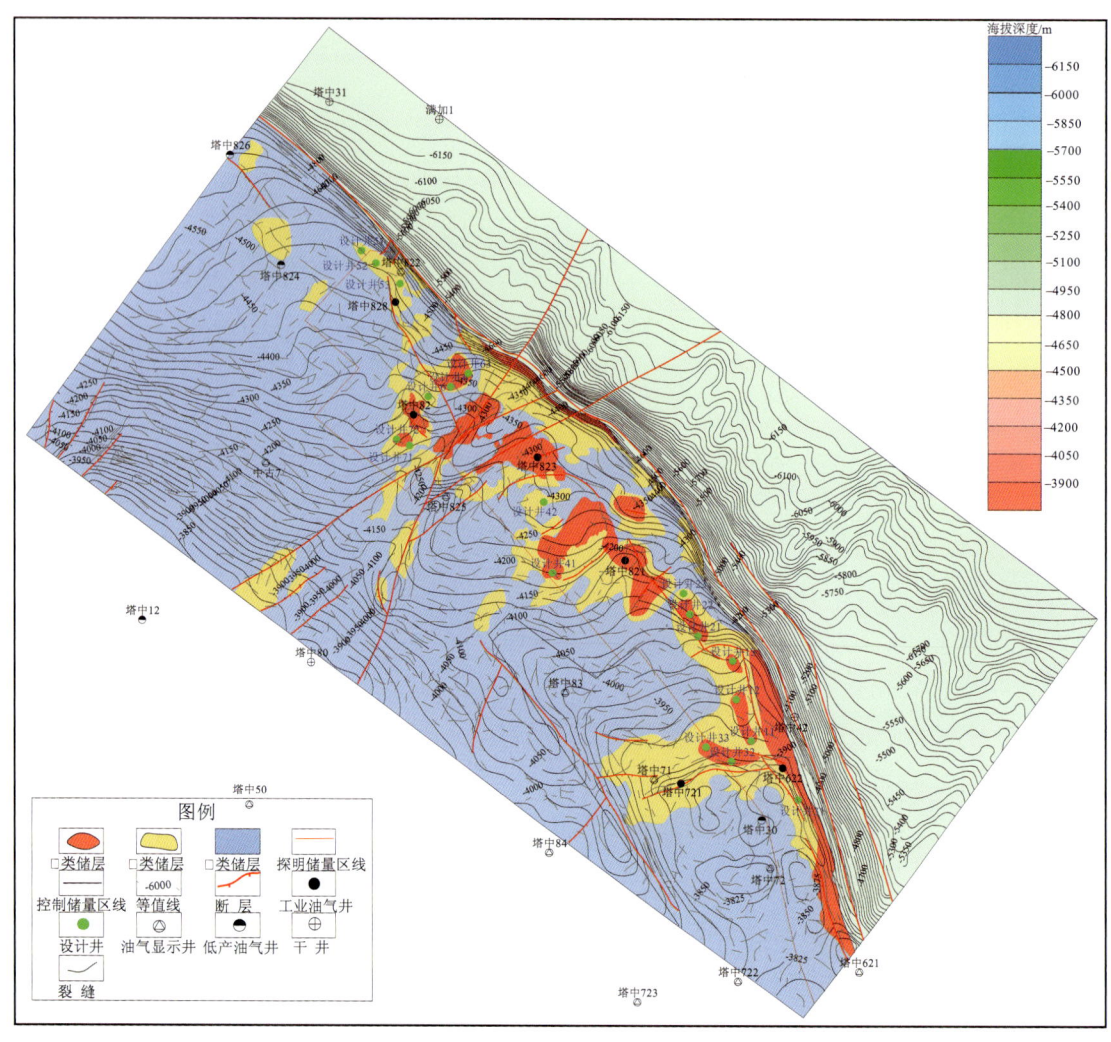

图16-82　塔中82区块上奥陶统综合评价及井位部署图

O_I 类有利储层：I 类储层主要分布在 I 号断裂附近，呈条带状展布，I 类储层面积约 20.64km²；II 类储层面积约 23.92km²（图 16-82）。

O_{III} 类有利储层：主要沿塔中 721 井 - 塔中 83 井这条轴线展布，即呈东南 - 西北方向，在中古 7 井附近也有零星分布。其中 I 类面积约 24.52km²，II 类储层面积约 10.86km²。

五、准噶尔盆地克拉美丽气田的应用效果

（一）研究区概况及储层预测难点

克拉美丽气田位于准噶尔盆地陆梁隆起东南部的滴南凸起上。滴南凸起形成于石炭纪末期，东抵克拉美丽山前，西连石西凸起，南临东道海子凹陷，北接滴水泉凹陷。为了高效开发克拉美丽火山岩气藏，针对克拉美丽火山岩气藏的特点，开展了地震储层预测方法的研究重点研究了滴南凸起上的滴西17、滴西14、滴西18三个区块（图16-83）。该区目的层自上而下钻揭的地层有白垩系、侏罗系、三叠系和石炭系。

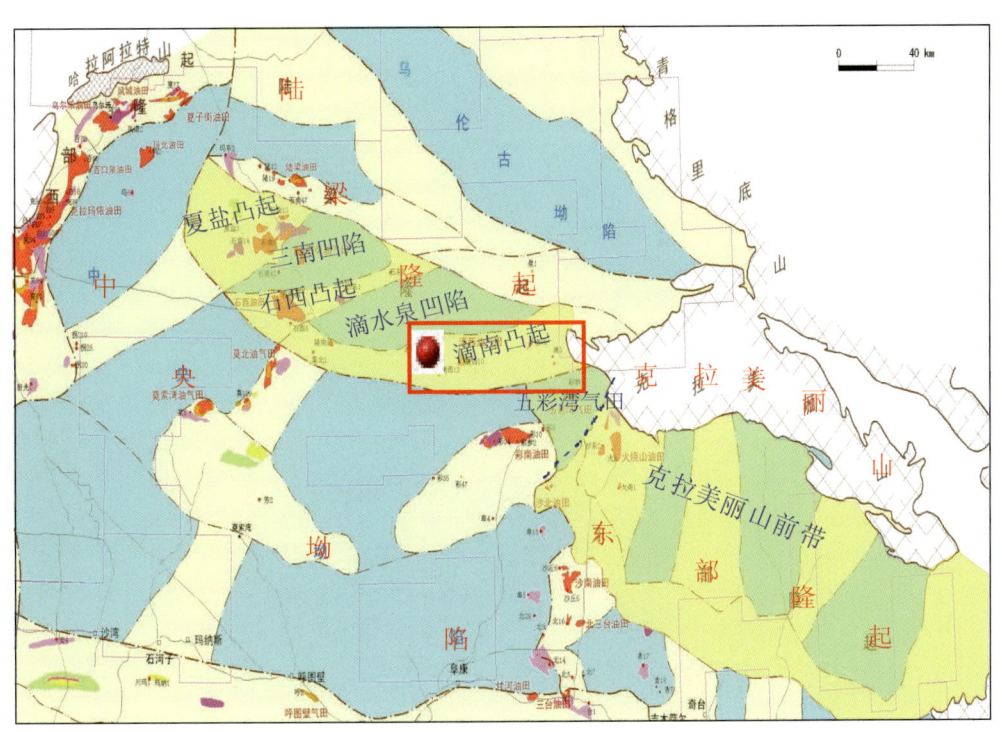

图 16-83　工区位置图

研究区火山岩存在问题主要是：岩性复杂，岩性、岩相变化快，不同期次的火山岩叠置，厚度变化大，储层预测难度大；地震资料品质较差，原始资料干扰波严重，信噪比低；深层能量损失严重；火山岩内幕特征不清楚。

针对以上难点，我们在开展储层岩石物理分析和正演模型研究的基础上，进行地震属性分析，波阻抗反演及裂缝预测等技术系统研究，为准确优选勘探开发目标奠定基础。

(二) 储层综合评价

克拉美丽气田火山岩气藏分布受储层物性和构造的双重控制，主要分布在构造高部位。研究中综合构造特征、厚度分布特征及属性反演分析结果对滴西17井区、滴西14井区、滴西18井区储层进行综合评价。

1. 滴西14井区

钻井和火山岩气藏解剖认为，滴西14井区主要发育储层1、储层2两套储集层。储层1主要岩性为爆发相火山角砾岩（滴西14井）、溢流相英安岩（DX1424井）、溢流相流纹岩和玄武岩（滴403井）；储层2主要岩性为爆发相火山角砾岩（DX1415井、DX1416井），在这两套储层中，爆发相火山角砾岩为主要储层类型（图16-84、图16-85）。

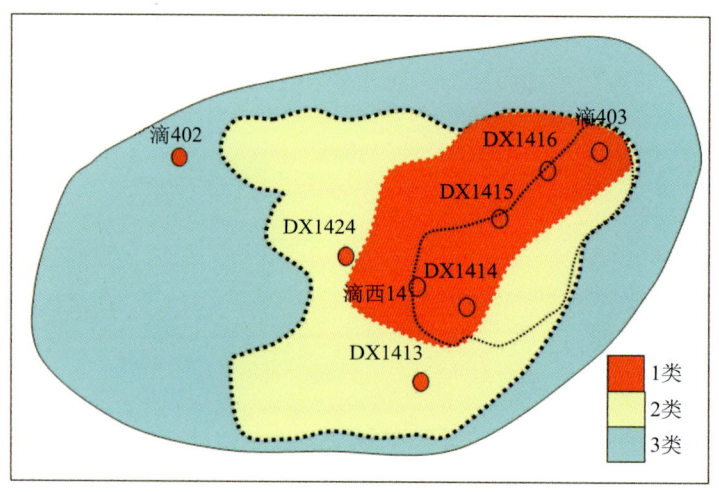

图16-84　滴西14井区储层1综合评价图

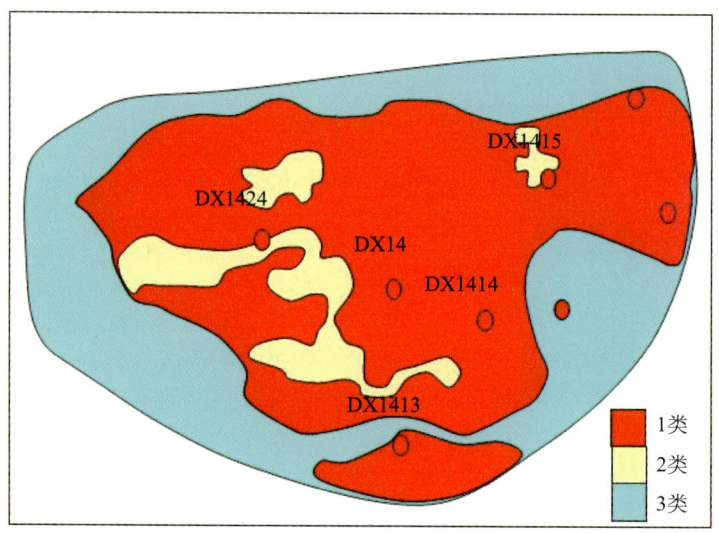

图16-85　滴西14井区储层2综合评价图

2. 滴西 18 井区

结合构造特征、储层物性、储层有效厚度、储层相带对滴西 18 井区储层进行综合评价,将储层分为三类（图 16-86）。

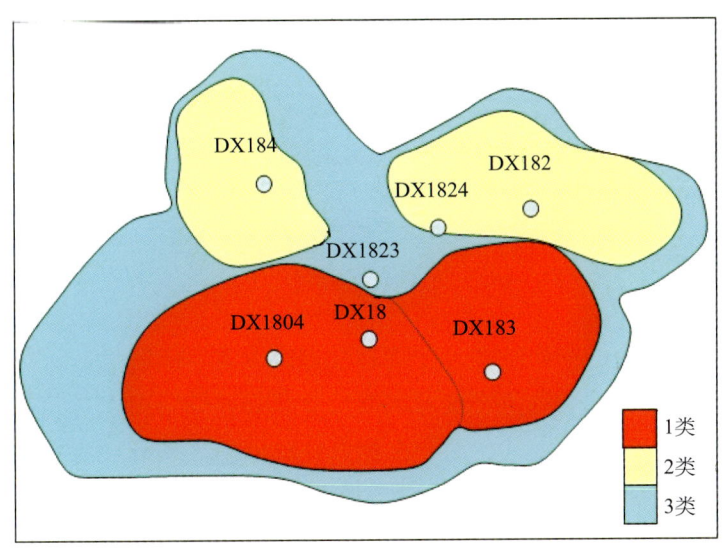

图 16-86　滴西 18 井区储层综合评价图

3. 滴西 17 井区

滴西 17 气藏整体位于斜坡部位,向滴西 173、滴西 14 井区方向岩性尖灭。结合构造特征、储层物性、储层有效厚度、储层相带对滴西 17 井区储层进行综合评价,将储层分为两类（图 16-87）。

综合评价滴西 17 储层,具有位置低、储层薄、距气水界面近、气水分布规律不明显等特点,开发难度较大。

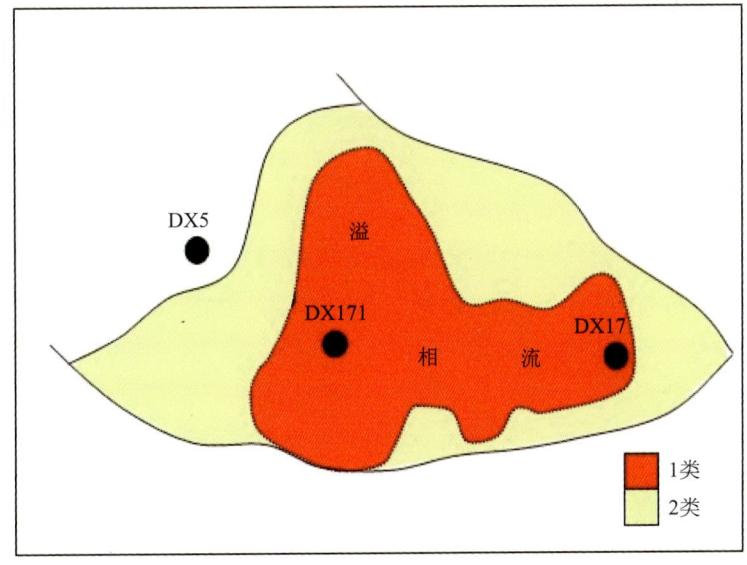

图 16-87　滴西 17 井区储层综合评价图

第十七章 复杂气藏测井识别、定量评价技术及应用

随着中国天然气勘探领域的不断扩展，复杂岩性如火山岩、碳酸盐岩、低孔渗致密砂岩、疏松砂岩等已成为中国天然气勘探面对的主要储层类型。复杂岩性储层由于其结构、组分等复杂，给天然气层测井识别评价带来了巨大的挑战，即使在相对成熟的碎屑岩天然气层的测井解释领域也同样遇到很大的困难。由于早期碎屑岩天然气层识别评价的基础理论、方法皆源于压实程度中等的中高孔渗砂岩储层发展而成，此类砂岩中储层物性较好，孔隙结构相对简单，天然气识别评价方法相对容易。但目前砂岩储层的解释与评价已扩大到整个碎屑岩剖面，随着埋深增大，压实程度逐渐增加，成岩作用及成岩后生作用逐渐增强，储层孔隙度、渗透率由大变小，岩石颗粒接触关系由点、线接触演变为面接触（甚至镶嵌接触），孔隙结构以及泥质分布形式由简单到异常复杂，最终导致了碎屑岩储层在纵向上岩石物理特征巨大的改变。早期建立的天然气测井识别评价技术已不能适合全剖面复杂砂岩气层。因此，厘清不同成岩阶段的岩石物理特征以及相应的测井响应特征，建立适合不同沉积阶段的碎屑岩天然气层测井识别评价技术已成为广大测井工作者当前的工作重点。本章重点对碎屑岩中疏松砂岩及低孔致密气层测井响应机理及测井识别评价方法进行论述。

第一节 疏松砂岩气层测井识别评价技术

疏松砂岩储层孔隙主要以原生孔隙为主，孔隙结构相对简单，但由于岩石颗粒接触不紧密导致声、电机理的不同，同时也造成岩石骨架参数与正常砂岩具很大差异，影响了气层的判识精度。

一、疏松砂岩气层岩石物理特征

（一）疏松砂岩声波实验

实验测量了疏松砂岩在干燥、饱和水（相当于自由水层）、近束缚水状态下岩样的纵横波速度。

1. 纵波时差与孔隙度的关系

图 17-1 为干燥、饱和水（相当于自由水层）、近束缚水状态下岩样在地层条件下的纵波时差与孔隙度的关系。图 17-2 为岩样在地层条件下的纵波时差随饱和度变化的趋势。

干燥样和饱水样的纵波时差与孔隙度整体上存在正相关，但是相同孔隙度时纵波时差比较分散；干燥样的纵波时差大于饱和水样的纵波时差；近束缚水饱和岩样的纵波时差大于饱和水样的纵波速度，与干燥样的纵波速度时差相比有大有小，并不统一。

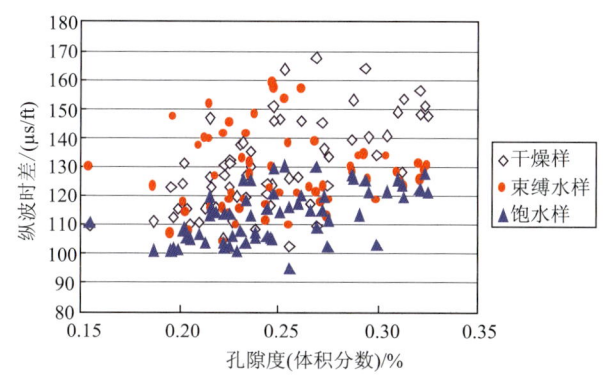

图 17-1 纵波时差与孔隙度的交会图
1ft=3.048×10⁻¹m

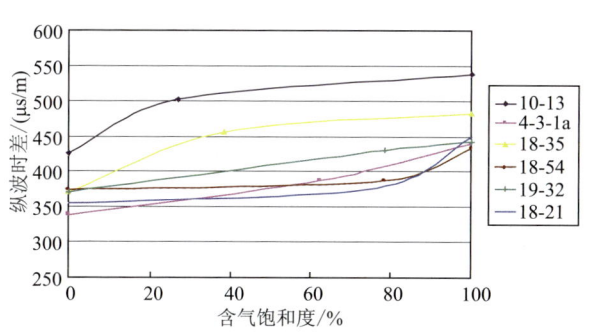

图 17-2 纵波时差与饱和度的交会图

2. 横波时差与孔隙度的关系

图 17-3 为干燥、饱和水（相当于自由水层）、近束缚水状态下岩样在地层条件下的横波时差与孔隙度的关系。图 17-4 为岩样在地层条件下的横波时差随饱和度变化的趋势。

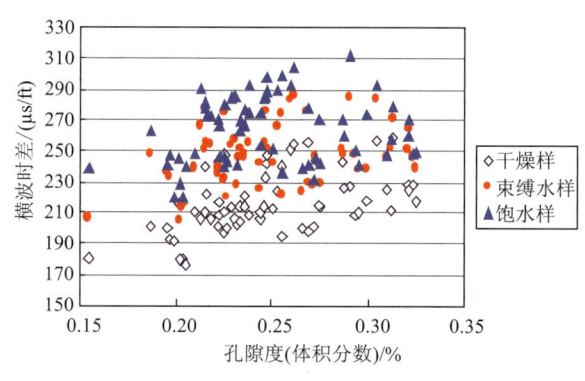

图 17-3 横波时差与孔隙度的交会图

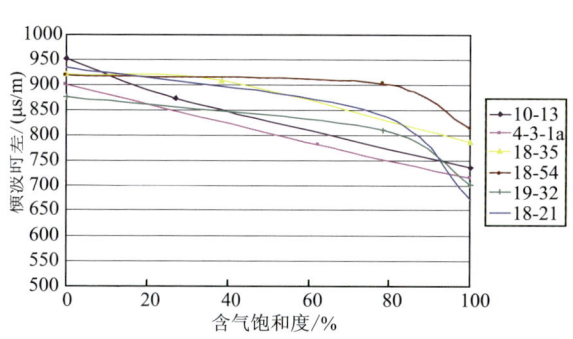

图 17-4 横波时差与饱和度的交会图

干燥样和饱和水样的横波时差与孔隙度整体上存在正相关，但是相同孔隙度时横波时差比较分散；同一块岩样，从干燥样、近束缚水饱和岩样到饱和水样，横波时差近于线性增大，但变化幅度不一致。

3. 纵横波速度比与孔隙度的关系

图 17-5 给出了干燥、饱和水（相当于自由水层）、近束缚水状态下岩样在地层条件下的纵横波速度比与孔隙度的关系。图 17-6 给出了岩样在地层条件下的纵横波速度比随饱和度变化的趋势。

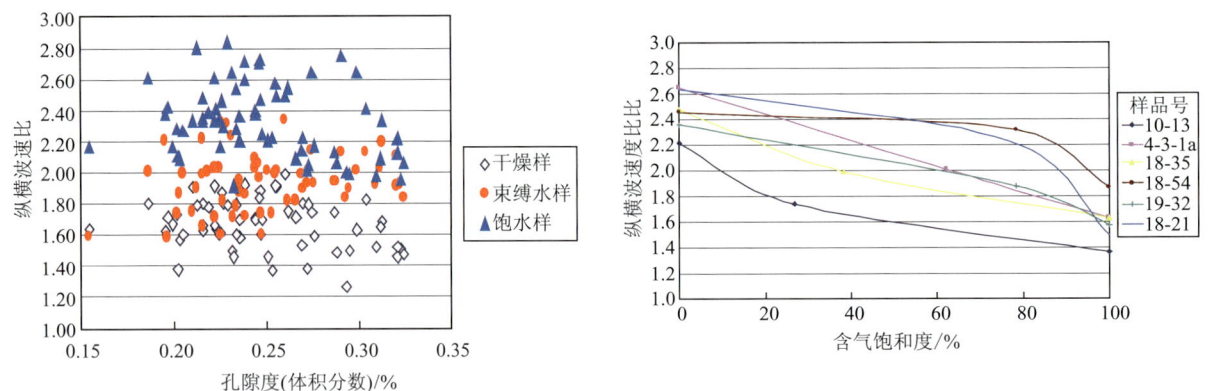

图 17-5　纵横波速度比与孔隙度的交会图　　　　图 17-6　纵横波速度比与饱和度的交会图

干燥样和饱水样的纵横波速度比与孔隙度整体上无明显相关（略呈负相关，极弱），相同孔隙度时纵横波速度比比较分散；从饱水样、近束缚水饱和度岩样、干燥样，纵横波速度比近于线性，逐渐变小。

（二）疏松砂岩气层电阻率实验

1. 地层条件下疏松砂岩岩电参数与物性参数关系

疏松砂岩，岩样固结程度差，离心法容易造成岩样损坏，因此，本次实验研究选用经典的、标准的半渗透隔板法测量岩样毛管压力曲线。

（1）自由水层与"气层"电阻率的对比

图 17-7 为自由水层（含水饱和度为 100%）与最小非气饱和孔隙体积百分数（数值上近于束缚水饱和度）对应岩石电阻率为气层电阻率。

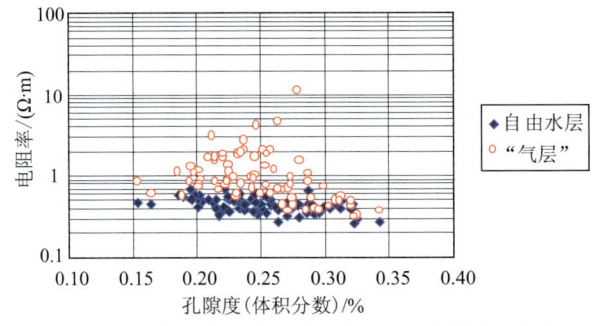

图 17-7　自由水层与"气层"电阻率的交会图

同一块岩样，气层电阻率均大于自由水层的电阻率，差异与最小非气饱和孔隙体积百分数有关。相同孔隙度条件下水层电阻率有大有小，气层电阻率与水层电阻率的差异有大有小，没有一个比较一致的界限。说明"高阻"气层和"低阻"气层都有。相对而言，"高阻"气层比较容易识别，而"低阻"气层识别比较困难。

（2）地层条件下疏松砂岩岩电参数

图17-8、图17-9分别为通过毛管压力与电阻率联测不仅得到的疏松砂岩地层条件下电阻增大率与饱和度交会图、地层因素与孔隙度交会图。

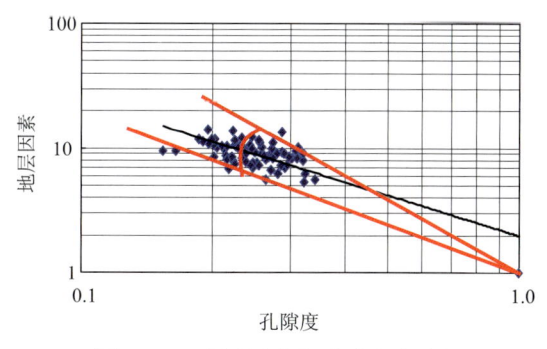
图17-8 地层因素与孔隙度交会图

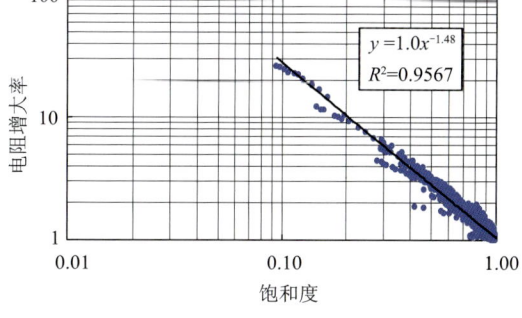
图17-9 电阻增大率与饱和度交会图

电阻增大率与含水饱和度关系比较统一，但地层因素与孔隙度的关系比较发散，两点法确定的 m 值可以从1.21变化到1.98，呈"羽扇状"分布。

（3）胶结指数 m 与物性、泥质含量参数的关系

粉砂岩、含泥粉砂岩 m 值与孔隙度有较好的正相关，而泥质粉砂岩 m 值有随孔隙度增加从正相关到负相关的变化（图17-10）。

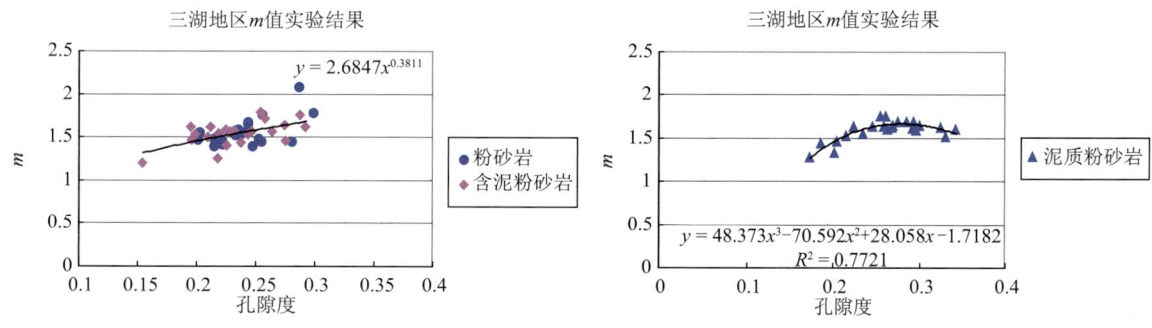
图17-10 不同泥质含量 m 值与孔隙度关系图

二、疏松砂岩气层测井响应特征

柴达木盆地三湖地区疏松砂岩，存在两类气层，即测井响应特征明显的显性气层及测井响应不明显的隐性气层，另外有大量气水混相的气水同层和含气水层。不同类型气层具测井响应特征：

1. 显性气层

呈高阻、低伽马、超低中子、超低密度、高声波时差特征。此类气层电阻率一般大于 $1\Omega\cdot m$（多为 $1\sim 20\ \Omega\cdot m$），典型气层中子具明显的"挖掘效应"，三孔隙度测井有很好的"镜像特征"（图17-11）。

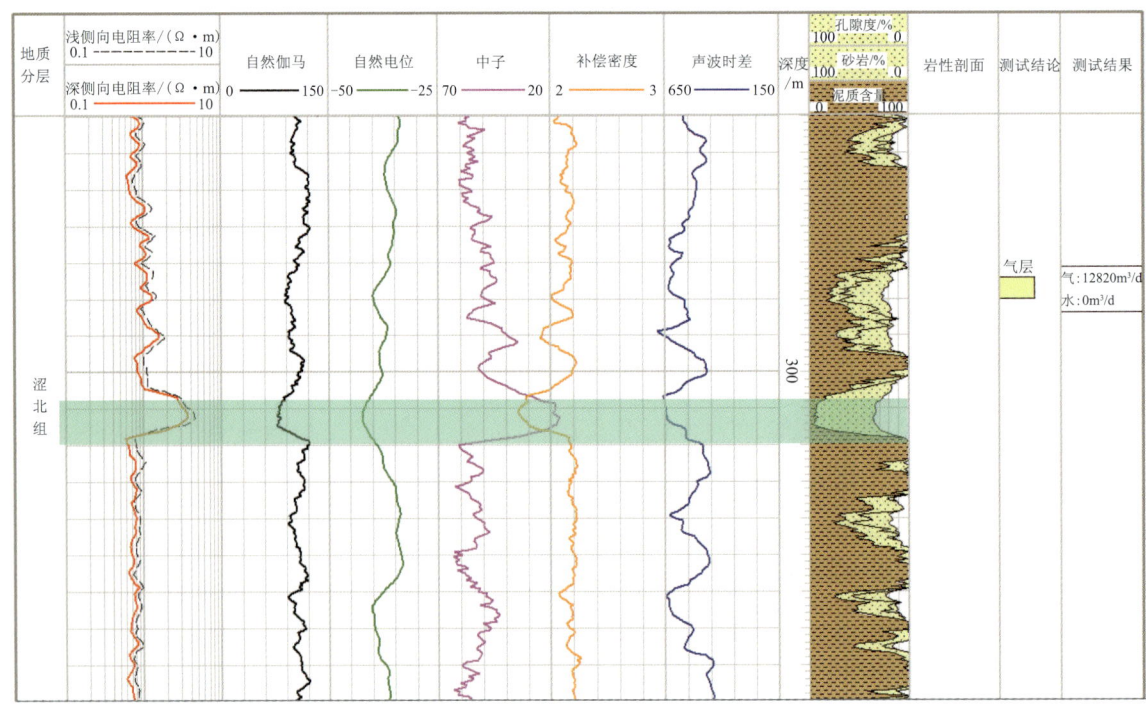

图 17-11 显性气层测井响应特征

2. 隐性气层

隐性气层根据岩性的不同又可分为三种类型：

（1）粉砂岩隐性气层：呈中阻、中高伽马、中等中子、中等密度、中等声波时差特征。此类气层电阻率一般小于 1Ω·m（多为 0.5～1 Ω·m），自然伽马略低于围岩，自然电位负异常较小，三孔隙度测井响应一般难以发现明显"镜像特征"（图 17-12）。

（2）含泥粉砂岩隐性气层：呈中阻、高伽马、中等中子、中等密度、中等声波时差特征。此类气层电阻率一般小于 1Ω·m（多为 0.5～1 Ω·m），自然伽马与围岩相近，自然电位负异常较小，三孔隙度测井响应基本不存在"镜像特征"（图 17-13）。

（3）泥质粉砂岩隐性气层：呈中阻、高伽马、高中子、中等密度、中等声波时差特征。此类气层电阻率一般小于 1Ω·m（多为 0.5～1 Ω·m），自然伽马与围岩相近，自然电位可见微弱负异常，三孔隙度测井响应不存在"镜像特征"（图 17-14）。

3. 气水层、含气水层

呈中阻、中伽马、中高中子、中等密度、中等声波时差特征。此类气层电阻率一般在 0.2～0.8Ω·m，自然伽马、自然电位变化范围大，三孔隙度测井响应一般不存在"镜像特征"（图 17-15）。

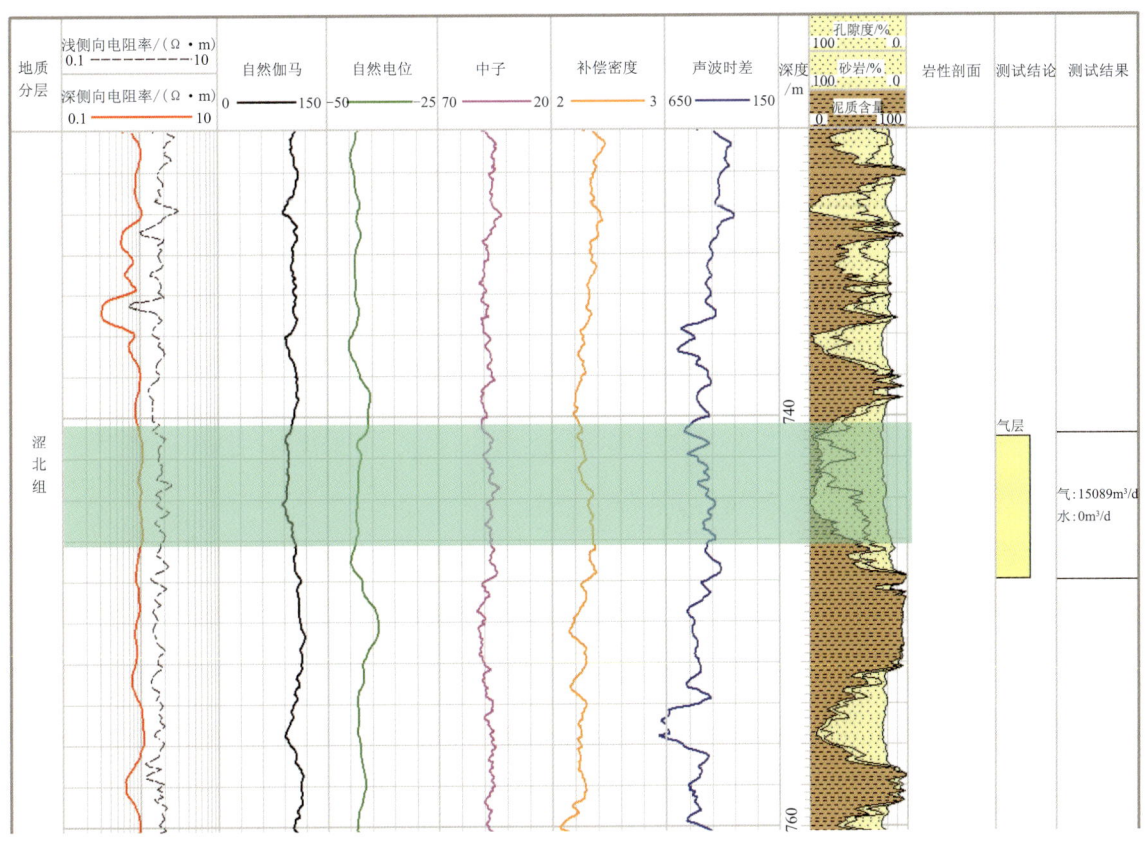

图 17-12 粉砂岩隐性气层测井响应特征

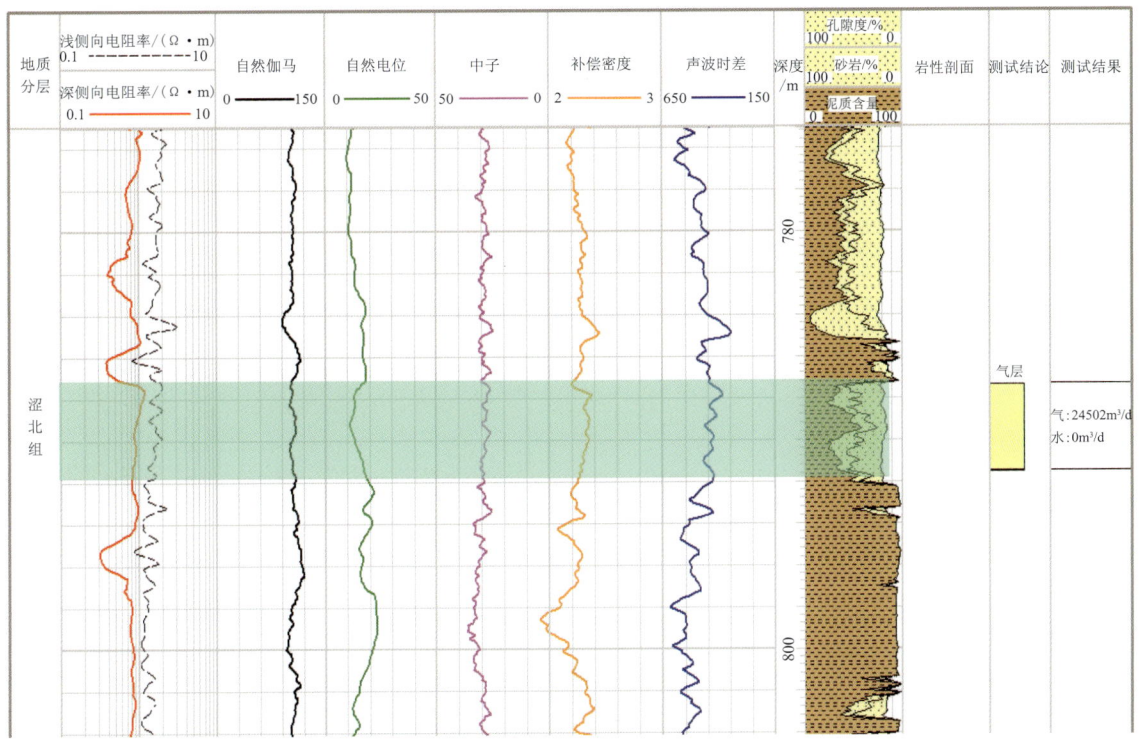

图 17-13 含泥粉砂岩隐性气层测井响应特征

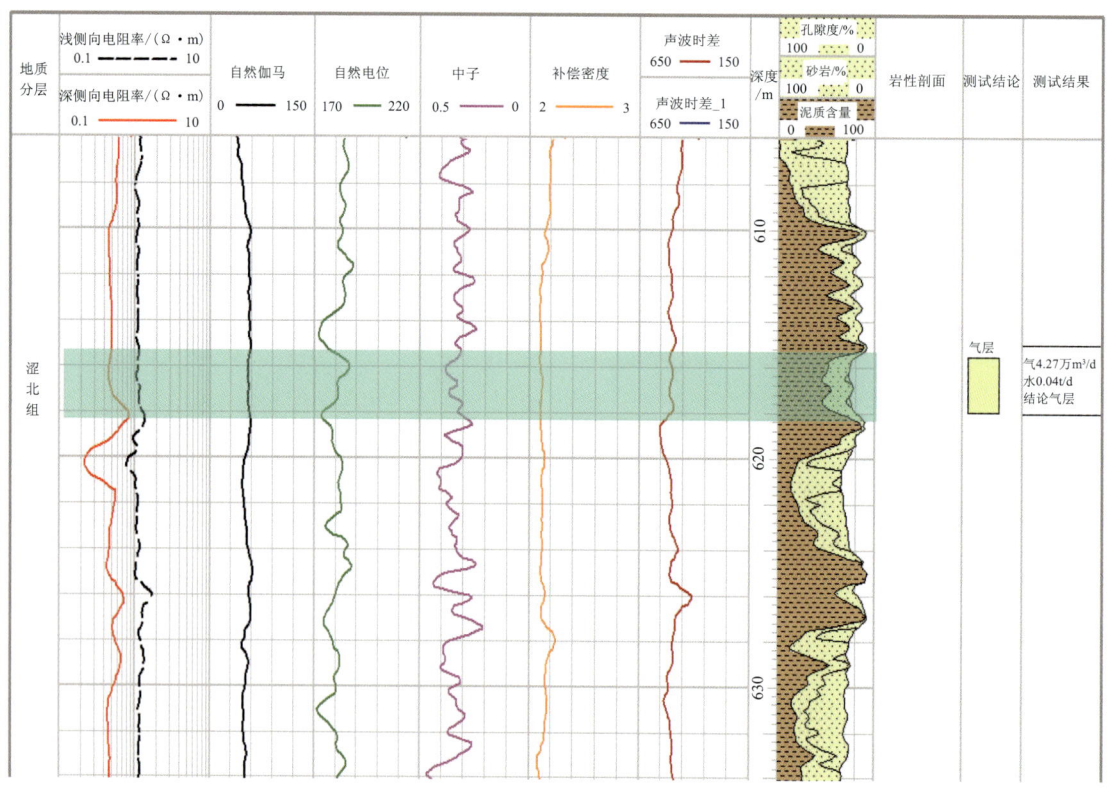

图 17-14　泥质粉砂岩测井响应特征

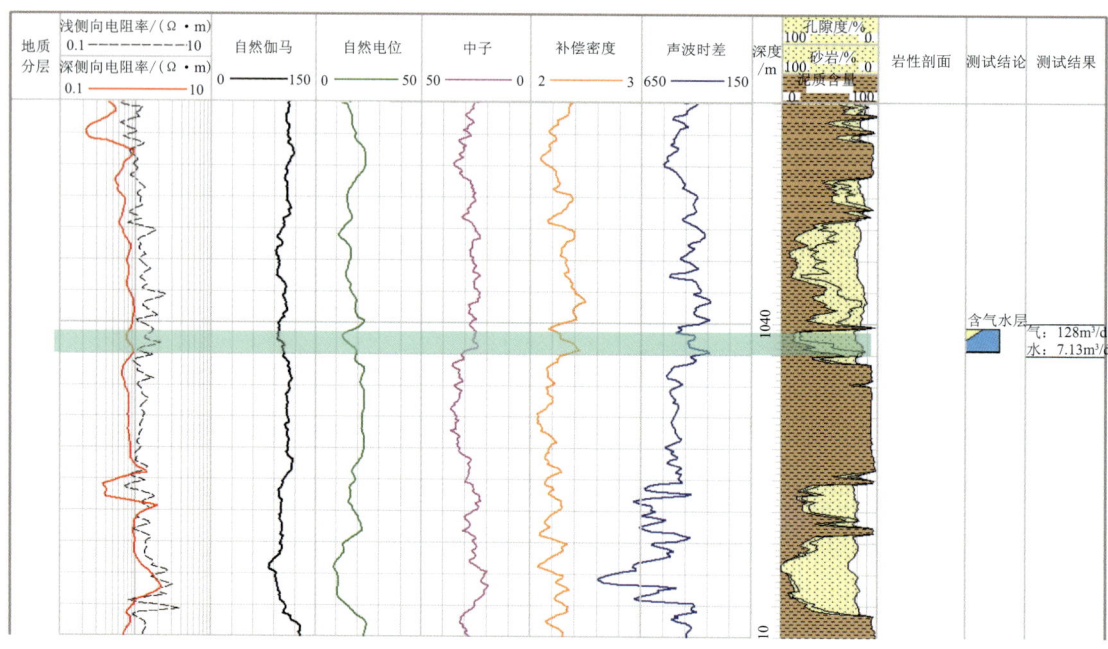

图 17-15　含气水层测井响应特征

三、疏松砂岩气层识别方法

（一）疏松砂岩气层识别特殊性

疏松砂岩储层孔隙度高、流体对信号的贡献较大，显性气层特征明显，常规测井具高电阻率、高声波时差,低中子(挖掘效应)、低密度的"两高两低"特征,三孔隙度测井有很好的"镜像特征"。但对于低阻气层,由于束缚水含量高、含气饱和度低,导致电阻率、声波时差,中子、密度等特征不明显,导致识别难度大。

(二)疏松砂岩气层识别技术系列

1. 显性气层交会图判识技术

(1)中子-密度、中子-声波时差交会、重叠法

三孔隙度重叠方法对于具"挖掘效应"的显性气层容易识别,而"挖掘效应"不明显的低饱和度气层(补偿中子大于20%)与气水同层、含气水层及水层分布区域重叠,难以进行精确区分(图17-16)。

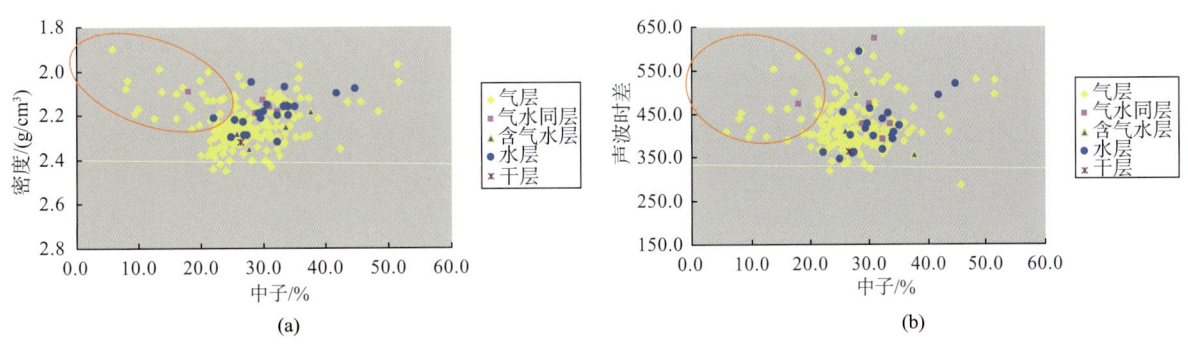

图17-16 三孔隙度交会重叠气层识别图
(a)中子-密度交会图;(b)中子-声波时差交会图

(2)三孔隙度曲线-电阻率交会法

在电阻率与三孔隙度交会图上,显性气层的电阻率大于1Ω·m,密度降低,中子降低,声波时差增大,易于区分。对于电阻率小于1Ω·m特别是小于0.8Ω·m的气层易与水层混淆,不易识别(图17-17)。

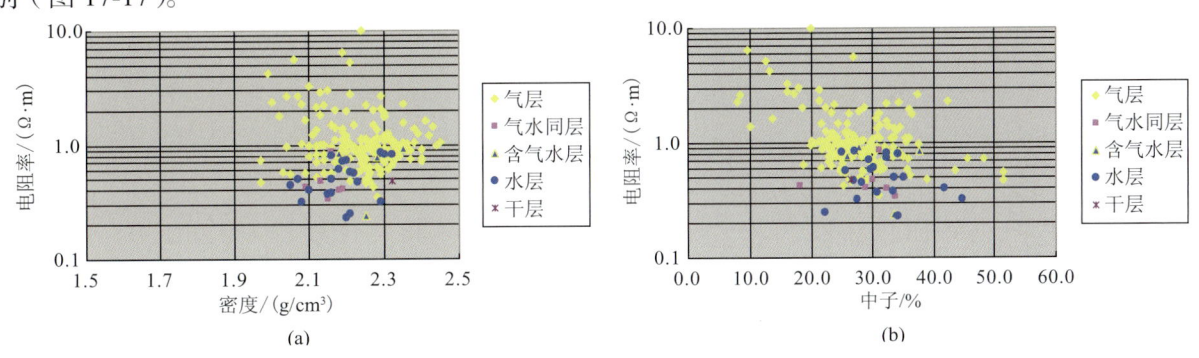

图17-17 三孔隙度-电阻率交会气层识别方法
(a)密度-电阻率交会图;(b)中子-电阻率交会图

(3)深浅电阻率比值、交会法

在三湖地区利用深浅感应电阻率比值、交会法进行气层识别,特别是低饱和度气层识别效果较好(图17-18)。

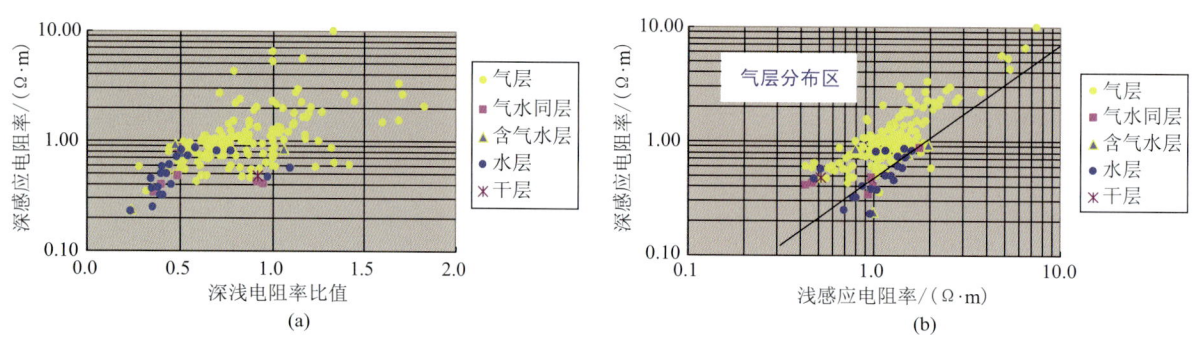

图 17-18 深浅电阻率比值交会气层识别图
(a) 深浅电阻率比值 - 深感应电阻率交会图; (b) 深 - 浅电阻率交会图

在深浅感应电阻率比值图中,气层分布于深浅感应电阻率比值大于 0.5,深感应电阻率高于 $0.4\Omega \cdot m$ 区域。在深 - 浅感应电阻率交会图中,气层一般存在于图左上方与水层有较好的区分。

(4) 天然气信息增益方法

天然气信息增益法基本思路是将气层天然气信息放大,同时尽量压制其他干扰信息,利用密度与中子之积与电阻率交会与中子、密度单独与电阻率交会相比,在突出天然气信息方面,其效果有了明显提高(图 17-19)。

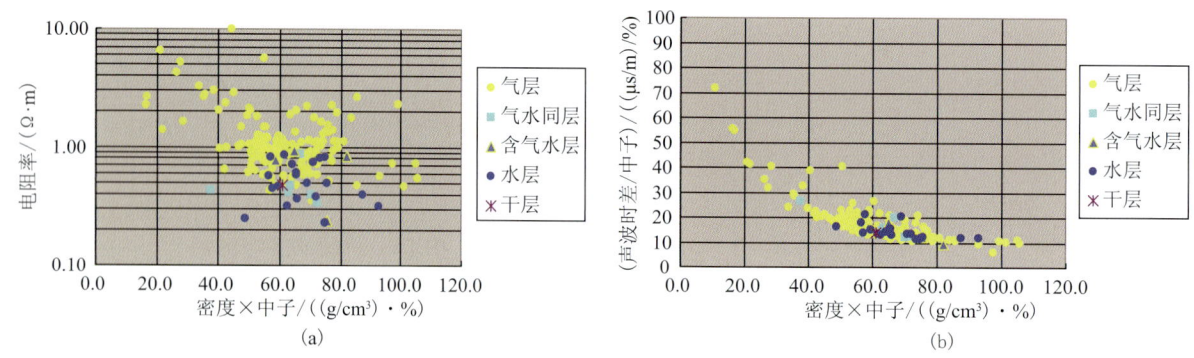

图 17-19 天然气信息增益法气层识别图
(a) 密度 × 中子 - 电阻率交会图; (b) 密度 × 中子 - 声波时差 / 中子交会图

2. 隐性气层多参数分析判识技术;

根据隐性气层形成"或"、"与"两种低饱和度气层判识技术。

(1)"或"分析技术

将各识别方法(参数)得到的气层判识指标采用累加即"或"的方法,也就是只要在一项指标参数中有含气指示即认为是可能气层而参与统计,得到所有可能气层的参数(图 17-20)。

(2)"与"分析技术

在分别计算单项定性指标参数进行单项指标气层判识基础上,按照气层响应灵敏的赋予不同的权值,选取权系数最大层段,得到最大气层可能性,即"与"指标进行气层判识(图 17-20)。

图 17-21 中所示 2371～2382.2m 砂体中,"或"指标显示全段含气,"与"指标指示在 2372～2374m、2376.8～2377.8m 两段为最大可能气层,测试结果该砂体与上下相邻 5 个层段合试,平均日产气 $1.68 \times 10^4 m^3$。

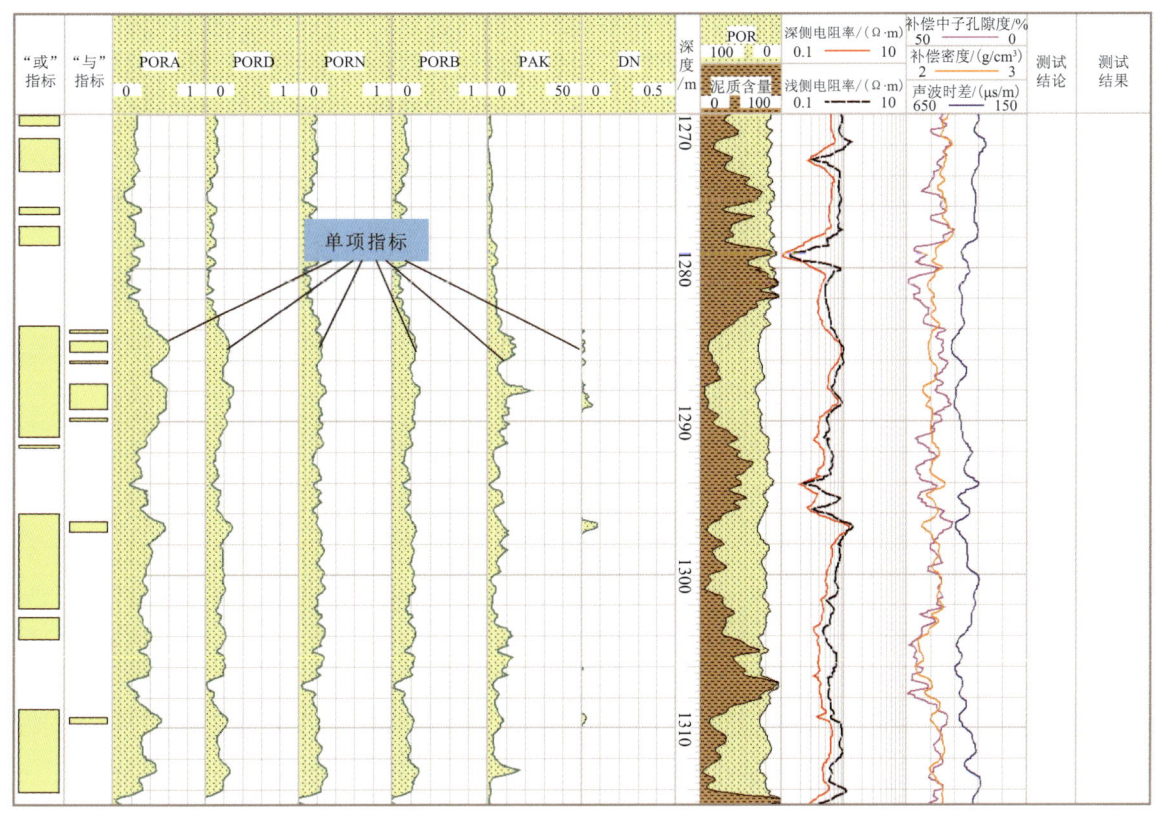

图 17-20　多参数气层识别技术图例

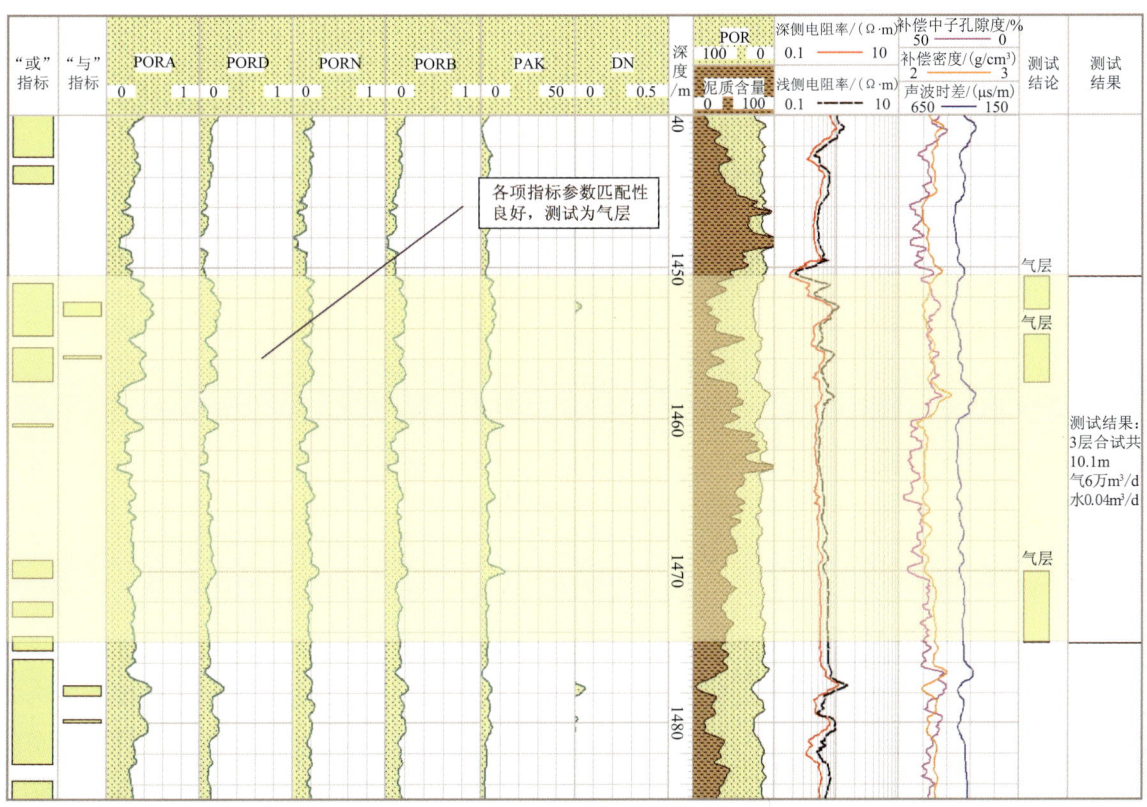

图 17-21　多参数气层识别实例

四、疏松砂岩气层评价技术

（一）疏松砂岩气层测井评价基础及评价参数

正常砂岩测井评价基础以均质状态的粒间孔隙砂岩为基础建立，导电形式为孔隙流体导电，声波传播以点接触或线接触的岩石骨架为传播路径（图17-22、图17-23）。

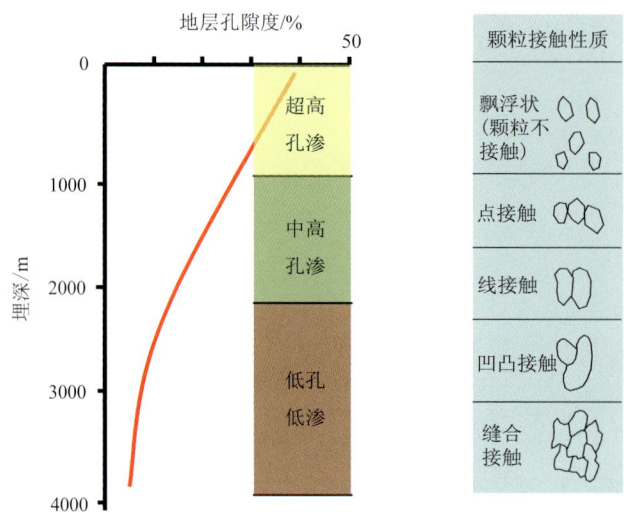

图17-22 碎屑岩孔隙特征变化示意图

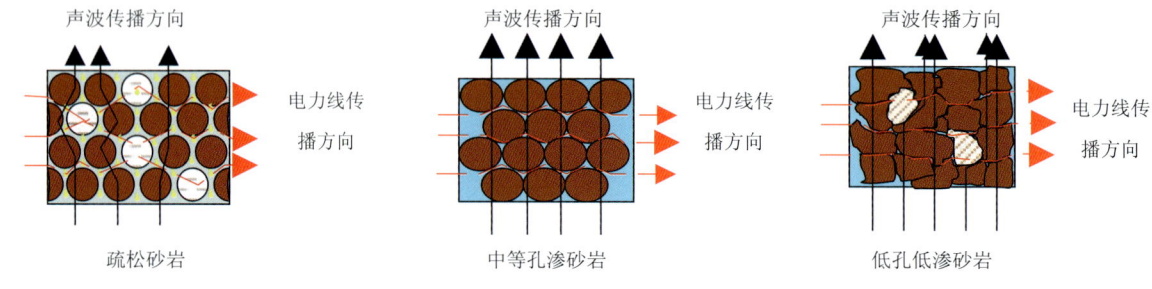

图17-23 碎屑岩储层声电传播示意图

疏松砂岩孔隙类型以原生孔隙为主，但由于压实程度低，泥质部分有时可以视为骨架一部分，导致声、电传播路径的改变。

储层物性评价主要是总孔隙度和有效孔隙度及渗透率。

（二）疏松砂岩储层物性参数评价技术

1. 疏松砂岩气层测井储层参数评价技术

1）孔隙度计算模型

（1）单声波时差孔隙度计算方法

利用单声波时差方法进行孔隙度计算方法研究，需对岩石骨架进行修正才能得到较好结果，

图17-24中若不进行覆压校正其声波骨架应为68μs/ft，而进行覆压校正后声波时差骨架值为83μs/ft。

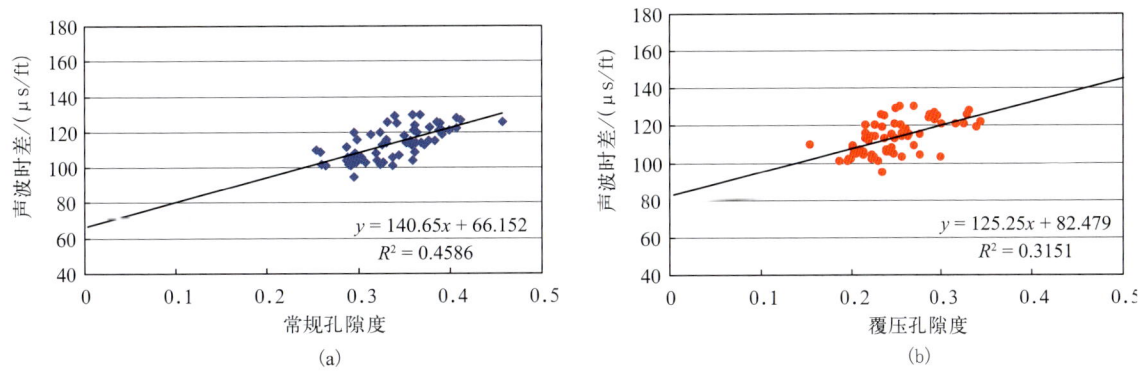

图17-24　声波时差-孔隙度计算模型

（a）声波时差与常规孔隙度关系图；（b）声波时差与覆压孔隙度关系图

由于疏松砂岩岩石骨架值发生了很大变化，利用声波时差进行孔隙度计算精度较低，即使去除含气影响，只利用含气水层和水层样点，其孔隙度计算误差也有5%左右。

（2）双孔隙度交会孔隙度计算模型

疏松砂岩中子-密度交会计算孔隙度最关键是湿黏土点和干黏土点的确定。在正常砂岩中由于压实程度高，湿黏土点线上泥质孔隙度接近于0，按照实际资料点容易确定，而疏松砂岩、泥岩具有一定有效孔隙度，按照实际资料点选取湿黏土点会产生计算误差。通过大量实际资料标定，将疏松砂岩湿黏土点确定在中子35%、密度3.42g/cm³附近区域（图17-25）。

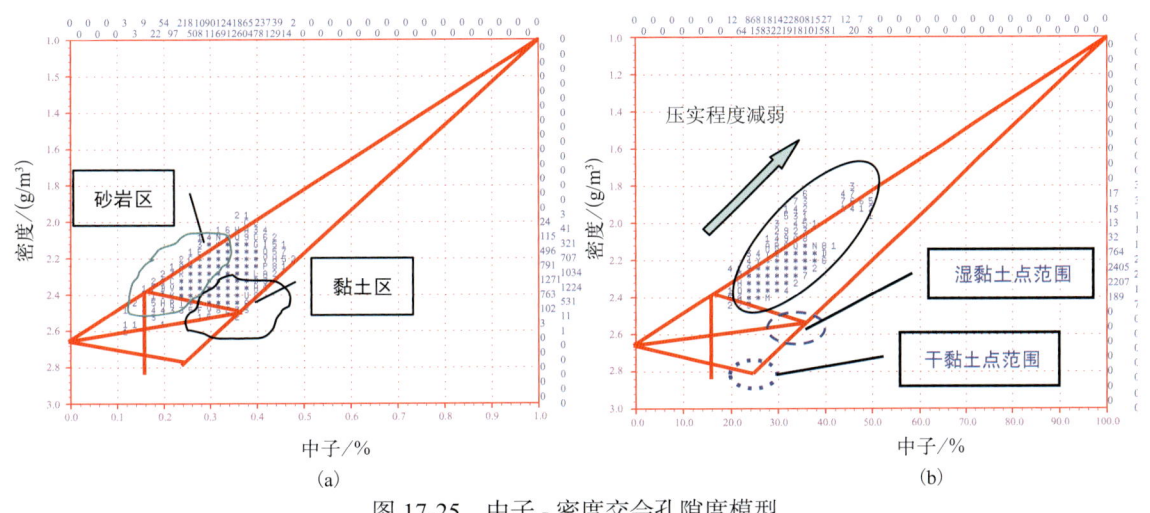

图17-25　中子-密度交会孔隙度模型

（a）正常砂岩孔隙度计算；（b）疏松砂岩孔隙度计算

（3）孔隙度概念的厘定

根据疏松砂岩储层特征及成岩机理，对疏松砂岩储层孔隙度概念进行厘定后，认为测井计算总孔隙度更接近实验分析孔隙度。

图17-26显示测井计算有效孔隙度与实验分析孔隙度误差为10%～20%，表明二者在根本上存在较大差异。利用测井计算总孔隙度与实验分析孔隙度对比，二者对应关系有了很大好转，但仍

存在5%～10%的误差。利用覆压校正后实验室分析结果与总孔隙度对比误差范围在2%～3%，说明二者之间存在很好的相关性。

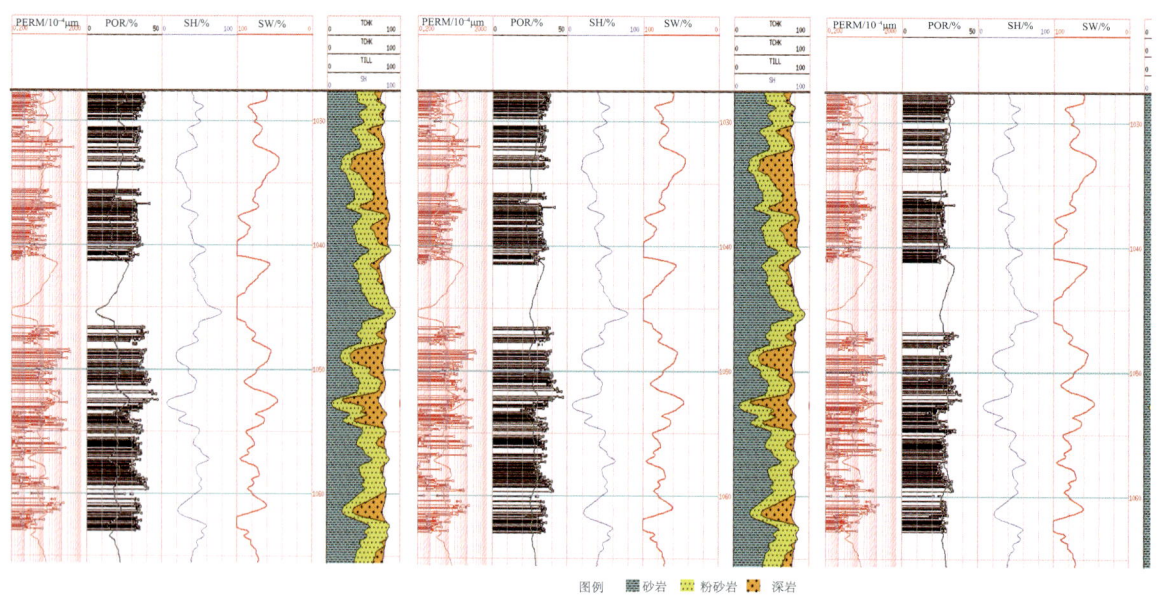

图 17-26　测井计算总孔隙度与实验分析孔隙度对比图（台南 5-7 井）
(a) 常规实验孔隙度与测井有效孔隙度；(b) 常规实验孔隙度与测井总孔隙度；(c) 覆压校正孔隙度与测井总孔隙度

2）渗透率计算

通过岩性及岩石粒度分析，根据泥质含量、粒度分级分别建立了疏松砂岩渗透率计算模型（图 17-27、图 17-28）。

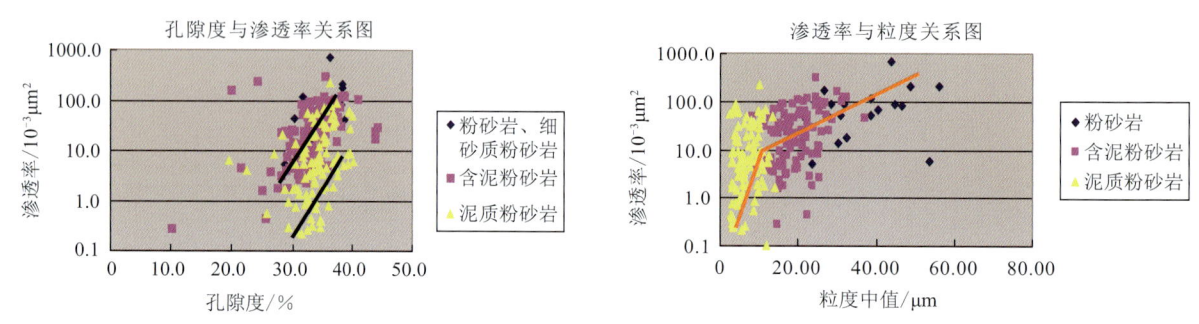

图 17-27　不同岩性孔隙度与渗透率关系图　　图 17-28　不同粒度渗透率计算图

（1）根据泥质含量不同利用孔隙度计算渗透率

泥质粉砂岩渗透率计算模型：$PERM = 10^{-7}e^{0.5655}POR$

粉砂岩、含泥粉砂岩渗透率计算模型：$PERM = 10^{-8}e^{0.5464}POR$

（2）根据粒度分级计算不同岩性渗透率

泥质粉砂岩渗透率计算模型：$PERM = 0.0143e^{0.849} \times 10^{-3} \mu m^2$

粉砂岩、含泥粉砂岩渗透率计算模型：$PERM = 3.1168e^{0.0936} \times 10^{-3} \mu m^2$

（三）疏松砂岩气层测井含气饱和度评价技术

1. 饱和度解释模型

根据疏松砂岩储层特征改进了含油气泥质砂岩孔隙解释模型，将原有双孔隙度模型修正为三孔隙度模型（粉砂岩粒间孔、粉砂岩微孔、泥质孔隙）（图17-29），建立了新的饱和度计算公式。

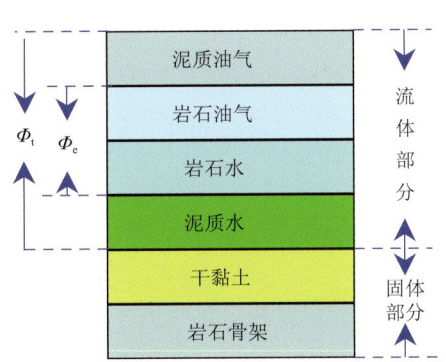
双孔隙度解释模型

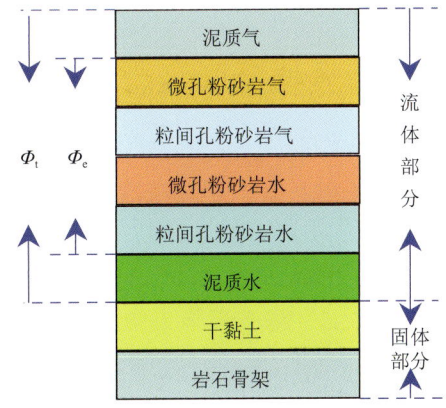
三孔隙度解释模型

图 17-29　砂泥岩测井解释模型

2. 含油气泥质砂岩孔隙模型饱和度公式

$$\left(\frac{1}{R_t}\right)^{0.5} = (\Phi_t - \Phi_e)^{0.86} \cdot \left(\frac{S_W^n}{R_{WC}}\right)^{0.5} + \left(\frac{\Phi_{e1}^{m1} \cdot S_W^{n1}}{a \cdot R_{W1}}\right)^{0.5} + \left(\frac{\Phi_{e2}^{m2} \cdot S_W^{n2}}{a \cdot R_{W2}}\right)^{0.5}$$

其中，泥岩（晶间孔）电阻率贡献：$(\Phi_t - \Phi_e)^{0.86} \cdot \left(\dfrac{S_W^n}{R_{WC}}\right)^{0.5}$

细粉砂岩（微孔）电阻率贡献：$\left(\dfrac{\Phi_{e1}^{m1} \cdot S_W^{n1}}{a \cdot R_{W1}}\right)^{0.5}$

粉砂岩（粒间孔）电阻率贡献：$\left(\dfrac{\Phi_{e2}^{m2} \cdot S_W^{n2}}{a \cdot R_{W2}}\right)^{0.5}$

3. 饱和度计算参数确定

根据半渗透隔板法岩电实验确定了疏松砂岩饱和度计算参数。不同孔隙结构类型储层的 Archie 参数见表 17-1。

表 17-1 不同储层类型 Archie 参数

储层类型	I类	II类	III类
胶结指数m	1.45	1.48	1.63
饱和度指数n	1.45	1.59	1.58

从 I 类储层到 III 类储层，胶结指数从 1.45 渐增到 1.63，饱和度指数从 1.45 变化到 1.58。即：在相同孔隙度情况下，III 类储层的完全饱和水岩石电阻率最大；相同饱和度条件下，II、III 类储层的电阻增大率最大。

五、定量评价方法及成果应用

利用新的解释模型及解释参数，对青海疏松砂岩天然气层进行精细评价，经过测试结果对比，取得很好效果。疏松砂岩测井解释符合率达 90.2%。

台南 6–31 井 1866.0～1869.7m，解释孔隙度为 26.9%，含气饱和度 53%，解释为气层。对 1867～1869.5m 井段测试，产气 113656m³/d，并产少量水，为含水气层（图 17-30）。

涩 34 井在 1440～1480m 井段，解释 1 层水干层，4 层水层。其中，1440～1442m 原解释气层，经测试日产水 0.11m³，测试结论为干层（图 17-31）。

涩 34 井 1581.7～1584.5m 井段解释为水层，1587.1～1588.8m 总孔隙度为 24.9%，有效孔隙度为 24.6%，含气饱和度为 51.0%，解释为气层，二层合试，测试产气 23826 m³/d，产水 1.39 m³/d（图 17-32）。

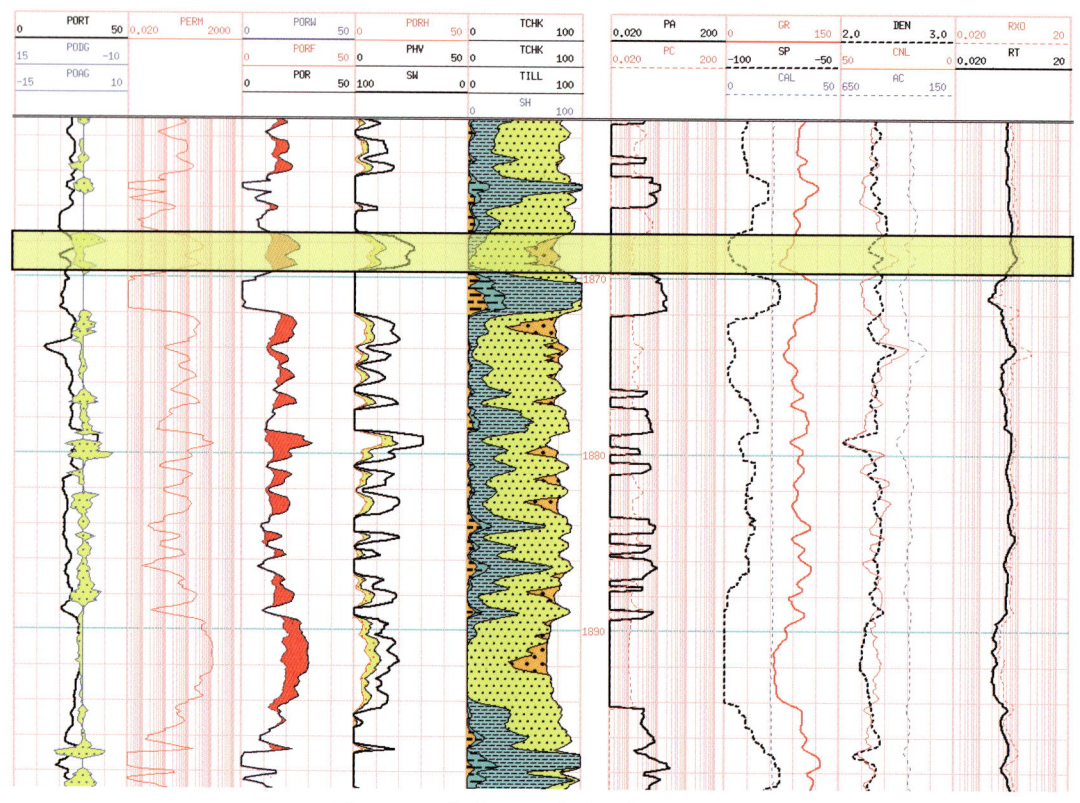

图 17-30 台南 6-31 井处理解释成果图

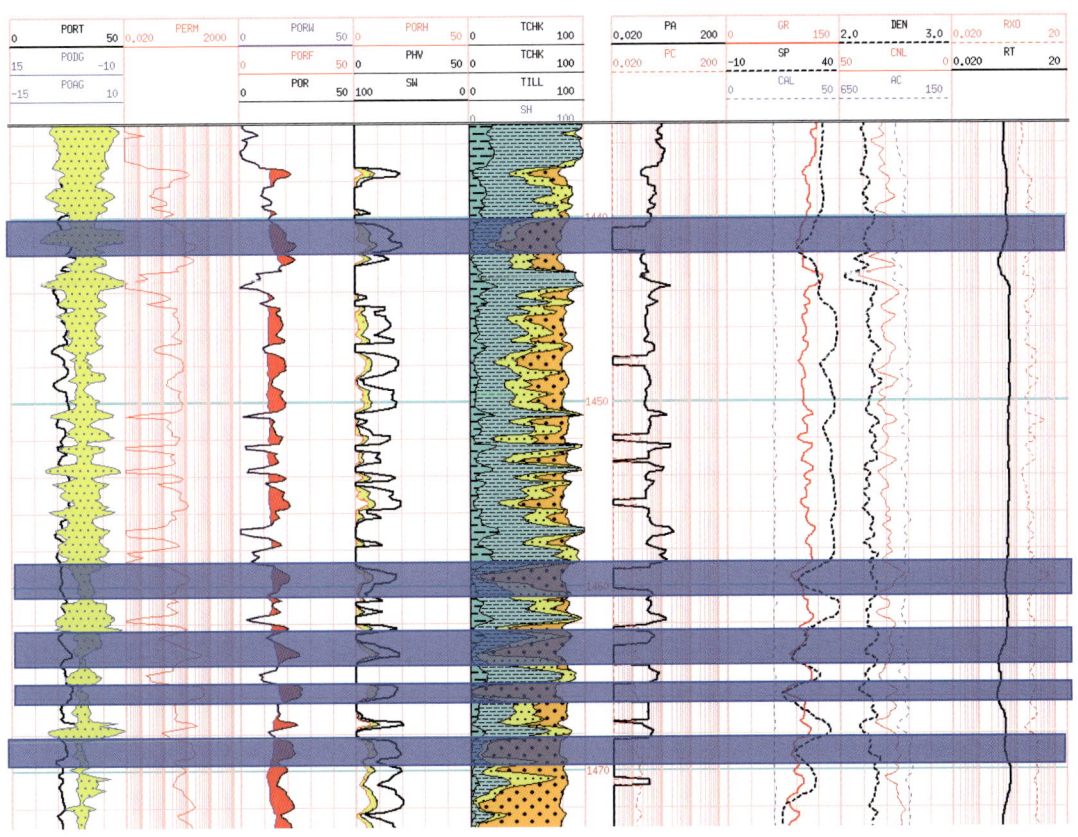

图 17-31　涩 34 井 1140～1480m 测井解释成果图

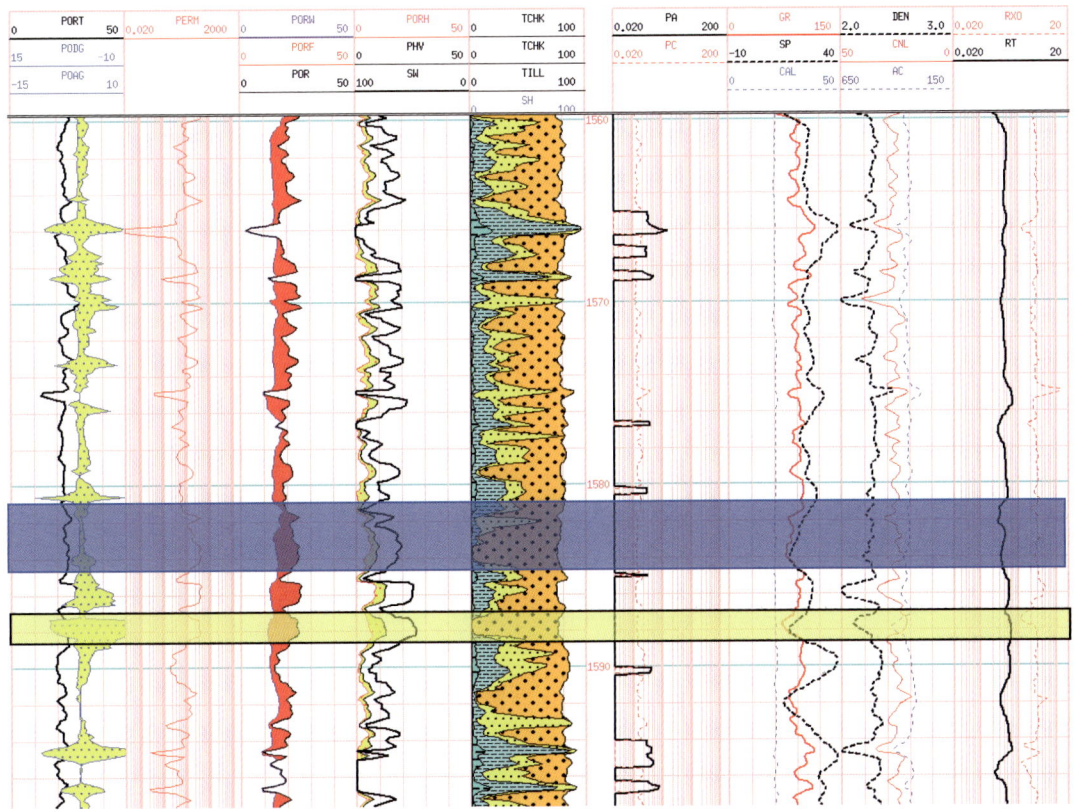

图 17-32　涩 34 井 1560～1600m 测井解释成果图

第二节 低孔致密气层测井识别评价技术

低孔致密气层测井判识评价的难点主要在于储层孔隙度低，储层中赋存的天然气绝对含量小，测井响应特征不明显，同时加之孔隙结构复杂，非均质性强等特点，要求低孔致密气层必须建立具有自身特点的解释模型及方法。

一、低孔致密气层岩石物理特征

（一）低孔渗致密气层声波实验

对不同岩样在不同温度、压力和饱和度情况下进行了纵横声速实验室测量，并对实验数据进行分析。

1. 随饱和度增加纵横波速变化规律

（1）在常温常压和高温、高压条件下，随含水饱和度的增加，岩样的纵横波速度均缓慢增大，变化为100m/s，折合时差变化仅为 3～4μs/m；横波相对纵波增大缓慢（图17-33）
（2）随含水饱和度增加纵横波速比增大（图17-34）
（3）纵横波速度对饱和度的敏感度小

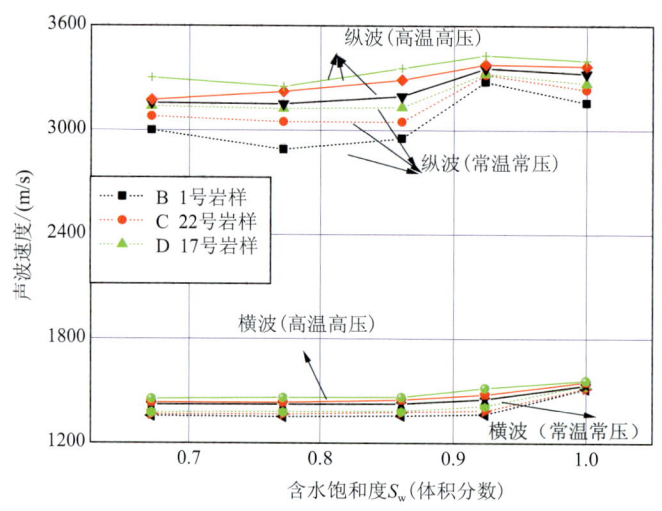

图17-33 声速随饱和度及压力的变化规律

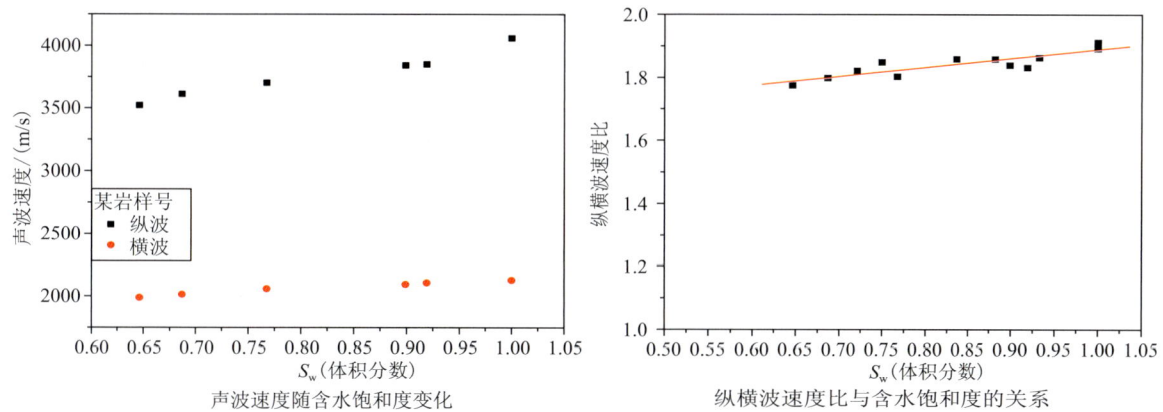

图 17-34 纵横波速度比随着含水饱和度的增加而增加

2. 随压力变化纵横波速变化规律

纵横波速度在高温、高压下大于常温常压下的值（图 17-35）。

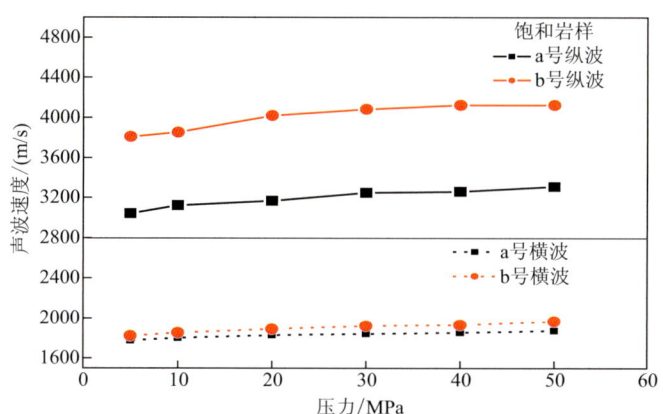

图 17-35 纵横波速随压力增大而增大

（二）低孔致密气层电阻率实验结果

1. m、n 值随着矿化度的增大而增大

常温常压下随着地层矿化度的增大，m、n 值均增大（表 17-2 和图 17-36、图 17-37）。

表 17-2 不同矿化度对 m、n 值的影响

条件	矿化度/ppm	m值	n值
常温常压	6000	1.46	1.65
常温常压	9000	1.49	1.71
常温常压	15000	1.55	1.81
常温常压	100000	1.68	2.54
常温常压	200000		3.05

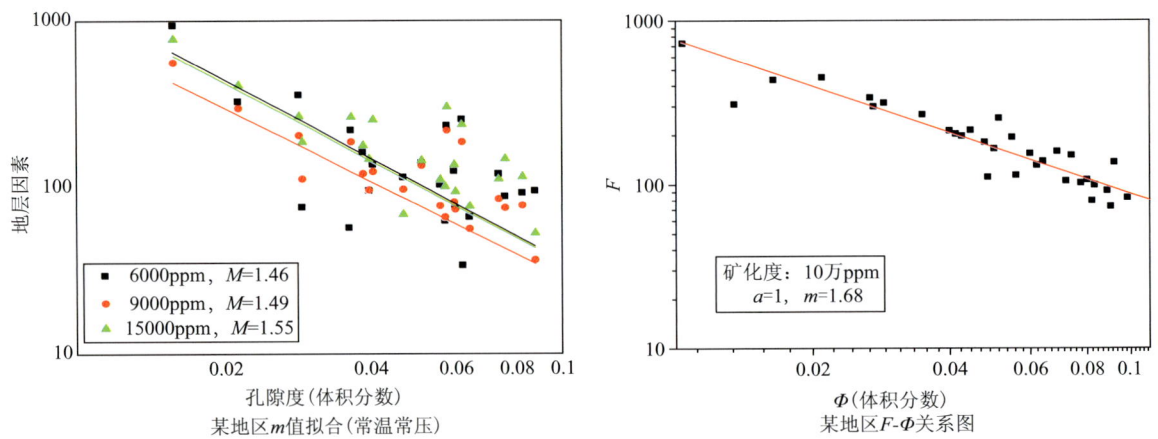

图 17-36 随地层矿化度增大，m 值增大

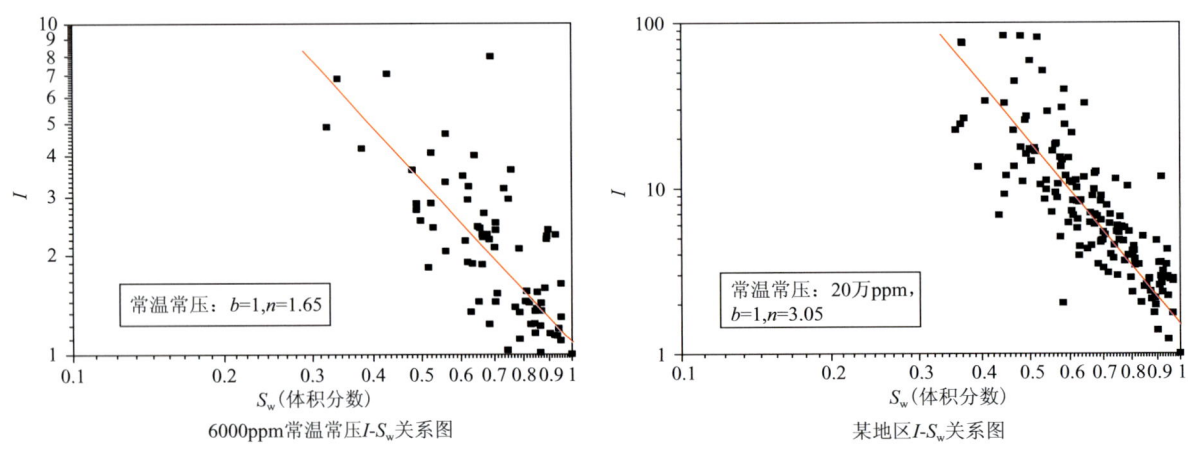

图 17-37 随矿化度增加，n 值增大

2. 在高温、高压下 m、n 值小于常温常压值

随压力增加，温度升高，m、n 值均减小（图 17-38、图 17-39）。

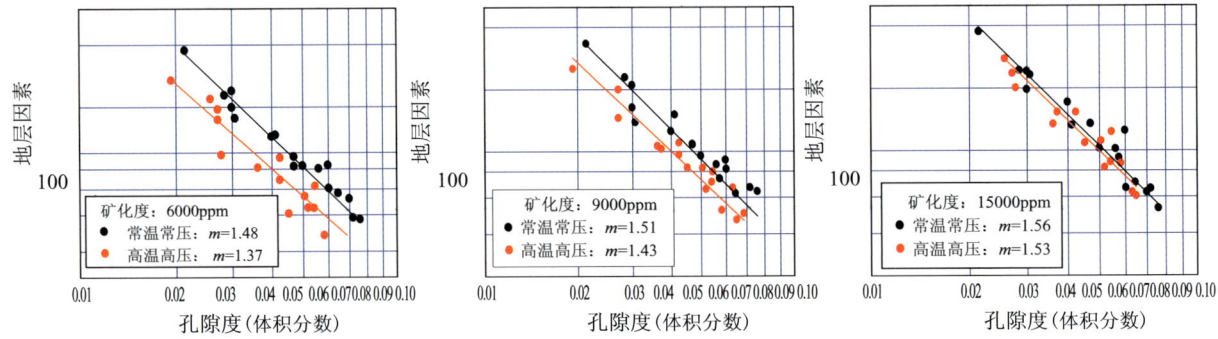

图 17-38 m 值随温度压力增高而增大

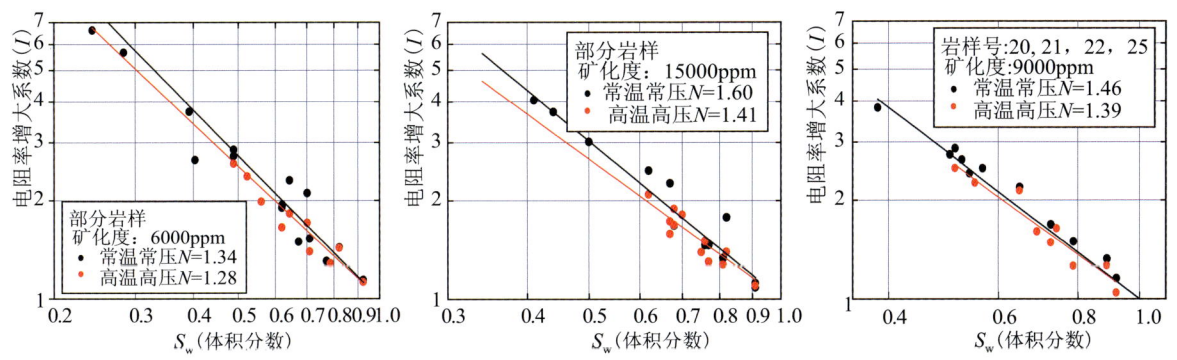

图 17-39　n 值随压力温度增大而增大

二、低孔致密气层声波数值模拟实验

假设地层模型为纯石英砂岩饱和流体球形孔隙介质，流体部分包括水和气，改变含水（含气）饱和度，根据介质弹性常数，利用 Boit 双相介质岩石物理理论，通过数值实验得出纵横波速度比、泊松比、饱和岩石和流体的体积模量、流体密度、阻抗等参数随含气饱和度变化的理论关系，与实验资料比较表明趋势基本一致。

（一）饱和度对声速的影响

1. 纵波波速随含气饱和度增加开始降低（密度减小量大于体积模量减小量），当含气饱和度增加到一定程度时（15% 左右），波速随饱和度增加而增加（密度减小量小于体积模量减小量）（图 17-40）

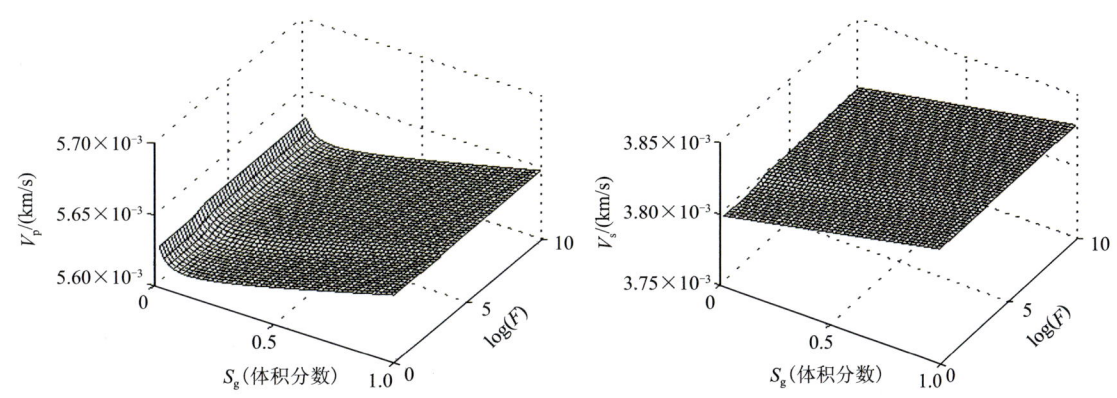

图 17-40　模拟 3000m 埋深条件下波速随含气饱和度及频率的变化

注：样品孔隙度 5%。F 为频率

这与一般笼统认为纵波速度在气层波速降低有所不同。这与 Domenico 实验研究结论趋势相同。

2. 横波速度随含气饱和度的增加波速增大（密度减小，剪切模量不变）（图 17-41）

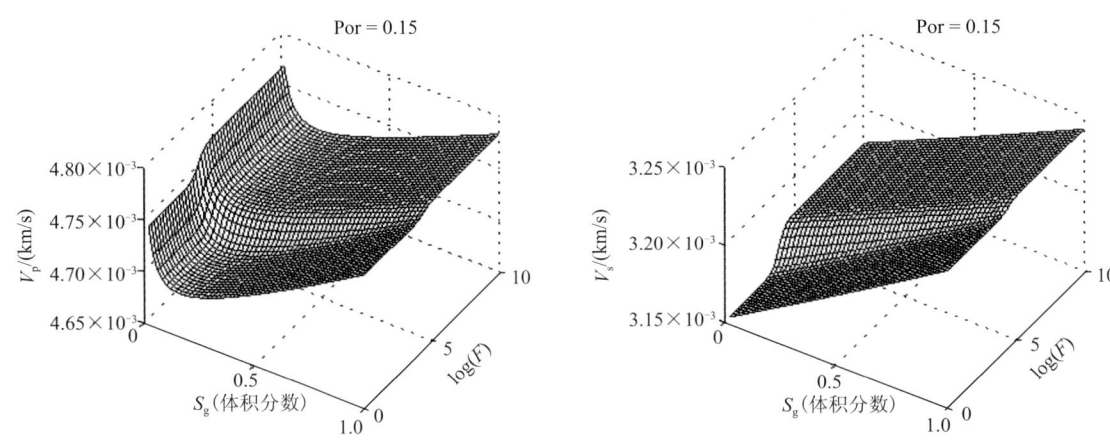

图 17-41　模拟 3000m 埋深条件下波速随含气饱和度及频率的变化

注：样品孔隙度 15%

（二）纵、横波速度比与饱和度关系

1. 随含气饱和度增加纵横波速比急剧下降，当达到一定程度（20% 附近）时趋于稳定

2. 纵横波速比随含气饱和度的变化规律与纵波速度随含气饱和度的变化规律相比更明显（图 17-42）

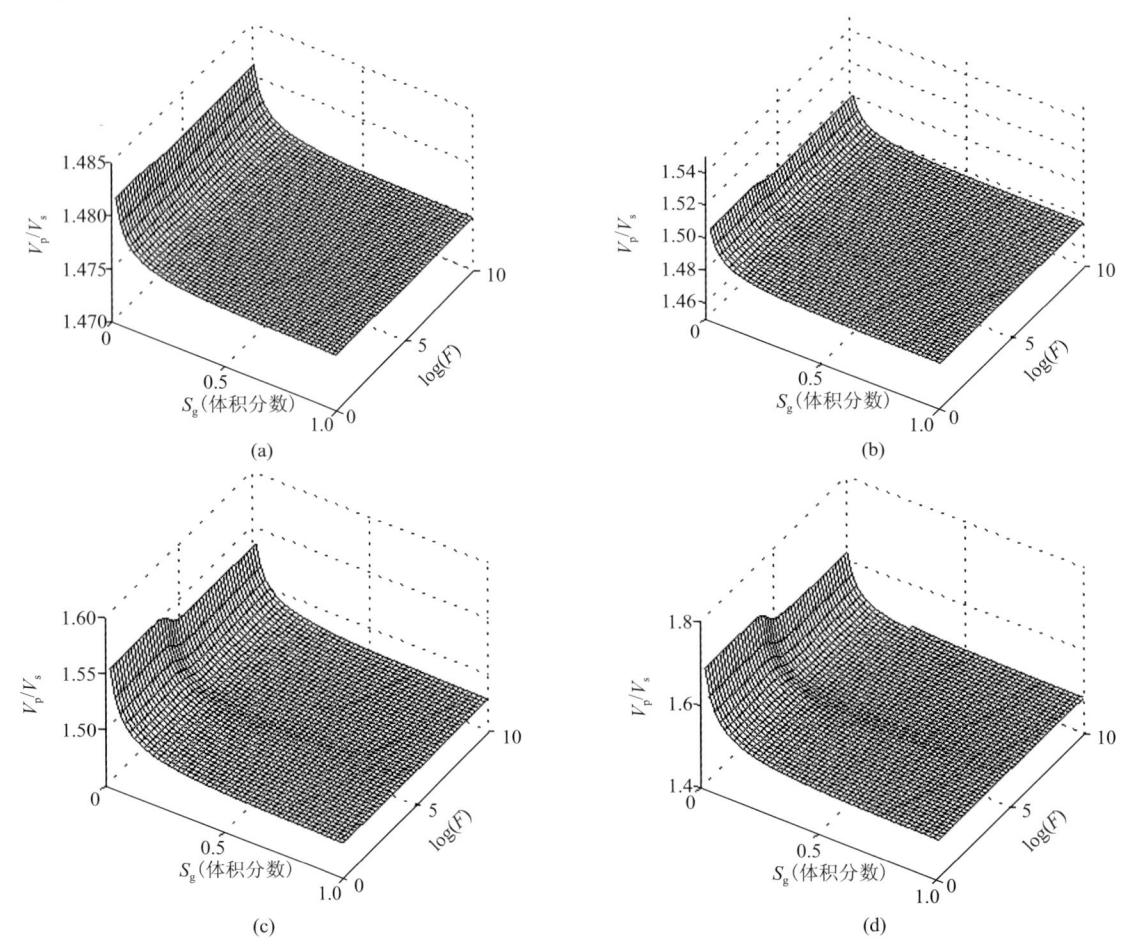

图 17-42　模拟 3000m 埋深甲烷气与水混合纵横速度比与饱和度关系

注：a 图样品孔隙度为 5%，b 图样品孔隙度为 15%，c 图样品孔隙度为 25%，d 图样品孔隙度为 35%

三、低孔致密气层测井响应特征

通过对储层特征研究表明，低孔低渗砂岩储层与疏松砂岩含气储层相比，除了都表现为高阻外，有以下不同特征。

（一）声波时差测井响应受压实影响大，基本无"周波跳跃"现象

对于中高孔渗地层，由于气层波幅的严重衰减可产生"周波跳跃现象"，导致时差增大。对于低孔渗致密储层，由于流体信号贡献小，因此难以使得纵波首波衰减到产生"周波跳跃"现象，因此反映的是地层纵波首波时至。另外随埋深的增大，纵波时差变小，气层时差甚至低于油水层，消除压实影响后气层时差比油水层稍大（图17-43）。

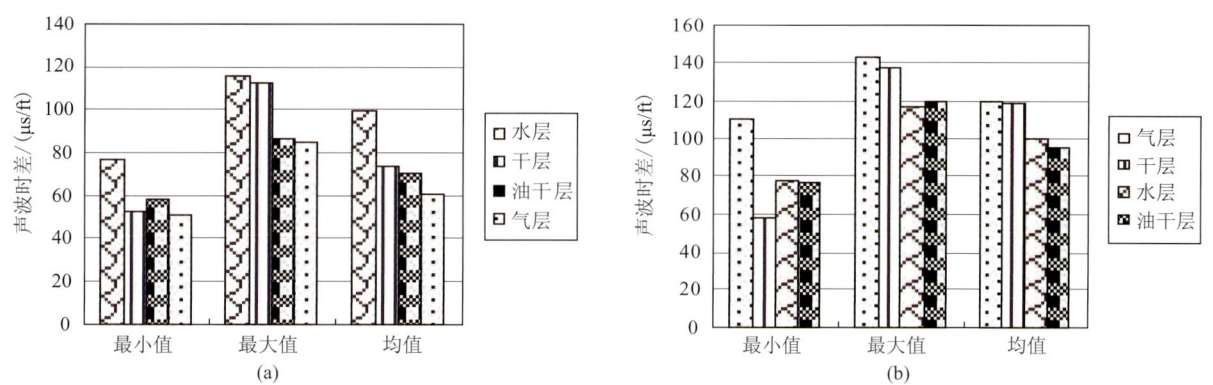

图 17-43　消除压实影响前后的时差特征对比
(a) 未消除压实影响；(b) 消除压实影响后

（二）密度测井值在气层有相对变小特征，绝对变小特征不明显

对于中高孔渗气层会显示出较低密度，但由于低孔渗致密储层气体含量小，对测井信号的贡献微弱，因此密度相对变化量小。另外由于受到上覆岩层的压实影响一般随埋深增大而减小；由于气体压缩系数大，因此气层密度随深度的变化较油水液体大，在未消除压实影响前看不出比油水层密度低的特征（图17-44）。

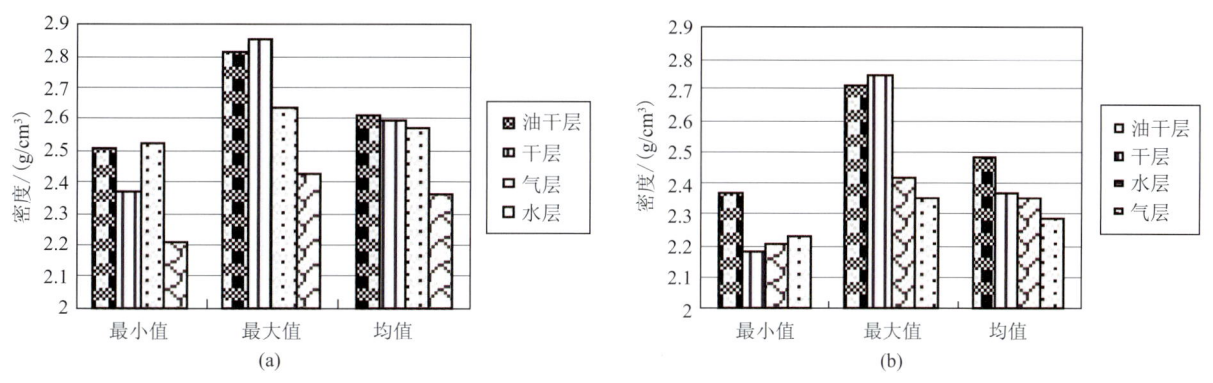

图 17-44　消除压实影响前后密度测井特征对比
(a) 未消除压实影响；(b) 消除压实影响后

（三）中子孔隙度测井"挖掘效应"不明显

对于低孔渗致密气层，由于孔隙度小，因此气体的整体挖掘效应小；另外由于压实会使得气体密度变大，数值计算表明气体密度增大，含氢指数增大，因此导致挖掘效应变小（图17-45）。

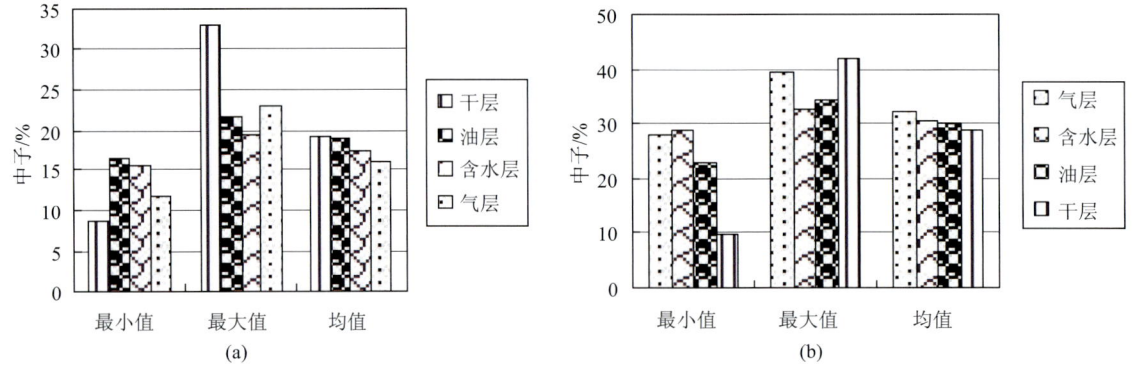

图17-45　消除压实影响后中子孔隙度测井特征
（a）消除压实影响前；（b）消除压实影响后

四、低孔致密气层识别方法

利用常规测井资料，主要是消除环境影响因素、对流体信号进行增强后，采用重叠图、交会图、组合参数等方法进行识别。

（一）中子－密度重叠图法

对于低孔含气储层，经过测井资料的环境影响因素校正后，中子－密度重叠图在一定地质条件下仍可应用（图17-46）。

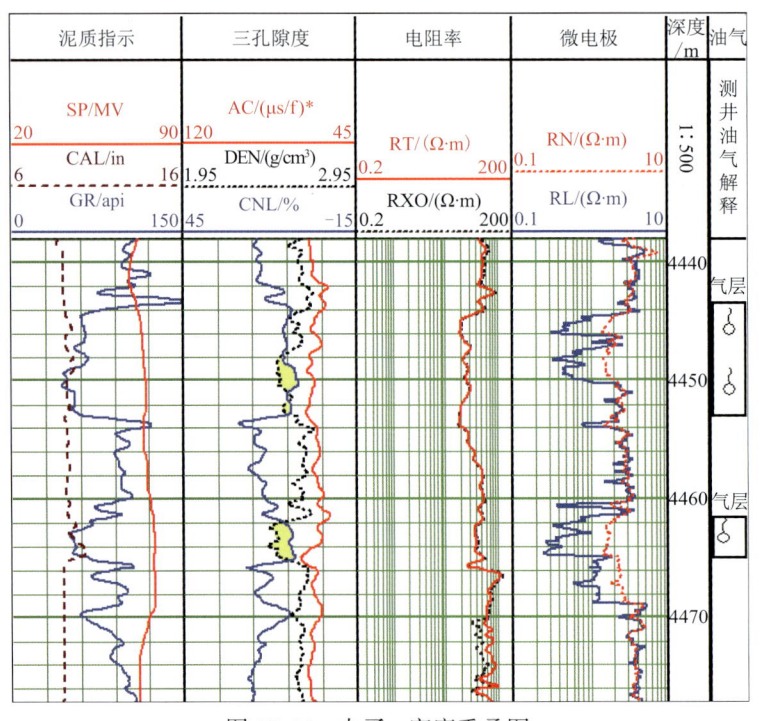

图17-46　中子－密度重叠图
*1μs/f=3.28μs/m

(二)测井曲线组合参数判定法

利用反映天然气敏感的测井曲线,根据测井响应方程进行各种组合变化对天然气响应特征进行放大,得出简单的判定参数来判定。组合参数判别法较多,譬如三孔隙度差值和比值法、四孔隙度比值法、视流体参数重叠法、声波差值法、流体声阻抗比值法等(谭廷栋,1994)。

综合敏感性分析和符合率分析(表17-3),认为声波差值法、视流体参数重叠法和流体声阻抗比值法对致密储层天然气识别敏感(图17-47)。

表17-3 组合参数判别气层符合率统计表

方法	声波差值	视流图参数重叠	流体声阻抗	四孔隙度	三孔隙度差比值
符合数/个	17	16	16	14	6
符合率/%	85	80	80	70	30

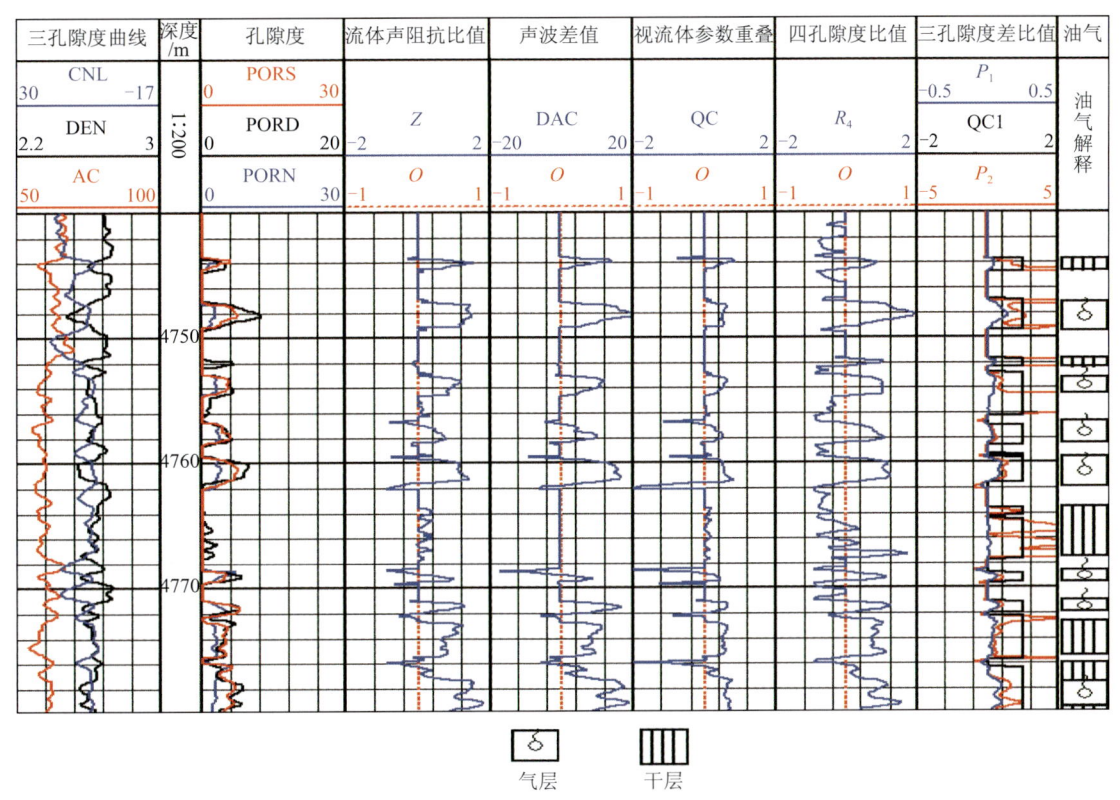

图17-47 测井曲线组合参数判定法比较示例(2号井)

对比疏松砂岩及低孔致密砂岩气层识别技术,可以得出以下结论:

(1)对于孔隙度大(25%左右)和岩性变化不大特征明显的地层(疏松砂岩),可以借鉴浅层天然气识别方法,利用常规原始测井曲线(比如中子和密度)的重叠、交会等方法来识别;

(2)对于受压实影响较大的低孔低渗地层,要对原始测井资料进行相应的压实校正后再用交会图来识别,其中以电法测井资料和非电法测井资料交会为明显;

（3）对于岩性变化较大的地层可以利用测井曲线组合参数判定方法，其中以声波差值法、视流体参数重叠法和流体声阻抗比值法较为有效；

（4）利用阵列声波与核磁资料可提高对天然气储层的识别吻合率。

五、低孔致密气层评价技术研究

（一）低孔致密气层测井储层参数评价技术

低孔渗储层参数评价受到实验数据和测井数据精度的双重影响，因此对测井储层参数评价带来了困难，可通过以下技术手段提高对低孔渗储层参数的评价精度。

1. 尽可能消除测井数据环境影响，提高测井数据质量

测井数据受到各种环境因素影响，通过资料标准化可消除系统误差，通过环境校正可消除井眼、泥浆等影响因素，从而达到提高测井质量的目的。

2. 以高质量岩心实验数据为基础

储层参数解释模型是低孔渗储层评价的基础，只有高质量的岩心实验数据才能建立高精度的实验模型。为此首先要有精良的实验设备和严谨的实验规程，此外对实验数据采用直方图、交会图进行分析加以甄选利用也是有效手段之一。图17-48是某地区实验数据的交会检验，说明实验数据有明显的差异，需要甄别利用。

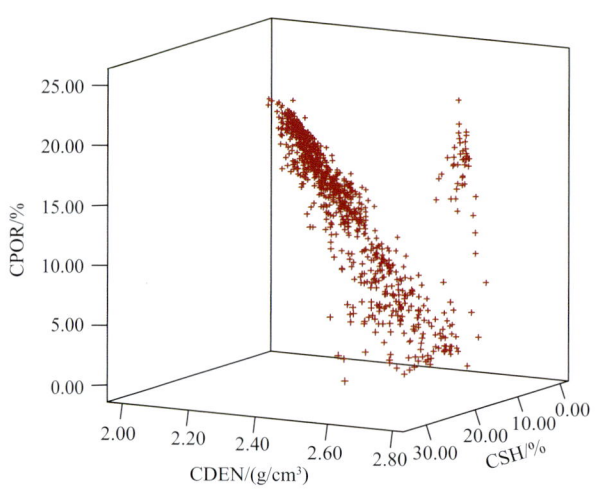

图 17-48　岩性分析密度与孔隙度关系图

3. 精细建模技术

低孔渗储层往往受到不同层位和不同区域沉积环境的影响，因此对区域储层评价要首先考察不同区域和地层的差异性，以建立不同地层和不同地区储层参数评价模型。

4. 积极应用测井新技术新方法

由于低孔渗储层流体对常规测井信号的贡献小，因此要尽可能地选用对流体性质敏感的阵列声波、核磁等测井新方法，结合常规测井资料进行综合参数评价。

（二）低孔致密气层测井含气饱和度评价技术

1. 低孔致密气层 m 值变化的特殊性

根据鄂尔多斯盆地岩电试验。地层因素与孔隙度之间在低孔部分出现了"下拉"现象，已不再遵循原有的线性关系（图17-49），尤其是在孔隙度较低的情况下，样点发散情况更加严重。

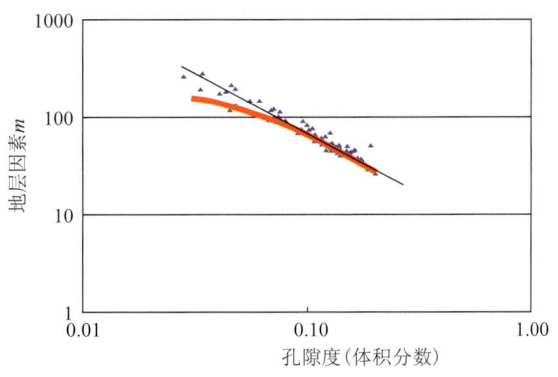

图 17-49 白豹地区 $F\text{-}\phi$ 交会图

将试验结果中 m 折算成相对应 $a=1$ 时的 m，呈现为如图17-50所示的变化规律，即胶结指数 m 随孔隙度降低而降低。

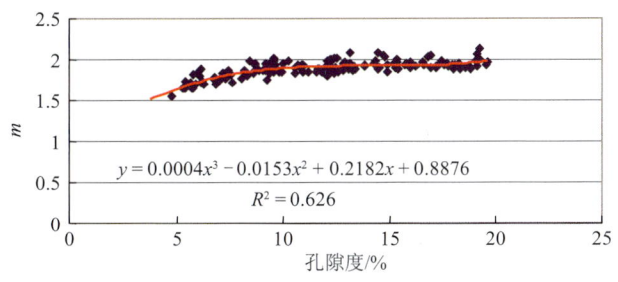

图 17-50 苏里格气田孔隙度与 m 关系图

一般而言，低孔致密气层储层物性较低，可达到5%左右，m 变化在孔隙度小于10%时会更加剧烈，因此在气田中利用低孔低渗油气层 m 特有的变化规律，更能大幅度提高低孔低渗段的含气饱和度，较油田相比更容易发现新的气层。

2. 低孔致密气层含气饱和度计算方法

由于三孔隙度资料受到气体性质的影响较大，而一般用于计算饱和度的阿尔奇公式是孔隙度的函数，受孔隙影响较大，因此可利用核测井资料利用"挖掘效应"采用 Kukal 方程通过迭代计算含气饱和度和孔隙度。

将岩石分为骨架和孔隙两部分。孔隙内包含泥浆滤液和油气。对于密度测井（图 17-51）响应分成骨架、孔隙泥浆滤液和油气的贡献；对于中子测井，假设骨架矿物含氢指数为零，测井响应受黏土含量和孔隙度的影响，孔隙内也认为包含泥浆滤液和油气两种流体（图 17-52）。

图 17-51　密度测井体积模型　　　图 17-52　中子测井体积模型

由此得到出密度和中子测井响应方程分别为：

$$\rho_b = \rho_{ma}(1-\phi) + \rho_{mf}\phi(S_{xo})_d + \rho_h\phi(1-(S_{xo})_d) \tag{17-1}$$

$$\phi_n = V_{cl}(\phi_n)_{cl} + \phi(\phi_n)_h(1-(S_{xo})_n) + \phi(\phi_n)_{mf}(S_{xo})_n - (\Delta\phi_n)_{ex} \tag{17-2}$$

根据密度和中子测井对应孔隙度相等，由以上两式推得 Kukal 方程：

$$\frac{\rho_b - \rho_{ma}}{(S_{xo})_d \rho_{mf} + (1-(S_{xo})_d)\rho_h - \rho_{ma}} = \frac{\phi_n - V_{cl}(\phi_n)_{cl} + (\Delta\phi_n)_{ex}}{(S_{xo})_n(\phi_n)_{mf} + (1-(S_{xo})_n)(\phi_n)_h} \tag{17-3}$$

若假设地层被完全冲刷，则有 $S_{dn} = S_{xo} = (S_{xo})_d = (S_{xo})_n$，由式（17-3）可推得含水饱和度计算公式：

$$S_{dn} = S_{xo} = \frac{(\phi_n)_h(\rho_b - \rho_{ma}) - (\rho_h - \rho_{ma})(\phi_n - V_{cl}(\phi_n)_{cl} + (\phi_n)_{ex})}{(\rho_{mf} - \rho_h)(\phi_n - V_{cl}(\phi_n)_{cl} + (\phi_n)_{ex}) - (\rho_b - \phi_{ma})((\phi_n)_{mf} - (\phi_n)_h)} \tag{17-4}$$

式中：ρ_b——经井眼校正的体积密度，g/cm^3；

ρ_{ma}——骨架密度，等于干岩心所测的颗粒密度，包含骨架矿物、黏土矿物和固体有机物质，g/cm^3；

$(S_{xo})_d$——密度测井仪器探测区域含水饱和度，即有效孔隙体积部分；

ρ_{mf}——密度测井仪探测区域的水或泥浆滤液部分的密度，g/cm^3；

ρ_h——地层含油气（烃）的密度，g/cm^3；

$(S_{xo})_n$——中子测井仪探测区域的含水饱和度，即有效孔隙体积部分；

$(\phi_n)_{mf}$——中子测井仪探测区域的水或泥浆滤液的中子响应值；

$(\phi_n)_h$——地层含烃的中子响应；

$(\phi_n)_{cl}$——地层中黏土的中子响应；

V_{cl}——黏土含量部分的体积；

$(\Delta\phi_n)_{ex}$——中子测井的挖掘效应校正值。

在深层致密含气储层，通常认为天然气以凝析油形式存在，因而可以简化为采用单相态烃成分。

当地层未侵入时，$S_{dn} = S_w$ ；地层深侵时，$S_{dn} = S_{xo}$ 。

六、定量评价方法的成果应用

新的解释方法在鄂尔多斯盆地、塔里木盆地低孔致密砂岩中得到验证及应用，应用效果明显，有效提高了测井解释精度。

图 17-53 是苏里格气田苏 5 井解释结果，3292～3296m、3311～3314m 井段孔隙度分别为 15%、10%，原测井分别解释为气层、含气水层。二层合试，初产气 $9.088 \times 10^4 m^3/$ 日，压裂后产气 $16.308 \times 10^4 m^3/$ 日，均无水。

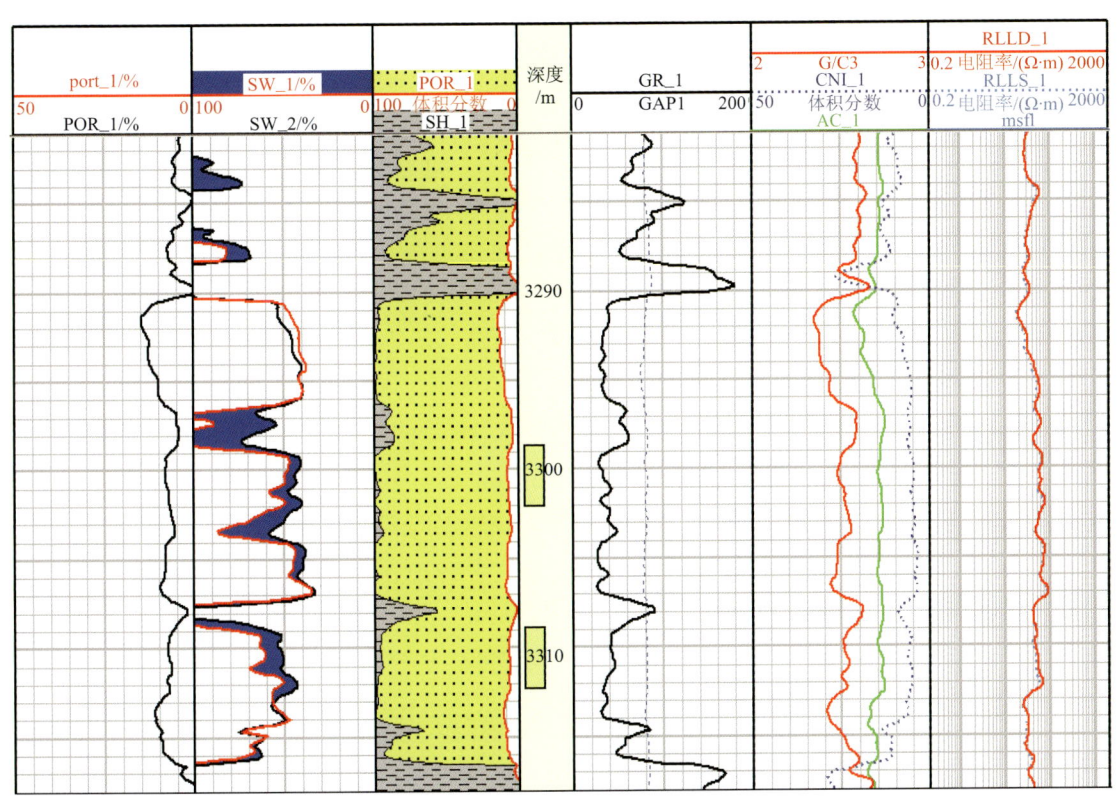

图 17-53　苏 5 井现测井解释成果图

利用新的解释方法对苏 5 井重新解释，3311～3314m 井段含气饱和度在 50% 以上，为气层，与测试结果相吻合。

第十八章 天然气成藏实验新技术与应用

天然气从生成到运聚成藏是一个非常复杂的地质过程。要把已发现气藏中的天然气与潜在的气源岩建立联系并研究天然气的运聚成藏过程，必须借助于多种实验手段。"十一五"之前，在天然气生成模拟技术方面已经形成了开放体系和封闭体系下的两大技术系列；在天然气成因判识和气源对比方面形成了以天然气碳同位素、氢同位素、天然气轻烃组成及天然气轻烃碳同位素为主的技术系列；在天然气运聚成藏物理模拟实验方面形成了以一维天然气运聚物理模拟为主的实验技术；在天然气盖层评价技术方面形成了主要以突破压力、比表面和扩散系数等微观参数评价为主的评价技术。"十一五"期间，伴随着国家油气专项"中国大型气田形成条件、富集规律及目标评价"研究的开展，围绕天然气的生成新开发了连续无损耗全岩天然气生成模拟和地层条件下天然气生成模拟两项技术；围绕天然气成因判识和气源对比新开发了天然气中非烃气体（H_2S、CO_2、N_2）硫、氧、氮同位素在线分析技术；在深部碎屑岩优质储层的形成机理研究方面，开发了储层高温、高压溶蚀实验评价技术；在天然气运聚成藏研究及物理模拟实验方面，开发了低渗砂岩高温、高压烃类扩散系数测定技术、烃类包裹体气体组成及碳同位素分析技术及二维、三维天然气成藏物理模拟技术；在天然气盖层评价方面，围绕断层对盖层的影响等开发了新的评价技术。

第一节 天然气生成模拟实验新技术与应用

天然气生成模拟技术是天然气资源评价和气源对比等研究中非常重要的技术手段，其核心内容是在实验室利用加热手段于某种特定体系下测定烃源岩在不同温度阶段生成天然气的潜力。天然气生成模拟技术按实验体系封闭程度可分为开放体系、半开放-半封闭体系和封闭体系三类。为了研究需要，在开放体系和半开放-半封闭体系两种条件下新开发了独具特色的天然气生成模拟技术，主要包括连续无损耗全岩天然气生成模拟技术和地层条件下天然气生成模拟技术。

一、连续无损耗全岩天然气生成模拟技术

这是基于热解气相色谱技术开发的一种开放体系下的天然气生成模拟技术。通过对热解炉常规

样品管的改进，使之能够满足分析烃源岩样品的需要；结合气相色谱对混合物分离、定量的功能，完成对模拟产物中气体组成的准确定量。该技术的最大优点是设备简单、便于操作，可以连续无损耗地模拟烃源岩在不同温度下生成天然气的情况。开放体系下生成后的产物可以迅速排出，避免了烃类的二次裂解；该技术加热温度高，最高工作温度900℃，能够完全反映源岩的生烃潜力。因此，在新探区，短时间内就可以通过大量模拟实验对未知的潜在烃源岩做出全面的评价。

（一）实验方法

1. 实验仪器

仪器由三部分组成（图18-1）。

热模拟生烃部分：由澳大利亚SGE公司生产的热解器（Pyrojector II）改装而成，主要包括热解炉和温度-载气压力控制系统两部分。可以在900℃下的任意温度恒温工作，控温精度±1℃。

产物分析定量部分：由美国Agilent公司生产的气相色谱仪改装而成，模拟产物被液氮冷阱收集，模拟结束后撤掉液氮冷阱，气化后的产物经色谱柱分离、FID检测定量，得到C_1-C_5烃类组分的产率。

仪器控制和数据处理部分：由微机和Agilent公司的化学工作站组成，可以控制气相色谱仪的各种参数设定及采集分析数据。

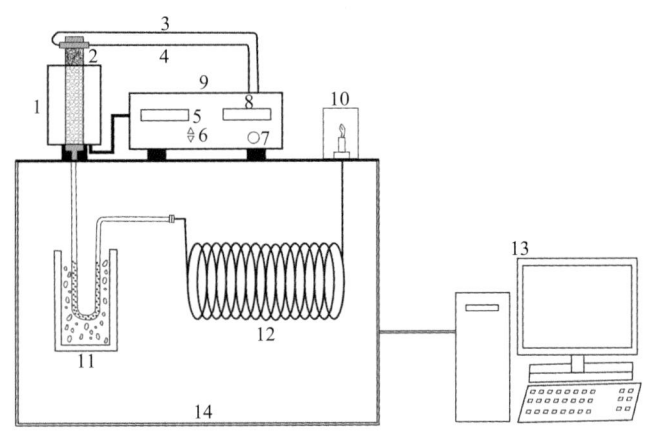

图18-1 连续无损耗全岩天然气生成模拟技术仪器框图

1.热解炉；2.样品管；3.载气管线；4.吹扫放空管线；5.温度显示器；6.温度控制键；7.压力调节旋钮；8.载气压力表；9.热解炉控制器；10.火焰离子化检测器；11.冷阱；12.气相色谱柱；13.化学工作站；14.气相色谱仪

2. 样品及实验流程

样品选用钻井取心中的烃源岩样品，粉碎至20～30目。具体流程如下：

（1）装样

取粉碎至20～30目的烃源岩样品2～3g装入样品管内，样品管两端填充石英棉。若是煤样或干酪根样品，样品量减少至100～200mg。

（2）样品加热

将样品管放入加热器内，样品管中通入氦气。将冷阱中加入液氮，设定好加热器温度后开始加热。加热温度达到设定温度后，恒温30min。

（3）产物分析

恒温实验结束后将加热器降至50℃。撤掉液氮冷阱，利用联机的气相色谱仪进行模拟产物分析。气体部分以天然气标准气体进行定量校正；液态烃部分以轻质油进行定量校正。

（4）数据处理

将天然气和液态烃分析定量结果处理成不同温度段或不同热演化阶段（不同R_o）的累计产率图或瞬时产率图。

（二）连续无损耗全岩天然气生成模拟技术的应用

连续无损耗全岩天然气生成模拟技术可以广泛应用于评价各种类型烃源岩天然气生成潜力，对烃源岩做出快速准确的定量评价，为资源评价提供基础数据；也可用于探井井壁取心样品的快速分析，了解该层段油气性质。下面以高-过成熟阶段煤系烃源岩晚期生气潜力评价为例介绍该技术的应用效果。

尽管人们依据煤的特殊显微组成和结构，认为煤的生气过程可以持续到很高的成熟度阶段，但由于受技术条件的限制，一直没能很好地回答这一问题。到底煤的生气下限可以到多少以及在过成熟阶段可以生成多少气没有一个量化的概念。人们对烃源岩的生烃下限和生烃过程的认识主要建立在人工模拟实验的基础上，以往的模拟温度一般最高到600℃，所对应的镜质体反射率R_o为2.0%～2.5%。受实验条件的制约，到600℃时生烃转化率已经达到100%，从而人为缩短了煤的生烃过程，降低了它的生烃潜力。从模拟过程中煤干酪根H/C原子比的演化趋势看，到600℃时煤的生气过程并没有结束，还应该有较大的生气潜力。

煤和碳质泥岩是煤系地层的主要气源岩，因此，我们选用了准噶尔盆地侏罗系的煤和石炭系的碳质泥岩以及鄂尔多斯盆地二叠系的煤和碳质泥岩露头样品进行模拟实验。实验从300℃开始加热，温度间隔100℃，一直加热到800℃。结果发现，600℃之前是源岩生气的主体阶段，但实验温度从600℃到800℃时，两个盆地的煤和碳质泥岩在此温度区间均可以生成较大数量的天然气，这是以前没有量化或被人们忽视的。具体而言，鄂尔多斯盆地和准噶尔盆地的煤在这一阶段分别生成了占总生气量24.57%～27.87%的天然气，两个盆地的碳质泥岩生成的天然气分别占到了总生气量的25.38%和34.39%，煤和碳质泥岩这一阶段的生气量占总生气量的比例20%～35%。从热模拟温度对应的镜质体反射率看，相当于地下源岩在R_o=2.5%～5.0%的范围内仍然可以再生成20%以上的天然气。这一发现，进一步提升了高演化地区煤系地层天然气的资源潜力，也为深层勘探提供了资源基础。

二、地层条件下天然气生成模拟技术

地质条件下，烃源岩的生排烃过程既不是完全封闭，也不是完全开放，而是一个半开放半封闭的体系。即随着源岩中沉积有机质热降解生烃过程的开始，源岩中生成的烃类逐渐累积，当源岩中由于生烃而产生的压力大于其周围围岩及地层流体的压力时，烃类开始从源岩排出。在实验室内通过特殊模拟实验装置实现地质条件下这一生烃过程的技术即半开放-半封闭体系下天然气生成模拟技术。

（一）实验方法

1. 实验仪器

该仪器主要由高温高压反应釜、高温电热炉、模拟静岩压力的轴向液压系统、模拟地层流体压力的自动控制液体高压泵系统和产物自动分离及收集定量五部分组成（图18-2）。

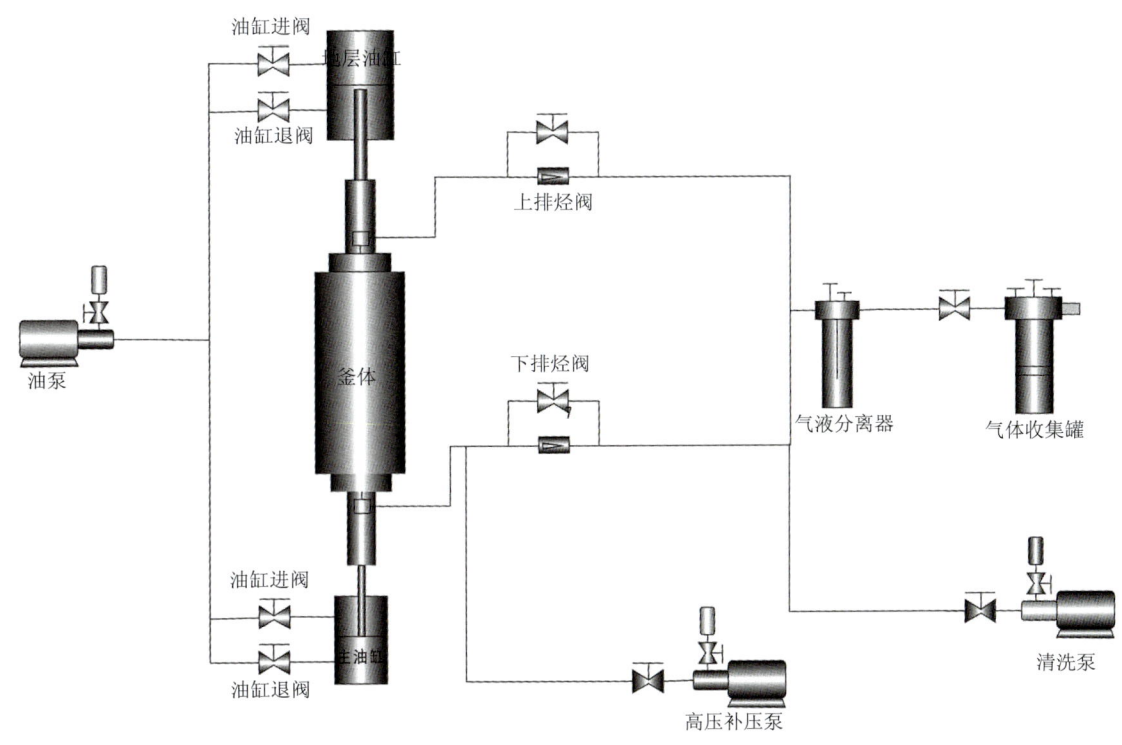

图 18-2　地层条件下天然气生成模拟技术原理图

其工作原理是，通过液压支柱给模拟岩心加压，来模拟源岩上覆岩石压力；通过高压泵向反应釜腔体注水，来模拟源岩在地质条件下受到的静水压力；体系开放度通过一个电磁阀进行自动控制。实验开始前对体系设置一个压力限定值（一般为源岩的驱排压力），整个实验体系处于封闭状态，随着热模拟温度的升高，源岩生烃量增加，体系内压力不断增加，当压力达到设置体系限定压力时，电磁阀自动打开，源岩排烃使得体系内的压力降低，电磁阀又自动关闭。如此循环，整个体系始终处于封闭、开放的动态变化过程，更接近地质条件下源岩边生边排的过程。技术的核心是通过对高压釜完全封闭体系设计的改进，增加模拟地层静岩压力和地层流体压力的模块，在对烃源岩样品施加静岩压力的同时，也可以控制调节反应体系内部的流体压力，使得油气产物是在限制条件下排出反应体系，避免了产物过度的进行二次反应。

2. 样品及实验流程

样品选用钻井取心中的烃源岩样品，将烃源岩样品钻成 $\Phi 2.5cm$、长度为 $10cm$ 的岩心柱。具体流程如下：

(1) 装样

将钻好的岩心柱装入样品管内。将样品管放入高压釜内，岩心上下两端用液压千斤顶给岩心加轴向压力。

(2) 抽真空

对装样后的高压釜系统利用真空泵抽真空，时间为 1h。

(3) 试漏

设定流体压力上限值，利用自动高压液体泵向釜内加水。到达设定值后，高压泵自动关闭。保持状态 1h，观察压力是否变化。如果压力不变，证明系统不漏，可以进行下步实验；若压力降低，查找漏源。

(4) 加温模拟

设定升温速率、最终温度及终温保持时间，开始对釜体加热。当釜内产物压力大于外部施加的流体压力时，设备自动排出、分离和收集产物，同时自动高压泵对系统进行补压。

(5) 产物分析

用气相色谱仪分析气态产物的组成和液态烃的组成。

(6) 数据处理

将天然气和液态烃分析定量结果处理成不同温度段或不同热演化阶段（不同 R_o）的累计产率图或瞬时产率图。

（二）地层条件下天然气生成模拟技术的应用

地层条件下天然气生成模拟技术的最大特点是，不但考虑了烃源岩在地质条件下受到的静水压力和上覆岩石压力的共同作用，而且可以模拟原始岩心而非提纯干酪根样品的生烃过程，可以最大限度的模拟地质条件下源岩边生边排的过程，实现可控生、排烃模拟，也就是地质上所谓的"幕式排烃"。

技术的应用包括以下方面：模拟烃源岩的生烃特征，最高热模拟温度可达到 650℃，基本可以满足烃源岩各成熟度阶段生烃机理及剩余生烃潜力研究的需求；模拟不同热演化阶段、不同实验体系下烃源岩的排烃特征，进行滞留烃裂解机理、排烃效率及其影响因素研究；为资源评价提供更加可靠的技术参数。下面以陆相烃源岩排烃效率研究为例介绍该技术的应用效果。

近年来，国内外学者对排烃效率进行了大量实验研究工作。然而受技术限制，采用的实验方法与地质条件存在较大差别，求取的排烃效率缺乏说服力。本项技术较以往有了较大改进，不但考虑了烃源岩在地质条件下受到的静水压力和上覆岩石压力的共同作用，而且可以模拟原始岩心而非提纯干酪根样品的生烃过程，使评价参数更接近实际地质情况。

我们选用了大港地区多口井沙河街组一段湖相泥岩岩心进行了排烃模拟实验，实验结果表明，残留烃含量随演化程度的增加呈现先增加后减少的趋势，在成熟度 R_o=0.7% 时，残留烃含量达到最大值，且不同母质类型的烃源岩残留烃含量表现出明显的差异性。其中，II_1 型母质烃源岩残留烃含量变化范围约为 200~400mg/g_{TOC}，而 II_2 型母质烃源岩残留烃含量整体上较 II_1 型母质的少，变化范围约为 80~350mg/g_{TOC}，残留烃含量与有机质丰度正相关。

排烃效率影响因素模拟实验表明：有机质丰度越高，类型越好，排烃效率越高；源岩厚度影响排烃效率，越靠近源岩边部，排烃效率越高；排烃效率受源储关系影响，砂泥互层更利于排烃。

排烃模拟实验新认识集基础理论深化、实验方法改进、实验技术开发与应用为一体，促进了对不同母质类型烃源岩排烃效率及残留烃认识的深化，有效指导了中国重点含气盆地的常规和非常规天然气勘探，应用前景广阔。

第二节 天然气气源对比实验新技术与应用

近年来，无机烷烃气、高含硫、高含氮、高含二氧化碳等气藏陆续被发现，天然气的成因类型变得越来越复杂。因此，需要开发新的地球化学实验技术对天然气成因进行鉴别，特别是对于天然气中非烃类气体（硫化氢、氮气、二氧化碳）的成因研究，以便揭示这些高含非烃类气体气藏的成因和聚集规律，降低勘探风险。"十一五"期间，在原有气源对比指标体系的基础上，新开发了天然气中硫化氢硫同位素、氮气氮同位素、二氧化碳氧同位素在线分析技术，完善了天然气成因类型鉴别和气源对比指标体系，为非烃气体成因判识和分布预测提供了重要的技术手段。

一、天然气中硫化氢硫同位素在线分析技术

硫化氢气体在碳酸盐岩油气藏中是比较常见的，中国几个大型海相碳酸盐岩盆地均有高含、含或微含硫化氢的油气田发现，其中在四川盆地、塔里木盆地和渤海湾盆地等累计探明高含硫化氢天然气和含硫化氢天然气的地质储量在 $10\,000 \times 10^8 m^3$ 以上（朱光有等，2006）。

硫化氢是一种剧毒的危害性气体，高含硫化氢的天然气对钻具、集输管线等都具有极强的腐蚀作用，可能导致重大的安全事故，已经发生过多起因高含硫化氢气体的天然气中毒并危害生命的事件。因此，研究天然气中硫化氢的成因机制、预测其分布规律，对天然气勘探和开发都有着非常重要的意义。

（一）实验方法

所用仪器为 Finnigan Mat 公司生产的 Delta S（EA/ConFlow/IRMS）元素分析仪 - 连续流接口 - 同位素质谱联用仪。元素分析仪条件：色谱柱为 3ft×1/4in Teflon 专用分析柱，柱箱温度：60℃恒温，载气流量 110 mL/min，氧气流量 40 mL/min，注氧 15s，氧化炉温度 1020℃。质谱仪条件：电子轰击（EI）离子源，电子能量 120 eV，加速电压 3KV。高纯 SO_2 气体作为参比气，用国家标准物质（GBW04414、GBW04415）校准到相对于 CDT 标准，计算样品的硫同位素值。

样品分析流程：将连接好取样阀的样品钢瓶放入通风柜内，然后用样品气将取样阀清洗干净。调整好仪器状态，用微量气密性进样针取适量样品注入元素分析仪进样口，启动元素分析仪和质谱主机的采集程序，天然气样品经元素分析仪氧化炉氧化为 CO_2、H_2O、SO_2，经过脱水净化后随载气通过连续流质谱接口直接进入离子源进行同位素测定（图 18-3）。

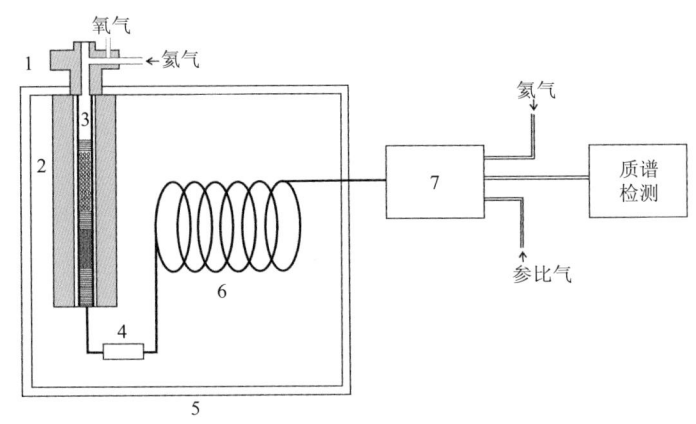

图 18-3 天然气中 H_2S 硫同位素分析流程图

1. 进样口；2. 氧化炉；3. 氧化管；4. 脱水管；5. 元素分析仪；6. 色谱柱；7. 连续流接口

（二）天然气中硫化氢硫同位素在线分析技术的应用

天然气中硫化氢硫同位素在线分析技术广泛应用于硫酸盐、硫化物的生成环境研究，特别是对不同成因硫化氢的判识具有很好的指向意义。下面以四川盆地天然气中硫化氢硫同位素地球化学特征为例，介绍该项技术的应用效果。

近年来，在四川盆地东北部地区发现了渡口河、铁山坡和罗家寨等大中型下三叠统飞仙关组气藏，这些气藏的天然气中 H_2S 的含量达到了 12%～17%，某些气藏的硫磺储量达到数百万吨。盆地东北部高含 H_2S 的气藏发育于飞仙关组中部，埋深 3500～4000m。气藏储层是白云石化的鲕粒灰岩，岩心样品孔隙度最高的大于 20%。储集空间以溶蚀孔为主，溶孔内常见焦沥青。所产天然气为过成熟阶段的干气，H_2S 含量都在 10% 以上，CO_2 含量最高的大于 8%，明显高于川东其他地区飞仙关组气藏（图 18-4）。研究气藏气中 H_2S 的成因可以了解天然气的成藏过程，进而揭示气藏成藏规律，有助于发现更多的气藏。天然气中 H_2S 的地质成因主要有含硫有机质裂解、细菌硫酸盐还原作用（BSR）和热化学硫酸盐还原作用（TSR）三种类型。

1. 含硫有机质裂解

含硫有机质的裂解是指有机质在热演化过程中部分含硫有机化合物中的硫释放出来，形成硫化氢，其生成主要受有机质的类型、有机质的热演化程度的影响，硫同位素分馏程度不大。

2. 细菌硫酸盐还原作用

细菌硫酸盐还原作用（bacterlal sulphate reduction，BSR）是通过硫酸盐还原菌的作用降解烃类（主要是液态烃）还原石膏、硬石膏中的 S^{6+} 为 S^{2-} 生成 H_2S（或 FeS_2）和 CO_2。该过程所需的环境条件是低温，因为高于 80℃ 的温度限制了细菌的活动，将终止反应过程。目前大多数学者都认为该反应过程对烃类的降解主要发生在埋藏温度 60～80℃ 的浅埋藏环境中，此时油气处于未成熟阶段，细菌硫酸盐还原作用生成的硫化氢硫同位素一般轻于 8‰。

3. 热化学硫酸盐还原作用

在高温条件下硫酸盐是在烃类作为还原剂的情况下被还原生成 H_2S，这种反应被称为热化学

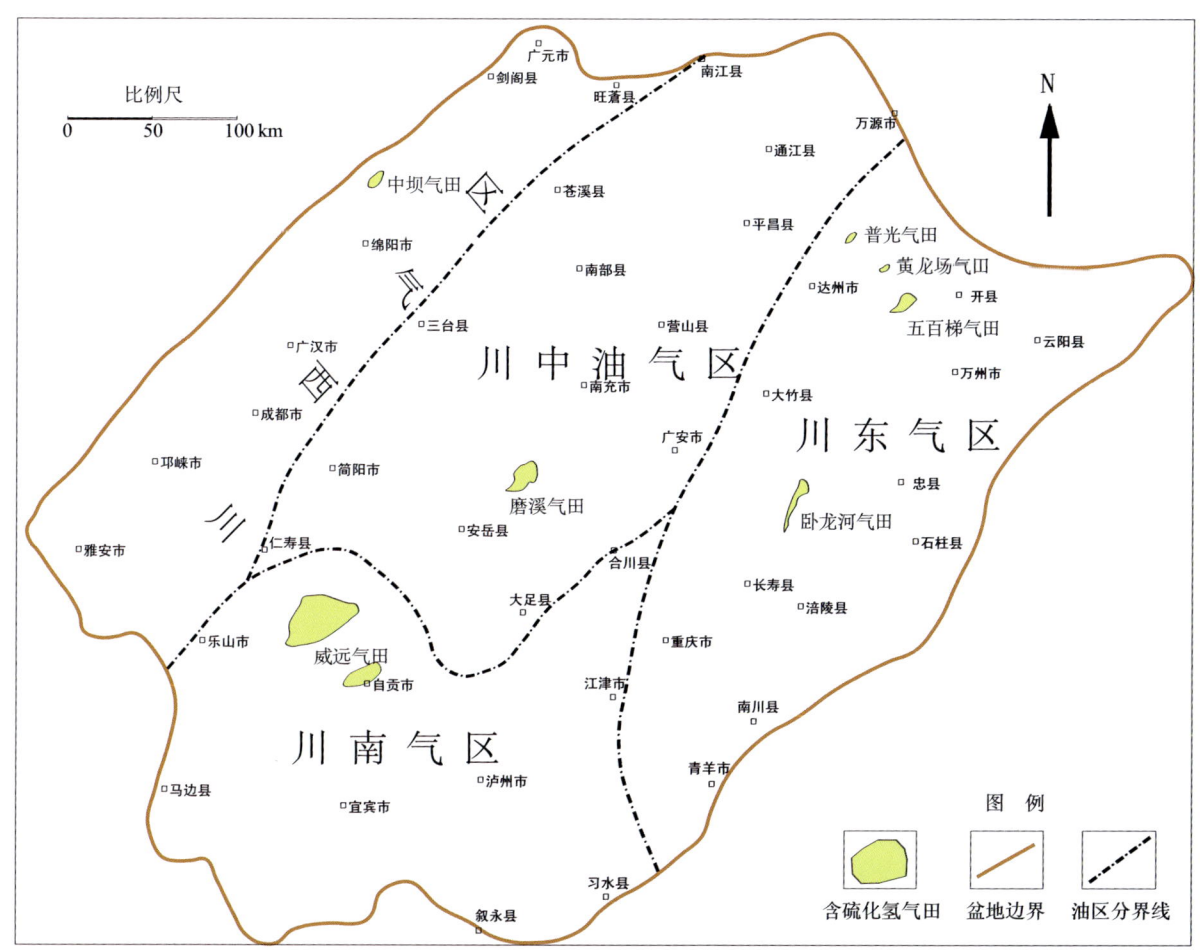

图 18-4　四川盆地含硫化氢气田分布图

硫酸盐还原作用（thermochemical sulphate reduction, TSR）。目前多数研究成果表明该过程发生在 100～200℃，R_o 相当于 1%～4% 深埋高温环境。同时必须有硫酸盐存在，如石膏或含膏岩发育的层系中，烃类常发生这样的次生变化。

烃类还原硫酸盐的总反应过程可概括为（Machel et al.，1995）

烃类 + SO_4^{2-} ⟶ 蚀变的烃类 + 固体沥青 + HCO_3^-（CO_2）+ H_2S（HS^-）+ 热量

在 TSR 过程中，产生的反应物除 H_2S、沥青、CO_2 外，还有 FeS_2（黄铁矿）、$CaCO_3$（方解石）、$CaMg(CO_3)_2$（白云石）和 S（硫磺）等。这些含硫化合物中的硫和元素硫稳定同位素值都比 BSR 过程中的明显偏重。

稳定硫同位素分析技术对于研究硫化氢的成因具有重要意义。在不同的反应或不同条件下的反应中，硫同位素的分馏系数会有差别。硫酸盐细菌还原作用的含硫反应产物的 $\delta^{34}S$ 值明显要比硫酸盐热化学还原作用的相同含硫反应产物的 $\delta^{34}S$ 值轻。相对于反应物硫酸盐（石膏、硬石膏），硫酸盐细菌还原作用反应产物的 $\delta^{34}S$ 偏轻值显著大于 20‰，而硫酸盐热化学还原作用 $\delta^{34}S$ 的偏轻值小于 20‰。

硬石膏中的硫同位素特征：据王一刚（2002）、沈平（1997）对采自鲕粒云岩储层夹层中的石膏、硬石膏结核硫同位素分析结果，5 个样品中除一个样品（渡 3 井层状硬石膏）的 $\delta^{34}S$ 为 26.5‰ 外，其余 4 个样品（渡 3 井、渡 4 井、坡 1 井）的 $\delta^{34}S$ 为 30‰ 以上，平均值 30.5‰。川东地区蒸发岩很发育的下三叠统嘉陵江组沉积石膏的硫同位素为 22.9‰～24.7‰（卧 45 井、池 31 井），鄂尔多斯盆地长庆气田奥陶系地层硬石膏硫同位素为25.8‰~27.9‰，平均27.6‰。相比之下，川东北飞仙关组下部石膏、硬石膏结核中的硫稳定同位素明显偏重一些。

硫化氢硫同位素特征：对四川盆地内普光、中坝、五百梯、磨溪、卧龙河、黄龙场等气田31个含H_2S天然气样品硫同位素的分析发现，样品中H_2S气体$\delta^{34}S$分布在10‰~30‰，主要分布在12‰~25‰，明显重于生物降解成因和含硫有机质裂解成因硫化氢的硫同位素；从硫化氢含量与硫化氢硫同位素组成分布图（图18-5）中可以看到，除成16井硫化氢含量低于1%外，其余样品硫化氢含量均高于1%，以普光气田天然气硫化氢含量最高，平均硫化氢含量约16%；硫化氢硫同位素主要分布在12‰~25‰，磨溪气田一个样品硫化氢硫同位素最轻，接近10‰，卧龙河气田两个样品和寨沟2井样品硫化氢硫同位素最重，接近30‰。

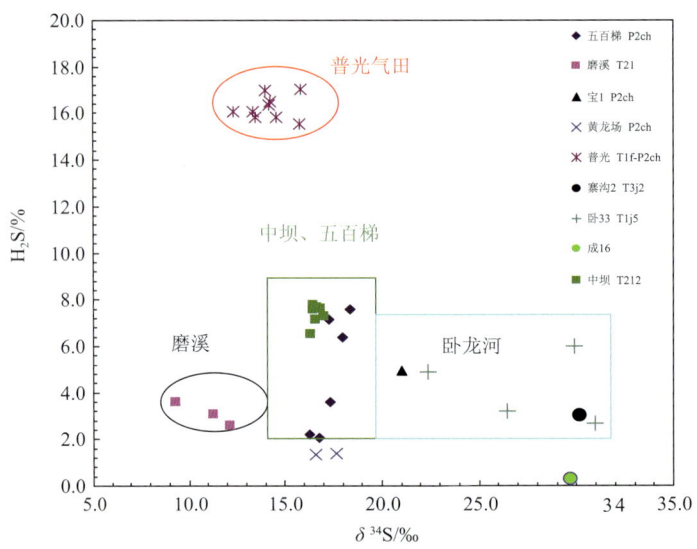

图18-5 硫化氢硫同位素组成与硫化氢含量分布图

从甲烷碳同位素与硫化氢硫同位素组成分布图（图18-6）中可以看出，普光气田天然气甲烷碳同位素最重，其次为黄龙场、五百梯气田天然气，中坝气田天然气甲烷碳同位素最轻；硫化氢含量普光气田最高。因此，其碳同位素组成偏重可能与TSR反应有关，但从硫化氢硫同位素分布看，

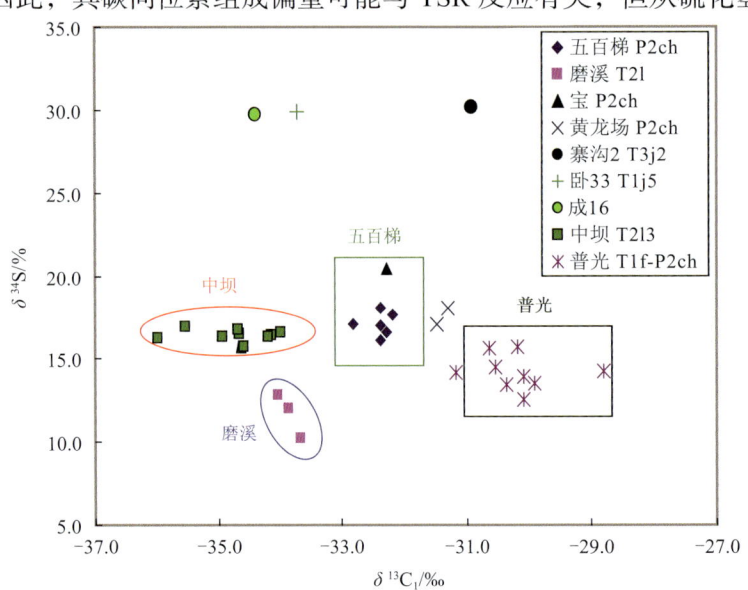

图18-6 甲烷碳同位素组成与硫化氢硫同位素组成分布图

主要为 12‰ ～ 25‰，应该都属于 TSR 反应的产物。

综合以上资料我们认为，除硫化氢含量仅 0.3% 的成 16 井天然气中的硫化氢可能存在其他成因外，四川盆地普光、五百梯、中坝、磨溪等气田中硫化氢均为热化学硫酸盐还原反应成因。

二、天然气中氮气氮同位素在线分析技术

氮气是天然气中最常见的非烃组分之一，绝大部分天然气均含有一定量的氮气。天然气中氮气的变化范围很大，从小于 0.1% 到大于 95%，通常将氮气含量大于 15% 的天然气称为富氮天然气，氮气含量大于 50% 的天然气称为高氮天然气。天然气中存在的氮气一方面给油气勘探带来巨大风险，另一方面，通过研究天然气中氮的来源及地球化学特征，了解天然气生成、运移、聚集、保存和演化，对预测地下天然气组分、降低勘探风险具有重要意义。

（一）实验方法

所用仪器为 Thermo Fisher 公司生产 Mat253（GC/C/IRMS）色谱同位素质谱联用仪。气相色谱条件：色谱柱为 HP PLOT Molecular Sieve 30m×0.32mm×20μm，程序升温条件要求达到 30℃（保持 8min），10℃/min 升至 280℃，分流比 1 : 7。质谱仪条件要求有电子轰击（EI）离子源，电子能量 124 eV，加速电压 10kV，0.1min 关反吹，并向离子源送入工作参比气（高纯氮气，含量≥99.999%），8min 打开反吹，将 C_1 ～ C_5 反吹掉。以大气氮为标准，计算样品的氮同位素值。

样品分析流程：为了避免空气中氮气的污染，井口天然气在取气时应采用两端带有阀门的高压钢瓶，取气前钢瓶应抽真空或用高压井口天然气冲洗 10 ～ 15min。样品气拿到实验室后首先连接好取样阀，然后用样品气将取样阀清洗干净。调整好仪器状态，用微量气密性进样针取适量样品注入气相色谱仪进样口，启动气相色谱仪和质谱主机的采集程序，天然气样品经气相色谱分离后，氮气通过质谱接口直接进入离子源进行同位素测定（图 18-7）。

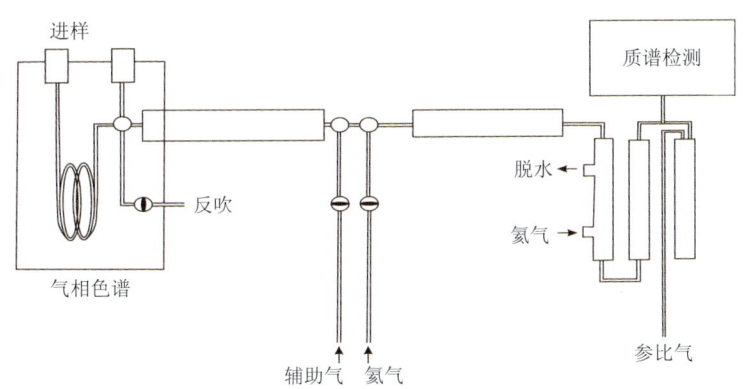

图 18-7　天然气中氮同位素分析流程图

（二）天然气中氮气氮同位素分析技术的应用

天然气中氮气氮同位素在线分析技术主要用于天然气中氮气成因的判识。天然气中氮气的来

源非常复杂，对于氮气的成因类型，虽然划分方式不同，但类型划分大同小异。例如：戴金星等（1995）将氮气的来源分为5种，即大气来源、生物来源、岩浆来源、变质岩来源以及地幔来源；朱岳年（1999）将其来源划分为10个方面，即大气源、地壳超深部和上地幔来源的原生氮气、火山-岩浆来源的氮气、放射性来源的氮气、蒸发盐岩中硝石类矿物来源的氮气、生物反硝化作用生成的氮气、沉积有机质在未成熟阶段经微生物氨化作用形成的氮气、沉积有机质在成熟和高成熟阶段经热氨化作用形成的氮气、沉积有机质在过成熟阶段裂解产生的氮气、沉积岩中的无机"固定氮"在高温变质作用下释放出的氮气；何家雄和李明兴（2000）在对南海北部大陆架莺歌海盆地天然气中氮气成因以及气源进行研究过程中，借鉴国内外较适用的分类划分方法，将氮气的成因及来源大致划分为大气成因、火山幔源成因、壳源有机成因、壳源无机成因及壳源有机-无机混合成因等五种类型；曾治平（2002）、史建南等（2003）在对中国沉积盆地中非烃气的成因研究的过程中，认为氮气的成因应从三个方面进行论述，即大气来源、岩浆-火山活动来源、沉积来源，主要体现在有机成因和无机成因。

目前在氮气的成因判识中，不仅需要氮气的含量、氮同位素资料，还需结合区域地质条件，同时根据与氮气相伴生的烃类气体、非烃气体以及稀有气体的地球化学资料进行综合研究。本研究以塔中地区为目标区，充分结合该地区已经取得的成熟的观点与认识，注重氮地球化学研究与其他研究方法的结合，探讨目标区氮气的成因以及天然气的来源。下面主要以塔里木盆地为例，探讨氮同位素分析技术在氮气成因判识方面的应用。

塔里木盆地含氮天然气在奥陶系、志留系、石炭系、侏罗系、白垩系、三叠系以及古近系、新近系均有分布。古近系、新近系气藏中存在少量高含氮气藏，氮气含量大于50%，这部分气藏分布在塔北牙哈断裂构造带、英买力低隆起；大多数气藏中的氮气含量在15%以下，为中低氮气藏，主要分布在库车坳陷、塔北隆起的牙哈断裂构造带、英买力低隆起、塔西南的棋盘-柯克亚区带。三叠系、白垩系、侏罗系气藏中的氮气含量相对古近系、新近系较高，氮气含量为3%～35%，主体为3%～15%，属于中低氮气藏。三叠系含氮气藏主要分布在塔北隆起的轮南、桑塔木、解放渠东-吉拉克等地区，白垩系含氮天然气主要分布在库车坳陷、塔北隆起的牙哈断裂构造带、羊塔克断裂构造带以及塔西南的乌恰区带，侏罗系含氮天然气主要分布在库车坳陷、塔北的轮南、桑塔木等地区。志留系含氮天然气藏主要分布在塔中和塔东地区，氮气含量主要为10%～20%，为中-高含氮气藏。石炭系、奥陶系含氮天然气分布在塔中、塔北地区以及塔西南的和田河地区，这两个层位中存在大量的高含氮气藏。

塔中地区天然气中氮气的氮同位素、甲烷碳同位素资料表明，天然气中氮气为沉积物在成熟-高成熟阶段，经热氨化作用生成的氮气。塔中地区天然气中甲烷碳同位素为−55‰～−35‰，氮气的氮同位素主要为−10.6‰～−4.4‰（图18-8），按照朱岳年（1999）提出的氮气来源划分标准，塔中地区天然气中氮气为有机成因，为沉积有机质在成熟、高成熟阶段，经热氨化作用生成的氮气。

塔中地区不同区带天然气的氮气含量与甲烷碳同位素分布均不相同（图18-9）。塔中Ⅰ号断裂带中东部奥陶系天然气的甲烷碳同位素值多数为−42‰～−35‰，按甲烷碳同位素与成熟度关系的线性回归方程，该区的天然气成熟度为0.9%～1.3%，处于成熟阶段；该区氮气含量多数为2%～12%，天然气中C_2^+重烃含量为2%～8%，含量较高。排除存在原油裂解气的可能，属于成熟阶段天然气。结合烃源岩条件，认为塔中 I 号断裂带中东部奥陶系天然气主要来源于中 - 上奥陶统泥灰岩。

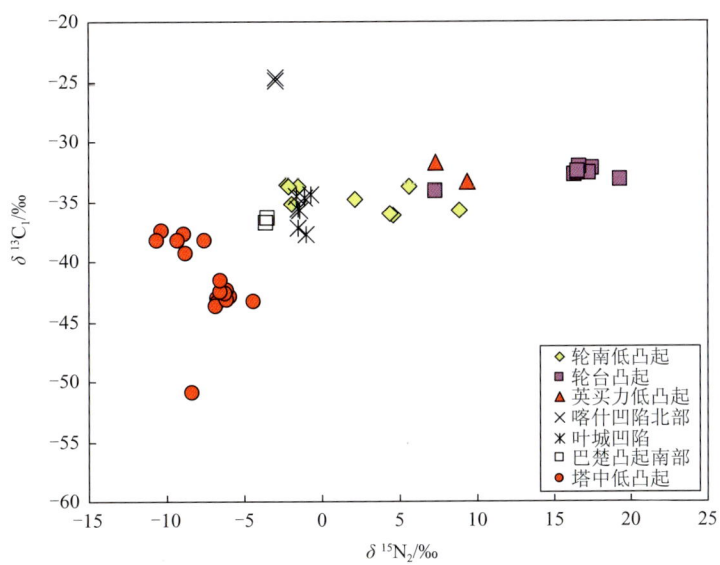

图 18-8　塔里木盆地天然气中氮气的氮同位素与甲烷碳同位素关系图

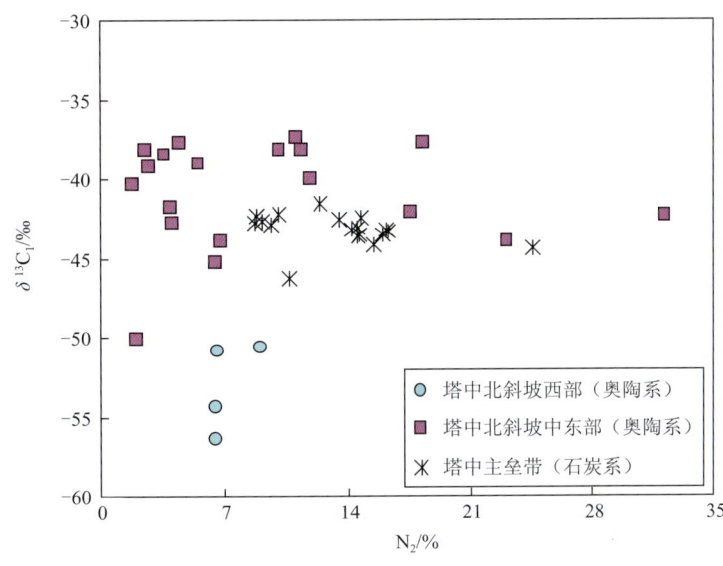

图 18-9　塔中地区氮气含量与甲烷碳同位素关系图

塔中 I 号断裂带西部奥陶系天然气具有低干燥系数，高重烃含量（C_2^+ 在 10% 以上）（图 18-10）、低 CO_2 含量（1.5%～3.7%）、中低氮气含量（6.5%～10%）的特征，部分井存在中等含量硫化氢，甲烷碳同位素轻（多数为 –55‰～–50‰），据此判断该区天然气具有正常的原油伴生气特点。然而，该区天然气中氮气含量为 6.5%～10%。李谨等（2013）对塔里木盆地含氮天然气的地球化学特征进行系统研究，指出随着热演化成熟度的增大，腐泥型气中的氮气含量逐渐降低，而塔中 I 号断裂带西部奥陶系天然气的氮气含量偏低，显然不符合这个规律。对于I号断裂带西部奥陶系天然气的甲烷碳同位素轻、氮气含量偏低的原因推测主要有以下几点。

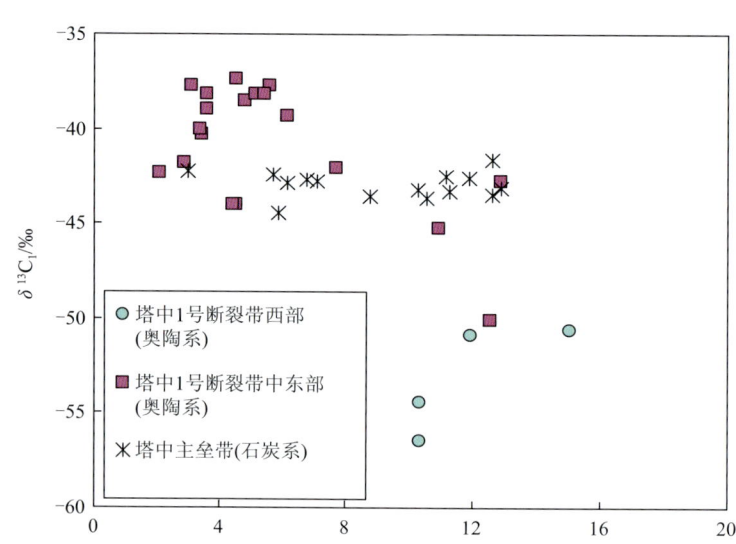

图 18-10　塔中地区天然气 C_{2+} 重烃含量与甲烷碳同位素关系图

1. I号断裂带西部奥陶系天然气实际成熟度高

塔中 45 井、中古 162 下奥陶统的天然气甲烷碳同位素很轻，一般小于 –50‰，按照前人提出的甲烷碳同位素与成熟度关系的线性回归方程，该区的天然气成熟度仅为 0.4% ~ 0.6%，为低成熟天然气。

塔中地区天然气中氮气的氮同位素、甲烷碳同位素资料说明天然气中氮气为沉积物在成熟、高成熟阶段，经热氨化作用生成的氮气。北斜坡西部下奥陶系天然气中氮气含量为 6.5% ~ 10%，对应 R_o 为 1.0% ~ 1.5%，处于成熟—高成熟阶段。此外，天然气中氮气的氮同位素为 –8.4‰ ~ –7.4‰，根据朱岳年（1999）的观点，应属于沉积有机质在成熟 - 高成熟阶段产生的氮气，根据氮同位素推测的天然气成熟阶段与根据氮气含量推测的天然气成熟阶段一致。同时结合该区烃源岩条件，认为来源于中 - 上奥陶统烃源岩。

2. I号断裂带西部奥陶系天然气有中 – 下奥陶统原油裂解气的混入

对于I号断裂带西部奥陶系天然气甲烷碳同位素很轻的原因，可以认为是混入中下奥陶统原位油藏中的原油在原油裂解产气的初期阶段所产生的甲烷。这一观点的证据主要是根据前文的研究成果，该区天然气的成熟度为 1.0% ~ 1.5%。胡国艺等（2004），赵文智等（2005）认为，原油裂解大量生气期对应 R_o 值 1.5% ~ 3.2% 的高 – 过成熟阶段，因此，在 R_o 值 1.3% ~ 1.5% 阶段，原油已经开始裂解产气了。根据天然气生成的碳同位素动力学理论，原油裂解产气的初期阶段所产生的甲烷具有碳同位素很轻的特点。

3. I号断裂带西部奥陶系天然气受硫酸盐热还原反应影响小

I号断裂带西部奥陶系部分井（中古 162）存在低含量 CO_2（1.5% ~ 3.7%）、中等硫化氢含量（2.9%～24%）的特点，认为是由热化学硫酸盐还原反应（TSR）所致。根据朱光有等（2006，2007）的观点，TSR发生需要一些特定的条件：充足的烃类、充足的硫酸盐和较高的温度（120℃以上）。塔中地区寒武系—下奥陶统存在两套储盖组合。其中，中—下寒武统储盖组合由膏岩充当盖层，这种膏岩盖层在高温条件下与其下部封存古油藏烃类进行反应，形成H_2S和CO_2，随后经断裂转移到上部下奥陶统油气藏中。因此，该区完全具备发生TSR反应的地质条件。

然而，TSR反应只发生在部分井中，对天然气中重烃含量、碳同位素的影响都比较小。而且，CO_2和H_2S都是比较活跃的气体，易溶解于水，导致在天然气藏中浓度有所降低。而伴随着TSR反应所富集的一部分碳同位素较重的甲烷，由于受到初期所产生的碳同位素很轻的原油裂解气稀释以及运移过程中可能发生的运移分馏作用，使得这一特征不再明显。

综上所述，塔中I号断裂带西部奥陶系天然气来源于中—上奥陶统烃源岩，并有下—中奥陶统原油裂解气的混入，本区中—下寒武统膏盐封存的古油藏对奥陶系天然气影响不大。

塔中主垒带石炭系天然气甲烷碳同位素值多数为−45‰～−40‰，按甲烷碳同位素与成熟度关系的线性回归方程，该区的天然气成熟度为0.8%～1.0%，处于成熟阶段；氮气含量多数为7%～15%，根据氮气含量判断天然气R_o为1.0%～1.3%，判断处于成熟阶段。据此推测该区天然气来源于中—上奥陶统成熟度较低的烃源岩。

三、天然气中二氧化碳氧同位素在线分析技术

中国和世界各地都发现了许多二氧化碳气藏（田）（唐忠驭，1980，1983；裘松余和钟世友，1985；宋岩，1991；MacDonald，1983）。二氧化碳具很高的热稳定性，只有温度超过2000℃时，二氧化碳才能分解为碳和氧（высоцкий，1979）。这个温度相当于上、下地幔交界处的温度，也就是说二氧化碳在地幔和地壳具有稳定存在的地质条件。地幔岩、火山岩和花岗岩包裹体中发现的以二氧化碳为主的气体是其佐证。

二氧化碳是天然气中常见的非烃组分之一，多数天然气中或多或少都含有一定量的CO_2气体。依据戴金星院士对含二氧化碳气藏的分类原则，气藏中CO_2含量在90%以上，称为二氧化碳气藏；气藏中二氧化碳含量60%～90%，称为亚二氧化碳气藏；气藏中CO_2含量15%～60%，称为高含二氧化碳气藏；气藏中二氧化碳含量在15%以下，称为含二氧化碳气藏。

二氧化碳气体的成因主要包含有机成因和无机成因两种机制。二氧化碳分子包含碳、氧两种元素，因此研究二氧化碳气体碳、氧两种元素的稳定同位素组成，确定天然气中CO_2气体的成因，寻找其成藏规律，对于天然气勘探具有非常重要的意义。

（一）实验方法

所用仪器为Thermo Fisher公司生产Mat253（GC/C/IRMS）色谱同位素质谱联用仪。气相色谱条件：色谱柱为HP PLOT Q 30m×0.32mm×20μm，程序升温条件要求达到40℃（保持5min），10℃/min至80℃，5℃/min至260℃，分流比1：7。质谱仪条件要求有电子轰击（EI）离子源，电子能量124 eV，加速电压10kV，0.1min关反吹，并向离子源送入工作参比气（高纯CO_2，含量≥99.999%），8min打开反吹，将C_1～C_5反吹掉。以国际标准（PDB）为参考，计算样品的氧

同位素值。

样品分析流程：为了避免空气中氧气的污染，井口天然气在取气时应采用两端带有阀门的高压钢瓶，取气前钢瓶应抽真空或用高压井口天然气冲洗 10～15min。样品气拿到实验室后首先连接好取样阀，然后用样品气将取样阀清洗干净。调整好仪器状态，用微量气密性进样针取适量样品注入气相色谱仪进样口，启动气相色谱仪和质谱主机的采集程序，天然气样品经气相色谱分离后，CO_2 气体通过质谱接口直接进入离子源进行碳、氧同位素测定（图 18-7）。

（二）天然气中二氧化碳碳、氧同位素在线分析技术的应用

中国东部松辽盆地、渤海湾盆地是中国发现 CO_2 气藏较多的地区。近年来，随着松辽盆地深层天然气勘探工作的深入展开，发现了越来越多的含 CO_2 天然气藏。有机成因和无机成因是 CO_2 形成的两种主要成因机制。有机成因的 CO_2 是有机质在不同地球化学作用过程中形成的。如有机质的生物化学作用、有机质的热降解和裂解作用、煤的氧化作用等都可以生成有机 CO_2。无机成因的 CO_2 是无机矿物或元素在有关化学作用中形成的。无机 CO_2 的形成主要有以下两种途径：① 岩浆 - 幔源成因。各类火山喷发的岩浆、火山气体中含有大量二氧化碳。② 变质成因。碳酸盐岩（包括碳酸盐矿物含量高的岩石）受到高温分解或变质作用而形成的二氧化碳，这种成因的二氧化碳在天然气中的含量往往很高。从国内外学者研究成果来看，CO_2 成因的判据主要有以下几种。

1. CO_2 组分含量鉴别法

戴金星等（1994）根据国内外不同成因 CO_2 的组分统计，当 CO_2 含量小于 15% 时，多为有机成因气；当 CO_2 含量为 15%～60% 时，多为有机与无机混合成因气；当 CO_2 含量大于 60% 时，则为无机成因气。该种统计方法虽然简单，但仍存在这样的问题：一是含量为 15%～60% 的 CO_2 确有无机成因气，二是不能有效地区分幔源 CO_2 和壳源富碳岩石分解成因的 CO_2。

2. 稳定碳同位素 $\delta^{13}C_{CO_2}$ 的比值关系法

戴金星等（1994）综合国内外学者有关 $\delta^{13}C_{CO_2}$ 数据，发现有机成因 $\delta^{13}C_{CO_2}$ 值小于 –10‰，主要为 –10‰～–30‰；无机成因 $\delta^{13}C_{CO_2}$ 值大于 –8‰，主要为 –8‰～3‰。该方法能有效地区分有机成因（$\delta^{13}C_{CO_2} < -10‰$）和无机成因（$\delta^{13}C_{CO_2} > -8‰$），但不能很好地区分幔源和壳源成因。因为它们表现出相似或部分重叠的 $\delta^{13}C_{CO_2}$ 展布，壳源岩浆脱气成因的 CO_2 $\delta^{13}C_{CO_2} = -9‰ \sim -3.5‰$；海相碳酸盐岩热变质成因的 CO_2 气 $\delta^{13}C_{CO_2} = -3.7‰ \sim +3.7‰$；碎屑沉积物中碳酸盐矿物热解和低温水解成因的 CO_2 $\delta^{13}C_{CO_2} = -8‰ \sim 0‰$；幔源岩浆脱气成因的 CO_2 $\delta^{13}C_{CO_2} = -8‰ \sim -4‰$。

3. 氦同位素判识法

氦有 ^3He 和 ^4He 两种同位素，氦同位素是判定来自地球深部无机成因天然气的重要依据。氦的两个稳定同位素具有不同的成因：^3He 源于地球脱气作用释放的富含 ^3He 的原始地幔 He；^4He 为放射成因，主要来自壳源含铀、钍的岩石和矿物。$^3He/^4He$ 的高低反映其成因，典型壳源、幔源流体的 $^3He/^4He$ 分别为 2×10^{-8} 和 1.1×10^{-5}。利用壳幔间 $^3He/^4He$ 的差异，可以确定地壳流体中幔源 He

混染的程度，判识幔源-岩浆气对气藏的贡献。但是，运用该法进行判识 CO_2 成因，其弊端就是忽略了 CO_2 和 He 各自的特性，以及在运移过程中气体含量的加入、消耗和混合，把 CO_2 当作了 He 扩散的载体。

4. $CO_2/^3He$ 判识法

幔源稀有气体与幔源挥发分的主要成分 CO_2 之间存在一定的联系，可用来判别幔源 CO_2 成因。$CO_2/^3He$ 能够为幔源气体的鉴别提供很好的约束条件。许多学者对不同构造环境中幔源气体的 $CO_2/^3He$ 进行了大量研究（Pinti 等，2000），获得各种端元 $CO_2/^3He$ 如下：①球粒状陨石 $CO_2/^3He = 10^8 \sim 10^{10}$；②外大气层 $CO_2/^3He = (3 \sim 5) \times 10^7$；③大洋中脊 $CO_2/^3He = (1 \sim 7) \times 10^9$；④火山气孔和热泉气体 $CO_2/^3He = (3 \sim 130) \times 10^9$，平均值为 20×10^9；⑤弧后火山 $CO_2/^3He = 10^{10} \sim 10^{13}$；⑥典型地壳中的气体 $CO_2/^3He = 10^5 \sim 10^{13}$。进而认为，$CO_2/^3He = (1 \sim 10) \times 10^9$，而且 $\delta^{13}C_{CO_2} > -8‰$ 时，天然气中的 CO_2 气主要是岩浆成因的；$CO_2/^3He > 10^{10}$ 时，CO_2 气只能生成于地壳；$CO_2/^3He \leq (1 \sim 10) \times 10^9$ 时，CO_2 气成因目前仍难以评价。

本节采集了松辽盆地、四川盆地、塔里木盆地含 CO_2 的天然气样品。松辽盆地样品来自盆地北部徐家围子断陷的徐深气田、昌德气田以及盆地南部长岭断陷的长岭气田；四川盆地天然气取自龙岗、毛坝、邛西、威远等气田；塔里木盆地的天然气样品取自和田河、塔中、轮南等油气田。所有天然气样品均进行了天然气组分、组分碳同位素以及 CO_2 的碳、氧同位素检测，部分天然气样品进行了稀有气体同位素检测。

松辽盆地徐家围子断陷昌德气田天然气中甲烷含量为 6.38%～80.49%，天然气组分较干。非烃含量很高，主要为 CO_2，含量为 14.9%～92.7%，N_2 含量低于 2%；CO_2 的碳同位素为 $-6.8‰ \sim -5.3‰$，CO_2 的氧同位素为 $3.9‰ \sim 4.9‰$；伴生甲烷同系物的碳同位素呈反序排列，具有无机成因气负碳同位素系列的特征；天然气中 $^3He/^4He$ 为 $(3.9 \sim 4.5) \times 10^{-6}$，具有幔源气体的混入特征；谈迎等（2005）通过对昌德东气藏火山岩储集层岩石化学数据和气体化学成分研究，认为气藏的形成和幔源岩浆有关。综上所述，昌德气田气藏中 CO_2 为无机幔源成因。

长岭气田天然气中甲烷含量 0.68%～92.81%，天然气中的非烃含量最高，CO_2 含量 22.0%～98.6%，N_2 含量 0.4%～4.9%；CO_2 碳同位素 $-5.9‰ \sim -3.2‰$，CO_2 氧同位素 $6.4‰ \sim 8.3‰$；伴生甲烷同系物的碳同位素呈反序排列，具有无机成因气负碳同位素系列的特征。长岭气田含二氧化碳气藏的主要分布是在营城组的火山岩与登娄库组的砂岩中，这些二氧化碳气藏的分布与深大断裂的关系非常紧密，深大断裂沟通地幔，$^3He/^4He$ 为 $(3.0 \sim 5.3) \times 10^{-6}$（连承波等，2007），表明储层有幔源气体混入。因此，可以认为长岭气田天然气中 CO_2 是无机幔源成因。

兴城气田天然气储集层位主要为营城组，储层岩性主要为流纹岩、流纹质熔结凝灰岩、流纹质凝灰岩、流纹质火山角砾岩。天然气中甲烷含量分布为 91.04%～94.09%，干燥系数 0.97。非烃含量较低。其中，CO_2 含量为 1.67%～4.09%，N_2 含量为 1.23%～1.73%。CO_2 碳同位素为 $-5.1‰ \sim -4.1‰$，CO_2 氧同位素为 $6.0‰ \sim 14.3‰$，相对于昌德气田、长岭气田 CO_2 氧同位素值更高。伴生甲烷同系物的碳同位素呈完全反序排列，$^3He/^4He$ 为 $(1.4 \sim 1.6) \times 10^{-6}$，判断 CO_2 主要为幔源成因，可能有地壳岩石熔融脱气 CO_2 混入。

升平-宋站地区白垩系营城组天然气组分特征与兴城气田相似，甲烷含量91.6%~92.5%，非烃含量低，CO_2含量2.14%~2.69%，N_2含量2.74%~3.23%。CO_2碳同位素值低，为-14.8‰~-11.8‰，为有机成因CO_2，CO_2氧同位素7.4‰~14.3‰。伴生甲烷同系物的碳同位素呈完全反序排列，表现为无机烷烃气特征。$^3He/^4He$为（1.6~2.5）×10^{-6}，说明有幔源气体混入。该地区营城组储层岩性主要为流纹岩，下伏沙河子组、火石岭组岩性为灰黑色泥岩、砂砾岩互层夹煤层，存在生成有机CO_2的地质条件。因此，认为储层中CO_2主要为有机成因，而稀有气体主要为幔源。

四川盆地天然气样品来自上寒武统洗象池组、上二叠统长兴组、下三叠统飞仙关组、中三叠统雷口坡组、上三叠统须家河组以及下侏罗统大安寨组地层中。除上三叠统须家河组为碎屑岩储层外，其他均属于海相碳酸盐岩储层。天然气中甲烷含量71.5%~96.5%，天然气干燥系数大于0.95，部分接近1。天然气中存在较多的CO_2，且含量变化大。其中毛坝气田最高，在20%以上，其次为威远和龙岗气田，为3%~6%，邛西气田CO_2含量最低，约1.5%。氮气含量较低，一般小于1%。天然气中多存在硫化氢气体，含量为0~15%。CO_2碳同位素值很高，为-2.6‰~3.5‰，CO_2氧同位素为12.2‰~29.3‰。天然气中氦、氩含量低，$^3He/^4He$均在10^{-8}数量级，表现为壳源特征（戴金星等，2003）。鉴于天然气藏多处于海相碳酸盐岩储层，且存在TSR作用（朱光有等，2005；刘全友等，2009），CO_2的碳同位素值很高，由此认为气藏中的CO_2主要来源于碳酸盐岩热解和TSR作用产生的硫化氢对碳酸盐岩的酸蚀过程。

塔里木盆地除阿克莫木气田的样品来源于白垩系碎屑岩储层外，其他天然气样品均来源于奥陶系、石炭系海相碳酸盐岩储层。天然气组分以烃类气体为主，甲烷含量76.7%~94.3%，非烃气体含量高，主要为N_2和CO_2。本次所采样品中，以阿克莫木气田天然气中CO_2含量最高，在15%左右，其他气田中CO_2含量多为1%~6%。N_2含量为1%~10%。天然气中CO_2碳同位素为-7.0‰~-1.4‰，CO_2氧同位素为15.1‰~32.5‰。稀有气体$^3He/^4He$为（1.4~83）×10^{-8}，表现为壳源特征（徐永昌等，1994；张殿伟等，2005）。鉴于储层多为碳酸盐岩沉积，且存在热液流体活动（金之钧等，2006）和酸性流体的溶蚀作用（朱东亚等，2007），认为天然气中的CO_2属于碳酸盐岩来源。

通过松辽盆地、塔里木盆地、四川盆地天然气地球化学特征系统研究，绘制天然气中CO_2的稳定碳同位素与CO_2的含量关系图（图18-11）。塔里木盆地、四川盆地天然气中二氧化碳由于具有较高的碳同位素值而分布在无机CO_2分布区，松辽盆地升平-宋站地区营城组天然气分布在有机CO_2成因区。

在CO_2碳同位素与氧同位素关系图中，四川盆地、塔里木盆地天然气中CO_2氧同位素分布特征与松辽盆地存在明显差异（图18-12），指示CO_2的氧同位素也可以作为判识天然气成因的有利指标。本节在天然气组分、组分碳同位素、稀有气体组成与稀有气体同位素等地球化学资料的基础上，尝试采用CO_2的碳、氧同位素划分CO_2成因。CO_2的氧同位素的采用，进一步完善了CO_2成因判识指标（表18-1）。通过CO_2碳、氧同位素关系图可将气藏中CO_2细分为地幔来源CO_2、碳酸盐岩来源CO_2、有机成因CO_2。

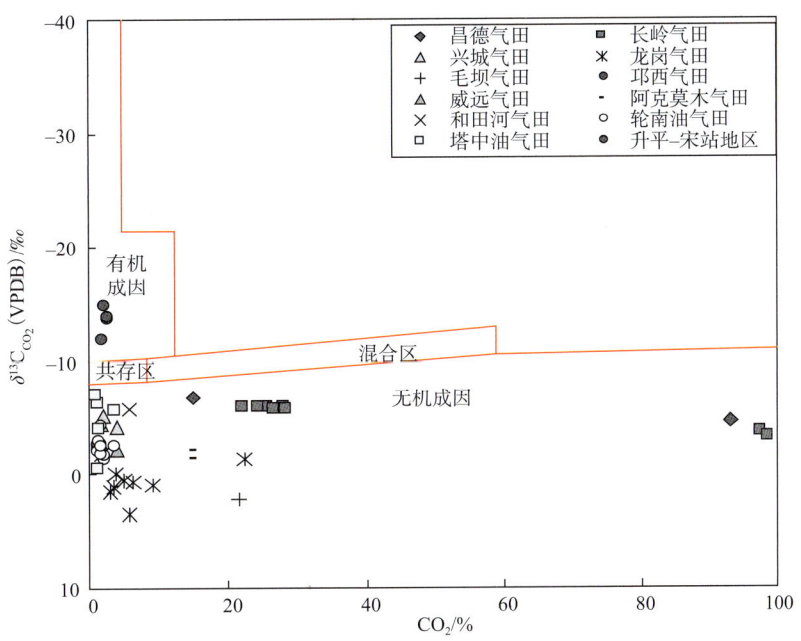

图 18-11 CO_2 碳同位素与 CO_2 含量关系图（图版据戴金星，2000）

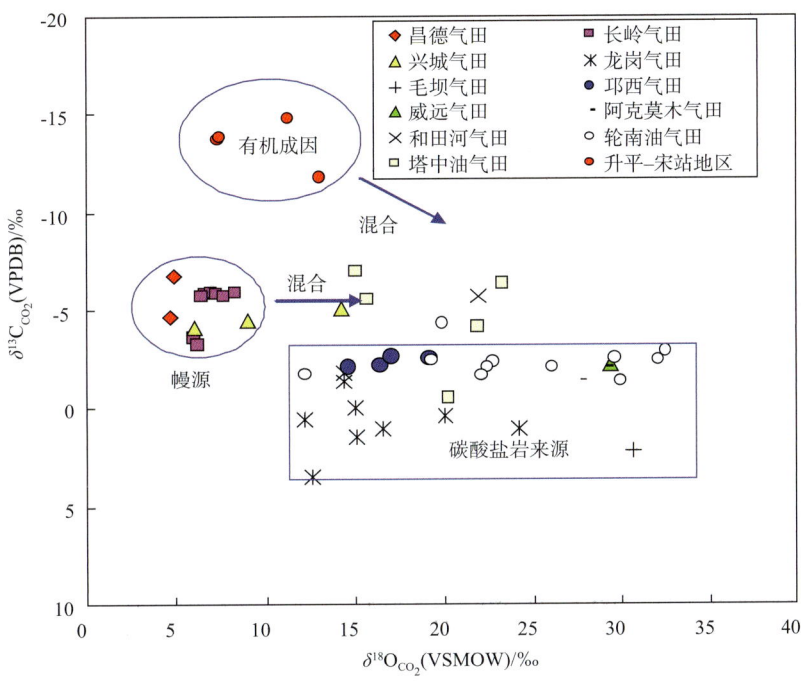

图 18-12 天然气中 CO_2 碳同位素、氧同位素组成分布图

表 18-1 CO_2 成因综合判识指标表

鉴别指标	CO_2/%	$\delta^{13}C_{CO_2}$（VPDB）/‰	$\delta^{18}O_{CO_2}$（VSMOW）/‰	$^3He/^4He$
地幔来源CO_2	>60	$-8\sim-4$	$0\sim+10$	$>1.1\times10^{-6}$
碳酸盐岩来源CO_2		$-4\sim+4$	$+10\sim+40$	$n\times10^{-8}$
有机成因CO_2	一般<10	<-10	$+5\sim+15$	$10^{-8}\sim10^{-6}$

第三节　高温、高压储层溶蚀实验新技术与应用

近年来，随着天然气勘探向深层扩展，深部储层的研究也逐渐受到重视，特别是在塔里木、四川、松辽等盆地深层发现优质储层，获得了可观的油气储量。因此开展储层高温、高压溶蚀实验新技术的研究，有助于揭示各种优质储层在较深的地层如何形成，指导各大盆地的勘探。

一、实验方法

（一）实验仪器

溶蚀试验所采用的仪器为 SYS-1 型溶蚀速率对比实验装置（图 18-13），该仪器高压釜及管线、阀门均采用特种防腐材料制成，主要是防止 H_2S 等强腐蚀性流体对仪器的腐蚀作用。仪器可进行最高温度 200℃、最高压力 50MPa 的溶蚀试验。当样品同时进行实验时，恒速泵可实现的最大流量为 12mL/min，每个样品的最大流量为 2mL/min，实验过程中样品室处于同一流体温度和压力条件下，消除了由于实验条件差异引起的实验结果的误差，因此该仪器可用于对比不同岩性样品在相同条件下岩石的溶蚀速率。

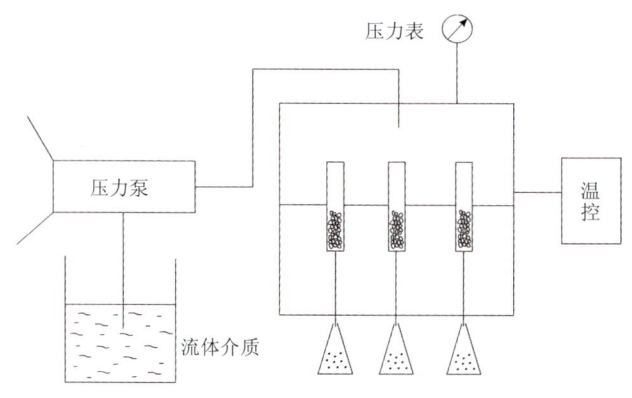

图 18-13　密闭式热压模拟实验装置图

（二）样品及实验流程

实验配制了 0.5% 乙酸溶液，流速 2mL/min，总流量 12L，反应时间 100h。实验设计的温度、压力为 5 组：75℃、20MPa，100℃、25MPa，130℃、30MPa，150℃、35MPa，180℃、40MPa。每个温度的实验周期为 100h。大致代表了从早埋藏成岩早期到晚埋藏成岩早期以及有机质从低成熟、成熟到高成熟的温度条件。

实验中，首先将粒径为 2.8～4.0mm 的岩心样品同时放入反应釜中，加入配制好的乙酸反应液，逐步升温到设计温度，恒温约 100h，降温到常温，测量反应溶液中产生各种离子浓度，对样品进

行定量扫描电镜，并更换新的反应液，然后加温到第二组设计温度，继续反应约100h。如此更换5次反应液，最后对比不同温压下的离子浓度变化。

二、高温、高压储层溶蚀实验技术的应用

（一）样品选取

实验选取了四川盆地上三叠统须家河组三块岩石样品（图18-14），样品1为长石石英砂岩，样品2为长石岩屑砂岩，样品3为岩屑长石砂岩。样品为颗粒状，粒径为2.8～4.0mm。

图18-14　不同类型砂岩原始状态显微照片

1. 平落2井，长石石英砂岩，10×；2. 潼1井，长石岩屑砂岩，10×；3. 营21井，岩屑长石砂岩，10×

（二）实验结果

1. 岩石溶蚀物质的变化

通过对实验样品溶蚀前后的X射线衍射图进行对比，在溶蚀以前，几乎没有高岭石的反射存在，溶蚀后有明显的高岭石反射（图18-15）。扫描电镜下，砂岩的微观结构发生了变化，出现部分溶蚀孔隙，一些石英偶见孤立的粒内孔，它们是局部交代石英的方解石被溶解后形成的次生孔隙，新生高岭石呈团块状分散微粒，高岭石的晶间孔相当发育。

2. 岩石溶蚀速率的变化

通过对三个砂岩样品在相同温度和压力下的溶蚀率的对比，在相同温压条件下，长石岩屑砂岩相对长石石英砂岩溶蚀率高。砂岩溶蚀率随温度和压力的升高，溶蚀率逐渐升高，在超高温、超高压的条件下，溶蚀率升高快。当温度为60～150℃时，三个样品的溶蚀率变化不大，在1%～2%；但当温度升高到180℃时，样品的溶蚀率增大到5%～8%，溶蚀速率为低温时的2～3倍（图18-16）。说明温度和压力对样品的溶蚀率变化有着很大的影响，特别对于深层的储层，温度和压力较高，这样有利于溶蚀作用的发生，形成优质有效储层。

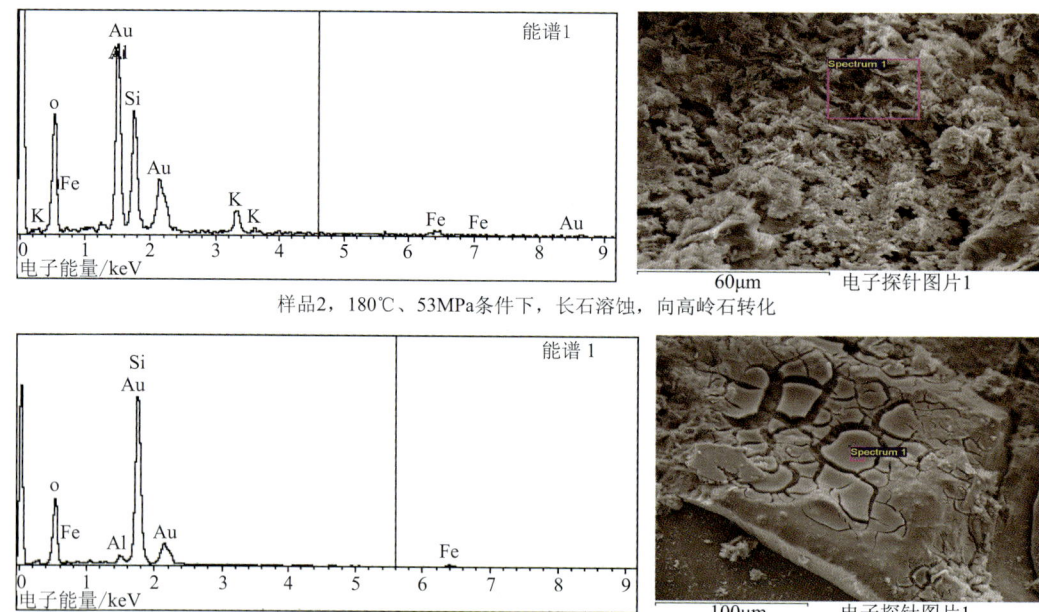

图 18-15　溶蚀作用新生成物质

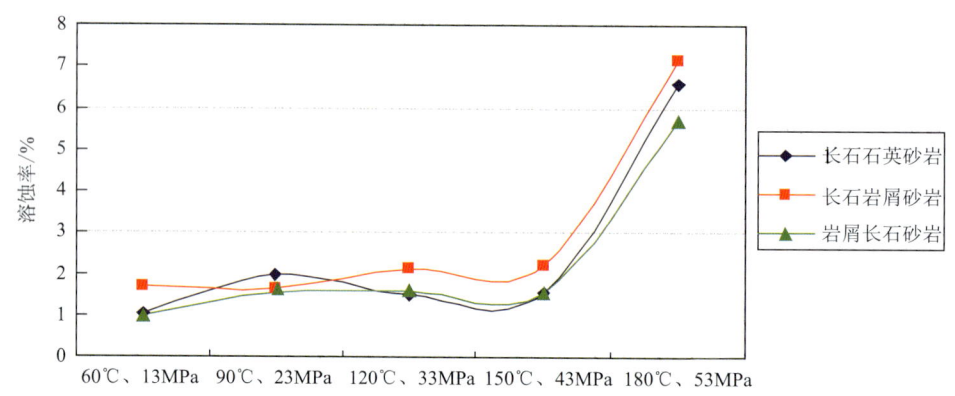

图 18-16　不同温度和压力下不同样品溶蚀速率

（三）溶蚀实验认识，扩大了勘探深度

通过溶蚀实验研究，分析深部碎屑岩溶蚀成因，深层由于高温高压作用，一些易溶物质的溶蚀速率变大，促使离子加快交换，增大孔隙，深层可以形成优质储层。原先认为碎屑岩勘探深度一般为 3000～4000m，在此深度以上，储层物性保存较好，现在认为碎屑岩在 5000～6000m 由于受高温和高压的影响可以形成较好的孔隙，成为有利的储层，使勘探深度向下延伸。

第四节　天然气成藏实验新技术与应用

天然气从生成、运移到聚集成藏是一个非常复杂的地质过程，目前我们无论在任何地方都无法直接观察到这一地质过程。虽然天然气成藏研究在理论和方法上取得了很大进展，并且在天然气勘探中发挥了重要作用，但目前仍有许多疑难问题没有解决。为了能够研究天然气在地层条件下的各种运聚形式和成藏过程，"十一五"期间研发了流体包裹体气体组成及烃类气体碳同位素测定、天然气成藏一维、二维、三维物理模拟等相关实验技术，为解决天然气运聚成藏问题提供了技术手段。

一、有机包裹体中气体组成及烃类气体碳同位素分析技术

有机包裹体亦称烃包裹体，主要含有甲烷、乙烷等简单的气态烃类和各种烷烃到芳香族化合物、液体原油及固体沥青物质等，有时含有一定数量的不混溶盐水溶液（卢焕章，1990）。有机包裹体广泛分布，一般聚集在成岩胶结物中和封闭的微裂隙中。

由于包裹体形成以后，没有外来物质的加入和自身物质的流出，保留了流体的初始成分和性质，因此可作为原始的流体进行研究。有机包裹体可以记录每一期油气运移的信息，而且这些信息一般不因为后期继承性活动的改造而消失。因此，有机包裹体在油气成藏史的研究中有着不可替代的作用。有机包裹体的宿主矿物主要有：

（1）碳酸盐岩

碳酸盐岩是沉积岩中含有机包裹体比较丰富的岩石，但其分布很不均匀。一般在泥晶-细晶碳酸盐岩中由于矿物晶体比较细小，很难找到可供均一温度测定的包裹体，重结晶碳酸盐和填在碳酸岩地层晶洞、孔隙、裂隙中的方解石、白云石等个体比较粗的有机包裹体的分布较多，个体也粗大一些，是可供有机包裹体研究的主要矿物。

（2）碎屑岩中的碳酸盐和石英胶结物

碎屑岩颗粒间的碳酸盐胶结物、自生石英及石英颗粒的加大边都有可能找到包含地层流体的包裹体，是地层流体包裹体的主要宿主矿物。

（3）蒸发盐建造中的盐类矿物

石盐、钾盐、石膏、重晶石等矿物往往都能见到包裹体，但盐类矿物因易溶于水需特殊制片观察。

（4）地层中的其他脉石矿物

沉积盆地中可能含有多种成因的异常热流体，以及受构造岩浆活动影响注入其他矿化热液流体而形成的石英、方解石、白云石、萤石脉。这类脉石中包裹体比较丰富，是研究沉积盆地异常热流体的重要依据。

（一）实验方法

1. 样品制备

并非任何储层样品都可以进行有机包裹体成分的分析，因此，首先要通过有机岩石学的方法选择适当的样品，如包裹体的荧光颜色、大小、丰度等。其中包裹体的大小和丰度直接决定了有机包裹体可以释放烃类的数量，这对于生物标志物的分析也是关键的。通过有机岩石学的分析可以确定样品中所含包裹体是否为单期，单期包裹体成分的分析对于油气藏的研究更具有实际意义。

包裹体中含有的有机物量非常少，因此消除矿物颗粒表面吸附有机物的污染是样品制备的重要环节之一。

（1）有机包裹体宿主矿物为石英砂岩，包裹体样品制备方法如下：

1）将储层砂岩样品破碎成单颗粒石英砂大小，以免破坏样品中的包裹体。

2）取破碎好的样品放入预先清洗干净的烧杯中，用冷的过氧化氢处理样品。开始时慢慢将过氧化氢加入样品，用玻璃棒不断搅拌，而且要一直观察样品的反应情况。因为有些样品过一段时间才会反应非常强烈，样品会随着反应产生的泡沫溢出容器。当没有大量气泡产生时，再加入少量过氧化氢溶液，直到最后没有大量气泡产生时，然后把样品继续浸泡在过氧化氢溶液中，静置过夜。

3）样品经过一夜浸泡后，小心倒出烧杯上部的过氧化氢。重新向样品中加入新鲜的过氧化氢溶液，将烧杯加热到70℃，并在不断搅拌的条件下加热90min。完成上述操作后，将样品用蒸馏水清洗干净，放入烘箱中60℃烘干。

4）烘干后的样品用新配置的铬酸浸泡24h，然后加热浸泡2h后用蒸馏水洗净并放入烘箱中60℃烘干。

5）为了彻底清除包裹体外部有机物的污染，有机溶剂清洗是非常必要的手段。首先向装有烘干的包裹体样品烧杯中加入30mL甲醇，在超声波状态下清洗10min，重复清洗3次；然后向装包裹体样品烧杯中加入30mL二氯甲烷和甲醇的混合溶液（体积分数97∶3），在超声波状态下清洗10min，重复清洗3次，最后将样品放入烘箱中60℃烘干。

6）烘干后的石英颗粒需要通过磁分选和重液分选来分离长石等其他矿物颗粒以达到提纯的目的。

7）通过磁分选和重液分选后的样品重新进行第5步的有机溶剂处理，直至溶剂浓缩液在色谱中检测不到烃类。

8）样品放入烘箱中60℃烘干，备用。

（2）对于碳酸盐岩样品，首先挑选同一裂缝中充填的方解石脉样品（选择同一裂缝中的方解石脉，主要目的是确保挑选的包裹体是一期形成的），然后进行磨片、显微镜下观察、统计气体包裹体丰度，然后进行样品处理。样品处理流程如下：

1）将富含烃类包裹体的方解石脉样品粉碎至20～40目，放入预先清洗干净的烧杯中。

2）向烧杯中慢慢加入过氧化氢溶液，用玻璃棒不断搅拌，而且要一直观察样品的反应情况。因为有些样品过一段时间才会反应非常强烈，样品会随着反应产生的泡沫溢出容器。当没有大量气泡产生时，再加入少量过氧化氢溶液，直到最后没有大量气泡产生时，然后让样品继续浸泡在过氧化氢溶液中，静置过夜。

3）样品经过一夜浸泡后，小心倒出烧杯上部的过氧化氢。重新向样品中加入新鲜的过氧化氢溶液，将烧杯加热到70℃，并在不断搅拌的条件下加热90min。完成上述操作后，将样品用蒸馏水清洗干净，放入烘箱中60℃烘干。

4）为了彻底清除包裹体外部有机物的污染，还需要用有机溶剂进行清洗。首先向装有烘干的包裹体样品烧杯中加入30mL甲醇，在超声波状态下清洗10min，重复清洗3次；然后向装包裹体样品烧杯中加入30mL二氯甲烷和甲醇的混合溶液（体积分数97：3），在超声波状态下清洗10min，重复清洗3次。

5）待最后一次清洗溶剂浓缩液在色谱中检测不到烃类，将样品放入烘箱中60℃烘干，备用。

2. 样品的真空破碎

取5～10g处理好的包裹体样品，放入事先清洗好的真空研磨罐中，再放入3～4个干净的合金小球，将装置密封好；然后将真空研磨罐抽真空，以避免空气影响烃类气体的测定。将抽好真空的研磨罐放到振荡器上振荡30～40min（利用容器中的合金小球把样品磨碎），然后用气密性进样针从盖子上的小孔通过硅橡胶隔垫将气体抽出进行气相色谱或同位素分析。

3. 仪器条件

包裹体气体组成分析采用Agilent6890N气相色谱仪，配置为三阀四柱系统，TCD和FID双检测器。包裹体中气体组分碳同位素分析所用仪器为Thermo Finnigan Delta^{plus} XL（GC/C/IRMS）气相色谱 - 同位素质谱联用仪，离子源高压为3kV。气相色谱条件：色谱柱为HP PLOT Q 30m×0.32mm×20μm；程序升温条件为30℃（5min），8℃/min至80℃，4℃/min至250℃。氧化炉温度950℃，还原炉温度650℃（图18-17）。

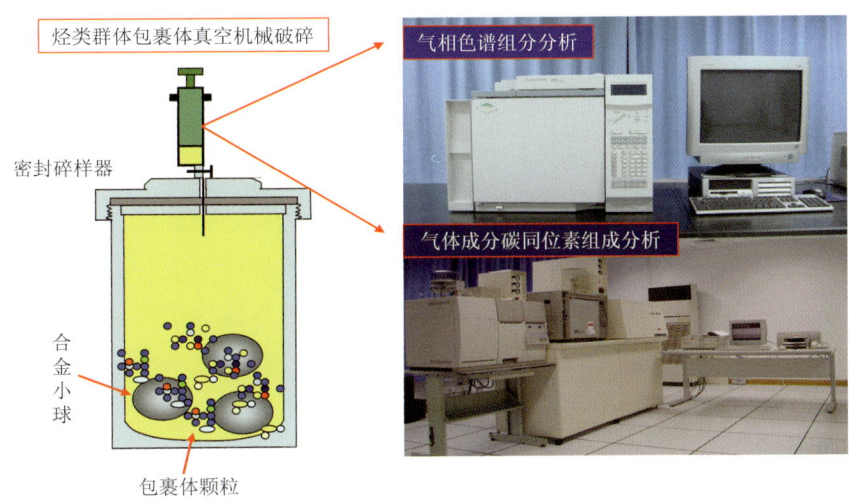

图18-17 流体包裹体真空破碎法气体组成及同位素分析流程图

（二）分析技术的应用

包裹体气体组成及烃类气体碳同位素分析技术可广泛应用于气藏成藏过程、成藏期次和气藏天然气气源追踪研究。下面以四川盆地威远、资阳震旦系气藏为例介绍该项技术的应用方法。

通过四川盆地震旦系岩溶风化壳碳酸盐岩、长兴组生物礁碳酸盐岩及须家河组砂岩储层中包裹体气体组成及碳同位素的检测，并与现今气藏天然气组成及同位素特征的对比分析，结果显示：包裹体与气藏天然气在气体组成、甲烷同位素方面具有较好的相似性，表明气藏捕获了中晚期充注的天然气并聚集成藏。

威远、资阳震旦系气藏中天然气组成的典型特征是以甲烷为主，表现为典型的干气，天然气干燥系数（$C_1/C_{1\sim5}$）>0.9970，同时含有较多的N_2，N_2含量多为5%～10%（图18-18（a））。包裹体天然气组成也表现为干气，干燥系数（$C_1/C_{1\sim5}$）>0.96，同时含有较多的N_2，N_2含量多在2.7%～15%（图18-18（b）），与目前气藏的特征较为相似。

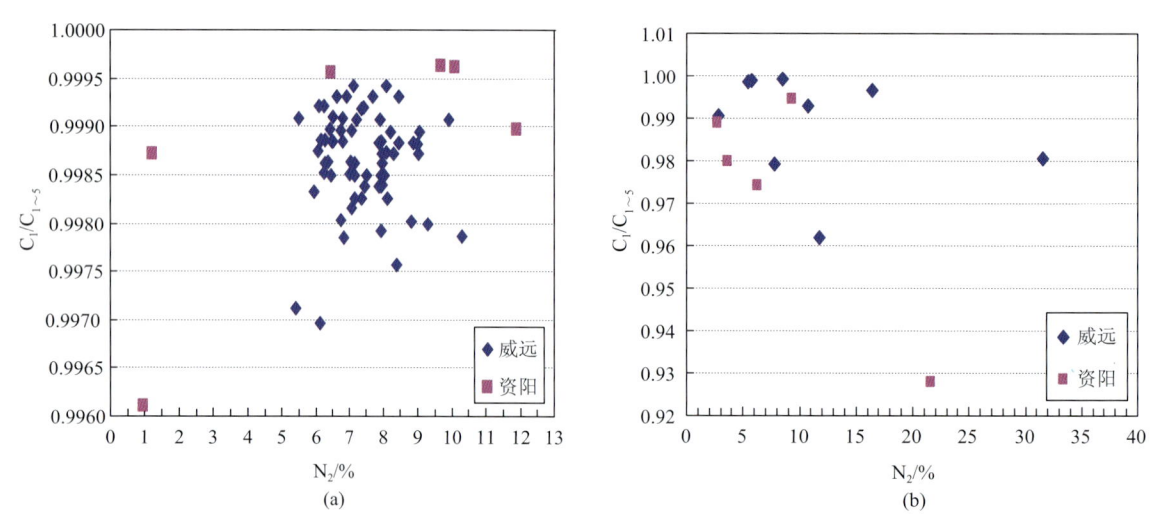

图18-18　四川威远、资阳震旦系气藏天然气与包裹体中天然气干燥系数分布图
（a）气藏中天然气；（b）储层流体包裹体中天然气

目前震旦系气藏中的天然气甲烷同位素值仅相当于包裹体中较重的部分（图18-19）。也即表明早期充注的气（具有轻碳同位素的气）可能遭受破坏，聚集成藏的是中晚期充注的部分。

川东长兴生物礁、川中须家河组储层包裹体与气藏中碳同位素也具有相似的特征。可见，五百梯（天东）、高峰场、黄龙场等气田长兴组（P_2ch）储层包裹体中气体同位素值均与气藏中天然气同位素值非常接近或略偏轻，表明现今气藏捕获的天然气与包裹体形成时捕获的天然气的时期大致相当。结合包裹体均一温度的检测结果，认为天然气充注时期主要为中晚侏罗世，也就是在喜山期地层抬升剥蚀之前。

广安、合川、安岳气田须家河组储层包裹体气体同位素值与现今气藏天然气同位素值接近或略偏重，尤其是安岳须二段储层包裹体气体同位素明显偏重，表明包裹体形成时捕获的天然气与现今气藏捕获的天然气在时期上应该不一致。这与须家河组源储互层的"三明治"结构有一定的关系。就岳3井而言，安岳地区普遍缺失须一段烃源岩，或须一段烃源岩厚度很薄，须二段气藏的天然气有很大部分来源于上覆须三段烃源岩的贡献，因此造成了须二段储层包裹体捕获了来源于须一段成熟度较高的气，而须二段气藏捕获的天然气主要来源于成熟度相对低些的须三段烃源岩生成的气。

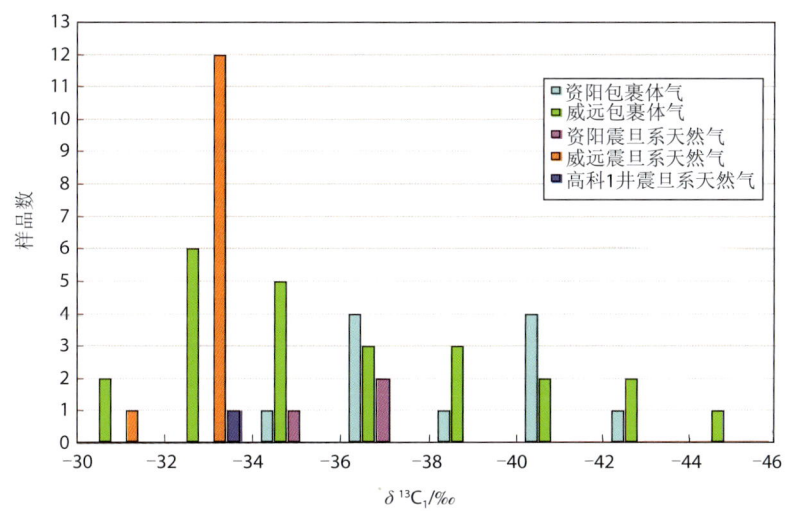

图 18-19　震旦系包裹体及天然气中甲烷碳同位素分布图

二、天然气成藏物理模拟实验新技术

20余年的天然气科技攻关研究在天然气地质理论与勘探开发技术方面取得了丰硕的成果。但是，随着天然气勘探开发进程的加快，一些科学问题仍有待解决。天然气藏类型繁多，不同类型气藏的成藏条件、成藏过程、成藏主控因素不同，因此，通过重建和再现不同类型的天然气藏成藏过程，建立成藏模式，加强天然气成藏富集规律的研究，可以有效地指导天然气的勘探与开发。天然气成藏物理模拟技术是研究天然气成藏动力学机制和成藏机理的主要手段，包括一维全岩心运移物理模拟技术、二维成藏物理模拟技术和三维成藏物理模拟技术。相对而言，一维、二维成藏物理模拟技术的研究较为成熟，本小节重点介绍近期在二维成藏物理模拟实验方面取得的部分成果。

（一）二维成藏物理模拟实验及结果

针对四川盆地须家河组和鄂尔多斯盆地上古生界低渗－致密砂岩气藏的特点开展了"甜点"聚气的成藏物理模拟实验。

1. 实验条件

（1）实验地质模型

针对不同类型的气藏特点，前后开展了两轮成藏物理模拟实验。第一轮模拟实验考虑了五种实验地质模型（图18-20）。一是考虑构造型气藏，相对高渗砂体分布在背斜控制的范围之内；二是考虑构造－岩性气藏，在背斜控制范围外仍然有相对高渗砂体的分布；三是考虑纯粹的岩性气藏，相对高渗砂体主要依靠周缘细砂的物性差异而聚气。此外，还考虑了在细砂中间再填粗砂、以及按由粗逐渐变细的顺序填砂的模型。第二轮模拟实验的模型包括两种：第一种是将不同粒度的砂粒呈环状分布，最外层的细砂1粒度最小，往里依次为细砂2、粗砂1、细砂1和粗砂2（图4-20）。与第一轮实验模型不同之处是在粗砂1和粗砂2之间增加了一环细砂1。第二种考虑了须家河组源储交互的"三明治"结构特点的模型（图 4-21）。

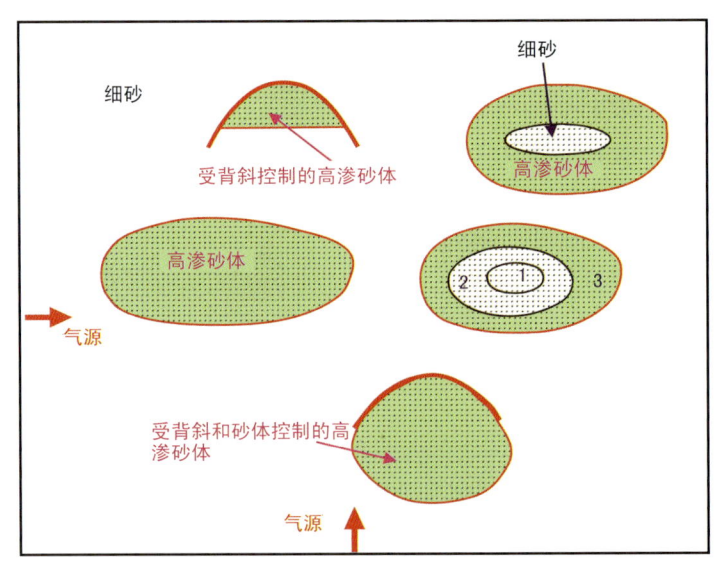

图 18-20　砂岩气藏成藏物理模拟实验模型

1.20～30 目砂子；2.30～40 目砂子；3.40～60 目砂子

（2）实验装置及实验材料

① 实验装置。第一轮模拟实验装置是针对砂岩气藏的特点自行设计的，砂箱的规格 45cm×35cm×7cm（图 18-21（a））。砂箱的正面和反面分别为透明的有机玻璃，四周用螺母拧紧、固定。四边各有一些进、出气孔，可选择在任意方向进气和出气；采用钢瓶气作为气源。实验装置可调整至任意角度进行实验。实验过程中，实验装置略有倾斜，气体分别从底部、侧面、底部和侧面同时注入等方式，向饱和水的实验模型中注气，出水口在模型的顶部，当出水口由出水变为出气时，表明模型中气驱水的过程完成，此时即可结束实验。

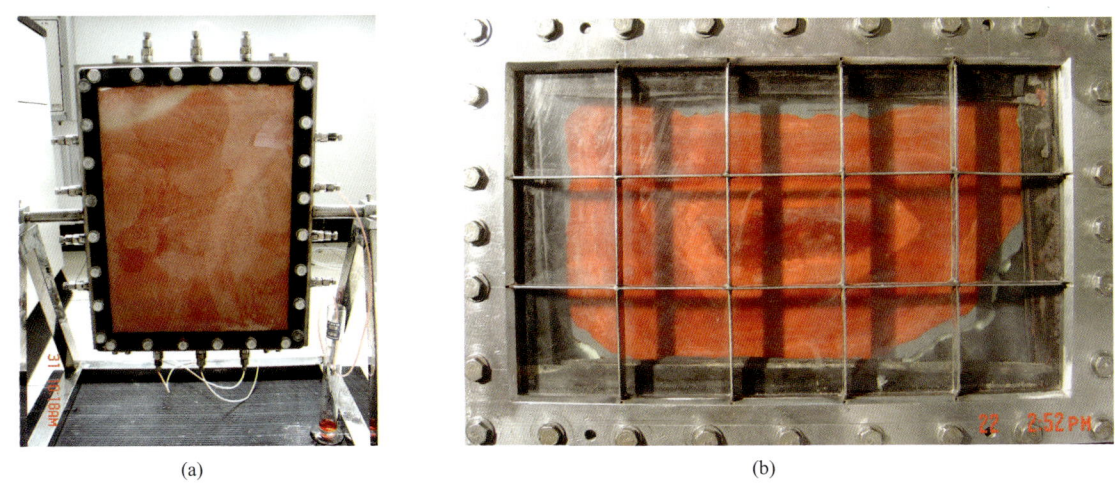

(a)　　　　　　　　　　　　　　　　(b)

图 18-21　天然气成藏物理模拟实验装置

（a）第一轮模拟实验装置；（b）第二轮模拟实验装置

第二轮模拟实验装置见图 18-21（b），砂箱的规格 80cm×60cm×6cm。

② 实验材料。第一轮实验分别采用了普通砂和须家河组实际岩心粉碎而成的砂。普通砂的相对高渗砂粒径为 20～40 目，低渗砂粒径为 40～60 目；岩心粉碎而成的砂相对高渗砂粒径为 40～60 目，低渗砂粒径为 60～80 目。染色剂为红墨水。

第二轮实验采用了 4 种不同粒径的石英砂。细砂 1 的粒径为 0.05～0.1mm，细砂 2 的粒度为 0.1～0.15mm；粗砂 1 的粒度为 0.15～0.2mm，粗砂 2 的粒度为 0.2～0.25mm。

2. 实验过程及实验结果

（1）普通砂岩的探索性实验

注气前，砂体被水饱和，三个相对粗砂的部位清晰可见。本实验采用底部注气方式进气，出水口在顶部。经过 170 分钟的充注实验后，三个相对高渗砂体中富集了气，砂体颜色由原来的"橘黄色"变成"白色"，而在周缘的低渗砂体中仍然充满水。这一实验现象说明了受物性控制的"甜点"富气机理。

（2）真实岩心砂的底部注气实验结果

考虑到普通沙子与地层内的砂岩在矿物组成可能存在一定差异，故开展了真实砂岩成藏物理模拟实验。实验样品采自四川盆地须家河组砂岩，经粉碎后填制构建地质模型。实验结果表明，天然气按照充注的能级顺序依次聚集在由粗砂到细砂的不同粒径砂层中，具有优势相聚集、甜点中富集的特点。

（3）第二轮模拟实验的结果

第一轮的实验从定性角度探讨甜点富气的特点。在此基础上，第二轮对实验进行了四个方面的改进，即定量描述不同粒径砂的渗透率及相对关系，定量采用了不同的充注压力，多部位注气——底部、侧面、顶部、中间，增加了灵敏度高的压力传感器。通过多组实验，获得多项重要认识：

① 砂体含气（或含水）与其渗透率级差和充注动力有关。在较小充注压力（0.01MPa）下，气体主要聚集在粗砂 1 中，而未能突破里层的细砂 1，致使中间部位的粗砂 2 没有聚气。随充注压力的增大（0.02MPa），气体能突破细砂 1 进入粗砂 2 中，且随充注压力的继续增大（0.04MPa、0.1MPa），气体进入细砂 2 的时间缩短。

② 砂体物性一定，注气位置不同、注气压力不同，能够成藏的砂体渗透率级差大于 3.2。实验结果显示，在充注压力一定时，砂体的成藏受渗透率级差的影响，当渗透率级差大于 3.2 时，2、3、5 号砂体可以成藏；当渗透率级差不变时，同样是顶部注气，充注压力为 0.01MPa 时，5 号砂体不能成藏；而动力增大，充注压力为 0.02MPa 时，5 号砂体则能成藏。

③ 流体势与砂体物性耦合控制气体的运移和聚集。在同一流体系统下，流体势从宏观上控制了气体的运移方向，气体从相对高势区向相对低势区运移，但气体的运移路径并非完全符合这一规律，还要与砂体物性结合，才能实现气体的运移。

以须家河组源储交互的"三明治"结构特点为实验模型（图 18-22）。图 18-22（a）为实验前照片，实验开始后，以 0.01MPa 的注气压力从模型左侧上方的注入口向模型充注气，图 18-22（b）～（f）分别为注气 5min、8 min、18min、86min 和 274min 时所拍摄的照片，实验过程中及实验结束时，气体主要在上部细砂 2 中运移和聚集，上部细砂 2 中的粗砂 1 和两个粗砂 2 砂体均有气体的聚集，靠近注入口的细砂 1 和下部细砂 2 及粗砂 2 砂体仅有少部分发生了气体的运移和聚集。

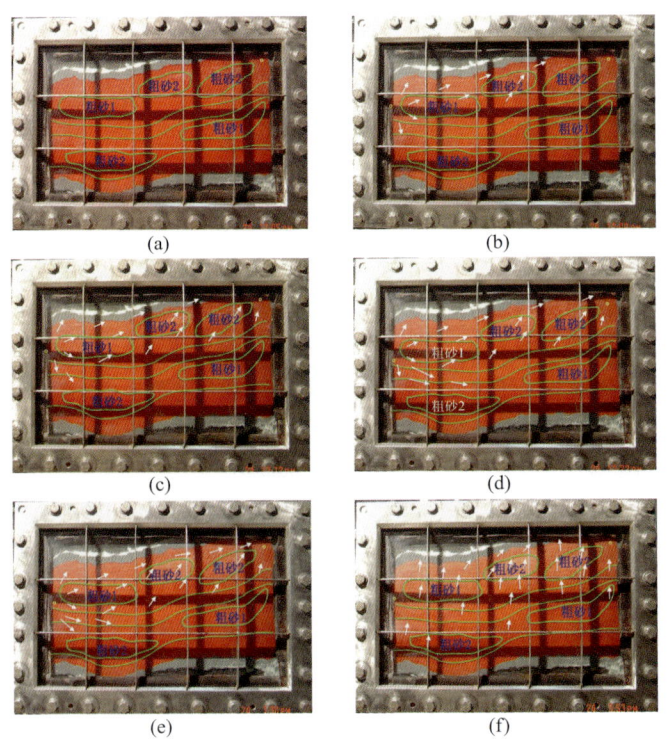

图 18-22 天然气运聚过程的模拟实验结果

（a）实验前图像；（b）实验 5min 图像；（c）实验 8min 图像；（d）实验 18min 图像；（e）实验 86min 图像；（f）实验 274min 图像

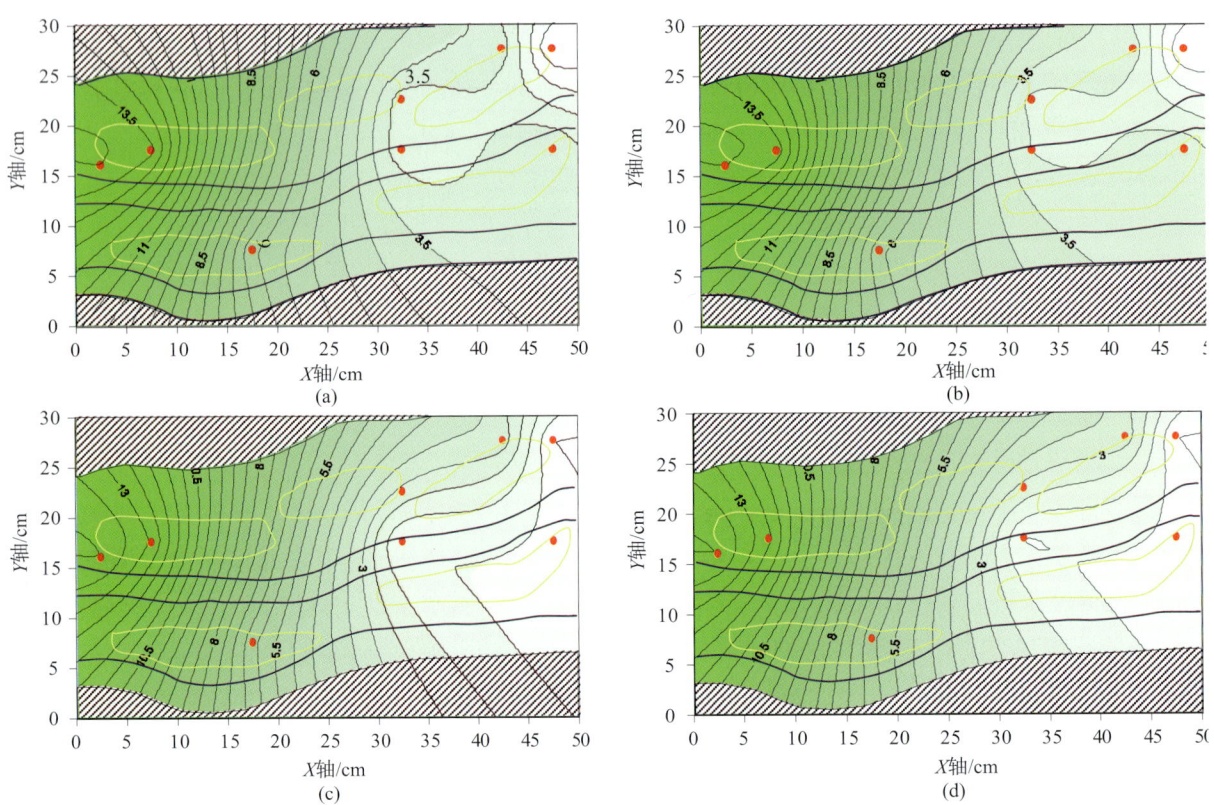

图 18-23 实验过程中流体势等值线图（颜色由浅到深代表流体势由小到大）

（a）实验前流体势图；（b）实验 5min 流体势图；（c）实验 8min 流体势图；（d）实验 18min 流体势图

为什会出现上述的差异聚集现象，这从实验过程中流体势的分布规律有一定的关系。通过模型中各测点的压力数值，利用 Hubbert 提出流体势计算公式的简化式 $\Phi = gZ + \dfrac{P}{\rho}$，对实验过程中砂体的流体势进行计算，得出流体势等值线图（图 18-23）。其中，图 18-23（a）～（d）分别为对应图 18-22 中注气过程（a）～（d）时刻的流体势等值线分布图。

由流体势分布图可以看出，从注入口向出口方向，流体势值依次降低。左上侧的气体注入口处为流体势的高势区，可达 14J，出口处为低势区，只有 1J。上部粗砂 2、粗砂 1 的流体势较低，且位于气体运移路径上，为天然气富集的有利区；下部粗砂 1 的流体势虽然很小，但是由于不位于气体运移路径上，因此粗砂 1 中没有气体的运移和聚集。

（二）模拟实验结果的意义及应用

地质条件下，天然气藏形成的过程实际上是天然气不断驱替储集砂体中赋存的地层水的过程，成藏模拟实验只是地质过程的"相似"再现。

1. 模拟实验结果的意义

通过上述系列实验，得到了以下的重要启示：

（1）对岩性气藏而言，有构造背景的岩性圈闭更有利于捕获油气

三种圈闭类型的模拟实验可以说明，上部的背斜型砂体优先于中间的透镜体而聚气；实验结束后，三个相对高渗砂体中富集了气，砂体颜色由原来的"橘黄色"变成"白色"，而在周缘的低渗砂体中仍然充满水。

（2）气藏的形成是储集体中气、水逐渐置换的结果

上述各类实验过程均说明了气逐渐驱替水的现象。砂粒越粗的砂层，气、水置换越容易进行；反之，砂粒越细，气、水置换越难。这就形成了相对高渗砂体中充满气体，而在低渗砂体中仍然充满水的现象。

（3）砂岩储层能否聚气取决于储层物性的相对差异

从模拟实验中所采用的砂粒相对大小可以看出，普通砂的实验采用的砂粒最粗，但实验结果具有非常明显的相对粗砂富集气、相对细砂含水的现象。真实岩心砂和石英砂的实验采用最粗砂粒度均比普通砂细，但同样清晰地反映出相对高渗砂体含气、低渗砂体含水的结果。可以认为，不论实验用砂的绝对颗粒大小是多少，只要存在物性的差异，在毛细管力和浮力的作用下，气体就能在相对高渗砂体中形成富集，而且粒度较粗的砂层具有优先聚集气体的趋势。

（4）气源上倾方向的相对高渗砂体有利于天然气的聚集

从侧面注气的实验结果可以看出，在气源的上倾方向，相对高渗砂体中富集了气体，而在气源的下部，虽然有相对高渗砂体，但最终也未能聚气。这对合理解释诸如川中缺失须一段烃源岩的安岳、合川等地区的须二气藏的气、水分布现象具有重要的参考意义。

（5）天然气在不同粒级砂层中的聚集具有能级效应

从石英砂的模拟结果看出，天然气首先在较粗（粗砂 1）的砂层中聚集，待整个砂层充满气体后，才逐渐聚集在相对细砂（细砂 2）中。细砂 2 砂层充满气体后，由于其内圈存在粒度更细的细砂 1 砂层，在实验条件下气体未能突破该砂层的遮挡，虽然最里圈有粗砂 2 砂层存在，但最终也没有聚集气体。

可见，此时的气体只能沿排水（气）口方向运移而排出。

2. 模拟实验结果的应用

上述实验现象可以解释为：实验中相对高渗的砂体在地质体中相当于低渗背景下的"甜点"，而低渗砂体相当于地质体中的相对低渗砂岩。因此，实验结果中高渗砂体富气、低渗砂体产水的现象可以很好的解释川中须家河组致密砂岩大面积含气、局部富集、普遍含水的现象，这对于解决勘探生产中遇到的复杂气水分布，以及对成藏机理、成藏模式的研究均具有重要的指导作用。

第五节　盖层分析评价的实验新技术与应用

一、高温、高压岩石烃类扩散系数测定技术

近年来，随着油气运移理论研究的不断深入，人们开始认识到油气在地下沉积地层中的扩散作用是油气运移的重要机理之一，同时油气的扩散作用又在油气藏（尤其是气藏）的破坏过程中起着重要作用，因此开始从不同角度对油气在地下沉积岩中的扩散作用进行研究。如 Leythaeuser 等对西格陵兰及德国西部地质剖面中烃类扩散作用的研究，Krooss 等在实验室的不同条件下对气体在沉积岩中扩散参数的测定等，为人们进一步认识扩散在油气运移、油气藏破坏过程中的作用提供了重要的依据。

（一）实验方法

1. 实验装置

目前国内外对岩石扩散系数的测定大都在常温、常压条件下进行，不能很好地反映实际地层条件，为了使实验室测得的扩散系数最大程度地符合实际地质情况，我们对常规条件（室温或 20～30℃，注气压力 0.2MPa，围压 3MPa）扩散系数测定装置进行了改进（图 18-24），以实现测定高温、高压条件下天然气通过岩石的扩散系数。

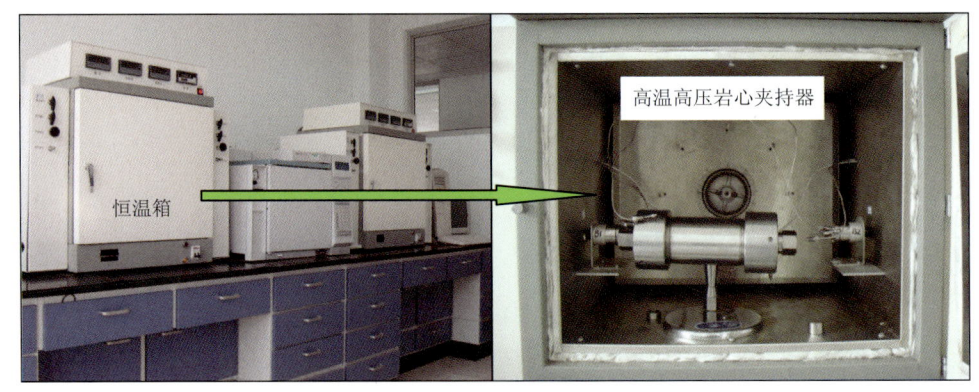

图 18-24　改进的高温、高压岩石扩散系数测定装置

2. 实验样品

实验研究精心挑选了四川盆地须家河组、鄂尔多斯盆地苏里格和榆林地区 12 块典型泥岩和低渗致密砂岩样品。根据实验要求，先将样品制成直径 2.5 cm、长度 0.5 ～ 0.6cm 的小圆柱体。所选样品的孔隙度 0.2% ～ 6.8%，渗透率（0.0014 ～ 0.671）× $10^{-3}\mu m^2$。利用上述改进的高温、高压岩石扩散系数测定装置，进行高温、高压条件下岩石扩散系数的测定。

3. 方法、流程及结果

具体方法如下：①对样品进行烘干和抽真空，排除其内孔隙水和残留气体，以免影响实验精度；②将制备好的岩心放入岩心夹持器内，然后加围压，对管线和两端腔体进行抽真空和检漏，设定所需的实验温度，向岩心夹持器两端密封室分别通入相同压力的甲烷和氮气；③利用气相色谱在不同时间点测定并记录 2 个气室甲烷和氮气的浓度；④将数据进行处理，计算得到扩散系数。

利用改进的扩散系数测定装置，按上述方法步骤开展了不同温度和压力条件下的干样样品的扩散系数测定实验：①围压 10MPa，注气压力 3MPa，温度分别为 30℃、50℃、70℃、90℃时扩散系数测定 48 样次，测试结果见表 18-2；②围压 10MPa，注气压力 0.2MPa，温度分别为 30℃、50℃、70℃、90℃时扩散系数测定 48 样次，测试结果见表 18-3。

表 18-2　10MPa 围压、注气压力 3MPa 不同温度下扩散系数测定结果表

井号	井深/m	岩性	扩散系数/（cm²/s）			
			30℃	50℃	70℃	90℃
广安109	2066	泥岩	1.52×10^{-7}	2.26×10^{-7}	2.73×10^{-7}	5.42×10^{-8}
广安106	2363.20	泥岩	1.56×10^{-7}	2.03×10^{-7}	2.18×10^{-7}	4.47×10^{-7}
广安01–16	1520.60	砂岩	2.30×10^{-5}	2.45×10^{-5}	2.47×10^{-5}	3.34×10^{-5}
广安02–39	1874.10	砂岩	5.30×10^{-6}	5.68×10^{-6}	5.93×10^{-6}	6.96×10^{-6}
广安138	2537.20	砂岩	2.06×10^{-5}	2.10×10^{-5}	2.31×10^{-5}	2.82×10^{-5}
广安138	2509.15	砂岩	1.41×10^{-5}	1.43×10^{-5}	1.73×10^{-5}	1.81×10^{-5}
榆11	1472.70	泥岩	1.55×10^{-8}	1.55×10^{-8}	1.55×10^{-8}	2.49×10^{-8}
桃3	3389.00	泥岩	2.23×10^{-6}	2.62×10^{-6}	2.99×10^{-6}	5.76×10^{-6}
苏2	3591.00	泥岩		1.24×10^{-8}	1.24×10^{-8}	2.07×10^{-8}
陕26	3481.10	泥岩	2.67×10^{-7}	3.27×10^{-7}	3.61×10^{-7}	7.83×10^{-7}
苏4	3316.60	砂岩	1.42×10^{-5}	1.51×10^{-5}	1.65×10^{-5}	1.72×10^{-5}
榆19	2289.01	砂岩	1.83×10^{-5}	1.93×10^{-5}	2.16×10^{-5}	3.05×10^{-5}

表 18-3　10MPa 围压、注气压力 0.2MPa 不同温度下扩散系数测定结果表

井号	井深/m	岩性	扩散系数/(cm²/s)			
			30℃	50℃	70℃	90℃
广安109	2066	泥岩	2.24×10^{-7}	2.30×10^{-7}	2.33×10^{-7}	3.43×10^{-7}
广安106	2363.20	泥岩	1.39×10^{-6}	1.95×10^{-6}	2.00×10^{-6}	2.54×10^{-6}
广安01-16	1520.60	砂岩	2.30×10^{-4}	2.47×10^{-4}	2.57×10^{-4}	2.78×10^{-4}
广安02-39	1874.10	砂岩	2.93×10^{-5}	3.11×10^{-5}	3.12×10^{-5}	3.68×10^{-5}
广安138	2537.20	砂岩	1.61×10^{-4}	1.74×10^{-4}	1.84×10^{-4}	1.94×10^{-4}
广安138	2509.15	砂岩	9.40×10^{-5}	9.80×10^{-5}	1.07×10^{-4}	1.21×10^{-4}
榆11	1472.70	泥岩	2.53×10^{-7}	2.74×10^{-7}	7.86×10^{-7}	9.25×10^{-7}
桃3	3389.00	泥岩	1.56×10^{-5}	1.67×10^{-5}	1.86×10^{-5}	2.20×10^{-5}
苏2	3591.00	泥岩		2.07×10^{-7}	4.01×10^{-7}	4.85×10^{-7}
陕26	3481.10	泥岩	1.17×10^{-6}	1.30×10^{-6}	1.41×10^{-6}	2.30×10^{-6}
苏4	3316.60	砂岩	1.38×10^{-4}	1.59×10^{-4}	1.63×10^{-4}	1.69×10^{-4}
榆19	2289.01	砂岩	1.37×10^{-4}	1.59×10^{-4}	1.48×10^{-4}	1.63×10^{-4}

4. 高温、高压岩石扩散系数在地层条件下的校正

泥岩样品不易饱和水、天然气通过饱和水岩样扩散需要时间太长，长时间高温作用岩样中饱和水容易蒸发等多种原因造成了饱和水岩样的扩散系数分析实验周期长，效果差，且不易获取，因此实验室通常测试岩石干样扩散系数。但样品的实际地层条件既含水又具有高温、高压，本次测得高温、高压岩石扩散系数与地质历史时期地层古地温条件下岩样的古扩散系数存在饱和介质和地质历史时期古地温差异，无法真正代表实际地层条件下地质历史时期岩石古扩散系数。因此，必须将高温、高压岩石干样扩散系数进行饱和介质条件校正和地质历史时期古温度校正。

（1）饱和介质条件下校正

饱和介质校正是利用本次实验实测的两个样品的干湿样扩散系数比值，取两者平均值238，则 $D_w=D/238$。其中，D_w 为湿样扩散系数，D 为干样扩散系数。对每个样品实测干样的扩散系数进行饱和介质条件下的转化，转化结果见表 18-4。

表 18-4　干样扩散系数与饱和介质条件下扩散系数对比表

井 号	井深/m	岩 性	渗透率	孔隙度	干样扩散系数/(cm²/s)	湿样扩散系数/(cm²/s)
广安109	2066	泥岩	0.003	0.2	8.52×10^{-6}	3.58×10^{-8}
广安106	2363.20	泥岩	0.0088	0.4	1.31×10^{-5}	5.50×10^{-8}
广安01-16	1520.60	砂岩	0.171	6.6	2.74×10^{-4}	1.15×10^{-6}
广安02-39	1874.10	砂岩	0.0043	0.9	4.76×10^{-5}	2.00×10^{-7}
广安138	2537.20	砂岩	0.027	6.8	2.13×10^{-4}	8.95×10^{-7}
广安138	2509.15	砂岩	0.038	2.9	1.31×10^{-4}	5.50×10^{-7}
榆11	1472.70	泥岩	0.0023	1.3	4.90×10^{-6}	2.06×10^{-8}
桃3	3389.00	泥岩	0.671	4.0	3.62×10^{-5}	1.52×10^{-7}
苏2	3591.00	泥岩	0.0014	0.7	9.61×10^{-6}	4.04×10^{-8}
陕26	3481.10	泥岩	0.068	1.3	1.32×10^{-5}	5.55×10^{-8}
苏4	3316.60	砂岩	0.059	6.7	1.85×10^{-4}	7.77×10^{-7}
榆19	2289.01	砂岩	0.177	4.0	2.10×10^{-4}	8.82×10^{-7}

（2）地质历史时期地层条件下的古地温校正

实验测试扩散系数的温度与地质历史时期地层条件实际古地温存在差异，使得实测高温、高压岩石扩散系数与地质历史时期地层条件的岩石古扩散系数之间存在误差，因此，要获得地质历史时期地层条件下的岩石古扩散系数，必须进行古地温校正。

20世纪30年代多位专家根据统计热力学研究都得到扩散系数与温度之间具有下列指数关系：

$$D = D_n \cdot e^{-E_A/(RT)} \tag{18-1}$$

式中，D 为温度 T 时的天然气扩散系数，cm²/s；D_n 为扩散因子，与温度无关，是反映岩石固有的扩散特征的参数；E_A 为活化能，46kJ/mol；R 为气体常数，8.315J/(mol·K)；T 为温度，K。

由式（18-1），可将实测高温、高压岩石扩散系数和地层条件下的古扩散系数分别表示为

$$D_o = D_n \cdot e^{-E_A/(RT_o)} \tag{18-2}$$

$$D_d = D_n \cdot e^{-E_A/(RT_d)} \tag{18-3}$$

式中，D_o 为实测高温、高压岩石扩散系数，cm²/s；D_d 为地层条件下岩石古扩散系数，cm²/s；T_o 为实验室温度，K；T_d 为地层条件下岩石温度，K。

由式（18-2）、式（18-3）整理得到地层条件下岩石扩散系数：

$$D_d = D_o \cdot e^{E_A/R(1/T_o - 1/T_d)} \tag{18-4}$$

依据式（18-4），只要已知样品的测试温度和地质历史时期地层条件下古地温，即可进行古地温校正。

已知所采四川盆地须家河组和鄂尔多斯盆地低孔低渗样品的深度，利用上述公式，任战利等（1994）、任战利（1996）通过镜质体反射率、包裹体测温、磷灰石裂变径迹等多种古地温研究方法，结合盆地构造演化史，恢复了鄂尔多斯盆地热演化史，认为古生代到中生代早期地温梯度都较低（2.2～3.0℃/100m），与现今鄂尔多斯盆地平均地温梯度2.89℃/100m相近，若现今地表温度按15℃考虑，则岩样在地层条件下温度$T=15+2.89*H/100$；古地温梯度按3.0℃/100m，古地表温度也按15℃考虑，则岩样的古地温为$T_o=15+3*H/100$。四川盆地川中地区须家河组现今地温梯度大约为2.31℃/100m，伍大茂等（1998）通过镜质体反射率推算出川中隆起的古地温梯度约为3.38℃/100m，如今地表温度和古地表温度相同大约为20℃。通过古地温校正后的样品扩散系数见表18-5。

表18-5 实测干样扩散系数、饱和介质校正及古地温校正后的扩散系数汇总表

井号	井深/m	岩性	渗透率/$10^{-3}\mu m^2$	孔隙度/%	今地温下扩散系数/(cm^2/s)	古地温下扩散系数/(cm^2/s)
广安109	2066	泥岩	0.003	0.2	3.99×10^{-8}	4.01×10^{-8}
广安106	2363.20	泥岩	0.0088	0.4	6.19×10^{-8}	6.20×10^{-8}
广安01-16	1520.60	砂岩	0.171	6.6	1.26×10^{-6}	1.26×10^{-6}
广安02-39	1874.10	砂岩	0.0043	0.9	2.22×10^{-7}	2.22×10^{-7}
广安138	2537.20	砂岩	0.027	6.8	1.01×10^{-6}	1.01×10^{-6}
广安138	2509.15	砂岩	0.038	2.9	6.21×10^{-7}	6.22×10^{-7}
榆11	1472.70	泥岩	0.0023	1.3	2.24×10^{-8}	2.29×10^{-8}
桃3	3389.00	泥岩	0.671	4.0	1.73×10^{-7}	1.75×10^{-7}
苏2	3591.00	泥岩	0.0014	0.7	4.60×10^{-8}	4.67×10^{-8}
陕26	3481.10	泥岩	0.068	1.3	6.32×10^{-8}	6.41×10^{-8}
苏4	3316.60	砂岩	0.059	6.7	8.83×10^{-7}	8.96×10^{-7}
榆19	2289.01	砂岩	0.177	4.0	9.83×10^{-7}	1.00×10^{-6}

（二）高温、高压岩石扩散系数测定技术的应用

高温、高压岩石扩散系数测定技术主要用于评价油气藏盖层的封盖能力及低渗砂岩气藏成藏期天然气扩散充注量及成藏后的扩散散失量。下面以鄂尔多斯盆地苏里格气田为例探讨扩散作用在天然气成藏过程中的影响。

苏里格气田区域构造属于鄂尔多斯盆地伊陕斜坡西北侧，主力储层为下二叠统山西组山1段和中二叠统石盒子组盒8段，苏里格本部、苏西、苏东、苏南储层埋深分别为3200～3300m、3300～3650m、2900～3100m、3700～3800m，气藏温度约102℃，平均孔隙度约为8.3%，平均渗透率约为$0.9\times10^{-3}\mu m^2$，压力系数为0.771～0.914，平均值0.87，最大含气饱和度约为55%，苏

里格气田成藏期在晚侏罗-早白垩世。

通过建立大苏里格地区低渗致密砂岩天然气成藏扩散充注模型（图 18-25），选择适合的扩散定量评价描述公式，对大苏里格地区低渗致密砂岩天然气扩散充注量进行初步定量计算。

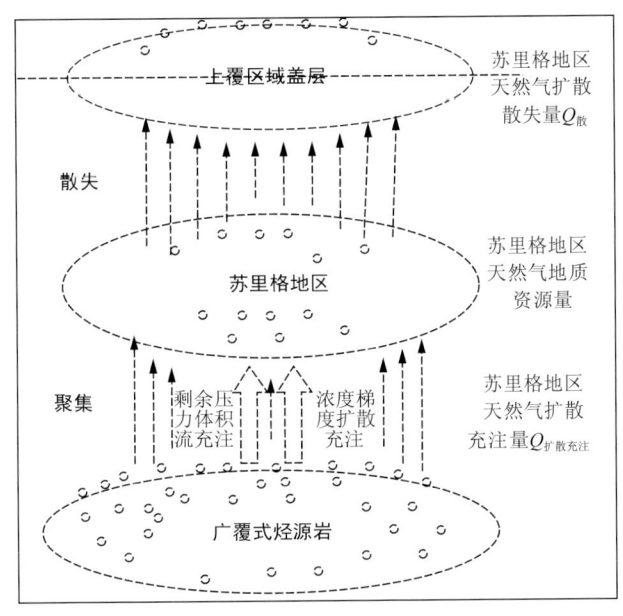

图 18-25 大苏里格地区低渗致密砂岩天然气扩散充注模型

主要计算参数如下：

大苏里格地区总面积约为：43 500 km²。

烃源岩厚度约 60～100m，烃源岩层温度：140～150℃。

生烃高峰及成藏期：白垩纪（125～100Ma）。

将高温、高压岩石扩散系数测定装置测定的干样扩散系数进行饱和介质校正，得到：致密砂岩古扩散系数 $D_s=9.49\times10^{-7}$（cm²/s）$=9.49\times10^{-11}$（m²/s），泥岩古扩散系数 $D_m=4.46\times10^{-8}$（cm²/s）$=4.46\times10^{-12}$（m²/s）。

根据各区块砂地比、砂泥比计算平均古扩散系数 $D_{平均}=D_m\cdot D_s/(D_m\cdot H_s/H_总+D_s\cdot H_m/H_总)$，计算得到大苏里格地区本部、苏西、苏东、苏南各区块平均古扩散系数分别为 9.47×10^{-12}m²/s、1.99×10^{-11}m²/s、1.40×10^{-11}m²/s、9.47×10^{-12}m²/s。

求取生烃高峰期烃源岩原始烃浓度 C_0 和储层原始烃浓度 C_1，计算源储烃浓度差 $\Delta C=C_0-C_1$。

最后，选择费克第一定律计算大苏里格气田天然气扩散充注量

$$Q=\int_0^t D\cdot A\cdot \frac{dC}{dx}dt=D\cdot\frac{(C_0-C_1)\cdot S\cdot\phi\cdot t}{L} \quad(18-5)$$

将主要参数代入式（18-5），计算得到苏里格地区扩散充注量，见表 18-6。

将高温、高压下测定的现今扩散系数进行饱和介质和古地层条件下校正并应用于大苏里格地区低渗致密砂岩气藏天然气扩散充注计算，计算得到大苏里格地区成藏期天然气扩散充注量约 2.49×10^{12}m³（表 18-6），表明天然气扩散充注在低渗致密砂岩成藏中具有极其重要的作用，天然气扩散作用可以为苏里格地区大面积含气提供大量的气源，天然气扩散运移充注是低渗致密砂岩天然气成藏的重要机理，

天然气的扩散运移和充注是中低丰度低渗致密砂岩气藏大面积含气的重要原因之一。

表 18-6 大苏里格地区天然气扩散充注量计算表

区带	储层埋深/m	面积/km²	平均孔隙度/%	平均渗透率/$10^{-3}\mu m^2$	含气饱和度/%	扩散充注量/m³
苏里格本部	3200~3300	6500	8.8	1.00	55	5.06×10^{11}
苏西	3300~3650	13000	8.25	0.97	45	6.81×10^{11}
苏东	2900~3100	13000	8.4	0.83	45	7.48×10^{11}
苏南	3700~3800	11000	7.8	0.79	40	5.51×10^{11}

二、断层对盖层破坏程度的物理模拟实验技术与应用

断裂是盖层破坏的主要因素之一，定量模拟断裂在盖层部位的形态、规模、伴生裂缝、密度等特征，对于更准确的评价盖层的封闭能力具有重要意义。

（一）裂缝发育特征及对盖层封闭性的影响

1. 实验原理及装置

（1）实验原理

正断层、逆断层和平移断层均是地层受力作用的结果。本次实验将模拟地层在围压条件下受到剪切作用以产生断层，并改变地层厚度、岩性、成岩程度、断层倾角、断距、断移速率等参数，并取样进行镜下微观分析和应力测试，讨论断层发育过程中，断裂带内部泥岩的变形特征以及伴生裂缝发育规律，为断层封闭机理、断层对盖层的破坏程度及伴生裂缝定量预测提供依据。

（2）实验装置

为了模拟正断层及其伴生裂缝的形成过程，本次实验按照正断层形成机理专门研制了一套模拟装置，该实验装置由控制系统、液压系统、摄像系统和模型仓4部分组成（图18-26（a））。其核心部分是模型仓，大小为50cm×30cm×15cm，将事先制好的地层放置其中（图18-26（b）），B盘固定不动，A盘在1、2号液压缸的作用下产生剪切力，与B盘产生相对运动，3、4号液压缸保证地层模型受到一定的围压，装置中设有压力传感器Ⅰ（显示垂向压力）、压力传感器Ⅱ（显示水平方向的围压）、位移传感器Ⅰ（显示垂向位移）及位移传感器Ⅱ（显示水平位移），实验操作均由控制系统控制，实验的整个过程和现象可由摄像系统记录，模型相关参数见表18-7。

表 18-7 实验模型相关参数

样品成型压力/（N/cm²）	模型比例	断移速率相似比	时间对比/（Ma/h）	脆性层强度比	压实样品含水率/%
333	1:12000	0.3×10^5~0.73×10^5	0.414~1	2.17×10^6	25

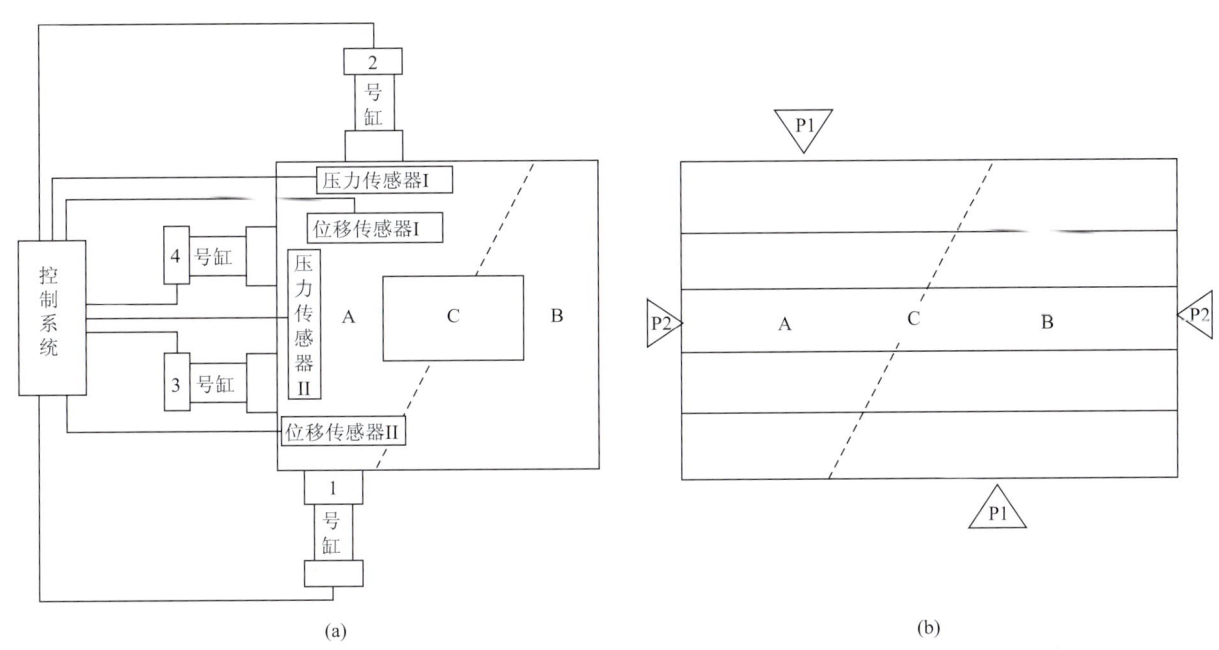

图 18-26 断层伴生裂缝模拟实验装置图

（a）实验装置原理图；（b）模型仓示意图

2. 不同地质条件下断裂对盖层破坏程度特征

正断层是地质构造中常见的一种类型。理论上，正断层既可以是张应力作用下形成的张破裂，又可以是剪切应力作用下形成的剪破裂。但实际上，断层一般形成在地下围压很大的条件下，在压应力作用下，主要形成剪性破裂，只有在张应力作用下才形成张性破裂；因此，尽管岩石的抗张强度远小于抗剪强度，但由于受环境围压条件的作用岩石中更多形成的是剪切破裂而不是张破裂，断层面实际上为剪切面，断层面倾角较陡，通常在45°以上。在此情况下，可能形成高角度或垂直的张裂缝以及平行于断层和与断层共轭的剪裂缝。

以下试验对象均为倾角60°的正断层。通过改变实验条件，发现不同情况下断裂对泥岩地层破坏程度的规律。

（1）地层厚度对断裂发育特征及盖层封闭的影响

地层性质为纯泥岩，粘土和石膏的比例是10∶1，每层的含水率和压力相同，泥岩厚度从上至下依次是 8.6cm、6.5 cm、7.4 cm、4.7 cm 和 2.0cm。

由 1、2 号缸施加液压。A 盘相对于 B 盘逐渐位移直到产生 10cm 的断距（图 18-27）。通过实验发现泥岩地层中裂缝发育规模较小，没有穿层裂缝，裂缝倾角普遍较大，最小40°，最大87°，平均69°，并得到几点认识：①泥岩地层发育断裂时，裂缝总体不发育。随着层厚的增大，裂缝的密度逐渐降低，断层对盖层的破坏程度降低；②盖层越薄，在一定的断距下越易被破坏；③断层在较厚的盖层内部发育形态为椅状，断层平缓段之上易发生泥岩涂抹。

岩层（弹性体）受力后要发生变形，同时在其内部储存应变能，单位体积内的应变能称为"应变能密度"。应变能密度理论基于下面两个假设：①裂缝的初始扩展方向沿着应变能密度因子最小方向；②当开裂方向上的应变能密度因子达到它的临界值时，裂缝开始扩展。地层厚度越小，应变能密度越大，从而产生更多的裂缝。因此，当泥岩地层厚度越大时，断层对其越不易错断；产生的伴生裂缝越少（图18-28），虽然倾角较大，但穿层性差，不会成为下部油气向上散逸的通道；断层的椅状形态和泥岩涂抹也越有利于后期形成封闭性，对油气的保持提供条件。

(a) (b)

图 18-27 不同厚度纯泥岩正断层及伴生裂缝实验过程及现象

（a）实验前，泥层为连续层；（b）实验后，泥层发育断层

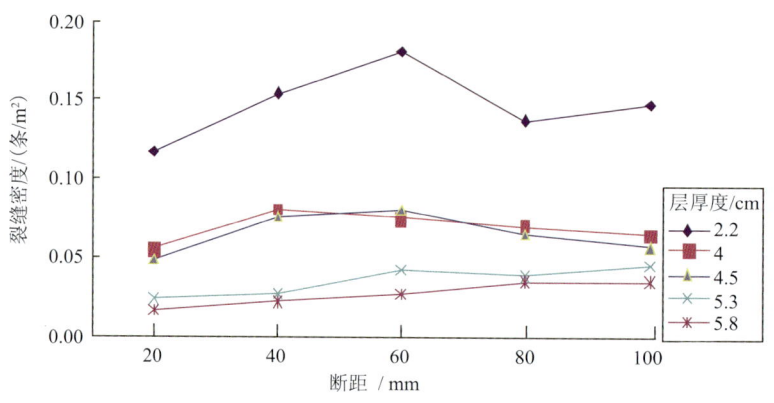

图 18-28 地层厚度与裂缝发育程度关系

（2）含水率对断裂发育特征及盖层封闭的影响

砂、泥岩互层，泥岩中粘土与石膏的比例为 8：1，砂岩中砂和水泥的比例为 10：1，两者成岩压力都是 16MPa，砂岩含水率相同，泥岩含水率变化，从上到下依次是 0.11mL/g、0.1mL/g、0.094mL/g 和 0.08mL/g。

实验发现（图18-29），泥岩和砂岩地层中裂缝发育数量和规模较大，出现明显的共轭穿层裂缝，裂缝倾角也普遍较大。据统计，该地层中发育的24条裂缝中，倾角最小的30°，最大的88°，平均61°。

通过实验取得3点认识：①含水率低的地层被断层破坏严重，出现直立破碎带；②穿层现象明显，断裂带较宽，随着远离断裂中心的距离增大，裂缝的密度越来越小，最后完全消失，断裂强度较大导致裂缝密度较大；③含水率越高泥岩涂抹现象越明显。

砂泥岩互层发育的断裂对保存条件破坏程度大，除了伴生裂缝的数量和规模上增大以外，穿层裂缝的出现使得下部油气可以从深处穿过多套泥岩向浅部运移；对于高含水的泥岩层，其在断裂变形过程中较低含水泥岩层更易形成垂向封闭性；总体上砂岩层的裂缝发育程度较泥岩地层高（图18-30），泥岩层在地质条件下还是会对砂岩层发生作用产生相对封闭性。

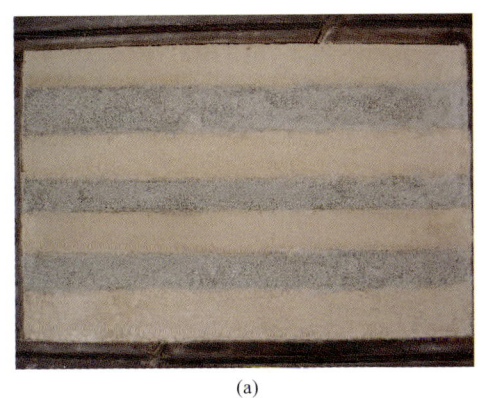 

图 18-29　不同含水率泥岩正断层及伴生裂缝实验过程及现象

（a）实验前，泥层为连续层；（b）实验后，泥层产生明显裂缝

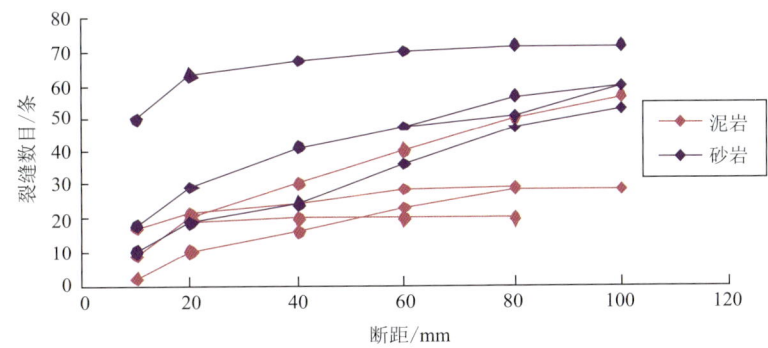

图 18-30　砂、泥层中裂缝发育程度对比图

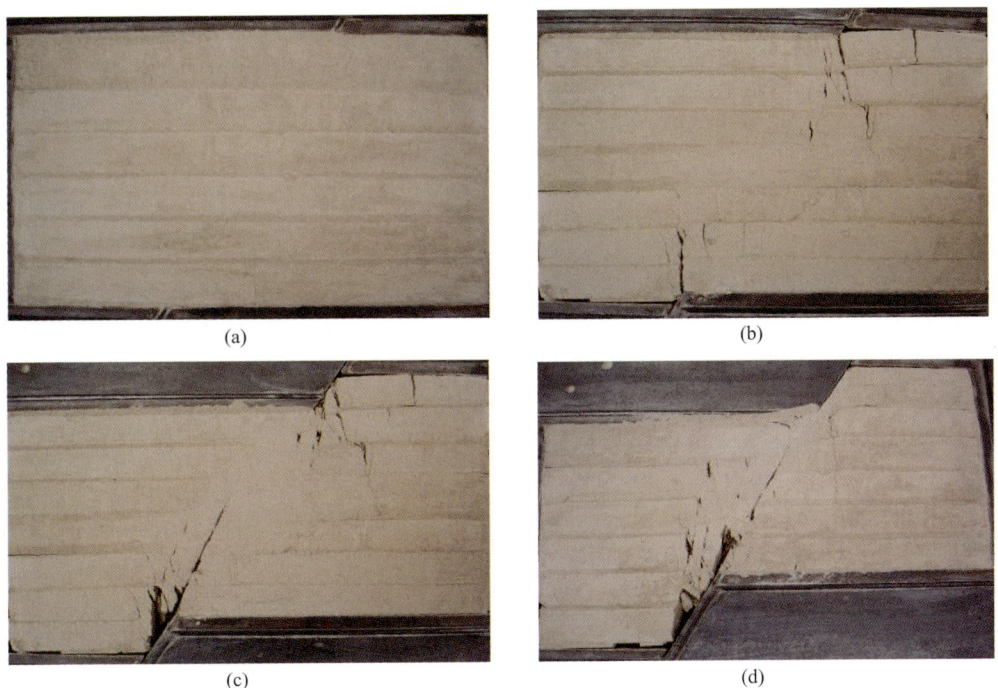

图 18-31　不同成岩压力泥岩正断层及伴生裂缝实验过程及现象

（a）实验前，泥层为连续层；（b）断距 0.5cm 时，泥层出现高角度裂缝；（c）断距 5cm 时，沿剪切方向裂缝逐渐连通形成断层；
（d）断距 10cm 时，断裂带宽度增大，穿层裂缝增多

(3)成岩压力对断裂发育特征及盖层封闭的影响

纯泥岩层,黏土和石膏的比例 8:1。泥岩的含水率相同,成岩压力从上到下依次是 0、12 MPa、14 MPa、16 MPa、18 MPa 和 20 MPa。实验结果表明,裂缝数量不多,但发育规模较大,存在穿层裂缝,裂缝倾角也普遍较大,最小的 67°,最大的 88°,平均 81°(图 18-31)。

通过实验取得 2 点认识:①随着断距的增大,裂缝密度随着成岩压力的增大而增加,并且裂缝密度向成岩压力大的方向收敛,有穿层现象;②断层上盘裂缝密度比下盘多,说明断层对上盘泥岩的破坏比下盘大。

当埋深逐渐增大时,泥岩盖层往往由塑性逐渐转变为脆性,这样断裂发育时,泥岩盖层会发育比浅层更多的裂缝,形成油气向上散失的通道,盖层的封闭性减弱甚至消失。

(4)岩性变化对断裂发育特征及盖层封闭的影响

正断层,断层倾角 60°,地层性质为不同比例土与石膏混合的泥岩,地层含石膏比例由上下向中间逐渐减少,即 8:1、10:1、12:1、12:1、10:1、8:1。

实验发现(图 18-32),裂缝不太发育,存在直立的穿层裂缝,裂缝倾角均较大。12 条裂缝倾角最小的 62°,最大的 90°,平均高达 87°。

 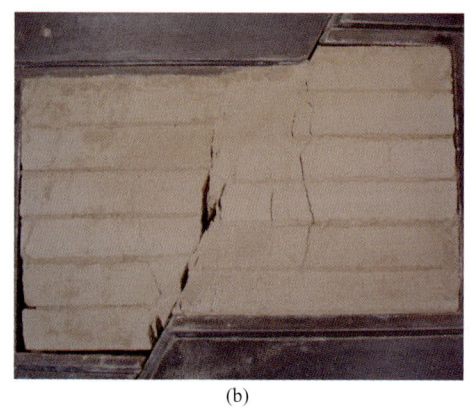

(a) (b)

图 18-32 不同石膏含量泥岩正断层及伴生裂缝实验过程及现象
(a)实验前,泥层为连续层;(b)实验后,泥层产生明显裂缝

通过实验取得 2 点认识:①黏土与石膏混合比例小的中间两层裂缝密度较大,裂缝宽度较大,断层对其破坏程度大;②断层在地层上部发育泥岩涂抹,易形成侧向封闭性。

岩石类型对裂缝发育程度有较大影响。不同岩性的岩石成分、结构以及强度不同,力学性质也存在较大的差异。塑性地层受力变形时,组成岩体的基本颗粒的变形方式为晶间大位移滑动,滑动完成后结构无破坏,无明显破裂产生,而脆性地层受力后颗粒发生较小晶间偏移即可引起结构不稳,从而产生裂隙;塑性地层变形时,颗粒间滑动的位移大,消耗能量多,剩余能量少,不足以形成大范围裂缝。脆性地层变形时,由于其弹性、塑性变形阶段短,能量消耗小,能量以较小的消耗向断层面两侧传递,形成较大范围强应力区,因此能在较大范围里产生密集的裂缝。

本次模拟实验中,泥岩层含石膏成分越高,其塑性也越强,反之则塑性越差,因此,中间两层塑性差的地层会表现为裂缝在数量和规模上都较为发育的特征,并且上部地层在断裂处易形成泥岩涂抹。

（二）断裂停止活动后裂缝与盖层封闭性之间的关系

当断裂停止活动后，形成的一些低角度的裂缝会在上覆地层的压力下闭合从而形成封闭，而高角度裂缝很难闭合，从而形成油气向上扩散运移的通道。

通过以上的实验分析，在断层两盘主要发育两组裂缝：一组是垂直的张性裂缝，另一组是共轭裂缝，它们的倾角均较大，并在发育的裂缝中占多数，达80%以上（图18-33），这些裂缝对于泥岩地层的封闭性具有破坏的作用。还存在一些小角度伴生裂缝，数量较少，规模不大，易形成垂向封闭。

综上所述，泥岩盖层厚度越大，含水率越高，压实成岩程度越低，含石膏成分越多，在断裂发育的过程中，泥岩盖层部位发育的裂缝规模和数量也就越小，封闭能力被破坏的程度越小。但具体以上各地质因素与盖层封闭能力的改变之间有什么定量的关系，还需要进一步深入的研究。

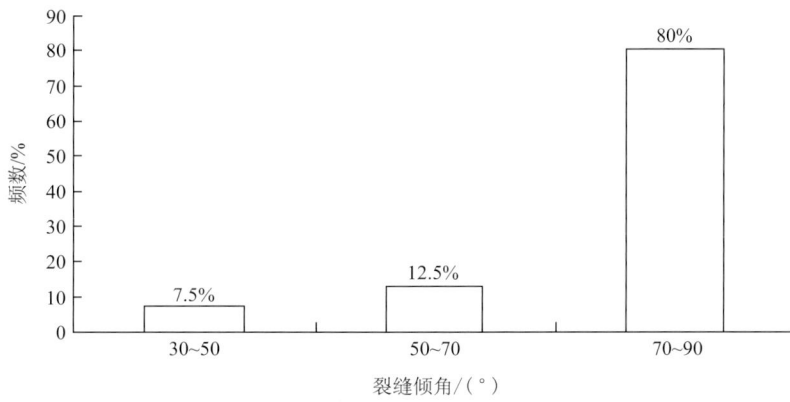

图 18-33　断层模拟实验中伴生裂缝倾角统计图

（三）断层对盖层破坏程度的物理模拟实验技术的应用

利用56口井成像测井资料结合岩心观察描述及前人的成果对徐家围子断陷营城组火山岩盖层裂缝发育规律进行了研究。

火山岩盖层具有5个典型的特征：①裂缝的宽度主要为0～0.5mm；②岩心裂缝长度主要为1～4m；③以低角度斜交缝和高角度斜交剪切缝为主（图18-34）；④火成岩充填缝占32%，碎屑岩充填缝占14%；⑤裂缝和岩性关系表现为流纹岩裂缝最发育（图18-35）。

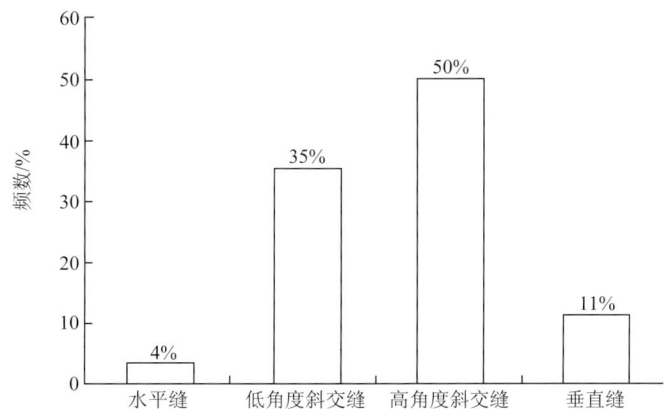

图 18-34　徐家围子断陷营城组火山岩盖层裂缝产状特征

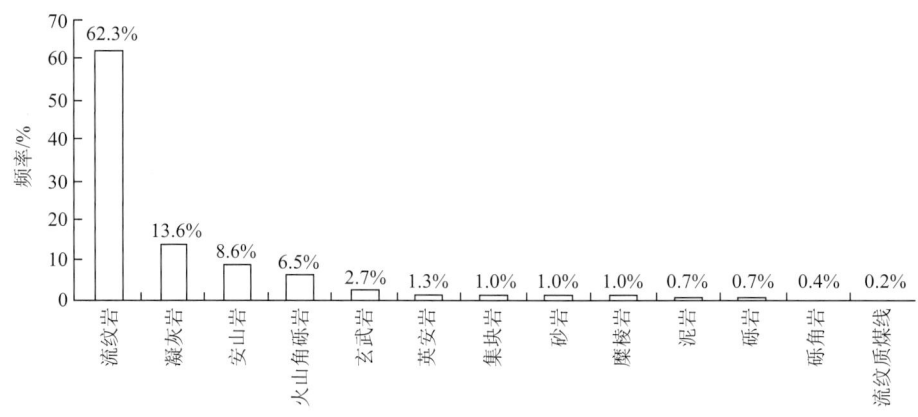

图 18-35　徐家围子断陷营城组火山岩盖层不同岩性裂缝发育程度

盖层构造裂缝大致可分为三期：早期、中期裂缝一般被方解石、泥质等充填或半充填；晚期裂缝一般未被充填。晚期裂缝的形成与泉头组-青山口组断裂变形有关，依据成像测井资料统计营城组火山岩盖层平面裂缝分布规律及展布方位，发现裂缝的发育程度受控于徐中走滑断裂，表现为：从单井裂缝密度看，靠近徐中断裂井裂缝密度较高，远离徐中断裂的井裂缝密度逐渐减小；从裂缝性质和走向看，在徐中断裂两侧裂缝多为剪裂缝且主体走向与徐中断裂平行，在与近东西向断层交叉的部位出现多方位的裂缝。

应用断层对盖层破坏实验成果，得到徐家围子断陷营城组火山岩盖层裂缝密度平面分布图（图 18-36）。其中，徐中断裂两侧营城组火山岩盖层裂缝密度明显增高，而距徐中断裂越远，裂缝密度逐渐降低。

通过上述分析认为，徐中断裂控制了营城组火山岩盖层裂缝的形成，受其影响盖层的封闭能力沿徐中断裂一线较差，而距徐中断裂越远，盖层的封闭能力逐渐增强。该盖层封闭能力的发育规律直接控制了现今气藏的平面分布特征，即沿着天然气输导断层徐中断裂两侧分布，又在距徐中断裂有一定距离的部位聚集成藏。

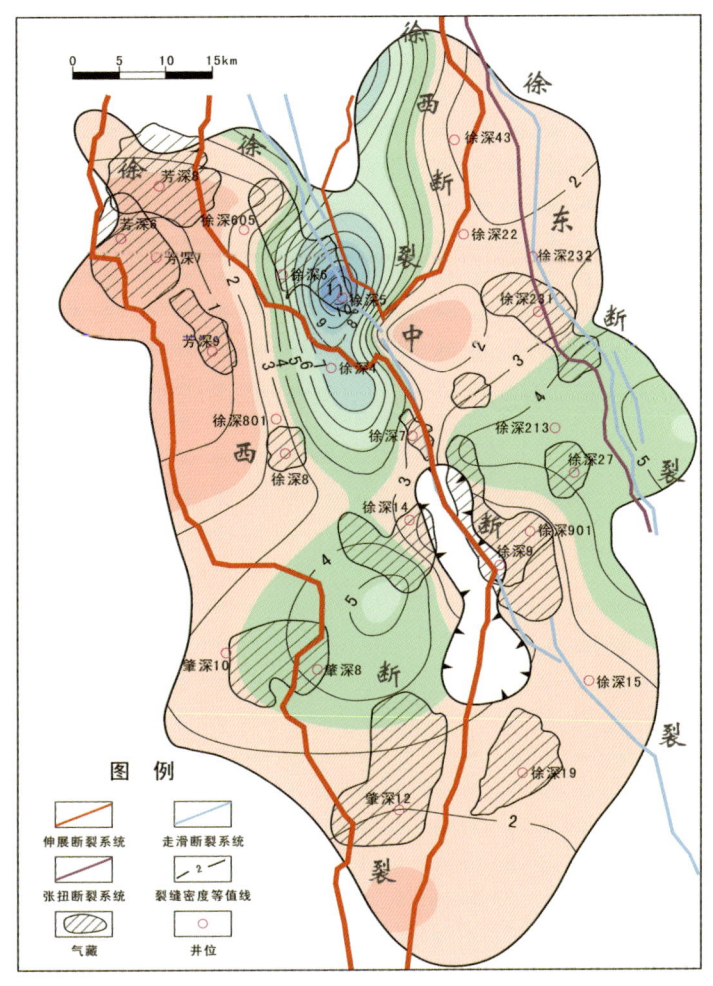

图 18-36 徐家围子断陷营城组火山岩盖层裂缝密度平面分布图

参 考 文 献

安学勇, 李六五, 于培峰. 2004. 二连盆地火成岩地区地震勘探采集方法研究与应用. 石油物探, 43(2): 171-175.

白新华, 付广, 王朋岩. 1997. 盖层封闭游离相天然气能力的综合评价指数 CSGI 及其应用. 石油勘探与开发, 24(6): 103-105.

拜文华, 赵庆波, 刘锐娥. 2001. 山西沁水煤层气田采收率预测. 现代地质, 15(4): 438-444.

曹锋. 2011. 鄂尔多斯盆地苏里格大气区天然气近源运聚的证据剖析. 岩石学报, 26(5): 858-867.

陈安定, 刘桂霞, 连莉文. 1991. 生物甲烷形成试验与生物气聚集的有利地质条件探讨. 石油学报, 12(3): 7-17.

陈传平, 梅博文, 朱翠山. 2001. 塔里木天然气氮同位素组成与分布. 地质地球化学, 29(4): 46-49.

陈建平, 赵文智, 王招明, 等. 2007. 海相干酪根天然气生成成熟度上限与生气潜力极限探讨——以塔里木盆地研究为例. 科学通报, (A1): 95-100.

陈践发, 朱岳年. 2003. 天然气中氮的来源及塔里木盆地东部天然气中氮地球化学特征. 天然气地球科学, 14(3): 173-176.

陈孟晋, 刘锐娥, 孙粉锦, 等. 1999. 鄂尔多斯盆地北部伊盟地区山西组碎屑岩储层特征分析. 沉积学报, 17(增刊): 723-727.

陈孟晋, 刘锐娥, 孙粉锦, 等. 2002. 鄂尔多斯盆地西北部上古生界碎屑岩储层的孔隙结构特征初探. 沉积学报, 12(4): 639-643.

陈树民, 李来林, 赵海波. 2010. 松辽盆地白垩系火山岩储层岩石物理声学特性分析. 岩石学报, 26(1): 14-20.

陈英, 戴金星, 戚厚发. 1994. 关于生物气研究中几个理论及方法问题的研究. 石油实验地质, 16(3): 209-219.

陈钟惠. 1989. 鄂尔多斯盆地东缘晚古生代含煤岩系的沉积环境和聚煤规律. 武汉: 中国地质大学出版社.

程宏岗, 冉启贵, 王宗礼, 等. 2009. 塔东地区下古生界原油裂解气资源评价. 天然气地球科学, 20(5): 707-711.

程付启, 金强, 刘文汇, 等. 2007. 鄂尔多斯盆地中部气田奥陶系风化壳混源气成藏分析. 石油学报, 28(1): 38-42.

戴金星. 1996. 中国东部和大陆架二氧化碳气田(藏)及其气的类型. 大自然探索, (4): 134-151.

戴金星. 2000. 中国大、中型气田形成的主要控制因素. 天然气地质和地球化学论文集(卷二). 石油工业出版社: 8-21.

戴金星. 2003. 威远气田成藏期及气源. 石油实验地质, 25(5): 473-479.

戴金星, 等. 1992. 中国天然气地质学. 北京: 石油工业出版社.

戴金星, 陈践发, 钟宁宁, 等. 2003. 中国大气田及其气源. 北京: 科学出版社: 164-194, 199.

戴金星, 戴春森, 宋岩, 等. 1994. 中国东部无机成因的二氧化碳气藏及其特征. 中国海上油气(地质), 8(4): 215-222.

戴金星, 宋岩, 戴春森, 等. 1995. 中国东部无机成因气及其成藏条件. 北京: 科学出版社: 195-202.

戴金星, 王庭斌, 宋岩, 等. 1997. 中国大中型天然气田形成条件与分布规律. 北京: 地质出版社: 184-237.

戴金星, 夏新宇, 秦胜飞, 等. 2003. 中国有机烷烃气碳同位素系列倒转的成因. 石油与天然气地质, 24(1): 3-6.

戴金星, 钟宁宁, 刘德汉, 等. 2000. 中国煤成大中型气田地质基础和主控因素. 北京: 石油工业出版社: 210-223.

戴俊生, 徐建春, 孟召平, 等. 2003. 有限变形法在火山岩裂缝预测中的应用. 石油大学学报(自然科学版), 27(1): 1-3.

党玉琪, 侯泽生, 徐子远, 等. 2003. 柴达木盆地生物气成藏条件. 新疆石油地质, 24(5): 374-378.

党玉琪, 张道伟, 徐子远, 等. 2004. 柴达木盆地三湖地区第四系沉积相与生物气成藏. 古地理学报, 6(1): 110-118.

邓宇, 张辉, 钱贻伯, 等. 1998. 南海莺琼盆地沉积环境中几种厌氧细菌的组成与分布. 微生物学报, 38(4): 245-250.
丁安娜, 王明明, 李本亮, 等. 2003. 生物气的形成机理及源岩的地球化学特征——以柴达木盆地生物气为例. 天然气地球科学, 14(5): 402-407.
杜金虎. 2010. 松辽盆地中生界火山岩天然气勘探. 北京: 石油工业出版社.
杜金虎, 徐春春, 汪泽成, 等. 2010. 四川盆地二叠—三叠系礁滩天然气勘探. 北京: 石油工业出版社.
范国章, 牟永光, 金之钧. 2002. 裂缝介质中地震波方位AVO特征分析. 石油学报, 23(4): 43-45.
范正平, 等. 2000. 鄂尔多斯盆地长庆气田上古生界碎屑岩成岩作用及其孔隙演化. 北京: 石油工业出版社.
冯子辉, 迟元林, 杜洪文, 等. 2002. 原油在储层介质中的加水裂解生气模拟实验. 沉积学报, 20(3): 505-509.
付广, 刘江涛. 2006. 我国高效大中型气田形成的封盖保存条件. 石油勘探与开发, 33(6): 662-666.
付广, 吕延防. 1999. 天然气扩散作用及其研究方法. 北京: 石油工业出版社: 1-88.
付广, 苏天平. 2004. 非均质盖层综合天然气扩散系数的研究方法及其应用. 大庆石油地质与开发, 23(3): 1-4.
付广, 姜振学, 陈章明. 1995. 汤原断陷Es段泥岩盖层综合评价及预测. 河南石油, 3(9): 6-10.
付广, 康德江, 段海凤. 2006. 泥质岩盖层对水溶相天然气封闭能力的综合评价方法及其应用. 吉林大学学报(地球科学版), 36(1): 60-65.
付广, 李椿, 孟庆芬. 2003. 天然气扩散系数的系统研究. 断块油气田, 10(5): 13-18, 76.
付广, 张云峰, 陈昕, 等. 2001. 实测天然气扩散系数在地层条件下的校正. 地球科学进展, 16(4): 484-490.
付金华. 2001. 鄂尔多斯盆地上古生界天然气成藏地质特征及勘探方法. 中国石油勘探, 6(4): 68-75.
付立新, 楼达, 冯建元, 等. 2010. 歧口凹陷中位序、低位序潜山地质特征及油气勘探潜力. 天然气地球科学, 21(4): 559-565.
高军, 凌云, 周兴元, 等. 1996. 时频域球面发散和吸收补偿. 石油地球物理勘探, 31(6): 856-905.
高玲, 宋进. 1998. 云南保山盆地生物气生成模拟实验及生物气资源预测. 成都理工学院学报, (4): 487-494.
高瑞祺, 萧德铭. 1995. 松辽盆地及其外围盆地油气勘探新进展. 北京: 石油工业出版社.
葛瑞·玛瑞克, 塔潘·木克基, 杰克·德沃金, 等. 2008. 岩石物理手册. 安徽: 中国科学技术大学出版社: 44-45.
苟量, 彭真明. 2005. 小波多尺度边缘检测及其在裂缝预测中的应用. 石油地球物理勘探, 40(3): 309-313.
顾树松. 1996. 柴达木盆地生物气藏的成因与模式. 天然气工业, 16(5): 6-9.
顾树松, 徐旺, 薛超, 等. 1987. 中国石油地质志(第14卷). 青藏油气区. 北京: 石油工业出版社.
关德师. 1997. 控制生物气富集成藏的基本地质因素. 天然气工业, 17(5): 8-12.
关德师, 黄保家, 严经芳. 1996. 中国生物气藏及成藏类型. 中国海上油气(地质), 10(4): 231-236.
关德师, 戚厚发, 钱贻伯, 等. 1997. 生物气的生成演化模式. 石油学报, 18(3): 31-36.
管志强, 徐子远, 周瑞年, 等. 2001. 柴达木盆地第四系生物气的成藏条件及控制因素. 天然气工业, 21(6): 1-5.
郭英海, 刘焕杰, 权彪, 等. 1998. 鄂尔多斯地区晚古生代沉积体系及古地理演化. 沉积学报, 16(3): 44-51.
郭振华, 王璞珺, 印长海. 2006. 松辽盆地北部火山岩岩相与测井相关系研究. 吉林大学学报(地球科学版), 36(2): 207-214.
国建英, 于学敏, 李剑, 等. 2009. 歧口凹陷歧深1井气源综合对比. 天然气地球科学, 20(3): 392-399.
国建英, 钟宁宁, 李剑, 等. 2011. 歧口凹陷烷烃气碳、氢同位素特征及成因类型. 天然气地球科学, 22(6): 1054-1063.
国建英, 苏雪峰, 王东良, 等. 2004. 两种模拟方法(或加温方式)实验结果对比. 沉积学报, 22(增刊): 110-117.
韩德馨, 任德贻, 王延斌, 等. 1996. 中国煤岩学. 徐州: 中国矿业大学出版社.

韩剑发, 梅廉夫, 杨海军, 等. 2007. 塔里木盆地塔中地区奥陶系碳酸盐岩礁滩复合体油气来源与运聚成藏研究. 天然气地球科学, 18(3): 426-435.

韩剑发, 梅廉夫, 杨海军, 等. 2008. 塔中 I 号坡折带礁滩复合体大型凝析气田成藏机制. 新疆石油地质, 29(3): 323-326.

韩剑发, 梅廉夫, 杨海军, 等. 2009. 塔里木盆地塔中奥陶系天然气的非烃成因及其成藏意义. 地学前缘, 16(1): 314-325.

郝景波, 刘春芳. 2007. 砂泥岩地层古天然气扩散系数恢复方法及其应用. 大庆石油地质与开发, 26(6): 16-20.

郝石生, 黄志龙. 1991. 天然气盖层实验研究及评价. 沉积学报, 9(4): 20-26.

郝石生, 陈章明, 高耀斌, 等. 1995. 天然气藏的形成与保存. 北京: 石油工业出版社: 1-108.

郝石生, 黄志龙, 高耀斌. 1991. 轻烃扩散系数的研究及天然气运聚动平衡原理. 石油学报, 10(3): 17-24.

郝石生, 黄志龙, 杨家琦. 1994. 天然气运聚动平衡及其应用. 北京: 石油工业出版社: 1-68.

何家雄, 李明兴. 2000. 南海北部大陆架 Y 盆地天然气中 N_2 成因及气源剖析与探讨. 天然气地球科学, 11(3): 25-34.

何义中, 陈洪德, 张金泉, 等. 2001. 鄂尔多斯盆地中部石炭-二叠系两类三角洲沉积机理探讨. 石油与天然气地质, 22(1): 68-71.

何自新, 郑聪斌, 王彩丽, 等. 2005. 中国海相油气田勘探实例之二——鄂尔多斯盆地靖边气田的发现与勘探. 海相油气地质, 10(2): 37-44

侯启军, 赵志魁, 王立武. 2009. 松辽盆地南部大型火山岩气藏勘探理论与实践. 北京: 科学出版社.

侯中健, 陈洪德, 田景春, 等. 2001. 鄂尔多斯地区晚古生代陆相沉积层序地层学研究. 矿物岩石, 21(3): 114-123.

胡朝元. 1983. 对我国天然气类型及资源潜力的初步分析. 石油勘探与开发, 10(2): 8-12.

胡国艺, 李志生, 罗霞, 等. 2004. 两种热模拟体系下有机质生气特征对比. 沉积学报, 22(4): 718-721.

胡国艺, 肖中尧, 罗霞, 等. 2005. 两种裂解气中轻烃组成差异性及其应用. 天然气工业, 25(9): 23-25.

胡文瑞. 2001. 鄂尔多斯盆地油气勘探大发展启示. 中国石油勘探, 6(4): 1-4.

黄籍中, 陈盛吉. 1993. 四川盆地震旦系气藏形成的烃源地化条件分析: 以威远气田为例. 天然气地球科学, (4): 16-20.

黄保家, 肖贤明. 2002. 莺歌海盆地海相生物气特征及生化成气模式. 沉积学报, 20(3): 462-467.

黄第藩, 秦匡宗, 等. 1995. 煤成油的形成和成烃机理. 北京: 石油工业出版社.

黄志龙, 唐为清, 郝石生. 1994. 天然气扩散模型的建立及其应用. 大庆石油学院学报, 18(3): 8-13.

惠宽洋, 张哨楠, 李德敏, 等. 2002. 鄂尔多斯盆地北部下石盒子组-山西组储层岩石学和成岩作用. 成都理工学院学报, 29(3): 272-278.

贾承造. 1999. 塔里木盆地构造特征与油气聚集规律. 新疆石油地质, 20(3): 177-183.

姜烨, 李宝芳. 2002. 鄂尔多斯东北部太原组上部灰岩段高分辨层序地层分析. 煤田地质与勘探, 30(3): 5-8.

蒋维三, 叶舟, 郑华平, 等. 1997. 杭州湾地区第四系浅层天然气的特征及勘探方法. 天然气工业, 17(3): 20-23.

焦贵浩, 罗霞, 印长海, 等. 2009. 松辽盆地深层天然气成藏条件与勘探方向. 天然气工业, 29(9): 28-31.

金之钧, 张明利, 汤良杰, 等. 2004. 柴达木中新生代盆地演化及其控油气作用. 石油与天然气地质, 25(6): 603-608.

金之钧, 朱东亚, 胡文瑄, 等. 2006. 塔里木盆地热液活动地质地球化学特征及其对储层影响. 地质学报, 80(2): 245-253.

李本亮, 王明明, 冉启贵, 等. 2003a. 地层水含盐度对生物气运聚成藏的作用. 天然气工业, 23(5): 16-20.

李本亮, 王明明, 魏国齐. 2003b. 柴达木盆地三湖地区生物气横向运聚成藏研究. 地质论评, 49(1): 93-100.

李德敏, 张哨楠. 2003. 鄂尔多斯盆地杭锦旗地区二叠系 P1x-s 储层特征. 矿物岩石, 23(2): 94-97.

李海亮, 高建虎, 赵万金, 等. 2010. 叠前地震属性技术在低渗透气藏勘探中的应用, 天然气地球科学, 21(6):

1036~1034

李晓清, 汪泽成, 张兴为, 等. 2001. 四川盆地古隆起特征及对天然气的控制作用. 石油与天然气地质, 22(4): 347-351

李海燕, 付广, 彭仕宓. 2001. 天然气扩散系数的实验研究. 石油实验地质, 23(1): 108-112.

李剑, 姜正龙, 罗霞. 2009. 准噶尔盆地煤系烃源岩及煤成气地球化学特征. 石油勘探与开发, 36(3): 365-374.

李剑, 陈孟青, 蒋助生, 等. 1999. 塔里木盆地塔中地区天然气气源对比. 石油勘探与开发, 26(6): 33-37.

李剑, 胡国艺, 谢增业, 等. 2001. 中国大中型气田天然气成藏物理化学模拟研究. 北京: 石油工业出版社.

李剑, 刘成林, 谢增业, 等. 2004. 天然气资源评价. 北京: 石油工业出版社.

李剑, 罗霞, 李志生, 等. 2003. 对甲苯碳同位素值作为气源对比指标的新认识. 天然气地球科学, 14(3): 177-183.

李剑, 罗霞, 刘人和, 等. 2004. 中国天然气晚期成藏的地球化学特征. 沉积学报, 22(增刊): 31-38.

李剑, 罗霞, 单秀琴, 等. 2005. 鄂尔多斯盆地上古生界天然气成藏特征. 石油勘探与开发, 32(4): 54-59.

李剑, 谢增业, 李志生, 等. 2000. 中国重点含气盆地气源特征与资源丰度. 北京: 中国矿业大学出版社.

李剑, 谢增业, 李志生, 等. 2001. 塔里木盆地库车坳陷天然气气源对比. 石油勘探与开发, 28(5): 29-32.

李剑, 谢增业, 罗霞, 等. 1999. 塔里木盆地主要天然气藏的气源判识. 天然气工业, 19(2): 38-42.

李剑, 谢增业, 张光武, 等. 2006. 川西北下三叠统飞仙关组泥灰岩的油气及 H_2S 生成模拟实验研究. 中国石油勘探, 11(4): 37-43.

李剑, 严启团, 张英, 等. 2007. 柴达木盆地三湖地区第四系生物气盖层封闭机理的特殊性. 中国科学 D 辑: 地球科学, 37(增刊 II): 1-7.

李剑, 张英, 蒋助生, 等. 1998. 煤成气气源判别新方法的研究与应用. 天然气地球科学, 9(6): 11-15.

李谨, 李志生, 王东良, 等. 2013. 塔里木盆地含氮天然气地球化学特征及氮气来源. 石油学报, 34(增刊): 102-111.

李景坤, 刘伟, 宋兰斌, 等. 1999. 天然气扩散量计算方法研究. 新疆石油地质, 20(5): 383-386.

李良, 袁志祥, 等. 2000. 鄂尔多斯盆地北部上古生界天然气聚集规律. 石油与天然气地质, 21(3): 268-272.

李贤庆, 李剑, 王康东, 等. 2012. 苏里格低渗砂岩大气田天然气充注运移及成藏特征. 天然气地球科学, 31(3): 55-62.

李明诚. 2004. 石油与天然气运移. 第三版. 北京: 石油工业出版社.

李明诚, 李剑. 2010. "动力圈闭"——低孔渗致密储层中油气充注成藏的主要作用. 石油学报, 31(5): 718-722.

李明诚, 李伟. 1996. 利用平衡浓度研究天然气的扩散——扩散量模拟的一种新方法. 天然气工业, 3(1): 1-4.

李明宅, 张洪年. 1997. 生物气成藏规律研究. 天然气工业, 17(2): 6-10.

李素梅, 庞雄奇, 杨海军, 等. 2010. 塔里木盆地海相油气源与混源成藏模式. 地球科学: 中国地质大学学报, 35(4): 663-673.

李文厚, 屈红军, 魏红红, 等. 2003. 内蒙古苏里格庙地区晚古生代层序地层学研究. 地层学杂志, 27(1): 41-44, 76.

李文厚, 魏红红, 马振芳, 等. 2002. 苏里格庙气田碎屑岩储集层特征与天然气富集规律. 石油与天然气地质, 23(4): 387-391.

李文厚, 魏红红, 赵虹, 等. 2002. 苏里格庙地区二叠系储层特征及有利相带预测. 西北大学学报, 32(4): 335-339.

李先奇, 张水昌, 朱光有, 等. 1995. 中国生物成因气的类型划分与研究方向. 天然气地球科学, 16(4): 477-483.

连承波, 钟建华, 渠芳, 等. 2007. CO_2 成因与成藏研究综述. 特种油气藏, 14(5): 7-12.

梁狄刚, 陈建平, 张宝民, 等. 2004. 塔里木盆地库车坳陷陆相油气的生成. 北京: 石油工业出版社: 51-256.

林春明, 蒋维三, 李从先. 1997. 杭州湾地区全新世典型生物气藏特征分析. 石油学报, 18(3): 44-49.

刘爱群, 陈殿远, 任科英. 2013. 分频与波形聚类分析技术在莺歌海盆地中深层气田区的应用. 地球物理学进展, 28(1): 338~344.

刘成林, 蒋助生, 李剑, 等. 2001. 柴达木盆地一里坪地区上新统狮子沟组生物气成藏研究. 天然气工业, 21(6): 14-16, 112.

刘方槐. 1991. 盖层在气藏保存和破坏中的作用及其评价方法. 天然气地球科学, 2(5): 220-227, 232.

刘全有, 戴金星, 刘文汇, 等. 2007. 塔里木盆地天然气中氮地球化学特征与成因. 石油与天然气地质, 28(1): 13-16.

刘全有, 金之钧, 高波, 等. 2009. 川东北地区酸性气体中 CO_2 成因与 TSR 作用影响. 地质学报, 83(8): 1195-1202.

刘金平, 侯亚彬, 杨懋新, 等. 2007. 叠前地震属性在薄互层储层预测中的应用. 天然气工业, 27(增刊A): 262-264

刘锐娥, 黄月明, 卫孝锋, 等. 2003. 鄂尔多斯盆地北部晚古生代物源区分析及其地质意义. 矿物岩石, 23, (3): 82-86.

刘锐娥, 李文厚, 拜文华, 等. 2002. 苏里格庙地区盒8段高渗储层成岩相研究. 西北大学学报(自然科学版), 32(6): 667-671.

刘锐娥, 李文厚, 陈孟晋. 2006. 鄂尔多斯盆地东部下二叠统山西组2段储层评价及勘探前景. 古地理学报, 8(4): 531-538.

刘锐娥, 龙利平, 肖红平, 等. 2010. 鄂尔多斯盆地中东部下二叠统山西组2段优质储层主控因素探讨. 西安石油学报, 25(2): 26-29.

刘锐娥, 孙粉锦, 拜文华, 等. 2002. 苏里格庙盒8气层次生孔隙成因及孔隙演化模式探讨. 石油勘探与开发, 29(4): 47-49.

刘锐娥, 孙粉锦, 卫孝锋, 等. 2005. 鄂尔多斯盆地中东部山2段储集层岩性微观特征差异性的地质意义. 石油勘探与开发, 36(5): 56-58.

刘锐娥, 孙粉锦, 张满郎, 等. 2003. 鄂尔多斯盆地北部上古生界储集岩的化学分类及储集性评价. 天然气地球科学, 14(3): 196-199.

刘锐娥, 卫孝锋, 王亚丽, 等. 2005. 泥质岩稀土元素地球化学特征在物源分析中的意义——以鄂尔多斯盆地上古生界为例. 天然气地球科学, 16(6): 788-791.

刘锐娥, 肖红平, 范立勇. 2013. 鄂尔多斯盆地二叠系"洪水成因型"辫状河三角洲沉积模式. 石油学报, 34(4): 120-127.

刘锐娥, 闫刚, 单秀琴. 1999. 鄂尔多斯盆地北部伊盟地区上古生界岩性气藏储盖层特征. 低渗透油气田, 4(3): 14-19.

刘圣志, 李景明, 孙粉锦, 等. 2005. 鄂尔多斯盆地苏里格气田成藏机理研究. 天然气工业, 25(3): 4-6.

柳广弟, 王雅星. 2006. 库车坳陷纵向压力结构与异常高压形成机理. 天然气工业, 26(9): 29-31.

卢华复, 贾承造, 贾东, 等. 2001. 库车再生前陆盆地冲断构造楔特征. 高校地质学报, 7(3): 257-271.

卢双舫. 1996. 有机质成烃动力学理论及其应用. 北京: 石油工业出版社.

卢双舫, 陈昕, 付晓泰. 1997. 台北凹陷煤中有机质的成烃动力学模型及其初步应用. 沉积学报, 15(2): 126-130.

卢双舫, 付晓泰, 刘晓艳, 等. 1996a. 油成气的动力学模型及其标定. 天然气工业, 16(6): 6-8.

卢双舫, 付晓泰, 王振平, 等. 1996b. 煤岩有机质成油、成气热模拟动力学模型及其标定. 地质科学, 31(1): 15-21.

卢双舫, 王子文, 付晓泰, 等. 1996. 镜质体成烃反应动力学模型的标定及其在热史恢复中的应用. 沉积学报, 14(4): 24-30.

卢双舫, 王振平, 赵孟军, 等. 2000. 从成油成气期论塔里木盆地的油气勘探. 石油学报, 21(4): 7-12.

吕成远, 王建, 孙志刚. 2002. 低渗透砂岩油藏渗流启动压力梯度实验研究. 石油勘探与开发, 29(2): 86-89.

吕延防, 付广. 2002. 断层封闭性研究. 北京: 石油工业出版社.

吕延防, 付广, 高大岭, 等. 1996. 油气藏封盖研究. 北京: 石油工业出版社: 55-123.

吕延防, 付广, 于丹, 等. 2005. 中国大中型气田盖层封盖能力综合评价及其对成藏的贡献. 石油与天然气地质, 6(26): 742-753.

吕延防, 沙子萱, 付晓飞, 等. 2007. 断层垂向封闭性定量评价方法及其应用. 石油学报, 28(5): 34-38.

吕延防, 万军, 沙子萱, 等. 2008. 被断裂破坏的盖层封闭能力评价方法及其应用. 地质科学, 43(1): 162-174.

马新华, 孙粉锦, 刘锐娥. 2010. 深盆气基本概念与特征. 天然气, 20(5): 781-789.

马永生. 2007. 四川盆地普光超大型气田的形成机制. 石油学报, 28(2): 9-14.

马振芳, 陈安宁, 王景. 1998. 鄂尔多斯盆地中部古风化壳气藏成藏条件研究. 天然气工业, 18(1): 9-13

闵琪, 付金华, 习胜利, 等. 2000. 鄂尔多斯盆地上古生界天然气运移聚集特征. 石油勘探与开发, 27(4): 26-29.

缪卫东, 罗霞, 王延斌, 等. 2010. 松辽盆地无机成因气碳同位素判识指标探讨. 天然气工业, 30(3): 27-30.

宁宁, 陈孟晋, 刘锐娥, 等. 2007. 鄂尔多斯盆地东部上古生界石英砂岩储层及孔隙演化. 天然气地球科学, 18(3): 334-338.

农业部厌氧微生物重点开放实验室. 1997. 产甲烷细菌及研究方法. 四川: 成都科技大学出版社.

彭红利, 熊钰, 孙良田, 等. 2005. 主曲率法在碳酸盐岩气藏储层构造裂缝预测中的应用研究. 天然气地球科学, 16(3): 343~346

庞雄奇, 付广, 方祖康, 等. 1994. 地震资料用于盖层封闭油气的综合定量评价方法. 石油地球物理勘探, 29(2): 179-188.

戚厚发, 关德师, 钱贻伯, 等. 1997. 中国生物气成藏条件. 北京: 石油工业出版社.

秦建中, 孟庆强, 付小东. 2008. 川东地区海相碳酸盐岩三期成烃成藏过程. 石油勘探与开发: 35(5): 548-556.

秦建中, 等. 1998. 华北地区煤系烃源层油气生成·运移·评价. 北京: 科学出版社.

秦匡宗, 吴肖令. 1990. 抚顺油页岩热解成烃机理——固体 ^{13}C 核磁波谱技术的应用. 石油学报, 6(1): 36-44.

秦匡宗, 赵丕裕. 1990. 用固体 ^{13}C 核磁共振技术研究黄县褐煤的化学结构. 煤料化学学报, 18(1): 3-9.

秦胜飞, 贾承造, 陶士振, 等. 2002. 塔里木盆地库车坳陷油气成藏的若干特征. 中国地质, 29(1): 103-108.

邱中建, 张一伟, 李国玉, 等. 1998. 田吉兹·尤罗勃钦碳酸盐岩油气田石油地质考察及对塔里木盆地寻找大油气田的启示和建议. 海相油气地质. 3(1): 49-56.

裘松余, 钟世友. 1985. 松辽盆地南部万金塔 CO_2 气田的地质特征及其成因. 石油与天然气地质, 6(4): 434-439.

任战利. 1996. 鄂尔多斯盆地热演化史与油气关系的研究. 石油学报, 17(1): 16-24.

任战利, 赵重远, 张军, 等. 1994. 鄂尔多斯盆地古地温研究. 沉积学报, 12(1): 5-64.

沈平. 2005. 川东北地区下三叠统飞仙关组天然气成藏条件研究及目标评价. 西南石油学院博士学位论文: 78-81.

史建南, 曾治平, 周陆扬, 等. 2003. 中国沉积盆地非烃气成因机制研究. 特种油气藏, 10(2): 6-9.

帅燕华, 张水昌, 赵文智. 2007. 陆相生物气纵向分布特征及形成机理研究——以柴达木盆地涩北一号为例. 中国科学 (D 辑: 地球科学), 37(1): 46-51.

宋岩. 1991. 松辽盆地万金塔气藏天然气成因. 天然气工业, 11(1): 17-21.

孙粉锦, 刘锐娥, 李天熙, 等. 2005. 鄂尔多斯盆地奥陶系三个有利储集弧形带的分布规律 // 中国石油地质年会学术委员会. 中国石油地质年会论文集 (北京, 2004 年). 北京: 石油工业出版社.

孙粉锦,肖红平,刘锐娥,等.2005.鄂尔多斯盆地中东部地区山2段储层沉积特征及勘探目标评选.天然气地球科学,16(6): 726-731.

孙明亮,柳广弟.2007.库车坳陷克拉2气藏异常压力成因分析.中国石油大学学报,31(3): 18-21.

谈迎,张长木,刘德良.2005.松辽盆地北部昌德东气藏CO_2成因的地球化学判据.海洋石油,25(3): 18-23.

谭廷栋.1994.天然气勘探中的测井技术.北京:石油工业出版社:112-121.

陶洪辉,秦国伟,徐文波,等.2005.地层主曲率在研究储层裂缝发育中的应用.新疆石油天然气,11(2): 22-28

唐忠驭.1980.三水盆地二氧化碳气藏地质特征及成因探讨.石油实验地质,2(3): 10-18.

唐忠驭.1983.天然二氧化碳气藏的地质特征及其利用.天然气工业,3(3): 22-26.

田辉,王招明,肖中尧,等.2006.原油裂解成气动力学模拟及其意义.科学通报,51(15): 1821-1827.

万桂梅,汤良杰,金文正,等.2006.库车前陆盆地与波斯湾盆地盐构造对比研究.世界地质,25(1): 59-66.

汪正江,陈洪德,张锦泉.2002.鄂尔多斯盆地晚古生代沉积体系演化与煤成气藏.沉积与特提斯地质,22(2): 18-23.

王传刚,王毅,许化政,等.2009.论鄂尔多斯盆地下古生界烃源岩的成藏演化特征.石油学报,30(1): 38-45.

王东良,李欣,李书琴,等.2001a.未成熟—低成熟煤系烃源岩生烃潜力的评价——以塔东北地区为例.中国矿业大学学报(自然科学版),30(3): 317-321.

王东良,刘宝泉,国建英,等.2001b.塔里木盆地煤系烃源岩生排烃模拟实验.石油与天然气地质,22(1): 38-41.

王飞宇,张水昌,张宝民,等.1999.塔里木盆地库车坳陷中生界烃源岩有机质成熟度.新疆石油地质,20(3): 221-225.

王建伟,鲍志东,陈孟晋,等.2005.砂岩中的凝灰质填隙物分异特征及其对油气储集空间影响——以鄂尔多斯盆地西北部二叠系为例.地质科学,40(3): 429-438.

王明明,李本亮,魏国齐,等.2003.柴达木盆地东部第四纪水文地质条件与生物气成藏.石油与天然气地质,(4): 341-345.

王璞珺,迟元林,刘万洙,等.2003.松辽盆地火山岩相:类型、特征和储层意义.吉林大学学报(地球科学版),33(4): 317-325.

王书香,于学敏,何咏梅,等.2010.歧口凹陷滨海地区沙河街组深层碎屑岩储层特征及主控因素.天然气地球科学,21(4): 566-571.

王涛.1997.中国天然气地质理论基础与实践.北京:石油工业出版社.

王新洲,李丽.1989.天然气生成量模拟实验研究.石油技术,(4): 1-121.

王一刚,窦立荣,文应初,等.2002.四川盆地东北部三叠系飞仙关组高含硫气藏H_2S成因研究.地球化学,31(6): 517-524.

王振升,于学敏,国建英.2009.歧口凹陷天然气地球化学特征及成因分析.天然气地球科学,21(4): 683-691.

王震亮,张立宽,施立志,等.2005.塔里木盆地克拉2气田异常高压的成因分析及其定量评价.地质论评,51(1): 55-63.

魏国齐,贾承造.1998.塔里木盆地逆冲带构造特征与油气.石油学报,19(1): 11-17.

魏国齐,陈更生,杨威,等.2003.覆盖区碳酸盐岩层序界面的识别和应用.石油勘探与开发,30(6): 68-71.

魏国齐,陈更生,杨威,等.2004.川北下三叠统飞仙关组"槽台"沉积体系及演化.沉积学报,22(2): 254-260.

魏国齐,贾承造,李本亮,等.2002.塔里木盆地南缘志留—泥盆纪周缘前陆盆地.科学通报,47(增刊): 44-48.

魏国齐,贾承造,李本亮.2005.我国中西部前陆盆地的特殊性和多样性及其天然气勘探.高校地质学报,11(4):

552-557.

魏国齐, 贾承造, 施央申, 等. 2000. 塔里木新生代复合再生前陆盆地构造特征与油气. 地质学报, 74(2): 123-133.

魏国齐, 贾承造, 施央申, 等. 2001. 塔北隆起北部中新生界张扭性断裂系统特征. 石油学报, 22(1): 19-24.

魏国齐, 贾承造, 宋惠珍. 2000. 塔里木盆地塔中地区奥陶系构造——沉积模式与碳酸盐岩裂缝储层预测. 沉积学报, 8(3): 408-412.

魏国齐, 贾承造, 姚惠君. 1995. 塔北地区海西晚期逆冲-走滑构造与含油气关系. 新疆石油地质, 16(2): 96-101.

魏国齐, 焦贵浩, 张福东, 等. 2009. 中国天然气勘探发展战略问题探讨. 天然气工业, 29(9): 4-8.

魏国齐, 焦贵浩, 杨威, 等. 2010. 四川盆地震旦系—下古生界天然气成藏条件与勘探前景. 地质勘探, 30(12): 5-9.

魏国齐, 李本亮, 陈汉林. 2008. 中国中西部前陆盆地构造特征研究. 北京: 石油工业出版社.

魏国齐, 李本亮, 肖安成, 等. 2005. 柴达木盆地北缘走滑-冲断构造特征及其油气勘探思路. 地学前缘, 22(4): 397-402.

魏国齐, 刘德来, 张英, 等. 2005a. 柴达木盆地第四系生物气形成机理、分布规律与勘探前景. 石油勘探与开发, 32(4): 84-89.

魏国齐, 刘德来, 张林, 等. 2005b. 四川盆地天然气分布规律与有利勘探领域. 天然气地球科学, 16(4): 437-442.

魏国齐, 钱凯, 李剑. 2008. 中国天然气地质学进展编年研究. 北京: 石油工业出版社.

魏国齐, 谢增业, 刘满仓, 等. 2009. 四川盆地长兴—飞仙关组的有利储集相带. 天然气工业, 29(9): 35-39.

魏国齐, 杨威, 金惠, 等. 2009. 四川盆地上三叠统有利储层展布与勘探方向. 天然气工业, 30(1): 11-14.

魏国齐, 杨威, 张林, 等. 2005. 川东北飞仙关组鲕滩储层白云石化成因模式. 天然气地球科学, 16(2): 163-166.

魏国齐, 杨威, 朱永刚, 等. 2010. 川西地区中二叠统栖霞组沉积体系. 石油与天然气地质, 31(4): 442-448.

魏国齐, 张春林, 张福东, 等. 2013. 中国大气田勘探领域与前景. 天然气工业, 33(1): 25-34.

魏红红, 彭惠群, 李静群, 等. 1999. 鄂尔多斯盆地中部石炭—二叠系沉积相带与砂体展布. 沉积学报, 17(3): 403-408.

邬光辉, 陈利新, 徐志明, 等. 2008. 塔中奥陶系碳酸盐岩油气成藏机理. 天然气工业, 28(6): 20-22.

吴晓智, 齐雪峰, 唐勇, 等. 2009. 东西准噶尔火山岩成因类型与油气勘探方向. 中国石油勘探, 1: 1-9.

伍大茂, 吴乃苓, 郜建军. 1998. 四川盆地古地温研究及其地质意义. 石油地质, 19(1): 18-23.

席胜利, 王怀厂, 秦伯平, 等. 2002. 鄂尔多斯盆地北部山西组、下石盒子组物源分析. 天然气工业, 22(2): 21-25.

夏新宇, 宋岩, 房德权. 2001. 构造抬升对地层压力的影响及克拉2气田异常压力成因. 天然气工业, 21(1): 30-34.

肖红平, 刘锐娥, 李文厚, 等. 2012. 鄂尔多斯盆地上古生界碎屑岩相对高渗储层成因及分布. 古地理学报, 14(4): 543-552.

肖建新, 孙粉锦, 何乃祥, 等. 2008. 鄂尔多斯盆地二叠系山西组及下石盒子组盒8段南北物源沉积汇水区与古地理. 古地理学报, 10(4): 341-354.

肖中尧, 卢玉红, 桑红, 等. 2005. 一个典型的寒武系油藏: 塔里木盆地塔中62井油藏成因分析. 地球化学, 34(2): 155-160.

谢克昌. 2002. 煤结构与反应性. 北京: 科学出版社.

谢增业, 胡国艺, 李剑, 等. 2002. 鄂尔多斯盆地奥陶系烃源岩有效性判识. 石油勘探与开发, 29(2): 29-32.

谢增业, 李剑, 李志生, 等. 2008. 四川盆地飞仙关组气藏硫化氢成因及其依据. 沉积学报, 26(2): 314-323.

谢增业, 李志生, 黄志兴, 等. 2008. 川东北不同含硫物质硫同位素组成及 H_2S 成因探讨. 地球化学, 37(2): 187-194.

谢增业, 田世澄, 李剑, 等. 2004. 川东北飞仙关组鲕滩天然气地球化学特征与成因. 地球化学, 33(6): 568-573.

谢增业, 田世澄, 魏国齐, 等. 2005. 川东北飞仙关组储层沥青与古油藏研究. 天然气地球科学, 16(3): 283-288.

邢厚松, 肖红平, 孙粉锦, 等. 2008. 鄂尔多斯盆地中东部下二叠统山西组二段沉积相. 石油实验地质, 30(4): 345-351.

徐浩, 代宗仰, 何云, 等. 2010. 辽河盆地东部中生界小岭组火山岩储层特征. 地质学刊, 34(1): 17-21.

徐同台, 王行信, 张有瑜, 等. 2003. 中国含油气盆地粘土矿物. 北京: 石油工业出版社.

徐永昌, 刘文汇, 沈平, 等. 2005. 陆良、保山气藏碳、氢同位素特征及纯生物乙烷发现. 中国科学 (D 辑: 地球科学), 35 (8): 758-764.

徐永昌, 沈平, 刘文汇, 等. 1990. 一种新的天然气成因类型——生物 - 热催化过渡带气. 中国科学 (化学), 20(9): 975-980.

徐永昌, 沈平, 陶明信, 等. 1994. 中国含油气盆地天然气中氦同位素分布. 科学通报, 39(16): 1505-1508.

杨华, 包洪平. 2011. 鄂尔多斯盆地奥陶系中组合成藏特征及勘探启示. 天然气工业, 31(12): 11-20.

杨华, 付金华, 魏新善, 等. 2011. 鄂尔多斯盆地奥陶系海相碳酸盐岩天然气勘探领域. 石油学报, 32(5): 733-740.

杨宁, 吕修祥, 陈梅涛. 2008. 塔里木盆地塔河油田奥陶系碳酸盐岩油气成藏特征. 西安石油大学学报 (自然科学版), 23(3): 1-5.

杨海军, 韩剑发, 陈利新, 等. 2007. 塔中古隆起下古生界碳酸盐岩油气复式成藏特征及模式. 石油与天然气地质, 28(6): 784-790.

杨海军, 朱光有, 韩剑发, 等. 2011. 塔里木盆地塔中礁滩体大油气田成藏条件与成藏机制研究. 岩石学报, 27(6): 1865-1885.

杨家静, 王一刚, 王兰生, 等. 2002. 四川盆地东部长兴组 - 飞仙关组气藏地球化学特征及气源探讨. 沉积学报, 20(2): 349-352.

杨立民, 邹才能, 冉启全. 2007. 大港枣园油田火山岩裂缝性储层特征及其控制因素. 沉积与特提斯地质, 27(1): 86-91.

杨奕华, 黄月明. 1992. 鄂尔多斯西部天然气储层的孔隙特征. 江汉石油学院学报, 14(2): 9-14.

应凤祥, 罗平, 何东博, 等. 2004. 中国含油气盆地碎屑岩储集层成岩作用与成岩数值模拟. 北京: 石油工业出版社.

曾治平. 2002. 中国沉积盆地非烃气 N_2 成因类型分析. 天然气地球科学, 13(3-4): 29-32.

查明, 张晓达. 1994. 扩散排烃模拟研究及其应用. 石油大学学报 (自然科学版), 18(5): 14-20.

翟爱军, 邓宏文, 王洪亮. 2000. 鄂尔多斯盆地上古生界煤层在层序中的位置及对比特征. 中国海上油气地质, 14(3): 178-181.

张春林, 庞雄奇, 田世澄, 等. 2013. 天然气成藏过程中地层水的相态变化——以鄂尔多斯盆地上古生界为例. 石油与天然气地质, 34(5): 640-645.

张春林, 孙粉锦, 刘锐娥, 等. 2010. 鄂尔多斯盆地南部奥陶系沥青及古油藏生气潜力. 石油勘探与开发, 37(6): 668-673.

张殿伟, 刘文汇, 郑建京, 等. 2005. 塔中地区天然气氦、氩同位素地球化学特征. 石油勘探与开发, (6): 38-41.

张凡芹, 王伟锋, 王建伟, 等. 2006. 苏里格庙地区凝灰质溶蚀作用及其对煤成气储层的影响. 吉林大学学报 (地球科学版), 36(3): 365-369.

张辉, 张洪年. 1992. 不同沉积环境中几种厌氧细菌的组成与分布. 微生物学报, 32(2): 182-190.

张靖, 付广, 陈章明. 1996. 岩石扩散系数研究方法. 河南石油, 10(6): 11-16.

张蕾. 2010. 盖层物性封闭力学机制. 天然气地球科学, 21(1): 112-116.

张固澜. 2011. 基于改进的广义S变换的低频吸收衰减梯度检测. 地球物理学报, 54(9): 2407~2411.

张林晔, 包友书, 刘庆, 等. 2010. 盖层物性封闭能力与油气流体物理性质关系探讨. 中国科学: 地球科学, 40(1): 28-33.

张明利, 谭成轩, 汤良杰, 等. 2004. 库车坳陷克拉2气藏异常高地层压力成因力学分析. 地球科学, 29(1): 93-95.

张明禄, 达世攀, 陈调胜. 2002. 苏里格气田二叠系盒8段储集层的成岩作用及孔隙演化. 天然气工业, 22(6): 13-17.

张水昌, 梁狄刚, 张宝民, 等. 2004. 塔里木盆地海相油气的生成. 北京: 石油工业出版社.

张水昌, 王飞宇, 张保民, 等. 2000. 塔里木盆地中上奥陶统油源层地球化学研究. 石油学报, 21(6): 23-28.

张水昌, 张保民, 边立曾, 等. 2005. 中国海相烃源岩发育控制因素. 地学前缘, 12(3): 39-48.

张水昌, 张保民, 王飞宇, 等. 2001. 塔里木盆地两套海相有效烃源层. 自然科学进展, 11(3): 261-268.

张水昌, 赵文智, 李先奇, 等. 2005. 生物气研究新进展与勘探策略. 石油勘探与开发, 32(4): 90-97.

张水昌, 赵文智, 王飞宇, 等. 2004. 塔里木盆地东部地区古生界原油裂解气成藏历史分析——以英南2气藏为例. 天然气地球科学, 15(5): 441-451.

张水昌, 朱光有, 梁英波. 2006. 四川盆地普光大型气田 H_2S 及优质储层形成机理探讨——读马永生教授的"四川盆地普光大型气田的发现与勘探启示"有感. 地质论评, 52(2): 230-235.

张晓宝, 段毅, 周世新. 2002. 柴达木盆地第三系生物气的地质地球化学证据. 石油勘探与开发, 29(2): 39-41.

张延玲, 杨长春, 贾曙. 2005. 地震属性技术的研究和应用. 地球物理学进展, 20(4): 1129-1133.

张英, 李剑, 胡朝元. 2005. 中国生物气—低熟气藏形成条件与潜力分析. 石油勘探与开发, 32(4): 37-41.

张云峰, 付广, 王艳君. 2000. 天然气古扩散系数的恢复方法及其应用. 大庆石油学院学报, 24(4): 5-9.

张云峰, 于建成, 李蓬, 等. 2001. 饱和水条件下天然气在岩石中扩散系数的测定. 大庆石油学院学报, 25(4): 4-10.

赵国泉, 李凯明, 赵海玲, 等. 2005. 鄂尔多斯盆地上古生界天然气储集层长石的溶蚀与次生孔隙的形成. 石油勘探与开发, 32(1): 53-55.

赵孟军, 张水昌, 廖志勤. 2001. 原油裂解气在天然气勘探中的意义. 石油勘探与开发, 28(4): 47-49.

赵文智, 刘文汇, 王红军, 等. 2008. 高效天然气藏形成分布与凝析、低效气藏经济开发的基础研究. 北京: 科学出版社: 63-180.

赵文智, 王兆云, 张水昌, 等. 2005. 有机质"接力成气"模式的提出及其在勘探中的意义. 石油勘探与开发, 32(2): 1-7.

赵文智, 徐春春, 王铜山, 等. 2011. 四川盆地龙岗和罗家寨-普光地区二、三叠系长兴-飞仙关组礁滩体天然气成藏对比研究与意义. 科学通报, 56(28-29): 2404-2412.

赵文智, 朱光有, 张水昌, 等. 2009. 天然气晚期强充注与塔中奥陶系深部碳酸盐岩储集性能改善关系研究. 科学通报, 54(20): 3218-3230.

赵宗举, 罗家洪, 张运波, 等. 2011. 塔里木盆地寒武纪层序岩相古地理. 石油学报, 32(6): 937-948.

赵宗举, 吴兴宁, 潘文庆, 等. 2009. 塔里木盆地奥陶纪层序岩相古地理. 沉积学报, 27(5): 939-955.

郑承光, 范正平, 候云东. 1998. 鄂尔多斯盆地陕141井区上古生界气藏储层特征. 天然气工业, 18(5): 14-18.

周锋德, 姚光庆, 赵彦超. 2003. 鄂尔多斯北部大牛地气田储层特低渗成因分析. 海洋地质, 23(2): 27-41.

周新源, 王招明, 杨海军, 等. 2006. 中国海相油气田勘探实例之五——塔中奥陶系大型凝析气田的勘探和发现. 海相油气地质, 11(1): 45-51.

周新源, 杨海军, 李勇, 等. 2006. 中国海相油气田勘探实例之七——塔里木盆地和田河气田的勘探与发现. 海相油气地质, 11(3): 55-62.

周新源, 杨海军, 邬光辉, 等. 2009. 塔中大油气田的勘探实践与勘探方向. 新疆石油地质, 30(2): 149-152.

朱德丰, 任延广, 吴河勇, 等. 2007. 松辽盆地北部隐伏二叠系和侏罗系的初步研究. 地质科学, 42(4): 690-708.

朱东亚, 胡文瑄, 张学丰, 等. 2007. 塔河油田奥陶系灰岩埋藏溶蚀作用特征. 石油学报, 28(5): 57-62.

朱光有, 戴金星, 张水昌, 等. 2004. 含硫化氢天然气的形成机制及其分布规律研究. 天然气地球科学, 15(2): 166-170.

朱光有, 张水昌, 梁英波. 2005a. 川东北飞仙关组 H_2S 的分布与古环境的关系. 石油勘探与开发, 32(4): 65-69.

朱光有, 张水昌, 梁英波, 等. 2005b. 硫酸盐热化学还原反应对烃类的蚀变作用. 石油学报, 26(5): 48-52.

朱光有, 张水昌, 梁英波, 等. 2006a. 川东北飞仙关组高含 H_2S 气藏特征与 TSR 对烃类的消耗作用. 沉积学报, 24(12): 300-308.

朱光有, 张水昌, 梁英波, 等. 2006b. 四川盆地高含 H_2S 天然气的分布与 TSR 成因证据. 地质学报, 80(8): 1208-1218.

朱光有, 张水昌, 梁英波. 2007. 中国海相碳酸盐岩气藏硫化氢形成的控制因素和分布预测. 科学通报, 52(增 I): 115-125.

朱玉新, 邵新军, 杨思玉, 等. 2000. 克拉 2 气田异常高压特征及成因. 西南石油学院学报, 22(4): 9-13.

朱岳年. 1999. 天然气中 N_2 的成因与富集. 天然气工业, 19(3): 23-27.

朱之培, 高晋生. 1984. 煤化学. 上海: 上海科学技术出版社.

Ahmed M, Smith J W. 2001. Biogenic methane generation in the degradation of eastern Australian Permian coals. Organic Geochemistry, 32(6): 809-816.

Al Darouich T, Behar F, Largeau C. 2006. Pressure effect on the thermal cracking of the light aromatic fraction of Safaniya crude oil — Implications for deep prospects. Organic Geochemistry, 37(9): 1155-1169.

Amrani A, Zhang T W, Ma Q S, et al. 2008. The role of labile sulfur compounds in thermochemical sulfate reduction. Geochimica et Cosmochimica Acta, 72(12): 2960-2972.

Aravena R, Harrison S M, Barker J F, et al. 2003. Origin of methane in the Elk Valley coalfield, southeastern British Columbia, Canada. Chemical Geology, 195(1-4): 219-227.

Arca M, Arca E, Yildiz A, et al. 1987. Thermal stability of poly (pyrrole). Journal of Materials Science Letters, 6: 1013-1015.

Behar F, Kressmann S, Rudkiewicz J L, et al. 1992. Experimental simulation in a confined system and kinetic modelling of kerogen and oil cracking: advances in organic geochemistry 1991. Organic Geochemistry, 19(1-3): 173-189.

Behar F, Lorant F, Mazeas L. 2008. Elaboration of a new compositional kinetic schema for oil cracking. Organic Geochemistry, 39(6): 764-782.

Behar F, Vandenbroucke M. 1987. Chemical modeling of kerogens. Organic genchemistry, 11: 15-24.

Bekele E, Person M, Marsily G. 1998. Petroleum migration passways and charge concentration. AAPG Bull, 83: 1015-1019.

Bondre N R. 2003. Analysis of vesicular basalts and lava emplacement processes for application as a paleobarometer/paleoaltimetre: a discussion. The Jounal of Geology, 111: 499-502.

Brooks B T. 1936. Origin of petroleums: chemical and geochemical aspects. AAPG Bulletin, 20: 280-300.

Brown D R, Rhodes C N. 1997. Bromated and Lewis acid catalysis with ion-exchanged clays. Catalysis Letters, 45(1-2): 35-40.

Burnham A K, Gregg H R, Ward R L, et al. 1997. Decomposition kinetics and mechanism of *n*-hexadecane-1, 2-13C_2 and dodec-1-ene-1, 2-13 C_2 doped in petroleum and n-hexadecane. Geochimica et Cosmochimica Acta, 61: 3725-3737.

Castagna J P, Batzle M L, Eastwood R L. 1985. Relations between compressional-wave and shear-wave velocities in clastic rocks. Geophysics, 50 : 571-581.

Cai C F, Xie Z Y, Worden R H, et al. 2004. Methane-dominated thermochemical sulphate reduction in the Triassic Feixianguan Formation East Sichuan Basin, China: towards prediction of fatal H_2S concentrations. Marine and Petroleum Geology, 21(10): 1265-1279.

Coleman D D , Liu C L , Riley K M. 1988. Microbial methane in the shallow Paleozoic sediments and glacial deposits of Illinois, USA. Chem Geol, 71 : 23-40.

Connan J. 1974. Time-temperature relation in oil Genesis. AAPG Bulletin, 58: 2516-2521.

Connolly. 1999. Elastic impedance. The Leading Edge, 18(4): 438-452

Conrad R. 1999. Contribution of hydrogen to methane production and control of hydrogen concentrations in methanogenic soils and sediments. FEMS Microbiology Ecology, 28(3), 193-202.

Conrad R, Schuetz H, Babbel M. 1987. Temperature limitation of hydrogen turnover and methanogenesis in anoxic paddy soil. FEMS Microbiology Ecology, 45: 281-289.

Cramer B, Faber E, Gerling P, et al. 2001. Reaction kinetics of stable carbon isotopes in natural gas—insights from dry, open system pyrolysis experiments. Energy & Fuels, 15: 517-532.

Cramer B, Poelchau H S, Gerling P , et. al. 1999. Methane released from groundwater: the source of natural gas accumulations in northern West Siberia. Marine and Petroleum Geology, 16(3): 225-244.

Dieckmann V, Ondrak R, Cramer B, et al. 2006. Deep basin gas: new insights from kinetic modelling and isotopic fractionation in deep-formed gas precursors. Marine and Petroleum Geology, 23(2) : 183-199.

Dieckmann V, Schenk H J, Horsfield B, et al. 1998. Kinetics of petroleum generation and cracking by programmed-temperature closed-system pyrolysis of Toarcian shales. Fuel, 77(1-2): 23-31.

Ellis G S, Zhang T, Ma Q, et al. 2006. Empirical and theoretical evidence for the role of $MgSO_4$ contact ion-pairs in thermochemical sulfate reduction. Eos Trans. AGU, 87(52), Fall Meeting. Suppl. , Abstract # V11C-0596.

Ellis G S, Zhang T W, Ma Q , et al. 2007. Kinetics and mechanisms of hydrocarbon oxidation by thermochemical sulfate reduction. 23rd IMOG meeting, Torquay, United Kingdom, Org. Geochem: 299-300.

Espitalié J, Senga Makadi K, Trichet J. 1984. Role of the mineral matrix during kerogen pyrolysis. Organic Geochemistry, 6: 365-382.

Ford T J. 1986. Liquid-phase thermal decomposition of hexadecane: reaction mechanism. Ind Eng Chem Fundam, 25: 240-243.

Gaojinguai, Li youming, Chen Wenchao. 1998. On the instantaneous attributes analysis of seismic data via wavelet transform. Expaned abstracts of the technical program, SEG 68th annual meeting: 1084-1087

Gassmann F. 1951. Elastic waves through a packing of spheres. Geophysics, (16): 673-682

Gray F D. 2000. The application of AVO and inversion to the estimation of rock proprerties. Expanded Abstarts of 70th SEG Mtg: 549-552

García-González M, Surdam R C, Lee M L. 1997. Generation and expulsion of petroleum and gas from Almond formation coal, Greater Green River Basin, Wyoming. AAPG Bulletin, 81(1): 62-81.

George W S, Jennie LR. 2002. Unconventional shallow biogenic gas systems. AAPG, 86(11): 1939-1969.

Goldstein T P. 1983. Geocatalytic reactions in formation and maturation of petroleum. AAPG Bulletin, 67: 152-159.

Greensfelder B S, Voge H H, Good G M. 1949. Catalytic and thermal cracking of pure hydrocarbons: mechanisms of reaction. Industrial & Engineering Chemistry, 41(11): 2573-2584.

Grim R E. 1947. Relation of clay mineralogy to origin and recovery of petroleum. AAPG Bulletin, 31(8): 1491-1499.

Hans G M. 1995. Products and distinguishing criteria of bacterial and thermochemical sulfate reduction. Applied Geochemistry, 10: 373-389.

Hao F, Zou H Y, Gong Z S. 2007. Hierarchies of overpressure retardation of organic matter maturation. AAPG Bull, 91(10): 1467-1498.

Hart M P, Brown D R. 2004. Surface acidities and catalytic activities of acid-activated clays. Journal of Molecular Catalysis A: Chemical, 212(1-2): 315-321.

Hesp W, Rigby D. 1973. The geochemical alteration of hydrocarbons in the presence of water. Erdöl Kohle Erdgas, 26: 70-76.

Hoering T C. 1984. Thermal reactions of kerogen with added water, heavy water and pure organic substances. Organic Geochemistry, 5(4): 267-278.

Hoffman J, Hower J. 1979. Clay mineral assemblages as low grade metamorphic geothermometers: application to the thrust faulted disturbed belt of Montana, U. S. A. Spec Publ—Soc Econ Paleontol Mineral, 26: 55-79.

Horsfield B, Schenk H J, Mills N, et al. 1992. An investigation of the in-reservoir conversion of oil to gas: compositional and kinetic findings from closed-system programmed-temperature pyrolysis. Organic Geochemistry, 19(1-3): 191-204.

Hower J, Eslinger E V, Hower M E, et al. 1976. Mechanism of burial metamorphism of argillaceous sediment: 1. mineralogical and chemical evidence. GSA Bulletin, 87(5): 725-737.

Hunt J M. 1979. Petroleum Geochemistry and Geology. San Francisco: W. H. Freeman and Company.

Hunt J M. 1991. Generation of gas and oil from coal and other terrestrial organic matter. Organic Geochemistry, 17(6): 673-680.

Hunt J M. 1996. Petroleum Geochemistry and Geology. 2nd edition. New York: W. H. Freeman and Company: 743-744.

Jackśon K J, Burnham A K, Braun R L, et al. 1995. Temperature and pressure dependence of n-hexadecane cracking. Organic Geochemistry, 23(10): 941-953.

Johns W D, Mckallip T E. 1984. Burial diagenesis and specific catalytic activity of illite-smectite clays from Vienna Basin, Austria. AAPG Bulletin, 73(4): 472-482.

Johns W D, Shimoyama A. 1972. Clay minerals and petroleum-forming reactions during burial and diagenesis. AAPG Bulletin, 56: 2160-2167.

Katz B J, Narimanov A, Huseinzadeh R. 2002. Significance of micro-bial processes in gases of the South Caspian basin. Marine and Petroleum Geology, 19(6): 783-796.

Khorasheh F, Gray M R. 1993. High-pressure thermal cracking of n-hexadecane in tetralin. Energy and Fuels, 7(6): 960-967.

Kissin Y V. 1987. Catagenesis and composition of petroleum: origin of *n*-alkanes and isoalkanes in petroleum crudes. Geochimica et Cosmochimica Acta, 51(9): 2445-2457.

Kotelnikova S. 2002. Microbial production and oxidation of methane in deep subsurface. Earth-Science Reviews, 58(3-4): 367-395.

Krouse H R, Viau C A, Eliuk L S, et al. 1998. Chemical and isotopic evidence of thermoc hemical sulfate reduction by light hydrocarbon gases in deep carbonate reservoirs. Nature, 333: 415-419.

Kuksenko V, Tomilin N, Chmel A. 2007. The rock fracture experiment with a drive control: a spatial aspect. Tectonophysics, 431(1-4): 123-129.

Kvenvolden K A, Lorenson T D. 2000. Methane and other hydrocarbon gases in sediment from the southeastern North American continental margin//Paull C K, Matsumoto R, Wallace P J, et al. eds. Proceedings of the Ocean Drilling Program—Scientific Results. College Station, Texas A & M University (Ocean Drilling Program), 164: 29-36.

Law B E, Spencer C W. 1998. Abnormal pressure in hydrocarbon environments. AAPG Memoir, 70: 1-11.

Lewan M D. 1997. Experiments on the role of water in petroleum formation. Geochimica et Cosmochimica Acta, 61(17): 3691-3723.

Lewan M D. 1998. Sulphur-radical control on petroleum formation rates. Nature, 391(8): 164-166.

Lewan M D, Kotarba M J, Więcław D, et al. 2008. Evaluating transition-metal catalysis in gas generation from the Permian Kupferschiefer by hydrous pyrolysis. Geochimica et Cosmochimica Acta, 72(16): 4069-4093.

Martins J L. 2006. Elastic impedance in weakly anisotropic media. Geophysics, 71(3): 73-83.

Ma Q S, Ellis G S, Amrani A, et al. 2008. Theoretical study on the reactivity of sulfate species with hydrocarbons. Geochimica et Cosmochimica Acta, 72(18): 4565-4576.

MacDonald G. 1983. The many origins of natural gas. J Petrol Geol, 5: 341-362.

Machel H G. 2001. Bacterial and thermochemical sulfate reduction in diagenetic settings old and new insights. Sedimentary Geology, 140: 143-175.

Machel H G, Krouse H R, Sassen R. 1995. Products and distinguishing criteria of bacterial and thermochemical sulfate reduction. Applied Geochemistry, 10(4): 373-389.

Mallinson R L, Burnham A K, Braun R L, et al. 1991. Effects of pressure on hydrocarbon cracking//Manning D A C. Organic Geochemistry, Advances and Applications in Energy and the Natural Environment. Manchester: Manchester University Press: 309-312.

Mango F D. 1992. Transition metal catalysis in the generation of petroleum and natural gas. Geochimica et Cosmochimica Acta, 56: 553-555.

Mango F D. 1996. Transition metal catalysis in the generation of natural gas. Organic Geochemistry, 24(10-11): 977-984.

Mango F D, Hightower J. 1997. The catalytic decomposition of petroleum into natural gas. Geochimica et Cosmochimica Acta, 61(24): 5347-5350.

Mango F D, Hightower J W, James A T. 1994. Role of transition—metal catalysis in the formation of natural gas. Nature, 368: 536-538.

Manzano B K, Fowler M G, Machel H G. 1997. The influence of thermochemical sulphate reduction on hydrocarbon composition in Nisku reservoirs, Brazeau river area, Alberta, Canada. Organic Geochemistry, 27(7-8): 507-521

Manzur A, Smith J W. 2001. Biogenic methane generation in the degradation of eastern Australian Permian coals. Organic Geochemistry, 32: 809-816.

Mark E M, John G M. 1991. Volcaniclastic deposits: Implications for hydrocathon exploration//Richard V, Fish H, Smith G A. eds. Sedimentation in Volcanic Settings. Society for Sedimentary Geology, Special Publication: 20-27.

Marques F O, Cobbold P R. 2007. Physical models of rifting and transform faulting, due to ridge push in a wedge-shaped oceanic lithosphere. Tectonophysics, 433(1-2): 37-52.

Martini A M, Walter L M, Budai J M, et al. 1998. Genetic and temporal relations between formation waters and biogenic methane: Upper Devonian Antrim Shale, Michigan Basin, USA. Geochimica et Cosmochimica Acta, 62(10): 1699-1720.

Noble R A, Henk Jr F H. 1998. Hydrocarbon charge of a bacterial gasfield by prolonged methanogenesis: an example from the East Java Sea, Indonesia. Organic Geochemistry, 29(1-3): 301-314.

Orr W L. 1997. Geologic and geochemical controls on the distribution of hydrogen sulfide in natural gas//Campos R, Goni J. eds. Advances in organic geochemistry. Madrid, Spain: Enadimsa: 571-597.

Osborne M J, Swarbrick R E. 1997. Mechanisms for generating overpressure in sedimentary basins: a reevaluation. AAPG Bull, 81(6): 1023-1041.

Pan C C, Jiang L L, Liu J Z, et al. 2010. The effects of calcite and montmorillonite on oil cracking in confined pyrolysis experiments. Organic Geochemistry, 41(7): 611-626.

Pang X Q, Zhao W Z, Su A G. 2005. Geochemistry and origin of the giant Quaternary shallow gas accumulations in the eastern Qaidam Basin, NW China. Organic Geochemistry, 36(12): 1636-1649.

Paull C K, Lorenson T D, Borowski W S, et al. 2000. Isotopic composition of CH_4, CO_2 species, and sedimentary organic matter within samples from the Blake Ridge: gas resource implications //Paull C K, Matsumoto R, Wallace P J, et al, eds. Proceeding of Ocean Drilling Program, Scientific Results. College Station, Texas A & M University (Ocean Drilling Program), 164: 67-78.

Pepper A S, Dodd T A. 1995. Simple kinetic models of petroleum formation. Part II: oil-gas cracking. Marine and Petroleum Geology, 12(3): 321-340.

Price L C, Schoell M. 1995. Constraints on the origins of hydrocarbon gas from compositions of gases at their site of origin. Nature, 23(378): 368-371.

Price L C. 1993. Thermal stability of hydrocarbons in nature: limits, evidence, characteristics, and possible controls. Geochimica et Cosmochimica Acta, 57(14): 3261-3280.

Prinzhofer A A, Huc A Y. 1995. Genetic and post-genetic molecular and isotopic fractionations in natural gases. Chemical Geology, 126(3-4): 281-290.

Rice D D, Claypool G E. 1981. Generation, accumulation, and resource potential of biogenic gas. AAPG Bulletin, 65(1): 5-25.

Rice D D. 1992. Controls, habitat and resource potential of ancient bacterial gas// Vially R, ed. Bacterial Gas. Paris: Editons Technip: 91-120.

Rudolph W W, Irmer G, Hefter G T. 2003. Raman spectroscopic investigation of speciation in $MgSO_4(aq)$. Physical Chemistry Chemical Physics, 5(23): 5253-5261.

Saxby J D, et al. 1986. Coal and coal materias as source rocks for oil and gas. Applied Geochemistry, 1(25-36): 1991.

Schenk H J, Primio R D, Horsfield B. 1997. The conversion of oil into gas in petroleum reservoirs. Part 1: Comparative kinetic investigation of gas generation from crude oils of lacustrine, marine and fluviodeltaic origin by programmed-temperature closed-system pyrolysis. Organic Geochemistry, 26(7-8): 467-481.

Schimmelmann A, Boudou J P, Lewan M D, et al. 2001. Experimental controls on D/H and 13C/12C ratios of kerogen, bitumen and oil during hydrous pyrolysis. Organic Geochemistry, 32(8): 1009-1018.

Schlangen E, Van Mier J G M. 1994. Experimental and numerical study of crack propagation in sandstone. Delft, Netherlands: Society of Petroleum Engineers: 131-138.

Schoell M. 2002. Formation and occurrence of bacterial gas. Abstract of AAPG Annual Meeting.

Schutter S R. 2003. Hydrcarbon occurrence and exploration in and around igneous rochs. Geological Society, London, Special Publications, 214: 7-33.

Shinn J H. 1984. From coal to single-stage and two-stage products: a reactive model of coal structure. Fuel, 63(9): 1187-1196.

Shurr G W, Ridgley J L. 2002. Unconventional shallow biogenic gas systems. AAPG Bulletin, 86(11): 1939-1969.

Siskin M, Katritzky A R. 1991. Reactivity of organic compounds in hot water: geochemical and technological implications. Science, 254(5029): 231-237.

Snowdon L R. 2001. Natural gas composition in a geological environment and the implications for the processes of generation and preservation. Organic Geochemistry, 32(7): 913-931.

Song C S, Saini A K, Schobert H H. 1994. Effects of drying and oxidation of Wyodak subbituminous coal on its thermal and catalytic liquefaction. Spectroscopic characterization and products distribution. Energy & Fuels, 8(2): 301-312.

Stixrude L, Peacor D R, 2002. First-principles study of illite-smectite and implications for clay mineral systems. Nature, 14, 420(6912): 165-168.

Stockwell R G, et al. 1996. Localiztion of the complex spectrum : the S transform. IEEE trans. Signal Process, 44: 998-1001

Sugimoto A, Wada E. 1995. Hydrogen isotopic composition of bacterial methane : CO_2/H_2 reduction and acetate fermentation. Geochimica et Cosmochimica Acta, 59(7): 1329-1337.

Swarbrick R E, Osborne M J. 1998. Mechanisms that generate abnormal pressure: an overview//Law B E, Ulmishek G E, Slavin V I. Abnormal pressures in hydrocarbon environments. AAPG Memoir, 70: 13-34.

Swarbrick R E, Osborne M J. 2000. Pressure regimes in sedimendary basins and their prediction. Mar Petr Geol, 16(3): 483-486.

Tang Y C, Ellis G S, Zhang T W, et al. 2005. Effect of aqueous chemistry on the thermal stability of hydrocarbons in petroleum reservoirs. Geochimica et Cosmochimica Acta, 69: A559

Tang Y, Perry J K, Jenden P D, et al. 2000. Mathematical modeling of stable carbon isotope ratios in natural gases. Geochimica et Cosmochimica Acta, 64 (15): 2673-2687.

Thomsen L. 1986. Weak elastic anisotropy. Geophysics, 51(10): 1954-1966.

Thielemann T, Cramer B, Schippers A. 2004. Coalbed methane in the Ruhr Basin, Germany: a renewable energy resource? Organic Geochemistry, 35(11-12): 1537-1549.

Tissot B P, Welte D H. 1978. Petroleum Formation and Occurrence: A New Approach to Oil and Gas Exploration. Berlin: Springer-Verlag: 1-486.

Tsuzuki N, Takeda N, Suzuki M, et al. 1999. The kinetic modeling of oil cracking by hydrothermal pyrolysis experiments. International Journal of Coal Geology, 39(1-3): 227-250.

Vandenbroucke M, Behar F, Rudkiewicz J L. 1999. Kinetic modelling of petroleum formation and cracking: implications from the high pressure/high temperature Elgin Field (UK, North Sea). Organic Geochemistry, 30(9): 1105-1125.

Veto I, Futo I, Horvath I, et al. 2004. Late and deep fermentative methanogenesis as reflected in the H-C-O-S isotopy of the methane-water system in deep aquifers of the Pannonian Basin(SE Hungary). Organic Geochemistry, 35(6): 713-723.

Waples D W. 2000. The kinetics of in-reservoir oil destruction and gas formation: constraints from experimental and empirical data, and from thermodynamics. Organic Geochemistry, 31(6): 553-575.

Watanabe M, Adschiri T, Arai K. 2001. Overall rate constant of pyrolysis of n-Alkanes at a low conversion level. Industrial and Engineering Chemical Research, 40(9): 2027-2036.

Whiticar M J, Faber E, Schoell M. 1986. Biogenic methane formation in marine and freshwater environments: CO_2 reduction vs. acetate fermentation—isotope evidence. Geochimica et Cosmochimica Acta, 50: 693-709.

Whiticar M J. 1999. Carbon and hydrogen isotope systematics of bacterial formation and oxidation of methane. Chemical Geology, 161(1-3): 291-314.

Worden R H, Smalley P C. 1996. H_2S-producing reactions in deep carbonate gas reservoirs: Khuff Formation, Abu Dhabi. Chemical Geology, 133(1-4): 157-171.

Worden R H, Smalley P C, Oxtoby N H. 1995. Gas Souring by thermochemical sulfate reduction at 140℃. AAPG Bulletin, 79(6): 854-863.

Worden R H, Smalley P C, Oxtoby N H. 1996. The effects of thermochemical sulfate reduction upon formation water salinity and oxygen isotopes in carbonate gas reservoirs. Geochimica et Cosmochimica Acta, 60(20): 3925-3931.

Xu Y, Bancroft J C. 1997. Joint AVO analysis of PP and PS seismic data. CREWES Research Report, (09).

Yu J, Eser S. 1997. Thermal decomposition of C_{10}-C_{14} normal alkanes in near-critical and supercritical regions: product distributions and reaction mechanisms. Ind Eng Chem Res, 36(3): 574-585.

Zehnder A J B. 1998. Biology of Anarobic Micro Organisms. New York: JohnWiley and Sons: 225.

Zehnder A J, Ingvorsen K, et al. 1982. Microbiology of methanogen bacteria // Hughes D E. Anaerobic Digestion: 45-68.

Zeikus J G, Winfrey M R. 1976. Temperature limitation of methanogenesis in aquatic sediments. Applied and Environmental Microbiology, 31: 99-107.

Zhang S C, Zhu G Y, Liang Y B, et al. 2005. Geochemical characteristics of the Zhaolanzhuang sour gas accumulation and thermochemical sulfate reduction in the Jixian Sag of Bohai Bay Basin. Organic Geochemistry, 36(12): 1717-1730.

Zhang T W, Amrani A, Ellis G S, et al. 2008a. Experimental investigation on thermochemical sulfate reduction by H_2S initiation. Geochimica et Cosmochimica Acta, 72(14, 15): 3518-3530.

Zhang T W, Ellis G S, Walters C C, et al. 2008b. Geochemical signatures of thermochemical sulfate reduction in controlled hydrous pyrolysis experiments. Organic Geochemistry, 39: 308-328.

Zhang T W, Ellis G S, Wang K S, et al. 2007. Effect of hydrocarbon type on thermochemical sulfate reduction. Organic Geochemistry, 38(6): 897-910.

Zhao W Z, Zhang S C, Wang F Y. 2005. Gas accumulation from oil cracking in the eastern Tarim Basin: a case study of the YN2 gas field. Organic Geochemistry, 36(12): 1602-1616.

Высоцкий И Б. 1979. Геодотия природного газа. Недра, Москва.